Theoretische Physik
Band 3
Walter Greiner
Klassische Elektrodynamik

Theoretische Physik
Band 3

Walter Greiner

Klassische Elektrodynamik

5., überarbeitete und erweiterte Auflage 1991

Verlag Harri Deutsch

Professor Dr. rer. nat. Walter Greiner ist Direktor des Instituts für Theoretische Physik der Universität Frankfurt am Main

CIP-Titelaufnahme der Deutschen Bibliothek

Greiner, Walter:
Klassische Elektrodynamik : ein Lehr- und Übungsbuch ; mit zahlreichen Abbildungen, Beispielen und Aufgaben mit ausführlichen Lösungen / Walter Greiner. – 5., überarb. und erw. Aufl. – Thun ; Frankfurt am Main : Deutsch, 1991
(Theoretische Physik ; Bd. 3)
ISBN 3-8171-1184-3

Druck: Fuldaer Verlagsanstalt, Fulda
Printed in Germany

Vorwort zur 1. Auflage

Dies ist die Vorlesung über theoretische Physik für das dritte Studiensemester. Während im ersten Semester eine allgemeine Einführung in die mathematischen und physikalischen Methoden der theoretischen Physik und im zweiten Semester ausgiebig die theoretische Mechanik vorgestellt wurden, beschäftigen wir uns hier mit der Elektrodynamik. Wir präsentieren diese Disziplin nach der induktiven Methode, die dem Vorgehen des forschenden Physikers am besten entspricht: Ausgehend von einigen Schlüsselexperimenten, die idealisiert werden, konstruieren wir schrittweise die Grundgleichungen, d.h. die Maxwellschen Gleichungen. Dies führt uns über die Elektro- und Magnetostatik und deren Anwendung auf makroskopische Probleme bis hin zur Theorie der elektromagnetischen Wellen im Vakuum, die wohl die faszinierendste Folgerung aus den Maxwellschen Gleichungen darstellen. Wir verfolgen die Maxwellsche Theorie sowohl im Hinblick auf grundsätzliche, feldtheoretische Fragen (Energie, Impuls des Feldes), auf ihre Anwendung zur Begründung der Optik (Reflexions- und Brechungsgesetze, Frequenzabhägigkeit und Leitfähigkeit, Polarisierbarkeit und Brechungsindex) als auch im Bereich der praktischen Anwendung (Ausbreitung von Wellen, Hohl- und Wellenleiter, Hohlraumresonatoren etc.). Schließlich bringen wir die kovariante Formulierung der Elektrodynamik im Rahmen der speziellen Relativitätstheorie, die wir schon im ersten Semester vorbereitet und an Hand der Relativitätsmechanik erläutert haben.

Wir profitieren im 3. Semester von der gründlichen mathematischen Vorbereitung im ersten Studienjahr; vor allem der ausgiebige Gebrauch von Vektoranalysis erleichtert unsere Aufgabe beträchtlich. Dennoch müssen wir auch in dieser Vorlesung wieder viele mathematische Begriffe und Methoden vorstellen und ihre Handhabung kennenlernen. Dazu gehören vor allem die Lösung von Grenzwertproblemen mittels Greenscher Funktionen, die Entwicklung nach vollständigen Funktionensystemen, spezielle Funktionen (Legendre-Polynome, Kugelfunktionen, Besselfunktionen) und die Erläuterung von Tensoren. All dies wird in enger Verbindung mit den auftretenden physikalischen Problemen behandelt. Dadurch wird beim Studenten das Gefühl des praktisch Nützlichen für die neuen mathematischen Methoden erzeugt.

Das ursprüngliche Manukript der Vorlesungen wurde 1969/70 in Zusammenarbeit mit den damaligen Assistenten Dr. Burkhard Fricke [1] und Dr Ulrich Mosel, [2] von den Studenten P. Bergmann, H. Betz, J. Briechle [3], M. Bundschuh, C. v. Charzewski, S. Erlenkämpfer, J. Hahn, H. J. Lustig, B. Müller, H. Peitz, J. Rafelski, H. J. Scheefer, H. Sewerin und P. Struckmeier erstellt. Die Neufassung erfolgte dann 3 Jahre später durch W. Betz, D. Blöcker, J. Hofmann, P. Kurowski, B. Jakob, J. Kirsch, H. Leber, A. Mahn, F. Mohring, J. Reinhardt, D. Schebesta, K. Stiebing und J. Wagner.
Über die rege Beteiligung an der Gestaltung waren wir sehr froh, weil dadurch die speziellen Verständnisschwierigkeiten der Erstsemester besondere Berücksichtigung fanden.
Die Damen M. Knolle, R. Lasarzig, B. Utschig und Herr Terlecki haben uns bei der Anfertigung des Manuskriptes geholfen. Bei ihnen allen bedanken wir uns sehr.

Frankfurt am Main, im August 1974 — Walter Greiner

Herbert Diehl

---

[1] Jetzt Professor an der Universität Kassel

[2] Jetzt Professor an der Universität Giessen

[3] Wir gedenken besonders Herrn Jörg Briechle, der am 24. 3. 1970 bei einem Lawinenunglück gestorben ist.

Vorwort zur 2. Auflage

Die Vorlesungen über theoretische Physik haben viele Freunde gefunden, so daß eine Neuauflage notwendig wurde. Dies gab uns die Gelegenheit, die zahlreichen Druck- und Flüchtigkeitsfehler der ersten Auflage zu eliminieren und gleichzeitig notwendig erscheinende didaktische und sachliche Verbesserungen vorzunehmen.
Viele Betrachtungen wurden vertieft und durch zusätzliche Figuren bereichert, oder durch "Mathematische Ergänzungen" abgerundet. So wurden Abschnitte über elektromagnetische Methoden der Kernradienbestimmung, Green'sche Funktionen für eine Kugel (allgemeine Lösung eines speziellen Potentialproblems), Messung der magnetischen Feldstärke und des magnetischen Moments, eine Diskussion über die Ausbreitung elektromagnetischer Wellen in dispergierenden Medien, die Hypothese der magnetischen Monopole und ein Kapitel über den kovarianten Lagrange-Formalismus neu aufgenommen. Dies sind z. T. wichtige und faszinierende Themen, die später in der Quantentheorie, Atom-, Molekül- und Kernphysik und der Quantenelektrodynamik bzw. Feldtheorie in ähnlicher Form wiederkehren. Zahlreiche durchgerechnete Übungsaufgaben und Beispiele wurden ausgetauscht bzw. neu hinzugefügt. Wir hoffen, daß damit die Vorlesungen gewinnen.
Wie bei der ersten Auflage, bedanken wir uns auch diesmal bei Frau M. Knolle, Frau R. Lasarzig, Frau B. Utschig und Herrn Dipl.-Phys. Heinrich Peitz für Ihre ständige Hilfe bei der Neubearbeitung.

Frankfurt am Main, im Oktober 1977 Walter Greiner

Vorwort zur 3. Auflage

Wir freuen uns über die Beliebtheit der Vorlesungen zur Theoretischen Physik. Die erneute Auflage gab uns die Möglichkeit zur Überarbeitung und Ergänzung. Zahlreiche neue Beispiele und ausgearbeitete Aufgaben wurden aufgenommen. Sie sind durch Petit-Druck gekennzeichnet. Darüberhinaus haben wir biographische und geschichtliche Fußnoten eingeführt. Wir danken dem Verlag Harri Deutsch, dem Verlag F. A. Brockhaus (Brockhaus Enzyklopädie F. A. Brockhaus, Wiesbaden, gekennzeichnet durch BR), und dem Aulis-Verlag Deubner (Armin Hermann: Lexikon Geschichte der Physik A-Z, Köln 1972, gekennzeichnet durch HE) für die Erlaubnis, biographische Daten von Physikern und Mathematikern deren Lexika zu entnehmen. Die wissenschaftsgeschichtlichen Zusammenhänge wurden in Anlehnug an F. Hund (Einführung in die Theoretische Physik, VEB Bibliographisches Institut Leipzig 1951) verfaßt.
Diesmal bedanken wir uns bei Brigitte Utschig für die Gestaltung der Zeichnungen und bei Herrn Dipl.-Physiker Martin Seiwert für die Überwachung der Drucklegung.

Frankfurt am Main, im August 1981 — Walter Greiner

Vorwort zur 4. Auflage

Die nun vorliegende 4. Auflage gab uns wiederum Gelegenheit, zahlreiche Verbesserungen und Ergänzungen vorzunehmen. So wurden insbesondere im Kapitel 19 das Problem der Ausbreitung von Signalen in dispergierenden Medien und Kapitel 21 (der Hertzsche Dipol) wesentlich überarbeitet. Eine Reihe von Aufgaben, Beispielen und Erläuterungen wurden erweitert und neu hinzugefügt. Wir hoffen, daß auch diese Auflage wieder viele Freunde findet.

Wir danken diesmal besonders Herrn Udo Müller, Dipl.-Physiker Theo de Reus sowie Dr. Karl-Heinz Wietschorke, vor allem aber Dipl.-Physiker Arthur Thiel, der die Drucklegung überwachte.

Frankfurt am Main, im April 1986 Walter Greiner

Vorwort zur 5. Auflage

Erneut wurden die Vorlesungen überarbeitet, mit weiteren Aufgaben angereichert sowie didaktische Verbesserungen angebracht. Ich bin froh, daß das Buch jetzt in gebundener Form vorliegt und hoffe, daß der Preis niedrig gehalten werden kann. Die zum Teil enormen Verteuerungen wissenschaftlicher Bücher während der letzten Jahre machen mir als Hochschullehrer Sorge.

Herrn Diplomphysiker Stefan Graf danke ich für die Überwachung der Drucklegung, Frau Astrid Steidl für die Zeichnung einiger Figuren und den Herren/Damen M. Berenguer, Ch. Borchert, S. Butorac, C. Greiner, M. Hafner, Ch. Hartnack, D. Hilberg, Ch. Hofmann, A. Jahns, J. Klenner, G. Peilert, J. Schaffner, S. Schneider, M. Vidovic und L. Winckelmann für ihre Hilfe bei der technischen Aufbereitung. Meinen Söhnen Herrn Dr. Martin Greiner und Herrn Dipl.-Physiker Carsten Greiner verdanke ich verschiedene Verbesserungsvorschläge.

Frankfurt am Main, im August 1990 Walter Greiner

Inhaltsverzeichnis

Aufgaben und Beispiele

Kapitel I

Elektrostatik

1. Einführung und Grundbegriffe

Bei der Untersuchung der Eigenschaften ruhender geladener Körper erhielt man experimentell folgende Ergebnisse: Geladene Körper (Ladungen) üben eine Kraft aufeinander aus. Es gibt zwei Arten von Ladungen, positive und negative. Verschiedenartige Ladungen ziehen sich an, gleichartige stoßen sich ab. Die Kraft zwischen zwei Ladungen q_1 und q_2 ist proportional zu ihrem Produkt:

$$F_{12} \sim q_1 q_2$$

Die Kraft nimmt mit dem Quadrat des gegenseitigen Abstandes ab, d.h. es gilt:

$$F_{12} \sim \frac{1}{|\vec{r}_1 - \vec{r}_2|^2}$$

Die elektrostatischen Kräfte sind Zentralkräfte. Wir können also für die Kraft schreiben:

$$\vec{F}_{12} = k q_1 q_2 \frac{\vec{r}_1 - \vec{r}_2}{|\vec{r}_1 - \vec{r}_2|^3} \tag{1}$$

k ist eine noch festzulegende Proportionalitätskonstante. Diese Gleichung, die die Kraftwirkung zwischen zwei Ladungen angibt, heißt *Coulombsches Gesetz* [1] .

[1] *Coulomb*, Charles Augustin, französ. Physiker und Ingenieuroffizier, geb. Angoulemne 14.6.1736, gest.Paris 23.8.1806, gehörte seit 1774 der Académie des Sciences als korrespondierendes Mitglied ihrer Nachfolgeinstitution, dem Institut National, seit 1795 als Vollmitglied an. C. war als Lieutenant-Colonel du génie bis 1776 auf Martinique und zuletzt in Paris als Inspecteur général de l'Université tätig. Außer ingenieurwiss. Arbeiten (Erddruck) veröffentlichte C. 1784 Untersuchungen über Torsionselastizität, deren Ergebnisse er bei der Konstruktion einer Drehwaage benutzte. Dieses meist nach H.Cavendish benannte Gerät, dessen Idee bereits 1750 John Mitchell (geb. 1724, gest. 1793) angegeben hatte, war in der von C. entwickelten Form das erste brauchbare Instrument für quantitative elektrostatische und magnetostatische Messungen. Mit seiner Hilfe leitete C. die nach ihm benannten

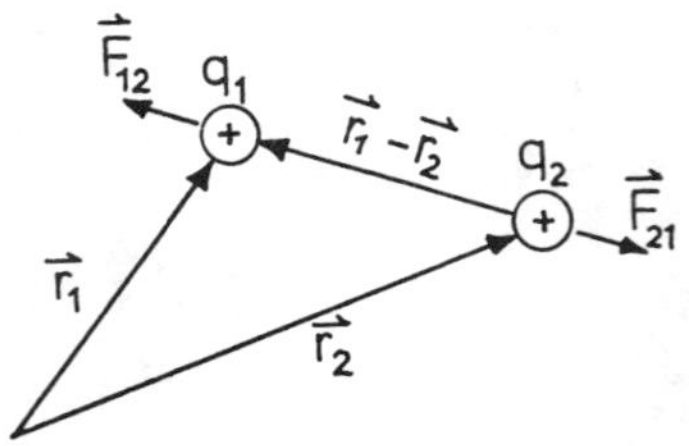

Zum Coulomb'schen Kraftgesetz

Außerdem gilt das *Superpositionsprinzip* : Die elektrischen Kräfte, die auf eine Probeladung q_1 von mehreren Ladungen $q_2, q_3, ...$ ausgeübt werden überlagern sich ungestört, ohne daß die Anwesenheit der verschiedenen Ladungen die Kraft zwischen q_1 und einer gewissen Ladung (z.B. q_2) verändert. Das bedeutet insbesondere, daß die Kräfte zwischen den Ladungen nur *Zweikörperkräfte* sein können; *Vielkörperkräfte* treten nicht auf. Bei *Vielkörperkräften* hängt die Kraft zwischen zwei Körpern 1 und 2 auch von den Positionen $\vec{r}_3, \vec{r}_4, ...$ ab. Z.B. wäre eine Dreikörperkraft

$$\vec{F}_{12} = kq_1q_2 \frac{\vec{r}_1 - \vec{r}_2}{|(\vec{r}_1 - \vec{r}_2)(1 + \frac{q_3{}^2}{q_1q_2}\frac{|\vec{r}_1 - \vec{r}_2|}{|\vec{r}_s - \vec{r}_3|^3})|} \tag{2}$$

Hierbei ist $\vec{r}_s$ der Schwerpunkt zwischen q_1 und q_2. Diese Dreikörperkraft ginge - wie es sein sollte - für $\vec{r}_3 \rightarrow \infty$ in die Zweikörperkraft (1) über. Mikroskopisch kann man sich das Zustandekommen einer Kraft (eines Kraftfeldes) durch virtuellen Austausch von Teilchen vorstellen. Sie werden "wie Tennisbälle zwischen den Zentren hin- und hergeworfen" und binden auf diese Weise die Zentren aneinander. Bei Zweikörperkräften geschieht dieser Austausch nur zwischen zwei Zentren; bei Drei- (Mehr)körperkräften auch im Umweg über das dritte Zentrum bzw. mehrere Zentren. Bei der Coulomb- Wechselwirkung werden Photonen, bei der schwachen Wechselwirkung Z- und W-Bosonen, bei der Gravitationswechselwirkung Gravitonen und in der starken (nuklearen) Wechselwirkung π-Mesonen (bzw. auf einer

elektrostat. und magnetostat. Grundgesteze ab (*Coulombsche Gesetze*). Sie besagen, daß zwei Elektrizitätsmengen (zwei punktförmig gedachte magnet. Polstärken) sich mit einer Kraft abstoßen oder anziehen, die in ihrem Produkt direkt und dem Quadrat ihres Abstandes umgekehrt proportional ist. Über die in diese Gesetze eingehenden Proportionalitätsfaktoren (die Dielektrizitätskonstante und die Permeabilitätskonstante) des umgebenden Mediums wurde erst im Verlauf des 19. Jahrhunderts Klarheit geschaffen. Da die C.schen Gesetze formal dem Newtonschen Gravitationsgesetz gleichen, trugen sie wesentlich dazu bei, daß bis über die Mitte des 19. Jahrhunderts hinaus auch die elektromagn. und die elektrodyn. Wirkungen als unvermittelt geltende Fernkräfte aufgefaßt und mathematisiert wurden. In der jungen Atomphysik des 20. Jahrhunderts galten *Coulombkräfte* als die einzigen im Bereich des Atoms wirksamen, bis dann neben sie die ladungsunabhängigen Wechselwirkungskräfte traten. Nach C. ist auch die prakt. Einheit der Elektrizitätsmenge benannt. [BR].

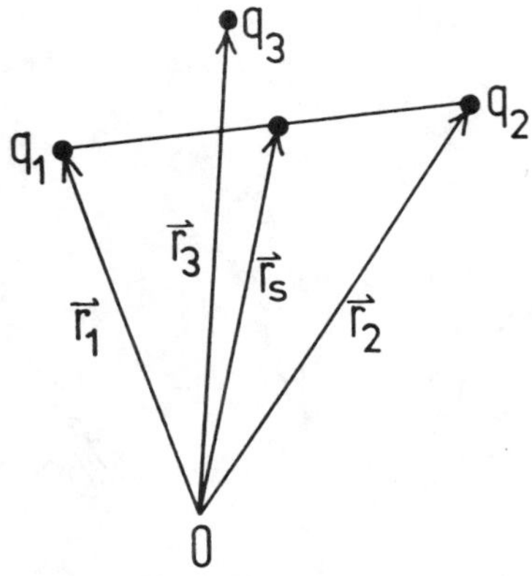

Zur Erläuterung der Dreikörperkraft: Die Ladungen q_i liegen bei den Ortsvektoren $\vec{r}_i$. Der Schwerpunktsvektor ist $\vec{r}_s$.

tieferen Ebene Gluonen) ausgetauscht. Die Photonen und Gravitonen haben Ruhemasse Null. Deshalb sind diese Kräfte von großer Reichweite. Dagegen beruht die kurze Reichweite der starken Wechselwirkung ($\sim$ 2fm $= 2 \cdot 10^{13}$cm) auf der endlichen Ruhemasse der π-Mesonen. Wir wissen heute, daß Pionen und Nukleonen aus Quarks aufgebaut sind (vgl. Bd.V der Vorlesungen). Die Quarks wechselwirken durch den Austausch schwerer Photonen (Photonen mit Ruhemasse) miteinander. Diese "schweren Photonen" werden Gluonen genannt (engl.Glue = Leim). Für die gewöhnliche Coulombkraft lautet die bei der Anwesenheit weiterer Ladungen q_i auf die Ladung q_1 ausgeübte Kraft :

$$\vec{F} = kq_1 \sum_{i=2}^{N} q_i \frac{\vec{r}_1 - \vec{r}_i}{|\vec{r}_1 - \vec{r}_i|^3} \tag{3}$$

Das Coulombsche Gesetz gilt in dieser Form exakt nur für Punktladungen und für kugelförmige Körper, die homogen geladen sind. Für Ladungen mit beliebiger Gestalt treten Abweichungen auf, die wir später noch diskutieren werden. Man sollte sich dennoch wundern über die $\frac{1}{r^2}$-Abhängigkeit der Coulombkraft. Dieses spezielle Kraftgesetz hängt damit zusammen, daß die durch die Ladung ausgetauschten Photonen die Ruhemasse Null haben. Sie können dann nach der Heisenbergschen Unschärferelation (vgl. Band IV der Vorlesungen über Quantenmechanik) virtuell mit großer Reichweite R erzeugt werden.

$$\begin{aligned} &\Delta E \Delta t \sim \hbar \quad \Delta E = \text{Energieunschärfe} \approx \mu c^2 \\ &\Delta t \sim \tfrac{\hbar}{\Delta E} \rightarrow \quad \Delta t = \text{Zeitunschärfe} \end{aligned} \tag{4}$$

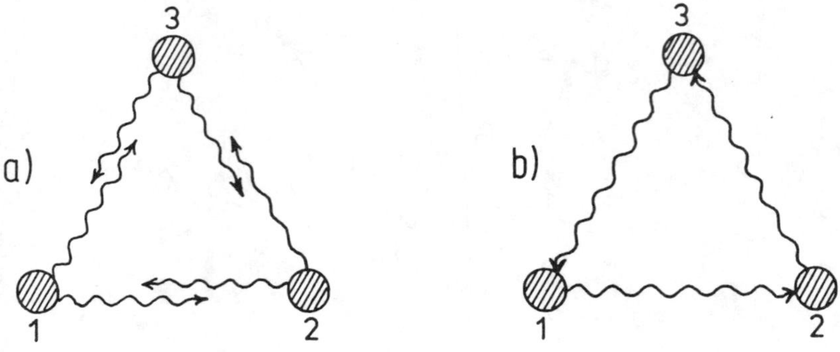

a) Austausch von Teilchen bei Zweikörperwechselwirkung. b) Austausch von Teilchen bei einer Dreikörperkraft.

Letztere ist in unserem Fall die Lebensdauer des virtuellen Teilchens mit der Ruhemasse $\Delta E \approx \mu c^2$.

$$R = c\Delta t \sim \frac{\hbar c}{\Delta E}$$

Das macht die Langreichweitigkeit der Coulombkraft verständlich. Hätte das Photon eine Ruhemasse μ, dann müßte das Coulombsche Potential (vgl. die nächsten Seiten) vom Yukawa-Typ sein, nämlich

$$V(r) \sim \frac{e^{-r/\lambda}}{r}. \tag{5}$$

Dabei wäre $\lambda = \frac{h}{\mu c}$ Die sogenannte Comptonwellenlänge des Photons mit der Ruhemasse μ. Für $\mu = 0$ ergibt sich das Coulombpotential einer Punktladung. Die besten heutigen Präzisionsmessungen ergeben für die Photonenmasse $\mu < 10^{-48}$g oder $\mu c^2 \leq 5 \cdot 10^{-16}$eV.[2] Mit der "Ladung" tritt eine neue physikalische Eigenschaft des Körpers auf. Wir haben nun die Möglichkeit, für die Ladung eine eigene Dimension einzuzuführen oder sie durch die in der Mechanik benutzten Dimensionen Masse, Länge und Zeit auszudrücken. Betrachten wir die Gleichung (1), so ist dort das Produkt kq_1q_2 festgelegt. Die Dimension der einzelnen Faktoren Ladung und Proportionalitätskonstante kann unter dieser Bedingung noch frei gewählt werden. *Je nach Wahl von k erhalten wir verschiedene Maßsysteme.* In den Lehrbüchern werden

[2]Wir verweisen auf das von W. Martienssen und seinen Mitarbeitern P. Kurowski und J. Wagner veranstaltete Seminar; Preprint des Physikalischen Instituts der Universität Frankfurt am Main (1974). Ein Labortest des Coulombgesetzes wird beschrieben von E.R. Williams, J.E. Faller und H.A. Hill " New Exp. Test of Coulomb's Law: A Laboratory Upper Limit on the Photon Rest Mass ", Phys. Rev. Letters 26 (1971) 721.

heute im wesentlichen noch zwei verschiedene Maßsysteme benutzt, das Gaußsche und das "praktische" (oder rationale) Maßsystem. Im *Gaußschen Maßsystem* erhält die Proportionalitätskonstante k den Zahlenwert 1 und bleibt dimensionslos. Die Ladung ist dann keine unabhängige Einheit mehr. Für sie folgt aus Gleichung (1) im CGS-System die Einheit $1\mathrm{cm}^{3/2}\mathrm{g}^{1/2}\mathrm{s}^{-1}$, die auch als *elektrostatische Einheit* (esE) bezeichnet wird. Diese explizite Zurückführung elektromagnetischer Größen auf die mechanischen Einheiten findet sich fast nur noch in älteren Lehrbüchern; in neueren Lehrbüchern, die das Gaußsche Maßsystem verwenden, geht man mit der Ladung wie mit einer unabhängigen Einheit um, die physikalischen Zusammenhänge werden dadurch oft klarer. Setzen wir $|\vec{r}_1 - \vec{r}_2| = r$, so erhält die Gleichung (1) die einfache Form:

$$F = \frac{q_1 q_2}{r^2} \tag{6}$$

Der entgegengesetzte Weg wird in den sogenannten praktischen Maßeinheiten eingeschlagen. Hier wird die Einheit durch die Ladung festgelegt. Aus meßtechnischen Gründen wird dadurch eine Kraft benutzt, die zwei stromdurchflossene Leiter aufeinander ausüben. Laut Definition fließt die Strommenge von einem Ampere durch zwei parallele, geradlinige unendlich lange, in einem Meter Abstand befindliche Leiter, wenn zwischen ihnen die Kraft von $2 \cdot 10^{-7}$ Newton pro Meter Länge wirkt. Das Produkt von Strom und Zeit gibt die Ladungsmenge an.

$$1 \text{ Coulomb (C)} \; = \; 1 \text{ Amperesekunde (As)}$$

Durch diese (willkürliche) Definition erhält die Proportionalitätskonstante k sowohl eine Dimension als auch einen festen Zahlenwert, man setzt :

$$k = \frac{1}{4\pi\epsilon_0} \tag{7}$$

Die Konstante ϵ_0 heißt *Dielektrizitätskonstante des Vakuums* und hat den Wert

$$\epsilon_0 = 8,854 \cdot 10^{-12} \left[\frac{\mathrm{As}}{\mathrm{Vm}}\right] \tag{8}$$

(An dieser Stelle betrachten wir die Einheit Volt (V) als Abkürzung für $1V = 1A^{-1}\mathrm{m}^2\mathrm{kgs}^{-3}$). Im Bereich der makroskopischen Physik und in der Experimentalphysik wird überwiegend das praktische Maßsystem benutzt; in der Atomphysik, der Kernphsik und in vielen Lehrbüchern der theoretischen Physik wird meist das Gaußsche Maßsystem benutzt. *Wir verwenden hier ausschließlich das Gaußsche Maßsystem.*

Die elektrische Feldstärke: Zur Erläuterung des Begriffs der elektrischen Feldstärke gehen wir von der Kraft $\vec{F}$ aus, die eine Ladung q_1 auf eine möglichst kleine Probeladung q ausübt. Als die von q_1 am Ort $\vec{r}$ der Ladung q hervorgerufene Feldstärke definieren wir den Quotienten :

$$\vec{E}(\vec{r}) = \frac{\vec{F}}{q} \tag{9}$$

Da im allgemeinen die Probeladung q das elektrische Feld verändert gehen wir zum Grenzfall einer verschwindend kleinen Ladung über :

$$\vec{E} = \lim_{\Delta q \to 0} \frac{\Delta \vec{F}}{\Delta q} = \frac{d\vec{F}}{dq} \tag{10}$$

Mit dem Coulombschen Gesetz (3) folgt für das elektrische Feld einer Punktladung q_1 :

$$\vec{E}(\vec{r}) = \frac{q_1(\vec{r} - \vec{r}_1)}{|\vec{r} - \vec{r}_1|^3} \tag{11}$$

Der elektrische Feldvektor $\vec{E}(\vec{r})$ einer positiven Punktladung ist also radial nach

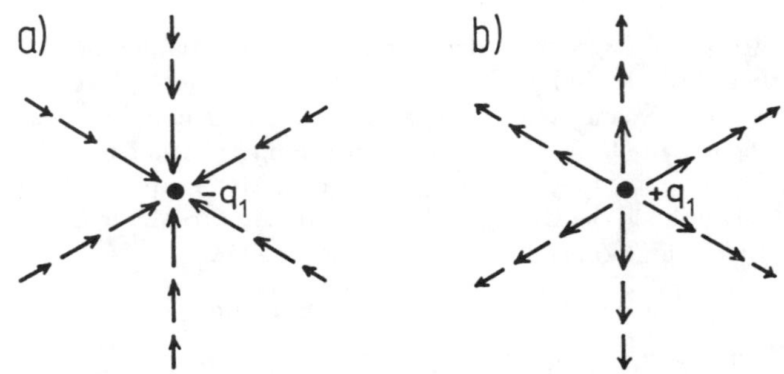

a) $\vec{E}$-Feld einer negativen Punktladung b) $\vec{E}$-Feld einer positiven Punktladung.

außen gerichtet; der einer negativen Punktladung radial nach innen. Für eine Summe von Punktladungen folgt nach dem *Superpositionsprinzip* (3)

$$\vec{E}(\vec{r}) = \sum_i \frac{q_i(\vec{r} - \vec{r}_i)}{|\vec{r} - \vec{r}_i|^3} = \sum_i \vec{E}_i \ . \tag{12}$$

Haben wir eine kontinuierliche Ladungsverteilung vorliegen, so müssen wir von der Summation über die Punktladungen zur Integration über die räumliche Verteilung übergehen. Wir setzen an die Stelle der Punktladung q_i das Ladungselement $\rho(\vec{r}\,')\,dV'$. Hierbei ist ρ die Ladungsdichte und dV das Volumenelement.

$$\vec{E}(\vec{r}) = \int \rho(\vec{r}\,') \frac{\vec{r} - \vec{r}\,'}{|\vec{r} - \vec{r}\,'|^3} dV' \tag{13}$$

Das Superpositionsprinzip haben wir hier stillschweigend angenommen. Seine Gültigkeit ist aber nicht selbstverständlich. Wie wir noch sehen werden ist es identisch mit der Annahme, daß die elektromagnetischen Grundgleichungen linear sind.

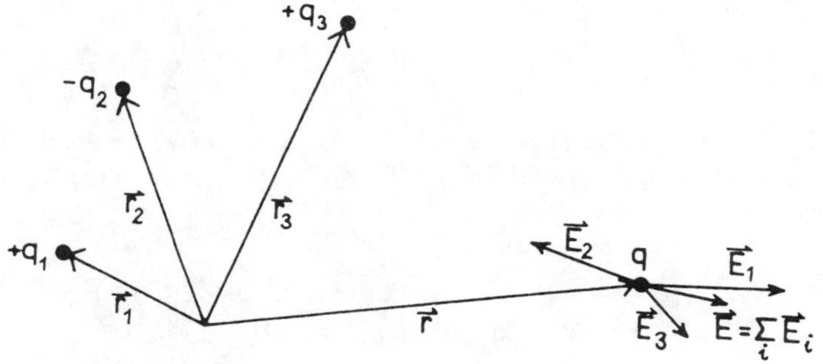

Die elektrische Feldstärke am Ort $\vec{r}$ für eine Summe von Punktladungen q_i.

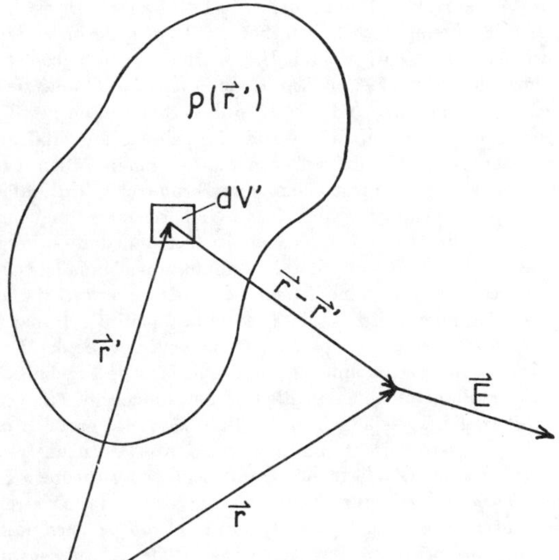

Die Feldstärke $\vec{E}(\vec{r})$ für eine kontinuierliche Ladungsverteilung $\rho(\vec{r}')$.

Das Gaußsche Gesetz:[3] Wir bestimmen den *Fluß der durch eine Punktladung erzeugten Feldstärke durch eine Oberfläche O*, die diese Ladung einschließt.

Wir legen die Punktladung q in den Koordinatenursprung, dann ist der Fluß durch das Oberflächenelement dF gegeben durch

$$\vec{E} \cdot \vec{n} = \frac{q}{r^2} \frac{\vec{r}}{r} \cdot \vec{n} \, dF \,, \tag{14}$$

wobei $\vec{n}$ der Normalenvektor auf der Fläche ist. Die Feldstärke, die durch die Fläche $\vec{n}dF$ fließt, ist jedoch gleich der durch die Fläche $\cos\theta dF$. Durch den Raumwinkel ausgedrückt, bedeutet dies

$$\cos\theta \, dF \; = \; r^2 \, d\Omega \,. \tag{15}$$

Somit ist

$$\vec{E} \cdot \vec{n} \, dF = \frac{q}{r^2} \cos\theta \, dF = \frac{q}{r^2} r^2 \, d\Omega = q \, d\Omega \tag{16}$$

Durch die Integration erhalten wir für den Fluß durch die Oberfläche

[3] *Gauß*, Carl Friedrich, geb. 30.4.1777 Braunschweig, gest. 23.2.1855 Göttingen. - G. war Sohn eines Tagelöhners und fiel bereits sehr früh durch seine außerord. mathem. Begabung auf. Der Herzog von Braunschweig übernahm seit 1791 die Kosten seiner Ausbildung. G. studierte 1795/98 in Göttingen und promovierte 1799 in Helmstedt. Seit 1807 war G. Direktor der Sternwarte und Professor an der Universität Göttingen. Alle Angebote, z.B. nach Berlin zu kommen, lehnte er ab. G. begann 1791 seine wissenschaftl. Tätigkeit mit Untersuchungen zum geometrisch-arithm. Mittel, zur Verteilung der Primzahlen und 1792 zu den *Grundlagen der Geometrie*. Bereits 1794 fand er die *Methode der kleinsten Quadrate*, und von 1795 datiert die intensive Beschäftigung mit der Zahlentheorie, z.B. dem quadrat. Reziprozitätsgesetz. Im Jahre 1796 veröffentlichte G. seine erste Arbeit. In ihr wurde der Beweis geführt, daß außer in den bekannten Fällen regelmäßige n-Ecke mit Zirkel und Lineal konstruiert werden können, wenn n eine Fermatsche Primzahl ist. Insbes. trifft dies auf das 17-Eck zu. In seiner Dissertation von 1799 gab G. den Beweis des *Fundamentalgesetzes der Algebra*, dem er weitere folgen ließ. Aus dem Nachlaß ist bekannt, daß G. im gleichen Jahr bereits die Grundlagen der Theorie der ellipt. und der Modulfunktionen besaß. Das erste umfangreiche Werk, das G. 1801 veröffentlichte, sind seine *Disquistiones Arithmeticae*, die als Beginn der neuen Zahlentheorie gelten. In ihm findet sich z.B. die Theorie der quadrat. Kongruenzen und der erste Beweis des quadrat. Reziprozitätsgesetzes, des *Theorema aureum* sowie der *Kreisteilungslehre*. Seit etwa 1801 begann G. sich für die Astronomie zu interesssieren. Die Ergebnisse und Studien waren 1801 die Bahnberechnung des Planetoiden Ceres, die Untersuchungen 1809 und 1818 zu den säkulären Störungen und 1813 zur Anziehung des allgemeinen Ellipsoids. 1812 erschien die Abhandlung über die *hypergeom. Reihe*, die die erste korrekte und systemat. Konvergenzuntersuchung enthält. Seit 1820 wandte sich G. verstärkt der Geodäsie zu. Die bedeutendste theoret. Leistung ist 1827 die *Flächentheorie* mit dem *Theorema egregium*. Auch die prakt. Geodäsie betrieb G., z.B. führte er sehr umfangreiche Messungen in den Jahren 1821/25 aus. Trotz solcher umfangreicher Arbeiten erschienen 1825 und 1831 seine Schriften über *biquadrat. Reste*. Die zweite dieser Abhandlungen enthielt die Darstellung der komplexen Zahlen in der Ebene und eine neue Primzahlentheorie. In seinen letzten Jahren fand G. auch an physikal. Fragen Gefallen. Wichtige Ergebnisse sind 1833/34 die mit W. Weber gemachte Erfindung des elektr. Telegraphen und 1839/40 die *Potentialtheorie*, die ein neuer Zweig der Mathematik wurde. Viele wichtige Resultate von G. sind nur aus dem Tagebuch und den Briefen bekannt; z.B. war G. schon 1816 im Besitz der *nichteuklid. Geometrie*. Der Grund für diese Verhalten, wichtige Ergebnisse nicht zu veröffentlichen, ist dem außerordentlich strengen Maßstab, den G. auch an die Form seiner Arbeiten legte, und in dem Versuch zu sehen, unnötige Auseinandersetzungen zu vermeiden.

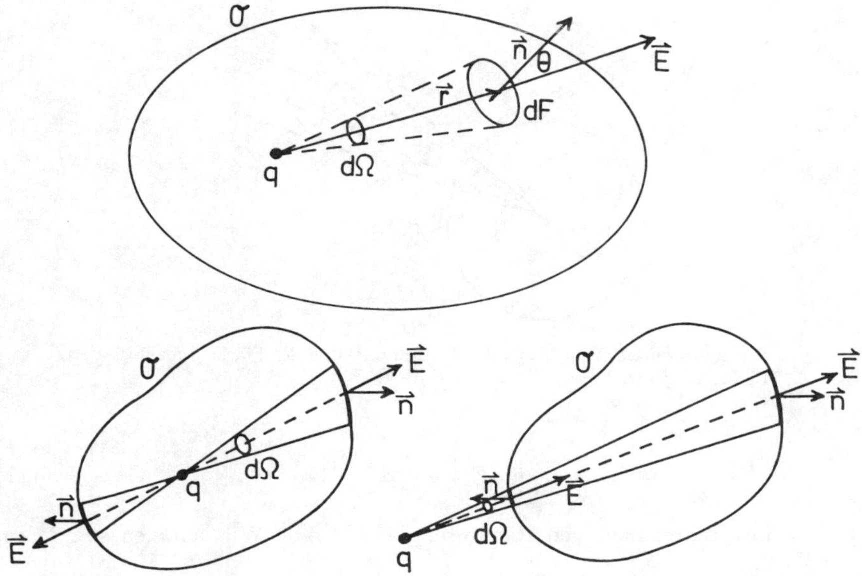

Zum Gaußschen Gesetz: Die Normalkomponente des elektrischen Feldes wird über die Oberfläche O integriert. Falls die Ladung q innerhalb (außerhalb) von O liegt, ist der totale Raumwinkel um die Ladung gleich 4π (0).

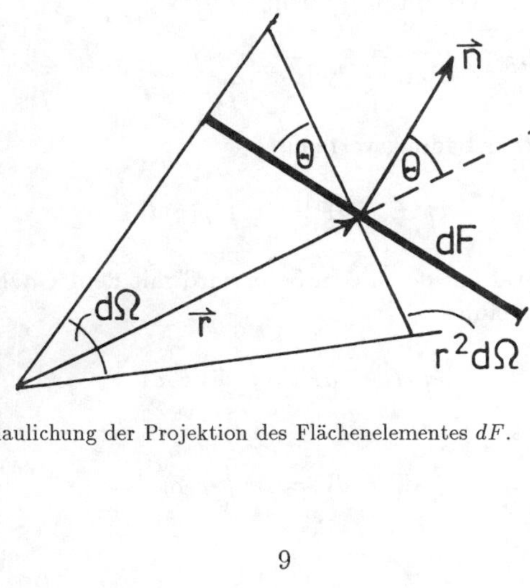

Veranschaulichung der Projektion des Flächenelementes dF.

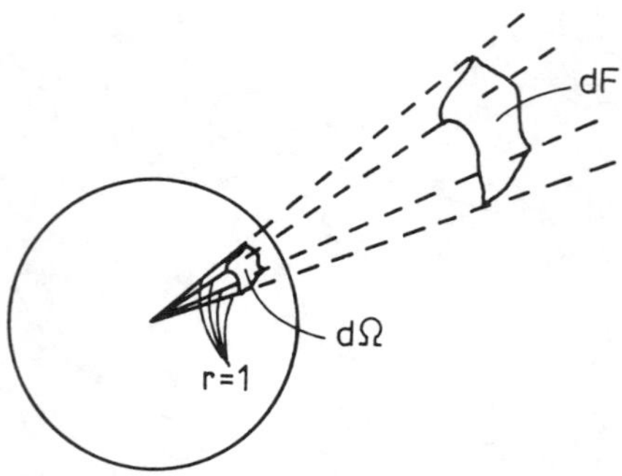

Der Raumwinkel $d\Omega$ ist dabei die Zentralprojektion der Fläche dF auf die Einheitskugel (s. Figur)

$$\oint_O \vec{E} \cdot \vec{n} \, dF = q \oint_O d\Omega = 4\pi q \ , \tag{17}$$

denn die Integration über den Raumwinkel ergibt 4π. Wir kommen so zu dem Ergebnis

$$\oint_o \vec{E} \cdot \vec{n} dF = \begin{cases} 4\pi q & \text{für q innerh. der geschl. Oberfläche} \\ 0 & \text{für q außerh. der geschl. Oberfläche} \end{cases} \tag{18}$$

Die Beziehung, die wir hier für eine Punktladung hergeleitet haben, wird als *Gaußsches Gesetz* bezeichnet. Schließt die Oberfläche mehrere Ladungen ein, dann ergibt sich nach dem Superpositionsprinzip

$$\oint_O \vec{E} \cdot \vec{n} dF = \oint_O \sum_i \vec{E}_i \cdot \vec{n} \, dF = \sum_i \oint_O \vec{E}_i \cdot \vec{n} \, dF = 4\pi \sum_i q_i \tag{19}$$

bzw. bei kontinuierlicher Ladungsverteilung

$$\oint_O \vec{E} \cdot \vec{n} dF = 4\pi \int_V \rho(\vec{r}) dV. \tag{20}$$

Das Oberflächenintegral auf der linken Seite wird mit dem *Gaußschen Satz* in ein Volumenintegral übergeführt :

$$\oint_O \vec{E} \cdot \vec{n} \, dF = \int_V \text{div}\vec{E} \, dV \tag{21}$$

Damit folgt

$$\int_V \text{div}\vec{E} \, dV = 4\pi \int_V \rho(\vec{r}) \, dV \tag{22}$$

oder

$$\int_V (\mathrm{div}\vec{E} - 4\pi\rho(\vec{r}))\, dV \;=\; 0\,. \tag{23}$$

Da dies für beliebige Volumen gilt, muß der Integrand Null sein, und wir erhalten die Beziehung

$$\mathrm{div}\vec{E}(\vec{r}) = 4\pi\rho(\vec{r}) \tag{24}$$

zwischen der Feldstärke und der sie hervorrufenden Ladungsverteilung. Danach sind die Ladungen im Raum die Quellen (positive Ladungen) und Senken (negative Ladungen) des elektrischen Feldes.

Das elektrische Potential: Wir zeigen jetzt, daß sich das elektrische Feld als Gradient eines Potentials schreiben läßt. Es gilt

$$\vec{E}(\vec{r}) = \int_V \rho(\vec{r}\,')\frac{(\vec{r}-\vec{r}\,')}{|\vec{r}-\vec{r}\,'|^3}\, dV'. \tag{25}$$

Differenzieren wir den Ausdruck $\frac{1}{|\vec{r}-\vec{r}\,'|}$ nach der ungestrichenen Koordinate $\vec{r}$, so sehen wir, daß z.B.

$$\begin{aligned} &\frac{\partial}{\partial x}\frac{1}{\sqrt{(x-x')^2+(y-y')^2+(z-z')^2}} \\ = &-\frac{(x-x')}{(\sqrt{(x-x')^2+(y-y')^2+(z-z')^2})^3}\,, \end{aligned}$$

also

$$\vec{\nabla}\frac{1}{|\vec{r}-\vec{r}\,'|} \equiv \mathrm{grad}\frac{1}{|\vec{r}-\vec{r}\,'|} = -\frac{(\vec{r}-\vec{r}\,')}{|\vec{r}-\vec{r}\,'|^3}\,. \tag{26}$$

Daraus folgt für die Feldstärke

$$\vec{E}(\vec{r}) \;=\; -\int \rho(\vec{r}\,')\vec{\nabla}\frac{1}{|\vec{r}-\vec{r}\,|'}\, dV' \;=\; -\vec{\nabla}\int\frac{\rho(\vec{r\,'})}{|\vec{r}-\vec{r}\,'|}\, dV'. \tag{27}$$

Die Feldstärke läßt sich also als *Gradient eines Potentials* herleiten. Das Potential $\Phi(\vec{r})$ ergibt sich als das Integral über die gesamte Ladungsverteilung:

$$\Phi(\vec{r}) \;=\; \int\frac{\rho(\vec{r}\,')}{|\vec{r}-\vec{r}\,'|}\, dV' \tag{28}$$

Mit dieser Definition können wir für die Feldstärke schreiben

$$\vec{E}(\vec{r}) = -\mathrm{grad}\;\Phi(\vec{r}) \equiv -\vec{\nabla}\Phi(\vec{r})\,. \tag{29}$$

Da die Rotation eines Gradienten stets verschwindet ($\vec{\nabla}\times\vec{\nabla}=0$), folgt daraus

$$\mathrm{rot}\vec{E} = 0. \tag{30}$$

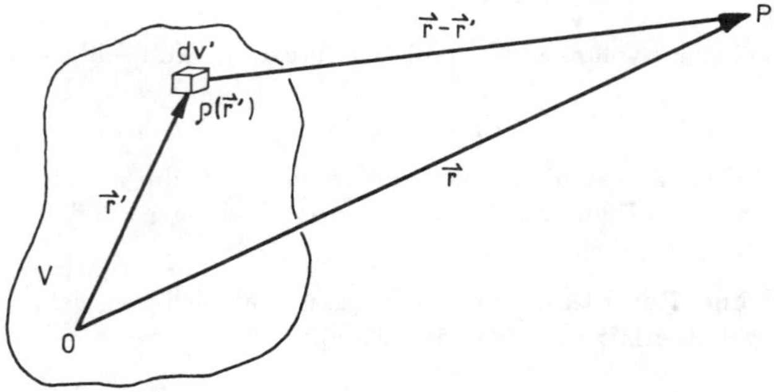

Zur Berechnung des Potentials einer Ladungswolke.

Wir haben also gezeigt, daß sich das elektrostatische Feld durch die beiden Differentialgleichungen

$$\vec{\nabla} \cdot \vec{E} = 4\pi\rho, \tag{31}$$

$$\vec{\nabla} \times \vec{E} = 0 \tag{32}$$

beschreiben läßt. Die letzte Gleichung ist gleichbedeutend damit, daß elektrostatische Kräfte konservativ sind. Anders ausgedrückt : Das elektrostatische Feld ist wirbelfrei. Aus der Divergenz von Gleichung (29) erhalten wir unter Berücksichtigung von Gleichung (31)

$$\vec{\nabla} \cdot \vec{E}(\vec{r}) = -\vec{\nabla}^2\Phi(\vec{r}) = 4\pi\rho(\vec{r}) \tag{33}$$

oder

$$\Delta\Phi(\vec{r}) = -4\pi\rho(\vec{r}) \tag{34}$$

Diese Gleichung wird als *Poissongleichung* [4] bezeichnet; im ladungssfreien Raum $\rho = 0$ geht die Poissongleichung über in die *Laplacegleichung* [5]

$$\Delta\Phi(\vec{r}) = 0 \tag{35}$$

[4] *Poisson*, Siméon Denis, geb. 21.6.1781 Pithiviers, gest. 25.4.1840 Paris. - P. war Schüler der Ecole Polytéchnique und nach Beendigung seines Studiums dort angestellt, seit 1802 als Professor. P. war Mitglied des Längenbüros und der Académie des Sciences. Seit 1787 war P. Pair von Frankreich. - P. arbeitete auf sehr vielen Gebieten, z.B. über allg. Mechanik, Wärmeleitung, über Potentialtheorie, Differentialgleichungen und über Wahrscheinlichkeitsrechnung.

[5] *Laplace*, Pierre Simon, geb 28(?).3.1749 Beaumont-en-Auge, gest. 5.3.1827 Paris. - Nach seinem Schulbesuch wurde L. Lehrer in Beaumont und durch Vermittlung von d'Alembert Professor an der Militärschule von Paris. Da L. seine polit. Überzeugungen schnell zu ändern pflegte, wurde er ebenso von Napoleon wie von Ludwig XVIII. mit Ehren überhäuft. - Von seinen Arbeiten sind seine *"Analytische Theorie der Wahrscheinlichkeit"* (1799-1825) bedeutungsvoll geworden. Die Wahrscheinlichkeitsrechnung enthält z.B. die Methode der *erzeugenden Funktionen*, die *L.-Transformationen* und

Wir zeigen jetzt, daß ein Potential der Form

$$\Phi(\vec{r}) = \frac{1}{|\vec{r} - \vec{r}\,'|} \tag{36}$$

(Punktladung $q = 1$ gesetzt) die Poisson-Gleichung für eine Punktladung erfüllt. Dazu legen wir die Ladung in den Ursprung des Koordinatensystems ($\Phi(\vec{r}) = \frac{1}{r}$) und wenden den Laplaceoperator darauf an. Für die Punktladung ist das Problem kugelsymmetrisch und wir brauchen nur die r-Koordinate zu betrachten. Für $r \neq 0$ erhalten wir durch einfaches Ausrechnen (für den Laplaceoperator in Kugelkoordinaten, siehe Aufgabe 11.6d im Band I der Vorlesungen über Mechanik)

$$\Delta\frac{1}{r} = \frac{1}{r}\frac{\partial^2}{\partial r^2}\left(r\frac{1}{r}\right) = \frac{1}{r}\frac{\partial^2}{\partial r^2}(1) = 0 \tag{37}$$

Für $r = 0$ ist der Ausdruck jedoch nicht definiert. Wir müssen deswegen einen Grenzprozeß vornehmen; dazu integrieren wir $\Delta\phi$ in einer Umgebung von $r = 0$ und führen dieses Volumenintegral mit Hilfe des Gaußschen Satzes in ein Oberflächenintegral über, das von r unabhängig ist

$$\begin{aligned}\int_V \Delta\left(\frac{1}{r}\right) dV &= \int_V \operatorname{div}\left(\operatorname{grad}\left(\frac{1}{r}\right)\right) dV \\ &= \oint_O \operatorname{grad}\left(\frac{1}{r}\right)\cdot\vec{n}\, dF \\ &= \oint_O \frac{\partial}{\partial r}\left(\frac{1}{r}\right) r^2\, d\Omega = -4\pi\,. \end{aligned} \tag{38}$$

Wir haben also gezeigt, daß

$$\Delta\left(\frac{1}{r}\right) = 0, \quad \text{für } r \neq 0 \tag{39}$$

und daß für das Volumenintegral die Beziehung

$$\int_V \Delta\frac{1}{r}\, dV = -4\pi \tag{40}$$

für eine Umgebung von $r = 0$ gilt.

Mathematische Ergänzung: Die δ-Funktion. An dieser Stelle ist es nützlich, die Diracsche Delta-Funktion einzuführen. Dirac [6] führte seine δ-Funktion in Analogie zum Kroneckerschen δ_{ik}-Symbol ein, als Verallgemeinerung für kontinuierliche

---

die endgültige Formulierung des mechan. Materialismus. In der Himmelsmechanik finden sich z.B. die kosmologische Hypothese von L., die Theorien von der Gestalt der Erde und von der Mondbewegung, Störungstheorie der Planeten und die Potentialtheorie der L.schen Gleichung.

[6] *Dirac*, Paul Maurice, geb. 8.8.1902 in Bristol. - D. studierte in Bristol, Cambridge und an mehreren ausländ. Universitäten. 1932 wurde er zum Professor der Mathematik berufen. D. gilt als einer der Begründer der *Quantenmechanik.* Das von ihm geschaffene mathematische Äquivalent besteht wesentlich aus einer *nichtkommutativen Algebra* zur Berechnung der Eigenschaften der Atome. D. entwickelte eine *reletivist. Theorie des Elektrons,* sagte 1928 die Entdeckung dse *Positrons* voraus und lieferte wesentl. Beiträge zur Quantenfeldtheorie. 1933 erhielt D. den Nobelpreis.

Indizes und schrieb

$$f(a) = \int_{-\infty}^{\infty} f(x)\,\delta(x-a)\,dx\,. \tag{41}$$

Die δ-Funktion $\delta(x-a)$ ordnet also der Funktion $f(x)$ ihren Wert an der Stelle $x = a$ zu; sie ist nur als Funktional durch den obigen Ausdruck definiert. Größen wie $\delta(x)$ sind keine Funktionen im üblichen Sinne. Sie sind im Rahmen des Riemannschen Integralbegriffs nicht integrierbar. Die δ-Funktion wird mathematisch exakt im Rahmen der *Theorie der Distributionen* [7] behandelt. Wir beschränken uns hier darauf, einige Eigenschaften der δ-Funktion mit heuristischem Beweis anzugeben. Man kann die Größe $\delta(x)$ als Grenzfall einer Funktion veranschaulichen, mit der Eigenschaft überall zu verschwinden und an der Stelle $x = 0$ so singulär zu werden, so daß

$$\int_{0-\epsilon}^{0+\epsilon} \delta(x)\,dx = 1\,, \quad \epsilon > 1\,. \tag{42}$$

Die δ-Funktion ist dann formal durch die beiden folgenden Eigenschaften definiert:

$$\delta(x-a) = 0 \ \text{ falls } x \neq a, \tag{43}$$

und

$$\int_{b_1}^{b_2} \delta(x-a)\,dx = \begin{cases} 1 & \text{für } b_1 \leq a \leq b_2 \\ 0 & \text{sonst} \end{cases} \tag{44}$$

Für das Produkt einer beliebigen Funktion mit der Ableitung der δ- Funktion erhält man

$$\begin{aligned} \int_{-\infty}^{\infty} f(x)\,\delta'(x-a)\,dx &= [f(x)\delta(x-a)]_{-\infty}^{\infty} - \int_{-\infty}^{\infty} f'(x)\,\delta(x-a)\,dx \\ &= -f'(a). \end{aligned} \tag{45}$$

Genauso leicht findet man $\delta(ax) = \frac{1}{|a|}\delta(x)$, denn es ist

$$\int_{-\epsilon}^{\epsilon} \delta(ax)\,dx = \begin{cases} \int_{-\epsilon a}^{\epsilon a} \frac{1}{a}\delta(z)dz & \text{für } a > 0 \\ \int_{-\epsilon a}^{\epsilon a} -\frac{1}{|a|}\delta(z)dz = \int_{-\epsilon|a|}^{\epsilon|a|} \frac{1}{|a|}\delta(z)dz & \text{für } a < 0\,. \end{cases} \tag{46}$$

[7] Eine Distribution ist eine Verallgemeinerung des Funktionsbegriffes in der Funktionalanalysis; lineares Funktional über gewissen abstrakten Räumen. Die in der theoret. Physik wichtige *Diracsche Deltafunktion* ist z.B. eine D. aber keine Funktion. Die Theorie der D. wurde 1945-50 von L. Schwartz entwickelt und hat seit dieser Zeiz in vielen Gebieten der Analysis, z.B. in der Theorie der Differentialgleichungen und in der modernen Physik Anwendungen gefunden. Eine besonders anschauliche Begründung der Distributionen wurde von den Darmstädter Mathematikern Laugwitz und Schmieden gegeben.

Also gilt allgemein $\delta(ax) = \frac{1}{|a|}\delta(x)$. Hat die δ-Funktion im Argument eine Funktion $f(x)$ der unabhängigen Variablen x, so kann man folgendermaßen transformieren :

$$\delta(f(x)) = \sum_i \frac{1}{|\frac{df}{dx}(x_i)|}\ \delta(x - x_i)\ , \tag{47}$$

wenn $f(x)$ einfache Nullstellen hat für $x = x_i$. In der Nähe einer Nullstelle x_i läßt sich die gerade vorgeführte Argumentation wiederholen. Der Faktor a wird dabei durch $\frac{df}{dx}(x_i)$ ersetzt, weil in der allernächsten Umgebung von x_i die Funktion $f(x)$ durch $f(x) = (\frac{df}{dx})_i(x - x_i) = a(x - x_i)$ angenähert werden kann. Mathematisch ausführlicher läßt sich dies auch folgendermaßen begründen:

Die Funktion $f(x)$ habe N einfache Nullstellen x_i $(i = 1, ...N)$, d.h. $f(x_i) = 0$, $\frac{df}{dx}|_{x_i} \neq 0$. Im Integral $I = \int_{-\infty}^{\infty} g(x)\delta(f(x))\ dx$ trägt die δ-Funktion nur dann bei, wenn ihr Argument verschwindet. Es genügt also, nur die Beiträge zum obigen Integral zu beachten, die von (beliebig kleinen) Umgebungen der einzelnen Nullstellen x_i von f herrühren :

$$I = \sum_{i=1}^{N} \int_{x_i - a_i}^{x_i + a_i} \delta[f(x)]g(x)\ dx. \tag{48}$$

Ist $f'(x_i) \neq 0$, so auch in einem Intervall um x_i (f' sei stetig). Sei aber a so klein

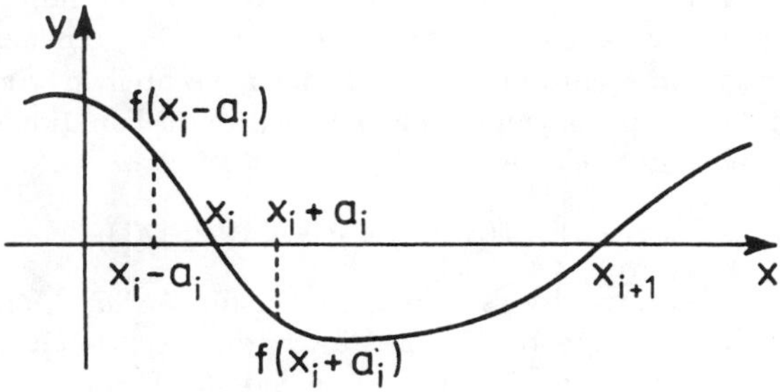

gewählt, daß $f'(x) \neq 0$ für $x\epsilon(x_i - a, x_i + a), i = 1, ...n$. Dann ist aber die Funktion in jeder Umgebung $(x_i - a, x_i + a)$ umkehrbar, die Umkehrung sei $f_i^{-1}(y)$. Wir erhalten dann mit Hilfe der Substitutionsregel

$$\begin{aligned} I &= \sum_{i=1}^{N} \int_{f(x_i - a)}^{f(x_i + a)} \delta(y)g[f_i^{-1}(y)]\frac{dy}{f'[f_i^{-1}(y)]} = \sum_{i=1}^{N} g[f_i^{-1}(0)]\frac{1}{|f'(f_i^{-1}(0))|} \\ &= \sum_{i=1}^{N} g(x_i)\frac{1}{|f'(x_i)|}\ , \end{aligned} \tag{49}$$

denn $f_i^{-1}(0) = x_i$. Der Betrag taucht auf, weil für $f'(x_i) < 0, f(x_i - a) > f(x_i + a)$ ist, d.h. die Integrationsgrenzen im obigen Integral vertauscht werden müssen. Dieser

Ausdruck kann aber auch als

$$I = \int_{-\infty}^{\infty} \sum_{i=1}^{N} \frac{1}{|f'(x_i)|} \delta(x - x_i)\; g(x)\; dx \tag{50}$$

geschrieben werden. Distributionen können auch als *Grenzwert von Funktionen* verstanden werden. Betrachten wir z.B. die Funktionenschar

$$f(x,\sigma) = \frac{1}{\sqrt{\pi}\sigma} e^{-\frac{x^2}{\sigma^2}}, \tag{51}$$

worin σ ein Parameter ist. Das Integral dieser Funktion ist

$$\frac{1}{\sqrt{\pi}\sigma} \int_{-\infty}^{\infty} e^{-\frac{x^2}{\sigma^2}} dx = \frac{1}{\sqrt{\pi}} \int_{-\infty}^{\infty} e^{-y^2} dy = 1\;, \tag{52}$$

also unabhängig von σ. Nun ist es aber auch so, daß für jeden Punkt $x \neq 0$ der Limes dieser Funktion für $\sigma \to 0$ nach Null geht. Folglich gilt

$$\lim_{\sigma\to 0} f(x,\sigma) = \lim_{\sigma\to 0} \frac{1}{\sqrt{\pi}\;\sigma} e^{-\frac{x^2}{\sigma^2}} = \delta(x) \tag{53}$$

Solche Darstellungen von Distributionen als Grenzwerte von Funktionen sind oft für das Erkennen von Eigenschaften von Distributionen sehr nützlich. Ein anderer Zugang eröffnet sich aus dem Begriff der *Weyl'schen Eigendifferentiale* heraus, mit dem wir uns in der Vorlesung über Quantenmechanik genauer befassen werden. Für räumliche und Mehrdimensionale Probleme schreiben wir die δ-Funktion mit vektoriellem Argument, indem wir das Produkt der δ-Funktionen der einzelnen kartesischen Komponenten bilden:

$$\delta(\vec{r} - \vec{a}) = \delta(x - a_x)\delta(y - a_y)\delta(z - a_z) \tag{54}$$

ist ein Funktional, das überall verschwindet außer für $\vec{r} = \vec{a}$. Mit der δ-Funktion können wir zum Beispiel eine Reihe von Punktladungen wie eine kontinuierliche Ladungsverteilung beschreiben. Eine Ladungsdichte der Form

$$\rho(\vec{r}) = \sum_{i=1}^{N} q_i \delta(\vec{r} - \vec{a}_i) \tag{55}$$

beschreibt N Punktladungen der Stärke q_i, die an den Punkten $\vec{a}_i$ sitzen. Ebenso können wir die beiden Beziehungen (39) und (40) mit der δ-Funktion in einer geschlossenen Form schreiben:

$$\Delta \frac{1}{r} \;=\; -4\pi\delta(\vec{r})\;. \tag{56}$$

Liegt die Ladung nicht im Ursprung, so gilt entsprechend

$$\Delta \frac{1}{|\vec{r} - \vec{r}\,'|} = -4\pi\delta(\vec{r} - \vec{r}\,'). \tag{57}$$

Wird das Feld durch eine kontinuierliche Ladungsverteilung $\rho(\vec{r})$ erzeugt, so gilt

$$\begin{aligned} \Delta\phi(\vec{r}) &= \int \rho(\vec{r}\,')\Delta\frac{1}{|\vec{r}-\vec{r}\,'|}\,dV' \\ &= \int \rho(\vec{r}\,')(-4\pi\delta(\vec{r}-\vec{r}\,'))\,dV' = -4\pi\rho(\vec{r}) \end{aligned} \tag{58}$$

was genau der Poisson-Gleichung (34) entspricht.

Die potentielle Energie einer Ladung im elektrischen Feld: Wird eine Ladung q in einem elektrischen Feld der Stärke $\vec{E}(\vec{r})$ von A nach B bewegt, dann wirkt auf diese Ladung die Kraft $\vec{F}(\vec{r}) = q\vec{E}(\vec{r})$. Die Arbeit, die bei dieser Bewegung ver-

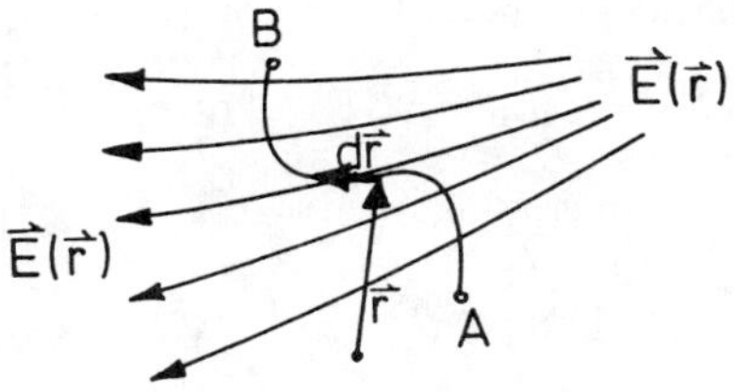

Bei der Bewegung einer Ladung im elektrischen Feld muß Arbeit geleistet werden

richtet wird, ist gegeben durch das Wegintegral über die Kraft

$$W = -\int_A^B \vec{F}(\vec{r}\,')\cdot d\vec{r}\,' = -q\int_A^B \vec{E}(\vec{r}\,')\cdot d\vec{r}\,'\,. \tag{59}$$

Das Minuszeichen erscheint, weil Arbeit von außen gegen das Feld verrichtet wird. Drückt man in dieser Gleichung die Feldstärke durch das Potential aus, so folgt

$$\begin{aligned} W &= q\int_A^B \vec{\nabla}\phi\cdot d\vec{r}\,' = q\int_A^B (\frac{\partial\phi}{\partial x}dx + \frac{\partial\phi}{\partial y}dy + \frac{\partial\phi}{\partial z}dz) = q\int_A^B d\phi \\ W &= q\int_A^B d\phi = q(\phi(B)-\phi(A))\,, \end{aligned} \tag{60}$$

d.h. die auf dem Weg von A nach B geleistete Arbeit entspricht genau der Differenz der potentiellen Energie an den beiden Punkten. Die Arbeit ist somit wegunabhängig.

Die elektrische Feldstärke beim Durchgang durch geladene Flächen: Wir betrachten das Verhalten der Komponenten der elektrischen Feldstärke beim Durchgang durch eine geladene Fläche. Die Oberflächenladung beschreiben wir durch die Ladungsdichte σ mit der Dimension Ladung pro Fläche:

$$\sigma(\vec{r}) = \lim_{\Delta F\to 0}\frac{\Delta q(\vec{r})}{\Delta F}. \tag{61}$$

Ein Flächenelement ΔF trägt die Ladung $q = \int_{\Delta F} \sigma(\vec{r}) dF$. Das Flächenelement ΔF soll innerhalb des Volumenelementes ΔV liegen. Wenden wir darauf das Gaußsche Gesetz an, so erhalten wir

$$\oint_{\Delta O(\Delta V)} \vec{E} \cdot \vec{n} \, dF = 4\pi q = 4\pi \int_{\Delta F} \sigma(\vec{r}) \, dF \ , \tag{62}$$

wobei sich das Integral über die Oberfläche ΔO des Volumenelementes ΔV erstreckt, welches das Flächenelement ΔF umschließt. Wir wählen nun speziell das Volumenelement als Quader mit vernachlässigbarer Dicke, dann ist der Fluß des $\vec{E}$-Feldes durch die Seitenflächen vernachlässigbar, und wir erhalten durch Integration den Fluß durch die Fläche. Zur Unterscheidung geben wir der Feldstärke vor dem Durchgang durch die Fläche den Index 1, danach den Index 2. Damit ergibt sich:

$$(\vec{E}_2 \cdot \vec{n} - \vec{E}_1 \cdot \vec{n}) \, \Delta F = 4\pi\sigma(\vec{r}) \, \Delta F \ .$$

Durch Kürzen und Ausklammern folgt weiter

$$(\vec{E}_2 - \vec{E}_1) \cdot \vec{n} = 4\pi\sigma(\vec{r}), \tag{63}$$

d.h. *die Normalkomponente des $\vec{E}$-Feldes ändert sich beim Durchgang durch eine geladene Fläche sprungartig um den Betrag* $4\pi\sigma$.

Da die Feldstärke aus dem Potential herleitbar ist, wissen wir, daß $\text{rot}\vec{E} = -\text{rot grad}\phi = 0$ und damit auf Grund des Stoke'schen Satzes das Umlaufintegral verschwindet:

$$\oint \vec{E} \cdot \, d\vec{r} \ = \ \int_O \text{rot}\vec{E} \cdot \vec{n} \, dF = 0$$

Wir integrieren nun den geschlossenen Weg parallel zu der Tangentialkomponente des $\vec{E}$-Feldes auf der Oberfläche ΔO des Volumenelementes ΔV, wobei wir voraussetzen, daß die Dicke des Volumenelementes vernachlässigbar ist. Dann ist auch der Beitrag von den Stirnseiten zum Linienintegral vernachlässigbar, und wir erhalten :

$$\oint \vec{E} \cdot d\vec{r} = (\vec{E}_{2t} - \vec{E}_{1t}) \cdot \Delta\vec{r} = 0 \tag{64}$$

Daraus folgt: $\vec{E}_{2t} = \vec{E}_{1t}$, d.h. *die Tangentialkomponente des $\vec{E}$-Feldes ändert sich beim Durchgang durch eine geladene Fläche nicht.*

1.1 Beispiel: Der Plattenkondensator

Als Anwendungsbeispiel für das Gaußsche Gesetz berechnen wir die Feldstärke in einem Plattenkondensator. Unter einem Plattenkondensator verstehen wir zwei leitende, ebene Flächen, die im Abstand d parallel zueinander angeordnet sind. Die Ladungsdichte auf den Platten ist konstant $\sigma = \frac{q}{F}$ bzw. $\frac{-q}{F}$, wobei q die Gesamtladung auf einer Platte darstellt. Zur Vereinfachung des Problems vernachlässigen

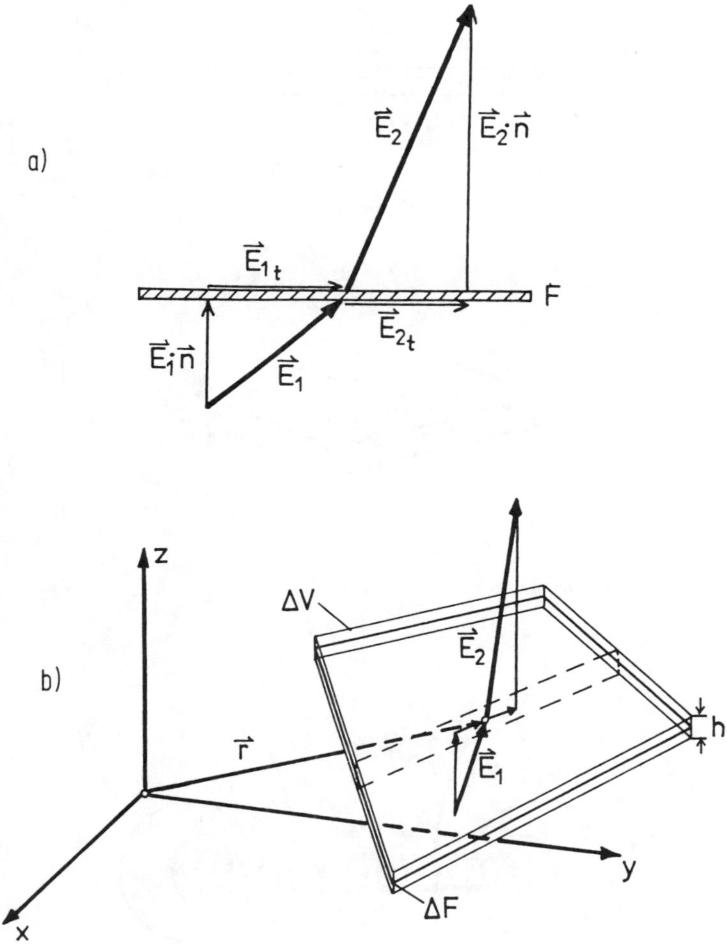

Durchgang des elektrischen Feldes durch eine geladene Fläche: a) im Schnitt b) perspektivisch

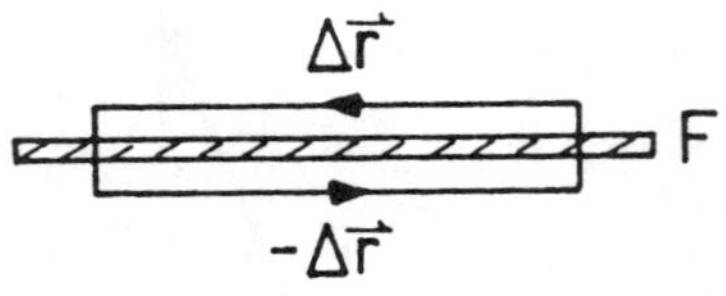

Veranschaulichung des Integrationsweges

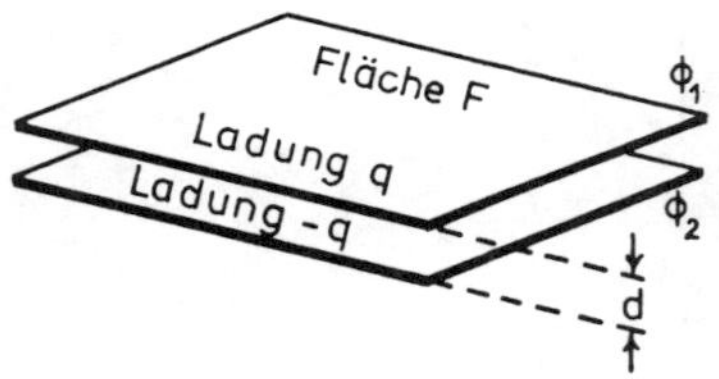

Ein Plattenkondensator

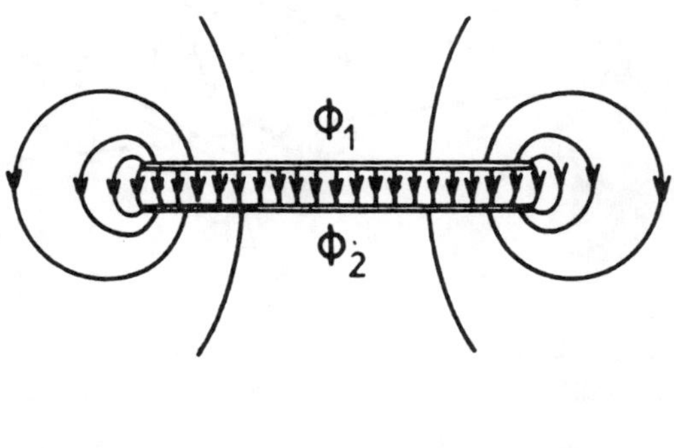

Querschnitt durch den Plattenkondensator mit Feldlinien. Das elektrische Feld zeigt von der positiv zur negativ geladenen Platte.

wir die Streufelder am Kondensatorrrand und nehmen an, daß außerhalb des Kondensators kein Feld vorhanden sei; wir können dann die Feldstärke $\vec{E}$ entsprechend Gleichung (63) berechnen, indem wir für eine Platte das Gaußsche Gesetz anwenden:

$$(\vec{E} - \vec{O}) \cdot \vec{n} \;=\; E \;=\; 4\pi\sigma \;=\; 4\pi \frac{q}{F}.$$

$\vec{n}$ steht senkrecht auf den Platten und zeigt von der positiv zur negativ geladenen Platte; so auch das elektrische Feld $\vec{E}$. Die Feldstärke innerhalb des Kondensators ist konstant. Für die Potentialdifferenz zwischen den Platten erhalten wir:

$$\phi_2 - \phi_1 = -\int_0^d \vec{E} \cdot d\vec{r} = -E \int_0^d dx \;=\; -Ed\ .$$

Einsetzen der für E gefundenen Beziehung liefert die Spannung V:

$$V = \phi_2 - \phi_1 = 4\pi \frac{q}{F} d\ .$$

Die Spannung ist der Potentialunterschied zwischen positiv geladener Platte (ϕ_1) und negativ geladener Platte (ϕ_2). Wir definieren nun die Kapazität C eines Kondensators durch die Gleichung

$$C = \frac{q}{V}.$$

Sie gibt die Ladung q an, die bei gegebener Spannung V auf den Kondensator paßt; daher das Wort Kapazität = Fassungsvermögen. Für die Kapazität eines Plattenkondensators ergibt sich also

$$C = \frac{F}{4\pi d}\ . \qquad \underline{1}$$

1.2 Aufgabe: Der Kugelkondensator

Berechnen Sie die Kapazität eines Kondensators, der aus zwei konzentrischen Kugelschalen besteht. Jede Kugel trägt die Ladung homogen verteilt; die Radien sind r_1 und r_2. Die äußere Kugel habe die negative Ladung $-q$, die innere die positive Ladung q.

Lösung:

Wegen des kugelsymmetrischen Aufbaus ist auch die Feldverteilung kugelsymmetrisch.

Wenn wir Kugelkoordinaten benutzen, brauchen wir nur die r-Komponente des Feldes zu betrachten; andere existieren nicht.

Das Innere einer geladenen Kugelschale ist feldfrei. Dies folgt sofort aus dem Gaußschen Gesetz, denn innerhalb einer Kugel ist keine Ladung vorhanden und es gilt immer

$$\oint_F E_n\, dF \;=\; 4\pi r^2 E_n \;=\; 0,$$

wenn r den Radius einer Kugelfläche angibt, die innerhalb der Ladungsverteilung liegt.

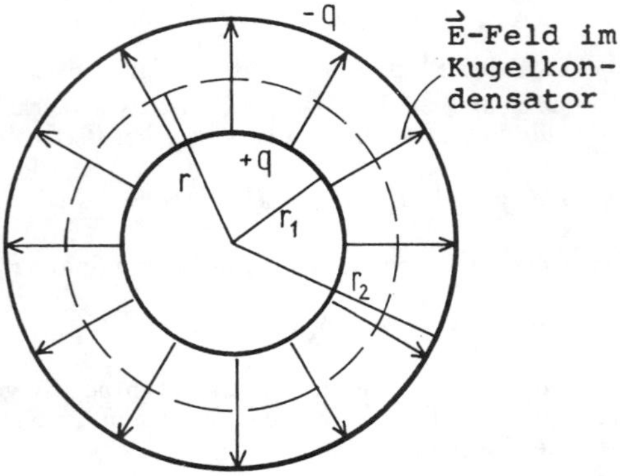

Prinzipskizze eines Kugelkondensators

Für den Kugelkondensator bedeutet das, daß das elektrische Feld $\vec{E}$ nur von der inneren Kugel herrührt. Legen wir eine Kugelfläche vom Radius r zwischen beide Kugelschalen, so gilt jetzt nach dem Gaußschen Gesetz:

$$\oint_F E_n \, dF \;=\; 4\pi r^2 E_n(r) \;=\; 4\pi q.$$

Die Feldstärke hängt also quadratisch vom Radius ab:

$$E_n(r) = \frac{q}{r^2} \,. \qquad \underline{1}$$

Die Potentialdifferenz zwischen innerer und äußerer Kugel ergibt sich somit zu

$$V \;=\; \int_{r_1}^{r_2} E_n \, dr \;=\; q \int_{r_1}^{r_2} \frac{dr}{r^2} \;=\; q \left(\frac{1}{r_1} - \frac{1}{r_2} \right).$$

Damit erhalten wir für die Kapazität des Kugelkondensators

$$C = \frac{q}{V} = \frac{r_1 \, r_2}{r_2 - r_1} \,. \qquad \underline{2}$$

Zum Ergebnis für die Feldstärke merken wir noch an, daß die Feldstärke die gleiche ist wie die einer gleich großen Punktladung im Kugelmittelpunkt. Dieses Ergebnis gilt für alle kugelsymmetrischen Ladungsverteilungen.

1.3 Aufgabe: Der Zylinderkondensator

Gesucht ist die Kapazität eines Kondensators, der aus zwei koaxialen Zylindern der Höhe h und den Radien r_1 und r_2 besteht. Das Streufeld an den Rändern ist zu vernachlässigen.

Lösung:

Wir legen zwischen die beiden Zylinder wieder eine entsprechende Zylinderfläche vom Radius ρ und wenden das Gaußsche Gesetz an.

$$\oint E_\rho dF \;=\; E_\rho \cdot 2\pi\rho h \;=\; 4\pi q \qquad \sigma \cdot h \qquad E_\rho = \frac{4\pi q 2}{2\pi \rho h} = \frac{2q}{1\rho h}$$

Hierbei ist q die Ladung auf dem inneren Zylinder. Wir haben davon Gebrauch gemacht, daß das Feld axialsymmetrisch ist und das Streufeld verschwinden soll. Die Spannung erhalten wir durch Integration über die Feldstärke 1.

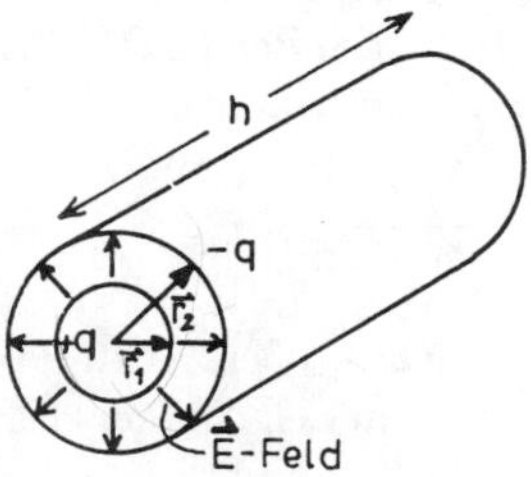

Zylinderkondensator

$$V = \int_{r_1}^{r_2} E_\rho \, d\rho = \frac{2q}{h}\int_{r_1}^{r_2} \frac{d\rho}{\rho} = \frac{2q}{h}\ln\frac{r_2}{r_1}.$$

Somit ist die Kapazität

$$C = \frac{h}{2\ln\frac{r_2}{r_1}} \, .$$

Das Dipolmoment: Zwei Flächen, die sich im Abstand $d(\vec{r}\,')$ gegenüberstehen, sollen die Ladungsdichten $\sigma(\vec{r}\,')$ bzw. $-\sigma(\vec{r}\,')$ tragen. Lassen wir den Abstand zwischen den beiden Flächen immer kleiner werden, wobei die Potentialdifferenz zwischen ihnen konstant bleiben soll, so geht die Ladundsdichte gegen unendlich. Den Grenzwert, dem das Produkt aus Ladungsdichte und lokalem Abstand zustrebt, bezeichnet man als *Dipoldichte* $\vec{D}(\vec{r})$:

$$\vec{D}(\vec{r}\,') \;=\; D(\vec{r}\,')\,\vec{n} = \lim_{d\to 0}\,\sigma(\vec{r}\,')\,d(\vec{r}\,')\,\vec{n}(\vec{r}\,')\,. \tag{65}$$

Wir definieren den *Betrag des Dipolmomentes* durch das Integral $p = \int D\,dF$, seine Richtung steht definitionsgemäß senkrecht auf der Oberfläche F' und *zeigt von der*

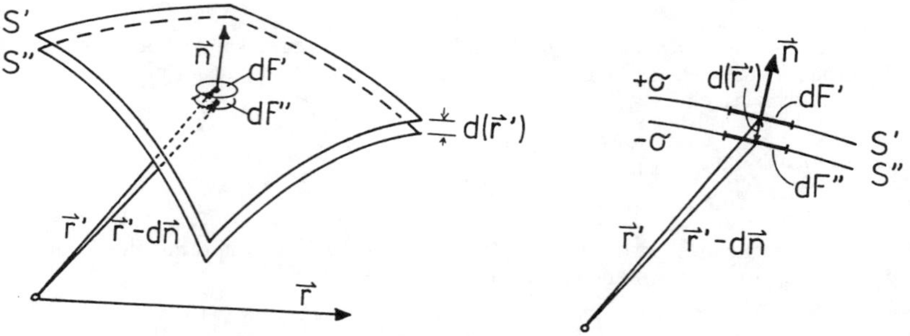

Eine Dipolschicht

negativen zur positiven Ladung. Der Normalenvektor $\vec{n}$ zeigt ebenfalls in die Richtung von der negativen zur positiven Ladung. Das Potential der Dipolschicht setzt sich additiv aus den Potentialen der Einzelschichten zusammmen:

$$\phi(\vec{r}) = \int \frac{\sigma(\vec{r}\,')}{|\vec{r}-\vec{r}\,'|}\,dF' - \int \frac{\sigma(\vec{r}\,')}{|\vec{r}-\vec{r}\,'+d(\vec{r}\,')\,\vec{n}|}\,dF'. \tag{66}$$

Unter der Voraussetzung, daß wir das Potential in einem großen Abstand von der Dipolschicht untersuchen, gilt $|\vec{r}-\vec{r}\,'| \gg d$ und wir können den Nenner des zweiten Integranden entwickeln:

$$\begin{aligned} \frac{1}{|\vec{r}-\vec{r}\,'+d(\vec{r}\,')\,\vec{n}|} &= \frac{1}{\sqrt{(\vec{r}-\vec{r}')^2+2(\vec{r}-\vec{r}')\cdot d\vec{n}+(d\vec{n})^2}} \\ &= \frac{1}{|\vec{r}-\vec{r}'|}\cdot\frac{1}{\sqrt{1+(\frac{d\vec{n}}{\vec{r}-\vec{r}'})^2+\frac{2(\vec{r}-\vec{r}')\cdot d\vec{n}}{(\vec{r}-\vec{r}')^2}}} \\ &\approx \frac{1}{|\vec{r}-\vec{r}'|}\cdot\left(1-\frac{(\vec{r}-\vec{r}')\cdot d\vec{n}}{(\vec{r}-\vec{r}')^2}+\ldots\right), \end{aligned} \tag{67}$$

wobei wir $\frac{(d(\vec{r}')\vec{n})^2}{(\vec{r}-\vec{r}')^2}$ vernachlässigt haben. Wir setzen dies in (66) ein und erhalten für das Potential

$$\begin{aligned} \phi(\vec{r}) &= \int \frac{\sigma(\vec{r}\,')}{|\vec{r}-\vec{r}\,'|}\,dF' - \int \frac{\sigma(\vec{r}\,')}{|\vec{r}-\vec{r}\,'|}\left(1-\frac{(\vec{r}-\vec{r}\,')\cdot d(\vec{r}\,')\vec{n}}{|\vec{r}-\vec{r}\,'|^2}\right)dF' \\ &= \int \sigma(\vec{r}\,')\frac{(\vec{r}-\vec{r}\,')\cdot d(\vec{r}\,')\vec{n}}{|\vec{r}-\vec{r}\,'|^3}\,dF', \\ \phi(\vec{r}) &= \int D(\vec{r}\,')\,\vec{n}\cdot\frac{\vec{r}-\vec{r}\,'}{|\vec{r}-\vec{r}\,'|^3}\,dF'. \end{aligned} \tag{68}$$

Zur Vereinfachung des Integranden führen wir den Raumwinkel $d\Omega$ ein, unter dem die Dipolschicht vom Aufpunkt $\vec{r}$ aus gesehen wird. Aus der Figur erhalten wir

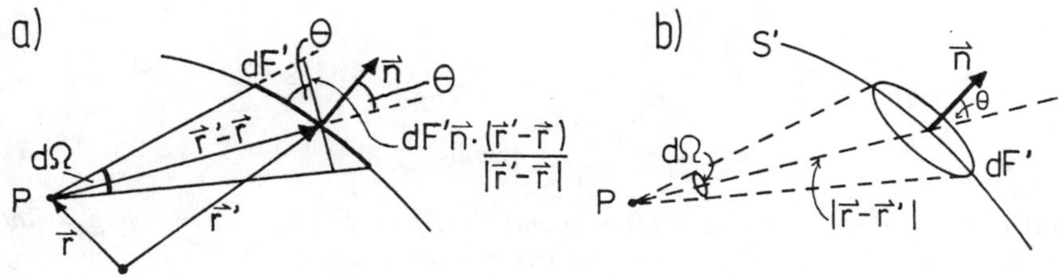

Das Potential in P, das von der Dipoldichte D im Flächenelement dF' stammt, ist das negative Produkt von D und dem Raumwinkel $d\Omega$, unter dem man von P aus dF' sieht. a) im Schnitt b) perspektivisch.

folgende Beziehung (siehe auch (15))

$$|\vec{r}\,' - \vec{r}|^2 \; d\Omega = dF' \; \vec{n} \cdot \frac{\vec{r}\,' - \vec{r}}{|\vec{r}\,' - \vec{r}\,|} = dF' \; \cos\theta. \tag{69}$$

Damit ergibt sich für das Potential der Dipolschicht :

$$\phi(\vec{r}) = -\int D(\vec{r}\,') \; d\Omega \; . \tag{70}$$

Wenn die Dipoldichte der Schicht konstant ist, wird das Potential der Schicht im Punkt $\vec{r}$ durch den Raumwinkel bestimmt, unter dem die Schicht von $\vec{r}$ aus gesehen wird. Eine *infinitesimal kleine Dipolschicht* bezeichnet man als *Punktdipol.* Das

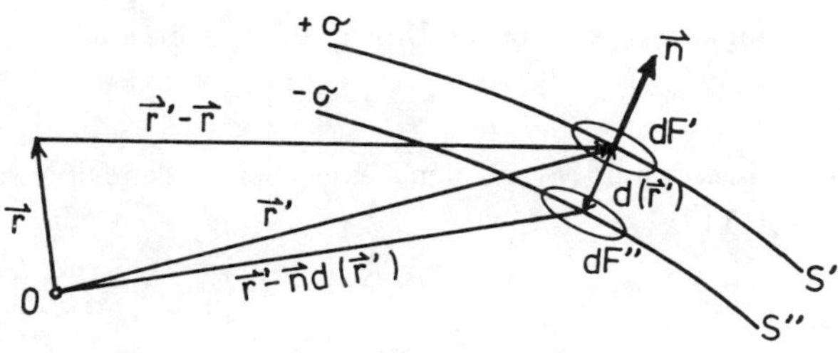

Zur Geometrie der Dipolschicht

Potential eines Punktdipols lautet :

$$\phi(\vec{r}) \;\; = \;\; -\int D(\vec{r}\,') \; d\Omega$$

$$
\begin{aligned}
&= -\int_{\Delta F} \sigma(\vec{r}\,') \, d(\vec{r}\,') \, \vec{n} \frac{\vec{r}\,' - \vec{r}}{|\vec{r}\,' - \vec{r}|^3} \, dF' \\
&= -\frac{\vec{r}\,' - \vec{r}}{|\vec{r}\,' - \vec{r}|^3} \cdot \vec{n} \, d(\vec{r}) \int_{\Delta F} \sigma(\vec{r}\,') \, dF' \\
&= -\frac{\vec{r}\,' - \vec{r}}{|\vec{r}\,' - \vec{r}|^3} \cdot \vec{n}(\vec{r}) \, d(\vec{r}) \, q \; .
\end{aligned}
\tag{71}
$$

Die Definition des *Dipolvektors (Dipolmomentes)* $\vec{p}$ eines Punktdipols ist $\vec{p} = \vec{n} dq$, also Ladung mal dem Vektor, der von der negativen zur positiven Ladung zeigt. Diese setzen wir ein und erhalten für das Potential:

$$
\phi(\vec{r}) = -\vec{p} \cdot \frac{\vec{r}\,' - \vec{r}}{|\vec{r}\,' - \vec{r}|^3} = -\frac{|\vec{p}|}{|\vec{r}\,' - \vec{r}|^2} \cos\,\theta, \tag{72}
$$

wobei θ der Winkel zwischen $\vec{p}(\vec{n})$ und $\vec{r}\,' - \vec{r}$ ist. Wie schon früher ausgeführt, zeigt $\vec{p}$ von der negativen zur positiven Ladung.

Das Potential beim Durchgang durch eine Dipolschicht: Wir untersuchen nun das Verhalten des Potentials beim Durchgang durch eine Dipolschicht. Dazu

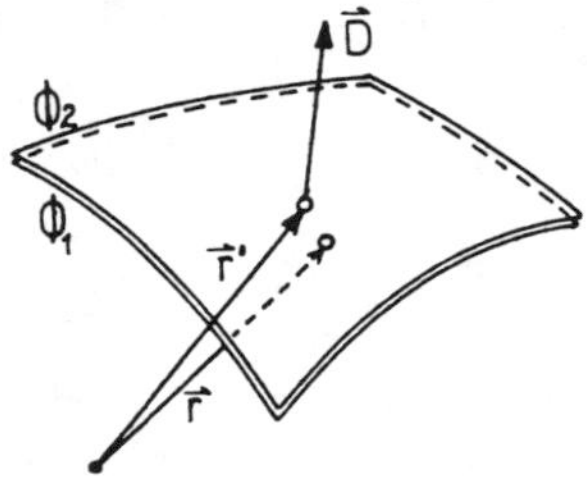

Zum Potentialsprung an einer Dipolschicht.

legen wir den Aufpunkt $\vec{r}$ direkt vor die Dipolschicht, dann gilt :

$$
\int d\Omega = 2\pi,
$$

und für die Potentiale ϕ_1 und ϕ_2 auf den beiden Seiten der Dipolschicht erhalten wir nach Gleichung (70) :

$$
\begin{aligned}
\phi_1 &= -D \int d\Omega = -2\pi D, \\
\phi_2 &= D \int d\Omega = 2\pi D \; .
\end{aligned}
\tag{73}
$$

Vergleichen wir mit (72), so sehen wir, daß die Vorzeichenänderung daran liegt, daß $\vec{r}\,' - \vec{r}$ das Vorzeichen ändert. Die Differenz der beiden Potentiale ergibt sich zu

$$
\phi_2 - \phi_2 = 4\pi D \; , \tag{74}
$$

d.h. das Potential springt beim Durchgang durch die Dipolschicht um den Betrag $4\pi D$. Mit anderen Worten: Der Potentialverlust innerhalb der Dipolschicht ist $4\pi D$.

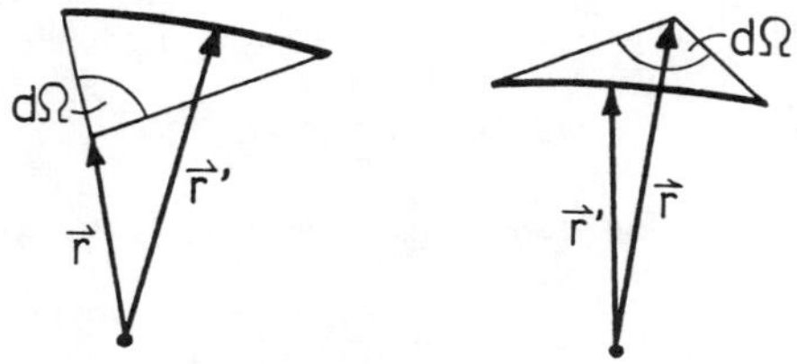

1.4 Aufgabe: Dipolmoment

Berechnen Sie das Potential eines Dipols, der aus zwei Ladungen e und $-e$ im Abstand a besteht.

Lösung:

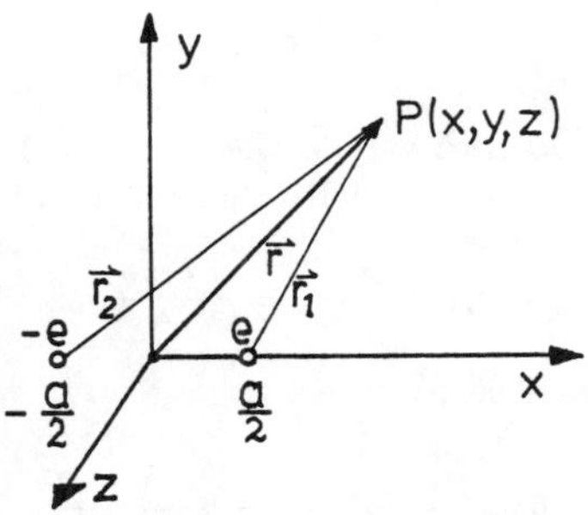

Ein Punktdipol. Das Dipolmoment $\vec{p} = (ea, 0, 0)$ zeigt von $-e$ nach e und hat den Betrag Ladung (e) mal Abstand (a).

Das Potential im Punkt P ist gegeben durch

$$\phi(x, y, z) = \frac{e}{r_1} - \frac{e}{r_2} . \qquad \underline{1}$$

Es gilt für die Abstände mit $r^2 = x^2 + y^2 + z^2$:

$$r_1 = \sqrt{(x - \frac{a}{2})^2 + y^2 + z^2} = r\sqrt{1 - \frac{ax}{r^2} + \frac{a^2}{4r^2}}.$$

Wir vernachlässigen den quadratischen Term und entwickeln die Wurzel ($r \gg a$) :

$$r_1 \approx r\left(1 - \frac{1}{2}\frac{ax}{r^2}\right).$$

Entsprechend gilt für r_2 :

$$r_2 \approx r\left(1+\frac{1}{2}\frac{ax}{r^2}\right) .$$

Setzen wir die beiden Entwicklungen in Gleichung 1, so wird

$$\phi(x,y,z) = \frac{e}{r}\left(\frac{1}{1-\frac{1}{2}\frac{ax}{r^2}} - \frac{1}{1+\frac{1}{2}\frac{ax}{r^2}}\right) .$$

Bringen wir die Klammern auf den Hauptnenner $1-\frac{1}{4}\left(\frac{ax}{r^2}\right)^2$, so können wir das quadratische Glied vernachlässigen; es folgt dann

$$\phi(x,y,z) = \frac{eax}{r^3}.$$

Wir führen jetzt das Dipolmoment $\vec{p}$ ein. $\vec{p}$ zeigt von e nach $-e$ und hat den Betrag $|\vec{p}| = ea$. Damit erhalten wir für das Potential

$$\phi(\vec{r}) = \frac{\vec{p}\cdot\vec{r}}{r^3} . \qquad 2$$

Das gleiche Ergebnis erhalten wir aus Gleichung (72) für $\vec{r}\,' = 0$. Man kann mit dem radialen Einheitsvektor $\vec{e}_r$ das Dipolpotential schreiben als

$$\phi(r,\theta) = \frac{\vec{p}\cdot\vec{e}_r}{r^2} = \frac{p\,\cos\theta}{r^2}. \qquad 3$$

Daraus ergibt sich das elektrische Feld als

$$\begin{aligned}\vec{E} &= -\,\mathrm{grad}\phi = -\frac{\partial\phi}{\partial r}\vec{e}_r - \frac{1}{r}\frac{\partial\phi}{\partial\theta}\vec{e}_\theta - \frac{1}{r}\frac{1}{\sin\phi}\frac{\partial\phi}{\partial\varphi}\vec{e}_\varphi \\ &= \frac{2p\,\cos\,\theta}{r^3}\vec{e}_r + \frac{p\,\sin\theta}{r^3}\vec{e}_\theta \;=\; \frac{3\,\vec{e}_r(\vec{p}\cdot\vec{e}_r)-\vec{p}}{r^3} .\end{aligned} \qquad 4$$

Dieser Ausdruck ist jedoch nicht vollständig. Wie wir gleich sehen werden, bedarf die singuläre Stelle $r=0$ einer besonderen Betrachtung. Beide, das Dipolpotential und das zugehörige $\vec{E}$-Feld sind in der Figur dargestellt. Gleichung 4 beschreibt das Dipolfeld für $r \neq 0$. Da $\int_V \vec{E}\;dV$ über eine kleine Kugel um den Dipol, der im Mittelpunkt liegt, sich leicht ausrechnen läßt, nämlich

$$\int_V \vec{E}\;dV = \int_V -\vec{\nabla}\frac{(\vec{p}\cdot\vec{n})}{r^3}r^2\;dr\;d\Omega = -\int_F \frac{\vec{p}\cdot\vec{e}_r}{r^2}\vec{e}_r r^2\;d\Omega = -\frac{4\pi}{3}\vec{p},$$

andererseits aber nach Gleichung 4 $\int_V \vec{E}dV = 0$ ergibt, entsteht zwischen Gleichungen 2 und 4 ein Widerspruch. Er wird dadurch behoben, daß zu 4 noch der Term $+\frac{4\pi}{3}\vec{p}\;\delta(\vec{r})$ addiert wird. Diese Betrachtung ähnelt derjenigen im Zusammenhang mit Gleichung (40) bei der Diskussion des Gaußschen Gesetzes. Sie verdeutlicht uns, daß divergente Stellen (wie z.B. das Dipolpotential bei $r=0$) eine Sonderbetrachtung notwendig machen.

Anmerkung:

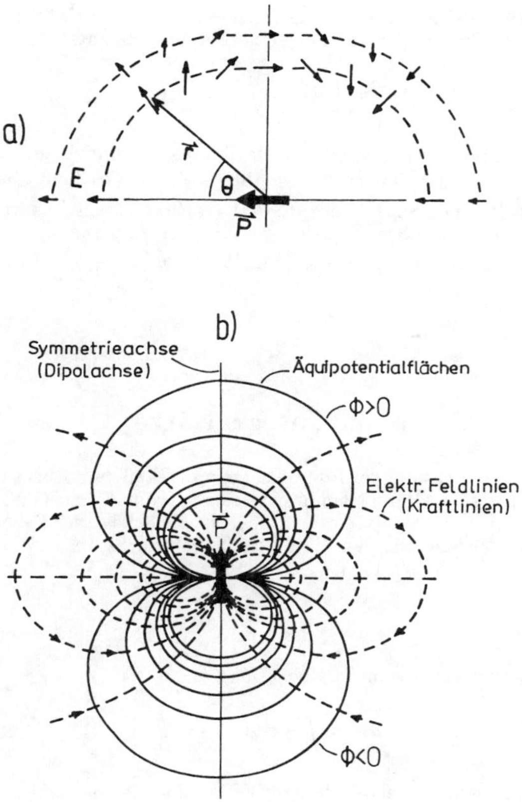

a) Das Feld eines elektrischen Dipols. Die Feldstärken sind in einigen Raumpunkten als Pfeile gezeigt, deren Betrag proportional zu $\frac{1}{r}$abnimmt. b) Bild der Feldlinien und der Äquipotentialflächen. Die Potentialflächen des Dipols sind rotationssymmetrisch um die $\vec{p}$- Achse . Das Potential wird $+\infty$ am Ort der positiven und $-\infty$ am Ort der negativen Ladung.

Bei der Umwandlung des Volumenintegrals in ein Oberflächenintegral haben wir den Gaußschen Satz in der verallgemeinerten Form benutzt:

$$\int_V \vec{\nabla} \circ \hat{A}\, dV = \int_F \vec{n} \circ \hat{a}\, dF\,. \qquad \underline{5}$$

Dabei kann die Verknüpfung $\circ$ das Skalarprodukt $(\cdot)$ mit einem Vektor ($\hat{A}$ ist dann der Vektor, damit das Ganze Sinn ergibt) oder der Gradient eines Skalars ($\hat{A}$ ist dann ein Skalar) oder das Kreuzprodukt $(\times)$ mit einem Vektor ($\hat{A}$ ist dann ein Vektor) sein. In unserem Beispiel war die Verknüpfung die Gradientenbildung und $\hat{A} = \frac{\vec{p}\cdot\vec{e}_r}{r^2}$; der Normalenvektor auf der Kugelfläche $\vec{n} = \vec{e}_r$ (vgl. die folgende Aufgabe).

1.5 Aufgabe: Allgemeine Integralsätze

Die besondere Bedeutung der Integralsätze von Gauß und Stokes liegt im Übergang vom Volumen- zum Oberflächenintegral, bzw. vom Flächen- zum Linienintegral. Jedoch sind diese Integralsätze von einer speziellen Form. Zeigen Sie, daß allgemeinere Integralsätze aus dem Satz von Gauß und Stokes, unter geeigneter Wahl von $\vec{A}$ hergeleitet werden können.

Lösung:

Dazu gehen wir zuerst vom *Satz von Gauß* aus:

$$\int_V \mathrm{div}\vec{A}\, dV = \int_V \vec{\nabla}\cdot\vec{A}\, dV = \int_F \vec{A}\, d\vec{F}\,, \qquad \underline{1}$$

wobei $\vec{A}$ ein beliebiges Vektorfeld ist. Die Verallgemeinerung des Gaußschen Satzes gewinnen wir durch die beiden Ansätze für $\vec{A}$

$$\vec{A} = \rho(\vec{r})\cdot\vec{c} \qquad \underline{2}$$

und

$$\vec{A} = \vec{c}\times\vec{B}(\vec{r})\,. \qquad \underline{3}$$

Hier bezeichnet $\vec{c}$ einen beliebigen, aber konstanten Vektor. Aus $\underline{1}$ finden wir für die Wahl $\underline{2}$, $\underline{3}$:

$$\vec{c}\cdot\int_V \mathrm{grad}\rho\, dV = \int_V dV\vec{\nabla}\cdot(\rho\,\vec{c}) = \int_F d\vec{F}\cdot\vec{c}\,\rho = \vec{c}\int_F d\vec{F}\,\rho \qquad \underline{4}$$

und

$$\begin{aligned} -\vec{c}\cdot\int_V dV\ \mathrm{rot}\ \vec{B} &= \int_V dV\ (\vec{B}\cdot\mathrm{rot}\ \vec{c} - \vec{c}\cdot\mathrm{rot}\ \vec{B}) \\ &= \int_V dV\ \mathrm{div}(\vec{c}\times\vec{B}) = \int_F d\vec{F}\cdot(\vec{c}\times\vec{B}) \qquad \underline{5} \\ &= -\,\vec{c}\cdot d\vec{F}\times\vec{B}\,. \end{aligned}$$

Die Gleichungen 4 und 5 sind für jedes beliebige $\vec{c}$ gültig. Somit muß gelten

$$\int_V dV \vec{\nabla}\rho = \int_F d\vec{F}\rho \qquad \underline{6}$$

$$\int_V dV(\vec{\nabla} \times \vec{B}) = \int_F d\vec{F} \times \vec{B}. \qquad \underline{7}$$

Vergleichen wir beide Ergebnisse 6, 7, so finden wir sofort die Merkregel

$$\int_V dV \; \vec{\nabla} \circ = \int_{F(V)} d\vec{F} \circ \; ,$$

wobei $\circ$ stellvertretend für das normale, skalare oder Vektorprodukt steht. Mit den gleichen Ansätzen für $\vec{A}$ finden wir aus dem *Satz von Stokes*

$$\int_F d\vec{F} \cdot \mathrm{rot}\vec{A} = \int_F d\vec{F} \cdot (\vec{\nabla} \times \vec{A}) = \oint_{C_F} d\vec{r} \cdot \vec{A}$$

die allgemeine Regel

$$\int_F (d\vec{F} \circ \vec{\nabla}) \times \; = \; \oint_{C_F} d\vec{r} \circ \; .$$

Die Energie einer Ladungsverteilung: Die potentielle Energie einer Punktladung q in einem elektrostatischen Feld ϕ ist das Produkt von beiden: $W = q\phi$. Wir berechnen jetzt die potentielle Energie einer Anzahl von Punktladungen. Dazu gehen wir folgendermaßen vor: Wir denken uns die Ladungen q_i unendlich weit voneinander entfernt und berechnen die Arbeit, die notwendig ist, um sie aus dem Unendlichen an bestimmte Orte $\vec{r_i}$ zu bringen. Die Arbeit, die aufgewendet werden muß, entspricht dann der potentiellen Energie der Ladungsverteilung. Sind die Ladungen unendlich weit auseinander, so ist der Raum feldfrei, wir setzen das Potential Null: $\phi_0 = 0$. (Wir könnten dem Potential ϕ_0 auch einen von Null verschiedenen Wert geben: die potentielle Energie ist nämlich nur bis auf eine Konstante bestimmt). Jetzt wird die Ladung q_1 aus dem Unendlichen nach $\vec{r}$ gebracht. Hierzu müssen wir keine Arbeit aufwenden, da der Raum noch feldfrei ist. Die Ladung q_1 ruft aber ein Potential

$$\phi_1(\vec{r}) = \frac{q_1}{|\vec{r} - \vec{r_1}|} \qquad (75)$$

hervor, gegen das jetzt Arbeit verrichtet werden muß, wenn die Ladung q_2 nach $\vec{r_2}$ gebracht wird. Diese Arbeit ist

$$W_2 = q_2 \; \phi_1(\vec{r_2}) \; . \qquad (76)$$

Für die Ladung q_3 müssen wir jetzt Arbeit gegen die Potentiale ϕ_1 und ϕ_2 aufwenden:

$$W_3 = q_3 \; (\phi_1(\vec{r_3}) + \phi_2(\vec{r_3})) \qquad (77)$$

wobei ϕ_2 durch

$$\phi_2(\vec{r}) = \frac{q_2}{|\vec{r} - \vec{r}_2|} \tag{78}$$

gegeben ist. Für die weiteren Ladungen verläuft alles entsprechend. Für das Heranbringen der Ladung n müssen wir die Arbeit

$$W_n = q_n(\phi_1(\vec{r}_n) + \phi_2(\vec{r}_n) + ... + \phi_{n-1}(\vec{r}_n) = q_n \sum_{k=1}^{n-1} \phi_k(\vec{r}_n) \tag{79}$$

aufbringen. Die gesamte potentielle Energie ergibt sich als Summe aller W_i:

$$W = \sum_{i=2}^{N} W_i = \sum_{i=2}^{N} q_i \sum_{k=1}^{i-1} \phi_k(\vec{r}_i) \ . \tag{80}$$

Wir ersetzen jetzt die Potentiale durch

$$\phi_k(\vec{r}_i) = \frac{q_k}{|\vec{r}_i - \vec{r}_k|} \tag{81}$$

und können so die Energie nur durch die Ladungsverteilung ausdrücken:

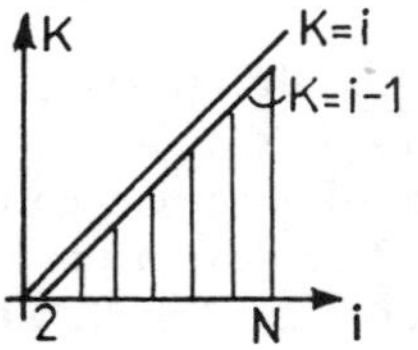

$$W = \sum_{i=2}^{N} \sum_{k=1}^{i-1} \frac{q_i q_k}{|\vec{r}_i - \vec{r}_k|} = \frac{1}{2} \sum_{i}^{N} \sum_{k \neq i}^{N} \frac{q_i q_k}{|\vec{r}_i - \vec{r}_k|}. \tag{82}$$

Die letzte Summe geht gleichermaßen über die Indizes i und k, wobei die Terme $i = k$ weggelassen werden. Gehen wir nun zu einer kontinuierlichen Ladungsverteilung über. An Stelle der Punktladung q_i tritt das Ladungselement $\rho(\vec{r})dV$ und die Summation wird zur Integration

$$W = \frac{1}{2} \int \int \frac{\rho(\vec{r}\,') \ \rho(\vec{r})}{|\vec{r} - \vec{r}\,'|} \ dV \ dV' \ . \tag{83}$$

Bei dieser Übersetzung der Summe (82) in das Integral (83) haben wir die in (82) auftretende Bedingung $i \neq k$ unberücksichtigt gelassen. In der Tat wird in (83) über die Stelle $\vec{r} = \vec{r}\,'$ hinwegintegriert. Damit erhält (83) automatisch *Selbstenergieanteile*, die für Punktladungen unendlich groß werden. Im folgenden Beispiel werden wir dies genauer erörtern. Zunächst fahren wir in unseren Betrachungen von Ausdruck (83) ausgehend fort. Da wir das Potential einer Ladungsverteilung durch

$$\phi(\vec{r}) = \int \frac{\rho(\vec{r}\,')}{|\vec{r} - \vec{r}\,'|}\, dV' \tag{84}$$

angeben, erhalten wir für Gleichung (83) die Form

$$W = \frac{1}{2} \int \rho(\vec{r})\; \phi(\vec{r})\; dV\ . \tag{85}$$

Wir wollen jetzt die Energie als Integral über die Feldstärke ausdrücken. Die Ladungsdichte genügt der Poissongleichung:

$$\Delta\phi(\vec{r}) = -4\pi\rho(\vec{r})\ . \tag{86}$$

Ersetzen wir dadurch die Ladungsdichte in Gleichung (85):

$$W = -\frac{1}{8\pi} \int \phi \vec{\nabla}^2 \phi\; dV\ . \tag{87}$$

Weiterhin gilt die Beziehung $\phi\vec{\nabla} \cdot \vec{\nabla}\phi = \vec{\nabla} \cdot (\phi\vec{\nabla}\phi) - (\vec{\nabla}\phi)^2$. Damit formen wir den Integranden um

$$W = \frac{1}{8\pi} \int (\vec{\nabla}\phi)^2\; dV - \frac{1}{8\pi} \int \vec{\nabla} \cdot (\phi\vec{\nabla}\phi)\; dV. \tag{88}$$

Das zweite Volumenintegral können wir in ein Oberflächenintegral überführen:

$$\int_V \vec{\nabla} \cdot (\phi\; \vec{\nabla}\phi)\; dV \;=\; \int_F \phi\; \vec{\nabla}\phi \cdot \vec{n}\; dF. \tag{89}$$

Dieses Integral verschwindet, denn wir können die Fläche F ins Unendliche verlegen; es ist $\phi \sim \frac{1}{r}$, $\vec{\nabla}\phi \sim \frac{1}{r^2}$, so daß der Integrand mit $\frac{1}{r^3}$ stärker gegen Null geht als das Flächenelement ($\sim r^2$) gegen unendlich. Setzen wir noch die Feldstärke $\vec{E} = -\vec{\nabla}\phi$ ein, so erhalten wir das Ergebnis für die Gesamtenergie:

$$W = \frac{1}{8\pi} \int \vec{E}^2\; dV. \tag{90}$$

Der Integrand stellt die *Energiedichte des elektrischen Feldes* dar:

$$w = \frac{1}{8\pi} \vec{E}^2\ . \tag{91}$$

1.6 Beispiel: Wechselwirkungsenergie zweier Punktladungen

Zur Erläuterung wollen wir mit der Beziehung (90) die Wechselwirkungsenergie zweier Punktladungen $W = \frac{q_1\, q_2}{|\vec{r}_1 - \vec{r}_2|}$ herleiten. Das Feld der Punktladungen ist

$$\vec{E}_1(\vec{r}) = \frac{q_1(\vec{r} - \vec{r}_1)}{|\vec{r} - \vec{r}_1|^3}$$

und

$$\vec{E}_2(\vec{r}) = \frac{q_2(\vec{r} - \vec{r}_2)}{|\vec{r} - \vec{r}_2|^3} \ .$$

Das gesamte Feld ist $\vec{E} = \vec{E}_1 + \vec{E}_2$. Einsetzen in (90) ergibt:

$$W = \frac{1}{8\pi} \int (\vec{E}_1^2 + \vec{E}_2^2 + 2\, \vec{E}_1 \cdot \vec{E}_2)\, dV. \tag{\underline{1}}$$

Setzen wir die Felder ein, so wird

$$\begin{aligned} W =& \frac{1}{8\pi} \int \frac{q_1^2}{|\vec{r} - \vec{r}_1|^4}\, dV + \frac{1}{8\pi} \int \frac{q_2^2}{|\vec{r} - \vec{r}_2|^4}\, dV \\ &+ \frac{1}{4\pi} \int \frac{q_1\, q_2 (\vec{r} - \vec{r}_1) \cdot (\vec{r} - \vec{r}_2)}{|\vec{r} - \vec{r}_1|^3\, |\vec{r} - \vec{r}_2|^3}\, dV \\ =& W_1 + W_2 + W_{12} \ . \end{aligned} \tag{\underline{2}}$$

Die ersten beiden Terme W_1 und W_2 in den Gleichungen 1 und 2 stellen die *Selbstenergie der Ladungen* dar. Sie ändern sich bei der Annäherung der beiden Ladungen nicht. Die Selbstenergie der Ladung entspricht dem elektrischen Teil der Arbeit, die aufzuwenden wäre, um die Ladung q aus einer unendlich ausgedehnten Ladungswolke zusammenzuballen. Die Selbstenergie der Ladung erhalten wir aus Gleichung (90) weil wir beim Übergang von Punktladungen (Gleichung (82)) zu kontinuierlichen Ladungsverteilungen (Gleichung (83)) über den gesamten Raum integrieren, obwohl wir vorher gleiche Indizes ausgeschlossen hatten. Das Auftreten der (unendlich großen) Selbstenergien zeigt sich auch daran, daß Gleichung (90) positiv definit ist, während die Wechselwirkungsenergie je nach Vorzeichen der Ladung positiv oder negativ sein kann. Betrachten wir anstelle der Punktladungen die realistischen Ladungskügelchen mit endlichem Radius R, dann sind die Sebstenergien zwar sehr groß, aber endlich, nämlich

$$W = \frac{3}{5} \frac{q^2}{R} \ .$$

Wir können sie in diesem Fall also einfach ausrechnen und von der Gesamtenergie subtrahieren, um die Wechselwirkungsenergie zu erhalten (siehe unsere einige Seiten später folgende Diskussion über Spiegelkerne). Um das Integral der Wechselwirkungsenergie zu lösen, legen wir den Koordinatenursprung nach r_1, also in die Ladung q_1. Dann gilt

$$W_{12} = \frac{q_1\, q_2}{4\pi} \int \frac{\vec{r} \cdot (\vec{r} - \vec{r}_2)}{r^3\, |\vec{r} - \vec{r}_2|^3}\, dV.$$

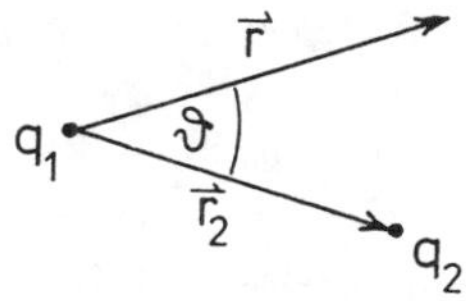

Es ist $|\vec{r}-\vec{r}_2|^2 = r^2 + r_2^2 - 2r\ r_2 \cos\theta$. Wenn wir Kugelkoordinaten benutzen, so daß θ der Winkel zwischen $\vec{r}$ und $\vec{r}_2$ ist, folgt

$$W_{12} = \frac{q_1 q_2}{4\pi} \int_{-\infty}^{+\infty} \int_0^{\pi} \int_0^{2\pi} \frac{r^2 - r r_2 \cos\theta}{r^3 (\sqrt{r^2 + r_2^2 - 2 r r_2 \cos\theta})^3} r^2\ dr\ \sin\theta\ d\theta\ d\varphi$$

$$= \frac{q_1 q_2}{2} \int_{r=0}^{\infty} \int_{-1}^{1} \frac{r - r_2\ \cos\theta}{(\sqrt{r^2 + r_2^2 - 2 r r_2\ \cos\theta})^3}\ dr\ d(\cos\theta)\ .$$

Mit der Substitution $u = \sqrt{r^2 + r_2^2 - 2 r r_2 \cos\theta}$ ergibt das Auflösen des Integrals $W_{12} = \frac{q_1 q_2}{r_2}$. Wegen der komplizierten Integrale, die hier auftreten, ist die Beziehung (83) nur für einfache Ladungsverteilungen anwendbar. Z.B. führt schon die exakte Berechnung der Coulomenergie bei der Dreier- oder Mehrfachspaltung der Atomkerne (Aufbruch eines Kernes in drei bzw. mehr, meist ungleiche Teile) auf erhebliche numerische Schwierigkeiten.

1.7 Beispiel: Energiedichte im Plattenkondensator

Die elektrische Feldstärke im Plattenkondensator haben wir bereits ausgerechnet, es gilt nach Aufgabe 1.1.

$$E = 4\pi\sigma\ .$$

Für die Energiedichte erhalten wir daraus

$$w = \frac{1}{8\pi} E^2 = 2\pi\sigma^2\ .$$

Ein Plattenkondensator mit der Fläche F mit dem Plattenabstand x hat somit den Energieinhalt

$$W = 2\pi\sigma^2 F x\ .$$

Hieraus können wir leicht die Kraftwirkung zwischen den Kondensatorplatten berechnen. Die Kraft ergibt sich als Ableitung der potentiellen Energie nach dem Weg

$$K = -\frac{dW}{dx} = -2\pi\sigma^2 F.$$

Potential- und Ladungsverteilung eines Atomkerns: Wir betrachten einen Atomkern als eine homogen geladene Kugel vom Radius R. Die Ladung sei Ze. Die

Ladungsdichte ist dann konstant und gegeben durch

$$\rho(\vec{r}) = \rho_0 = \frac{Ze}{\frac{4}{3}\pi R^3} . \tag{92}$$

Das gesamte Problem ist kugelsymmetrisch; wir brauchen deshalb von der Poissongleichung

$$\Delta\phi(\vec{r}) \;=\; -4\pi\rho(\vec{r}) \tag{93}$$

bei der Verwendung von Kugelkoordinaten nur den r-abhängigen Anteil zu betrachten und erhalten dann die Gleichung

$$\frac{1}{r^2}\frac{d}{dr}\left(r^2\frac{d}{dr}\phi(r)\right) = -4\pi\rho(r) . \tag{94}$$

Diese Gleichung lösen wir für die beiden Bereiche $r \leq R$ und $r \geq R$. Für $r \geq R$ verschwindet die Ladungsdichte. Aus der Poissongleichung folgt dann

$$\frac{d}{dr}\left(r^2\frac{d}{dr}\phi_a(r)\right) = 0 \tag{95}$$

oder einmal integriert

$$\frac{d}{dr}\phi_a(r) = \frac{C_1}{r^2} . \tag{96}$$

Um C_1 festzulegen, nehmen wir das Gaußsche Gesetz zur Hilfe; es lautet

$$E(R')\cdot 4\pi R'^2 \;=\; 4\pi Ze , \tag{97}$$

wenn wir als Oberfläche die Kugeloberfläche vom Radius $R' \geq R$ nehmen. Mit $\frac{d}{dr}\phi_a = -E = \frac{C_1}{r^2}$ ergibt sich $C_1 = -Ze$. Die weitere Integration liefert

$$\phi_a \;=\; \frac{Ze}{r} + C_2 . \tag{98}$$

Die Konstante C_2 wird Null gesetzt, da das Potential für $r \to \infty$ verschwinden soll. Im Innenbereich des Kernes gilt

$$\frac{d}{dr}\left(r^2\frac{d}{dr}\phi_i(r)\right) \;=\; -4\pi\rho_0 r^2. \tag{99}$$

Eine erste Integration liefert

$$r^2\frac{d}{dr}\phi_i = -\frac{4\pi}{3}\rho_0 r^3 + k_1 \tag{100}$$

die zweite Integration

$$\phi_i = -\frac{4\pi}{6}\rho_0 r^2 - \frac{k_1}{r} + k_2 . \tag{101}$$

Da das Potential für $r = 0$ endlich bleiben soll, ist $k_1 = 0$. Wir setzen die Gesamtladung $Ze = \frac{4}{3}\pi R^3 \rho_0$ ein:

$$\phi_i(r) = -\frac{Ze}{2}\frac{r^2}{R^3} + k_2 \ . \tag{102}$$

Die Potentiale in den verschiedenen Bereichen müssen für $r = R$ gleich sein, $\phi_i(R) = \phi_a(R)$, daraus folgt

$$k_2 = \frac{3}{2}\frac{Ze}{R} \ . \tag{103}$$

Die Potentialverteilung ist dann

$$\phi(r) = \begin{cases} \frac{Ze}{R}\left(\frac{3}{2} - \frac{1}{2}\frac{r^2}{R^2}\right) & \text{für r} \leq R \\ \frac{Ze}{r} & \text{für r} \geq R \end{cases} \ . \tag{104}$$

In der Skizze sind Potential- und Ladungsverteilung noch einmal wiedergegeben.

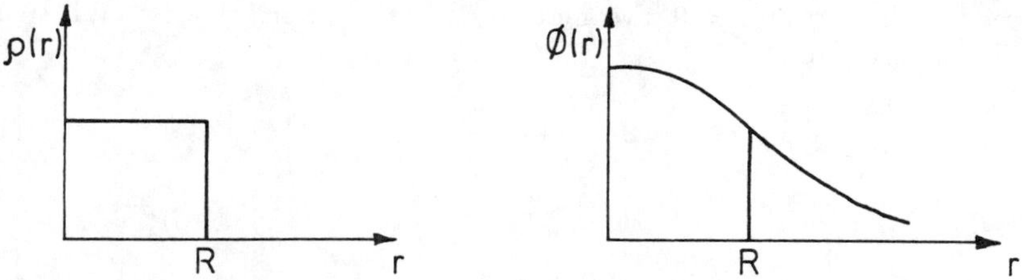

Ladungsverteilung sowie Coulombpotential eines Atomkerns mit Radius R

Potential- und Ladungsverteilung in einem Atom: Wenn eine Potentialverteilung vorgegeben ist, können wir auf ähnliche Weise die Ladungsverteilung bestimmen. Das Feld eines Punktkernes wird durch die Elektronen geschwächt, so daß sich ein äußeres Elektron (Leuchtelektron) nun in einem geringeren Feld bewegt. Ein solches Coulombpotential ist durch

$$\phi(r) = \frac{Ze}{r}e^{-\alpha r}(1 + \alpha r) \tag{105}$$

gegeben. Dieses Potential fällt offenbar schneller ab, als das nackte Coulombpotential. Wir gehen nun wieder von der Poissongleichung aus und bestimmen die Ladungsdichte $\rho(r)$. Wegen der Kugelsymmetrie gilt

$$\Delta\phi(r) \ = \ \frac{1}{r^2}\frac{d}{dr}\left(r^2\frac{d}{dr}\phi\right) \ = \ -4\pi\rho \ . \tag{106}$$

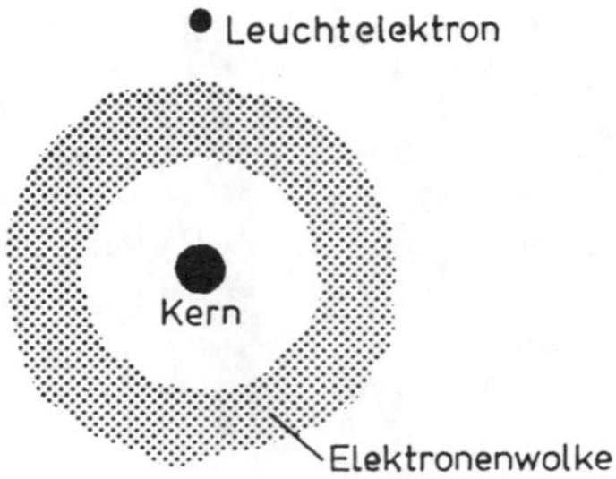

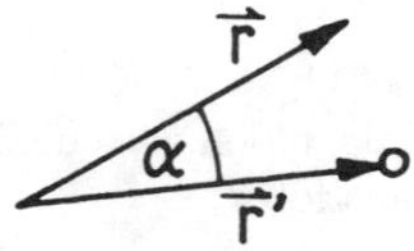

Setzen wir das Potential ein, so können wir *nicht* ohne weiteres

$$\Delta = \frac{1}{r^2}\frac{d}{dr}r^2\frac{d}{dr} \tag{107}$$

verwenden, da $\phi(r)$ für $r = 0$ divergiert, also nicht differenzierbar ist. Wir spalten die Singularität daher ab:

$$\phi(r) = Ze\left[\frac{1}{r} + \frac{e^{-\alpha r}-1}{r} + \alpha e^{-\alpha r}\right] \tag{108}$$

Nun ist

$$\Delta\left(\frac{1}{r}\right) = -4\pi\delta(\vec{r}) \,, \tag{109}$$

$$\begin{aligned}
\Delta\left(\frac{e^{-\alpha r}-1}{r}\right) &= \frac{1}{r^2}\frac{d}{dr}\left(r^2\frac{d}{dr}\frac{e^{-\alpha r}-1}{r}\right) \\
&= \frac{1}{r^2}\frac{d}{dr}\left(r^2\frac{-\alpha\, e^{-\alpha r}r - e^{-\alpha r}+1}{r^2}\right) \\
&= \frac{-1}{r^2}\frac{d}{dr}[e^{-\alpha r}(1+\alpha r)] \\
&= \frac{-1}{r^2}[-\alpha e^{-\alpha r}(1+\alpha\, r) + \alpha\, e^{-\alpha r}] \\
&= \frac{\alpha^2}{r}\, e^{-\alpha r} \,,
\end{aligned} \tag{110}$$

$$\begin{aligned}
\Delta(\alpha e^{-\alpha r}) &= \frac{\alpha}{r^2}\frac{d}{dr}\left(r^2\frac{d}{dr}e^{-\alpha r}\right) = \frac{-\alpha^2}{r^2}\frac{d}{dr}r^2 e^{-\alpha r} \\
&= \frac{-\alpha^2}{r^2}[2r\, e^{-\alpha r} - \alpha r^2 e^{-\alpha r}] \\
&= \frac{-\alpha^2}{r}e^{-\alpha r}(2-\alpha r) \,.
\end{aligned} \tag{111}$$

Insgesamt also

$$\rho(\vec{r}) \;=\; \tfrac{\Delta\phi(\vec{r})}{-4\pi} \;=\; Ze\left[\delta(\vec{r}) + \frac{\alpha^2}{4\pi r}e^{-\alpha r}(1-\alpha r)\right] .$$

Wir haben also eine Punktladung im Ursprung, die von einer Raumladung umgeben ist. Die Raumladung ist für $r > \frac{1}{\alpha}$ negativ, wie wir es für eine Elektronenwolke erwarten. Daß sie für $r < \frac{1}{\alpha}$ positiv ist, hat wenig Sinn und muß als Unzulänglichkeit unseres einfachen Modells für das abgeschirmte Potential $\phi(\vec{r})$ gesehen werden. Jetzt berechnen wir noch die Gesamtladung $Q(r)$, die innerhalb einer Kugel vom Radius r liegt:

$$\begin{aligned}
Q(r) &= \int_{Kugel} \rho(r')\, dV' \\
&= Ze + Ze\alpha^2 \int_0^r dr' r'^2 \cdot \frac{e^{-\alpha r'}}{r'}(1-\alpha r') \\
&= Ze\left\{1 + \alpha^2 \int_0^r dr'\; r'\; e^{-\alpha r'} - \alpha^3 \int_0^r dr'\; r'^2\; e^{-\alpha r'}\right\} \\
&= Ze\left\{1 + \alpha^2 \cdot \frac{e^{-\alpha r'}}{\alpha^2}\left(-\alpha r' - 1\right)\Big|_0^r - \alpha^3 \cdot e^{-\alpha r'}\left(-\frac{r'^2}{\alpha} - \frac{2r'}{\alpha^2} - \frac{2}{\alpha^3}\right)\Big|_0^r\right\} \\
&= Ze\left\{1 + e^{-\alpha r}(-\alpha r - 1 + \alpha^2 r^2 + 2\alpha r + 2) - (-1+2)\right\} \\
&= Ze\; e^{-\alpha r}(\alpha^2 r^2 + \alpha r + 1) . \qquad (112)
\end{aligned}$$

Die Gesamtladung ist

$$Q \;=\; \lim_{r\to\infty} Q(r) \;=\; 0 . \qquad (113)$$

Das Atom ist also insgesamt neutral.

a.) Für kleine Abstände ($r \to 0$) ist die Ladungsdichte

$$\rho(\vec{r}) \;=\; Ze\left\{\delta(\vec{r}) + \frac{\alpha^2}{4\pi r}\right\}, \qquad (114)$$

die Raumladung hat also dasselbe Vorzeichen wie die Punktladung ($r \to 0$).

b.) Wäre man von der Potentialverteilung

$$\phi(r) = \frac{Ze}{r}e^{\alpha r} \qquad (115)$$

ausgegangen, so wäre

$$\rho(r) = Ze\left[\delta(\vec{r}) - \frac{\alpha^2}{4\pi r}e^{-\alpha r}\right] \qquad (116)$$

und

$$Q(r) = Ze[1 + (1+\alpha r)e^{-\alpha r} - 1] = Ze\; e^{-\alpha r}(1+\alpha r) , \qquad (117)$$

sowie

$$Q = \lim_{r\to\infty} Q(r) = 0 . \qquad (118)$$

Methoden der Kernradienbestimmung:

a.) **Mit Hilfe von μ-Mesonenatomen:** Durch den Einfang von μ- Mesonen (200-mal schwerer als ein Elektron) entsteht ein μ-Mesonenatom mit einer Lebensdauer von 10^{-6} sec. Nach dieser Zeit wird das μ- Meson gewöhnlich vom Kern eingefangen, d.h. es reagiert mit dem Proton entsprechend der Reaktion

$$\mu^- + p \rightarrow n + \nu_\mu \,. \tag{119}$$

Hierbei ist ν_μ das "myonische Neutrino". Das μ-Meson sieht eine andere Potenti-

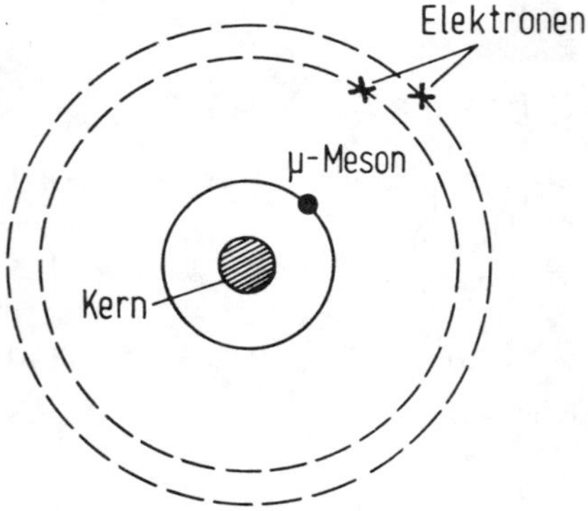

Schematisches Bild eines μ-Mesonenatoms

alverteilung als die Elektronen im normalen Kern, da es ~200-mal näher am Kern ist als ein entsprechendes Elektron. Das liegt an der größeren Masse des Myons. Der Bohrsche Radius des Elektrons ist nämlich

$$a_e = \frac{\hbar^2}{m_e e^2} = 0,529 \mathring{A} = 0,529 \cdot 10^{-8}\text{cm} \tag{120}$$

und der des Myons

$$a_\mu = \frac{\hbar^2}{m_\mu e^2} = 256 \text{ fm} = 2,56 \cdot 10^{-11}\text{cm} \,. \tag{121}$$

Aufgrund der Kernähe des Myons spürt das Myon die Abweichung des elektrischen Potentials vom reinen $\frac{1}{r}$-Coulombpotential. Daraus lassen sich die Kernradien bestimmen. Die Größe der Kerne ergeben sich zu $R \approx 1,2A^{\frac{1}{3}}10^{-13}$ cm, wobei A die Zahl der Nukleonen (Protonen und Neutronen) ist.

b.) **Durch Spiegelkerne:** Der Energieinhalt eines Kernes beträgt

$$E_{Coul} = \frac{1}{2}\int \rho_0 V(r)\, d\tau \ ,$$

wobei

$$\rho_0 = \frac{Ze}{\frac{4\pi}{3}R^3}$$

und gemäß (104)

$$V(r) = \frac{Ze}{R}\left(\frac{3}{2} - \frac{1}{2}\left(\frac{r^2}{R^2}\right)\right) \quad \text{für } r < R \ .$$

Daher ist

$$E_{Coul} = \frac{1}{2}\rho_0 \int_0^R \int_0^{4\pi} \frac{Ze}{R}\left(\frac{3}{2} - \frac{1}{2}\left(\frac{r}{R}\right)^2\right) r^2\, dr\, d\Omega = \frac{3}{5}\frac{(Ze)^2}{R} \ . \tag{122}$$

Diese Formel der Energie enthält auch die Selbstenergien der Protonen. Da die Selbstenergie eines über den Kern ausgeschmiert angenommenen Protons aus Gleichung (122) mit $Z = 1$ folgt, also $E_{Selbst} = \frac{3}{5}\frac{e^2}{R}$ ist, beträgt der Energieinhalt eines Kerns

$$E_{Coul}(Z) = \frac{3}{5}\frac{(Ze)^2}{R} - Z\frac{3}{5}\frac{e^2}{R} = \frac{3}{5}\frac{Z(Z-1)}{R}\, e^2 \ . \tag{123}$$

Spiegelkerne sind Kerne mit gleicher Nukleonenzahl, wobei der eine Kern $Z+1$ Protonen und Z Neutronen und der andere Z Protonen und $Z+1$ Neutronen hat. Die beiden Kerne unterscheiden sich in ihren Coulombenergien um folgenden Wert

$$\begin{aligned} \Delta E &= E(Z+1) - E(Z) \\ &= \frac{3}{5}\frac{e^2}{R}((Z+1)Z - Z(Z-1)) = \frac{6}{5}\frac{e^2}{R}Z \ . \end{aligned} \tag{124}$$

Durch Messen der Energiedifferenz von Spiegelkernen läßt sich der Kernradius bestimmen. Gemessen wird diese Energiedifferenz durch die beim β^+-Zerfall freiwerdende Energie. Beim β^+-Zerfall entsteht aus einem Proton unter Abgabe eines Positrons e^+ und eines Neutrinos ν_e ein Neutron:

$$p \to n + e^+ + \nu_e \tag{125}$$

Der klassische Elektronenradius: Faßt man ein Elektron als klassisches homogen geladenes Kügelchen auf, so beträgt die Energie eines Elektrons $E_{Coul} = \frac{3}{5}\frac{e^2}{R}$ (R-Elektronenradius). Nach Einstein ist $E = mc^2$, d.h. die Masse eines Teilchens ist ein Maß für die Selbstenergie. Nun ist aber die elektrostatische Energie nicht die einzige, da auch die magnetische und die Gravitationswechselwirkung zur Gesamtenergie des Teilchens beitragen. Letztere ist negativ (bindend). Deshalb ist $E_{coul} \geq mc^2$, also $\frac{3}{5}\frac{e^2}{R} \geq mc^2$; dann ist $R \leq \frac{3}{5}\frac{e^2}{mc^2}$. Der Faktor $\frac{e^2}{mc^2}$ heißt *klassischer Elektronenradius*. Er ist ein ungefähres Maß für die Ausdehnung des Elektrons, $R_{el} \sim 2,81 \cdot 10^{-13}$cm.

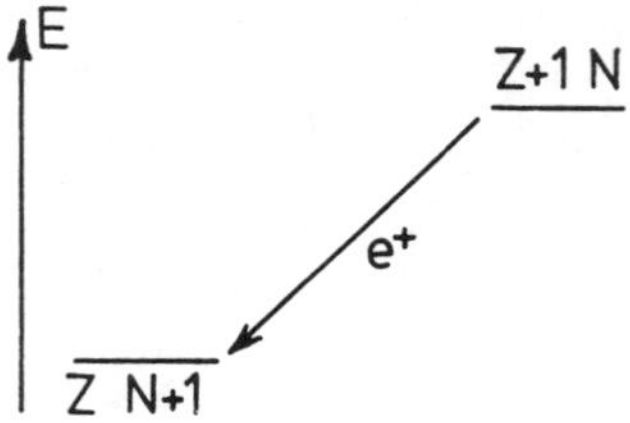

Energieverhältnisse beim β^+-Zerfall eines Atomkerns

1.8 Aufgabe: Potential eines homogen geladenen Stabes

Die Ladung q ist homogen auf einer Geraden der Länge $2c$ verteilt. Gesucht ist die Potentialverteilung. Zur Diskussion der Äquipotentialflächen sollen elliptische Koordinaten verwendet werden $u = \frac{1}{2}(l_1 + l_2)$ und $v = \frac{1}{2}(l_1 - l_2)$.

Lösung:

Das Potential ist gegeben durch

$$\phi(r, z) = \frac{q}{2c} \int_{-c}^{c} \frac{dz'}{\sqrt{r^2 + (z - z')^2}} \; ,$$

wenn wir die Bezeichnungen der Skizze verwenden. Die Ladungsdichte ist $\frac{q}{2c}$. Die

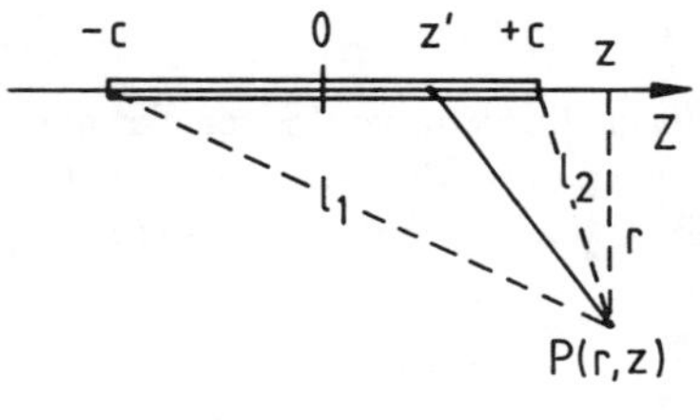

Integration liefert

$$\begin{aligned}\phi(r, z) &= \frac{q}{2c} \left(\ln \left(2\sqrt{r^2 + (z - z')^2} + 2(z' - z) \right) \right) \Big|_{-c}^{c} \\ &= \frac{q}{2c} \ln \left(\frac{\sqrt{r^2 + (z - c)^2} - (z - c)}{\sqrt{r^2 + (z + c)^2} - (z + c)} \right)\end{aligned}$$

Die Wurzelausdrücke geben die Abstände der Endpunkte der Ladungsverteilung von P an. Mit den Bezeichnungen

$$l_1 = \sqrt{r^2 + (z + c)^2} \; ; \quad l_2 = \sqrt{r^2 + (z - c)^2}$$

folgt

$$\phi(r,z) = \frac{q}{2c} \ln \left(\frac{l_2 - (z-c)}{l_1 - (z+c)} \right) .$$

Setzen wir nun an dieser Stelle die Definition der elliptischen Koordinaten ein, so folgt mit $l_1 = u + v$, $l_2 = u - v$ und $cz = uv$ für das Argument

$$\begin{aligned} \frac{l_2 + c - z}{l_1 - c - z} &= \frac{u - v + c - z}{u + v - c - z} = \frac{c(u - v + c) - uv}{c(u + v - c) - uv} \\ &= \frac{(u+c)(cu - cv + c^2 - uv)(u-c)}{(u+c)(cu + cv - c^2 - uv)(u-c)} \\ &= \frac{(u+c)(cu^2 - cuv + c^2u - u^2v - c^2u + c^2v + cuv - c^3)}{(u-c)(cu^2 + cuv - c^2u - u^2v + c^2u + c^2v - cuv - c^3)} \\ &= \frac{(u+c)(cu^2 - u^2v + c^2v - c^3)}{(u-c)(cu^2 - u^2v + c^2v - c^3)} = \frac{u+c}{u-c} \end{aligned}$$

und daher

$$\phi = \frac{q}{2c} \ln \frac{u+c}{u-c} .$$ 3

Dies ist die exakte Lösung, die sowohl in der Umgebung des Stabes (Nahfeld), als auch in großer Entfernung (Fernfeld) gültig ist. Die Fläche $u = \text{const}$ ist somit eine Äquipotentialfläche. Es ist eine Fläche, auf der die Summe der Abstände konstant bleibt: $l_1 + l_2 = \text{const.}$. Diese Fläche ist ein Rotationsellipsoid um die z-Achse mit den Brennpunkten in $\pm c$. Für große Abstände $u \gg c$ gilt

$$\frac{u+c}{u-c} = \frac{1 + c/u}{1 - c/u} \sim 1 + 2\frac{c}{u} .$$

Ebenso gilt für den Logarithmus $\ln(1+x) = \frac{x}{1} - \frac{x^2}{2} + \frac{x^3}{3} - \frac{x^4}{4} + ...$, also

$$\ln(1 + 2\frac{c}{u}) \sim 2\frac{c}{u} .$$

In dieser Näherung (Fernfeld) ist u gleich der Entfernung vom Ursprung und das Potential ist in das einer Punktladung im Ursprung übergegangen.

1.9 Aufgabe: Kapazität eines leitenden Rotationsellipsoids

Berechnen Sie die Kapazität eines leitenden Rotationsellipsoids mit Hilfe der Ergebnisse aus Aufgabe 1.8.

Lösung:

Das leitende Ellipsoid soll derart um die geladene Strecke $2c$ gelegt werden, daß dieses Ellipsoid mit einer Äquipotentialfläche zusammenfällt. Die Elektronen in der Leiterfläche verschieben sich nämlich so, daß sich das Potential außerhalb des Ellipsoids nicht ändert. Die große Halbachse a ist dann gleich dem Wert von u auf der Oberfläche des Ellipsoids. Damit ergibt sich für das Potential des Ellipsoids:

$$\phi_1 = \frac{q}{2c} \ln \frac{a+c}{a-c} .$$

Außerhalb des Ellipsoids ist das Potential gleich dem des Stabes aus vorheriger

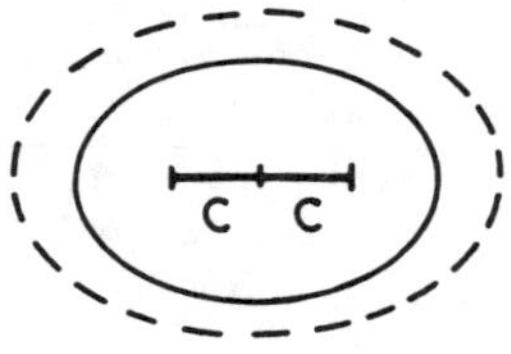

Aufgabe. Die Ladung q des Stabes wird so bestimmt, daß das Potential den vorgegebenen Wert ϕ_1 animmt. Im Unendlichen verschwindet das Potential. Als Vergleichspunkt zur Kapazitätsberechnung führen wir eine unendlich ferne, das Ellipsoid umhüllende Kugel ein, deren Potential $\phi_2 = 0$ sei. Dann erhalten wir für die Kapazität C:

$$\frac{1}{C} = \frac{\phi_1 - \phi_2}{q} = \frac{1}{2c} \ln \frac{a+c}{a-c} .$$

Für die kleinere Halbachse b des Ellipsoids gilt $b^2 = a^2 - c^2$. Daraus folgt für die Kapazität des leitenden Ellipsoids:

$$\begin{aligned} C &= \frac{2\sqrt{a^2-b^2}}{\ln(\frac{a+\sqrt{a^2-b^2}}{a-\sqrt{a^2-b^2}})} = \frac{2\sqrt{a^2-b^2}}{\ln \frac{(a+\sqrt{a^2-b^2})}{(a-\sqrt{a^2-b^2}} \frac{(a+\sqrt{a^2-b^2})}{(a+\sqrt{a^2-b^2})}} \\ &= \frac{2\sqrt{a^2-b^2}}{\ln \frac{(a+\sqrt{a^2-b^2})^2}{a^2-a^2+b^2}} = \frac{\sqrt{a^2-b^2}}{\ln[\frac{(a+\sqrt{a^2-b^2})^2}{b^2}]^{\frac{1}{2}}} = \frac{\sqrt{a^2-b^2}}{\ln \frac{a+\sqrt{a^2-b^2}}{b}} . \end{aligned}$$

Für sehr langgestreckte Ellipsoide, d.h. für kleine Quotienten $\frac{b}{a}$ erhält man

$$C = \frac{a}{\ln \frac{2a}{b}} .$$

Das ist näherungsweise die Kapazität eines Drahtes von der Länge $2c$ und den Durchmesser $2b$.

1.10 Aufgabe: Kapazitäten und Induktionskoeffizienten

Gegeben seien n Leiter. Der i-te Leiter trage die Ladung q_i und liege auf dem Potential V_i. Zwischen den Ladungen und den Potentialen besteht ein linearer

Zusammenhang:

$$q_i = \sum_{j=1}^{n} C_{ij} V_j$$

mit konstanten Größen C_{ij}. Die Koeffizienten C_{ii} heißen Kapazitäten, die $C_{ij}(i \neq j)$ Induktionskoeffizienten.

a) Erläutern Sie die oben aufgeführte Beziehung.

b) Berechnen Sie die C_{ij} für zwei ineinanderliegende konzentrische Kugelschalen der Radien r_i und r_a. Welche Beziehung besteht zwischen den C_{ij} und der "Kapazität" des Kugelkondensators ?

Lösung:

a) Das Potential im Unendlichen sei 0. Wenn alle Leiter geerdet sind ($V_i = 0$), so sind natürlich auch die Ladungen q_i alle 0. Wird nun der erste Leiter auf das Potential V_1 gebracht, während die anderen Leiter geerdet bleiben (s. Abb.), so hängt die Ladung $q_i^{(1)}$, die auf den i-ten Leiter strömt, in linearer Form von V_1 ab: $q_i^{(1)} = C_{i1} V_1$. Wird nun der zweite Leiter auf das Potential V_2 gebracht, so strömt eine zusätzliche Ladung $q_i^{(2)} = C_{i2} V_2$ auf den i-ten Leiter, usw. Insgesamt ergibt sich $q_i = \sum_j q_i^{(j)} = \sum_j C_{ij} V_j$. Die C_{ij} hängen von der

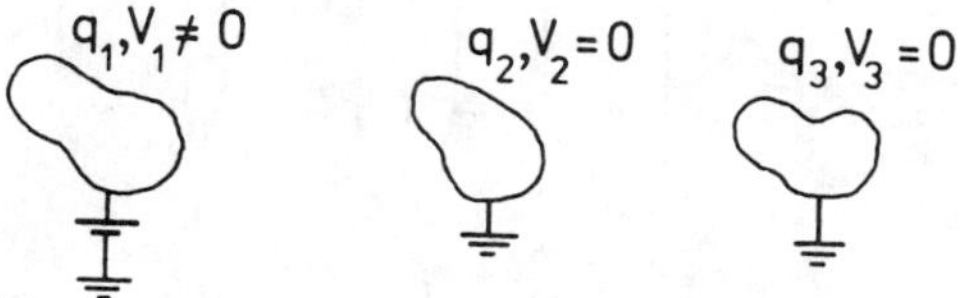

Größe, Form und Anordnung der Leiter ab. Durch sie läßt sich die potentielle Energie des Systems leicht ausdrücken:

$$W = \frac{1}{2} \sum_i q_i V_i = \frac{1}{2} \sum_{ij} C_{ij} V_i V_j \ .$$

b) Auf der inneren bzw. äußeren Kugelschale befinde sich die Ladung q_i bzw. q_a. Die dadurch erzeugte Feldstärke ist

$$\vec{E}(\vec{r}) = q_a \frac{\vec{e}_r}{r^2} \theta(r - r_a) + q_i \frac{\vec{e}_r}{r^2} \theta(r - r_i) \ .$$

Es ist daher

$$V_a = \int_{r_a}^{\infty} \vec{E}(\vec{r}) \cdot d\vec{r} = \int_{r_a}^{\infty} \frac{q_a + q_i}{r^2} dr = (q_a + q_i) \frac{1}{r_a}$$
$$V_i = \int_{r_i}^{\infty} \vec{E}(\vec{r}) \, d\vec{r} = \int_{r_i}^{\infty} \frac{q_i}{r^2} \, dr + \int_{r_a}^{\infty} \frac{q_a}{r^2} \, dr = \frac{q_a}{r_a} + \frac{q_i}{r_i}.$$

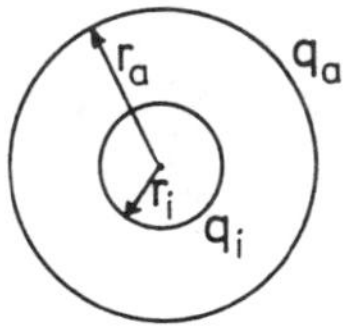

Löst man dieses Gleichungssystem nach q_i und q_a auf, so resultiert

$$\begin{pmatrix} q_i \\ q_a \end{pmatrix} = \begin{pmatrix} C_{ii} \; C_{ia} \\ C_{ai} \; C_{aa} \end{pmatrix} \begin{pmatrix} V_i \\ V_a \end{pmatrix} = \frac{r_a}{r_i - r_a} \begin{pmatrix} r_i & -r_i \\ -r_i & r_i \end{pmatrix} \begin{pmatrix} V_i \\ V_a \end{pmatrix} .$$

Die "Kapazität" eines Systems von zwei Leitern ist definiert durch

$$C = \frac{q}{\Delta V} ,$$

wobei $q_1 = q$ bzw. $q_2 = -q$ die Ladung auf dem ersten bzw. zweiten Leiter ist und $\Delta V = V_1 - V_2$ die Potentialdifferenz zwischen dem ersten und dem zweiten Leiter darstellt. Nun ist

$$\begin{pmatrix} q_1 \\ q_2 \end{pmatrix} = \begin{pmatrix} C_{11} \; C_{12} \\ C_{21} \; C_{22} \end{pmatrix} \begin{pmatrix} V_1 \\ V_2 \end{pmatrix}$$

und daher

$$\begin{pmatrix} V_1 \\ V_2 \end{pmatrix} = \frac{1}{\det(C_{ij})} \begin{pmatrix} C_{22} & -C_{12} \\ -C_{21} & C_{11} \end{pmatrix} \begin{pmatrix} q_1 \\ q_2 \end{pmatrix} .$$

Für die Kapazität ergibt sich

$$\begin{aligned} C =& \frac{q}{V_1 - V_2} = q \cdot \frac{\det(C_{ij})}{q(C_{22} + C_{21} + C_{12} + C_{11})} \\ =& \frac{C_{11}C_{22} - C_{12}C_{21}}{C_{11} + C_{12} + C_{21} + C_{22}} . \end{aligned}$$

Für den Kugelkondensator bekommen wir

$$C = \frac{(\frac{r_a}{r_a - r_i})^2 \cdot (r_i r_a - r_i^2)}{(\frac{r_a}{r_a - r_i}) \cdot (r_a - r_i)} = \frac{r_i r_a}{r_a - r_i} .$$

Das stimmt mit unserem früheren Ergebnis (Aufgabe 1.2) überein.

2. Die Greenschen Theoreme

Zur Bestimmung des elektrostatischen Potentials haben wir die Beziehung

$$\phi(\vec{r}) = \int \frac{\rho(\vec{r}\,')}{|\vec{r} - \vec{r}\,'|} dV' \tag{1}$$

kennengelernt. Diese Beziehung können wir benutzen, wenn eine bekannte Ladungsverteilung $\rho(\vec{r}\,')$ vorliegt. Die *Problemstellung der Elektrostatik ist aber oft eine andere.* Es sind Potentialverteilungen $\vec{E}(\vec{r}) = -\vec{\nabla}\phi$ auf bestimmten Flächen und Körpern vorgegeben. Die sie hevorrufenden Ladungsverteilungen sind meistens nicht bekannt. Diese *Randbedingungen* legen nun das Potential in jedem beliebigen Raumpunkt fest. Zur Lösung dieses *Randwertproblems* werden die sogenannten Greenschen Theoreme benötigt, die wir im folgenden herleiten.

Mit $\vec{A}(\vec{r})$ bezeichnen wir ein Vektorfeld, mit $\varphi(\vec{r})$ und $\psi(\vec{r})$ zwei Skalarfelder. das Vektorfeld $\vec{A}$ sei folgendermaßen aus den φ und ψ-Feldern aufgebaut

$$\vec{A} = \varphi \, \vec{\nabla}\psi \, . \tag{2}$$

Damit folgt nach der Produktregel

$$\vec{\nabla} \cdot \vec{A} = \vec{\nabla} \cdot (\varphi \, \vec{\nabla}\psi) = \varphi \, \nabla^2\psi + (\vec{\nabla}\varphi) \cdot (\vec{\nabla}\psi). \tag{3}$$

Wir gehen vom Gaußschen Satz aus

$$\int_V \vec{\nabla}' \cdot \vec{A} \, dV' = \oint_O \vec{A} \cdot \vec{n}' \, dF' \tag{4}$$

und ersetzen $\vec{\nabla}' \cdot \vec{A}$ durch Gleichung (3). Desgleichen schreiben wir für $\vec{A} \cdot \vec{n}' = \varphi(\vec{\nabla}'\psi) \cdot \vec{n}' = \varphi \frac{\partial\psi}{\partial n'}$, die Ableitung des Skalarfeldes ψ in Richtung des Normalenvektors der Oberfläche. Die Striche bedeuten, daß die Ableitungen nach der Koordinate gebildet werden, über die auch integriert wird. Durch diese Ersetzungen folgt aus dem Gaußschen Satz das *erste Greensche Theorem* [8] :

$$\int_V (\varphi \, \vec{\nabla}'^2\psi + (\vec{\nabla}'\varphi) \cdot (\vec{\nabla}'\psi)) \, dV' = \oint_O \varphi \frac{\partial\psi}{\partial n'} \, dF'. \tag{5}$$

Zum zweiten Greenschen Theorem kommen wir durch Vertauschen der beliebig

[8] *Green*, George, geb. 14.7.1793 Nottingham, gest. 31.3.1841 Sneinton bei Nottingham. - Neben seiner Tätigkeit als Nachfolger seines Vaters, der Bäcker und Müller war, verfolgte G. aufmerksam alle Entdeckungen zur Elektrizitätslehre und studierte die Werke von Laplace. Nach weiteren Studien in Cambridge war er dort am Cajus-College tätig. Sein Hauptwerk "Essays on the Application of Mathematical Analysis to Theories of Electricity and Magnetism"(1828) stellt den ersten Versuch einer mathemat. Beschreibung der Elektrizitätserscheinungen dar und bedeutet, neben Arbeiten von Gauß den Beginn der *Potentialtheorie*.

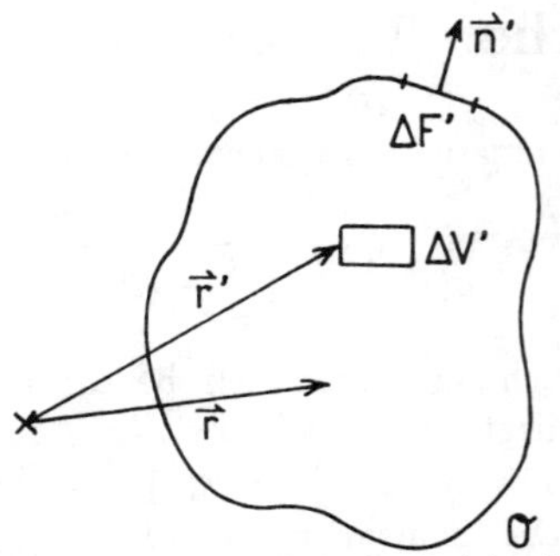

Verdeutlichung der geometrischen Verhältnisse bei den Integrationen zu den Greenschen Theoremen.

gewählten Skalarfelder in (5) und anschließende Subtraktion der so erhaltenen Gleichung von Gleichung (3). Das *zweite Greensche Theorem* lautet dann (mit $\nabla^2 = \Delta$):

$$\int_V [\varphi(\vec{r}\,')\Delta'\psi(\vec{r}\,') - \psi(\vec{r}\,')\Delta'\varphi(\vec{r}\,')] \, dV'$$
$$= \oint_O \left[\varphi(\vec{r}\,')\frac{\partial\psi(\vec{r}\,')}{\partial n'} - \psi(\vec{r}\,')\frac{\partial\varphi(\vec{r}\,')}{\partial n'}\right] dF' \,. \tag{6}$$

Unter Verwendung der Poissonschen Differentialgleichung wollen wir jetzt aus den Greenschen Theoremen eine allgemeinere integrale Darstellung für das Potential finden, als es die Beziehung (1) ist. Für die beliebig gewählten Skalarfelder setzen wir

$$\psi(\vec{r}\,') = \frac{1}{|\vec{r} - \vec{r}\,'|} \quad \text{und} \quad \varphi(\vec{r}\,') = \phi(\vec{r}\,') \quad \text{(Potential)} \,. \tag{7}$$

Es folgt dann

$$\Delta'\psi = \Delta'\frac{1}{|\vec{r} - \vec{r}\,'|} = -4\pi \, \delta(\vec{r} - \vec{r}\,') \tag{8}$$

und

$$\Delta'\varphi = \Delta'\phi(\vec{r}\,') = -4\pi\rho(\vec{r}\,') \,. \tag{9}$$

Mit diesen beiden Beziehungen ergibt sich nach Gleichung (6)

$$-4\pi \int_V \phi(\vec{r}\,') \, \delta(\vec{r} - \vec{r}\,') \, dV' + 4\pi \int_V \frac{\rho(\vec{r}\,')}{|\vec{r}-\vec{r}\,'|} \, dV'$$
$$= \oint_O \left[\phi(\vec{r}\,')\frac{\partial}{\partial n'}\frac{1}{|\vec{r}-\vec{r}\,'|} - \frac{1}{|\vec{r}-\vec{r}\,'|}\frac{\partial}{\partial n'}\phi(\vec{r}\,')\right] dF' \,. \tag{10}$$

Liegt der Beobachtungspunkt $\vec{r}$ innerhalb des Integrationsvolumens, so ergibt der erste Term auf der linken Seite das Potential an der Stelle $\vec{r}$:

$$\phi(\vec{r}) = \int_V \frac{\rho(\vec{r}\,')}{|\vec{r} - \vec{r}\,'|} \, dV' + \frac{1}{4\pi} \oint_O \left[\frac{1}{|\vec{r} - \vec{r}\,'|}\frac{\partial}{\partial n'}\phi(\vec{r}\,') - \phi(\vec{r}\,')\frac{\partial}{\partial n'}\frac{1}{|\vec{r} - \vec{r}\,'|}\right] dF' \tag{11}$$

Betrachten wir jetzt zwei Spezialfälle dieser Gleichung. Wir legen zunächst die Integrationsfläche O ins Unendliche. Dann geht der Integrand stärker gegen Null, z.B. für eine Punktladung:

$$\frac{1}{|\vec{r}-\vec{r}\,'|}\frac{\partial}{\partial n'}\phi(\vec{r}\,') \sim \frac{1}{r'^3} ,$$

als das Flächenelement gegen Unendlich. Folglich verschwindet das Oberflächenintegral und es bleibt die bekannte Form (1) :

$$\phi(\vec{r}) = \int_V \frac{\rho(\vec{r}\,')}{|\vec{r}-\vec{r}\,'|}\, dV' .$$

Ist zum anderen das Integrationsvolumen frei von Ladungen, so wird der erste Term der Gleichung (11) gleich Null und das Potential wird nur durch die Potentialwerte und die Werte seiner Ableitungen auf dem Rand des Integrationsbereiches (der Fläche O) bestimmt.

Zu beachten ist, daß das Integrationsvolumen immer den Punkt $\vec{r}$ enthalten muß, damit wir eine Lösung für das Potential bekommen.

Nach Gleichung (11) wird das Potential $\phi(\vec{r})$ durch das Potential und seine Normalableitung auf der Begrenzungsfläche bestimmt. Durch die Vorgabe beider Werte $\phi(O)$ und $\frac{\partial}{\partial n}\phi(O)$ ist das Problem aber überbestimmt: Die Angabe einer Bedingung genügt, wie wir gleich sehen werden, um das Potential eindeutig festzulegen. Wir bezeichnen diese Randbedingungen als *Dirichletsche Randbedingungen* [9], wenn ϕ auf dem Rand gegeben ist, und als *Neumannsche Randbedingung* [10], wenn dort die Normalableitung $\frac{\partial}{\partial n}\phi$ (das ist die Normalkomponente der elektrischen Feldstärke) vorgegeben ist.

Eindeutigkeit der Lösungen: Wir zeigen jetzt, daß durch die Vorgabe Dirichletscher *oder* Neumannscher Randbedingungen das Potential eindeutig bestimmt wird.

Die beiden verschieden angenommenen Lösungen $\phi_1(\vec{r})$ und $\phi_2(\vec{r})$ erfüllen die Poissongleichung (oder Laplacegleichung)

$$\Delta\phi_{1,2}(\vec{r}) = -4\rho(\vec{r}), \quad \text{d.h.} \quad \Delta(\phi_1-\phi_2) = 0 . \tag{12}$$

[9] *Dirichlet*, Lejeune- ,Peter Gustav, geb. 13.2.1805 Düren, gest. 5.5.1859 Göttingen. - D. lebte nach ersten Studien von 1822/27 in Paris und wurde anschließend Dozent in Breslau (Wroclaw). Seit 1832 war D. in Berlin tätig und wurde 1855 als Nachfolger von Gauß nach Göttingen berufen. D. leistete wichtige Beiträge zur Theorie der *Fourierreihen*, zur *Potentialtheorie*, zur *Variationsrechnung* , aber besonders zur Zahlentheorie. Er führte erstmals in umfanreicher Weise analytische Funktionen zur Lösung arithmetischer Probleme ein und wurde so zum Begründer der *analytischen Zahlentheorie.*

[10] *Neumannn*, Carl Gottfried, geb. 7.5.1832 Königsberg (Kaliningrad), gest. 27.3.1925 Leipzig; Sohn von F.E. Neumann. - N. studierte 1850/55 und promovierte 1856 in Königsberg. Er lehrte als Professor an den Universitätan Halle, Basel, Tübingen und Leipzig (seit 1868). N. lieferte wesentl. Beiträge zur *Potentialtheorie*, z.B. die N.sche Potentialfunktion als Lösung der Randwertaufgaben. Auch die N.sche Reihe wurde nach ihm benannt.

Beide Funktionen genügen auf dem Rand den gleichen Bedingungen

$$\phi_1(O) = \phi_2(O) \quad \text{oder} \quad \frac{\partial \phi_1}{\partial n}(O) = \frac{\partial \phi_2}{\partial n}(O) \,. \tag{13}$$

Wir setzen nun $u = \phi_1 - \phi_2$ und benutzen das Greensche Theorem mit $\varphi = \psi = u$, so daß folgt

$$\int_V [u(\vec{r}\,')\,\Delta' u(\vec{r}\,') + (\vec{\nabla}' u(\vec{r}\,'))^2]\,dV' = \oint_O u(\vec{r}\,')\frac{\partial u(\vec{r}\,')}{\partial n'}\,dF' \,. \tag{14}$$

Wegen der Beziehung (12) verschwindet der erste Term des Volumenintegrals. Das Oberflächenintegral wird Null, weil wegen der gleichen Randbedingungen entweder u (Dirichlet) oder $\frac{\partial u}{\partial n}$ (Neumann) auf der Oberfläche verschwindet. Das bedeutet:

$$\int_V (\vec{\nabla}' u(\vec{r}\,'))^2\,dV' = 0 \quad \text{oder} \quad \vec{\nabla}' u(\vec{r}\,') = 0 \,. \tag{15}$$

Somit ist u innerhalb des Volumens V konstant. Da u bei Dirichletschen Randbedingungen auf dem Rand Null ist, gilt überall $u = 0$, d.h. $\phi_1 = \phi_2$, womit die Eindeutigkeit gezeigt ist. Für Neumannsche Randbedingungen unterscheiden sich die beiden Lösungen für ϕ höchstens um eine unwesentliche additive Konstante. Mit der so bewiesenen Eindeutigkeit der Lösungen des Potentialproblems ist auch klar, daß entweder Dirichletsche oder Neumannsche Randbedingungen das Potential eindeutig fixieren. Die Vorgabe von $\phi(0)$ und $\frac{\partial\phi(0)}{\partial n}$ wie es in Gleichung (11) verlangt wird, überbestimmt das Problem. Mit anderen Worten: $\phi(0)$ und $\frac{\partial\phi(0)}{\partial n}$ sind voneinander abhängig.

Die Greensche Funktion: Wir können nun die Lösung für die Poisson- oder Laplacegleichung in einem bestimmten begrenzten Volumen mit bekannten Dirichletschen oder Neumannschen Randbedingungen mit Hilfe des zweiten Greenschen Theorems berechnen. Um die Gleichungen (11) und (12) zu erhalten, wählen wir $\psi = \frac{1}{|\vec{r}-\vec{r}\,'|}$, was dem Potential einer Einheitsladung entspricht, für das gilt ja:

$$\nabla^2 \frac{1}{|\vec{r}-\vec{r}\,'|} = -4\pi\delta(\vec{r}-\vec{r}\,') \,. \tag{16}$$

Diese Funktion ψ ist nur eine der Klasse von Funktionen G, die von $\vec{r}$ und $\vec{r}\,'$ abhängen und für die gilt:

$$\nabla^2 G(\vec{r},\vec{r}\,') = -4\pi\delta(\vec{r}-\vec{r}\,') \quad \text{mit} \quad G(\vec{r},\vec{r}\,') = \frac{1}{|\vec{r}-\vec{r}\,'|} + F(\vec{r},\vec{r}\,') \,. \tag{17}$$

Hierbei muß F die Laplacegleichung $\Delta F = 0$ erfüllen. *G heißt Greensche Funktion* und ist symmetrisch in $\vec{r}$ und $\vec{r}\,'$: $G(\vec{r},\vec{r}\,') = G(\vec{r}\,',\vec{r})$.

Es sei noch einmal gesagt: Die spezielle Lösung $\psi(\vec{r},\vec{r}\,') = \frac{1}{|\vec{r}-\vec{r}\,'|}$ erfüllt zwar die Poissongleichung (16), nicht aber Dirichlet'sche oder Neumann'sche Randbedingungen, es sei denn die Oberfläche O liegt im Unendlichen. Für die Greenschen

Funktionen $G(\vec{r}, \vec{r}\,')$ können über die Funktion $F(\vec{r}, \vec{r}\,')$ in Gleichung (17) die Randbedingungen eingearbeitet weden. Wir verfolgen diese Idee jetzt weiter.

Betrachten wir nun Gleichung (11), die ja eine Bestimmungsgleichung für $\phi(\vec{r})$ ist. Sie enthält aber noch beide Bedinguugen, sowohl $\phi(\vec{r}\,')|_O$ als auch $\frac{\partial}{\partial n}\phi(\vec{r}\,')|_O$. Es ist nun möglich durch die Greensche Funktion und der in ihr enthaltenen Freiheit eine Funktion $F(\vec{r}, \vec{r}\,')$ so zu wählen, daß eines der Oberflächenintegrale verschwindet und somit eine Gleichung mit entweder Dirichletschen oder Neumannschen Randbedingungen erhalten wird. Inden wir in (6) $\varphi = \phi$ und $\psi = G(\vec{r}, \vec{r}\,')$ setzen, folgt unter Beachtung der oben gefundenen Beziehungen für die Greensche Funktion in Analogie zu Gleichung (11):

$$\begin{aligned} \phi(\vec{r}) &= \int_V \rho(\vec{r}\,')G(\vec{r}, \vec{r}\,')\, dV' \\ &\quad + \frac{1}{4\pi} \oint_O \left[G(\vec{r}, \vec{r}\,') \frac{\partial}{\partial n'} \phi(\vec{r}\,') - \phi(\vec{r}\,') \frac{\partial}{\partial n'} G(\vec{r}, \vec{r}\,') \right] dF' \end{aligned} \tag{18}$$

Durch geeignete Wahl von $G(\vec{r}, \vec{r}\,')$ läßt sich das eine oder andere Oberflächenintegral eliminieren und zwar so: Für Dirichletsche Randbedingungen setzen wir $G_D(\vec{r}, \vec{r}\,') = 0$, wenn $\vec{r}\,'$ auf der Oberfläche O liegt, d.h. $\vec{r}\,' = \vec{r}\,'(O)$. Dann ist das Problem nur für Dirichletsche Randbedingungen formuliert, denn die obige Gleichung geht dann über in

$$\phi(\vec{r}) = \int_V \rho(\vec{r}\,')G_D(\vec{r}, \vec{r}\,')\, dV' - \frac{1}{4\pi} \oint_O \phi(\vec{r}\,') \frac{\partial G_D(\vec{r}, \vec{r}\,')}{\partial n'}\, dF'. \tag{19}$$

Für Neumannsche Randbedingungen führt der zunächst naheliegende Ansatz $\frac{\partial}{\partial n'} G_N(\vec{r}, \vec{r}\,') = 0$ zu einem falschen Ergebnis, da er nicht die Forderung des Gaußschen Gesetzes (für eine Einheitsladung) erfüllt:

$$\oint_O \frac{\partial G_N(\vec{r}, \vec{r}\,')}{\partial n'}\, dF' = -4\pi\ . \tag{20}$$

Deshalb ist der einfachste Ansatz:

$$\frac{\partial G_N(\vec{r}, \vec{r}\,')}{\partial n'} dF' = -\frac{4\pi}{F}\,, \tag{21}$$

wenn F die Gesamtfläche ist und $\vec{r}\,'$ auf der Oberfläche liegt. Dann erhalten wir

$$\phi(\vec{r}) = \langle\phi\rangle_F + \int_V \rho(\vec{r}\,')G_N(\vec{r}, \vec{r}\,')\, dV' + \frac{1}{4\pi} \oint_O \frac{\partial \phi(\vec{r}\,')}{\partial n'} G_N(\vec{r}, \vec{r}\,')\, dF'. \tag{22}$$

Hierbei ist $\langle\phi\rangle_F = \frac{1}{F} \oint_O \phi(\vec{r}\,')dF'$ der Mittelwert des Potentials auf der Oberfläche. Dieser Mittelwert kann in der additiven Konstanten, um welche das Potential willkürlich ist, immer absorbiert werden. Geht die Gesamtfläche F gegen unendlich, so verschwindet er, wenn $\phi(\vec{r})$ für $r \to \infty$ stärker als $\frac{1}{r}$ abfällt. Es sei an dieser Stelle noch die *physikalische Bedeutung* von $F(\vec{r}, \vec{r}\,')$ erwähnt. $F(\vec{r}, \vec{r}\,')$ löst die Laplace-

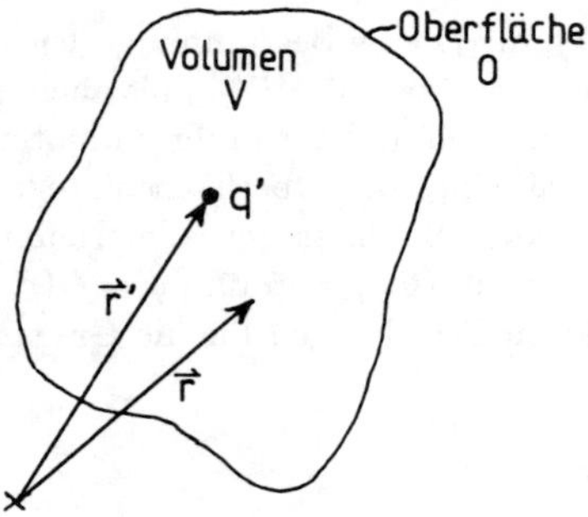

Das schraffierte Gebiet zeigt die Ladungsverteilung außerhalb des Volumens V, die das "Bildpotential" $F(\vec{r}, \vec{r}\,')$ erzeugt. Je nachdem, wo q' in V liegt, d.h. je nach $\vec{r}\,'$, wird die Bildladung $F(\vec{r}, \vec{r}\,')$ anders sein. Sie hängt also von $\vec{r}\,'$ ab.

Gleichung innerhalb von V. Die Funktion $F(\vec{r}, \vec{r}\,')$ stellt daher das Potential einer Ladungsverteilung außerhalb des Volumens V dar, so daß zusammen mit dem Potential $\frac{1}{|\vec{r}-\vec{r}\,'|}$ der Punktladung am Ort $\vec{r}\,'$ die Greensche Funktion gerade die Werte $G_D(\vec{r}, \vec{r}\,') = 0$ bzw. $\frac{\partial}{\partial n'} G_N(\vec{r}, \vec{r}\,') = -\frac{4\pi}{F}$ auf der Begrenzungsfläche ($\vec{r}\,' = \vec{r}\,'(O)$) erreichen kann. Es ist klar, daß die externe Ladungsverteilung abhängig ist von der Punktladung im Volumen, deren Potential oder Normalenableitung des Potentials sie ja auf $\vec{r}\,' = \vec{r}\,'(0)$ aufheben soll. Das bedeutet $F(\vec{r}, \vec{r}\,')$ ist abhängig vom Pararmeter $\vec{r}\,'$, der die Lage der Punktladungsverteilung im Volumen angibt. Die *Methode der Bildladung*, mit deren Hilfe wir nun Beispiele vorführen werden, basiert auf dieser Erkenntnis.

2.1 Beispiel: Die geerdete leitende Kugel im Feld einer Ladung q:

Es ist eine leitende Kugel vom Radius a gegeben, die auf Erdpotential ($\phi = 0$) liegt. "Geerdet" bedeutet nämlich, daß das Potential dasselbe wie auf der Erdoberfläche und daher auch dasselbe wie sehr weit entfernt von der Kugel, d.h. im Unendlichen ist.

Wir bezeichnen mit $\vec{y}$ den Vektor, vom Kugelmittelpunkt zum Ort der Ladung q, und mit $\vec{r}$ den Beobachtungspunkt (Aufpunkt). Die Randbedingungen sind $\phi(a) = \phi(|\vec{r}| = \infty) = 0$. Es handelt sich also um ein *Dirichletsches Problem.* Zuerst bestimmen wir die Greensfunktion G_D, die der Randbedingung genügt. Hierzu soll die Methode der *elektrischen Bildladung* benutzt werden. Das heißt, wir gehen davon aus, daß wir die Randbedingung auch erreichen können, wenn wir an geeigneter Stelle (z.B. wie in der Zeichnung bei $\vec{y}\,'$) eine zweite Ladung der

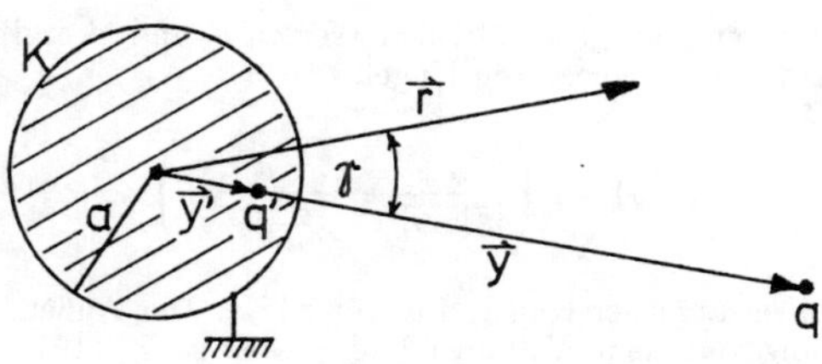

Größe q' anbringen, die zusammen mit der ersten, q, durch Superposition gerade die Randbedingung ergibt.

Wie die Rechnung erweisen wird, genügt eine Bildladung q', die aus Symmetriegründen einen Ortsvektor $\vec{y}\,'$ parallel zu $\vec{y}$ besitzen muß. Wir wählen den Kugelmittelpunkt als Ursprung. Zur Bestimmung der Größe und Lage stellen wir das gemeinsame Potential der beiden Ladungen auf und versuchen die Randbedingungen zu erfüllen. Das Potential der beiden Ladungen lautet:

$$\phi(\vec{r},\vec{y}) = \frac{q}{|\vec{r}-\vec{y}|} + \frac{q'}{|\vec{r}-\vec{y}\,'|} \,.$$

Sind $\vec{n} = \frac{\vec{r}}{|\vec{r}|}$ und $\vec{n}' = \frac{\vec{y}}{|\vec{y}|}$ die Einheitsvektoren in $\vec{r}$- bzw. $\vec{y}$-Richtung, so gilt

$$\phi(\vec{r},\vec{y}) = \frac{q}{|r\vec{n} - y\vec{n}\,'|} + \frac{q'}{|r\vec{n} - y'\vec{n}\,'|} \,.$$

Wir erhalten hieraus durch Herausziehen von r bzw. y' an der Stelle $r = a$ die Beziehung

$$\begin{aligned}\phi(|\vec{r}| = a,\vec{y}) &= \frac{q}{a|\vec{n} - \frac{y}{a}\vec{n}\,'|} + \frac{q'}{y'|\vec{n}\,' - \frac{a}{y'}\vec{n}|} \\ &= \frac{q}{a\sqrt{1+\frac{y^2}{a^2} - 2\frac{y}{a}\cos\gamma}} + \frac{q'}{y'\sqrt{1+\frac{a^2}{y'^2} - 2\frac{a}{y'}\cos\gamma}} = 0\end{aligned}$$

nach Voraussetzung (Dirichlet-Randbedingungen für die Greensche Funktion). Diese Gleichung ist für alle $\vec{n}\cdot\vec{n}\,' = \cos\gamma$ nur dann richtig, wenn

$$\frac{q}{y} = -\frac{q'}{a} \quad \left(\frac{q}{a} = -\frac{q'}{a'}\right) \text{ und } \frac{y}{a} = +\frac{a}{y'} \,.$$

Daraus folgen für Ladung und Größe der Bildladung [11]:

$$q' = -\frac{a}{y}q \;;\; y' = \frac{a^2}{y} \,.$$

Wir sehen, daß q' und y' gegen Null gehen, wenn y groß wird, also die Ladung im Unendlichen verschwindet. Ebenso werden q und q' entgegengesetzt gleich groß,

[11] Es existiert noch eine triviale Lösung $q = -q'$, $y = y' = a$, wonach aber überhaupt keine Ladung vorhanden wäre

wenn $|y' - y|$ gegen Null geht. Mit den Werten q' und y' ergibt sich das Potential der Ladung q von einer geerdeten Kugel:

$$\phi(\vec{r}, \vec{y}) = q\left(\frac{1}{|\vec{r} - \vec{y}|} - \frac{a}{y|\frac{a^2}{y^2}\vec{y} - \vec{r}|}\right) .$$

Es gilt im Außenraum der Kugel, d.h. für $r \geq a$. Der Außenraum ist nämlich das mit der Ladung versehene Volumen V der Gleichung (19). Die Kugeloberfläche ist die begrenzende Oberfläche O. Da nach unseren allgemeinen Betrachtungen die Lösung des Randwertproblems eindeutig ist, ist die gefundene Lösung des Problems die einzige. Die Greensfunktion für diese Potentialverteilung lautet also:

$$\begin{aligned} G_D(\vec{r}, \vec{y}) &= \frac{1}{|\vec{r} - \vec{y}|} - \frac{a}{y|\frac{a^2}{y^2}\vec{y} - \vec{r}|} \\ &= \frac{1}{\sqrt{r^2 + y^2 - 2ry\ \cos\gamma}} - \frac{1}{\sqrt{a^2 + \frac{r^2y^2}{a^2} - 2yr\ \cos\gamma}} \end{aligned}$$

Man prüft leicht nach, daß sowohl $G_D(\vec{a}, \vec{y})$ als auch $G_D(\vec{r}, \vec{a})$ verschwindet. Das muß so sein. Außerdem gilt immer (vgl. Aufgabe 2.11), so auch hier, daß $G_D(\vec{r}, \vec{y}) = G_D(\vec{y}, \vec{r})$. Zur Bestimmung der von q auf der Kugel influenzierten Ladung gehen wir davon aus, daß der Sprung in der Feldstärke beim Durchgang durch geladene Flächen gleich der Oberflächenladungsdichte ist:

$$(\vec{E}_2 - \vec{E}_1) \cdot \vec{n} = \vec{E}_2 \cdot \vec{n} = -\frac{\partial\phi}{\partial n} = 4\pi\sigma(\vec{r}) ,$$

weil $\vec{E}_1 = 0$, da die Felder innerhalb der homogenen, leitenden Kugel zusammenbrechen. Die Elektronen des Leiters verschieben sich solange, bis keine Kräfte mehr wirken, d.h. $\vec{E}(\vec{r}) = 0$ für $r < a$. Das ergibt sich aus der Tatsache, daß die gesamte Kugel, einschließlich ihres Innern, auf dem Potential $\phi = 0$ liegt. Daraus folgt, daß das System kugelsymmetrisch ist:

$$\begin{aligned} \sigma(r = a) &= -\frac{1}{4\pi}\frac{\partial\phi}{\partial n}(r = a) = -\frac{1}{4\pi}\frac{\partial\phi}{\partial r}(r = a) \\ &= -\frac{q}{4\pi}\left[-\frac{r - y\ \cos\gamma}{\sqrt{r^2 + y^2 - 2ry\ \cos\gamma}^3} + \frac{\frac{ry^2}{a^2} - y\ \cos\gamma}{\sqrt{a^2 + \frac{r^2y^2}{a^2} - 2yr\ \cos\gamma}^3}\right]_{r=a} \\ &= -\frac{q}{4\pi ay} \cdot \frac{(1 - \frac{a^2}{y^2})}{(1 + \frac{a^2}{y^2} - \frac{2a}{y}\ \cos\gamma)^{3/2}} . \end{aligned}$$

wobei γ der Winkel zwischen $\vec{r}, \vec{y}$ ist. Trägt man für zwei Verhältnisse $\frac{y}{a}$ die Flächenladungsdichte gegen den Winkel γ auf, so erhält man die folgenden Bilder. Die gesamte influenzierte Ladung Q ist dann :

$$Q = \int_O \sigma(y, \gamma)a^2 d\Omega = -\frac{a}{y}q = q',$$

also gerade gleich der Bildladung, wie es wegen des Gauß'schen Gesetzes auch sein muß. Die nächste Frage, die wir klären wollen, ist die nach der Stärke der

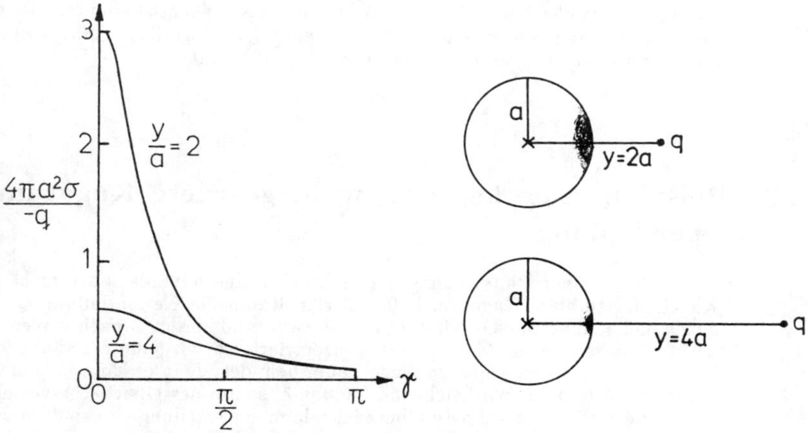

Veranschaulichung der Influenzladung, die mit wachsendem Abstand y der Ladung q abnimmt.

Anziehungskraft zwischen der Ladung q und der von ihr auf der Kugeloberfläche influenzierten Ladung. Wir könnten diese Rechnung mit Hilfe der oben gefundenen Flächenladungsdichte durch Integration ausführen. Da sich aber die Influenzladung, wie wir sehen werden, genau so verhält, als würde die Ladung q' an der Stelle $\vec{y}'$ sitzen, ist es einfacher, die Kraft zwischen Ladung und Bildladung zu berechnen:

$$F = \frac{q\,q'}{|\vec{y} - \vec{y}\,'|^2} = -\frac{q^2 \frac{a}{y}}{y^2(1 - \frac{a^2}{y^2})^2} \,.$$

Die beiden Ladungen ziehen sich also immer an. Für kleine Abstände ist $y \cong a$ und deshalb

$$\begin{aligned} F &\approx -\,q^2 \cdot a^2 \cdot \frac{1}{(y^2 - a^2)^2} = -q^2 \cdot a^2 \cdot \frac{1}{(y+a)^2(y-a)^2} \\ &\approx -\frac{q^2}{4}\frac{1}{(y-a)^2} = -\frac{q^2}{4}\frac{1}{d^2} \,. \end{aligned}$$

Die Größe $d = y - a$ bezeichnet den Abstand der Ladung q von der Kugeloberfläche. Nahe der Kugeloberfläche fällt die Kraft mit $\frac{1}{d^2}$, weiter draußen dagegen, ähnlich derjenigen in einem Dipolfeld mit $\frac{1}{y^3}$ ab. Dies ist das typische Verhalten einer Ladung und der von ihr influenzierten Ladung.

Beim Austritt einer Ladung aus der Kugeloberfläche und bei ihrer weiteren Bewegung muß offensichtlich bis ins unendliche Arbeit gegen die anziehende Kraft der Influenzladung geleistet werden. Dies ist die *Austrittsarbeit.* Sie ist der Grund dafür, daß Ladungen im allgemeinen auf einem Leiter (in unserem Fall der Kugel) sitzen bleiben und sich nicht vom Leiter lösen und ins Unendliche wandern. Wegen der Abstoßung gleicher Ladungen möchte man das zunächst vermuten. Beim Abheben einer Ladung von der Oberfläche entsteht aber sofort die zughörige Bildladung, die die austretende Ladung anzieht (wieder zurückholt).

2.2 Beispiel: Eine leitende, nicht geerdete Kugel im Feld einer Ladung

In der Nähe einer Punktladung q befinde sich eine leitende, aber nicht geerdete Kugel. Hatte diese Kugel im ladungsfreien Raum die Gesamtladung Q, die dort gleichmäßig über die Oberfläche verteilt war und deshalb nach außen genauso wirkte, als sei sie im Mittelpunkt konzentriert, so wird diese Ladung dann erhalten bleiben, wenn q sich im Außenraum befindet, denn es kann ja keine Ladung abfließen. Allerdings wird sich eine Ladung q' so auf der Oberfläche verteilen, daß die im Beispiel 2.1 errechnete Oberflächenladungsverteilung eingehalten wird. Die Restladung $(Q - q')$ wird sich gleichförmig auf der Kugel verteilen, weil die Kräfte von q bereits durch $q' = \frac{-aq}{y}$ am Orte $\vec{y}' = \frac{a^2}{y}\frac{\vec{y}}{y}$ ausbalanciert sind. Die Ladung $Q - q'$ wird daher so wirken, als sei sie im Mittelpunkt konzentriert. Das im Beispiel 2.1 gefundene Potential im Außenraum wird also noch einen Zusatzterm der Form $\frac{(Q-q')}{r}$ erhalten.

$$\phi(\vec{r}, \vec{y}) = \frac{q}{|\vec{r} - \vec{y}|} - \frac{\frac{aq}{y}}{|\vec{r} - \frac{a^2}{y^2}\vec{y}|} + \frac{Q + \frac{aq}{y}}{r} .$$

Ähnlich wie dort läßt sich nun wieder die Anziehungskraft zwischen q und der Kugel bestimmen

$$\begin{aligned}\vec{F}(\vec{y}) &= q\vec{E}(\vec{y}) = q\left[-\text{grad}\phi(\vec{r}, \vec{y})|_{\vec{r}=\vec{y}}\right] \\ &= q\left[\frac{\frac{aq}{y}(\vec{r} - \frac{a^2}{y^2}\vec{y})}{|\vec{r} - \frac{a^2}{y^2}\vec{y}|^3} + \frac{Q + \frac{aq}{y}}{r^3}\vec{r}\right] \qquad 1 \\ &= \frac{q}{y^2}\left(Q - \frac{qa^3(2y^2 - a^2)}{y(y^2 - a^2)^2}\right)\frac{\vec{y}}{y} .\end{aligned}$$

Die divergente Selbstwechselwirkung der Ladung q, die für $\vec{r} = \vec{y}$ durch den ersten Term im Potential $\phi(\vec{r}, \vec{y})$ repräsentiert wird, wurde dabei weggelassen. Während sich Ladung und zugehörige Influenzladung immer anziehen, tritt in diesem Fall bei kleinen Entfernungen zwar immer eine starke Anziehungskraft auf, aber für $\frac{Q}{q} > 0$ stoßen sich Kugel und Ladung in größeren Entfernungen ab. Die in unmittelbarer Nähe der Oberfläche auftretenden starken Anziehungskräfte und die zu ihrer Überwindung zu leistende *"Austrittsarbeit"* sind auch dafür verantwortlich, daß gleichnamige Ladungen trotz der elektrostatischen Abstoßung auf der Kugelcberfläche bleiben. Die Austrittsarbeit ist unabhängig von den Vorzeichen von Q und q. Sind diese beiden Vorzeichen gleich, so kann man von einer gewissen Entfernung ab wieder Arbeit gewinnen. Ist die Kugel dagegen geerdet, so muß bis ins Unendliche Austrittsarbeit geleistet werden.

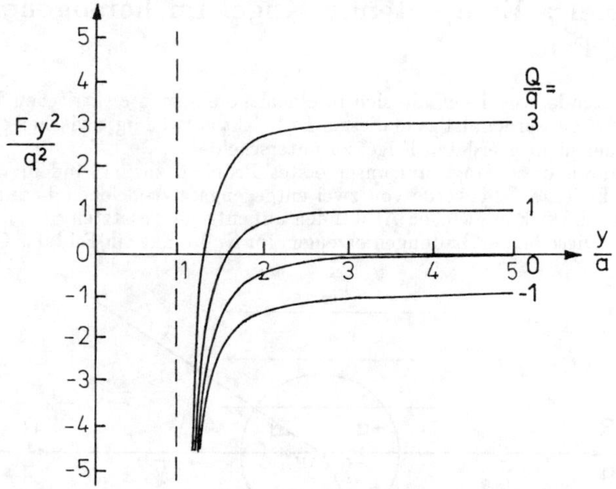

Die Kraft zwischen Ladung und Bildladung für eine leitende nicht geerdete Kugel.

2.3 Beispiel: Eine auf dem Potential V gehaltene leitende Kugel im Feld einer Ladung

In der Nähe der Punktladung q befinde sich eine leitende Kugel, deren Oberfläche auf dem konstanten Potential V gehalten wird.

Dieses Problem läßt sich auf das vorige Beispiel zurückführen, wenn wir bedenken, daß eine im Mittelpunkt der Kugel sitzende Ladung der Größe $V \cdot a$ auf der Oberfläche das gewünschte Potential V erzeugt. Die gesuchten Gleichungen erhalten wir also, indem wir in den Ausdrücken des vorigen Beispiels $(Q - q')$ durch Va ersetzen:

$$\phi(\vec{r}, \vec{y}) = \frac{q}{|\vec{r} - \vec{y}|} - \frac{aq}{y|\vec{r} - \frac{a^2}{y^2}\vec{y}|} + \frac{Va}{r}$$

und

$$F(\vec{y}) = \frac{q}{y^2}\left(Va - \frac{qay^3}{(y^2 - a^2)^2}\right)\frac{\vec{y}}{y} .$$

Diese Gleichungen beschreiben Potential und Kräfte außerhalb der Kugel, d h. für $r > a$. Das Potential $\frac{Va}{r}$ erfüllt außerhalb der Kugel $\Delta\frac{Va}{r} = 0$, ist also eine spezielle Lösung $F(\vec{r}, \vec{r}\prime)$ der homogenen Poisson-, d.h. der Laplace-Gleichung. Sie ist so gewählt, daß die Randbedingung auf der Kugeloberfläche erfüllt ist. Da $\phi(\vec{r}, \vec{y})$ die Poissongleichung $\Delta\phi(\vec{r}, \vec{y}) = -q(\vec{r} - \vec{y})$ und die Randbedingung erfüllt, ist das so konstruierte Potential eindeutig (vgl. Gleichungen (2.12)-(2.15)ff.). Die gefundene Lösung $\phi(\vec{r}, \vec{y})$ ist also die einzige. Wie man sieht, treten auch in diesem Fall in der Nähe der Kugeloberfläche starke Anziehungskräfte auf.

2.4 Beispiel : Eine leitende Kugel im homogenen elektrischen Feld

Eine leitende Kugel befinde sich in einem homogenen elektrischen Feld. Wie wir später sehen werden, ist es in diesem Fall nicht notwendig, zwischen einer geerdeten und einer nicht-geerdeten Kugel zu unterscheiden.
Wir führen diese Frage auf unser erstes Problem zurück, indem wir annehmen, das elektrische Feld werde von zwei entgegengesetzt-gleichen Ladungen q und -q erzeugt, die sich in gleichen Abständen auf entgegengesetzten Seiten der Kugel befinden. Diese beiden Ladungen erzeugen im Nullpunkt ein Feld der Größe $2q/(R^2)$.

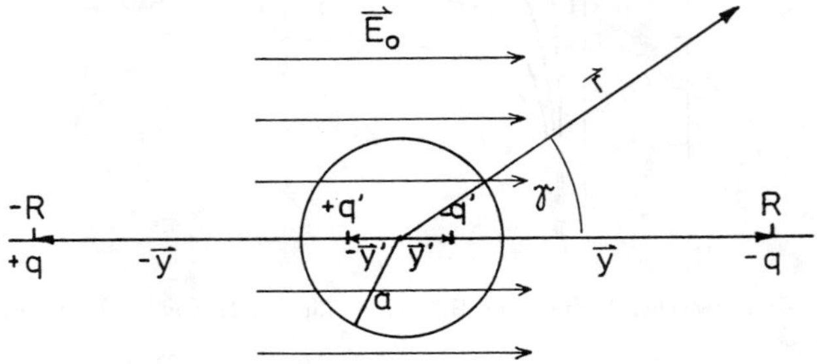

Leitende Kugel im homogenen elektrischen Feld.

Um ein homogenes Feld zu erhalten, lassen wir q und R gegen unendlich gehen, und zwar in der Art, daß die Feldstärke $E_0 = \frac{2q}{R^2}$ dem Betrag nach immer erhalten bleibt.
Das gesamte Potential ist die Überlagerung der Potentiale der beiden das Feld erzeugenden Ladungen und ihrer Bildladungen. Die Größe und Lage der Bildladungen entnehmen wir dem Beispiel 2.1 und erhalten somit:

$$\phi(\vec{r},\vec{y}) = -\frac{q}{|\vec{r}-\vec{y}|} + \frac{q}{|\vec{r}+\vec{y}|} + \frac{q\frac{a}{y}}{|\vec{r}-\vec{y}\prime|} - \frac{q\frac{a}{y}}{|\vec{r}+\vec{y}\prime|}.$$

Setzen wir $y = R$, so gilt wegen

$$\vec{y}\prime = \frac{a^2}{y}\frac{\vec{y}}{y} = \frac{a^2}{R}\frac{\vec{y}}{y}$$

für das Potential

$$\begin{aligned}
\phi(r,R,\gamma) &= \frac{-q}{\sqrt{R^2+r^2-2rR\cos\gamma}} + \frac{q}{\sqrt{R^2+r^2+2rR\cos\gamma}} \\
&\quad + \frac{qa}{R\sqrt{r^2+\frac{a^4}{R^2}-2r\frac{a^2}{R}\cos\gamma}} - \frac{qa}{R\sqrt{r^2+\frac{a^4}{R^2}+2r\frac{a^2}{R}\cos\gamma}} \\
&= -\frac{q}{R\sqrt{1+\left(\frac{r}{R}\right)^2-2\frac{r}{R}\cos\gamma}} + \frac{q}{R\sqrt{1+\left(\frac{r}{R}\right)^2+2\frac{r}{R}\cos\gamma}} \\
&\quad + \frac{qa}{Rr\sqrt{1+\frac{a^2}{r^2}\frac{a^2}{R^2}-2\frac{a}{r}\frac{a}{R}\cos\gamma}} - \frac{qa}{Rr\sqrt{1+\frac{a^2}{r^2}\frac{a^2}{R^2}+2\frac{a}{r}\frac{a}{R}\cos\gamma}} .
\end{aligned}$$

Ist $\frac{r}{R} \ll 1$, so können wir die Wurzel entwickeln und erhalten, wenn wir jeweils den Term linear in $\frac{r}{R}$ mitberücksichtigen:

$$\phi(r,\gamma) = -\frac{2q}{R^2} r \cos\gamma + \frac{2q}{R^2}\frac{a^3}{r^2}\cos\gamma, = -E_0\left(r - \frac{a^3}{r^2}\right)\cos\gamma \quad .$$

Der Ausdruck $-\vec{E}\cdot\vec{r} = -E_0 r\cos\gamma$ ist das Potential im homogenen Feld, während $E_0(a^3/r^2)\cos\gamma$ offensichtlich von den influenzierten Ladungen stammt. Die beiden Bildladungen $q\prime$ und $-q\prime$ bilden einen Dipol mit dem Dipolmoment

$$p = 2q\prime y\prime = \frac{qa}{R}\frac{2a^2}{R} = a^3 E_0 \quad .$$

Der zweite Term im oben berechneten Ausdruck für das Potential ist also nichts anderes als das Potential des Dipols.
Genau wie im ersten Beispiel läßt sich auch hier wieder die induzierte Flächenladungsdichte berechnen:

$$\sigma(\gamma) = -\frac{1}{4\pi}\frac{\partial\phi}{\partial r}(r=a) = \frac{3}{4\pi}E_0\cos\gamma \quad .$$

Die gesamte induzierte Ladung ist dann

$$Q = \int_{O_{Kugel}} \sigma a^2 \sin\gamma d\gamma d\phi = 0 \quad .$$

Da keine zusätzliche Ladung influenziert wird, braucht bei diesem Problem nicht zwischen geerdeter und nicht-geerdeter Kugel unterschieden zu werden.

2.5 Beispiel : Inversion eines Potentials an einer Kugel

Sitzen in den Punkten $(r_i, \vartheta_i, \varphi_i)$ Punktladungen q_i, die im Punkt (r, ϑ, φ) das Potential $\phi(r, \vartheta, \varphi)$ erzeugen, so wird behauptet, daß das von den an einer Kugel vom Radius a invertierten Ladungen $q_i\prime = (a/r_i)q_i$, die in den Punkten $(\frac{a^2}{r_i}, \vartheta_i, \varphi_i)$ sitzen, hervorgerufene Potential durch $\phi\prime(r, \vartheta, \varphi) = \frac{a}{r}\phi(\frac{a^2}{r}, \vartheta, \varphi)$ gegeben ist. Sind

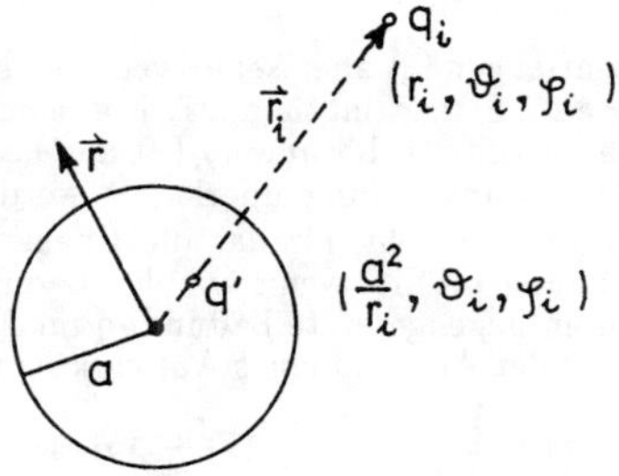

diese so definierten "invertierten Ladungen" negativ, d.h. $q_i\prime = -\frac{a}{r_i}q_i$, so sind sie identisch mit den an einer leitenden, geerdeten Kugel vom Radius a erzeugten Bildladungen . Ist γ_i der Winkel zwischen $\vec{r}$ und $\vec{r_i}$, so ist

$$\phi(r,\vartheta,\varphi) = \sum_i \frac{q_i}{\sqrt{r^2 + r_i^2 - 2rr_i\cos\gamma_i}}$$

und wegen $\gamma_i = \gamma_i\prime$ erhalten wir für das Potential der Bildladungen

$$\begin{aligned}
\phi\prime(r,\vartheta,\varphi) &= \sum_i \frac{-q_i\prime}{\sqrt{r^2 + r_i\prime^2 - 2rr_i\prime\cos\gamma_i}} \\
&= \sum_i \frac{\frac{aq_i}{r_i}}{\sqrt{r^2 + \left(\frac{a^2}{r_i}\right)^2 - 2r\frac{a^2}{r_i}\cos\gamma_i}} \\
&= \frac{a}{r}\sum_i \frac{q_i}{\sqrt{\left(\frac{a^2}{r}\right)^2 + r_i^2 - 2r_i\frac{a^2}{r}\cos\gamma_i}} = \frac{a}{r}\phi\left(\frac{a^2}{r},\vartheta,\varphi\right) \quad .
\end{aligned}$$

Mittels dieser Beziehung können wir leicht das Potential der Bildladung berechnen, wenn das Potential der Ausgangsladung bekannt ist. Man nennt diese Methode *Inversion an einer Kugel*; der Kugelmittelpunkt heißt *Inversionszentrum*. Dieses Verfahren wurde hier für Punktladungen vorgestellt. Es läßt sich jedoch leicht auf ausgedehnte Ladungsverteilungen erweitern.

2.6 Aufgabe : Punktladungen vor einer leitenden Ebene

Eine Punktladung q befinde sich im Abstand a vor einer unendlich ausgedehnten leitenden Wand. Welche Ladungsdichte wird in der Wand induziert? Wie groß ist die gesamte Ladung der Ebene? Behandeln Sie das Problem durch Einführung einer Bildladung.

Lösung:

Da es sich bei der Ladung q um eine Punktladung handelt, wäre ihr elektrisches Feld bei Abwesenheit der leitenden Ebene aus dem Potential

$$\tilde{\phi} = \frac{q}{r}$$

abzuleiten. Das Potential genügt aber keineswegs der Bedingung, auf der leitenden Ebene konstant zu sein. Streng mathematisch gesehen muß zur Erfüllung dieser Randbedingung eine bestimmte Lösung $\phi_H(\vec{r})$ der Laplacegleichung $\Delta\phi_H(\vec{r}) = 0$ mit dem Potential der Punktladung überlagert werden, damit diese Bedingung erfüllt ist. Wir erhalten ein Feld, für das die Ebene Äquipotentialfläche ist und somit die Randbedingung erfüllt, wenn wir der Ladung q die zu ihr spiegelbildlich angeordnete und entgegengesetzte Ladung -q im Abstand -a von der leitenden Ebene zuordnen. Ist $r\prime$ der Abstand eines Aufpunktes von der Bildladung, so stellt

$$\phi(\vec{r}) = \frac{q}{r} - \frac{q}{r\prime} = \tilde{\phi}(\vec{r}) + \phi_H(\vec{r})$$

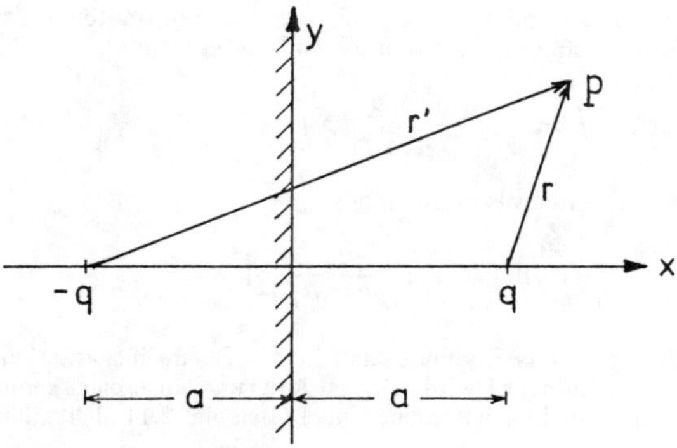

Punktladung q vor leitender Wand

das Potential des Gesamtfeldes dar. Dieses ist gleich Null auf der Begrenzungsebene, da hier $r = r\prime$ ist. Dieses $\phi(\vec{r})$ erfüllt die Poissongleichung $\Delta\phi(\vec{r}) = -4\pi q\delta(\vec{r} - a\vec{e_x})$ und die Randbedingung . Wegen der Eindeutigkeit der Lösung (siehe Gleichungen (12), (15), ff.) ist das die einzige Lösung. Die Normalkomponente der Feldstärke auf der Begrenzungsebene ergibt sich dann wie folgt:

$$E_n = -\frac{\partial\phi}{\partial x} = -q\left(\frac{\partial\frac{1}{r}}{\partial x} - \frac{\partial\frac{1}{r\prime}}{\partial x}\right)\Bigg|_{x=0} \quad . \qquad \underline{1}$$

Da nach Pythagoras $r^2 = (a-x)^2 + y^2$ und $r\prime^2 = (a+x)^2 + y^2$ ist, wird

$$\frac{\partial 1/r}{\partial x} = +\frac{2(a-x)}{2((a-x)^2 + y^2)^{3/2}} = \frac{a-x}{r^3} \quad ,$$

Analog gilt: $\frac{\partial 1/r\prime}{\partial x} = -\frac{a+x}{r\prime^3}$.
Setzen wir diese Werte in $\underline{1}$ ein und berücksichtigen noch dazu, daß $r = r\prime$ wird an der Stelle $x = 0$, so erhalten wir:

$$\begin{aligned} E_n &= -q\left(\frac{\partial 1/r}{\partial x} - \frac{\partial 1/r\prime}{\partial x}\right)\Bigg|_{x=0} \\ &= -q\left(\frac{a-x}{r^3} + \frac{a+x}{r\prime^3}\right)\Bigg|_{x=0} = \frac{-2qa}{r^3} \quad . \end{aligned}$$

Da nach dem Gaußschen Gesetz (Fluß durch die Oberfläche) $E_n = 4\pi\sigma$ ist, wird die induzierte Flächendichte durch Auflösen nach σ:

$$\sigma = \frac{E_n}{4\pi} = -\frac{2qa}{4\pi r^3} = -\frac{qa}{2\pi r^3} \quad ;$$

r liegt hierbei auf der Ebene.
Die Ladung verteilt sich also auf der ebenen Oberfläche der leitenden Wand so, daß die Flächendichte der dritten Potenz des Abstandes von der elektrischen Punktladung umgekehrt proportional ist. Um die Gesamtladung der Ebene zu erhalten , führen wir Polarkoordinaten (ρ, φ) in der Ebene ein. Als Flächenelement erhalten

wir: $dF = \rho d\rho d\varphi$ und r^2 wird dann in Polarkoordinaten zu $r^2 = \rho^2 + a^2$. Die Gesamtladung erhalten wir durch folgende Integration:

$$\int \sigma dF = -\frac{qa}{2\pi} \int_0^{2\pi} d\varphi \int_0^{\infty} \frac{\rho d\rho}{(\rho^2 + a^2)^{3/2}} \quad .$$

Als Lösung des Integrals ergibt sich

$$\int \sigma dF = -qa \frac{1}{(\rho^2 + a^2)^{1/2}} \Bigg|_{\rho=0}^{\infty} = -q \quad .$$

Wir erhalten also das Ergebnis, daß in der Ebene insgesamt die entgegengesetzt gleiche Ladung induziert wird. Das ist aufgrund unserer Erkenntnis über die induzierte Ladung auf einer leitenden Kugel (Beispiel 2.1) nicht überraschend.

2.7 Beispiel : Die Green'sche Funktion für eine Kugel. Allgemeine Lösung des speziellen Potentialproblems.

Nach unseren allgemeinen Überlegungen im Kapitel 2 ist die im Abschnitt 2.1 erhaltene Lösung des Potentials einer Punktladung gegenüber einer geerdeten Kugel ($\Phi = 0$ auf der Oberfläche) genau die Greensche Funktion der Poissongleichung zu Dirichlet'schen Randbedingungen, also

$$G_D(\vec{r}, \vec{y}) = \frac{1}{|\vec{r} - \vec{y}|} - \frac{a}{y|\frac{a^2}{y^2}\vec{y} - \vec{r}|} \quad .$$

Hierbei entspricht dem Volumen V in den allgemeinen Betrachtungen der Außenraum der Kugel und der Oberfläche O die Kugeloberfläche, deren Normalenvektor $\vec{n\prime}$ zum Kugelmittelpunkt hinweist (siehe Figur). Setzen wir $\vec{y} = \vec{r\prime}$ und führen wir Kugelkoordinaten ein, so erhalten wir

$$G_D(\vec{r}, \vec{r\prime}) = \frac{1}{\sqrt{r^2 + r\prime^2 - 2rr\prime \cos\gamma}} - \frac{1}{\sqrt{\frac{r^2 r\prime^2}{a^2} + a^2 - 2rr\prime \cos\gamma}} \quad .$$

Diese Darstellung läßt die Symmetrie der Greensfunktion $G(\vec{r}, \vec{r\prime}) = G(\vec{r\prime}, \vec{r})$, die aus ihrer Definition folgt (die Deltafunktion ist symmetrisch unter $\vec{r} \leftrightarrow \vec{r\prime}; \delta(\vec{r} - \vec{r\prime}) = \delta(\vec{r\prime} - \vec{r})$), explizit explizit erkennen.
Zur allgemeinen Lösung des Dirichlet-Problems für die geerdete Kugel benötigen wir noch

$$\frac{\partial G_D(\vec{r}, \vec{r\prime})}{\partial n\prime}\Bigg|_{r\prime=a} = -\frac{r^2 - a^2}{a(r^2 + a^2 - 2ar\cos\gamma)^{3/2}} \quad .$$

Hierbei wurde berücksichtigt, daß $\vec{n\prime}$ in die negative $\vec{r\prime}$-Richtung zeigt, d.h. $\frac{\partial}{\partial n\prime} = -\frac{\partial}{\partial r\prime}$. Ist nun außerhalb der Kugel eine Ladungsverteilung $\rho(\vec{r\prime})$ gegeben, so lautet

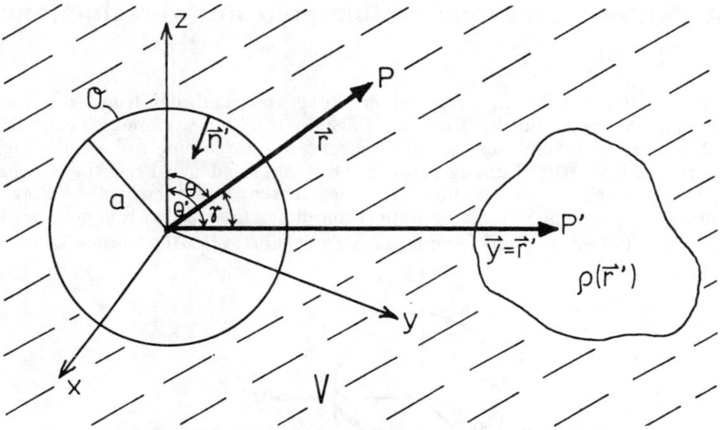

Das Volumen V (Außenraum der Kugel) und seine Oberfläche O, deren Normalvektor $\vec{n}'$ zum Kugelmittelpunkt hin gerichtet ist. Der Koordinatenursprung wurde zweckmäßigerweise in den Kugelmittelpunkt gelegt.

die allgemeine Lösung

$$\begin{aligned}\phi(\vec{r}) &= \int_V G_D(\vec{r},\vec{r}')\rho(\vec{r}')dV' - \frac{1}{4\pi}\oint_O \frac{\partial G_D(\vec{r},\vec{r}')}{\partial n'}\phi(\vec{r}')dF' \\ &= \int_V \frac{1}{(r^2+r'^2-2rr'\cos\gamma)^{1/2}}\rho(\vec{r}')r'^2dr'd\Omega' \\ &- \int_V \frac{1}{(\frac{r^2r'^2}{a^2}+a^2-2rr'\cos\gamma)^{1/2}}\rho(\vec{r}')r'^2dr'd\Omega' \\ &+\frac{1}{4\pi}\oint_O \phi(a,\theta',\varphi')\frac{(r^2-a^2)}{a(r^2+a^2-2ar\cos\gamma)^{3/2}}a^2d\Omega' \,.\end{aligned}$$

In den Integralen ist zu beachten, daß der Winkel γ von der Integrationsvariablen $d\Omega'$ abhängt, denn

$$\begin{aligned}\cos\gamma = \frac{\vec{r}}{r}\cdot\frac{\vec{r}'}{r'} &= \{\sin\theta\cos\varphi,\sin\theta\sin\varphi,\cos\theta\} \\ &\quad\cdot\{\sin\theta'\cos\varphi',\sin\theta'\sin\varphi',\cos\theta'\} \\ &= \sin\theta\sin\theta'(\cos\varphi\cos\varphi'+\sin\varphi\sin\varphi')+\cos\theta\cos\theta' \\ &= \cos\theta\cos\theta'+\sin\theta\sin\theta'\cos(\varphi-\varphi') \quad .\end{aligned}$$

Ist das Potentialproblem speziell so, daß keine äußere Ladung vorliegt ($\rho(\vec{r}') \equiv 0$), sondern lediglich die Potentialverteilung $\phi(a,\theta',\varphi')$ auf der Kugeloberfläche (=Spannung gegenüber der Erde), so ist das Potential im Raum $V(r \geq a)$ gegeben durch

$$\phi(\vec{r}) = \frac{1}{4\pi}\oint_O \phi(a,\theta',\varphi')\frac{a(r^2-a^2)}{(r^2+a^2-2ar\cos\gamma)^{3/2}}d\Omega' \quad .$$

2.8 Aufgabe : Leitende Halbkugeln auf verschiedenen Potentialen

Als ein Beispiel für die Potentialverteilung außerhalb der Kugel mit vorgeschriebenem Potential auf der Kugeloberfläche betrachten wir eine leitende Kugel vom Radius a, bestehend aus zwei Halbkugeln, die durch eine isolierende Kreisscheibe getrennt sind. Die Halbkugeln werden auf verschiedenen Potentialen gehalten. Es genügt dabei, die Potentiale $\pm V$ zu betrachten, weil verschiedene Potentiale auf den Kugelhemisphären als Superposition dieser Lösung (zu $\pm V$ gehörig) mit jener die zum Potential $\overline{V}$ auf der ganzen Kugel gehört, erhalten werden können. Wie in

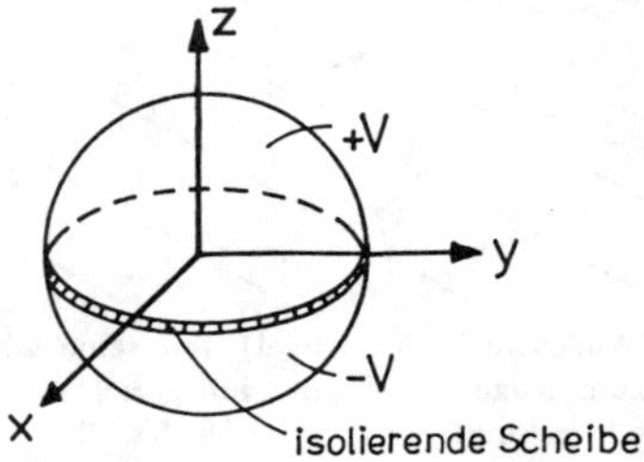

der Vorlesung und in Beispiel 2.7 hergeleitet wurde, lautet das Potential außerhalb einer Kugel mit dem Radius a:

$$\phi(\vec{r}) = \frac{1}{4\pi}\int_\Omega \phi(a,\theta',\varphi')\frac{a(r^2-a^2)}{(r^2+a^2-2ar\cos\gamma)^{3/2}}d\Omega' \quad .$$

wobei $\phi(a,\theta',\varphi')$ das Potential auf der Kugeloberfläche ist und γ den Winkel zwischen den Ortsvektoren des Quellpunktes und des Aufpunktes beschreibt. Bestimmen sie nun mit Hilfe dieser Formel das Potential zweier Halbkugeln, die durch eine isolierende Scheibe senkrecht zur z-Achse getrennt sind und die die Potentiale $\pm V$ besitzen.

Lösung:

Nach Aufgabenstellung ist

$$\phi(r,\theta,\phi) = \frac{1}{4\pi}\int_\Omega \phi(a,\theta',\varphi')\frac{a(r^2-a^2)}{(r^2+a^2-2ar\cos\gamma)^{3/2}}d\Omega'$$

mit

$$\phi(a,\theta',\varphi') = \begin{cases} +V & 0^0 \le \theta' < 90^0 \\ -V & 90^0 < \theta' \le 180^0 \end{cases}$$

und

$$d\Omega' = \sin\theta' d\theta' d\varphi' = -d(\cos\theta')d\varphi' \ .$$

Einsetzen ergibt

$$\phi(r,\theta,\varphi) = \frac{V}{4\pi}\int_0^{2\pi} d\varphi\prime \left\{ \int_0^1 \frac{a(r^2-a^2)}{(r^2+a^2-2ar\cos\gamma)^{3/2}} d(\cos\theta\prime) - \right.$$
$$\left. - \int_{-1}^0 \frac{a(r^2-a^2)}{(r^2+a^2-2ar\cos\gamma)^{3/2}} d(\cos\theta\prime) \right\} .$$

Mit der Transformation $\theta\prime \to \pi - \theta\prime$ und $\varphi\prime \to \varphi\prime + \pi$ läßt sich das zweite Integral mit dem ersten zusammenfassen:

$$\phi(r,\theta,\varphi) = \frac{Va(r^2-a^2)}{4\pi}$$
$$\cdot \int_0^{2\pi} d\varphi\prime \int_0^1 d(\cos\theta\prime)[a^2+r^2-2ar\cos\gamma)^{-3/2} - \qquad \underline{1}$$
$$-(a^2+r^2+2ar\cos\gamma)^{-3/2}] .$$

Da die Abhängigkeit von $\cos\gamma$ von $\theta\prime, \varphi\prime$ recht kompliziert ist, lassen sich diese Integrale nicht geschlossen lösen. Lediglich das Potential entlang der positiven z-Achse läßt sich geschlossen angeben. Wegen $\theta = 0$ ist dort nämlich $\cos\gamma = \cos\theta\prime$. Damit vereinfacht sich das Integral zu

$$\begin{aligned} \phi(z) &= \phi(r,\theta=0,\varphi) \\ &= \frac{Va(r^2-a^2)2\pi}{4\pi}\int_0^1 d(\cos\theta\prime)[(a^2+r^2-2ar\cos\theta\prime)^{-3/2} - \\ &\quad -(a^2+r^2+2ar\cos\theta\prime)^{-3/2}] \quad . \end{aligned}$$

Diese Integrale sind elementar ausführbar und man erhält

$$\Phi(z) = V\left[1 - \frac{z^2-a^2}{z\sqrt{z^2+a^2}}\right] . \qquad \underline{2}$$

Speziell an der Stelle $z = a$ ist $\Phi(z=a) = V$ wie verlangt.
Um im allgemeinen Fall weiter zu kommen, kann man den Integranden von $\underline{1}$ in eine Potenzreihe entwickeln und Term für Term integrieren. Ziehen wir noch den Faktor (a^2+r^2) aus den Wurzelausdrücken heraus, so erhalten wir

$$\begin{aligned} \Phi(r,\theta,\phi) &= \frac{Va(r^2-a^2)}{4\pi(r^2+a^2)^{3/2}} \\ &\quad \cdot \int_0^{2\pi} d\varphi\prime \int_0^1 d(\cos\theta\prime)[(1-2\alpha\cos\gamma)^{-3/2} - (1+2\alpha\cos\gamma)^{-3/2}] , \end{aligned}$$

wobei $\alpha = \frac{ar}{a^2+r^2}$. Da sich die geraden Potenzen von $2\alpha\cos\gamma$ herausheben, erhalten wir

$$[(1-2\alpha\cos\gamma)^{-3/2} - (1+2\alpha\cos\gamma)^{-3/2}] = 6\alpha\cos\gamma + 35\alpha^3\cos^3\gamma + \ldots$$

mit nur ungeraden Potenzen von $2\alpha\cos\gamma$. Wegen

$$\begin{aligned} \int_0^{2\pi} d\varphi\prime \int_0^1 d(\cos\theta\prime)\cos\gamma &= \pi\cos\theta \quad , \\ \int_0^{2\pi} d\varphi\prime \int_0^1 d(\cos\theta\prime)\cos^3\gamma &= \frac{\pi}{4}\cos\theta(3-\cos^2\theta) \end{aligned}$$

wird das Potential schließlich

$$\Phi(r,\theta,\phi) =$$

$$\frac{3Va^2}{2r^2}\left(\frac{r^3(r^2-a^2)}{(r^2+a^2)^{5/2}}\right)\cos\theta\left[1+\frac{35}{24}\frac{a^2r^2}{(a^2+r^2)^2}(3-\cos^2\theta)+\ldots\right] \quad .$$

Offensichtlich erscheinen nur ungerade Potenzen von $\cos\theta$, was aufgrund der Symmetrie des Problems notwendig ist. Für $r >> a$ (Fernzone) wird der Entwicklungsparameter

$$\alpha^2 = \frac{a^2r^2}{(r^2+a^2)^2} \rightarrow \frac{a^2}{r^2} \quad ,$$

und das Potential vereinfacht sich zu der Form

$$\Phi(r,\theta,\phi) = \frac{3Va^2}{2r^2}\left[\cos\theta - \frac{7a^2}{12r^2}\left(\frac{5}{2}\cos^3\theta - \frac{3}{2}\cos\theta\right)+\ldots\right] \quad .$$

Diese Reihenentwicklung konvergiert sehr schnell: Für $\frac{r}{a} = 5$ ist das zweite Glied in [ ] nur $\sim \frac{2}{100}$. Weiterhin geht für $\theta = 0$ diese Lösung in 2 über. Das erste Glied entspricht offensichtlich einem entlang der z-Achse im Ursprung liegenden Dipol mit dem Dipolmoment $P = \frac{3}{2}Va^2$.

2.9 Aufgabe : Punktladung zwischen geerdeten, leitenden Ebenen

Eine Punktladung q befinde sich zwischen zwei geerdeten leitenden Ebenen, die sich unter dem Winkel $\alpha = 90^0, 60^0, 45^0$ schneiden. Finden Sie das elektrische Feld mit der Methode der Spiegelladungen. Berechnen Sie außerdem das Potential $\phi(\rho, z)$, die elektrischen Feldkomponenten $E_R(\rho,z), E_\phi(\rho,z)$, sowie die Oberflächenladungsdichte $\sigma(\rho)$ in der Umgebung von $\rho = 0$.
Hinweis: Verwenden Sie die Laplace-Gleichung in zwei Dimensionen.

Lösung:

Durch wiederholtes Spiegeln der Ladung an den Ebenen erhält man in den angegebenen drei Fällen die abgebildeten Anordnungen. Man sieht auch unmittelbar, daß die Randbedingung erfüllt ist, denn das Potential jeder Ladung wird durch die entsprechende Gegenladung kompensiert (auf den Ebenen). Seien i.A. zwei Platten im Winkel ψ gegeben, zwischen denen sich eine Ladung q mit den Koordinaten (ρ, ϕ) befindet (Schnittlinie der Ebene =z-Achse). Eine Spiegelung an den Ebenen ① bzw. ② läßt ρ konstant und ändert nur φ, d. h. alle Spiegelladungen liegen auf einem Kreis. Liegt eine Ladung an der Stelle (ρ, φ), so bewirkt eine Spiegelung an der Ebene① $q(\rho,\varphi\prime) \rightarrow -q(\rho, 2\psi - \varphi\prime)$, an② $q(\rho,\varphi\prime) \rightarrow -q(\rho,-\varphi\prime)$. In unseren Fällen ergibt das

$\underline{90^0}$: $q(\rho,\varphi) \rightarrow -q(\rho,180^0-\varphi) \rightarrow q(\rho,-180^0+\varphi) \rightarrow -q(\rho,360^0-\varphi) \rightarrow q(\rho,\varphi)$

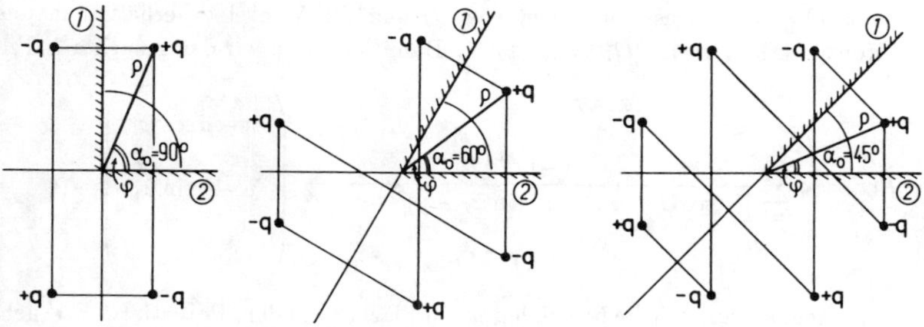

$$
\begin{aligned}
\underline{60^0} \quad &: \quad q(\rho,\varphi) \to -q(\rho,120^0-\varphi) \to q(\rho,-120^0+\varphi) \to -q(\rho,240^0-\varphi) \to \\
&\quad q(\rho,-240^0+\varphi) \to -q(\rho,360^0-\varphi) \to q(\rho,\varphi) \\
\underline{45^0} \quad &: \quad q(\rho,\varphi) \to -q(\rho,90^0-\varphi) \to q(\rho,-90^0+\varphi) \to -q(\rho,180^0-\varphi) \to \\
&\quad q(\rho,-180^0+\varphi) \to -q(\rho,270^0-\varphi) \to q(\rho,-270^0+\varphi) \to \\
&\quad -q(\rho,360^0-\varphi) \to q(\rho,\varphi) \quad .
\end{aligned}
$$

Allgemein funktioniert diese Methode nur für $\psi = 180^0/n$, wenn n eine ganze Zahl

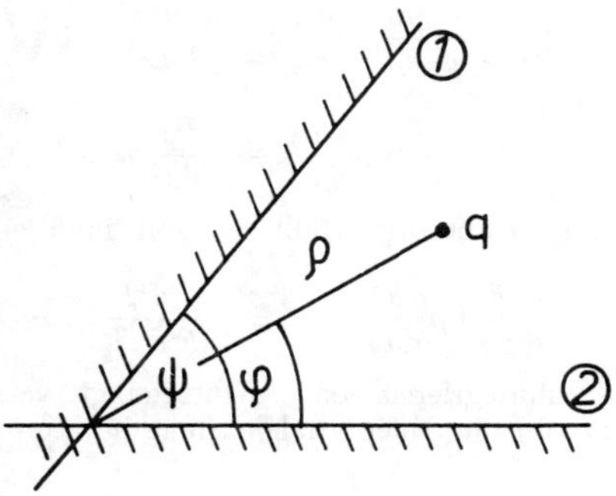

ist, und man benötigt 2n-1 Spiegelladungen. Das gesuchte Potential ist

$$
\phi(x,y,z) = \sum_{i=1}^{2n} \frac{Q_i}{[(\rho\cos\varphi_i - x)^2 + (\rho\sin\varphi_i - y)^2 + z^2]^{1/2}}
$$

mit $|Q_i| = q$. Das Vorzeichen von Q_i und die Winkel φ_i erhält man aus der Konstruktion. Es ist $|Q_i| = q(-1)^{i+1}$. Damit erhalten wir das gesuchte $\vec{E}$-Feld:

$$\vec{E}(\vec{r}) = q \sum_{i=1}^{2n} \frac{(-1)^{i+1}}{[(\rho\cos\varphi_i - x)^2 + (\rho\sin\varphi_i - y)^2 + z^2]^{3/2}} \begin{pmatrix} x - \rho\cos\varphi_i \\ y - \rho\sin\varphi_i \\ z \end{pmatrix} .$$

Wir nehmen an, daß die beiden leitenden Flächen auf dem Potential $\phi = V$ gehalten werden und einen Winkel β miteinander bilden. Da wir uns für das Verhalten $\rho \approx 0$ interessieren, vernachlässigen wir weitere externe Ladungsverteilungen, welche die Randbedingungen des Problems eindeutig definieren. Aufgrund der Symmetrie der Anordnung verwenden wir ebene Polarkoordinaten, in denen die Laplace-Gleichung wie folgt aussieht:

$$\frac{1}{\rho}\frac{\partial}{\partial\rho}\left(\rho\frac{\partial\phi}{\partial\rho}\right) + \frac{1}{\rho^2}\frac{\partial^2\phi}{\partial\varphi^2} = 0 \quad . \qquad \underline{1}$$

Zur Lösung machen wir einen Separationsansatz:

$$\phi(\rho,\varphi) = R(\rho)F(\varphi) \quad . \qquad \underline{2}$$

Multiplizieren wir $\underline{1}$ mit ρ^2/ϕ durch, so ergibt sich:

$$\frac{\rho^2}{RF} \cdot \left| \frac{F}{\rho}\frac{d}{d\rho}\left(\rho\frac{dR}{d\rho}\right) + \frac{R}{\rho^2}\frac{d^2F}{d\varphi^2} = 0 \right. \qquad \underline{3}$$

$$\Longleftrightarrow \frac{\rho}{R}\frac{d}{d\rho}\left(\rho\frac{dR}{d\rho}\right) + \frac{1}{F}\frac{d^2F}{d\varphi^2} = 0 \; . \qquad \underline{4}$$

Wenn Gleichung $\underline{4}$ für alle ρ, φ erfüllt sein soll, muß jeder Term eine Konstante sein.

$$\frac{\rho}{R}\frac{d}{d\rho}\left(\rho\frac{dR}{d\rho}\right) = \nu^2 = -\frac{1}{F}\frac{d^2F}{d\varphi^2} \quad . \qquad \underline{5}$$

Da elementares Aufintegrieren von $\underline{5}$ nicht gelingt, versuchen wir es mit einem Potenzreihenansatz für die Differentialgleichung in ρ:

$$\text{Ansatz: } R(\rho) = \sum_{n=0}^{\infty} c_n\rho^n \qquad \underline{6}$$

$$\frac{dR}{d\rho} = \sum_{n=1}^{\infty} nc_n\rho^{n-1}, \quad \frac{d^2R}{d\rho^2} = \sum_{n=2}^{\infty} n(n-1)c_n\rho^{n-2} \quad .$$

Einsetzen in $\underline{5}$ ergibt:

$$\underline{5} \Longleftrightarrow \rho^2\frac{d^2R}{d\rho^2} + \rho\frac{dR}{d\rho} = R\nu^2 \qquad \underline{7}$$

$$\Longleftrightarrow \sum_{n=0}^{\infty} n(n-1)c_n\rho^n + \sum_{n=0}^{\infty} nc_n\rho^n = \sum_{n=0}^{\infty} \nu^2 c_n\rho^n \quad . \qquad \underline{8}$$

Gleichung 8 kann nur erfüllt sein, wenn gilt:

$$n(n-1)+n=\nu^2 \Longleftrightarrow n=\pm\nu, \text{ d.h. } R(\rho)=c_\nu\rho^\nu+c_{-\nu}\rho^{-\nu} \quad . \tag{9}$$

Für $\nu = 0$ kann man 5 leicht aufintegrieren:

$$\rho\frac{dR}{d\rho}=b_0,\ \frac{dF}{d\varphi}=B_0 \tag{10}$$

$$\Rightarrow R(\rho)=a_0+b_0\ln(\rho), F(\varphi)=A_0\varphi+B_0 \quad . \tag{11}$$

Sei ν wieder $\neq 0$, so kennen wir die Lösung von $\frac{d^2F}{d\varphi^2}+\nu^2F=0$ (harmonischer Oszillator in φ):

$$F(\varphi)=A\cos(\nu\varphi)+B\sin(\nu\varphi) \quad . \tag{12}$$

Benennen wir die Koeffizienten aus Gleichung 9 noch um: $c_\nu \equiv a_\nu$, $c_{-\nu} \equiv b_\nu$, so lassen sich die Lösungen zusammenfassen:

$$\left.\begin{aligned} R(\rho)&=a_\nu\rho^\nu+b_\nu\rho^{-\nu} \\ F(\varphi)&=A\cos(\nu\varphi)+B\sin(\nu\varphi) \end{aligned}\right\} \quad \nu \neq 0 \quad , \tag{13}$$

$$\left.\begin{aligned} R(\rho)&=a_0+b_0\ln(\rho) \\ F(\varphi)&=A_0+B_0\varphi \end{aligned}\right\} \quad \nu = 0 \quad . \tag{14}$$

Falls wir die allgemeine Lösung des zweidimensionalen Potentialproblems konstruieren wollen, ist zu beachten, daß das Potential ϕ eindeutig sein muß. Hieraus folgt zum Beispiel, daß ν eine positive oder negative ganze Zahl sein muß oder $\nu = 0$. Außerdem muß B_0 verschwinden, da φ eine zyklische Koordinate ist. Damit lautet die allgemeine Lösung des Problems:

$$\phi(\rho,\varphi)=a_0+b_0\ln(\rho)+\sum_{n=1}^{\infty}a_n\rho^n\sin(n\varphi+\alpha_n)+\sum_{n=1}^{\infty}b_n\rho^{-n}\sin(n\varphi+\beta_n) \quad . \tag{15}$$

In unserem Beispiel mit $0 \leq \varphi \leq \beta$ lauten die Randbedingungen:
$\phi = V$ für alle $\rho \geq 0$, falls $\varphi = 0$ oder $\varphi = \beta$.
Aus 14 folgt dann, daß $b_0 = B_0 = 0 (A_0 \cdot a_0 = V)$. Außerdem müssen aus 13 die b_ν verschwinden sowie A. (Daß die b_ν verschwinden sollen, ist wegen der beabsichtigten Untersuchung $\rho \approx 0$ einsichtig.)

$$\Rightarrow \phi(\rho,0)=\phi(\rho,\beta) \Leftrightarrow a_\nu\rho^\nu\cdot 0=a_\nu\rho^\nu B\sin(\nu\beta) \quad . \tag{16}$$

16 läßt sich nur erfüllen, falls

$$\nu\beta=m\pi \text{ bzw. } \nu=\frac{m\pi}{\beta},\ m=1,2,\dots \ . \tag{17}$$

Somit haben wir als Lösung:

$$\phi(\rho,\varphi)=V+\sum_{m=1}^{\infty}a_m\rho^{m\pi/\beta}\sin(m\pi\varphi/\beta) \quad . \tag{18}$$

Die noch unbestimmten a_m werden durch die Potentialverteilung entfernt von $\rho \approx 0$ festgelegt. Wir gehen davon aus, daß $a_1 \neq 0$. Für $a_1 = 0$ wäre eine gesonderte Betrachtung notwendig. Aus 18 folgt für $\rho \approx 0$:

$$\phi(\rho,\varphi) \approx V + a_1 \rho^{\pi/\beta} \sin(\pi\varphi/\beta) \quad . \qquad \underline{19}$$

Damit erhalten wir für das elektrische Feld $\left(\vec{\nabla}\psi = \frac{\partial\psi}{\partial\rho}\vec{e}_\rho + \frac{1}{\rho}\frac{\partial\psi}{\partial\varphi}\vec{e}_\varphi\right)$:

$$\vec{E}(\rho,\varphi) = -\frac{\pi a_1}{\beta}\rho^{\frac{\pi}{\beta}-1} \begin{pmatrix} \sin(\pi\varphi/\beta) \\ \cos(\pi\varphi/\beta) \end{pmatrix} \quad . \qquad \underline{20}$$

Die Oberflächenladungsdichten bei $\varphi = 0$ und $\varphi = \beta$ sind für $\rho \approx 0$ gleich, nämlich

$$\sigma(\rho) = \frac{E_\varphi(\rho,0)}{4\pi} \simeq -\frac{a_1}{4\beta}\rho^{\frac{\pi}{\beta}-1} \quad . \qquad \underline{21}$$

Aus 20 und 21 sehen wir, daß sowohl das $\vec{E}$-Feld als auch $\sigma(\rho)$ von $\rho^{(\pi/\beta)-1}$ abhängen und zwar für die Fälle $\beta = \pi/2, \pi/3, \pi/4$ wie ρ, ρ^2, ρ^3. Je spitzer also der Winkel, desto feldfreier wird der Winkel. In einem sehr spitzen Winkel akkumuliert sich also keine Ladung.
Das Resultat bildlich: Für $\beta = \pi$ werden $\vec{E}$ und σ von ρ unabhängig.

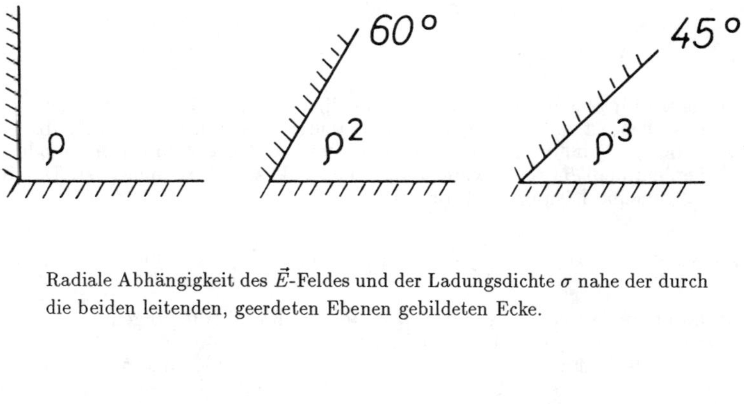

Radiale Abhängigkeit des $\vec{E}$-Feldes und der Ladungsdichte σ nahe der durch die beiden leitenden, geerdeten Ebenen gebildeten Ecke.

2.10 Aufgabe : Greensfunktion der Poisson-Gleichung in verschiedenen Dimensionen

Berechnen Sie die Greensfunktion für die Poisson-Gleichung in den Dimensionen d=1, 2, 3. Benutzen Sie die Kugelkoordinaten:

$$d = 1 \quad : \quad \Delta = \frac{d^2}{dx^2} = \frac{d^2}{dr^2}, r = |x|,$$

$$d=2 \quad : \quad \Delta = \frac{\partial^2}{\partial x^2} + \frac{\partial^2}{\partial y^2} = \frac{1}{r}\frac{\partial}{\partial r}\left(r\frac{\partial}{\partial r}\right) + \frac{1}{r^2}\frac{\partial^2}{\partial \varphi^2},$$

$$d=3 \quad : \quad \Delta = \frac{\partial^2}{\partial x^2} + \frac{\partial^2}{\partial y^2} + \frac{\partial^2}{\partial z^2}$$

$$= \frac{1}{r^2}\frac{\partial}{\partial r}\left(r^2\frac{\partial}{\partial r}\right) + \frac{1}{r^2 \sin\vartheta}\frac{\partial}{\partial \vartheta}\left(\sin\vartheta\frac{\partial}{\partial \vartheta}\right) + \frac{1}{r^2 \sin^2\vartheta}\frac{\partial^2}{\partial \varphi^2}.$$

Lösung:

Die Greensfunktion muß der Gleichung in d Dimensionen[12]

$$\Delta_x G(\vec{x}, \vec{x}\prime) = \delta^{(d)}(\vec{x} - \vec{x}\prime)$$

genügen, wobei $\vec{x}$ ein d-dimensionaler Vektor ist. Wir suchen zunächst eine spezielle Lösung dieser Gleichung. Da der Laplace-Operator translations- und rotationsinvariant ist, erwarten wir auch die Existenz einer translations- und rotationsinvarianten Lösung. Wir machen also den Ansatz

$$G_s(\vec{x}, \vec{x}\prime) = G_s(\vec{x} - \vec{x}\prime) = G_s(\vec{r}) = G_s(r) \quad .$$

Mit den früheren Ergebnissen erhält man

$$d=1 \quad : \quad \frac{d^2}{dr^2}G_s(r) = \delta(x) = \frac{\delta(r)}{2}$$

$$\Rightarrow \quad \frac{d}{dr}G_s(r) = \frac{1}{2} \Rightarrow G_s(r) = \frac{1}{2}r \Rightarrow G_s(x) = \frac{1}{2}|x| \quad .$$

Die Probe liefert mit $\operatorname{sgn} x = \begin{cases} +1 \text{ für } x > 0 \\ -1 \text{ für } x < 0 \end{cases}$ und $\frac{d}{dx}\operatorname{sgn} x = 2\delta(x)$:

$$\frac{d^2}{dx^2}G_s(x) = \frac{d^2}{dx^2}\left(\frac{1}{2}x \cdot \operatorname{sgn} x\right)$$

$$= \frac{d}{dx}\left(\frac{1}{2}\operatorname{sgn} x + \frac{1}{2}x 2\delta(x)\right) = \frac{d}{dx}\frac{1}{2}\operatorname{sgn} x = \delta(x).$$

$$d=2 \quad : \quad \frac{1}{r}\frac{\partial}{\partial r}\left(r\frac{\partial}{\partial r}\right)G_s(r) = \delta^{(2)}(\vec{r}) = \frac{\delta(r)}{2\pi r}$$

$$\Rightarrow \quad \frac{\partial}{\partial r}\left(r\frac{\partial}{\partial r}\right)G_s(r) = \frac{\delta(r)}{2\pi}$$

$$\Rightarrow \quad r\frac{\partial}{\partial r}G_s(r) = \frac{1}{2\pi} \Rightarrow \frac{\partial}{\partial r}G_s(r) = \frac{1}{2\pi r}$$

$$\Rightarrow \quad G_s(r) = \frac{1}{2\pi}\ln r \Rightarrow G_s(\vec{r}) = \frac{1}{2\pi}\ln|\vec{r}| \quad .$$

[12]Die Greensche Funktion wird hier ohne den Faktor -4π vor der Deltafunktion definiert. Sie unterscheidet sich daher von der bisherigen um den Faktor $-\frac{1}{4\pi}$. Wir bringen diese trivial verschiedenen Definitionen, um den Studenten frühzeitig an die in der Literatur üblichen Unterschiede zu gewöhnen.

$$
\begin{aligned}
d=3 \quad &: \quad \frac{1}{r^2}\frac{\partial}{\partial r}r^2\frac{\partial}{\partial r}G_s(r) = \delta^{(3)}(\vec{r}) = \frac{\delta(r)}{4\pi r^2} \\
&\Rightarrow \quad \frac{\partial}{\partial r}r^2\frac{\partial}{\partial r}G_s(r) = \frac{\delta(r)}{4\pi} \Rightarrow r^2\frac{\partial}{\partial r}G_s(r) = \frac{1}{4\pi} \\
&\Rightarrow \quad \frac{\partial}{\partial r}G_s(r) = \frac{1}{4\pi r^2} \\
&\Rightarrow \quad G_s(r) = -\frac{1}{4\pi r} \Rightarrow G_s(\vec{r}) = -\frac{1}{4\pi|\vec{r}|}.
\end{aligned}
$$

Der Beweis, daß $G_s(\vec{r})$ für d=3 der Poisson-Gleichung für eine Punktladung genügt, wurde in der Vorlesung geführt (vgl. Gleichung 1.57), für d=2 geht er analog. Die allgemeine Lösung der Poisson-Gleichung ist nun

$$G(\vec{x},\vec{x}') = G_s(\vec{x}-\vec{x}') + F(\vec{x},\vec{x}')$$

mit $\Delta F(\vec{x},\vec{x}') = 0$.
Die Wahl von $F(\vec{x},\vec{x}')$ wird durch die Randbedingungen des Problems festgelegt.

2.11 Aufgabe: Symmetrie der Greensfunktion für das Dirichlet-Problem

Beweisen Sie, daß die Greensfunktion des Dirichlet-Problems symmetrisch ist, d.h. daß gilt

$$G_D(\vec{x},\vec{x}') = G_D(\vec{x}',\vec{x}) \quad .$$

Lösung:

Wir gehen vom zweiten Greenschen Theorem

$$\int_V [\varphi(\vec{y})\Delta_y\psi(\vec{y}) - \psi(\vec{y})\Delta_y\varphi(\vec{y})]d^3y = \int_{\partial V}\left[\varphi(\vec{y})\frac{\partial\psi(\vec{y})}{\partial n_y} - \psi(\vec{y})\frac{\partial\varphi(\vec{y})}{\partial n_y}\right]d\sigma(y)$$

aus und setzen $\varphi(\vec{y}) = G_D(\vec{y},\vec{x})$ und $\psi(\vec{y}) = G_D(\vec{y},\vec{x}')$. Da $G_D(\vec{y},\vec{x})$ Greensche Funktion von Δ ist, gilt

$$\Delta_y G_D(\vec{y},\vec{x}) = -4\pi\delta(\vec{y}-\vec{x}) \quad .$$

Sie genügt außerdem der Dirichlet-Randbedingung
$G_D(\vec{y},\vec{x}) = 0$ für $y\epsilon\{$ Menge aller Randpunkte von V $\}$.
Wir erhalten

$$\int_V [G_D(\vec{y},\vec{x})(-4\pi)\delta(\vec{y}-\vec{x}') - G_D(\vec{y},\vec{x}')(-4\pi)\delta(\vec{y}-\vec{x})]d^3y = 0$$

oder

$$G_D(\vec{x}',\vec{x}) - G_D(\vec{x},\vec{x}') = 0 \quad .$$

3. Orthogonale Funktionen und Multipolentwicklung - Mathematische Ergänzung:

1) Entwicklung beliebiger Funktionen in vollständigen Funktionssystemen: In der mathematischen Physik spielt die Entwicklung einer beliebigen Funktion nach einem orthogonalen Funktionensystem eine wesentliche Rolle. Ein Beispiel für eine solche Entwicklung sind die Fourierreihen, die wir beim Problem der schwingenden Saite kennengelernt haben.
Betrachten wir nun ein endliches oder unendliches System von reellen oder komplexen Funktionen

$$U_1(x), U_2(x), \ldots, U_n(x) \quad \text{auf dem Intervall} \quad [a, b].$$

Dieses Funktionensystem heißt orthogonal, wenn die Funktionen die Orthogonalitätsrelation erfüllen:

$$\int_a^b U_n(x) U_m^*(x) dx = s_n \delta_{nm} \quad , \tag{1}$$

wobei U_m^* die konjugiert komplexe Funktion von U_m ist. Ist $s_n = 1$ für $n = 1, 2, \ldots$, so nennt man das System "normiert" (Orthonormalsystem). Ist U(x) nicht die Nullfunktion, d.h.

$$\int_a^b U(x) U^*(x) dx > 0 \quad , \tag{2}$$

so wollen wir dieses Integral als Norm der Funktion U(x) bezeichnen. Eine Funktion heißt also normiert, wenn

$$\int_a^b U(x) U^*(x) dx = 1 \quad \text{ist} \quad . \tag{3}$$

Jede Funktion, die nicht die Nullfunktion ist, kann durch Multiplikation mit einer geeigneten Konstanten normiert werden, und zwar ist

$$U'(x) = \frac{U(x)}{\sqrt{\int_a^b U(x') U^*(x') dx'}} \tag{4}$$

die zu U(x) gehörende normierte Funktion. Die Analogie zu orthogonalen Vektoren $\vec{e}_\nu$ mit $\vec{e}_\nu \cdot \vec{e}_\mu = \delta_{\nu\mu}$ im R^n ist offensichtlich. Die Relation (4) entspricht der Normierung eines Vektors $\vec{e} = \frac{\vec{a}}{\sqrt{\vec{a} \cdot \vec{a}}}$; die linke Seite von Gleichung (1) entspricht dem Skalarprodukt von Vektoren.
Wir wollen nun eine beliebige Funktion $f(x)$ in $[a, b]$ in ein orthogonales Funktionssystem $U_n(x)$ entwickeln.
Diese Entwicklung sei gegeben durch:

$$f(x) \Rightarrow \sum_{n=1}^{N} a_n U_n(x) \quad . \tag{5}$$

Das entspricht der Entwicklung eines Vektors $\vec{a}$ in der Basis $\vec{e_\nu}$, entsprechend

$$\vec{a} = \sum_\nu a_\nu \vec{e}_\nu = \sum_\nu (\vec{a} \cdot \vec{e}_\nu)\vec{e}_\nu \quad .$$

Die Zahlen a_n bezeichnet man analog zu dem entsprechenden Begriff in der Theorie der Fourierreihen oft auch als verallgemeinerte Fourierkoeffizienten. Es ist nun zu untersuchen, ob die Reihe (5) für $N \to \infty$ gegen $f(x)$ konvergiert, d.h. ob

$$f(x) = \sum_{n=1}^{\infty} a_n U_n(x)$$

gilt und wie die Koeffizienten a_n aussehen.
Sei also die Funktion f(x) durch eine Zuordnung (5) beschrieben. Wir bilden das Fehlerquadrat M_N :

$$M_N(a_1, \ldots, a_N) = \int_a^b |\sum_{n=1}^{N} a_n U_n(x) - f(x)|^2 dx \tag{6}$$

und bestimmen die Koeffizienten a_n so, daß M_N ein Minimum wird.
Quadrieren wir den Integranden aus, so erhalten wir:

$$M_N = \sum_{j,k=1}^{N} \delta_{jk} a_j a_k^* - \sum_{j=1}^{N} l_j a_j^* - \sum_{j=1}^{N} l_j^* a_j + d$$

mit

$$\delta_{jk} = \int_a^b U_j(x) U_k^*(x) dx \quad , \quad l_j = \int_a^b U_j^*(x) f(x) dx \quad , \quad l_j^* = \int_a^b U_j(x) f^*(x) dx$$

und $d = \int_a^b f(x) f^*(x) dx$ als Norm von f(x).
M_N wird minimal für diejenigen Werte von a_j, welche

$$\left.\begin{aligned} \frac{\partial M_N}{\partial a_j} &= 0 = a_j^* - l_j^* \\ \frac{\partial M_N}{\partial a_j^*} &= 0 = a_j - l_j \end{aligned}\right\} \text{d.h.} \quad a_j = \int_a^b U_j^*(x) f(x) dx \tag{7a}$$

erfüllen[13] .Dieser Minimalwert ist dann

$$M_{N,min} = d - \sum_{j=1}^{N} a_j a_j^* \quad . \tag{7b}$$

[13] M_N ist eine Funktion der a_i und $a_j^* (i, j = 1, 2 \ldots N)$. Die Variablen a_i, a_j^* können bei der Differentiaticn als unabhängige Variable aufgefaßt werden, weil sie als komplexe Zahlen in der Tat unabhängig sind, d.h. $a_i \neq a_i^*$.

Daraus folgt bereits die später diskutierte Gleichung (16). Die mit den a_k gebildete Reihe

$$F_N(x) = \sum_{k=1}^{N} a_k U_k(x) \tag{8}$$

ist im Sinne des kleinsten mittleren Fehlerquadrates die beste Näherung von f(x), die durch N Funktionen eines orthonormalen Systems zu erreichen ist. Das Funktionensystem ist jedoch nur dann eine brauchbare Approximation von f(x), wenn gilt

$$\lim_{N\to\infty} M_{N,min} = \lim_{N\to\infty} \int_a^b |F_N(x) - f(x)|^2 dx = 0 \quad . \tag{9}$$

Das ist die Bedingung für die sogenannte "Konvergenz im quadratischen Mittel". Diese Bezeichnung wird allgemein auf jede Funktionsfolge des Funktionsraumes übertragen, d.h. es gilt:

$$\lim\nolimits_{N\to\infty} F_N(x) = f(x) \quad \text{in} \quad [a,b], \quad \text{wenn} \tag{10}$$

$$\lim\nolimits_{N\to\infty} \int_a^b |F_N(x) - f(x)|^2 dx = 0 \quad \text{gilt} \; . \tag{11}$$

Daraus folgt nun unmittelbar die Aussage

$$f(x) = \sum_{n=1}^{\infty} a_n U_n(x) \; . \tag{12}$$

Bildet man nun das Produkt dieser Beziehung mit $U_m^*(x)$, so erhält man wegen der Orthonormalitätsrelation

$$a_m = \int_a^b f(x) U_m^*(x) dx \tag{13}$$

als Ausdruck für die verallgemeinerten Fourierkoeffizienten. Das ist wieder Gleichung (7a). Wir wollen nun noch die aus der Analysis bekannte *Besselsche Ungleichung*

$$\sum_{n=1}^{\infty} a_n^2 \leq \int_a^b |f(x)|^2 dx \tag{14}$$

betrachten. Wenn wir die Entwicklung der Funktion f(x) nach N Gliedern abbrechen lassen, so gilt auf jeden Fall

$$\int_a^b |f(x) - \sum_n^N a_n U_n(x)|^2 dx \geq 0 \quad . \tag{15}$$

Berücksichtigt man (13) und die Vertauschbarkeit von Integration und Summation, so gilt unmittelbar die Besselsche Ungleichung. Da auf der rechten Seite von

$$\sum_{n=1}^{N} a_n^2 \leq \int_a^b |f(x)|^2 dx \tag{16}$$

ein von n unabhängiger Ausdruck steht, darf man links N beliebig wählen (auch $N \to \infty$), womit (14) gezeigt wäre. Dies kann auch direkt aus (7b) unter Berücksichtigung der Tatsache $M_N \geq 0$ gefolgert werden. Gilt in dieser Beziehung das Gleichheitszeichen, so beschreibt das zu den a_n gehörende System die Funktion f(x) vollständig. Aus diesem Grund heißt diese (*Parsevalsche*) Gleichung auch "Vollständigkeitsrelation".
Analog zu (12) erhalten wir eine Entwicklung für eine Funktion zweier unabhängiger Variablen $f(x, y)$ in den Intervallen: $x \epsilon [a, b]$ und $y \epsilon [c, d]$.
Es ist

$$f(x, y) = \sum_{m=1}^{\infty} \sum_{n=1}^{\infty} a_{mn} U_m(x) V_n(y) \quad \text{mit} \tag{17}$$

$$a_{mn} = \int_a^b dx \int_c^d f(x, y) U_m^*(x) V_n^*(y) dy \quad . \tag{18}$$

Dabei sind $U_m(x)$ und $V_n(y)$ orthonormal. In höherdimensionalen Räumen gilt eine ähnliche Verallgemeinerung.

Beispiele für Systeme orthonormaler Funktionen
2) Fourierreihen:[14] Da für positive ganzzahlige n, m die Beziehung

$$\int_{-\pi}^{\pi} \sin(nx') \cdot \sin(mx') dx' = \pi \delta_{nm} \quad ,$$

gilt, stellt im Intervall $-\pi \leq x' \leq \pi$ die Funktionenfolge

$$\overline{U}_n(x') = \frac{1}{\sqrt{\pi}} \sin(nx') \quad , \quad (n = 1, 2, \ldots)$$

---

[14] *Fourier*, Jean Baptiste Josepf, geb. 21.3.1768 Auxerre als Sohn eines Schneiders, gest. 16.5.1830 Paris. -F. besuchte die heimatl. École Militaire; wegen seiner Herkunft wurde ihm aber der Eintritt in eine Offizierslaufbahn verweigert. F. entschloß sich, dem geistl. Stand beizutreten, legte jedoch kein Gelübde ab, da die Revolution von 1789 ausbrach. F. widmete sich erst einer Lehrtätigkeit in Auxerre, griff jedoch bald in die Politik ein und wurde mehrfach verhaftet. 1795 wurde er zum Studium nach Paris an die École Normale geschickt, wurde bald Mitglied des Lehrkörpers der neugegründeten École Polytechnique und 1798 Direktor des Institut d'Égypte in Kairo. Erst 1801 kehrte er nach Paris zurück und wurde von Napoleon zum Präfekten des Departements Isère ernannt. Während seiner Amtstätigkeit von 1802 bis 1815 veranlaßte er die Trockenlegung der malariaverseuchten Sümpfe von Bourgoin. Nach dem Sturz Napoleons wurde F. von den Bourbonen aller seiner Ämter enthoben; 1817 mußte jedoch der König der Wahl F.s in die Akademie der Wissenschaften zustimmen, deren Ständiger Sekretär F. 1822 wurde.-F.s bedeutendste mathemat. Leistung ist seine Behandlung des Funktionsbegriffs. Das Problem der schwingenden Saite, das schon d'Alembert, Euler und Lagrange bearbeitet hatten, war 1755 von D. Bernoulli durch eine *trigonometr. Reihe* gelöst worden. Die sich anschließende Frage, ob eine "beliebige" Funktion durch eine solche Reihe dargestellt werden kann, wurde 1807/12 von F. bejaht. Die Frage nach den Bedingungen für diese Darstellbarkeit konnte erst sein Freund Dirichlet beantworten.-Bekannt wurde F. vor allem durch seine *"Theorie analytique de la chaleur"*(1822), die vorwiegend der Diskussion der Gleichung der Wärmefortpflanzung mit Hilfe von F.-Reihen gewidmet ist. Das Werk bildet den Ausgangspunkt der Bearbeitung partieller Differentialgleichungen mit Randbedingungen durch trigonometrische Reihen. Bedeutende Beiträge lieferte F. auch zur Theorie der Gleichungsauflösung und zur Wahrscheinlichkeitsrechnung.

ein Orthonormalsystem dar. Da diese Folge jedoch nur aus ungeraden Funktionen ($f(x') = -f(x')$) besteht, können damit nur ungerade Funktionen approximiert werden. Nimmt man das ebenso orthonormale System von geraden Funktionen (gerade Funktionen bedeutet $f(-x') = f(x')$):

$$\begin{aligned} \overline{V}_n(x') &= \tfrac{1}{\sqrt{\pi}}\cos(nx'), \quad (n = 1, 2, \ldots) \\ \overline{V}_0(x') &= \tfrac{1}{\sqrt{2\pi}} \qquad\quad , \quad (n = 0) \end{aligned}$$

dazu, kann man beliebige Funktionen darstellen als

$$f(x') = \frac{a'_0}{2} + \sum_{n=1} a'_n \cos(nx') + b'_n \sin(nx') \quad . \tag{19}$$

Bei geraden Funktionen $f(x)$ verschwindet b'_n, bei ungeraden Funktionen a'_n. Die Fourierkoeffizienten folgen aus (13) zu:

$$a'_n = \frac{1}{\pi}\int_{-\pi}^{\pi} f(x')\cos(nx')dx'; \quad b'_n = \frac{1}{\pi}\int_{-\pi}^{\pi} f(x')\sin(nx')dx' \quad .$$

Aus den Funktionen $\overline{U}_n, \overline{V}_n$ lassen sich durch die Koordinatentransformation

$$x' = \frac{2\pi x}{d}$$

die im Intervall $-\frac{d}{2} \le x \le +\frac{d}{2}$ orthonormalen Funktionen

$$u_n(x) = \sqrt{\frac{2}{d}}\sin\frac{2\pi nx}{d} \quad , \quad v_n(x) = \sqrt{\frac{2}{d}}\cos\frac{2\pi nx}{d}$$

konstruieren. Für sie gilt

$$\int_{-d/2}^{d/2} u_n(x)u_{n'}(x)dx = \delta_{nn'} \quad , \quad \int_{-d/2}^{d/2} v_n(x)v_{n'}(x)dx = \delta_{nn'},$$
$$\int_{-d/2}^{d/2} u_n(x)v_n(x)dx = 0$$

und daher folgen für die Entwicklung

$$f(x) = a_0 + \sum_{n=1} a_n v_n(x) + b_n u_n(x)$$

die Koeffizienten

$$a_n = \int_{-d/2}^{d/2} v_n(x)f(x)dx \quad \text{und} \quad b_n = \int_{-d/2}^{d/2} u_n(x)f(x)dx \quad .$$

3) Fourierintegrale: Eine beliebige Funktion $f(x)$ kann also in der Form (19) dargestellt werden. Es gelten nun die elementaren Beziehungen

$$v_n(x) = \sqrt{\frac{2}{d}}\cos\frac{(2\pi nx)}{d} = \sqrt{\frac{2}{d}}\left(\frac{e^{i2\pi\frac{nx}{d}} + e^{-i2\pi\frac{nx}{d}}}{2}\right) = \frac{g_n(x) + g_{-n}(x)}{\sqrt{2}} \tag{20}$$

und

$$u_n(x) = \sqrt{\frac{2}{d}} \sin \frac{(2\pi n x)}{d} = \sqrt{\frac{2}{d}} \left(\frac{e^{i2\pi \frac{nx}{d}} - e^{-i2\pi \frac{nx}{d}}}{2i} \right) = \frac{g_n(x) - g_{-n}(x)}{\sqrt{2}i} \quad . \tag{21}$$

Damit folgt durch Umrechnung, daß die Funktionen

$$g_n(x) = \sqrt{\frac{1}{d}} e^{\frac{i2\pi n x}{d}} \quad , \quad (n = 0, \pm 1, \pm 2 \ldots) \tag{22}$$

auch ein Orthogonalsystem bilden, für welches gilt

$$\int_{-d/2}^{d/2} g_n^*(x) g_n'(x) dx = \delta_{nn'} \quad . \tag{23a}$$

Es ist nämlich

$$\begin{aligned} g_n(x) &= \tfrac{v_n(x) + i u_n(x)}{\sqrt{2}} \\ g_{-n}(x) &= \tfrac{v_n(x) - i u_n(x)}{\sqrt{2}} \end{aligned} \quad , \quad n \geq 0 \tag{23b}$$

und daher z.B.

$$\begin{aligned} &\int_{-d/2}^{d/2} g_n^*(x) g_{-n}(x) dx \\ &= \frac{1}{2} \int_{-d/2}^{d/2} [v_n(x) v_n(x) - u_n(x) u_n(x) - i(v_n(x) u_n(x) + u_n(x) v_n(x))] dx = 0 \end{aligned}$$

und

$$\begin{aligned} &\int_{-d/2}^{d/2} g_n^*(x) g_{n'}(x) dx \\ &= \frac{1}{2} \int_{-d/2}^{d/2} [v_n(x) v_n'(x) + u_n(x) u_n'(x) + i(v_n(x) u_n'(x) - u_n(x) v_n'(x))] dx \\ &= \frac{1}{2} (\delta_{nn'} + \delta_{nn'}) = \delta_{nn'}. \end{aligned}$$

Die Tatsache, daß in (20) und (21) der Faktor $1/\sqrt{2}$ und nicht $1/2$ erscheint, stellt die Normierung der Funktionen $g_n(x)$ (23) sicher. Für eine im Intervall $-\frac{d}{2} \leq x \leq \frac{d}{2}$ beliebige Funktion, die man sich periodisch hinaus fortgesetzt denken kann, gilt dann

$$f(x) = \sum_{n=-\infty}^{\infty} a_n g_n(x) = \sum_{n=-\infty}^{\infty} a_n \frac{e^{i2\pi \frac{nx}{d}}}{\sqrt{d}} \quad , \tag{24}$$

mit

$$a_n = \int_{-d/2}^{d/2} g_n^*(x) f(x) dx = \int_{-d/2}^{d/2} \left(\frac{e^{-i\frac{2\pi n x}{d}}}{\sqrt{d}} f(x) dx \right) \quad .$$

Insbesondere gilt für die $\delta(x-x')$-Funktion mit $\frac{d}{2} \leq x' \leq \frac{d}{2}$

$$\delta(x-x') = \sum_{n=-\infty}^{\infty} g_n(x) g_n^*(x') = \sum_{n=-\infty}^{\infty} \frac{e^{i\frac{(2\pi n)}{d}(x-x')}}{d} \quad . \tag{25a}$$

Betrachten wir nun den Limes $d \to \infty$. Das Periodizitätsintervall der Fourierreihen von $-d/2$ bis $+d/2$ wird damit auf den ganzen Bereich $-\infty \leq x \leq +\infty$ ausgedehnt. Dann ergibt sich offensichtlich

$$f(x) = \sum_{n=-\infty}^{\infty} a_n \frac{e^{i\frac{2\pi n x}{d}}}{\sqrt{d}} = \sum_{n=-\infty}^{\infty} a_n \frac{e^{i\frac{2\pi n x}{d}}}{\sqrt{d}} \Delta n \quad , \tag{25b}$$

wobei $\Delta n = 1$ ist und für die $\delta(x-x')$-Funktion

$$\delta(x-x') = \sum_{n=-\infty}^{\infty} \frac{e^{i\frac{(2\pi n)}{d}(x-x')}}{d} \Delta n = \sum_{n=-\infty}^{\infty} \frac{e^{ik_n(x-x')}}{d} \frac{d}{2\pi} \Delta k_n \tag{25c}$$

$$\Rightarrow \lim_{d\to\infty} \int_{-\infty}^{+\infty} \frac{e^{ik(x-x')}}{2\pi} dk = \int_{-\infty}^{+\infty} \left(\frac{e^{ikx}}{\sqrt{2\pi}} \right) \left(\frac{e^{ikx'}}{\sqrt{2\pi}} \right)^* dk \quad . \tag{25d}$$

Hierbei wurde die Variable $k_n = \frac{2\pi n}{d}$ eingeführt, die im Limes $d \to \infty$ in die kontinuierliche Variable k übergeht. Offensichtlich bilden die Funktionen

$$g(k,x) = \frac{e^{ikx}}{\sqrt{2\pi}} \tag{26}$$

eine orthonormale vollständige Basis, die von dem kontinuierlichen Parameter k abhängt. Aufgrund der Symmetrie zwischen k und x in $\frac{e^{ikx}}{\sqrt{2\pi}}$ gilt natürlich auch analog zu Gleichung (25d)

$$\delta(k-k') = \int_{-\infty}^{+\infty} \left(\frac{e^{ikx}}{\sqrt{2\pi}} \right) \left(\frac{e^{ik'x}}{\sqrt{2\pi}} \right)^* dx. \tag{27}$$

Für eine beliebige Funktion $f(x)$ gilt dann

$$f(x) = \int_{-\infty}^{+\infty} A(k) g(k,x) dk = \int_{-\infty}^{+\infty} A(k) \frac{e^{ikx}}{\sqrt{2\pi}} dk$$

mit

$$A(k) = \int_{-\infty}^{+\infty} f(x) g^*(k,x) dx = \int_{-\infty}^{+\infty} f(x) \frac{e^{-ikx}}{\sqrt{2\pi}} dx \ , \tag{28}$$

wegen

$$\begin{aligned} \textstyle\int_{-\infty}^{+\infty} f(x) \frac{e^{-ikx}}{\sqrt{2\pi}} dx &= \textstyle\int_{-\infty}^{+\infty} \int_{-\infty}^{+\infty} A(k') \frac{e^{ik'x}}{\sqrt{2\pi}} \frac{e^{-ikx}}{\sqrt{2\pi}} dx dk' \\ &= \textstyle\int_{-\infty}^{+\infty} A(k') \delta(k-k') dk' = A(k) \ . \end{aligned}$$

Die Symmetrie zwischen $f(x)$ und $A(x)$ ist beachtenswert.
Man bezeichnet $A(k)$ als *Fourier-Transformierte* oder als *Spektralfunktion* von $f(x)$.
Die Entwicklung einer periodischen Funktion (mit der Periode d) in eine Fourierreihe ist eine Darstellung in Form einer Summe harmonischer Schwingungen mit den Frequenzen $k_n = 2\pi n/d$, während das Fourierintegral die Funktion $f(x)$ gleichsam als Summe unendlich vieler Schwingungen mit verschiedener Frequenz wiedergibt; man sagt, daß das Fourierintegral eine Entwicklung der Funktion in ein kontinuierliches Spektrum liefert, wobei der Verteilung der kontinuierlichen Frequenzen k die spektrale Dichte $A(k)$ entspricht.
Voraussetzung für die Möglichkeit, eine Funktion $f(x)$ als Fourierintegral darzustellen, ist die Konvergenz des folgenden Integrals:

$$\int_{-\infty}^{+\infty} |f(x)| dx \ ,$$

mithin also:

$$\lim_{x\to\infty} f(x) = \lim_{x\to-\infty} f(x) = 0 \ .$$

Weiterhin muß die Funktion noch den Diricheletschen Bedingungen genügen. Es sei noch erwähnt, daß sich das Fourierintegral vereinfacht, wenn $f(x)$ eine gerade oder ungerade Funktion ist (man erhält dann nur Cosinus- oder Sinus-Terme).
Wir notieren noch ***Parseval's Identität*** : Sei

$$f(x) = \int_{-\infty}^{+\infty} F(k) \frac{e^{ikx}}{\sqrt{2\pi}} dk \ ,$$

$$g(x) = \int_{-\infty}^{+\infty} G(k') \frac{e^{ik'x}}{\sqrt{2\pi}} dk' \ .$$

Dann gilt

$$\begin{aligned} \int_{-\infty}^{+\infty} f(x) g^*(x) dx &= \int_{-\infty}^{+\infty} F(k) \int_{-\infty}^{+\infty} G^*(k') \int_{-\infty}^{+\infty} \frac{e^{ikx}}{\sqrt{2\pi}} \frac{e^{-ik'x}}{\sqrt{2\pi}} dx dk dk' \\ &= \int_{-\infty}^{+\infty} F(k) \int_{-\infty}^{+\infty} G^*(k') \delta(k-k') dk dk' = \int_{-\infty}^{+\infty} F(k) G^*(k) dk \end{aligned}$$

und ähnlich auch

$$\int_{-\infty}^{+\infty} f(u) g^*(u-x) du = \int_{-\infty}^{+\infty} F(k) G^*(k) \frac{e^{ikx}}{\sqrt{2\pi}} dk \ .$$

Die letzte Beziehung ist auch als *Faltungssatz* bekannt.

3.1 Aufgabe : Orthonormierung der Polynome x^n

Zeigen Sie:

a.) Im Raum $L^2(-1,1)$ der im Intervall $(-1,1)$ quadratisch integrierbaren Funktionen ist mit dem Skalarprodukt

$$(f,g) = \int_{-1}^{1} f^*(x)g(x)dx$$

die Menge aller Polynome $x^n(n = 0,1,...)$ linear unabhängig. Wenden Sie ferner auf diese Menge das E. Schmidtsche[15] Orthogonalisierungsverfahren an.

b.) Die Funktionen $e^{im\phi}(m \in Z)$ bilden ein Orthogonalsystem im Raum $L^2(0,2\pi)$. Sind Sie normiert?

Lösung:

a.) **Lineare Unabhängigkeit:** Eine Menge ist dann linear unabhängig, wenn jede endliche Menge linear unabhängig ist. Wir betrachten also die Menge $M = \{x^{n_1},...,x^{n_N}\}$ und die Linearkombination

$$a_1x^{n_1} + ... + a_nx^{n_N} = 0 \quad (n_1,...,n_N \text{ paarweise verschieden}) .$$

Ein solches Polynom verschwindet aber nur dann, wenn $a_1 = ... = a_N = 0$ ist (Identitätssatz für Potenzreihen), was gerade die lineare Unabhängigkeit von M bedeutet. Da M eine beliebige endliche Untermenge von $\{x^n : n = 0,1,...\}$ war, ist auch diese Menge linear unabhängig.

Orthonormierung: Das E. Schmidtsche Orthonormalisierungsverfahren macht aus linear unabhängigen Vektoren $a_1, a_2, ...$ aus einem VR mit dem Skalarprodukt $(\cdot,\cdot)$ das ONS

$$\begin{aligned} \hat{a}_1 &= \frac{a_1}{||a_1||} , \\ \hat{a}_2 &= \frac{a_2-(\hat{a}_1,a_2)\hat{a}_1}{||a_2-(\hat{a}_1,a_2)\hat{a}_1||} , ... \end{aligned}$$

[15]Schmidt, Erhard, geb. 13.1.1876 in Dorpat, gest. 6.12.1959 in Berlin, dt. Mathematiker, Prof. in Zürich, Erlangen, Breslau, Berlin. Grundlegende Arbeiten zur Theorie der Integralgleichungen, Mitbegründer der modernen Funktionalanalysis.

In unserem Fall gibt das:

$$n=0: \quad \int_{-1}^{1} x^0 x^0 dx = \int_{-1}^{1} dx = 2 \, , \qquad \text{also} \quad P_0'(x) = \tfrac{1}{\sqrt{2}}$$

$$n=1: \quad \int_{-1}^{1} P_0'(x) x^1 dx = \tfrac{1}{\sqrt{2}} \int_{-1}^{1} x dx = 0 \, ,$$

$$\int_{-1}^{1} x^1 x^1 dx = \int_{-1}^{1} x^2 dx = \tfrac{2}{3} \, , \qquad \text{also} \quad P_1'(x) = \sqrt{\tfrac{3}{2}} x$$

$$n=2: \quad \int_{-1}^{1} P_0'(x) x^2 dx = \tfrac{1}{\sqrt{2}} \int_{-1}^{1} x^2 dx = \tfrac{\sqrt{2}}{3}$$

$$\int_{-1}^{1} P_1'(x) x^2 dx = \tfrac{3}{\sqrt{2}} \int_{-1}^{1} x^3 dx = 0$$

$$\int_{-1}^{1} \left(x^2 - \tfrac{1}{3}\right)\left(x^2 - \tfrac{1}{3}\right) dx = \tfrac{8}{45}, \qquad \text{also} \quad P_2'(x) = \sqrt{\tfrac{45}{8}} \left(x^2 - \tfrac{1}{3}\right)$$

usw.
Obwohl diese Polynome $P_n'(x)(n = 0,1,2,...)$ ein Orthonormalsystem bilden, sind sie in der Physik nicht gebräuchlich. An ihrer Stelle werden die sogenannten *Legendre-Polynome* benutzt, die definiert sind durch

$$P_n(x) = \frac{P_n'(x)}{P_n'(1)} \, , \text{ also } P_0(x) = 1 \, , \; P_1(x) = x \, , \; P_2(x) = \frac{1}{2}\left(3x^2 - 1\right) \, , \; ...$$

Bemerkung: Sowohl die Polynome $P_n'(x)$ als auch die Legendre-Polynome bilden sogar ein vollständiges ONS bzw. OGS in $L^2(-1,1)$, d.h. jede Funktion aus diesem Raum läßt sich als

$$f(x) = \sum_{n=0}^{\infty} a_n P_n(x) = \sum_{n=0}^{\infty} a_n' P_n'(x) = \sum_{n=0}^{\infty} b_n x^n$$

darstellen. Die Konvergenz hier ist durch das Skalarprodukt definiert; sie ist i.allg. nicht punktweise. Der Beweis hierfür ist *nicht* trivial. Weder die x^n noch die $P_n'(x)$ oder $P_n(x)$ bilden eine Basis von $L^2(-1,1)$, denn eine Basis $\{b_c\}, c \in I$ aus einem VR muß die Eigenschaft haben, daß sich jeder Vektor f aus diesem VR als (endliche) Linearkombination darstellen läßt

$$f = \sum_{n=1}^{N} c_n b_{c_n}.$$

Dies ist für die genannten Vektorsysteme nicht gewährleistet, da nicht alle Funktionen aus $L^2(-1,1)$ Polynome n-ten Grades sind (etwa $e^x, \sin x, ...$).
Häufig wird jedoch der Begriff *Vektororthonormalsystem* synonym mit "Basis" verwendet.

b.) Es gilt

$$\begin{aligned}(e^{im\phi}, e^{in\phi}) &= \int_0^{2\pi} e^{-im\phi} e^{in\phi} d\phi = \int_0^{2\pi} e^{-i(m-n)\phi} d\phi \\ &= \left\{ \begin{array}{ccc} 2\pi & \text{falls} & m = n \\ \frac{i}{m-n}\left[e^{-2\pi i(m-n)} - 1\right] & \text{falls} & m \neq n \end{array} \right\} = 2\pi \delta_{mn} \, .\end{aligned}$$

■ Die Funktionen $e^{im\phi}$ sind also orthogonal; ihre Norm ist $\sqrt{2\pi}$

4) Kugelfunktionen: Wir wollen hier noch drei weitere orthogonale Funktionssysteme betrachten, die in der mathematischen Physik von besonderer Bedeutung sind. Bei der Lösung von Potentialproblemen erscheint immer die Funktion

$$\frac{1}{|\vec{r}-\vec{r'}|} \tag{29}$$

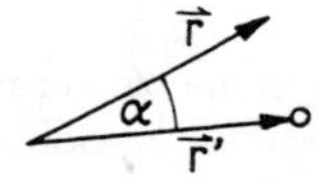

Die für eine Punktladung $\vec{r'}$ der Form

$$\frac{1}{\sqrt{r^2-2rr'\cos\alpha+r'^2}} \tag{30}$$

annimmt. Die Wurzel soll in eine Potenzreihe nach dem Verhältnis der Abstände r und r' entwickelt werden. Dazu bezeichnen wir mit $r_<$ den kleineren und mit $r_>$ den größeren der beiden Werte von r und r'. Dann gilt $\frac{r_<}{r_>} < 1$ und wir erhalten folgende Entwicklung:

$$\begin{aligned}
&\frac{1}{r_>\sqrt{1-2\left(\frac{r_<}{r_>}\right)\cos\alpha+\left(\frac{r_<}{r_>}\right)^2}} \\
&= \frac{1}{r_>}\left\{1+(\cos\alpha)\left(\frac{r_<}{r_>}\right)+\frac{1}{2}\left(3\cos^2\alpha-1\right)\left(\frac{r_<}{r_>}\right)^2+\ldots\right\} .
\end{aligned}$$

Die hier auftretenden Koeffizienten sind die Legendrefunktionen [16] (Kugelfunktionen) $P_l(\cos\alpha)$. Die Entwicklung hat dann die Gestalt

$$\begin{aligned}
&\frac{1}{r_>\sqrt{1-2\left(\frac{r_<}{r_>}\right)\cos\alpha+\left(\frac{r_<}{r_>}\right)^2}} \\
&= \frac{1}{r_>}\left\{P_0+P_1\{\cos\alpha\}\left\{\frac{r_<}{r_>}\right\}+P_2\{\cos\alpha\}\left\{\frac{r_<}{r_>}\right\}^2+P_3\{\cos\alpha\}\left\{\frac{r_<}{r_>}\right\}^3+\ldots\right\} \\
&= \sum_{l=0}^{\infty}\frac{r_<^l}{r_>^{l+1}}P_l(\cos\alpha) \ .
\end{aligned} \tag{31}$$

[16] Legendre, Adrian, Marie, geb. 18. 1. 1833 in Paris.-L. hat einen großen Anteil an der Zahlentheorie und Geodäsie. Wesentliche Ergebnisse fand er auch zu ellypt. Integralen, über Grundlagen und Methoden der euklidischen Geometrie, über Variationsrechnung und theoret. Astronomie; z. B. wendete er als erster die *Methode der kleinsten Quadrate* an und berechnete umfangreiche Tafelwerte. L. befaßte sich mit vielen Problemen, die auch Gauß interessierten, erreichte jedoch nie dessen Vollkommenheit. Seit 1775 war L. als Professor an verschiedenen Pariser Hochschulen tätig und veröffentlichte ausgezeichnete Lehrbücher, die einen langanhaltenden Einfluß ausübten.

Die ersten Legendrepolynome haben folgendes Aussehen, wenn wir $x = \cos\alpha$ setzen:

$$\begin{aligned} P_0(x) &= 1 \ , \\ P_1(x) &= x \ , \\ P_2(x) &= \tfrac{1}{2}(3x^2 - 1) \ , \\ P_3(x) &= \tfrac{1}{2}(5x^3 - 3x) \ . \end{aligned} \tag{32}$$

Die Legendrepolynome zu geradem Index sind gerade Funktionen, die zu ungeradem Index sind ungerade Funktionen. Die Legendrepolynome können ebenfalls durch die Beziehung (Formel von Rodrigues)

$$P_l(x) = \frac{1}{2^l l!} \frac{d^l}{dx^l}(x^2 - 1)^l \tag{33}$$

berechnet werden. Sie bilden ein vollständiges orthogonales Funktionensystem im Intervall $x \in [-1, 1], (\alpha \in [0, 2\pi])$, und es gilt

$$\int_{-1}^{1} P_l(x) P_{l'}(x) dx = \frac{2}{2l+1} \delta_{ll'}. \tag{34}$$

Wenn wir das Potential beliebiger ausgedehnter Ladungsverteilungen entwickeln wollen, sind noch zwei weitere Schritte zu tun, die wir hier ohne näheren Beweis angeben.

Ein vollständiges orthonormales Funktionensystem, das auf der Einheitskugel definiert ist, stellen die Kugelflächenfunktionen dar. Wir zeigen hier kurz den Zusammenhang mit den Legendrepolynomen. Es gilt

$$Y_{lm}(\theta, \varphi) = \sqrt{\frac{2l+1}{4\pi} \frac{(l-m)!}{(l+m)!}} P_l^m(\cos\theta) e^{im\varphi}. \tag{35}$$

Der Index m ist eine ganze Zahl in den Grenzen $-l \leq m \leq l$.

Wir geben hier die explizite Form der ersten *Kugelflächenfunktionen* an:

$$Y_{00} = \frac{1}{\sqrt{4\pi}} \,, \qquad Y_{22} = \frac{1}{4}\sqrt{\frac{15}{2\pi}} \sin^2\theta e^{i2\varphi} \,,$$

$$Y_{11} = -\sqrt{\frac{3}{8\pi}} \sin\theta e^{i\varphi} \,, \qquad Y_{21} = -\sqrt{\frac{15}{8\pi}} \sin\theta\cos\theta e^{i\varphi} \,,$$

$$Y_{10} = \sqrt{\frac{3}{4\pi}} \cos\theta \,, \qquad Y_{20} = \sqrt{\frac{5}{4\pi}}(\tfrac{3}{2}\cos^2\theta - \tfrac{1}{2}) \,,$$

$$\begin{aligned}
Y_{33} &= -\tfrac{1}{4}\sqrt{\tfrac{35}{4\pi}} \sin^3\theta e^{i3\varphi} \,, \\
Y_{32} &= \tfrac{1}{4}\sqrt{\tfrac{105}{2\pi}} \sin^2\theta\cos\theta e^{i2\varphi} \,, \\
Y_{31} &= -\tfrac{1}{4}\sqrt{\tfrac{21}{4\pi}} \sin\theta(5\cos^2\theta - 1)e^{i\varphi} \,, \\
Y_{30} &= \sqrt{\tfrac{7}{4\pi}} \left(\tfrac{5}{2}\cos^3\theta - \tfrac{3}{2}\cos\theta\right) \,.
\end{aligned} \tag{36}$$

Die Y_{lm} zu negativem Index m ergeben sich daraus entsprechend der unten angegebenen Gleichung (41).
Die Funktionen $P_l^m(\cos\theta)$ sind die *zugeordneten Legendre-Polynome*. Sie gehen aus den Legendre-Polynomen hervor:

$$P_l^m(x) = (-1)^m(1-x^2)^{\frac{m}{2}} \frac{d^m}{dx^m} P_l(x) \,. \tag{37}$$

Der Index m ist hier positiv. Die zugeordneten Legendre Polynome zu negativem Index m unterscheiden sich nur durch einen Vorfaktor von denen mit positiven Index m

$$P_l^{-m}(x) = (-1)^m \frac{(l-m)!}{(l+m)!} P_l^m(x) \,. \tag{38}$$

Setzen wir die Relation (37) in (33) ein, so folgt

$$P_l^m(x) = \frac{(-1)^m}{2^l l!}(1-x^2)^{\frac{m}{2}} \frac{d^{l+m}}{dx^{l+m}}(x^2-1)^l. \tag{39}$$

Für ein festes m bilden die zugeordneten Legendre-Polynome einen Satz orthogonaler Funktionen:

$$\int_{-1}^{1} P_l^m(x) P_{l'}^m(x) dx = \frac{2}{2l+1}\frac{(l+m)!}{(l-m)!}\delta_{ll'} \,. \tag{40}$$

Die Funktionen $e^{im\varphi}$ bilden ja einen Satz orthogonaler Funktionen, wie wir unter Punkt 2) sahen. Die Produktfunktion aus zugeordnetem Legendre-Polynom P_l^m und der Funktion $e^{im\varphi}$ bildet mit dem Normierungsfaktor die Kugelflächenfunktion Y_{lm}. Zwischen den Kugelflächenfunktionen gilt die Beziehung

$$Y_{l,m}^*(\theta,\varphi) = (-)^m Y_{l,-m}(\theta,\varphi) \,. \tag{41}$$

Diese Funktionen sind orthonormal

$$\int_0^{2\pi} d\varphi \int_0^{\pi} Y^*_{l'm'}(\theta,\varphi) Y_{lm}(\theta,\varphi) \sin\theta d\theta = \delta_{ll'}\delta_{mm'} \ . \tag{42}$$

Der Term $\sin\theta$ erscheint, weil das Flächenelement auf der Einheitskugel $\sin\theta d\theta d\varphi$ ist. Die Vollständigkeit des Satzes der Kugelflächenfunktionen kommt durch die Beziehung

$$\sum_{l=0}^{\infty} \sum_{m=-l}^{l} Y^*_{lm}(\theta',\varphi') Y_{lm}(\theta',\varphi') = \delta(\varphi - \varphi')\delta(\cos\theta - \cos\theta') \tag{43}$$

zum Ausdruck.

Zwischen den Kugelflächenfunktionen Y_{lm} und den Legendre-Polynomen P_l gibt es eine Beziehung, die als Additionstheorem bekannt ist:

$$P_l(\cos\alpha) = \frac{4\pi}{2l+1} \sum_{m=-1}^{l} Y^*_{lm}(\theta',\varphi') Y_{lm}(\theta,\varphi) \ .$$

Der Winkel α ist der Winkel zwischen den beiden Vektoren $\vec{r}$ und $\vec{r'}$, $\vec{r}\cdot\vec{r'} =$

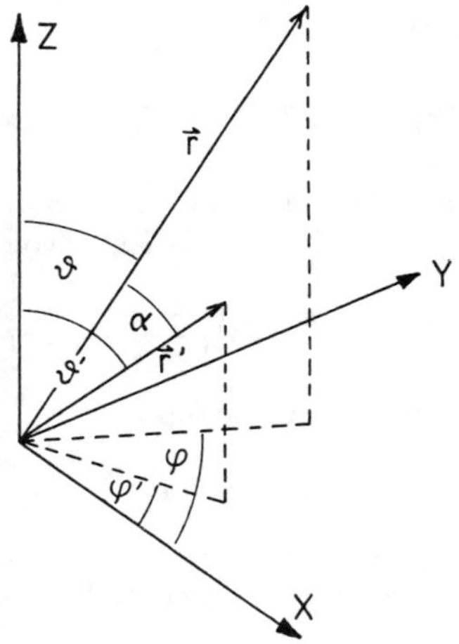

$r \cdot r' \cos\alpha$. Drücken wir die beiden Ortsvektoren in Kugelkoordinaten aus, so ergibt sich für α

$$\vec{r}\cdot\vec{r'} = r \cdot r'(\sin\theta \sin\theta' \cos(\varphi - \varphi') + \cos\theta\cos\theta') = r \cdot r' \cos\alpha \ . \tag{44}$$

Das Additionstheorem gibt uns die Möglichkeit, die für eine Punktladung (axialsymmetrische Verteilung) geltende Entwicklung auf eine beliebige Ladungsverteilung zu erweiterm. In diesem Fall wird in Gleichung (31) $\cos\alpha$ entsprechend (44) ersetzt und wir erhalten mit dem Additionstheorem:

$$\frac{1}{|\vec{r}-\vec{r'}|} = \sum_{l=0}^{\infty} \sum_{m=-l}^{l} \frac{4\pi}{2l+1} \frac{r_<^l}{r_>^{l+1}} Y_{lm}^*(\theta', \varphi') Y_{lm}(\theta, \varphi) \ . \tag{45}$$

Die Kugelflächenfunktionen ergeben sich ebenfalls bei der Lösung der Laplacegleichung in Kugelkoordinaten. Bei der Separation der Variablen erhält man die Zahlen l und m als Separationskonstanten. Für die vom Winkel θ abhängende Funktion Θ gilt die verallgemeinerte Legendresche Differentialgleichung, ($x = \cos\theta$):

$$(1-x^2)\frac{d^2\Theta}{dx^2} - 2x\frac{d\Theta}{dx} + (l(l+1) - \frac{m^2}{1-x^2})\Theta = 0 \ ,$$

deren Lösung die zugeordneten Legendre Polynome P_l^m sind. Für $m = 0$ geht die Gleichung in die Legendresche Differentialgleichung über, welche die Legendre Polynome P_l als Lösung hat.
Wir haben in diesem Abschnitt die wichtigsten Eigenschaften der Kugelfunktionen größtenteils ohne Beweis zusammengestellt. Im Band IV, der Vorlesung über Quantenmechanik I, wird die Theorie der Kugelflächenfunktionen ausführlich entwickelt. Der interessierte Leser möge schon jetzt einen Blick auf jene Abschnitte werfen.

5) Multipolentwicklung: Haben wir eine begrenzte Ladungsverteilung, die außerhalb einer Kugel mit Radius a um den Ursprung verschwindet, so ist das

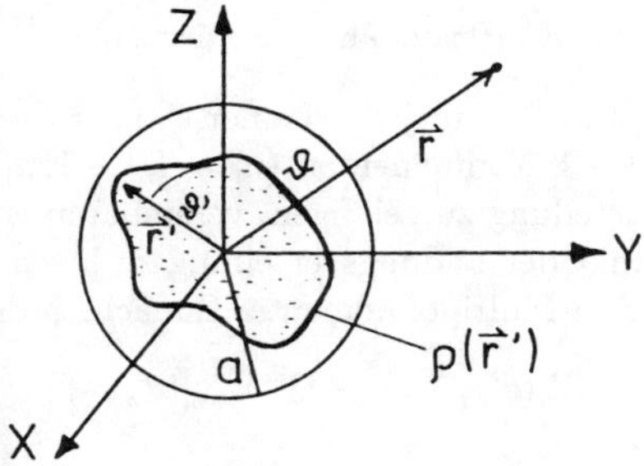

Die Ladungsverteilung hat die Abmessung a.

Potential im Außenraum (ohne Grenzflächen mit Randbedingungen im Endlichen, der Dirichletsche Oberflächenterm verschwindet), also für $r > a$, gegeben durch

$$\phi(\vec{r}) = \int \frac{\rho(\vec{r'})}{|\vec{r}-\vec{r'}|} dV' \ . \tag{46}$$

Da wir die Ladungsverteilung begrenzt haben und das Potential im Außenraum betrachten, können wir mit $r > r'$ die Entwicklung nach Gleichung (45) einsetzen:

$$\phi(\vec{r}) = \sum_{l=0}^{\infty} \sum_{m=-l}^{l} \frac{4\pi}{2l+1} \frac{1}{r^{l+1}} Y_{lm}(\theta, \varphi) \int \rho(\vec{r'}) r'^{l} Y_{lm}^{*}(\theta', \varphi') dV'. \tag{47}$$

Die in dieser Summe vorkommenden Integrale hängen nur von der speziellen Ladungsverteilung ab und beschreiben sie in ihrer Wirkung nach außen hin vollständig. Man nennt diese Ausdrücke

$$q_{lm}^{*} = \int Y_{lm}^{*}(\theta', \varphi') r'^{l} \rho(\vec{r'}) dV' \tag{48}$$

oder

$$q_{lm} = \int Y_{lm}(\theta', \varphi') r'^{l} \rho(\vec{r'}) dV'$$

die **Multipolmomente** der Ladungsverteilung $\rho(\vec{r'})$. Speziell heißen die wichtigsten q_{lm} :

$l = 0$ Monopolmoment

$l = 1$ Dipolmoment

$l = 2$ Quadrupolmoment

$l = 3$ Oktupolmoment

$l = 4$ Hexadekupolmoment, usw..

Die Multipolmomente q_{lm} bilden für jedes l einen Tensor l-ter Stufe (hier in sphärischer Darstellung mit $2l + 1$ Komponenten $(m = l, l-1, ..., 0, ..., -(l-1), l)$. Um zu einer eindeutigen Darstellung zu gelangen, vereinbaren wir, den Koordinatenursprung in den Schwerpunkt der Ladungsverteilung zu legen. Wir untersuchen nun systematisch die ersten drei Multipolmomente. Zunächst ergibt sich wegen

$$Y_{lm}^{*}(\theta', \varphi') = (-1)^{m} Y_{l-m}^{*}(\theta', \varphi')$$

folgende Beziehung:

$$q_{lm}^{*} = \int \rho(\vec{r'}) r'^{l} (-1)^{m} Y_{l-m}(\theta', \varphi') dV' = (-1)^{m} q_{l-m}. \tag{49}$$

Für jeden Multipol der Ordnung l müssen also nur $l + 1$ Multipolmomente q_{lm} berechnet werden.

Monopolmoment: Hier ist die einzige Komponente:

$$q_{00}^{*} = \int \rho(\vec{r'}) r'^{0} Y_{00}^{*}(\theta', \varphi') dV' = \frac{1}{\sqrt{4\pi}} \int \rho(\vec{r'}) dV' = \frac{Q}{\sqrt{4\pi}} .$$

Aus großem Abstand r betrachtet wirkt damit jede Ladungsverteilung angenähert so, als sei die Gesamtladung Q in einem Punkt konzentriert, denn der dominante Term in (47) lautet

$$\phi(\vec{r}) = 4\pi q_{00}^* \frac{1}{r} Y_{00} + ... = \frac{Q}{r} + \; ... \; . \tag{50}$$

Dipolmoment: Die drei Komponenten den Dipolmomentes in kartesischen Koordinaten sind gegeben durch

$$p_x = \int x' \rho(\vec{r'}) dV' \; , \quad p_y = \int y' \rho(\vec{r'}) dV' \; , \quad p_z = \int z' \rho(\vec{r'}) dV' \; .$$

Die Definition $\vec{p} = \int \vec{r'} \rho(\vec{r'}) dV'$ ist identisch mit der früher im Anschluß an Gleichung (1.71) und in Aufgabe (1.4) gegebenen. Das ist leicht nachzuprüfen mit der Ladungsverteilung bestehend aus der positiven Ladung q bei $\frac{\vec{a}}{2}$ und der negativen Ladung $-q$ bei $-\frac{\vec{a}}{2}$. Sie lautet

$$\rho(\vec{r'}) = q\delta(\vec{r'} - \frac{\vec{a}}{2}) - q\delta(\vec{r'} + \frac{\vec{a}}{2}) \; ,$$

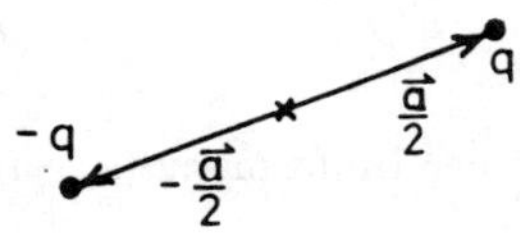

und das Dipolmoment $\vec{p}$ ist

$$\vec{p} = \int \rho(\vec{r'}) \vec{r'} dV' = \int (q\delta(\vec{r'} - \frac{\vec{a}}{2}) - q\delta(\vec{r'} + \frac{\vec{a}}{2})) \vec{r'} dV' = q\frac{\vec{a}}{2} - q\left(-\frac{\vec{a}}{2}\right) = q\vec{a} \; .$$

In sphärischer Darstellung ergibt sich mit Hilfe von (36)

$$\begin{aligned} q_{11}^* &= \int \rho(\vec{r'}) r' Y_{11}^*(\theta', \varphi') dV' \\ &= -\sqrt{\tfrac{3}{8\pi}} \int \rho(\vec{r'}) r' (\sin\theta' \cdot \cos\varphi' - i \sin\theta' \cdot \sin\varphi') dV' \; . \end{aligned} \tag{51}$$

Wir können die sphärischen Komponenten durch die kartesischen darstellen:

$$q_{11}^* = -\sqrt{\frac{3}{8\pi}} \int \rho(\vec{r'}) (x' - iy') dV' = -\sqrt{\frac{3}{8\pi}} \cdot (p_x - ip_y) \; . \tag{52}$$

Ebenso gilt

$$\begin{aligned} q_{10}^* &= \int \rho(\vec{r'}) r' Y_{10}^*(\theta', \varphi') dV' = \int \rho(\vec{r'}) r' \sqrt{\tfrac{4}{3\pi}} \cos\theta' dV' = \sqrt{\tfrac{4}{3\pi}} p_z \; , \\ q_{1-1}^* &= -q_{11} = \sqrt{\tfrac{3}{8\pi}} (p_x + ip_y) \; . \end{aligned}$$

Die drei sphärischen Dipolmomente sind also Linearkombinationen der kartesischen. Die beiden Darstellungen (sphärisch oder kartesisch) sind äquivalent. Es wird vom Problem abhängen, welche Form uns zweckmäßiger erscheint.

Quadrupolmoment: Die kartesischen Komponenten des Quadrupoltensors sind definiert durch

$$Q_{ij} = \int \rho(\vec{r'})(3x'_i x'_j - r'^2 \delta_{ij}) dV' \ , \quad i,j = 1,2,3 \ . \tag{53}$$

Diese Bezeichnung wird sich im nächsten Abschnitt bei der Taylor -Entwicklung des Potentials als sinnvoll erweisen. Wir berechnen nun wieder die sphärischen Komponenten und drücken sie durch die kartesischen aus:

$$\begin{aligned} q^*_{22} &= \int \rho(\vec{r'}) r'^2 Y^*_{22}(\theta', \varphi') dV' \\ &= \tfrac{1}{4}\sqrt{\tfrac{15}{2\pi}} \int \rho(\vec{r'})(r' \sin\theta'(\cos\varphi' - i \sin\varphi')^2 dV' \\ &= \tfrac{1}{4}\sqrt{\tfrac{15}{2\pi}} \int \rho(\vec{r'})(x' - iy')^2 dV' \ . \end{aligned} \tag{54}$$

Mit der Umformung $(x' - iy')^2 = \frac{1}{3}[(3x'^2 - r'^2) - 6ix'y' - (3y'^2 - r'^2)]$ erhalten wir

$$q^*_{22} = \frac{1}{12}\sqrt{\frac{15}{2\pi}}(Q_{11} - 2iQ_{12} - Q_{22}) \ . \tag{55}$$

Analog ergibt sich

$$\begin{aligned} q^*_{21} &= \int \rho(\vec{r'}) r'^2 Y^*_{21}(\theta', \varphi') dV' \\ &= -\sqrt{\tfrac{15}{8\pi}} \int \rho(\vec{r'}) z'(x' - iy') dV' \\ &= -\tfrac{1}{6}\sqrt{\tfrac{15}{2\pi}}(Q_{13} - iQ_{23}) \quad \text{und} \\ q^*_{20} &= \int \rho(\vec{r'}) r'^2 Y^*_{20}(\theta', \varphi') dV' \\ &= \tfrac{1}{4}\sqrt{\tfrac{5}{\pi}} Q_{33} \ . \end{aligned} \tag{56}$$

Daraus erhalten wir mit Hilfe der Beziehung (49) sofort die Komponenten zu negativem m:

$$\begin{aligned} q^*_{2,-1} &= \tfrac{1}{6}\sqrt{\tfrac{15}{2\pi}}(Q_{13} + iQ_{23}), \\ q^*_{2,-2} &= \tfrac{1}{12}\sqrt{\tfrac{15}{2\pi}}(Q_{11} + 2iQ_{12} - Q_{22}). \end{aligned} \tag{57}$$

6) Multipolentwicklung in kartesischen Koordinaten: Die Entwicklung einer Funktion $f(\vec{r'})$ in eine Taylorreihe um die Stelle $\vec{r'} = 0$ lautet

$$
\begin{aligned}
f(x'_1, x'_2, x'_3) &= f(0,0,0) + \sum_{i=1}^{3} \frac{\partial f}{\partial x'_i}(0,0,0)x'_i + \frac{1}{2!}\sum_{i,j=1}^{3} \frac{\partial^2 f}{\partial x'_i \partial x'_j}(0,0,0)x'_i x'_j + \; ... \\
&= \sum_{n=0}^{\infty} \frac{1}{n!} \left(\sum_i x'_i \frac{\partial}{\partial x'_i} \right)^n f(x'_1, x'_2, x'_3) \Big|_{x'_1 = x'_2 = x'_3 = 0} \\
&= \sum_{n=0}^{\infty} \frac{(\vec{r'} \cdot \vec{\nabla}')^n}{n!} f(\vec{r'}) \Big|_{\vec{r'}=0} \quad .
\end{aligned}
\tag{58}
$$

Der Gradient $\vec{\nabla}'$ wirkt dabei nur auf die Funktion $f(\vec{r'})$. Für die spezielle Funktion

$$
f(\vec{r'}) = \frac{1}{|\vec{r} - \vec{r'}|} = \frac{1}{\sqrt{(x_1 - x'_1)^2 + (x_2 - x'_2)^2 + (x_3 - x'_3)^2}} = \frac{1}{\sqrt{\sum_{i=1}^{3} (x_i - x'_i)^2}} \tag{59}
$$

errechnet man

$$
\begin{aligned}
f(\vec{r'})\Big|_{\vec{r'}=0} &= \frac{1}{\sqrt{x_1^2 + x_2^2 + x_3^2}} = \frac{1}{r} \, , \\
\frac{\partial f(\vec{r'})}{\partial x'_i}\Big|_{\vec{r'}=0} &= \frac{x_i - x'_i}{\sqrt{(x_1 - x'_1)^2 + (x_2 - x'_2)^2 + (x_3 - x'_3)^2}^{\,3}}\Big|_{\vec{r'}=0} = \frac{x_i}{\sqrt{x_1^2 + x_2^2 + x_3^2}^{\,3}} = \frac{x_i}{r^3} \, , \\
\frac{\partial^2 f(\vec{r'})}{\partial x'_j \partial x'_i}\Big|_{\vec{r'}=0} &= \frac{\partial}{\partial x'_j} \frac{x_i - x'_i}{\sqrt{(x_1 - x'_1)^2 + (x_2 - x'_2)^2 + (x_3 - x'_3)^2}^{\,3}}\Big|_{\vec{r'}=0} \\
&= \left\{ \frac{3(x_i - x'_i)(x_j - x'_j)}{\sqrt{(x_1 - x'_1)^2 + (x_2 - x'_2)^2 + (x_3 - x'_3)^2}^{\,5}} \right. \\
&\quad \left. - \frac{\delta_{ij}}{\sqrt{(x_1 - x'_1)^2 + (x_2 - x'_2)^2 + (x_3 - x'_3)^2}^{\,3}} \right\}\Big|_{\vec{r'}=0} \\
&= \frac{3x_i x_j - r^2 \delta ij}{r^5} \; .
\end{aligned}
\tag{60}
$$

Damit erhalten wir für das Potential im Bereich $r > r'$

$$
\begin{aligned}
\phi(\vec{r}) &= \int_{V'} \rho(\vec{r'}) \frac{1}{\vec{r} - \vec{r'}} dV' \\
&= \int_{V'} \rho(\vec{r'}) \left\{ \frac{1}{r} + \sum_{i=1}^{3} \frac{x'_i x_i}{r^3} + \frac{1}{2!} \sum_{i,j=1}^{3} \frac{3x_i x_j - r^2 \delta_{ij}}{r^5} \cdot x'_i x'_j + ... \right\} dV' \\
&= \frac{Q}{r} + \frac{\vec{r} \cdot \vec{p}}{r^3} + \frac{1}{2!} \sum_{i,j} \frac{3x_i x_j - r^2 \delta_{ij}}{r^5} \int_{V'} \rho(\vec{r'}) x'_i x'_j dV' + ... \; .
\end{aligned}
\tag{61}
$$

Der dritte Term (Quadrupolglied) läßt sich noch weiter umformen

$$\begin{aligned}
&\tfrac{1}{1\cdot 2\cdot 3}\sum_{i,j}\tfrac{3x_ix_j-r^2\delta_{ij}}{r^5}\int_{V'}\rho(\vec{r'})(3x'_ix'_j-r'^2\delta_{ij})dV'+\tfrac{1}{1\cdot 2\cdot 3}\sum_{i,j}\tfrac{3x_ix_j-r^2\delta_{ij}}{r^5}\int_{V'}\rho(\vec{r'})r'^2dV'\delta_{ij}\\
&=\tfrac{1}{6}\sum_{i,j}\tfrac{(3x_ix_j-r^2\delta_{ij})Q_{ij}}{r^5}+\tfrac{1}{6}\sum_i\tfrac{(3x_i^2-r^2)}{r^5}\int_{V'}\rho(\vec{r'})r'^2dV'\\
&=\tfrac{1}{6}\sum_{i,j}\tfrac{(3x_ix_j-r^2\delta_{ij})Q_{ij}}{r^5}\;,
\end{aligned}\tag{62}$$

denn es gilt

$$\frac{1}{6}\sum_i(3x_i^2-r^2)\frac{\int\rho(\vec{r'})r'^2dV'}{r^5}=\frac{1}{6}(3r^2-3r^2)\frac{\int\rho(\vec{r'})r'^2dV'}{r^5}=0\;. \tag{63}$$

Hierbei lag die Definition

$$Q_{ij}=\int_{V'}\rho(\vec{r'})(3x'_ix'_j-r'^2\delta_{ij})dV' \tag{64}$$

für die kartesischen Komponenten des Quadrupoltensors nahe. Das Potential außerhalb der Ladungsverteilung ($r>r'$) lautet demnach

$$\begin{aligned}
\phi(\vec{r})&=\int_{V'}\rho(\vec{r'})\tfrac{1}{\vec{r}-\vec{r'}}dV'\\
&=\tfrac{Q}{r}+\tfrac{\vec{r}\cdot\vec{p}}{r^3}+\tfrac{1}{6}\sum_{i,j}\tfrac{Q_{ij}(3x_ix_j-r^2\delta_{ij})}{r^5}+\dots\;.
\end{aligned}\tag{65}$$

Man macht sich leicht klar, daß wegen $\sum_{i=1}^3 Q_{ii}=0$ (siehe Gl. (66) unten) das Quadrupolglied auch $\frac{1}{2}\sum_{ij}Q_{ij}\frac{x_ix_j}{r^5}$ geschrieben werden kann.
Vergleicht man diese Reihe mit der entsprechenden Entwicklung in sphärischen Koordinaten, so scheint zwischen den Quadrupol-Termen ein Unterschied zu bestehen. Während es nur 5 voneinander verschiedene q_{2m} gibt, scheinen 6 unabhängige Q_{ij} zu existieren. Daß dies nicht der Fall ist, erkennt man, wenn man die Summe der $Q_{ii}(i=1,2,3)$ bildet (die Spur des Tensors), die identisch verschwindet:

$$Q_{11}+Q_{22}+Q_{33}=\int\rho(\vec{r'})[3(x_1'^2+x_2'^2+x_3'^2)-3r'^2]dV'=0\;. \tag{66}$$

Folglich läßt sich ein Q_{ii} durch die beiden anderen ausdrücken.

7) Wechselwirkung einer ausgedehnten Ladungsverteilung mit einem äußeren Feld: Die Multipolentwicklung des Potentials einer Ladungsverteilung kann auch dazu dienen, deren Wechselwirkung mit einem äußeren aufgeprägtem Feld zu beschreiben.
Die Energie der Ladungsverteilung $\rho(\vec{r})$ im *äußeren* Feld $\phi(\vec{r})$ ist gegeben durch

$$W=\int_V\rho(\vec{r})\phi(\vec{r})dV.$$

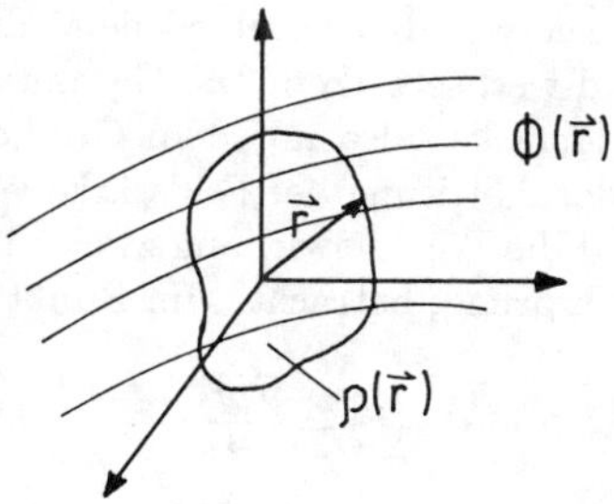

Ladungsverteilung $\rho(\vec{r})$ im äußeren Feld $\phi(\vec{r})$.

Gegenüber der früher abgeleiteten Energieformel fehlt hier der Faktor 1/2. Er war eingeführt worden, weil die Wechselwirkungsenergie je zweier Ladungen in dem Integral doppelt auftauchte. Jetzt ist die Doppelzählung ausgeschlossen, da die das Feld $\phi(\vec{r})$ erzeugende Ladung nicht zur Verteilung $\rho(\vec{r})$ gehört.
Das *äußere* Feld läßt sich in eine Taylorreihe entwickeln; und zwar

$$\phi(\vec{r}) = \phi(0) + \vec{r}\cdot\vec{\nabla}\phi\Big|_0 + \frac{1}{2}\sum_{i,j=1}^{3} x_i x_j \frac{\partial^2}{\partial x_i \partial x_j}\phi\Bigg|_0 + \ldots$$

Mit $\vec{\nabla}\phi|_0 = -\vec{E}(0)$ und deshalb auch

$$\frac{\partial}{\partial x_i}\frac{\partial \phi}{\partial x_j}\Bigg|_0 = -\frac{\partial E_j}{\partial x_i}\Bigg|_0$$

lautet die Reihenentwicklung

$$\phi(\vec{r}) = \phi(0) - \vec{r}\cdot\vec{E}(0) - \frac{1}{2}\sum_{i,j}^{3} x_i x_j \frac{\partial E_j}{\partial x_i}\Bigg|_0 + \ldots \quad . \tag{67}$$

Um in der letzten Summe auf die Quadrupolmomente zu kommen, subtrahieren wir von jedem Glied $\frac{1}{6}r^2\vec{\nabla}\cdot\vec{E}$, also

$$\phi(\vec{r}) = \phi(0) - \vec{r}\cdot\vec{E}(0) - \frac{1}{6}\sum_{i,j}^{3}(3x_i x_j - r^2\delta_{ij})\frac{\partial E_j}{\partial x_i}\Bigg|_0 + \ldots \quad . \tag{68}$$

Dieser Schritt verändert das Potential nicht, da für das äußere Feld im betrachteten Gebiet gilt $\vec{\nabla}\cdot\vec{E} = 0$, denn die felderzeugenden Ladungen liegen außerhalb. Wird nun die Integration durchgeführt, dann erhalten wir für die Energie

$$\begin{aligned} W &= \textstyle\int_V \rho(\vec{r})\phi(\vec{r})dV \\ &= q\phi(0) - \vec{p}\cdot\vec{E}(0) - \tfrac{1}{6}\sum_{ij} Q_{ij}\frac{\partial E_j}{\partial x_i}\Big|_0 + \ldots \quad . \end{aligned} \tag{69}$$

Dieser Entwicklung entnehmen wir, daß verschiedene Multipole auf unterschiedliche Weise mit dem äußeren Feld wechselwirken: Die Gesamtladung ist mit dem Potential, der Dipol mit der Feldstärke -also mit dem Gradienten des Potentials-, der Quadrupol wiederum mit der Ableitung der Feldstärke verbunden, usw..
Betrachten wir anschließend die Wechselwirkung zweier Dipole:
Das Feld eines Dipols im Ursprung, betrachtet im Punkt $\vec{r}$ lautet

$$\phi(\vec{r}) = \frac{\vec{p} \cdot \vec{r}}{r^3}.$$

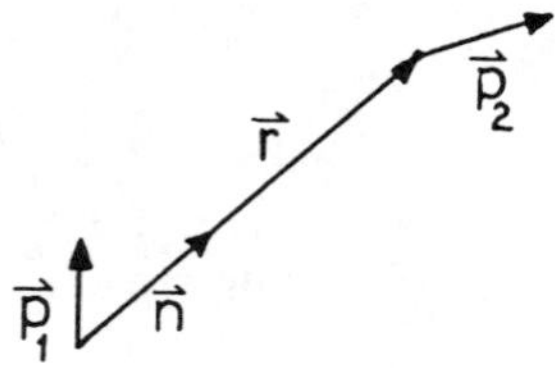

Die Feldstärke für $\vec{r} \neq 0$ ist infolgedessen

$$\begin{aligned} \vec{E}(r) &= -\nabla \vec{\phi}(\vec{r}) \\ &= -\frac{\vec{p} - 3\vec{n}(\vec{n} \cdot \vec{p})}{r^3} \quad \text{mit} \quad \vec{n} = \frac{\vec{r}}{r} . \end{aligned} \tag{70}$$

Dann ist die Wechselwirkungsenergie zweier Dipole aufgrund des zweiten Terms in (69) gegeben durch

$$W_{12} = -\vec{p}_2 \cdot \vec{E}_1 = \frac{\vec{p}_1 \cdot \vec{p}_2 - 3(\vec{n} \cdot \vec{p}_1)(\vec{n} \cdot \vec{p}_2)}{r^3} . \tag{71}$$

Die Potentielle Energie, und damit auch die Wechselwirkungskraft, ist also nicht nur vom Abstand r, sondern auch noch vom Orientierungswinkel der Dipole zur Verbindungsgeraden abhängig. Solche Kräfte gibt es auch zwischen Nukleonen (z.B. Proton-Neutron Wechselwirkung) und heißen *Tensorkräfte.*
Die Energie erreicht ihr Minimum, wenn die Dipole parallel angeordnet sind (auf einer Geraden). Gilt $\vec{p}_1 \perp \vec{n}$, $\vec{p}_2 \perp \vec{n}$, so ist die antiparallele Einstellung energetisch günstiger. In der Skizze sind verschiedene Orientierungen und die zugehörigen Energien veranschaulicht:

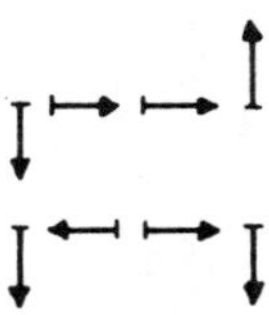

$$\begin{aligned} W_{12} &= \ \ 2W \\ W_{12} &= \ \ W \\ W_{12} &= -W \\ W_{12} &= -2W \end{aligned} , \tag{72}$$

wobei $W = \frac{|\vec{p}_1||\vec{p}_2|}{r^3}$ gilt.

Beispiele für höhere Multipolmomente:

3.2 Die homogen geladene Kugel

Betrachtet wird eine Kugel mit dem Radius R_0 und konstanter Ladungsdichte $\rho(\vec{r}) = \rho$. Dann gilt für alle l, m :

$$q_{lm}^* = \rho \int_{\Omega'} \int_0^{R_0} r'^l Y_{lm}^*(\theta', \varphi') r'^2 dr' d\Omega' = \rho \frac{R_0^{l+3}}{l+3} \int_{\Omega'} Y_{lm}^*(\theta', \varphi') d\Omega'$$

und wegen $Y_{00} = 1/\sqrt{4\pi}$ folgt mit der Orthogonalitätsrelation

$$\begin{aligned} q_{lm}^* &= \rho \tfrac{R_0^{l+3}}{l+3} \sqrt{4\pi} \int_{\Omega'} Y_{lm}^* Y_{00} d\Omega' \\ &= \rho \tfrac{R_0^{l+3}}{l+3} \sqrt{4\pi} \delta_{l0} \delta_{m0}. \end{aligned} \qquad \underline{1}$$

Wie nicht anders zu erwarten, verschwinden bei der homogen geladenen Kugel alle Multipolmomente bis auf q_{00}. Die höheren Multipole ($l > 0$) sind also ein Maß für die Abweichung der Ladungsverteilung von der Kugelsymmetrie.

3.3 Deformierte Kugel mit Quadrupolmomenten

Nun versuchen wir die Multipolzerlegung einer homogenen Ladungsverteilung, deren Oberfläche eine schwach deformierte Kugel ist:

$$R = R_0 \left(1 + \sum_{m=-2}^{2} \alpha_{2m}^* Y_{2m}(\theta, \varphi) \right) \; , \quad |\alpha_{2m}| \ll 1 \; .$$

Die Multipolmomente sind

$$\begin{aligned} q_{lm}^* &= \int_{\Omega'} \int_0^{R(\theta', \varphi')} \rho r'^l Y_{lm}^* r'^2 dr' d\Omega' \\ &= \rho \tfrac{R_0^{l+3}}{l+3} \int_{\Omega'} Y_{lm}^*(\theta', \varphi') \left(1 + \textstyle\sum_{\mu=-2}^{2} \alpha_{2\mu}^* Y_{2\mu}^*(\theta', \varphi') \right)^{l+3} d\Omega' \\ &\cong \rho \tfrac{R_0^{l+3}}{l+3} \int_{\Omega'} Y_{lm}^*(\theta', \varphi') \left(1 + (l+3) \textstyle\sum_{\mu=-2}^{2} \alpha_{2\mu}^* Y_{2\mu}^*(\theta', \varphi') \right) d\Omega' \; . \end{aligned}$$

Neben dem Monopolmoment q_{00} aus 3.1 treten jetzt noch weitere q_{lm} auf:

$$\begin{aligned} q_{lm}^* &= \rho \tfrac{R_0^{l+3}}{l+3} (l+3) \textstyle\sum_{\mu=-2}^{2} \alpha_{2\mu}^* \int_{\Omega'} Y_{lm}^* Y_{2\mu} d\Omega' \\ &= \rho R_0^{l+3} \textstyle\sum_{\mu} \alpha_{2\mu}^* \delta_{m\mu} \delta_{l2} \; , \quad l > 0 \; . \end{aligned}$$

Also verschwinden nun alle Multipolmomente außer

$$q_{2m}^* = \rho R_0^5 \alpha_{2m}^* \; .$$

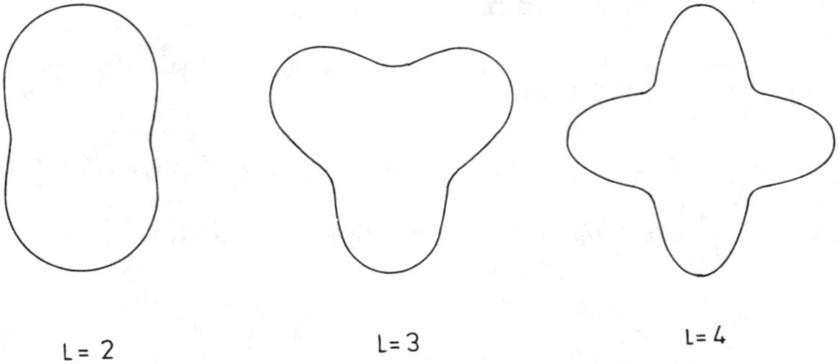

Homogene Ladungsverteilungen (Querschnitt) mit 2^l-Pol-Moment)

Entsprechende Betrachtungen können wir auch für die höheren Multipolmomente anstellen, wobei wir auf folgende Formen geführt werden:

8) **Anwendungen in der Kernphysik:** Viele Atomkerne sind deformiert, d.h. sie besitzen große Quadrupolmomente. Die Kernoberfläche kann durch $R = R_0(1 + \beta_{20}Y_{20} + \beta_{40}Y_{40})$ dargestellt werden. Ihre Ladungsverteilung innerhalb dieser Oberfläche ist weitgehend homogen. β_{20} heißt *Quadrupoldeformation*, β_{40} *Hexadekupoldeformation* der Kerne. Typische Deformationen sind $\beta_{20} \approx 0.3$ und $\beta_{40} \approx 0.05$. Ist $\beta_{20} > 0$ so haben die Kerne Zigarrenform (*prolate* Form); falls $\beta_{20} < 0$, sehen die Kerne wie ein Diskus aus (*oblate* Form).
Oktupolmomente im exakt statischen Sinn kommen (wie wir in der Quantenmechanik aufgrund der Erhaltung der Parität oder auch der Zeitinversionssymmetrie sehen werden) nicht vor; jedoch gibt es viele Kerne, die Oktupolmomente in symmetrischer Form enthalten (siehe Abb.). Der Kern ist sozusagen mit gleicher Wahrscheinlichkeit in beiden Oktupolformen (siehe Figur b), um auf diese Weise eine spiegelsymmetrische Konfiguration (Erhaltung der Parität) einzunehmen. In der Molekülphysik gibt es ähnliche Beispiele; z.B. das NH_3-Molekül. Man kann sich leicht eine Übersicht über deformierte Kerne beschaffen, indem man die magischen (edelgasartigen, besonders kompakten und stabil gebundenen) Kerne wie in der folgenden Figur zeichnet.
Die Kerne kommen in der Natur nur entlang des *stabilen Tales* vor. *Magische* und *doppelt magische* Kerne sind durch abgeschlossene (mit Nukleonen voll aufgefüllte) Schalen gekennzeichnet. Sie sind aufgrund ihrer großen Bindungsenergie von höchster Symmetrie d.h. sphärisch. Weit weg von magischen Konfigurationen (schraffierte Gebiete in der Figur) sind die Nukleonen (Protonen, Neutronen) weniger stark gebunden: Dort können sich deshalb Kerne leicht deformieren, was sie aufgrund der

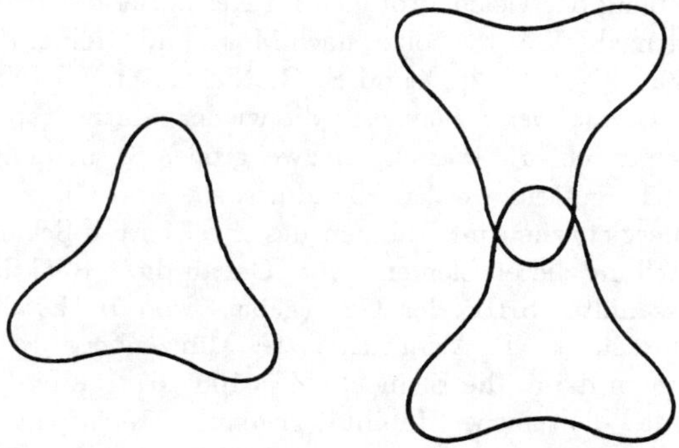

a) statischer Oktupol b) symmetrisierter Oktupol

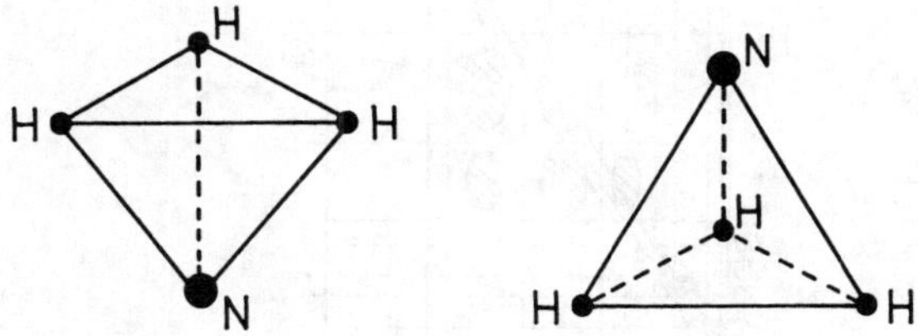

Symmetriesierte Form des Ammoniaks

Abstoßung der Protonen auch gerne tun. Typische Deformationsgebiete sind die seltenen Erden (Sm bis Os) und die Aktiniden (Th, U, Transurane).

Jenseits des Urans werden die Kerne instabil: Sie spalten spontan wegen der starken Coulombschen Abstoßung der vielen Protonen im Kern. Bei der Protonenzahl $Z = 114$ und der Neutronenzahl $N = 184$ soll es nach Mosel und Greiner (Zeitschrift für Physik 217(1968) 256; 222(1969) 261) und S. G. Nielson et. al (Nucl. Phys A131 (1969) 1) eine Insel *überschwerer Elemente*, die wieder relativ stabil sind, geben. Diese Elemente sollen durch *kalte Fusion* von zwei großen Kernen mit Hilfe der Schwerionenbeschleuniger hergestellt werden. Sandulescu... und Greiner schlugen aufgrund der Potentialenergieflächen im Rahmen des Zweizentren-Schalenmodells die Reaktionen zur Herstellung dieser Elemente vor. Genau diese Reaktionen wurden am Schwerionenmassenfilter SHIP der GSI (gebaut von H. Ewald und G. Münzenberg, Gießen) untersucht. P. Armbruster, G. Münzenberg, S. Hoffmann und ihre Mitarbeiter konnten damit die Elemente $Z = 106, 107, 108$ und 109 nachweisen. Sie stellten fest, daß die relative Stabilität gegenüber Kernspaltung wieder zunimmt. Man befindet sich demnach auf dem Weg zu den überschweren Elementen, deren stabilstes übrigens das Element $Z = 111$ sein sollte (nach Rechnungen der Frankfurter Schule - siehe z.B. J. Grumann, U. Mosel, B. Fink, W. Greiner, Z. Physik 228 (1969) 371, bzw. J. M. Eisenberg, W. Greiner, Nuclear Theory 3, 1976, North Holland, Kap. 10.4.3)
Ein Modell des Urankerns, der sowohl ein großes Quadrupol als auch ein Hexadekupolmoment besitzt, ist in der übernächsten Figur wiedergegeben.

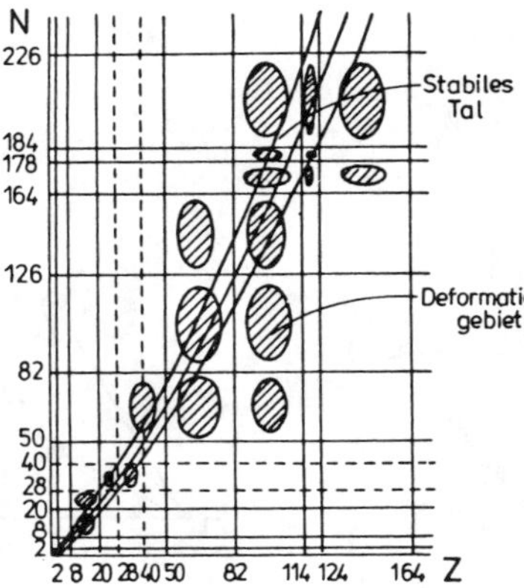

Zur Zoologie der Atomkerne. Die senkrechten Geraden charakterisieren die magischen Protonenzahlen; die waagerechten Geraden entsprechen den magischen Neutronenzahlen.

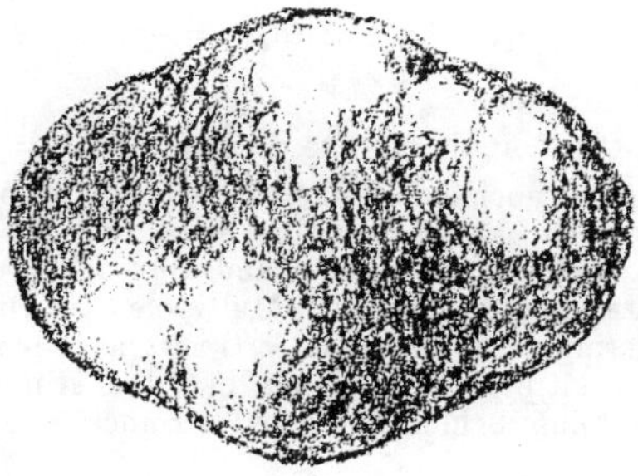

Modell des Urankerns U^{234} im Maßstab $1 : 10^{-11}$. Das Quadrupolmoment beträgt $q_{20} = 2.68$ eb und das Hexadekupolmoment $q_{40} = 0.808$ eb^2 (e = Elementarladung, b = barn = 10^{-24}cm^2).

3.4 Multipole aus Punktladungen

Auch aus einzelnen Punktladungen lassen sich auf einfache Weise Multipole bilden, indem wir Multipole von geringerer Ordnung zusammenfügen.
Die Abbildung zeigt zwei Möglichkeiten, Dipole zu einem Quadrupol zusammenzusetzen. Wie früher beim Dipol können wir durch einen Grenzübergang $a^2e \to 0$ (a = Abstand, e = Ladung) einen "idealen" Quadrupol konstruieren, bei dem alle anderen Momente wegfallen.
Bei zwei antiparallelen Dipolen auf einer Geraden ist die Ladungsverteilung

$$\rho(\vec{r}) = e\delta(x) \cdot \delta(y) \cdot [\delta(z-a) - 2\delta(z) + \delta(z+a)] \ .$$

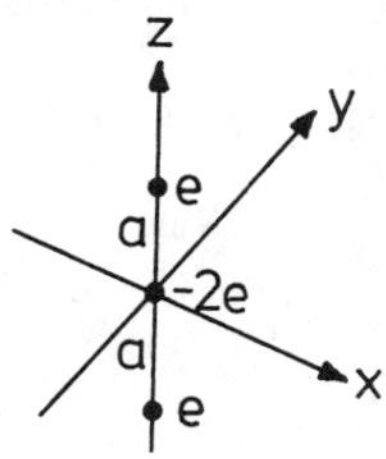

Die nicht verschwindenden Momente sind

$$Q_{11} = Q_{22} = -2a^2e \ , \quad Q_{33} = 4a^2e \ .$$

In Kugelkoordinaten ist nur $q_{20} = \frac{1}{4}\sqrt{\frac{5}{\pi}}Q_{33}$ von Null verschieden.
Zwei antiparallele Dipole, die -wie in der nächsten Figur gezeigt - in einer Ebene liegen, werden beschrieben durch

$$\rho(\vec{r}) = e\delta(z)\,[\delta(x) \cdot (\delta(y-a) + \delta(y+a)) - \delta(y)(\delta(x-a) + \delta(x+a))] \ .$$

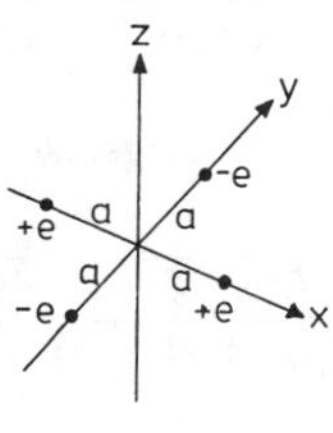

Die Momente sind

$$Q_{11} = 6a^2e \text{ und } Q_{22} = -6a^2e \ ,$$

alle anderen verschwinden.
Die sphärischen Quadrupolmomente sind $q_{22} = q_{2-2} = \sqrt{\frac{15}{2\pi}}a^2e$.
Schließlich gehen wir noch eine Reihe von reinen Multipolen an, die sukzessive auseinander hervorgehen: Ein reiner Dipol wird aus zwei reinen Multipolen $+q$, $-q$ im Abstand d aufgebaut; ein reiner Quadrupol aus zwei reinen entgegengesetzten Dipolen im Abstand d, usw. "Reine" Multipole l-ter Ordnung bedeutet dabei, daß alle Multipole geringerer Ordnung ($l' < l$) verschwinden, und damit der erste nicht verschwindende Multipol die Ordnung l hat. Das stimmt natürlich nur alles exakt im Limes $a \to 0$! Zum Schluß überlegen wir noch, wie alle nicht verschwindenden

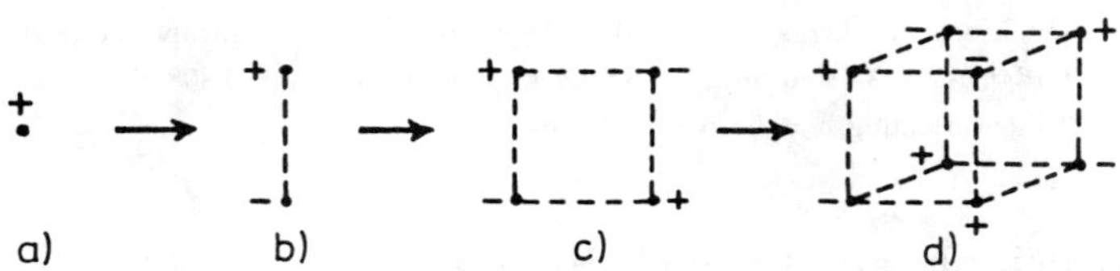

a) Monopol b) Dipol c) Quadrupol d) Oktupol

sphärischen Multipolkomponenten der in obiger Abbildung gezeigten quadrupolartigen Ladungskonfigurationen aussehen. Im Gegensatz zu vorher sparen wir uns jetzt den Umweg über die kartesischen Multipolmomente und schreiben die Ladungsverteilung direkt in sphärischen Deltafunktionen hin, also:

$$\rho(\vec{r}) = e\frac{\delta(r-a)}{r^2}\frac{\delta(\theta-\pi/2)}{\sin\theta}\left[\delta(\varphi) - \delta\left(\varphi - \frac{\pi}{2}\right) + \delta(\varphi-\pi) - \delta\left(\varphi - \frac{3\pi}{2}\right)\right]. \qquad \underline{1}$$

Nun ist

$$\begin{aligned} q_{lm} &= \int Y_{lm}(\theta',\varphi')r'^l\rho(\vec{r'})d^3r' \\ \Leftrightarrow q_{lm} &= e\int Y_{lm}(\theta',\varphi')r'^l\tfrac{\delta(r'-a)}{r'^2}\tfrac{\delta(\theta'-\pi/2)}{\sin\theta'} \\ &\cdot\left[\delta(\varphi') - \delta\left(\varphi'-\tfrac{\pi}{2}\right) + \delta(\varphi'-\pi) - \delta\left(\varphi'-\tfrac{3\pi}{2}\right)\right] \qquad \underline{2} \\ &\cdot r'^2\sin\theta' d\theta' d\varphi' \\ \Leftrightarrow q_{lm} &= ea^l\textstyle\sum_{n=0}^3(-1)^nY_{lm}(\frac{\pi}{2},\frac{n\pi}{2})\ . \end{aligned}$$

Wir verwenden die Definition der Kugelflächenfunktionen durch zugeordnete Legendrepolynome:

$$Y_{lm}(\frac{\pi}{2},\frac{n\pi}{2}) = \sqrt{\frac{(2l+1)(l-m)!}{4\pi(l+m)!}}P_l^m(0)e^{imn\pi/2} \qquad \underline{3}$$

$$\Rightarrow q_{lm} = ea^l \sqrt{\frac{(2l+1)(l-m)!}{4\pi(l+m)!}} P_l^m(0) \sum_{n=0}^{3} (-1)^n e^{imn\pi/2} \,. \qquad \underline{4}$$

Aus Gleichung 6 folgt sofort, daß $q_{00} = 0$ sowie alle $q_{l0} = 0$, denn für $m = 0$ verschwindet die Summe

$$e^{imn\pi/2} = \left(e^{in\pi/2}\right)^m = i^{mn} \,. \qquad \underline{5}$$

Dabei verwenden wir die Euler-Relation $e^{i\varphi} = \cos\varphi + i\sin\varphi$. Aus 7 folgt

$$\sum_{n=0}^{3} (-1)^n e^{imn\pi/2} = \sum_{n=0}^{3} i^{n(2+m)} = 4\delta_{-2m} \,. \qquad \underline{6}$$

Damit sehen wir, daß nur die $q_{l-2} \neq 0$. Wir erhalten damit aus 6

$$q_{l-2} = ea^l 4 \sqrt{\frac{(2l+1)(l+2)!}{4\pi(l-2)!}} P_l^{-2}(0) \,, \quad l = 2, 4, \ldots \,. \qquad \underline{7}$$

Dies ist der allgemeine Ausdruck der sphärischen Multipolmomente unseres Problems. Der niedrigste, nicht verschwindende 2^l-Pol lautet

$$P_{2-2} = ea^2 4 \sqrt{\frac{5 \cdot 4 \cdot 3 \cdot 2 \cdot 1}{4\pi}} P_2^{-2}(0) \,. \qquad \underline{8}$$

Wir verwenden nun die Relation (siehe z.B. Abramowitz, Stegun, (8.6.1)):

$$P_l^m(0) = \frac{2^m}{\sqrt{\pi}} \cos\left(\frac{\pi}{2}(l+m)\right) \frac{\Gamma(\frac{1}{2}l + \frac{1}{2}m + \frac{1}{2})}{\Gamma(\frac{1}{2}l - \frac{1}{2}m + \frac{1}{2})} \,, \qquad \underline{9}$$

sowie: $\Gamma(n+1) = n!$, $(n \in \mathsf{N})$

$$\begin{aligned} \Gamma\left(n + \tfrac{1}{2}\right) &= \sqrt{\pi}\left(\tfrac{1 \cdot 3 \cdot 5 \cdot 7 \ldots \cdot (2n-1)}{2^n}\right) \\ &\Rightarrow P_2^{-2}(0) = \tfrac{1}{4\sqrt{\pi}} \cos(0) \tfrac{\Gamma(\frac{1}{2})}{\Gamma(3)} = \tfrac{1}{8} \qquad \underline{10} \\ &\Rightarrow q_{2-2} = ea^2 4 \sqrt{\tfrac{5 \cdot 4 \cdot 3 \cdot 2 \cdot 1}{4\pi}} \tfrac{1}{8} = \sqrt{\tfrac{15}{2\pi}} ea^2 \,. \end{aligned}$$

Insbesondere folgt: $q_{l2}^* = q_{l-2}$, also

$$q_{22} = q_{2-2} = \sqrt{\frac{15}{2\pi}} ea^2 \,. \qquad \underline{11}$$

Aus Gleichung 11 ergibt sich, daß alle ungeraden l-Terme verschwinden müssen. Aus Gleichung 9 lassen sich ganz zwanglos alle höheren Multipolmomente berechnen, q_{2-2}, q_{4-2}, q_{6-2}, ... Das nächste nicht verschwindende Multipolmoment wäre demnach ein Hexadekupol. Wenn a klein ist, sehen wir, daß der Quadrupol dominiert, da für $l = 4$ $a^4 \ll a^2$.

4. Mathematische Ergänzung: Elementares über Funktionentheorie

Wir benötigen sowohl in der Potentialtheorie als auch später bei der Berechnung komplizierter Integrale Methoden, die aus der Funktionentheorie, d.h. der Lehre von Funktionen mit komplexem Argument, stammen. Aus diesen Gründen verschaffen wir uns hier einen Überblick über das wichtigste von uns später benötigte Werkzeug aus diesem Zweig der Mathematik.

Komplexe Zahlen: Komplexe Zahlen lassen sich in der Form

$$z = x + iy =: \mathrm{Re} z + i \cdot \mathrm{Im} z \ , \quad i := \sqrt{-1} \tag{1}$$

schreiben, wobei x und y reelle Zahlen sind. [17]
Die Menge aller z, mit C bezeichnet, kann durch eine Ebene dargestellt werden: Jedem Punkt der Ebene entspricht aufgrund der Isomorphie $\mathsf{C} \leftrightarrow \mathsf{R}^2$ eine komplexe

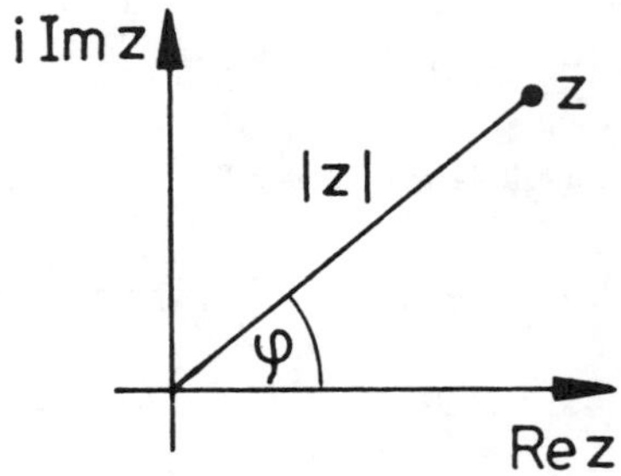

Zahl. Neben (1) gibt es die Darstellung

$$z = |z|e^{i\varphi} \tag{2}$$

mit

$$|z| = \sqrt{x^2 + y^2} \ , \quad \tan\varphi = \frac{y}{x} \ .$$

Sie entspricht der Einführung von Polarkoordinaten in der komplexen Ebene (siehe Figur). Offensichtlich folgt durch Vergleich von (1) und (2):

$$x = |z|\cos\varphi \ , \quad y = |z|\sin\varphi \ .$$

[17] Das Zeichen =: bedeutet "ist definiert als" oder "wird definiert als". Je nachdem ob der Doppelpunkt rechts oder links vom Gleichheitszeichen steht, ist die rechte bzw. linke Größe diejenige, die definiert wird, z.B. werden im ersten Teil von Gleichung (1) nach dem Zeichen =: Realteil und Imaginärteil von z definiert und im zweiten Teil von Gleichung (1) wird mit dem Zeichen := die Größe i definiert.

Bei den Rechenoperationen $+, -, \cdot, /$ wird i wie eine algebraische Größe behandelt, z. B.:

$$z_1 + z_2 = (x_1 + iy_1) + (x_2 + iy_2) = (x_1 + x_2) + i(y_1 + y_2) = z_3 = x_3 + iy_3 \ .$$

Es ist also $x_3 = x_1 + x_2$, $y_3 = y_1 + y_2$. Zwei komplexe Zahlen sind nämlich dann und nur dann gleich, wenn sowohl ihre Realteile als auch ihre Imaginärteile gleich sind. Da i durch die (mehrdeutige) Wurzelfunktion definiert ist, darf man die Potenzregeln nicht ohne weiteres übertragen d.h. die Wurzel auflösen, wie das folgende Beispiel zeigt:

$$\frac{1}{i} = \frac{1}{\sqrt{-1}} = \frac{\sqrt{1}}{\sqrt{-1}} = \sqrt{\frac{1}{-1}} = \sqrt{-1} = i \ .$$

Daraus folgt der Widerspruch

$$1 = i^2 = -1 \ .$$

i darf nur durch Potenzieren umgeformt werden, also z.B. $\frac{1}{i} = \frac{i}{i^2} = -i$.

Eine wichtige zusätzliche Operation zu den bekannten Grundrechenarten ist die *komplexe Konjugation*, angedeutet durch einen Stern:

$$z^* = (x + iy)^* := x - iy \ . \tag{3}$$

Man überzeugt sich leicht, daß

$$\begin{aligned} \mathrm{Re}z &= x = \frac{1}{2}(z + z^*) \ , \\ \mathrm{Im}z &= y = \frac{1}{2i}(z - z^*) \ , \\ |z|^2 &= x^2 + y^2 = z \cdot z^* \end{aligned} \tag{4}$$

gilt.

4.1 Beispiel: Rechnen mit komplexen Zahlen

Wir berechnen $\frac{1+4i}{2-3i}$.

$$\frac{1+4i}{2-3i} = \frac{1+4i}{2-3i} \cdot \frac{2+3i}{2+3i} = \frac{2 - 12 + 3i + 8i}{4+9} = -\frac{10}{13} + \frac{11}{13}i \ .$$

Cauchy-Riemannsche Differentialgleichungen: Die wesentlichen Aussagen der Funktionentheorie beziehen sich auf Funktionen $f(z)$, definiert auf einer offenen und zusammenhängenden Teilmenge G von $\mathbb{C}$ ("Gebiet"):

$$f(z) : G \to \mathbb{C}$$

Die Begriffe Stetigkeit und Differenzierbarkeit komplexer Funktionen werden analog zum Reellen eingeführt, wobei jedoch eine fundamentale Zusatzforderung gestellt wird:

Stetigkeit: $f(z)$ heißt *stetig* in $z_0 \in G$, wenn zu jedem $\epsilon > 0$ ein $\delta(\epsilon) > 0$ existiert, so daß für $|z - z_0| < \delta(\epsilon)$, $|f(z) - f(z_0)| < \epsilon$ ist.

Differenzierbarkeit: f heißt *komplex differenzierbar, holomorph, regulär* oder *analytisch* in z_0, wenn der Grenzwert

$$\left.\frac{df(z)}{dz}\right| = \lim_{z \to z_0} \frac{f(z) - f(z_0)}{z - z_0} \tag{5}$$

existiert und eindeutig ist.
Eindeutig heißt dabei, daß der Grenzwert unabhängig ist von wo man sich dem Punkt z_0 nähert: Zunächst existieren unendlich viele Möglichkeiten, die jedoch auf zwei unabhängige zurückgeführt werden können: auf die beiden Limites in Richtung der Koordinatenachsen. Mit $z = z_0 + \Delta z$ kann man Gleichung (5) umformen:

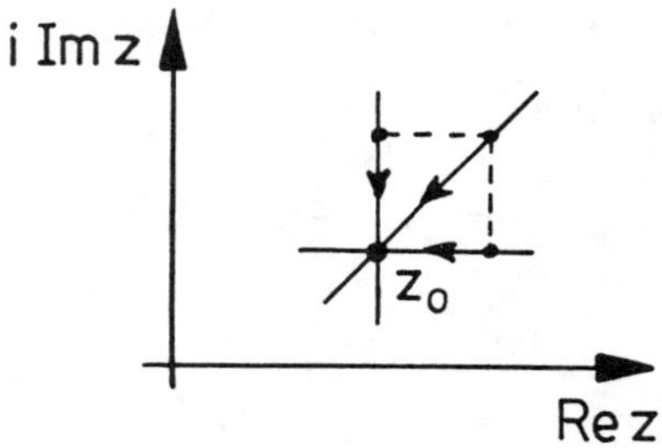

Zur Differenzierbarkeit einer komplexen Funktion.

$$\frac{df}{dz} = \lim_{\Delta z \to 0} \frac{f(z_0 + \Delta z) - f(z_0)}{\Delta z} \ . \tag{6}$$

Wir setzen nun (i) $\Delta z = \Delta x$ und (ii) $\Delta z = \Delta y$ und erhalten

$$(i) \quad \tfrac{df}{dz} = \lim_{\Delta x \to 0} \tfrac{f(x_0+iy_0+\Delta x) - f(x_0+iy_0)}{\Delta x} = \tfrac{\partial f}{\partial x}$$

$$(ii) \quad \tfrac{df}{dz} = \lim_{\Delta y \to 0} \tfrac{f(x_0+iy_0+i\Delta y) - f(x_0+iy_0)}{i\Delta y} = \tfrac{1}{i}\tfrac{\partial f}{\partial y}$$

Die Forderung nach Unabhängigkeit des Grenzwertes von der Richtung führt auf

$$\frac{\partial f}{\partial x} = \frac{1}{i}\frac{\partial f}{\partial y} \ . \tag{7}$$

Wegen $f(z) \in C$ ist die Zerlegung

$$f(z) = u(x,y) + iv(x,y), \text{ mit } u(x,y), v(x,y) \in R \tag{8}$$

immer möglich. Gleichung (8) in (7) eingesetzt, führt nach Vergleich von Realteil und Imaginärteil zu den *Cauchy-Riemann'schen Differentialgleichungen:*

$$\begin{aligned} \frac{\partial u(x,y)}{\partial x} &= \frac{\partial v(x,y)}{\partial y}, \\ \frac{\partial u(x,y)}{\partial y} &= -\frac{\partial v(x,y)}{\partial x}. \end{aligned} \tag{9}$$

Komplex differenzierbar ist eine Funktion also dann, wenn sie reell differenzierbar ist und die Gleichungen (9) erfüllt sind. Die Zusatzforderung (9) ist, wie nun gezeigt wird, Ursache vieler sehr merkwürdiger Eigenschaften holomorpher Funktionen. Übrigens lassen sich die Cauchy-Riemann'schen Differentialgleichungen auch in der Kurzform

$$\left(\frac{\partial}{\partial x} + i\frac{\partial}{\partial y}\right)(u + iv) = 0 \tag{10}$$

zusammenfassen.

4.2 Beispiel: Holomorphe Funktionen

Sind die Funktionen $f_1(z) = z, f_2(z) = \text{Re}z$ holomorph?

$$f_1(z) = z \Rightarrow u = x \ , \quad v = y \Rightarrow \frac{\partial u}{\partial x} = 1 \ , \quad \frac{\partial v}{\partial y} = 1 \ , \quad \frac{\partial u}{\partial y} = 0 \ , \quad \frac{\partial v}{\partial x} = 0$$

$\Rightarrow f_1$ ist holomorph (9).

$$f_2(z) = \text{Re}z \Rightarrow u = x \ , \quad v = 0 \Rightarrow \frac{\partial u}{\partial x} = 1 \neq \frac{\partial v}{\partial y} = 0$$

$\Rightarrow f_2$ ist nicht holomorph, weil die Cauchy-Riemann'schen Differentialgleichungen (9) nirgendwo erfüllt sind.

Linien-Integrale: Es sei $f(z) : G \to C$ eine Funktion, die längs eines in G verlaufenden Weges C stetig ist (siehe Figur). Zur Berechnung des Integrals $\int f(z)dz$, das wie im Reellen als Grenzwert einer Summe definiert ist, ist der Weg C zu parametrisieren, d.h., man bestimme

$$z : [a,b] \to C$$

so, daß jedem $t \in (a,b)$ eineindeutig ein $z(t) \in C$ entspricht. Ist $z(a) = z(b)$, hat man einen geschlossenen Weg. Das Linien-Integral ist dann gegeben durch

$$\int_C f(z)dz = \int_a^b f(z(t))z'(t)dt \tag{11}$$

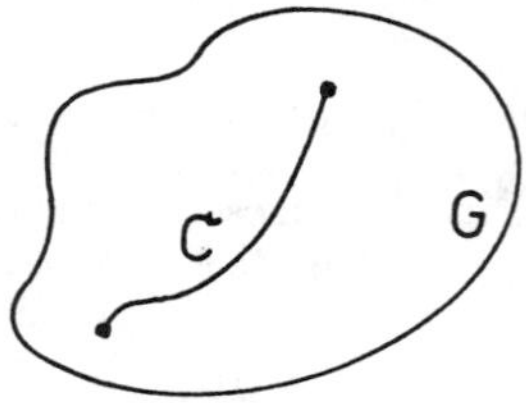

mit

$$z'(t) = \frac{dz}{dt} \; .$$

Es gelten nun die Aussagen

$$\int_{-C} f(z)dz = -\int_C f(z)dz \; , \tag{12}$$

$$\left| \int_C f(z)dz \right| \leq Ml \; . \tag{13}$$

wobei $-C$ der im umgekehrten Sinn durchlaufende Weg, M das Maximum von $|f(z)|$ längs C und l die Länge von C ist. Die Beweise von (12) und (13) erfolgen unter Berücksichtigung von (11) analog zum Reellen. Sie sind so offensichtlich, daß wir hier darauf verzichten.

4.3 Beispiel: Integration in der komplexen Ebene

Es sei $f(z) = \frac{1}{z}$ und C der Einheitskreis um den Ursprung. Die Parametrisierung von C sei gegeben durch

$$z(t) = \cos t + i \sin t \; , \quad t \in [-\pi, \pi] \; .$$

Nach (11) gilt dann

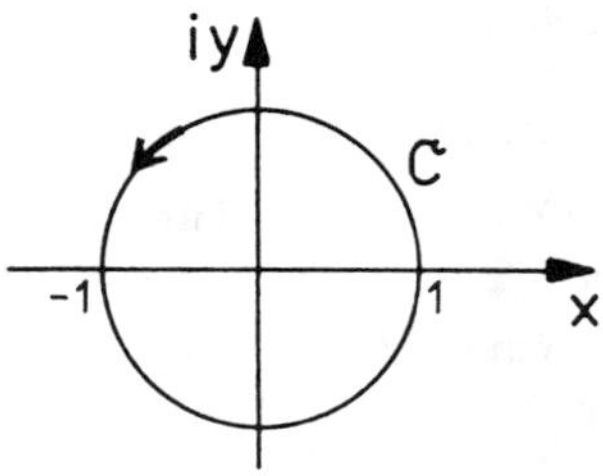

$$\begin{aligned} \int_C f(z)dz = & \int_{-\pi}^{\pi} \frac{1}{\cos t + i \sin t} (-\sin t + i \cos t)dt \\ = & i \int_{-\pi}^{\pi} (\cos^2 t + \sin^2 t)dt = 2\pi i \; . \end{aligned}$$

d.h.

$$\int_C \frac{1}{z} dz = 2\pi i \ .$$

Hauptsatz der Funktionentheorie: Es sei f eine in einem Gebiet G holomorphe Funktion, $z_1, z_2 \in G$. Dann hat das Linien-Integral

$$\int_C f(z) dz$$

für alle von z_1 nach z_2 in G verlaufende Wege (siehe Figur) denselben Wert. Diese

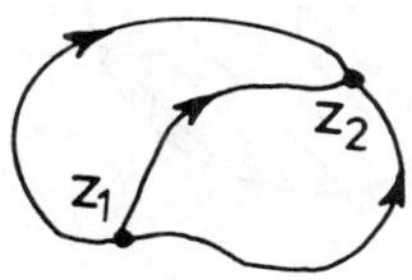

Aussage, auch als *Cauchy'scher Integralsatz* [18] bezeichnet, hat eine äquivalente Formulierung: Für jeden geschlossenen Weg in G ist

$$\oint f(z) dz = 0 \ , \tag{14}$$

sofern das von C umschlossene Gebiet ganz zum Regularitätsbereich von $f(z)$ gehört. Da nach der ersten Aussage

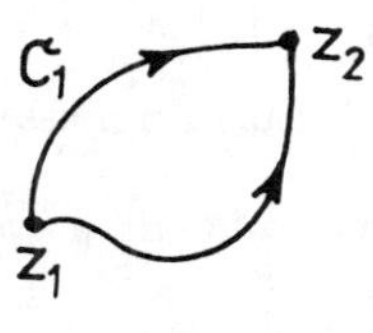

$$\int_{C_1} f(z) dz = \int_{C_2} f(z) dz \tag{15}$$

gilt, folgt mit Gleichung (12) die zweite, (14). Beispiel 3 zeigt die Notwendigkeit, daß jeder Punkt zum Regularitätsbereich gehören muß.

[18] Cauchy, Augustin Louis, geb. 21. 8. 1789 Paris, gest. 23. 5. 1857 Scaux.-C. war Schüler der Ecole Polytechnique und wenige Jahre nach seinem Studium dort Professor. Nach der Julirevolution von 1830 mußte C. seiner extrem königstreuen Gesinnung wegen Frankreich verlassen und lebte bis 1838 vorwiegend in Turin und Prag. Nach seiner Rückkehr nach Paris lehrte C. an einer Schule der Jesuiten.-C. lieferte bahnbrechende Arbeiten zur Grundlage der *Analysis,* zur Theorie der *Differentialgleichungen* und zur *Funktionentheorie*, aber auch über physikalische und Astronomische Probleme.

Wir beweisen jetzt den Cauchy'schen Integralsatz in der Form von Gleichung (14). Dazu ist zu zeigen, daß das geschlossene Linienintegral

$$\oint_C f(z)dz = 0$$

über einen beliebigen geschlossenen Weg, der ein Gebiet umschließt, in welchem $f(z)$ regulär ist, verschwindet. Um das einzusehen, schreiben wir (14) folgendermaßen

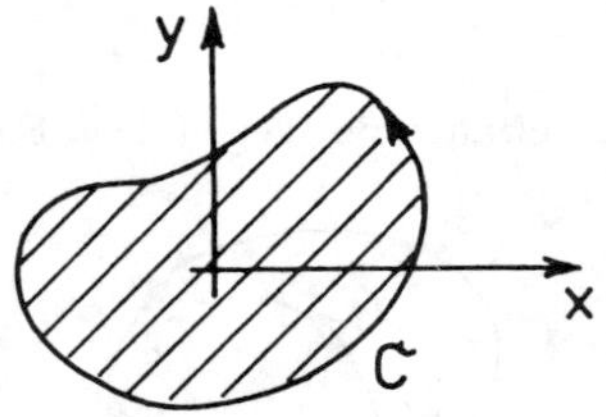

Im Inneren und auf dem Rand der Kurve muß $\frac{df(z)}{dz}$ existieren, d.h. die Cauchy Riemannschen Dgln. (9) müssen gelten.

$$\oint_C f(z)dz = \oint_C (u+iv)(dx+idy) = \oint_C (udx - vdy) + i\oint_C (udy + vdx) \,.$$

Sowohl den Realteil dieses Integrals als auch den Imaginärteil können wir als Skalarprodukt der zweidimensionalen Vektoren

$$\vec{R} = \{R_x, R_y, R_z\} = \{u, -v, 0\} \text{ bzw. } \vec{I} = \{I_x, I_y, I_z\} = \{v, u, 0\}$$

mit $d\vec{r} = \{dx, dy, dz\}$ in der $x-y-$ Ebene auffassen und somit schreiben

$$\oint_C f(z)dz = \oint_C \vec{R}\cdot d\vec{r} + i\oint_C \vec{I}\cdot d\vec{r} \,.$$

Nach dem Stokes'schen Integralsatz (vgl. Bd I, Kapitel 13) können wir die geschlossenen Linien-Integrale in Flächenintegrale umwandeln:

$$\begin{aligned}\oint_C \vec{R}\cdot d\vec{r} &= \int_F \mathrm{rot}\vec{R}\cdot d\vec{F} = \int_F \{0,0,\tfrac{\partial R_y}{\partial x} - \tfrac{\partial R_x}{\partial y}\}\cdot\{0,0,dxdy\} \\ &= \int_F \left(\tfrac{\partial R_y}{\partial x} - \tfrac{\partial R_x}{\partial y}\right) dxdy = \int_F \left(-\tfrac{\partial v}{\partial x} - \tfrac{\partial u}{\partial y}\right) dxdy = 0\end{aligned}$$

und

$$\begin{aligned}\oint_C \vec{I}\cdot d\vec{r} &= \int_F \mathrm{rot}\vec{I}\cdot d\vec{F} = \int_F \{0,0,\tfrac{\partial I_y}{\partial x} - \tfrac{\partial I_x}{\partial y}\}\cdot\{0,0,dxdy\} \\ &= \int_F \left(\tfrac{\partial I_y}{\partial x} - \tfrac{\partial I_x}{\partial y}\right) dxdy = \int_F \left(\tfrac{\partial u}{\partial x} - \tfrac{\partial v}{\partial y}\right) dxdy = 0.\end{aligned}$$

Hierbei haben wir im letzten Schritt jeweils die zweite bzw. erste Gleichung (9) und damit die Regularität der Funktion $f(z)$ benutzt.

Cauchy's Integralformel: Als wichtigste Folgerung aus dem Hauptsatz wird nun die Cauchy'sche Integralformel bewiesen. Ist f in G regulär und C ein geschlossener Weg in G, dessen Innengebiet G_C ganz in G liegt, so gilt für alle $z \in G_C$:

$$f(z) = \frac{1}{2\pi i} \oint_C \frac{f(\zeta)}{\zeta - z} d\zeta \,. \tag{16}$$

Zum Beweis schreiben wir

$$\frac{1}{2\pi i} \oint_C \frac{f(\zeta)}{\zeta - z} d\zeta = \frac{1}{2\pi i} \oint_C \frac{f(z)}{\zeta - z} d\zeta + \frac{1}{2\pi i} \oint_C \frac{f(\zeta) - f(z)}{\zeta - z} d\zeta \,.$$

Das erste Integral der rechten Seite liefert:

$$\frac{1}{2\pi i} \oint_C \frac{f(z)}{\zeta - z} d\zeta = \frac{f(z)}{2\pi i} \oint_C \frac{d\zeta}{\zeta - z} = \frac{f(z)}{2\pi i} \oint_{C'} \frac{d\zeta}{\zeta - z} = f(z) \,, \tag{17}$$

wobei C' ein konzentrischer Kreis um z ist und das zugehörige Integral wie in Beispiel 3 gelöst wird. Der Übergang von C nach C' ist nach Gleichung (15) erlaubt. Das zweite Integral verschwindet wegen der Stetigkeit von f: Man wählt den Radius r von C' so klein, daß für ein beliebiges $\epsilon > 0$ immer $|f(\zeta) - f(z)| < \epsilon$ ist. Dann gilt nach (13):

$$\left| \frac{1}{2\pi i} \oint_C \frac{f(\zeta) - f(z)}{\zeta - z} d\zeta \right| \leq \frac{1}{2\pi} \frac{\epsilon}{r} 2\pi r = \epsilon \,.$$

Die **Cauchy'sche Integralformel** (16) kann auch noch folgendermaßen eingesehen werden. Wir schreiben (16) in der Form

$$f(z_0) = \frac{1}{2\pi i} \oint_C \frac{f(z)}{z - z_0} dz \,. \tag{18}$$

Voraussetzung ist wieder die Differenzierbarkeit (Regularität) von $f(z)$ im Gebiet mit der dem Rand C. Jetzt entwickeln wir $f(z)$ um z_0 in eine Potenzreihe

$$f(z) = f(z_0) + (z - z_0) f'(z_0) + \frac{(z - z_0)^2}{2} f''(z_0) + \ldots$$

und erkennen, daß in

$$\frac{1}{2\pi i} \oint_C \frac{f(z)}{z - z_0} dz = \frac{1}{2\pi i} \oint_C \frac{f(z_0)}{z - z_0} dz + \frac{1}{2\pi i} \oint_C \frac{z - z_0}{z - z_0} f'(z_0) dz + \ldots \tag{19}$$

alle höheren Terme wegen (14) verschwinden. Nur das erste Glied enthält einen Integranden, der bei $z = z_0$ nicht differenzierbar ist. Wir betrachten es genauer:

$$\frac{1}{2\pi i} \oint_C \frac{f(z)}{z - z_0} dz = \frac{1}{2\pi i} \oint_C \frac{f(z_0)}{z - z_0} dz = \frac{f(z_0)}{2\pi i} \oint_C \frac{dz}{z - z_0} \,. \tag{20}$$

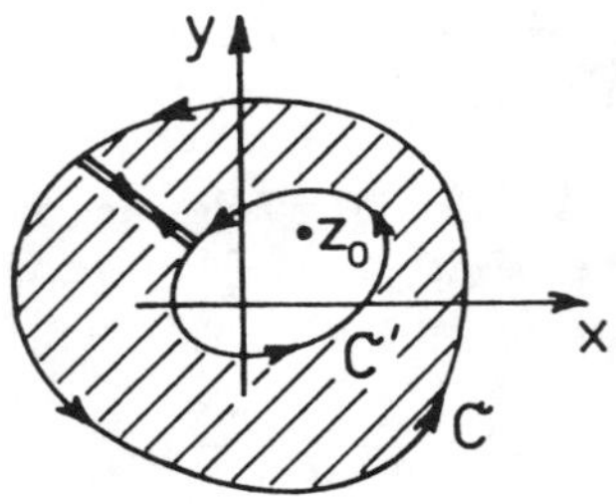

Zur Wegunabhängigkeit der Cauchy'schen Integralformel.

Das Integral über C läßt sich über jeden beliebigen Weg C um z_0 führen, denn die Integrationen über zwei verschiedene Integrationswege C und C' ergeben als Differenz Null (vgl. Figur):

$$\oint_C \frac{dz}{z-z_0} - \oint_{C'} \frac{dz}{z-z_0} = \oint_C \frac{dz}{z-z_0} = 0 \ , \quad C - C' + \uparrow + \downarrow$$

weil im schraffierten Innengebiet, das von den Integrationswegen $C - C' + \uparrow + \downarrow$ umschlossen wird, die Funktion $\frac{1}{z-z_0}$ regulär ist. $\uparrow + \downarrow$ bedeutet den in der Figur angedeuteten Integrationsweg vorwärts und rückwärts über eine Verbindung zwischen C und C', der natürlich keinen Beitrag liefert.
Jetzt können wir (20) leicht berechnen, indem wir C einfach als Kreis um z_0 wählen:

$$z - z_0 = re^{i\varphi} \ , \quad dz = re^{i\varphi} i d\varphi \ .$$

Wir erhalten

$$\frac{f(z_0)}{2\pi i} \oint_C \frac{dz}{z-z_0} = \frac{f(z_0)}{2\pi i} \oint_{Kreis} i \frac{re^{i\varphi} d\varphi}{re^{i\varphi}} = \frac{f(z_0)}{2\pi i} 2\pi i = f(z_0) \ . \tag{21}$$

Setzen wir (21) in (20) ein, so erhalten wir sofort die Cauchy'sche Integralformel (18). Genauso einfach läßt sich sofort

$$f^{(n)}(z_0) = \frac{n!}{2\pi i} \oint_C \frac{f(z)}{(z-z_0)^{n+1}} dz \tag{22}$$

beweisen.

Potenzreihen: Die überraschende Aussage der Integralformel (16) - daß es nämlich genügt, eine holomorphe Funktion entlang eines geschlossenen Weges zu kennen, um jeden Funktionswert im Inneren zu bestimmen - wird noch durch das *Prinzip der analytischen Fortsetzung* übertroffen. Wir führen zunächst durch

$$P(z) = \sum_{n=0}^{\infty} a_n (z-z_0)^n \tag{23}$$

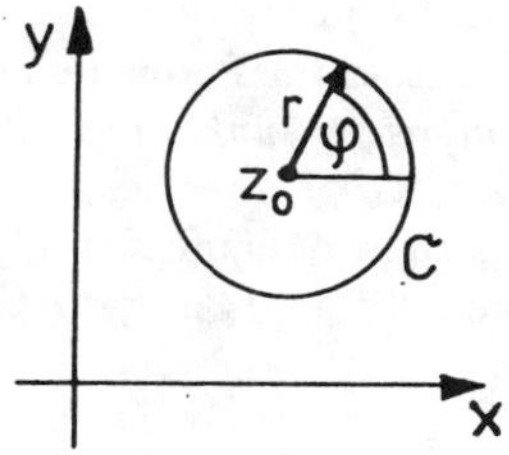

Kreisförmige Kurve C um den Punkt z_0.

Potenzreihen ein deren *Konvergenzradius* r durch die *Cauchy-Hadamard'sche Formel*

$$r = \frac{1}{\overline{\lim} \sqrt[n]{|a_n|}} \tag{24}$$

gegeben ist. Hierbei bedeutet $\overline{\lim}$ den "limes superior" der Folge. Die Gültigkeit von Gleichung (24) ist sofort einsichtig, wenn man von dem bekannten Wurzelkriterium für die Konvergenz einer Reihe ausgeht. Danach ist eine Reihe $\sum_{n=i}^{\infty} a_n$ konvergent, wenn $\overline{\lim} \sqrt[n]{|a_n|} < 1$ ist. Für die Potenzreihe (23) bedeutet dies, daß

$$\overline{\lim_{n \to \infty}} \sqrt[n]{|a_n z^n|} < 1$$

sein muß, was unmittelbar auf den Konvergenzradius (24) führt. Der *Identitätssatz für Potenzreihen* besagt nun: Sind

$$P_1(z) = \sum_n a_n (z - z_0)^n \ , \quad P_2(z) = \sum_n b_n (z - z_0)^n$$

zwei Potenzreihen, die für eine Folge $\{z_l\}$ mit Häufungspunkt $z_l = z_0$ in z_0 übereinstimmen, d.h.

$$P_1(z_l) = P_2(z_l) \quad \text{für alle } l,$$

dann sind P_1 und P_2 identisch. In der Tat bedeutet dies nichts anderes, als daß eine Potenzreihe, die an ∞ vielen verschiedenen Stellen mit einem Häufungspunkt Null wird, identisch verschwinden muß. Das aber ist fast anschaulich einzusehen. Wie im Reellen gilt der *Taylor'sche Entwicklungssatz:* f sei holomorph in G, $z_0 \in G$. Dann gibt es eine eindeutige Darstellung von $f(z)$ in einer Umgebung von z_0 durch eine Potenzreihe:

$$f(z) = \sum_{n=0}^{\infty} a_n (z - z_0)^n \tag{25}$$

mit

$$a_n = \frac{1}{n!} f^{(n)}(z_0) \ . \tag{26}$$

Die Potenzreihe ist im größten Kreis um z_0, der nur Punkte von G enthält (Radius r), konvergent. Aus dem Identitätssatz für Potenzreihen und dem Taylorschen Satz folgt der *Identitätssatz für holomorphe Funktionen:* Es seien f_1 und f_2 zwei in G holomorphe Funktionen und $z_0 \in G$. Ferner sei $f_1(z) = f_2(z)$ für eine beliebige Umgebung von z_0 oder für eine sich in z_0 häufende Folge oder für ein beliebiges von z_0 ausgehendes Wegstück. Dann ist $f_1 = f_2$ in ganz G. Der Beweis kann mit Hilfe

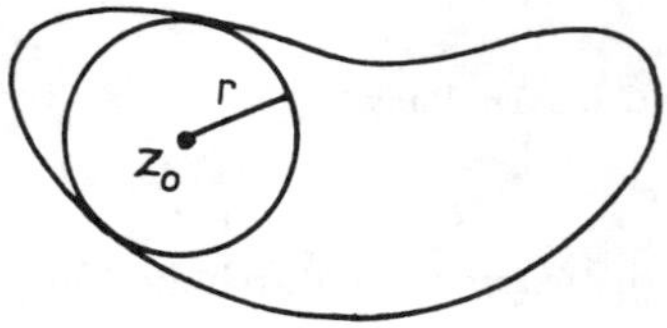

Zur Definition des Konvergenzradius einer Potenzreihe um z_0.

des sogenannten *Kreiskettenverfahrens* geführt werden: Man entwickelt zunächst f_1 und f_2 um z_0. Nach dem Taylor'schen Satz ist die Potenzreihenentwicklung von f_1 und f_2 eindeutig und im größten in G liegenden Kreis um z_0 konvergent. Aus dem Identitätssatz für Potenzreihen folgt dann $f_1(z) = f_2(z)$ für alle z im Konvergenzkreis. Man wählt einen neuen Punkt z_1 möglichst nahe an der Peripherie des ersten Kreises und entwickelt wiederum. Mit den gleichen Argumenten gilt nun die Identität von f_1 und f_2 im neuen Konvergenzkreis. Auf diese Weise kann man ganz G mit Kreisen überdecken, in denen $f_1 = f_2$ ist.

Unmittelbare Folgerung aus dem Identitätssatz für holomorphe Funktionen ist das

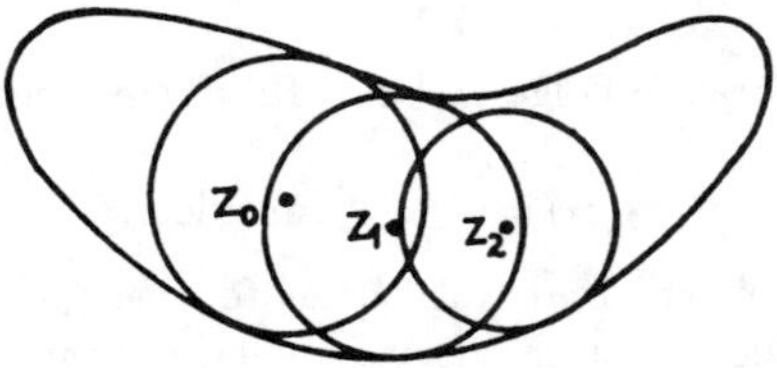

Veranschaulichung des Kreiskettenverfahrens der analytischen Fortsetzung

Prinzip der analytischen Fortsetzung: Ist $f(z)$ in G_1 holomorph und $G_1 \subset G_2$, so existiert nur eine einzige holomorphe Fortsetzung von $f(z)$ in dem ganzen Gebiet G_2. Das oben beschriebene *Kreiskettenverfahren* weist einen prinzipiellen Weg, wie man die analytische Fortsetzung der Funktion durch sukzessive Potenzreihenentwicklung erreichen kann.

Laurent-Reihen: Wir untersuchen jetzt, wie nicht-holomorphe Funktionen durch Reihen dargestellt werden können. Dazu betrachten wir eine Funktion $f(z)$, über deren Regularität im schraffierten Gebiet (vgl. untere Figur) keine Aussagen gemacht werden. Ferner wird angenommen, daß die beiden um z_0 konzentrischen Kreise K_1 und K_2 (Radien r_1, r_2) sowie das zwischen ihnen liegende Ringgebiet zum holomorphen Bereich von $f(z)$ gehören. Führt man einen Hilfsweg s ein (vgl. Figur), so kann man mit seiner Hilfe und der Integralformel (16) sofort zeigen, daß für jeden Punkt z im Ringgebiet, d.h. für jedes z mit $r_1 < |z - z_0| = r < r_2$, gilt:

$$f(z) = \frac{1}{2\pi i}\int_{K_2}\frac{f(\zeta)}{\zeta - z}d\zeta - \frac{1}{2\pi i}\int_{K_1}\frac{f(\zeta)}{\zeta - z}d\zeta \,. \tag{27}$$

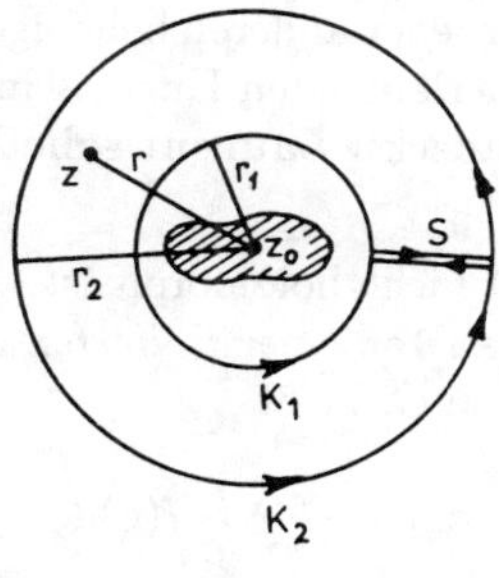

Zur Reihenentwicklung einer nicht-holomorphen Funktion.

Der Schnitt s wird zweimal in verschiedenen Richtungen durchlaufen, so daß sich diese Beiträge wegheben. Der innere Ring wird im mathematisch negativen Sinn umlaufen. Daher kommt das negative Vorzeichen des zweiten Terms auf der rechten Seite von Gleichung (27). Liegt ζ auf dem äußeren Kreis, kann man schreiben

$$\frac{1}{\zeta - z} = \frac{1}{\zeta - z_0}\cdot\frac{1}{1-\frac{z-z_0}{\zeta-z_0}} = \sum_{n=0}^{\infty}\frac{(z-z_0)^n}{(\zeta-z_0)^{n+1}}$$

wegen

$$q := \left|\frac{z-z_0}{\zeta-z_0}\right| = \frac{r}{r_2} < 1$$

und

$$1 + q + \ldots + q^n + \ldots = \frac{1}{1-q} \quad \text{für} \quad q < 1 \quad .$$

Liegt ζ auf K_1, gilt:

$$\frac{1}{\zeta - z} = -\frac{1}{z - z_0}\cdot\frac{1}{1-\frac{\zeta-z_0}{z-z_0}} = -\sum_{n=0}^{\infty}\frac{(\zeta-z_0)^n}{(z-z_0)^{n+1}} \quad ,$$

da jetzt

$$\left|\frac{\zeta - z_0}{z - z_0}\right| = \frac{r_1}{r} < 1$$

ist. Setzt man beide Ausdrücke in die entsprechenden Integrale ein, erhält man:

$$\begin{aligned} f(z) &= \textstyle\sum_{n=-\infty}^{\infty} a_n (z - z_0)^n \\ &= -\ldots \tfrac{a_{-m}}{(z-z_0)^m} + \ldots \tfrac{a_{-1}}{z-z_0} + a_0 + a_1(z - z_0) + a_2(z - z_0)^2 + \ldots \end{aligned} \tag{28}$$

mit der Definition

$$a_n = \frac{1}{2\pi i} \int_C \frac{f(z)}{(\zeta - z_0)^{n+1}} d\zeta \quad , \tag{29}$$

wobei C gleich K_1 oder K_2 oder jeder anderen beliebigen, um das schraffierte Gebiet geschlossenen, im Ringgebiet verlaufenden Kurve sein kann. Die Gleichungen (28) und (29) heißen nach ihrem Entdecker **Laurent'sche Entwicklung**[19] von f für das Ringgebiet.

Ist z_0 eine Stelle, für die $f(z)$ nicht holomorph ist, zu der aber eine holomorphe Umgebung existiert, spricht man von einer *isolierten Singularität.* Ist z_0 die einzige Singularität von f innerhalb von C, heißt

$$a_{-1} = \frac{1}{2\pi i} \int_C f(\zeta) d\zeta \tag{30}$$

das **Residuum von f in** z_0. Bricht die Reihe (28) bei einem endlichen, negativen n ab, d. h. ist

$$a_{n+m} = 0 \quad \text{für alle} \quad m < 0 \quad , \tag{31}$$

spricht man von einem *Pol n-ter Ordnung in* z_0, z_0 heißt dann *außerwesentliche Singularität.* Andernfalls wird z_0 *wesentliche Singularität* genannt.

Residuensatz: Es sei $f(z)$ eine in G reguläre Funktion, C ein in G verlaufender, geschlossener Weg, in dessen Innengebiet G_C sich nur endlich viele, isolierte singuläre Punkte von $f(z)$ befinden. Dann ist

$$\int_C f(z) dz = 2\pi i \sum \text{Residuen in } G_C \quad . \tag{32}$$

Der Beweis des *Residuensatzes* (32) folgt aus der Definition der Residuen (30) und der schon wiederholt verwendeten Zerlegung

$$\int_C f(z) dz = \int_{C_1} f(z) dz + \ldots + \int_{C_N} f(z) dz \quad .$$

[19] Pierre Laurent, geb. 1813, gest. 1854 in Paris. Laurent war Schüler der École Polytechnique, dann Offizier im französischen Géniecorps, zuletzt Bataillonschef in Paris. Seine bedeutendste Leistung ist die 1843 angegebene und nach ihm benannte Entwicklung einer in einem Kreisring eindeutigen holomorphen Funktion.

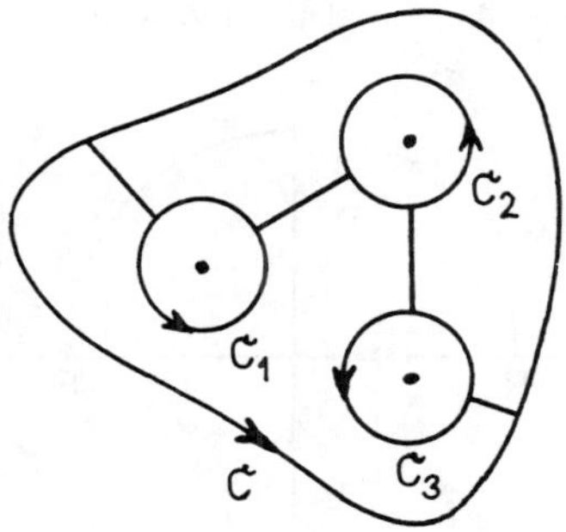

Zum Residuensatz.

Zur Beantwortung der Frage, wie man konkret Residuen berechnet, betrachten wir eine Funktion $f(z)$ mit einem Pol n-ter Ordnung in z_0. Die Laurent-Reihe hat dann die Form

$$f(z) = \frac{a_{-n}}{(z-z_0)^n} + \ldots + \frac{a_{-1}}{z-z_0} + a_0 + a_1(z-z_0) + \ldots \qquad (33)$$

Den Koeffizienten a_{-1}, das Residuum, erhält man durch

$$a_{-1} = \frac{1}{(n-1)!}\left[\frac{d^{n-1}}{dz^{n-1}}((z-z_0)^n \cdot f(z))\right]_{z=z_0} \quad . \qquad (34)$$

4.4 Beispiel: Berechnung eines Residuums

Es sei $f(z) = \frac{3z^2+1}{(z-2)^3}$.

f hat in $z_0 = 2$ einen Pol 3. Ordnung, also ist nach (34):

$$a_{-1} = \frac{1}{2!}\left[\frac{d^2}{dz^2}((z-2)^3 \cdot \frac{3z^2+1}{(z-2)^3})\right]_{z=2} = \frac{1}{2!} \cdot 6 = 3 \quad .$$

Große Bedeutung kommt dem Residuensatz bei der Lösung reeller bestimmter Integrale zu, wie das nächste Beispiel zeigt.

4.5 Beispiel: Berechnung des Integrals $\int_{-\infty}^{\infty} \frac{dx}{1+x^2}$

Zu berechnen sei $I = \int_{-\infty}^{\infty} \frac{dx}{1+x^2}$. Zunächst wird das Integral ins Komplexe erweitert

$$I' = \int_C \frac{dz}{1+z^2} \quad ,$$

wobei C der in der Graphik angedeutete Weg ist. Es gilt dann:

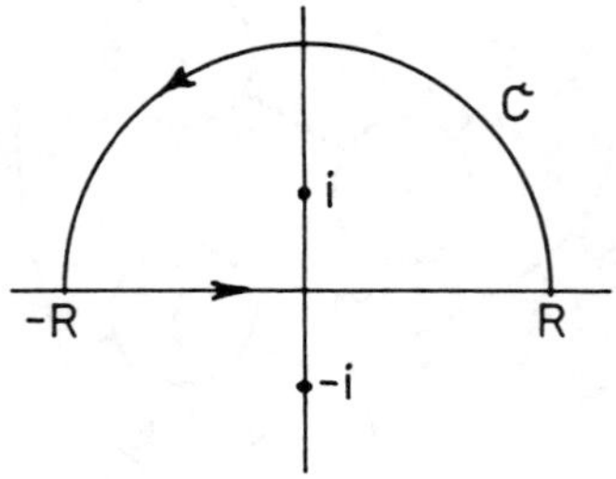

Integrationsweg in der komplexen Ebene.

$$\lim_{R\to\infty} I' = I + \lim_{R\to\infty} I_{HK} \quad ,$$

wobei I_{HK} das Linien-Integral auf dem Halbkreis ist. Der Übergang vom Integral I zum Integral I' ist natürlich nur dann sinnvoll, wenn $I = I'$ ist, d. h. das Integral I_{HK} über den ∞-fernen Halbkreis verschwindet.

Wie aus

$$\frac{1}{1+z^2} = \frac{1}{2i}\left(\frac{1}{z-i} - \frac{1}{z+i}\right) \qquad \underline{1}$$

ersichtlich, hat f im Innengebiet von C nur einen Pol 1. Ordnung mit dem Residuum $\frac{1}{2i}$. Es ist daher

$$\lim_{R\to\infty} I' = 2\pi i \cdot \frac{1}{2i} = \pi \quad . \qquad \underline{2}$$

Das Integral über den ∞-fernen Halbkreis I_{HK} kann mit Gleichung (13) abgeschätzt werden:

$$|I_{HK}| = \left|\int_{HK} \frac{dz}{1+z^2}\right| \leq \max_{\phi}\left[\frac{1}{|1+R^2e^{2i\phi}|}\right] \cdot \pi R \quad , \qquad \underline{3}$$

so daß $\lim_{R\to\infty} I_{HK} = 0$ ist. Zusammengefaßt erhält man daher

$$I = \int_{-\infty}^{\infty} \frac{dx}{1+x^2} = \pi \quad . \qquad \underline{4}$$

Analytische Funktionen als Lösungen der Laplaceschen Gleichung: Jede analytische Funktion $f(z) = u(x,y) + iv(x,y)$ genügt der Laplaceschen Gleichung in zwei Dimensionen, weil aufgrund der Cauchy-Riemannschen Differentialgleichungen (9)

$$\frac{\partial^2 u}{\partial x^2} = \frac{\partial}{\partial x}\frac{\partial v}{\partial y} = \frac{\partial}{\partial y}\frac{\partial v}{\partial x} = -\frac{\partial^2 u}{\partial y^2} \qquad (35)$$

und

$$\frac{\partial^2 v}{\partial x^2} = \frac{\partial}{\partial x}\left(-\frac{\partial u}{\partial y}\right) = -\frac{\partial}{\partial y}\frac{\partial u}{\partial x} = -\frac{\partial^2 v}{\partial y^2} \quad , \tag{36}$$

also

$$\left(\frac{\partial^2}{\partial x^2} + \frac{\partial^2}{\partial y^2}\right) u(x,y) = 0 \quad \text{und} \quad \left(\frac{\partial^2}{\partial x^2} + \frac{\partial^2}{\partial y^2}\right) v(x,y) = 0 \tag{37}$$

folgt. Damit gilt natürlich auch $\Delta f(z) = \left(\frac{\partial^2}{\partial x^2} + \frac{\partial^2}{\partial y^2}\right) f(x,y) = 0$. Wenn nun $f(z)$ eine komplexe Lösung der Laplacegleichung ist, so ist auch $f^*(z)$, die konjugiert komplexe Funktion, eine solche Lösung und damit auch die Summe und Differenz dieser beiden. Also

$$u(x,y) = \frac{1}{2}(f(x+iy) + f(x-iy)) \quad \text{und} \quad v(x,y) = \frac{1}{2i}(f(x+iy) - f(x-iy)) \tag{38}$$

sind beides Lösungen der Laplace-Gleichung, wie wir aus (37) schon wissen.

Anwendungen in der Elektrostatik: Jede analytische Funktion entspricht aufgrund der gerade in Gleichungen (37) und (38) gewonnenen Erkenntnisse einer Lösung eines zweidimensionalen Randwertproblems vom Dirchletschen Typ. Um das noch besser einzusehen, betrachten wir in der x-y-Ebene zwei Kurven konstanten Potentials $u(x,y)$; also

$$u(x,y) = C_1 \quad \text{und} \quad u(x,y) = C_2 \quad , \tag{39}$$

wie in der Figur verdeutlicht. Nun sind die Kurven, die durch konstantes $v(x,y)$

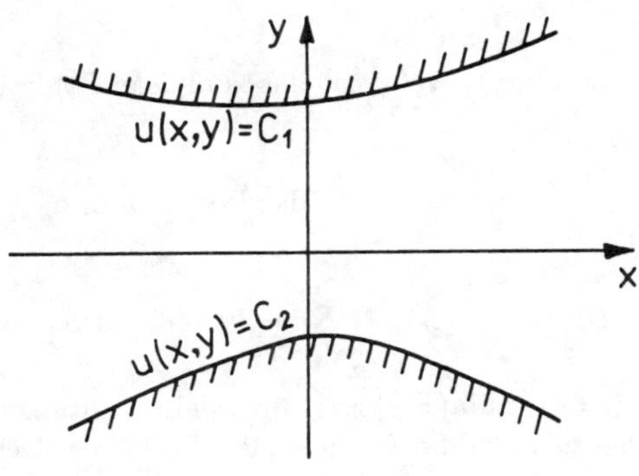

Zur Lösung des Kondensatorproblems durch eine analytische Funktion.

charakterisiert sind, immer orthogonal zu der Kurvenschar, die durch konstantes $u(x,y)$ gegeben ist, denn

$$\vec{\nabla} u(x,y) \cdot \vec{\nabla} v(x,y) = \frac{\partial u}{\partial x}\frac{\partial v}{\partial x} + \frac{\partial u}{\partial y}\frac{\partial v}{\partial y} = -\frac{\partial u}{\partial x}\frac{\partial u}{\partial y} + \frac{\partial u}{\partial y}\frac{\partial u}{\partial x} = 0 \quad . \tag{40}$$

Die Orthogonalität folgt unmittelbar daraus und aus der Tatsache, daß grad$u$ und grad$v$ senkrecht auf den Kurven zu konstantem u bzw. konstantem v stehen. Das wissen wir zwar schon aufgrund unserer allgemeinen Kenntnisse über den Gradienten (siehe Band der Vorlesungen über Mechanik 1), wir können es aber auch noch schnell wiederholen: Betrachten wir zwei benachbarte Punkte $\vec{x}$ und $\vec{x} + d\vec{x}$ in der Ebene, so gilt

$$u(\vec{x} + d\vec{x}) - u(\vec{x}) = \frac{\partial u}{\partial x}dx + \frac{\partial u}{\partial y}dy = \vec{\nabla} u \cdot d\vec{x} \quad . \tag{41}$$

Wenn daher $d\vec{x}$ in der Kurventangente liegt, so darf sich $u(\vec{x})$ nicht ändern, weil $u(\vec{x}) = \text{const}$ die Kurve bestimmt. Also gilt entlang der Kurve $u(\vec{x} + d\vec{x}) = u(\vec{x})$ und damit

$$\text{grad} u(\vec{x}) \cdot d\vec{x} = 0 \quad , \tag{42}$$

womit alles klar ist.

Nehmen wir nun an, $u(x,y)$ sei das zu einem ebenen Potentialproblem gehörige elektrostatische Potential, dann kann die elektrische Feldstärke aus der regulären Funktion $f(z)$, deren Realteil $u(x,y)$ ist, erhalten werden. Es ist nämlich

$$\frac{\mathrm{d}f}{\mathrm{d}z} = \frac{\partial u}{\partial x} + i\frac{\partial v}{\partial x} = \frac{\partial u}{\partial x} - i\frac{\partial u}{\partial y} = -E_x + iE_y \quad . \tag{43}$$

Demnach sind die Feldstärke-Komponenten E_x und E_y identisch mit dem Real- und Imaginärteil von $-\left(\frac{\mathrm{d}f(z)}{\mathrm{d}z}\right)^*$. Man nennt

$f(z) = u(x,y) + iv(x,y)$	das komplexe Potential,
$u(x,y)$	das Potential und
$v(x,y)$	die Stromfunktion.

Das elektrische Feld $\vec{E} = -\text{grad}u(x,y)$ zeigt überall in Richtung der Linien $v(x,y) = \text{const}$. Dieses sind offensichtlich die Feldlinien des Problems. Der Name Stromfunktion (oder Geschwindigkeitspotential) liegt in den hydrodynamischen Anwendungen dieser Methoden begründet (vgl. Bd. IIa der Vorlesungen : Hydrodynamik). Dort korrespondiert zu $\vec{E}$ die hydrodynamische Flußgeschwindigkeit, und $v(x,y) = \text{const}$ sind die Stromlinien.

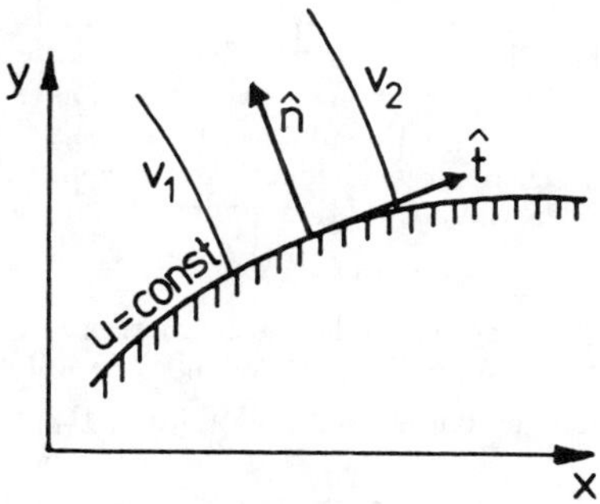

Zur Veranschaulichung der physikalischen Bedeutung der Stromfunktion $v(x, y)$.

Die physikalische Bedeutung der Stromfunktion im hier diskutierten Zusammenhang (Elektrostatik) ist, daß sie ein Maß für die Ladungsdichte auf den Grenzflächen darstellt, falls die Grenzfläche ein Leiter ist. Auf der Grenzfläche ist in diesem Fall das Potential $u(x, y) = \text{const}$, und die Linien $v(x, y) = \text{const}$ stehen senkrecht auf der Grenzfläche. Wählen wir den Normalenvektor $\vec{n} = \{n_x, n_y\}$ auf der Grenzfläche nach außen gerichtet und $\vec{t} = \{t_x, t_y\} = \{n_y, -n_x\}$ tangential in der Grenzfläche liegend (vgl. Figur), so folgt für die Flächenladung

$$\begin{aligned} \sigma &= \frac{1}{4\pi}\vec{E}\cdot\vec{n} = -\frac{1}{4\pi}\left[\frac{\partial u}{\partial x}n_x + \frac{\partial u}{\partial y}n_y\right] \\ &= -\frac{1}{4\pi}\left[\frac{\partial v}{\partial y}n_x - \frac{\partial v}{\partial x}n_y\right] = \frac{1}{4\pi}\left[\frac{\partial v}{\partial x}t_x + \frac{\partial v}{\partial y}t_y\right] = \frac{1}{4\pi}\text{grad}v\cdot\vec{t} \quad . \end{aligned} \tag{44}$$

Die Ladung pro Längeneinheit $\frac{dQ}{dl}$ (l bedeutet die Zylinderkoordinate *senkrecht* zur x-y-Ebene) zwischen v_1 und v_2 auf der Grenzkurne (Bild der Grenzfläche in der x-y-Ebene) ist dann

$$\frac{\mathrm{d}Q}{\mathrm{d}l} = \frac{1}{4\pi}\int_1^2 \frac{\partial v}{\partial t}dt = \frac{1}{4\pi}(v_2 - v_1) \quad . \tag{45}$$

4.6 Beispiel: Potential eines geladenen Drahtes:

Wir betrachten die komplexe Funktion

$$f(z) = -\frac{2q}{l}\ln z \quad , \tag{1}$$

und führen zylindrische Polarkoordinaten ein, indem wir $z = re^{i\Theta}$ setzen. Jetzt ist zunächst zu beachten, daß die Funktion

$$\ln z = \ln r + i\Theta + i2\pi n \quad , \qquad n \in \mathbf{Z} \tag{2}$$

vieldeutig ist, denn alle die ∞-vielen Werte in 2 liefern dasselbe $z = re^{i(\Theta+2\pi n)}$. Um uns darüber zunächst Klarheit zu verschaffen, differenzieren wir 2 bei festem n und stellen fest, daß die Ableitung $\frac{\mathrm{d}\ln z}{\mathrm{d}z}$ nicht von n abhängt. Sie existiert überall außer am Ursprung ($r = 0$) und im Unendlichen ($r = \infty$). In vielen ähnlich gelagerten Fällen ist es am einfachsten, die Vieldeutigkeiten von Anfang an zu vermeiden. So definieren wir die Logarithmusfunktion eindeutig, indem wir festsetzen, daß

$$0 \leq \mathrm{Im}(\ln z) \leq 2\pi \qquad \underline{3}$$

sein soll. Die Ableitung der so eindeutig definierten $\ln z$-Funktion existiert überall außer bei $r = 0, r = \infty$ und entlang der Schnitte $\Theta = 0$ und $\Theta = 2\pi$.

Mit diesen Festsetzungen lautet nun die Funktion 1

$$f(z) = -\frac{2q}{l}(\ln r + i\Theta) \quad , \qquad \underline{4}$$

so daß

$$u = -2\frac{q}{l}\ln r \qquad \underline{5}$$

das elektrische Potential und

$$v = -2\frac{q}{l}\Theta \qquad \underline{6}$$

die Stromfunktion sind. Da Θ gewöhnlich gegen den Uhrzeigersinn definiert wird

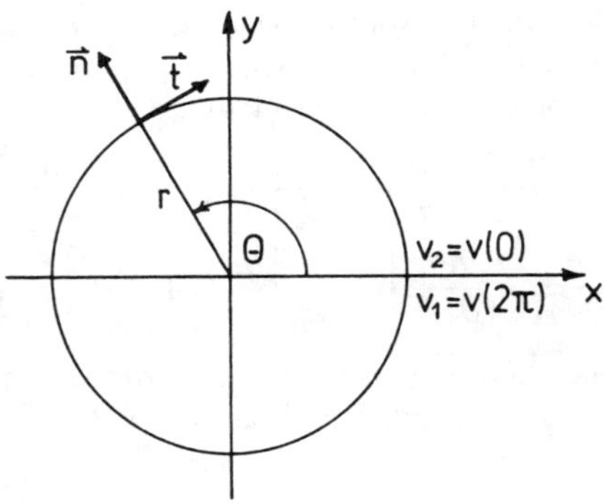

Potential und Stromfunktion für eine Linienladung (geladener Draht).

(vgl. Figur), also entgegengesetzt zum Tangentenvektor $\vec{t}$ in der Figur, ist die Gesamtladung pro Längeneinheit gemäß Gleichung (45)

$$\frac{\mathrm{d}Q}{\mathrm{d}t} = \frac{1}{4\pi}(v(0) - v(2\pi)) = \frac{q}{l} \quad . \qquad \underline{7}$$

Das Potential 5 gehört also zu einem Draht mit der Linienladungsdichte $\frac{q}{l}$. $\vec{r}$ ist der Abstand vom Draht.

4.7 Beispiel: Das Potential am Rand eines Plattenkondensators:

Betrachten wir die durch folgende Gleichung implizit definierte Funktion $f(z) = u(z) + iv(z)$:

$$\begin{aligned} iz &= if(z) + e^{if(z)} \\ ix - y &= iu(z) - v(z) + e^{iu-v} \quad . \end{aligned} \tag{1}$$

Daraus folgt

$$\begin{aligned} x &= u + e^{-v} \sin u \\ y &= v - e^{-v} \cos u \quad . \end{aligned} \tag{2}$$

Wir betrachten ein Raumgebiet, das durch die Äquipotentialflächen $u = +\pi$ und $u = -\pi$ begrenzt wird. Für $u = \pm\pi$ erhält man gemäß Gleichung 2

$$\begin{aligned} x &= \pm\pi \\ y &= v + e^{-v} \quad . \end{aligned} \tag{3}$$

Die Funktion $y(v)$ hat ein Extremum für

$$\frac{\mathrm{d}y}{\mathrm{d}v} = 1 - e^{-v} = 0 \quad , \tag{4}$$

was $v = 0$ liefert. Es ist nun klar, daß $y = v + e^{-v}$ immer positiv ist und für $v = 0$ mit $y = 1$ ein Minimum besitzt. Die Grenzkurven (-flächen) $u = \pm\pi$ bestimmen daher die Platten eines Kondensators wie sie in der Figur dargestellt sind. Für $v \to \infty$ (und daher $y \to \infty$), erhält man aus 2

$$\begin{aligned} x &= u \\ y &= v \quad , \end{aligned} \tag{5}$$

was bedeutet, daß die Äquipotentialkurven (-flächen) vertikale Geraden sind. Ihr Abstand in der x-Richtung ist proportional zu u. Das entspricht genau der Situation im Innern des Kondenstors, weit weg vom Rand. Wenn $v \to -\infty$, erhält man aus 2

$$\begin{aligned} x &= e^{-v} \sin u \\ y &= -e^{-v} \cos u \quad , \end{aligned} \tag{6}$$

falls weder $\sin u$ noch $\cos u$ verschwinden. Dann ist

$$\frac{x}{y} = -\tan u \ , \tag{7}$$

und die Äquipotentialkurven (-flächen) gehen wiederum in Geraden über. Aus Gleichung 2 sieht man, daß $u = 0$ die ganze y-Achse darstellt. Für $u = \frac{\pi}{2}$ ergibt sich

$$\begin{aligned} x &= \frac{\pi}{2} + e^{-v} \\ y &= v \quad , \end{aligned} \tag{8}$$

so daß die Gleichung für die Äquipotentialkurve

$$x = \frac{\pi}{2} + e^{-y} \tag{9}$$

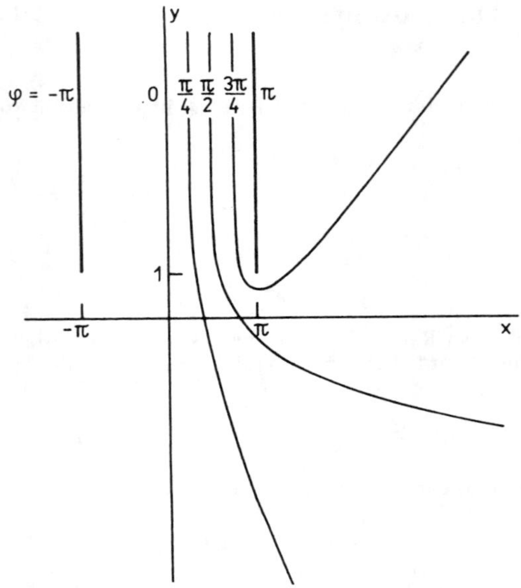

Rand-Effekte eines halb-unendlichen Plattenkondensators.

lautet. Diese Kurve geht niemals in eine Gerade über, wie es für die anderen Äquipotentialkurven auf beiden Seiten von jener zu $\frac{\pi}{2}$ gehörigen der Fall ist. Einige dieser $u =$ const-Kurven sind in der Figur dargestellt.

4.8 Beispiel: Potential eines geladenen Drahtes vor einer leitenden Fläche:

Als letztes Beispiel zur Lösung des Potentialproblems mithilfe der Funktionentheorie besprechen wir das Potential einer Linienladung (geladener Draht) in der Nähe einer Fläche, wie es in der Figur dargestellt ist. Die Linienladungsdichte (Ladung pro Längenelement) bezeichnen wir mit q/l. Der Draht soll bei $x = y = 2c$ die x-y-Ebene durchstoßen (vgl. Figur) und die Gleichung für die hyperbolische Fläche sei $xy = c^2$. Wir nehmen an, die Fläche sei geerdet. Es ist in diesem Problem zweckmäßig, die Variable

$$
\begin{aligned}
z' &= z^2 = x^2 - y^2 + i2xy \\
x' &= x^2 - y^2 \qquad (1) \\
y' &= 2xy
\end{aligned}
$$

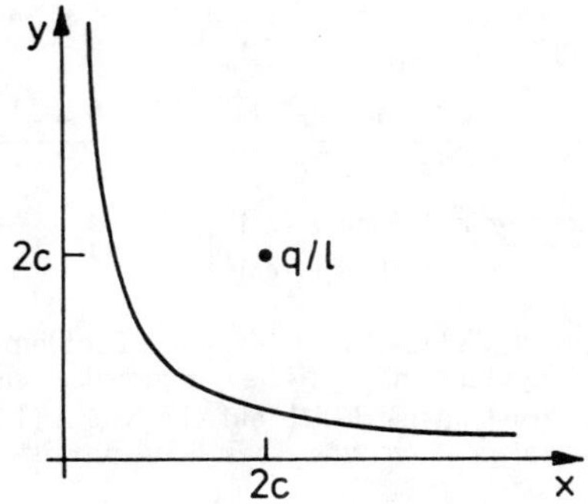

Ein geladener Draht vor einer hyperbolischen, geerdeten Fläche.

einzuführen. Die Kurve $xy = c^2$ wird dann durch $y' = 2c^2$ und der Punkt $x = y = 2c$ durch $x' = 0$, $y' = 8c^2$ dargestellt. Damit ist das Problem in der x'-y'-Ebene auf das Problem einer Punktladung q/l bei $z' = i8c^2$ vor der Ebene $y' = 2c^2$ zurückgeführt, das mit der Bildladung $-q/l$ bei $z' = -i4c^2$ gelöst wird (vgl. Beispiel 2.6). Daher lautet das komplexe Potential (vgl. Beispiel 4.6)

$$f(z) = -2\frac{q}{l}\ln(z' - i8c^2) + 2\frac{q}{l}\ln(z' + i4c^2) = -2\frac{q}{l}\ln\frac{z' - i8c^2}{z' + i4c^2} \quad , \tag{2}$$

und folglich

$$f(z) = -2\frac{q}{l}\ln\frac{z^2 - i8c^2}{z^2 + i4c^2} \quad . \tag{3}$$

Man beachte, daß $f(z)$ überall analytisch ist außer an den Punkten

$$\begin{aligned} z &= \pm 2(1 + i)c \quad , \\ z &= \pm\sqrt{2}(1 - i)c \quad . \end{aligned} \tag{4}$$

Nur der Punkt $z = +2(1 + i)c$ liegt innerhalb des physikalischen Gebietes. Das komplexe Potential kann jetzt so geschrieben werden:

$$\begin{aligned} f(z) = {} & -2\frac{q}{l}\ln\left[z + 2(1 + i)c\right] - 2\frac{q}{l}\ln\left[z - 2(1 + i)c\right] + 2\frac{q}{l}\ln\left[z + \sqrt{2}(1 - i)c\right] + \\ & + 2\frac{q}{l}\ln\left[z - \sqrt{2}(1 - i)c\right] \quad . \end{aligned} \tag{5}$$

Demnach können die Singularitäten von $f(z)$ so interpretiert werden, daß sie von der ursprünglichen Ladung in dem physikalischen Gebiet und von 3 Bildladungen im unphysikalischen Gebiet stammen. Das Potential selbst lautet

$$\begin{aligned} u(x,y) &= \frac{1}{2}(f(z) + f^*(z)) \\ &= -\frac{q}{l}\ln\left[\frac{x^2 - y^2 + i2(xy - 4c^2)}{x^2 - y^2 + i2(xy + 2c^2)}\right] - \frac{q}{l}\ln\left[\frac{x^2 - y^2 - i2(xy - 4c^2)}{x^2 - y^2 - i2(xy + 2c^2)}\right] \\ &= -\frac{q}{l}\ln\left[\frac{(x^2 - y^2)^2 + 4(xy - 4c^2)^2}{(x^2 - y^2)^2 + 4(xy + 2c^2)^2}\right] \quad . \end{aligned} \qquad \underline{6}$$

Es besteht kein Zweifel, daß dies die Lösung des Problems ist; sie geht über in das Potential einer Linienladung in der Nähe der physikalischen Ladung (vgl. Beispiel 4.6). Das Potential $\underline{6}$ ist offensichtlich auf der Kurve (Fläche) $xy = c^2$ konstant und es erfüllt die Laplace-Gleichung überall im physikalischen Gebiet, außer am Ort der Ladung (des Drahtes).

Kapitel II

Makroskopische Elektrostatik

5. Herleitung der Feldgleichungen für den materieerfüllten Raum

Für physikalische Probleme, die wir mit Hilfe von Punktladungen und einfachen Ladungsverteilungen beschreiben können, sind die beiden Gleichungen der Elektrostatik

$$\begin{aligned} \mathrm{div}\vec{E} &= 4\pi\rho \quad , & (1a)\\ \mathrm{rot}\vec{E} &= 0 & (1b) \end{aligned}$$

unmittelbar anzuwenden. Dies gilt z. B. im atomaren Bereich für einzelne Ionen, die wir als Punktladung ansehen können. Dabei handelt es sich um Bereiche der Größenordnung 10^{-24} cm^3 (bzw. 10^{-8} cm Lineardimension).

In makroskopischen Dimensionen (etwa ab 10^{-2} cm) haben wir es z. B. in Kristallgittern mit ca. 10^{18} geladenen Teilchen (Ionen) zu tun. Das elektrische Feld, das sie in dem Kristall hervorrufen, ließe sich mit der Gleichung

$$\vec{E}(\vec{r}) = \int\limits_{Kristall} \rho(\vec{r}\,')\frac{(\vec{r}-\vec{r}\,')}{|\vec{r}-\vec{r}\,'|^3}dV' \qquad (2)$$

beschreiben. Dabei ergeben sich zwei Schwierigkeiten, nämlich:

1. $\rho(\vec{r}\,')$ müßte für rund 10^{18} Teilchen bestimmt werden.

2. Da z.B. in einem Kristall die Ionen um ihre Gitterplätze schwingen, ist die Ladungsverteilung zeitlichen Schwankungen unterworfen.

Wir können die Gleichung (2) nicht anwenden, weil sie nur für zeitlich konstante $\vec{E}$-Felder gilt, die es aber wegen Punkt zwei nicht gibt. Außerdem liefert diese Gleichung für makroskopische Probleme mehr Informationen als es physikalisch von Interesse ist. Berücksichtigt man die Tatsache, daß sich die zeitlichen und örtlichen Schwankungen des $\vec{E}$-Feldes (hervorgerufen von den Schwingungen der Ladungsträger) bei makroskopischen Messungen im Mittel gerade aufheben, so erweist es sich als sinnvoll, die Mittelwerte von $\vec{E}$ und ρ über das Volumen zu bilden:

$$\begin{aligned} \langle \vec{E}(\vec{r}) \rangle &= \frac{1}{V'} \int_{V'} \vec{E}(\vec{r}+\vec{r}\,')dV' \quad , \\ \langle \rho(\vec{r}) \rangle &= \frac{1}{V'} \int_{V'} \rho(\vec{r}+\vec{r}\,')dV' \quad , \end{aligned} \tag{3}$$

wobei wir mit V' immer ein Volumen meinen, das eine große Anzahl von Teilchen enthält. Der Vektor $\vec{r}\,'$ überstreicht das ganze Volumen: Diese (räumlichen)

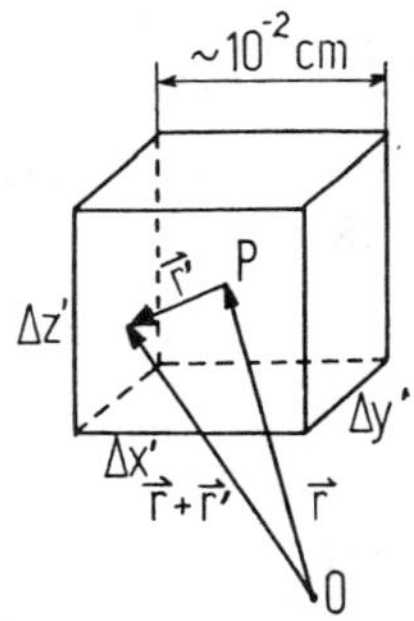

Veranschaulichung des Volumens $\Delta V'$ (ca. 10^{-6} cm^3), über das die physikalischen Größen gemittelt werden.

Mittelwerte (3) bleiben zeitlich konstant, da die Bewegung der Ladungsträger ungeordnet und gegenüber der Größenordnung von V' vernachlässigbar klein ist. Deshalb können wir die Felder und Ladungsverteilungen, die durch die Gleichungen (3) gegeben sind, als statisch absehen; das bedeutet, daß wir die bisher abgeleiteten statischen Gleichungen auf die Mittelwerte $\langle \vec{E}(\vec{r}) \rangle$ und $\langle \rho(\vec{r}) \rangle$ anwenden dürfen.

Die mittlere Ladungsdichte $\langle \rho(\vec{r}) \rangle$ ist aus zwei Anteilen zusammengesetzt. Erstens haben wir nicht kompensierte Ladungen von Ionen und Elektronen. Außerdem gibt es induzierte Ladungen (sogenannte *Polarisationsladungen*). Sie rühren von eventuell vorhandenen Dipolmomenten her, da sich die zugehörigen elektrischen Dipole beim Anlegen eines äußeren elektrischen Feldes ausrichten.

Um das makroskopische Feld in einem Kristallgitter zu erhalten, gehen wir von einzelnen Ionen aus: Betrachten wir ein bestimmtes Molekül j mit der Gesamtladung q_j

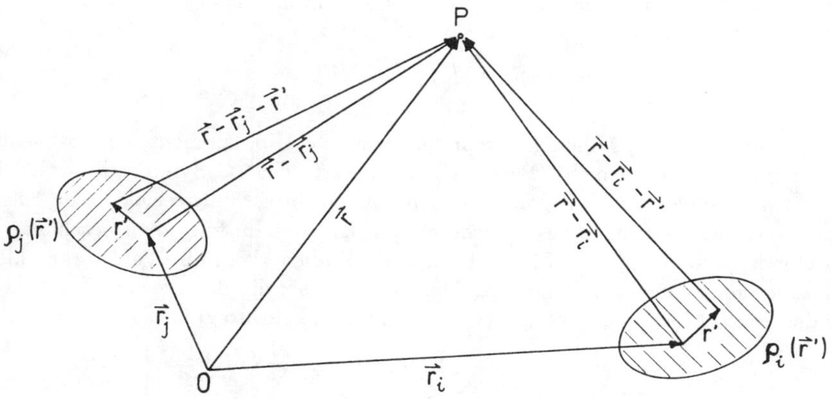

Zur Berechnung des elektrischen Feldes der Moleküle i und j im Punkt P.

und der Ladungsverteilung $\rho_j(\vec{r}')$, dann erzeugt es in einem Punkt P, der außerhalb des Moleküls liegt, das Feld

$$\begin{aligned}\vec{e}_j(\vec{r}) &= \int\limits_{Mol} \rho_j(\vec{r}')\frac{(\vec{r}-\vec{r}_j-\vec{r}')}{|\vec{r}-\vec{r}_j-\vec{r}'|^3}dV' \qquad (j=1,\ldots,n)\\ &= -\vec{\nabla}\int\limits_{Mol} \rho_j(\vec{r}')\frac{1}{|\vec{r}-\vec{r}_j-\vec{r}'|}dV' \quad .\end{aligned}$$

Die Koordinate $\vec{r}_j$ gibt den (Ladungs-)Schwerpunkt des Moleküls j an. Der Index "Mol" am Integralzeichen soll andeuten, daß sich die Integration über das ganze Molekül erstreckt. Wir machen jetzt eine Multipolentwicklung um den Schwerpunkt des Moleküls. Gibt $\vec{\nabla}_j$ die Differentiation bezüglich der Schwerpunktskoordinate an, so gilt

$$\frac{1}{|\vec{r}-\vec{r}_j-\vec{r}'|} = \frac{1}{|\vec{r}-\vec{r}_j|} + (\vec{r}'\cdot\vec{\nabla}_j)\left(\frac{1}{|\vec{r}-\vec{r}_j|}\right) + \frac{1}{2}(\vec{r}'\cdot\vec{\nabla}_j)^2\left(\frac{1}{|\vec{r}-\vec{r}_j|}\right) + \cdots \quad .$$

Da uns das Feld weit außerhalb des Moleküls interessiert, gilt $|\vec{r}'| \ll |\vec{r}-\vec{r}_j|$, und wir können die höheren Terme der Entwicklung vernachlässigen. Somit erhalten wir

$$\begin{aligned}\vec{E}(\vec{r}) &= -\vec{\nabla}\left[\int\limits_{Mol} \rho_j(\vec{r}')\left\{\frac{1}{|\vec{r}-\vec{r}_j|} + (\vec{r}'\cdot\vec{\nabla}_j)\left(\frac{1}{|\vec{r}-\vec{r}_j|}\right)\right.\right.\\ &\qquad \left.\left. +\frac{1}{2}(\vec{r}'\cdot\nabla_j)^2\left(\frac{1}{|\vec{r}-\vec{r}_j|}\right)\right\}dV' + \cdots\right]\\ &\approx -\vec{\nabla}\left[\frac{q_j}{|\vec{r}-\vec{r}_j|} + \vec{\nabla}_j\left(\frac{1}{|\vec{r}-\vec{r}_j|}\right)\cdot\vec{p}_j + \cdots + \cdots\right] \quad ,\end{aligned}$$

wobei $q_j = \int\limits_{Mol} \rho_j(\vec{r}')dV'$ der Ladung des Moleküls und

$$\vec{p}_j = \int\limits_{Mol} \rho_j(\vec{r}')\vec{r}'dV'$$

dem Dipolmoment des Moleküls entspricht. Statische Dipolmomente eines Moleküls gibt es im allgemeinen nicht (Paritätserhaltung erfordert ↑↓-Symmetrie –vgl. Diskussion über ungerade Multipole). Jedoch können durch äußere elektrische Felder Dipole induziert werden. Dieser wichtige Fall wird uns im folgenden beschäftigen. Die Quadrupolmomente der Moleküle sind gewöhnlich klein; ihre Feldstärken klingen außerdem schneller mit großem Abstand r ab als die der Dipole. Betrachten wir das von n Molekülen erzeugte (mikroskopische) Feld, so gilt

$$\vec{E}(\vec{r}) = \sum_{j=1}^{n} \vec{E}_j(\vec{r}) = -\vec{\nabla} \sum_{j=1}^{n} \left[\frac{q_j}{|\vec{r}-\vec{r}_j|} + \vec{p}_j \cdot \vec{\nabla} \left(\frac{1}{|\vec{r}-\vec{r}_j|} \right) \right] \quad .$$

Diese Gleichung gilt nur zu einem festgehaltenen Zeitpunkt t_1, bei dem sich die Moleküle an den Stellen $\vec{r}_j(t_1)$ befinden. Die Anordnung der Moleküle zu einem späteren Zeitpunkt t_2 unterscheidet sich im Rahmen der statistisch verlaufenden Molekülschwingungen nicht von der anfänglichen Anordnung, die räumliche Mittelung über alle Moleküle wird in jedem Fall das gleiche Ergebnis liefern. Die Mittelwerte über die Ladungsdichten sind somit zeitlich konstant.

Wir wollen nun die Mittelwertbildung gemäß den Gleichungen (3) vornehmen, um das makroskopische Feld zu erhalten. Dazu erweist es sich als zweckmäßig, von der diskreten Summe über wohlunterscheidbare Moleküle zu dem Integral über eine Ladungsdichte überzugehen, die von sehr vielen dicht benachbarten und damit praktisch ununterscheidbaren Ladungsträgern hervorgerufen wird (kontinierliche Ladungsverteilung). Bei dem Übergang von der Summe zu dem Integral geht die diskrete Größe $\vec{r}_j$ in die kontinuierliche Integrationsvariable $\vec{r}''$ über, die die gesamte Ladungsverteilung überstreicht.

Zu diesem Zweck führen wir eine *Ladungsdichte* $\rho_{Mol}(\vec{r})$ und eine *Polarisationsdichte* $\vec{\pi}_{Mol}(\vec{r})$ ein:

$$\begin{aligned} \rho_{Mol}(\vec{r}) &= \sum_j q_j \delta(\vec{r}-\vec{r}_j) \quad , \\ \vec{\pi}_{Mol}(\vec{r}) &= \sum_j \vec{p}_j \delta(\vec{r}-\vec{r}_j) \quad . \end{aligned} \tag{4}$$

Der Index "Mol" soll andeuten, daß die Ladungsverteilung von der oben beschriebenen Molekülansammlung hervorgerufen wird. Mit diesen Bezeichnungen können wir in der Formel für die Feldstärke $\vec{E}(\vec{r})$ von der diskreten Summe zum Integral übergehen:

$$\vec{E}(\vec{r}) = -\vec{\nabla} \int_V dV'' \left[\frac{\rho_{Mol}(\vec{r}'')}{|\vec{r}-\vec{r}''|} + \vec{\pi}_{Mol}(\vec{r}'') \cdot \vec{\nabla}'' \left(\frac{1}{|\vec{r}-\vec{r}''|} \right) \right] \tag{5}$$

($\vec{\nabla}''$ wirkt nur auf $\vec{r}''$; $\vec{r}''$ ist als Integrationsvariable eingeführt worden).

Daß Gleichung (5) tatsächlich äquivalent zu der Summenschreibweise ist, läßt sich zeigen, indem man die Beziehung (4) für $\rho_{Mol}(\vec{r})$ und $\vec{\pi}_{Mol}(\vec{r})$ in Gleichung (5) einsetzt und das Integral ausrechnet, wobei die Eigenschaften der δ-Funktion zu beachten sind.

Wir bilden nun den Mittelwert $\langle\vec{E}(\vec{r})\rangle$ entsprechend den Gleichungen (3) (für $\vec{r}$ wird in Gleichung (5) $\vec{r}+\vec{r}'$ gesetzt):

$$\begin{aligned}\langle\vec{E}(\vec{r})\rangle &= \frac{1}{V'}\int\limits_{V'}\vec{E}(\vec{r}+\vec{r}')dV' \\ &= -\frac{1}{V'}\int\limits_{V'}dV'\,\vec{\nabla}\int\limits_{V}dV''\left[\frac{\rho_{Mol}(\vec{r}'')}{|\vec{r}+\vec{r}'-\vec{r}''|}+\vec{\pi}_{Mol}(\vec{r}'')\cdot\vec{\nabla}''\left(\frac{1}{|\vec{r}+\vec{r}'-\vec{r}''|}\right)\right] \quad .\end{aligned}$$

Das Volumen, über das in (3) gemittelt wird, und das Volumen V, in dem sich in (5) die Moleküle befinden, sollen gleich sein

$$V' = V \quad .$$

Zur Vereinfachung des Integranden substituieren wir

$$\vec{z} = \vec{r}'' - \vec{r}' \quad \text{bzw.} \quad \vec{r}'' = \vec{z}+\vec{r}'$$

und erhalten mit $dV'' = d^3z$:

$$\langle\vec{E}(\vec{r})\rangle = -\frac{1}{V}\int\limits_{V}dV'\,\vec{\nabla}\int\limits_{V}d^3z\left[\frac{\rho_{Mol}(\vec{z}+\vec{r}')}{|\vec{r}-\vec{z}|}+\vec{\pi}_{Mol}(\vec{z}+\vec{r}')\cdot\vec{\nabla}_z\left(\frac{1}{|\vec{r}-\vec{z}|}\right)\right] \quad . \tag{6}$$

In Gleichung (6) können wir nun die Mittelwertbildung mit der Differentiation vertauschen und den von $\vec{r}'$ unabhängigen Term $1/|\vec{r}-\vec{z}|$ im ersten Ausdruck (6) vor das Integral über V ziehen:

$$\begin{aligned}\vec{E}^*(\vec{r}) := \langle\vec{E}(\vec{r})\rangle &= -\vec{\nabla}\int\limits_{V}d^3z\left[\frac{1}{|\vec{r}-\vec{z}|}\frac{1}{V}\int\limits_{V}\rho_{Mol}(\vec{z}+\vec{r}')dV'\right. \\ &\qquad \left.+\vec{\nabla}_z\left(\frac{1}{|\vec{r}-\vec{z}|}\right)\cdot\frac{1}{V}\int\limits_{V}\vec{\pi}_{Mol}(\vec{z}+\vec{r}')dV'\right] \quad .\end{aligned} \tag{7}$$

Nach Definition von ρ_{Mol} (Gleichung (4)) gilt:

$$\frac{1}{V}\int\limits_{V}\rho_{Mol}(\vec{z}+\vec{r}')dV' = \frac{1}{V}\sum_j q_j \quad .$$

Wenn wir mit $N(\vec{z})$ *die Anzahl der Moleküle pro Volumeneinheit* und mit $\langle q_{Mol}(\vec{z})\rangle$ *die durchschnittliche Ladung pro Molekül* in V an der Stelle $\vec{z}$ bezeichnen, können wir auch schreiben:

$$\rho(\vec{z}) = \frac{1}{V}\int\limits_{V}\rho_{Mol}(\vec{z}+\vec{r}')dV' = N(\vec{z})\langle q_{Mol}(\vec{z})\rangle = \frac{1}{V}\sum_j q_j \quad . \tag{8}$$

Ganz entsprechend können wir auch den zweiten Term in Gleichung (7) umformen:

$$\frac{1}{V}\int_V \vec{\pi}_{Mol}(\vec{z}+\vec{r}\,')dV' = N(\vec{z})\langle\vec{p}_{Mol}(\vec{z})\rangle \equiv \vec{P}(\vec{z}) \quad , \tag{9}$$

wobei $\langle\vec{p}_{Mol}(\vec{z})\rangle$ die ***durchschnittliche Polarisation*** pro Molekül in V an der Stelle $\vec{z}$ bedeutet. Mit den Beziehungen (8) und (9) können wir Gleichung (7) folgendermaßen umschreiben:

$$\vec{E}^*(\vec{r}) \equiv \langle\vec{E}(\vec{r})\rangle = -\vec{\nabla}\int_V N(\vec{z})\left\{\frac{\langle q_{Mol}(\vec{z})\rangle}{|\vec{r}-\vec{z}|} + \langle\vec{p}_{Mol}(\vec{z})\rangle\cdot\vec{\nabla}_z\left(\frac{1}{|\vec{r}-\vec{z}|}\right)\right\}d^3z \quad .$$

Führen wir noch die makroskopische Ladungsdichte

$$\rho(\vec{z}) = N(\vec{z})\langle q_{Mol}(\vec{z})\rangle \tag{8a}$$

sowie den *Polarisationsvektor* (genauer: *Polarisationsdichtevektor*)

$$\vec{P}(\vec{z}) = N(\vec{z})\langle\vec{p}_{Mol}(\vec{z})\rangle \tag{9a}$$

ein und schreiben zur Vereinheitlichung der Bezeichnungsweise für die Integrationsvariable $\vec{z}$ in Analogie zu Gleichung (2) überall $\vec{r}\,'$, so erhalten wir:

$$\vec{E}^*(\vec{r}) = -\vec{\nabla}\int dV'\left[\frac{\rho(\vec{r}\,')}{|\vec{r}-\vec{r}\,'|} + \vec{P}(\vec{r}\,')\cdot\vec{\nabla}'\left(\frac{1}{|\vec{r}-\vec{r}\,'|}\right)\right] \quad . \tag{10}$$

Falls das makroskopische Feld $\vec{E}^*(\vec{r})$ von verschieden geladenen Sorten von Atomen oder Molekülen hervorgerufen wird, können wir die Gleichung (10) leicht verallgemeinern, indem wir

$$\vec{P}(\vec{r}) = \sum_i N_i(\vec{r})\langle\vec{p}_i(\vec{r})\rangle \tag{9b}$$

und

$$\rho(\vec{r}) = \sum_i N_k(\vec{r})\langle q_i(\vec{r})\rangle + \rho_a$$

setzen, wobei ρ_a eine möglicherweise vorhandene zusätzliche äußere Ladungsverteilung bedeutet und der Index i die Sorte beschreibt. Die Gleichungen (9a, b) machen deutlich, daß der Polaristionsdichtevektor $\vec{P}(\vec{r})$ gleich der Dipoldichte, d.h. Dipolmoment/Volumeneinheit ist: $\vec{P}(\vec{r})$ =*Dipolmoment/Volumen.*

Die dielektrische Verschiebung $\vec{D}$: Um die zu (1a) und (1b) äquivalenten makroskopischen Feldgleichungen für den materieerfüllten Raum zu erhalten, bilden wir die Divergenz des $\vec{E}^*$-Feldes

$$\vec{\nabla} \cdot \vec{E}^*(\vec{r}) = -\int\limits_V dV' \left[\rho(\vec{r}')\nabla^2\left(\frac{1}{|\vec{r}-\vec{r}'|}\right) + \vec{P}(\vec{r}') \cdot \vec{\nabla}'\left\{\nabla^2\left(\frac{1}{|\vec{r}-\vec{r}'|}\right)\right\}\right] \quad . \tag{10a}$$

Da der Integrand für $\vec{r} \neq \vec{r}'$ stetig ist, können Differentiation und Integration vertauscht werden. Unter Verwendung der Beziehung

$$\nabla^2\left(\frac{1}{|\vec{r}-\vec{r}'|}\right) = -4\pi\delta(\vec{r}-\vec{r}')$$

folgt dann

$$\vec{\nabla} \cdot \vec{E}^*(\vec{r}) = 4\pi \int\limits_V dV' \left[\rho(\vec{r}')\delta(\vec{r}-\vec{r}') + \vec{P}(\vec{r}') \cdot \vec{\nabla}'(\delta(\vec{r}-\vec{r}'))\right] \quad .$$

Weiterhin ist

$$\vec{\nabla}'\delta(\vec{r}-\vec{r}') = -\vec{\nabla}\delta(\vec{r}-\vec{r}') \quad .$$

Da wir über $\vec{r}'$ integrieren, können wir unter Berücksichtigung dieser Beziehung den Nabla-Operator vor das Integral ziehen:

$$\vec{\nabla} \cdot \vec{E}^*(\vec{r}) = 4\pi \int dV' \rho(\vec{r}')\delta(\vec{r}-\vec{r}') - 4\pi\vec{\nabla} \cdot \int \vec{P}(\vec{r}')\delta(\vec{r}-\vec{r}')dV' \quad .$$

Wir führen nun die Integration aus und erhalten:

$$\vec{\nabla} \cdot \vec{E}^*(\vec{r}) = 4\pi\rho(\vec{r}) - 4\pi\vec{\nabla} \cdot \vec{P}(\vec{r}) \ , \tag{11a}$$

bzw. unter Weglassen der gleichen Argumente

$$\vec{\nabla} \cdot (\vec{E}^* + 4\pi\vec{P}) = 4\pi\rho \quad . \tag{11}$$

Aus Gleichung (11a) sehen wir im Vergleich mit Gleichung (1a), daß wir im makroskopischen Bereich vom elektrischen Feld ein Korrekturglied abziehen müssen, daß von den induzierten Ladungen herrührt.

Um eine Analogie zu Gleichung (1a) zu erhalten, definieren wir als *"dielektrische Verschiebung"* $\vec{D}$

$$\vec{D} = \vec{E}^* + 4\pi\vec{P} \quad . \tag{11b}$$

Damit können wir Gleichung (11) umschreiben:

$$\vec{\nabla} \cdot \vec{D} = \mathrm{div}\vec{D} = 4\pi\rho \quad . \tag{12}$$

Bilden wir von Gleichung (10) die Rotation, so ergibt sich:

$$\text{rot}\vec{E}^* = 0 \quad , \tag{13}$$

da immer rot grad $\phi = 0$ gilt.

Die Gleichungen (12) und (13) sind die zu (1a) und (1b) analogen Beziehungen im makroskopischen Bereich.

Die Polarisation $\vec{P}$: Der Vektor der Polarisation $\vec{P}(\vec{x})$ beschreibt die Verschiebung von Ladungen in einem Isolator bei Anlegen eines (äußeren) Feldes (positive Ladungen in Richtung des Feldes, negative entgegengesetzt). Jedes Atom oder Molekül wird zu einem elektrischen Dipol. Die *Polarisation* erscheint somit als das *elektrische Dipolmoment pro Volumeneinheit*, d.h. als *Dipoldichte* (siehe Gleichung (9)). Als Beispiel betrachten wir jetzt ein quaderförmiges Stück eines Isolators. Durch ein angelegtes Feld werden auf den Stirnflächen die Ladungen $\pm Q$ induziert.

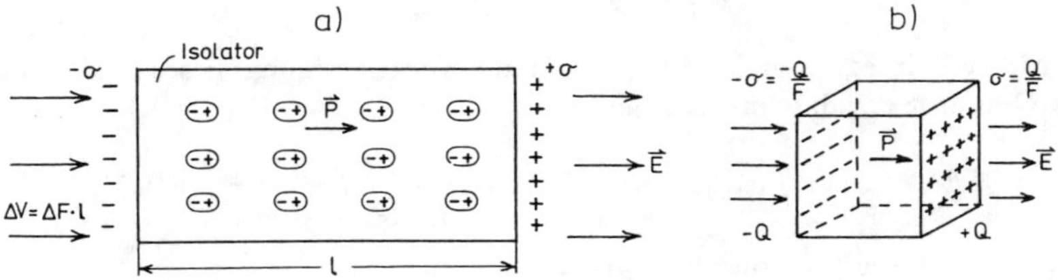

Zur Polarisation in einem Dielektrikum
a)Draufsicht b)Perspektive

Ist V das Volumen und l die Kantenlänge, so können wir das gesamte Dipolmoment ausdrücken durch

$$|\vec{P}|V = Q \cdot l = \sigma F \cdot l = \sigma \cdot V \quad ,$$

mit Q als Ladung auf der Fläche F des polarisierten Isolators und σ als Flächenladungsdichte $\sigma = Q/F$. Daraus folgt

$$|\vec{P}| = \sigma \quad .$$

Wir wollen nun den allgemeinen Zusammenhang zwischen σ und $\vec{P}$ bzw. zwischen ρ und $\vec{P}$ erkennen. Dazu nehmen wir aus Gleichung (10), die wir als Gradienten zweier Potentialanteile ϕ_ρ und ϕ_p auffassen können, den von der Polarisation $\vec{P}$ abhängigen Anteil des Potentials (ϕ_p):

$$\phi_p(\vec{r}) = \int_V \vec{P}(\vec{r}\,') \cdot \vec{\nabla}' \frac{1}{|\vec{r} - \vec{r}\,'|} dV' \quad .$$

Dies ist das von dem polarisierten Körper erzeugte Potential ϕ_p. Wegen

$$\vec{\nabla}' \cdot \left(\vec{P}(\vec{r}') \frac{1}{|\vec{r} - \vec{r}'|} \right) = \frac{1}{|\vec{r} - \vec{r}'|} \vec{\nabla}' \cdot \vec{P}(\vec{r}') + \vec{P}(\vec{r}') \cdot \vec{\nabla}' \left(\frac{1}{|\vec{r} - \vec{r}'|} \right)$$

gilt für $\phi_p(\vec{r})$:

$$\phi_p(\vec{r}) = \int\limits_V \vec{\nabla}' \cdot \left(\frac{\vec{P}(\vec{r}')}{|\vec{r} - \vec{r}'|} \right) dV' - \int\limits_V \frac{1}{|\vec{r} - \vec{r}'|} \vec{\nabla}' \cdot \vec{P}(\vec{r}') dV' \quad .$$

Durch Umformen des 1. Terms nach dem Gaußschen Satz ergibt sich

$$\phi_p(\vec{r}) = \int\limits_O \frac{\vec{P}(\vec{r}') \cdot \vec{n}}{|\vec{r} - \vec{r}'|} dF' + \int\limits_V \frac{-\vec{\nabla}' \cdot \vec{P}(\vec{r}')}{|\vec{r} - \vec{r}'|} dV' \equiv \phi_\sigma + \phi_\rho \quad ,$$

wobei $\vec{n}$ der Normaleneinheitsvektor ist, der senkrecht auf der Oberfläche O des Volumens V steht.

Wegen der bereits hergeleiteten Beziehung für das Potential von Flächen- und Raumladungen

$$\phi_\sigma = \int\limits_O \frac{\sigma(\vec{r}') dF'}{|\vec{r} - \vec{r}'|} \quad , \qquad \phi_\rho = \int\limits_V \frac{\rho(\vec{r}') dV'}{|\vec{r} - \vec{r}'|}$$

folgt sofort durch Koeffizientenvergleich:

$$\vec{P}(\vec{r}) \cdot \vec{n} = |\vec{P}|_n = P_n = \sigma_p \quad . \tag{14a}$$

Die Normalkomponente des Polaristionsvektors entspricht der auf der Oberfläche induzierten Flächenladungsdichte.

Ebenso folgt

$$\vec{\nabla} \cdot \vec{P} = \mathrm{div} \vec{P} = -\rho_p \quad . \tag{14b}$$

Die Quellen der Polaristion sind demnach die induzierten Raumladungsdichten. Die Polarisation $\vec{P}$ ist im allgemeinen die Reaktion ("Response") des Systems auf das eingeprägte (von außen vorgegebene) Feld $\vec{E}$. Für manche Stoffe gibt es natürliche, ausgerichtete Dipolmomente (z.B. innerhalb der sogenannten *Weiss'schen Bezirke* der Ferroelektrika und Elektrete). Im allgemeinen jedoch werden die Dipolmomente induziert. Ohne äußeres Feld wäre $\vec{P}$ Null, weil sich die Dipole ausmitteln. Wir nehmen hier vereinfachend an, daß der Zusammenhang zwischen $\vec{P}$ und $\vec{E}$ linear ist

$$\vec{P} = \chi_e \vec{E} \quad . \tag{15}$$

Die Proportionalitätskonstante χ_e ist die *elektrische Suszeptibilität* (lat. suscipere = empfangen). Die lineare Beziehung (15) gilt nur für nicht zu starke Felder $\vec{E}$ und nicht für Ferroelektrika. Aus (11b) und (15) folgt dann

$$\vec{D} = (1 + 4\pi\chi_e)\vec{E} = \epsilon \vec{E} \qquad \epsilon = 1 + 4\pi\chi_e \quad . \tag{16}$$

Das ist der Zusammenhang zwischen der *dielektrischen Verschiebung* $\vec{D}$ und der eingeprägten (von außen vorgebenen) Feldstärke $\vec{E}$. Nach (12) wird damit für konstante *Dielektrizitätskonstante* ϵ

$$\vec{\nabla} \cdot \vec{E} = 4\pi \frac{\rho}{\epsilon} \quad . \tag{17}$$

Für Medien dieser Art lassen sich also alle Probleme auf diejenigen der vorausgehenden Kapitel zurückführen, außer daß die Felder von Ladungen um den Faktor $1/\epsilon$ reduziert werden. In Kapitel II.6 kommen wir darauf detaillierter zurück.

5.1 Beispiel: Mit einem Dielektrikum gefüllter Plattenkondensator

Wir berechnen die Kapazität eines Plattenkondensators, der mit einem Dielektrikum gefüllt ist. Es gilt (vgl: Kapitel II.6, Gleichung (5)) und Kapitel I.1, Gleichung (25))

$$D_{1n} - D_{2n} = 4\pi\sigma \quad . \qquad \underline{1}$$

Wenn wir das Streufeld außerhalb des Kondensators vernachlässigen, also $D_{2n} = 0$ setzen, erhalten wir

$$D = D_{1n} = 4\pi\sigma \quad . \qquad \underline{2}$$

Außerdem gilt $D = eE$ und somit $E = \frac{4\pi\sigma}{\epsilon}$.

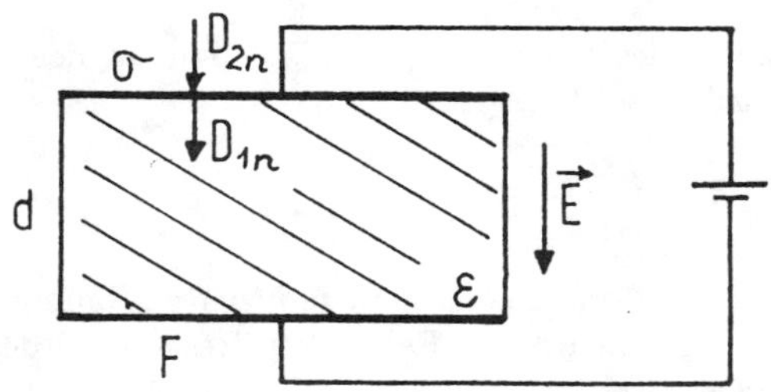

Plattenkondensator mit Dielektrikum.

Für die Kapazität folgt dann

$$C = \frac{Q}{U} = \frac{\sigma F}{U} = \frac{\sigma F}{dE} = \frac{\epsilon}{4\pi} \cdot \frac{F}{d} \quad . \qquad \underline{3}$$

Hierbei ist F die Fläche einer Kondensatorplatte und d der Abstand beider Platten.

Die Dielektrizitätskonstante hat für einige Materialien folgende Werte:

$$
\begin{array}{lcll}
\text{Vakuum} & \epsilon & = & 1 \\
\text{Luft} & \epsilon & = & 1.0005 \\
\text{Glas} & \epsilon & = & 5-8 \\
\text{Alkohol} & \epsilon & = & 26 \\
\text{Wasser} & \epsilon & = & 81\,.
\end{array}
$$

Die Kapazität eines Kondensators kann also um ein Vielfaches gesteigert werden, wenn zwischen die Platten ein Material mit hoher Dielektrizitätskonstante gebracht wird.

6. Einfache Dielektrika und die Suszeptibilität

Im allgemeinen ist ohne ein äußeres elektrisches Feld auch keine Polarisation vorhanden. Entsprechend der Entstehung der Polarisation müssen wir zwei Arten der Polarisation unterscheiden. Dies ist einmal die *Deformationspolarisation.* In diesem Fall sind in dem betrachteten Materiestück (Dielektrikum) ursprünglich keine elektrischen Dipolmomente vorhanden, sie werden erst durch "Deformation" der Atome (oder Moleküle) bei Anlegen eines elektrischen Feldes erzeugt. Ein Beispiel ist in der Skizze angegeben. Das neutrale Atom besteht aus der negativen Elektronenhülle und dem positiv geladenen Kern. Durch das angelegte äußere Feld werden die negativen Ladungen gegenüber dem positiven verschoben, so daß ein Dipolmoment induziert wird. Bei der Orientierungspolarisation sind schon molekulare Dipolmomente da, die aber wegen der thermischen Bewegung völlig ungeordnet sind, so daß nach außen kein Dipolmoment auftritt.

Schon bei der Diskussion der Multipolmomente haben wir vermerkt, daß es in Kernen, Atomen und Molekülen statische Dipolmomente (ungerade Multipolmomente) im Laborsystem nicht gibt. Der Grund hierfür ist die Paritätsinvarianz der elektromagnetischen Wechselwirkung, d.h. jede Ladungsverteilung muß punktsymmetrisch ($\vec{r} \longrightarrow -\vec{r}$) sein. Nun gibt es aber Moleküle, wie z.B. das Ammoniak (NH_3) oder Wasser (H_20), die sehr wohl "innere" Dipolmomente besitzen. Damit ist gemeint, daß in einem mit dem Molekül fest verbundenen (mitrotierenden) Koordinatensystem ein Dipol vorhanden sein kann. Im Laborsystem ist das jedoch nicht der Fall, weil dort die verschiedenen Dipollagen sich durch die quantenmechanische Rotation zeitlich und räumlich ausmitteln. Im Wassermolekül zieht die höhere Ladung des Sauerstoffkernes die gemeinsamen Elektronen zu sich und stößt gleichzeitig die beiden Wasserstoffkerne (Protonen) von sich weg. Dadurch enthält der Sauerstoffkern einen Überschuß an negativer Ladung. Es entsteht ein Dipolmoment, d.h. ein *polares* Molekül. Nur wenn zwei gleiche Atome miteinander ein Molekül bilden (z.B. Wasserstoffmolekül H_2), halten sich die gemeinsamen Elektronen in der Mitte zwischen

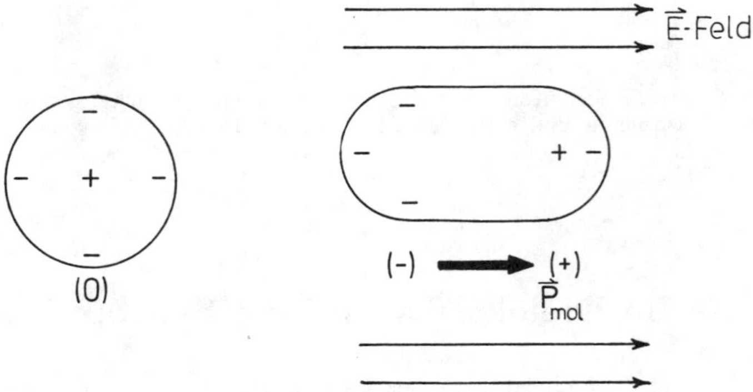

Symmetrische Moleküle ohne inneres Dipolmoment.
ohne äußeres Feld im äußeren Feld

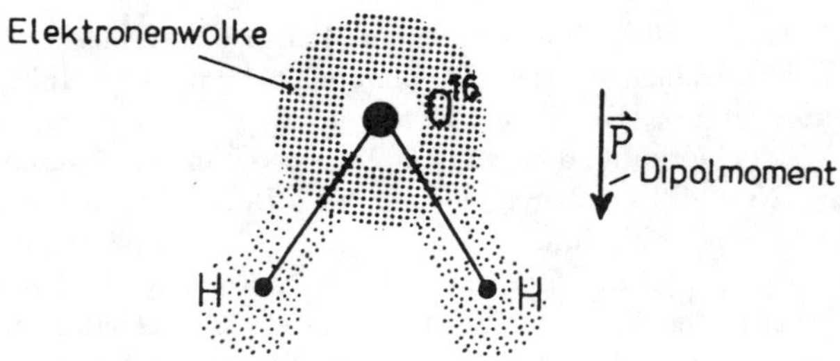

Schema des Wassermoleküls.

den Kernen am häufigsten auf.

Moleküle, welche polare Bindungen enthalten, sind meist selbst polar (haben ein Dipolmoment). Nur wenn sich die Polarität (Dipolmomente) der einzelnen Bindungen im Molekül gegenseitig aufheben, wird ein solches Molekül unpolar (besitzt kein Dipolmoment). So besitzt das lineare Molekül CO_2 kein Dipolmoment, obwohl die C-O-Bindung einen starken Dipol besitzt. Moleküle besitzen aber noch die

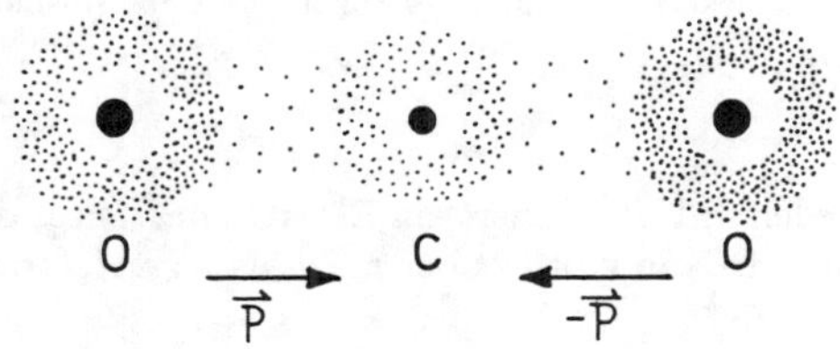

Schema des CO_2-Moleküls.

zusätzlichen Freiheitsgrade der Rotation und Schwingungen. Durch die Rotation wird im Laborsystem das Dipolmoment ausgemittelt. Die Schwingungen können ähnliches bewirken; z.B. das "Durchschwingen" des Stickstoff (N)-Kernes durch die H_3-Ebene im Ammoniak-Molekül. Auf diese Weise ergibt sich ein parität-erhaltenes

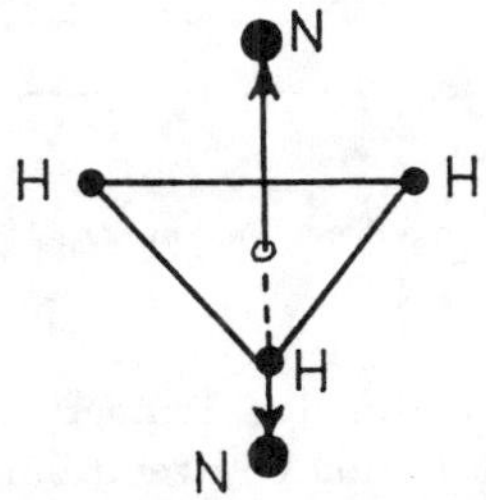

"Durchschwingen" des N-Kernes durch die H_3-Ebene im Ammoniak-Molekül.

Bild der Ladungsverteilung im Laborsystem. Die Rotationszeiten τ_{rot} sind oft lang, verglichen mit den Wechselwirkungszeiten τ_{WW}. Für die letzteren erscheint daher das polare Molekül als ein quasistatischer Dipol. Das berechtigt zu der (oft nicht ganz korrekten) Aussage, daß Moleküle statische Dipolmomente besitzen. Durch ein äußeres Feld gelingt es, die molekularen Dipolmomente auszurichten. Wird diese Ausrichtung an flüssigen Dielektrika (flüssiges Wachs, Harz) durchgeführt, so können sie die Polarisation nach dem Erstarren beibehalten (Elektret). *Der Elektret ist das elektrostatische Analogon zum Dauermagneten.* Da die Umgebung aber immer in

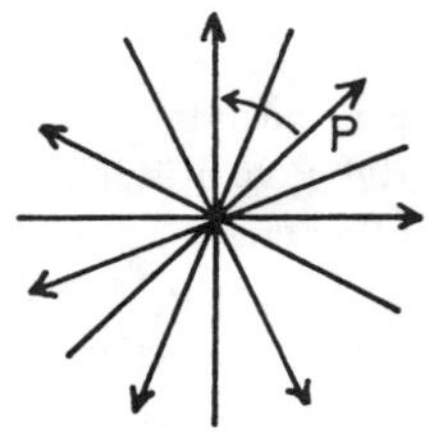

Rotation des Moleküls und damit des Dipols führt zur Ausmittelung des Dipols.

einem gewissen Maße leitend ist, verliert ein Elektret nach Stunden oder Tagen seine Wirkung nach außen hin. Nun gibt es aber auch als *ferroelektrisch* bezeichnete Kri-

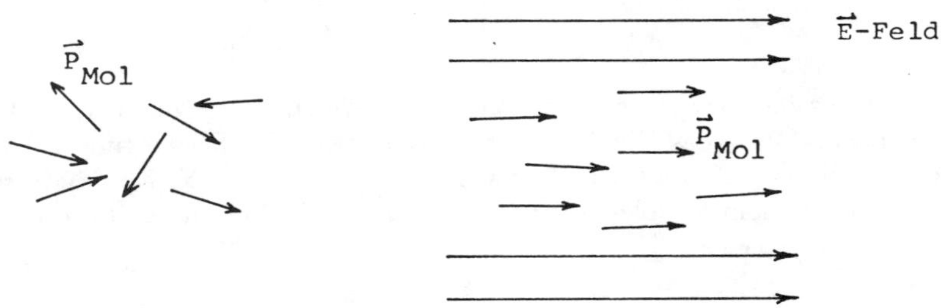

Polare Moleküle werden im äußeren Feld ausgerichtet.

stalle, welche unterhalb einer bestimmten Temperatur ("Curiepunkt") schon ohne äußeres Feld eine endliche Polarisation besitzen (ähnlich wie im magnetischen Fall die Ferromagnetika). Das kommt dadurch zustande, daß die Dipole der dicht beieinander liegenden Moleküle sich aufgrund der Dipol-Dipol-Wechselwirkung parallel zu orientieren suchen, weil – wie wir im 3. Kapitel gesehen haben – zwei Dipole sich am günstigsten (tiefste Energie) parallel ausrichten. In einem Ensemble vieler rotierender und schwingender Dipole wird also bei genügend niedriger Temperatur die freie Rotation und Schwingung der Moleküle derart massiv verändert, daß sich alle ausrichten. Man spricht von einem *Phasenübergang.* Die neue, ausgerichtete Phase ist einfach energetisch günstiger (tiefere Energie) als die freie Rotation und Schwingung der Moleküle. Dadurch ist natürlich die Paritäts- (und auch Rotations-) Symmetrie massiv gestört. Obwohl die grundlegende Wechselwirkung (in unserem Fall die elektrische Wechselwirkung) die Symmetrie der Paritäts- und Rotationsinvarianz besitzt, kann das Vielkörperproblem einen energetisch günstigeren Zustand vorziehen, in dem diese Symmetrien nicht mehr vorhanden (spontan gebrochen) sind. Im allgemeinen wird die ständige Polarisation eines ferroelektrischen Kristalls sofort kompensiert. Die durch die Polarisation hervorgerufenen freien Oberflächenladungen ziehen kompensierende Ladungen an. Deshalb kann die Ferroelektrizität nur

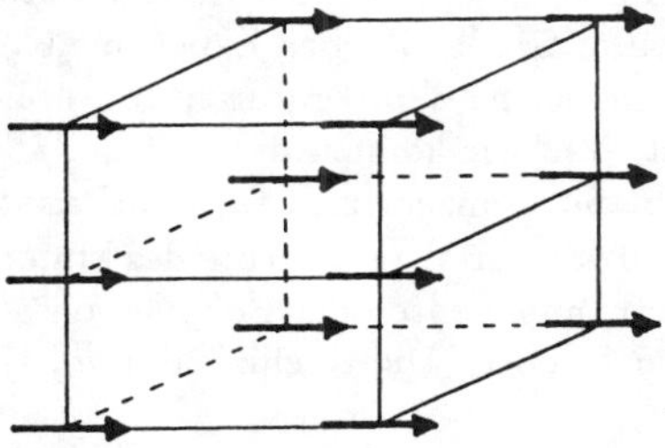

Spontan gebrochene Paritäts- und Rotationssymmetrien in einem Ferroelektrikum.

entweder durch eine gerichtete Kompression (*Piezoeffekt*) oder während einer Temperaturveränderung (*Pyroeffekt*) oder mittels eines schnell veränderlichen äußeren Feldes beobachtet werden. Alle Ferroelektrika sind piezoelektrisch und pyroelektrisch, aber nicht umgekehrt (z.B. sind die piezoelektrischen Quarz- und die pyroelektrischen Turmalinkristalle nicht ferroelektrisch). Bedingung für das Auftreten von Piezoelektrizität oder Pyroelektrizität ist das Nichtvorhandensein eines Symmetriezentrums im Kristall: Die gerichtete Kompression oder Erwärmung muß eine gerichtete Ionen- oder auch Elektronenverschiebung bewirken, um zu einer endlichen Polarisation zu führen. Von Ferroelektrizität spricht man aber nur, wenn diese Polarisation bereits im Normalzustand vorhanden ist und durch ein äußeres elektrisches Feld gedreht werden kann. Typische Ferroelektrika sind z.B. das Seignettesalz ($NaKC_4OH_4O_4 + 4H_2O$), das KH_2PO_4-Salz und der aus Bariumtitanat ($BaTiO_3$) bestehende Ionenkristall.

Die Polarisation wird also eine Funktion der Feldstärke sein, $\vec{P} = \vec{P}(\vec{E})$, wobei $\vec{P}(0) = 0$ ist. Da die von außen angelegten Felder in der Regel klein sind gegenüber den Feldern, die im Kristall zwischen den einzelnen Ionen wirken, können wir erwarten, daß bei einer Reihenentwicklung der Polarisation nach Potenzen des angelegten Feldes nur die ersten Terme von Bedeutung sind. Wir versuchen deshalb den folgenden Ansatz für die Komponenten der Polarisation:

$$P_i = \sum_{j=1}^{3} a_{ij} E_j + \sum_{j,k=1}^{3} b_{ijk} E_j E_k + \dots \quad .$$

Die Indizes stehen für die drei kartesischen Komponenten. Der Ansatz bedeutet, daß im allgemeinen auch Komponenten der Polarisation in y- und z-Richtung auftreten, wenn ein Feld in x-Richtung angelegt wird.

Die Koeffizienten a_{ij} und b_{ijk} sind Tensoren zweiter bzw. dritter Stufe (mit 9 bzw. 27 Elementen) und werden durch die spezifischen Eigenschaften des jeweiligen Dielektrikums bestimmt. Über ihre Größe gibt das Experiment Aufschluß. Es zeigt sich, daß bei normalen (nicht zu tiefen) Temperaturen und üblichen Feldstärken die lineare Näherung ausreicht, d.h. wir können die b_{ijk} und alle höheren Koeffizienten gleich Null setzen. Es gibt Substanzen (z.B. Bariumtitanat, Seignettesalz), für die $\vec{P}(\vec{E})$ eine komplizierte und von der Vorgeschichte des Materials abhängige Funktion ist. In der Skizze sind die Komponenten der Polarisation als Funktion des angelegten Feldes exemplarisch angegeben. Die Koeffizienten a_{ij} sind dann die Steigungen

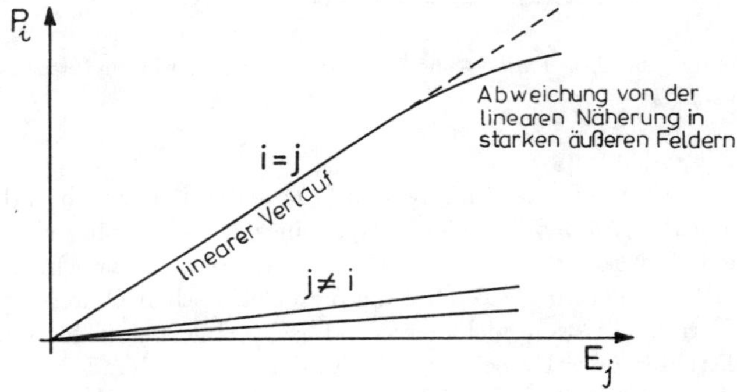

Beim Anlegen des elektrischen Feldes in j-Richtung (E_j) entstehen Polarisationen in i-Richtung (P_i).

der Geraden. Für $i = j$ sind die Koeffizienten größer als für $i \neq j$, d.h. die Diagonalelemente des Tensors sind größer als die Nichtdiagonalelemente. Der Tensor ist symmetrisch, $a_{ij} = a_{ji}$, d.h. es bleiben für *anisotrope Dielektrika* (z.B. Quarz) sechs unabhängige Koeffizienten.

In besonders einfachen Fällen, für *isotrope Dielektrika*, gilt

$$\begin{aligned} a_{ij} &= a\delta_{ij} \quad , \\ \text{d.h.} \qquad P_i &= aE_i \quad . \end{aligned}$$

Die Polarisation ist dann parallel zum elektrischen Feld. In diesem Fall wird mit $\chi_e = a$, die dielektrische Suszeptibilität definiert. Es gilt dann

$$\vec{P} = \chi_e \vec{E} \quad . \tag{1a}$$

Die *dielektrische Suszeptibilität* ist für solche Dielektrika eine reine Zahl. Für die dielektrische Verschiebunb $\vec{D}$ folgt in diesem Fall

$$\vec{D} = \vec{E} + 4\pi\vec{P} = (1 + 4\pi\chi_e)\vec{E} = \epsilon\vec{E} \quad .$$

Hierbei wurde mit

$$\epsilon = 1 + 4\pi\chi_e \tag{1b}$$

die *Dielektrizitätskonstante* definiert.

Bei einer festen Dielektrizitätskonstante ϵ gilt

$$\text{div}\vec{E} = \text{div}\frac{\vec{D}}{\epsilon} = \frac{1}{\epsilon}\text{div}\vec{D} = \frac{4\pi\rho}{\epsilon} \quad . \tag{2}$$

Mit dem Gaußschen Satz wollen wir die differentiellen Formulierungen für Feldstärke und dielektrische Verschiebung in eine integrale Form überführen. Es gilt

$$\oint_O \vec{D} \cdot \vec{n} dF = \int_V \text{div}\vec{D} dV = 4\pi \int_V \rho dV = 4\pi Q \quad . \tag{3}$$

Analog ergibt sich mit den Gleichungen (5.11) und (5.15) des vorangegangenen Kapitels II.5

$$\oint_O \vec{E} \cdot \vec{n} dF = 4\pi(Q + Q_p) \quad , \tag{4}$$

wenn Q_p die induzierten Polarisationsladungen sind. Mit den beiden Beziehungen (3) und (4) können wir jetzt das Verhalten der Feldlinien untersuchen beim Durchgang durch eine Grenzschicht, die eine Flächenladung σ trägt. Wir greifen uns

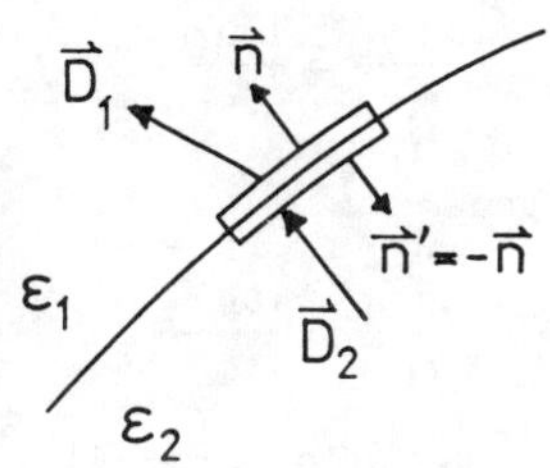

Zum Verhalten der dielektrischen Verschiebung D an einer Grenzschicht.

wieder ein scheibenförmiges Volumenelement heraus, das die Grenzfläche enthält.

Die Seitenflächen werden so klein gemacht, daß sie vernachlässigt werden können, dann ergibt sich

$$\oint_O \vec{D} \cdot \vec{n} dF = (D_{1n} - D_{2n}) \Delta F = 4\pi \Delta Q \quad \text{oder} \quad D_{1n} - D_{2n} = 4\pi\sigma \quad . \tag{5}$$

Die Normalkomponente der dielektrischen Verschiebung springt um die Oberflächenladungsdichte.

Entsprechend Gleichung (5.17) treten bei der elektrischen Feldstärke noch die induzierten Oberflächenladungen auf:

$$E_{1n} - E_{2n} = 4\pi(\sigma + \sigma_p) \quad . \tag{6}$$

Mit dem Satz von Stokes ergibt sich wegen $\text{rot}\vec{E} = 0$ wie im Vakuum die Stetigkeit der Tangentialkomponenten aus

$$\oint \vec{E} \cdot d\vec{s} = \int_F \text{rot}\vec{E} \cdot d\vec{F} = 0 \quad \Rightarrow \quad E_{1t} = E_{2t} \quad . \tag{7}$$

Betrachten wir mit diesen Beziehungen die Brechung der elektrischen Feldlinien beim Übergang zwischen zwei Dielektrika: Fehlen die Flächenladungen, so gilt:

$$E_{1t} = E_{2t} \quad \text{und} \quad D_{1t} = D_{2t} \quad .$$

Führen wir die Winkel entsprechend der Figur auf der nächsten Seite ein, erhalten wir:

$$E_1 \sin\alpha_1 = E_2 \sin\alpha_2 \quad \text{und} \quad \epsilon_1 E_1 \cos\alpha_1 = \epsilon_2 E_2 \cos\alpha_2 \quad .$$

Division der beiden Gleichungen durcheinander liefert für das $\vec{E}$-Feld

$$\frac{\tan\alpha_1}{\epsilon_1} = \frac{\tan\alpha_2}{\epsilon_2} \quad , \tag{8}$$

und für das $\vec{D}$-Feld natürlich genau so:

$$\frac{\tan\beta_1}{\epsilon_1} = \frac{\tan\beta_2}{\epsilon_2} \quad .$$

In linearen Dielektrika ist $\alpha_1 = \beta_1$ und $\alpha_2 = \beta_2$.

Bezeichnen wir mit dem elektrisch dichteren Medium dasjenige mit höherer Dielektrizitätskonstante, so bedeutet dieses Brechungsgesetz, daß die elektrischen Feldlinien beim Übergang in das elektrisch dichtere Medium von der Einfallsnormalen weggebrochen werden (umgekehrt zur Optik).

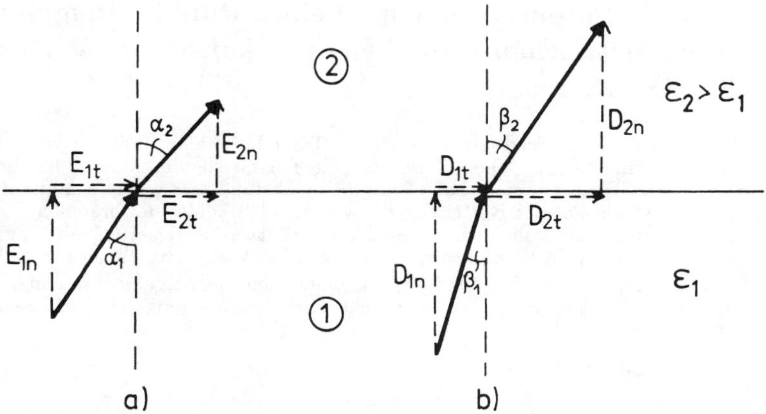

Brechung der Feldlinien des
a) elektrischen Feldes
b) der dielektrischen Verschiebung an einer Grenzschicht zweier Dielektrika ohne Flächenladung.

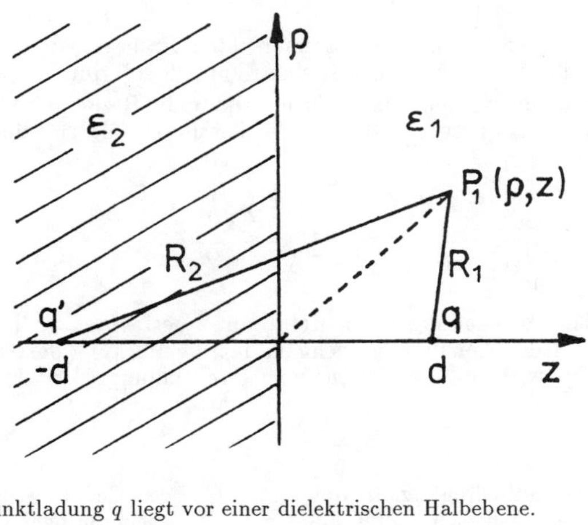

Eine Punktladung q liegt vor einer dielektrischen Halbebene.

6.1 Beispiel: Potentialverteilung einer Punktladung vor einer dielektrischen Halbebene mit konstanter Dielektrizitätskonstante.

Zwei Dielektrika grenzen mit einer ebenen Trennfläche aneinander. Wenn wir Zylinderkoordinaten (ρ, φ, z) einführen, soll die Trennfläche durch $z = 0$ beschrieben werden. Im Dielektrikum 1 befinden sich im Abstand $z = d$ eine Punktladung q. Gesucht ist die Potentialverteilung $\phi(\rho, \varphi, z)$ in den beiden Halbräumen. Das ist ein Potentialproblem für den ganzen Raum mit Dirichletschen Randbedingungen $(\phi(r \to \infty) = 0)$ im Unendlichen. Das Potential ϕ wird aus Teillösungen für die Halbräume $z < 0$ und $z > 0$ zusammengesetzt, deren Übergang ineinander durch Stetigkeitsbedingungen bei $z = 0$ erreicht wird. Die Bestimmuntsgleichungen lauten:

$$\begin{aligned} \epsilon_1 \,\mathrm{div}\vec{E} &= 4\pi\rho \quad , \quad z > 0 \quad , \\ \epsilon_2 \,\mathrm{div}\vec{E} &= 0 \quad , \quad z < 0 \quad , \\ \mathrm{rot}\vec{E} &= 0 \quad , \quad \text{überall}, \quad \rho = q\delta(z-d)\delta(x)\delta(y) \quad . \end{aligned}$$

Für das Potential lauten sie entsprechend

$$\begin{aligned} \Delta\phi(\rho, z) &= -\tfrac{4\pi\rho}{\epsilon_1} \quad \text{für} \quad z > 0 \quad , \\ \Delta\phi(\rho, z) &= 0 \quad \text{für} \quad z > 0 \quad . \end{aligned}$$

Finden wir auf irgendeine Weise eine Lösung, so ist sie wegen des Eindeutigkeitssatzes (vgl. Kapitel I.2) die einzige. Die Ladung liegt bei $(0, 0, d)$, das Problem ist völlig rotationssymmetrisch um die z-Achse; der Winkel φ braucht daher für die Lösung nicht betrachtet zu werden:

$$\phi(\rho, \varphi, z) = \phi(\rho, z) \quad .$$

Nehmen wir einen Punkt $P_1(\rho, z)$ im rechten Halbraum und berechnen für ihn das Potential. Die Wirkung des Dielektrikums 2 soll durch eine Bildladung q' in $(0, 0, -d)$ simuliert werden. Da im Dielektrikum die Beziehung $\vec{\nabla} \cdot \vec{D} = 4\pi\rho = \epsilon \vec{\nabla} \cdot \vec{E}$ gilt, wenn ϵ konstant ist, erhalten wir für das Potential der beiden Punktladungen in Halbraum 1

$$\phi_1 = \frac{1}{\epsilon_1}\left(\frac{q}{R_1} + \frac{q'}{R_2}\right) \quad , \qquad \underline{1}$$

falls $R_1 = \sqrt{\rho^3 + (d-z)^2}$ und $R_2 = \sqrt{\rho^3 + (d+z)^2}$ die Abstände des Punktes P_1 von q und q' sind.

Wenn wir jetzt den ladungsfreien Halbraum 2 betrachten, so läßt sich das Potential dort unter der Annahme berechnen, daß die Wirkung der Dielektrika dadurch berücksichtigt wird, daß in $(0, 0, d)$ eine Punktladung q'' sitzt. Das Potential ist dann:

$$\phi_2 = \frac{1}{\epsilon_2}\frac{q''}{R_1} \quad . \qquad \underline{2}$$

Durch die Randbedingungen, die sich für Potential und Feldstärke an der Grenzfläche ergeben, wird jetzt die Größe der angenommenen Bildladungen berechnet. Die Tangentialkomponenten der elektrischen Feldstärke und die Normalkomponenten der dielektrischen Verschiebung gehen an der Grenzfläche stetig über:

$$E_{1\rho}(z = 0) = E_{2\rho}(z = 0) \quad , \qquad \underline{3}$$

$$D_{1z}(z=0) = D_{2z}(z=0) \quad . \qquad \underline{4}$$

Drücken wir die Feldstärke durch das Potential aus: $\vec{E} = -\text{grad}\phi$, so ergibt sich für Gleichung $\underline{3}$:

$$\left.\frac{\partial \phi_1}{\partial \rho}\right|_{z=0} = \left.\frac{\partial \phi_2}{\partial \rho}\right|_{z=0} \quad ,$$

$$\left.\frac{1}{\epsilon_1}\frac{\partial}{\partial \rho}\left(\frac{q}{\sqrt{\rho^2+(d-z)^2}} + \frac{q'}{\sqrt{\rho^2+(d+z)^2}}\right)\right|_{z=0} = \left.\frac{1}{\epsilon_2}\frac{\partial}{\partial \rho}\frac{q''}{\sqrt{\rho^2+(d-z)^2}}\right|_{z=0}$$

und nach Ausführung der Differentiation:

$$q + q' = \frac{\epsilon_1}{\epsilon_2}q'' \quad . \qquad \underline{5}$$

Eine zweite Bedingung erhalten wir aus Gleichung $\underline{4}$:

$$\epsilon_1\left.\frac{\partial \phi_1}{\partial z}\right|_{z=0} = \epsilon_2\left.\frac{\partial \phi_2}{\partial z}\right|_{z=0} \quad .$$

Setzen wir ϕ_1 und ϕ_2 ein, so folgt

$$q - q' = q'' \quad . \qquad \underline{6}$$

Aus den Gleichungen $\underline{5}$ und $\underline{6}$ lassen sich die Bildladungen bestimmen:

$$q' = \frac{\epsilon_1 - \epsilon_2}{\epsilon_1 + \epsilon_2}q \quad \text{und} \quad q'' = \frac{2\epsilon_2}{\epsilon_1 + \epsilon_2}q \quad .$$

Wir erhalten so die Lösung für die Potentiale im Halbraum 1 ($z > 0$):

$$\phi_1(\rho, z) = \frac{q}{\epsilon_1}\left(\frac{1}{\sqrt{\rho^2+(d-z)^2}} + \frac{\epsilon_1 - \epsilon_2}{\epsilon_1 + \epsilon_2}\cdot\frac{1}{\sqrt{\rho^2+(d+z)^2}}\right) \quad , \qquad \underline{7}$$

und im Halbraum 2 ($z < 0$):

$$\phi_2(\rho, z) = \frac{2q}{\epsilon_1 + \epsilon_2}\cdot\frac{1}{\sqrt{\rho_2+(d+z)^2}} \quad . \qquad \underline{8}$$

Diskussion des Ergebnisses:

Wir geben die Feldlinienbilder für verschiedene Verhältnisse ϵ_1/ϵ_2 und eine positive Ladung q an.

Die Bildladung q'' hat immer das gleiche Vorzeichen wie q. Im Halbraum 2 erhalten wir also immer das Potential einer mehr oder weniger starken (positiven) Punktladung q''. Die Bildladung q' wechselt ihr Vorzeichen falls $\epsilon_1 > \epsilon_2$. Im Halbraum 1 werden je nach Verhältnis der Dielektrizitätskonstanten die Fellinien (von der Bildladung) abgestoßen oder angezogen.

Für $\epsilon_1 = \epsilon_2$ gilt $q' = 0$ und $q'' = q$; es ergibt sich das Feld einer Punktladung im ganzen Raum.

Für $\epsilon_2 < \epsilon_1$ ist $q' > 0$, $0 < q'' < q$. Die Fellinien im Raum 1 verlaufen so, als ob sie von der Bildladung q' abgestoßen werden.

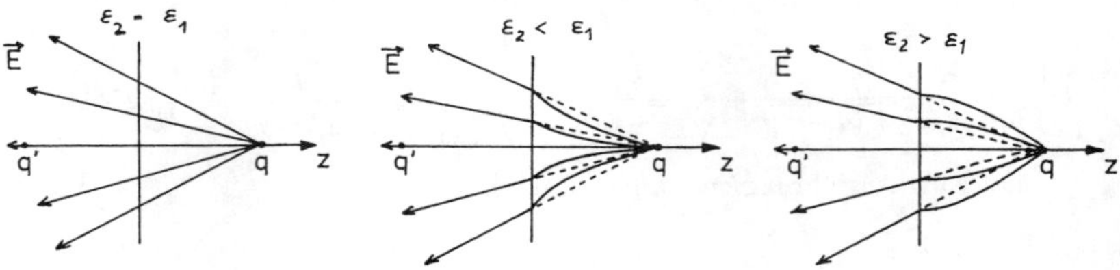

Verlauf der Feldlinien für eine Punktladung vor einer dielektrischen Wand.

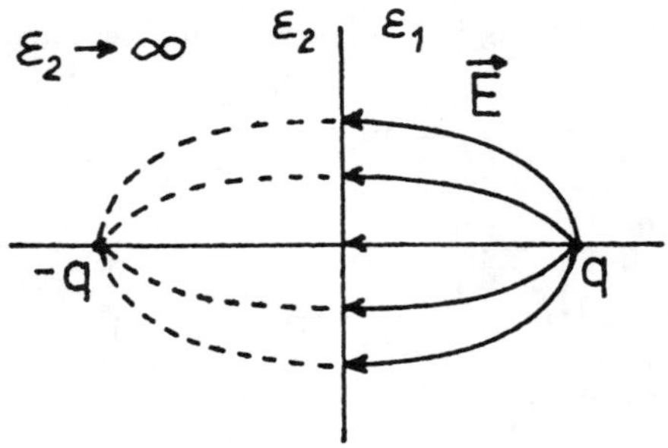

Verlauf der Feldlinien für eine Punktladung vor einer leitenden Wand ($\epsilon_2 \rightarrow \infty$).

Für $\epsilon_2 > \epsilon_1$ ist $q' < 0$, die Feldlinien werden von der Bildladung q' angegzogen.

Für $\epsilon_1 \ll \epsilon_2$, $\epsilon_2 \to \infty$ geht $q' \to -q$. Das Dielektrikum verhält sich zunehmend wie ein Leiter; die Feldlinien stehen senkrecht auf der Trennfläche und das Potential verschwindet im zweiten Halbraum (vgl. Gleichung 8). Wir besprechen noch kurz die Polarisationsladungsdichte in diesem Problem. Sie ist, wie wir wissen (vgl. Gleichung 5.14) durch $\rho_p = -\text{div}\vec{P}$ gegeben. Da innerhalb beider dielektrischer Medien $\vec{P} = \chi_e \vec{E}$ ist, folgt

$$\rho_p = -\text{div}\vec{P} = -\chi_e \text{div}\vec{E} = \begin{cases} -\chi_e \frac{q}{\epsilon_1} 4\pi\delta(x)\delta(y)\delta(z-d) & \text{für} \quad z > 0 \\ 0 & \text{für} \quad z < 0 \end{cases} \tag{9}$$

Lediglich am Ort der Ladung q gibt es eine Polarisationsladungsdichte mit der Polarisationsladung

$$\int \rho_p dV = \frac{-4\pi q}{\epsilon_1}\chi_e = -\frac{\epsilon_1 - 1}{\epsilon_1} q \quad . \tag{10}$$

Wir müssen jedoch aufpassen, weil χ_e an der Grenzfläche einen Sprung macht um

$$\Delta\chi_e = \frac{\epsilon_1 - \epsilon_2}{4\pi} \quad . \tag{11}$$

Daher gibt es an der Grenzfläche noch eine Polarisations-Flächenladungsdichte von der Größe

$$\sigma_p = -(\vec{P}_1 - \vec{P}_2) \cdot \vec{n} \quad , \tag{12}$$

wobei $\vec{n} = \vec{e}_z$ ist. Weil nun

$$\vec{P}_i \bigg|_{z=0} = \frac{(\epsilon_i - 1)}{4\pi}\vec{E}_i \bigg|_{z=0} = -\frac{(\epsilon_i - 1)}{4\pi}\nabla\phi_i \bigg|_{z=0} \quad , \tag{13}$$

läßt sich σ_p gemäß 12 leicht bestimmen zu

$$\sigma_p = -\frac{q}{2\pi}\frac{(\epsilon_2 - \epsilon_1)}{\epsilon_1(\epsilon_2 + \epsilon_1)}\frac{d}{(\rho^2 + d^2)^{3/2}} \quad . \tag{14}$$

Wie zu erwarten, ist die Polarisations-Flächenladungsdichte am größten, wenn $\rho = 0$ ist, und sie verschwindet, wenn $\epsilon_1 = \epsilon_2$ ist, d.h. wenn es gar keine Grenzfläche gibt. Im Fall $\epsilon_2 \gg \epsilon_1$ ist die linke Seite ein Leiter und 14 geht über in

$$\lim_{\epsilon_2 \to \infty} \sigma_p = \frac{-q}{2\pi}\frac{d}{(\rho^2 + d^2)^{3/2}} \quad . \tag{15}$$

Das ist das aus Aufgabe 2.6 bekannte Ergebnis für die Induktionsladung.

6.2 Beispiel: Polarisation einer Kugel im homogenen Feld $\vec{E}_0$

Wir untersuchen die Polarisation einer elektrisch neutralen Kugel, die aus dielektrischem Material mit der Dielektrizitätskonstanten ϵ besteht und in einem homogenen elektrischen Feld mit der Feldstärke $\vec{E}_0$ eingebettet ist. Außerhalb der Kugel

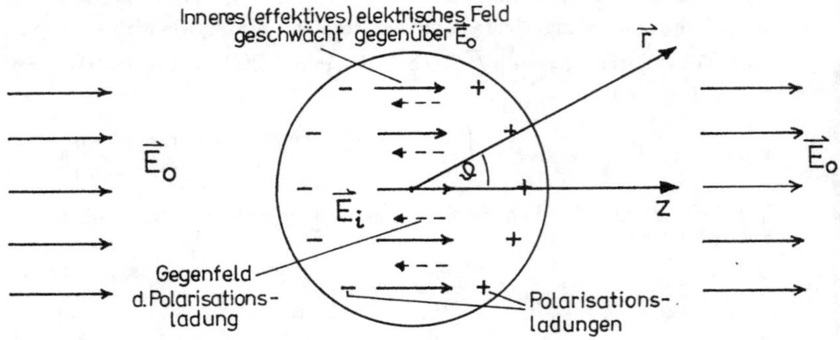

Eine dielektrische Kugel im homogenen elektrischen Feld.

sei die Dielektrizitätskonstante gleich 1, d.h. die Kugel befindet sich im Vakuum. Auf der Kugeloberfläche bilden sich Polarisationsladungen. Dagegen bleiben der Innenraum und Außenraum der Kugel ladungsfrei. Das Feld $\vec{E}_i$ im Inneren der Kugel und $\vec{E}_a = \vec{E}_0$, das Feld im Außenraum, erfüllen dann die Gleichungen:

$$\begin{aligned} &\mathrm{rot}\vec{E} = 0 \quad ,\vec{E} = -\mathrm{grad}\varphi \quad , \\ &\mathrm{div}\vec{D} = 0 \quad ,\Delta\varphi = 0, \quad \text{weil} \quad \vec{D} = \epsilon\vec{E}, \quad \epsilon = \text{const.} \end{aligned} \tag{1}$$

Da wir den Kugelmittelpunkt als Koordinatenursprung und die Richtung von $\vec{E}_0$ als z-Achse gewählt haben und das Feld in großem Abstand von der Kugel homogen ist, gilt für $r \to \infty$:

$$\vec{E} = E_0\vec{e}_z; \quad \varphi = -E_0 z; \quad E_z = -\frac{\partial}{\partial z}\varphi = E_0 \quad . \tag{2}$$

Als weitere Randbedingungen erhalten wir für die Kugeloberfläche:

$$D_r^i\Big|_{r=a} = D_r^a\Big|_{r=a} \quad , \tag{3}$$

d.h. die Normalkomponente von $\vec{D}$ geht stetig durch die Oberfläche; denn aus $\mathrm{div}\vec{D} = 4\pi\rho$ folgt, daß die *Quellen von $\vec{D}$ nur die wahren Ladungen sind.* Die Polarisationsladungen σ auf der Oberfläche sind also keine Quellen von $\vec{D}$, so daß die Normalkomponente keinen Sprung macht. Weiter gilt für die Feldstärke:

$$E_\vartheta^i\Big|_{r=a} = E_\vartheta^a\Big|_{r=a} \quad , \tag{4}$$

d.h. die Tangentialkomponente bleibt stetig. Unter den Annahmen, daß die Polarisation in der Kugel homogen, parallel und proportional zum äußeren Feld ist, gilt:

$$\vec{D} = \epsilon \vec{E} = -\epsilon \operatorname{grad}\varphi \quad .$$

Dann erhalten wir für die Normalkomponente von $\vec{D}$

$$\vec{D}_n = \epsilon \vec{E}_n = -\epsilon \frac{\partial \varphi}{\partial r} \vec{e}_r \quad .$$

Wegen 3 folgt dann:

$$-\epsilon \frac{\partial \phi_i}{\partial r}\bigg|_{r=a} = -\frac{\partial \varphi_a}{\partial r}\bigg|_{r=a} \quad . \qquad \underline{5}$$

Nun wollen wir die Abänderung des Feldes $\vec{E}_0$ untersuchen, die durch die Polarisation der Kugel entsteht. Im Inneren der Kugel herrscht das Potential

$$\varphi_i = -E_i \cdot z \quad . \qquad \underline{6}$$

Nach außen wirkt die Kugel wie ein elektrischer Dipol in z-Richtung, dessen Moment $\vec{p}_z$ ist. Das von diesem Moment herrührende Potential ist gegeben durch

$$\varphi = \frac{\vec{p}_z \cdot \vec{r}}{r^3} \quad .$$

Dann herrscht im Außenraum der Kugel das Potential

$$\varphi_a = -E_0 z + \frac{\vec{p}_z \cdot \vec{r}}{r^3} \quad . \qquad \underline{7}$$

Da der vom Dipolmoment erzeugte Potentialanteil proportional zu $1/r^2$ ist, verschwindet er für große r und nur der homogene Anteil bleibt entsprechend den Gleichungen 2 zurück. Wir setzen die Potentiale 6 und 7 in die Randbedingungen 4 und 5 ein. Wenn wir das Dipolmoment eliminieren, erhalten wir eine Beziehung für das elektrische Feld im Inneren. Mit $z = r\cos\vartheta$ folgt aus 5:

$$\epsilon E_i = E_0 + \frac{2p_z}{a^3} \quad . \qquad \underline{8}$$

Andererseits folgt aus 4:

$$\frac{\partial \varphi_i}{\partial \vartheta}\bigg|_{r=a} = \frac{\partial \varphi_a}{\partial \vartheta}\bigg|_{r=a} \quad , \qquad E_i = E_0 - \frac{p_z}{a^3} \quad . \qquad \underline{9}$$

Aus 7 und 8 läßt sich dann das elektrische Feld im Inneren der Kugel berechnen zu

$$E_i = \frac{3}{\epsilon + 2} E_0 \quad . \qquad \underline{10}$$

Das Feld im Inneren der Kugel ist um den Faktor $\frac{3}{\epsilon+2} \leq 1$ geschwächt. Nun bestimmen wir noch p_z, den Betrag des Dipolmomentes. Aus 9 folgt

$$E_0 = E_i - \frac{p_z}{a^3} \quad .$$

Setzen wir dies in 10 ein, so können wir nach p_z auflösen und erhalten

$$p_z = \frac{\epsilon - 1}{\epsilon + 2} a^3 E_0 \quad . \qquad \underline{11}$$

Gleichung 11 erhalten wir auch, wenn wir von der Polarisation (Dipoldichte) $\vec{P}$ ausgehen:

$$\vec{P} = \chi \vec{E}_i = \chi E_i \vec{e}_z = \frac{\epsilon - 1}{4\pi} \frac{3E_0}{\epsilon + 2} \vec{e}_z \equiv P \vec{e}_z \quad .$$

Man beachte, daß die Polarisation $\vec{P}$ zusammen mit der Suszeptibilität χ_e immer in Bezug auf das makroskopische Feld im Dielektrikum definiert ist. Das Feld im Dielektrikum ist in unserem Fall E_i. Dann bekommen wir das Dipolmoment $\vec{p}$, indem wir über das Volumen V integrieren:

$$\vec{p} = \int_V \vec{P} dV = \frac{\epsilon - 1}{\epsilon + 2} \frac{3}{4\pi} E_0 \int_V dV \cdot \vec{e}_z \quad .$$

Mit $V = \frac{4}{3}\pi a^3$ folgt

$$\vec{p} = \frac{\epsilon - 1}{\epsilon + 2} E_0 a^3 \vec{e}_z \quad .$$

Die Differenz zwischen innerem und äußerem Feld ist durch die Polarisation darstellbar

$$\vec{E}_i - \vec{E}_0 = \left(\frac{3}{\epsilon + 2} - 1 \right) \vec{E}_0 = -\frac{\epsilon - 1}{\epsilon + 2} \vec{E}_0 = \frac{\epsilon - 1}{\epsilon + 2} \frac{\epsilon + 2}{3} \vec{E}_i = -\frac{\epsilon - 1}{3} \frac{\vec{P}}{\chi} \quad ,$$

und da $\chi = \frac{\epsilon - 1}{4\pi}$, folgt

$$\vec{E}_0 - \vec{E}_i = +\frac{4\pi}{3} \vec{P} \quad . \qquad \underline{12}$$

Die Schwächung des elektrischen Feldes im Inneren der Kugel aufgrund der Polarisation wird als *Entelektrisierung* bezeichnet. Die Stärke der Entelektrisierung ist durch Gleichung 12 gegeben, der Vorfaktor der Polarisation $4\pi/3$ heißt *Entelektrisierungsfaktor.*

Außer für den Fall der Kugel ist die Entelektrisierung für den Fall eines langen dünnen Stabes und einer flachen Platte berechenbar.

Für eine Platte mit der Dielektrizitätskonstante ϵ, die senkrecht zum Feld E_0 angeordnet ist, folgt aus der Stetigkeit der Normalkomponenten von D:

$$D_i = D_a \quad \text{und somit} \quad \epsilon E_i = E_a = E_0 \quad .$$

Für die Differenz ergibt sich

$$E_0 - E_i = (\epsilon - 1) E_i = 4\pi \chi E_i = +4\pi P \quad .$$

Der Entelektrisierungsfaktor ist 4π.

Für den dünnen Stab, der parallel zu den Feldlinien angeordnet ist, folgt aus der Stetigkeit der Tangentialkomponenten von E, daß $E_i = E_0$, der Entelektrisierungsfaktor ist also gleich Null.

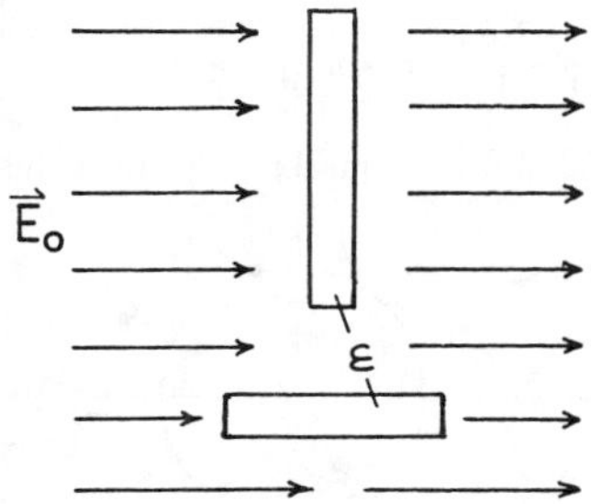

Platte und Stab im elektrischen Feld.

Man mag sich wundern, daß wir im Fall der Platte die Normalkomponente der dielektrischen Verschiebung und im Fall des dünnen Stabes die Tangentialkomponente der Feldstärke betrachten. Der Grund hierfür liegt natürlich in der speziellen Geometrie. Wegen der geringen Dicke der Platte ist die Tangentialkomponente der Feldstärke, bis auf Streufelder am Plattenrand, bedeutungslos. Genauso ist es mit der Normalkomponente des D-Feldes im Fall des dünnen Stabes.

Allgemein gilt, daß ein Ellipsoid in einem homogenen Feld homogen polarisiert wird. Bei einer homogenen Polarisierung definiert man:

$$E_0 - E_i = NP \quad ,$$

wenn N der Entelektrisierungsfaktor ist. Mit $\chi E_i = P$ ergibt sich

$$P = \frac{1}{\frac{1}{\chi} + N} E_0 \quad .$$

Wenn die Suszeptibilität groß ist, wird die Polarisation wesentlich durch den, wie oben gezeigt wurde, geometrieabhängigen Entelektrisierungsfaktor bestimmt. Darin liegt die Schwierigkeit, bei kleinen Proben die Suszeptibilität zu messen.

6.3 Beispiel: Kugelförmiger Hohlraum im Dielektrikum

Eine homogene Kugel mit der Dielektrizitätskonstanten ϵ_2 und dem Radius a ist in einen Raum mit Dielektrizitätskonstanten ϵ_1 eingebettet. Vor dem Einbringen der Kugel hat dort das homogene Feld $\vec{E} = E_0 \vec{e}_z$ geherrscht. Gesucht ist das Potential und der Feldlinienverlauf. Für einen kugelförmigen Hohlraum im Dielektrikum ($\epsilon_1 = \epsilon$, $\epsilon_2 = 1$) soll die Polarisationsladungsdichte auf der Kugeloberfläche bestimmt werden, ebenso das elektrische Feld, das durch diese Oberflächenladungen erzeugt wird.

Diese Aufgabe kann analog zu Aufgabe 6.2 behandelt werden. Die Potentiale wurden dort angesetzt als

$$\phi_1 = -E_0 z + \frac{P_z z}{r^3}, \quad r > a \qquad \phi_2 = -E_i \cdot z, \quad r < a \quad . \tag{1}$$

Aus der Bedingung, daß die Normalkomponenten der dielektrischen Verschiebung

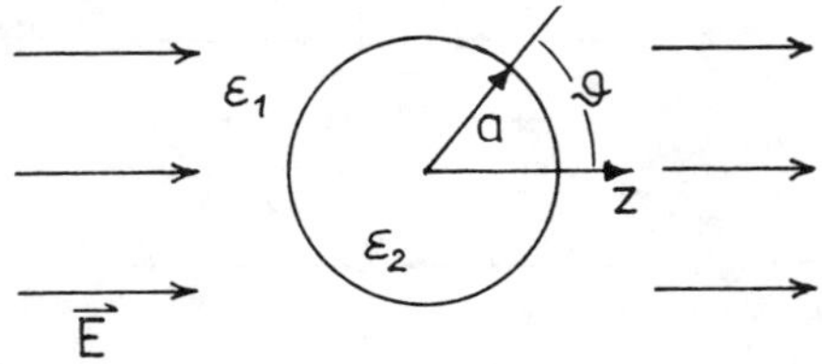

Kugelförmiger Hohlraum im Dielektrikum.

stetig sind, folgt jetzt

$$\epsilon_2 \frac{\partial \phi_2}{\partial r}\bigg|_{r=a} = \epsilon_1 \frac{\partial \phi_1}{\partial r}\bigg|_{r=a} \quad . \tag{2}$$

Wir brauchen deshalb in den Gleichungen von Aufgabe 6.2 nur die Ersetzung $\epsilon \to \epsilon_2/\epsilon_1$ vorzunehmen. Dies ergibt für die im Potentialansatz auftretenden Konstanten

$$\begin{aligned} E_i &= \frac{3\epsilon_1}{2\epsilon_1 + \epsilon_2} E_0, \to \phi_2 = -\frac{3\epsilon_1}{2\epsilon_1 + \epsilon_2} E_0 r \cos\vartheta \quad , \\ p_z &= \frac{\epsilon_2 - \epsilon_1}{2\epsilon_1 + \epsilon_2} a^3 E_0, \to \phi_1 = -E_0 r \cos\vartheta + \frac{\epsilon_2 - \epsilon_1}{2\epsilon_1 + \epsilon_2} a^3 E_0 \frac{\cos\vartheta}{r^2} \quad . \end{aligned} \tag{3}$$

Das Feld in der Kugel ist per Ansatz immer homogen. Die Feldlinien werden nach der Beziehung

$$\vec{E}\text{-Feld:} \quad \frac{\tan\alpha_1}{\tan\alpha_2} = \frac{\epsilon_1}{\epsilon_2}; \qquad \vec{D}\text{-Feld:} \quad \frac{\tan\beta_1}{\beta_2} = \frac{\epsilon_1}{\epsilon_2}$$

an der Grenzfläche gebrochen. Wir erhalten damit den in der Skizze wiedergegebenen Feldlinienverlauf. Die $\vec{D}$-Linien werden an der Oberfläche (genau wie die $\vec{E}$-Linien) gebrochen. Sie können sich nicht vermehren, weil $\text{div}\vec{D} = 4\pi\rho = 0$, da es keine äußeren Ladungen gibt. Im Gegensatz hierzu gilt $\text{div}\vec{E} = 4\pi\rho - 4\pi\text{div}\vec{P} = 4\pi\rho_p$, d.h. die $\vec{E}$-Linien können sich vermehren, weil ihre Quellen nicht nur die wahren Ladungen (ρ), sondern auch die Polarisationsladungen $\rho_p = -\text{div}\vec{P}$ sind. Eine Polarisation ist aber in unserem Beispiel vorhanden. Die Polarisationsdichte ist deshalb

$$\sigma_{pol} = (\vec{P}_1 - \vec{P}_2) \cdot \vec{n} = \vec{P}_1 \cdot \vec{n} - \vec{P}_2 \cdot \vec{n} \quad .$$

Der Innenraum der Kugel ist der Außenraum des Dielektrikums 1. Der Normalenvektor $\vec{n}$ muß also zum Innern der Kugel hindeuten, d.h. $\vec{n} = -\vec{r}/r$. Für $\vec{P}_2$ ist es

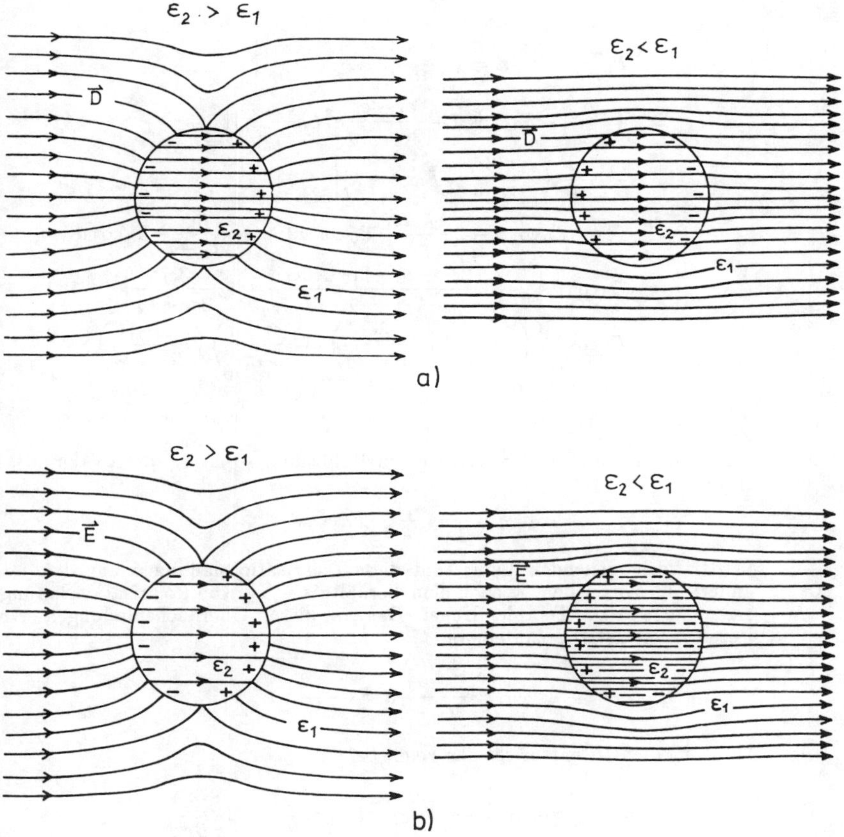

Der Verlauf der $\vec{D}$-Linien (a) und $\vec{E}$-Linien (b) für eine Kugel (Dielektrizitätskonstante ϵ_2) eingebettet in ein Dielektrikum (Dielektrizitätskonstante ϵ_1).

umgekehrt; deshalb das relative Minuszeichen. Die Polarisationsladungen beider Anteile überlagern sich auf der Kugeloberfläche. Mit den Beziehungen

$$\vec{P}_1 = \chi_1 \vec{E}_1 = -\chi_1 \,\mathrm{grad}\phi_1; \qquad \vec{P}_2 = \chi_2 \vec{E}_2 = -\chi_2 \,\mathrm{grad}\phi_2$$

folgt

$$\begin{aligned}
\sigma_{pol} &= \vec{P}_1 \cdot \vec{n} - \vec{P}_2 \cdot \vec{n} = \chi_1 \left.\frac{\partial \phi_1}{\partial r}\right|_{r=a} - \chi_2 \left.\frac{\partial \phi_2}{\partial r}\right|_{r=a} \\
&= \chi_1 \frac{\partial}{\partial r} \left(-E_0 r \cos\vartheta + \frac{\epsilon_2 - \epsilon_1}{2\epsilon_1 + \epsilon_2} a^3 E_0 \frac{\cos\vartheta}{r^2} \right)\Bigg|_{r=a} \\
&\quad -\chi_2 \frac{\partial}{\partial r} \left(-\frac{3\epsilon_1}{2\epsilon_1 + \epsilon_2} E_0 r \cos\vartheta \right)\Bigg|_{r=a} \\
&= \chi_1 \left(-E_0 \cos\vartheta - 2\frac{\epsilon_2 - \epsilon_1}{2\epsilon_1 + \epsilon_2} E_0 \cos\vartheta \right) + \chi_2 \frac{3\epsilon_1}{2\epsilon_1 + \epsilon_2} E_0 \cos\vartheta \\
&= E_0 \cos\vartheta \left\{ \chi_1 \left(\frac{-2\epsilon_1 - \epsilon_2 - 2\epsilon_2 + 2\epsilon_1}{2\epsilon_1 + \epsilon_2} \right) + \chi_2 \frac{3\epsilon_1}{2\epsilon_1 + \epsilon_2} \right\} \\
&= E_0 \cos\vartheta \left\{ \left(\frac{\epsilon_1 - 1}{4\pi} \right) \left(\frac{-3\epsilon_2}{2\epsilon_1 + \epsilon_2} \right) + \left(\frac{\epsilon_2 - 1}{4\pi} \right) \left(\frac{3\epsilon_1}{2\epsilon_1 + \epsilon_2} \right) \right\} \\
&= \frac{E_0 \cos\vartheta}{4\pi} \frac{3(\epsilon_2 - \epsilon_1)}{2\epsilon_1 + \epsilon_2} \quad .
\end{aligned}$$

Haben wir im Innern der Kugel einen Hohlraum, so ist $\epsilon_2 = 1$ (Vakuum). Das ergibt

$$\sigma_{pol} = \frac{1 - \epsilon_1}{1 + 2\epsilon_1} \frac{3}{4\pi} E_0 \cos\vartheta \quad .$$

In der vorhergehenden Figur sind diese Polarisationsladungen angedeutet. Sie ändern ihr Vorzeichen, je nach dem Verhältnis ϵ_2/ϵ_1. Die Polarisationsladung σ_{pol} erzeugt das innere Feld der Kugel. Das von diesen Oberflächenladungen erzeugte Potential ist der Dipolanteil von ϕ_1:

$$\phi_D = \frac{1 - \epsilon_1}{2\epsilon_1 + 1} a^3 E_0 \frac{\cos\vartheta}{r^2} \quad .$$

Diesem Potential entspricht das Feld

$$\begin{aligned}
\vec{E}_D &= -\mathrm{grad}\phi_D = -\frac{1 - \epsilon_1}{2\epsilon_1 + 1} a^3 E_0 \left(\vec{e}_r \frac{\partial}{\partial r} + \vec{e}_\vartheta \frac{1}{r} \frac{\partial}{\partial \vartheta} \right) \frac{\cos\vartheta}{r^2} \\
&= \frac{1 - \epsilon_1}{2\epsilon_1 + 1} \frac{a^3}{r^3} E_0 (2 \cos\vartheta \vec{e}_r + \sin\vartheta \vec{e}_\vartheta) \quad .
\end{aligned}$$

Das Dipolmoment der Polarisationsladung σ_{pol} ist nämlich

$$P_z = \int\limits_{\text{Kugel}} \sigma_{pol} z \, dF = \int \sigma_{pol} a \cos\vartheta a^2 d\Omega = \frac{1 - \epsilon_1}{1 + 2\epsilon_1} a^3 E_0 \quad ,$$

also genau wie es nach Gleichung 3 sein soll.

Ein molekulares Modell der Polarisierbarkeit: In diesem und den nächsten Abschnitten betrachten wir den Zusammenhang zwischen molekularen Eigenschaften (z.B. Polarisierbarkeit eines Moleküls) und den makroskopisch definierten Parameter der elektrischen Suszeptibilität χ_e. Wir diskutieren diesen Zusammenhang klassisch, weil damit unsere Einsichten vergrößert werden, obwohl eine bessere, einwandfreie Diskussion die Quantenmechanik erfordert.

Wir wollen zunächst das lokale Feld E_{loc} im Innern des Dielektrikums berechnen. Dieses Feld, das sicherlich vom makroskopischen, mittleren Feld $\vec{E}$ verschieden ist, bewirkt ja die Polarisation. In Flüssigkeiten und Festkörpern wird der Einfluß der benachbarten Moleküle das lokale Feld maßgebend bestimmen. In Gasen, wo der Abstand zwischen den Molekülen groß ist, ist das lokale Feld im wesentlichen durch das angelegte äußere Feld gegeben.

Das lokale Feld am Ort eines beliebig herausgegriffenen Moleküls wird in drei Teile aufgeteilt

$$\vec{E}_{loc} = \vec{E} + \vec{E}_p + \vec{E}_i \quad .$$

Die beiden zusätzlich auftretenden Felder sollen den Einfluß der umgebenden Moleküle berücksichtigen. Die direkte elektrostatische Wechselwirkung zwischen den benachbarten Molekülen wird durch $\vec{E}_i$ gegeben, $\vec{E}_p$ rührt von der Polarisation der Moleküle der Umgebung her. Diese beiden Anteile werden im folgenden berechnet.

Zur Berechnung des Polarisationsfeldes $\vec{E}_p$ (Lorentz-Feld) schlagen wir eine Kugel um das herausgegeriffene Molekül. Der Radius der Kugel soll groß sein gegen die molekularen Abstände. Innerhalb der Kugel entfernen wir alle anderen Moleküle, die restlichen Moleküle können dann als Kontinuum behandelt werden. Die Pola-

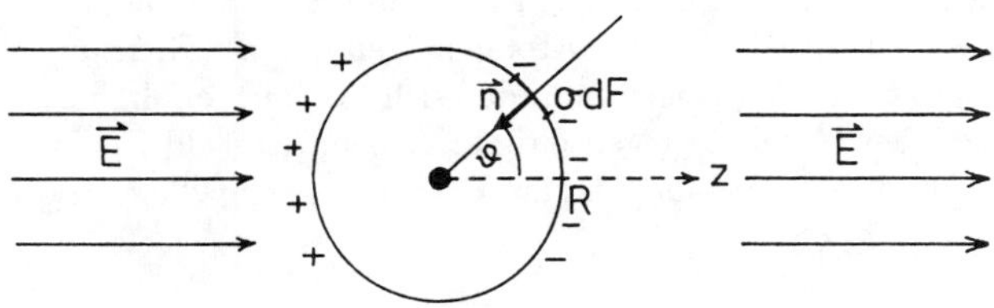

Zur Berechnung der Polarisationsfeldstärke am Ort des Moleküls.

risationsladung an der Oberfläche der Hohlkugel erzeugt am Molekülort das Feld $\vec{E}_p$.

Da im Außenraum in Richtung der z-Achse die Feldstärke $\vec{E}$ herrscht, erzeugt sie eine ihr parallel gerichtete Polarisation $\vec{P}$, welche nach der Gleichung

$$\sigma = P_n$$

auf der Kugeloberfläche eine Flächenladungsdichte

$$\sigma = P_n = \vec{P} \cdot \vec{n} = -P \cos \vartheta$$

hervorruft. Es ist zu beachten, daß $\vec{n}$ radial nach innen zeigt, weil das Innere der Kugel der Außenraum des Dielektrikums der weiteren Molekülumgebung ist.

Betrachten wir die Flächenladung σdF, so fügt diese nach dem Coulombschen Gesetz zu $\vec{E}$ noch ein Feld am Ort des Moleküls mit der z-Komponente $\frac{\sigma dF}{R^2} \cos \vartheta$ hinzu; die anderen Komponenten dieses Zusatzfeldes verschwinden aus Symmetriegründen. Dann erhalten wir das Lorentz-Feld, indem wir über die gesamte Kugeloberfläche integrieren:

$$\begin{aligned}
E_p \vec{e}_z &= -\oint\limits_O \frac{\sigma \, dF}{R^2} \cos \vartheta \, \vec{e}_z = +\oint\limits_O \frac{dF \, P}{R^2} \cos^2 \vartheta \, \vec{e}_z \\
&= +\int_0^{2\pi} \int_0^{\pi} \frac{P}{R^2} \cos^2 \vartheta \, \sin \vartheta \, R^2 \, d\vartheta \, d\varphi \, \vec{e}_z \\
&= +\int_0^{2\pi} \int_0^{\pi} P \cos^2 \vartheta \, \sin \vartheta \, d\vartheta \, d\varphi \, \vec{e}_z \\
&= +P \, 2\pi \left[-\frac{\cos^3 \vartheta}{3} \right]_0^{\pi} \vec{e}_z = \frac{4\pi}{3} P \, \vec{e}_z \quad .
\end{aligned}$$

Das negative Verzeichen im ersten Schritt kommt daher, daß eine positive Ladung $\sigma \, dF$ eine Feldkomponente in negativer z-Richtung $(-\vec{e}_z)$ am Molekülort erzeugt.

Das Feld $\vec{E}_i$, das von den unmittelbar benachbarten Molekülen herrührt, hänge von der Kristallstruktur ab. Wir denken uns ein kubisches Kristallgitter mit der Gitterkonstanten a. Alle Moleküle bzw. Atome mögen ein in z-Richtung ausgerichtetes Dipolmoment besitzen. Wir zeigen nun, daß sich für solch ein kubisches Kristallgitter die Beiträge aller Moleküle gegenseitig aufheben, das Feld $\vec{E}_i$ also verschwindet. Das Feld eines Dipols im Abstand $\vec{r}$ ist am Ursprung (siehe Gleichung 4 aus Aufgabe 1.4 oder Gleichung (3.70))

$$\vec{E} = \frac{3(\vec{p} \cdot \vec{r})\vec{r} - \vec{p} r^2}{r^5} \quad .$$

Wegen $\vec{p} = p_z \vec{e}_z$ und $\vec{r} = la\vec{e}_x + ma\vec{e}_y + na\vec{e}_z$, wobei l, m, n ganze Zahlen sind, ausgenommen $l = m = n = 0$, folgt das gesamte Feld, indem wir über die einzelnen Dipole summieren. Das ergibt

$$\begin{aligned}
\vec{E}_i &= \sum_{l,m,n} \frac{(3p_z na)(la \, \vec{e}_x + ma \, \vec{e}_y + na \, \vec{e}_z) - p_z \, \vec{e}_z (a^2(l^2 + m^2 + n^2))}{a^5 (l^2 + m^2 + n^2)^{5/2}} \\
&= \sum_{l,m,n} \left(\frac{3p_z n l a^2}{a^5 (l^2 + m^2 + n^2)^{5/2}} \, \vec{e}_x + \frac{3p_z n m a^2}{a^5 (l^2 + m^2 + n^2)^{5/2}} \, \vec{e}_y \right.
\end{aligned}$$

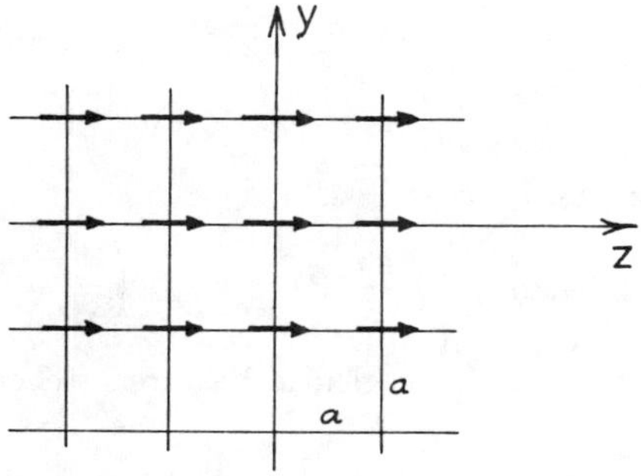

Ausgerichtete elektrische Dipole in einem kubischen Gitter.

$$+ \frac{p_z a^2(3n^2 - l^2 - m^2 - n^2)}{a^5(l^2 + m^2 + n^2)^{5/2}} \vec{e}_z \Bigg) \quad .$$

Da aus Symmetriegründen gleich viel positive wie negative Zahlen l und n vorkommen, müssen die x- bzw. y-Komponente verschwinden. Ebenfalls aus Symmetriegründen ist

$$\sum_{l,m,n} \frac{l^2}{(l^2 + m^2 + n^2)^{5/2}} = \sum_{l,m,n} \frac{m^2}{(l^2 + m^2 + n^2)^{5/2}} = \sum_{l,m,n} \frac{n^2}{(l^2 + m^2 + n^2)^{5/2}} \quad .$$

Dann ist aber auch $D_z = 0$. Also verschwindet E_i in unserem kubischen Kristallgitter. Neben den Kristallen mit hoher Symmetrie, wo $E_i = 0$ ist, kann auch E_i in Materialien mit willkürlichen Anordnungen der Moleküle im Mittel Null gesetzt werden. So gibt es in amorphen Substanzen wie Glas z.B. keinen Feldbeitrag von den nächsten Molekülen.

Um nun den Zusammenhang zwischen der molekularen Polarisierbarkeit und der dielektrischen Suszeptibilität zu erhalten, gehen wir von der Definition aus. Die Suszeptibilität χ_e ist definiert durch

$$\vec{P} = \chi_e \vec{E} \quad ,$$

wobei $\vec{E}$ das makroskopische Feld im Dielektrikum ist. Weiterhin gilt gemäß (5.9a)

$$\vec{P} = N \langle \vec{p}_{Mol} \rangle \quad ,$$

wobei $\langle \vec{p}_{Mol} \rangle$ das mittlere Dipolmoment eines Moleküls ist und N die Anzahl der Moleküle pro Volumeneinheit. Dieses Dipolmoment ist näherungsweise proportional dem Feld, das auf das Molekül wirkt:

$$\langle \vec{p}_{Mol} \rangle = \gamma_{Mol} \cdot \vec{E}_{loc} \quad ,$$

wobei γ_{Mol} die *molekulare Polarisierbarkeit* bedeutet. Wegen

$$\vec{E}_{loc} = \vec{E} + \frac{4\pi}{3}\,\vec{P}$$

folgt dann

$$\begin{aligned} \langle \vec{p}_{Mol} \rangle &= \gamma_{Mol} \cdot (\vec{E} + \frac{4\pi}{3}\,\vec{P}) \quad , \\ \vec{P} &= N\gamma_{Mol}(\vec{E} + \frac{4\pi}{3}\,\vec{P}) = N\gamma_{Mol}\left(\frac{1}{\chi_e} + \frac{4\pi}{3}\right)\vec{P} \quad . \end{aligned}$$

Da auf beiden Seiten der Gleichung gleiche Vektoren stehen müssen, folgt durch Koeffizientenvergleich

$$1 = N\gamma_{Mol}\left(\frac{1}{\chi_e} + \frac{4\pi}{3}\right) \quad .$$

Diese Gleichung lösen wir nach χ_e auf:

$$\chi_e = \frac{N\gamma_{Mol}}{1 - \frac{4\pi}{3}\,N\gamma_{Mol}} \quad .$$

Da $\chi_e = \frac{\epsilon-1}{4\pi}$ erhalten wir für die molekulare Polarisierbarkeit die *Clausius*[1]*Mossotti-Formel*[2]:

$$\gamma_{Mol} = \frac{3}{4\pi\,N}\frac{\epsilon-1}{\epsilon+2} \quad .$$

Im Vakuum ($\epsilon = 1$) gibt es keine Moleküle und daher ist sinnvollerweise auch $\gamma_{Mol} = 0$. Die Messung der Dielektrizitätskonstanten ϵ eines Mediums erlaubt somit bei bekannter Dichte (Teilchenzahl N pro cm^3) die Bestimmung der molekularen Polarisierbarkeit.

Da γ_{Mol} nach Definition unabhängig von der Teilchenzahl N ist, sollte $\frac{\epsilon-1}{\epsilon+2}$ proportional zur Teilchendichte der Substanz sein. Am besten gilt diese Beziehung für Gase; schlechter erfüllt ist sie für Flüssigkeiten und Festkörper, besonders für Stoffe mit großen Dielektrizitätskonstanten. Dies kommt daher, daß sich für großes ϵ nach der Clausius-Mossotti-Formel eine maximale Polarisierbarkeit der Materie ergibt:

$$N\gamma_{Mol} = \frac{3}{4\pi}\,\frac{\epsilon-1}{\epsilon+2} = \frac{3}{4\pi}\,\frac{1-\frac{1}{\epsilon}}{1+\frac{2}{\epsilon}} = \frac{3}{4\pi} \quad \text{für} \quad \epsilon \to \infty \quad ,$$

[1] *Clausius*, Rudolf Julius Emanuel, Physiker, *Köslin (Pommern) 2.1.1822, †Bonn 24.4.1888, Prof. in Zürich, Würzburg und seit 1869 in Bonn. C. ist einer der Schöpfer der "mechan. Wärmetheorie", d.h. sowohl der Thermodynamik wie der kinet. Theorie der Gase. 1850 wies er die Vereinbarkeit des Carnotschen Prinzips mit dem Gesetz von der Erhaltung der Energie nach, begründete 1865 den Begriff der Entropie und formulierte erstmals den zweiten Hauptsatz der Thermodynamik. Erst L. Boltzmann gab aber dafür auf wahrscheinlichkeitstheoret. Grundlage die Deutung. Unter C.' Arbeiten über Elektrizitätslehre ist seine Theorie der elektrolyt. Leitung bemerkenswert, die als Vorstufe von S. Arrhenius' Theorie der elektrolyt. Dissoziation zu gelten hat. [BR]

[2] Wie wir später sehen werden, ist für optische Frequenzen $\epsilon = n^2$, wobei n der Brechungsindex ist. Die entsprechend umgeschriebene Formel heißt manchmal auch Lorentz-Lorenz-Gleichung (1880).

die natürlich physikalisch sinnlos ist. In diesem Fall ($\epsilon \to \infty$) spielen nichtlineare Beziehungen zwischen P und E und der Tensorcharakter von ϵ (siehe Gleichung (1)) eine Rolle.

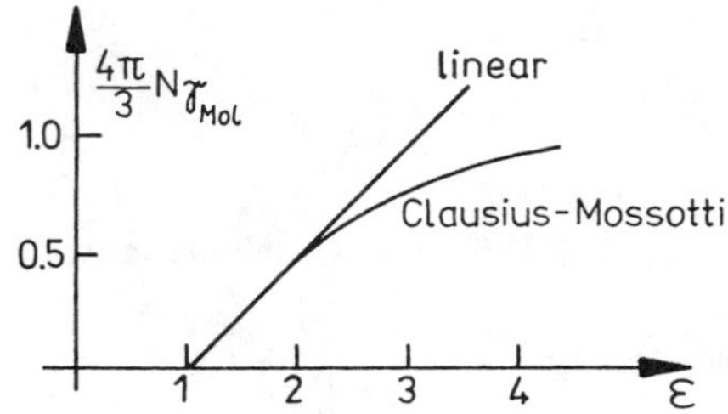

Der Zusammenhang zwischen $N\gamma_{Mol}$ und der Dielektrizitätskonstanten nach Clausius-Mossotti.

Modelle für die molekulare Polarisierbarkeit: Da alle materiellen Körper aus positiven, schwer beweglichen Ladungsträgern (Atomrümpfe, Ionen, Kerne) und negativen, leicht beweglichen (Elektronen) bestehen, reagiert jeder Körper auf ein eindringendes äußeres Feld durch Verschiebung dieser Ladungsträger. Diese Verschiebungen, die im Metall einen Ladungsstrom in Richtung der Feldlinien hervorrufen würden, erzeugen im Isolator nur eine örtliche *Verzerrung des atomaren Gefüges*, die *dielektrische Polarisation.* Die Vielfalt des atomaren Aufbaus bedingt natürlich auch eine Vielfalt von Möglichkeiten solcher Polarisationen. Prinzipiell können wir zwei Arten der Polarisierbarkeit unterscheiden. Dies ist einmal die *Verschiebung von Ladungen* im Dielektrikum. Sie kann sowohl eine Deformation der Elektronenhüllen sein als auch eine Verschiebung der Ionen. Die andere Art der Polarisation ist die *Orientierungspolarisation.* Sie tritt auf bei polaren Molekülen (z.B H_2O), die ein permanentes inneres Dipolmoment besitzen. Diese beiden Arten der Polarisation wollen wir genauer erläutern.

Verschiebungspolarisation: Wir behandeln ein isoliertes Atom, vernachlässigen also seine Wechselwirkung mit der Umgebung im Molekül oder im Kristallgitter. Im einfachsten Modell sei das Elektron harmonisch an das Atom gebunden. Um seine Gleichgewichtslage schwingt es mit der Frequenz ω_0. Legen wir nun an das Atom ein elektrisches Feld der Feldstärke $\vec{E}$ an, so wird der Schwingungsmittelpunkt durch die zusätzlich auftretende Kraft $e\vec{E}$verschoben. Es gilt die Differentialgleichung:

$$m\,\ddot{\vec{r}} = -m\omega_0^2\,\vec{r} + e\vec{E} \quad .$$

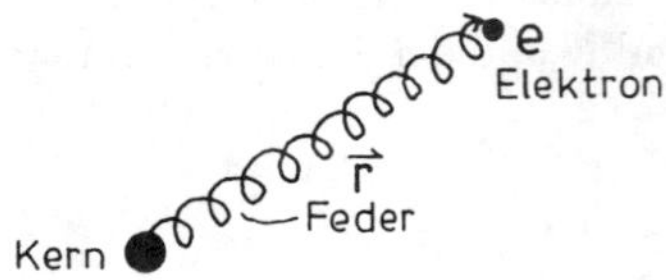

Naives Atommodell.

Die Lösung dieser inhomogenen Differentialgleichung lautet

$$\vec{r} = \vec{r}_0 \, e^{i\omega_0 t} + \frac{e}{m\omega_0^2} \vec{E} \quad .$$

Damit erhalten wir für das Dipolmoment $\vec{p}$:

$$\vec{p} = e\vec{r} = e\vec{r}_0 \, e^{i\omega_0 t} + \frac{e^2}{m\omega_0^2} \vec{E} \quad .$$

Führen wir eine zeitliche Mittelung durch, so erhalten wir das *mittlere Dipolmoment*, das durch die Verschiebung des Schwingungsmittelpunktes eines Elektrons hervorgerufen wird:

$$\langle \vec{p} \rangle = \frac{e^2}{m\omega_0^2} \vec{E} = \gamma_{el} \cdot \vec{E} \quad .$$

Also $\gamma_{el} = \frac{e^2}{m\omega_0^2}$ bzw. wenn Z Elektronen vorhanden sind:

$$\gamma_{el} = \sum_{i=1}^{Z} \frac{e^2}{m\omega_i^2} \quad .$$

Die Dimension von $\gamma_{el} = \frac{p}{E}$ ist leicht zu bestimmen, nämlich

$$\dim \gamma_{el} = \frac{\dim p}{\dim E} = \frac{\text{Ladung} \cdot \text{Länge}}{\text{Ladung} \cdot \text{Länge}^{-2}} = \text{Länge}^3 \quad .$$

Wir wollen eine Abschätzung für die Suszeptibilität erhalten. Die Größe γ_{el} beschreibt einen atomaren Vorgang. Die in der Dimensionsbetrachtung auftretende Länge setzen wir gleich einem Angström, was etwa der atomaren Größenordnung entspricht, d.h. $\gamma_{el} \approx 1$ Å$^3 = 10^{-24}$ cm^3. Die Größenordung der dielektrischen Suszeptibilität erhalten wir, wenn wir mit der Anzahl der Atome pro Volumeneinheit multiplizieren. Für Gase gilt $N \approx 10^{-19}$ cm^3, also $\chi \approx 10^{-4}$, für Festkörper gilt $N \approx (10^{-22} - 10^{-23})$ cm^{-3}, also $\chi \approx 1$.

Orientierungspolarisation: Haben die elementaren Einheiten einer Substanz ein permanentes Dipolmoment, werden durch die thermische Bewegung im Normalfall die Dipole willkürlich orientiert, so daß sich die Dipolfelder im Mittel aufheben. Beim Anlegen eines äußeren Feldes wird eine Richtung ausgezeichnet, nach der sich die Dipole orientieren können. Am energetisch günstigsten ist die Parallelstellung aller Dipole mit dem äußeren Feld. Dem wirkt allerdings die Temperaturbewegung entgegen. Es stellt sich ein thermodynamisches *Gleichgewicht teilweiser Ordnung* ein, bei dem ein resultierendes Dipolmoment pro Volumeneinheit in der Substanz entsteht, dessen Größe dem äußeren Feld proportional ist. Wir vernachlässigen hierbei Wechselwirkungen der Moleküle untereinander.

Orientierung des Dipols relativ zum elektrischen Feld.

Enthält die Volumeneinheit der Substanz N Moleküle, deren jedes ein Dipolmoment $\vec{p}$ besitzt, das mit der Feldrichtung $\vec{E}$ den Winkel ϑ einschließt, so entsteht in Feldrichtung eine Polarisation (resultierendes Dipolmoment pro Volumen). Sie ist

$$\vec{P} = Np\langle\cos\vartheta\rangle\ \vec{e}_z \quad .$$

Wir berechnen jetzt den mittleren Einstellwinkel. Dazu müssen wir das Verhältnis der potentiellen Energie des Dipols im Feld zur thermischen Energie bestimmen. Die potentielle Energie ist $V(\vartheta) = -\vec{p}\cdot\vec{E} = -pE\cos\vartheta$. Nach dem *Boltzmannschen Verteilungsgesetz* ist die Wahrscheinlichkeit dafür, daß eine der potentiellen Energie V entsprechende Orientierung angenommen wird, durch den Faktor

$$e^{-\frac{V}{kT}}$$

gegeben. Dabei ist k die Boltzmannsche Konstante und T die absolute Temperatur. Den mittleren Wert für $\cos\vartheta$ erhalten wir, wenn wir $\cos\vartheta$ mit dieser Wahrscheinlichkeit wichten und über alle Winkel integrieren. Außerdem muß auf die Gesamtwahrscheinlichkeit normiert werden:

$$\langle\cos\vartheta\rangle = \frac{\int e^{-V/kT}\ \cos\vartheta\, d\Omega}{\int e^{-V/kT}\ d\Omega} \quad .$$

Zur Berechnung betrachten wir die Größe des Exponenten: Es gilt $V/kT = \frac{-pE}{kT}\cos\vartheta \equiv -a\cos\vartheta$; für das Dipolmoment gilt größenordnungsmäßig $p = e\cdot 10^{-8}$ cm (e ist die Elektronenladung, 10^{-8} cm entspricht einem Atomradius), die thermische Energie ist bei Zimmertemperatur $kT \approx \frac{1}{40}$ eV, für das Feld setzen wir $E = 4000\ \frac{\mathrm{V}}{\mathrm{cm}}$. Damit ergibt sich für den Faktor $a \approx 2\cdot 10^{-3}$. Er ist also klein genug, so daß eine Potenzreihenentwicklung der Exponentialfunktion vorgenommen werden kann. Damit ergibt sich

$$\langle\cos\vartheta\rangle = \frac{\int\limits_0^{2\pi} d\varphi \int\limits_0^{\pi} (1 + a\cos\vartheta)\, \cos\vartheta\, \sin\vartheta\, d\vartheta}{\int\limits_0^{2\pi} d\varphi \int\limits_0^{\pi} (1 + a\cos\vartheta)\, \sin\vartheta\, d\vartheta} \quad ,$$

und nach Integration

$$\langle\cos\vartheta\rangle = \frac{a}{3} = \frac{pE}{3kT} \quad .$$

Dies bedeutet, daß ein mittleres molekulares Dipolmoment

$$\langle p\rangle = p\langle\cos\vartheta\rangle = \frac{p^2E}{3kT}$$

von der *Orientierungspolarisation* vorliegt. Die molekulare Polarisierbarkeit setzt sich dann aus den beiden Anteilen der Verschiebungspolarisation γ_{el} und der Orientierungspolarisation $\gamma_{or} = \frac{p^2}{3kT}$ zusammen.

Die Orientierungspolarisation hängt linear von der reziproken Temperatur ab. Die Verschiebungspolarisation ist temperaturunabhängig. In der Skizze sind die beiden Anteile aufgetragen. Da die Steigung der Geraden γ_{Mol} das Dipolmoment liefert, läßt sich aus den Messungen der Polarisierbarkeit das molekulare Dipolmoment bestimmen.

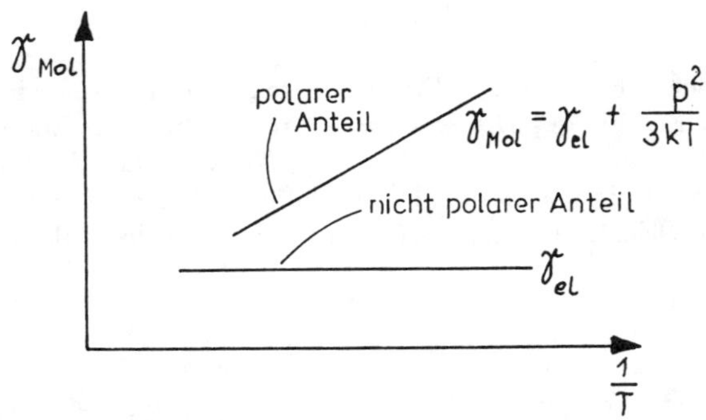

Die atomare Polarisierbarkeit als Funktion der reziproken Temperatur.

7. Elektrostatische Energie und Kräfte im Dielektrikum

Zur Berechnung der elektrostatischen Energie einer Ladungsverteilung im Vakuum haben wir in einem Gedankenversuch Ladungen q_i an Orte $\vec{r}_i$ gebracht und die dazu notwendige Arbeit berechnet. Wir sehen sofort, daß in einem Dielektrikum nicht nur Arbeit gegen das vorhandene Potential geleistet werden muß, sondern auch zum Aufbau der Polarisation des Dielektrikums.

In einem unendlich ausgedehnten Dielektrikum liege eine Ladungsverteilung $\rho(\vec{r})$ vor. Die Ladungsverteilung erzeugt im Dielektrikum ein Verschiebungsdichtefeld. Es gilt

$$\operatorname{div}\vec{D}(\vec{r}) = 4\pi\rho(\vec{r}) \quad .$$

Im Punkt $\vec{r}$ soll die Ladungsdichte $\rho(\vec{r})$ durch Zuführung einer kleinen endlichen Ladungsdichte $\delta\rho(\vec{r})$ aus dem Unendlichen geändert werden. Es muß gegen das Potential $\phi(\vec{r})$ eine Energie aufgewendet werden. Die dielektrischen Eigenschaften sollen sich nicht ändern. Es muß dann gegen das Potential $\phi(\vec{r})$ die Energie

$$\delta W = \int \delta\rho\phi \, dV \tag{1}$$

aufgewendet werden.

Der allgemeine Ausdruck für die Energie ist $W = \frac{1}{2}\int\limits_V \rho\phi \, dV$ (vgl. Kapitel I.1 Gleichung (1.85)). Daher ist $\delta W = \frac{1}{2}\int(\delta\rho \; \phi + \rho \; \delta\phi) \, dV$. Im Beispiel 7.3, Gleichung 1, wird etwas später gezeigt, daß die beiden Ausdrücke im Integranden gleich sind, falls das Dielektrikum (d.h. $\epsilon(\vec{x})$) nicht verändert wird. Damit ergibt sich Gleichung (1).

Mit der Änderung der Ladungsdichte ist eine Änderung der Verschiebungsdichte verknüpft:

$$\operatorname{div}\delta\vec{D} = 4\pi \; \delta\rho \quad .$$

Damit erhalten wir für die Energieänderung (1)

$$\delta W = \frac{1}{4\pi}\int_V \phi \operatorname{div} \delta\vec{D} \, dV \quad .$$

Mit der Beziehung

$$\phi \operatorname{div}\delta\vec{D} = \operatorname{div}(\delta\vec{D} \; \phi) - \operatorname{grad}\phi \cdot \delta\vec{D} \tag{2}$$

ergibt sich weiter

$$\delta W = \frac{1}{4\pi}\int\limits_V \operatorname{div}(\delta\vec{D} \; \phi) \, dV - \frac{1}{4\pi}\int\limits_V \operatorname{grad}\phi \cdot \delta\vec{D} \, dV \quad .$$

Auf das erste Integral wird der Gaußsche Satz angewendet, wobei die begrenzende Oberfläche im Unendlichen liegt:

$$\int\limits_V \operatorname{div}(\delta\vec{D} \; \phi) \, dV = \oint\limits_O \delta\vec{D} \cdot \phi \, \vec{n} \, dF = 0 \quad ,$$

da für $\vec{r} \to \infty$ die Änderung $\delta\vec{D}$ ebenfalls gegen Null strebt.

Die Energieänderung wird dann

$$\delta W = \frac{-1}{4\pi}\int_V \mathrm{grad}\phi \cdot \delta\vec{D}\, dV, \quad \text{und mit} \quad \vec{E} = -\mathrm{grad}\phi \quad \text{folgt}$$

$$\delta W = \frac{1}{4\pi}\int_V \vec{E}\cdot\delta\vec{D}\, dV \quad .$$

Die Gesamtenergie W erhalten wir durch Integration über die dielektrische Verschiebung

$$W = \frac{1}{4\pi}\int_V dV \int_0^D \vec{E}\cdot\delta\vec{D} \quad , \tag{3}$$

wobei die Ladungsdichte $\delta\rho$ aus dem Unendlichen mit $\vec{D} = 0$ nach $\vec{r}$ mit $\vec{D} \neq 0$ transportiert wird.

Besteht im Dielektrikum ein linearer Zusammenhang zwischen der Verschiebungsdichte $\vec{D}$ und dem elektrischen Feld $\vec{E}$:

$$\vec{D} = \epsilon\vec{E} \quad ,$$

so ist

$$\vec{E}\cdot\delta\vec{D} = \vec{E}\epsilon\cdot\delta\vec{E} = \frac{1}{2}\epsilon\,\delta\vec{E}^2 = \frac{1}{2}\,\delta(\vec{D}\cdot\vec{E}) \quad .$$

Damit ist die Gesamtenergie

$$W = \frac{1}{8\pi}\int_V \vec{E}\cdot\vec{D}\, dV \quad . \tag{4a}$$

Das Feld hat dann die *Energiedichte*

$$w = \frac{W}{V} = \frac{1}{8\pi}\,\vec{E}\cdot\vec{D} \quad . \tag{4b}$$

Wir berechnen jetzt die elektrostatische Energie in einem Dielektrikum, in dem n Leiter mit konstanten Potentialen ϕ_ν enthalten sind, und außerdem die Ladungsdichte ρ vorliegt. Die Gesamtenergie des elektrostatischen Feldes ist dann

$$W = \frac{1}{8\pi}\int \vec{E}\cdot\vec{D}\, dV \quad , \tag{5}$$

wobei V das Volumen des Dielektrikums (ohne Leitervolumen) ist. Es ist wichtig, sich das letztere klarzumachen. Während in Gleichungen (1) bis (4) das Volumen V auch die Leiter einschloß, werden sie jetzt explizit ausgenommen. Innerhalb der Leiter verschwindet nämlich die Feldstärke ($\vec{E} = 0$) und daher auch die dielektrische

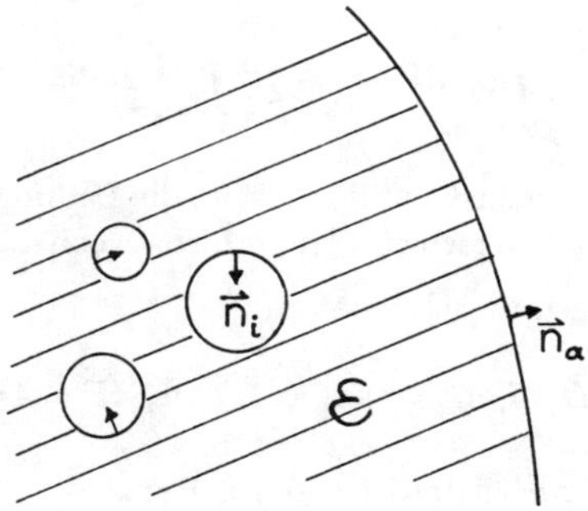

Dielektrikum mit Leitern.

Verschiebung ($\vec{D} = 0$). Deshalb macht es keinen Unterschied, ob in Gleichungen (2)-(4) die Volumenintegration die Leiter beinhaltet oder nicht. Mit $\vec{E} = -\mathrm{grad}\phi$ und Gleichung (2) erhalten wir aus

$$\begin{aligned} W &= \frac{1}{8\pi}\int_V \vec{E}\cdot\vec{D}\,dV = -\frac{1}{8\pi}\int_V \mathrm{grad}\phi\cdot\vec{D}\,dV \\ &= \frac{-1}{8\pi}\int_V (\mathrm{div}(\phi\vec{D}) - \phi\,\mathrm{div}\vec{D})\,dV \quad . \end{aligned}$$

Die Verschiebungsdichte ist mit der Ladungsdichte verknüpft, denn es gilt

$$\mathrm{div}\vec{D} = 4\pi\rho$$

und somit

$$W = \frac{-1}{8\pi}\int_V \mathrm{div}(\phi\vec{D})\,dV + \frac{1}{2}\int_V \phi\rho\,dV \quad .$$

Durch Anwendung des Satzes von Gauß auf das erste Integral für n Leiter erhält man

$$\int_V \mathrm{div}(\phi\vec{D})\,dV = \sum_{\nu=1}^{n}\oint_{O_\nu} \phi_\nu\,\vec{D}\cdot\vec{n}_i\,dF + \oint_O \phi\,\vec{D}\cdot\vec{n}_a\,dF \quad .$$

Das Volumenintegral wird über das gesamte Dielektrikum genommen. Das erste Oberflächenintegral geht über die Oberflächen, die das Dielektrikum von den Leitern trennen ($\vec{n}_i$ zeigt in den Leiter hinein). Das zweite Integral geht über die Oberfläche, die das Dielektrikum im Unendlichen umschließt ($\vec{n}_a$ zeigt nach außen).

Das letzte Integral verschwindet, denn die Integrationsoberfläche liegt im Unendlichen, es ist $\phi \sim \frac{1}{r}$, $D \sim \frac{1}{r^2}$, der Integrand geht für $r \to \infty$ schneller gegen Null als das Flächenelement gegen ∞.

Die Gesamtenergie ist daher

$$W = \frac{1}{2}\int\limits_V \phi\rho\, dV - \frac{1}{8\pi}\sum_{\nu=1}^{n}\oint\limits_{O_\nu} \phi_\nu\, \vec{D}\cdot\vec{n}_i\, dF \quad .$$

Das Leiterpotential ist ϕ_ν =const., weil sich dort die Ladungen so lange verschieben, bis die Feldstärke im Leiter verschwunden, d.h. ϕ_ν =const. geworden ist.

Das letzte Integral läßt sich umschreiben in

$$-\oint_{O_\nu} \phi_\nu\, \vec{D}\cdot\vec{n}_i\, dF = +\phi_\nu \oint_{O_\nu} \vec{D}\cdot n_a\, dF = 4\pi\, q_\nu\phi_\nu \quad .$$

q_ν ist die Gesamtladung innerhalb des ν-ten Leiters:

$$q_\nu = \int\limits_{V_\nu} \rho\, dV = \frac{1}{4\pi}\int\limits_{V_\nu} \mathrm{div}\vec{D}\, dV = \frac{1}{4\pi}\int\limits_{O_\nu} \vec{D}\cdot d\vec{F} = \frac{1}{4\pi}\int\limits_{O_\nu} \vec{D}_\nu\cdot\vec{n}_a\, dF \quad .$$

Der Oberflächennormalenvektor $\vec{n}_a = -\vec{n}_i$ ist vom Leiter nach außen, d.h. in das Dielektrikum hineingerichtet. Die Gesamtenergie ist dann

$$W = \frac{1}{2}\int \rho\phi\, dV + \frac{1}{2}\sum_{\nu=1}^{n} q_\nu\phi_\nu \quad . \tag{6}$$

Dabei liefert das Integral die elektrostatische Energie der Ladungsdichte ρ und die Summe den Energiebeitrag der Leiter. Das Integral erstreckt sich über das Volumen *ohne* die Leiter. Werden die Leitervolumina in das Integral einbezogen, so entfällt die Summe.

Die Minimaleigenschaft der elektrostatischen Feldenergie: Im Dielektrikum sei ein Leiter eingebettet. Wir zeigen, daß für ein konstantes Potential ϕ auf Leitern, d.h. für eine entsprechende Verteilung der Ladungen auf der Leiteroberfläche, die Feldenergie

$$W = \frac{1}{8\pi}\int\limits_V \vec{E}\cdot\vec{D}\, dV$$

minimal ist.

Für die Energie W', die anderen Feldern $\vec{E}'$ und $\vec{D}'$ entspricht, muß gelten:

$$W' = \frac{1}{8\pi}\int\limits_V \vec{E}'\cdot\vec{D}'\, dV \geq W \quad .$$

Deshalb wird gezeigt, daß die Differenz $W' - W$ größer oder gleich Null ist:

$$\Delta W = W' - W = \frac{1}{8\pi}\int\limits_V (\vec{E}'\cdot\vec{D}' - \vec{E}\cdot\vec{D})\, dV \geq 0 \quad .$$

Wir führen die Differenzen der Felder ein:

$$\vec{E}'' = \vec{E}' - \vec{E}, \quad \vec{D}'' = \vec{D}' - \vec{D} \quad .$$

Damit ergibt sich

$$\begin{aligned} \Delta W &= \frac{1}{8\pi} \int_V ((\vec{E} + \vec{E}'') \cdot (\vec{D} + \vec{D}'') - \vec{E} \cdot \vec{D})\, dV \\ &= \frac{1}{8\pi} \int_V \vec{E}'' \cdot \vec{D}''\, dV + \frac{1}{8\pi} \int_V (\vec{E}'' \cdot \vec{D} + \vec{E} \cdot \vec{D}'')\, dV \quad . \end{aligned}$$

Weiter wird $\vec{D} = \epsilon \vec{E}$ und $\vec{D}'' = \epsilon \vec{E}''$ eingesetzt, womit folgt:

$$\Delta W = \frac{1}{8\pi} \int_V \vec{E}'' \cdot \vec{D}''\, dV + \frac{1}{4\pi} \int_V \vec{E} \cdot \vec{D}''\, dV \quad .$$

Mit $\vec{E} = -\text{grad}\phi$ ist das zweite Integral

$$\int_V \vec{E} \cdot \vec{D}''\, dV = -\int_V \text{grad}\phi \cdot \vec{D}''\, dV \quad .$$

Unter Ausnutzung der Beziehung (2) und der Tatsache, daß die wahren Ladungen sich nicht ändern, $\text{div}\vec{D}'' = \text{div}\vec{D}' - \text{div}\vec{D} = 0$, folgt

$$\int_V \vec{E} \cdot \vec{D}''\, dV = -\int_V \text{div}(\phi \vec{D}'')\, dV \quad .$$

Das Volumenintegral wird mit dem Satz von Gauß in ein Integral über die äußere Begrenzungsfläche O_∞ und die Leiteroberfläche O_L aufgeteilt:

$$\int_V \vec{E} \cdot \vec{D}''\, dV = -\int_{O_\infty} \phi\, \vec{D}'' \cdot \vec{n}_a\, dF - \int_{O_L} \phi_L\, \vec{D}'' \cdot \vec{n}_i\, dF \quad .$$

Das erste Integral über die äußere Begrenzungsfläche verschwindet wieder. Mit $\vec{D}'' = \vec{D}' - \vec{D}$ wird

$$\int_V \vec{E} \cdot \vec{D}''\, dV = -\int_{O_L} \phi_L\, \vec{D}_L'' \cdot d\vec{F} = -\phi_L \int_{O_L} (\vec{D}_L' - \vec{D}_L) \cdot d\vec{F} = 0 \quad ,$$

da für den Leiter $\vec{D}' = \vec{D}$ gilt. Die Tangentialkomponenten von $\vec{D} = \epsilon \vec{E}$ verschwinden auf der Leiteroberfläche, weil sich die Ladungen so lange verschieben, bis das Feld kompensiert ist. Die Normalkomponenten $D_n = 4\pi\, \sigma_n$ sind dieselben, weil σ_n dasselbe ist. Die Energiedifferenz ΔW ist somit größer oder gleich Null, denn

$$\Delta W = \frac{1}{8\pi} \int_V \vec{E}'' \cdot \vec{D}''\, dV = \frac{\epsilon}{8\pi} \int_V (\vec{E}' - \vec{E})^2\, dV \geq 0 \quad . \tag{7}$$

Deshalb ist die Feldenergie W für Felder mit auf den Leiteroberflächen konstant gehaltenen Potentialen minimal. Nun kann man diese Ableitung Wort für Wort wiederholen, indem man $\vec{E}'$ mit $\vec{E}$ vertauscht, Wir bekommen dann $\Delta W' = -\Delta W = \frac{\epsilon}{8\pi}\int\limits_V (\vec{E} - \vec{E}')^2\, dV \geq 0$. Der Widerspruch ist nur mit dem Gleichheitszeichen zu vermeiden. Also muß $\vec{E}' = \vec{E}$, $\vec{D}n' = \vec{D}$ sein. Dies ist ein neuer Beweis der Eindeutigkeit der Lösungen der Feldgleichungen mit der Randbedingung konstanter Potentiale ϕ_ν auf den Leitern mit der Ladung q_ν.

Energieänderung durch ein dielektrisches Objekt: Die Quellen des elektrischen Feldes sollen im Raum fixiert sein. Das elektrische Feld $\vec{E}_0$ sei also durch $\rho_0(\vec{r})$ bestimmt. Es liege eine Substanz mit der Dielektrizitätskonstante $\epsilon_0(\vec{r})$ vor. Dann ist die elektrostatische Energie:

$$W_0 = \frac{1}{8\pi}\int\limits_V \vec{E}_0 \cdot \vec{D}_0\, dV \quad \text{mit} \quad \vec{D}_0 = \epsilon_0 \vec{E}_0 \quad .$$

Jetzt werde ein Objekt mit einer anderen Dielektrizitätskonstanten in das Feld eingeführt. Das Feld ist nun $\vec{E}(\vec{r})$ und die Dielektrizitätskonstante $\epsilon(\vec{r})$. Für ϵ gilt

$$\begin{aligned} \epsilon &= \epsilon_1(\vec{r}) \quad \text{in} \quad V_1 \\ \epsilon &= \epsilon_0(\vec{r}) \quad \text{außerhalb.} \end{aligned}$$

Für die Energie gilt jetzt

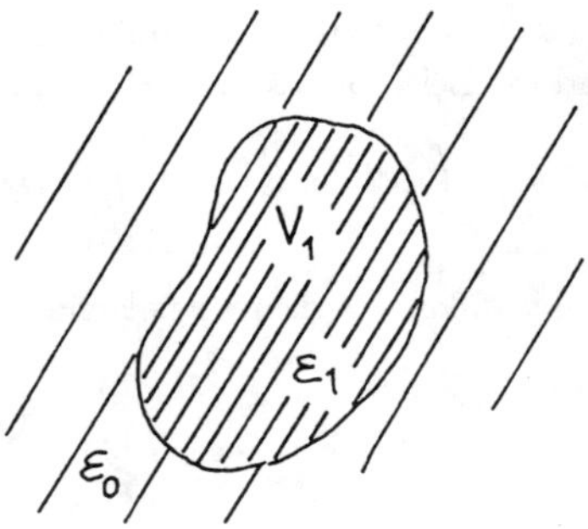

Ein dielektrisches Objekt (ϵ_1, V_1) ist in ein Dielektrikum (ϵ_0) eingebettet.

$$W_1 = \frac{1}{8\pi}\int\limits_V \vec{E} \cdot \vec{D}\, dV \quad .$$

Die Energie des Feldes hat sich damit geändert um

$$\Delta W = W_1 - W_0 = \frac{1}{8\pi}\int\limits_V (\vec{E}\cdot\vec{D} - \vec{E}_0\cdot\vec{D}_0)\, dV \quad ,$$

oder umgeformt:

$$\Delta W = \frac{1}{8\pi}\int\limits_V (\vec{E}\cdot\vec{D}_0 - \vec{D}\cdot\vec{E}_0)\, dV + \frac{1}{8\pi}\int\limits_V (\vec{E}+\vec{E}_0)\cdot(\vec{D}-\vec{D}_0)\, dV \quad .$$

Nun lassen sich die elektrischen Felder durch den Gradienten eines Potentials darstellen; wir schreiben $\vec{E}+\vec{E}_0 = -\mathrm{grad}\phi$. Damit folgt für das zweite Integral

$$I = \frac{1}{8\pi}\int\limits_V -\mathrm{grad}\phi\cdot(\vec{D}-\vec{D}_0)\, dV \quad .$$

Wir verwenden die Beziehung $(\mathrm{grad}\phi)\cdot(\vec{D}-\vec{D}_0) = \mathrm{div}(\phi(\vec{D}-\vec{D}_0)) - \phi\,\mathrm{div}(\vec{D}-\vec{D}_0)$ und da $\mathrm{div}\vec{D} = 4\pi\rho_0 = \mathrm{div}\vec{D}_0$ (keine neue Ladung wurde ins Feld gebracht) gilt $\phi\,\mathrm{div}(\vec{D}-\vec{D}_0) = 0$, also ist $(\mathrm{grad}\phi)\cdot(\vec{D}-\vec{D}_0) = \mathrm{div}(\phi(\vec{D}-\vec{D}_0))$ und damit

$$I = -\frac{1}{8\pi}\int\limits_V \mathrm{div}(\phi(\vec{D}-\vec{D}_0))\, dV \quad .$$

Wandeln wir dieses Integral mit Hilfe des Gaußschen Satzes in ein Oberflächenintegral um, so folgt

$$I = -\frac{1}{8\pi}\int\limits_O \phi(\vec{D}-\vec{D}_0)\cdot\vec{n}\, dF \quad .$$

Wie schon oft gezeigt wurde, geht dieses Integral für $r\to\infty$ gegen Null. Damit ist

$$\Delta W = \frac{1}{8\pi}\int\limits_V (\vec{E}\cdot\vec{D}_0 - \vec{D}\cdot\vec{E}_0)\, dV \quad , \tag{8}$$

also für isotrope Medien

$$\Delta W = -\frac{1}{8\pi}\int\limits_V (\epsilon_1-\epsilon_0)\,\vec{E}\cdot\vec{E}_0\, dV \quad . \tag{8a}$$

Ist $\epsilon_0 = 1$ und $\epsilon_1 = \epsilon$, so folgt

$$\Delta W = \frac{-1}{2}\int\limits_{V_1} \vec{P}\cdot\vec{E}_0\, dV \quad , \tag{9}$$

wobei die Polarisation $\vec{P}$ durch $\vec{P} = \frac{\epsilon-1}{4\pi}\,\vec{E}$ gegeben ist. Man beachte, daß $d\vec{p} = \vec{P}\,dV$ das im Volumenelement enthaltene Dipolmoment darstellt und $-d\vec{p}\cdot\vec{E}_0$ gemäß Gleichung (3.69) die Wechselwirkungsenergie dieses Dipols mit dem Feld $\vec{E}_0$ ist.

Die Integration konnte auf V_1 beschränkt werden, da sich die Probe nun im Vakuum befindet, wodurch außerhalb von V_1 der Integrand verschwindet. Die Beziehung (8) macht deutlich, daß die Energieänderung durch Einführung eines Dielektrikums von der Polarisation des Dielektrikums herrührt.

Allgemeines über ponderomotorische Kräfte: Da die Ladungen im Dielektrikum an Träger gebunden sind, werden auch letztere durch die Kraft beschleunigt, die eigentlich nur auf Ladungen wirkt. Diese ponderomotorischen Kräfte sollen bestimmt werden. Der Einheitlichkeit halber setzen wir die räumliche Verteilung der Ladung voraus. Später werden wir durch einen einfachen Grenzübergang auch die Flächenverteilung in Betracht ziehen. Die ponderomotorischen Kräfte werden folgendermaßen bestimmt: Wir nehmen an, daß geladene Körper und Dielektrika kleine Ortsveränderungen vollführen und eventuell auch Deformationen unterworfen sein sollen. Jedes Raumelement dV soll um die Verschiebung $\delta\vec{r}$ verrückt werden. Dilatation sei jedoch ausgeschlossen. Dadurch lassen wir zwar die *Elektrostriktion unberücksichtigt*, können aber die Darstellung einfacher gestalten. Die erwähnte Einschränkung führt zu einer Bedingung für $\delta\vec{r}$. Die Veränderung des Volumens V, das durch die Fläche F begrenzt wird,läßt sich in Integralform folgendermaßen schreiben (siehe Figur)

$$\delta V = \int \delta\vec{r} \cdot \vec{n}\, dF = \int_V \mathrm{div}\delta\vec{r}\, dV = 0 \quad .$$

Da dies für beliebige Volumina V gelten soll, folgt

$$\mathrm{div}\delta\vec{r} = 0 \quad . \tag{10}$$

Während der Verrückung soll jedes Volumenelement seine ursprüngliche Ladung $\rho\, dV$ mit sich führen. Als Folge der Verrückung wird sich an jeder Raumstelle sowohl ρ als auch (infolge der Ortsveränderung innerhalb des Dielektrikums) ϵ ändern. Wir lassen nämlich inhomogene Dielektrika zu, ϵ ist also eine Funktion des Ortes $\vec{r}$, d.h. $\epsilon = \epsilon(\vec{r})$.

Die dielektrischen Konstanten hängen unter anderem auch von der Dichte des Dielektrikums ab. Da wir jedoch Dilatation und damit Dichteänderungen ausgeschlossen haben, tritt in unseren Ableitungen die dadurch bedingte Änderung von ϵ nicht auf.

Bezeichnet man die *Kraftdichte*, d.h. die auf die Volumeneinheit wirkende Kraft mit $\vec{k}$, dann wirkt auf das Raumelement dV die Kraft $\vec{k}\, dV$. Die durch die Verrückung geleistete Arbeit ist dann

$$\delta A = \int_V \vec{k} \cdot \delta\vec{r}\, dV \quad . \tag{11a}$$

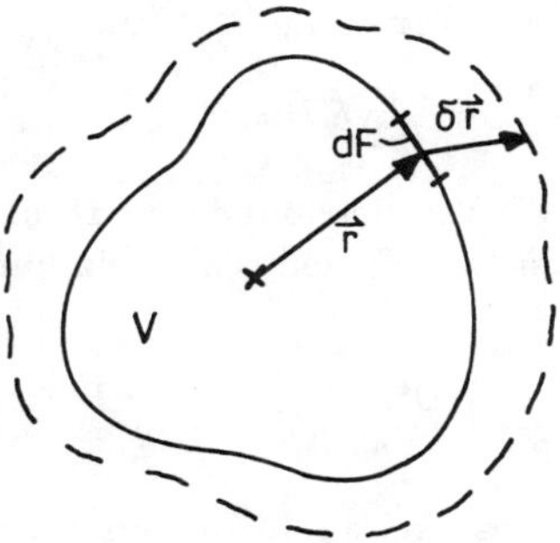

Veranschaulichung der Volumenänderung δV durch die Verschiebung $\delta\vec{r}$ der Oberfläche.

Die Verrückungen geschehen deshalb, weil die Feldenergie noch nicht ihren statischen Minimalwert erreicht hat. Die Arbeitsleistung möge ganz auf Kosten der Energie U des elektrischen Feldes im Raum erfolgen:

$$\delta A = -\delta U \quad . \tag{11b}$$

Wir versuchen im folgenden die Energieänderung δU auf die Form (11a) zu bringen, um dann den Ausdruck, der die Stelle von $\vec{k}$ einnimmt, mit diesem $\vec{k}$ zu identifizieren.

Eine Änderung von U kann aus zwei Gründen erfolgen: An der Stelle $\vec{r}$ ändert sich erstens ϵ und zweitens ρ. Infolge der Verrückung gelangt nämlich an die Stelle $\vec{r}$ jenes Volumenelement, das vorher an der Stelle $\vec{r}-\delta\vec{r}$ war, und bringt die Größen $\epsilon(\vec{r}-\delta\vec{r})$ bzw. $\rho(\vec{r}-\delta\vec{r})$ mit sich. Durch Reihenentwicklung erhält man die Änderungen, die an der Stelle $\vec{r}$ eintreten, in der Form

$$\begin{aligned} \delta\epsilon(\vec{r}) &= \epsilon(\text{neu}) - \epsilon(\text{alt}) = \epsilon(\vec{r}-\delta\vec{r}) - \epsilon(\vec{r}) = -\text{grad}\epsilon \cdot \delta\vec{r} \quad , \\ \delta\rho(\vec{r}) &= \rho(\text{neu}) - \rho(\text{alt}) = \rho(\vec{r}-\delta\vec{r}) - \rho(\vec{r}) = -\text{grad}\rho \cdot \delta\vec{r} \\ &= -\text{div}(\rho\,\delta\vec{r}) + \rho\,\text{div}\delta\vec{r} = -\text{div}(\rho\,\delta\vec{r}) \quad . \end{aligned} \tag{12}$$

Die Größen $\delta\epsilon$ bzw. $\delta\rho$ entsprechen der Änderung von ϵ bzw. ρ *vor* der Verschiebung verglichen mit *nach* der Verschiebung. Die entsprechenden Änderungen von U bezeichnen wir mit $\delta_\epsilon U$ bzw. $\delta_\rho U$

$$\delta U = \delta_\epsilon U + \delta_\rho U \quad ,$$

wobei

$$U = \frac{1}{8\pi}\int \frac{\vec{D}^2}{\epsilon}\,dV$$

ist. Im Fall 1 bleibt die Dichte ρ an jeder Stelle unverändert.

Aus der Gleichung $\mathrm{div}\vec{D} = 4\pi\rho$ folgt dann

$$\mathrm{div}\delta_\epsilon\vec{D} = 0 \quad . \tag{13}$$

Das ist einleuchtend, denn die Verschiebungsfelder $\vec{D}_\epsilon$ und $\vec{D}_{\epsilon+\delta\epsilon}$ haben überall dieselben Quellen ρ. Ihre Differenz $\delta_\epsilon\vec{D}$ stellt daher ein quellenfreies Feld dar. Durch Differentiation erhält man

$$\delta_\epsilon U = -\frac{1}{8\pi}\int \frac{\vec{D}^2}{\epsilon^2}\,\delta\epsilon\, dV + \frac{1}{4\pi}\int \frac{\vec{D}}{\epsilon}\cdot\delta_\epsilon\vec{D}\, dV \quad .$$

Es ist leicht zu zeigen, daß das zweite Integral verschwindet. Man schreibt einfach $\frac{\vec{D}}{\epsilon} = \vec{E} = -\mathrm{grad}\Phi$ und erhält nach den schon oft praktizierten Umwandlungen

$$-\mathrm{grad}\Phi\cdot\delta_\epsilon\vec{D} = -\mathrm{div}(\Phi\;\delta_\epsilon\vec{D}) + \Phi\mathrm{div}\;\delta_\epsilon\vec{D} \quad .$$

Das zweite Glied ist wegen (13) Null. Durch Anwendung des Gaußschen Satzes geht das Raumintegral des ersten Gliedes in das Flächenintegral $-\int\Phi\;\delta_\epsilon\vec{D}\cdot d\vec{F}$ über. Erstreckt man dieses Flächenintegral über die unendliche Kugelfläche, so wird es Null. Es verbleibt daher

$$\delta_\epsilon U = -\frac{1}{8\pi}\int \vec{E}^2\,\delta\epsilon\, dV \quad . \tag{14a}$$

Einsetzen des Ausdruckes (12) für $\delta\epsilon$ ergibt

$$\delta_\epsilon U = \frac{1}{8\pi}\int \vec{E}^2(\mathrm{grad}\epsilon\cdot\delta\vec{r})\, dV \quad . \tag{14}$$

Im Fall 2 ergibt die Variation der Gleichung $\mathrm{div}\vec{D} = 4\pi\rho$

$$\mathrm{div}\delta_\rho\vec{D} = 4\pi\;\delta\rho \quad . \tag{15}$$

Die entsprechende Energieänderung wird

$$\delta_\rho U = \frac{1}{4\pi}\int \frac{\vec{D}}{\epsilon}\cdot\delta_\rho\vec{D}\, dV = -\frac{1}{4\pi}\int \mathrm{grad}\Phi\cdot\delta_\rho\vec{D}\, dV \quad . \tag{16}$$

Ebenso wie vorher gilt

$$-\mathrm{grad}\Phi\cdot\delta_\rho\vec{D} = -\mathrm{div}(\Phi\;\delta_\rho\vec{D}) + \Phi\mathrm{div}(\delta_\rho\vec{D}) \quad .$$

Das Raumintegral des ersten Gliedes rechts verschwindet wieder. Es bleibt

$$\delta_\rho U = \int \Phi\;\delta\rho\, dV \quad .$$

Unter Benutzung von Gleichung (12) wird der Integrand

$$\Phi\,\delta\rho = -\Phi\,\mathrm{div}(\rho\,\delta\vec{r}) = -\mathrm{div}(\Phi\rho\,\delta\vec{r}) + \rho\,\mathrm{grad}\Phi\cdot\delta\vec{r} \quad .$$

Weil das Raumintegral über die Divergenz wieder verschwindet, erhält man

$$\delta_\rho U = -\int(\rho\vec{E}\cdot\delta\vec{r})\,dV \quad .$$

Jetzt können wir die Gleichung (11) in der gewünschten Form niederschreiben:

$$\int\{\vec{k}\cdot\delta\vec{r}\}\,dV = -\delta_\epsilon U - \delta_\rho U = \int\left\{\left[\rho\vec{E} - \frac{1}{8\pi}\,\vec{E}^2(\mathrm{grad}\epsilon)\right]\cdot\delta\vec{r}\right\}\,dV \quad .$$

Der Vergleich der linken und der rechten Seite zeigt, daß

$$\vec{k} = \rho\vec{E} - \frac{1}{8\pi}\,\vec{E}^2\mathrm{grad}\epsilon \qquad (17)$$

zu setzen ist.

Das Auftreten des ersten Gliedes rechts ist selbstverständlich und folgt aus der Definition der Feldstärke. Das zweite verschwindet im Innern homogener Dielektrika. An Stellen der Ungleichförmigkeit und der Diskontinuität muß es jedoch in Betracht gezogen werden und gibt dann durch einfache Umformung Antwort auf die praktisch wichtige Frage, wie groß der Druck an der Grenzfläche zweier Dielektrika ist.

In der Praxis kommen die elektrischen Ladungen beinahe ausschließlich in flächenhafter Verteilung vor. Dann aber verliert die räumliche Kraftdichte $\vec{k}$ ihren Sinn, und wir müssen jene Spannungen und Drücke betrachten, die das Feld auf ein Flächenelement ausübt. Es ist klar, daß das Glied $\rho\vec{E}$ der Kraftdichte durch $\sigma\vec{E}$ zu ersetzen ist. Etwas umständlicher ist die Umformung des Gliedes $-\frac{1}{8\pi}\,\vec{E}^2\cdot\mathrm{grad}\epsilon$ in dem Fall, daß sich ϵ an einer Grenzfläche sprunghaft ändert. Wir gehen so vor, daß wir an der Grenzfläche der Dielektrika eine dünne Übergangsschicht voraussetzen, in der ϵ sich stetig von ϵ_1 bis ϵ_2 ändert. Schließlich lassen wir die Dicke der Schicht gegen Null konvergieren. In der Figur befindet sich das Dielektrikum 2 unterhalb der Schicht, das Dielektrikum 1 oberhalb derselben. Die Normale $\vec{n}$ zeigt in das Innere des ersten Isolators. In der Schicht umgrenzen wir einen elementaren Zylinder mit der Grundfläche dF und der Höhe dn. Sein Volumen ist $dV = dF\;dn$. Gemäß Gleichung (17) wirkt auf ihn die Kraft

$$d\vec{k} = -\frac{1}{8\pi}\,\vec{E}^2\frac{\partial\epsilon}{\partial n}\,dn\,dF\,\vec{n} \quad .$$

Die Richtung der Kraft ist nach Gleichung (17) durch $-\mathrm{grad}\epsilon$ gegeben, in unserem Falle durch $-\frac{\partial\epsilon}{\partial n}$, so daß die Kraft in die Richtung von $\vec{n}$ zeigt, wenn $\epsilon_2 > \epsilon_1$ ist. Jedenfalls steht sie senkrecht auf der Berührungsfläche. Dann spricht man lieber

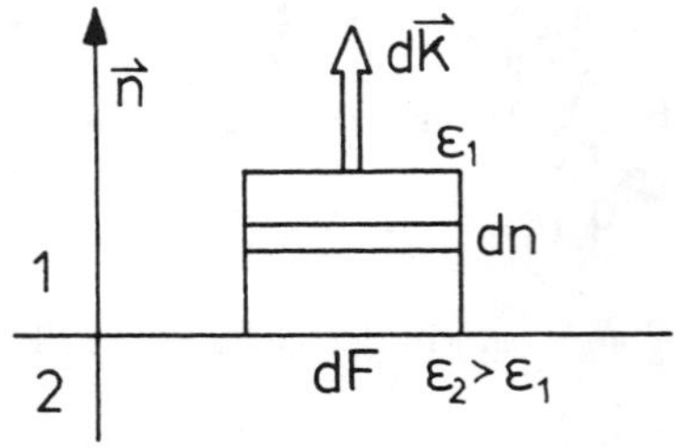

Detailliertes Modell einer Grenzschicht.

von Druck als von Spannung. Wir bezeichnen den auf die Grenzfläche wirkenden Druck mit $p = \mathrm{d}k/\mathrm{d}F$ und haben

$$p = -\frac{1}{8\pi} \int\limits_2^1 \vec{E}^2 \, \frac{\partial \epsilon}{\partial n} \, dn \quad . \tag{18}$$

Die Integration läßt sich natürlich nur durchführen, wenn $\vec{E}^2$ als Funktion von n bekannt ist. Es besteht aber die Gleichung

$$\vec{E}^2 = \vec{E}_t^{\,2} + \vec{E}_n^{\,2} = \vec{E}_t^{\,2} + \frac{\vec{D}_n^{\,2}}{\epsilon^2} \quad . \tag{19}$$

Sowohl $\vec{E}_t$ als auch $\vec{D}_n$ sind unabhängig von n, wenn die Schicht unendlich dünn ist. Einsetzen von (19) in (18) ergibt

$$\begin{aligned} p &= -\frac{1}{8\pi} \, \vec{E}_t^{\,2} \int\limits_2^1 \frac{\partial \epsilon}{\partial n} \, dn - \frac{1}{8\pi} \vec{D}_n^{\,2} \int\limits_2^1 \frac{1}{\epsilon^2} \, \frac{\partial \epsilon}{\partial n} \, dn \\ &= \frac{1}{8\pi} \, \vec{E}_t^{\,2} \, (\epsilon_2 - \epsilon_1) + \frac{1}{8\pi} \, \vec{D}_n^{\,2} \left(\frac{1}{\epsilon_1} - \frac{1}{\epsilon_2} \right) \quad . \end{aligned} \tag{20}$$

Der Grenzübergang ist infolge der Konstanthaltung von $\vec{E}_t$ und $\vec{D}_n$ offenbar schon durchgeführt. In endgültiger Form lautet die Gleichung:

$$p = \frac{1}{8\pi} \, \vec{E}_t^{\,2} \, (\epsilon_2 - \epsilon_1) + \frac{1}{8\pi} \, \vec{D}_n^{\,2} \, \frac{\epsilon_2 - \epsilon_1}{\epsilon_2 \cdot \epsilon_1} \quad . \tag{21}$$

Jedes Glied für sich kennzeichnet einen Druck, demzufolge der Isolator mit größerer dielektrischen Konstante den anderen aus dem elektrischen Felde zu verdrängen sucht.

7.1 Beispiel: Spannungswaage

Man mißt die Kraft, die zwischen geladenen Kondensatorplatten herrscht, um daraus die Spannungsdifferenz zu bestimmen. Es gilt:

$$K_z = -\frac{\partial}{\partial z}\left(\frac{1}{8\pi} \cdot E^2 F z\right) = -E^2 F/8\pi \quad . \qquad \underline{1}$$

Mit $Q = \sigma F = EF/4\pi$ folgt:

$$K_z = -EQ/2 \quad . \qquad \underline{2}$$

Damit ist auch die Spannung V bestimmt, denn in diesem Fall gilt $V = Ez$. Dies ist ein spezielles Beispiel für ponderomotorische Kräfte, die wir im vorigen Abschnitt diskutiert haben.

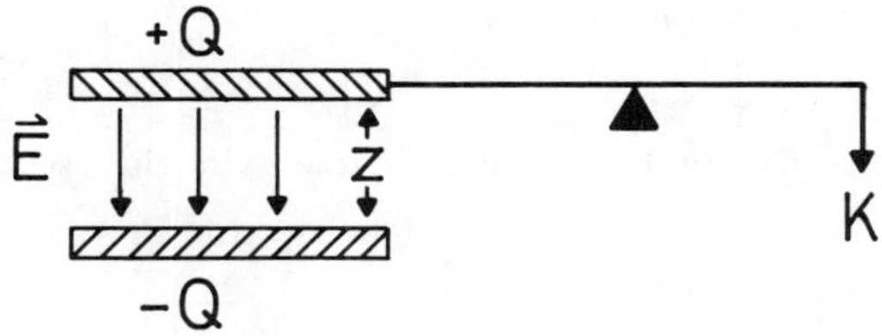

Veranschaulichung einer Spannungswaage.

7.2 Beispiel : Kraft auf ein Dielektrikum im Plattenkondensator

Wir wenden unser Resultat auf folgenden Fall an : Am Rande eines rechteckigen Vakuumkondensators wird eine dielektrische Platte in den Zwischenraum eingefügt. Nach dem eben Gesagten zieht das elektrostatische Feld die Platte in den Zwischenraum hinein und leistet dabei Arbeit. Diese Arbeit wollen wir berechnen. Der Plattenabstand sei d, ihr Flächeninhalt — einzeln genommen — gleich F. Wir betrachten einen Zwischenzustand, in dem die Isolatorplatte die Fläche F' der Belegung bedeckt. Die noch freie Fläche ist $F - F'$. Auf dieser sei die elektrische Ladungsdichte σ, auf der bedeckten σ'. Daraus folgt, daß im noch leeren Zwischenraum $|\vec{E}| = 4\pi\sigma$ ist, im bereits gefüllten jedoch $|\vec{E}'| = \frac{4\pi\sigma'}{\epsilon}$. Da $\vec{E}$ und $\vec{E}'$ parallel der Vorderfläche der Isolatorplatte sind, folgt $\vec{E} = \vec{E}'$ und daraus weiter $\sigma' = \epsilon\sigma$. Die Ladung Q verteilt sich nicht mehr gleichförmig über die Belegung. Auf dem bedeckten Teil ist ihre Dichte ϵ-mal größer als auf dem unbedeckten. Die Ladung Q ist jetzt Summe zweier Teilladungen:

$$Q = \sigma' F' + \sigma(F - F') = \sigma\{(\epsilon - 1)F' + F\}$$

daher gilt

$$\sigma = \frac{Q}{(\epsilon - 1)F' + F} \; , \quad |\vec{E}| = E_t = 4\pi Q \frac{1}{(\epsilon - 1)F' + F} \; .$$

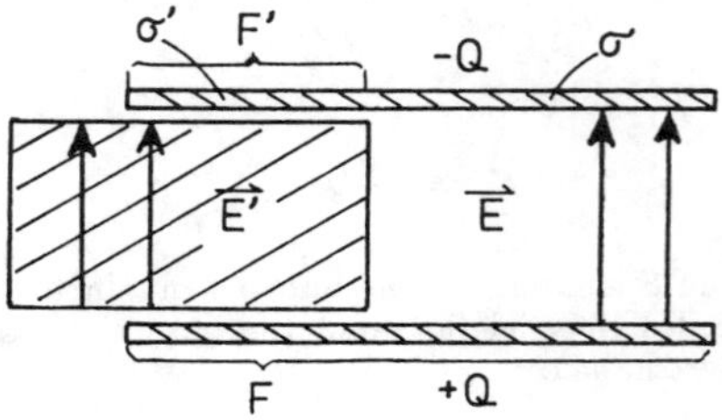

Eine Platte wird in einen Kondensator gezogen. Die Ladung Q auf den Kondensatorplatten bleibt konstant.

Der Druck, der die Stirnfläche in den Zwischenraum hineinschiebt, wird ($\vec{D}_n = 0$ in diesem Fall)

$$p = \frac{1}{8\pi}\vec{E}^2(\epsilon - 1) = 2\pi Q^2 \frac{\epsilon - 1}{\{(\epsilon - 1)F' + F\}^2} \; .$$

Jetzt kann das Arbeitselement ausgedrückt werden, welches die Feldstärke leistet, indem sie die Platte um das Raumstück dV hineinzieht:

$$dA = p\,dV = p\,dF'd \; .$$

Die ganze Arbeit erhält man durch Integration:

$$A = 2\pi Q^2(\epsilon - 1)d \int_0^F \frac{dF'}{\{(\epsilon - 1)F' + F\}^2} = 2\pi Q^2 d\left(\frac{1}{F} - \frac{1}{\epsilon F}\right) \; .$$

Zieht man in Betracht, daß

$$C = \frac{F}{4\pi d} \quad , \qquad C' = \frac{\epsilon F}{4\pi d}$$

die Kapazitäten des leeren bzw. des dielektrisch erfüllten Kondensators sind, so folgt

$$A = \frac{Q^2}{2C} - \frac{Q^2}{2C'} = (U - U')\frac{Q}{2} \; .$$

Die Energie des dielektrischen Kondensators ist offensichtlich geringer als die des leeren. Deshalb versucht das Dielektrikum in den Zustand minimaler Energie zu kriechen. Dabei wird die Arbeit A geleistet.
Auf die Wirkung des ponderomotorischen Druckes gründet sich ein bequemer Meßvorgang zur Bestimmung der dielektrischen Konstanten von Flüssigkeiten, der

als *Steighöhenmethode* bekannt ist. Ein U-förmiges Glasrohr wird mit der fraglichen Flüssigkeit gefüllt und der eine Schenkel zwischen die Belegung eines vertikalen Kondensators gestellt. Die Feldstärke $\vec{E}$ ist horizontal gerichtet, parallel zur Flüssigkeitsoberfläche. Infolge des Druckes

$$p = \frac{1}{8\pi}\vec{E}^2(\epsilon - 1)$$

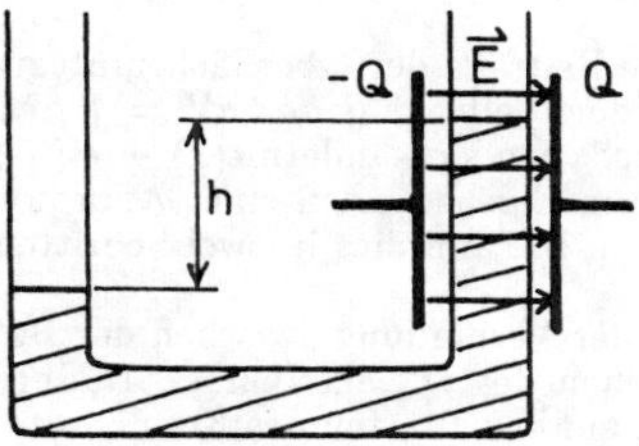

Zur Steighöhenmethode: Dielektrische Flüssigkeit im elektrischen Feld.

steigt in diesem Schenkel der Oberflächenspiegel. Bedeutet ρ die Dichte der Flüssigkeit, h den Niveauabstand, so ist der hydrostatische Druck $\rho g h$. Die Gleichgewichtsbedingung lautet dann

$$\frac{1}{8\pi}\vec{E}^2(\epsilon - 1) = \rho g h \ . \qquad \underline{1}$$

Die Feldstärke E erhält man aus der Potentialdifferenz der Belegungen in der Form $(U_1 - U_2)/d$. ϵ kann somit leicht aus der gemessenen Höhe h berechnet werden.

7.3 Beispiel : Kraftwirkung bei konstant gehaltenen Potentialen

In der Praxis hat man oft Elektroden, die durch Batterien auf einem konstanten Potential gehalten werden. Verschieben wir die Dielektrika zwischen den Elektroden, so fließen Ströme derart, daß das Potential erhalten bleibt. Daher wird dem Feld durch die Batterie Energie zugeführt bzw. entzogen. Für ein lineares Dielektrikum gilt für die *Energie einer Ladungsdichte im freien Raum*:

$$W = \frac{1}{2}\int \rho\phi \, dV \ \rightarrow \ \delta W = \frac{1}{2}\int (\phi\,\delta\rho + \rho\,\delta\phi)\, dV \ .$$

Die beiden Beiträge zu δW sind gleich, sofern nicht die Dielektrika verschoben werden, d.h., wenn $\epsilon(\vec{r})$ fest ist bei den Variationen von ρ und ϕ.

Wir beweisen dies folgendermaßen:

$$
\begin{aligned}
\int_V \delta\rho\,\phi\,dV &= \int_V \frac{\operatorname{div}\delta\vec{D}}{4\pi}\,\phi\,dV = \\
&= \tfrac{1}{4\pi}\int_V \operatorname{div}(\phi\,\delta\vec{D})\,dV - \tfrac{1}{4\pi}\int_V \delta\vec{D}\cdot\operatorname{grad}\phi\,dV \\
&= \tfrac{1}{4\pi}\int_{O_\infty} \phi\,\delta\vec{D}\cdot\vec{n}\,dF - \tfrac{1}{4\pi}\int_V \epsilon(\vec{r})\,\delta\vec{E}\cdot\operatorname{grad}\phi\,dV \\
&= \tfrac{1}{4\pi}\int \epsilon(\vec{r})\,\delta\vec{E}\cdot\vec{E}\,dV = -\tfrac{1}{4\pi}\int_V \operatorname{grad}\delta\phi\cdot\vec{D}\,dV \\
&= -\tfrac{1}{4\pi}\int_V \operatorname{div}(\vec{D}\,\delta\phi)\,dV + \tfrac{1}{4\pi}\int \delta\phi\operatorname{div}\vec{D}\,dV \\
&= -\tfrac{1}{4\pi}\int_{O_\infty} \vec{D}\,\delta\phi\cdot\vec{n}\,dF + \tfrac{1}{4\pi}\int \delta\phi\operatorname{div}\vec{D}\,dV = \int \delta\phi\,\rho\,dV\ .
\end{aligned}
\qquad \underline{1}
$$

Wir haben jeweils die Beiträge der Oberflächenintegrale wie üblich vernachlässigt. Die Identität der beiden Beiträge $\int \delta\rho\,\phi\,dV = \int \rho\,\delta\phi\,dV$ geht verloren, wenn die dielektrischen Eigenschaften sich ändern $\epsilon(\vec{r}) \rightarrow \epsilon(\vec{r}) + \delta\epsilon(\vec{r})$.
Wenn die dielektrischen Eigenschaften einer Anordnung bei festgehaltenen Potentialen geändert werden, so kann dies in zwei Schritten geschehen:

1. Aufhebung der Verbindung zwischen der Batterie und Elektroden ($\delta\rho_1 = 0$), Verschieben des Dielektrikums. Dadurch wird die äußere Ladungsdichte (z.B. auf den Platten des Kondensators) nicht geändert; wohl aber das Potential: $\phi \rightarrow \phi + \delta\phi$, weil das Dielektrikum sich verschoben hat. Dabei ist
$$dW_1 = \frac{1}{2}\int \rho\,\delta\phi_1\,dV$$
die Arbeit aufgrund der Potentialänderung.
2. Die Elektroden werden wieder mit der Batterie verbunden: $\delta\rho_2$ fließt von der Batterie zu ihnen und bewirkt eine Potentialänderung $\delta\phi_2 = -\delta\phi_1$ (das alte Potential ϕ wird wieder hergestellt), also:
$$dW_2 = \frac{1}{2}\int(\delta\rho_2\,\phi + \delta\phi_2\,\rho)\,dV = -\int \rho\,\delta\phi_1\,dV = -2\,dW_1\ ,$$
da beide Beiträge nach dem in Gleichung $\underline{2}$ Bewiesenen gleich groß sind.

Damit ist die gesamte Änderung unter Konstanthaltung des Potentials:

$$dW_\phi = dW_1 + dW_2 = -dW_1.$$

Bei konstant gehaltener Ladung, also ohne Energiezufuhr von außen, muß der Energieerhaltungssatz gelten. Die Energieerhaltung lautet

$$K\,ds + dW_Q = 0,$$

wobei dW_Q unser dW_1 ist, d.h. $dW_Q = dW_1$. Die Arbeit $K\,ds$ muß gegen eine Kraft (z.B. eine Feder — vgl. Beispiel 7.4) geleistet werden. Es folgt dann

$$K = -\left(\frac{dW}{ds}\right)_{Q=const.} = \left(\frac{dW}{ds}\right)_{\phi=const.}\ . \qquad \underline{2}$$

Der letzte Schritt ist wegen dem oben erhaltenen Ergebnis, $dW_Q = -dW_\phi$, klar. Wenn ein Körper wegen $\epsilon > 1$ sich in ein Gebiet größerer Feldstärke bewegt, so wächst seine Energie an.

7.4 Beispiel : Kraft auf ein Dielektrikum in einem Kondensator bei konstantem Potential

Mit den Bezeichnungen

$F = al$: Fläche der Kondensatorplatten,
$f = ax$: der Teil von F, welcher über dem Dielektrikum liegt,
d : Abstand der Platten,

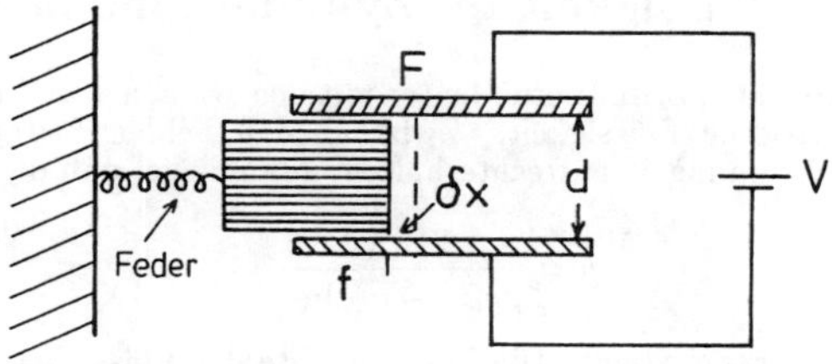

Dielektrische Platte im Plattenkondensator bei konstant gehaltener Spannung

erhalten wir aus der Gleichung für die Feldenergie $W = \frac{1}{8\pi}\int \vec{E}\cdot\vec{D}\, dV$ die Beziehung

$$W = \frac{1}{8\pi}E^2\Big((F-f)+\epsilon f\Big)\, d = \frac{1}{8\pi}E^2 d\Big(F+(\epsilon-1)f\Big) \; .$$

Es ist dann, wenn die Spannung V fest bleibt und f um δf vergrößert wird:

$$\delta W = \frac{\epsilon - 1}{8\pi}E^2 d \cdot \delta f \; .$$

Für die Ladung Q gilt

$$Q = \frac{1}{4\pi}E(F - f + \epsilon f) \; .$$

Dann leistet die Batterie die Arbeit (unter Beachtung von $V = Ed$)

$$\delta A = V\delta Q = \frac{\epsilon - 1}{4\pi}E^2 d \cdot \delta f \; .$$

Offensichtlich wird von diesem Energiebeitrag nur die Hälfte zur Erhöhung der Feldenergie benötigt. Die andere Hälfte ist die Arbeit, die das Feld beim Verschieben des Isolators um δx in den Kondensator hinein gegen die den Isolator im Gleichgewicht haltende äußere Kraft, z.B. eine Feder, leistet. Daher wird

$$K = \frac{\epsilon - 1}{8\pi}E^2 d\frac{\partial f}{\partial x} \; .$$

Mit $f = ax$ folgt

$$K = \frac{\epsilon - 1}{8\pi}E^2 da \; .$$

Die Fläche $A = d \cdot a$ ist der Querschnitt des Isolators (bzw. Kondensators), die Kraft ist also dieser Fläche proportional:

$$K = \frac{\epsilon - 1}{8\pi} E^2 A \ .$$

7.5 Aufgabe : Flüssigkeit im Zylinderkondensator

Zwei lange, koaxiale, zylindrische Leiter mit den Radien a und b tauchen senkrecht in eine dielektrische Flüssigkeit. Zwischen den beiden Leitern wird durch eine Batterie die Spannung V aufrechterhalten. Man zeige, daß die Flüssigkeit um die Höhe

$$h = \frac{2V^2\chi_e}{\rho g(b^2 - a^2)\ln\frac{b}{a}}$$

in den Zwischenraum steigt. Die Massendichte der Flüssigkeit ist ρ, g die Erdbeschleunigung und χ die dielektrische Suszebtibilität. Es seien

Radius des inneren Zylinders:	a ,
Radius des äußeren Zylinders:	b und
Länge des Zylinders:	l .

Lösung:

Wir setzen eine Energiebilanz an: $dW_B = dW_E + dW_M$ mit

$dW_B =$	Änderung der Arbeit der Batterie,
$dW_E =$	Änderung der Feldenergie und
$dW_M =$	Änderung der mechanischen Arbeit,

wenn die Flüssigkeit um dz gehoben wird. Das elektrische Feld im Innern eines koaxialen Zylinderkondensators hatten wir zu $E = \frac{2Q}{rl}$ bestimmt. Da das Potential des Zylinderkondensators

$$V = \frac{2Q}{l}\ln\frac{b}{a}$$

ist, erhalten wir damit

$$E = \frac{V}{r}\left(\ln\frac{b}{a}\right)^{-1} \ .$$

Die elektrostatische Energie ist gegeben durch ($d\tau$ = Volumenelement)

$$W_E = \frac{1}{8\pi}\int_0^l \vec{E}\,\vec{D}d\tau \quad \text{mit} \quad \vec{D} = \epsilon\vec{E} \ .$$

Da die Zylinder teilweise in die Flüssigkeit getaucht sind, ist

$$W_E = \frac{\epsilon}{8\pi}\int_0^{2\pi} d\varphi \int_0^z dz \int_a^b E^2 r\,dr + \frac{1}{8\pi}\int_0^{2\pi} d\varphi \int_z^l dz \int_a^b E^2 r\,dr \ .$$

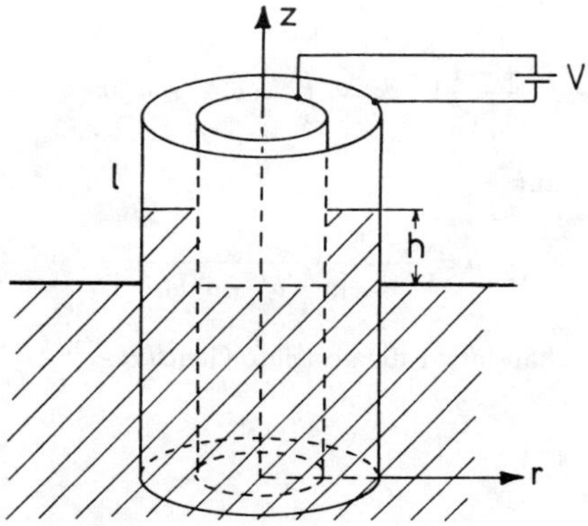

Dielektrische Flüssigkeit im Zylinderkondensator.

Setzen wir E^2 ein und integrieren, so folgt

$$W_E = \frac{\epsilon V^2}{4\ln\frac{b}{a}} z + \frac{V^2}{4\ln\frac{b}{a}}(l - z) .$$

Die Änderung der Energie als Funktion der Steighöhe z ist somit

$$dW_E = \frac{\epsilon - 1}{4} \frac{V^2}{\ln\frac{b}{a}} dz .$$

Die Änderung der Ladungsdichte auf dem inneren Leiter ($r = a$) ist, wenn die Flüssigkeit den Leiter benetzt, gegeben durch

$$\sigma = \frac{D_\epsilon - D_0}{4\pi}$$

mit $D_\epsilon = \epsilon E$ und $D_0 = E$. Einsetzen von $E = \frac{V}{r\ln\frac{b}{a}}$ für $r = a$ ergibt

$$\sigma = \frac{\epsilon - 1}{4\pi} \frac{V}{a\ln\frac{b}{a}} .$$

Die Arbeit der Batterie ist $dW_B = V\,dQ = V\sigma 2\pi a \cdot dz$, da $2\pi a \cdot dz$ die Fläche des inneren Zylinders ist. Einsetzen von σ ergibt

$$dW_B = \frac{\epsilon - 1}{2\ln\frac{b}{a}} V^2 dz .$$

Die mechanische Arbeit ist gegeben durch $dW_M = gz \cdot dm$ mit $dm = \rho(b^2 - a^2)\pi \cdot dz$. Da nach der Energiebilanz $dW_M = dW_B - dW_E$ ist, so erhalten wir

$$dW_M = \frac{\epsilon - 1}{4\ln\frac{b}{a}} V^2 dz .$$

Gleichsetzen ergibt:

$$\int_0^h \frac{\epsilon - 1}{4 \ln \frac{b}{a}} V^2 \, dz = \int_0^h z g \rho (b^2 - a^2) \pi dz \ .$$

Wir lösen nach h auf:

$$h = \frac{\epsilon - 1}{4\pi} \frac{2V^2}{\ln \frac{b}{a} (b^2 - a^2) g \rho} \ .$$

Da $\chi = \frac{\epsilon - 1}{4\pi}$ ist, erhalten wir die gesuchte Gleichung.

7.6 Aufgabe : Punktladung im homogenen, aber anisotropen Medium

Rechnen Sie das Potential ϕ einer Punktladung q in einem homogenen anisotropen Medium mit dem symmetrischen Dielektrizitätstensor ϵ_{ik} ($\vec{D} = \hat{\epsilon} \vec{E}$) aus. Bestimmen Sie für den Dielektrizitätstensor

$$(\epsilon_{ik}) = \frac{1}{4} \begin{pmatrix} 29 & 3 & -3\sqrt{2} \\ 3 & 29 & 3\sqrt{2} \\ -3\sqrt{2} & 3\sqrt{2} & 26 \end{pmatrix}$$

die modifizierte Punktladung $q' = q / \sqrt{\det \hat{\epsilon}}$, die Transformation auf das Hauptachsensystem sowie die Exzentrizität der Äquipotentialflächen. Überlegen Sie, welche Materialien durch Dielektrizitätstensoren wie in unserem Beispiel beschrieben werden.

Lösung:

Wir müssen eine Lösung des Gleichungssystems

$$\begin{aligned} \vec{D}(\vec{x}) &= \hat{\epsilon} \vec{E}(\vec{x}) \ , \\ \vec{\nabla} \cdot \vec{D}(\vec{x}) &= 4\pi q \, \delta(\vec{x}) \ , \\ \vec{\nabla} \times \vec{E}(\vec{x}) &= \vec{0} \end{aligned}$$

finden. Außerdem müssen $\vec{D}$ und $\vec{E}$ für große Abstände verschwinden. Führen wir das Potential gemäß

$$\vec{E}(\vec{x}) = -\vec{\nabla} \phi(\vec{x})$$

ein, so ist die letzte Gleichung automatisch erfüllt, und die beiden ersten Gleichungen können zusammengefaßt werden zu

$$\sum_{ij} \epsilon_{ij} \frac{\partial}{\partial x_i} \frac{\partial}{\partial x_j} \phi(\vec{x}) = -4\pi q \, \delta(\vec{x}) \ . \qquad \underline{1}$$

Es ist anzunehmen, daß diese Gleichung eine einfachere Gestalt annimmt, wenn wir von dem Koordinatensystem $(\vec{x})$ übergehen zu dem Hauptachsensytem $(\vec{x}')$ der Matrix $\hat{\epsilon}$. Dazu sei $\hat{S} = (S_{ij})$ eine orthogonale Matrix, die $\hat{\epsilon}$ gemäß

$$\hat{\epsilon}' = \hat{S}\hat{\epsilon}\hat{S}^{-1} \quad \text{bzw.} \quad \epsilon'_{kl} = \sum_{ij} S_{ki}\epsilon_{ij}S_{lj} =: \epsilon_k\delta_{kl} = \epsilon_k \qquad \underline{2}$$

diagonalisiert. Wir haben dabei verwendet, daß für orthogonale Matrizen $\hat{S}^{-1} = \hat{S}^T$ gilt, und daß $\hat{\epsilon}$ symmetrisch ist. Die ϵ_k sind also die Eigenwerte der Matrix $\hat{\epsilon}$. Wir wollen hier annehmen, daß sie alle positiv sind. Substituieren wir nun

$$\vec{x}' = \hat{S}\vec{x} \quad \text{bzw.} \quad x'_i = \sum_j S_{ij}x_j \qquad \underline{3}$$

und

$$\phi(\vec{x}) = \phi'(\hat{S}\vec{x}) = \phi'(\vec{x}') \,, \quad \text{da } \phi(\vec{x}) \text{ ein Skalar ist.} \qquad \underline{4}$$

Nach der Kettenregel gilt

$$\frac{\partial}{\partial x_i} = \sum_k \frac{\partial x'_k}{\partial x_i}\frac{\partial}{\partial x'_k} = \sum_k S_{ki}\frac{\partial}{\partial x'_k} \,, \qquad \underline{5}$$

wegen

$$x'_k = \sum_j S_{kj}x_j \,, \quad \frac{\partial x'_k}{\partial x_i} = \sum_j S_{kj}\frac{\partial x_j}{\partial x_i} = \sum_j S_{kj}\delta_{ij} = S_{ki} \,.$$

Setzen wir das in $\underline{1}$ ein, so resultiert $\left(\frac{\partial}{\partial x_j} = \sum_l S_{lj}\frac{\partial}{\partial x'_l}\right)$

$$\begin{aligned} \sum_{ij}\sum_{kl}\epsilon_{ij}S_{ki}S_{lj}\frac{\partial}{\partial x'_k}\frac{\partial}{\partial x'_l}\phi'(\vec{x}') &= \sum_{kl}\epsilon'_{kl}\frac{\partial}{\partial x'_k}\frac{\partial}{\partial x'_l}\phi'(\vec{x}') = \sum_k \epsilon_k\frac{\partial^2}{\partial {x'_k}^2}\phi'(\vec{x}') \\ &= -4\pi q\delta(\vec{x}') \,, \end{aligned} \qquad \underline{6}$$

da wegen $|\det\hat{S}| = 1$ die Beziehung $\delta(\vec{x}) = \delta(\hat{S}^{-1}\vec{x}') = \delta(\vec{x}')$ gilt.
Diese Gleichung kann nun durch die Substitution

$$\begin{aligned} x'_k &= \sqrt{\epsilon_k}y_k \,, \\ \frac{\partial}{\partial x'_k} &= \frac{\mathrm{d}y_k}{\mathrm{d}x'_k}\frac{\partial}{\partial y_k} = \frac{1}{\sqrt{\epsilon}}\frac{\partial}{\partial y_k} \,, \\ \phi'(\vec{x}') &= \phi'(x'_k) = \psi\left(\frac{x'_k}{\sqrt{\epsilon_k}}\right) = \psi(y_k) \end{aligned} \qquad \underline{7}$$

weiter vereinfacht werden zu

$$\sum_k \epsilon_k\frac{1}{\epsilon_k}\frac{\partial^2}{\partial y_k^2}\psi(\vec{y}) = -4\pi q\delta(\vec{x}') = -4\pi\delta(\sqrt{\epsilon_1}y_1)\delta(\sqrt{\epsilon_2}y_2)\delta(\sqrt{\epsilon_3}y_3) \,. \qquad \underline{8}$$

Wegen

$$\delta(\sqrt{\epsilon_1}y_1)\delta(\sqrt{\epsilon_2}y_2)\delta(\sqrt{\epsilon_3}y_3) = \frac{1}{\sqrt{\epsilon_1\epsilon_2\epsilon_3}}\delta(y_1)\delta(y_2)\delta(y_3) = \frac{1}{\sqrt{\det\hat{\epsilon}}}\delta(\vec{y}) \qquad \underline{9}$$

gilt also

$$\vec{\nabla}^2\psi(\vec{y}) = -4\pi\frac{q}{\sqrt{\det\hat{\epsilon}}}\delta(\vec{y}) \,. \qquad \underline{10}$$

Dies ist die normale Poissongleichung mit einer Ladung $q' = q/\sqrt{\det\hat{\epsilon}}$. Die Lösung ist daher

$$\psi(\vec{y}) = \frac{q}{\sqrt{\det\hat{\epsilon}}} \frac{1}{|\vec{y}|} , \tag{11}$$

und die Lösung im Hauptachsensystem lautet:

$$\phi'(\vec{x}') = \frac{q}{\sqrt{\det\hat{\epsilon}}} \frac{1}{\sqrt{\frac{x_1'^2}{\epsilon_1} + \frac{x_2'^2}{\epsilon_2} + \frac{x_3'^2}{\epsilon_3}}} . \tag{12}$$

Das Potential ist konstant, wenn

$$R^2 = \frac{x'^2_1}{\epsilon_1} + \frac{x'^2_2}{\epsilon_2} + \frac{x'^2_3}{\epsilon_3} . \tag{13}$$

konstant ist. Die Äquipotentialflächen sind also Ellipsoide. Dieser Ausdruck kann auch geschrieben werden als

$$R^2 = \vec{x}'\hat{\epsilon}'^{-1}\vec{x}' = \vec{x}\hat{S}^T\hat{S}\hat{\epsilon}^{-1}\hat{S}^{-1}\hat{S}\vec{x} = \vec{x}\hat{\epsilon}^{-1}\vec{x} = \sum_{ij} x_i(\epsilon^{-1})_{ij}x_j . \tag{14}$$

Im ursprünglichen Koordinatensystem ist also

$$\phi(\vec{x}) = \frac{q}{\sqrt{\det\hat{\epsilon}}} \frac{1}{\sqrt{\vec{x}\hat{\epsilon}^{-1}\vec{x}}} = \frac{q}{\sqrt{\det\hat{\epsilon}}} \frac{1}{\sqrt{\sum_{ij} x_{ij}(\epsilon^{-1})_{ij}x_j}} . \tag{15}$$

Die Äquipotentialflächen sind daher Ellipsoide, bei denen die Hauptachsen in die Richtung der Eigenvektoren von $\hat{\epsilon}$ zeigen. Zur Bestimmung der Transformationsmatrix $\hat{S}$, derart daß $\hat{\epsilon}' = \hat{S}\hat{\epsilon}\hat{S}^{-1}$ im Hauptachsensystem liegt, $\hat{\epsilon}'$ also diagonal ist, berechnen wir zunächst die Eigenwerte des Dielektrizitätstensors $\hat{\epsilon}$.

$$(\epsilon_{ik}) = \frac{1}{4} \begin{pmatrix} 29 & 3 & -3\sqrt{2} \\ 3 & 29 & 3\sqrt{2} \\ -3\sqrt{2} & 3\sqrt{2} & 26 \end{pmatrix} \tag{16}$$

Die Eigenwerte berechnen wir aus

$$\det(\hat{\epsilon} - \lambda\hat{1}) = \|\hat{\epsilon} - \lambda\hat{1}\| = \begin{Vmatrix} \frac{29}{4} - \lambda & \frac{3}{4} & -\frac{3\sqrt{2}}{4} \\ \frac{3}{4} & \frac{29}{4} - \lambda & \frac{3\sqrt{2}}{4} \\ -\frac{3\sqrt{2}}{4} & \frac{3\sqrt{2}}{4} & \frac{26}{4} - \lambda \end{Vmatrix} = 0 \tag{17}$$

$$\iff \quad -4\lambda^3 + 84\lambda^2 - 576\lambda + 1280 = 0 . \tag{18}$$

Versuche der Polynomdivision zeigen, daß $(\lambda - 5)$ funktioniert:

$$\begin{array}{rrrrrrr}
(-4\lambda^3 & + & 84\lambda^2 & - & 576\lambda & + & 1280) : (\lambda - 5) = -4\lambda^2 + 64\lambda - 256 \\
-4\lambda^3 & + & 20\lambda^2 & & & & \\
\hline
 & & 64\lambda^2 & - & 576\lambda & & \\
 & & 64\lambda^2 & - & 320\lambda & & \\
\hline
 & & & - & 256\lambda & + & 1280 \\
 & & & - & 256\lambda & + & 1280
\end{array}$$

Damit wird Gleichung 18 äquivalent zu

$$(\lambda - 5)(-4\lambda^2 + 64\lambda - 256) = 0 \; . \tag{19}$$

$\lambda_1 = 5$ ist Eigenwert, oder wenn die zweite Klammer verschwindet:

$$\lambda^2 - 16\lambda + 64 = 0 \iff \lambda_{2,3} = 8 \pm \sqrt{8^2 - 64}$$

und damit sind die verbleibenden Eigenwerte:

$$\lambda_1 = 5 \; , \quad \lambda_2 = 8 \; , \quad \lambda_3 = 8 \; . \tag{20}$$

Nun berechnen wir zu den Eigenwerten die Eigenvektoren $\vec{u}_1$, $\vec{u}_2$, $\vec{u}_3$, aus denen wir die Transformationsmatrix $\hat{S}$ bilden können:

$$\lambda_1 = 5 \; , \quad \vec{u}_1 = \begin{pmatrix} x_1 \\ x_2 \\ x_3 \end{pmatrix} \; , \quad \text{o.B.d.A. } x_1 = 1$$

$$\hat{\epsilon}\vec{u}_1 = 5\vec{u}_1 \tag{21}$$

$$\iff \begin{array}{rcrcrcl} \frac{29}{4} & + & \frac{3}{4}x_2 & - & \frac{3}{4}\sqrt{2}x_3 & = & 5 \\ \frac{3}{4} & + & \frac{29}{4}x_2 & + & \frac{3}{4}\sqrt{2}x_3 & = & 5x_2 \\ -\frac{3\sqrt{2}}{4} & + & \frac{3\sqrt{2}}{4}x_2 & + & \frac{26}{4}x_3 & = & 5x_3 \end{array} \tag{22}$$

$$\iff \begin{array}{rcrcrcl} 9 & + & 3x_2 & - & 3\sqrt{2}x_3 & = & 0 \\ 3 & + & 9x_2 & + & 3\sqrt{2}x_3 & = & 0 \\ -3\sqrt{2} & + & 3\sqrt{2}x_2 & + & 6x_3 & = & 0 \end{array} \tag{23}$$

$\Rightarrow \quad x_2 = -1, \; x_3 = \sqrt{2}$ und da die Eigenvektoren nur bis auf eine Konstante bestimmt sind:

$$\vec{u}_1 = c_1 \begin{pmatrix} 1 \\ -1 \\ \sqrt{2} \end{pmatrix} \; . \tag{24}$$

Analog gehen wir bei dem Eigenwert $\lambda = 8$ vor:

$$\Rightarrow \begin{array}{rcrcrcl} -3x_1 & + & 3x_2 & - & 3\sqrt{2}x_3 & = & 0 \\ 3x_1 & - & 3x_2 & + & 3\sqrt{2}x_3 & = & 0 \\ -3\sqrt{2}x_1 & - & 3\sqrt{2}x_2 & - & 6x_3 & = & 0 \; . \end{array} \tag{25}$$

Da die ersten beiden Gleichungen linear abhängig sind, genügt die Vorgabe $x_1 = 1$ nicht. Wir setzen $x_3 = 0 \Rightarrow x_2 = 1$, so daß

$$\vec{u}_2 = c_2 \begin{pmatrix} 1 \\ 1 \\ 0 \end{pmatrix} \; . \tag{26}$$

Da $\lambda = 8$ eine doppelte Nullstelle des Polynoms 18 ist, verwenden wir die Orthogonalitätsrelation zwischen den Eigenvektoren zur Bestimmung von $\vec{u}_3$:

$$\vec{u}_1 \cdot \vec{u}_3 = 0, \quad \vec{u}_2 \cdot \vec{u}_3 = 0$$

$$\Rightarrow \quad \begin{array}{rcl} x_1 - x_2 + \sqrt{2}x_3 &=& 0 \\ x_1 + x_2 &=& 0 \end{array}$$

$$\Rightarrow \quad x_1 = -x_2 \,, \quad x_3 = -\sqrt{2}$$

$$\Rightarrow \quad \vec{u}_3 = c_3 \begin{pmatrix} 1 \\ -1 \\ -\sqrt{2} \end{pmatrix} . \qquad \underline{27}$$

Bis auf die Normierungsfaktoren erhalten wir die Transformationsmatrix $\hat{S}$:

$$\hat{S} = \begin{pmatrix} c_1 & c_2 & c_3 \\ -c_1 & c_2 & -c_3 \\ \sqrt{2}c_1 & 0 & -\sqrt{2}c_3 \end{pmatrix} . \qquad \underline{28}$$

Die c_i bestimmen wir aus $\|\hat{S}\| = 1$ sowie aus der Tatsache, daß die $\vec{u}_i$ auf 1 normiert sind:

$$\|\hat{S}\| = c_1 \cdot c_2 \cdot c_3[-\sqrt{2} - \sqrt{2} - (\sqrt{2} + \sqrt{2})] = 1$$

$$\Rightarrow \quad c_1 \cdot c_2 \cdot c_3 = -\frac{1}{4\sqrt{2}} \qquad \underline{29}$$

$$\begin{array}{lcl} 4c_1^2 = 1 & \Rightarrow & c_1 = \frac{1}{2} \\ 2c_2^2 = 1 & \Rightarrow & c_2 = \frac{1}{\sqrt{2}} \\ 4c_3^2 = 1 & \Rightarrow & c_3 = -\frac{1}{2} \, . \end{array} \qquad \underline{30}$$

Damit erhalten wir die Transformationsmatrix:

$$\hat{S} = \begin{pmatrix} \frac{1}{2} & \frac{1}{\sqrt{2}} & -\frac{1}{2} \\ -\frac{1}{2} & \frac{1}{\sqrt{2}} & \frac{1}{2} \\ \frac{1}{\sqrt{2}} & 0 & \frac{1}{\sqrt{2}} \end{pmatrix} \qquad \underline{31}$$

Man rechnet leicht nach, daß

$$\hat{S}\hat{\epsilon}\hat{S}^{-1} = \begin{pmatrix} 5 & 0 & 0 \\ 0 & 8 & 0 \\ 0 & 0 & 8 \end{pmatrix} \quad \text{und damit} \quad \|\hat{\epsilon}\| = 320 \quad \text{ist.}$$

Die modifizierte Punktladung wird damit

$$q' = \frac{q}{8\sqrt{5}} . \qquad \underline{32}$$

Äquipotentialflächen werden durch das Ellipsoid $R^2 = \text{const.} = \frac{x_1'^2}{5} + \frac{x_2'^2}{8} + \frac{x_3'^2}{8}$ beschrieben, welches rotationssymmetrisch um die x_1'-Achse ist. Die Exzentriziät der Ellipse in der (x_1', x_2')-Ebene berechnet sich laut

$$c = \sqrt{a^2 - b^2} \,, \quad \epsilon = \frac{c}{a} \;\Rightarrow\; \epsilon \simeq .78 \; . \qquad \underline{33}$$

Führt man ebene Polarkoordinaten in der (x_1', x_2')-Ebene ein, so ist die Gleichung für die Ellipse

$$r = \frac{a(1-\epsilon^2)}{1+\epsilon\cos\theta} = \frac{3.125}{1 + .78 \cdot \cos\theta} . \qquad \underline{34}$$

Rotation um die x_1'-Achse ergibt die Äquipotentialfläche. — Der Dielektrizitätstensor $\hat{\epsilon} = \begin{pmatrix} 5 & 0 & 0 \\ 0 & 8 & 0 \\ 0 & 0 & 8 \end{pmatrix}$ beschreibt ein Medium, welches in $\vec{u}_1$-Richtung eine andere Dielektrizitätskonstante hat, als senkrecht dazu (optische Vorzugsrichtung bei Lichtausbreitung). Ein solches Medium wäre z.B. Quarzglas.

Kapitel III

Magnetostatik

8. Grundlagen der Magnetostatik

In diesem Abschnitt über Magnetostatik behandeln wir die Erscheinungen, die *stationär* fließende Ladungen hervorrufen. Die Beschränkung auf stationäre Vorgänge bedeutet, daß die ***partiellen Ableitungen*** nach der Zeit in der Magnetostatik verschwinden, es ist also durchweg $\partial/\partial t = 0$. Damit ist gemeint, daß es keine zeitlichen Änderung von Größen geben soll; also z.B. $\frac{\partial \rho}{\partial t} = 0$ oder $\frac{\partial \vec{j}}{\partial t} = 0$, usw. Hierbei sind ρ und $\vec{j}$ die Ladungs- bzw. die Stromdichten. Es sollen aber zeitlich konstante Ströme fließen.

Über die magnetische Feldstärke und das magnetische Moment: Den Ausgangspunkt der Elektrostatik bildet die Entdeckung, daß es elektrische Ladungen gibt, die auf sich gegenseitig Kräfte entsprechend dem Coulombschen Gesetz ausüben. In der Magnetostatik ist es ähnlich. Der markante Unterschied ist wohl, daß es eine magnetische Ladung , d.h. einen magnetischen Monopol (analog der elektrischen Ladung) nicht gibt[1]. Magnetische Ladungen kommen immer nur in engster Kombination mit der magnetischen Gegenladung, d.h. als *magnetische Dipole* vor. Ein magnetischer Stab (siehe Figur) besitzt ein magnetisches Dipolmoment $\vec{m}$ und erzeugt ein magnetisches Feld $\vec{B}$. Für letzteres nehmen wir an, daß es für einen Magnetpol $\vec{m}$ vollkommen analog dem elektrischen Dipolfeld sein wird (siehe Figur und Aufgabe 1.4, insbesondere Gleichung $\underline{4}$), d.h.

$$\vec{B}(\vec{r}) = \frac{3(\vec{m}\cdot\vec{r})\vec{r} - r^2\vec{m}}{r^5}. \tag{1}$$

[1] Bis in die jüngste Zeit hat die Suche nach magnetischen Einzelladungen, d.h. magnetischen Monopolen nicht aufgehört; jedoch blieb sie bisher erfolglos. Wir werden im Kapitel 13 die Veränderungen der Theorie unter der Annahme der Existenz von magnetischen Monopolen genauer besprechen.

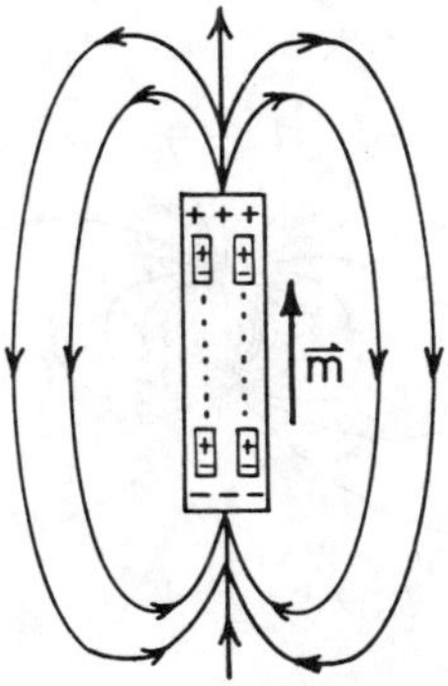

Stabmagnet und sein magnetisches Dipolfeld. Der Aufbau aus Elementarmagneten ist schematisch gezeigt.

Auf einen magnetischen Dipol $\vec{m}$ wird in einem magnetischen Feld $\vec{B}$ ein Drehmoment $\vec{N}$ ausgeübt. Es gilt

$$\vec{N} = \vec{m} \times \vec{B} \,, \tag{2}$$

analog zum Drehmoment eines elektrischen Dipols

$$\vec{N} = \vec{d}_+ \times e\vec{E} + \vec{d}_- \times (-e\vec{E}) = e(\vec{d}_+ - \vec{d}_-) \times \vec{E} = \vec{p} \times \vec{E} \,.$$

Aufbauend auf den postulierten Beziehungen (1) und (2) zeigen wir nun, wie Magnetfelder vermessen werden, welche Dimension sie in cgs-Einheiten besitzen und welche Dimension dem magnetischen Dipolmomenten $\vec{m}$ zukommt. Wir werden dann mit Hilfe der jetzt zu schildernden Meßmethoden das Biot-Savart-Gesetz und das Kraftgesetz für stromdurchflossene Spulen empirisch gewinnen und präzise formulieren. Sukzessive werden daraus die Gesetze der Magnetostatik deduziert. Nachdem diese Sätze dann bekannt sind, werden wir daraus die Beziehung (1) für das magnetische Dipolfeld und die Beziehung (2) für das Drehmoment eines magnetischen Dipols im Magnetfeld herleiten. Damit wird unser Vorgehen, der praktischen Forschung entsprechend, in sich konsistent. Wir verweisen schon hier auf die späteren Gleichungen (10.5) und (10.12), die nichts anderes als die hiesigen Gleichungen (1) bzw. (2) sind, mit deren Postulat — in Analogie zur Elektrostatik — wir unsere Betrachtungen beginnen.

Wir wenden uns nun der Messung von $|\vec{m}|$ und $|\vec{B}_0|$ zu, die durch Bestimmung der Produktgrößen $|\vec{m}||\vec{B}_0|$ und $|\vec{m}||\vec{B}_0|^{-1}$ oder $|\vec{B}_0||\vec{m}|^{-1}$ möglich wird:

a) Rückführung von $|\vec{m}||\vec{B}_0|$ auf mechanische Einheiten durch das Studium der *Schwingungen einer Magnetnadel* (magnetisches Moment $\vec{m}$) im Feld $\vec{B}_0$. Es ist $|\vec{N}| = N = mB_0 \sin\varphi$; $\frac{d\vec{L}}{dt} = \vec{N}$, wobei der Drehimpuls $\vec{L} = \theta\dot{\varphi}\vec{e}_z$ aus der

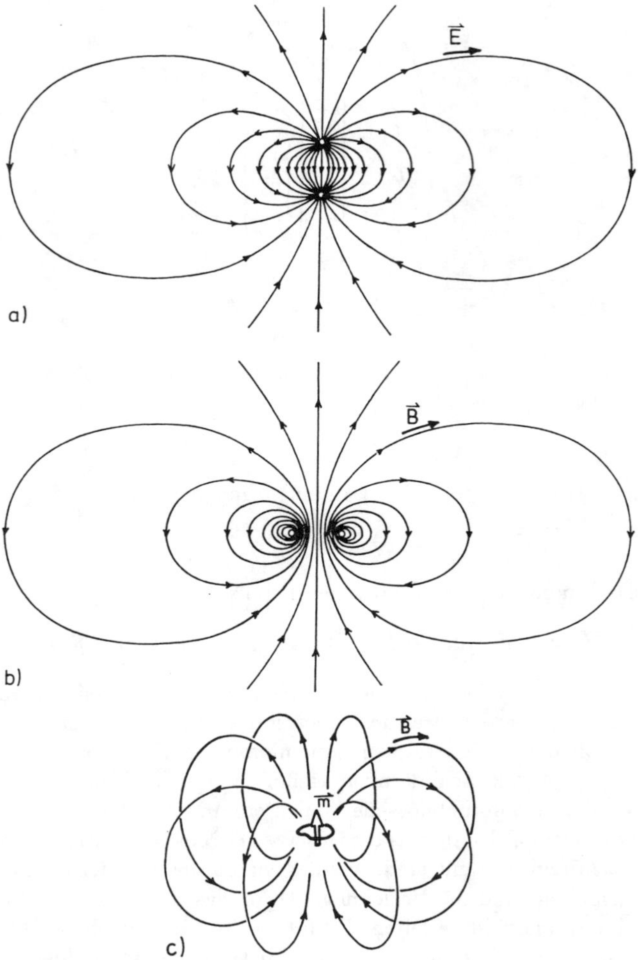

Ein magnetischer Dipol kann auch durch eine stromdurchflossene Leiterschleife realisiert werden (vgl. das spätere Beispiel 9.1). Wir veranschaulichen dies hier, um einen bildhaften Eindruck von der Realisierung eines magnetischen Dipols zu vermitteln.

a) Elektrische Feldlinien einer positiven und negativen Ladung. In großer Entfernung von der Doppelladung wird das Feld rein dipolartig.

b) Magnetische Feldlinien eine Ringstromes. In großer Entfernung vom Ring wird auch dieses Feld rein dipolartig.

c) Dasselbe wie im Fall b) perspektivisch gesehen.

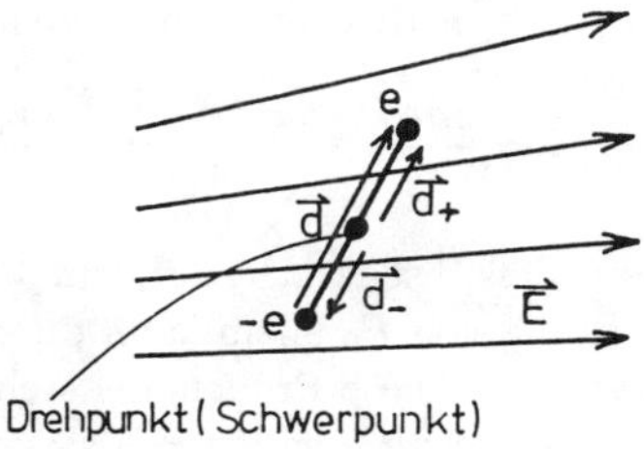

Elektrischer Dipol im elektrischen Feld.

Buchebene heraus zeigt, während $\vec{N}$ hineinzeigt. θ ist das Trägheitsmoment. Also gilt

$$\frac{\mathrm{d}}{\mathrm{d}t}\theta\dot{\varphi} = -mB_0 \sin\varphi$$

und für kleine Winkel

$$\ddot{\varphi} + \omega^2\varphi = 0 \ , \quad \omega^2 = \frac{mB_0}{\theta} \ .$$

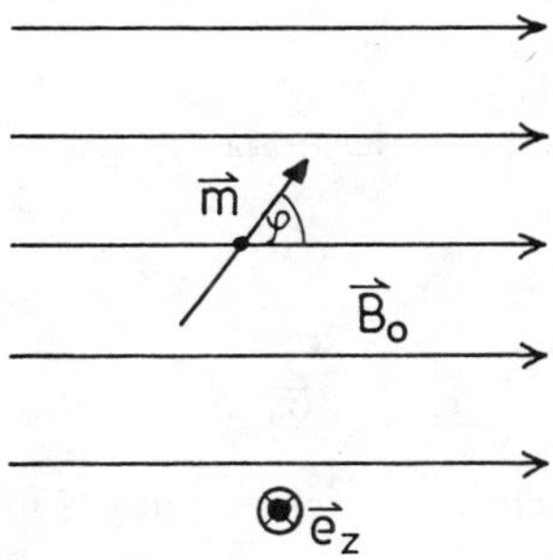

Magnetischer Dipol in einem magnetischen Induktionsfeld $\vec{B}_0$.

Das ist die Schwingungsgleichung für die Magnetnadel. Mit ω kennt man bei bekanntem Trägheitsmoment θ auch das Produkt mB_0, dessen Dimension offensichtlich

$$\text{Dim}\,[mB_0] = \text{Dim}\,[\omega^2\theta] = \frac{\text{g}\cdot\text{cm}^2}{\text{sec}^2} \tag{3}$$

ist.

b) Die Rückführung von $\frac{m}{B}$ auf mechanische Einheiten geschieht durch das Studium der relativen Einstellung zweier Magnetnadeln zueinander. Wir betrachten die Magnetnadel $\vec{m}$ selbst als Ursprung des Magnetfeldes $\vec{B}$ entsprechend

Gleichung (1). Am Orte $\vec{r_0}$ (in Richtung von $\vec{m}$) entsteht das Magnetfeld

$$\vec{B} = \frac{3mr_0^2 - mr_0^2}{r_0^5}\frac{\vec{r}_0}{r_0} = \frac{2m}{r_0^3}\frac{\vec{r}_0}{r_0} \; .$$

Alles wird so arrangiert, daß $\vec{B}$ senkrecht auf dem äußeren Feld $\vec{B}_0$ ist. Das ist möglich, denn die Richtung von $\vec{B}_0$ allein kann durch eine Probemagnetnadel $\vec{m}_1$ leicht festgestellt werden. Diese Probenadel stellt sich im so kombinierten $(\vec{B} + \vec{B}_0)$-Feld entlang der resultierenden Feldstärke ein. Es gilt dann (vgl. Figur)

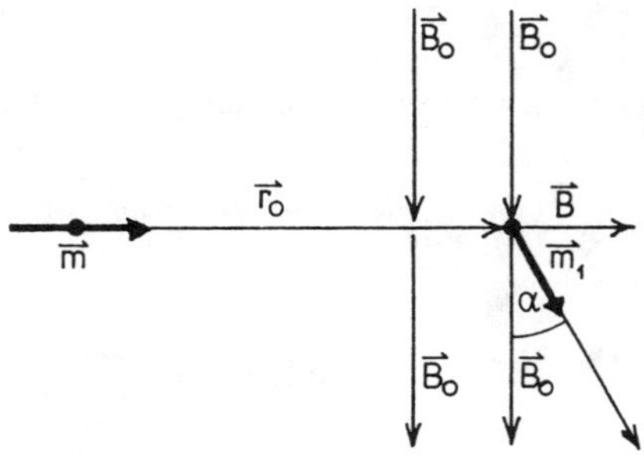

Zur Messung des Verhältnisses $\frac{m}{B_0}$. Die spezielle Geometrie $\vec{m} \perp \vec{B}_0$ entspricht einer der sogenannten *Gaußschen Hauptlagen*.

$$\tan\alpha = \frac{B}{B_0} = \frac{2m}{r_0^3 B_0} \quad \text{oder} \quad \frac{m}{B_0} = \frac{r_0^3 \tan\alpha}{2}$$

und daher Dim $\left[\frac{m}{B}\right] = \text{cm}^3$. Zusammen mit (3) führt das auf

$$\text{Dim}\,[B^2] = \frac{\text{g}\cdot\text{cm}^2}{\text{sec}^2\text{cm}^3} = \frac{\text{g}}{\text{sec}^2\text{cm}}, \quad \text{und} \quad \text{Dim}\,[B^2] = \frac{\text{g}\cdot\text{cm}^5}{\text{sec}^2} \; .$$

Durch Vergleich mit unserem Resultat aus dem 1.Kapitel erkennt man

$$\text{Dim}\,[B] = \text{Dim}\,[E] \; .$$

Diese statische Einheit der magnetischen Feldstärke heißt **1 Gauß**. (1 Gauß=$1\sqrt{\frac{\text{g}}{\text{sec}^2\text{cm}}}$). Wir bemerken noch, daß die hier geschilderte kombinierte Meßmethode von Magnetfeldern und Dipolmoment z.B. zur Vermessung des Erdfeldes $\vec{B}_0$ verwendet wird (*Gaußsche Methode*).

Stromdichte und Kontinuitätsgleichung: Den Fluß einer Ladungsmenge dq durch die Fläche dF in der Zeit dt bezeichnen wir als *Stromdichte*:

$$j = |\vec{j}| = \frac{dq}{dt\,dF}\,. \tag{4a}$$

Diese zeitliche Ableitung soll als einzige nicht verschwinden, damit ein stationärer Strom existieren kann. Die Stromdichte ist ein Vektor, dessen Richtung die Bewegungsrichtung der (positiven) Ladungsträger ist. Das Integral über die Fläche ($\vec{n}$ ist die Flächennormale)

$$I = \int_F \vec{j}\cdot\vec{n}\,dF \tag{4b}$$

gibt den elektrischen Strom.

Betrachten wir ein Volumen V mit der Ladungsdichte ρ. Da wir *Ladungserhaltung* vorraussetzen, wird eine zeitliche Änderung der Ladungsdichte durch einen Stromfluß durch die Oberfläche des Volumens hervorgerufen. Es gilt

$$-\frac{\mathrm{d}}{\mathrm{d}t}\int_V \rho\,dV = \int_O \vec{j}\cdot\vec{n}\,dF = \int_V \mathrm{div}\vec{j}\,dV \quad \text{oder} \quad \int_V \left(\frac{\partial\rho}{\partial t} + \mathrm{div}\vec{j}\right) dV = 0\,.$$

Da dies für ein Volumen V gilt, folgt daraus die *Kontinuitätsgleichung*

$$\frac{\partial\rho}{\partial t} + \mathrm{div}\vec{j} = 0. \tag{5}$$

Die Kontinuitätsgleichung ist offensichtlich äquivalent mit der Ladungserhaltung. Da wir in der Magnetostatik alle partiellen Ableitungen nach der Zeit gleich Null setzen, folgt

$$\mathrm{div}\vec{j} = 0. \tag{6}$$

Während Gleichung (5) allgemein gültig ist, gilt (6) nur in der Magnetostatik.

Das Biot-Savartsche Gesetz: Von Biot[2] und Savart[3] (1820), Oerstedt[4] (1819) und Ampère (1820-25) wurden die von Strömen induzierten Magnetfelder und die

[2] *Biot*, Jean Baptiste, französ. Physiker und Astronom, * Paris 21.4.1774, † ebd. 3.2.1862, Prof. der Mathematik in Beauvais, Prof. der Physik am College de France, dehnte gemeinsam mit F.D. Arago die französische Gradmessung 1807-08 bis zu den Balearen, 1817-18 bis zu den Shetland-Inseln aus. Später wurde B. Prof. der Astronomie an der Faculté des sciences in Paris und Mitglied aller drei Pariser Akademien. Er lieferte u.a. wichtige Beiträge zur Erkenntnis der von Arago entdeckten Rotationspolarisation, wobei er den Begriff der spezif. Drehung der Polarisationsebene einführte. Gemeinsam mit S. Savart stellte er 1820 das B.–Savartsche Gesetz für die Wirkung eines Stromes auf einen magnet. Pol auf. B. blieb bis an sein Lebensende Anhänger und Verteidiger der Emissionstheorie des Lichtes. [BR].

[3] *Savart*, Félix, französ. Arzt und Physiker, * Mézières 30.6.1791, † Paris 16.3.1841, war Prof. für Physik am Collège de France, stellte umfangreiche akust. Untersuchungen an, bestimmte 1820 die Schwingungszahl von Tönen mit der Zahnradsirene und leitete im selben Jahr gemeinsam mit J.B. Biot aus Versuchen das nach beiden benannte Grundgesetz des Elektromagnetismus ab. [BR].

[4] *Oerstedt*, Hans Christian, dän. Chemiker und Physiker, * Rudkobing 14.8.1777, † Kopenhagen 9.3.1851, studierte zunächst Pharmazie, wurde aufgrund einer "Dissertatio de forma metaphysica elementaris naturae exterioris" 1799 zum Doktor promoviert und bereiste 1801-03 Deutschland und

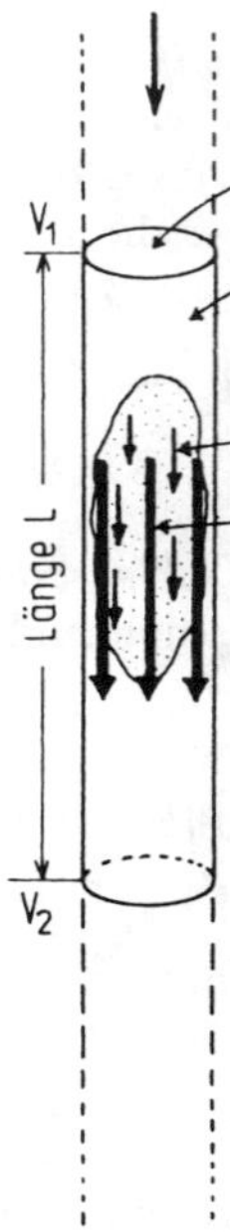

Strom I

Fläche F

Material mit spezifischem Widerstand ρ ,

Leitfähigkeit $\sigma = \frac{1}{\rho}$

Stromdichte $\vec{j} = \sigma \vec{E}$

Elektrische Feldstärke $\vec{E}$

$I = F|\vec{j}| = F\sigma E$ (genauer: $I = \int_F |\vec{j}|\, dF = |\vec{j}| \cdot F$ falls $\vec{j}$ über F konstant ist.)

Spannung $V = V_1 - V_2 = EL$

Widerstand $\frac{V}{I} = \frac{EL}{F\sigma E} = \frac{L}{\sigma F} = \rho \frac{L}{F} = R$

$$\frac{\text{esu}}{\text{sec}\ \ \text{cm}^3} = \frac{1}{\text{sec}}\ \frac{\text{statvolt}}{\text{cm}} \qquad \text{CGS Einheiten}$$

$$\vec{j} = \sigma\ \vec{E}$$

$$\frac{\text{amp}}{\text{cm}^2} = \frac{1}{\text{ohm} \cdot \text{cm}}\ \frac{\text{volt}}{\text{cm}} \qquad \text{Praktische Einheiten}$$

Stromfluß in einem leitenden Draht. Die Beziehung zwischen Stromdichte $\vec{j}$ und elektrischer Feldstärke $\vec{E}$ ($\vec{j} = \sigma\vec{E}$) impliziert das Ohmsche Gesetz $V = IR$.[a]

[a]Georg Simon *Ohm*, Physiker, * Erlangen 16.3.1789, † München 6.7.1854, Lehrer der Mathematik in Bamberg, Köln, an der Kriegsschule in Berlin, der Polytechn. Schule in Nürnberg, deren Direktor er 1839 wurde, seit 1849 Prof. in München. O. entdeckte 1826 experimentell das nach ihm benannte grundlegende Gesetz der Stromleitung und gab in seiner Schrift "Die galvanische Kette, mathematisch bearbeitet" (1827, Nachdruck 1965) eine der Fourierschen Wärmeleitungstheorie analog phänomenolog. Theorie der elektr. Leitung, in der auch bereits die meist nach R. Kirchhoff benannten Gesetze der Stromverzweigungen angegeben sind. 1843 definierte er den einfachen Ton als eine rein sinusförmige Schwingung und lieferte 1852/53 wichtige Beiträge zur Interferenz gradlinig polarisierten Lichts beim Durchgang durch einachsige Kristalle. [BR].

dadurch ausgeübten Kräfte untersucht. Solche Messungen sind im Allgemeinen recht involviert. Nach langen Mühen konnten aber die Beobachtungen zu zwei Gesetzen zusammengefaßt werden. Das erste davon lautet: Von einem Stromelement $Id\vec{s}$ wird im Punkt P ein Magnetfeld hervorgerufen. Für dieses Magnetfeld gilt die *empirisch festgestellte* Beziehung

$$d\vec{B} = k\frac{I \cdot d\vec{s} \times \vec{r}}{r^3}, \tag{7}$$

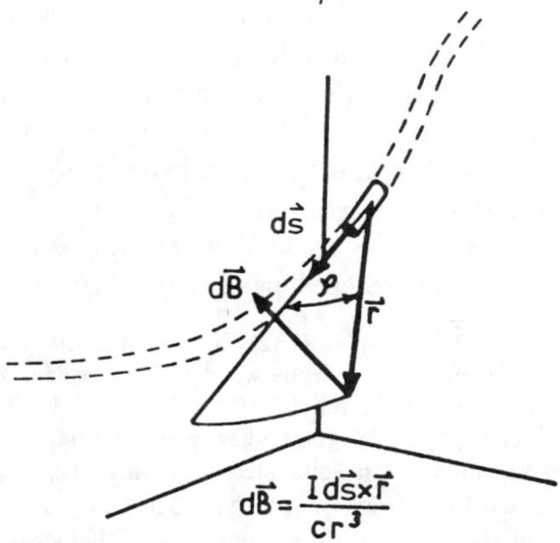

Das Magnetfeld eines Leiterelementes.

d.h. das von einem Leiterelement hervorgerufene Magnetfeld ist proportional zum Strom und (für $d\vec{s}\perp\vec{r}$) umgekehrt proportional zum Abstandsquadrat. Diese Beziehung wird als Biot–Savartsches Gesetz bezeichnet, $\vec{B}$ ist die *magnetische Induktion* oder Kraftflußdichte. Sie ist, wie wir später sehen werden, im Vakuum identisch mit

---

Frankreich. 1806 wurde er Prof. der Physik, seit 1829 war er Direktor des Polytechnischen Instituts in Kopenhagen. In Jena wurde er durch J.W. Ritter für die Schellingsche Naturphilosophie gewonnen. In ihrem Geist veröffentlichte er während einer zweiten Reise 1812/13 seine "Ansicht der chemischen Naturgesetze, durch die neueren Entdeckungen gewonnen" (Berlin 1812), die er in Paris mit M. De Serres als "Recherches sur l'identité des forces élektriques et chimiques" herausgab. 1819/20 entdeckte er im Pfeffer das Alkaloid Piperin und im Juli 1820 die Ablenkung einer Magnetnadel durch den elektr. Strom. Damit wurde er zum Begründer der Lehre vom Elektromagnetismus, die noch im selben Jahr durch A.M. Ampère weiter ausgebaut wurde. 1822 gelang ihm der erste nahezu einwandfreie Nachweis der Kompressibilität des Wassers, die schon Francis Bacon zu beweisen gesucht hatte. Bei seinem dritten Aufenthalt in Paris konstruierte O. in Gemeinschaft mit J. Fourier die erste Thermosäule (1822/23). Seine naturphilosophischen Schriften (dt. Gesammelte Schriften, 6 Bde. 1850/53) wurden um die Mitte des 19. Jahrh. viel gelesen.
Nach O. ist die Maßeinheit Oerstedt, abgek. Oe, der magnetischen Feldstärke benannt, ursprünglich im elektromagnet. und im Gaußschen Maßsystem, jetzt im Internationalen Einheitensystem. 1 Oe entspricht:

$$\frac{10^3}{4\pi} \cdot \frac{\mathrm{A}}{\mathrm{m}} \;. \text{ [BR].}$$

der magnetischen Feldstärke (die wir später $\vec{H}$ nennen).
Ein äußeres $\vec{B}$-Feld übt auf einen stromdurchflossenen Leiter eine Kraft aus. Diese Kraft ist proportional zu dem Produkt aus Stromelement und Feldstärke (**1. Ampèresches Gesetz**[5]).

$$d\vec{F} = kI\,d\vec{s} \times \vec{B} \,. \tag{8}$$

Auch dieses Gesetz wurde empirisch gefunden. Beide Gesetze (7) und (8) sind sozusagen die mathematisch-präzise Zusammenfassung vieler mühsamer, detaillierter Experimente. Die beiden Proportionalitätskonstanten in Gleichung (7) und (8) sind im Gaußschen Maßsystem, das wir verwenden und auf das wir unsere Messung der magnetischen Induktion gründeten, gleich. In diesem Maßsystem ergibt sich k experimentell als gleich der reziproken Lichtgeschwindigkeit: $k = \frac{1}{c}$. Das erste Experiment zur Bestimmung der Proportionalitätskonstanten k, wenn q, F und B in cgs-Einheiten gemessen werden, wurde von Weber[6] und Kohlrausch[7] im Jahre 1856 durchgeführt. Es ergab den bemerkenswerten Wert $k = \frac{1}{c}$, $c = 3.1 \cdot 10^{10}$ cm/sec,

---

[5]Biot und Savart (1820) und später Ampère (1825) bestimmten die Kräfte zwischen stromdurchflossenen Spulen (s. die folgenden Seiten). Daraus wurden die Gesetze (7) und (8) deduziert. Die Kraft zwischen Leitern ist offensichtlich proportional k^2. In (7) und (8) ist k symmetrisch aufgeteilt. Die Grundlage der Berechnung von Magnetfeldern war (und ist) die ungestörte Überlagerung der einzelnen Magnetfelder, die von verschiedenen stromdurchflossenen Leitern erzeugt werden (Superpositionsprinzip). Danach wird der Vektor der magnetischen Induktion $\vec{B}$ (Flußdichte) dadurch gewonnen, daß das Gesamtfeld als Überlagerung derjenigen Einzelfelder dargestellt wird, die zu kurzen geradlinig gedachten Leiterstücken gehören (siehe Gleichung (7)). Der mathematische Aufwand bei solchen Rechnungen ist meist beträchtlich. Es waren die drei französichen Physiker J.B. Biot (1774-1862), sein Assistent F. Savart (1791-1841) und P. de Laplace (1749-1827), auf die dieses Verfahren zurückgeht. Biot und Savart untersuchten das Magnetfeld eines langen, geraden Drahtes mit Hilfe einer drehbaren (schwingenden) Magnetnadel. Für Magnetfelder mit horizontalen Feldlinien ist der Betrag der magnetischen Induktion $\vec{B}$ der zweiten Potenz der Schwingungsdauer T umgekehrt proportional, also $B \sim \frac{1}{T^2}$. 1821 ermittelten Biot und Savart, daß das magnetische Induktionsfeld eines geraden Drahtes umgekehrt proportional dem Abstand des Aufpunktes vom Draht ist. Die Abhängigkeit der magnetischen Induktion vom Leiterstrom wurde von ihnen nur qualitativ aufgezeigt: Es gab nämlich im Jahr 1821 noch keine Methode, Stromstärken zu messen. Erst ein Jahrzehnt danach waren brauchbare Meßverfahren bekannt. Es war Laplace, der die Felder beliebig geformter stromdurchflossener Drähte berechnete und das Gesetz (7) mathematisch präzise formulierte. Er konnte damit dann die Ergebnisse von Biot und Savart deduzieren. Die Urheberschaft für das heute nach Biot und Savart genannte Gesetz geht also zum großen Teil auch auf Laplace zurück.

[6]Wilhelm Eduard *Weber*, Physiker, * Wittenberg 24.10.1804, † Göttingen 23.6.1891, mit seinem Bruder veröffentlichte er 1825 die grundlegende "Wellenlehre auf Experimente gegründet". 1831 wurde er nach Göttingen berufen. Mit C.F. Gauss konstruierte W. 1833 den ersten elektromagnetischen Telegraphen, sowie eine Reihe von Meßinstrumenten, z.B. das Inklinationsinduktorium (1837), das Elektrodynamometer (1840 und 1846) und das Spiegelgalvanometer (1846 und 1852). 1835 entdeckte W. die elastische Nachwirkung, 1826 veröffentlichte er mit seinem jüngerem Bruder, dem Anatomen Eduard Friedrich (* Wittenberg 10.3.1806, † Leipzig 10.5.1871), die "Mechanik der menschlichen Gehwerkzeuge". Als einer der "Göttinger Sieben" wurde W. 1837 seines Amtes enthoben, siedelte 1843 als Prof. nach Leipzig über und wurde 1849 wieder nach Göttingen berufen. Seit 1846 veröffentlichte W. seine elektrodynam. Maßbestimmungen, die die Grundlage für die späteren internat. Maßeinheiten schufen. [BR].

[7]Friedrich Wilhelm Georg *Kohlrausch*, * Rinteln (Weser) 14.10.1840, † Marburg 17.1.1910, Sohn von Rudolf K. (* 1809, † 1858), der mit Wilhelm Weber 1856 die für die Entwicklung der Elek-

also praktisch die Lichtgeschwindigkeit. Die Gleichungen (7) und (8) haben dann die Form:

$$d\vec{B} = \frac{I}{c}\frac{d\vec{s} \times \vec{r}}{r^3} \quad \text{und} \quad d\vec{F} = \frac{I}{c} d\vec{s} \times \vec{B} \quad \text{mit} \quad c = 2.998 \cdot 10^{10} \frac{\text{cm}}{\text{sec}} \,. \tag{9}$$

Die Tatsache, daß sich $k = \frac{1}{c}$ ergibt, erscheint jetzt recht willkürlich. Später in der relativistischen Formulierung der Maxwellschen Gleichungen wird sich dies und damit unser Maßsystem (Gaußsches Maßsystem) als zweckmäßig erweisen.[8] Nehmen wir statt des Stromes eine am Ort $\vec{r}' = 0$ mit der Geschwindigkeit $\vec{v}$ bewegte Ladung q, so folgt mit

$$I d\vec{s} = q \cdot \vec{v}(\vec{r})\delta(\vec{r} - \vec{r}')dF d\vec{s} = q \cdot \vec{v}(\vec{r})\delta(\vec{r} - \vec{r}')\Delta V = q \cdot \vec{v}(\vec{r}') = q \cdot \vec{v}$$

aus Gleichung (9):

$$\vec{B} = \frac{q}{c}\frac{\vec{v} \times \vec{r}}{r^3} = \frac{1}{c}\vec{v} \times \vec{E}$$

da das elektrische Feld der Punktladung q durch $\vec{E} = q\frac{\vec{r}}{r^3}$ gegeben ist. Die Feldlinien des $\vec{B}$–Feldes liegen konzentrisch um den Leiter. Blicken wir in Richtung des Stromes, so verlaufen sie im Uhrzeigersinn (Korkenzieherregel). Wir verweisen dazu auf das folgende Beispiel.

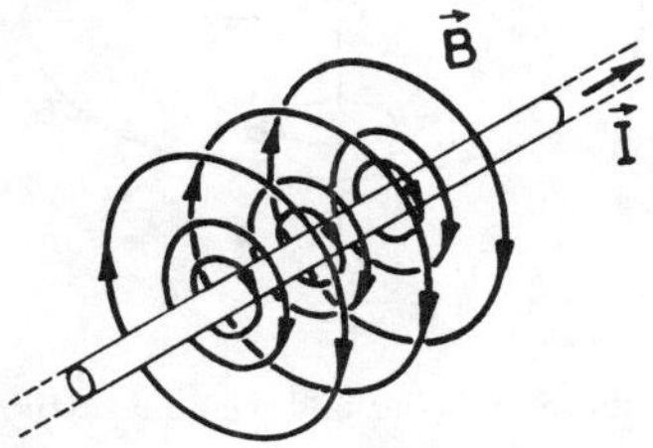

Feldlinien eines linearen Drahtes mit konstanter Stromstärke I.

trizitätslehre grundlegende "Zurückführung der Stromintensitätsmessungen auf mechan. Maß" vornahm. K. war Prof. in Göttingen (1866), Zürich (1870) und Straßburg (1888) und nach Helmholtz' Tode 1895 Präs. der Physikalisch-Techn. Reichsanstalt in Berlin-Charlottenburg. Er stellte wichtige Untersuchungen über das Leitvermögen der Elektrolyte an, fand das nach ihm benannte Gesetz von der unabhängigen Wanderung der Ionen und führte Präzisionsbestimmungen der elektromagnet. Grundgrößen aus. 1870 verfaßte K. einen "Leitfaden der prakt. Physik", der als "Lb. der prakt. Physik" für alle ähnl. Werke vorbildlich wurde (3 Bde., 1968). [BR].

[8]Im praktischen Maßsystem ergibt sich für k in Gleichung (7) bzw. (8) $k = \frac{\mu_0}{4\pi}$ bzw. $k = 1$. Hierbei ist μ_0 die Induktionskonstante (magnetische Permeabiltät des Vakuums), sie hat den Wert

$$\mu_0 = 4\pi \cdot 10^{-7} \frac{\text{Vs}}{\text{Am}} = 1.26 \cdot 10^{-6} \frac{\text{Vs}}{\text{Am}} \,.$$

8.1 Beispiel : Magnetfeld eines geraden Leiters

Wir berechnen das Feld eines unendlich langen geraden Leiters. Aus Gleichung (9) folgt:

$$\vec{B} = \frac{I}{c}\int_{-\infty}^{+\infty} \frac{d\vec{s} \times \vec{r}}{r^3}$$

oder in skalarer Form

$$B = \frac{I}{c}\int_{-\infty}^{+\infty} \frac{ds \cdot r \sin\theta}{r^3} = \frac{IR}{c}\int_{-\infty}^{+\infty} \frac{ds}{(s^2+R^2)^{3/2}} \; .$$

Mit der Substitution $s = R \cdot \sinh u$ folgt für das Integral der Wert $\frac{2}{R^2}$.

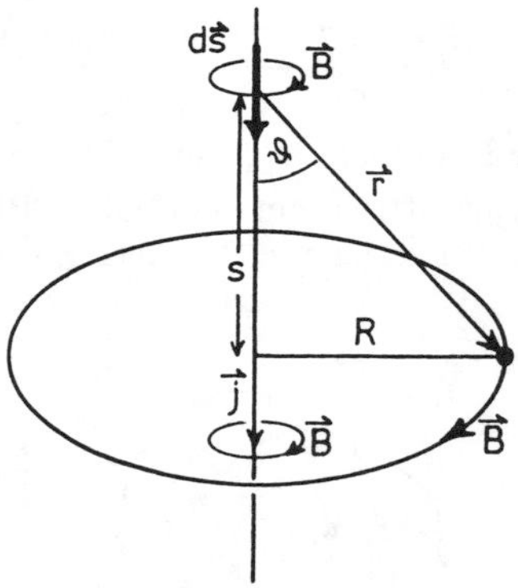

Gerader stromdurchflossener Leiter und seine magnetische Induktion.

Somit lautet das Feld eines geraden stromdurchflossenen Leiters

$$B = \frac{2I}{cR} \; .$$

Wegen des Kreuzproduktes zeigen die Feldlinien immer in φ–Richtung (Zylinderkoordinaten). Wir können dies in Vektorform folgendermaßen zusammenfassen:

$$\vec{B} = \frac{2I}{cR}\vec{e}_\varphi \; .$$

Kraft zwischen zwei geschlossenen Strömen: Wir haben folgende Anordnung gegeben:

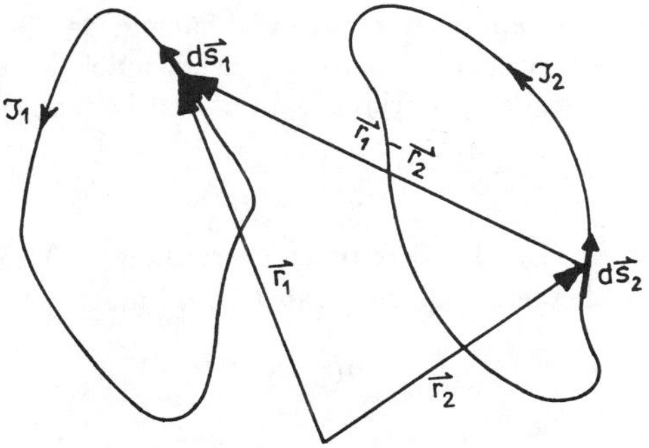

Zwei stromdurchflossene Leiterkreise

und wollen die Kraft zwischen den beiden stromdurchflossenen Leitern berechnen. Das Stromelement $I_2\, d\vec{s}_2$ erzeugt am Ort $\vec{r}_1$ ein Magnetfeld $\vec{B}_2$, für das nach dem Biot-Savartschen Gesetz gilt:

$$d\vec{B}_2 = \frac{I_2}{c}\frac{d\vec{s}_2 \times (\vec{r}_1 - \vec{r}_2)}{|\vec{r}_1 - \vec{r}_2|^3} \, .$$

Dieses $\vec{B}_2$–Feld übt nach dem Ampèreschen Kraftgesetz auf das Leiterelement $d\vec{s}_1$ die Kraft $d\vec{F}_{12}$ aus:

$$d\vec{F}_{12} = \frac{I_1}{c}(d\vec{s}_1 \times d\vec{B}_2) = \frac{I_1 I_2}{c^2}\frac{d\vec{s}_1 \times (d\vec{s}_2 \times (\vec{r}_1 - \vec{r}_2))}{|\vec{r}_1 - \vec{r}_2|^3} \, .$$

Die Gesamtkraft erhalten wir durch Integration über beide Leiterkreise, d.h.

$$\vec{F}_{12} = \frac{I_1 I_2}{c^2}\oint_1\oint_2 \frac{d\vec{s}_1 \times (d\vec{s}_2 \times (\vec{r}_1 - \vec{r}_2))}{|\vec{r}_1 - \vec{r}_2|^3} \, .$$

Nach der Vektorformel $\vec{a} \times (\vec{b} \times \vec{c}) = (\vec{a}\cdot\vec{c})\vec{b} - (\vec{a}\cdot\vec{b})\vec{c}$ folgt mit $\vec{r}_{12} = \vec{r}_1 - \vec{r}_2$: $\vec{s}_1 \times (\vec{s}_2 \times \vec{r}_{12}) = (\vec{s}_1 \cdot \vec{r}_{12})\vec{s}_2 - (\vec{s}_1 \cdot \vec{s}_2)\vec{r}_{12}$. Den ersten Term können wir umformen in

$$d\vec{s}_2 \frac{d\vec{s}_1 \cdot \vec{r}_{12}}{r_{12}^3} = -d\vec{s}_2 \left(d\vec{s}_1 \cdot \vec{\nabla}_{12}\frac{1}{r_{12}} \right) ,$$

wenn $\vec{\nabla}_{12}$ den Gradienten nach dem Differenzvektor, also

$$\vec{\nabla}_{12} \equiv \left[\frac{\partial}{\partial(x_1 - x_2)}, \frac{\partial}{\partial(y_1 - y_2)}, \frac{\partial}{\partial(z_1 - z_2)} \right]$$

bedeutet. Damit erhalten wir für die Kraft

$$\vec{F}_{12} = \frac{I_1 I_2}{c^2} \oint_2 d\vec{s}_2 \oint_1 d\vec{s}_1 \cdot \vec{\nabla}_{12} \frac{1}{r_{12}} - \frac{I_1 I_2}{c^2} \oint_2 \oint_1 \frac{\vec{r}_{12}}{r_{12}^3} (d\vec{s}_1 \cdot d\vec{s}_2) \, .$$

Das Integral über einen Gradienten ist wegunabhängig; da die Integrale über den geschlossenen Leiterkreis ausgeführt werden, verschwindet das erste Linienintegral und es bleibt für die Kraft des Leiterkreises 2 auf den Leiterkreis 1:

$$\vec{F}_{12} = -\frac{I_1 I_2}{c^2} \oint_2 \oint_1 \frac{\vec{r}_1 - \vec{r}_2}{|\vec{r}_1 - \vec{r}_2|^3} (d\vec{s}_1 \cdot d\vec{s}_2) \, . \tag{10}$$

Ein beliebiger Leiter, in dem eine Stromdichteverteilung $\vec{j}(\vec{r})$ vorliegt, erfährt nach (8) in einem äußeren Magnetfeld $\vec{B}$ die Kraft (siehe Figur)

$$\vec{F} = \frac{1}{c} \int_{\text{Körper}} \vec{j}(\vec{r}') \times \vec{B}(\vec{r}') \, dV' \, . \tag{11}$$

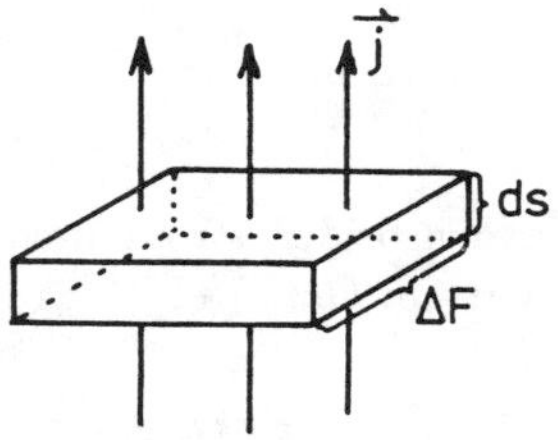

Illustration der Formel $\vec{j}\Delta V = \vec{j}\Delta F \Delta s = I \Delta \vec{s}$.

Für eine Punktladung q, die sich mit der Geschwindigkeit $\vec{v}(\vec{r})$ bewegt, gilt $\vec{j}(\vec{r}) = q\vec{v}(\vec{r}')\delta(\vec{r} - \vec{r}')$. Mit Gleichung (11) ergibt das die *Lorentzkraft*

$$\vec{F} = \frac{q}{c} \vec{v} \times \vec{B} \, , \tag{12}$$

welche die Ladung bei der Bewegung durch das $\vec{B}$–Feld erfährt. Die Kraft (11) übt auf den Körper ein Drehmoment $\vec{N}$ aus, für das gilt

$$\vec{N} = \int \vec{r} \times d\vec{F} = \frac{1}{c} \int_{\text{Körper}} \vec{r} \times (\vec{j} \times \vec{B}) \, dV \, . \tag{13}$$

8.2 Beispiel : Kraft zwischen zwei parallelen Leitern

Wir berechnen die Kraft, die zwei unendlich lange gerade Leiter pro Längenelement aufeinander ausüben. Sie sollen parallel zueinander im Abstand d verlaufen. Das Feld $\vec{B}_2$, das der Leiter 2 erzeugt, wurde im Beispiel 8.1 berechnet. Es ist

$$B_2 = \frac{2I_2}{cd} \, .$$

Für die Kraft gilt nach Gleichung (6):

$$d\vec{F} = \frac{I_1}{c} d\vec{s}_1 \times \vec{B}_2 \ .$$

Da die beiden Leiter parallel zueinander verlaufen, stehen das Linienelement $d\vec{s}_1$ und das Feld $\vec{B}_2$ senkrecht aufeinander. Für den Betrag der Kraft pro Längeneinheit gilt dann

$$\frac{dF}{ds_1} = \frac{I_1}{c}\frac{|d\vec{s}_1 \times \vec{B}_2|}{ds_1} = \frac{I_1}{c}\frac{ds_1|\vec{B}_2|}{ds_1} = \frac{2I_1I_2}{c^2 d} \ .$$

Diese Kraft ist anziehend (abstoßend), wenn die Ströme in gleicher (entgegengesetzter) Richtung fließen. Das folgt sofort aus dem Kreuzprodukt im Ampèreschen Kraftgesetz oder aus Gleichung (10). Wie wir in der Einleitung erwähnt haben, wird eine experimentelle Anordnung dieser Art dazu verwendet, um über die Kraftmessung das Biot–Savart'sche und das 1.Amperesche Gesetz zu deduzieren.

Zweites Ampèresches Gesetz[9] **:** Die Stromdichte in einem Leiter sei durch $\vec{j}(\vec{r'})$ gegeben. Dann gilt für die dadurch entstandene magnetische Induktion $\vec{B}(\vec{r})$:

$$\vec{B}(\vec{r}) = \int d\vec{B} = \frac{1}{c}\int \frac{\vec{j}(\vec{r'}) \times (\vec{r} - \vec{r'})}{|\vec{r} - \vec{r'}|^3} dV' \ .$$

Dieser Ausdruck ist analog der uns schon bekannten Gleichung für das elektrische Feld in Abhängigkeit von der Ladungsdichte, welche lautete

$$\vec{E}(\vec{r}) = \int \rho(\vec{r'}) \frac{\vec{r} - \vec{r'}}{|\vec{r} - \vec{r'}|^3} dV' \ .$$

[9]Benannt nach André Marie *Ampère*, französ. Mathematiker und Physiker, * Lyon 20.1.1775, † Marseille 10.6.1836, beschäftigte sich zunächst mit mathemat. Arbeiten und veröffentlichte 1802 "Considérations sur la théorie mathématique du jeu", war Physiklehrer in Bourg und Lyon, später Prof. an der École polytechnique und am Collége du France und Generalinspekteur der Universitäten. Ausgehend von kristallogr. Überlegungen, stellte er theoretisch–chem. Betrachtungen über den Molekülbau an und gelangte dabei — drei Jahre nach Avogadro — zu ähnl. Annahmen wie dieser. Nach Bekanntwerden der Oerstedtschen Entdeckung des Elektromagnetismus wandte sich A. im Herbst 1820 diesem neuen Gebiet zu, entdeckte die Wechselwirkung zwischen stromdurchflossenen Leitern, die er als eine "elektrodynamische" bezeichnete, stellte für die Ablenkung einer Magnetnadel durch den Strom die nach ihm benannte Schwimmregel auf, führte die Erscheinungen des Magnetismus auf die Summationswirkung hypothet. "Molekularströme" zurück und machte in dem gemeinsam mit J. Babinet 1822 veröffentlichten "Exposé des nouvelles découvertes sur le magnétisme et l'électricité" (dt. Darstellung der neuen Entdeckungen über Elektrizität und Magnetismus, 1822) den Vorschlag zu einem elektromagnet. Telegraphen statt des von Sömmering vorgeschlagenen elektrochemischen. A.s grundlegende Abhandlung "Sur la théorie mathématique des phènoméne électrodynamiques", die allen späteren gleichartigen Bemühungen zum Vorbild diente und elektrodynam. Erscheinungen als Fernwirkungen behandelte, erschien 1827. Danach wandte er sich philosophischen Arbeiten zu und veröffentlichte einen "Essai sur la philosophie des sciences ou Exposition analytique d'une classification naturelle de toutes les conaissances humaines" (2 Bde., 1834). [BR].

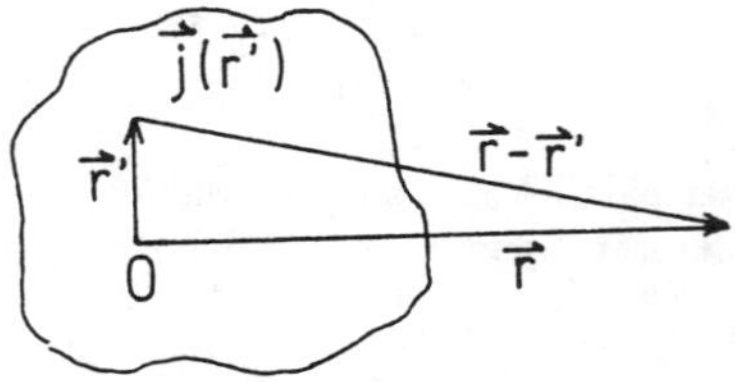

Zum Verständnis des 2. Ampereschen Gesetzes.

Nun substituieren wir wie folgt: $\frac{\vec{r}-\vec{r'}}{|\vec{r}-\vec{r'}|^3} = -\vec{\nabla}\frac{1}{|\vec{r}-\vec{r'}|} = \vec{\nabla}'\frac{1}{|\vec{r}-\vec{r'}|}$. Einsetzen des Gradienten ergibt dann

$$\vec{B}(\vec{r}) = \vec{\nabla} \times \frac{1}{c}\int \frac{\vec{j}(\vec{r'})}{|\vec{r}-\vec{r'}|}dV' \ , \quad \text{d.h.} \quad \vec{B}(\vec{r}) = \text{rot}\left(\frac{1}{c}\int \frac{\vec{j}(\vec{r'})}{|\vec{r}-\vec{r'}|}dV'\right) \ . \tag{14}$$

Da die Divergenz einer Rotation immer verschwindet, können wir analog zu der bereits früher gefundenen Beziehung rot $\vec{E} = 0$ jetzt auch schreiben:

$$\text{div}\,\vec{B} = 0 \ . \tag{15}$$

Diese Beziehung bedeutet, daß es keine isolierbaren Quellen des Magnetfeldes gibt, oder anders ausgedrückt: *Es gibt keine magnetischen Monopole.* Beim elektrischen Feld ist das anders, denn es gilt div $\vec{E} = 4\pi\rho$, wobei ρ die elektrische Ladungsdichte ist. Die Ladungen ρ stellen die elektrischen Monopole dar. Für jeden beliebigen Vektor $\vec{A}$ gilt nach den Gesetzen der Vektorrechnung: $\vec{\nabla}\times(\vec{\nabla}\times\vec{A}) = \vec{\nabla}(\vec{\nabla}\cdot\vec{A}) - \Delta\vec{A}$. Mit Hilfe dieser Beziehung kann rot $\vec{B}$ wie folgt umgeformt werden:

$$\text{rot}\,\vec{B}(\vec{r}) = \vec{\nabla}\times\left(\vec{\nabla}\times\frac{1}{c}\int\frac{\vec{j}(\vec{r'})}{|\vec{r}-\vec{r'}|}dV'\right) = \frac{1}{c}\int\vec{\nabla}\left(\vec{\nabla}\cdot\frac{\vec{j}(\vec{r'})}{|\vec{r}-\vec{r'}|}\right)dV' - \frac{1}{c}\int\Delta\frac{\vec{j}(\vec{r'})}{|\vec{r}-\vec{r'}|}dV' \ .$$

Für den Delta-Operator gilt $\Delta\frac{1}{|\vec{r}-\vec{r'}|} = -4\pi\delta(\vec{r}-\vec{r'})$, so daß sich damit

$$\text{rot}\,\vec{B}(\vec{r}) = \frac{1}{c}\int\vec{\nabla}\left(\vec{\nabla}\cdot\frac{\vec{j}(\vec{r'})}{|\vec{r}-\vec{r'}|}\right)dV' + \frac{4\pi}{c}\int\delta(\vec{r}-\vec{r'})\vec{j}(\vec{r'})dV'$$

ergibt. Betrachten wir nun beide Summanden getrennt. Den zweiten können wir sofort integrieren:

$$\frac{4\pi}{c}\int\delta(\vec{r}-\vec{r'})\vec{j}(\vec{r'})dV' = \frac{4\pi}{c}\vec{j}(\vec{r}) \ .$$

Weil $\vec{\nabla}$ nur auf die $\vec{r}$–Koordinate wirkt, können wir den ersten Term umformen in

$$\frac{1}{c}\int\vec{\nabla}\left(\vec{\nabla}\cdot\frac{\vec{j}(\vec{r'})}{|\vec{r}-\vec{r'}|}\right)dV' = -\frac{\vec{\nabla}}{c}\int\vec{j}(\vec{r'})\cdot\vec{\nabla}'\frac{1}{|\vec{r}-\vec{r'}|}dV' \ .$$

Nach partieller Integration erhalten wir dafür:

$$\begin{aligned}
&= \frac{\vec{\nabla}}{c}\int \frac{\vec{\nabla}'\cdot\vec{j}(\vec{r'})dV'}{|\vec{r}-\vec{r'}|} - \frac{\vec{\nabla}}{c}\int \vec{\nabla}'\cdot\left(\frac{\vec{j}(\vec{r'})}{|\vec{r}-\vec{r'}|}\right)dV' \\
&= \frac{\vec{\nabla}}{c}\int \frac{\vec{\nabla}'\cdot\vec{j}(\vec{r'})dV'}{|\vec{r}-\vec{r'}|} - \frac{\vec{\nabla}}{c}\int_F \frac{\vec{j}(\vec{r'})\cdot\vec{n}}{|\vec{r}-\vec{r'}|}dF' \,. \qquad (16)
\end{aligned}$$

Beide Glieder verschwinden; das zweite Glied, weil die Stromverteilung begrenzt ist; das erste Integral, weil in magnetostatischen Problemen $\vec{\nabla}\cdot\vec{j} = 0$ gilt (Gleichung (6)). Somit bleibt

$$\operatorname{rot}\vec{B}(\vec{r}) = \frac{4\pi}{c}\vec{j}(\vec{r}) \,. \qquad (17)$$

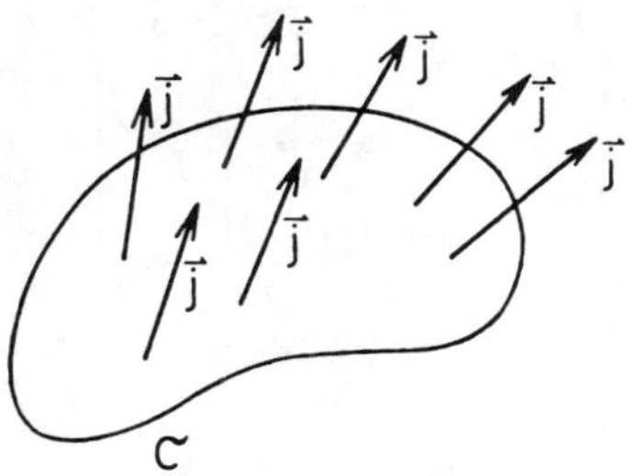

$\vec{j}$ ist die Stromdichte. Das Oberflächenintegral $\int \vec{j}\cdot d\vec{F} = I$ ergibt den Strom, der durch die von der Kurve C berandete Fläche fließt.

Diese Beziehung heißt das *zweite Ampèresche Gesetz* oder auch *Oerstedt'sches Gesetz.* Es ist das Analogon zum Gaußschen Gesetz in der Elektrostatik: $\operatorname{div}\vec{E} = 4\pi\rho$. Wir werden im 13. Kapitel bald sehen, daß Gleichung (17) fast schon eine der Maxwellgleichungen darstellt. Es fehlt nur noch der Verschiebungsstrom auf der rechten Seite von (17), der im Fall der Magnetostatik verschwindet. Wenden wir den Satz von Stokes an und bezeichnen mit $\vec{n}$ den Normalenvektor auf der stromdurchflossenen Fläche, so kommen wir zu einer anderen Form des Ampèreschen Gesetzes:

$$\oint_C \vec{B}\cdot d\vec{s} = \int_F \operatorname{rot}\vec{B}\cdot\vec{n}\,dF = \frac{4\pi}{c}\int_F \vec{j}\cdot\vec{n}\,dF = \frac{4\pi}{c}I \,,$$

wobei I der Gesamtstrom ist, der durch die Fläche fließt. Also gilt:

$$\oint_C \vec{B}\cdot d\vec{s} = \frac{4\pi}{c}I \,.$$

Dies ist die Integralform des Ampèreschen Gesetzes. Vergleichen Sie hierzu mit Aufgabe 8.4.

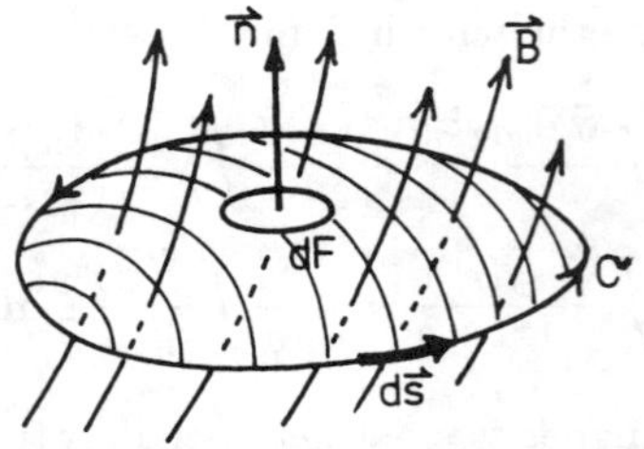

Veranschaulichung des Wirbels $\oint_C \vec{B} \cdot d\vec{s}$ des Magnetfeldes.

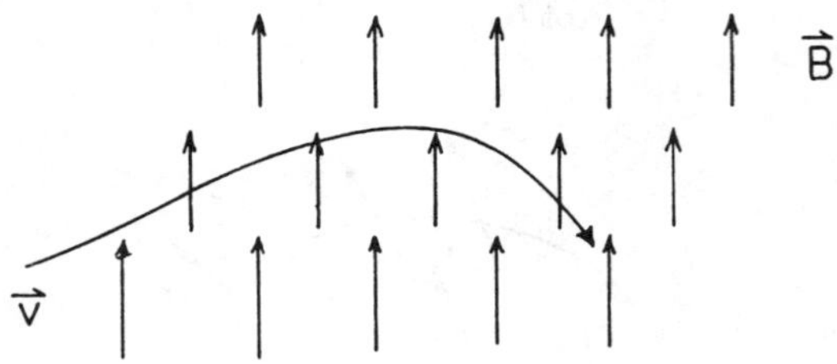

Ein Teilchen im Magnetfeld.

Bewegung geladener Teilchen im Magnetfeld: Wenn sich ein Teilchen, daß die elektrische Ladung q besitzt, in

einem homogenen Magnetfeld der Stärke $\vec{B}$ mit der Geschwindigkeit $\vec{v}$ bewegt, dann wirkt auf dieses Teilchen gemäß Gleichung (12) die Kraft

$$\vec{F} = \frac{q}{c}\vec{v} \times \vec{B} \ .$$

Es genügt, wenn wir nur die Geschwindigkeitskomponente senkrecht zum Magnetfeld berücksichtigen, da die Komponente parallel zu $\vec{B}$ im Kreuzprodukt keinen Beitrag liefert:

$$F = \frac{q}{c} v_s B \ .$$

In jedem Punkt der Bahn wirkt auf das Teilchen die Zentrifugalkraft

$$F = \frac{m v_s^2}{a} \ ,$$

wobei a der Krümmungsradius der Bahn am Ort des Teilchens ist. Nun gilt im Gleichgewicht der Kräfte

$$\frac{m v_s^2}{a} = \frac{q}{c} v_s B \ .$$

Daraus können wir den Bahnradius ausrechnen, der eine Funktion von Teilchenimpuls, Ladung und magnetischer Feldstärke ist:

$$a = \frac{mv_s c}{qB} \ .$$

Weil die Kraft $\vec{F} = \frac{q}{c}\vec{v}_s \times \vec{B}$ senkrecht auf der Geschwindigkeit $\vec{v}_s$ steht, ändert sich nur die Richtung, jedoch nicht der Betrag der Geschwindigkeit. Also folgt, daß der Krümmungsradius der Bahn im homogenen Magnetfeld konstant bleibt: a =const.

Somit bewegen sich geladene Teilchen im homogenen Magnetfeld auf Kreisbahnen oder, sofern die Geschwindigkeit noch eine Komponente parallel zu $\vec{B}$ besitzt, auf Spiralbahnen. Ist das Magnetfeld nicht homogen, so ändert sich die Bahnkrümmung von Punkt zu Punkt. Läuft ein geladenes Teilchen in ein Magnetfeld zunehmender Stärke, wie es in der Skizze angegeben ist, so wird es reflektiert. Man nennt daher ein Magnetfeld, daß diese Form besitzt, einen magnetischen Spiegel. Diese sind zur Aufhängung von Plasmen (hochionisierte Gase hoher Temperatur) von Bedeutung, weil damit die Berührung der Plasmateilchen mit festen Außenwänden vermieden wird. Man verwendet daher oft Spulen, die das Magnetfeld erzeugen und aus gewissen Stabilitätsgründen in Form einer verbogenen acht verdreht sind (Stelleratorprojekt). Bisher ist aber kein durchschlagender Erfolg der Plasmaphysik erzielt worden. Die längsten Aufhängezeiten betragen 10^{-13} sec. Dieses Prinzip wird auch in den sogenannten magnetischen Flaschen verwendet, z.B. zum Einschließen geladener Teilchen.

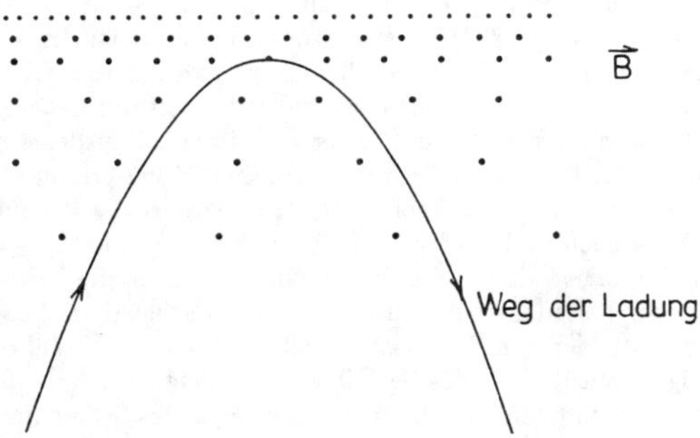

Ablenkung eines geladenen Teilchens an einer magnetischen Wand.

8.3 Aufgabe : Helmholtz–Spulen

Zwei koaxiale, parallele kreisförmige Stromleiter vom Radius R werden vom Strom I durchflossen. In welchem Abstand a voneinander müssen wir die Leiter anbringen, damit bei Hintereinanderschaltung das Magnetfeld zwischen ihnen möglichst homogen wird?

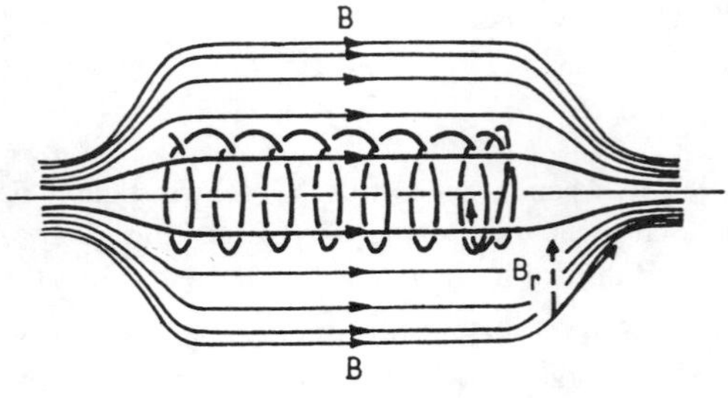

Schema einer magnetischen Flasche.

Lösung:

Nach dem Biot–Savartschen Gesetz ist

$$\vec{B}(\vec{r}) = \frac{I}{c}\oint d\vec{s}_1 \times \frac{\vec{r}-\vec{r}_1}{|\vec{r}-\vec{r}_1|^3} + \frac{I}{c}\oint d\vec{s}_2 \times \frac{\vec{r}-\vec{r}_2}{|\vec{r}-\vec{r}_2|^3} \ .$$

Wir legen den Koordinatenursprung in die Mitte der beiden Spulen: Die Helmholtz[10]-Spule ist ein spezieller Stromkreis, für welchen die Dipolnäherung nicht gilt.

[10]Hermann Ludwig Ferdinand von *Helmholtz*, (seit 1882), Physiker und Physiologe, * Potsdam 31.3.1821, † Berlin–Charlottenburg 8.9.1894, war Militärarzt in Potsdam, dann Lehre der Anatomie an der Kunstakademie in Berlin, Prof. der Physiologie und Anatomie in Königsberg, seit 1870 Prof. der Physik in Berlin und danach (1888) der erste Präsident der neugegründeten Physikalisch Techn. Reichsanstalt. H. ist einer der Begründer der antivitalist. Physilogie; er entdeckte 1842 den Ursprung der Nervenfasern aus den Ganglienzellen und maß 1850 erstmals die Fortpflanzungsgeschwindigkeit des Nervenreizes. Auf dem Gebiet der Musik wies er die Bedeutung der Obertöne für die Klangfarbe eines Tones nach und entdeckte 1856 die Summationstöne. Mit seinem Werk "Die Lehre von den Tonempfindungen als physiologische Grundlage für die Theorie der Musik" (1863, 1913) gilt er als Begründer der modernen musikalisch–akustischen Forschung. Die Erfindung des Augenspiegels wurde von H., der von der Leistung Ch. Babbages vier Jahre früher nichts wußte, 1850 völlig selbstständig gemacht (1851 als Schrift veröffentlicht). Ihr schloß sich im gleichen Jahr die des Ophthalmometers an und 1857 die des Telestereoskops, des Scherenfernrohrs. H. bildete ferner die Youngsche Dreifarbentheorie des Sehens weiter. 1873 stellt er — gleichzeitig mit E. Abbe — die theoretische Grenze für die Leistungsfähigkeit der Mikroskope fest. Auf dem Gebiet der Physik klärte H. die Bedeutung des Energieprinzips, behandelte die Hydrodynamik der Wirbelbewegungen (1858), wurde durch seine Untersuchungen zur Elektrodynamik seit 1870 zum Vorkämpfer der Maxwellschen Theorie und stellte die Bedeutung des Prinzips der kleinsten Wirkung (1884 bis 1894) klar heraus. 1881 führte er den Begriff der freien Energie ein, ebenso den des Elementarquantums der Elektrizität und veröffentlichte 1882/83 seine bedeutungsvollen Studien "Zur Thermodynamik chemischer Vorgänge". Auch mit metereologischen Erscheinungen beschäftigte sich H. Erkenntnistheoretisch an Kant anknüpfende Anschauungen entwickelte er in "Über die Tatsachen, die der Geometrie zugrunde liegen" (1868), "Das Denken in der Medizin" (1877), "Über die Tatsachen in der Wahrnehmung" (1878), "Zählen und Messen erkenntnistheoretisch betrachtet" (1887). [BR].

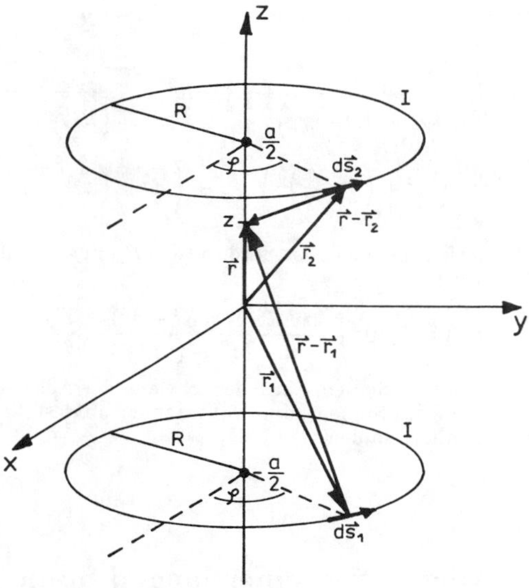

Schema der Helmholtzspulen.

Es ist (vgl. die Figur):

$$\vec{r}_1 = (R \cdot \cos\varphi, R \cdot \sin\varphi, -\frac{a}{2}) \ ,$$
$$\vec{r}_2 = (R \cdot \cos\varphi, R \cdot \sin\varphi, +\frac{a}{2}) \ ,$$

$$\vec{r} = (0,0,z) \ , \quad \vec{j}dV' = I\, d\vec{s} \ , \quad d\vec{s} = ds(-\sin\varphi, \cos\varphi, 0) \ , \quad ds = R\, d\varphi \ ,$$

und

$$\vec{B} = \vec{B}_1 + \vec{B}_2 = \frac{1}{c}\int \frac{\vec{j}(\vec{r}_1) \times (\vec{r} - \vec{r}_1)dV_1'}{|\vec{r} - \vec{r}_1|^3} + \frac{1}{c}\int \frac{\vec{j}(\vec{r}_2) \times (\vec{r} - \vec{r}_2)dV_2'}{|\vec{r} - \vec{r}_2|^3} \ .$$

Wir betrachten die z–Komponente auf der z-Achse. Aus der Definition des Kreuzproduktes ist es klar, daß für $\vec{r} = z\vec{e}_z$ die z–Komponenten der Kreuzprodukte $(d\vec{s}_1 \times \vec{r})_z$ und $(d\vec{s}_2 \times \vec{r})_z$ verschwinden. Führen wir Zylinderkoordinaten ein, dann ist

$$\vec{r}_{1/2} = \left(R\,\cos\varphi, R\,\sin\varphi, \mp\frac{a}{2}\right) \ , \quad |\vec{r} - \vec{r}_1| = \sqrt{R^2 + \left(z - \frac{a}{2}\right)^2} \ ,$$

$$d\vec{s}_1 = d\vec{s}_2 = R(-\sin\varphi, \cos\varphi, 0)\, d\varphi \ , \quad |\vec{r} - \vec{r}_2| = \sqrt{R^2 + \left(z + \frac{a}{2}\right)^2} \ .$$

Nach Ausführung der Kreuzprodukte $d\vec{s}_1 \times (\vec{r} - \vec{r}_1) = -d\vec{s}_1 \times \vec{r}_1$ und $d\vec{s}_2 \times (\vec{r} - \vec{r}_2) = -d\vec{s}_2 \times \vec{r}_2$ ist dann

$$\begin{aligned} B_z &= \frac{I}{c} R^2 \int_0^{2\pi} \frac{d\varphi}{\left(R^2 + (z - \frac{a}{2})^2\right)^{3/2}} + \frac{I}{c} R^2 \int_0^{2\pi} \frac{d\varphi}{\left(R^2 + (z + \frac{a}{2})^2\right)^{3/2}} \\ &= \frac{I}{c} R^2 2\pi \left[\left(R^2 + \left(z - \frac{a}{2} \right)^2 \right)^{-3/2} + \left(R^2 + \left(z + \frac{a}{2} \right)^2 \right)^{-3/2} \right] . \end{aligned}$$

Damit das Magnetfeld homogen ist, fordern wir $B_z(z) \approx B_z(0)$. Entwicklung von B_z um $z = 0$ liefert

$$B_z(z) \approx B_z(0) - \frac{2\pi I R^2}{c} \frac{6(R^2 - a^2)}{(R^2 + (a/2)^2)^{7/2}} \frac{z^2}{2!} .$$

Daraus folgt $R = a$. Das Spulenpaar liefert entlang der Achse ein homogenes Feld, wenn es im Abstand des Spulenradius voneinander aufgestellt ist. Zwei derartige Spulen heißen Helmholtzspulen.

8.4 Aufgabe : Magnetfeld einer langen Spule

Berechnen Sie mit Hilfe des Ampèreschen Gesetzes das Feld einer langen Spule.

Lösung:

Bei einer sehr langen Spule besteht das Feld praktisch nur im Innern. Dort ist es homogen und parallel zur Spulenachse.

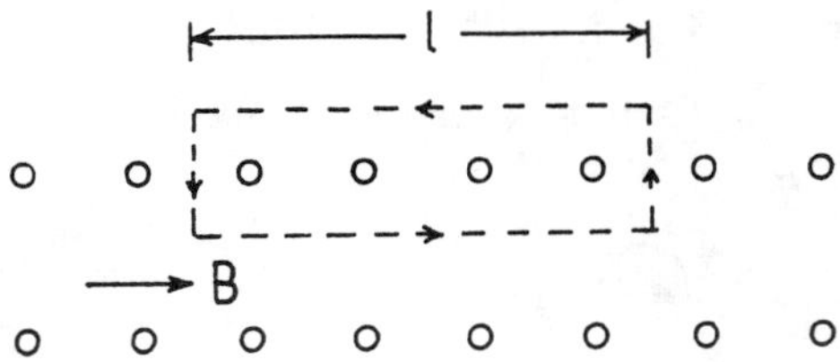

Eine Spule mit Magnetfeld im Schnitt.

Es gilt

$$\oint \vec{B} \cdot d\vec{s} = \frac{4\pi}{c} N I . \qquad \underline{1}$$

Wir legen den Integrationsweg wie in der Skizze angegeben. Er umfaßt auf der Länge l N Windungen des Leiters, d.h. die Stromstärke I fließt N–mal durch den Integrationsbereich. Für Gleichung 1 folgt dann

$$\oint \vec{B} \cdot d\vec{s} = \frac{4\pi}{c} N I .$$

Vernachlässigen wir das Magnetfeld außerhalb, so ergibt das Integral

$$\oint \vec{B} \cdot d\vec{s} = lB \ .$$

oder zusammengefaßt:

$$B = \frac{4\pi}{c}\frac{NI}{l} = \frac{4\pi}{c}In \ .$$

$n = \frac{N}{l}$ ist die Dichte der Windungen (Windungszahl pro cm).

8.5 Aufgabe : Magnetfeld einer Halbkreisschleife

Ein langer Draht ist in haarnadeliger Form gebogen. Bestimmen Sie das Magnetfeld (exakt) am Punkt P, der im Krümmungsmittelpunkt des Halbkreises AB liegt.

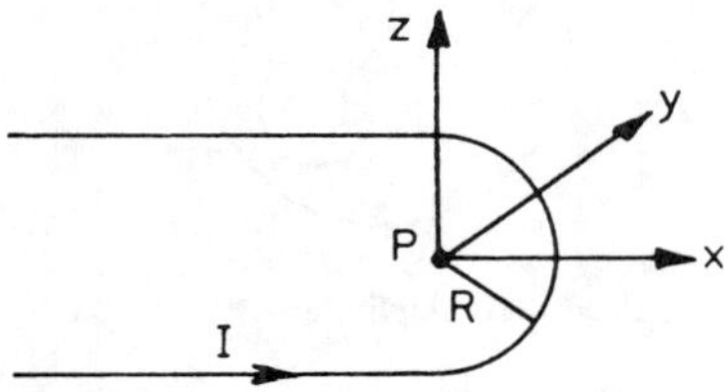

Geometrie des stromdurchflossenen Drahtes.

Lösung:

Wir rechnen das Magnetfeld mit Hilfe des Biot–Savart–Gesetzes

$$\vec{B}(\vec{r}) = \frac{I}{c}\int_{Leiter} \frac{d\vec{s'} \times (\vec{r} - \vec{r'})}{|\vec{r} - \vec{r'}|^3}$$

aus. Das Koordinatensystem sei so gewählt, daß P der Ursprung ist. Dann gilt

$$\begin{aligned}
\vec{B}(P) &= -\frac{I}{c}\left(\int_{-\infty}^{0} \frac{dx[\vec{e}_x \times (x,0,-R)]}{\sqrt{x^2+R^2}^3} + \int_{-\frac{\pi}{2}}^{+\frac{\pi}{2}} \frac{d\varphi[R\vec{e}_\varphi \times R\vec{e}_r]}{R^3}\right) \\
&\quad -\frac{I}{c}\left(\int_{0}^{-\infty} \frac{dx[\vec{e}_x \times (x,0,+R)]}{\sqrt{x^2+R^2}^3}\right) = \vec{B}_\rightarrow + \vec{B}_\uparrow + \vec{B}_\leftarrow \ . \\
\vec{B}_\rightarrow &= -\frac{I}{c}\int_{-\infty}^{0} \frac{\vec{e}_y R}{\sqrt{x^2+R^2}^3}dx = -\frac{IR}{c}\vec{e}_y\left[\frac{x}{R^2\sqrt{x^2+R^2}}\right]_{-\infty}^{0} = -\frac{I}{cR}\vec{e}_y \ , \\
\vec{B}_\leftarrow &= +\frac{IR}{c}\vec{e}_y\int_{0}^{-\infty} \frac{dx}{\sqrt{x^2+R^2}^3}dx = -\frac{I}{cR}\vec{e}_y \ , \\
\vec{B}_\uparrow &= -\frac{I}{cR}\vec{e}_y\int_{-\frac{\pi}{2}}^{+\frac{\pi}{2}} d\varphi = -\frac{I}{cR}\pi\vec{e}_y \ .
\end{aligned}$$

Also ist

$$\vec{B}(P) = -\frac{I}{cR}(2+\pi)\vec{e}_y \; .$$

8.6 Aufgabe : Magnetfeld in einem Draht mit Hohlzylinder

Ein langer, gerader zylindrischer Leiter vom Radius a wird von einem Strom I durchflossen. Er hat ein zylindrisches Loch (Radius R), dessen Achse um den Abstand d von der Leiterachse verschoben ist. Berechnen Sie die magnetische Feldstärke im Loch mit Hilfe des Superpositionsprinzips.

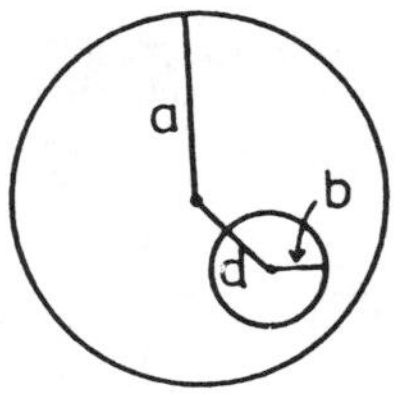

Querschnitt durch Draht mit Hohlzylinder.

Lösung:

Der zylinderförmige Hohlraum im Leiter kann dadurch beschrieben werden, daß man an dessen Stelle einen entgegengesetzten Strom gleicher Dichte fließen läßt, so daß sich am Ort des Hohlraums beide Ströme gegenseitig aufheben. Wegen der Symmetrie des Problems benutzen wir Zylinderkoordinaten. Die Ortsvektoren vom Mittelpunkt des Leiters (Hohlraums) seien $\vec{\rho}(\vec{\rho}')$. Der Abstand der beiden Mitten ist

$$\vec{\rho} - \vec{\rho}' = \vec{d} = d\vec{e}_x \; .$$

Die Stromdichte im Leiter ist

$$\vec{j} = \frac{I}{\pi(a^2 - b^2)}\vec{e}_z \; .$$

Wir berechnen zunächst das von dieser Stromdichte erzeugte Magnetfeld in einem Zylinder mit Radius a. Das Feld schreiben wir in Zylinderkoordinaten

$$\vec{B}(\vec{r}) = B_\rho \vec{e}_\rho + B_\varphi \vec{e}_\varphi + B_z \vec{e}_z \; .$$

Aus der Integralform des Biot–Savart–Gesetzes folgt sofort, daß $B_z = 0$ sein muß. Ferner muß aus Symmetriegründen $B_\rho = B_\rho(\rho)$, $B_\varphi = B_\varphi(\rho)$ sein. Entlang der z–Achse muß ferner das B–Feld verschwinden, denn man kann sich die Stromdichte aus Stromfäden zusammengesetzt denken; zu jedem Stromfaden gibt es aber einen

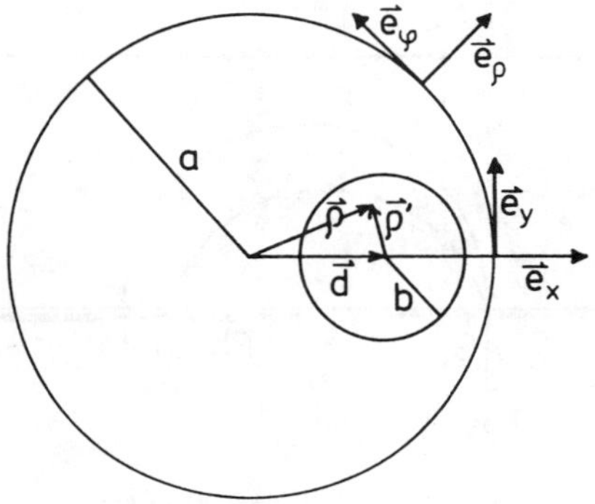

Zur Definition der Koordinaten.

zur z–Achse symmetrischen, der das Feld dort aufhebt. Dann folgt aus dem Biot–Savart–Gesetz

$$\nabla \cdot \vec{B} = \frac{1}{\rho}\frac{\partial}{\partial \rho}(\rho B_\rho) = 0 \Rightarrow \rho B_\rho = c_1 \Rightarrow B_\rho = \frac{c_1}{\rho} ,$$

und aus $B_\rho(\rho = 0) = 0$ sofort $B_\rho = 0$. Wir haben also $\vec{B}(\vec{r}) = B_\varphi(\rho)\vec{e}_\varphi$. Aus dem Ampèreschen Gesetz folgt nun

$$\nabla \times \vec{B} = \frac{4\pi}{c}\vec{j} = \frac{1}{\rho}\frac{\partial}{\partial \rho}(\rho B_\varphi)\vec{e}_z \Rightarrow B_\varphi = \frac{2\pi}{c} j\rho .$$

Das Feld im Innern wäre daher

$$\vec{B} = \frac{2\pi j}{c}\rho\vec{e}_\varphi = \frac{2\pi j}{c}\rho(\vec{e}_z \times \vec{e}_\rho) = \frac{2\pi}{c} j(\vec{e}_z \times \vec{\rho}) = \frac{2\pi}{c}\vec{j} \times \vec{\rho} , \ (\rho < a) .$$

Das Feld des fiktiven Gegenstromes ist im Loch

$$\vec{B}' = \frac{2\pi}{c}(-\vec{j}) \times \vec{\rho}' , \ (\rho' < b) .$$

Das Gesamtfeld im Loch ist dann nach dem Superpositionsprinzip

$$\vec{B}_L = \vec{B} + \vec{B}' = \frac{2\pi}{c}\vec{j} \times (\vec{\rho} - \vec{\rho}') = \frac{2\pi}{c}\vec{j} \times \vec{d} = \frac{2I \cdot d}{c(a^2 - b^2)}\vec{e}_z \times \vec{e}_x ,$$

d.h.

$$\vec{B}_L = \frac{2I \cdot d}{c(a^2 - b^2)}\vec{e}_y .$$

Das Feld im Loch ist also *konstant* und *homogen*, und es verschwindet, wenn die Zylinder konzentrisch sind (d=0).

8.7 Aufgabe : Teilchen im Magnetfeld - Massenspektrograph

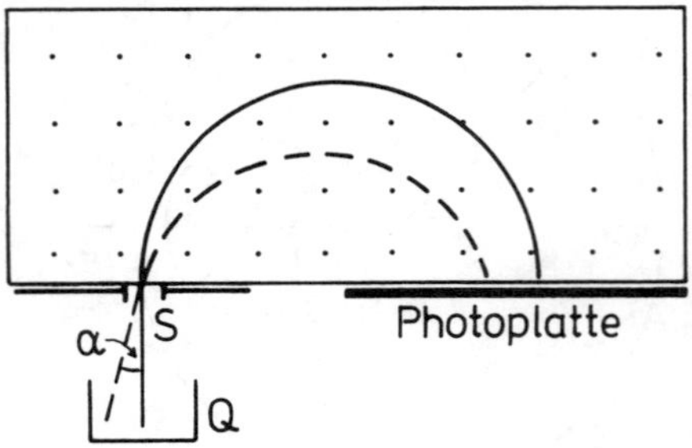

Teilchen aus Ionenquelle treten in ein Magnetfeld ein.

Teilchen der Masse M werden in einer Ionenquelle Q einfach ionisiert und durch die Spannung U beschleunigt. Sie treten durch einen Schlitz S in das Magnetfeld B senkrecht zur Zeichenebene ein.

(a) Wo treffen sie auf die Photoplatte?

(b) Wo treffen die Teilchen auf die Platte, die um einen Winkel $\alpha \ll 1$ gegen die Achse geneigt in das Magnetfeld eintreten?

(c) Wie kann mit dieser Anordnung die Masse der Teilchen festgestellt werden?

Lösung:

Da die Teilchen alle dieselbe Ladung e besitzen und dieselbe Spannung U durchfallen haben, besitzen sie alle auch *dieselbe Energie* $E = eU$. Ihre Geschwindigkeit ist daher $v = \sqrt{\frac{2E}{M}}$ und nur von ihrer Masse M abhängig. Das Magnetfeld übt gemäß $\vec{F} = e\frac{\vec{v}}{c} \times \vec{B}$ eine Kraft auf sie aus, die senkrecht zur Geschwindigkeit gerichtet ist. Da $\vec{v}$ und $\vec{B}$ senkrecht aufeinander stehen, hat sie den Betrag $F = \frac{eB}{c}v$. Aufgrund der Geometrie der Anordnung werden die Teilchen also auf eine Kreisbahn in der Zeichenebene gelenkt. Der Radius R bestimmt sich aus der Gleichgewichtsbedingung mit der Zentrifugalkraft $F_z = M\omega^2 R = M\frac{v^2}{R}$ zu $R = \frac{c}{eB}Mv$. Teilchen mit *demselben Impuls* laufen also auf Kreisen mit denselben Radien.

(a) Die Teilchen, die "senkrecht" in das Magnetfeld einfallen, treffen daher im Abstand $Y = 2R = \frac{2c}{eB}Mv = \frac{\sqrt{8}c}{eB}\sqrt{E}\sqrt{M}$ vom Schlitz S auf die Photoplatte.

(b) Teilchen, die nun einen Winkel α gegen die Senkrechte geneigt in das Magnetfeld fallen, laufen auf einem Kreis mit Radius R, dessen Mittelpunkt O' gegen O, den Kreismittelpunkt für senkrecht einfallende Teilchen, verschoben ist. Wie man der Konstruktion entnimmt, fallen diese im Abstand $\Delta' = 2\cos\alpha R$ auf die Photoplatte. Der Punkt P' liegt also stets näher am Schlitz als P. Für kleine α ist $\Delta' = \Delta - \alpha^2 R + O(\alpha^4)$, d.h. eine

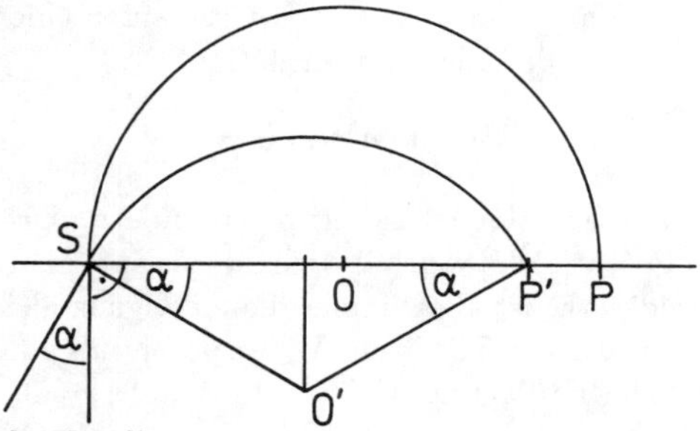

Definition der Koordinaten

Neigung macht sich erst in quadratischen Abweichungen bemerkbar. Die Anordnung wirkt also "fokussierend".

(c) Wie wir in (a) festgestellt haben, hing die Lage des Auftreffpunktes bei konstantem U und B nur von der Masse der Teilchen ab. Hieraus kann also M bestimmt werden. Eine solche Anordnung nennt man Massenspektrograph.

9. Das Vektorpotential

Wir haben bis jetzt die Beschreibung des Magnetfeldes durch zwei Differentialgleichungen kennengelernt. Dies waren die beiden Gleichungen

$$\mathrm{div}\vec{B} = 0 \ , \tag{1}$$

$$\mathrm{rot}\vec{B} = \frac{4\pi}{c}\vec{j} \ . \tag{2}$$

Verschwindet die Stromdichte $\vec{j}$, so folgt aus Gleichung (2), daß das Magnetfeld als Gradient eines skalaren Potentials darstellbar ist:

$$\vec{B} = \mathrm{grad}\phi_M \ , \tag{3}$$

da rot grad ($\vec{\nabla} \times \vec{\nabla}$) immer Null ist. Aus Gleichung (1) schließen wir, daß sich das Magnetfeld $\vec{B}$ ebenso in der Form

$$\vec{B} = \mathrm{rot}\vec{A} \tag{4}$$

darstellen läßt ($\nabla \cdot \nabla x = 0$). Die Größe $\vec{A}$ wird als *Vektorpotenial* bezeichnet. Ein skalares Potential ist immer nur bis auf eine additive Konstante festgelegt. Für das Vektorpotential gilt, daß es nur bis auf den Gradienten einer skalaren Funktion bestimmt ist, da wir immer die "Eichtransformation"

$$\vec{A} \rightarrow \vec{A} + \text{grad}\varphi$$

vornehmen können, ohne am Magnetfeld etwas zu ändern. Das ist ähnlich wie im Falle des elektrischen Potentials ϕ, welches auch nur bis auf eine Konstante bestimmt ist. Die elektrische Feldstärke ist aber immer dieselbe, ganz gleich ob das Potential ϕ oder $\phi + C$ lautet. Um Eindeutigkeit des Vektorpotentials zu erreichen, brauchen wir noch eine zusätzliche Festlegung. Wir wählen $\text{div}\vec{A} = 0$. Diese Festsetzung wird als *Coulombeichung* bezeichnet. Auf die allgemeinen Probleme in Verbindung mit der Eichung werden wir in einem anderen Zusammenhang noch näher eingehen (siehe Kapitel IV.20). Mit der Vektorgleichung

$$\vec{\nabla} \times \vec{B} = \vec{\nabla} \times \vec{\nabla} \times \vec{A} = \vec{\nabla}(\vec{\nabla} \cdot \vec{A}) - \Delta\vec{A}$$

können wir eine weitere Beziehung zwischen Magnetfeld und Vektorpotential herleiten. Wegen der Coulombeichung verschwindet der erste Term auf der rechten Seite und wir erhalten

$$\text{rot}\vec{B} = -\Delta\vec{A} \,. \tag{5}$$

Mit Gleichung (2) folgt für das Vektorpotential

$$\Delta\vec{A} = -\frac{4\pi}{c}\vec{j} \,. \tag{6}$$

In Gleichung (8.14) hatten wir das Magnetfeld bereits als Rotation einer Vektorfunktion dargestellt. Damit ergibt sich

$$\vec{A}(\vec{r}) = \frac{1}{c}\int \frac{\vec{j}(\vec{r}\,')}{|\vec{r} - \vec{r}\,'|} dV' \,. \tag{7}$$

Es gilt auch $\text{div}\vec{A}(\vec{r}) = 0$. Das folgt aus Gleichung (6) im Kapitel IV.8. Dieser Ausdruck für das Vektorpotential entspricht auch einer Lösung der Poissongleichung (6), wie wir sie analog für das skalare Potential der Elektrostatik schon kennengelernt haben (siehe Gln. (1.28), (1.57), (1.58)). Es gelten daher auch die Eindeutigkeitssätze, die wir im 2. Kapitel diskutierten.

9.1 Beispiel : Das Feld eines stromdurchflossenen Kreisleiters

Wir legen die Leiterschleife in die (x, y)–Ebene. Der Mittelpunkt falle mit dem Ursprung zusammen. Zur Rechnung benutzen wir Kugelkoordinaten (r, θ, φ). Der Strom hat dann nur eine Komponente in φ–Richtung.

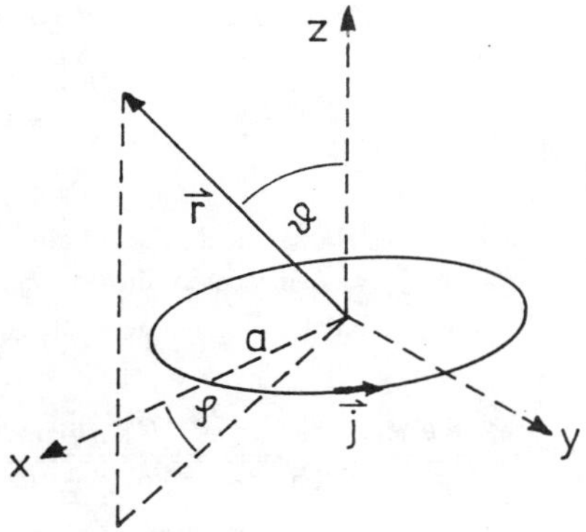

Die Geometrie des Problems

Für die Stromdichte schreiben wir daher

$$\vec{j}(\vec{r}) = (j_\varphi)\vec{e}_\varphi = (I\delta(\cos\theta)\frac{1}{a}\delta(r-a))\vec{e}_\varphi \, , \qquad \underline{1}$$

wenn a der Radius des Kreisleiters ist. Der Faktor $\frac{1}{a}$ stammt vom Volumenelement in Kugelkoordinaten. Bemerken Sie, daß nach unseren Betrachtungen über die Eigenschaften der δ–Funktion im 1. Kapitel $\delta(\cos\theta) = \frac{1}{|-\sin\theta|}\delta(\theta-\frac{\pi}{2}) = \frac{1}{\sin\theta}\delta(\theta-\frac{\pi}{2})$. Damit sehen Sie nun, daß $\int j \cdot dV = 2\pi a I$. Für das Vektorpotential können wir dann sofort wegen Gleichung (7) schreiben:

$$\vec{A}(\vec{r}) = \frac{1}{c}\int \frac{j_\varphi(\vec{r'})\vec{e}_\varphi}{|\vec{r}-\vec{r'}|}dV' \, . \qquad \underline{2}$$

Da die Einheitsvektoren in Kugelkoordinaten nicht konstant sind, ist es zweckmäßig, zur Integration zu kartesischen Koordinaten überzugehen. Wir haben den Leiter in die (x,y)–Ebene gelegt, die Stromdichte hat somit nur (x,y)–Komponenten. Wegen Gleichung $\underline{2}$ gilt das auch für das Vektorpotential, nämlich

$$\begin{aligned} A_x(\vec{r}) &= \tfrac{1}{c}\int \tfrac{j_x(\vec{r'})}{|\vec{r}-\vec{r'}|}dV' \, , \\ A_y(\vec{r}) &= \tfrac{1}{c}\int \tfrac{j_y(\vec{r'})}{|\vec{r}-\vec{r'}|}dV' \, , \\ A_z(\vec{r}) &= 0 \, . \end{aligned} \qquad \underline{3}$$

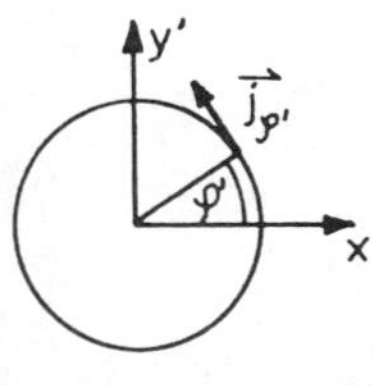

Der Zusammenhang zwischen kartesischen und Kugelkoordinaten ist gegeben durch

$$\begin{aligned} A_x &= -A_\varphi \sin\varphi \, , & j_x &= -j_\varphi(\vec{r'})\sin\varphi' \, , \\ A_y &= A_\varphi \cos\varphi \, , & j_y &= j_\varphi(\vec{r'})\cos\varphi' \, . \end{aligned}$$

Wir haben die Freiheit, den Anfang des Winkels φ zu wählen; setzen wir $\varphi = 0$, so wird $A_x = 0$ und wir brauchen nur die y–Komponente zu betrachten. Da das

Problem zylindersymmetrisch ist, können wir für den Beobachtungspunkt immer $\varphi = 0$ setzen. Somit gilt

$$A_y = A_\varphi = \frac{1}{c} \int \frac{j_\varphi \cos\varphi'}{|\vec{r} - \vec{r'}|} dV' \ . \qquad \underline{4}$$

Die Einheitsvektoren $\frac{\vec{r}}{r}$ und $\frac{\vec{r'}}{r'}$ lassen sich durch die Winkel der Polarkoordinaten ausdrücken. Es ist $\frac{\vec{r}}{r} = \{\sin\theta\cos\varphi, \sin\theta\sin\varphi, \cos\theta\}$ und entsprechend $\frac{\vec{r'}}{r'} = \{\sin\theta'\cos\varphi', \sin\theta'\sin\varphi', \cos\theta'\}$. Setzen wir Gleichung $\underline{1}$ in $\underline{4}$ ein, so folgt (mit $\varphi = 0$):

$$A_\varphi = \frac{I}{ac} \int \frac{\delta(\cos\theta')\delta(r' - a)\cos\varphi' \cdot r'^2 \sin\theta' dr' d\theta' d\varphi'}{\sqrt{r^2 + r'^2 - 2rr'(\sin\theta\sin\theta'\cos\varphi' + \cos\theta\cos\theta')}}$$

und nach Integration über die beiden δ–Funktionen wird daraus

$$A_\varphi = \frac{I}{ac} \int \frac{\cos\varphi' d\varphi'}{\sqrt{r^2 + a^2 - 2ar\sin\theta\cos\varphi'}} \ .$$

Wir beschränken uns jetzt auf große Entfernungen von der Leiterschleife $r \gg a$, dann können wir die Wurzel entwickeln:

$$A_\varphi \approx \frac{Ia}{cr} \int_0^{2\pi} \cos\varphi' \left(1 - \frac{1}{2}\left(\frac{a^2}{r^2} - \frac{2a}{r}\sin\theta\cos\varphi'\right)\right) d\varphi' \ , \quad A_\varphi \approx \frac{Ia^2\pi}{c}\frac{\sin\theta}{r^2} \ . \qquad \underline{5}$$

Die beiden anderen Komponenten A_θ , A_r verschwinden (wegen der speziellen Wahl $\varphi = 0$ und den Gleichnungen $\underline{3}$). Aus $\vec{B} = \text{rot}\vec{A}$ berechnen wir jetzt die Komponenten des $\vec{B}$–Feldes. Mit $A_\varphi = A_r = 0$ erhalten wir für die Komponenten der Rotation in Kugelkoordinaten gemäß der uns aus den Vorlesungen über Mechanik I (11. Kapitel) bekannten Formel

$$\vec{\nabla} \times \vec{A} = \frac{1}{r^2\sin\theta} \begin{vmatrix} \vec{e}_r & r\vec{e}_\varphi & r\sin\theta\vec{e}_\varphi \\ \frac{\partial}{\partial r} & \frac{\partial}{\partial\theta} & \frac{\partial}{\partial\varphi} \\ A_r & rA_\theta & r\sin\theta A_\varphi \end{vmatrix} .$$

Also ist

$$\begin{aligned} (\text{rot}\vec{A})_r &= \frac{1}{r\sin\theta}\frac{\partial}{\partial\theta}(\sin\theta A_\varphi) \ , \\ (\text{rot}\vec{A})_\theta &= -\frac{1}{r}\frac{\partial}{\partial r}(rA_\varphi) \ , \\ (\text{rot}\vec{A})_\varphi &= 0 \ . \end{aligned}$$

Setzen wir Gleichung $\underline{5}$ ein, so ergibt sich

$$B_r = 2\frac{I\pi a^2}{c}\frac{\cos\theta}{r^3} \ , \quad B_\theta = \frac{I\pi a^2}{c}\frac{\sin\theta}{r^3} \ , \quad B_\varphi = 0 \ . \qquad \underline{6}$$

Dies ist das analoge Feld zu dem des elektrostatischen Dipols (vgl. Aufgabe 1.4). Der Kreisleiter entspricht einem (magnetischen) Dipol mit dem Dipolmoment $m = \frac{I}{c}\pi a^2$, wobei πa^2 die Fläche ist, die der Leiter einschließt. Dieser Sachverhalt hat

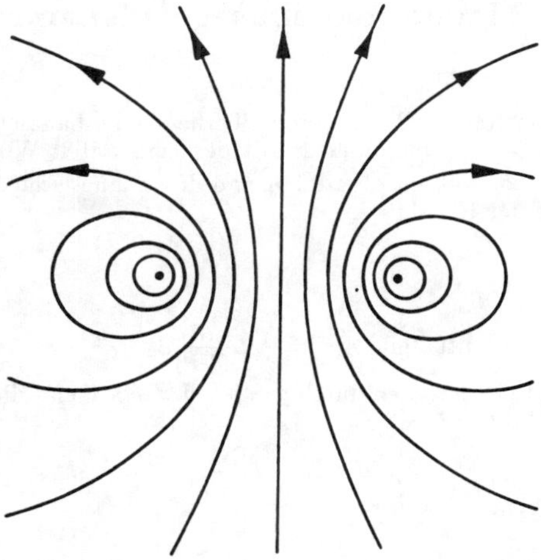

Einige Feldlinien des $\vec{B}$–Feldes einer kreisförmigen Leiterschleife.

allgemeinere Bedeutung, wie wir im 10. Kapitel (siehe Gleichung (10.5) ff.) sehen werden.

Wir lernen aus dieser Aufgabe, daß eine Leiterschleife einen magnetschen Dipol darstellt, zumindest in großer Entfernung von der Schleife. Dort ist nämlich das Feld der Schleife identisch mit dem eines Stabmagneten mit dem Moment $m = \frac{I}{c}\pi a^2$.

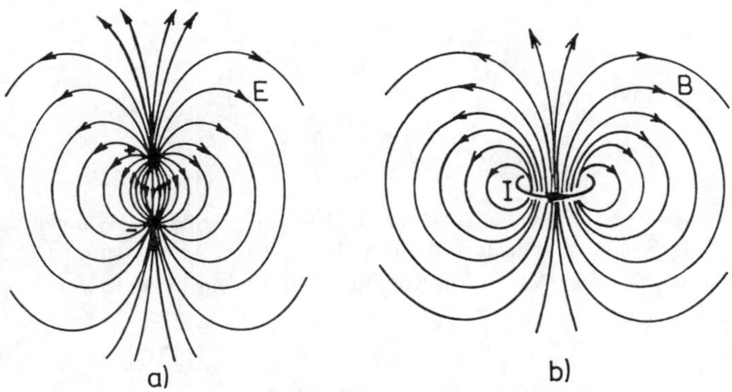

Vergleich des elektrischen und magnetischen Dipolfeldes: Weit weg von den Dipolen sind beide Felder gleich.

9.2 Aufgabe : Magnetfeld einer geladenen rotierenden Kugel

Eine Kugel vom Radius R, auf deren Oberfläche die Ladung q gleichmäßig verteilt ist, rotiert um einen Durchmesser mit der konstanten Winkelgeschwindigkeit $\vec{\omega}$. Man berechne das Vektorpotential $\vec{A}$ und die magnetische Induktion $\vec{B}$ innerhalb und außerhalb der Kugel.

Lösung:

Für das Vektorpotential gilt $\vec{A}(\vec{r}) = \frac{1}{c}\int \frac{\vec{j}(\vec{r'})}{|\vec{r}-\vec{r'}|}dV'$.

Die Stromdichte ist gegeben durch $\vec{j} = \rho\vec{v}$, $\vec{v} = \vec{\omega} \times \vec{r}$ und die Ladungsdichte durch $\rho = \sigma\,\delta(r - R)$ mit $\sigma = \frac{q}{4\pi R^2}$.

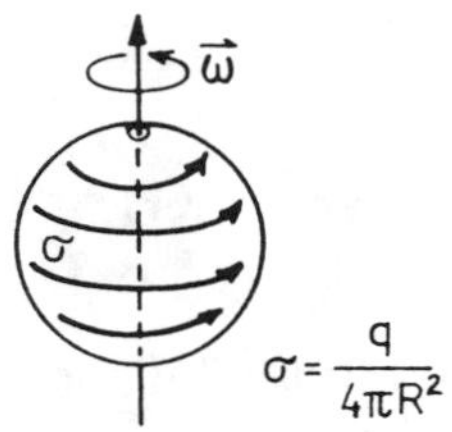

Rotierende geladene Kugel.

Damit ist

$$\vec{j}(\vec{r'}) = \frac{q}{4\pi R^2}\delta(r' - R)(\vec{\omega} \times \vec{r'})$$

und das Vektorpotential ist dann

$$\vec{A}(\vec{r}) = \frac{q}{c4\pi R^2}\vec{\omega} \times \vec{F}(\vec{r}) ,$$

mit der Abkürzung

$$\vec{F}(\vec{r}) = \int \frac{\delta(r' - R)}{|\vec{r} - \vec{r'}|}\vec{r'}dV' .$$

Da das Integral über die Kugel um die Richtung $\vec{r}$ rotationssymmetrisch ist, muß $\vec{F} = f \cdot \frac{\vec{r}}{r}$ sein. Wir nehmen die $\vec{r}$–Richtung als z'–Achse, dann ist θ' der Winkel zwischen $\vec{r}$ und $\vec{r'}$. Mit dV' in Kugelkoordinaten und Integration über φ' ist dann

$$\begin{aligned} F &= \int_0^\pi d\theta' \int_0^\infty dr' \frac{\delta(r' - R)r' \cos\theta' 2\pi r'^2 \sin\theta'}{(r^2 + r'^2 - 2rr'\cos\theta')^{1/2}} \\ &= \int_0^\pi d\theta' \frac{2\pi R^3 \cos\theta' \sin\theta'}{(r^2 + R^2 - 2rR\cos\theta')^{1/2}} . \end{aligned}$$

Wir substituieren $\cos\theta' = \xi$, was auf

$$F = -2\pi R^3 \int_{+1}^{-1} \frac{\xi d\xi}{(r^2 + R^2 - 2rR\xi)^{1/2}}$$

führt. Dies ist ein Integral von der Form

$$I = \int \frac{\xi d\xi}{(A - B\xi)^{1/2}} \ ,$$

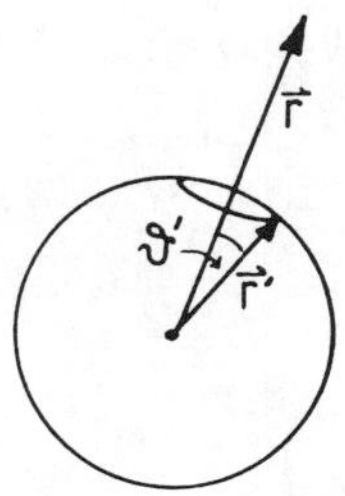

Zur Definition der Koordinaten

wobei $A = r^2 + R^2$; $B = 2r \cdot R$ mit der Lösung

$$I = -\frac{2}{3B^2}(2A + B\xi)(A - B\xi)^{1/2} + c \quad .$$

Wir erhalten

$$F = \frac{2\pi R}{3r^2}((r^2 + R^2 - rR)(r + R) - (r^2 + R^2 + rR)|r - R|).$$

Innerhalb der Kugel ist $r < R$ und damit $|r - R| = R - r$ und

$$F = \frac{4\pi}{3} Rr \quad .$$

Außerhalb gilt

$$F = \frac{4\pi}{3}\frac{R^4}{r^2} \quad .$$

Damit ergibt sich das Vektorpotential zu

$$\vec{A} = \begin{cases} \frac{q}{3cR} \quad \vec{\omega} \times \vec{r} \quad r < R \quad , \\ \frac{qR^2}{3c} \quad \vec{\omega} \times \frac{\vec{r}}{r^3} \quad r > R \quad . \end{cases}$$

Es ist $\vec{B} = \text{rot}\vec{A}$ und für eine Konstante Winkelgeschwindigkeit $\vec{\omega}$ folgt

$$\vec{B} = \frac{q}{3cR}(\vec{\omega}(\vec{\nabla} \cdot \vec{r}) - \vec{\omega} \cdot (\vec{\nabla}\vec{r})) \text{ für } r < R \quad .$$

Betrachten wir den Ausdruck $\vec{\omega} \cdot (\vec{\nabla}\vec{r})$ etwas genauer. In Komponentenschreibweise lautet die k'te Komponente dieses Terms $\sum_i \omega_i \frac{\partial}{\partial x_i} x_k$. Die darin auftretende 3×3

Matrix $A_{ik} = \frac{\partial}{\partial x_i} x_k$ schreibt man oft auch in dyadialer Form $\vec{\nabla}\vec{r}$ (ohne Punkt und ohne Kreuz!), also $A_{ik} = (\vec{\nabla}\vec{r})_{ik} = \frac{\partial}{\partial x_i} x_k = \delta_{ik}$.

Da die Dyade (Tensor 2.Stufe) $\vec{\nabla}\vec{r} = \mathbf{1}$ oder ausführlich

$$\begin{pmatrix} \frac{\partial x}{\partial x} & , & \frac{\partial y}{\partial x} & , & \frac{\partial z}{\partial x} & , \\ \frac{\partial x}{\partial y} & , & \frac{\partial y}{\partial y} & , & \frac{\partial z}{\partial y} & , \\ \frac{\partial x}{\partial z} & , & \frac{\partial y}{\partial z} & , & \frac{\partial z}{\partial z} & , \end{pmatrix} = \begin{pmatrix} 1 & 0 & 0 \\ 0 & 1 & 0 \\ 0 & 0 & 1 \end{pmatrix} \quad ,$$

und $\vec{\nabla} \cdot \vec{r} = 3$ ist, folgt für $r < R$

$$\vec{B} = \frac{2q}{3cR}\vec{\omega} \quad .$$

Für $r > R$ erhalten wir

$$\vec{B} = \frac{qR^2}{3c}\left(\vec{\omega}\left(\vec{\nabla} \cdot \frac{\vec{r}}{r^3}\right) - (\vec{\omega}\,\vec{\nabla})\frac{\vec{r}}{r^3}\right) \quad .$$

Da $\vec{\nabla}\frac{\vec{r}}{r^3} = \frac{\mathbf{1}}{r^3} - \frac{3\vec{r}\vec{r}}{r^5}$ und $\vec{\nabla} \cdot \frac{\vec{r}}{r^3} = \frac{3-3}{r^3} = 0$ ist für $r > R$:

$$\vec{B} = \frac{qR^2}{3c} \cdot \frac{3(\vec{\omega} \cdot \frac{\vec{r}}{r})\frac{\vec{r}}{r} - \vec{\omega}}{r^3} \equiv \frac{3(\vec{m} \cdot \vec{r})\vec{r} - r^2\vec{m}}{r^5} \quad .$$

Das $\vec{B}$-Feld innerhalb der Kugel ist also homogen und proportional zu ω; das ist plausibel. Außerhalb verhält sich die Kugel wie ein Dipol mit dem Moment

$$\vec{m} = \frac{qR^2\vec{\omega}}{3c} \quad .$$

Dies kann als primitives Modell des Erdmagnetfeldes dienen.

10. Magnetisches Moment

Wir betrachten ein eng begrenztes Gebiet, in dem die stationäre Stromverteilung $\vec{j}(\vec{r}')$ vorliegt.

Für das Vektorpotential, das diese Stromverteilung hervorruft , gilt dann

$$\vec{A}(\vec{r}) = \frac{1}{c}\int \frac{\vec{j}(\vec{r}')}{|\vec{r} - \vec{r}'|}dV' \quad . \tag{1}$$

Der Beobachtungspunkt $\vec{r}$ liege weit außerhalb der Stromverteilung , so daß $|\vec{r}| \gg |\vec{r}'|$. Dann können wir den Nenner $\frac{1}{|\vec{r}-\vec{r}'|}$ in einer Taylorreihe entwickeln, von der wir nur die ersten beiden Terme mitnehmen:

$$\frac{1}{|\vec{r} - \vec{r}'|} = \frac{1}{r} + \frac{\vec{r} \cdot \vec{r}'}{r^3} + \cdots \quad .$$

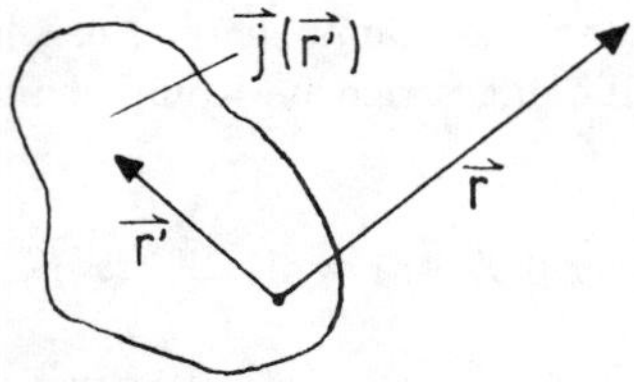

Stromverteilung bei $\vec{r}'$ und Aufpunkt $\vec{r}$.

Von den (kartesischen) Komponenten von Strom und Potential greifen wir uns eine heraus, z.B. die i'te. Für sie gilt

$$A_i = \frac{1}{c}\int j_i(\vec{r}')\left(\frac{1}{r}+\frac{\vec{r}\cdot\vec{r}'}{r^3}\right)dV'$$

$$= \frac{1}{cr}\int j_i(\vec{r}')dV' + \frac{1}{c}\int j_i(\vec{r}')\frac{\vec{r}\cdot\vec{r}'}{r^3}dV' \quad .$$

Da die Volumenintegrale die gesamte Stromverteilung erfassen, verschwindet das erste Integral, weil div $\vec{j} = 0$ gilt. Obwohl dies anschaulich klar ist, sieht man es schnell auch formal durch folgenden Trick ein:

$$0 = \int_V (x\,\mathrm{div}\vec{j})dV = \int \mathrm{div}(x\vec{j})dV - \int j_x dV = \int_F (x\vec{j})\cdot\vec{n}dF - \int j_x dV \quad .$$

Das Oberflächenintegral verschwindet, weil F weit außerhalb des Stromgebietes liegen kann. Also folgt $\int j_x dV = 0$. Analoges gilt für die anderen Komponenten . Das abgeschlossene Stromgebiet hat also keinen Monopol. Damit ergibt sich

$$A_i = \frac{1}{cr^3}\int j_i(\vec{r}')\vec{r}\cdot\vec{r}'dV' \quad ,$$

beziehungsweise vektoriell geschrieben

$$\vec{A} = \frac{1}{cr^3}\int \vec{j}(\vec{r}')[\vec{r}\cdot\vec{r}']dV' \quad .$$

Den Integranden formen wir mit der Beziehung

$$(\vec{r}\cdot\vec{r}')\vec{j} = (\vec{r}\cdot\vec{j})\vec{r}' - \vec{r}\times(\vec{r}'\times\vec{j})$$

um. Wir zeigen nun, daß bis auf ein Vorzeichen die Integrale über die linke Seite und den ersten Term rechts gleich sind, daß also

$$\int (\vec{r}\cdot\vec{r}')\vec{j}(\vec{r}')dV' = -\int [\vec{r}\cdot\vec{j}(\vec{r}')]\vec{r}'dV' \quad . \tag{2}$$

Dazu betrachten wir zunächst die x-Komponente. Ausgehend von einem der Terme, z.B. $\int yy'j'_x dV'$, ziehen wir die ungestrichene Komponente vor das Integral und betrachten weiter ($\vec{j}(\vec{r}') \equiv \vec{j}'$):

$$\int y'j'_x dV' = \int \left[\vec{\nabla}' \cdot (x'\vec{j}')\right] y'dV, \quad \text{weil} \quad \vec{\nabla}' \cdot (x'\vec{j}') = j'_x + x'\vec{\nabla}' \cdot \vec{j}' = j'_x$$

und die Divergenz $\vec{\nabla}' \cdot \vec{j}(\vec{r}') = 0$, also verschwindet. Eine partielle Integration liefert

$$\int \left[\vec{\nabla}' \cdot (x'\vec{j}')\right] y'dV' = -\int (x'\vec{j}') \cdot \vec{\nabla}' y'dV' = -\int x'j'_y dV' \quad ,$$

also

$$\int y'j'_x dV' = -\int x'j'_y dV' \quad \text{oder allgemein} \int x'_i j'_k dV' = -\int x'_k j'_i dV' \quad .$$

Bei der partiellen Integration verschwindet der konstante Term; weiter wurde grad $x = \vec{\nabla} x = \vec{e}_x$ verwendet. Es gilt also:

$$2\int \vec{j}(\vec{r}')[\vec{r} \cdot \vec{r}']dV' = -\vec{r} \times \int (\vec{r}' \times \vec{j}(\vec{r}'))dV' \quad . \tag{3}$$

Dies bedeutet für das Vektorpotential, daß

$$\vec{A} = -\frac{\vec{r}}{2cr^3} \times \int (\vec{r}' \times \vec{j}(\vec{r}'))dV' \quad .$$

Das Integral ist das magnetische Moment $\vec{m}$; wir definieren:

$$\vec{m} = \frac{1}{2c} \int (\vec{r}' \times \vec{j}(\vec{r}'))dV' \quad , \tag{4}$$

also ist

$$\vec{A} = \frac{\vec{m} \times \vec{r}}{r^3}$$

das Vektorpotential eines magnetischen Dipols $\vec{m}$. Das zum Vektorpotential gehörige Magnetfeld ergibt sich aus $\vec{B} = \text{rot}\vec{A}$ außerhalb der Stromverteilung. Man findet nach kurzer Rechnung (siehe Aufgabe 9.2, letzter Teil)

$$\vec{B} = \frac{3\vec{n}(\vec{n} \cdot \vec{m}) - \vec{m}}{r^3} \quad . \tag{5}$$

wobei $\vec{n} = \frac{\vec{r}}{r}$ ein Einheitsvektor in $\vec{r}$-Richtung ist. In der Tat: rechnen wir unmittelbar

$$(\text{rot}\vec{A})_j = \left(\vec{\nabla} \times \vec{m} \times \frac{\vec{r}}{r^3}\right)_j = \vec{\nabla} \cdot \frac{\vec{r}}{r^3} m_j - \vec{m} \cdot \vec{\nabla} \frac{\vec{r}_j}{r^3} \quad .$$

Nun ist

$$\vec{\nabla} \cdot \frac{\vec{r}}{r^3} \;=\; \frac{\vec{\nabla} \cdot \vec{r}}{r^3} + \vec{r} \cdot \vec{\nabla} \frac{1}{r^3} \;=\; 0$$

und

$$\left(\vec{\nabla}\right)_i \frac{x_j}{r^3} = \frac{\delta_{ij}}{r^3} - \frac{3x_i x_j}{r^5} \ .$$

Daher folgt

$$\left(\text{rot}\vec{A}\right)_j = -\frac{r^2 m_j - 3x_j(\vec{m}\cdot\vec{r})}{r^5} \ ,$$

so daß

$$\text{rot}\vec{A} = \frac{3(\vec{m}\cdot\vec{r})\vec{r} - r^2\vec{m}}{r^5}$$

resultiert. Das ist das behauptete Ergebnis. Es bestätigt die früher gemachte Annahme über das magnetische Dipolfeld (vollkommen analog dem elektrischen) und zeigt die Konsistenz unserer Betrachtungen. Mit anderen Worten: Die Annahme bei der ursprünglichen Messung von $\vec{m}$ und $\vec{B}$, daß sich das Feld eines Magnetdipols in vollkommener Analogie zum Feld des elektrischen Dipols bestimmen läßt, folgt direkt aus dem Biot-Savartschen Gesetz. Lezteres wiederum wurde unter Verwendung von (5) aus dem Experimenten deduziert.

Wenn eine Leiterschleife willkürlich geformt ist, aber in einer Ebene liegt, so ist das magnetische Moment gegeben durch

$$\begin{aligned} \vec{m} &= \frac{1}{2c}\int(\vec{r}\,'\times\vec{j}(\vec{r}\,'))dV' = \frac{1}{2c}\int\vec{r}\,'\times Id\vec{s}\,' = \frac{I}{c}F\vec{n} \ . \qquad (6)\\ \vec{n} &= \text{Normalenvektor der Fläche.} \end{aligned}$$

Das Kreuzprodukt gibt das Flächenelement $\frac{1}{2}|\vec{r}\times d\vec{s}| = dF$, das magnetische Moment ist $m = \frac{I}{c}F$, wenn F die vom Leiterkreis eingeschlossenen Fläche ist, wie wir es in Aufgabe 9.1 für den Kreisleiter gemacht haben.

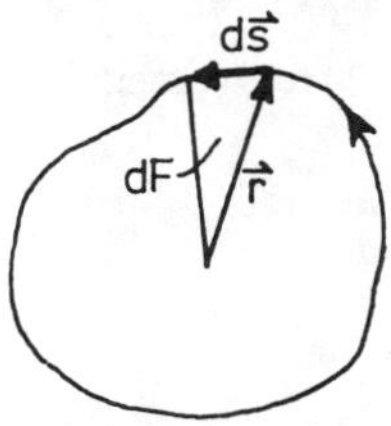

Eine Ebene Leiterschleife.

Kraft und Drehmoment auf einen magnetischen Dipol im Magnetfeld: Gegeben sei ein äußeres Magnetfeld $\vec{B}(\vec{x})$. Die i-te Komponente $B_i(\vec{x})$ können wir in eine Taylorreihe um den Ursprung entwickeln:

$$B_i(\vec{r}) = B_i(0) + (\vec{r}\cdot\text{grad})B_i(0) + \cdots \ .$$

Wir setzen voraus, daß das B-Feld nur schwach ortsabhängig, also im wesentlichen homogen ist. Dann können alle Terme mit höheren Potenzen von $\vec{r}$ vernachlässigt werden. Bringen wir in das Feld einen Körper mit einer Stromdichteverteilung

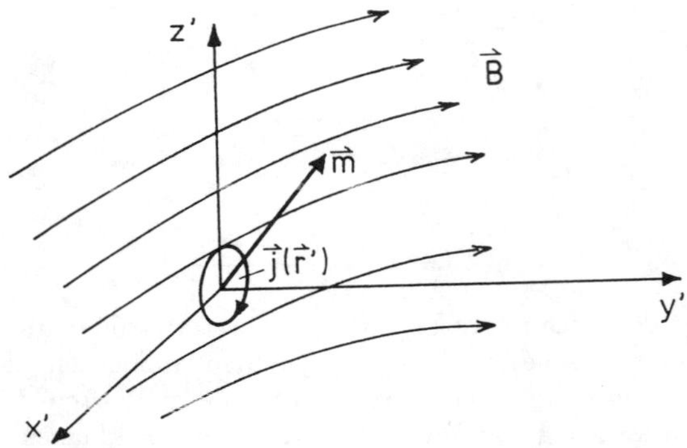

Ein magnetischer Dipol $\vec{m}$ in einem Magnetfeld.

$\vec{j}(\vec{r})$, so wirkt auf ihn eine Kraft und ein Drehmoment. Für die Kraft auf eine Stromdichteverteilung gilt

$$\vec{F} = -\frac{1}{c}\int \vec{B}(\vec{r}') \times \vec{j}(\vec{r}')dV' \quad . \tag{7}$$

Durch Einsetzen der obigen Taylorentwicklung erhalten wir

$$\vec{F} = -\frac{1}{c}\vec{B}(0) \times \int \vec{j}(\vec{r}')dV' - \frac{1}{c}\int (\vec{r}\cdot\vec{\nabla})\vec{B}(0) \times \vec{j}(\vec{r}')dV' \quad .$$

Das Volumenintegral $\int j(\vec{r}')dV'$ (d.h. der Monopol der Stromverteilung) ist wieder Null.

Für die Kraft gilt demnach

$$\vec{F} = \frac{1}{c}\int \vec{j}(\vec{r}') \times (\vec{r}'\cdot\vec{\nabla})\vec{B}(0)dV' \quad . \tag{8}$$

Beachten Sie den tensoriellen Charakter des Gliedes $\vec{r}'\cdot\vec{\nabla}\vec{B}$, dessen x-Komponente z.B. lautet

$$x'\frac{\partial B_x}{\partial x} + y'\frac{\partial B_x}{\partial y} + z'\frac{\partial B_x}{\partial z} \quad .$$

Da für ein äußeres Magnetfeld $\vec{\nabla} \times \vec{B} = 0$ [11] gilt, folgt (wir schreiben $\vec{B}$ für $\vec{B}(0)$):

$$\vec{r}' \times (\vec{\nabla} \times \vec{B}) = \vec{\nabla}(\vec{r}'\cdot\vec{B}) - (\vec{r}'\cdot\vec{\nabla})\vec{B} = 0 \quad .$$

[11] Im allgemeinen ist rot $\vec{B} = \frac{4\pi}{c}\vec{j}$. Außerhalb der Quellen $\vec{j}$ des äußeren Feldes ist dann rot $\vec{B} = 0$.

Setzen wir dies in die Gleichung für die Kraft ein, dann ergibt sich

$$\vec{F} = \frac{1}{c}\int \vec{j}(\vec{r}') \times \vec{\nabla}(\vec{r}' \cdot \vec{B})dV' = -\frac{1}{c}\vec{\nabla} \times \int (\vec{r}' \cdot \vec{B})\vec{j}(\vec{r}')dV' \quad .$$

Von der Richtigkeit dieser Umformung überzeugen wir uns durch Überprüfung z.B. der x-Komponente. Wir verzichten hier darauf. Vergleichen wir den Integranden mit der früher bewiesenen Gleichung (3)

$$\int (\vec{r} \cdot \vec{r}')\vec{j}(\vec{r}')dV' = -\frac{1}{2}\vec{r} \times \int \vec{r}' \times \vec{j}(\vec{r}')dV'$$

und identifizieren $\vec{r}$ mit $\vec{B}(\vec{r})$ (über beide wird jeweils *nicht* integriert) so folgt, daß wir für die Kraft schreiben können:

$$\vec{F} = \frac{1}{2c}\vec{\nabla} \times \left(\vec{B} \times \int \vec{r}' \times \vec{j}(\vec{r}')dV'\right) = \vec{\nabla} \times \left(\vec{B} \times \int \frac{(\vec{r}' \times \vec{j}(\vec{r}')dV'}{2c}\right) \quad .$$

Das Integral ist aber gerade gleich dem magnetischen Dipolmoment $\vec{m}$, so daß

$$\vec{F} = \vec{\nabla} \times (\vec{B} \times \vec{m}) = (\vec{m} \cdot \vec{\nabla})\vec{B} - (\vec{\nabla} \cdot \vec{B})\vec{m} \quad ,$$

und wegen div $\vec{B} = 0$ folgt

$$\vec{F} = (\vec{m} \cdot \vec{\nabla})\vec{B} = \vec{\nabla}(\vec{m} \cdot \vec{B}) \quad . \tag{9}$$

Man überzeugt sich von diesem letzten Schritt, indem man z.B. für die x-Komponente rechnet:

$$[(\vec{m} \cdot \vec{\nabla})\vec{B}]_x = m_x\frac{\partial B_x}{\partial x} + m_y\frac{\partial B_x}{\partial y} + m_z\frac{\partial B_x}{\partial z} =$$

$$m_x\frac{\partial B_x}{\partial x} + m_y\frac{\partial B_y}{\partial x} + m_z\frac{\partial B_z}{\partial x} = [\vec{\nabla}(\vec{m} \cdot \vec{B})]_x \quad .$$

Hiebei wurden wegen rot $\vec{B} = 0$ die Beziehungen

$$\frac{\partial B_x}{\partial y} = \frac{\partial B_y}{\partial x} \quad \text{und} \quad \frac{\partial B_z}{\partial x} = \frac{\partial B_x}{\partial z}$$

benutzt.

Die Energie des magnetischen Dipols $\vec{m}$ im äußeren Feld berechnet sich leicht aus

$$U = -\int \vec{F} \cdot d\vec{r} = -\int \vec{\nabla}(\vec{m} \cdot \vec{B}) \cdot d\vec{r} = -\vec{m} \cdot \vec{B} \; . \tag{10}$$

Für das Drehmoment einer Stromdichteverteilung im magnetischen Induktionsfeld $\vec{B}$ gilt:

$$\begin{aligned} \vec{N} &= \int \vec{r}' \times d\vec{K}' = \int \vec{r}' \times \frac{(\vec{j}(\vec{r}') \times \vec{B})}{c}dV' \\ &= \frac{1}{c}\int \vec{r}' \times (\vec{j}(\vec{r}') \times \vec{B})dV' \\ &= \frac{1}{c}\int [(\vec{r}' \cdot \vec{B})\vec{j}(\vec{r}') - (\vec{r}' \cdot \vec{j}(\vec{r}'))\vec{B}]dV' \; . \end{aligned}$$

Es gilt die Identität $\vec{\nabla}\cdot(r^2\vec{j}) = 2(\vec{r}\cdot\vec{j}) + r^2\vec{\nabla}\cdot\vec{j}$. In der Magnetostatik gilt div$\vec{j} = 0$. Für den zweiten Teil des Integrals gilt dann ($\vec{B} = \vec{B}(0)$ kann vor das Integral gezogen werden):

$$\int \vec{r}'\cdot\vec{j}(\vec{r}')dV' = \frac{1}{2}\int \vec{\nabla}'\cdot(\vec{r}'^2\vec{j}')dV' = \frac{1}{2}\oint_F r'^2\vec{j}\cdot\vec{n}dF = 0 \quad ,$$

weil die Stromverteilung begrenzt ist und die Oberfläche beliebig weit außerhalb der Stromverteilung gelegt werden kann. Damit erhalten wir für das Drehmoment

$$\vec{N} = \frac{1}{c}\int(\vec{r}'\cdot\vec{B})\vec{j}(\vec{r}')dV' \quad .$$

Wenn wir Gleichung (3) berücksichtigen, folgt

$$\vec{N} = -\vec{B}\times\int\frac{\vec{r}'\times\vec{j}(\vec{r}')}{2c}dV' \quad . \tag{11}$$

Das Integral gibt wieder das magnetische Moment an:

$$\vec{N} = \vec{m}\times\vec{B} \quad . \tag{12}$$

Die Beziehungen (9),(10) und (12) gelten allgemein im äußeren Feld und sind analog entsprechenden Beziehungen zwischen elektrischen Dipolen im elektrischen Feld. Sie werden häufig benötigt.

10.1 Beispiel: Veranschaulichung des magnetischen Momentes

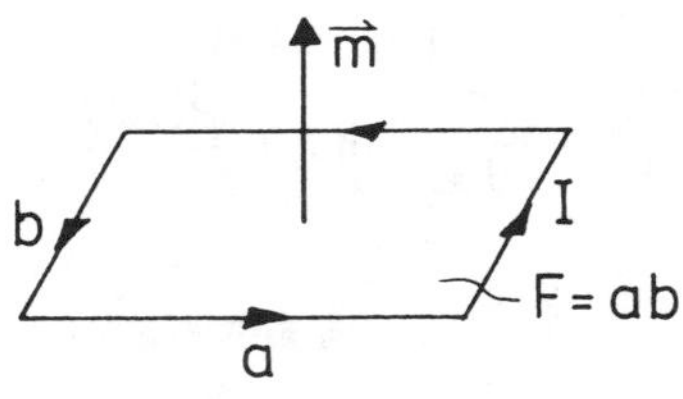

Das magnetische Moment eines rechteckigen ebenen Stromkreises ist $|\vec{m}| = \frac{I}{c}a\cdot b$.

Wir betrachten einen ebenen rechteckigen Stromkreis (vgl. Figur), den wir in ein homogenes Induktionsfeld $\vec{B}$ setzen. Die untere Figur zeigt diese Situation sowohl in Perspektive als auch in Draufsicht. Man macht sich sofort die eingezeichneten Kräfte ihrer Richtung nach klar (Lorentzkraft!). Offensichtlich ist

$$\vec{F}_1 = -\vec{F}_2 \quad \text{und} \quad \vec{F}_3 = -\vec{F}_4 \quad .$$

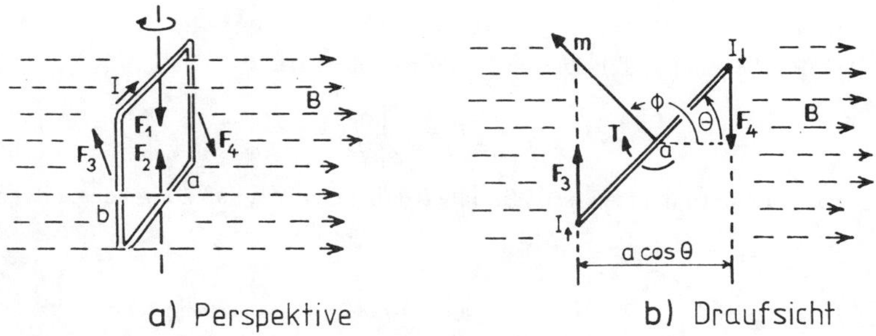

Induktionsfluß durch eine Leiterschleife

Die Kräfte $\vec{F_1}$ und $\vec{F_2}$ versuchen die Schleife zusammenzudrücken; die Kräfte $\vec{F_3}$ und $\vec{F_4}$ üben dagegen ein Drehmoment auf das Rechteck aus. Wir nennen es $\vec{N}$. Es hat den Betrag (vgl. Figur)

$$|\vec{N}| = |\vec{F_3}|d = |\vec{F_3}|a\cos\Theta = |\vec{F_3}|a\sin\phi \quad .$$

Nun ist

$$|\vec{F_3}| = \left|\frac{I}{c}\int \vec{j}\times\vec{B}dV\right| = \left|\frac{I}{c}\int d\vec{s}\times\vec{B}\right| = \frac{I}{c}B\int_0^b ds = \frac{I}{c}bB \quad ,$$

und daher

$$|\vec{N}| = \frac{I}{c}abB\sin\phi = |\vec{m}|B\sin\phi \quad ,$$

wobei $|\vec{m}| = \frac{I}{c}a\cdot b$ der Betrag des magnetischen Dipolmoments ist. Definiert man seine Richtung wie in der obigen Figur angedeutet, so können wir zur vektoriellen Schreibweise übergehen und

$$\vec{N} = \vec{m}\times\vec{B}$$

für das Drehmoment schreiben. Diese Beziehung ist das exakte Analogon zum Drehmoment eines elektrischen Dipolmomentes im elektrischen Feld, welches

$$\vec{N} = \vec{p}\times\vec{E}$$

ist.

10.2 Aufgabe : Magnetisches Moment und Drehimpuls

Stellen Sie eine Beziehung zwischen magnetischem Moment $\vec{m}$ und Drehimpuls $\vec{L}$ eines geladenen Teilchens auf. Das Teilchen bewege sich in einem Zentralkraftfeld.

Lösung:

Die Fläche F eines Teilchens auf einer geschlossenen Bahn ist

$$F = \int dF = \int \frac{|\vec{L}|}{2m} dt = \frac{|\vec{L}|}{2m} \int dt = \frac{|\vec{L}|}{2m} T \quad ,$$

wobei T die Umlaufzeit ist. Wir haben dabei benutzt, daß $\vec{L}$ ein konstanter Vektor

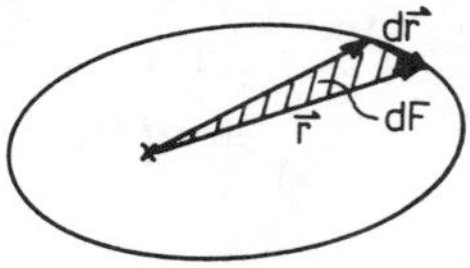

Bahn eines Teilchens in einem Zentralkraftfeld

ist (Zentralkraftfeld!). Mit der Ladung q ergibt sich der Strom

$$I = \frac{q}{T} \quad .$$

Bei positiver Ladung q haben $\vec{m}$ und $\vec{L}$ dieselbe Richtung. Daher ist

$$\vec{m} = \frac{I}{c} F \frac{\vec{L}}{|\vec{L}|} = \frac{q}{cT} \frac{|\vec{L}|}{2m} T \frac{\vec{L}}{|\vec{L}|} = \frac{q}{2mc} \vec{L} \quad .$$

In der Quantenmechanik ist $|\vec{L}| = n\hbar$, wobei $\hbar = \frac{h}{2\pi} = 1.05 \cdot 10^{-34}$ Joule sec und h das Planksches Wirkungsquantum ist. $n = 0, 1, 2...$ sind die Quantenzahlen des Drehimpulses. Das magnetische Moment ist demnach ein Vielfaches von

$$m_B = \frac{q\hbar}{2mc} \quad .$$

Diese Einheit heißt Bohrsches Magneton für das Teilchen der Ladung q und der Masse m.

10.3 Aufgabe : Kraft und Drehmoment zwischen zwei Kreisleitern

Bestimmen Sie das Drehmoment und die Kraft zwischen zwei Kreisleitern, deren Achsen parallel sind und die gleiche und gleichgerichtete Ströme I tragen, wenn der Abstand der Schleifenzentren groß ist ($L \gg R$). Dücken Sie Kraft und Drehmoment als Funktion des Winkels ϑ zwischen Verbindungsachse und Leiterebene aus.

Lösung:

Das Feld einer kleinen Leiterschleife mit Radius R ist in großer Entfernung $L \gg R$ durch (siehe Gleichung 10.5)

$$\vec{B}(\vec{r}) = \frac{3(\vec{m}_1 \cdot \vec{r})\vec{r}}{r^5} - \frac{\vec{m}_1}{r^3} \qquad (r = L) \qquad \underline{1}$$

Zwei parallele Kreisleiter

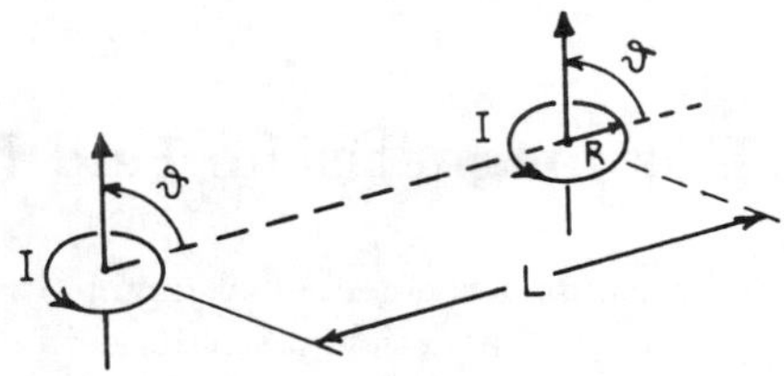

gegeben, wobei

$$\vec{m}_1 = \frac{\pi I R^2}{c}\vec{n} \quad \text{und auch (weiter unten notwendig)} \quad \vec{m}_2 = \frac{\pi I R^2}{c}\vec{n} \qquad \underline{2}$$

I: Strom, $\vec{n}$: Einheitsvektor. Das Koordinatensystem kann immer so gelegt werden, daß die Dipole in der x-y-Ebene liegen und $\vec{n} = \vec{e}_x$ ist (siehe Figur).

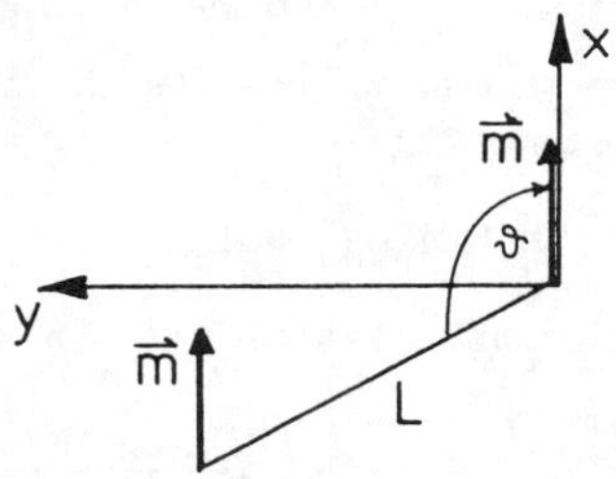

Definition der Koordinaten im gestellten Problem

Dann folgt für die Wechselwirkungsenergie der beiden magnetischen Dipole entsprechend Gleichung (10.10)

$$U = -\vec{m}_2 \cdot \vec{B}(\vec{r}) = -\left(\frac{3(\vec{m}_1 \cdot \vec{r})(\vec{m}_2 \cdot \vec{r})}{r^5} - \frac{\vec{m}_1 \cdot \vec{m}_2}{r^2}\right) = -\frac{m^2}{r^3}(3\cos^2\vartheta - 1) \qquad \underline{3}$$

und

$$\begin{aligned}\vec{F} = -\vec{\nabla} U = \vec{\nabla}(\vec{m}_2 \cdot \vec{B}) &= \left(\vec{e}_r \frac{\partial}{\partial r} + \frac{1}{r}\vec{e}_\vartheta \frac{\partial}{\partial \vartheta}\right)(\vec{m} \cdot \vec{B}) \\ &= -\vec{e}_r \frac{3m^2}{r^4}(3\cos^2\vartheta - 1) - 6\frac{m^2}{r^4}\cos\vartheta \sin\vartheta \vec{e}_\vartheta \\ &= \frac{3m^2}{L^4}\{(1 - 3\cos^2\vartheta)\vec{e}_r - \sin 2\vartheta \vec{e}_\vartheta\} \quad .\end{aligned}$$

Hierbei haben wir, wie in der Aufgabe vorgegeben und in Gleichung $\underline{2}$ notiert $\vec{m}_1 = \vec{m}_2 = \vec{m}$ gesetzt. Wir bemerken, daß Gleichung $\underline{3}$ dem Fall der Wechselwirkung elektrischer Dipole (siehe Gleichung (3.71)) vollkommen analog ist.

$$\vec{N} = \vec{m} \times \vec{B} = m^2[\vec{e}_x \times \vec{r}]\frac{3\cos\vartheta}{r^4} = -\frac{3m^2\cos\vartheta}{L^3}\vec{e}_z \quad . \qquad \underline{5}$$

11. Das magnetische Feld in Materie

Bisher sind wir immer von genau bekannten Stromdichteverteilungen $\vec{j}(\vec{r})$ ausgegangen. Wenn wir das Magnetfeld im materieerfüllten Raum berechnen wollen, können wir dies nicht mehr voraussetzen. Es existierten Molekularströme, magnetische Momente von Atomen und Ionen, die im einzelnen nicht bekannt sind und von denen für makroskopische Betrachtungen auch nur die Mittelwerte interessieren. Wie werden also entsprechend vorgehen wie bei der Behandlung des elektrostatischen Feldes im Materie. Die gesamte Stromdichte wird aufgeteilt in einen Anteil, der vom makroskopischen Ladungstransport herrührt und einen Anteil der mikroskopischen Stromdichte, der die Kreisströme von Elektronen in Atomen berücksichtigt.

Das mikroskopische Vektorpotential, das von allen Strömen abhängt und auch den atomaren Bereich genau beschreibt, ist

$$\vec{A} = \vec{A}_{\mathrm{makr}} + \vec{A}_{\mathrm{mol}} \quad ,$$

oder durch die Stromdichteverteilung ausgedrückt:

$$\vec{A} = \frac{1}{c}\int \frac{\vec{j}(\vec{r}\,')dV'}{|\vec{r}-\vec{r}\,'|} + \frac{1}{c}\int \frac{\vec{j}_{\mathrm{mol}}(\vec{r}\,')dV'}{|\vec{r}-\vec{r}\,'|} \quad , \tag{1}$$

wobei der zweite Integrand die Beiträge der atomaren Kreisströme repräsentiert. Unabhängig von $\vec{j}$ ist das zu einem Molekül an der Stelle $\vec{r}_i$ gehörige Vektorpotential am Orte $\vec{r}$ angenähert durch

$$\vec{A}_{\mathrm{mol}_i}(\vec{r}) = \frac{\vec{m}_{\mathrm{mol}} \times (\vec{r}-\vec{r}_i)}{|\vec{r}-\vec{r}_i|^3} \quad ,$$

wobei $\vec{m}_{\mathrm{mol}}$ das gesamte magnetische Moment des Moleküls ist. Das gesamte Vektorpotential ist nun

$$\vec{A} = \frac{1}{c}\int \frac{\vec{j}(\vec{r}\,')dV'}{|\vec{r}-\vec{r}\,'|} + \sum_i \frac{\vec{m}_{\mathrm{mol}} \times (\vec{r}-\vec{r}_i)}{|\vec{r}-\vec{r}_i|^3} \quad . \tag{2}$$

Für $\vec{m}_{\mathrm{mol}}$ wird ein mitteler Wert $< \vec{m} >$ angenommen. Ist N die Anzahl der Moleküle pro Volumen, so können wir mit der magnetischen *Dipoldichte* $\vec{M} = N < \vec{m}_{\mathrm{mol}} >$ von der Summe zum Integral über das Volumen übergehen.

Die Größe $\vec{M}$ wird als *(makroskopische) Magnetisierung* bezeichnet. Sie ist entsprechend der Polarisation im elektrostatischen Fall eine *Dichte der magnetischen*

Dipole. Wir erhalten damit für das Vektorpotential

$$\vec{A}(\vec{r}) = \frac{1}{c}\int \frac{\vec{j}(\vec{r}\,')dV'}{|\vec{r}-\vec{r}\,'|} + \int \frac{\vec{M}(\vec{r}\,') \times (\vec{r}-\vec{r}\,')dV'}{|\vec{r}-\vec{r}\,'|^3} \quad . \tag{3}$$

Diese Gleichung läß sich folgendermaßen umformen:

$$\vec{A}(\vec{r}) = \frac{1}{c}\int \frac{\vec{j}(\vec{r}\,')dV'}{|\vec{r}-\vec{r}\,'|} + \int \vec{M}(\vec{r}\,') \times \vec{\nabla}' \frac{1}{|\vec{r}-\vec{r}\,'|} dV' \quad . \tag{4}$$

Nun ist

$$\vec{\nabla} \times (\varphi\vec{M}) = (\mathrm{grad}\varphi) \times \vec{M} + \varphi\,\mathrm{rot}\vec{M} \quad .$$

Daher gilt mit $\varphi = \frac{1}{|\vec{r}-\vec{r}\,'|}$ für das Integral über die Magnetisierung

$$\int \vec{M}(\vec{r}\,') \times \vec{\nabla}' \frac{1}{|\vec{r}-\vec{r}\,'|} dV' = -\int \vec{\nabla}' \times \frac{\vec{M}(\vec{r}\,')}{|\vec{r}-\vec{r}\,'|} dV' + \int \frac{\vec{\nabla}' \times \vec{M}(\vec{r}\,')}{|\vec{r}-\vec{r}\,'|} dV' \quad .$$

Das erste Integral rechts kann in ein Oberflächenintegral transformiert werden, das Null wird unter der Annahme, daß $\vec{M}$ räumlich beschränkt ist:

$$\int \vec{\nabla}' \times \frac{\vec{M}(\vec{r}\,')}{|\vec{r}-\vec{r}\,'|} dV' = -\int_F \frac{\vec{M} \times d\vec{F}'}{|\vec{r}-\vec{r}\,'|}$$

(siehe die mathematische Zwischenbetrachtung am Ende dieses Abschnitts). Daher ist

$$\vec{A}(\vec{r}) = \frac{1}{c}\int \frac{\vec{j}(\vec{r}\,') + c\,\mathrm{rot}'\vec{M}(\vec{r}\,')}{|\vec{r}-\vec{r}\,'|} dV' \quad . \tag{5}$$

Der makroskopischen Magnetisierung entspricht ein Strom, der sogenannte *Magnetisierungsstrom*

$$\vec{j}_M(\vec{r}) = c\,\mathrm{rot}\vec{M}(\vec{r}) \quad .$$

Damit können wir für den effektiven Strom die Summe aus Leitungsstrom $\vec{j}$ und Magnetisierungstrom $\vec{j}_M$ verwenden. Es wird

$$\mathrm{rot}\,\vec{B} = \frac{4\pi}{c}(\vec{j}+\vec{j}_M) = \frac{4\pi}{c}(\vec{j} + c\;\mathrm{rot}\,\vec{M}) \quad . \tag{6}$$

Umformen ergibt

$$\mathrm{rot}(\vec{B} - 4\pi\vec{M}) = \frac{4\pi}{c}\vec{j} \quad . \tag{7}$$

Die Größe

$$\vec{H} = \vec{B} - 4\pi\vec{M} \tag{8}$$

bezeichnet man als *magnetische Feldstärke.* Sie muß in Analogie zur elektrischen Feldstärke gesehen werden, für welche im Dielektrikum $\vec{E} = \vec{D} - 4\pi\vec{P}$ gilt (vgl.

Kapitel I.4)
Für die magnetische Feldstärke gilt

$$\operatorname{rot}\vec{H} = \frac{4\pi}{c}\vec{j} \quad . \tag{9}$$

Sie hängt also nicht mehr von den molekularen Dipolen ab. Die magnetische Feldstärke $\vec{H}$ ersetzt bei Anwesenheit von Materie die magnetische Induktion $\vec{B}$. Im Vakuum sind die beiden Feldgrößen gleich, es gilt dort $\vec{H} = \vec{B}$.

Mathematische Zwischenbetrachtung: Wir beweisen allgemein für ein Vektorfeld $\vec{B}(\vec{r})$

$$\int\!\!\int\!\!\int_V \vec{\nabla} \times \vec{B}\, dV = \int\!\!\int_F \vec{n} \times \vec{B} dF \quad , \tag{10}$$

indem wir mit einem beliebigen *konstanten* Vektor $\vec{C}$ das Vektorfeld $\vec{A} = \vec{B} \times \vec{C}$ bilden. Nach dem Gauß'schen Satz gilt dann

$$\int\!\!\int\!\!\int_V \vec{\nabla} \cdot \vec{A} dV = \int\!\!\int\!\!\int_V \vec{\nabla} \cdot (\vec{B} \times \vec{C}) dV = \int\!\!\int_F (\vec{B} \times \vec{C}) \cdot \vec{n} dF \quad .$$

Da

$$\vec{\nabla} \cdot (\vec{B} \times \vec{C}) = \vec{C} \cdot (\vec{\nabla} \times \vec{B})$$

und

$$(\vec{B} \times \vec{C}) \cdot \vec{n} = \vec{B} \cdot (\vec{C} \times \vec{n}) = (\vec{C} \times \vec{n}) \cdot \vec{B} = \vec{C} \cdot (\vec{n} \times \vec{B})$$

folgt

$$\int\!\!\int\!\!\int_V \vec{C} \cdot (\vec{\nabla} \times \vec{B}) dV = \int\!\!\int_F \vec{C} \cdot (\vec{n} \times \vec{B}) dF \quad ,$$

oder da $\vec{C}$ konstant ist

$$\vec{C} \cdot \int\!\!\int\!\!\int_V (\vec{\nabla} \times \vec{B})\, dV = \vec{C} \cdot \int\!\!\int_F (\vec{n} \times \vec{B}) dF \quad .$$

Da $\vec{C}$ ein beliebiger konstanter Vektor ist, folgt

$$\int\!\!\int\!\!\int_V (\vec{\nabla} \times \vec{B}) dV = \int\!\!\int_F (\vec{n} \times \vec{B}) dF = \int\!\!\int_F d\vec{F} \times \vec{B} \quad .$$

Suszeptibilität, Permeabilität: Nun muß der Zusammenhang zwischen $\vec{M}$ und $\vec{H}$ untersucht werden. Die Erfahrung zeigt, daß für viele Fälle der Ansatz

$$\vec{M} = \chi_m \vec{H}, \quad \chi_m = \text{const.} \tag{11}$$

zutrifft. Den Faktor χ_m bezeichnet man als *magnetische Suszeptibilität.* In einigen Fällen, auf die noch später eingegangen wird, hängt χ_m jedoch von $\vec{H}$ ab; sind $\vec{M}$ und $\vec{H}$ nicht parallel, so ist χ_m ein Tensor. Für die Induktion $\vec{B}$ ergibt sich aus dem obigen Ansatz

$$\vec{B} = \vec{H} + 4\pi\vec{M} = (1 + 4\pi\chi_m)\vec{H} = \mu\vec{H} \quad , \tag{12}$$

mit der *Permeabilität* μ:

$$\mu = (1 + 4\pi\chi_m) \quad . \tag{13}$$

Je nach dem Wert von χ_m bzw. μ unterscheidet man folgende Stoffe:

Diamagnetika	$\mu < 1,$	$\chi_m < 0,$
Paramagnetika	$\mu > 1,$	$\chi_m > 0,$
Ferromagnetika	$\mu \gg 1,$	$\mu = \mu(H).$

Aus der folgenden Tabelle können die Werte der Suszeptibilität für einige Stoffe entnommen werden:

$$\left.\begin{array}{lcl} H_2 & : & \chi_m = -2,3 \cdot 10^{-9} \\ H_2O & : & \chi_m = -1,2 \cdot 10^{-5} \\ N_2 & : & \chi_m = -0,7 \cdot 10^{-8} \\ Ag & : & \chi_m = -2,5 \cdot 10^{-5} \end{array}\right\} \text{Diamagnetika} \quad (T = 0^0C) \quad ,$$

$$\left.\begin{array}{lcl} O_2 & : & \chi_m = 1,8 \cdot 10^{-8} \\ Pt & : & \chi_m = 2,7 \cdot 10^{-5} \\ Al & : & \chi_m = 2,1 \cdot 10^{-5} \end{array}\right\} \text{Paramagnetika} \quad (T = 20^0C) \quad ,$$

$$\left.\begin{array}{lcl} Fe & : & \\ Co & : & \chi_m \approx 10^6 \\ Ni & : & \end{array}\right\} \text{Ferromagnetika} \ .$$

Paramagnetismus liegt bei Stoffen vor, deren Atome oder Moleküle ein eigenes magnetischen Moment haben. Dieses magnetische Moment wird hervorgerufen von Elektronen, die außerhalb abgeschlossener Elektronenschalen liegen. Die magnetischen Momente sind wegen der thermischen Bewegung völlig ungeordnet. Wird ein äußeres Magnetfeld angelegt, so hängt der mittlere Einstellwinkel der Momente zur Feldrichtung vom Verhältnis der potentiellen Energie der Momente im Feld zur thermischen Energie ab (analog zu den Überlegungen beim Dielektrikum). Die Suszeptibilität ist somit temperaturabhängig und wird durch das *Curie-Gesetz* [12]

[12]Pierre *Curie*, französ. Physiker, * Paris 15.5.1859, † ebd. bei einem Verkehrsunfall 19.4.1906, wurde 1882 Chef des travaux practiques, 1895 Prof. an der Ecole de physique et de chimie industrielle in Paris, 1904 an der Pariser Universität und 1905 Mitglied der Acadèmie des sciences. Er führte gemeinsam mit seinem älteren Bruder Jaques (* Paris 1855, † Montpellier 1941) Untersuchungen über das elektr. Verhalten von Kristallen durch. Dabei endeckten die Brüder 1880 die Piezoelektrizität und bestätigten die schon von G.Lippmann vorausgesagte Deformation piezoelektrischer Kristalle durch ein elektr. Feld. Jaques C. gründete darauf ein Verfahren zur Messung sehr schwacher Ströme, dessen sich später P. und Marie C. zur Bestimmung der Strahlungsintensität radioktiver Präparate bedienten. 1894 fand C. die für die ferromagnet. Stoffe kennzeichnende Curie-Temperatur und 1895 das Curiesche Gesetz. Später setzte er gemeinsam mit seiner Frau die von ihr begonnenen Untersuchungen über die Strahlung des Urans fort, die zur Isolierung des Poloniums und des Radiums führten. Dafür erhielt das Ehepaar gemeinsam mit H. Bequerel den Nobelpreis der Physik im Jahre 1903.[BR].

gegeben:

$$\chi_m = c\frac{\sigma}{T} \quad , \tag{14}$$

wobei σ die Dichte des Stoffes und T die absolute Temperatur ist. Der Zustand, bei dem alle Momente den kleinstmöglichen Winkel zur Feldrichtung haben, heißt *Sättigungsmagnetisierung.* Bei Paramagnetika sind die Momente so klein, daß die Sättigung bei normalen Temperaturen nicht zu erreichen ist.
Bei **Ferromagnetika** liegt innerhalb mikroskopischer Bereiche, den *Weißschen Bezirken*, immer Sättigungsmagnetisierung vor. Die Richtungen der Weißschen Bezirke sind allerdings im Normalfall statistisch verteilt, so daß nach außen keine Magnetisierung in Erscheinung tritt. Beim Anlegen eines Feldes braucht nicht die Temperaturbewegung überwunden zu werden, die Richtungen der Weißschen Bezirke klappen um und stellen sich zum Feld ein. Die Skizze zeigt die Weißschen Bezirke in einem unmagnetisierten Ferromagnetikum. Bei den Ferromagnetika besteht zwi-

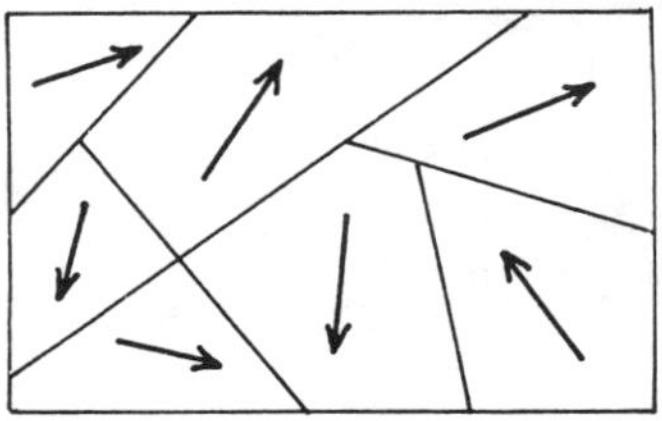

Weißsche Bezirke im unmagnetisierten Ferromagnetikum

schen $\vec{M}$ und $\vec{H}$ kein linearer Zusammenhang. Bei einigen Stoffen zeigt sich sogar, daß $\vec{M}$ keine eindeutige Funktion von $\vec{H}$ ist, sondern daß die Änderung von $\vec{M}$ von der Änderung von $\vec{H}$ und der bereits vorhandenen Magnetisierung $\vec{M}$ abhängt. Diesen Effekt bezeichnet man mit *Remanenz.* Je nachdem, ob Remanenz auftritt oder nicht, bezeichnet man den Stoff als magnetisch hart oder weich.

Bei Verringerung der Feldstärke $\vec{H}$ braucht man die entgegen $\vec{M}$ gerichtete Koerzitivkraft, um die Magnetisierung $\vec{M}$ zum Verschwinden zu bringen.
Wie die Skizze zeigt, bleibt bei magnetisch harten Ferromagnetika auch ein Anteil der Magnetisierung zurück, wenn das äußere Feld Null ist. Derartige Stoffe eignen sich als Dauermagneten.
Die Ferromagnetika verlieren *oberhalb einer bestimmter Temperatur* der sogenannten *Curie-Temperatur* T_c, ihre ferromagnetischen Eigenschaften und verhalten sich für höhere Temperaturen wie Paramagnetika. Ihr Verhalten wird in diesem Fall ebenfalls durch das Curie-Gesetz beschrieben, jedoch muß die Curie-Temperatur berücksichtigt werden:

$$\chi_m = c\sigma/(T - T_c) \qquad \text{für} \quad T > T_c \quad . \tag{15}$$

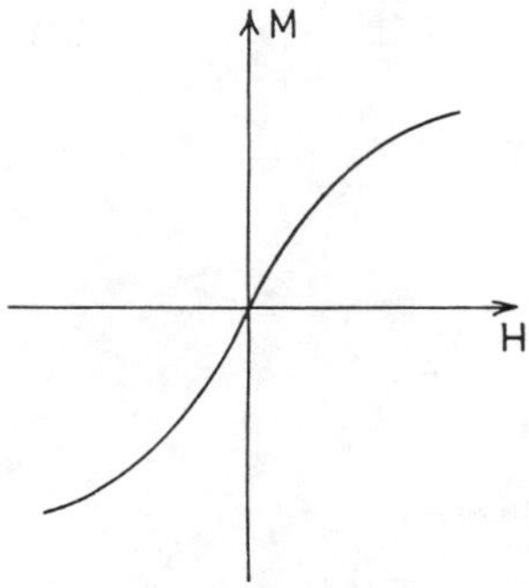

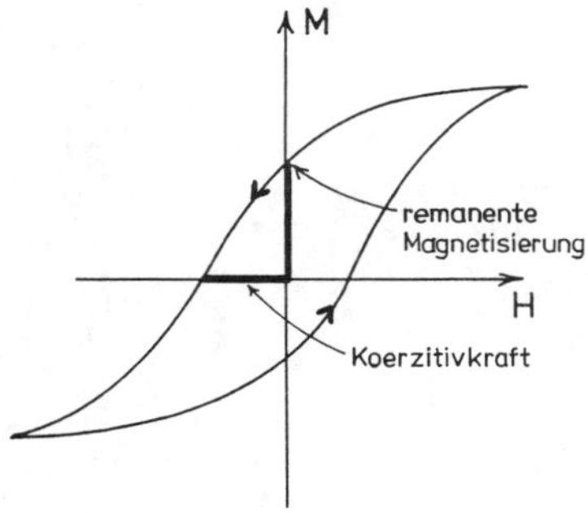

Beispiele für *Curie-Temperatur* sind

$$\begin{aligned} Fe &: T_c = 774^0C \ , \\ Co &: T_c = 1131^0C \ , \\ Ni &: T_c = 372^0C \ . \end{aligned}$$

Bei *diamagnetischen Substanzen* ist die Magnetisierung $\vec{M}$ dem Feld $\vec{H}$ entgegengerichtet. Man kann das so erklären, daß beim Einschalten des magnetischen Feldes in den einzelnen Atome Kreisströme induziert werden, deren magnetisches Moment dem Feld entgegen gerichtet ist. Atome und Moleküle ohne eigenes magnetisches Moment sind daher diamagnetisch . Ursache der Magnetisierung sind, wie gesagt, lediglich die Kreisströme der atomaren Elektronen. Ohne eigenes Moment sind insbesondere Atome und Ionen mit abgeschlossenen edelgasähnlichen Elektronenschalen , z.B. die Ionen in Salzen. Der Diamagnetismus ist temperaturunabhängig, was aufgrung der erläuterten Modellvorstellung verständlich ist.

Das Verhalten von $\vec{\mathbf{B}}$ und $\vec{\mathbf{H}}$ an Grenzflächen: In der Abbildung sind zwei Materialien mit den Permeabilitäten μ_1 bzw. μ_2 dargestellt, die an der Grenzfläche S zusammenstoßen. Im folgenden soll untersucht werden, wie sich das $\vec{B}$-Feld beim Übergang von einem Material ins andere ändert. Um das Problem zu lösen, gehen wir von der Gleichung div $\vec{B} = 0$ aus.
Daraus folgt, daß der Fluß in das Volumenelement gleich dem Fluß aus dem Volumenelement sein muß. Formen wir

$$\int \text{div}\vec{B}\, dV = 0$$

mit Hilfe des Gaußschen Satzes um zu

$$\oint \vec{B} \cdot \vec{n} dF = 0 \quad ,$$

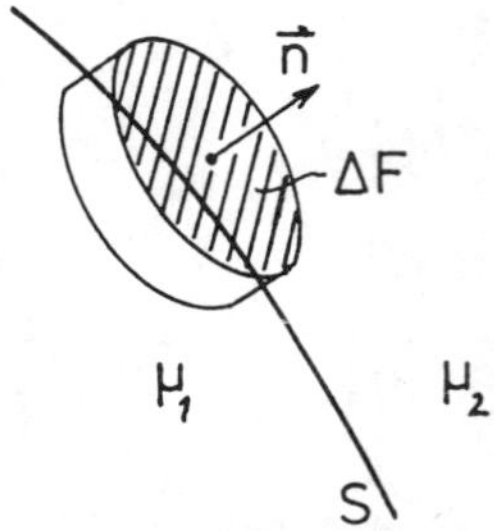

Grenzfläche zwischen zwei magnetischen Materialien

so erhalten wir für ein flaches Volumen, dessen Seitenflächen vernachlässigbar sind:

$$((B_1)_n - (B_2)_n)\Delta F = 0 \quad .$$

Da diese Gleichung für beliebige ΔF gilt, ergibt sich daraus die Gleichheit der Normalkomponenten

$$(B_1)_n = (B_2)_n \quad . \tag{16}$$

Aus der Gleichung rot $\vec{H} = \frac{4\pi}{c}\vec{j}$ läßt sich eine entsprechende Bedingung für $\vec{H}$ ableiten. Wählen wir einen Integrationsweg, so daß der Normalenvektor $\vec{n}'$ auf ΔF

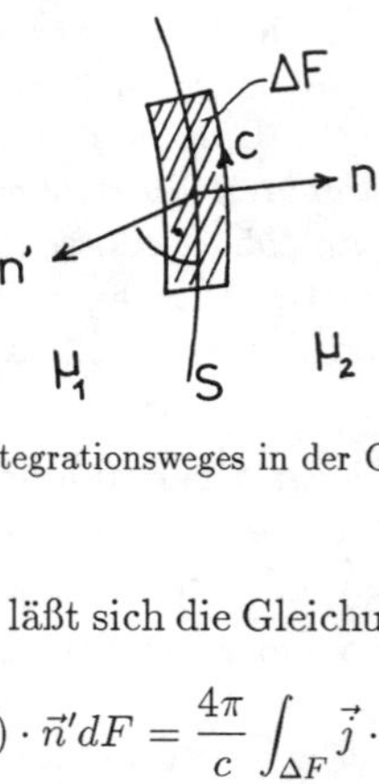

Veranschaulichung des Integrationsweges in der Grenzfläche.

tangential zur Grenzfläche liegt, läßt sich die Gleichung in der Integralform schreiben als

$$\int (\mathrm{rot}\vec{H}) \cdot \vec{n}' dF = \frac{4\pi}{c} \int_{\Delta F} \vec{j} \cdot \vec{n}' dF \quad .$$

Nach dem Stokesschen Satz kann man die Gleichung umformen in

$$\oint \vec{H} \cdot d\vec{s} = \frac{4\pi}{c} \int_{\Delta F} \vec{j} \cdot \vec{n}' dF = \frac{4\pi}{c} K \quad . \tag{17}$$

Die linke Seite der Gleichung ist gleich $[(H_2)_{\mathrm{tang}} - (H_1)_{\mathrm{tang}}]L$. Die rechte Seite stellt einen in der Grenzfläche fließenden *Oberfächenstrom der Stärke K* dar. Im

Normalfall ist $K = 0$.
Daraus folgt, daß die Tangentialkomponente von $\vec{H}$ beim Übergang von einem Medium in ein anderes erhalten bleibt

$$(H_1)_{\text{tang}} = (H_2)_{\text{tang}} \quad . \tag{18}$$

Eine Ausnahme stellen zum Beispiel die Supraleiter dar, in denen keine Magnetfelder existieren können, da sie durch Oberflächenströme kompensiert werden. Falls es *Oberflächenströme* $\vec{K}$ gibt, gilt anstelle von Gleichung (18) die Grenzbedingung

$$\vec{n} \times (\vec{H}_2 - \vec{H}_1) = \frac{4\pi}{c}\frac{\vec{K}}{L} = \frac{4\pi}{c}\vec{k} \tag{19}$$

Dabei hat $\vec{k} = \frac{\vec{K}}{L}$ die Dimension Stromstärke pro Längeneinheit, stellt also eine *Flächenstromdichte* dar. Aus diesen Rechnungen erhält man zusammenfassend folgende Bedingungen:

- 1. Die Normalkomponente von $\vec{B}$ ist stetig an der Grenzfläche.
- 2. Die Tangentialkomponente von $\vec{H}$ ist im allgemeinen stetig an der Grenzfläche.

Wegen $\vec{B} = \mu\vec{H}$ folgt aus $\vec{B}_1 \cdot \vec{n} = \vec{B}_2 \cdot \vec{n}$, daß $\mu_1(\vec{H}_1 \cdot \vec{n}) = \mu_2(\vec{H}_2 \cdot \vec{n})$ ist, bzw. für die Normalkomponente

$$(\vec{H}_1)_n = \frac{\mu_2}{\mu_1}(\vec{H}_2)_n \quad . \tag{20}$$

11.1 Beispiel: Die Berechnung des Magnetfeldes einer homogen magnetisierten Kugel

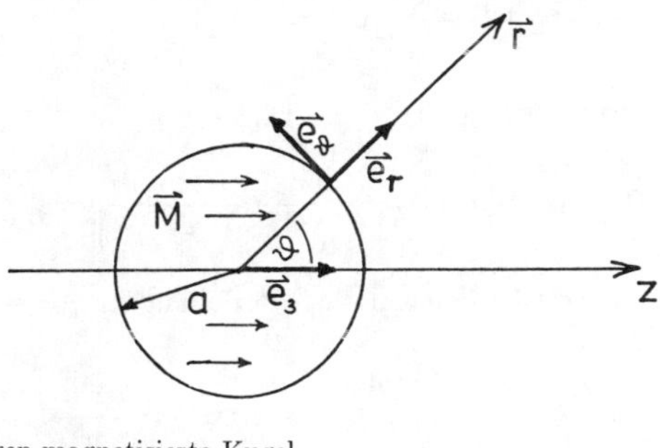

Eine homogen magnetisierte Kugel.

Eine Kugel ist homogen magnetisiert in Richtung der z-Achse, wenn gilt $\vec{M} = M_0\vec{e}_3$, wobei M_0 konstant ist.
Für das äußere Feld gilt:

$$\mathrm{rot}\vec{B}_a = \mathrm{div}\vec{B}_a = 0 \quad .$$

Daher kann das äußere Feld als Gradient eines magnetischen Potentials dargestellt werden:

$$\vec{B}_a = -\mathrm{grad}\,\phi_M, \quad \text{wobei} \quad \Delta\phi_M = 0 \quad \text{im Außenraum gilt} \quad .$$

Die Lösung der Laplace-Gleichung ist bereits aus der Elektrostatik bekannt. Sie lautet durch Legendre Polynome ausgedrückt:

$$\phi_M = \sum_{l=0}^{\infty} \alpha_l \frac{Pl(\cos\vartheta)}{r^{l+1}} \quad . \qquad \underline{1}$$

Innerhalb der Kugel gilt $\vec{H} = \vec{B} - 4\pi\vec{M}$, wobei angenommen wird, daß $\vec{B}$ parallel zu $\vec{M}$ liegt:

$$\vec{B}_i = B_0 \cdot \vec{e}_3 \quad , \qquad \underline{2}$$

$$\vec{H}_i = B_0 \cdot \vec{e}_3 - 4\pi M_0 \cdot \vec{e}_3 \quad . \qquad \underline{3}$$

An der Grenzfläche gilt entsprechend den oben abgeleiteten Bedingungen:

$$\vec{B}_i \cdot \vec{e}_r = \vec{B}_a \cdot \vec{e}_r \quad ,$$

$$\vec{H}_i \cdot \vec{e}_\vartheta = \vec{H}_a \cdot \vec{e}_\vartheta \quad .$$

Setzten wir für $\vec{B}_a = -\mathrm{grad}\,\phi_M$ ein und drücken wir die erste Komponente in Kugelkoordinaten aus, so ergibt sich folgender Zusammenhang zwischen ϕ_M und B_0:

$$B_0 \cos\vartheta = -\frac{\partial}{\partial r}\phi_M\bigg|_{r=a} \quad .$$

Nehmen wir für ϕ_M die obige Entwicklung $\underline{1}$, so folgt mit $P_1(\cos\vartheta) = \cos\vartheta$:

$$B_0 P_1(\cos\vartheta) = \sum_{l=0}^{\infty} \alpha_l (l+1)\, \frac{P_l(\cos\vartheta)}{r^{l+2}}\bigg|_{r=a} \quad .$$

Entsprechend folgt für $\vec{H}$ an der Grenzfläche

$$(B_0 - 4\pi M_0)\sin\vartheta = \sum_{l=0}^{\infty} \frac{\alpha_l}{r^{l+2}}\, \frac{dP_l(\cos\vartheta)}{d\vartheta}\bigg|_{r=a} \quad .$$

Ein Koeffizientenvergleich liefert mit der Beziehung $\sin\vartheta = -\frac{d}{d\vartheta}P_1(\cos\vartheta)$ die beiden Gleichungen

$$B_0 = \frac{\alpha_1 \cdot 2}{a^3} \quad \text{und} \quad (B_0 - 4\pi M_0) = -\frac{\alpha_1}{a^3} \quad .$$

Daraus erhalten wir

$$B_0 = -\frac{8\pi}{3}M_0 \quad , \quad \alpha_1 = \frac{4\pi}{3}M_0 a^3 \quad .$$

Setzten wir dieses Ergebnis nun in die Gleichungen 2 und 3 für $\vec{B}_i$ und $\vec{H}_i$ ein, ergibt sich

$$\vec{B}_i = \frac{8\pi}{3} M_0 \vec{e_3} = \frac{8\pi}{3} \vec{M} \quad , \quad \vec{H}_i = -\frac{4\pi}{3} M_0 \vec{e_3} = -\frac{4\pi}{3} \vec{M} \quad . \qquad \underline{4}$$

Das Feld im Außenraum wird zu

$$\vec{B}_a = -\text{grad}\, \phi_M = -\text{grad}\left(\alpha_1 \frac{\cos\vartheta}{r^2}\right) \quad .$$

Daraus folgt für die einzelnen Komponenten:

$$\begin{aligned}
B_r &= \frac{8\pi}{3} M_0 a^3 \frac{\cos\vartheta}{r^3} \quad , \\
B_\vartheta &= \frac{8\pi}{3} M_0 a^3 \frac{\sin\vartheta}{r^3} \quad , \\
B_\phi &= 0 \quad .
\end{aligned}$$

Dies ist genau das Feld für einen magnetischen Dipol (vgl. Kapitel III.8 Gleichung (1) und Übungsaufgabe 1.4) mit

$$\vec{m} = \frac{4\pi}{3} a^3 \vec{M} \quad .$$

Für $\vec{H}$ gilt:

$$\vec{H} = \vec{B} - 4\pi \vec{M} \quad .$$

Wegen div $\vec{B} = 0$ erhalten wir $\text{div}\vec{H} = -4\pi \text{div}\vec{M}$.
Die Größe div $\vec{M}$ bezeichnet man auch als *magnetische Ladung.* Sie stellt die Quellen des Magnetfeldes dar.
Das Feld der magnetischen Kugel ist in der Figur dargestellt. Beim $\vec{H}$-Feld ist folgendes zu beachten:

Im Innern sind nur halb so viele Feldlinien wir beim $\vec{B}$-Feld, sie verlaufen außerdem im entgegengesetzter Richtung. Das äußere Feld ist wegen $\mu = 1$ gleich dem $\vec{B}$-Feld. Das ist der anschauliche Ausdruck des Resultats 4, wonach $|B_i| = 2|H_i|$ und $\vec{B}_i = -2\vec{H}_i$ ist.

11.2 Beispiel: Magnetisierbare Kugel im äußeren Feld

Eine magnetisierbare Kugel mit der Permeabilität μ befindet sich in einem äußeren Feld $\vec{B}_0$. Die Magnetisierung der Kugel soll ausgerechnet werden. Wegen der Linearität der Feldgleichungen ergibt sich für die inneren Felder nach Beispiel 11.1:

$$\vec{B}_i = \vec{B}_0 + \frac{8\pi}{3} \vec{M} \quad , \qquad \underline{1}$$

$$\vec{H}_i = \vec{B}_0 - \frac{4\pi}{3} \vec{M} \quad . \qquad \underline{2}$$

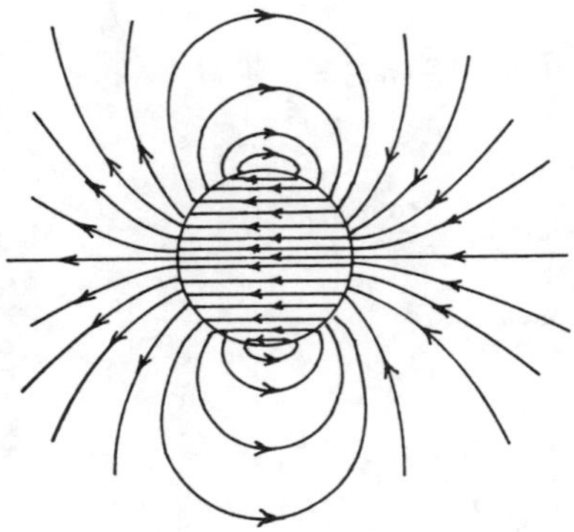

$\vec{B}$-Feld:

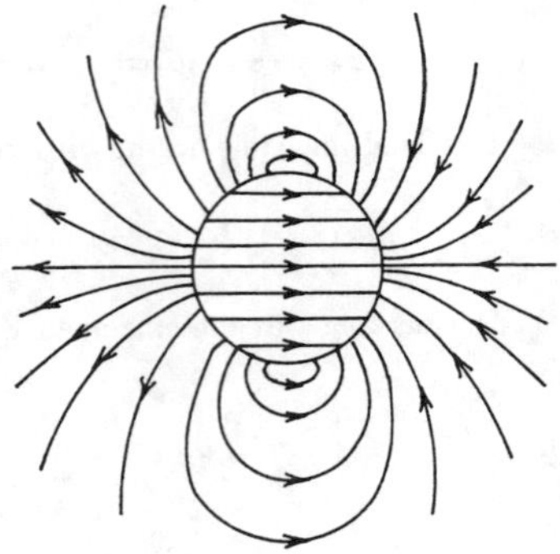

$\vec{H}$-Feld:

Unter der Voraussetzung, daß es sich nicht um Ferromagnetika handelt, besteht ein linearer Zusammenhang zwischen $\vec{B}_i$ und $\vec{H}_i$.

$$\vec{B}_i = \mu \vec{H}_i \quad .$$

Damit folgt aus den Gleichungen $\underline{1}$ und $\underline{2}$:

$$\mu \left(\vec{B}_0 - \frac{4\pi}{3} \vec{M} \right) = \vec{B}_0 + \frac{8\pi}{3} \vec{M} \quad .$$

Durch Auflösen dieser Gleichung erhalten wir die Magnetisierung:

$$\vec{M} = \frac{3}{4\pi} \cdot \frac{\mu - 1}{\mu + 2} \vec{B}_0 \quad .$$

Das Analogon dazu ist die Polarisation in der Elektrostatik (vgl. Übungsaufgabe 6.2):

$$\vec{P} = \frac{3}{4\pi} \cdot \frac{\epsilon - 1}{\epsilon + 2} \vec{E}_0 \quad .$$

Bei den Ferromagnetika besteht keine Proportionalität mehr zwischen $\vec{B}$ und $\vec{H}$. Vielmehr ist $\vec{B}_i$ eine komplizierte Funktion von $\vec{H}_i$:

$$\vec{B}_i = \vec{B}_i(\vec{H}_i) \quad .$$

Wir können nun die Gleichungen

$$\vec{B}_i = \vec{B}_0 + \frac{8\pi}{3} \vec{M} \quad , \quad \vec{H}_i = \vec{B}_0 - \frac{4\pi}{3} \vec{M}$$

für eine Beziehung zwischen $\vec{H}_i$ und $\vec{B}_i$ lösen, indem wir daraus $\vec{M}$ eliminieren. Das Ergebnis lautet

$$\vec{B}_i + 2\vec{H}_i = 3\vec{B}_0 \quad .$$

Für verschiedene $\vec{B}_0$ entspricht diese Gleichung einer Geradenschar mit der Steigung -2.
Eine andere Beziehung zwischen $\vec{B}_i$ und $\vec{H}_i$ liefert die Hysteresiskurve des Materials. Mit diesen beiden Beziehungen lassen sich nun spezielle Werte für irgendein äußeres Feld finden. Wollen wir zum Beispiel die Restmagnetisierung einer fer-

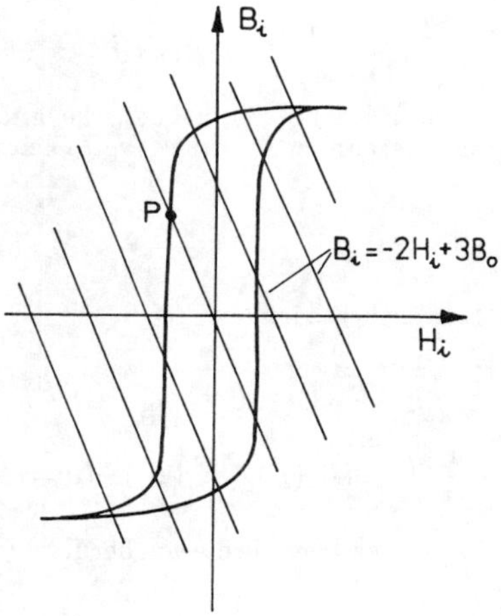

Hysteresis des Stoffes

romagnetischen Kugel berechnen, nachdem $\vec{B}_0$ erst anwuchs und anschließend bis $\vec{B}_0 = 0$ zurückgenommen wurde, so ergeben sich die Werte für $\vec{B}_i$ und $\vec{H}_i$ graphisch als Schnittpunkt P der Hysteresiskurve und der Geraden mit $\vec{B}_0 = 0$:

$$\vec{B}_i = \frac{8\pi}{3}\vec{M} \quad , \quad \vec{H}_i = -\frac{4\pi}{3}\vec{M} \quad .$$

Daraus läßt sich $\vec{M}$ ermitteln.

11.3 Aufgabe : Energieverlust und Hysterese

In einem Ferromagnetikum ist der Zusammenhang zwischen den Feldern $\vec{B}$ und $\vec{H}$ von der Vergangenheit des Systems abhängig (Hysterese). Ein solcher Körper befinde sich in einem homogenen Magnetfeld der Stärke $-\vec{B}_0$, die so groß sei, daß die inneren Felder $\vec{B}$ und $\vec{H}$ eindeutig sind. Das äußere Feld werde nun langsam

umgepolt ($-\vec{B}_0 \to +\vec{B}_0$) und dann wieder in den ursprünglichen Zustand versetzt ($+\vec{B}_0 \to -\vec{B}_0$) .
Beweisen Sie, daß der Energieverlust durch $\frac{1}{4\pi}\int S(\vec{r})d^3r$ gegeben ist, wobei $S(\vec{r})$ die von der Hysteresekurve eingeschlossene Fläche ist.

Hinweis: In der Vorlesung wird gezeigt (vgl. Gleichung (13.20c)), daß die Änderung der Energiedichte $w(\vec{r})$ für den Übergang ($\vec{B}_1 \to \vec{B}_2$) entlang des Weges C durch

$$w = \frac{1}{4\pi}\int_C \vec{H}(\vec{B}) \cdot d\vec{B}$$

gegeben ist. Dieser Ausdruck für die magnetische Energiedichte ist vollkommen analog dem uns bereits bekannten Ausdruck (vgl. Gleichung(7.4b)) für die elektrische Energiedichte.

Lösung:

Die Änderung der Energiedichte ist

$$\begin{aligned} w(\vec{r}) &= \frac{1}{4\pi}\int_{-B_0}^{+B_0} \vec{H}_1(\vec{B}) \cdot d\vec{B} + \int_{+B_0}^{-B_0} \vec{H}_2(\vec{B}) \cdot d\vec{B} \\ &= -\frac{1}{4\pi}\int_{-B_0}^{+B_0} (\vec{H}_2(\vec{B}) - \vec{H}_1(\vec{B})) \cdot d\vec{B} = -\frac{1}{4\pi} S(\vec{r}) \quad . \end{aligned} \tag{21}$$

Wie man sieht, ist das Integral gerade die von der Hysterese eingeschlossene Fläche.

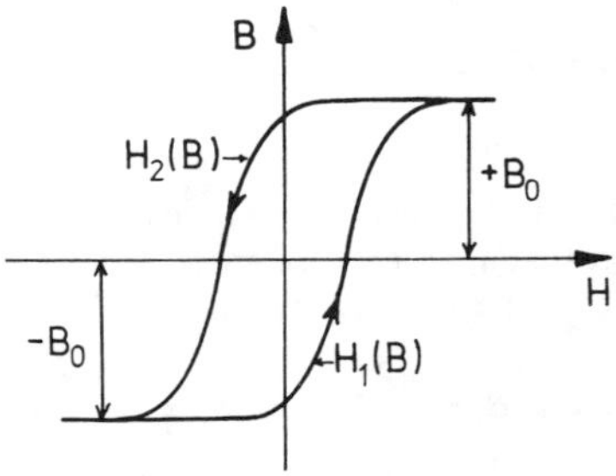

Hysteresiskurve

Außerhalb des Ferromagnetikums V ist $H_1 = H_2$ und daher $S(\vec{r}) = 0$. Die gesamte Energieänderung ist also

$$\Delta W = -\frac{1}{4\pi}\int_V S(\vec{r})d^3x \quad .$$

11.4 Aufgabe : Messung von $\vec{E}$, $\vec{D}$, $\vec{B}$ und $\vec{H}$

Geben Sie ein prinzipiell mögliches Verfahren zur Messung der Felder $\vec{E}, \vec{D}$ und $\vec{B}, \vec{H}$ an.

Lösung:

Im Vakuum können $\vec{E}$ und $\vec{B}$ durch die Kraftwirkung auf eine ruhende oder bewegte Probeladung bestimmt werden. Im materieerfüllten Raum dürfte das auf Schwierigkeiten stoßen; außerdem soll auch $\vec{D}$ und $\vec{H}$ gemessen werden. Der Einfachheit halber beschränken wir uns auf ungeladene Isolatoren, so daß keine Oberflächenladungen oder -ströme auftreten. Wir unterscheiden zwei Fälle:

a) Es besteht ein linearer Zusammenhang $\vec{D} = \epsilon\vec{E}$ und $\vec{B} = \mu\vec{H}$ mit bekannten ϵ und μ. Hier genügt also die Bestimmung von $\vec{E}$ und $\vec{H}$, die beiden anderen Größen können berechnet werden. Nach Aufgabe 6.3 ist der Zusammenhang zwischen dem Feld $\vec{E}_{\text{int}}$ innerhalb eines kugelförmigen Hohlraumes und dem asymptotisch konstanten Außenfeld $\vec{E}_0$ gegeben durch $\vec{E}_{\text{int}} = 3\epsilon/(2\epsilon+1)\vec{E}_0$.

Wenn man nun die Gegenüberstellung

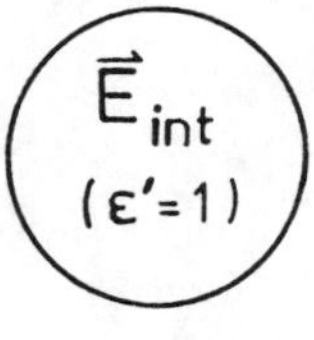

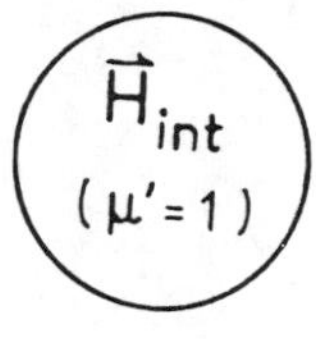

$$\vec{\nabla} \times \vec{E} = 0\,, \quad \vec{\nabla}\cdot\vec{D} = 0\,, \qquad \vec{\nabla} \times \vec{H} = 0\,, \quad \vec{\nabla}\cdot\vec{B} = 0\,,$$

$$\vec{D}_{\text{ext}} = \epsilon\,\vec{E}_{\text{ext}}\,, \quad \vec{D}_{\text{int}} = \vec{E}_{\text{int}}\,, \qquad \vec{B}_{\text{ext}} = \mu\,\vec{H}_{\text{ext}}\,, \quad \vec{B}_{\text{int}} = \vec{H}_{\text{int}}\,,$$

$$D_{\text{ext}\perp} = D_{\text{int}\perp}\,, \quad E_{\text{ext}\parallel} = E_{\text{int}\parallel}\,, \qquad B_{\text{ext}\perp} = B_{\text{int}\perp}\,, \quad H_{\text{ext}\parallel} = H_{\text{int}\parallel}\,,$$

$$\vec{E}_{\text{ext}} \to \vec{E}_0\,(r\to\infty) \qquad \vec{H}_{\text{ext}} \to \vec{H}_0\,(r\to\infty)\,.$$

beachtet, so folgt für das analoge Problem eines kugelförmigen Hohlraums in einem magnetisierbaren Material $\vec{H}_{\text{int}} = 3\mu/(2\mu+1)\vec{H}_0$. Wenn wir also einen kugelförmigen Hohlraum in unsere Probe einbringen, dessen Abmessungen so klein sind, daß die Felder als homogen betrachtet werden können, so gilt

$$\vec{E}_0 = \frac{2\epsilon+1}{3\epsilon}\vec{E}_{\text{int}}\,, \qquad \vec{D}_0 = \frac{2\epsilon+1}{3}\vec{E}_{\text{int}}\,,$$

$$\vec{B}_0 = \frac{2\mu+1}{3}\vec{B}_{\text{int}}\,, \qquad \vec{H}_0 = \frac{2\mu+1}{3\mu}\vec{B}_{\text{int}}\,.$$

b) Die Voraussetzungen für die Methode aus a) bestehen nicht. Hier müssen alle vier Größen einzeln bestimmt werden. Wir beschränken uns auf die Diskussion

der Messung von $\vec{E}$ und $\vec{D}$. Das Verfahren läst sich mutatis mutandis auch zu Bestimmung von $\vec{B}$ und $\vec{H}$ verwenden.
Dazu bringen wir einen flachen Hohlzylinder (Bierdeckelform) genügend kleiner Abmessungen in das Dielektrikum. Die Symetrieachse zeige in die z-Richtung. Aufgrund der Randbedingungen $D_{\text{int}\perp} = D_{\text{ext}\perp}, E_{\text{ext}||} = E_{\text{int}||}$ und $\vec{D}_{\text{int}} = \vec{E}_{\text{int}}$ haben wir $D_{0\ z} = E_{\text{int}\ z}$ und $E_{0\ x} = E_{\text{int}\ x}, E_{0\ y} = E_{\text{int}\ y}$. Durch Drehen des Hohlzylinders können auch die anderen Feldkomponenten bestimmt werden.

Kapitel IV

Elektrodynamik

12. Das Faraday'sche Induktionsgesetz

Erste quantitative Betrachtungen über zeitabhängige elektrische und magnetische Felder stammen aus dem Jahre 1831 von Faraday [1]. Er entdeckte, daß in einer geschlossenen Drahtschleife ein elektrischer Strom entsteht, wenn sie durch ein Magnetfeld bewegt wird (vgl.Figur 1).

---

[1]Michael *Faraday*, engl. Physiker und Chemiker, * Newington Butts bei London 22.9.1791, † Hampton Court-Green bei London 25.8.1867, Sohn eines Grobschmiedes, Buchbinderlehrling, bildete sich selbst weiter, wurde 1813 bei Humphry Davy Laboratoriumsgehilfe und 1825 Direktor des Laboratoriums der Royal Institution. Bereits 1824 wurde er zum Fellow der Royal Society (F.R.S) gewählt und gehörte später allen bedeutenden Akademien der Wissenschaften als Mitglied an.
F. wies 1821 die Rotation eines Stromleiters um einen Magnetpol und umgekehrt nach, war 1820-22 mit, allerdings ergebnislosen, Versuchen zur Herstellung rostfreien Stahls beschäftigt und entdeckte 1823 die Verflüssigung des gasförmigen Chlors unter Druck. 1824 fand er bei der Destillation des Kondensats aus Leuchtgasflaschen die jetzt als Benzol und Butylen bezeichneten Stoffe und arbeitete gemeinsam mit J. Heschel und dem Optiker G. Dollond an der Herstellung verbesserten optischen Glases. 1856 führte er Untersuchungen über die Eigenschaften kolloidaler Goldlösungen durch.
Eine seiner größten Entdeckungen, die der Induktion, machte F. am 29.8.1831. Der Bericht darüber eröffnete die Reihe seiner "Experimental Researches in Electricity". Sie erstreckten sich auf alle damals bekannten Gebiete der Elektrizitätslehre. 1833-34 stellte F. die nach ihm benannten elektrochem. Grundgesetze auf und führte, beraten von W. Whewell, die noch jetzt gebräuchliche elektrochemische Nomenklatur ein. F. studierte erstmals genau die Funken- und Glimmentladung, die Vorgänge im Dieelektrikum (eine ebenfalls von Whewell vorgeschlagene Bezeichnung) sowie die Erscheinung des Diamagnetismus (dem wiederum Whewell diesen Namen gab). Alle diese Vorgänge beschrieb F. höchst anschaulich mithilfe des von ihm entwickelten Begiffs der magnetischen und elektrischen Kraftlinien, eine Vorstellung die Jamec Clerk Maxwell dann im Begriff des elektromagnetischen Feldes zusammenfaßte und zu einer elektromagnetischen Theorie des Lichtes ausgestaltete. Eine Stütze dieser Theorie bildete anfangs vor allem die von F. 1845 nachgewiesene Drehung der Polarisationsebene des Lichtes durch ein magnetisches Feld. Die von dem französ. und dt. Physikomathematikern damals gepflegte Fernwirkungstheorie lehnte F. ebenso ab wie die durch J.Dalton zu neuem Leben erweckte Atomhypothese.[BR]

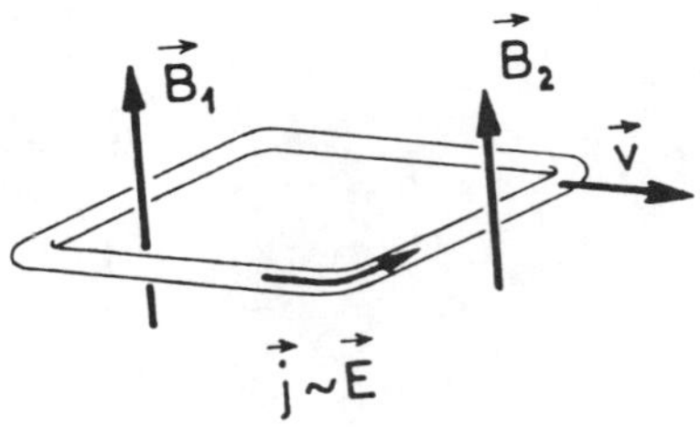

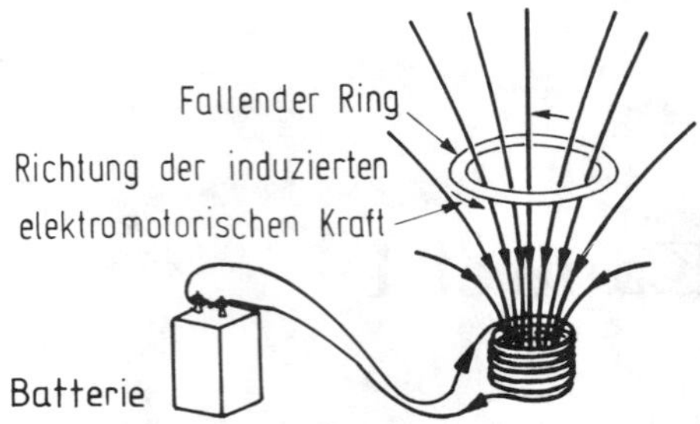

Fig.1 links: Der magnetische Fluß durch die Stromschleife ist nach oben gerichtet und nimmt bei der angedeuteten Bewegung zeitlich ab. In diesem Fall fließt der Strom aufgrund eines induzierten $\vec{E}$-Feldes wie angedeutet.
Fig.2 rechts: Fällt der Ring in dieser Anordnung nach unten, so nimmt der magnetische Fluß durch den Ring zu. Die Lenz'sche Regel sagt aus, daß aufgrund der induzierten elektromotorischen Kraft ein Ringstrom so induziert wird, daß der äußere Fluß geschwächt wird. Das System reagiert so, daß die verursachenden Änderungen behindert werden.

Faraday's Entdeckung läßt sich mathematisch so formulieren: Falls C die Kurve der Stromschleife ist, so läßt sich durch C eine beliebige Fläche F legen und der *magnetische Fluß*

$$\phi = \int_F \vec{B} \cdot \vec{n} dF \tag{1}$$

berechnen. Wegen div $\vec{B} = 0$ ist ϕ unabhängig von der Wahl der Fläche F über C (vgl.Figur 3).
Die *elektromotorische Kraft* (Spannung) V, die in der Drahtschleife C wirkt, ist

$$V = \oint_C \vec{E} \cdot \vec{ds} \,. \tag{2}$$

Hierbei ist $\vec{E}$ die elektrische Feldstärke, die am Ort des Leiterelements $\vec{ds}$ wirkt. Faraday's Entdeckung läßt sich nun so formulieren :

$$V = -k \frac{d\phi}{dt} \quad \text{oder} \quad \oint_C \vec{E} \cdot \vec{ds} = -k \frac{d}{dt} \int_F \vec{B} \cdot d\vec{F} \,. \tag{3}$$

Die induzierte Spannung ist proportional der zeitlichen Änderung des magnetischen Flusses. Das Vorzeichen wird durch die *Lenz'sche Regel* [2] festgelegt, die besagt,

[2] Heinrich Fridrich Emil *Lenz*, Physiker,* Dorpat 12.2.1804, † Rom 10.2.1865, begleitete als Physiker den dt.-russ. Kapitänleutnant Otto von Kotzebue auf dessen dritter Reise um die Welt (1823-26). L. stellte 1834 die nach ihm benannte Regel für die Richtung eines induzierten Stromes auf, und gab auch eine Formel für die Abhänigkeit des elektr. Widerstandes von der Temperatur an (1835-38) und brachte mittels des Peltier-Effekts Wasser zum Gefrieren. [BR].

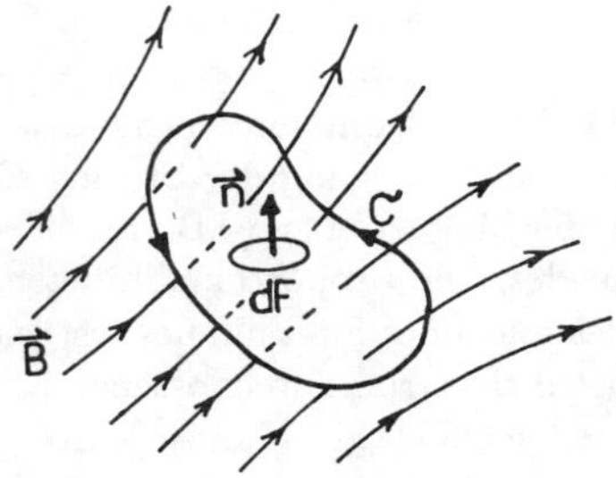

Zum Induktionsgesetz

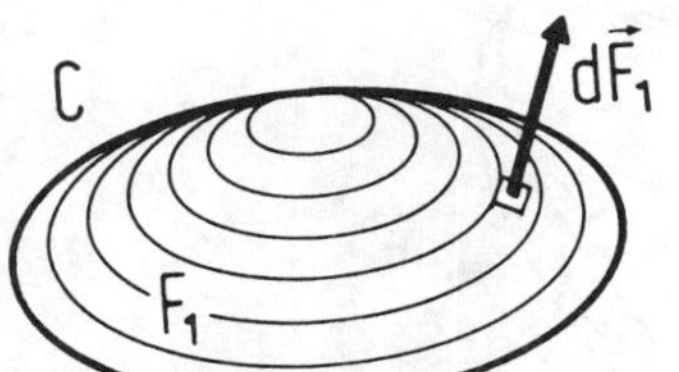

Fig.3: a) Der Fluß durch C ist
$\phi = \int_{F_1} \vec{B} \cdot d\vec{F_1}$

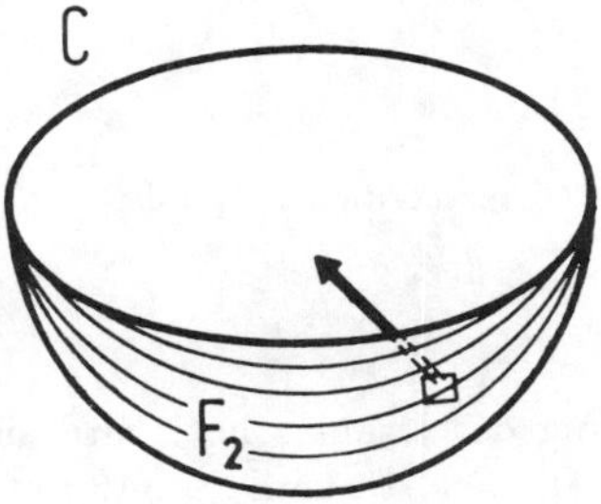

b) F_2 ist eine andere Fläche über C. Der Fluß durch F_2 ist gleich dem Fluß durch F_1.

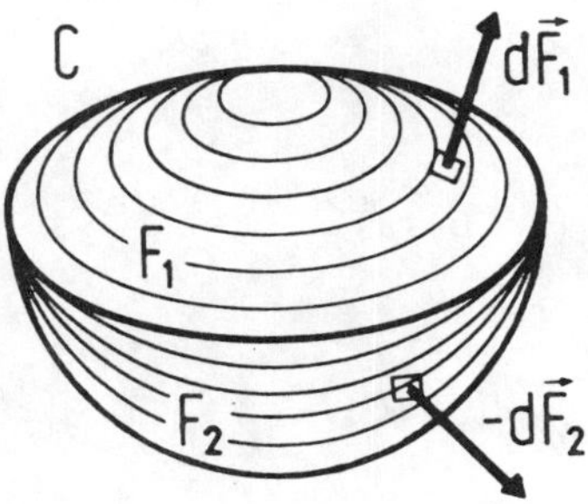

Fig.3: c) Die Kombination beider Flächen F_1 und F_2 führt zu einer geschlossenen Fläche F, für die gilt
$\int_F \vec{B} \cdot d\vec{F} = \int_{F_1} \vec{B} \cdot d\vec{F_1} - \int_{F_2} \vec{B} \cdot d\vec{F_2} =$
$\int \mathrm{div}\vec{B} dV = 0$

daß der induzierte Strom und der damit verbundene magnetische Fluß so gerichtet sind, daß sie der Änderung des äußeren Flusses entgegenwirken. Das Gesetz ist allgemein gültig. Die Flußänderung kann auf verschiedene Weise zustandekommen, z.B. a) durch Veränderung oder Bewegung der Stromschleife im äußeren Magnetfeld, b) durch Veränderung des Magnetfeldes (z.B. durch Verrücken des erzeugenden Magneten) und c) durch beides. Die Proportionalitätskonstante k in Gleichung (3) kann durch Betrachtung des folgendes Spezialfalles festgelegt werden:
Bewegen wir einen zunächst nicht stromdurchflossenen Metalldraht C_1 mit der Geschwindigkeit $\vec{v}$ in seine neue Lage C_2 (vgl.Figur 4), so machen die im Draht enthaltenen Ladungen (z.B. Elektronen) diese Bewegung mit. Auf sie wirkt die Lorentzkraft (vgl. Kapitel 8, Gleichung(12))

$$\vec{F} = \frac{q}{c}\vec{v} \times \vec{B} \,. \tag{4}$$

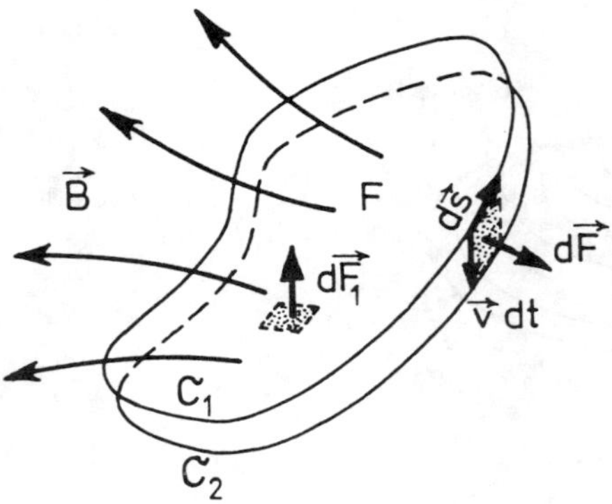

Die Leiterschleife bewegt sich von der Position C_1 zur Position C_2 mit der Geschwindigkeit $\vec{v}$.

Falls diese Kraft $\vec{F}$ eine Komponente in Richtung des Drahtes hat, wird sie die Ladung in Bewegung setzen: Es fließt ein Strom. Die Feldstärke $\vec{E}_{\text{ind}}$ aufgrund der Lorentzkraft (4) ist

$$\vec{E}_{\text{ind}} = \frac{\vec{F}}{q} = \frac{1}{c}\vec{v} \times \vec{B} \,. \tag{5}$$

Die Spannung in der Drahtschleife ist

$$V = \oint_{C_1} \vec{E}_{\text{ind}} \cdot d\vec{s} = \frac{1}{c} \oint_{C_1} (\vec{v} \times \vec{B}) \cdot d\vec{s} \,. \tag{6}$$

Wir zeigen jetzt, daß

$$\oint_{C_1} (\vec{v} \times \vec{B}) \cdot d\vec{s} = -\frac{d}{dt} \int_{F(C_1)} \vec{B} \cdot \vec{n} dF \,,$$

d.h. gleich der negativen zeitlichen Änderung des magnetischen Flusses durch eine über C_1 liegende Fläche F ist: Die beiden Lagen C_1 (zur Zeit t) und C_2 (zur Zeit t + dt) des Drahtringes gehen durch die Verschiebungsvektoren $\vec{v}dt$ auseinander hervor. Das Vektorprodukt

$$-\vec{ds} \times \vec{v}\Delta t = d\vec{F}$$

beschreibt das nach außen gerichtete Flächenelement $d\vec{F}$ (siehe Figur 4). Daher gilt

$$\oint_{C_1} \vec{ds} \cdot (\vec{v} \times \vec{B}) = \frac{1}{\Delta t} \oint_{C_1} (\vec{ds} \times \vec{v}\Delta t) \cdot \vec{B} = -\frac{1}{\Delta t} \int_{F_M} \vec{B} \cdot d\vec{F} = \frac{\phi_{\mathrm{M}}}{\Delta t} . \tag{7}$$

Das letzte Integral stellt offensichtlich den durch die die Kurven C_1 und C_2 verbindende Mantelfläche F_{M} gehenden Fluß ϕ_{M} dar. Der Fluß durch die geschlossene Fläche $F(C_1) + F(C_2) + F_{\mathrm{M}}$ muß wegen div $\vec{B} = 0$ verschwinden, d.h.

$$\phi_1 + \phi_2 + \phi_{\mathrm{M}} = 0 , \tag{8}$$

wobei

$$\phi_1 = \int_{F_1(C_1)} \vec{B} \cdot d\vec{F}_1$$

und

$$\phi_2 = \int_{F_1(C_1)} \vec{B} \cdot d\vec{F}_2 .$$

Die Normalenrichtung ist dabei immer nach außen gewählt (vom Innern des durch den durch die beiden Kurven C_1 und C_2 bestimmten Zylinders aus gesehen). Wählt man sie aber auf der Fläche, d.h. $\vec{n}_2 = \vec{n}_1$, so folgt $\phi_2' = -\phi_2$ und daher aus (8)

$$\phi_1 - \phi_2' + \phi_{\mathrm{M}} = 0 .$$

Somit ist

$$\phi_{\mathrm{M}} = (\phi_2' - \phi_1) = +\Delta\phi , \tag{9}$$

wobei

$$\Delta\phi = \phi_2' - \phi_1 = \phi(t + \Delta t) - \phi(t)$$

ist. Demnach ist ϕ_{M} gleich der Flußänderung durch die Stirnfläche F_1. Zusammen mit (7) und (6) ergibt das

$$\oint_{C_1} \vec{E}_{\mathrm{ind}} \cdot \vec{ds} = -\frac{1}{c}\frac{d\phi}{dt} = -\frac{1}{c}\frac{d}{dt} \int_{F_1} \vec{B} \cdot d\vec{F} . \tag{10}$$

Das ist genau das Faraday'sche Gesetz (3). Offensichtlich ist die Proportionalitätskonstante in (3) durch

$$k = \frac{1}{c}$$

gegeben, so daß allgemein

$$\oint \vec{E} \cdot \vec{ds} = -\frac{1}{c}\frac{d}{dt} \int_F \vec{B} \cdot d\vec{F} \tag{11}$$

gilt. Die *Universalität* des Induktionsgesetzes (3) wurde bei dieser Argumentation vorausgesetzt.

Wir bemerken noch, daß wir - ausgehend von Gleichung (11) - jeden einzelnen Schritt umkehren können und dann bei festem $\vec{B}$-Feld, aber bewegten Leitern Gleichung (6) erschließen können. Da diese Gleichung (6) für beliebige geschlossene Leiter gelten muß, folgt Gleichung (5) und damit die Lorentzkraft (4). Es ist interessant zu erkennen, daß die Lorentzkraft aus dem Faraday'schen Induktionsgesetz folgt.

Mit diesem Gesetz läßt sich z.B. die Stärke eines homogenen Magnetfeldes bestimmen: Der induzierten Spannung entspricht nach dem Ohmschen Gesetz (vgl.Aufgabe 13.1) die Stromstärke $I = \frac{V}{R}$, wobei R der Widerstand ist. Die beim Bewegen einer Drahtschleife durch ein homogenes Magnetfeld in der Drahtschleife bewegte Ladung ist

$$q = \int_0^T I dt = \frac{1}{R}\int_0^T \left(-\frac{1}{c}\frac{d\phi}{dt}\right) dt = -\frac{1}{Rc}\int_0^T d\phi = -\frac{1}{Rc}(\phi(T) - \phi(0)).$$

Bewegen wir die Schleife aus dem Feld heraus, so ist $\phi(T) = 0$. Im homogenen Feld gilt $\phi(0) = B \cdot F$ (F = Fläche der Schleife), so daß sich schließlich durch Einsetzen

$$q = \frac{B \cdot F}{R \cdot c}$$

ergibt. Die Ladung q läßt sich mit einem ballistischen Galvanometer unmittelbar messen, so daß B berechnet werden kann. Es ist noch erwähnenswert, daß auf dem Gesetz (11) die Stromerzeugung (und in seiner Umkehr der Elektromotor) beruht. Dies wird ohne weiteres aus der folgenden Figur deutlich. Vergleichen Sie hierzu auch Beispiel 12.4.

Das Betatron: Das Betatron dient zur Erzeugung von Elektronenstrahlen hoher Energie. Es besteht aus einem hochevakuierten ringförmigen Entladungsgefäß, das symmetrisch zwischen den Polschuhen eines Elektromagneten angebracht ist. Elektronen in dem Entladungsgefäß werden dann stets stabil auf einer Kreisbahn fliegen, wenn das auf sie wirkende Magnetfeld (Steuerfeld) B_{st} jederzeit gerade die Zentrifugalbeschleunigung kompensiert:

$$\frac{mv^2}{r} = e\frac{v}{c}B_{\mathrm{st}} \quad \text{oder} \quad mv = e\frac{r}{c}B_{\mathrm{st}} .$$

Diese Bedingung zwischen dem Steuerfeld B_{st} und dem Elektronenimpuls muß für eine stabile Bahn eingehalten werden. Neben dem Steuerfeld gibt es ein Beschleunigungsfeld. Änderungen dieses Feldes induzieren in dem Gefäß eine Ringspannung, die die Elektronen beschleunigt.

Für die Kraft gilt (wir betrachten nur Beträge) :

$$\frac{d}{dt}(mv) = eE = \frac{e}{c}\frac{1}{2\pi r}\frac{d}{dt}\int BdF ,$$

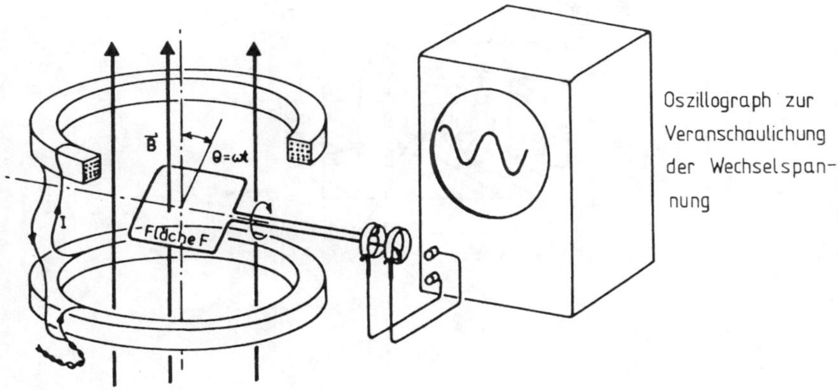

Die zwei Ringe erzeugen ein magnetisches Induktionsfeld $\vec{B}$, daß in der Nähe der Stromschleife näherungsweise homogen ist (vgl. Aufgabe 8.3). Rotiert die Stromschleife mit der Winkelgeschwindigkeit ω, so wird darin eine cosinusförmige Spannung $V = -\frac{1}{c}\frac{d\phi}{dt} = -\frac{1}{c}\frac{d}{dt}B \cdot F\sin\omega t = -\frac{BF\omega}{c}\cos\omega t$ und damit ein entsprechender Wechselstrom induziert.

da

$$E2\pi r = \frac{1}{c}\frac{d}{dt}\int BdF\,.$$

Durch Integration erhalten wir eine Bedingung zwischen dem Elektronenimpuls und dem Beschleunigungsfeld :

$$mv = \frac{e}{c}\frac{1}{2\pi r}\int BdF\,.$$

Wir haben somit je eine Bedingung für das Steuerfeld und für das Beschleunigungsfeld. Eliminieren wir den Impuls, so folgt :

$$e\frac{r}{c}B_{\rm st} = \frac{e}{c}\frac{1}{2\pi r}\int BdF = \frac{e}{c}\frac{1}{2\pi r}B\pi r^2.$$

Die beiden Felder müssen immer die 1:2 Bedingung erfüllen, wenn das Elektron bei der Beschleunigung auf einer stabilen Bahn bleiben soll, also $B_{\rm st} = \frac{1}{2}B$.

12.1 Aufgabe: Induktion eines Stromes in einer Leiterschleife

Eine rechteckige Leiterschleife wird aus einem magnetischen Induktionsfeld der Stärke $\vec{B}_0$ herausgeführt (vgl. Figur). In welcher Richtung fließt der Strom? Das Induktionsfeld zeigt - wie in der Figur angedeutet - in die Papierebene hinein.

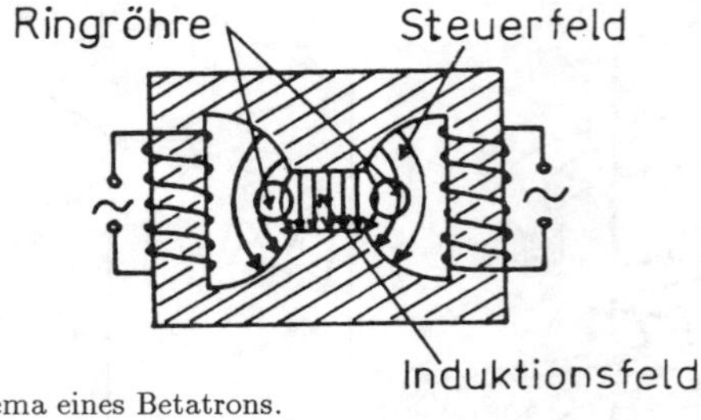

Schema eines Betatrons.

Lösung:

Der Induktionsfluß nimmt bei dieser Bewegung offensichtlich dem Betrag nach ab. Die Spannung ist beim Umlauf im mathematisch positivem Sinn gemäß dem Faradayschen Induktionsgesetz durch

$$V = \oint \vec{E} \cdot d\vec{s} = -\frac{1}{c}\frac{d\phi}{dt} = -\frac{1}{c}(-B)\frac{dF}{dt}$$

gegeben, wobei F die vom Induktionsfeld durchsetzte Fläche ist. Nun ist $\frac{dF}{dt}$ negativ, also V negativ, also fließt der Strom im mathematisch negativen Sinn, d.h. im Uhrzeigersinn.

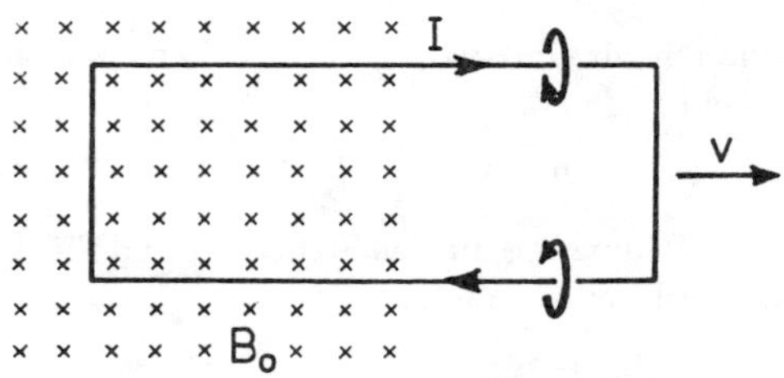

Schleife wird aus dem Magnetfeld gezogen

12.2 Aufgabe: Spannung in einer Leiterschleife

Eine Leiterschleife ist mit einem Plattenkondensator verbunden (siehe Figur). Das magnetische Induktionsfeld $\vec{B}$ zeigt in dem in der Figur angedeuteten Gebiet in die Zeichenebene hinein. Es wächst dem Betrag nach zeitlich an. Welche der beiden Kondensatorplatten ist positiv geladen?

Lösung:

Nach dem Faraday'schen Induktionsgesetz beträgt die im mathematisch positiven Sinn gemessene Umlaufspannung

$$V = -\frac{1}{c}\frac{d\phi}{dt} = -\frac{1}{c}\frac{d}{dt}\vec{B}\cdot\vec{n}F = -\frac{F}{c}\left(-\frac{dB}{dt}\right),$$

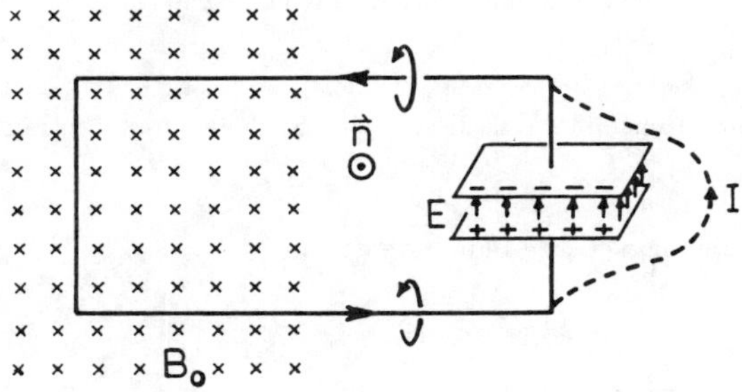

Leiterschleife mit Plattenkondensator im Magnetfeld

weil $\vec{B}\cdot\vec{n} = -B$. F ist die von der magnetischen Induktion durchsetzte Fläche. Da $\frac{dB}{dt} > 0$, wird also eine positive Umlaufspannung induziert; der Strom fließt im mathematisch positiven Sinn; also von der oberen Platte weg (sie ist dann negativ geladen).

12.3 Aufgabe: Induktion in einer Spule durch zeitlich veränderliches Magnetfeld

Eine Spule mit N=10 Windungen wird in einen Elektromagneten gehalten. Das Magnetfeld steigt linear mit der Zeit an, erreicht den Wert $B_0 = 10^4$Gauß nach der Zeit T=10 sec. Danach bleibt es konstant. Die Spule hat einen Querschnitt von $F = 100\text{cm}^2$ und ist senkrecht zum Magnetfeld orientiert.
a) Wie groß ist die in der Spule induzierte Spannung?
b) Die Spule habe einen Widerstand von $R = 0.5\Omega$. Was ist der Strom in der Spule, falls die Spulenenden geschlossen werden?
c) Welche Energie wird während der Einschaltzeit des Magneten in Wärme „verbraten"?

Lösung:

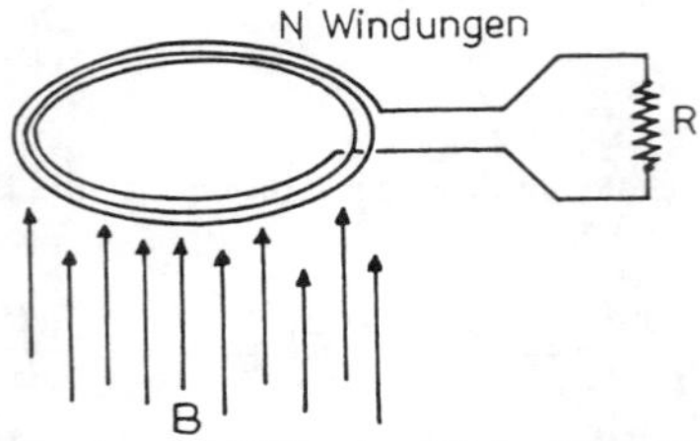

Spule mit N Windungen und Widerstand R im Magnetfeld $\vec{B}$

a) Der Induktionsfluß durch die einzelne Spulenwindung beträgt

$$\phi(t) = B(t) \cdot F \ ,$$

wobei die magnetische Induktion gemäß

$$B = B_0 \frac{t}{T}$$

anwächst. Die induzierte Spannung ist demnach

$$V = -\frac{N}{c}\frac{d\phi}{dt} = -\frac{NF}{c}\frac{dB}{dt} = \frac{-NFB_0}{cT} = -10 \cdot 10^{-2}\mathrm{m}^2 \cdot \frac{10^4\mathrm{Gauß}}{10\mathrm{sec}}$$

$$= -10 \cdot 10^{-2} \cdot 10^{-1} \left[\mathrm{m}^2 \cdot \frac{V\mathrm{s}}{\mathrm{m}^2} \cdot \frac{1}{\mathrm{s}}\right] = -0.01V \ ,$$

im praktischen Maßsystem gerechnet. Rechnen wir in elektromagnetischen Einheiten (vgl.Kapitel 8), ergibt sich:

$$V = -10 \cdot 10^{-2}[\mathrm{m}^2] \cdot 10^4[\mathrm{Gauß}]/10[\mathrm{sec}]$$

$$= -10 \cdot 10^{-6}[\mathrm{cm}^2] \cdot 10^4[\mathrm{g}^{1/2}\mathrm{cm}^{-1/2}\mathrm{sec}^{-1}] \cdot 10^{-1}[\mathrm{sec}^{-1}]$$

$$= -0.01[\mathrm{g}^{1/2}\mathrm{cm}^{3/2}\mathrm{sec}^{-2}] = -0.01[V] \ .$$

b) Falls der Stromkreis geschlossen wird, ermittelt sich der fließende Strom aus

$$V = IR \Longrightarrow I = \frac{V}{R} = 0.02A = 20 \text{ mA} \ .$$

c) Die in Wärme umgewandelte Energie kann folgendermaßen berechnet werden: Der Strom fließt während der Zeit T. Deshalb wird die durch einen beliebigen Querschnitt des Drahtes fließende Ladung

$$Q = IT = \frac{V}{R}T = 0.2 \text{ Coul}$$

sein. Diese Ladung Q hat die Potentialdifferenz V durchlaufen und dabei die Energie

$$W = V \cdot Q = 0.01\text{Volt} \cdot 0.2 \text{ Coul} = 0.002 \text{ Joule}$$

gewonnen. Diese Energie wird in Wärme umgewandelt. Wir können auch folgendermaßen überlegen: Die pro Zeiteinheit am Widerstand abgegebene Energie ist

$$P = V \cdot I = RI^2$$

und die während der Zeit T in Wärme umgewandelte Energie ist daher

$$W = \int_0^T P(t)dt = RI^2T = VIT = VQ$$

wie oben .

12.4 Beispiel: Elektromagnetische Generatoren und Motoren

Das Prinzip eines elektromagnetischen Generators ist in der Figur dargestellt. Eine Spule (N Leiterschleifen) wird in einem äußeren Magnetfeld durch eine Dampf- oder Wasserturbine mit der Frequenz ω gedreht. In einer Schleife mit der Fläche F entsteht der Induktionsfluß

$$\Phi = BF\sin\varphi = BF\sin\omega t \ , \quad \omega = \frac{2\pi}{T} \ . \qquad \underline{1}$$

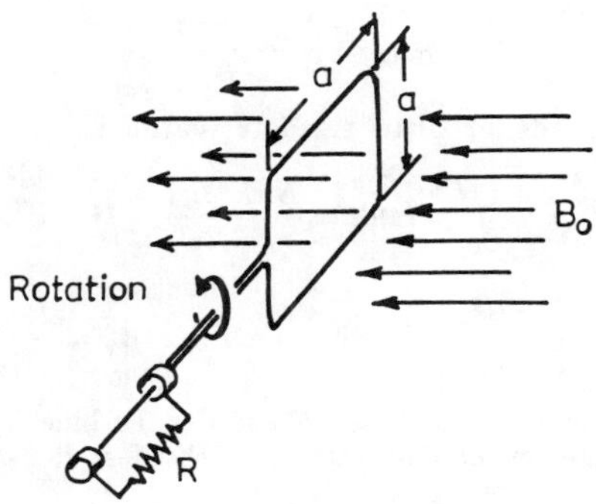

Prinzip eines elektromagnetischen Generators. Nur eine Leiterschleife ist gezeichnet

Da der Fluß sich zeitlich ändert, wird in N Schleifen die Spannung

$$V = -N\frac{d\Phi}{cdt} = -N\frac{d}{cdt}(BF\sin\omega t) = \frac{-NFB\omega}{c}\cos\omega t \qquad \underline{2}$$

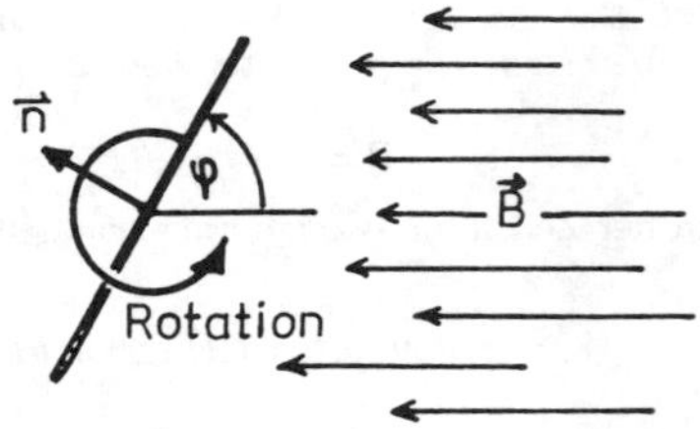

Zur Berechnung des Flusses in der Schleife. $\varphi = \omega t$ ist der Drehwinkel der Schleifenebene gegenüber dem magnetischen Induktionsfeld $\vec{B}$.

induziert. Es kommt also zu einer Wechselspannung mit den Maximalwerten $NFB\omega/c$. Solange die Spule offen ist, fließt kein Strom. Wird der Stromkreis geschlossen, so fließt (der Widerstand sei R) der Wechselstrom

$$I = \frac{V}{R} = \frac{-NFB\omega}{cR} \cos\omega t \; . \qquad \underline{3}$$

Die Wärmeleistung dieser Anlage beträgt

$$P = RI^2 = \frac{N^2F^2B^2\omega^2}{c^2R} \cos^2\omega t \; . \qquad \underline{4}$$

Sie schwankt auch periodisch mit den Spitzenwerten

$$P_{\text{max}} = \frac{N^2F^2B^2\omega^2}{c^2R} \; .$$

Die über eine Periode im Mittel erzeugte Wärme ist

$$\langle P \rangle = \frac{1}{T}\int_0^T P(t)dt = \frac{N^2F^2B^2\omega^2}{c^2RT}\int_0^T \cos^2\omega dt$$

$$= \frac{N^2F^2B^2\omega^2}{RTc^2}\frac{1}{2\omega}(\sin\omega t\cos\omega t + \omega t)\Big|_0^T = \frac{P_{\text{max}}}{2} \; . \qquad \underline{5}$$

Natürlich muß diese Wärmeleistung aus der Turbine kommen. Wir wollen uns genauer davon überzeugen und stellen zunächst fest, daß die Spule ein magnetisches Dipolmoment der Größe

$$|\vec{m}| = \frac{NIF}{c} \qquad \underline{6}$$

besitzt. Aufgrund dessen wird vom Magnetfeld auf die stromdurchflossene Spule ein Drehmoment $\vec{N}$ ausgeübt. Es ist

$$\vec{N} = \vec{m} \times \vec{B} \; . \qquad \underline{7}$$

Dieses Drehmoment muß durch die Turbine von außen kompensiert werden, um die Spule am Laufen (Drehen) zu halten. Das äußere Drehmoment ist also

$$\vec{N}' = -\vec{N} = -\vec{m} \times \vec{B} \; . \qquad \underline{8}$$

Aus der Zeichnung sehen wir, daß

$$|\vec{N}| = |\vec{m}|B\cos\varphi = \frac{NIFB}{c}\cos\omega t\ . \qquad \underline{9}$$

Die mechanische Arbeit, die geleistet werden muß, um die Spule um den kleinen Winkel $d\varphi$ zu drehen, ist

$$dW = |\vec{N}|d\varphi\ . \qquad \underline{10}$$

Daraus ergibt sich die mechanische Leistung

$$P_{\text{mech}} = \frac{dW}{dt} = |\vec{N}|\frac{d\varphi}{dt} = |\vec{N}| \cdot \omega = \frac{N^2F^2B^2\omega^2}{Rc^2}\cos^2\omega t\ . \qquad \underline{11}$$

Das ist genau die am Widerstand in Wärme umgewandelte elektrische Leistung 4. Die elektrische Leistung aus dem Generator ist exakt gleich der mechanischen Leistung der Turbine, die den Generator treibt, wie es aufgrund der Energieerhaltung sein muß.

12.5 Aufgabe: Linearer Motor

Ein Stab der Länge L = 10 cm liegt auf zwei ideal leitenden Schienen (siehe Figur). Zwischen den Schienen liegt die Potentialdifferenz V_0 = 15Volt. Der Widerstand des Stabes sei R = 0.1 Ω (Ohm). Der Stab ist durch ein Seil über eine Rolle mit einer Masse m=1.2 kg verbunden.
Berechnen Sie die Geschwindigkeit, mit der sich der Stab stationär bewegt, falls das Magnetfeld B_0 mit der in der Figur gezeigten Richtung 10^4Gauß beträgt. Welcher Bruchteil der durch die Batterie gelieferten Leistung wird in mechanische Leistung umgewandelt?

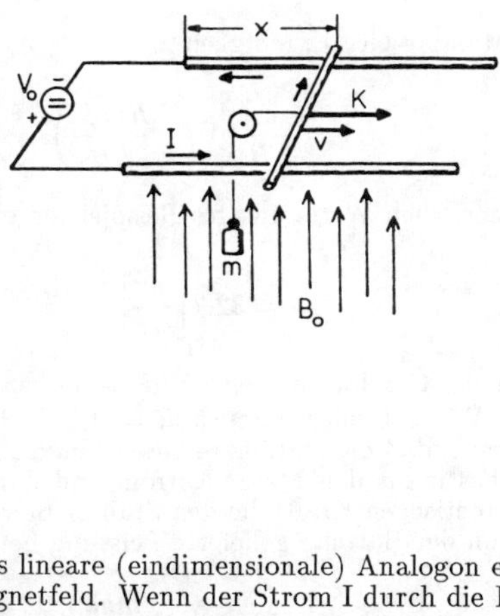

Ein linearer Motor

Lösung:

Dieses Beispiel ist das lineare (eindimensionale) Analogon einer rotierenden Spule in einem äußeren Magnetfeld. Wenn der Strom I durch die Leitung fließt, wird auf den Stab die Kraft $\vec{K}$ nach rechts hin wirken (siehe Figur):

$$|\vec{K}| = \left|\frac{1}{c}\int \vec{j} \times \vec{B} dV\right| = \left|\frac{I}{c}\int_0^L \vec{dr} \times \vec{B}\right| = \left|\frac{IB}{c}\int_0^L \vec{dr}\right| = \frac{IBL}{c} . \qquad \underline{1}$$

Im Gleichgewicht wird

$$|\vec{K}| = mg \qquad \underline{2}$$

sein. Wenn sich der Stab jedoch bewegt, ändert sich auch die Gesamtfläche $F = Lx$ die vom Stromkreis eingeschlossen wird; damit auch der Induktionsfluß ϕ . Wir haben dann

$$\frac{d\phi}{dt} = B\frac{d}{dt}(Lx) = BL\frac{dx}{dt} = BLv , \qquad \underline{3}$$

wobei v die Geschwindigkeit des auf den Schienen gleitenden Stabes ist. Dadurch wird nach dem Faradayschen Induktionsgesetz eine Spannung im Kreis induziert. Sie ist

$$V = -\frac{1}{c}\frac{d\phi}{dt} = -\frac{BLv}{c} . \qquad \underline{4}$$

Die Gesamtspannung im Stromkreis beträgt $V_0 + V$. Sie bestimmt den Stromfluß gemäß

$$RI = V_0 + V = V_0 - \frac{BLv}{c} , \qquad \underline{5}$$

und die Gleichgewichtsbedingung $\underline{2}$ geht damit über in

$$mg = |\vec{K}| = \frac{IBL}{c} = \frac{BL}{c}\frac{1}{R}\left(V_0 - \frac{BLv}{c}\right) , \qquad \underline{6}$$

woraus die stationäre Geschwindigkeit

$$v = \frac{c}{LB}\left(V_0 - \frac{Rmgc}{LB}\right) \qquad \underline{7}$$

folgt. Die numerischen Werte unseres Beispiels ergeben

$$v = 32.3\left[\frac{m}{sec}\right] . \qquad \underline{8}$$

Dies ist eine hohe Geschwindigkeit. Wir bemerken jedoch, daß eine geringfügige Änderung des Widerstandes nämlich $R = 0{,}128\ \Omega$, schon $v = 0$ geliefert hätte. Wir sehen daraus, daß die stationäre Geschwindigkeit sensitiv vom Widerstand R abhängt. Er bestimmt den Maximalstrom und damit auch die maximale Stärke der elektromagnetischen Kraft, die den Stab in Bewegung setzt.
Die gesamte von der Batterie gelieferte Leistung beträgt

$$P_1 = V_0 I = V_0\frac{mgc}{LB} , \qquad \underline{9}$$

wobei wir die aus 1 und 2 folgende Stromstärke eingesetzt haben. Diese Leistung muß gleich sein der Summe aus mechanischer Leistung $Kv = mgv$ und Wärmeleistung RI^2 am Widerstand, also mit 7 und 5

$$P_2 = mgv + RI^2 = \frac{mgc}{LB}\left(V_0 - \frac{Rmgc}{LB}\right) + R\left(\frac{mgc}{LB}\right)^2 . \tag{10}$$

Wir sehen in der Tat, daß $P_1 = P_2$ ist. Der Wirkungsgrad dieses Motors berechnet sich als Verhältnis der mechanischen Leistung zur Gesamtleistung

$$\eta = \frac{mgv}{P_1} = \frac{LB}{V_0 c} v = 1 - \frac{mgRc}{B_0 L V_0} . \tag{11}$$

Die Zahlenwerte ergeben

$$\eta = 1 - \frac{1.2 \cdot 9.81}{15}\left[\frac{\mathrm{Nm}}{\mathrm{Ws}}\right] = 22\% .$$

Demnach wird nur $\approx \frac{1}{5}$ der elektrischen Leistung in mechanische Arbeit umgewandelt; $\frac{4}{5}$ der elektrischen Leistung werden am Widerstand in Wärme umgesetzt. Dieser Motor ist offensichtlich nicht effektiv.

13. Die Maxwell-Gleichungen

Die Grundlagen der Maxwellgleichungen sind die folgenden Erfahrungstatsachen, die wir hier noch einmal zusammenfassen:

a) Die elektrischen Ladungen stellen Quellen und Senken des Vektorfeldes der dielektrischen Verschiebungsdichte $\vec{D}$ dar. Für den dielektrischen Verschiebungsfluß durch eine die Ladung umhüllende Fläche gilt daher :

$$\frac{1}{4\pi} \oint_F \vec{D} \cdot \vec{n} dF = Q = \int_V \rho dV .$$

Hierbei ist $\vec{n}$ der äußere Normaleneinheitsvektor. Diese Beziehung läßt sich aus dem Coulomb'schen Kraftgesetz herleiten (siehe Kapitel I.1 und II.6, Gleichungen (1.1) und (6.3)).

b) Das Faraday'sche Induktionsgesetz :

$$V = \oint \vec{E} \cdot d\vec{r} = -\frac{1}{c}\frac{\partial \phi}{\partial t} \quad \text{mit} \quad \phi = \int_F \vec{B} \cdot \vec{n} dF .$$

c) Die Tatsache, daß keine isolierten Monopole existieren, bedeutet

$$\oint_F \vec{B} \cdot \vec{n} dF = 0 ,$$

d.h. die magnetische Induktion ist quellenfrei; ihre Feldlinien sind geschlossene Kurven.

d) Das Oerstedsche oder Ampèresche Gesetz:

$$\oint \vec{H} \cdot d\vec{r} = \frac{4\pi}{c} I = \frac{4\pi}{c} \int \vec{j} \cdot \vec{n} dF .$$

Aus diesen Beobachtungen (a-d) lassen sich unmittelbar die Maxwellgleichungen in integraler Darstellung gewinnen:

$$\oint_F \vec{D} \cdot \vec{n} dF = 4\pi \int_V \rho dV , \tag{1}$$

$$\oint \vec{E} \cdot d\vec{r} = -\frac{1}{c} \frac{\partial}{\partial t} \int_F \vec{B} \cdot \vec{n} dF , \tag{2}$$

$$\oint_F \vec{B} \cdot \vec{n} dF = 0 , \tag{3}$$

$$\oint \vec{H} \cdot d\vec{r} = \frac{4\pi}{c} \left(\int_F \vec{j} \cdot \vec{n} dF + \frac{1}{4\pi} \frac{d}{dt} \int_F \vec{D} \cdot \vec{n} dF \right) , \tag{4}$$

wobei der letzte Term in Gleichung (4) die Dimension eines Stromes (vgl. Gleichung (1)) besitzt, den Maxwell [3] als *Verschiebungsstrom* einführte. Dieser Zusatzterm ist erforderlich, um die Kontinuitätsgleichung

$$\frac{d}{dt} \int_V \rho dV = - \oint_F \vec{j} \cdot \vec{n} dF \tag{5}$$

[3] James Clerk *Maxwell*, engl.Physiker, *Edinburgh 13.6.1831, †Cambridge 5.11.1879, wurde 1856 Prof. am Marischal College in Aberdeen, 1860 am King's College in London, lebte dann 1865-71 als Privatmann auf seinem Landsitz in Glenlair und übernahm 1871 als erster die Cavendish-Professur für Experimentalphysik in Cambridge. Er erneuerte die von Th.Young aufgestellte Dreifarbentheorie des Sehens, der sich auch H.v.Helmholtz anschloß, stellte 1856/57 eine Theorie für die Stabilität des Saturnrings auf und förderte bes. die kinetische Gastheorie; hier stellte er das als die M'.sche Verteilungsfunktion bekannte Exponentialgesetz auf, das die Berechnung von Verteilungen der Geschwindigkeiten auf die einzelnen Gasmoleküle genauer und in besserer Übereinstimmung mit der Wirklichkeit ermöglichte als die von A. Krönig und R. Clausius gemachten Annahmen.
Seine bedeutendste Leistung war die Mathematisierung des von M. Faraday in die Physik eingeführten Kraftlinienbegriffs. In seinen Abhandlungen „Faraday lines of force" (1855/56; dt.1895), „On physical line of force" (1861/62; dt.1898) und in der „Dynamical theory of the electromagnetic field" (1865) entwickelte er die Grundlagen eine Nahwirkungstheorie (Maxwellsche Theorie). Die Zusammenfassung seiner, in der M'schen Gleichungen gipfelden Theorie gab M. in den beiden Bänden seines „Treastise on electricity and magnetism" (1873; dt.Lb.der Elektrizität u. des Magnetismus (1883)). Erst durch M. wurde der Begriff des Feldes zu einem die physikal. Theorienbildungen beherrschenden Begriff, wie M. ganz allgemein durch seine grundsätzl. Darlegungen die physikal. Erkenntnis während der folgenden Jahrzehnte nachdrücklich beinflußt hat [BR].

zu erfüllen. Sie bedeutet die Erhaltung der elektrischen Ladung: Eine elektrische Ladung in einem Raumgebiet V kann sich zeitlich nur beim Fließen eines Stromes durch seine Oberfläche ändern .

Eine nähere Begründung des Verschiebungsstromes erfolgt leichter nach Umwandlung der Gleichungen (1) - (5) in ihre zugehörige differentielle Form, die mit Hilfe des Gaußschen und des Stockesschen Satzes erfolgt. Als Beispiel betrachten wir Gleichung (1):

$$\oint_F \vec{D} \cdot \vec{n} dF = \int_V \text{div}\vec{D} dV = 4\pi \int_V \rho dV$$

bzw.

$$\int_V \text{div}\vec{D} dV - 4\pi \int_V \rho dV = \int_V (\text{div}\vec{D} - 4\pi\rho) dV = 0 \, .$$

Daraus folgt sofort: $\text{div}\vec{\text{D}} = 4\pi\rho$. In analoger Weise formen wir die übrigen Gleichungen (2) - (5) um. Wir erhalten dann die *Maxwellschen Gleichungen in differentieller Form* :

$$\text{div}\vec{D} = 4\pi\rho \, , \tag{6}$$

$$\text{rot}\vec{E} = -\frac{1}{c}\frac{\partial \vec{B}}{\partial t} \, , \tag{7}$$

$$\text{div}\vec{B} = 0 \, , \tag{8}$$

$$\text{rot}\vec{H} = \frac{1}{c}\left(4\pi\vec{j} + \frac{\partial \vec{D}}{\partial t}\right) = \frac{4\pi}{c}\left(\vec{j} + \frac{1}{4\pi}\frac{\partial \vec{D}}{\partial t}\right) \, , \tag{9}$$

sowie die *Kontinuitätsgleichung*

$$\text{div}\vec{j} + \frac{\partial \rho}{\partial t} = 0 \, . \tag{10a}$$

Hinzu kommt noch das *Kraftgesetz*

$$\vec{f} = \rho\vec{E} + \frac{1}{c}\vec{j} \times \vec{B} \, . \tag{10b}$$

Es stellt die Verbindung zwischen Elektrodynamik und Mechanik her. Das unter (9) aufgeführte *Ampèresche Gesetz* in differentieller Form lautete bisher (vgl. Gleichung (17) Kapitel (8))

$$\text{rot}\vec{H} = \frac{4\pi}{c}\vec{j} \, . \tag{11}$$

Es gilt in dieser Form zunächst nur für *stationäre Stromverteilungen.* Unter der Annahme, daß die gleiche Zuordnung auch für zeitlich veränderliche Ströme besteht, bedarf die Gleichung (11) einer entscheidenden Ergänzung für den Fall, daß der Leitungsstrom in einem Stromkreis etwa durch einen Kondensator unterbrochen ist (vgl. Figur).

An den Kondensatorplatten ist die Divergenz von $\vec{j}$ nicht gleich Null, während die linke Seite von Gleichung (11) stets quellenfrei ist (div rot$\vec{H}$ = 0). Nach Einführung des Verschiebungsstromes $\frac{1}{4\pi}\frac{\partial \vec{D}}{\partial t}$ ist der Vektor

$$\vec{Z} = 4\pi\left(\vec{j} + \frac{1}{4\pi}\frac{\partial \vec{D}}{\partial t}\right)$$

wegen Gleichung (6) und (10a) tatsächlich immer divergenzfrei:

$$\mathrm{div}\vec{Z} = 4\pi\left(\mathrm{div}\vec{j} + \frac{1}{4\pi}\frac{\partial}{\partial t}\mathrm{div}\vec{D}\right) = 4\pi\left(\mathrm{div}\vec{j} + \frac{\partial \rho}{\partial t}\right) = 0 \; ,$$

d.h. nach Einführung des Maxwellschen Verschiebungsstromes gibt es nur geschlossene Ströme. Ohne Verschiebungsstrom $\frac{1}{4\pi}\frac{\partial \vec{D}}{\partial t}$ in Gleichung (9) wäre das System der Maxwellgleichungen (6) - (9) unter Berücksichtigung der Kontinuitätsgleichung (1) nicht widerspruchsfrei. Erst die so ergänzten Gleichungen sind konsistent.

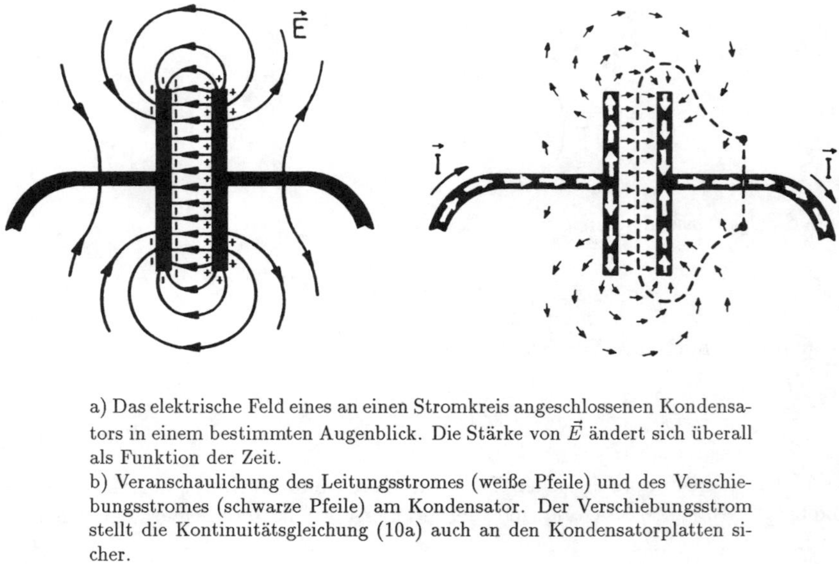

a) Das elektrische Feld eines an einen Stromkreis angeschlossenen Kondensators in einem bestimmten Augenblick. Die Stärke von $\vec{E}$ ändert sich überall als Funktion der Zeit.
b) Veranschaulichung des Leitungsstromes (weiße Pfeile) und des Verschiebungsstromes (schwarze Pfeile) am Kondensator. Der Verschiebungsstrom stellt die Kontinuitätsgleichung (10a) auch an den Kondensatorplatten sicher.

Vervollständigt werden die Maxwellgleichungen (6) - (9) durch die sogenannten *Verknüpfungsgleichungen*, die die Vektoren $\vec{D}$ und $\vec{B}$ mit der Feldstärke $\vec{E}$ und $\vec{H}$ in Verbindung bringen :

$$\vec{D} = \vec{E} + 4\pi\vec{P} \quad , \quad \vec{B} = \vec{H} + 4\pi\vec{M} \; , \tag{12}$$

wobei $\vec{P}$ der Vektor der elektrischen Polarisation und $\vec{M}$ der Vektor der Magnetisierung ist. Die Verbindung zur Mechanik wird durch die Kraftgleichung (10b), die Lorentzkraft, hergestellt.
Für isotrope, normal polarisierbare und magnetisierbare Substanzen in statischen Feldern gelten die *Materialgleichungen* (Spezialfall von (12)):

$$\vec{D} = \epsilon\vec{E} = \vec{E} + 4\pi\vec{P} = (1 + 4\pi\chi_e)\vec{E} \;,$$

$$\vec{B} = \mu\vec{H} = \vec{H} + 4\pi\vec{M} = (1 + 4\pi\chi_m)\vec{H} \;. \tag{13}$$

Die Verknüpfung von $\vec{j}$ und $\vec{E}$ liefert das *verallgemeinerte Ohmsche Gesetz* :

$$\vec{j} = \sigma\vec{E} \;, \tag{14}$$

wobei σ die elektrische Leitfähigkeit ist. In nichtlinearen Medien stellen ϵ, μ und σ feldstärkeabhänige Tensoren dar; in zeitlich veränderlichen Feldern werden ϵ, μ und σ zudem i.allg. noch frequenzabhänig.
Um die Gleichung (9) in den Größen $\vec{E}$ und $\vec{B}$ auszudrücken, benutzen wir die Verknüpfungsgleichungen (12) :

$$\mathrm{rot}\vec{H} = \frac{4\pi}{c}\vec{j} + \frac{1}{c}\frac{\partial\vec{D}}{\partial t} \;, \tag{15}$$

$$\mathrm{rot}(\vec{B} - 4\pi\vec{M}) = \frac{4\pi}{c}\vec{j} + \frac{1}{c}\frac{\partial}{\partial t}(\vec{E} + 4\pi\vec{P}) \;, \tag{16}$$

$$\mathrm{rot}\vec{B} = \frac{4\pi}{c}(\vec{j} + \dot{\vec{P}} + c\,\mathrm{rot}\vec{M}) + \frac{1}{c}\dot{\vec{E}} \;. \tag{17}$$

Die Rotation des $\vec{B}$-Feldes ist offensichtlich abhängig von den Dichten des *Leitungsstromes* $\vec{j}$, des *Magnetisierungsstromes* $\vec{j}_M = c\,\mathrm{rot}\vec{M}$ und des *Polarisationsstromes* $\vec{j}_P = \frac{\partial\vec{P}}{\partial t}$. Da im Vakuum die Stromdichte $\vec{j}, \vec{j}_M$ und $\vec{j}_P$ verschwinden, kann nur der Term $\frac{1}{c}\frac{\partial\vec{E}}{\partial t}$ in Verbindung mit Gleichung (7) die Ausbreitung elektromagnetischer Strahlung im Vakkuum erklären (vgl.später Kapitel 14).

Bemerkung: Die Maxwell-Gleichungen (6) - (9) sind *partielle, lineare, gekoppelte Differentialgleichungen erster Ordnung.* Es gilt also wegen der Linearität das *Superpositionsprinzip.* Damit sind die Interferenzerscheinungen elektromagnetischer Wellen, insbesondere auch die des Lichtes als spezielle elektromagnetische Wellen, sichergestellt.
Wir haben die Maxwell-Gleichungen (6) - (10) einschließlich der Verknüpfungsbeziehung (13) und (14) Aus empirischen Beobachtungen Schritt für Schritt erschlossen: Gleichung (6) folgte z.B. aus der Coulombschen Wechselwirkung der Ladungen, Gleichung (7) aus dem Faraday'schen Induktionsgesetz, Gleichung (8) aus der Tatsache, daß es keine magnetischen Monopolladungen gibt. Gleichung (9) stellt ohne den Verschiebungsstrom das 2.Ampèresche Gesetz dar, welches widerum dem Biot-Savart-Gesetz äquivalent ist. Die Ladungserhaltung steht in der Beziehung

(10a) und das 1. Ampèresche Gesetz (die Lorentzkraft !) ist in (10b) festgehalten. Wir haben uns also sukzessive an den Experimenten orientiert, um schließlich die Grundgleichungen der Elektrodynamik , die Maxwellgleichungen, durch Intuition und forschenden Scharfsinn aufzuspüren. Auch Neues, Unerwartetes - wie den Verschiebungsstrom - haben wir dabei gefunden. Er war bisher in den experimentellen Erscheinungen, die uns leiteten, nicht enthalten.
Wir akzeptieren nun die Maxwell-Gleichungen als grundlegend; stellen sie gewissermaßen als Axiome an die Spitze und deduzieren von nun an alles Weitere aus diesen fundamentalen Beziehungen. Durch den Erfolg dieser Deduktionen prüfen wir weiterhin diese Grundgleichungen.
In der Mechanik war alles viel einfacher: Dort war das Newton'sche Kraftgesetz $\dot{\vec{p}} = \vec{F}$ recht schnell erfaßbar; wir konnten es alsbald an die Spitze unserer Theorie stellen. Die elektrodynamischen Grundgleichungen (Maxwellgleichungen) sind viel komplizierter. Daher war der Weg mühsamer.

13.1 Aufgabe: Das Ohmsche Gesetz

Es soll gezeigt werden, daß aus dem Ohmschen Gesetz in seiner differentiellen Form

$$\vec{j} = \sigma \vec{E}$$

unter bestimmten Voraussetzungen die bekannte integrale Form

$$\phi_{12} = I R_{12}$$

hergeleitet werden kann. Die Proportionalitätskonstante σ ist die *Leitfähigkeit* des Materials, ϕ_{12} ist die Spannungsdifferenz zwischen zwei Leiterpunkten R_{12} der entsprechende Widerstand und I die Stromstärke.

Lösung:

Dazu müssen wir uns auf zeitlich konstante Felder $\vec{E}$ und homogene Ladungsverteilungen ρ beschränken, so daß wir es mit stationären Stromverteilungen zu tun haben. Betrachten wir nun einen zylindrischen Leiter zwischen zwei Schnittflächen F_1 und F_2, die jeweils auf einem Potential $\phi(F_1)$ bzw. $\phi(F_2)$ liegen sollen (Äquipotentialflächen).

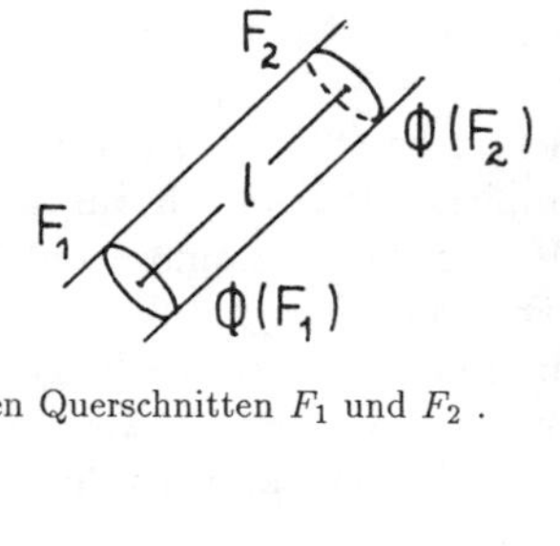

Drahtleiter mit den Querschnitten F_1 und F_2 .

In diesem Fall wird die elektrische Spannung ϕ_{12} zwischen den beiden Flächen :

$$\begin{aligned}\phi_{12} &= \phi(F_1) - \phi(F_2) = -\int_{\phi_1}^{\phi_2} d\phi = -\int_1^2 (\vec{\nabla}\phi \cdot \vec{ds}) \\ &= \int_1^2 \vec{E} \cdot \vec{ds} = \int_1^2 \frac{1}{\sigma}(\vec{j} \cdot \vec{ds}) = I \int_1^2 \frac{ds}{\sigma F} .\end{aligned}$$

Also lautet die integrale Form des Ohmschen Gesetzes für die Spannung

$$V = \phi_{12} = IR_{12}$$

mit $R_{12} = \int_1^2 \frac{ds}{\sigma F}$ als Ohmscher Widerstand. Er hängt wegen des spezifischen Widerstandes $1/\sigma$ von der Materialbeschaffenheit und wegen s und F von den räumlichen Dimensionen des Leiters ab. Für einen zylindrischen Leiter aus homogener Substanz, der die Länge l und den konstanten Querschnitt F hat, folgt als Ohmscher Widerstand:

$$R_{12} = \int_1^2 \frac{ds}{\sigma F} = \frac{l}{\sigma F} .$$

Der Energiesatz der Elektrodynamik - Der Poyntingvektor:

Der *Poyntingsche Satz* [4] stellt den Energiesatz der Elektrodynamik dar; er läßt sich mit Hilfe der Maxwellschen Gleichungen herleiten.
Zu diesem Zwecke multiplizieren wir Gleichung (7) skalar mit $-\vec{H}$, Gleichung (9) mit $\vec{E}$ und addieren beide Gleichungen. So erhalten wir

$$\vec{E} \cdot \text{rot}\vec{H} - \vec{H} \cdot \text{rot}\vec{E} = \frac{4\pi}{c}\vec{j} \cdot \vec{E} + \frac{1}{c}\left(\vec{E} \cdot \frac{\partial \vec{D}}{\partial t} + \vec{H} \cdot \frac{\partial B}{\partial t}\right) \tag{18}$$

Mit der Identität

$$-\vec{E} \cdot \text{rot}\vec{H} + \vec{H} \cdot \text{rot}\vec{E} = \text{div}(\vec{E} \times \vec{H})$$

läßt sich die Gleichung (15) umschreiben in

$$-\text{div}(\vec{E} \times \vec{H}) = \frac{4\pi}{c}\vec{j} \cdot \vec{E} + \frac{1}{c}\left(\vec{E} \cdot \frac{\partial \vec{D}}{\partial t} + \vec{H} \cdot \frac{\partial \vec{B}}{\partial t}\right) .$$

Multiplizieren wir diese Gleichungen mit $-\frac{c}{4\pi}$, so läßt sie sich auf die Form

$$\frac{c}{4\pi}\text{div}(\vec{E} \times \vec{H}) + \vec{j} \cdot \vec{E} = -\frac{1}{4\pi}\left(\vec{E} \cdot \frac{\partial \vec{D}}{\partial t} + \vec{H} \cdot \frac{\partial \vec{B}}{\partial t}\right) \tag{19}$$

[4] Benannt nach dem englischen Physiker John Henry Poynting, geb. in Monton bei Manchester am 9.9.1852, gestorben am 30.3.1914 in Birmingham. Seit 1880 war er Professor am Mason College und an der Universität Birmingham. Von grundlegender Bedeutung für die Elektrodynamik wurde seine Untersuchung über den elektrodynamischen Energiestrom.

bringen. Es gilt nun die verschiedenen Terme zu deuten. Wir erkennen zunächst auf Grund unserer Erfahrungen z.B. in der Elektrostatik (siehe Gleichung 7.3) folgendes: Bei der rechten Seite der Gleichung (19) handelt es sich um die zeitliche Ableitung der gesammten Energiedichte pro Zeit des elektromagnetischen Feldes:

$$-\frac{\partial}{\partial t}(w_{\text{el}} + w_{\text{m}}) = -\frac{1}{4\pi}\left(\vec{E} \cdot \frac{\partial \vec{D}}{\partial t} + \vec{H} \cdot \frac{\partial \vec{B}}{\partial t}\right). \tag{20a}$$

Dies sehen wir, indem wir die Energiedichte des magnetischen Feldes

$$w_{\text{el}} = \frac{1}{4\pi}\int_0^{\vec{D}} \vec{E} \cdot d\vec{D} = \frac{1}{8\pi} \cdot \frac{\vec{D}^2}{\epsilon} = \frac{\epsilon}{8\pi} \cdot \vec{E}^2 = \frac{1}{8\pi}\vec{E} \cdot \vec{D} \tag{20b}$$

und die Energiedichte des magnetischen Feldes

$$w_{\text{m}} = \frac{1}{4\pi}\int_0^{\vec{B}} \vec{H} \cdot d\vec{B} = \frac{1}{8\pi}\vec{H} \cdot \vec{B} \tag{20c}$$

einführen, diese Beziehung für $w_{\text{el}}, w_{\text{m}}$ in Gleichung (20a) einsetzen und die partielle Differentation nach der Zeit ausführen. Dabei haben wir vorausgesetzt, daß $\vec{D} = \epsilon\vec{E}$ und $\vec{B} = \mu\vec{H}$ gilt und somit auch

$$\frac{\partial \vec{E}}{\partial t} \cdot \vec{D} = \frac{\partial \vec{D}}{\partial t} \cdot \vec{E} \quad \text{und} \quad \frac{\partial \vec{H}}{\partial t} \cdot \vec{B} = \frac{\partial \vec{B}}{\partial t} \cdot \vec{H}\,.$$

In der Tat, die Beziehungen (20) als Energiedichten für elektrische und magnetische Felder sind uns in speziellen Fällen in der Elektrostatik bzw. Magnetostatik schon begegnet. Jetzt folgen die Ausdrücke (20) aus den Grundgleichungen. Sie gelten also in der ersten Form (20a) allgemein. Dann können wir Gleichung (19) in der ersten Form

$$\frac{c}{4\pi}\text{div}(\vec{E} \times \vec{H}) + \vec{j} \cdot \vec{E} = -\frac{\partial}{\partial t}(w_{\text{el}} + w_{\text{m}}) \tag{21a}$$

schreiben. Gleichung (21a) gibt uns Aufschluß über den Verbleib der Energie bei einer zeitlichen Abnahme der gesamten Energiedichte des elektromagnetischen Feldes. Der Term $\vec{j} \cdot \vec{E}$ stellt die *vom Feld an der elektrischen Stromdichte geleistete Arbeit* dar. Die auf diese Weise in den Strom hineingesteckte Energie findet sich in der *pro Sekunde im Volumenelement erzeugten Joulschen Wärme* wieder ; es handelt sich um die thermische Leistung des Feldes. Z.B. gilt für den Ohmschen Draht entsprechend Aufgabe 13.1 :

$$\int \vec{j} \cdot \vec{E} dV = \int \sigma E^2 \int F \cdot dl = \sigma E^2 F \cdot l = \frac{\sigma V^2 F l}{l^2} = V^2/R = I^2 R.$$

Das ist die *Ohmsche Leistung eines Widerstandes.* Daneben tritt als weitere Ursache für die Energieabnahme des Feldes die Divergenz des Vektors

$$\vec{S} = \frac{c}{4\pi}(\vec{E} \times \vec{H}) \tag{21b}$$

auf, der als „*Poyntingvektor*" bezeichnet wird. Er gibt die Stärke der Energieströmung pro Zeiteinheit durch eine Einheitsfläche senkrecht zur Strömungsrichtung an. Streng genommen hat aber nur das über eine geschlossene Fläche erstreckte Oberflächenintegral

$$\oint_0 \vec{S} \cdot \vec{n} dF$$

eine physikalische Bedeutung. Wir erkennen dies, indem wir die Gleichung (20a) über ein beliebiges Volumen integrieren und dabei den Gaußschen Satz anwenden:

$$-\frac{d}{dt}\int_V (w_{\text{el}} + w_{\text{m}})dV = \int_V \vec{j} \cdot \vec{E} dV + \oint_0 \vec{S} \cdot \vec{n} dF$$

Diese Gleichung stellt den *Energiesatz der Elektrodynamik* dar *(Poyntingscher Satz)*; der Term $\vec{S} \cdot \vec{n}$ gibt den Energiestrom an, der pro Sekunde durch das Flächenelement dF in Richtung seiner äußeren Normale $\vec{n}$ hindurchtritt. Wie wir später in Gleichung (15.30) sehen werden, zeigt bei einer ebenen elektromagnetischen Welle der Poyntingsche Strahlungsvektor die Ausbreitungsrichtung der Energie an. Die Größe $\vec{S}/c^2$ stellt die durch eine fortschreitende elektromagnetische Welle übertragene Impulsdichte dar, die sich an den materiellen Grenzflächen als Strahlungsdruck äußert (diese Ergebnisse werden im folgenden Abschnitt hergeleitet).

Der Maxwellsche Spannungstensor - Die Erhaltung des linearen Impulses im elektromagnetischen Feld .

Der Poyntingsche Satz in der Form

$$-\frac{d}{dt}\int_V (w_{\text{el}} + w_{\text{m}})dV = \int_V \vec{j} \cdot \vec{E} dV + \oint_0 \vec{S} \cdot \vec{n} dF$$

gibt uns die Möglichkeit, den Impuls des elektromagnetischen Feldes herzuleiten. Die durch das elektrische Feld $\vec{E}$ pro Volumen und Zeiteinheit verrichtete Arbeit $\vec{j} \cdot \vec{E}$ bedeutet eine Umwandlung von elektromagnetischer Energie in mechanische Energie oder in Wärmeenergie :

$$\int \vec{j} \cdot \vec{E} dV = \frac{d}{dt} E_{\text{mech}} \cdot$$

Dabei ist E_{mech} die gesamte mechanische Energie der Teilchen innerhalb des Volumens V. Die Energieerhaltung im abgeschlossenen System läßt sich dann als

$$\frac{dE}{dt} = \frac{d}{dt}(E_{\text{mech}} + E_{\text{Feld}}) = -\oint_0 \vec{S} \cdot \vec{n} dF$$

darstellen. E_{Feld} ist hierbei die gesamte Feldenergie pro Volumen. Sie ist durch die Gleichung

$$E_{\text{Feld}} = \frac{1}{8\pi} \int_V (\vec{E} \cdot \vec{D} + \vec{B} \cdot \vec{H}) dV$$

gegeben.

Der Impulssatz in der Elektrodynamik : Nachdem wir im Poyntingschen Satz eine Formulierung für die Erhaltung der Energie im elektromagnetischen Feld gefunden haben, wollen wir einen entsprechenden Erhaltungssatz für den linearen Impuls aufstellen. Dazu betrachten wir den Fall, daß sich im ganzen Raum außer dem elektromagnetischen Feld sich bewegende Ladung befindet. Die Gesamtkraft auf diese Ladung ergibt sich aus der Lorentz-Kraftdichte

$$\vec{f} = \rho \vec{E} + \frac{\vec{j}}{c} \times \vec{B}$$

durch Volumenintegration :

$$\vec{F} = \frac{d}{dt} \vec{P}_{\text{mech}} = \int_V \vec{f}(\vec{r}) dV = \int_V (\rho \vec{E} + \frac{\vec{j}}{c} \times \vec{B}) dV , \tag{22}$$

wobei $\vec{P}_{\text{mech}}$ den mechanischen (linearen) Gesamtimpuls der Teilchen bedeutet. Die große Bedeutung von Gleichung (22) besteht darin, daß sie die *Elektrodynamik mit der Mechanik verknüpft.* Sie ist als mechanische Ergänzungsgleichung zu den Maxwell-Gleichungen anzusehen.

Wir drücken nun $\vec{j}$ und ρ mithilfe der Maxwell-Gleichungen (6) und (9) durch die Felder aus. Das ergibt

$$\vec{\nabla} \cdot \vec{D} = 4\pi\rho \quad \Rightarrow \quad \rho = \frac{1}{4\pi} \vec{\nabla} \cdot \vec{D} ,$$

$$\vec{\nabla} \times \vec{H} = \frac{4\pi}{c} \vec{j} + \frac{1}{c} \frac{\partial \vec{D}}{\partial t} \quad \Rightarrow \quad \vec{j} = \frac{c}{4\pi} \left(\vec{\nabla} \times \vec{H} - \frac{1}{c} \frac{\partial \vec{D}}{\partial t} \right) .$$

Damit geht Gleichung (19) über in

$$\frac{d}{dt} \vec{P}_{\text{mech}} = \frac{1}{4\pi} \int_V (\vec{E}(\vec{\nabla} \cdot \vec{D}) + (\vec{\nabla} \times \vec{H}) \times \vec{B} - \frac{1}{c} \frac{\partial \vec{D}}{\partial t} \times \vec{B}) dV .$$

Addieren wir noch die Terme $(\vec{\nabla} \cdot \vec{B})\vec{H} = 0$ (Maxwellgleichung (8): $\text{div}\vec{B}=0$) und benutzen die Beziehung:

$$\frac{\partial \vec{D}}{\partial t} \times \vec{B} = \frac{\partial}{\partial t} (\vec{D} \times \vec{B}) - \vec{D} \times \frac{\partial \vec{B}}{\partial t} ,$$

so geht die Gleichung weiter über in

$$\frac{d}{dt} \vec{P}_{\text{mech}} = \frac{1}{4\pi} \int_V \Big((\vec{\nabla} \cdot \vec{D}) \vec{E} + (\vec{\nabla} \cdot \vec{B}) \vec{H} + (\vec{\nabla} \times \vec{H}) \times \vec{B}$$

$$-\frac{1}{c}\frac{\partial}{\partial t}(\vec{D}\times\vec{B})+\frac{1}{c}\vec{D}\times\frac{\partial\vec{B}}{\partial t}\Bigg)\,dV. \tag{23}$$

Setzen wir noch die Maxwell-Gleichung (7), $\vec{\nabla}\times\vec{E}=-\frac{1}{c}\frac{\partial\vec{B}}{\partial t}$, in Gleichung (20) ein, so erhalten wir

$$\frac{d}{dt}\vec{P}_{\text{mech}}=\frac{1}{4\pi}\int_V\Big((\vec{\nabla}\cdot\vec{D})\vec{E}+(\vec{\nabla}\cdot\vec{B})\vec{H}+(\vec{\nabla}\times\vec{H})\times\vec{B}$$

$$-\frac{1}{c}\frac{\partial}{\partial t}(\vec{D}\times\vec{B})-\vec{D}\times(\vec{\nabla}\times\vec{E})\Big)\,dV\;, \tag{24}$$

bzw., wenn wir den Term

$$-\frac{1}{c}\frac{\partial}{\partial t}(\vec{D}\times\vec{B})$$

unter dem Integral auf die andere Seite bringen:

$$\frac{d}{dt}\vec{P}_{\text{mech}}+\frac{d}{dt}\left(\frac{1}{4\pi c}\int_V(\vec{D}\times\vec{B})dV\right)=$$

$$=\frac{1}{4\pi}\int_V((\vec{\nabla}\cdot\vec{D})\vec{E}+(\vec{\nabla}\cdot\vec{B})\vec{H}+(\vec{\nabla}\times\vec{H})\times\vec{B}+(\vec{\nabla}\times\vec{E})\times\vec{D})dV\;. \tag{25}$$

Zur Vereinfachung der weiteren Rechnungen betrachten wir das elektromagnetische Feld im Vakuum mit $\epsilon=\mu=1$, d.h. es gilt $\vec{E}=\vec{D}$ und $\vec{B}=\vec{H}$. Dann lautet (25):

$$\frac{d}{dt}\left(\vec{P}_{\text{mech}}+\frac{1}{4\pi c}\int_V(\vec{E}\times\vec{B}dV\right)$$
$$=\;\frac{1}{4\pi}\int_V((\vec{\nabla}\cdot\vec{E})\vec{E}+(\vec{\nabla}\cdot\vec{B})\vec{B}+(\vec{\nabla}\times\vec{B})\times\vec{B}+(\vec{\nabla}\times\vec{E})\times\vec{E})dV\;. \tag{26a}$$

Das Volumenintegral auf der linken Seite von Gleichung (26a) kann als der elektromagnetische Feldimpuls im Volumen V interpretiert werden. Dabei ist der Ausdruck

$$\frac{1}{4\pi c}\vec{E}\times\vec{B}=\frac{\vec{S}}{c^2} \tag{26b}$$

als die räumliche Dichte des Feldimpulses $\vec{P}_{\text{Feld}}$ anzusehen. Sie ist der Dichte des Energieflusses, dem Poyntingvektor $\vec{S}$, mit dem Faktor $1/c^2$ proportional:

$$\frac{1}{4\pi c}\int_V(\vec{E}\times\vec{B})dV=\vec{P}_{\text{Feld}}=\frac{1}{c^2}\int_V\vec{S}dV\;.$$

Die Gleichung (26a) wird durch Einsetzen von $\vec{P}_{\text{Feld}}$ zu:

$$\frac{d}{dt}(\vec{P}_{\text{mech}}+\vec{P}_{\text{Feld}})=\frac{1}{4\pi}\int_V[(\vec{\nabla}\cdot\vec{E})\vec{E}+(\vec{\nabla}\cdot\vec{B})\vec{B}+$$

$$+(\vec{\nabla}\times\vec{E})\times\vec{E}+(\vec{\nabla}\times\vec{B})\times\vec{B}]dV\,. \tag{27}$$

Der Integrand von Gleichung (27) läßt sich als Divergenz eines Tensors, des *Maxwellschen Spannungstensors* ausdrücken.
Um dieses zu zeigen, benutzen wir für die Darstellung von Divergenz und Rotation die *Einsteinsche Summenkonvention*, wonach automatisch über doppelte, gleiche Indizes summiert wird. Das Summenzeichen wird dann unterdrückt. Es gilt dann z.B. in kartesischen Koordinaten:

$$\begin{aligned}
\mathrm{div}\vec{\mathrm{F}}=\vec{\mathrm{e}}_{\mathrm{i}}\frac{\partial}{\partial \mathrm{x_i}}\cdot\vec{\mathrm{F}} &= \vec{e}_i\cdot\vec{e}_j\frac{\partial F_j}{\partial x_i}\,,\\
\mathrm{rot}\vec{\mathrm{F}}=\vec{\mathrm{e}}_{\mathrm{i}}\frac{\partial}{\partial \mathrm{x_i}}\times\vec{\mathrm{F}} &= \vec{e}_i\times\vec{e}_j\frac{\partial F_j}{\partial x_i}\,,
\end{aligned}$$

wobei $\vec{F}$ irgendein differenzierbares Vektorfeld bedeutet. Wir formen nun den $\vec{E}$-Feld-abhänigen Teil des Integranden von Gleichung (27) um:

$$\begin{aligned}
& (\vec{\nabla}\cdot\vec{E})\vec{E}+(\vec{\nabla}\times\vec{E})\times\vec{E} \qquad ; \qquad (i,j,k=1,2,3)\\
= & \left(\vec{e}_i\cdot\vec{e}_j\frac{\partial E_j}{\partial x_i}\right)E_k\vec{e}_k+\left(\vec{e}_i\times\vec{e}_j\frac{\partial E_j}{\partial x_i}\right)\times E_k\vec{e}_k\\
= & \left(\delta_{ij}\frac{\partial E_j}{\partial x_i}\right)E_k\vec{e}_k+(\vec{e}_i\cdot\vec{e}_kE_k)\frac{\partial E_j}{\partial x_i}\vec{e}_j-\left(\frac{\partial E_j}{\partial x_i}\vec{e}_j\cdot\vec{e}_kE_k\right)\vec{e}_i\,,
\end{aligned}$$

und schreiben weiter:

$$\begin{aligned}
(\vec{\nabla}\cdot\vec{E})\vec{E}+(\vec{\nabla}\times\vec{E})\times\vec{E} &= \left(\frac{\partial E_i}{\partial x_i}\right)E_k\vec{e}_k+\delta_{ik}E_k\frac{\partial E_j}{\partial x_i}\vec{e}_j-\left(E_k\frac{\partial E_j}{\partial x_i}\delta_{jk}\right)\vec{e}_i\\
&= \left(\frac{\partial E_i}{\partial x_i}\right)E_k\vec{e}_k+E_i\left(\frac{\partial E_j}{\partial x_i}\right)\vec{e}_j-E_j\left(\frac{\partial E_j}{\partial x_i}\right)\vec{e}_i\\
&= \left(E_i\left(\frac{\partial E_j}{\partial x_j}\right)+E_j\left(\frac{\partial E_i}{\partial x_j}\right)-E_j\left(\frac{\partial E_j}{\partial x_i}\right)\right)\vec{e}_i\,,
\end{aligned}$$

denn wir können wegen der Summation über alle Indizes die Indizes in den einzelnen Termen umbenennen; es gilt z.B.

$$E_j\left(\frac{\partial E_i}{\partial x_i}\right)\vec{e}_j=E_i\left(\frac{\partial E_j}{\partial x_j}\right)\vec{e}_i\,.$$

Wir betrachten im folgenden nur die i-te Komponente unseres Ausdruckes, mit der wir eine weitere Umformung vornehmen können, nämlich

$$\begin{aligned}
& [(\vec{\nabla}\cdot\vec{E})\vec{E}+(\vec{\nabla}\times\vec{E})\times\vec{E}]_i\\
= & E_i\left(\frac{\partial E_j}{\partial x_j}\right)+E_j\left(\frac{\partial E_i}{\partial x_j}\right)-E_j\left(\frac{\partial E_j}{\partial x_i}\right)\\
= & \frac{\partial}{\partial x_j}(E_jE_i)-\frac{1}{2}\frac{\partial}{\partial x_i}(E_jE_j)=\frac{\partial}{\partial x_j}\left(E_jE_i-\frac{1}{2}\delta_{ij}(E_kE_k)\right)\,.
\end{aligned}$$

Ein völlig analoges Ergebnis bekommen wir für den nur von $\vec{B}$ abhänigen Teil des Integranden von Gleichung (27) :

$$[(\vec{\nabla} \cdot \vec{B})\vec{B} + (\vec{\nabla} \times \vec{B}) \times \vec{B}]_i = \frac{\partial}{\partial x_j}\Big(B_j B_i - \frac{1}{2}\delta_{ij}(B_k B_k)\Big) . \qquad (28)$$

Mit diesen Beziehungen können wir den Integranden der Gleichung (27) als Divergenz eines Tensors ausdrücken :

$$\frac{d}{dt}(\vec{P}_{\text{mech}} + \vec{P}_{\text{Feld}})_i = \frac{1}{4\pi}\int_V \frac{\partial}{\partial x_j}\Big(E_i E_j + B_i B_j - \frac{1}{2}\delta_{ij}(E_k E_k + B_k B_k) dV\Big) . \qquad (29)$$

Dabei handelt es sich um die Divergenz $\left(\frac{\partial}{\partial x_j}\right)$ des *Maxwellschen Spannungstensors* mit den Komponenten:

$$T_{ij} = \frac{1}{4\pi}\Big(E_i E_j + B_i B_j - \frac{1}{2}\delta_{ij}(E_k E_k + B_k B_k)\Big) \quad (i, j, k = 1, 2, 3). \qquad (30)$$

Der Maxwellsche Spannungstensor ist offensichtlich ein symetrischer Tensor, d.h. $T_{ij} = T_{ji}$. Wir schreiben ihn in Matrixform und benutzen als Indizes die Komponenten x,y,z. Das ergibt

$$4\pi(T_{ij}) = 4\pi \begin{pmatrix} T_{xx} & T_{xy} & T_{xz} \\ T_{yx} & T_{yy} & T_{yz} \\ T_{zx} & T_{zy} & T_{zz} \end{pmatrix}$$

$$= \begin{pmatrix} {E_x}^2 + {B_x}^2 - W & E_x E_y + B_x B_y & E_x E_z + B_x B_z \\ E_x E_y + B_x B_y & {E_y}^2 + {B_y}^2 - W & E_y E_z + B_y B_z \\ E_x E_z + B_x B_z & E_y E_z + B_y B_z & {E_z}^2 + {B_z}^2 - W \end{pmatrix} \qquad (31)$$

mit

$$W = \frac{1}{2}((\vec{E} \cdot \vec{E}) + (\vec{B} \cdot \vec{B})) = \frac{1}{2}((E^2{}_x + E^2{}_y + E^2{}_z) + (B^2{}_x + B^2{}_y + B^2{}_z)) . \qquad (32)$$

Betrachten wir das elektromagnetische Feld im materieerfüllten Raum, so können wir auf analoge Art und Weise statt aus Gleichung (27) aus Gleichung (26a) die Komponente des Maxwellschen Spannungstensors gewinnen:

$$4\pi(T'_{ij}) = \begin{pmatrix} H_x B_x + D_x E_x - W' & H_x B_y + D_x E_y & H_x B_z + D_x E_z \\ H_x B_y + D_x E_y & H_y B_y + D_y E_y - W' & H_y B_z + D_y D_z \\ H_x B_z + D_x E_z & H_y B_z + D_y D_z & H_z B_z + D_z E_z - W' \end{pmatrix} \qquad (33)$$

$$\begin{aligned} W' &= \frac{1}{2}((\vec{E} \cdot \vec{D}) + (\vec{B} \cdot \vec{H})) \\ &= \frac{1}{2}((E_x D_x + E_y D_y + E_z D_z) + (B_x H_x + B_y H_y + B_z H_z)) . \end{aligned} \qquad (34)$$

Die Spur des Maxwellschen Spannungstensors hat den Wert

$$Sp(T'_{ij}) = T'_{ii} = -\frac{1}{4\pi}W' = -\frac{1}{8\pi}(\vec{E}\cdot\vec{D} + \vec{B}\cdot\vec{H}) = -(w_{\text{el}} + w_{\text{m}}) \,. \tag{35}$$

Die Impulsgleichung (23) können wir mit Hilfe des Maxwellschen Spannungstensors schreiben als:

$$\frac{d}{dt}(\vec{P}_{\text{mech}} + \vec{P}_{\text{Feld}})_i = \int_V \frac{\partial}{\partial x_j} T_{ij} dV \,. \tag{36}$$

Über den Gaußschen Satz wird das Volumenintegral formal in ein Flächenintegral umgeschrieben, so daß

$$\int_V \frac{\partial}{\partial x_j} T_{ij} dV = \oint_0 T_{ij} n_j dF \,. \tag{37}$$

wobei n_j die j-te Komponente des Normaleneinheitsvektors (Richtungskosinus) bedeutet, der auf der Fläche dF senkrecht steht. Die Gültigkeit von (37) ist sofort durch die Bemerkung einzusehen, daß $\{T_{i1}, T_{i2}, T_{i3}\}$ die Komponenten des i-ten Zeilenvektors des Maxwellschen Tensors darstellen; Gleichung (37) also nichts anderes als der übliche Gaußsche Satz für den i-ten Zeilenvektor ist. Mit dieser Umformung erhalten wir als *Erhaltungssatz des linearen Impulses* :

$$\frac{d}{dt}(\vec{P}_{\text{mech}} + \vec{P}_{\text{Feld}})_i - \oint_F T_{ij} n_j dF = 0 \tag{38}$$

(jeweils für die i-te Komponente). Liegt die Fläche in einem vom Feld abgeschirmten Gebiet oder im Unendlichen, so verschwindet das Oberflächenintegral. Wir lernen aus (38), daß dann nicht der mechanische Impuls allein, sondern nur der *Gesamtimpuls = mechanischer Impuls plus Feldimpuls* erhalten bleibt. Es ist klar, daß im allgemeinen die Größe $-T_{ij}n_j$ nicht verschwindet. Sie repräsentiert offensichtlich die i-te Komponente des Impuls*flusses* durch die Einheitsfläche. Wir betonen Impuls*fluß* , d.h. Impuls pro Sekunde durch die Flächeneinheit: Also eine zeitliche Änderung des Impulses pro Flächeneinheit. Dann läßt sich der Ausdruck $-T_{ij}n_j\Delta F$ als die i-te Komponente einer Kraft

$$\Delta K_i = -T_{ij} n_j \Delta F \tag{39}$$

auf das Flächenelement verstehen. Wird die Strahlung z.B. an dem geschwärzten Flächenelement $\Delta\vec{F} = \Delta F\vec{n}$ absorbiert, so wird von der Strahlung auf die Fläche ΔF die Kraft

$$\Delta\vec{K}\cdot\vec{n} = K_i n_i = -T_{ij} n_i n_j \Delta F$$

ausgeübt. Nach Gleichung (38) ist das Gesamtsystem, bestehend aus mechanischen Kräften, Feldkräften und Kräften, die das Feld auf seine Berandung ausübt, im Gleichgewicht; wie es sein muß. Bilden wir die Kraft pro Flächeneinheit, so haben wir es offensichtlich mit einem Druck, dem *Strahlungsdruck*

$$p_{\text{Strahl}} = \frac{\Delta\vec{K}\cdot\vec{n}}{\Delta F} = -T_{ij} n_i n_j \tag{40}$$

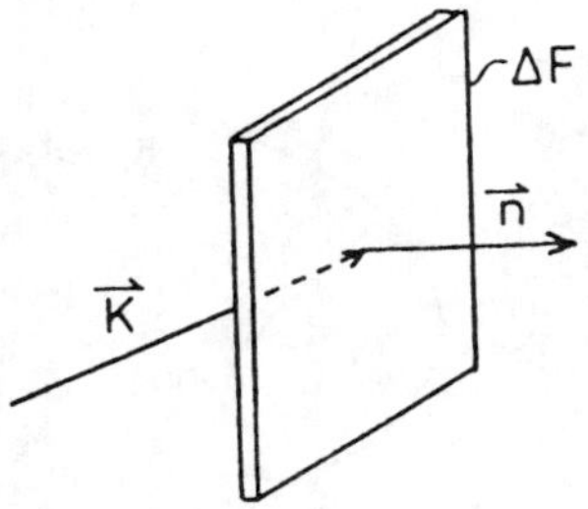

Die Kraft, die die Strahlung auf das Flächenelement $d\vec{F} = dF\vec{n}$ ausübt ist $\vec{K} = \{K_i\}$, wobei $K_i = -T_{ij}n_j\Delta F$.

zu tun.

Das bedeutet: Durch elektromagnetische Srahlung wird neben Energie auch Impuls von der Strahlungsquelle auf einen Absorber übertragen. Auf dem Absorber kann dann die zeitliche Änderung dieses Impulses pro Flächeneinheit gemessen werden. Zum Nachweis des Strahlungsdruckes benutzten *Lebedev* und *Hull* eine Drehwaage. Die an den Balkenenden angebrachten Metallplätchen wurden im Takte der Eigenschwingung abwechselnd belichtet und durch Resonanz gut beobachtbare Ausschläge erhalten.
Im Innern der Sterne nimmt der Strahlungsdruck außerordentlich hohe Werte an. Bei den dort herrschenden Temperaturen von vielen Millionen Grad ist der Impulsstrom ganz beachtlich. Einer der augenfälligsten Effekte des Strahlungsdruckes wird bei der Beobachtung der Kometen gefunden: Die Kometenschweife sind immer von der Sonne weggerichtet (Figur). Weil das Kometengas sehr dünn ist und weil die Strahlung relativ lange Zeit auf den Kometen einwirken kann, ist der Strahlungsdruck von der Sonne her ausreichend um die Schweife zu verursachen und sie auszurichten. [5]

13.2 Aufgabe: Energietransport im Leitungsdraht

Die Bedeutung des Poyntingvektors soll dieses Beispiel für den Energietransport in einem Draht mit dem Radius a, der von einem Gleichstrom I durchflossen wird, verdeutlichen. Berechnen Sie Joulsche Wärme und Poyntingschen Energiefluß.

Lösung:

[5] Die Struktur der Kometen wird sehr schön am Beispiel des Halley'schen Kometen diskutiert in: H. Balsiger, H. Fechtig und J. Geiss, Scientfic American Sept.1988, Seite 62.

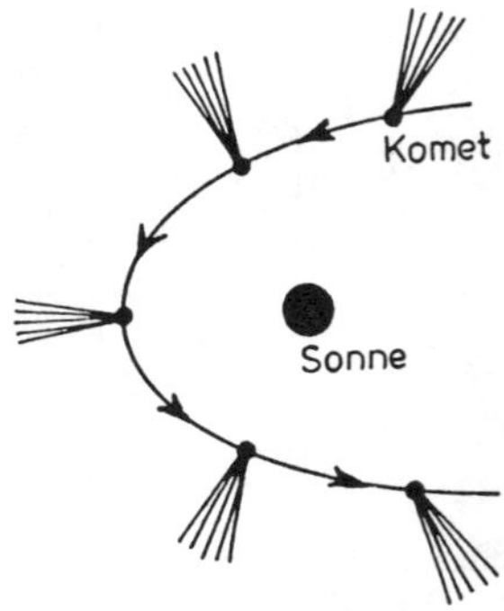

Der Kometenschweif ist immer von der Sonne weggerichtet.

In einem Draht entsteht insgesammt die Joulsche Wärme $IV = I^2R$. Pro Längeneinheit wird die Joulsche Wärme $\frac{I \cdot V}{l} = I \cdot E$ verbraucht. V = Spannung, R = Widerstand, l = Länge des Drahtes . Wie ist nun aber die Energie überhaupt

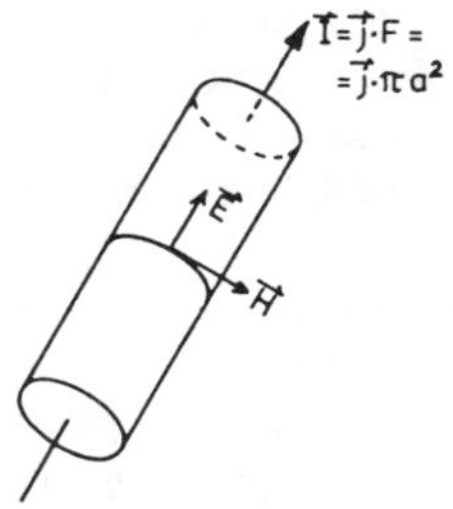

Leitungsdraht. Die Stromstärke I und die Feldstärke $\vec{E}$ und $\vec{B}$ sind verdeutlicht

erst an die Stelle l gelangt ? Die Antwort gibt der Poyntingvektor $\vec{S}$. In diesem Fall liegt nämlich $\vec{E}$ entlang der Drahtachse und $\vec{H} \perp \vec{E}$ schraubt sich um den Draht herum (vgl.Figur). $\vec{E} \times \vec{H}$ und damit $\vec{S} = \frac{c}{4\pi} \vec{E} \times \vec{H}$ ist daher an der Drahtoberfläche in den Draht hineingerichtet. Ferner ist $\left|\vec{S}\right| = S = \frac{c}{4\pi} E \cdot H = \frac{c}{4\pi} E \frac{2I}{a \cdot c} = \frac{EI}{2\pi a}$. Die Energieströmung in den Draht hinein pro Längeneinheit ist also

$$S \cdot 2\pi a \cdot 1 = EI$$

und damit quantitativ gleich der Wärmeentwicklung $E \cdot I$ pro Längeneinheit des Drahtes. An den Stellen, an denen die Energie verbraucht wird, fließt die Energie nicht durch Elektronentransport, sondern aus dem Feld in den Draht hinein, wobei die Dichte der Energieströmung durch den Poyntingvektor $\vec{S}$ gegeben ist. In der Tat, daß sie dorthin durch die Leitungselektronen im Draht transportiert wird, erscheint von vorneherein äußerst unwahrscheinlich, weil sich die Elektronen wegen ihrer großen Zahl auch bei den größten Stromdichten nur mit einer relativ kleinen mittleren Geschwindigkeit (einige cm/sec) durch den Draht hindurch bewegen. Entsprechend fließt z.B. bei einer Sendeantenne Energie aus dem Draht in das abstrahlende Feld.

13.3 Beispiel: Magnetische Feldenergie einer Spule

Aus den Maxwell-Gleichungen ergab sich die magnetische Feldenergiedichte als

$$U_{\text{magn}} = \frac{1}{4\pi} \int \vec{H} \cdot d\vec{B} \quad \text{oder} \quad dU_{\text{magn}} = \frac{1}{4\pi} \vec{H} \cdot d\vec{B} \, .$$

Dieses Ergebnis soll hier noch auf einem anderen Weg erreicht und somit geprüft und erläutert werden: Auf einen Stab vom Querschnitt q und der Länge l sei ein Draht mit n Windungen pro cm gleichmäßig aufgewickelt. Von einer Batterie mit der Spannung $V^{(e)}$ wird der Strom I unterhalten. Die Batterie leistet in der Zeit dt die Arbeit

$$dA = I \cdot V^{(e)} dt \, .$$

Die Leistung ist $\frac{dA}{dt} = IV^{(e)}$. Nach dem Induktionsgesetz gilt dann

$$IR = V^{(e)} - \frac{1}{c}\frac{d\phi}{dt} = V^{(e)} - \frac{1}{c} n \cdot l \cdot q \frac{dB}{dt} \, .$$

Das Magnetfeld in der Spule ist gegeben durch

$$H = \frac{4\pi}{c} nI \, .$$

Für die geleistete Arbeit folgt

$$dA = I \cdot V^{(e)} dt = I\left(I \cdot R + \frac{1}{c} nlq \frac{dB}{dt}\right) dt = I^2 R dt + \frac{ql}{4\pi} H dB \, .$$

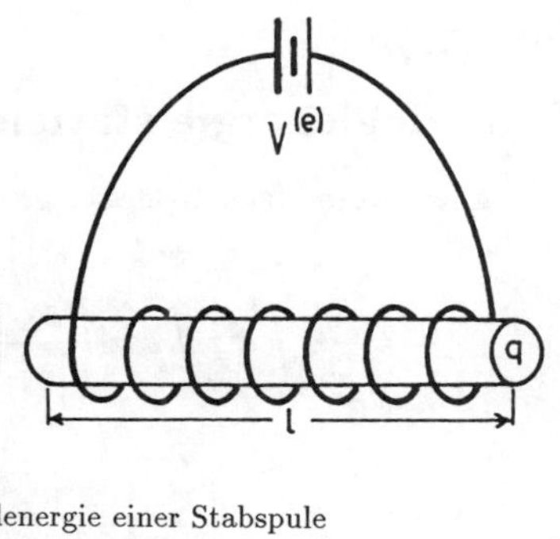

Zur Feldenergie einer Stabspule

Da $q \cdot l$ gleich dem Volumen der Stabspule ist, finden wir also neben der Joulschen Wärme $I^2 R$ einen der Volumeneinheit des Feldes zugeführten Energiebetrag $\frac{HdB}{4\pi}$.

Die Batterie speist also sowohl den Ohmschen Widerstand, als auch das Magnetfeld in der Spule.

13.4 Aufgabe: Kontinuitätsgleichung und Maxwell'sche Gleichungen

Leiten Sie aus den Maxwellschen Gleichungen die Kontinuitätsgleichung $\mathrm{div}\vec{\mathrm{j}} = -\frac{\partial\rho}{\partial\mathrm{t}}$ ab.

Lösung:

Die inhomogenen makroskopischen Maxwellgleichungen lauten

$$\vec{\nabla} \cdot \vec{D} = 4\pi\rho \,, \qquad \vec{\nabla} \times \vec{H} - \frac{1}{c}\frac{\partial \vec{D}}{\partial t} = \frac{4\pi}{c}\vec{j} \,.$$

Leiten wir die erste Gleichung nach t ab und bilden die Divergenz der zweiten, so folgt

$$\frac{\partial}{\partial t}\vec{\nabla} \cdot \vec{D} = 4\pi\frac{\partial}{\partial t}\rho \,, \quad c\vec{\nabla} \cdot (\vec{\nabla} \times \vec{H}) - \vec{\nabla} \cdot \frac{\partial}{\partial t}\vec{D} = 4\pi\vec{\nabla} \cdot \vec{j} \,.$$

Wegen der Vektoridentität $\vec{\nabla} \cdot (\vec{\nabla} \times \vec{A}) = 0$ liefert die Addition der beiden Gleichungen die Behauptung

$$\frac{\partial\rho}{\partial t} + \vec{\nabla} \cdot \vec{j} = 0 \,.$$

13.5 Aufgabe: Magnetfeldenergie stationärer Ströme

a) Zeigen Sie, daß die Energie des Magnetfeldes einer stationären Stromverteilung $\vec{j}(\vec{x})$ im Vakuum durch

$$W = \frac{1}{2c^2}\int d^3x \int d^3x' \frac{\vec{j}(\vec{x}) \cdot \vec{j}(\vec{x}')}{\left|\vec{x} - \vec{x}'\right|}$$

bestimmt ist.

b) Die Energie eines Systems von n stromdurchflossenen Leitern (Stomstärke I_i) läßt sich durch eine quadratische Form

$$W = \frac{1}{2}\sum_{i=1}^{n} L_i {I^2}_i + \sum_{i=1}^{n}\sum_{j>i}^{n} L_{ij} I_i I_j$$

beschreiben. Finden Sie die Ausdrücke für die Selbstinduktionskoeffizienten L_i und die Gegeninduktivitäten L_{ij} .

c) Berechnen Sie den in b) definierten Selbstinduktionskoeffizienten eines langen stromdurchflossenen Koaxialkabels. Der Innenleiter (Radius a) habe die Permeabilität μ_0 und der Zwischenraum sei mit einem Material der Permeabilität μ ausgefüllt.

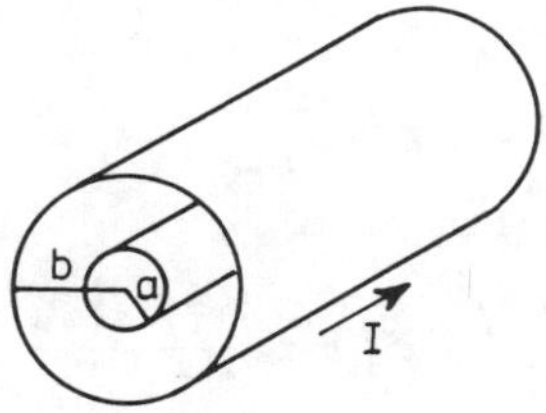

Koaxialkabel

Lösung:

a) Der Energieinhalt eines Volumens, das die elektrischen Felder $\vec{E}, \vec{D}$ enthält, ist

$$W_{\text{el}} = \frac{1}{8\pi} \int d^3x \vec{E}(\vec{x}) \cdot \vec{D}(\vec{x}) \,.$$

Ebenso gilt, wie in der Vorlesung gezeigt wurde, für ein magnetisches Feld $\vec{H}, \vec{B}$

$$W_{\text{mag}} = \frac{1}{8\pi} \int d^3x \vec{H}(\vec{x}) \cdot \vec{B}(\vec{x}) \,.$$

Unter Benutzung von $\vec{B} = \vec{\nabla} \times A$ und der Identität

$$\vec{\nabla} \cdot (\vec{H} \times \vec{A}) = \vec{A} \cdot (\vec{\nabla} \times \vec{H}) - \vec{H} \cdot (\vec{\nabla} \times \vec{A})$$

läßt sich das Integral umformen (wir nennen W_{mag} jetzt einfach W)

$$\begin{aligned} W &= \frac{1}{8\pi} \int d^3x \vec{H} \cdot \vec{B} = \frac{1}{8\pi} \int d^3x \vec{H} \cdot (\vec{\nabla} \times \vec{A}) \\ &= -\frac{1}{8\pi} \int d^3x \vec{\nabla} \cdot (\vec{H} \times \vec{A}) + \frac{1}{8\pi} \int d^3x \vec{A} \cdot (\vec{\nabla} \times \vec{H}) \,. \end{aligned}$$

Das erste Integral enthält eine Divergenz, läßt sich also nach Gauß zu einem Oberflächenintegral $\sim \int d\vec{F} \cdot (\vec{H} \times \vec{A})$ umformen. Wenn man das Volumen groß genug wählt, verschwindet dieser Beitrag. Mit $\vec{\nabla} \times \vec{H} = \frac{4\pi}{c} \vec{j}$ folgt

$$W = \frac{1}{2c} \int d^3x \vec{A}(\vec{x}) \cdot \vec{j}(\vec{x}) \,.$$

Andererseits erhält man aber das Vektorpotential $\vec{A}$ aus der Stromdichteverteilung mittels

$$\vec{A} = \frac{1}{c}\int d^3x' \frac{\vec{j}(\vec{x}')}{\left|\vec{x} - \vec{x}'\right|} .$$

Damit ist die behauptete Beziehung für die magnetische Feldenergie W hergeleitet:

$$W = \frac{1}{2c^2}\int d^3x \int d^3x' \frac{\vec{j}(\vec{x}) \cdot \vec{j}(\vec{x}')}{\left|\vec{x} - \vec{x}'\right|} .$$

b) Für ein System von n stromdurchflossenen Leitern ist

$$\vec{j}(\vec{x}) = \sum_{i=1}^{n} \vec{j}_i(\vec{x}) ,$$

was in die eben abgeleitete Formel eingesetzt

$$W = \frac{1}{2}\sum_{i=1}^{n} \frac{1}{c^2}\int d^3x \int d^3x' \frac{\vec{j}_i(\vec{x}) \cdot \vec{j}_i(\vec{x}')}{\left|\vec{x} - \vec{x}'\right|}$$

$$+\sum_{i=1}^{n}\sum_{j=i+1}^{n} \frac{1}{c^2}\int d^3x \int d^3x' \frac{\vec{j}_i(\vec{x}) \cdot \vec{j}_j(\vec{x}')}{\left|\vec{x} - \vec{x}'\right|}$$

ergibt. Wir nehmen nun an, daß die Stromdichte $\vec{j}_i(\vec{x})$, proportional zur Stromstärke I_i ist, daß also die räumliche Verteilung $1/I_i \cdot \vec{j}_i(\vec{x})$ bei der Änderung der Stromstärke für alle $\vec{x}$ konstant bleibt. Dies ist für dünne Leiter sicherlich richtig, da ja das Integral $\int d\vec{F}_i \frac{1}{I_i}\vec{j}_i(\vec{x}) = 1$ über einen Leiterquerschnitt auf jeden Fall konstant ist. Die magnetische Energie läßt sich daher schreiben als

$$W = \frac{1}{2}\sum_{i=1}^{n} L_i I_i^2 + \sum_{i=1}^{n}\sum_{j=i+1}^{n} L_{ij} I_i I_j ,$$

wobei

$$L_i = \frac{1}{c^2 I_i^2}\int d^3x d^3x' \, \frac{\vec{j}_i(\vec{x}) \cdot \vec{j}_i(\vec{x}')}{|\vec{x} - \vec{x}'|}$$

und

$$L_{ij} = \frac{1}{c^2 I_i I_j}\int d^3x d^3x' \, \frac{\vec{j}_i(\vec{x}) \cdot \vec{j}_j(\vec{x}')}{|\vec{x} - \vec{x}'|}$$

von den Stromstärken I_i unabhängig sind.

Für linienförmige Leiter läßt sich das zweite Doppelintegral vereinfachen. Wir können nämlich $d^3x\vec{j}_j$ durch $I_i d\vec{l}_i$ mit dem "Leiterlängenelement" $d\vec{l}_i$ ersetzen, wie man sich leicht an einem stromdurchflossenen Zylinder klar macht. Damit wird

$$L_{ij} = \frac{1}{c^2} \oint_{Leiter\,i} \oint_{Leiter\,j} \frac{d\vec{l}_i \cdot d\vec{l}_j}{|\vec{x} - \vec{x}'|} .$$

Die Integrationen erstrecken sich jeweils über die gesamte Leiterschleife. Eine ähnliche Darstellung für L_i ist für *linienförmige* Leiter nicht möglich, da die

Selbstinduktionskoeffizienten für linienförmige Leiter divergieren. Für kleine Abstände ρ vom Leiter ist $B, H \sim \frac{1}{\rho}$ und die magnetische Energie wird unendlich (vgl. dazu Kapitel IV.14).

c) Zur Berechnung der Selbstinduktivität L des Koaxialkabels (ein Leiter!) müssen wir den oben aufgeführten Ausdruck für die magnetische Energie auswerten.

Das Magnetfeld H ist auf den Innenbereich $r \leq b$ beschränkt, da der Gesamtstrom (Innenleiter und Außenleiter) durch das Kabel verschwindet. Aus $\oint \vec{H} \cdot d\vec{s} = \int \frac{4\pi}{c}\vec{j} \cdot d\vec{F}$ folgt:

$$\text{für } r \leq a: \qquad 2\pi r H = \frac{4\pi}{c} I \left(\frac{r}{a}\right)^2 \to H = \frac{2Ir}{ca^2},$$

$$\text{für } a \leq r \leq b: \quad 2\pi r H = \frac{4\pi}{c} I \to H = \frac{2I}{c}\frac{1}{r}.$$

Dann ist die Energie

$$\begin{aligned} W = & \frac{1}{8\pi}\int d^3x \vec{B} \cdot \vec{H} = \frac{1}{8\pi}\int_0^{2\pi} d\varphi \int_0^h dz \int_o^b B(r)H(r) r dr \\ = & \frac{1}{8\pi} 2\pi h \left[\int_0^a \mu_0 \left(\frac{2I}{c}\frac{r}{a^2}\right)^2 r dr + \int_a^b \mu \left(\frac{2I}{c}\frac{1}{r}\right)^2 r dr\right] \\ = & \frac{h}{4}\frac{4I^2}{c^2}\left[\frac{\mu_0}{a^4}\int_0^a r^3 dr + \mu \int_a^b \frac{1}{r} dr\right] \\ = & \frac{I^2}{c^2} h \left[\frac{1}{4}\mu_0 + \mu \log\frac{b}{a}\right]. \end{aligned}$$

Nach b) war L definiert durch $W = \frac{1}{2}LI^2$, also ist die Selbstinduktivität für ein Koaxialkabel der Länge h

$$L = \frac{1}{c^2} h \left[\frac{1}{2}\mu_0 + 2\mu \log\frac{b}{a}\right].$$

Wie man sieht divergiert L für $a \to 0$.

13.6 Aufgabe: Schwingkreis

Ein Stromkreis besteht aus einer Spule der Induktivität L, einem Kondensator der Kapazität C, einem Ohmschen Widerstand R und einer eingeprägten Spannungsquelle mit der Spannung $U^e(t)$. Leiten Sie mit Hilfe des Energiesatzes der Elektrodynamik (Poyntingscher Satz) die Schwingungsgleichung

$$L\ddot{I} + R\dot{I} + \frac{1}{C}I = \dot{U}^e$$

her, wo $I = \frac{dq}{dt}$ den Strom bedeutet.

Lösung:

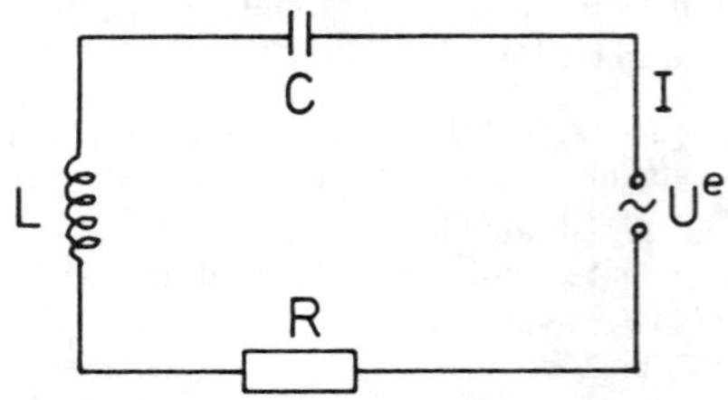

Schwingkreis mit eingeprägter Spannung U^e.

Der Poyntingsche Satz besagt, daß die Änderung der mechanischen Energie und der Feldenergie in einem bestimmten Volumen V gerade durch die Leistung gegeben ist, die durch die Oberfläche F hineinfließt.

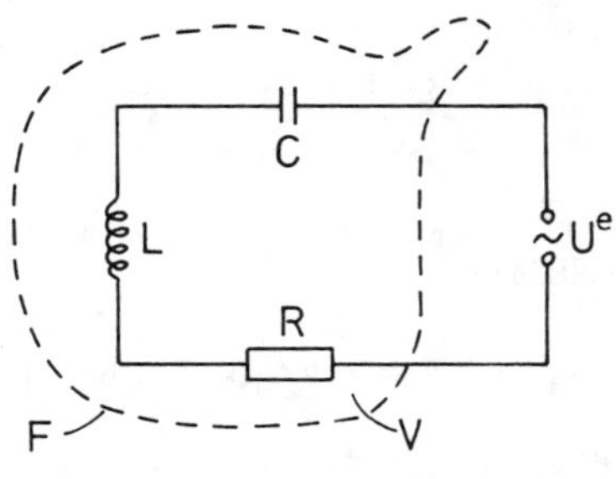

Zur Anwendung des Poyntingschen Satzes auf den Schwingkreis

$$\dot{W}_{mech}(V) + \dot{W}_{mag}(V) + \dot{W}_{el}(V) = L(F).$$

Wir legen das Volumen V so, wie es in der Abbildung angedeutet ist. Elektrische Energie wird im Kondensator gespeichert: $W_{el} = \frac{1}{2}\frac{q^2}{C}$, q ist dabei die Ladung auf einer Kondensa-torplatte. Mit $\dot{q} = I$ ist $\dot{W}_{el} = \frac{1}{C}\dot{q}q = \frac{1}{C}I\int_{t_0}^{t} I(t')dt'$. Die Energie der Spule ist dagegen $W_{mag} = \frac{1}{2}LI^2$, bzw. $\dot{W}_{mag} = LI\dot{I}$. Im Widerstand wird die Leistung $\dot{W}_{mech} = RI^2$ verbraucht. Wir denken uns die Quelle (Generator) weit entfernt, so daß auch das Volumen V groß gewählt werden kann. Dann besteht die durch F fließende Leistung nur aus Strahlungsverlusten des Schaltkreises, die für kleine Frequenzen vernachlässigbar sind, und aus der Leistung der Quelle: $L(F) = U^e I$. Somit erhält man

$$\frac{1}{C} I \int_{t_0}^{t} I dt' + LI\dot{I} + RI^2 = U^e I$$

und nach Division durch I und Differenzieren nach der Zeit

$$L\ddot{I} + R\dot{I} + \frac{1}{C} I = \dot{U}^e.$$

13.7 Aufgabe: Strahlungsdruck und Kometen

a) Die Strahlungsleistung der Sonne ist $3.8 \times 10^{26} W$. Welcher Druck (Strahlungsdruck) wirkt auf eine vollkommen absorbierende Fläche in Erdnähe ($R = 1.5 \times 10^{11}$m ist der mittlere Radius der Erdumlaufbahn)?

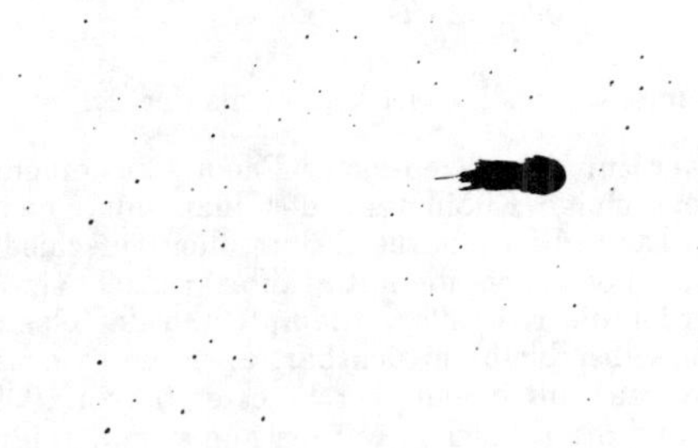

Aufnahmen vom Kometen Morehouse (1908). Der gerade "Ionenschweif" zieht sich weit nach hinten. Daneben ist der "Staubschweif", der etwas nach rechts verbogen ist, sichtbar. Beide Schweife sind deutlich zu erkennen. Wir danken der Landessternwarte Heidelberg für die Überlassung der Photographie.

b) Wie groß ist der Druck, der vom Sonnenwind auf eine absorbierende Fläche ausgeübt wird? Der Sonnenwind besteht in Erdnähe aus etwa 5 ionisierten Wasserstoffatomen pro cm^3, die sich mit einer Geschwindigkeit von $v \approx 400$km/s bewegen.

c) Wie kann die Erscheinung des Kometenschweifes erklärt werden? Warum gibt es manchmal zwei Schweife?

Lösung:

a) Unter der Annahme, daß die Strahlung der Sonne isotrop ist, ist die Strahlungsleistung s pro Fläche in Erdnähe

$$s = \frac{S}{4\pi R^2} = \frac{3.8 \times 10^{26}\,W}{2.83 \times 10^{23}\,m^2} = 0.134\,W\text{cm}^{-2},$$

Wobei S die Gesamtleistung der Sonne ist und R der Radius der Erdumlaufbahn. Zwischen der Energie E und dem Impuls k der elektromagnetischen Strahlung besteht die Bezeihung $E = ck$, es gilt also

$$p = \text{Druck} = \frac{\text{Impulsübertrag}}{\text{Fläche} \cdot \text{Zeit}} = \frac{\text{Leistung}}{\text{Fläche} \cdot c} = \frac{s}{c} = 4.47 \times 10^{-10} N\text{cm}^{-2}$$

b) Die Masse des Wasserstoffes ist $m_H = 1.67 \times 10^{-27}$kg. In der Zeit T wird auf die Fläche q der Impuls übertragen, den alle Teilchen mit der Geschwindigkeit $\vec{v}$ senkrecht zu q in einem Zylinder der Länge $l = vT$ und dem Querschnitt q besitzen: Q = Impulsübertrag = $\rho m_H v l q$, wobei ρ die Teilchendichte ist. Daraus folgt

$$p = \text{Druck} = \frac{\text{Impulsübertrag}}{\text{Fläche} \cdot \text{Zeit}} = \frac{Q}{qT} = \rho m_H v^2 = 1.34 \times 10^{-13} N\text{cm}^{-2}$$

d.h. der Druck des Sonnenwindes ist viel kleiner als der der Strahlung.

c) Der Komet besteht nach zur Zeit akzeptierter Theorie aus einem kleinen Kern (Durchmesser höchstens einige Kilometer), den man mit einem schmutzigen Schneeball vergleichen kann. Er kann aus Eiskristallen verschiedener Moleküle (H_2O, CO_2, NH_3, C_4,...) bestehen, die mit Staub vermischt sind. Bei Annäherung an die Sonne werden die Kristalle verdampft und das Gas und der Staub entweichen. Der Kern selbst bleibt unsichtbar, aber die so entstehende Gas–Staub–Atmosphäre (Koma) mit einem Durchmesser bis zu 100000 km leuchtet. Die Gasmoleküle und Staubteilchen werden nun vom Strahlungsdruck und dem Sonnenwind beschleunigt und bilden so den Kometenschweif. Ihre Beschleunigung hängt dabei von der Dichte, dem Absorptions- und Reflexionsvermögen, der Form usw. der Teilchen ab und ist theoretisch nur sehr ungenau abzuschätzen (zur Zeit).

Unter der Annahme, daß alle Teilchen die gleiche Beschleunigung erfahren, ist ihre Geschwindigkeit durch $\vec{v}(t) = \vec{v}_0 + \vec{a}t$ gegeben, wobei $\vec{v}_0$ die Geschwindigkeit des Kometen und $\vec{a} = a\vec{n}$ die Beschleunigung eines Teilchens ist, deren Richtung $\vec{n}$ weg von der Sonne zeigt (die Anziehungskraft der Sonne in $(-\vec{n})$–Richtung ist viel kleiner). Ist die Bahn gekrümmt, so ist die Anfangsgeschwindigkeit $\vec{v}_0$ nicht konstant und an jeder Stelle der Bahn verschieden, woraus die Krümmung des Schweifs resultiert. Je größer aber die Beschleunigung ist, umso gerader der Schweif. Der Staub "verschluckt" bzw. reflektiert das Licht. Da der Strahlungsdruck viel größer ist als der Druck des Sonnenwindes, kann man den Einfluß des letzteren hier vernachlässigen. Obwohl die Staubteilchen relativ schwer sind, werden sie doch merklich beschleunigt; der zugehörige Teil des Schweifs (genannt "vom Typ II") ist homogen und stärker gekrümmt.

Dagegen ist das Gas durchsichtig, tritt also nur mit dem Sonnenwind in Wechselwirkung. Andererseits beobachtet man große Geschwindigkeiten in dem geraden Schweif ("Typ I"), die nicht einfach durch den Druck des Sonnenwindes und die kleine Masse der Moleküle erklärbar ist. Man nimmt vielmehr an, daß die Gasmoleküle zunächst vom Sonnenwind ionisiert werden und das so entstehende Plasma mit dem Sonnenwindplasma auf eine sehr komplizierte und weitgehend unverständliche Weise wechselwirkt. Es spielen auch magnetische Effekte (interplanetarisches Magnetfeld $\geq 10^5$ Gauss, "Magnetstürme" etc.) sicherlich eine große Rolle auch im Zusammenhang mit der "Struktur" des Typ I–Schweifes (im Bild leider nicht gut sichtbar), die allerdings zum größten Teil durch die Inhomogenität im Kometenkern selbst verursacht wird.

13.8 Beispiel zur Vertiefung: Die Frage der magnetischen Monopole

Zur Zeit gibt es keinerlei experimentelle Hinweise auf die Existenz magnetischer Ladungen oder Monopole. Das Interesse an magnetischen Monopolen ist dennoch groß, weil zum Einen die Elektrodynamik (Maxwellschen Gleichungen) der Form nach sehr symmetrisch würden (z.B. $\mathrm{div}\vec{B} = 4\pi\rho_{magn.}$ in Analogie zu $\mathrm{div}\vec{D} = 4\pi\rho_{elektr.}$) und zum Anderen – und das ist viel gravierender – die bloße Existenz eines einzigen Monopols notwendigerweise zur Quantisierung der elektrischen Ladung führen würde. Die Quantisierung der elektrischen Ladung in Einheiten der Elementarladung e (Ladung des Elektrons) ist nämlich ein großes Mysterium der Physik, auf dessen Zusammenhang mit der Existenz von magnetischen Monopolen zum ersten Mal von Dirac [6] hingewiesen wurde.

Wir postulieren zunächst die Existenz *magnetischer Ladungs und Stromdichten* $\rho_m, \vec{j}_m$ neben den bekannten *elektrischen Ladungs- und Stromdichten* $\rho_e, \vec{j}_e$. Die entsprechenden Maxwell–Gleichungen lauten dann.

$$\vec{\nabla}\cdot\vec{D} = 4\pi\rho_e \quad , \quad \vec{\nabla}\times\vec{H} = \frac{1}{c}\frac{\partial\vec{D}}{\partial t} + \frac{4\pi}{c}\vec{j}_e,$$

$$\vec{\nabla}\cdot\vec{B} = 4\pi\rho_m \quad , \quad -\vec{\nabla}\times\vec{E} = \frac{1}{c}\frac{\partial\vec{B}}{\partial t} + \frac{4\pi}{c}\vec{j}_m, \qquad \underline{1}$$

wobei neben $\frac{\partial\rho_e}{\partial t} + \mathrm{div}\vec{j}_e = 0$ auch $\frac{\partial\rho_m}{\partial t} + \mathrm{div}\vec{j}_m = 0$, d.h. die Kontinuitätsgleichung und damit Ladungserhaltung für beide Ladungssorten gelten soll. Es sieht nun so aus, als müßten diese neuen Maxwell–Gleichungen 1 zu meßbaren physikalischen Effekten führen, die von denen der bekannten, gewöhnlichen Maxwell – Gleichungen verschieden sind. Dem ist nicht ohne weiteres so. Das sieht man folgendermaßen ein: Die *dualen Transformationen*

$$\vec{E} = \vec{E}'\cos\alpha + \vec{H}'\sin\alpha \ , \ \vec{D} = \vec{D}'\cos\alpha + \vec{B}'\sin\alpha,$$

$$\vec{H} = -\vec{E}'\sin\alpha + \vec{H}'\cos\alpha \ , \ \vec{B} = -\vec{D}'\sin\alpha + \vec{B}'\cos\alpha, \qquad \underline{2}$$

[6] P.A.M. Dirac, Proc. Roy. Soc. A113 (1931) 60; Phys. Rev. 74 (1948) 817. Siehe auch den Review–Artikel von E. Amaldi, "On the Dirac Magnetic Poles" in "Old and New Problems in Elementary Particles" ed. G. Puppi, Academic Press, New York (1968)

lassen quadratische Formen wie $\vec{E}\times\vec{H}$, oder $\vec{E}\cdot\vec{D}+\vec{B}\cdot\vec{H}$ und auch die Komponenten des Maxwellschen Spannungstensors $T_{\mu\nu}$ invariant, d.h. $\vec{E}\times\vec{H} = \vec{E}'\times\vec{H}'$, usw.

Außerdem findet man durch leichte Rechnung, daß die Maxwell–Gleichungen 1 auch für $\vec{E}', \vec{H}', \vec{D}', \vec{B}'$ unverändert gelten, falls die Quellen analog zu 2 transformiert werden, nämlich

$$\rho_e = \rho_e' \cos\alpha + \rho_m' \sin\alpha \ , \ \vec{j}_e = \vec{j}_e' \cos\alpha + \vec{j}_m' \sin\alpha,$$

3

$$\rho_m = -\rho_e' \sin\alpha + \rho_m' \cos\alpha \ , \ \vec{j}_m = -\vec{j}_e' \sin\alpha + \vec{j}_m' \cos\alpha \ .$$

Man rechnet dann durch Einsetzen von 2 und 3 in Gleichung 1 leicht nach, daß

$$\vec{\nabla}\cdot\vec{D}' = 4\pi\rho_e' \quad , \quad \vec{\nabla}\times\vec{H}' = \frac{1}{c}\frac{\partial\vec{D}'}{\partial t} + \frac{4\pi}{c}\vec{j}_e',$$

4

$$\vec{\nabla}\cdot\vec{B}' = 4\pi\rho_m' \quad , \quad -\vec{\nabla}\times\vec{E}' = \frac{1}{c}\frac{\partial\vec{B}'}{\partial t} + \frac{4\pi}{c}\vec{j}_m' \ .$$

Dies demonstriert die Invarianz der neuen Maxwell–Gleichungen 1 unter dualen Transformationen 2 und 3. Es zeigt aber auch, daß es weitgehend eine Frage der Konvention ist, was magnetische und was elektrische Ladung eines Teilchens genannt wird. Hätten nämlich alle Teilchen *dasselbe Verhältnis* zwischen magnetischer und elektrischer Ladung, so könnte man einheitlich (universell) den Winkel α so wählen, daß

$$\rho_m = \rho_e'(-\sin\alpha + \frac{\rho_m'}{\rho_e'}\cos\alpha) = 0$$

und damit auch

$$j_m = j_e\left(-\sin\alpha + \frac{j_m'}{j_e'}\cos\alpha)\right) = j_e(-\sin\alpha + \frac{\rho_m'}{\rho_e'}\cos\alpha) = 0.$$

Für diesen speziellen Winkel α gehen dann die Gleichungen 4 in die alten, bekannten Maxwell-Gleichungen über. Man würde dann durch Konvention die Ladung des Elektrons so festlegen:

$$q_e = -e \quad , \quad q_m = 0.$$

Die Ladungen aller anderen Elementarteilchen würden dann in diesen Einheiten gemessen. Z.B. findet man für ein Proton mit einer Genauigkeit von $\sim 10^{-20}$:

$$q_e^{(p)} = +e \quad , \quad q_m^{(p)} = 0$$

Diese hohe Genauigkeit bei der verschwindenden magnetischen Ladung beruht auf der Tatsache, daß z.B. die magnetische Feldstärke der Erde an ihrer Oberfläche nur 1 Gauß beträgt. Diese müßte natürlich viel stärker sein, falls $q_m^{(p)} \neq 0$ wäre.

Wir lernen aus diesen Überlegungen folgendes: Es ist nicht die Frage, ob alle Teilchen in der Natur dasselbe Verhältnis zwischen elektrischer und magnetischer Ladung haben. In diesem Fall könnten wir die Einheiten geeignet so wählen, daß die gewöhnlichen Maxwell–Gleichungen Gültigkeit hätten. Die Frage ist vielmehr, ob es verschiedene Teilchen mit unterschiedlichem Verhältnis zwischen elektrischer und magnetischer Ladung gibt. Wäre das der Fall, so müßten generell die magnetische Ladung zugelassen und die Maxwell–Gleichungen in der verallgemeinerten Form 1 diskutiert werden.

Wir wollen nun den Dirac'schen Grundgedanken über den Zusammenhang zwischen Ladungsquantisierung $\longleftrightarrow$ Existenz magnetischer Monopole in leicht verständlicher Weise[7] erläutern: Im Ursprung 0 sitze eine magnetische Ladung g, die die magnetische Induktion

$$\vec{B}(\vec{r}) = \frac{g}{r^2}\frac{\vec{r}}{r} \qquad \underline{5}$$

am Orte $\vec{r}$ erzeugt. Das $\vec{B}$–Feld 5 folgt aus $\mathrm{div}\vec{B} = 4\pi\rho(\vec{r})$ wenn $\rho(\vec{r}) = g\delta(\vec{r}')$ eine Punktladungsdichte ist. Das ist vollständig analog dem elektromagnetischen Problem, das wir ausgehend von Gleichung (1.31) ausführlich besprochen haben (siehe auch Gl. (1.57)). Lassen wir dann im Abstand b auf einer geraden Linie (das ist eine Approximation, die für große Abstände gute Gültigkeit besitzt) ein Teilchen mit der Ladung e und der Geschwindigkeit $\vec{v} = v\vec{e}_z$ vorbeifliegen, dann erfährt es die Lorentz–Kraft

$$\vec{F} = F_y \cdot \vec{e}_y = \frac{ev}{c}B_x\vec{e}_y = \frac{eg}{c}\frac{vb}{(b^2+v^2t^2)^{3/2}}\vec{e}_y. \qquad \underline{6}$$

Das Teilchen erfährt daher im Stoß einen Impulsübertrag

$$\Delta P_y = \int\limits_{-\infty}^{\infty} F_y dt = \frac{egvb}{c}\int\limits_{-\infty}^{\infty}\frac{dt}{(b^2+v^2t^2)^{3/2}} = \frac{2eg}{cb}. \qquad \underline{7}$$

Diese Impulsänderung führt auch zu einer Drehimpulsänderung, nämlich

$$\Delta L_z = b\Delta P_y = \frac{2eg}{c}. \qquad \underline{8}$$

Nun ist nach der Quantenmechanik der Bahn-Drehimpuls immer quantisiert:

$$L_z = n\hbar \;,\; n = 0, \pm 1, \pm 2, \ldots\;. \qquad \underline{9}$$

$\hbar$ hängt mit dem Planckschen Wirkunsquantum h zusammen: $\hbar = \frac{h}{2\pi}$. Also folgt aus 8 und 9

$$\frac{eq}{\hbar c} = \frac{n}{2}, \quad n \in N. \qquad \underline{10}$$

[7]siehe A.S. Goldhaber, Phys. Rev. 140 (1965) B 1407.

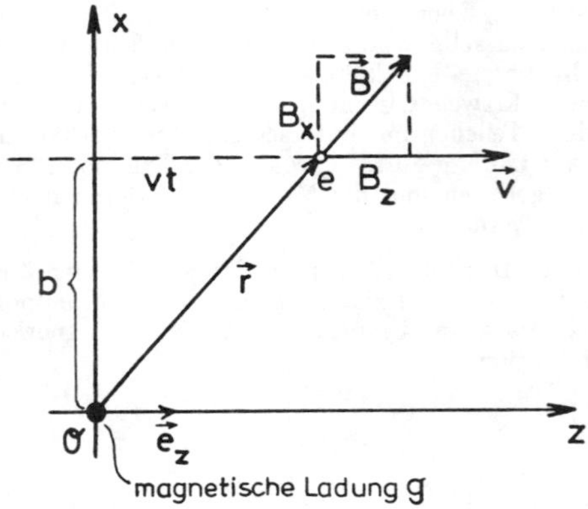

Vorbeiflug einer elektrischen Ladung e an einem im Ursprung liegenden magnetischen Monopol g.

Dies bedeutet aber, daß $e = \frac{n}{2}\left(\frac{\hbar c}{g}\right), n = 0, \pm 1, \pm 2, \ldots$ quantisiert sein muß. Die elektrische Ladung e kann nur in positiven oder negativen Vielfachen der Einheit $\frac{\hbar c}{2g}$ auftreten. Sie ist, als Folge der Drehimpulsquantisierung ebenfalls quantisiert. Man beachte: Zu diesem Ergebnis gelangen wir, wenn es irgendwo in der Welt einen einzigen magnetischen Monopol gäbe, den wir als Ausgangspunkt 5 unserer Betrachtung wählen könnten. Die Kopplungsstärke der elektromagnetischen Felder wird durch die Feinstrukturkonstante $\frac{e^2}{\hbar c} = \frac{1}{137}$ beschrieben. Nach 10 ist die magnetische Feinstrukturkonstante $\frac{g^2}{\hbar c} = \frac{n^2}{4}\left(\frac{\hbar c}{e^2}\right) = \frac{137}{4}n^2$, also sehr viel größer als $\left(\frac{e^2}{\hbar c}\right)$. Wir können daraus schließen, daß die Kräfte, die durch magnetische Monopole der magnetischen Einheitsladung g ausgeübt werden, verglichen mit denen der elektrischen Einheitsladung e von der Größenordnung

$$\sqrt{\frac{\frac{g^2}{\hbar c}}{\frac{e^2}{\hbar c}}} = \sqrt{\left(\frac{137}{2}\right)^2 n^2} = \frac{137}{2}n$$

sind. Mit anderen Worten: Die magnetische Einheitsladung übt etwa dieselben Kräfte aus wie ein elektrisch geladener Kern mit $Z = 137\frac{n}{2}$ Protonen [8]

[8]Für weitere ausführliche Diskussion des Problems verweisen wir auf J.D. Jackson, Classical Electrodynamics, John Wiley and Sons, New York (1975), second ed. und auf den früher zitierten Artikel von Amaldi.

14. Quasistationäre Ströme und Stromkreise

In der Technik spielen jene Ströme eine wichtige Rolle, deren Stärke in einem beliebigen Zeitpunkt an jedem Querschnitt des Leitungsdrahtes dieselbe ist. Mit anderen Worten: Die Stromstärke ist an jeder Stelle des Drahtes gleich, kann sich aber zeitlich ändern. Solche Ströme heißen *quasistationär*, falls zusätzlich auch noch die Bedingung erfüllt ist, daß die Stromfäden zeitlich unveränderliche Linien sind. Die Stromdichte $\vec{j}(\vec{r},t)$ soll also von der Form

$$\vec{j}(\vec{r},t) = \vec{j}(\vec{r})g(t) \tag{1}$$

sein. Man kann dann offensichtlich von zeitlich konstanten Stromröhren und von der Stromstärke der einzelnen Röhren sprechen. Für jedes Röhrenstück gilt dann

$$\int\limits_{\text{Oberfl.}} \vec{j}\cdot\vec{n}\;dF = 0 \quad \text{und daher} \quad \text{div}\vec{j} = 0. \tag{2}$$

Betrachten wir die Maxwell–Gleichung

$$\text{rot}\vec{H} = \frac{4\pi}{c}\vec{j} + \frac{1}{c}\frac{\partial\vec{D}}{\partial t}, \tag{3}$$

so wird klar, daß die Gleichung (2) immer gilt, falls die Verschiebungsstromdichte $\frac{1}{4\pi}\frac{\partial\vec{D}}{\partial t}$ gegenüber der Leitungsstromdichte $\vec{j}$ vernachlässigt werden kann, weil dann

$$\text{rot}\vec{H} = \frac{4\pi}{c}\vec{j} \tag{4}$$

und daher $\text{div}\vec{j} = \frac{c}{4\pi}\text{div rot}\vec{H} \equiv 0$.

Das Ohmsche Gesetz für stationäre Ströme lautete $IR = V_e$, wobei V_e die von außen stammende ("eingeprägte") Spannung ist. Ändert sich der Induktionsfluß ϕ durch die Fläche, welche von dem Leiter eingeschlossen wird, so wird nach Faraday im Leiter zusätzlich die Spannung

$$V_i = -\frac{1}{c}\frac{\partial\phi}{\partial t} \tag{5}$$

induziert. Daher lautet das verallgemeinerte Ohmsche Gesetz

$$IR = V_e + V_i = V_e - \frac{1}{c}\frac{\partial\phi}{\partial t}. \tag{6}$$

Gibt es mehrere Stromkreise, so gilt für den k–ten dieser Kreise

$$I_kR_k = (V_e)_k - \frac{1}{c}\frac{\partial\phi_k}{\partial t}\,, \tag{7}$$

wobei ϕ_k den Induktionsfluß durch den k–ten Leiterkreis bedeutet.

Induktionskoeffizienten: Wir betrachten n lineare Stromkreise. Der k–te Kreis habe R_k als Widerstand und V_k als äußere (eingeprägte) Spannung [9]. I_k sei die entsprechende Stromstärke und ϕ_k der magnetische Fluß im k–ten Kreis. Permanente Magnete sollen nicht zugegen sein. Die Permeabilität der einbettenden Substanz sei μ. Für den Fluß ϕ_k haben wir

$$\phi_k = \int_{F_k} \vec{B} \cdot \vec{n} \; dF \; , \tag{8}$$

wobei F_k die vom k–ten Kreis eingeschlossene Fläche ist. Gleichung (8) kann weiter umgeschrieben werden in

$$\phi_k = \int_{F_k} (\text{rot}\vec{A}) \cdot \vec{n} \, dF = \oint_k \vec{A} \cdot d\vec{r} = \oint \vec{A} \cdot d\vec{r}_k \; . \tag{9}$$

Das Linienintegral wird nach Stokes entlang des k–ten Leiterkreises geführt. Nun ist nach Gleichung (9.7)

$$\vec{A}(\vec{r}\,) = \frac{\mu}{c} \int \frac{\vec{j}(\vec{r}\,')}{|\vec{r} - \vec{r}\,'|} dV'. \tag{10}$$

Die Volumenintegration dV' ist auf den k–ten Leiter beschränkt, weil $\vec{j}(\vec{r}\,')dV' = Id\vec{r}\,'$ mit $d\vec{r}\,'$ als Längenelement entlang des Leiters. Bei mehreren Leiterkreisen verallgemeinert sich damit Gleichung (10) sofort zu

$$\vec{A}(\vec{r}\,) = \frac{\mu}{c} \sum_{i=1}^{n} I_i \int \frac{d\vec{r}_i}{|\vec{r} - \vec{r}_i|}, \tag{11}$$

und in (9) eingesetzt ergibt das

$$\frac{1}{c}\phi_k = \frac{\mu}{c^2} \sum_{i=1}^{n} I_i \int_i \int_k \frac{d\vec{r}_i \cdot d\vec{r}_k}{|\vec{r}_i - \vec{r}_k|} = \sum_i L_{ki} I_i. \tag{12}$$

Hierbei haben wir die von der Geometrie (relative Lage, Gestalt usw.) der Leiterkreise abhängigen *Induktionskoeffizienten*

$$L_{ki} = \frac{\mu}{c^2} \int_i \int_k \frac{d\vec{r}_i \cdot d\vec{r}_k}{|\vec{r}_i - \vec{r}_k|} \tag{13}$$

[9] Den Index für die "eingeprägte" Spannung lassen wir der Einfachheit halber weg. Verwirrung kann dadurch kaum auftreten.

eingeführt. Offensichtlich gilt allgemein

$$L_{ki} = L_{ik}, \tag{14}$$

eine wichtige Symmetrierelation. Wir stellen fest: *Der Teil des Induktionsflußes durch den k–ten Kreis, der vom i–ten stammt, ist* $\phi_k = cL_{ki}I_i$. Das faßt noch einmal in Worten zusammen, was die Gleichungen (12) präzise zum Ausdruck bringen.

Besondere Aufmerksamkeit verdient das Glied $L_{kk}I_k$ in Gleichung (12). Dieser Teil des Induktionsflußes stammt vom k–ten Leiter selbst: daher heißt L_{kk} auch *Selbstinduktionskoeffizient* des k–ten Leiters. Es ist

$$L_{kk} = \frac{\mu}{c^2} \int_k \int \frac{d\vec{r}_k \cdot d\vec{r}_k{}'}{|\vec{r}_k - \vec{r}_k'|}. \tag{15}$$

Bei der Berechnung dieses Selbstinduktionskoeffizienten muß der Leiterquerschnitt berücksichtigt werden; der Leiter kann nicht mehr als linear betrachtet werden, weil die Nullstelle von $|\vec{r}_k - \vec{r}_k'|$ nur so ordenlich behandelt werden kann. Der endliche Leiterquerschnitt entspricht ja auch der Wirklichkeit.

Setzen wir Gleichung (12) in (7) ein, so folgt

$$I_k R_k + L_{k1}\dot{I}_1 + L_{k2}\dot{I}_2 + \ldots + L_{kn}\dot{I}_n = V_k \quad (k = 1, 2, \ldots n). \tag{16}$$

Dabei haben wir vorausgesetzt, daß die Induktionskoeffizienten zeitlich konstant sind, was bedeutet, daß sich die Drähte als Funktionen der Zeit nicht verbiegen dürfen. Gleichung (16) stellt ein System von n gewöhnlichen Differentialgleichungen erster Ordnung für die n unbekannten Stromstärken $I_1(t), I_2(t), \ldots I_n(t)$ dar. Die eingeprägten Spannungen V_k, die Widerstände R_k und die Induktionskoeffizienten L_{ki} sind als gegeben anzusehen. Die Spannungen V_k können vorgegebene periodische Funktionen der Zeit sein. Wir werden dies bald an einigen Beispielen und Aufgaben illustrieren.

Magnetische Energie von Stromkreisen: Schließen wir ferromagnetische Substanzen aus, so lautet die magnetische Feldenergie

$$W_m = \frac{1}{8\pi} \int \vec{H} \cdot \vec{B} \, dV. \tag{17}$$

Die magnetische Induktion $\vec{B}$ kann wieder durch rot$\vec{A}$ ersetzt werden. Wir haben dann

$$\begin{aligned} \vec{H} \cdot \vec{B} &= \vec{H} \cdot \mathrm{rot}\, \vec{A} = \vec{H} \cdot \vec{\nabla} \times \vec{A} = \vec{A} \cdot \vec{\nabla} \times \vec{H} + \vec{\nabla} \cdot \vec{A} \times \vec{H} \\ &= \vec{A} \cdot \mathrm{rot}\vec{H} + \mathrm{div}(\vec{A} \times \vec{H}). \end{aligned} \tag{18}$$

Dies in (17) eingesetzt liefert

$$W_m = \frac{1}{8\pi} \int \vec{A} \cdot \mathrm{rot}\vec{H}\; dV + \frac{1}{8\pi} \int \mathrm{div}\,(\vec{A} \times \vec{H})\; dV. \tag{19}$$

Das zweite Integral verschwindet nach dam Gauß'schen Satz; das erste kann mit Gleichung (4) in

$$W_m = \frac{1}{2c} \int \vec{A} \cdot \vec{j}\; dV \tag{20}$$

übergeführt werden. Werden wieder lineare Leiter betrachtet, so ist $\vec{j}dV = Id\vec{r}$ und damit

$$W_m = \frac{1}{2c} \sum_{k=1}^{n} I_k \int \vec{A} \cdot d\vec{r}_k, \tag{21}$$

wobei wir über alle Leiter k summiert haben. Das Integral bedeutet gemäß Gleichung (9) den durch den k–ten Leiter hindurchgehenden Induktionsfluß ϕ_k, so daß (21) auch

$$W_m = \frac{1}{2c} \sum_{k=1}^{n} I_k \phi_k \tag{22}$$

geschrieben werden kann. Schließlich ziehen wir noch den Ausdruck (12) in Betracht und erhalten

$$W_m = \frac{1}{2} \sum_{k=1}^{n} \sum_{i=1}^{n} L_{ik} I_i I_k. \tag{23}$$

Demnach ist die magnetische Energie der Ströme eine quadratische Form der Stromstärken. Bemerkenswert ist noch die formale Beziehung

$$\frac{\partial W_m}{\partial I_k} = \sum_{i=1}^{n} L_{ik} I_i = \frac{1}{c} \phi_k. \tag{24}$$

Die Energie eines Stromsystems: Die Energie eines Stromsystems ändert sich aus zweierlei Gründen: Entweder ändern sich die Stromstärken oder aber die gegenseitige Lage der Leiter (das Leiternetz verbiegt sich). Der erste Fall ist gegeben, wenn sich z.B. die eingeprägten Spannungen $V_k(t)$ als Funktion der Zeit ändern. Durch die Änderung der gegenseitigen Lage verändern sich die Wechselinduktionskoeffizienten; werden die einzelnen Leiter deformiert so können sich auch die Selbstinduktionskoeffizienten ändern. Wir betrachten nun die zwei Fälle einzeln:

a) Die Energiegleichung bei Änderung der Stromstärken

Die pro Zeiteinheit geleistete Arbeit der eingeschalteten Stromquellen beträgt für das ganze System

$$\sum_{k=1}^{n} V_k I_k. \tag{25}$$

Diese Leistung (Arbeit pro Sekunde) deckt sowohl die pro Sekunde auftretetende Joulsche Wärme $\sum_{k=1}^{n} I_k^2 R_k$ als auch die sekundliche Zunahme der magnetischen Energie $\frac{\partial W_m}{\partial t}$. Daher gilt der Energiesatz in der Form

$$\sum_k V_k I_k = \sum_k I_k^2 R_k + \frac{\partial W_m}{\partial t}. \tag{26}$$

Aus Gleichung (23) folgt

$$\frac{\partial W_m}{\partial t} = \sum_i \sum_k L_{ik} \dot{I}_i I_k \,. \tag{27}$$

Man sieht sehr leicht ein, daß Gleichung (26) direkt aus Gleichung (16) abgeleitet werden kann (Multiplikation von (16) mit I_k und Summation über k).

b) Die Energiegleichung bei Änderung der geometrischen Verhältnisse

Wir nehmen jetzt an, die Stromkreise werden gegeneinander bewegt. Dann tritt auf der rechten Seite der Gleichung (26) noch die pro Sekunde geleistete Arbeit $\frac{dA}{dt}$ hinzu, die von den elektromagnetischen Kräften geleistet wird:

$$\sum_k V_k I_k = \sum_k I_k^2 R_k + \frac{\partial W_m}{\partial t} + \frac{\partial A}{\partial t}. \tag{28}$$

Die zeitliche Änderung der magnetischen Energie ist jetzt durch die Änderung der Induktionskoeffizienten bedingt:

$$\frac{\partial W_m}{\partial t} = \frac{1}{2} \sum_i \sum_k \frac{dL_{ik}}{dt} I_i I_k \,. \tag{29}$$

Um den konkreten Ausdruck für dA zu berechnen, nehmen wir an, die Leiter seien in ein Medium der Permeabilität μ eingebettet. Auf das Volumenelement dV des Leiters wirkt dann die Lorentzkraft

$$d\vec{K} = \frac{1}{c} \vec{j} \times \vec{B} dV = \frac{I}{c} d\vec{r} \times \vec{B}. \tag{30}$$

Wird das Leiterelement um $d\vec{s}$ verschoben, so beträgt die geleistete Arbeit

$$dA = d\vec{K} \cdot d\vec{s} = \frac{I}{c} d\vec{s} \cdot (d\vec{r} \times \vec{B}) = \frac{I}{c} \vec{B} \cdot (d\vec{s} \times d\vec{r}) = \frac{I}{c} d\phi, \tag{31}$$

wobei $d\phi = \vec{B} \cdot (d\vec{s} \times d\vec{r})$ der durch das Flächenelement $d\vec{s} \times d\vec{r}$ hindurchgehende Induktionsfluß ist (vgl. Figur).

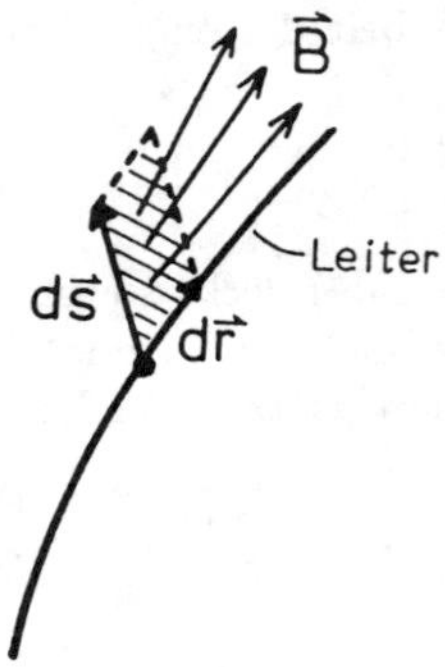

Das Leiterelement $d\vec{r}$ wird um $d\vec{s}$ verschoben

Wir geben den Größen in Gleichung (31) jetzt den Index k, um den k–ten Leiter damit zu charakterisieren:

$$dA_k = \frac{I_k}{c} d\phi_k \,. \tag{32}$$

Nach (12) ist

$$\frac{I}{c} d\phi_k = \sum_i (dL_{ki})_k I_i, \quad (i \neq k), \tag{33}$$

wobei $(dL_{ki})_k$ die Änderung des Induktionskoeffizienten L_{ki} aufgrund der Bewegung des k–ten Leiters bedeutet. Ohne Beschränkung der Allgemeinheit lassen wir jetzt die Bedingung $i \neq k$ fallen, weil die Änderung dL_{kk} aufgrund der Bewegung (nicht Verformung!) des k–ten Leiters verschwindet: $(dL_{kk})_k = 0$. Die durch Bewegung des k–ten Leiters geleistete Arbeit ergibt sich durch Einsetzen von (33) in (32) als

$$dA_k = \sum_i (dL_{ik})_k I_i I_k. \tag{34}$$

Wird nun der i–te Leiter bewegt, so hat man ähnlich

$$dA_i = \sum_k (dL_{ik})_i I_i I_k. \tag{35}$$

Die gesamte Arbeit unter Berücksichtigung der Bewegung aller Leiter ist somit

$$\begin{aligned} dA &= \sum_k dA_k = \frac{1}{2} \sum_i \sum_k (dA_i + dA_k) = \\ &= \frac{1}{2} \sum_i \sum_k [(dL_{ik})_i + (dL_{ik})_k] I_i I_k = \frac{1}{2} \sum_i \sum_k dL_{ik} I_i I_k. \end{aligned} \tag{36}$$

Wenn die Leiter auch deformiert werden, ändern sich die Induktionkoeffizienten auch deswegen. Die Formel (36) ist in dieser Form auch in diesem Fall richtig, weil dL_{ik} die gesamte Änderung der Induktionskoeffizienten aufgrund der Bewegung und Deformation der Leiter enthält.

Wir schreiben nun für (36)

$$\frac{dA}{dt} = \frac{1}{2} \sum_i \sum_k \frac{dL_{ik}}{dt} I_i I_k, \tag{37}$$

und bemerken durch Vergleich mit (29), daß die von den elektromagnetischen Kräften aufgrund der Bewegung und Verformumg der Leiter geleistete Arbeit gleich derjenigen ist, die von der Zunahme der magnetischen Feldenergie (29) stammt. Die Arbeit erfolgt somit keinesfalls auf Kosten der Feldenergie; im Gegenteil: Die Feldenergie wächst um den gleichen Betrag.

Als primäre "Arbeitsleister" sind die Stromquellen der einzelnen Kreise zu betrachten. Wird z.B. bei der Bewegung eines Leiters in diesem durch Induktion eine elektromagnetische Kraft erzeugt, so muß mittels eines Potentiometers die an den Kreis gelegte Spannung gesteigert werden, um die Stromstärke unverändert zu erhalten (diese Konstanz ist die Vorbedingung für die Gültigkeit der Gleichungen (29) und (36)). Die gesteigerte Spannung entspricht einer vergrößerten Stromarbeit.

Die von selbst eintretende, natürliche Bewegung der Leiter ist die, die mit einer positiven Arbeitsleistung der elektromagnetischen Kräfte verbunden ist. Dabei vergrößert sich unserer Feststellung gemäß auch die magnetische Energie. Dieser Umstand kann zur Aufstellung eines Prinzips benutzt werden: *Bei gleichbleibenden Stromstärken strebt die magnetische Feldenergie der Leiter einem Maximum zu. Im Gleichgewichtszustand ist dieses Maximum erreicht.* Betrachten wir z.B. zwei starre Leiter. Der veränderliche Teil der Energie ist dann

$$W_{12} = L_{12} I_1 I_2. \tag{38}$$

Es ist dies jener Teil der magnetischen Energie, der vom gemeinsamen Fluß der beiden Leiterkreise herrührt. Diesen gemeinsamen Fluß stellen jene Induktionslinien dar, die beide Kreise zugleich umschlingen. Die beiden Kreise suchen sich daher so zu orientieren, daß der gemeinsame Fluß möglichst groß wird. Bei ebenen Leitern wird das dann eintreten, wenn die Ebenen prallel, die Ströme gleichsinnig sind und die Stellen größter Liniendichte sich in Deckungslage befinden. Daher resultiert die qualitative Regel, daß parallel und gleichgerichtete Ströme einander anziehen. Zum selben Resultat führt übrigens auch das *Coulombsche* Gesetz, wenn die zwei Stromkreise durch magnetische Doppelschichten ersetzt werden.

14.1 Aufgabe: Selbstinduktionskoeffizient einer Spule

Berechnen sie den Selbstinduktionskoeffizienten einer Spule.

Lösung:

Wir setzen voraus, daß der Radius des Drahtes klein sei im Vergleich zum Halbmesser R der Spule und dieser wieder klein gegenüber der Spulenlänge l. Im Inneren der Spule wirken dann nach Aufgabe 8.4 die magnetische Feldstärke

$$|\vec{B}| = \frac{4\pi}{c}\frac{NI}{l} = \frac{4\pi}{c}nI$$

und die Energie

$$W_m = \frac{\mu}{8\pi}\int B^2 d\tau = \frac{\mu}{8\pi}B^2 R^2 \pi l = \frac{2\pi^2 \mu R^2 n^2}{c^2} l I^2 .$$

$d\tau$ ist das Volumenelement. Andererseits ist

$$W_m = \frac{1}{2}LI^2$$

Aus der Gleichsetzung dieser beiden Ausdrücke folgt

$$L = \frac{4\pi\mu n^2}{c^2}R^2\pi l .$$

Die Rechnung setzt voraus, daß die gesamte Energie im Innern der Spule konzentriert sei. Bei langen und engen Spulen ist diese Annahme zulässig, bei Ringspulen noch viel mehr. Besitzt die Spule einen Eisenkern, so wächst der Selbstinduktionskoeffizient wegen $\mu \approx 500$ ganz beträchtlich.

14.2 Aufgabe: Induktionskoeffizient L_{12} zweier Schleifen

Berechnen sie den Induktionskoeffizienten L_{12} zweier konzentrischer Kreisleiter mit den Radien R_1 und R_2 und dem Abstand b (vgl. Figur).

Lösung:

Die Radien der zwei Kreise seien R_1 und R_2, der Abstand ihrer Ebenen b. Wir wählen zwei Leiterelemente $d\vec{r}_1$ bzw. $d\vec{r}_2$ aus, die um den Winkel ϑ gegeneinander verdreht sind. Der Kosinussatz ergibt ihre Entfernung zu

$$r_{12}^2 = b^2 + R_1^2 + R_2^2 - 2R_1R_2\cos\vartheta , \qquad \underline{1}$$

und ihr skalares Produkt ist

$$d\vec{r}_1 \cdot d\vec{r}_2 = dr_1 dr_2 \cos\vartheta .$$

Wir gehen vom allgemeinen Ausdruck der gegenseitigen Induktionskoeffizienten aus:

$$L_{12} = \frac{\mu}{c^2}\oint \frac{d\vec{r}_1 \cdot d\vec{r}_2}{r_{12}} , \qquad \underline{2}$$

und integrieren bei fixiertem dr_1 zuerst nach $dr_2 = Rd\vartheta$:

$$L_{12} = \frac{\mu}{c^2} \oint dr_1 \oint \frac{R_2 \cos\vartheta d\vartheta}{\sqrt{b^2 + R_1^2 + R_2^2 - 2R_1R_2\cos\vartheta}}. \qquad \underline{3}$$

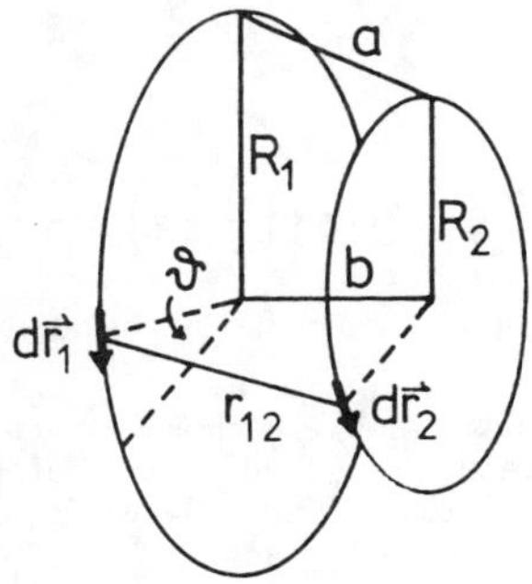

Zwei konzentrische Kreisleiter im Abstand b

Das erste Integral ergibt $\oint dr_1 = 2\pi R_1$, daher

$$L_{12} = \frac{2\pi\mu}{c^2} \int_0^{2\pi} \frac{R_1 \cdot R_2 \cos\vartheta d\vartheta}{\sqrt{b^2 + R_1^2 + R_2^2 - 2R_1R_2\cos\vartheta}}. \qquad \underline{4}$$

Jetzt führen wir folgende Bezeichnungen ein:

$$k^2 = \frac{4R_1R_2}{(R_1 + R_2)^2 + b^2}\ , \quad \vartheta = \pi - 2\varphi \qquad \underline{5}$$

Dann wird

$$\cos\vartheta = -\cos 2\varphi = 2\sin^2\varphi - 1$$

$$\begin{aligned} r_{12} &= \sqrt{b^2 + R_1^2 + R_2^2 - 4R_1R_2\sin^2\varphi + 2R_1R_2} \\ &= \sqrt{b^2 + (R_1 + R_2)^2}\sqrt{1 - k^2\sin^2\varphi}. \end{aligned} \qquad \underline{6}$$

Man erhält damit

$$L_{12} = \frac{4\pi\mu}{c^2} k\sqrt{R_1R_2} \int_0^{\pi/2} \frac{2\sin^2\varphi - 1}{\sqrt{1 - k^2\sin^2\varphi}} d\varphi. \qquad \underline{7}$$

Der Integrand kann in zwei Summanden zerlegt werden:

$$\frac{2\sin^2\varphi - 1}{\sqrt{1 - k^2\sin^2\varphi}} = \frac{1}{k^2}\left\{\frac{2 - k^2}{\sqrt{1 - k^2\sin^2\varphi}} - 2\sqrt{1 - k^2\sin^2\varphi}\right\}. \qquad \underline{8}$$

Damit ist erreicht, daß L_{12} als Summe von zwei vollständigem elliptischen Integralen erster und zweiter Gattung dargestellt werden kann. Wir benutzen die gebräuchlichen Bezeichnungen

$$K = \int_0^{\pi/2} \frac{d\varphi}{\sqrt{1-k^2\sin^2\varphi}}\,, \; E = \int_0^{\pi/2} \sqrt{1-k^2\sin^2\varphi d\varphi} \qquad \underline{9}$$

und erhalten

$$L_{12} = \frac{4\pi\mu}{c^2}\sqrt{R_1R_2}\left\{\left(\frac{2}{k}-k\right)K - \frac{2E}{k}\right\}. \qquad \underline{10}$$

Die Integralwerte E und K können für ein bekanntes k entsprechenden Tabellen entnommen werden.

Bisher sind die Rechnungen ohne Vernachlässigungen durchgeführt. Jetzt aber wollen wir unsere Resultate zwecks Vereinfachung auf jenen speziellenFall anwenden, daß die Halbmesser der Kreisleiter nur sehr wenig verschieden seien und auch der Abstand b klein sei gegenüber den Radien:

$$|R_1 - R_2| \ll R_1 \;\; , \;\; b \ll R_1 \, .$$

Dann wird auch der Abstand

$$a = \sqrt{(R_1-R_2)^2 - b^2} \qquad \underline{11}$$

der Peripherien klein im Verhältnis zu den Halbmessern. Aus der Gleichung

$$\epsilon \equiv 1 - k^2 = \frac{(R_1-R_2)^2+b^2}{(R_1+R_2)^2+b^2} \approx \left(\frac{a}{2R}\right)^2 \qquad \underline{12}$$

ist ersichtlich, daß k beinahe 1 wird und daher in guter Näherung

$$E = \int_0^{\pi/2} \cos\varphi d\varphi = 1 \qquad \underline{13}$$

ist. Etwas umständlicher ist die Berechnung von K, weil der Integrand für $k = 1$ in der Umgebung von $\pi/2$ unendlich wird. Durch die Transformation $\psi = \pi/2 - \varphi$ erhalten wir

$$K = \int_0^{\psi_0} \frac{d\psi}{\sqrt{1-k^2\cos^2\psi}} + \int_{\psi_0}^{\pi/2} \frac{d\psi}{\sqrt{1-k^2\cos^2\psi}}. \qquad \underline{14}$$

ψ_0 soll ein kleiner Winkel von der Größenordnung $1 - k^2 \ll \psi_0 \ll 1$ sein. In das zweite Integral kann anstandslos der Wert $k = 1$ gesetzt werden. Man erhält

$$\int_{\psi_0}^{\pi/2} \frac{d\psi}{\sin\psi} = \ln \operatorname{tg}\frac{\psi_0}{2} \approx \ln\frac{\psi_0}{2}. \qquad \underline{15}$$

Im ersten Integral, in dem ψ nur kleine Werte annimmt, schreibt man $\cos^2\psi = 1-\psi^2$. Dadurch wird das Integral

$$\int_0^{\psi_0} \frac{d\psi}{\sqrt{1-k^2+k^2\psi^2}} = \int_0^{\psi_0} \frac{d\psi}{\sqrt{\varepsilon^2+k^2\psi^2}}, \qquad \underline{16}$$

und es folgt leicht

$$K = \ln\frac{1}{\varepsilon}\left(\psi_0+\sqrt{\varepsilon^2+\psi_0^2}\right) - \ln\frac{\psi_0}{2}.$$

Hier kann noch ε^2 unter der Wurzel neben ψ_0^2 vernachlässigt werden. Damit wird

$$K = \ln\frac{2\psi_0}{\varepsilon} - \ln\frac{\psi_0}{2} = \ln\frac{4}{\varepsilon} = \ln\frac{8R}{a},$$

so daß

$$L_{12} = \frac{4\pi\mu}{c^2}R\left(\ln\frac{8R}{a}-2\right). \qquad \underline{17}$$

Die erhaltene Formel befähigt dazu, für jedes Windungspaar einer gegenüber ihrem Halbmesser kurzen Spule den Wechselinduktionskoeffizienten zu berechnen. Die strenge Formel 10 ermöglicht dasselbe im Falle einer beliebigen Spule. Es ist jedoch klar, daß die Summe dieser Koeffizienten über alle Paare noch nicht den Selbstinduktionskoeffizienten der ganzen Spule ergibt. Dazu ist notwendig, die Selbstinduktionskoeffizienten der einzelnen Windungen der Summe beizufügen. Unsere nächste Aufgabe besteht daher in der Bestimmung des Selbstinduktionskoeffizienten einer Windung.

14.3 Aufgabe: Selbstinduktionskoeffizient eines kreisförmigen Leiters

Bestimmen Sie den Selbstinduktionskoeffizienten eines kreisförmigen Leiters.

Lösung:

Der Halbmesser des Leiters sei R, der des Drahtes r. Wir setzen voraus, daß $r \ll R$ ist. Die Stärke des Stromes sei I.

Der Induktionsfluß, den der Strom erregt, besteht anschaulich aus zwei Teilen. Der erste verläuft ausschließlich im äußeren Medium mit der Permeabilität μ_a und ist durch den Kreis mit dem Halbmesser $R-r$ begrenzt. Der zweite beschränkt sich auf die Leitersubstanz mit der Permeabilität μ_i. Diesen zwei Teilen entsprechend, zerlegen wir den totalen Selbstinduktionskoeffizienten L ebensfalls in zwei Teile:

$$L = L_a + L_i. \qquad \underline{1}$$

Um L_a zu berechnen, greifen wir zu einer Näherung. Wir denken uns, der ganze Strom fließe in der Mittellinie des Drahtes, also in einem Kreis mit dem Halbmesser R. Dann ist L_a durch die Gleichung (12) definiert:

$$\frac{1}{c}\phi_a = L_a I \,, \qquad \underline{2}$$

wobei ϕ_a jenen Fluß bedeutet, den der Strom durch den Kreis mit dem Radius R hindurchsendet. L_a ist daher der gegenseitige Induktionskoeffizient der Kreise mit den Halbmessern R bzw. $R - r$ und folgt aus Gleichung $\underline{17}$ der vorherigen Aufgabe, wenn man den dortigen Peripherieabstand a durch r ersetzt:

$$L_a = \frac{4\pi\mu_a}{c^2} R \left(\ln \frac{8R}{r} - 2 \right) . \qquad \underline{3}$$

Für L_i erweist sich die Definition, die in Gleichung (23) enthalten ist, als bequem. Auf unseren Fall angewendet, lautet Gleichung (23)

$$W_m = \frac{1}{2} L_i I^2, \qquad \underline{4}$$

wobei aber W_m nur die im Drahtraum enthaltene Feldenergie bedeutet. Diese ist leicht zu berechnen, wenn man die Feldstärke $\vec{B}$ der Aufgabe 8.1 entnimmt, die für einen langen geraden Draht abgeleitet wurde:

$$|\vec{B}| = \frac{2I}{cr^2} \rho \,; \qquad \underline{5}$$

ρ bezeichnet den Abstand von der Drahtachse. Auf die Längeneinheit des Drahtes entfällt die Energie

$$\frac{\mu_i}{8\pi} \int_0^r B^2 2\pi\rho d\rho = \frac{\mu_i I^2}{4c^2} . \qquad \underline{6}$$

Da die Drahtlänge $2\pi R$ beträgt, wird die gesamte innere magnetische Energie

$$W_m = \frac{\mu_i \pi I^2}{2c^2} R . \qquad \underline{7}$$

Der Vergleich mit Gleichung $\underline{4}$ ergibt

$$L_i = \mu_i \frac{\pi}{c^2} R . \qquad \underline{8}$$

Der volle Selbstinduktionskoeffizient des Kreisleiters lautet daher aufgrund der Gleichung $\underline{3}$ und $\underline{8}$

$$L = \frac{4\pi R}{c^2} \left\{ \frac{\mu_i}{4} + \mu_a \left(\ln \frac{8R}{r} - 2 \right) \right\} . \qquad \underline{9}$$

Die relative Größenordnung der in den Klammern enthaltenen zwei Summanden hängt wesentlich davon ab, ob der Draht aus ferromagnetischem Stoff besteht oder nicht. Wenn ja, wird $\mu_i \approx 500, \mu_a = 1$. Übersteigt R/r den Wert 100 nicht, so wird das erste Glied vielfach größer als das zweite. Der überwiegende Teil der Energie befindet sich im Draht. Handelt es sich jedoch um Kupferdraht ($\mu_i = 1$), so liegt der größte Teil der Energie im äußeren Felde.

Jetzt kann durch die Gleichung 17 der vorherigen Aufgabe und 9 der Selbstinduktionskoeffizient einer zylindrischen Spule berechnet werden. Die Rechnung ist bei einer größeren Windungszahl viel zu mühsam, um von Fall zu Fall ausgeführt zu werden. Man findet in technischen Lehrbüchern Näherungsformeln, die dem besonderen Typ der Spule angepaßt sind und eine schnelle Rechnung ermöglichen.

14.4 Aufgabe: Gegenseitige Induktion zweier konzentrischer Spulen

Berechnen Sie diese für die in der Figur gezeigten Spulen der Länge l und der Windungszahlen N_1 bzw. N_2.

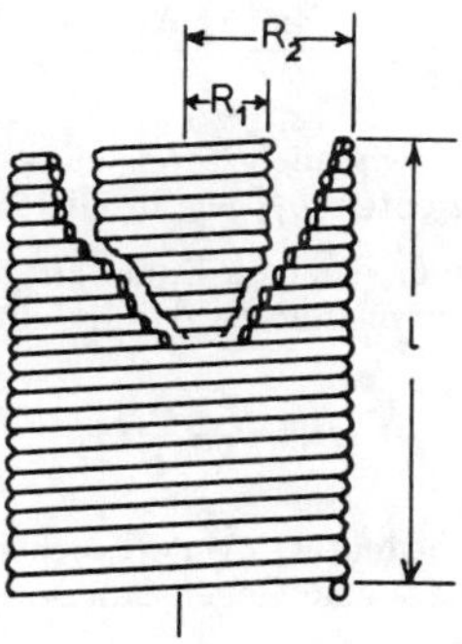

Gegenseitige Induktion zwischen zwei konzentrischen Spulen.

Lösung:

Die innere Spule (1) werde vom Strom I_1 durchflossen, der die magnetische Induktion

$$|\vec{B}_1| = \frac{4\pi}{c}\frac{N_1}{l}I_1$$

erzeugt. Damit entsteht in der äußeren Spule ein Induktionsfluß

$$\phi_1 = \pi R_1^2 B_1 = \frac{4\pi^2 R_1^2}{c}\frac{N_1}{l}I_1, \qquad \underline{1}$$

wenn wir die Streufelder außerhalb der inneren Spule vernachlässigen. Wenn sich der Strom $I_1(t)$ zeitlich ändert, wird nach dem Faradayschen Induktionsgesetz die Spannung

$$V_2 = -\frac{N_2}{c}\frac{d\phi_1}{dt} = -\frac{4\pi^2 R_1^2}{c^2}\frac{N_1 N_2}{l}\frac{dI_1}{dt} \equiv -L_{12}\frac{dI_1}{dt} \qquad \underline{2}$$

in der äußeren Spule induziert. Daraus liest man direkt den gegenseitigen Induktionskoeffizienten ab:

$$L_{12} = \frac{4\pi^2 R_1^2}{c^2} \frac{N_1 N_2}{l}. \qquad \underline{3}$$

Falls in der äußeren Spule ein Strom $I_2(t)$ fließt, der das magnetische Induktionsfeld

$$|\vec{B}_2| = \frac{4\pi}{c} \frac{N_2}{l} I_2 \qquad \underline{4}$$

und in der inneren Spule den Induktionsfluß

$$\phi_2 = \pi R_1^2 B_2 = \frac{4\pi^2 R_1^2}{c} \frac{N_2}{l} I_2 \qquad \underline{5}$$

erzeugt, so wird in der inneren Spule die Spannung

$$V_1 = -\frac{N_1}{c} \frac{d\phi_2}{dt} = -\frac{4\pi^2 R_1^2}{c^2} \frac{N_1 N_2}{l} \frac{dI_2}{dt} \equiv -L_{12} \frac{dI_2}{dt} \qquad \underline{6}$$

induziert. Wir sehen, daß wir auch durch diese Überlegung auf denselben gegenseitigen Induktionskoeffizienten L_{12} wie in Gleichung 3 geführt werden.

Haben wir es nur mit einer einzigen Spule zu tun (Radius R, Windungszahl N, Länge l) so herrscht in derem Inneren das Induktionsfeld

$$|\vec{B}| = \frac{4\pi}{c} \frac{N}{l} I,$$

wenn I die Stromstärke bedeutet. Ändert sich diese, so wird aufgrund des Faradayschen Induktionsgesetzes eine Gegenspannung in der Spule selbst induziert. Sie beträgt

$$V = -\frac{1}{c} \frac{d\phi}{dt} = -\frac{4\pi^2 R^2}{c^2} \frac{N^2}{l} \frac{dI}{dt} \equiv -L \frac{dI}{dt}.$$

Das ergibt den Selbstinduktionskoeffizienten der Spule als

$$L = \frac{4\pi^2 R^2}{c^2} \frac{N^2}{l}.$$

Falls die Spule mit einem Medium der Permeabilität μ ausgefüllt wird, führt dieselbe Überlegung auf

$$L = \frac{4\pi^2 R^2}{c^2} \mu \frac{N^2}{l}.$$

Für Eisen mit der Permeabilität $\mu = 3000$ würden sich also Selbst- und Gegeninduktion um den Faktor 3000 vergrößern.

14.5 Beispiel: Die Lenzsche Regel

Ein geschlossener Leiter möge im magnetischen Feld so bewegt werden, daß sich der durch ihn durchtretende Induktionsfluß ϕ ändert. Dann wird im Leiter ein Strom der Stärke I induziert, für den nach dem Faradayschen Induktionsgesetz folgt:

$$IR = -\frac{1}{c}\frac{d\phi}{dt}\,. \qquad \underline{1}$$

Zugleich wirken auf den Leiter elektromagnetische Kräfte, die nach Gleichung (31) die Arbeit

$$dA = \frac{I}{c}d\phi = \frac{I}{c}\frac{d\phi}{dt}dt \qquad \underline{2}$$

leisten. Wird hier für I der Ausdruck $-\frac{1}{Rc}\frac{d\phi}{dt}$, wie er aus der vorletzten Gleichung folgt, eingesetzt, so erhält man

$$dA = -\frac{1}{Rc^2}\left(\frac{d\phi}{dt}\right)^2 dt. \qquad \underline{3}$$

Die Arbeit ist stets negativ. Die Bewegung erfordert die Überwindung der elektromagnetischen Kräfte. Der Induktionsstrom hat daher immer eine solche Richtung, daß die auftretenden elektromagnetischen Kräfte die induzierte Bewegung zu verhindern suchen. Dies ist die bekannte *Lenzsche Regel.*

Stromkreis mit Widerstand und Selbstinduktion: Wir befassen uns jetzt mit der Anwendung der allgemeinen Gleichungen auf Stromerscheinungen, wie sie in einem bzw. in zwei unbewegten Leitern auftreten.

Als ersten Fall betrachten wir einen Stromkreis, der den *Ohmschen* Widerstand R und den Selbstinduktionskoeffizienten L besitzt. Maßgebend für diesen Fall ist das Gleichungssystem (16), das sich für einen Stromkreis auf die Gleichung

$$RI + L\frac{dI}{dt} = V \qquad (39)$$

reduziert. Die Verhältnisse liegen am einfachsten, wenn die Spannung V verschwindet. Praktisch bedeutet dies, daß wir im Leiter z.B. durch einen Induktionsstoß im Zeitpunkt $t = 0$ einen Strom I_0 erzeugen und diesen sich selbst überlassen. Die Lösung der homogenen Differentialgleichung

$$RI + L\frac{dI}{dt} = 0$$

lautet

$$I = I_0\, e^{-\frac{R}{L}t}. \qquad (40)$$

Die Stromstärke nimmt exponentiell mit der Zeit ab. Die Abnahme der Stromstärke erfolgt umso langsamer, je größer der Induktionskoeffizient L im Vergleich zu R ist. Ein Strom von längerer Dauer erzeugt nun eine größere *Joulesche* Wärme. Da aber bei großem L zur Erzeugung des Stromes I_0 auch eine größere Arbeit erforderlich ist, besteht kein energetischer Widerspruch.

Der nächsteinfache Fall besteht darin, daß die Spannung V konstant ist ($V = V_0$). Wird z.B. eine Batterie zur Zeit $t = 0$ eingeschaltet, so ist die entsprechende Stromstärke $I_0 = 0$. Die Gleichung kann jetzt durch die Substitution $I = \bar{I} + \frac{V_0}{R}$ homogen gemacht werden:

$$R\bar{I} + L\frac{d\bar{I}}{dt} = 0.$$

Die Lösung ist

$$I = \frac{V_0}{R}\left(1 - e^{-\frac{R}{L}t}\right). \tag{41}$$

Nicht sofort nach dem Einschalten, sondern erst nach dem Abklingen des exponentiellen Gliedes nimmt die Stromstärke den Wert an, den das *Ohmsche* Gesetz erfordert.

In die energetischen Verhältnisse erhalten wir Einblick, wenn wir die Gleichung (39) beiderseits mit I multiplizieren und in folgender Anordnung schreiben:

$$VI = I^2R + LI\frac{dI}{dt} = I^2R + \frac{d}{dt}\left(\frac{1}{2}LI^2\right). \tag{42}$$

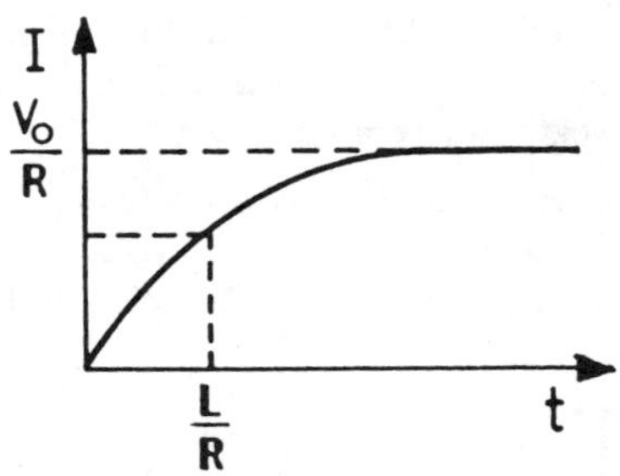

Stromverlauf beim Einschalten einer Spannung V_0.

Das letzte Glied bedeutet die Änderung der magnetischen Energie pro Zeiteinheit. Nun möge die Batterie aus dem Kreis abgeschaltet werden. Das kann leicht dadurch geschehen, daß der Stromkreis geschlossen bleibt. Dann wird die Energiegleichung

$$I^2R = -\frac{d}{dt}\left(\frac{1}{2}LI^2\right). \tag{43}$$

Die *Joulsche* Wärme, die durch den exponentiell abklingenden Strom am Widerstand R erzeugt wird, findet ihre Quelle in der abnehmenden Energie des Feldes.

Zu charakteristischen neuen Erkentnissen führt die Annahme, daß sich die Spannung V mit der Zeit periodisch ändert:

$$V = V_0 \cos \omega t$$

V_0 ist die Amplitude, ω die Kreisfrequenz $2\pi\nu$ der eingeschalteten Wechselspannung. Gleichung (39) wird jetzt

$$RI + L\frac{dI}{dt} = V_0 \cos \omega t\,. \tag{44}$$

Bedenkt man, daß $\cos \omega t$ der reelle Teil der Funktion $e^{i\omega t}$ ist, so kann die Gleichung viel handlicher gemacht werden, indem man die Exponentialfunktion einsetzt. Dann ergibt sich zwar eine komplexe Lösung für I, aber der reelle Anteil befriedigt die ursprüngliche Gleichung (44). In diesem Sinne schreiben wir die Gleichung in der Gestalt

$$RI + L\frac{dI}{dt} = V_0 e^{i\omega t}. \tag{45}$$

Die Lösung einer inhomogenen Differentialgleichung besteht bekanntlich aus der Summe einer Partikularlösung und der vollständigen Lösung der homogenen Gleichung. Diese letztere steht uns in Gleichung (40) bereits zur Verfügung:

$$I = Je^{-\frac{R}{L}t}.$$

Durch Variation der Konstanten J erhält man eine partikuläre Lösung. Wir betrachten daher J als Funktions von t, also $J = J(t)$. Das ergibt

$$\frac{dI}{dt} = \left(\frac{dJ}{dt} - \frac{R}{L}J\right) e^{-\frac{R}{L}t}. \tag{46}$$

Setzt man die Ausdrücke für I und $\frac{dI}{dt}$ in Gleichung (45) ein, so folgt

$$\frac{dJ}{dt} = \frac{V_0}{L} e^{\left(\frac{R}{L}+i\omega\right)t} \tag{47}$$

und nach Integration

$$J(t) = \frac{V_0}{R + i\omega L} e^{\left(\frac{R}{L}+i\omega\right)t} + C\,. \tag{48}$$

Es wird somit

$$I = \frac{V_0}{R + i\omega L} e^{i\omega t} + Ce^{-\frac{R}{L}t}\,. \tag{49}$$

Das zweite, zeitlich abklingende Glied trägt zur Ausbildung bleibender Verhältnisse nichts bei und soll deshalb weggelassen werden (es verschwindet im eingeschwungenen Zustand). Daher verbleibt als stationäre Lösung

$$I = \frac{V_0}{R + i\omega L} e^{i\omega t}\,. \tag{50}$$

Endlich ist noch die Spaltung in den reellen und imaginären Bestandteil vorzunehmen. Zu diesem Zweck schreiben wir

$$\frac{1}{R+i\omega L} = \frac{R-i\omega L}{R^2+\omega^2 L^2} = a - ib \tag{51}$$

mit

$$a = \frac{R}{R^2+\omega^2 L^2} \quad \text{und} \quad b = \frac{\omega L}{R^2+\omega^2 L^2} \,. \tag{52}$$

Mit dem Phasenwinkel δ, definiert durch

$$tg\delta = \frac{\omega L}{R} \tag{53}$$

wird

$$I = \frac{V_0}{\sqrt{R^2+\omega^2 L^2}} e^{i(\omega t - \delta)} \,, \tag{54}$$

und die endgültige Form der Lösung lautet

$$I = \frac{V_0}{\sqrt{R^2+\omega^2 L^2}} \cos(\omega t - \delta) \,. \tag{55}$$

Wie man sieht, hat die Stromstärke dieselbe Frequenz wie die Spannung. Das ist für den eingeschwungenen Zustand auch zu erwarten. Aber die beiden Größen schwingen nicht in derselben Phase. Die Stromstärke erreicht die jeweilige Phase der elektromotorischen Kraft um die Zeit $\frac{\delta}{\omega}$ später. Man nennt, wie schon oben bemerkt, δ den Phasenwinkel.

Der Vergleich mit dem *Ohmschen* Gesetz zeigt, daß der Ausdruck $\sqrt{R^2+\omega^2 L^2}$ als Widerstand des Kreises zu betrachten ist. Sein Wert hängt nicht nur von den Daten des Kreises ab, sondern auch von der Stromfrequenz. Man nennt diesen Widerstand *Impedanz.* Der Teil ωL heißt *Induktanz* oder *induktiver Widerstand.*

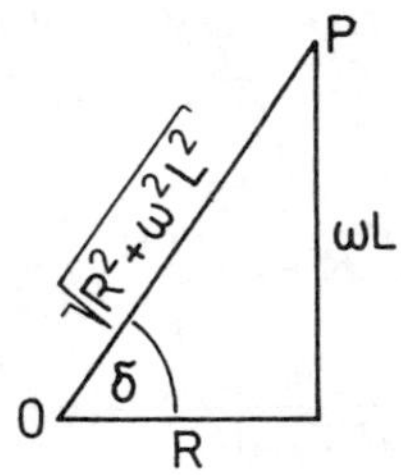

Zum Verständnis des komplexen Widerstandes.

Die Figur gibt von allen hier auftretenden Größen ein anschauliches Bild. Der *Ohmsche* Widerstand R wird von dem Anfangspunkt auf der reellen X–Achse abgetragen, im Endpunkt senkrecht dazu der induktive Widerstand ωL. Kurz gefaßt, die Größe $R + i\omega L$ wird in der komplexen Zahlenebene durch den Punkt P dargestellt. Der absolute Wert $\overline{OP}$ gibt die Impedanz, der Bogen δ den Phasenwinkel.

Wir bezeichnen die Amplitude oder den Scheitelwert des Stromes

$$\frac{V_0}{\sqrt{R^2 + \omega^2 L^2}}$$

mit I_0 und schreiben

$$I = I_0 \cos(\omega t - \delta) \,. \tag{56}$$

Zunächst interessiert uns die Leistung der periodischen elektromotorischen Kraft:

$$VI = V_0 I_0 \cos\omega t \cdot \cos(\omega t - \delta) \,. \tag{57}$$

Wegen der schnellen Veränderlichkeit hat nur der zeitliche Mittelwert praktische Bedeutung. Wir bilden den Mittelwert über die Zeit $T = \frac{2\pi}{\omega}$ einer Periode:

$$\begin{aligned} \overline{V(t) \cdot I(t)} &= V_0 I_0 \tfrac{1}{T} \int_0^T \cos\omega t \cdot \cos(\omega t - \delta)\, dt \\ &= V_0 I_0 \tfrac{1}{T} \int_0^T (\cos^2\omega t \cdot \cos\delta + \cos\omega t \cdot \sin\omega t \cdot \sin\delta)\, dt \,. \end{aligned}$$

Der Mittelwert von $\cos^2\omega t$ beträgt $\frac{1}{2}$, der von $\cos\omega t \cdot \sin\omega t$ ist Null. Daher wird

$$\overline{VI} = \frac{1}{2} V_0 I_0 \cos\delta = \frac{V_0}{\sqrt{2}} \frac{I_0}{\sqrt{2}} \cos\delta \,. \tag{58}$$

Nach Gleichung (56) ist $\frac{I_0}{\sqrt{2}}$ die Wurzel aus dem Mittelwert von I^2. Ebenso ist $\frac{V_0}{\sqrt{2}} = \sqrt{\overline{V^2}}$. Diese Größen werden *effektive Stromstärke* bzw. *effektive elektromotorische Kraft* (effektive Spannung) genannt. Hitzedrahtinstrumente messen diese Größen. Wir haben daher

$$\overline{VI} = V_{\text{eff}} I_{\text{eff}} \cos\delta \,. \tag{59}$$

Nähert sich der Phasenwinkel δ dem Wert $\pi/2$, so konvergiert die Stromleistung gegen Null. Es entsteht keine nennenswerte *Joulsche* Wärme. Man spricht in diesem Fall von *wattlosem Strom.* Ein derartiger Strom fließt z.B. im unbelasteten Transformator. Sein Energieverbrauch ist so gering, daß ein Ausschalten unnötig ist.

14.6 Beispiel zur Abrundung: Das sogenannte Vektordiagramm.

Bisher wurde die analytische Lösung der Gleichung (45) besprochen. Diese kann aber auch graphisch gelöst werden (siehe dazu die untenstehende Figur). Bekanntlich wird die komplexe Zahl $a+ib$ in der komplexen Zahlenebene durch einen Vektor dargestellt. Wird der absolute Wert der Zahl mit r, ihr Arcus mit φ bezeichnet, so erfolgt die Darstellung in der Weise, daß auf der reellen Achse der Winkel φ aufgetragen und auf seinen freien Schenkel der Wert r abgemessen wird. In diesen Polarkoordinaten wird

$$a + ib = r(\cos\varphi + i\sin\varphi) = re^{i\varphi}.$$

Die gegebene Spannung $V_0 e^{i\omega t}$ kann daher als Vektor vom Betrage V_0 dargestellt werden, der mit der reellen Achse den veränderlichen Winkel ωt einschließt. Der "Vektor V" dreht sich daher mit der Winkelgeschwindigkeit ω um den Anfangspunkt in der Richtung reelle–imaginäre Achse. Die Summe zweier komplexer Zahlen entspricht der Resultanten der darstellenden Vektoren.

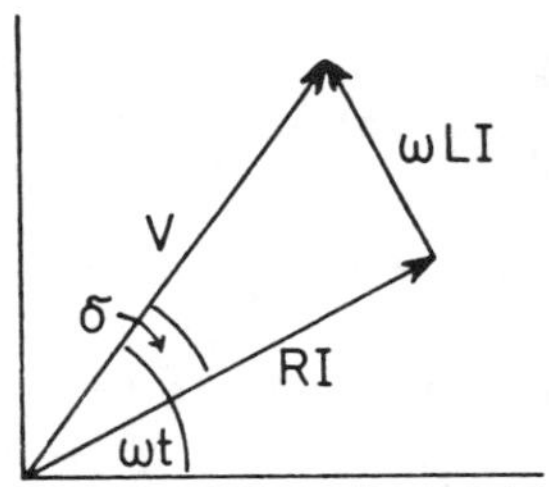

Das Vektordiagramm

Was das Produkt der Zahlen $r_1 e^{i\varphi_1}$ und $r_2 e^{i\varphi_2}$ anbelangt, so wird der Absolutwert $r_1 \cdot r_2$, der Arcus $\varphi_1 + \varphi_2$. Da nun $i = e^{i\frac{\pi}{2}}$ ist, bedeutet Multiplikation mit i die positive Drehung des zu multiplizierenden Vektors um 90°. Die zeitliche Differentiation einer Größe der Form $Ae^{i\omega t}$ erfolgt durch multiplizieren mit $i\omega$.

Setzt man daher voraus, daß die Gleichung (45) eine Lösung von der Gestalt $I = I_0\, e^{i\omega t}$ besitzt, so kann die Gleichung folgendermaßen geschrieben werden:

$$RI + i\omega LI = V\,.$$

Sie besagt, daß der Vektor V die zwei orthogonalen Komponenten RI und ωLI hat. Die gegebene Größe V kann mit Hilfe des Absolutwertes V_0 und des Bogens ωt leicht konstruiert werden. Der Endpunkt des entsprechenden Vektors beschreibt während einer Periode einen Kreis um den Anfangspunkt. Die Richtung von RI ist in jedem Augenblick durch den Bogen $\omega t - \delta$ gegeben. Es handelt sich also darum, V in zwei senkrechte Komponenten zu zerlegen. Nach Lösung dieser elementaren Aufgabe kann man durch Projektion auf die reelle Achse auch die reellen Komponenten der Vektoren V, RI und ωLI konstruieren.

Ein Stromkreis mit Selbstinduktion, Kapazität und Widerstand: Wir ergänzen unsere bisherigen Betrachtungen und denken uns in den Stromkreis einen

Kondensator mit der Kapazität C eingeschaltet (siehe Figur). Der Leitungsstrom endet an den Belegungen, die Fortsetzung zwischen diesen bleibt dem Verschiebungsstrom überlassen. Die von den Klemmen des Kondensators ausgehenden Flächenströme über die Belegungen und der Verschiebungsstrom durch das Dielektrikum nehmen dem Kreis den Charakter der Linearität. Strenggenommen müßte man daher den geschlossenen Strom in elementare Röhren zerlegen und den Induktionsfluß für jede einzelne Röhre berechnen. Ist jedoch der Abstand der Platten klein, so wird der Induktionsfluß der einzelnen Röhren nur sehr wenig von jenem abweichen, den der Kreis mit kurzgeschlossenem Kondensator besitzt. In dieser Näherung kann man daher von einem linearen Strom sprechen und die elektromotorische Kraft der Induktion gleich $-L\frac{dI}{dt}$ setzen. Damit lassen wir allerdings das magnetische Feld im Dielektrikum des Zwischenraumes, das durch den Verschiebungsstrom entsteht außer acht. Dieses ist jedoch sehr schwach und auf einen kleinen Raum beschränkt.

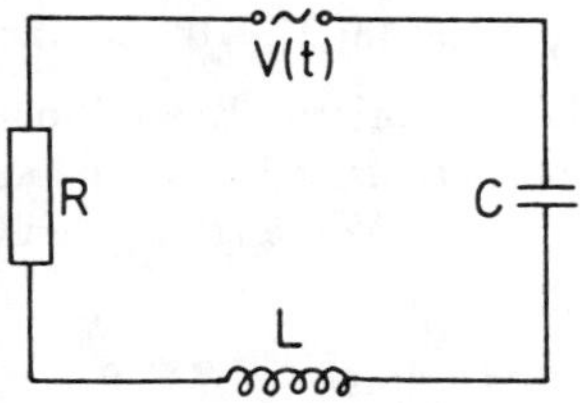

Stromkreis mit Widerstand R, Selbstinduktion L und Kapazität C.

Der Leitungsstrom ist jetzt nicht geschlossen. Daher muß das verallgemeinerte *Ohmsche* Gesetz im Sinne der Gleichung (16) in folgender Form geschrieben werden:

$$RI + L\frac{dI}{dt} = V + (V_1 - V_2)\,. \tag{60}$$

Dabei ist $V_1 - V_2$ die Spannung (Potentialdifferenz) am offenen Element (Kondensator). Bezieht man die Stromrichtung auf die des Potentialgefälles, so bedeutet positives I, daß der Strom in Richtung des Gefälles, d.h. von der positiven Belegung zur negativen fließt. Ist daher die momentane Ladung der positiven Belegung q, so ist

$$I = -\frac{dq}{dt} \quad \text{und} \quad q = -\int_{t_0}^{t} I\,dt\,, \tag{61}$$

wobei t_0 den Zeitpunkt bedeutet, in dem die Belegung ladungslos war. Für die Potentialdifferenz gilt

$$V_1 - V_2 = \frac{q}{C} = -\frac{1}{C}\int\limits_{t_0}^{t} I\,dt\,. \tag{62}$$

Dies eingesetzt, lautet die Stromgleichung:

$$RI = V - \frac{1}{C}\int\limits_{t_0}^{t} I\,dt - L\frac{dI}{dt}\,. \tag{63}$$

Schafft man noch mittels Zeitdifferentiation das Integral weg, so entsteht die Gleichung zweiter Ordnung

$$L\ddot{I} + R\dot{I} + \frac{1}{C}I = \dot{V}\,. \tag{64}$$

Wir integrieren die Gleichung zuerst für $V = 0$ und nachfolgend für $V = V_0 e^{i\omega t}$.

1. Den Kreis, der keine elektromotorische Kraft (Spannung) enthält, denken wir uns durch einen einmaligen Induktionsstoß, der z.B. auf die Spule L wirkt, erregt und dann sich selbst überlassen. Die Vorgänge werden durch die Gleichung

$$L\ddot{I} + R\dot{I} + \frac{1}{C}I = 0 \tag{65}$$

beschrieben. Sie ist analog zu jener Gleichung, die in der Mechanik gedämpfte Schwingungen beschreibt (vgl. Bd. 1 Kap 23 der Vorlesung). Die entsprechende charakteristische Gleichung $Lk^2 + Rk + \frac{1}{C} = 0$ besitzt die Wurzeln

$$k_{1,2} = -\frac{R}{2L} \pm \sqrt{\left(\frac{R}{2L}\right)^2 - \frac{1}{CL}}\,. \tag{66}$$

Die Lösung wird daher

$$I = c_1 e^{k_1 t} + c_2 e^{k_2 t}\,.$$

Nun sind je nach dem Wert der Diskriminante zwei Fälle zu unterscheiden. Ist

$$\left(\frac{R}{2L}\right)^2 - \frac{1}{CL} \geq 0\,, \tag{67}$$

dann sind die zwei Wurzeln k_1, k_2 reell und negativ. I ist keine periodische Funktion der Zeit. Wir wählen die Anfangsbedingung, daß die Entladung des Kondensators und daher auch die Entstehung des Stromes im Augenblick $t = 0$ beginnt. Damit wird $c_2 = -c_1$ und

$$I = c_1(e^{k_1 t} - e^{k_2 t}).$$

Die Stromstärke steigt von Null bis zu einem gewissen Maximum an, dessen Zeitpunkt durch die Gleichung

$$k_1 e^{k_1 t} - k_2 e^{k_2 t} = 0$$

angegeben wird:

$$t = \frac{\ln k_2 - \ln k_1}{k_1 - k_2}$$

Nachdem der Scheitelwert erreicht ist, fällt die Stromstärke rasch gegen Null ab. Physikalisch ist der Fall mit der negativen Diskriminante wichtiger. Wir gebrauchen die Beziehung

$$\sqrt{\left(\frac{R}{2L}\right)^2 - \frac{1}{CL}} = i\omega$$

und schreiben mit $c_1 = a/2i$

$$I = \frac{a}{2i}\, e^{-\frac{R}{2L}t} \left(e^{i\omega t} - e^{-i\omega t}\right) = a\, e^{-\frac{R}{2L}t}\, \sin\omega t\,. \tag{68}$$

Die Entladung des Kondensators erfolgt nun in der Form oszillierender Ströme. Die Belegungen laden sich abwechselnd mit positiver und negativer Elektrizität auf. Besitzt der Kreis eine Funkenstrecke, so entsteht nicht ein Funke, sondern eine Reihe solcher Funken (*Fedderson*, 1858), die im rotierenden Spiegel beobachtet und auch photographiert werden können. Die Amplituden der Stromschwingungen sind jedoch nicht konstant. Der Faktor $e^{-R/2Lt}$ in Gleichung (48) zeigt, daß es sich um gedämpfte Schwingungen handelt. Kann $(R/2L)^2$ gegen $1/CL$ vernachlässigt werden, so wird die Frequenz der Schwingungen

$$\omega_0 = \frac{1}{\sqrt{LC}}\,. \tag{69}$$

Dies ist die sogenannte *Thomsonsche* Formel. Hierbei ist ω_0 die Eigenfrequenz des Kreises. Durch passende Dimensionierung kann erreicht werden, daß die Frequenz entsprechend ansteigt. Der Induktionsfluß, der durch die Spule des Kreises geht, ändert sich dann sehr schnell. $\frac{\partial}{\partial t}$ nimmt sehr große Werte an. *Tesla*[10] benutzte eine aus wenigen weiten Windungen bestehende Spule als Primärteil eines Transformators. An den Polen der Sekundärspulen, die aus vielen Windungen dünnen Drahtes bestand, ergaben sich dann überaus hohe Wechselspannungen.

2. Wir besprechen noch kurz den allgemeineren Fall einer eingeschalteten periodischen äußeren Spannung. Die zu lösende Differentialgleichung lautet dann

$$L\ddot{I} + R\dot{I} + \frac{1}{C}I = i\omega V_0 e^{i\omega t}$$

Man erkennt in ihr die Struktur der Gleichung der erzwungenen Schwingungen. Wir beschränken uns auf die stationären Lösungen und erhalten mit $I = I_0 e^{i\omega t}$ die algebraische Gleichung

$$I_0(-\omega^2 L + i\omega R + \frac{1}{C}) = i\omega V_0$$

und daraus

$$I_0 = \frac{V_0}{R + i\left(\omega L - \frac{1}{\omega C}\right)} .$$

Es wird daher

$$I = \frac{V_0 e^{i\omega t}}{R + i\left(\omega L - \frac{1}{\omega C}\right)} .$$

Die Lösung unterscheidet sich von Gleichung (49) nur dadurch, daß an Stelle von ωL jetzt $\omega L - \frac{1}{\omega C}$ steht. Die endgültige reelle Lösung folgt daher sofort aus Gleichung (50)

$$I = \frac{V_0}{\sqrt{R^2 + \left(\omega L - \frac{1}{\omega C}\right)^2}} \cos(\omega t - \delta) , \tag{70}$$

wobei aber jetzt

---

[10] *Nikola Tesla* * 9. Juli 1856 in Smiljan, Kroatien (heute Jugoslawien) † 7. Januar 1943 in New York. Tesla begann seine Erfinderlaufbahn in Ungarn an der Universität von Graz. 1884 emigrierte er in die Vereinigten Staaten, wo er einige Zeit mit Edison zusammenarbeitete. Nach einem Streit über die Bezahlung für eine Erfindung brach er die Beziehung ab. Er war wesentlich an der Entwicklung der technischen Anwendung des Wechselstromes beteiligt. Man wußte, daß sich elektrische Energie effektiver mit hoher Spannung transportieren läßt. Tesla baute geeignete Transformatoren, um den Strom vor dem Transport hochzuspannen und dann wieder vor dem Verbrauch die Spannung zu reduzieren. Tesla arbeitete ferner an der Entwicklung von Wechselstrommotoren. 1912 wurde ihm zusammen mit Edison der Nobelpreis zugesprochen, dessen Entgegennahme er allerdings aufgrund persönlicher Zwistigkeiten mit Edison als Gleichstromanhänger ablehnte.

$$tg\,\delta = \frac{\omega L - \frac{1}{\omega C}}{R}$$

ist. Zwischen Stromstärke und elektromotorischer Kraft besteht wieder eine Phasenverschiebung. Im reinen RC–Kreis, in dem $L = 0$ ist, wird

$$tg\,\delta = \frac{1}{\omega CR}.$$

Die Phase der Stromstärke eilt derjenigen der elektromotorischen Kraft voraus. Selbstinduktion bewirkt Verzögerung, Kapazität hingegen Beschleunigung der Stromphase. Im Fall $\omega L = 1/\omega C$ verschwindet die Phasenverschiebung, und die Impedanz reduziert sich auf den *Ohmschen* Widerstand R. Zugleich wird

$$\omega = \frac{1}{\sqrt{LC}} = \omega_0 \ .$$

Das bedeutet folgendes: Stimmt die Frequenz der eingeschalteten elektromotorischen Kraft mit der Eigenfrequenz des Kreises überein (Resonanzfall), dann verschwindet die Phasenverschiebung, und die Amplitude der Stromstärke nimmt ihren Scheitelwert $\frac{V_0}{R}$ an.

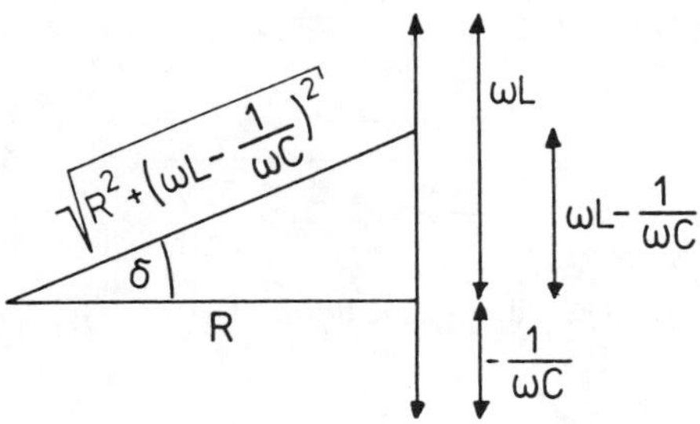

Zur Berechnung der Impedanz aus Ohmschen, induktivem und kapazitivem Widerstand.

Der Ausdruck $-1/\omega C$ heißt *kapazitiver Widerstand.* Er wird umso kleiner, je größer die Kapazität des Kondensators und die Frequenz der Schwingung ist. Die obenstehende Figur zeigt, wie Impedanz und Phasenverschiebung graphisch dargestellt werden können.

Die Stromleistung wird auch jetzt durch den Ausdruck $E_{\text{eff}} I_{\text{eff}} \cos\delta$ gegeben. Ist vom Standpunkte der Leistung der Wert von δ in einem RL–Kreis ungünstig, so ist leicht einzusehen, daß er durch Einschalten einer Kapazität in gewünschter Weise abgeändert werden kann.

Der Strom einer Antenne geht bekanntlich durch einen Schwingkreis, der durch die veränderliche Kapazität eines Drehkondensators auf die Empfangsfrequenz abgestimmt wird. Wir fragen nach dem Widerstand des Kreises. Der Einfachheit halber möge der Ohmsche Widerstand vernachlässigt werden. In der Anordnung der untenstehenden Figur sind induktiver und kapazitiver Widerstand parallelgeschaltet. Nennt man den resultierenden Widerstand R_{eff}, so wird

$$\frac{1}{R_{\text{eff}}} = \frac{1}{\omega L} - \omega C = \frac{1-\omega^2 LC}{\omega L}\,.$$

Infolge der Abstimmung des Kreises wird ω gleich der Eigenfrequenz:

$$\omega^2 = \frac{1}{LC}, \quad \text{daher} \quad \frac{1}{R_{\text{eff}}} = 0\,,\; R_{\text{eff}} = \infty\,.$$

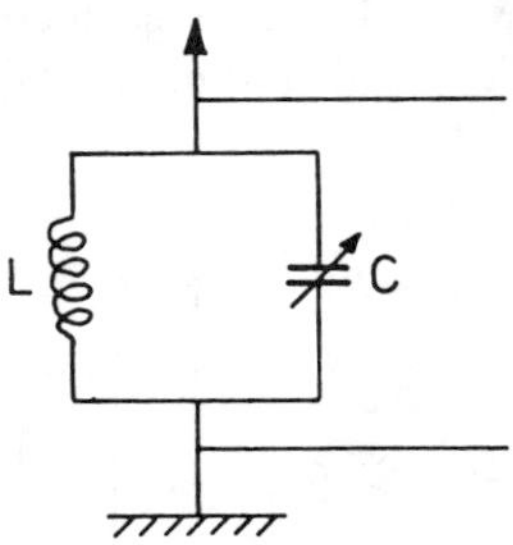

Ein Antennenstrom geht durch einen Schwingkreis

Stellt man auch den Ohmschen Widerstand in Rechnung, so wird R_{eff} zwar nicht unendlich, aber noch immer sehr groß. Der abgestimmte Kreis repräsentiert einen beträchtlichen Widerstand. An seinen Zuleitungspunkten tritt eine große Potentialdifferenz auf, die der ersten Verstärkerstufe zugeleitet wird.

14.7 Aufgabe: Gekoppelte Schwingkreise

Diskutieren Sie die Ströme in zwei induktiv gekoppelten Kreisen ohne Kapazität (RL - Kreise).

Lösung:

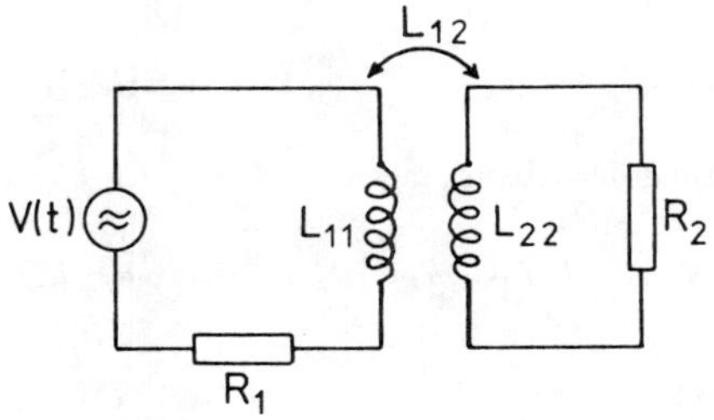

Zwei induktiv gekoppelte Schwingkreise.

Wir denken uns zwei RL–Kreise (vgl. Figur). Im ersten wirkt die von außen vorgesehene Spannung $V_0 e^{i\omega t}$, der zweite besitzt keine Stromquelle und erhält seine Anregung durch den Induktionsfluß, den der erste durch seine Spule hindurchsendet. Die für die Vorgänge maßgebenden Differentialgleichungen sind (vgl. Gleichung (16))

$$L_{11}\dot{I}_1 + L_{12}\dot{I}_2 + R_1 I_1 = V_0 e^{i\omega t} \quad , \quad L_{12}\dot{I}_1 + L_{22}\dot{I}_2 + R_2 I_2 = 0 \; . \qquad \underline{1}$$

Sind die Induktionsspulen der beiden Kreise so angeordnet, daß der Fluß der ersten Spule nur zu einem geringen Teil durch die zweite geht, so spricht man von *schwacher Koppelung.* Die beiden Spulen können auch auf einem lamellierten Eisenring angebracht sein, wie das beim Transformator der Fall ist. Der ganze Induktionsfluß geht dann durch den Ring und somit durch beide Spulen hindurch. Man spricht hier von fester *Koppelung.* Zu bedenken ist jedoch, daß bei Anwesenheit eines Eisenkernes die Induktionskoeffizienten nach Gleichung (13) und (15) keine Konstanten mehr sind; denn μ hängt dann wesentlich von der Feldstärke $\vec{H}$ ab.

Unter der Vorraussetzung, daß die äußere Spannung Ströme von gleicher Frequenz erzeugt, können wir folgende Ansätze machen:

$$I_1 = i_1 e^{i\omega t} \; , \; I_2 = i_2 e^{i\omega t} \; . \qquad \underline{2}$$

i_1 und i_2 sind komplexe Zahlen, mit deren Hilfe etwaige Phasenverschiebungen beschrieben werden können:

$$i_1 = i_1^0 e^{-i\delta_1} \; , \; i_2 = i_2^0 e^{-i\delta_2} \; . \qquad \underline{3}$$

Rückgehend erhalten wir somit

$$I_1 = i_1^0 e^{i(\omega t - \delta_1)} \; , \; I_2 = i_2^0 e^{i(\omega t - \delta_2)} \; . \qquad \underline{4}$$

Es bedeuten δ_1 und δ_2 die Phasenverzögerungen der beiden Ströme der elektromotorischen Kraft gegenüber, $i_1^0 i_2^0$ die Stromamplituden. Wir setzen die Ausdrücke $\underline{2}$ in die Gleichung $\underline{1}$ ein und erhalten

$$i\omega L_{11}i_1 + i\omega L_{12}i_2 + R_1 i_1 = V_0 \ , \ i\omega L_{12}i_1 + i\omega L_{22}i_2 + R_2 i_2 = 0 \, . \tag{5}$$

Aus der Einführung der Abkürzungen

$$a_1 = R_1 + i\omega L_{11} \ , \ a_2 = R_2 + i\omega L_{22} \ , \ b = i\omega L_{12}$$

resultiert

$$a_1 i_1 + b i_2 = V_0 \ , \ b i_1 + a_2 i_1 = 0 \, .$$

Die Lösung lautet

$$i_1 = V_0 \frac{a_2}{a_1 a_2 - b^2} \ , \ i_2 = -V_0 \frac{b}{a_1 a_2 - b^2} \, . \tag{6}$$

Der nächste Schritt würde darin bestehen, die reellen und imaginären Teile zu trennen und aus den sich ergebenden vier Gleichungen die vier Unbekannten i_1^0, i_2^0, δ_1 und δ_2 zu bestimmen. Wir begnügen uns damit, das Amplitudenverhältnis i_2^0/i_1^0 und die Phasendifferenz $\delta_2 - \delta_1$ der beiden Ströme zu berechnen. Wir erhalten

$$\frac{i_2^0}{i_1^0} e^{-i(\delta_2 - \delta_1)} = -\frac{b}{a_2} = -\frac{i\omega L_{12}}{R_2 + i\omega L_{22}} \, .$$

Hier kann die Trennung in reelle und imaginäre Bestandteile leicht durchgeführt werden. Man erhält

$$\frac{i_2^0}{i_1^0} = \frac{\omega L_{12}}{\sqrt{R_2^2 + \omega^2 L_{22}^2}} , \quad tg(\delta_2 - \delta_1) = -\frac{R_2}{\omega L_{22}} \, .$$

Es ist zu ersehen, daß die Amplitude des induzierten Stromes umso größer wird, je fester die Koppelung (je größer L_{12}) und je kleiner die Impedanz des zweiten Kreises ist. Der Tangens der Phasendifferenz der beiden Ströme wird im Falle $R_2 \ll \omega L_{22}$ eine sehr kleine negative Zahl, d.h. $\delta_2 - \delta_1 = \pi$. Die zwei Ströme haben entgegengesetzte Richtungen. Ihre Kraftwirkung äußert sich daher in gegenseitiger Abstoßung. Damit ist das Experiment *Elihu Thomsons* erklärt, bei dem der zweite Leiterkreis ein leichter Aluminiumring mit überaus kleinem Ohmschen Widerstand war.

14.8 Beispiel: Der Transformator

Wir beziehen uns in diesem Beispiel auf die vorherige Aufgabe.

Aus der festen Koppelung, die beim Transformator vorliegt (vgl. Figur), ergeben sich einige Relationen zwischen den Induktionskoeffizienten. Die Windungszahl der

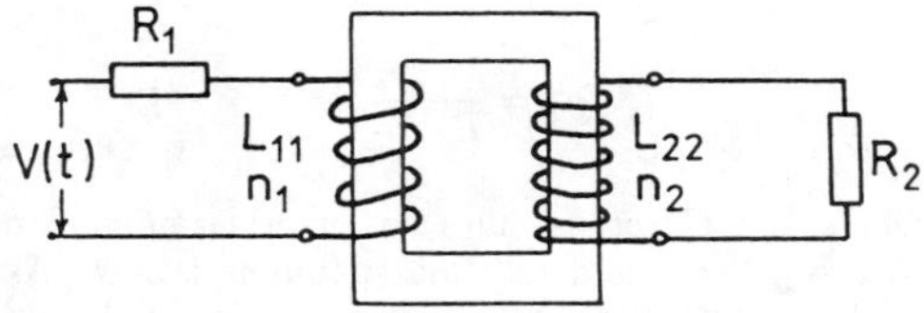

Schema eines Transformators.

primären Spule sei N_1, die der sekundären N_2. Da zwischen I_1 und I_2 eine Phasendifferenz besteht, wählen wir einen Zeitpunkt, in dem der Sekundärstrom gerade verschwindet: $I_1 \neq 0, I_2 = 0$. Der magnetische Induktionsfluß im Eisenkern sei in diesem Augenblick ϕ. Da dieser durch alle N_1 Windungen des Primärkreises hindurchgeht, wird der Gesamtfluß durch diesen Kreis $\phi_1 = N_1\phi$. Ebenso wird der durch den sekundären Kreis hindurchtretende Induktionsfluß $\phi_2 = N_2\phi$. Andererseits folgt aus Gleichung (12)

$$\phi_1 = cL_{11}I_1 \ , \ \phi_2 = cL_{12}I_1 \ .$$

Daher ist

$$\frac{\phi_1}{\phi_2} = \frac{L_{11}}{L_{12}} = \frac{N_1}{N_2}. \qquad \underline{1}$$

Durch ähnliche Überlegungen findet man für den Fall , daß der Strom momentan nur im Sekundärkreis fließt

$$\frac{L_{12}}{L_{22}} = \frac{N_1}{N_2}.$$

Aus diesen Ergebnissen folgt

$$L_{12} = \sqrt{L_{11}L_{22}} \ ; \ \frac{L_{11}}{L_{22}} = \frac{N_1^2}{N_2^2} \qquad \underline{2}$$

Kreis 1 besteht aus dem Generator und der Primärwicklung des Transformators. Die Leitungen in diesem Kreis sind so dimensioniert, daß der Widerstand R_1 verschwindend klein ist. Dann wird $a_1 = i\omega L_{11}$ und daher

$$i_2 = -V_0 \frac{i\omega L_{12}}{i\omega L_{11}(R_2 + i\omega L_{22}) - i^2\omega^2 L_{12}^2} = V_0 \frac{L_{12}}{L_{11}R_2 + i\omega(L_{11}L_{22} - L_{12}^2)}$$

und, wenn man noch Gleichungen $\underline{1}$, $\underline{2}$ heranzieht

$$i_2 = \frac{V_0}{R_2}\frac{N_2}{N_1}. \qquad \underline{3}$$

Dem negativen Vorzeichen nach ist der Sekundärstrom der primären elektromotorischen Kraft entgegengesetzt gerichtet. Seine Amplitude ist

$$i_2^0 = \frac{V_0}{R_2}\frac{N_2}{N_1}.$$

Nach dem *Ohmschen Gesetz* ist dies so zu erklären, daß die Spannung im Sekundärkreis das N_2/N_1 fache der Primärspannung ist. N_2/N_1 heißt Übersetzungsverhältnis des Transformators. Nimmt bei wachsender Belastung R_2 ab (Parallelschaltung der Verbraucher), so nimmt i_2^0 entsprechend zu.

In unseren Betrachtungen war L_{22} der Selbstinduktionskoeffizient der Sekundärwicklung des Transformators, nicht des ganzen Sekundärkreises. Unsere Ergebnisse besitzen daher nur für solche Fälle Gültigkeit, wo im Verbraucherkreis ein Ohmscher Widerstand (Glühlampen), nicht aber eine Selbstinduktion (Motoren) eingeschaltet ist.

Bei offenem Sekundärkreis ist $R_2 = \infty$. Für i_1 folgt

$$i_1 = \frac{V_0}{a_1} = \frac{V_0}{i\omega L_{11}} i^{-i\frac{\pi}{2}}. \qquad \underline{4}$$

Da jetzt $\delta_1 = \pi/2$ ist, verschwindet die Leistung des Primärstromes.

15. Elektromagnetische Wellen im Vakuum

Wir wollen zeitlich und räumlich rasch wechselnde elektromagnetische Felder behandeln und gehen dazu von den Maxwellgleichungen aus. Wir beschränken uns zunächst auf Felder im Vakuum. In diesem Fall ist $\vec{D} = \vec{E}$, und $\vec{B} = \vec{H}$, ferner $\vec{j} = 0$, $\rho = 0$, so daß wir mit den Maxwellgleichungen in der Form

$$\vec{\nabla} \times \vec{B} = \frac{1}{c}\frac{\partial \vec{E}}{\partial t}, \tag{1}$$

$$\vec{\nabla} \times \vec{E} = -\frac{1}{c}\frac{\partial \vec{B}}{\partial t}, \tag{2}$$

$$\vec{\nabla} \cdot \vec{E} = 0, \tag{3}$$

$$\vec{\nabla} \cdot \vec{B} = 0 \tag{4}$$

zu rechnen haben.

Aus diesem Gleichungssystem können wir einen der Vektoren $\vec{E}$ und $\vec{B}$ eliminieren. Bilden wir die Rotation von Gleichung (1):

$$\vec{\nabla} \times (\vec{\nabla} \times \vec{B}) = \frac{1}{c}\frac{\partial}{\partial t}(\vec{\nabla} \times \vec{E})$$

und setzen die Gleichung (2) ein, so folgt

$$\vec{\nabla} \times (\vec{\nabla} \times \vec{B}) = -\frac{1}{c^2}\frac{\partial^2 \vec{B}}{\partial t^2} \,. \tag{5}$$

Unter der Benutzung der Identität $\vec{\nabla} \times (\vec{\nabla} \times \vec{B}) = \vec{\nabla}(\vec{\nabla} \cdot \vec{B}) - \Delta\vec{B}$ ergibt sich aus (5) wegen $\vec{\nabla} \cdot \vec{B} = 0$:

$$\Delta\vec{B} = \frac{1}{c^2}\frac{\partial^2 \vec{B}}{\partial t^2} \,. \tag{6a}$$

In entsprechender Weise können wir $\vec{B}$ eliminieren, wir erhalten dann

$$\Delta\vec{E} = \frac{1}{c^2}\frac{\partial^2 \vec{E}}{\partial t^2} \,. \tag{6b}$$

Die beiden Vektoren $\vec{E}$ und $\vec{B}$ erfüllen demnach dieselbe *Wellengleichung.* Die Wellengleichung ist uns bereits in der Mechanik bei Schwingungsvorgängen begegnet. Es gibt verschiedene Typen von Lösungen für diese Gleichungen. Wir bemerken zunächst, daß die Form der Wellengleichung

$$\left(\Delta - \frac{1}{c^2}\frac{\partial^2}{\partial t^2}\right) u(\vec{r}, t) = 0 \tag{7}$$

relativistisch invariant ist, weil der Operator

$$\Delta - \frac{1}{c^2}\frac{\partial^2}{\partial t^2} = \sum_{\mu=1}^{4} \frac{\partial}{\partial x_\mu}\frac{\partial}{\partial x_\mu}$$

gleich dem Viererskalarprodukt des Vierergradienten

$$\frac{\partial}{\partial x_\mu} = \left\{\frac{\partial}{\partial x_1}, \frac{\partial}{\partial x_2}, \frac{\partial}{\partial x_3}, \frac{\partial}{\partial ict}\right\}$$

mit sich selbst ist. Die Gleichung der Form (7) wird von jeder beliebigen Funktion

$$u(\vec{r}, t) = u(k_\mu x_\mu) = u(k_1 x_1 + k_2 x_2 + k_3 x_3 + k_4 x_4) \tag{8}$$

gelöst, falls $k_\mu k_\mu \equiv \sum_\mu k_\mu^2 = k_1^2 + k_2^2 + k_3^2 + k_4^2 = 0$[11], d.h. falls k_μ ein Vierer–Null Vektor (Lichtvektor) ist. Wir rechnen nämlich leicht nach

$$\frac{\partial}{\partial x_\mu}\frac{\partial}{\partial x_\mu} u(k_\nu x_\nu) = k_\mu k_\mu \frac{d^2 u(z)}{dz^2}\,, \qquad \text{wobei} \qquad z = k_\nu x_\nu$$

und daher

$$\begin{aligned} 0 = \left(\Delta - \frac{1}{c^2}\frac{\partial^2}{\partial t^2}\right) u(k_\nu x_\nu) &= \frac{\partial}{\partial x_\mu}\frac{\partial}{\partial x_\mu} u(k_\nu x_\nu) = k_\mu k_\mu \frac{d^2}{dz^2} u(z) \\ &= (k_1^2 + k_2^2 + k_3^2 + k_4^2)\frac{d^2}{dz^2} u(z) \Rightarrow k_\mu k_\mu = 0\,. \end{aligned}$$

Schreiben wir $\hat{k} = \{k_\mu\} = \{k_1, k_2, k_3, i\omega/c\} = \{\vec{k}, i\omega/c\}$, dann lautet die Dispersionsbeziehung $k_\mu k_\mu = 0 = \vec{k}^2 - \omega^2/c^2$ oder $k^2 = \omega^2/c^2$ und somit $k = \omega/c$. Die Lösungen der Wellengleichungen lauten dann: $u(z) = u(k_\mu x_\mu) = u(\vec{k}\cdot\vec{r} - \omega t)$. Am besten wird dies im Rahmen der eindimensionalen Wellengleichung verständlich, welche lautet

$$\left(\frac{\partial^2}{\partial x^2} - \frac{1}{c^2}\frac{\partial^2}{\partial t^2}\right) u(x \pm ct) = 0.$$

Hier sind auch wieder $u(x \pm ct)$ beliebige Funktionen, die als Argument immer die spezielle Kombination

$$x + ct = \{x, ict\}\cdot\{1, -i\} = \{x, ict\}\cdot\{k_1', k_4'\}$$

oder

$$x - ct = \{x, ict\}\cdot\{1, i\} = \{x, ict\}\cdot\{k_1, k_4\}$$

haben ($k_\mu x_\mu$ im allgemeinen Fall). In diesen Fällen ist $k_1'^1 + k_4'^2 = 0$ bzw. $k_1^2 + k_4^2 = 0$; also sind diese Funktionen vom Typ (8). Einige sind beispielhaft in der Figur festgehalten. Die Funktion $u(x \pm ct)$ beschreibt zur Zeit $t = 0$ das "Gebirge" $u(x)$. Dieses verändert sich mit der Zeit *nicht in seiner Form*, sondern schiebt sich lediglich an die Stelle $x \pm ct = 0$.

Genauer: $u(x + ct)$ wandert nach links an die Stelle $x = -ct$ und $u(x - ct)$ wandert nach rechts an die Stelle $x = ct$. Die Ausbreitung dieses Wellenzuges erfolgt offenbar mit der Geschwindigkeit $|v| = |x/t| = c$.

[11]Wir benutzen hier die Einstein'sche Summenkonvention, nach der über doppelte Indizes automatisch summiert wird. Das Summenzeichen ist dann unnötig. $k_\mu k_\mu = \sum_{\mu=1}^4 k_\mu^2$

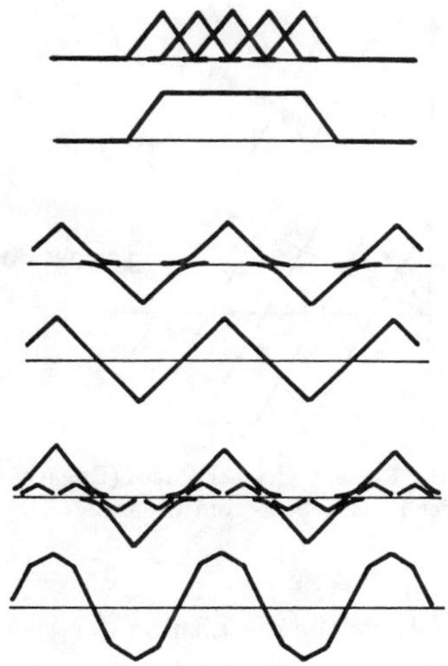

Verschiedene Formen von Wellenzügen

Wir untersuchen nun *ebene Wellen*, die solche Raum–Zeit Funktionen darstellen, für welche zu einem *festen Zeitpunkt t der geometrische Ort einer bestimmten Schwingungsphase eine Ebene ist.* Die Gleichung der Fläche gleicher Phasen lautet

$$k_\mu x_\mu = \vec{k}\cdot\vec{r} - \omega t = \text{const.} \quad \text{oder} \quad \vec{k}\cdot\vec{r} = \text{const.} + \omega t\,. \tag{9}$$

Es handelt sich dabei offenbar um die Darstellung einer Ebene in der sogenannten *Hesseschen Normalform.*

Dabei ist

$$\vec{k} = \text{grad}\,(\vec{k}\cdot\vec{r} - \omega t)$$

der Wellenvektor $\vec{k}$. Er steht senkrecht auf der Wellenebene. Aus (9) folgt $\vec{k}/k\cdot\vec{r} = (\text{const} + \omega t)1/k$. Die Flächen gleicher Phasen der Lösungen $u(k_\mu x_\mu)$ der Wellengleichung sind also Ebenen. Wir sprechen daher von ebenen Wellen. Da $(\vec{k}/k)\cdot\vec{r} = x_0$ der Abstand der Ebene vom Ursprung ist, können wir aus (9) schließen, daß sich dieser Abstand gemäß $x_0 = \text{const.} + \omega t/k$ vergrößert. Dann folgt für die Ausbreitungsgeschwindigkeit der Wellenebene $v = dx_0/dt = \omega/k$. Der Vektor $\vec{k}$ steht, wie schon erwähnt, senkrecht auf der Ebene gleicher Phase und zeigt in die Ausbreitungsrichtung der Welle. Wir können demnach $\vec{v} = (\omega/k)(\vec{k}/k)$ folgern.

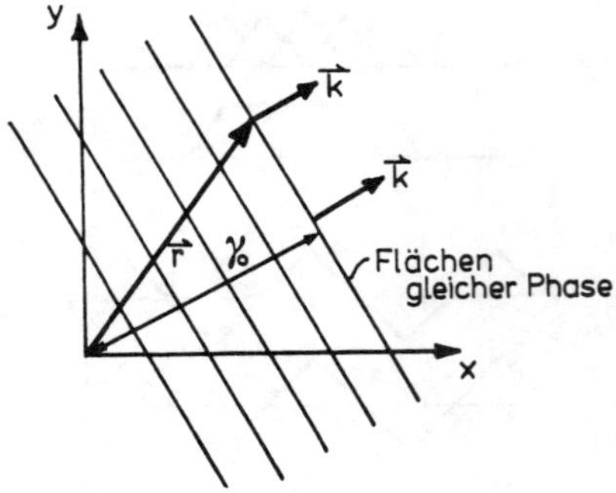

Veranschaulichung der Flächen gleicher Phase (Ebenen) bei ebenen Wellen.
d ist der Abstand der Phasenebene vom Ursprung.

Eine beliebige ebene Welle $\vec{A}$, welche die Lösung der Wellengleichung ist, hat daher die Form

$$\vec{A}(\vec{r}, t) = \vec{A}_k \, f(\vec{k} \cdot \vec{r} - \omega t) \, , \tag{10}$$

wobei f eine beliebige, zweimal stetig differenzierbare Funktion und $\vec{A}_k$ ein räumlich und zeitlich konstanter Vektor ist. Aus (6a,b) oder (7) folgt $k^2 = \omega^2/c^2$ oder $k = \omega/c$.

Das ist die *Dispersionsbeziehung für elektromagnetische Wellen im Vakuum.* Diese Beziehung $k^2 - \omega^2/c^2 = 0$ ist dieselbe wie $k_\mu k_\mu = 0$ (Gleichung (8)). Letztere ist lediglich 4–dimensional geschrieben. Ein Vergleich beider liefert.

$$\hat{k} = \{k_1, k_2, k_3, k_4\} = \{k_1, k_2, k_3, i\frac{\omega}{c}\} = \{\vec{k}, i\frac{\omega}{c}\} \, .$$

Legen wir vorübergehend die z–Achse in Richtung des Normalvektors $\vec{k}/|\vec{k}|$, dann wird

$$\vec{A}(z, t) = \vec{A}_k f(kz - \omega t) = \vec{A}_k F(z - \frac{\omega t}{k}) \, . \tag{11}$$

Die allgemeinste Lösung für ebene Wellen hat die Struktur

$$\vec{A}'(z, t) = \vec{A}'_{k1} F(z - t\frac{\omega}{k}) + \vec{A}'_{k2} G(z + t\frac{\omega}{k}) \, , \tag{12}$$

wobei F und G Funktionen sind, die Wellen darstellen, die sich in positiver, bzw. negativer z–Richtung ausbreiten. Der i.a. komplexwertige Vektor $\vec{A}_k$ (Amplitudenfunktion) gibt die Schwingungsrichtung der ebenen Welle an. Für zeitlich konstantes $\vec{A}_k$ handelt es sich um eine *linear polarisierte Welle.*

Wir betrachten im Folgenden *monochromatische (unifrequente) ebene Wellen*, bei denen es sich um die Ausbreitung einer *harmonischen Schwingung* handelt (harmonische Zeitfunktion f für festes $\vec{r}$). Als allgemeinste Lösung haben wir die Funktion

$$\vec{E}(\vec{r},t) = \vec{E}_{01}\, e^{i(\vec{k}\cdot\vec{r}-\omega t)} + \vec{E}_{02}\, e^{i(\vec{k}\cdot\vec{r}+\omega t)}\,, \tag{13}$$

die die Wellengleichung erfüllt. Wir haben hier $\vec{E}(\vec{r},t)$ anstelle – wie oben – $\vec{A}(\vec{r},t)$ geschrieben, um an die elektrische Feldstärke zu erinnern. Sie erfüllt ja gemäß Gleichung (6b) die Wellengleichung. Entsprechendes gilt für $\vec{B}$. Wir beschränken uns zur Erläuterung der *komplexen Schreibweise* auf die Teillösungen:

$$\vec{E} = \vec{E}_0\, e^{i(\vec{k}\cdot\vec{r}-\omega t)} \quad \text{und} \quad \vec{B} = \vec{B}_0\, e^{i(\vec{k}\cdot\vec{r}-\omega t)}\,. \tag{14}$$

Mit dieser Schreibweise ist eigentlich

$$\begin{aligned} \vec{E} &= \mathrm{Re}(\vec{E}_0\, e^{i(\vec{k}\cdot\vec{r}-\omega t)}) = \vec{E}_0\, \cos(\vec{k}\cdot\vec{r}-\omega t) \\ \vec{B} &= \mathrm{Re}(\vec{B}_0\, e^{i(\vec{k}\cdot\vec{r}-\omega t)}) = \vec{B}_0\, \cos(\vec{k}\cdot\vec{r}-\omega t) \end{aligned} \tag{15}$$

gemeint, denn nur der Realteil der Felder hat eine physikalische Bedeutung. Wir bedienen uns der komplexen Schreibweise, da sie viele Formeln vereinfacht und oft eine übersichtliche Darstellung erlaubt. Soll aber eine komplex geschriebene Größe quadriert werden, dann muß zunächst der Realteil explizit berechnet werden und nur dieser ist zu quadrieren.

Die Beschränkung unserer Betrachtungen auf monochromatische Wellen ist insofern sinnvoll, als es bei nichtharmonischen Wellen mithilfe der Fourier–Analyse immer möglich ist, eine Zerlegung in monochromatische Komponenten vorzunehmen. Eine harmonische ebene Welle repräsentiert ein im Raum und in der Zeit periodisch überall ausgebreitetes Wellenfeld. Bilden wir die Divergenz der Partialwelle

$$\vec{E} = \vec{E}_0\, e^{\,i\,(\vec{k}\cdot\vec{r}-\omega t)} \tag{16}$$

so erhalten wir, wenn wir $\vec{E}_0$ als (räumlich und zeitlich) konstant annehmen:

$$\vec{\nabla}\cdot\vec{E} = \vec{E}_0\cdot\vec{\nabla}\left(e^{i(\vec{k}\cdot\vec{r}-\omega t)}\right) = \vec{E}_0\cdot(i\vec{k})\, e^{\,i\,(\vec{k}\cdot\vec{r}-\omega t)}\,. \tag{17}$$

Bei zeitlicher Differentiation erhalten wir

$$\frac{\partial}{\partial t}\vec{E} = \vec{E}_0\frac{\partial}{\partial t}\left(e^{\,i\,(\vec{k}\cdot\vec{r}-\omega t)}\right) = \vec{E}_0\cdot(-i\omega)\, e^{i(\vec{k}\cdot\vec{r}-\omega t)}\,,$$

d.h. die Operatoren $\vec{\nabla}$ und $\partial/\partial t$ können bei Benutzung der komplexen Schreibweise (vgl. Gleichungen (14) und (15)) ersetzt werden durch

$$\vec{\nabla} \longrightarrow i\vec{k} \ , \ \frac{\partial}{\partial t} \longrightarrow -i\omega \ . \tag{18}$$

Ähnliches gilt für die konjugiert komplexen Lösungssätze, für welche die Operatoren dann durch

$$\vec{\nabla} \longrightarrow -i\vec{k} \ , \ \frac{\partial}{\partial t} \longrightarrow i\omega \tag{19}$$

ersetzt werden. Unter Berücksichtigung dieser Tatsache erhalten wir durch Einsetzen der Funktionen (14) in die Maxwellgleichungen (1)–(4) den Satz von Gleichungen:

$$\vec{k} \times \vec{B} = -\frac{\omega}{c}\vec{E} \ , \tag{20}$$

$$\vec{k} \times \vec{E} = +\frac{\omega}{c}\vec{B} \ , \tag{21}$$

$$\vec{k} \cdot \vec{E} = 0 \ , \tag{22}$$

$$\vec{k} \cdot \vec{B} = 0 \ , \tag{23}$$

und über die Wellengleichung (6a,b) die Dispersionsbeziehung

$$\vec{k} \cdot \vec{k} = \frac{\omega^2}{c^2} \ . \tag{24}$$

Dabei ist $\vec{k}$ der *Wellen– oder Wellenzahlvektor* mit:

$$\vec{k} = \frac{\omega}{c}\vec{n} = \frac{2\pi}{\lambda}\,\vec{n} = \text{const.} \ , \tag{25}$$

wobei $\vec{n}$ ein Einheitsvektor in der Ausbreitungsrichtung der Welle ist. Der Absolutbetrag von $\vec{k}$ ist ein Maß für die Anzahl der Wellenlängen je Längeneinheit. Wie schon erwähnt, ergibt sich die Beziehung $|k| = k = \omega/c$, wenn wir den Ansatz (14) in die Wellengleichung einsetzen. Das liefert

$$\left(\Delta - \frac{1}{c^2}\frac{\partial^2}{\partial t^2}\right)\vec{E}_0\, e^{i(\vec{k}\cdot\vec{r}-\omega t)} = -\left(k^2 - \frac{\omega^2}{c^2}\right)\vec{E}_0 \quad e^{i(\vec{k}\cdot\vec{r}-\omega t)} = 0$$

und daher $k^2 = (\omega^2/c^2)$, also noch einmal recht elegant die schon bekannte Dispersionsbeziehung (24).

Legen wir die z–Achse in Ausbreitungsrichtung, so gilt für eine feste Phase $\varphi_0 = kz - \omega t$

$$kz = \omega t + \varphi_0 \quad \text{oder} \quad z = \frac{\omega t}{k} + \frac{\varphi_0}{k} = ct + \frac{\varphi_0}{k} . \tag{26}$$

Somit erhalten wir für die *Phasengeschwindigkeit* der elektromagnetischen Welle die Lichtgeschwindigkeit:

$$\frac{dz}{dt} = \frac{\omega}{k} = c . \tag{27}$$

Aus den Gleichungen (22) und (23) entnehmen wir, daß $\vec{E}$ und $\vec{B}$ in einer zu dem Wellenvektor $\vec{k}$ (der die Ausbreitungsrichtung der Welle festlegt) und damit zur Bewegungsrichtung senkrechten Ebene schwingen. Aus den Maxwellgleichungen folgt also, *daß die elektromagnetischen Wellen transversale Wellen sind.*

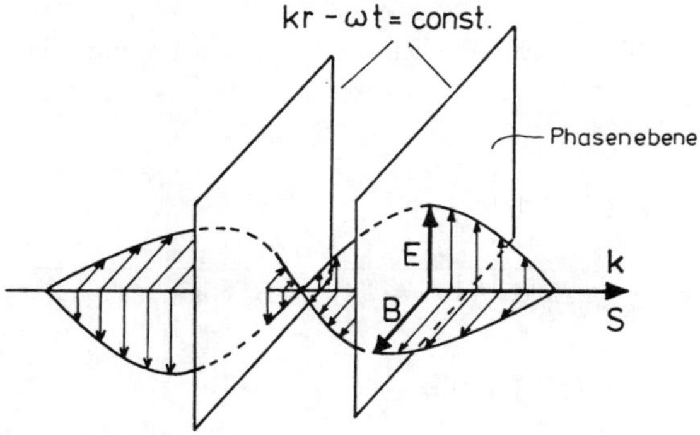

Linear polarisierte elektromagnetische Welle.

Den Gleichungen (20) – (23) können wir zudem entnehmen, daß $\vec{k}, \vec{E}$ und $\vec{B}$ in dieser Reihenfolge ein orthogonales Rechtssystem bilden. Wegen dieser Orthogonalität können wir Gleichung (20) als

$$kB = \frac{\omega}{c} E$$

schreiben. Mit der Beziehung $k = \omega / c$ folgt daraus

$$B_0 = E_0 , \tag{28}$$

da $|\exp(i\varphi)| = 1$ ist für alle reellen Werte φ. Die Energiedichte des elektromagnetischen Feldes ergibt sich aus dem zeitlichen Mittel der Summe der Quadrate der

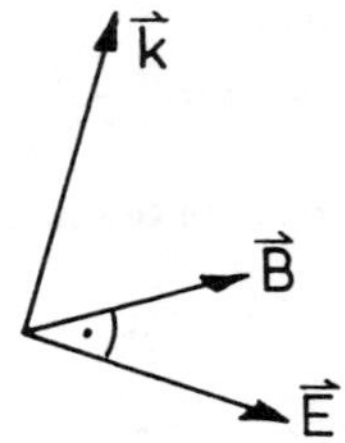

Die Feldstärken $\vec{E}, \vec{B}$ und der Wellenzahlvektor $\vec{k}$ bilden ein Rechtsystem.

Feldstärke $\vec{E}$ und der magnetischen Induktion $\vec{B}$. Bei der Berechnung dieser Quadrate müssen wir beachten, daß nur die Realteile von $\vec{E}$ und $\vec{B}$ quadriert werden dürfen.

Somit erhalten wir für die Energiedichte einer monochromatischen, ebenen Welle (mit $\overline{\cos^2}\alpha = 1/2$):

$$\begin{aligned} w &= \frac{1}{8\pi}\left(\overline{\vec{E}^2} + \overline{\vec{B}^2}\right) , \\ &= \frac{1}{8\pi}\left(E_0^2\,\overline{\cos^2(\vec{k}\cdot\vec{r}-\omega t)} \;+\; B_0^2\,\overline{\cos^2(\vec{k}\cdot\vec{r}-\omega t)}\right) , \\ &= \frac{1}{16\pi}(E_0^2 + B_0^2) = \frac{1}{8\pi}E_0^2 \end{aligned} \tag{29}$$

wegen (28). Für den den Energiefluß beschreibenden Poyntingvektor elektromagnetischer Wellen erhalten wir

$$\begin{aligned} \vec{S} &= \frac{c}{4\pi}\overline{(\vec{E}\times\vec{B})} = \frac{c}{4\pi}\overline{(EB)}\frac{\vec{k}}{k} \\ &= \frac{c}{4\pi}\,\overline{E^2}\frac{\vec{k}}{k} = \frac{c}{4\pi}\,E_0^2\,\overline{\cos^2(\vec{k}\cdot\vec{r}-\omega t)}\frac{\vec{k}}{k} \\ &= \frac{c}{8\pi}\,E_0^2\,\frac{\vec{k}}{k} = c\,w\frac{\vec{k}}{k} , \end{aligned} \tag{30}$$

wobei w die soeben berechnete Energiedichte (29) ist. Der Energiefluß einer elektromagnetischen Welle pro Flächeneinheit verläuft demnach in Richtung des Wellenzahlvektors

$$\vec{k} = \frac{\omega}{c|\vec{E}|^2}\,\vec{E}\times\vec{B} .$$

Einstein postulierte zur Erklärung des lichtelektrischen Effekts, daß elektromagnetische Wellen aus Quanten (Photonen) bestehen. Diese Lichtteilchen sollen die Energie $\hbar\omega$ besitzen. Dabei ist $\hbar$ das Plancksche Wirkungsquantum dividiert durch 2π (vgl. Bd. 4 der Vorlesungen: Einführung in die Quantenmechanik). Die Energiedichte eines Photons im Volumen V ist

$$w = \frac{\hbar\omega}{V}$$

Ist nun $\vec{p}$ der Impuls des Photons, dann muß die Impulsdichte offensichtlich $\vec{p}/V$ sein. Mit der Beziehung (30) folgt dann

$$\frac{\vec{p}}{V} = \frac{\vec{S}}{c^2} = \frac{w}{c}\frac{\vec{k}}{k} = \frac{\hbar\omega/c}{V}\frac{\vec{k}}{k} = \frac{\hbar\vec{k}}{V}$$

also $\vec{p} = \hbar\vec{k}$.

Das heißt: Ist im Volumen V eine ebene Welle eingesperrt, und fordert man mit Einstein, daß diese ebene Welle ein Energiequant mit der Energie $\hbar\omega$ repräsentiert, so folgt aus der Elektrodynamik die *de Broglie–Beziehung* $\vec{p} = \hbar\vec{k}$, wobei $\vec{p}$ der Impuls des "eingesperrten" Photons ist.

Polarisation ebener Wellen: Bisher haben wir nur monochromatische ebene Wellen betrachtet, bei denen die Amplitudenfaktoren $\vec{E}_0$ und $\vec{B}_0$ nach Betrag und Richtung konstant waren. Solche Wellen nennt man *linear polarisiert.*

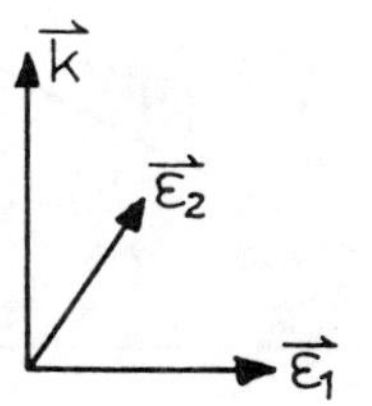

Die Polarisationsebene wird durch $\vec{\epsilon}_1$ und $\vec{\epsilon}_2$ aufgespannt. Sie steht senkrecht auf $\vec{k}$.

Daher erweist es sich als zweckmäßig, in Richtung von $\vec{E}_0$ und $\vec{B}_0$, die zwei zueinander senkrecht stehenden, konstanten Einheitsvektoren $\vec{\epsilon}_1$ und $\vec{\epsilon}_2$ einzuführen. Sie spannen die Ebene senkrecht zu $\vec{k}$, d.h. die *Polarisationsebene* auf. Dann erfüllen beide Lösungen

$$\begin{aligned}\vec{E}_1(\vec{r},t) &= \vec{\epsilon}_1\, E_1\, e^{i(\vec{k}\cdot\vec{r}-\omega t)}\,, \\ \vec{E}_2(\vec{r},t) &= \vec{\epsilon}_2\, E_2\, e^{i(\vec{k}\cdot\vec{r}-\omega t)}\end{aligned}$$

die Wellengleichung. Zu $\vec{E}_1(\vec{r},t)$ gehört $\vec{B}_1(\vec{r},t)$ und zu $\vec{E}_2(\vec{r},t)$ entsprechend $\vec{B}_2(\vec{r},t)$. Die Amplitudenfaktoren E_1 und E_2 können komplexwertig sein, um eventuell auftretende Phasendifferenzen zwischen E_1 und E_2 zu berücksichtigen. Eine allgemeine Lösung für eine ebene Welle, die sich in Richtung des Wellenzahlvektors $\vec{k}$ ausbreitet, ist die Linearkombination der Partialwellen $\vec{E}_1$ und $\vec{E}_2$

$$\vec{E}(\vec{r},t) = (\vec{\epsilon}_1 E_1 + \vec{\epsilon}_2 E_2) \quad e^{i\,(\vec{k}\cdot\vec{r}-\omega t)}. \tag{31}$$

Man vereinbart nun folgendes: *Der elektrische Feldvektor $\vec{E}$ wird als Repräsentant der gesamten ebenen Welle aufgefaßt* und bestimmt deshalb auch die Polarisationeigenschaften. Besitzen E_1 und E_2 dieselbe Phase, so handelt sich um eine *linear polarisierte Welle*, deren Polarisationsvektor mit dem Einheitsvektor $\vec{\epsilon}_1$ einen Winkel

$$\Theta = \arctan\,(E_2/E_1)$$

einschließt. Der Betrag der Amplitude der Feldstärke ist gegeben durch

$$E = \sqrt{E_1^2 + E_2^2}\,.$$

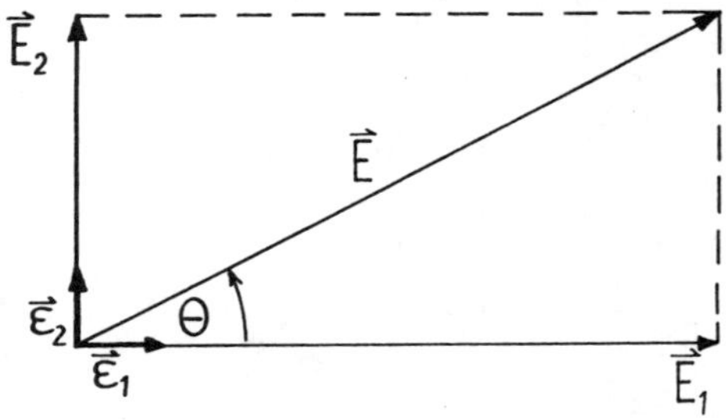

Die Zusammensetzung des Feldstärkevektors $\vec{E}$ aus den linear polarisierten Wellen $\vec{E}_1$ und $\vec{E}_2$.

Tritt zwischen E_1 und E_2 eine Phasenverschiebung auf, so sprechen wir von einer *elliptisch polarisierten Welle.*

$$\vec{E}(\vec{r},t) = \vec{\epsilon}_1\, E_1\, e^{i\,(\vec{k}\cdot\vec{r}-\omega t)} + \vec{\epsilon}_2\, E_2\, e^{i\,(\vec{k}\cdot\vec{r}-\omega t+\varphi)}\,. \tag{32}$$

Ein Spezialfall der elliptisch polarisierten Welle ist die *zirkular polarisierte Welle*, bei der E_1 und E_2 denselben Betrag haben, aber eine Phasendifferenz von $\varphi = \pm\pi/2$ aufweisen. Aus Gleichung (31) wird dann:

$$\vec{E}(\vec{r},t) = E_0(\vec{\epsilon_1} \pm i\vec{\epsilon_2})e^{i\,(\vec{k}\cdot\vec{r}-\omega t)}\,, \tag{33}$$

wobei E_0 die reelle Amplitude ist. Wir wollen diese Bezeichnungsweise jetzt genauer verstehen. Dazu legen wir unser Koordinatensystem so, daß sich die Welle in z–Richtung ausbreitet. Dann weisen $\vec{\epsilon}_1$ und $\vec{\epsilon}_2$ entsprechend in x– und y–Richtung. Wir betrachten die Komponenten des momentanen elektrischen Feldes, indem wir in Gleichung (33) zu dem zugehörigen Realteil übergehen:

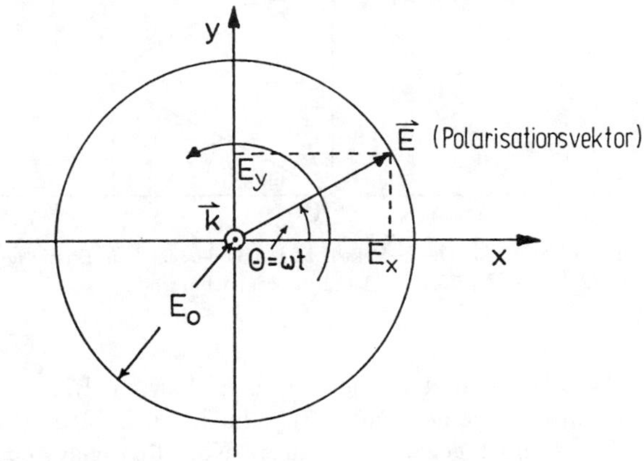

Zirkulare Polarisation: Der $\vec{k}$–Vektor zeigt aus der Zeichenebene heraus. Es ist $E_x^2 + E_y^2 = E_0^2$ (Kreisgleichung).

$$\begin{aligned} E_x(\vec{r},t) &= E_0\cos(kz-\omega t) = +E_0\cos(\omega t - kz), \\ E_y(\vec{r},t) &= \mp E_0\sin(kz-\omega t) = \pm E_0\sin(\omega t - kz). \end{aligned} \tag{34}$$

Bei diesen Gleichungen handelt es sich für feste Raumpunkte $z = z_0$ um die Parameterdarstellung eines Kreises; d.h. der $\vec{E}$–Vektor besitzt eine konstanten Betrag und rotiert mit konstanter Winkelgeschwindigkeit.

Je nach Wahl des Vorzeichens in Gleichung (33) sprechen wir von einer *links-* bzw. *rechtsdrehende zirkularen Polarisation*: Bei Blickrichtung auf die entgegenkommende Welle, also in der Richtung der negativen z–Achse, dreht sich der $\vec{E}$–Vektor in (34) für das obere Vorzeichen links, für das untere rechts herum. Für den Fall der elliptisch polarisierten Welle erfährt die Gleichung (34) folgende Abänderung, falls nach wie vor die Phase durch $\varphi = \pm\pi/2$ gegeben ist:

$$
\begin{aligned}
E_x(\vec{r},t) &= E_{01}\cos(kz-\omega t), \\
E_y(\vec{r},t) &= \mp E_{02}\sin(kz-\omega t), \quad E_{01}\neq E_{02}\,,
\end{aligned} \tag{35}
$$

d.h. die Amplitude des $\vec{E}$–Vektors ist nicht mehr konstant.

Er beschreibt für feste Raumpunkte eine Ellipsenbahn mit den Halbachsen E_{01} und E_{02}:

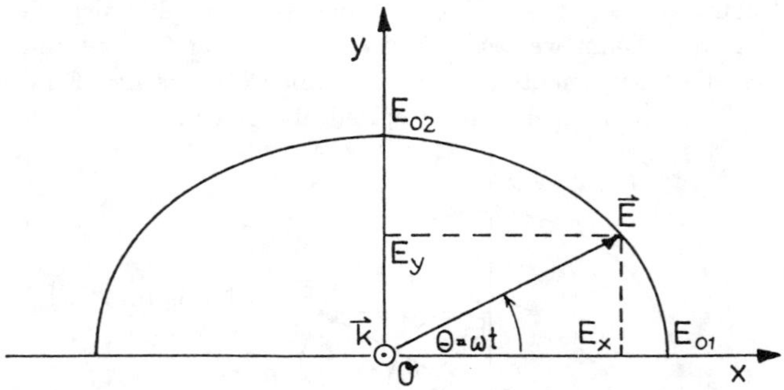

Elliptische Polarisation: Der $\vec{k}$–Vektor zeigt aus der Zeichen–Ebene heraus. Es ist $(E_x/E_{01})^2 + (E_y/E_{02})^2 = 1$ (Ellipsoidgleichung).

Dabei liegen die Achsen E_{01} und E_{02} jeweils in x– bzw. y–Richtung unseres Koordinatensystems. Im allgemeinen Fall (32), d.h. bei beliebiger Phase φ und für $E_{01} \neq E_{02}$ ist die Ellipse noch gegenüber dem xy–Koordinatensystem gedreht. Dies wird durch die Überlagerung zweier zirkular polarisierten ebener Wellen realisiert.

15.1 Aufgabe: Lineare und zirkulare Polarisation

Diskutieren Sie die Begriffe lineare und zirkulare Polarisation.

Zwei monochromatische Wellen gleicher Frequenz sind in entgegengesetzter Richtung zirkular polarisiert. Sie sind in Phase und laufen beide in z–Richtung. Die Amplituden sind A und B.

Bestimmen Sie den Polarisationstyp für verschieden Amplitudenverhältnisse.

Lösung:

Eine ebene monochromatische Welle mit dem Wellenvektor $\vec{k}$ läßt sich schreiben als

$$
\begin{aligned}
\vec{E}(\vec{r},t) &= \text{Re}\,\vec{\epsilon}\,(\vec{r},t) & \vec{\epsilon}\,(\vec{r},t) &= \vec{\epsilon}_0 e^{i(\vec{k}\cdot\vec{r}-\omega t)} \\
\vec{B}(\vec{r},t) &= \text{Re}\,\vec{\beta}(\vec{r},t) & \vec{\beta}(\vec{r},t) &= \vec{\beta}_0\, e^{i(\vec{k}\cdot\vec{r}-\omega t)}\,, \quad \vec{k}^2 = \tfrac{\omega^2}{c^2}\,.
\end{aligned}
$$

mit festen komplexen Vektoren $\vec{\epsilon}_0$ und $\vec{\beta}_0$.

Aus den Maxwellgleichungen folgt, daß gilt

$$\vec{k} \cdot \vec{E} = \vec{k} \cdot \vec{B} = \vec{E} \cdot \vec{B} = 0 \, .$$

Elektromagnetische Wellen sind also transversal. Es ist daher sinnvoll, ein neues orthogonales Koordinatensystem, bestehend aus $\vec{u}, \vec{\epsilon}_1, \vec{\epsilon}_2$, einzuführen. Dabei zeigt $\vec{u}$ in die Ausbreitungsrichtung, während $\vec{\epsilon}_1$ und $\vec{\epsilon}_2$ zwei reelle feste Vektoren sind, die die Schwingungsebene von $\vec{E}$ und $\vec{B}$ aufspannen. Damit ist

$$\vec{\epsilon}(\vec{r},t) = (E_1\vec{\epsilon}_1 + E_2\vec{\epsilon}_2)e^{i(\vec{k}\cdot\vec{r}-\omega t)} \, , \; \vec{\beta}(\vec{r},t) = \vec{u} \times \vec{\epsilon}\,(\vec{r},t) \, ,$$

wo E_1 und E_2 zwei beliebige komplexe Zahlen sind.

a) Besitzen E_1 und E_2 dieselbe Phase ($E_1 = e^{i\varphi}|E_1|$, $E_2 = e^{i\varphi}|E_2|$) so handelt es sich um eine *linear polarisierte* Welle, denn es ist

$$\begin{aligned}
\vec{\epsilon}(\vec{r},t) &= (|E_1|\vec{\epsilon}_1 + |E_2|\vec{\epsilon}_2)\, e^{i\,(\vec{k}\cdot\vec{r}\,-\,\omega t\,+\,\varphi)} \, , \\
\vec{E}(\vec{r},t) &= (|E_1|\vec{\epsilon}_1 + |E_2|\vec{\epsilon}_2)\cos(\vec{k}\cdot\vec{r} - \omega t + \varphi) \, .
\end{aligned}$$

$\vec{E}$ schwingt also in einer festen Richtung, die gegenüber $\vec{\epsilon}_1$ um $\vartheta = \arctan(|E_2|/|E_1|)$ geneigt ist. Die Amplitude ist $\sqrt{|E_1|^2 + |E_2|^2}$. Auch im Falle einer Phasenverschiebung um π ($E_1 = e^{i\varphi}|E_1|$, $E_2 = -e^{i\varphi}|E_2|$) ergibt sich natürlich eine linear polarisierte Welle.

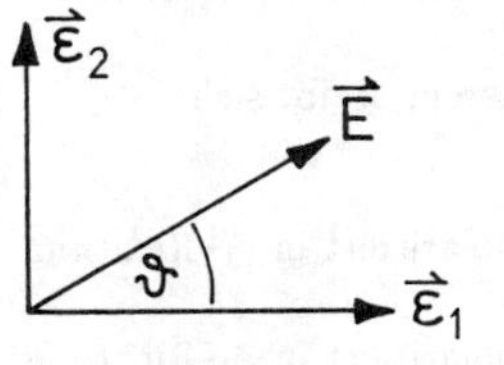

Der elektrische Feldvektor und die Polarisationsebene

Tritt zwischen E_1 und E_2 eine Phasenverschiebung auf ($E_1 = e^{i\varphi}|E_1|$, $E_2 = e^{i\varphi+\Delta\varphi}\,|E_2|$), so spricht man von einer *elliptisch polarisierten* Welle.

Der Spezialfall $|E_1| = |E_2| = E_0 \, , \Delta\varphi = \pm\pi/2$ heißt *zirkulare Polarisation.* Hier ist

$$\begin{aligned}
\vec{\epsilon}(\vec{r},t) &= (\vec{\epsilon}_1 \pm i\vec{\epsilon}_2)\, E_0 e^{i\,(\vec{k}\cdot\vec{r}\,-\,\omega t\,+\,\varphi)} \, , \\
\vec{E}(\vec{r},t) &= E_0\cos(\vec{k}\cdot\vec{r} - \omega t + \varphi)\vec{\epsilon}_1 \mp \sin(\vec{k}\cdot\vec{r} - \omega t + \varphi)\vec{\epsilon}_2 \, ,
\end{aligned}$$

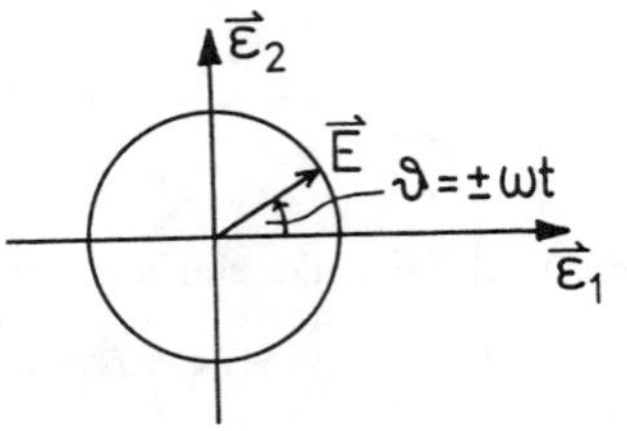

Der Feldvektor $\vec{E}$ dreht sich bei Blick auf die entgegenkommende Welle links herum (positive Helizität) bzw. rechts herum (negative Helizität).

$\vec{E}$ hat also den räumlich und zeitlich konstanten Betrag E_0, während die Richtung für $\vec{r} = \text{const}$ mit der Winkelgeschwindigkeit ω rotiert:

$$\Delta\varphi = +\frac{\pi}{2} : \vec{\epsilon} \sim \vec{\epsilon}_1 + i\vec{\epsilon}_2 : \quad \text{linksdrehend (positive Helizität)}$$
$$\Delta\varphi = -\frac{\pi}{2} : \vec{\epsilon} \sim \vec{\epsilon}_1 - i\vec{\epsilon}_2 : \quad \text{rechtsdrehend (negative Helizität)}$$

b) Da wir Wellen betrachten, die in entgegengesetzter Richtung zirkular polarisiert sind, erhalten wir für diese ($\vec{k} \cdot \vec{r} + \varphi = 0$)

$$\begin{aligned} \vec{E}^{(1)} &= A\cos\omega t\,\vec{\epsilon}_1 + A\sin\omega t\vec{\epsilon}_2\,, \\ \vec{E}^{(2)} &= B\cos\omega t\,\vec{\epsilon}_1 - B\sin\omega t\,\vec{\epsilon}_2 \qquad A, B \in R\,. \end{aligned}$$

Die Summe ist daher

$$\vec{E} = \vec{E}^{(1)} + \vec{E}^{(2)} = (A+B)\cos\omega t\,\vec{\epsilon}_1 + (A-B)\sin\omega t\,\vec{\epsilon}_2$$

Wenn A und B variieren, ergibt sich

$A = B$	linear polarisiert in $\vec{\epsilon}_1$–Richtung
$A = -B$	linear polarisiert in $\vec{\epsilon}_2$–Richtung
$A = 0$	rechtsdrehend zirkular polarisiert
$B = 0$	linksdrehend zirkular polarisiert
$\|A\| > \|B\|$	linksdrehend elliptisch polarisiert
$\|A\| < \|B\|$	rechtsdrehend elliptisch polarisiert.

15.2 Beispiel: Über die Lichtgeschwindigkeit (geschichtliche Notiz)

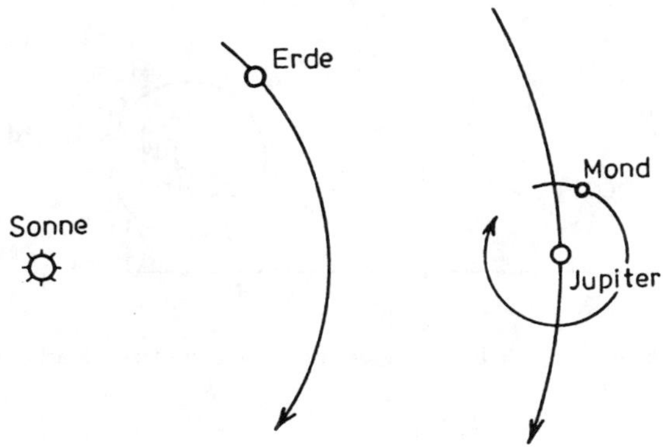

Positionen der Planeten Erde und Jupiter während der Beobachtung der Periode eines Jupitermondes (nicht maßstabgerecht).

Die Lichtgeschwindigkeit wurde zuerst von Olaf Roemer[12] im Jahre 1675 aus genauen Beobachtungen der Periode der Jupiter–Monde bestimmt. Die folgende Figur verdeutlicht die der Messung zugrundeliegende Geometrie. Eine genaue Messung der Periode eines Jupiter–Mondes wurde dadurch erreicht, daß der Ein- und Austritt des Mondes in bzw. aus dem Schatten des Jupiters bestimmt wurden. Roemer fand verschiedene Werte für die Periode in verschiedenen Jahreszeiten. Sei nun t_1 die Zeit des Verschwindens des Mondes im Jupiter–Schatten und t_2 die Zeit seines Wiedereintritts in denselben nach einem vollen Umlauf. Dann ist $T = t_2 - t_1$ die Periode. Die untere Figur zeigt die relativen Positionen von Erde und Jupiter während des Beobachtungszeitraums.

Sei v die Komponente der Erdgeschwindigkeit in Richtung Jupiter; dann wird der erste Monduntergang auf der Erde zur Zeit $t_1 + L/c$ beobachtet. L ist dabei die Anfangsentfernung Erde — Jupiter (die Erde bewegt sich während der Flugzeit L/c des Lichtes nicht weit). Zwischen den beiden Monduntergängen durchfliegt die Erde, relativ zum Jupiter, den Weg $v(t_2 - t_1)$. Daher wird auf der Erde der zweite Monduntergang zur Zeit

$$t_2 + \frac{[L - v(t_2 - t_1)]}{c}$$

beobachtet und deshalb eine *scheinbare Periode* T' von

$$T' = t_2 + \frac{[L - v(t_2 - t_1)]}{c} - \left(t_1 + \frac{L}{c}\right) = T\left(1 - \frac{v}{c}\right)$$

konstatiert. Zeichnet man die so bestimmte scheinbare Periode als Funktion der Zeit, so bekommt man einen Graphen, wie in der untenstehenden Figur dargestellt.

[12]Bibliographische Daten siehe Kapitel IV.24, Fußnote 52.

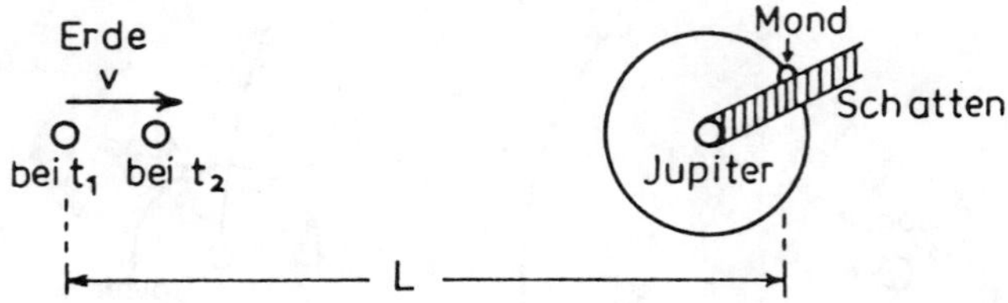

Veranschaulichung der Bewegung der Erde während der Beobachtungszeit des Jupitermondes.

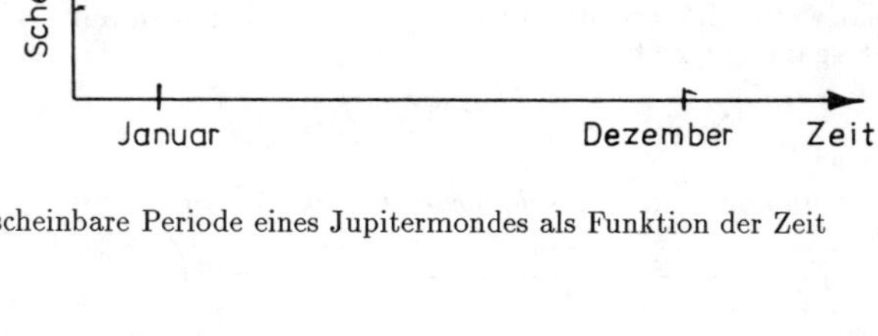

Die scheinbare Periode eines Jupitermondes als Funktion der Zeit

Die scheinbare Periode ist eine Funktion der Zeit, die sich jedes Erdjahr wiederholt, also periodisch mit der Periode 1 Jahr ist. Die Variation beträgt $2Tv_0/c$, wobei v_0 die Umlaufgeschwindigkeit der Erde um die Sonne ist (v_0 ist auch die Maximalgeschwindigkeit der Erde relativ zum Jupiter, wenn wir die vergleichsweise langsame Umlaufgeschwindigkeit des Jupiters vernachlässigen). Die Messung von $T', T, 2v_0T/c$ und v_0 erlaubt es dann c zu bestimmen. Roemers Methode liefert die richtige Lichtgeschwindigkeit innerhalb von 30%.

Zu Maxwells Zeiten war die Lichtgeschwindigkeit mit 5% Genauigkeit durch das Fizeau–Experiment bekannt. In diesem Experiment geht ein Lichtstrahl zwischen zwei Zähnen eines schnell rotierenden Zahnrades hindurch, um an einem dahinter stehenden Spiegel reflektiert zu werden und auf demselben Weg zurückzulaufen. Wenn die Rotationsgeschwindigkeit so bemessen ist, daß der Strahl nach Durchlaufen der Strecke Zahnrad — Spiegel und zurück gerade wieder auf eine Zahnlücke trifft, kommt das Licht durch und die Lichtgeschwindigkeit kann bei bekanntem Abstand Zahnrad — Spiegel bestimmt werden.

Auch Weber und Kohlrausch haben die Konstante c in Maxwell's Gleichungen durch Vergleich der elektrischen und magnetischen Kräfte auf eine bestimmte Einheitsladung bestimmt. Unter der Benutzung des Coulomb'schen Kraftgesetzes kann eine wohldefinierte Ladungsmenge bestimmt werden. Die Messung der magnetischen Kräfte zwischen zwei Strömen in einer bekannten geometrischen Anordnung läßt dann unter Zugrundelegung der Gesetze von Biot–Savart und Ampère (vgl. Kapitel III.8, Abschnitt über: Kraft zwischen zwei geschlossenen Strömen) die Konstante c bestimmen. Das Experiment wurde zum ersten Mal 1856 von Weber und Kohlrausch mit dem bemerkenswerten Ergebnis

$$c = 3.1 \cdot 10^{10}\text{cm/sec}$$

durchgeführt. Daß die Konstante c die Dimension einer Geschwindigkeit haben muß, sieht man direkt aus dem Coulombschen Gesetz, wonach $F = q^2/r^2$ ist, und aus dem Kraftgesetz zwischen Strömen, das $F = I^2/c^2$ liefert. Moderne Experimente legen diese Konstante bis auf 6 signifikante Ziffern hinter dem Komma fest. Die numerische Übereinstimmung mit der Lichtgeschwindigkeit ist ausgezeichnet, was auch als eine Bestätigung dafür aufgefaßt werden kann, daß Licht eine elektromagnetische Welle ist.

16. Elektromagnetische Wellen in Materie

Wir betrachten nun die Ausbreitung von elektromagnetischen Wellen in unendlich ausgedehnten, homogenen, ruhenden Medien, die durch die Dielektrizitätskonstanten ϵ, die Permeabilität μ und die Leitfähigkeit σ charakterisiert sind und beschränken uns auf normal polarisierbare und magnetisierbare isotrope Substanzen. Dann gilt

$$\vec{D} = \epsilon\vec{E} \quad ; \quad \vec{B} = \mu\vec{H} \quad ; \quad \vec{j} = \sigma\vec{E} \; . \tag{1}$$

Es soll also auch das Ohmsche Gesetz überall im Medium gelten. Weiterhin setzen wir $\rho = 0$ voraus (das Medium sei also neutral) und erhalten dann für die Maxwellschen Gleichungen:

$$\text{rot}\vec{H} = \frac{\epsilon}{c}\frac{\partial \vec{E}}{\partial t} + \frac{4\pi\sigma}{c}\vec{E} \,, \tag{2}$$

$$\text{rot}\vec{E} = -\frac{\mu}{c}\frac{\partial \vec{H}}{\partial t} \,, \tag{3}$$

$$\text{div}\vec{H} = 0 \,, \tag{4a}$$

$$\text{div}\vec{E} = 0 \,. \tag{4b}$$

Wir bilden zunächst von Gleichung (2) die Rotation und setzen dann (3) ein; damit erhalten wir wegen div $\vec{H} = 0$ folgende Differentialgleichung:

$$\Delta\vec{H} = \frac{\epsilon\mu}{c^2}\frac{\partial^2}{\partial t^2}\vec{H} + \frac{4\pi\mu\sigma}{c^2}\frac{\partial}{\partial t}\vec{H} \,. \tag{5a}$$

Analog verfahren wir mit Gleichung (3) und erhalten:

$$\Delta\vec{E} = \frac{\epsilon\mu}{c^2}\frac{\partial^2}{\partial t^2}\vec{E} + \frac{4\pi\mu\sigma}{c^2}\frac{\partial}{\partial t}\vec{E} \,. \tag{5b}$$

Da diese Gleichungen auch bei der Theorie der Ausbreitung elektromagnetischer Wellen längs Drähten eine Rolle spielen, bezeichnet man sie als *Telegraphengleichungen.*

In Medien, für die speziell $\sigma = 0$ gilt (Isolatoren), reduzieren sie sich auf gewöhnliche Wellengleichungen mit der Ausbreitungsgeschwindigkeit c':

$$c' = \frac{c}{\sqrt{\epsilon\mu}} \,.$$

Der aus der Optik bekannte Brechungsindex n ist definiert als

$$n = \frac{c}{c'} = \sqrt{\epsilon\mu} \,.$$

Für die meisten Stoffe gilt $\mu \approx 1$, also in guter Näherung $n \approx \sqrt{\epsilon}$.

Diese Beziehung wird für lange Wellen in der Praxis bestätigt und gilt für einige Substanzen (z.B. O_2 , N_2 , CO_2, H_2) auch noch für sichtbares Licht. Für Wasser dagegen ist $\epsilon = 81$ und $n = 1.33$.

Das Versagen der Beziehung $n = \sqrt{\epsilon}$ liegt offenbar darin begründet, daß bei hochfrequenter elektromagnetischer Strahlung, die bisherigen Konstanten ϵ, μ und σ frequenzabhängig werden. Bei der Ableitung dieser Größen hatten wir seinerzeit statische Felder vorausgesetzt, und damit den gegebenenfalls vorhandenen Dipolen Zeit genug gegeben, sich in diesen Feldern auszurichten (vgl. Kapitel II.5 und Seite 132ff.) Greifen jedoch schnell wechselnde Felder an dem Material an, so sind diese Voraussetzungen nicht mehr erfüllt und es treten die Phänomene der erzwungenen Schwingungen auf.

Während wir auch weiterhin annehmen werden, daß $\mu(\omega) \approx 1$ ist, müssen wir die Frequenzabhängigkeit von ϵ und σ später noch genauer untersuchen.

Da wir nun $\epsilon = \epsilon(\omega)$ und $\sigma = \sigma(\omega)$ annehmen, folgt, daß wir die Gleichungen (1) nur noch für spezielle Fourierkomponenten angeben können.

Deshalb beschränken wir uns auf eine Fourierkomponente und prüfen nach, ob bereits die ebenen, harmonischen Wellen

$$\begin{aligned} \vec{E} &= \vec{E}_0 e^{i(\vec{k}\cdot\vec{r}-\omega t)} \ , \\ \vec{H} &= \vec{H}_0 e^{i(\vec{k}\cdot\vec{r}-\omega t)} \end{aligned}$$

eine Lösung der Maxwellgleichungen (2) bis (4) sind. Durch Anwenden der schon hergeleiteten Differentiationsformeln für ebene Wellen erhalten wir für Gleichung (2):

$$\text{rot } \vec{H} = -\frac{\epsilon}{c} i\omega\vec{E} + \frac{4\pi\sigma}{c}\vec{E} = -i\frac{\omega}{c}\eta\vec{E} \ ,$$

mit

$$\eta = \epsilon + \frac{4\pi i\sigma}{\omega} \ .$$

Wir erkennen, daß für den Fall $\sigma \neq 0$ die Dielektrizitätskonstante ϵ durch die komplexe Größe η ersetzt wird, während für $\sigma = 0$ die obige Gleichung in den früheren Ausdruck

$$\text{rot } \vec{H} = -i\frac{\omega}{c}\epsilon\vec{E}$$

übergeht. Dies berechtigt uns, η als *verallgemeinerte (komplexe) Dielektrizitätskonstante* zu bezeichnen.

Formen wir die Gleichungen (2) – (4) entsprechend dem vorhergehenden Kapitel um, so erhalten wir die Beziehungen:

$$\vec{k} \times \vec{H} = -\frac{\omega}{c}\eta\vec{E} \,, \tag{6}$$

$$\vec{k} \times \vec{E} = \frac{\omega}{c}\mu\vec{H} \,, \tag{7}$$

$$\vec{k} \cdot \vec{E} = 0 \,, \tag{8}$$

$$\vec{k} \cdot \vec{H} = 0 \,, \tag{9}$$

d.h. auch in einem leitenden Medium sind die elektromagnetischen Wellen transversale Wellen und auch hier bilden $\vec{k}, \vec{E}, \vec{H}$ in dieser Reihenfolge ein orthogonales Rechtssystem. Jedoch sind die Beträge der elektrischen und magnetischen Feldstärke nicht mehr gleich, d.h. es gilt *nicht* mehr $|\vec{E}| = |\vec{H}|$.

Wir bestimmen zunächst $\vec{k}$; dazu multiplizieren wir Gleichung (6) von links vektoriell mit $\vec{k}$ und erhalten nach Auflösung des dreifachen Vektorproduktes die Beziehung:

$$\vec{k} \times (\vec{k} \times \vec{H}) = (\vec{k} \cdot \vec{H})\vec{k} - k^2\vec{H} = -\frac{\omega}{c}\eta \, \vec{k} \times \vec{E} \,,$$

und daraus wegen Gleichungen (7) und (9):

$$k^2\vec{H} = \frac{\omega}{c}\,\eta\,\frac{\omega}{c}\,\mu\,\vec{H} \,,$$

d.h. es gilt

$$k^2 = \frac{\omega^2}{c^2}\eta\mu = \mu\epsilon\frac{\omega^2}{c^2}\left(1 + i\frac{4\pi\sigma}{\omega\epsilon}\right) \,. \tag{10}$$

Das ist die *Dispersionsbeziehung in einem leitenden Medium.*

$$\eta = \epsilon\left(1 + i\frac{4\pi\sigma}{\omega\epsilon}\right) \tag{11}$$

ist die *verallgemeinerte Dielektrizitätskonstante.* Für $\sigma = 0$ reduziert sich diese Gleichung auf

$$k = \frac{\omega}{c}\,\sqrt{\epsilon\mu} = \frac{\omega}{c}\,n \,. \tag{12}$$

Um den Wellenzahlvektor $\vec{k}$ für den allgemeinen Fall zu berechnen, setzen wir

$$k = \alpha + i\beta \; . \tag{13}$$

Wegen $k^2 = \alpha^2 + 2i\alpha\beta - \beta^2$ folgt durch Vergleich mit Gleichung (10):

$$\alpha^2 - \beta^2 = \mu\epsilon\frac{\omega^2}{c^2} \; , \;\; 2\alpha\beta = +\frac{4\pi\sigma}{\omega\epsilon}\mu\epsilon\frac{\omega^2}{c^2} \; . \tag{14}$$

Daraus bestimmen wir α und β. Wir erhalten nach Umformungen eine biquadratische Gleichung für β, deren Lösung

$$\beta^2 = -\frac{1}{2}\mu\epsilon\frac{\omega^2}{c^2}\left(1 \pm \sqrt{1 + \left(\frac{4\pi\sigma}{\omega\epsilon}\right)^2}\;\right)$$

ist. Da wir β reell vorausgesetzt haben und σ, ω und ϵ positiv sind, folgt für das Vorzeichen der Wurzel

$$\beta^2 = \mu\;\epsilon\;\frac{\omega^2}{c^2}\;\frac{\sqrt{1 + \left(\frac{4\pi\sigma}{\omega\epsilon}\right)^2} - 1}{2} \; ,$$

und somit für β:

$$\beta = \pm\;\sqrt{\mu\epsilon}\;\frac{\omega}{c}\;\left(\frac{\sqrt{1 + \left(\frac{4\pi\sigma}{\omega\epsilon}\right)^2} - 1}{2}\right)^{1/2} .$$

Analog finden wir

$$\alpha = \pm\;\sqrt{\mu\epsilon}\;\frac{\omega}{c}\;\left(\frac{\sqrt{1 + \left(\frac{4\pi\sigma}{\omega\epsilon}\right)^2} + 1}{2}\right)^{1/2} .$$

Das Vorzeichen von α wird wegen (14) durch das von β festgelegt (für positives β muß α positiv sein und umgekehrt). Für $k = \alpha + i\beta$ ergibt sich damit

$$k = \sqrt{\mu\epsilon}\,\frac{\omega}{c}\left[\left(\frac{\sqrt{1 + \left(\frac{4\pi\sigma}{\omega\epsilon}\right)^2} + 1}{2}\right)^{1/2} + i\left(\frac{\sqrt{1 + \left(\frac{4\pi\sigma}{\omega\epsilon}\right)^2} - 1}{2}\right)^{1/2}\right] . \tag{15}$$

Wir bestimmen Betrag und Phase des Vektors $\vec{k} = |\vec{k}|e^{i\varphi}$

$$
\begin{aligned}
|\vec{k}| &= \sqrt{\alpha^2+\beta^2} = \sqrt{\epsilon\mu}\,\frac{\omega}{c}\,\left(1+\left(\frac{4\pi\sigma}{\omega\epsilon}\right)^2\right)^{1/4} \\
\varphi &= \arctan\frac{\beta}{\alpha} = \frac{1}{2}\left(2\arctan\frac{\beta}{\alpha}\right) \\
&= \frac{1}{2}\arctan\frac{2\beta/\alpha}{1-\beta^2/\alpha^2} = \frac{1}{2}\arctan\frac{2\alpha\beta}{\alpha^2-\beta^2} = \frac{1}{2}\arctan\frac{4\pi\sigma}{\omega\epsilon}\ .
\end{aligned}
$$

(Hierbei wurde die bekannte Relation $\arctan u + \arctan v = \arctan\frac{u+v}{1-uv}$ benutzt.) Nun führen wir noch den *verallgemeinerten Brechungsindex* $p = p_1 + ip_2$ ein:

$$
p = \sqrt{\mu\eta} = p_1 + ip_2\ , \tag{16}
$$

Wegen $k = (\omega/c)\sqrt{\mu\eta} = (\omega/c)\,p = (\omega/c)\,(p_1+ip_2) = \alpha + i\beta$ gilt:

$$
p = \sqrt{\mu\epsilon}\left(1+\left(\frac{4\pi\sigma}{\omega\epsilon}\right)^2\right)^{1/4} e^{i\varphi} = p_1 + ip_2\ ,
$$

mit

$$
p_{1/2} = \sqrt{\mu\epsilon}\left(\frac{\sqrt{1+\left(\frac{4\pi\sigma}{\omega\epsilon}\right)^2}\pm 1}{2}\right)^{1/2}\ ;\ \varphi = \frac{1}{2}\arctan\frac{4\pi\sigma}{\omega\epsilon} \tag{16a}
$$

also

$$
p_1 = \frac{c}{\omega}\alpha\ ;\ p_2 = \frac{c}{\omega}\beta\ .
$$

Wir betrachten nun eine sich in x–Richtung bewegende ebene Welle und setzen unseren Ansatz $k = \alpha + i\beta = (\omega/c)\,p = (\omega/c)\,(p_1+ip_2)$ in den exponentiellen Teil der Wellenfunktion ein:

$$
\begin{aligned}
\exp\left(i\,(kx-\omega t)\right) &= \exp\left(i\,(\frac{\omega}{c}px-\omega t)\right) \\
&= \exp\left(i\,(\frac{\omega}{c}p_1x-\omega t)\right)\exp\left(-\frac{\omega}{c}p_2x\right) \qquad (17)\\
&= \exp\left(i\,(\alpha x-\omega t)\right)\exp\left(-\beta x\right)\ .
\end{aligned}
$$

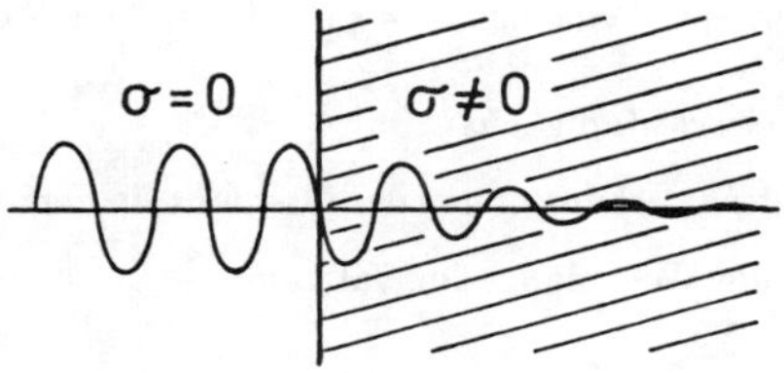

Abklingende Welle im leitenden Medium

Daraus erhalten wir sofort eine Bedingung für die Vorzeichen α und β:

Um eine physikalisch sinnvolle Lösung zu erhalten, müssen α und β positiv sein, was gleichbedeutend mit p_1 positiv und p_2 positiv ist. In diesem Fall erhalten wir eine Welle, die in einem Medium mit von Null verschiedener Leitfähigkeit exponentiell abklingt. Die negative Lösung für β hätte eine exponentiell ansteigende Welle $\exp(+|\beta|x)$ zur Folge, was physikalisch unsinnig ist. Deshalb muß der negative β–Wert ausgeschlossen werden. Wir führen nun $d = |1/\beta| = ((\omega/c)\,p_2)^{-1}$ ein.

Es ist die Strecke, nach deren Durchlaufen die Amplitude der Welle auf das $1/e$–fache ihres ursprünglichen Wertes abgefallen ist. Man bezeichnet diese Größe als *Eindringtiefe* der Welle im Medium. Wegen $\exp(i\varphi) = \exp(i(\varphi + 2\pi))$ muß für die Wellenlänge

$$\alpha\lambda = 2\pi$$

gelten, d.h.

$$\lambda = \frac{2\pi}{\alpha}\,.$$

Wenn die Welle die Strecke $x = \lambda$ zurückgelegt hat, ist daher ihre Amplitude um den Faktor

$$\exp\left(-\frac{2\pi\beta}{\alpha}\right) = \exp\left(-\frac{2\pi p_2}{p_1}\right)\,, \tag{18}$$

den sogenannten *Extinktionskoeffizienten*, kleiner geworden. Er gibt ein Maß für die Dämpfung der Welle an.

16.1 Aufgabe: Berechnung des Brechungsindex

Eine Lichtwelle hat die Frequenz $\nu = 4\times 10^{14}$Hz und die Wellenlänge $\lambda = 5\times 10^{-7}$m.

a) Was ist ihre Geschwindigkeit?

b) Wie groß ist der Brechungsindex des Mediums, in dem sich die Welle ausbreitet?

c) Wie groß ist die Wellenlänge im Vakuum?

Lösung:

Im Vakuum gilt: $c = \lambda\nu$, im dispersiven Medium aber $v = c/n = \lambda\nu$.

a) Wir erhalten $v = \lambda\nu = 2 \cdot 10^8\,\text{m/s}$

b) Der Brechungsindex ist $n = c/v = 3/2$

c) Die Wellenlänge im Vakuum wäre $\lambda_0 = c/\nu = n \cdot \lambda = 3/2\,\lambda = 7.5 \cdot 10^{-2}\,\text{m}$.

Frequenzabhängigkeit der Leitfähigkeit: In Metallen ist die Leitfähigkeit auf die Existenz freier Elektronen zurückzuführen. Wir nehmen an, es befänden sich N solcher Elektronen in einem Volumen V. Für das k–te Elektron gilt dann das Newtonsche Gesetz

$$m\frac{d\vec{v}_k}{dt} = e\vec{E}_k - \beta\vec{v}_k \,,$$

wobei β der Reibungskoeffizient ist. Multiplizieren wir beide Seiten der Gleichung mit der Elementarladung e und summieren über alle N Elektronen, so erhalten wir wegen

$$\frac{1}{V}\sum_{k=1}^{N} e\vec{v}_k = \vec{j}$$

die folgende Gleichung:

$$m\frac{d\vec{j}}{dt} = \frac{1}{V}\sum_{k=1}^{N} \vec{E}_k e^2 - \beta\vec{j} \,.$$

Wir setzen in erster Näherung $\vec{E}_k$ gleich einer mittleren Feldstärke $\vec{E}$ und erhalten somit, wenn n die Teilchendichte angibt ($n = N/V$)

$$m\frac{d\vec{j}}{dt} = n\vec{E}e^2 - \beta\vec{j} \quad \text{bzw.} \quad \frac{m}{ne^2}\frac{d\vec{j}}{dt} = \vec{E} - \frac{\beta}{ne^2}\vec{j} \,. \tag{19}$$

Um den Reibungskoeffizienten β durch makroskopisch meßbare Größen auszudrücken, gehen wir zunächst vom statischen Fall aus. Für einen konstanten Strom ist $d\vec{j}/dt = 0$ und daher

$$\vec{E} = \frac{\beta}{ne^2}\vec{j} \,.$$

Wir schreiben dies mit der *Gleichstromleitfähigkeit* σ_0 auch $\vec{j} = \sigma_0\vec{E}$, und folgern $\sigma_0 = (n/\beta)e^2$. Daraus können wir den Reibungskoeffizienten zu

$$\beta = \frac{ne^2}{\sigma_0} \tag{20}$$

bestimmen. Setzen wir den so erhaltenen Reibungskoeffizienten in Gleichung (19) ein, folgern wir

$$\frac{d\vec{j}}{dt} + \frac{ne^2}{\sigma_0 m}\vec{j} = \frac{ne^2}{m}\vec{E} \quad \text{oder} \quad \frac{d\vec{j}}{dt} + \frac{1}{\tau}\vec{j} = \frac{ne^2}{m}\vec{E} \,. \tag{21}$$

Zur Verkürzung der Schreibweise haben wir hier

$$\tau = \frac{m}{\beta} = \frac{m\sigma_0}{ne^2}$$

eingeführt. Dieses $\tau = 1/\gamma$ ist die *"Dämpfungszeit"*, die das Abklingen (Dämpfen) der Schwingung charakterisiert, wie (21) unmittelbar deutlich macht.

Wenn an einen Leiter ein harmonisches, schnell fluktuierendes elektrisches Feld angelegt wird, dann ist es sinnvoll zu vermuten, daß auch die Stromdichte harmonische Schwingungen ausführen wird, d.h. mit $E \sim \exp(-i\omega t)$ wird auch $j \sim \exp(-i\omega t)$ sein. In diesem Fall kann die Zeitdifferentiation wieder durch Multiplikation mit $-i\omega$ ersetzt werden und es ergibt sich

$$-i\omega\vec{j} + \frac{1}{\tau}\vec{j} = \frac{ne^2}{m}\vec{E} \,, \quad \text{bzw.} \quad \frac{\left(-i\omega + \frac{1}{\tau}\right)}{\frac{ne^2}{m}}\vec{j} = \vec{E} \,.$$

Wir schreiben dies als $\vec{j} = \sigma(\omega)\vec{E}$ mit

$$\sigma(\omega) = \frac{ne^2}{m\left(-i\omega + \frac{1}{\tau}\right)} = \frac{\sigma_0}{1 - i\omega\tau} \,. \tag{22}$$

Ist $\omega\tau = 2\pi\frac{\tau}{T} \ll 1$, so kann dieses Glied vernachlässigt werden, d. h. für kleine Frequenzen ist die Leitfähigkeit im wesentlichen konstant und gleich σ_0 . Ist $\omega\tau \gg 1$, so ergibt sich eine *rein imaginäre Leitfähigkeit.* Dies bedeutet, daß eine Phasenverschiebung von 90^0 zwischen $\vec{E}$ und $\vec{j}$ vorliegt, da in diesem Fall $\vec{E}$ und $\frac{d\vec{j}}{dt}$ phasengleich sind.

Setzen wir die gefundene Frequenzabhängigkeit der Leitfähigkeit in die Gleichung (siehe (11))

$$\eta = \varepsilon + i\frac{4\pi\sigma}{\omega} \tag{23a}$$

ein, so erhalten wir

$$\eta = \varepsilon + \frac{4\pi}{\omega}i\left(\frac{\sigma_0}{1 - i\tau\omega}\right) = \varepsilon - \frac{4\pi\sigma_0}{i\omega(1 - i\tau\omega)} \,. \tag{23b}$$

Es lohnt sich, die weitere Abkürzung von

$$\omega_p = \sqrt{\frac{4\pi ne^2}{\varepsilon m}} = \sqrt{\frac{4\pi\sigma_0}{\varepsilon\tau}} \tag{24}$$

einzuführen. Damit können wir schreiben:

$$\eta = \varepsilon\left(1 - \frac{\omega_p^2\tau}{i\omega(1 - i\omega\tau)}\right) = \varepsilon\left(1 + i\frac{\omega_p}{\omega}\frac{\omega_p\tau}{(1 - i\omega\tau)}\right) \,. \tag{24a}$$

Die Größe ω_p wird als *Plasmafrequenz* bezeichnet. Um diesen Begriff zu veranschaulichen, wollen wir das Zerfließen einer im Inneren des Leiters vorhandenen Ladungsdichte ρ (Elektronenplasma, Ionenplasma) untersuchen. Dazu bilden wir die Divergenz der Gleichung (21):

$$\mathrm{div}\frac{d\vec{j}}{dt} + \mathrm{div}\frac{1}{\tau}\vec{j} = \mathrm{div}\frac{ne^2}{m}\vec{E}$$

bzw.

$$\frac{d}{dt}(\mathrm{div}\vec{j}) + \frac{1}{\tau}\mathrm{div}\vec{j} = \frac{ne^2}{m}\mathrm{div}\vec{E} \,. \tag{25}$$

Wegen $\mathrm{div}\vec{E} = \frac{4\pi\rho}{\varepsilon}$ und $\frac{d\rho}{dt} = -\mathrm{div}\vec{j}$ folgt für die Ladungsdichte (das Plasma) die Schwingungsgleichung

$$0 = \frac{d^2\rho}{dt^2} + \frac{1}{\tau}\frac{d\rho}{dt} + \omega_p^2\rho \,. \tag{26}$$

Es ist die Differentialgleichung einer gedämpften Schwingung, wobei der zur Abkürzung eingeführte Ausdruck

$$\gamma = \frac{1}{\tau} = \frac{ne^2}{m\sigma_0} \tag{27}$$

nun wie in Gleichung (21) die physikalische Bedeutung einer Dämpfungskonstanten erhält. ω_p ist die Eigenfrequenz der Schwingung der Ladungsdichte (Elektronenplasma). Ein Plasma kann also Eigenschwingungen ausführen. Die Eigenfrequenz ω_p wächst mit der Dichte n der Teilchen und nimmt mit größerer Teilchenmasse m ab. Das ist plausibel.

Frequenzabhängigkeit der Polarisierbarkeit: Die komplexe Dielektrizitätskonstante (24) wurde bisher nur durch die Leitfähigkeit $\frac{\sigma}{\omega} = \frac{\sigma(\omega)}{\omega}$ frequenzabhängig. Es erhebt sich die Frage, inwieweit auch die Dielektrizitätskonstante ε frequenzabhängig sein kann. Die Dielektrizitätskonstante ist in Gleichung (5.16) mit der dielektrischen Suszeptibilität χ_e gemäß $\varepsilon = 1 + 4\pi\chi_e$ verknüpft. Dieses χ_e wiederum charakterisiert über (5.15) die Polarisation $\vec{P} = \chi_e\vec{E}$. Die Polarisation steht aber gemäß (5.9a) mit dem mittleren Dipolmoment eines Atoms (Moleküls) in Zusammenhang: $\vec{P} = N < \vec{P}_{mol} >$. $\vec{P}$ gibt die Dipoldichte (Dipole pro Volumen) an. Demnach müssen wir die Polarisierbarkeit der Atome (Moleküle) in ihrer Frequenzabhängigkeit genauer untersuchen, denn die atomaren Dipole werden durch das elektrische Feld weitgehend induziert (siehe Kapitel II.6). Wir hatten bisher nur die Polarisierbarkeit von Stoffen (genauer: von Atomen bzw. Molekülen von Stoffen) in *statischen und quasistatischen* elektrischen Feldern betrachtet. Dabei konnten wir annehmen, daß die für die Polarisation verantwortlichen Ladungsträger den Feldern trägheitslos folgen. Diese Voraussetzung ist in hochfrequenten Feldern nicht mehr erfüllt. Wir untersuchen jetzt ein einfaches Modell, das die wichtigsten Erscheinungen klären kann.

Als einfachstes Atommodell stellen wir uns Elektronen vor, die an den Atomkern elastisch gebunden sind und mit der Frequenz ω_0 gedämpfte harmonische Schwingungen ausführen können. Im kräftefreien Fall (keine äußeren Felder) sollen die positive Kernladung und der Schwerpunkt der negativen Elektronenladung zusammenfallen. Unser Modell wird durch die Differentialgleichung des harmonischen Oszillators

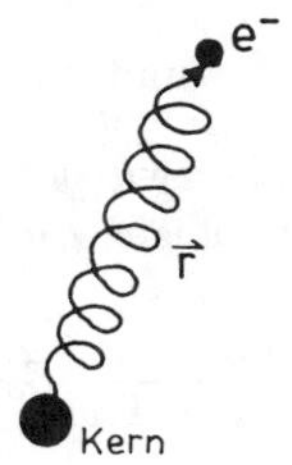

Elektron an einer Feder

$$m\left(\frac{\mathrm{d}^2\vec{r}}{\mathrm{d}t^2}+\gamma\frac{\mathrm{d}\vec{r}}{\mathrm{d}t}+\omega_0^2\vec{r}\right)=\vec{F}(t)$$

beschrieben, wobei γ eine Dämpfungskonstante ist. Für ein Elektron im elektromagnetischen Feld muß auf der rechten Seite die Lorentzkraft eingesetzt werden, also

$$\vec{F}=e\left(\vec{E}+\frac{\vec{v}}{c}\times\vec{B}\right).$$

Wir können annehmen, daß $\vec{v}\ll\vec{c}$ ist und daher den Einfluß des Magnetfeldes vernachlässigen. Das elektrische Dipolmoment $\vec{p}$ wurde definiert durch die Gleichung $\vec{p}=e\vec{r}$. Wir setzen dies mit der vereinfachten Form der Lorentzkraft in die Differentialgleichung ein und erhalten

$$m\left(\frac{\mathrm{d}^2\vec{p}}{\mathrm{d}t^2}+\gamma\frac{\mathrm{d}\vec{p}}{\mathrm{d}t}+\omega_0^2\vec{p}\right)=e^2\vec{E}\,. \tag{28}$$

Beim Lösen dieser Differentialgleichung lassen sich wieder zwei Fälle unterscheiden: Betrachten wir zuerst wieder den *statischen Fall*, dann ist $\frac{\mathrm{d}\vec{p}}{\mathrm{d}t}\equiv 0$ und wir erhalten

$$\omega_0^2\vec{p}=\frac{e^2}{m}\vec{E}\qquad\text{bzw.}\qquad\vec{p}=\frac{e^2}{\omega_0^2 m}\vec{E}\,. \tag{29}$$

Der Vorfaktor $\alpha=\frac{e^2}{\omega_0^2 m}$ ist die *statische atomare Polarisierbarkeit*, $\vec{p}=\alpha\vec{E}$.

Aus den Gleichungen $\vec{P}=N<\vec{p}>=\chi_e\vec{E}$, $\chi_e=N\alpha$, und $\varepsilon=1+4\pi\chi_e$ erhalten wir für die Dielektrizitätskonstante:

$$\varepsilon=1+4\pi N\frac{e^2}{m\omega_0^2}\,. \tag{30}$$

Hierbei haben wir mit N die Dichte der polarisierbaren Ladungsträger (Elektronen) bezeichnet. Für den *dynamischen Fall* nehmen wir an, daß sich die atomaren Dipole mit derselben Frequenz ändern, mit der das äußere Feld $\vec{E}$ schwingt, d. h. es gilt:

$$\vec{E}=\vec{E}_0e^{-i\omega t}\qquad\text{und}\qquad\vec{p}=\vec{p}_0e^{-i\omega t}\,.$$

Um eine mögliche Phasenverschiebung zwischen $\vec{E}$ und $\vec{p}$ zu erfassen, geben wir $\vec{p}_0$ (und damit α) komplex an. Mit dem obigen Ansatz ergibt sich aus der Differentialgleichung (28):

$$\vec{p}_0=\frac{e^2}{m}\frac{1}{\omega_0^2-\omega^2-i\gamma\omega}\vec{E}_0=\alpha(\omega)\vec{E}_0\,. \tag{31}$$

Die *atomare Polarisierbarkeit* $\alpha(\omega)$ *ist jetzt komplex und frequenzabhängig.* Für kleines ω ergibt sich wieder der Spezialfall der statischen Näherung. Der Realteil von α ergibt sich als

$$\mathrm{Re}\,\alpha=\frac{e^2}{m}\frac{\omega_0^2-\omega^2}{(\omega_0^2-\omega^2)^2+\gamma^2\omega^2}\,, \tag{32}$$

und der Imaginärteil ist

$$\operatorname{Im}\alpha = \frac{e^2}{m}\frac{\gamma\omega}{(\omega_0^2-\omega^2)^2+\gamma^2\omega^2}\,. \tag{33}$$

In der folgenden Skizze sind Re α und Im α gegen ω aufgetragen. In der Nähe der Resonanzstelle $\omega = \omega_0$ haben beide Anteile Extremwerte, die für kleine Dämpfung stark ausgeprägt sind. Der Realteil wechselt das Vorzeichen (gegenphasige Schwingung für $\omega > \omega_0$). Die Umgebung der Resonanzstelle wird als das Gebiet *anomaler Dispersion* bezeichnet; im Bereich *normaler Dispersion* ist α weitgehend reell und wächst mit der Frequenz. Wir haben die Formel für α und ε für ein

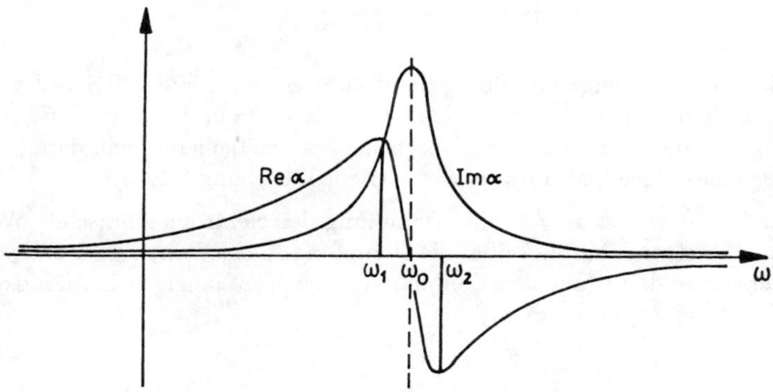

Im Frequenzbereich $\omega_1 \leq \omega \leq \omega_2$ sprechen wir von *anomaler Dispersion*, weil Licht mit kürzerer Wellenlänge (höherer Frequenz) weniger gebrochen wird als solches mit größerer Wellenlänge (kleinerer Frequenz).

mit der Frequenz ω_0 schwingendes Elektron abgeleitet. Im allgemeinen sind an der Polarisation mehrere Elektronen eines Atoms beteiligt. Bedeutet N die Anzahl der Elektronen pro Volumeneinheit, f_k den Anteil der Elektronen, die mit ω_k schwingen, dann erhalten wir aus (31) - ähnlich zu (30) - für ε die *Drudesche Formel*:

$$\varepsilon = 1 + \frac{4\pi N e^2}{m}\sum_k \frac{f_k}{\omega_k^2-\omega^2-i\gamma\omega}\,. \tag{34}$$

Damit läßt sich annähernd die Polarisation in Stoffen mit mehreren Gebieten anomaler Dispersion beschreiben. Die Größen f_k heißen *Oszillatorstärken*. Sie bekommen ihren eigentlichen Sinn in der Quantenmechanik, wo sie charakteristisch für die Übergangswahrscheinlichkeiten des Elektrons für Übergänge mit der Energie $\hbar\omega_k$ sind. Für viele, nichtleitende Medien gilt für den Berechnungsindex

$$n \cong \sqrt{\varepsilon} \approx 1 + \frac{2\pi N e^2}{m}\sum_k \frac{f_k}{\omega_k^2-\omega^2-i\gamma\omega}\,, \tag{35}$$

wobei nur das erste Glied bei der Entwicklung der Wurzel mitgenommen wurde.

Frequenzabhängigkeit des Brechungsindex: Der komplexe Brechungsindex eines Stoffes war gegeben durch (siehe Gleichung (16))

$$p = \sqrt{\mu\eta} = \frac{ck}{\omega} = p_1 + ip_2 \,. \tag{16}$$

Weiterhin hatten wir bereits abgeleitet (siehe Gleichung (24a))

$$\eta = \varepsilon\left(1 - \frac{\omega_p^2\tau}{i\omega(1 - i\omega\tau)}\right) . \tag{24a}$$

Wir diskutieren die obige Gleichung für Isolatoren und Leiter. Bei Isolatoren gilt $\sigma_0 = 0$ und damit auch $\sigma(\omega) = 0$. Also folgt weiter $\tau = 0$, d.h. $\eta = \varepsilon$ und $p = \sqrt{\varepsilon\mu}$. Wenn wir von anomaler Dispersion absehen, ist ε weitgehend reell, damit wird der Brechungsindex p reell, also $p = p_1 = \frac{c}{\omega}\alpha$ (siehe Gleichung (16a)).

Bei Metallen ist wegen $\sigma_0 \neq 0$ eine Dämpfung der elektromagnetischen Wellen zu erwarten. Um einen Überblick über die Dämpfung zu erhalten, setzen wir $\varepsilon = \mu = 1$ und untersuchen damit nur den Einfluß der frequenzabhängigen Leitfähigkeit. Mit dieser Vereinfachung erhalten wir

$$\eta = 1 - \frac{\omega_p^2\tau}{i\omega(1 - i\omega\tau)} \,.$$

Für lange Wellen gilt $\omega \ll \frac{1}{\tau} \ll \omega_p$; wir können deshalb im Nenner $i\omega\tau$ vernachlässigen und η groß gegen 1 annehmen, d. h.

$$\eta \approx 1 - \frac{\omega_p^2\tau}{i\omega} \approx \frac{i\omega_p^2\tau}{\omega} \,.$$

Für p ergibt sich damit

$$p = \sqrt{\eta} = \omega_p\sqrt{\frac{\tau}{\omega}}\sqrt{i} \,.$$

Der Brechungsindex ist

$$p = p_1 + ip_2 \,.$$

Setzen wir $\sqrt{i} = e^{+i\pi/4} = \frac{1+i}{2}\sqrt{2}$ ein, so folgt

$$p = \omega_p\sqrt{\frac{\tau}{\omega}}\,\frac{1+i}{2}\sqrt{2} \,. \tag{36}$$

Damit gilt für lange Wellen $p_1 = p_2$. Der Extinktionskoeffizient war nach Gleichung (18) durch $\exp(-2\pi p_2/p_1)$ gegeben. Die Amplitude der Welle wird daher auf der Strecke von einer Wellenlänge λ um den Faktor $\exp(-2\pi) \approx 0{,}0019$ geschwächt.

Die Eindringtiefe d war definiert als die Strecke, nach der die Amplitude der Welle auf den e-ten Teil abgeklungen ist; sie ist nach (17) gegeben durch

$$d = \frac{1}{\frac{\omega}{c}p_2} = \frac{1}{\beta}\,. \tag{37}$$

Für lange Wellen erhalten wir demnach für die Eindringtiefe

$$d = \frac{\sqrt{2}c}{\omega_p\sqrt{\frac{\tau}{\omega}\omega}} = \frac{c}{\sqrt{2\pi\sigma_0\omega}}\,. \tag{38}$$

In der folgenden Tabelle ist d für Kupfer und für verschiedene Vakuumwellenlängen angegeben ($\sigma_0 = 5,4\cdot 10^{+17}/\text{sec}$):

λ	(m)	10^{-2}	1	10^2	10^4
d	(μm)	0.37	3,7	37	370

An dieser Stelle soll noch der *Skineffekt* erwähnt werden. Wir wissen, wie der Energieverlust (Joulesche Wärme) in stromdurchflossenen Leitern kompensiert wird: Der Poynting-Vektor, der den Energiefluß durch eine Fläche pro Zeiteinheit beschreibt, ist in den Draht hinein gerichtet, die Felder dringen in den Draht ein (vgl. Aufgabe 13.2). Hochfrequente Ströme im Frequenzbereich bis etwa 1 GHz haben Wellenlängen, für die unsere Überlegungen für die Eindringtiefe zutreffen. Wenn aber hochfrequente Felder in einen Leiter kaum eindringen, dann kann im Innern des Drahtes kein Strom fließen. Die Stromdichte ist nur in einer dünnen Oberflächenschicht von Null verschieden. Dieses Phänomen nennt man Skineffekt.

Nun betrachten wir noch den Fall kurzer Wellenlänge. Hier gilt $\omega \gg \frac{1}{\tau}$. Damit erhalten wir sofort

$$\eta = 1 - \frac{\omega_p^2}{\omega^2}\,,$$

und für den Brechungsindex folgt

$$p \approx \sqrt{\eta} = \sqrt{1 - \frac{\omega_p^2}{\omega^2}} = p_1 - ip_2\,. \tag{39}$$

Für $\omega \ll \omega_p$ ist p imaginär und es ist $p_1 \approx 0$ und $p_2 \approx \frac{\omega_p}{\omega}$.

Wir erkennen sofort, daß die Eindringtiefe der Welle frequenzunabhängig ist (siehe Gleichung (17)), nämlich

$$d = \frac{c}{\omega_p}\,. \tag{40}$$

Interessanter ist der Fall $\omega > \omega_p$; der imaginäre Anteil von p (und damit die Dämpfung) verschwindet, p wird reell und es gilt

$$p = p_1 = \frac{c}{\omega}\alpha = \frac{1}{\omega}\sqrt{\omega^2 - \omega_p^2}\,. \tag{41}$$

Die Trägheit der Leitungselektronen wirkt sich hier so stark aus, daß praktisch kein Leitungsstrom fließt; bei höchsten Frequenzen sind *Metalle "durchsichtig"*. Mit harter Röntgenstrahlung kann man diesen Effekt nachweisen; sonst sind durchsichtige Metalle kaum realisierbar.

16.2 Aufgabe: Nichtlokale Verallgemeinerung der Beziehung $\vec{D}(\vec{x},t) = \epsilon\vec{E}(\vec{x},t)$

In vielen Dielektrika gilt die lineare und lokale Beziehung $\vec{D}(\vec{x},t) = \varepsilon\vec{E}(\vec{x},t)$. Für orts- und zeitabhängige Felder kann diese Beziehung nichtlokal verallgemeinert werden.

$$\vec{D}(\vec{x},t) = \int d^3x' \int dt'\, \varepsilon(\vec{x}\,',t')\vec{E}(\vec{x}-\vec{x}\,',t-t')\,,$$

wobei $\varepsilon(\vec{x}\,',t')$ nur in der Umgebung $(\vec{x}\,',t') = (\vec{0},0)$ von Null verschieden ist.

a) Diskutieren Sie diese Beziehung und führen Sie die Fouriertransformierten von $\vec{D}$, $\vec{E}$ und ε ein.

b) Mit welcher Geschwindigkeit breitet sich eine Welle mit dem Wellenvektor $\vec{k}$ in diesem Medium aus? Wie ist der Brechungsindex definiert?

Lösung:

a) Die Beziehung $\vec{D}(\vec{x},t) = \varepsilon\vec{E}(\vec{x},t)$ bedeutet, daß das $\vec{D}$ -Feld und damit die Polarisation, also die Antwort des Mediums, nur vom elektrischen Feld $\vec{E}$ am selben Ort und zur selben Zeit abhängt. Dies ist sicherlich nur für langsam veränderliche Felder richtig. Langsam heißt dabei: Die Schwingungsdauer der elektromagnetischen Strahlung ist groß gegenüber den Schwingungsperioden der Elektronen und Kerne und die charakteristischen Wellenlängen sind groß gegenüber dem Abstand der einzelnen Atome, also z.B. für statische Felder. Außerdem muß das Material (makroskopisch) homogen sein, da ε als konstant angesetzt wurde. Sind die Felder nicht mehr langsam veränderlich, so kann die Beziehung nichtlokal erweitert werden zu

$$\vec{D}(\vec{x},t) = \int d^3x' \int dt'\, \varepsilon(\vec{x}\,',t')\vec{E}(\vec{x}-\vec{x}\,',t-t')\,, \qquad \underline{1}$$

d.h. die Polarisation an der Stelle $(\vec{x},t)$ hängt auch vom elektrischen Feld in einer kleinen raum-zeitlichen Umgebung des Punktes $(\vec{x},t)$ ab. Aus Kausalitätsgründen muß natürlich gelten

$$\varepsilon(\vec{x}\,',t') = 0 \qquad \text{für} \qquad |\vec{x}\,'| > ct'\,, \qquad \underline{2}$$

insbesondere also $\varepsilon(\vec{x}',t') = 0$ für $t' < 0$.

Für größere Wellenlängen kann häufig die Ortsabhängigkeit von ε vernachlässigt werden:

$$\vec{D}(\vec{x},t) = \int dt'\, \varepsilon(t')\vec{E}(\vec{x},t-t')\,. \qquad \underline{3}$$

Wir führen mittels

$$\begin{aligned} f(\vec{k},\omega) &= \int d^3x\, dt\, f(\vec{x},t) e^{-i(\vec{k}\cdot\vec{x}-\omega t)} \quad , \\ f(\vec{x},t) &= \frac{1}{(2\pi)^4}\int d^3k\, d\omega\, f(\vec{k},\omega) e^{+i(\vec{k}\cdot\vec{x}-\omega t)} \end{aligned}$$

mit $f = D_i,\ E_i,\ \varepsilon$ die Fouriertransformierten ein.

Multiplizieren wir $\underline{1}$ mit $\exp[-i(\vec{k}\cdot\vec{x}-\omega t)]$ und integrieren über $\vec{x}$ und t, so erhalten wir

$$\begin{aligned} \int d^3x\, dt\, \vec{D}(\vec{x},t) e^{-i(\vec{k}\cdot\vec{x}-\omega t)} &= \int d^3x\, dt \int d^3x'\, dt'\, \varepsilon(\vec{x}',t') \\ &\quad \cdot \vec{E}(\vec{x}-\vec{x}',t-t') e^{-i(\vec{k}\cdot\vec{x}-\omega t)}\,, \end{aligned}$$

also mit $\vec{x}-\vec{x}' = \vec{x}''$ und $t - t' = t''$

$$\begin{aligned} \vec{D}(\vec{k},\omega) &= \int d^3x''\, dt'' \int d^3x'\, dt'\, \varepsilon(\vec{x}',t')\vec{E}(\vec{x}'',t'') \\ &\quad \cdot e^{-i(\vec{k}\vec{x}''-\omega t'')} e^{-i(\vec{k}\vec{x}'-\omega t')} \qquad \underline{4} \\ &= \varepsilon(\vec{k},\omega)\vec{E}(\vec{k},\omega)\,, \end{aligned}$$

das Integral geht also in ein Produkt der Fouriertransformierten über (Faltung). Vernachlässigen wir wieder die Ortsabhängigkeit, so resultiert einfach

$$\vec{D}(\vec{x},\omega) = \varepsilon(\omega)\vec{E}(\vec{x},\omega) \quad , \qquad \underline{5}$$

die „Dielektrizitätskonstante" hängt also von der Frequenz ab. Wir machen darauf aufmerksam, daß die fouriertransformierten Größen $\vec{D}$, $\vec{E}$ und ε auch komplex sein können. Da aber die ortsabhängigen Größen reell sind, muß gelten

$$f(\vec{k},\omega) = f^*(-\vec{k},-\omega), \qquad (f = D_i, E_i, \varepsilon)\,.$$

Im Fall des lokalen Zusammenhangs $\vec{D}(\vec{x},t) = \varepsilon_0\vec{E}(\vec{x},t)$ gilt $\varepsilon(\vec{x}',t') = \varepsilon_0\delta(\vec{x}')\delta(t')$ und daher ist $\varepsilon(\vec{k},\omega) = \varepsilon_0$ von Wellenzahl und Frequenz unabhängig.

b) Da wir an ebenen Wellen interessiert sind, machen wir den Ansatz

$$\begin{aligned} \vec{E}(\vec{x},t) &= \mathrm{Re}\vec{\mathcal{E}}(\vec{x},t), \qquad \vec{\mathcal{E}}(\vec{x},t) = \vec{\mathcal{E}}_0 e^{i(\vec{k}\cdot\vec{x}-\omega t)}\,, \\ \vec{B}(\vec{x},t) &= \mathrm{Re}\vec{\mathcal{B}}(\vec{x},t), \qquad \vec{\mathcal{B}}(\vec{x},t) = \vec{\mathcal{B}}_0 e^{i(\vec{k}\cdot\vec{x}-\omega t)}\,, \qquad \underline{6} \end{aligned}$$

wo zunächst $\vec{\mathcal{E}}_0$ und $\vec{\mathcal{B}}_0$, zwei konstante Vektoren, und ω noch nicht festgelegt sind. Setzen wir diesen Ansatz zusammen mit der Beziehung 1 und $\vec{H} = \vec{B}$ in die Maxwellgleichungen im quellenfreien Raum

$$\vec{\nabla}\cdot\vec{\mathcal{D}}(\vec{x},t) = 0, \qquad \vec{\nabla}\times\vec{\mathcal{E}}(\vec{x},t) + \frac{1}{c}\frac{\partial\vec{\mathcal{B}}}{\partial t}(\vec{x},t) = 0\,,$$

$$\vec{\nabla}\cdot\vec{\mathcal{B}}(\vec{x},t) = 0, \qquad \vec{\nabla}\times\vec{\mathcal{H}}(\vec{x},t) - \frac{1}{c}\frac{\partial\vec{\mathcal{D}}}{\partial t}(\vec{x},t) = 0 \qquad \text{7}$$

ein, so ergibt sich

$$\vec{k}\cdot\vec{\mathcal{E}}_0\varepsilon(\vec{k},\omega) = 0, \qquad \vec{k}\times\vec{\mathcal{E}}_0 - \frac{\omega}{c}\vec{\mathcal{B}}_0 = 0\,,$$

$$\vec{k}\cdot\vec{\mathcal{B}}_0 = 0, \qquad \vec{k}\times\vec{\mathcal{B}}_0 + \frac{\omega}{c}\vec{\mathcal{E}}_0\varepsilon(\vec{k},\omega) = 0\,. \qquad \text{8}$$

Für $\varepsilon(\vec{k},\omega) = 0$ gibt es eine longitudinale Lösung

$$\vec{\mathcal{E}}_0 \sim \vec{k}, \quad \vec{\mathcal{B}}_0 = \vec{0}\,.$$

Diese Lösung hängt mit Plasmaschwingungen zusammen, wir wollen hier nicht näher darauf eingehen.

Es sei also $\varepsilon(\vec{k},\omega)$ stets von 0 verschieden. Dann sehen wir unmittelbar, daß $\vec{k}, \vec{\mathcal{E}}_0$ und $\vec{\mathcal{B}}_0$ ein Orthogonalsystem bilden. Multiplizieren wir die beiden rechten Seiten mit $\vec{k}\times$ und verwenden die beiden linken Seiten, so ergibt sich als weitere Beziehung

$$\left[k^2 - \frac{\omega^2}{c^2}\varepsilon(\vec{k},\omega)\right]\vec{\mathcal{E}}_0 = 0\,, \qquad \left[k^2 - \frac{\omega^2}{c^2}\varepsilon(\vec{k},\omega)\right]\vec{\mathcal{B}}_0 = 0\,. \qquad \text{9}$$

Dies liefert den Zusammenhang zwischen $\vec{k}$ und ω: $\omega(\vec{k})$ ist gerade die Nullstelle von $c^2k^2 - \omega^2\varepsilon(\vec{k},\omega)$. Im Fall des lokalen Zusammenhanges $\vec{D}(\vec{x},t) = \varepsilon_0\vec{E}(\vec{x},t)$ gilt einfach $\omega^2 = \frac{c^2k^2}{\varepsilon_0}$.

Wir haben in a) gesehen, daß $\varepsilon(\vec{k},\omega)$ auch komplex oder negativ sein kann; dies führt dann zu komplexen ω-Werten. Es ist also

$$\left\{\begin{array}{c}\vec{\mathcal{E}}\\ \vec{\mathcal{B}}\end{array}\right\} = \left\{\begin{array}{c}\vec{\mathcal{E}}_0\\ \vec{\mathcal{B}}_0\end{array}\right\} e^{i(\vec{k}\vec{x}-\omega(k)t)}\,, \qquad \vec{k}\cdot\vec{\mathcal{E}}_0 = \vec{k}\cdot\vec{\mathcal{B}}_0 = 0\,, \qquad \vec{\mathcal{B}}_0 = \frac{c}{\omega}\vec{k}\times\vec{\mathcal{E}}_0\,. \qquad \text{10}$$

Ein negativer Imaginärteil von ω entspricht also einer gedämpften Schwingung, und es gibt keine wellenähnliche Lösung. Positive Imaginärteile sollen nicht vorkommen.

Liegt keine Dämpfung vor, ist die Ausbreitungsgeschwindigkeit $v = \frac{\omega}{k} = \frac{c}{\sqrt{\varepsilon}}$. Je nachdem, ob $\varepsilon > 1 \quad (\varepsilon < 1)$ ist, gilt $v < c \quad (v > c)$.

Wieso steht dieses Ergebnis nicht im Widerspruch zum Kausalitätsprinzip?

16.3 Aufgabe: Wellen entlang einer Doppelleitung

Eine Doppelleitung der Länge l (Seekabel) ist an eine Wechselstromquelle $U^e(t)$ und an einen Widerstand R_0 angeschlossen (siehe Abbildung 1). Der Draht besitze die Selbstinduktivität l, die Kapazität C_v und den Widerstand R pro Längeneinheit.

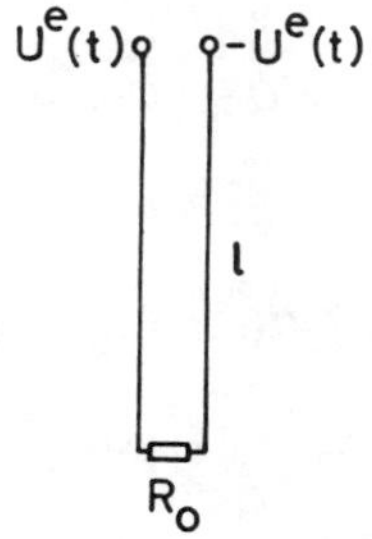

Abbildung 1

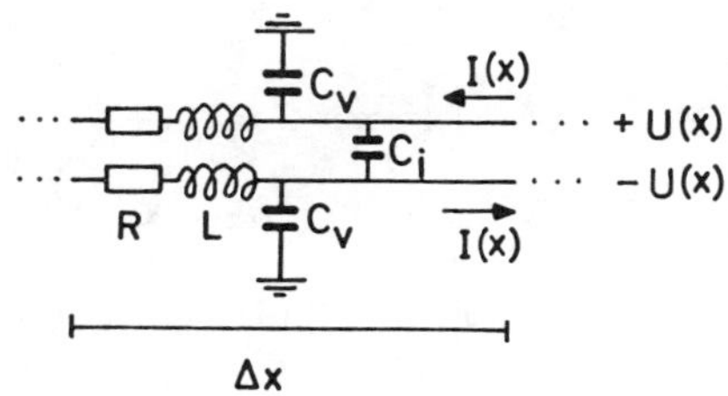

Abbildung 2

a) Denken Sie sich die Doppelleitung in kleine Stücke der Länge Δx zerlegt und fassen Sie sie als eine Kette von "Schwingkreisen" auf (Abbildung 2). Überlegen Sie sich die Beziehung zwischen Strom I und Spannung U an den Stellen x und $x + \Delta x$. Leiten Sie durch den Übergang $\Delta x \to 0$ die Telegraphengleichungen

$$L\frac{\partial I}{\partial t} + RI + \frac{\partial U}{\partial x} = 0 \qquad \frac{\partial I}{\partial x} + C\frac{\partial U}{\partial t} = 0$$

ab unter Berücksichtigung des Kapazitätskoeffizienten C_i. Wie lauten die Randbedingungen?

b) Zeigen Sie, daß für $R = 0$ die Größen I und U einer Wellengleichung genügen. Mit welcher Geschwindigkeit v pflanzen sie sich fort?

c) Zeigen Sie, daß für $R_0 = \sqrt{\frac{L}{C}}$ Lösungen der Form

$$\begin{aligned} U(x,t) &= U_0 f(x - vt) \\ I(x,t) &= \sqrt{\frac{C}{L}} U(x,t) \end{aligned}$$

existieren. Wodurch wird $U_0 f(x - vt)$ bestimmt? Was bedeuten diese Lösungen physikalisch?

Lösung:

a) Nach den Kirchhoffschen Gesetzen gilt

$$I_x = I_{C_V} + I_{C_i} + I_{x+\Delta x} \qquad \underline{1}$$

$$U_x = U_R + U_L + U_{x+\Delta x} \, . \qquad \underline{2}$$

Aus der Vorlesung ist die Beziehung $U = Q/C$ zwischen der Spannung in einem Kondensator und der Ladung Q an einer Platte, wenn C die Kapazität ist, bekannt. Somit gilt

$$2U = \frac{Q_{C_i}}{C_i \Delta x}, \qquad U = \frac{Q_{C_V}}{C_V \Delta x} \Rightarrow I_{C_i} + I_{C_V} = \dot{Q}_{C_i} + \dot{Q}_{C_V} = \dot{U}(x)[2C_i + C_V]\Delta x \, .$$

Aus $\underline{1}$ folgt mit $C = 2C_i + C_V$:

$$I(x + \Delta x, t) - I(x,t) + \frac{\partial}{\partial t} U(x,t) C \Delta x = 0 \, .$$

Nach Division durch Δx und Übergang $\Delta x \to 0$ folgt

$$\frac{\partial I}{\partial t} + C \frac{\partial U}{\partial x} = 0 \, . \qquad \underline{3}$$

Andererseits ist $U_R = (\Delta x R) I_x$, $U_L = (L \Delta x) \dot{I}_x$, also wird $\underline{2}$ nach Grenzübergang

$$\frac{\partial U}{\partial x} + RI + L \frac{\partial I}{\partial t} = 0 \, . \qquad \underline{4}$$

b) Für $R = 0$ ist

$$\frac{\partial^2 I}{\partial x^2} = -C \frac{\partial}{\partial x} \frac{\partial}{\partial t} U = -C \frac{\partial}{\partial t} \frac{\partial}{\partial x} U = CL \frac{\partial^2 I}{\partial t^2} \quad \Rightarrow \left(\frac{\partial^2}{\partial x^2} - LC \frac{\partial^2}{\partial t^2} \right) I = 0$$

und analog $\left(\frac{\partial^2}{\partial x^2} - LC \frac{\partial^2}{\partial t^2} \right) U = 0$.

Daraus liest man unmittelbar die Phasengeschwindigkeit $v = (LC)^{-1/2}$ ab.

c) Die speziellen Lösungen erfüllen die Gleichungen $\underline{3}$ und $\underline{4}$ und außerdem die Randbedingung

$$U(x = l, t) = R_0 I(x = l, t) \, .$$

wie man unmittelbar einsieht. $U_0 f(x - vt)$ wird aus der Randbedingung $U(x = 0, t) = U^e(t)$ bestimmt. Allgemeine Lösungen der Schwingungsgleichungen enthalten sowohl vorwärts laufende Wellen ($f(x - vt)$), als auch rückwärts laufende ($f'(x + vt)$), oder reflektierte Wellen. Durch die spezielle Wahl des Widerstandes R_0 wird die Reflexion vermieden.

17. Reflexions- und Brechungsindex

In diesem Kapitel wollen wir die Reflexions- und Brechungsgesetze der Optik aus den Maxwellgleichungen herleiten. Dazu betrachten wir das Verhalten einer elektromagnetischen Welle an der Grenzfläche zweier verschiedener Medien. Wir setzen voraus, daß die Medien nicht ferromagnetisch sind und konstante Polarisierbarkeit, Permeabilität und Leitfähigkeit besitzen.

Senkrechter Einfall: Zunächst betrachten wir ebene elektromagnetische Wellen, die auf die Grenzfläche senkrecht auftreffen; später verallgemeinern wir auf beliebige Einfallswinkel. Aus den elementaren Gesetzen der Strahlenoptik wissen wir, daß ein Teil der Welle reflektiert und ein Teil gebrochen wird.

Als erstes wollen wir den Reflexionskoeffizienten für eine Welle ausrechnen. Dazu gehen wir von den Stetigkeitsbedingungen für Normal- und Tangentialkomponenten der Felder aus. Mit den Indizes (1) und (2) bezeichnen wir die verschiedenen Medien.

Aus den Maxwellgleichungen

$$\begin{aligned} \mathrm{div}\vec{D} &= 4\pi\rho, \\ \mathrm{div}\vec{B} &= 0. \end{aligned}$$

hatten wir bereits früher - *bei Vernachlässigung der Oberflächenladung* - die *Randbedingungen*

$$D_n^{(1)} = D_n^{(2)}, \quad B_n^{(1)} = B_n^{(2)} \tag{1}$$

gefunden. Die Maxwellgleichungen, aus denen wir die Stetigkeit der Tangentialkomponente E_t und H_t gefolgert hatten, enthalten jetzt weitere Terme, so daß die Richtigkeit der Randbedingung erst nachgewiesen werden muß.

Es folgt aus $\mathrm{rot}\vec{E} = -\frac{1}{c}\frac{\partial}{\partial t}\vec{B}$ die integrale Beziehung

$$\int_F \mathrm{rot}\vec{E} \cdot \vec{n}dF = -\frac{1}{c}\frac{\partial}{\partial t}\int_F \vec{B}\cdot\vec{n}dF$$

Die Skizze zeigt die Lage der Integrationsfläche F, die senkrecht zur Trennfläche der beiden Medien liegt. Mit Hilfe des Stokeschen Satzes erhalten wir für die linke Seite der Gleichung im Grenzfall $\Delta y \to 0$

$$\int_F \mathrm{rot}\vec{E} \cdot \vec{n}dF = \int \vec{E}\cdot d\vec{s} = (E_t^{(1)} - E_t^{(2)})l$$

für die rechte Seite mit $\Delta y \to 0$

$$\frac{\partial}{\partial t}\int \vec{B}\cdot\vec{n}dF = \frac{\partial}{\partial t}\vec{B}_n \cdot l\Delta y \to 0\,.$$

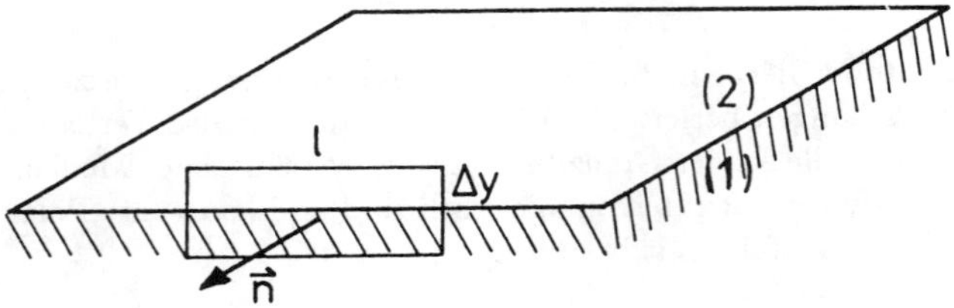

Die Grenzschicht zwischen den beiden Medien in Perspektive.

Wir erhalten somit die Stetigkeit der Tangentialkomponenten:

$$E_t^{(1)} = E_t^{(2)} . \tag{2}$$

Entsprechend gewinnen wir aus der Maxwellgleichung

$$\mathrm{rot}\vec{H} = \frac{1}{c}\frac{\partial}{\partial t}\vec{D} + \frac{4\pi}{c}\vec{j}$$

unter der *Voraussetzung, daß keine Oberflächenströme vorhanden sind*, in analoger Rechnung die Randbedingung:

$$H_t^{(1)} = H_t^{(2)} . \tag{3}$$

Nachdem wir uns nun von der Gültigkeit der alten Randbedingungen überzeugt haben, wollen wir den folgenden Spezialfall untersuchen: Eine Welle soll aus dem Vakuum senkrecht auf ein Medium mit dem verallgemeinerten Brechungsindex $p = p_1 + ip_2$ einfallen. Grenzfläche sei die y-z-Ebene. Mit dieser Vereinfachung gilt für den Wellenvektor $\vec{k} = k\vec{e}_x$ und ebenso $\vec{k} \cdot \vec{r} = kx$. Wir setzen für die einfallende Welle eine ebene Welle an:

$$E_y = ae^{i(kx-\omega t)} \,, \quad H_z = ae^{i(kx-\omega t)} \,, \tag{4}$$

wobei $x < 0$ ist. $\vec{k}$, $\vec{E}$ und $\vec{H}$ bilden ein Rechtssystem. Da die einfallende Welle im Vakuum verläuft, ist $p = 1$ und somit $k = \frac{\omega}{c}$.

Wir erhalten unter Verwendung der bereits in Kapitel IV.15 gezeigten Beziehungen im Vakuum (siehe Gleichungen (15.20) und (15.21))

$$\vec{E} = -\frac{\vec{k}}{k} \times \vec{H} \qquad \text{und} \qquad \vec{H} = \frac{\vec{k}}{k} \times \vec{E} \,.$$

Für die reflektierte Welle setzen wir an:

$$E_y^{(r)} = -a''e^{i(k''x-\omega''t)} \quad , \quad H_z^{(r)} = a''e^{i(k''x-\omega''t)} \,, \tag{5}$$

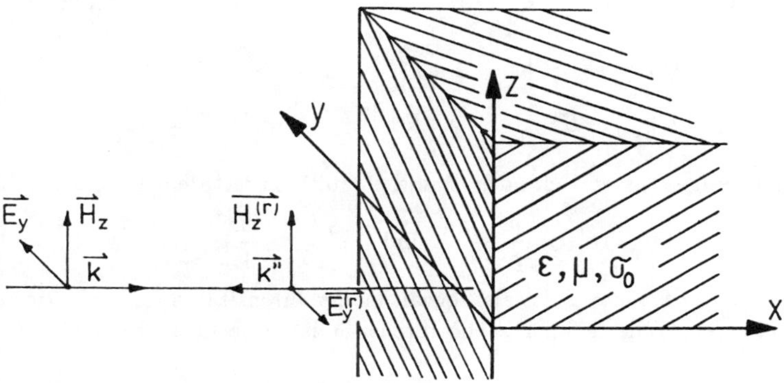

Senkrecht einfallende und reflektierte Wellen.

wobei ebenfalls $x < 0$ ist. Das negative Vorzeichen beim elektrischen Feld rührt daher, daß $\vec{k}''$, $\vec{E}$ und $\vec{H}$ in dieser Reihenfolge ein Rechtssystem bilden und $\vec{k}$ " jetzt in Richtung der negativen x-Achse zeigt. Da die reflektierte Welle wie die einfallende Welle im Vakuum verläuft, gilt $k'' = k$.

Im Medium ist $p \neq 1$ und somit gilt für den Wellenzahlvektor der eindringenden Welle $k' = \frac{\omega}{c}\sqrt{\mu\eta} = \frac{\omega}{c}p$. Weiterhin gilt im Medium

$$\vec{k}' \times \vec{E}^{(e)} = \frac{\omega}{c}\mu\vec{H}^{(e)} .$$

Wir dividieren diese Gleichung durch $k' = \frac{\omega}{c}p$, lösen nach $\vec{H}$ auf und erhalten

$$\vec{H}^{(e)} = \frac{p}{\mu}\frac{\vec{k}'}{k'} \times \vec{E}^{(e)} . \tag{6}$$

Mit dem folgenden Ansatz beschreiben wir die eindringende Welle

$$E_y^{(e)} = a' e^{i(k'x-\omega' t)}$$

und unter Betrachtung der Beziehung $H^{(e)} = \frac{p}{\mu}E^{(e)}$ für $\vec{k} \perp \vec{E}^{(e)}$, notieren wir das Magnetfeld

$$H_z^{(e)} = \frac{p}{\mu}a' e^{i(k'x-\omega' t)} .$$

Grenzbetrachtungen: Wir interessieren uns jetzt für die Verhältnisse der Amplituden a' und a'' zu a. Aus der Stetigkeit der Tangentialkomponenten E_t und H_t an der Grenzfläche und aus den Wellengleichungen der einfallenden, der reflektierten und der gebrochenen Welle folgt für $x = 0$, daß $\omega = \omega' = \omega''$ sein muß und außerdem gilt

$$\begin{aligned} E_y\big|_{x=0} + E_y^{(r)}\big|_{x=0} &= E_y^{(e)}\big|_{x=0} &\rightarrow a - a'' = a' \,, \\ H_z\big|_{x=0} + H_z^{(r)}\big|_{x=0} &= H_z^{(e)}\big|_{x=0} &\rightarrow a + a'' = \frac{p}{\mu} a' \,, \end{aligned} \tag{7}$$

Diese Gleichungen lassen sich nach a' und a'' auflösen mit dem Resultat

$$a'' = a\frac{p-\mu}{p+\mu} \quad \text{und} \quad a' = a\frac{2\mu}{p+\mu} \,. \tag{8}$$

Das *Reflektionsvermögen* R ist als Verhältnis der Intensitäten der reflektierten und der einfallenden Welle definiert. Die Intensität ist proportional dem Quadrat der Amplituden

$$R = \frac{|a''|^2}{|a|^2} = \frac{a''a''^*}{aa^*} \,.$$

Durch Einsetzen und unter Beachtung von $p = p_1 + ip_2 \equiv n + i\kappa$ [13] erhalten wir

$$R = \frac{(p-\mu)(p^*-\mu)}{(p+\mu)(p^*+\mu)} = \frac{(p_1-\mu)^2 + p_2^2}{(p_2+\mu)^2 + p_2^2} = \frac{(n-\mu)^2 + \kappa^2}{(n+\mu)^2 + \kappa^2} \,.$$

Mit zunehmender Absorption nimmt auch die Reflexion zu. Für lange Wellen ($n \approx \kappa$) ergibt sich für $R \quad (\mu \approx 1)$

$$R = \frac{2n^2 - 2n + 1}{2n^2 + 2n + 1} \approx \frac{n-1}{n+1} \approx 1 - \frac{2}{n} \,.$$

Diese Formel wurde für verschiedene Metalle geprüft. Sie ist bis etwa $\lambda = 25\mu$ bzw. $25 \cdot 10^{-6}\text{m} = 25 \cdot 10^{-3}\text{mm}$ erfüllt.

Im Falle hochfrequenter elektromagnetischer Wellen können wir näherungsweise

$$n = \kappa = \sqrt{\frac{2\pi\sigma_0}{\omega}}$$

setzen und erhalten für das Reflektionsvermögen

$$R = 1 - \sqrt{\frac{2\omega}{\pi\sigma_0}} \,.$$

Wir wissen, daß für hochfrequente Felder die Leitfähigkeit σ kleiner als die Gleichstromleitfähigkeit σ_0 ist (siehe Gleichung (16.22)). Damit haben wir wenigstens ein qualitatives Ergebnis für R: Das Reflektionsvermögen sollte mit steigender Frequenz fallen. Dieser Effekt ist z. B. an H_2SO_4 zu beobachten: Schwefelsäure besitzt - nach Verdünnen mit Wasser - eine vorzügliche Gleichstromleitfähigkeit, ist aber für Licht völlig durchlässig ($R \approx 0$). Die schweren Ionen können den hochfrequenten Feldern nicht folgen.

[13] Wir schreiben jetzt den komplexen Brechungsindex in $p = n + i\kappa$ um, damit sich für $\kappa \to 0$ die übliche Bezeichnung $p = n$ für den reellen Brechungsindex ergibt.

17.1 Aufgabe: Frequenzabhängiger Brechungsindex, Reflektionsvermögen

Schreiben Sie die fouriertransformierten Maxwell-Gleichungen hin. Für kleine Frequenzen ω ist die Annahme $\vec{D}_0 = \varepsilon_0 \vec{E}$, $\vec{B} = \mu \vec{H}$, $\vec{j} = \sigma_0 \vec{E}$, $p = 0$ mit den statischen Konstanten $\varepsilon_0, \mu, \sigma_0 \in \mathbb{R}$ gut.

a) Zeigen Sie, daß man in den Maxwellschen Gleichungen die Größen $\vec{D}_0$ und $\vec{j}_0$ durch die Größen $\vec{D}$ und $\vec{j}$ ersetzen kann, so daß $\vec{D} = \varepsilon \vec{E}$ und $\vec{j} \equiv \vec{0}$ für $\omega \neq 0$ gilt. Was ist der Unterschied zwischen den Feldern $\vec{D}_0$ und $\vec{D}$? Überdenken Sie das Konzept der Polarisation und erklären Sie, warum im statischen Fall ($\omega = 0$) das Feld $\vec{D}$ unbrauchbar wird. Geben Sie ε an.

b) Berechnen Sie $p = \sqrt{\varepsilon}$.

c) Geben Sie das Reflektionsvermögen für sehr kleine Frequenzen an.

Lösung:

Die Maxwellgleichungen (MG)

$$\vec{\nabla} \cdot \vec{D}_0 = \rho_0 4\pi \qquad \vec{\nabla} \cdot \vec{B} = 0$$
$$\vec{\nabla} \times \vec{H} - \frac{1}{c}\frac{\partial}{\partial t}\vec{D}_0 = \frac{4\pi}{c}\vec{j}_0 \qquad \vec{\nabla} \times \vec{E} + \frac{1}{c}\frac{\partial}{\partial t}\vec{B} = 0$$

werden durch die Fourier-Transformation in

$$\vec{k} \cdot \vec{D}_0(\omega, \vec{k}) = 4\pi \rho_0(\omega, \vec{k}) \qquad \vec{k} \cdot \vec{B}(\omega, \vec{k}) = 0$$
$$\vec{k} \times \vec{H}(\omega, \vec{k}) + \frac{1}{c}\omega \vec{D}_0(\omega, \vec{k}) = \frac{4\pi}{c}\vec{j}_0(\omega, \vec{k}) \qquad \vec{k} \times \vec{E}(\omega, \vec{k}) - \frac{1}{c}\omega \vec{B}(\omega, \vec{k}) = 0$$

überführt. Die Nebenbedingungen $\rho_0 = 0, \vec{j}_0 = \sigma_0 \vec{E}, \vec{D}_0 = \varepsilon_0 \vec{E}, \vec{B} = \mu \vec{H}$ verändern die inhomogenen MG zu

$$\frac{1}{\mu}\vec{k} \times \vec{B}(\omega, \vec{k}) + \frac{i}{c}\omega \left[\varepsilon_0 + i\frac{4\pi\sigma_0}{\omega}\right] \vec{E}(\omega, \vec{k}) = 0$$
$$\vec{k} \cdot \vec{E} = 0\,.$$

a) Definieren wir $\vec{D} = \varepsilon(\omega)\vec{E}$ mit $\varepsilon(\omega) = \varepsilon_0 + i\frac{4\pi\sigma_0}{\omega}$, so gelten

$$\vec{k} \times \vec{H}(\omega, \vec{k}) - \frac{1}{c}\omega \vec{D}(\omega, \vec{k}) = 0 \quad ,$$
$$\vec{k} \cdot \vec{D} = \varepsilon(\omega)\vec{k} \cdot \vec{E} = 0 \qquad \text{und} \qquad \vec{j} \equiv 0 \quad .$$

Die Definition von $\vec{D}$ lautet $\vec{D} = \vec{E} + 4\pi\vec{P} = \varepsilon\vec{E}$, wobei $\vec{E}$ das makroskopische Feld ist und die Definition von $\vec{P}$ von der Definition der "Moleküle" und "freien Ladungen" abhängt. Im Falle $\omega \neq 0$ kann das Elektron, da es nur schwingt und sich vom restlichen Ion nicht weiter entfernt, als Bestandteil des Moleküls aufgefaßt werden. Dann gibt es keine Leitungselektronen und folglich ist der makroskopische Strom $\vec{j} \equiv 0$. Die Polarisation hängt natürlich von ω ab, somit auch $\varepsilon = \varepsilon(\omega)$. Genausogut kann aber das Ion als "das Molekül" aufgefaßt werden - dann ist der makroskopische Strom $j_0 \neq 0$ und $\vec{D}_0 = \vec{E} + 4\pi\vec{P}_0$, wobei $\vec{P}_0$ nur noch die Polarisation der Ionenrümpfe beschreibt.

b) Wir setzen $\mu = 1$ voraus, dann ist $\sqrt{\varepsilon} = p$ der Brechungsindex.

Setze $N = \left[\varepsilon_0^2 + \left(\frac{4\pi\sigma_0}{\omega}\right)^2\right]^{+1/2}$ und $\varphi = \arccos\frac{\varepsilon_0}{N}$, dann ist

$$p^2(\omega) = \varepsilon(\omega) = Ne^{i\varphi} \quad \Rightarrow p(\omega) = \pm\sqrt{N}\left[\cos\frac{\varphi}{2} + i\sin\frac{\varphi}{2}\right].$$

Wegen $\cos\frac{\varphi}{2} = \sqrt{\frac{1}{2}(1+\cos\varphi)}$ und $\sin\frac{\varphi}{2} = \sqrt{\frac{1}{2}(1-\cos\varphi)}$ folgt

$$\begin{aligned}
p(\omega) &= \pm\sqrt{N}\left[\sqrt{\frac{1}{2}(1+\frac{\varepsilon_0}{N})} + i\sqrt{\frac{1}{2}(1-\frac{\varepsilon_0}{N})}\right] \\
&= \pm\sqrt{\varepsilon_0}\left[\sqrt{\frac{\sqrt{1+\left(\frac{4\pi\sigma_0}{\omega\varepsilon_0}\right)^2}+1}{2}} + i\sqrt{\frac{\sqrt{1+\left(\frac{4\pi\sigma_0}{\omega\varepsilon_0}\right)^2}-1}{2}}\right].
\end{aligned}$$

Die Wahl des Vorzeichens wird so getroffen, daß sich für $\sigma_0 = 0$ das alte Ergebnis $p = \sqrt{\varepsilon_0}$ für Nichtleiter ergibt, d.h. der positive Wert ist der richtige.

c) Für $\omega \to 0$ gilt $p \approx \sqrt{\frac{2\pi\sigma_0}{\omega}}(1+i)$. Für das Reflektionsvermögen folgt sofort mit $p = a + i\beta$

$$\begin{aligned}
R &= \left|\frac{1-p}{1+p}\right|^2 = \frac{(1-\alpha)^2+\beta^2}{(1+\alpha)^2+\beta^2} \\
&\underset{\omega\to 0}{\approx} \frac{1-2\alpha+2\alpha^2}{1+2\alpha+2\alpha^2} = \frac{1-\frac{1}{\alpha}+\frac{1}{2\alpha^2}}{1+\frac{1}{\alpha}+\frac{1}{2\alpha^2}} \\
&= \left(1-\frac{1}{\alpha}+\frac{1}{2\alpha^2}\right)\left[1-\left(\frac{1}{\alpha}+\frac{1}{2\alpha^2}\right)+O\left(\frac{1}{\alpha^2}\right)\right] \\
&= 1-\frac{1}{\alpha}-\frac{1}{\alpha}+O\left(\frac{1}{\alpha^2}\right) \approx 1-\frac{2}{\alpha} = 1-\sqrt{\frac{2\omega}{\pi\sigma}}.
\end{aligned}$$

Allgemeine Herleitung der Brechungs- und Reflexionsgesetze (Fresnel'sche Formeln): Nachdem wir jetzt den senkrechten Einfall diskutiert haben, betrachten wir den Einfall der elektromagnetischen Welle unter einen Winkel α auf die Trennfläche zweier verschiedener Medien. Zuerst widmen wir uns dem kinematischen Aspekt der Reflexion und Brechung, d.h. wir berechnen die geometrischen Verhältnisse, die Winkel zwischen den verschiedenen Wellenvektoren.

Eine ebene Welle mit dem Wellenvektor $\vec{k}$ und der Frequenz ω kommt aus dem isotropen Medium (1) mit der Dielektrizitätskonstanten ε und der Permeabilität μ und fällt im Koordinatenursprung unter dem Winkel α auf die Grenzfläche zum Medium (2), (ε', μ')[14]. Die Grenzfläche ist die Ebene $z = 0$. Diese einfallende Welle wird unter dem Winkel β in das isotrope, nicht ferromagnetische Medium (2) gebrochen (Wellenvektor $\vec{k}'$) und unter dem Winkel γ in das Medium (1) reflektiert (Wellenvektor $\vec{k}''$). Die Skizze erläutert noch einmal die Bezeichnungen.

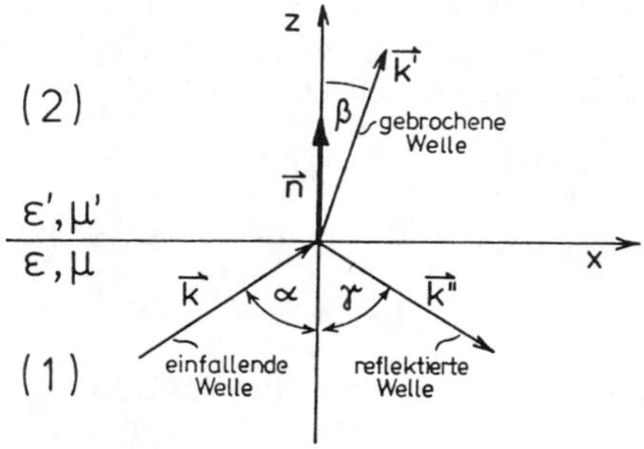

Einfallende, gebrochene und reflektierte Welle.

Für die elektrische Feldstärke der einfallenden Welle setzen wir wieder

$$\vec{E} = \vec{E}_0 e^{i(\vec{k}\cdot\vec{r}-\omega t)}$$

an und erhalten dann mit den Beziehungen $\vec{k} \times \vec{E} = \frac{\omega}{c}\mu\vec{H} = \frac{\omega}{c}\vec{B}$ und $k = \frac{\omega}{c}\sqrt{\varepsilon\mu}$ für die magnetische Induktion (siehe Gleichung (16.7))

$$\vec{B} = \sqrt{\varepsilon\mu}\frac{\vec{k} \times \vec{E}}{k} \,. \tag{9}$$

Entsprechend gilt für die gebrochene Welle

$$\vec{E}' = \vec{E}'_0 e^{i(\vec{k}'\cdot\vec{r}-\omega' t)}, \qquad \vec{B}' = \sqrt{\varepsilon'\mu'}\frac{\vec{k}' \times \vec{E}'}{k'} \,, \tag{10}$$

und für die reflektierte Welle

$$\vec{E}'' = \vec{E}''_0 e^{i(\vec{k}''\cdot\vec{r}-\omega'' t)}, \qquad \vec{B}'' = \sqrt{\varepsilon\mu}\frac{\vec{k}'' \times \vec{E}''}{k''} \,. \tag{11}$$

[14] Wir nehmen an, daß in beiden Medien die Leitfähigkeit $\sigma = 0$ ist; sonst wären die Medien nicht durchsichtig, weil die Wellen gedämpft würden.

Wie schon beim senkrechten Welleneinfall gelten auch in diesem Falle die vier Stetigkeitsbedingungen an der Grenzebene für

$$E_t \quad \text{und} \quad H_t \, , \tag{12}$$

$$D_n \quad \text{und} \quad B_n \, , \tag{13}$$

wobei wir mit den Beziehungen (12) und (13) ausschließen, daß Oberflächenströme und - ladungen auftreten.

Damit solche Randbedingungen zu jeder Zeit und an allen Punkten der Grenzbene erfüllt werden können, müssen die zeit- und raumabhängigen Faktoren von der einfallenden, der gebrochenen und der reflektierten Welle in der Ebene $z = 0$ gleich sein:

$$e^{i(\vec{k}\cdot\vec{r}-\omega t)} = e^{i(\vec{k}'\cdot\vec{r}-\omega' t)} = e^{i(\vec{k}''\cdot\vec{r}-\omega'' t)} \, .$$

Aus den Eigenschaften der Exponentialfunktion folgt dann

$$\vec{k}\cdot\vec{r} - \omega t = \vec{k}'\cdot\vec{r} - \omega' t + m_1 2\pi = \vec{k}''\cdot\vec{r} - \omega'' t + m_2 2\pi$$

für alle Zeiten t, wobei m_1 und m_2 ganze Zahlen sind. Das muß für alle $\vec{r}$, die in der Grenzfläche liegen, gelten. Also insbesondere für $\vec{r} = 0$. Die Welle soll im Ursprung auftreffen: Für $\vec{r} = 0$ und $t = 0$ folgern wir sofort, daß wir ohne Beschränkung der Allgemeinheit setzen dürfen

$$m_1 = m_2 = 0 \, .$$

Für $\vec{r} = 0$ und $t \neq 0$ folgt weiter

$$\omega = \omega' = \omega'' \, , \tag{14}$$

d.h. die Frequenz der Welle wird bei der Brechung und Reflexion nicht geändert. Weiterhin folgt daraus

$$k = \frac{\omega}{c}\sqrt{\varepsilon\mu} = \frac{\omega''}{c}\sqrt{\varepsilon\mu} = k'' \, ,$$

d. h. der Wellenvektor der *einfallenden* und *reflektierten* Welle sind dem Betrage nach gleich.

Wegen (14) und für $\vec{r}$ *aus der Grenzschicht (Grenzebene)* ist

$$\left(\vec{k}\cdot\vec{r}\right)_{z=0} = \left(\vec{k}'\cdot\vec{r}\right)_{z=0} = \left(\vec{k}''\cdot\vec{r}\right)_{z=0} \, . \tag{15}$$

Diese Beziehung bedeutet, daß die Projektionen von $\vec{k}$, $\vec{k}'$ und $\vec{k}''$ auf jedes beliebige r aus der Grenzebene alle gleich sind. Das ist aber nur dann möglich, wenn $\vec{k}$, $\vec{k}'$ und $\vec{k}''$ in einer Ebene, der sogenannten *Einfallsebene*, liegen.

Unter Verwendung dieser Kenntnisse kann nun die obige Skizze folgendermaßen interpretiert werden: Wählen wir ein spezielles $\vec{x}$ auf der x-Achse

$$\vec{x} = x\vec{e}_1 \, ,$$

so folgt aus der Gleichung (15)

$$kx \sin\alpha = k'x \sin\beta = k''x \sin\gamma\ . \tag{16}$$

Da $k = k''$ ist, gilt somit

$$\sin\alpha = \sin\gamma \qquad \text{oder} \qquad \alpha = \gamma\ ,$$

d.h. Einfalls- und Reflexionswinkel sind gleich. Als weiteres erhalten wir das *Snelliussche*[15] *Brechungsgesetz*

$$\frac{\sin\alpha}{\sin\beta} = \frac{k'}{k} = \sqrt{\frac{\varepsilon'\mu'}{\varepsilon\mu}} = \frac{n'}{n} = \frac{c_1}{c_2} = \frac{\lambda_1}{\lambda_2}\ , \tag{17}$$

wobei c_1, λ_1 bzw. c_2, λ_2 Lichtgeschwindigkeit und Wellenlänge im Medium 1 bzw. 2 sind. Ferner ist

$$n = \frac{c}{c_1} = \sqrt{\varepsilon\mu} \tag{18}$$

der Brechungsindex aus der Maxwellschen Beziehung. Im optisch dichteren Medium sind Lichtgeschwindigkeit, Wellenlänge und Winkel kleiner, während Brechungsindex, Dielektrizitätskonstante und der Betrag des Wellenvektors größer sind ($\mu \approx 1$).

Nach der Herleitung der bekannten Beziehungen aus der Strahlenoptik soll jetzt noch die dynamische Seite des Phänomens untersucht werden, um speziell die Intensitäten der refklektierten bzw. gebrochenen Welle zu berechnen. Während die kinematischen Aussagen lediglich aus der Existenz allgemeiner Randbedingungen bei $z = 0$ folgen, erschließen wir die dynamischen Eigenschaften erst aus den speziellen Randbedingungen für die Stetigkeit von Tangential- und Normalkomponenten, den Beziehungen (12) und (13). Wir schreiben diese Beziehungen mit dem Normaleneinheitsvektor in der folgenden Form.

Für die *Tangentialkomponente von* $\vec{E}$ ergibt sich bei $z = 0$:

$$(\vec{E}_0 + \vec{E}_0'' - \vec{E}') \times \vec{n} = 0\ . \tag{19a}$$

Die *Normalkomponente von* $\vec{B}$ drücken wir mit Gleichungen (9) und (17) durch die elektrische Feldstärke aus:

$$(\vec{k} \times \vec{E}_0 + \vec{k}'' \times \vec{E}_0'' - \vec{k}' \times \vec{E}_0') \cdot \vec{n} = 0\ , \tag{19b}$$

[15] *Willebrord Snellius* (Snell van Rojen), niederländischer Mathematiker und Physiker, geb. 1580 in Leiden, gest. 30.10.1626 ebd., führte zur Bestimmung der Erdfigur eine Gradmessung durch, bei der er als erster die Länge des Gradbogens mit Hilfe einer Triangulation bestimmte und auch eine Lösung des Rückwärtseinschnittes fand. In der Veröffentlichung seiner Ergebnisse ("De terrae ambitus vera quantitate", 1617) führte er sich als "Eratosthenes Batavus" ein; unabhängig von Descartes fand er das Gesetz der Strahlenbrechung (etwa 1620).[BR].

ebenso folgt mit Gleichung (2) die *Tangentialkomponente von* $\vec{H}$:

$$\left(\frac{1}{\mu}(\vec{k} \times \vec{E}_0 + \vec{k}'' \times \vec{E}_0'') - \frac{1}{\mu'}(\vec{k}' \times \vec{E}_0')\right) \times \vec{n} = 0\,, \tag{19c}$$

für die *Normalkomponente von* $\vec{D}$ ergibt sich

$$\left(\varepsilon(\vec{E}_0 + \vec{E}_0'') - \varepsilon'\vec{E}_0'\right) \cdot \vec{n} = 0\,. \tag{19d}$$

Bei der Herleitung ist lediglich zu beachten, daß gilt

$$\frac{\sqrt{\varepsilon\mu}}{k} = \frac{c}{\omega} = \frac{c}{\omega'} = \frac{\sqrt{\varepsilon'\mu'}}{k'} \qquad \text{und} \qquad \vec{D} = \varepsilon\vec{E}\,,$$

weil isotrope Medien vorausgesetzt werden.

Im folgenden sollen nun zwei Spezialfälle untersucht werden. Wir betrachten eine linear polarisierte Welle, wobei einmal die *elektrische Feldstärke senkrecht zur Einfallsebene* liegt, das andere Mal in der Einfallsebene. Der allgemeine Fall der elliptisch polarisierten Welle ergibt sich durch Überlagerung dieser beiden Fälle.

Liegt $\vec{E}_0$ senkrecht zur Einfallsebene, dann liefert Randbedingung (19a) die Beziehung

$$(\vec{E}_0 + \vec{E}_0'' - \vec{E}') \times \vec{n} = +(E_0 + E_0'' - E')\vec{e}_x = 0\,,$$

aus der folgt

$$E_0 + E_0'' - E_0' = 0\,. \tag{20}$$

Aus Gleichung (19b) folgt ebenfalls Gleichung (20), wenn wir das Vektorprodukt

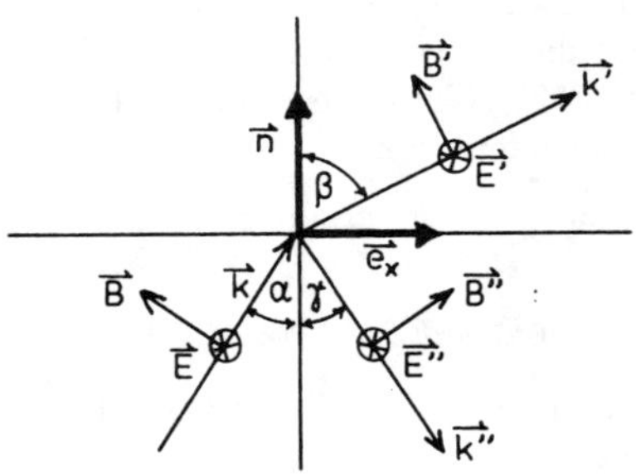

Brechung und Reflexion einer linear polarisierten Welle, wenn $\vec{E}_0$ senkrecht zur Einfallsebene liegt.

umformen und das Brechungsgesetz berücksichtigen:

$$\begin{aligned}(\vec{n} \times \vec{k}) \quad &\cdot \quad \vec{E}_0 + (\vec{n} \times \vec{k}'') \cdot \vec{E}_0'' - (\vec{n} \times \vec{k}') \cdot \vec{E}_0' \\ &= \quad (\sin\alpha)k\vec{e}_y \cdot \vec{E}_0 + (\sin\gamma)k\vec{e}_y \cdot \vec{E}_0'' - (\sin\beta)k'\vec{e}_y \cdot \vec{E}_0' \\ &= \quad \vec{e}_y \cdot (\vec{E}_0 + \vec{E}_0'' - \vec{E}_0') = 0\,.\end{aligned}$$

Dagegen ergibt Gleichung (19c) durch Umformung des Kreuzproduktes

$$\frac{1}{\mu}(\vec{k} \times \vec{E}_0) \times \vec{n} = \frac{1}{\mu}\left(\vec{k}(\vec{n} \cdot \vec{E}_0) - \vec{E}_0(\vec{n} \cdot \vec{k})\right)$$

für die einfallende Welle

$$\frac{1}{\mu}(\vec{k} \times \vec{E}_0) \times \vec{n} = \frac{1}{\mu} k \vec{E}_0 \cos\alpha = \frac{\omega}{c}\sqrt{\frac{\varepsilon}{\mu}} \vec{E}_0 \cos\alpha \,.$$

Entsprechende Beziehungen ergeben sich für die reflektierte und für die gebrochene Welle:

$$\frac{1}{\mu}(\vec{k}'' \times \vec{E}_0'') \times \vec{n} = -\frac{\omega''}{c}\sqrt{\frac{\varepsilon}{\mu}} \vec{E}_0'' \cos\gamma \,,$$

$$\frac{1}{\mu'}(\vec{k}' \times \vec{E}_0') \times \vec{n} = \frac{\omega'}{c}\sqrt{\frac{\varepsilon'}{\mu'}} \vec{E}_0' \cos\beta \,.$$

Berücksichtigen wir, daß die Frequenzen gleich sind, ebenso Einfalls- und Reflektionswinkel, dann geht Gleichung (19c) über in

$$(E_0 - E_0'')\sqrt{\frac{\varepsilon}{\mu}} \cos\alpha - E_0'\sqrt{\frac{\varepsilon'}{\mu'}} \cos\beta = 0 \,. \tag{21}$$

Die Bedingung (19d) liefert nichts Neues, da $\vec{E}_0 \cdot \vec{n} \equiv 0$. Mit der Gleichung (20) können wir in (21) jeweils $\vec{E}_0'$ oder $\vec{E}_0''$ eliminieren. Wir erhalten so die Amplituden von reflektierter und gebrochener Welle relativ zur einfallenden. Es ist einerseits

$$\frac{E_0''}{E_0} = \frac{1 - \sqrt{\frac{\varepsilon' \mu}{\varepsilon \mu'}} \frac{\cos\beta}{\cos\alpha}}{1 + \sqrt{\frac{\varepsilon' \mu}{\varepsilon \mu'}} \frac{\cos\beta}{\cos\alpha}} = \frac{1 - \frac{\mu}{\mu'} \frac{\tan\alpha}{\tan\beta}}{1 + \frac{\mu}{\mu'} \frac{\tan\alpha}{\tan\beta}} \,, \tag{22}$$

und andererseits

$$\frac{E_0'}{E_0} = \frac{2}{1 + \sqrt{\frac{\varepsilon' \mu}{\varepsilon \mu'}} \frac{\cos\beta}{\cos\alpha}} = \frac{2}{1 + \frac{\mu}{\mu'} \frac{\tan\alpha}{\tan\beta}} \,. \tag{23}$$

Setzen wir $\mu = \mu'$, was im allgemeinen für die Frequenzen des sichtbaren Lichtes der Fall ist, dann ergeben sich die *Fresnelschen*[16] *Formeln für das Licht, das senkrecht zur Einfallsebene polarisiert ist:*

$$\frac{E_0''}{E_0} = \frac{\sin(\beta - \alpha)}{\sin(\alpha + \beta)} \qquad \text{und} \qquad \frac{E_0'}{E_0} = \frac{2 \sin\beta \cos\alpha}{\sin(\alpha + \beta)} \,. \tag{24}$$

Für den Fall, daß $\vec{E}_0$ in der Einfallsebene liegt, ergeben sich entsprechend aus den Stetigkeitsbedingungen (19) die Gleichungen:

[16] *Augustin Jean Fresnel*, französ. Physiker, geb. Broglie bei Bernay (Eure) 10.5.1788, gest. Ville d'Avray bei Paris 14.7.1827, war zuerst Ingenieur und begründete 1815 zum erstenmal exakt die Wellentheorie des Lichtes. Seine experimentellen und theoret. Arbeiten betreffen die Beugung, Interferenz, Polarisation, Doppelbrechung und Aberration des Lichtes. Zur Demonstration der Interferenz erfand F. u. a. den nach ihm benannten Doppelspiegel und das Biprisma. Seine Theorie transversaler Lichtwellen entwickelte er 1821 aufgrund einer Anregung von Th. *Young*. F. konstruierte ferner Ringlinsen, die noch heute in Leuchttürmen verwendet werden. [BR].

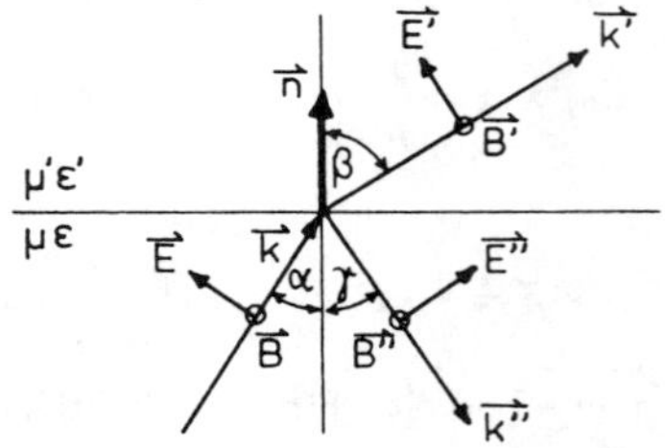

Brechung und Reflexion einer linear polarisierten Welle, wenn $\vec{E}_0$ in der Einfallsebene liegt.

$$(E_0 - E_0'')\cos\alpha - E_0'\cos\beta = 0\,, \tag{25}$$

$$(E_0 + E_0'')\sqrt{\frac{\varepsilon}{\mu}} - E_0'\sqrt{\frac{\varepsilon'}{\mu'}} = 0\,. \tag{26}$$

Daher lauten die Fresnelschen Formeln für diesen Fall:

$$\frac{E_0''}{E_0} = \frac{1 - \sqrt{\frac{\varepsilon\mu'}{\varepsilon'\mu}}\frac{\cos\beta}{\cos\alpha}}{1 + \sqrt{\frac{\varepsilon\mu'}{\varepsilon'\mu}}\frac{\cos\beta}{\cos\alpha}} = \frac{1 - \frac{\varepsilon}{\varepsilon'}\frac{\tan\alpha}{\tan\beta}}{1 + \frac{\varepsilon}{\varepsilon'}\frac{\tan\alpha}{\tan\beta}}\,, \tag{27}$$

$$\frac{E_0'}{E_0} = \frac{2\sqrt{\frac{\varepsilon\mu'}{\varepsilon'\mu}}}{1 + \sqrt{\frac{\varepsilon\mu'}{\varepsilon'\mu}}\frac{\cos\beta}{\cos\alpha}} = \frac{2\frac{n'}{n}\frac{\varepsilon}{\varepsilon'}}{1 + \frac{\varepsilon}{\varepsilon'}\frac{\tan\alpha}{\tan\beta}}\,. \tag{28}$$

Setzen wir wieder $\mu = \mu'$, so vereinfachen sich die Gleichungen zu

$$\frac{E_0''}{E_0} = \frac{\tan(\alpha - \beta)}{\tan(\alpha + \beta)} \tag{29}$$

und

$$\frac{E_0'}{E_0} = \frac{2\sin\beta\cos\alpha}{\sin(\alpha + \beta)\cos(\alpha - \beta)}\,. \tag{30}$$

Im Spezialfall des senkrechten Einfalls verschwinden die beiden Winkel $\alpha = 0$ und $\beta = 0$. Daher ergeben sich aus der Cosinusdarstellung in den Gleichungen (22) und (27) die Beziehungen

$$\frac{E_0''}{E_0} = \frac{1 - \sqrt{\frac{\varepsilon\mu'}{\varepsilon'\mu}}}{1 + \sqrt{\frac{\varepsilon\mu'}{\varepsilon'\mu}}} \to \frac{n' - n}{n' + n} \qquad \text{für} \qquad \mu = \mu'\,,$$

$$\frac{E_0'}{E_0} = \frac{2}{1 + \sqrt{\frac{\varepsilon'\mu}{\varepsilon\mu'}}} \to \frac{2}{1 + \frac{n'}{n}} \qquad \text{für} \qquad \mu = \mu'\,. \tag{31}$$

Sind die Brechungsindizes gleich, so sehen wir sofort, daß nicht reflektiert wird:

$$E_0'' = 0 \qquad \text{und} \qquad E_0' = E_0 \,,$$

wie wir es erwarten. Wird der Brechungsindex n' sehr groß ($n' \to \infty$), dann wird die gesamte Welle reflektiert:

$$E_0'' = E_0, \quad E_0' = 0 \,.$$

Totalreflexion: In dem Falle, daß die elektromagnetische Welle aus dem optisch dichteren in das optisch dünnere Medium übertritt, ist der Ausfallswinkel der gebrochenen Welle größer als der Einfallswinkel der einfallenden Welle. Daher gibt es einen bestimmten Einfallswinkel, bei dem der Ausfallswinkel auf 90^0 anwächst. Die Welle dringt dann nicht mehr in das optisch dünnere Medium ein. Wir betrachten diesen Fall der Totalreflexion etwas genauer. Eine Welle fällt aus einem Medium mit dem Brechungsindex n auf die Trennfläche zu einem Medium mit dem Brechungsindex n'. Es gilt die Beziehung

$$n' < n \,.$$

Das Snelliussche Brechungsgesetz liefert den Zusammenhang zwischen Winkel und

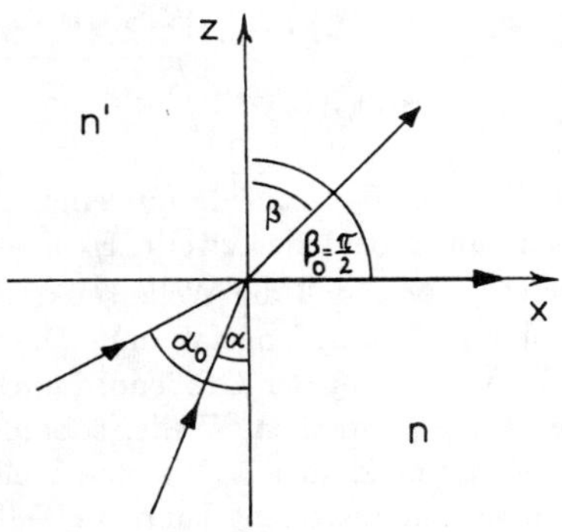

Zur Erläuterung der Totalreflexion

Brechungsindizes:

$$\frac{\sin\alpha}{\sin\beta} = \frac{n'}{n} \,, \qquad \text{damit ergibt sich} \qquad \sin\alpha = \frac{n'}{n}\sin\beta \le \sin\beta \,.$$

Für einen Brechungswinkel von $\beta_0 = \frac{\pi}{2}$ gibt es einen Einfallswinkel α_0, so daß

$$\sin\alpha_0 = \frac{n'}{n} \, .$$

Dieser Winkel α_0 hat, wie sich herausstellen wird, die Bedeutung eines Grenzwinkels bei der Brechung. Durch die Bestimmung dieses Grenzwinkels α_0 läßt sich z. B. experimentell die optische Dichte eines unbekannten Mediums in Bezug auf ein Eichmedium bestimmen.

Für beliebige Einfallswinkel α erhalten wir für den Ausfallswinkel der gebrochenen Welle, wenn wir das Verhältnis der Brechungsindizes durch den Grenzwinkels ersetzen:

$$\cos\beta = \sqrt{1-\sin^2\beta} = \sqrt{1-\left(\frac{n^2}{n'^2}\right)\sin^2\alpha} = \sqrt{1-\left(\frac{\sin\alpha}{\sin\alpha_0}\right)^2} \, .$$

Für den Einfallswinkel $\alpha \leq \alpha_0$ ergibt sich hier noch ein reeller Wert von $\cos\beta$ und damit für β, für Einfallswinkel $\alpha > \alpha_0$ dagegen wird $\cos\beta$ rein imaginär, d. h. der Ausfallswinkel β wird komplex:

$$\cos\beta = i\sqrt{\left(\frac{\sin\alpha}{\sin\alpha_0}\right)^2 - 1} \qquad \text{für} \qquad \alpha > \alpha_0 \, .$$

Ist die x-z-Ebene gerade die Einfallsebene (siehe Figur), so erhalten wir entsprechend der Skizze für die Phase der gebrochenen Welle:

$$\begin{aligned} e^{i\vec{k}'\cdot\vec{r}} &= e^{i(k'_x x + k'_z z)} = e^{i(k' x \sin\beta + k' z \cos\beta)} \\ &= e^{ik' x \frac{n}{n'}\sin\alpha} e^{-k' z \sqrt{\left(\frac{\sin\alpha}{\sin\alpha_0}\right)^2 - 1}} \, . \end{aligned}$$

Wir sehen, daß wir es entlang der Grenzfläche mit einer stehenden Welle mit der Phase $\exp\left(ik' x \frac{n}{n'}\sin\alpha\right)$ zu tun haben; der zweite Exponentialfaktor mit reellem, negativem Exponenten zeigt jedoch, daß die Welle senkrecht zur Einfallsebene (z-Richtung) exponentiell abklingt (Dämpfungsfaktor). Die Eindringtiefe der Welle in das dünnere Medium liegt dabei in der Größenordnung von Wellenlängen. Es gibt daher im allgemeinen keine gebrochene Welle, sobald $\alpha > \alpha_0$ ist. Nur wenn die Schicht des dünneren Mediums kleiner ist als eine Wellenlänge und sich sofort wieder eine optisch dichtere Schicht anschließt, kann die Welle zu einem gewissen Teil überspringen. Im Rahmen der Theoretischen Physik, Band 4, Quantenmechanik, werden wir dieses Phänomen beim energetisch eigentlich verbotenen Durchtunneln einer Potentialbarriere wiedererkennen. Wir wollen nun noch den Energiefluß durch die Grenzfläche im Fall der Totalreflexion, also für $\alpha > \alpha_0$, berechnen. Er ist im zeitlichen Mittel, angedeutet durch $\langle\rangle$, gegeben durch

$$\left\langle \vec{S}\cdot\vec{n} \right\rangle = \frac{c}{8\pi} \left\langle \mathrm{Re}[\vec{n}\cdot(\vec{E}' \times \vec{H}'^*)] \right\rangle \, .$$

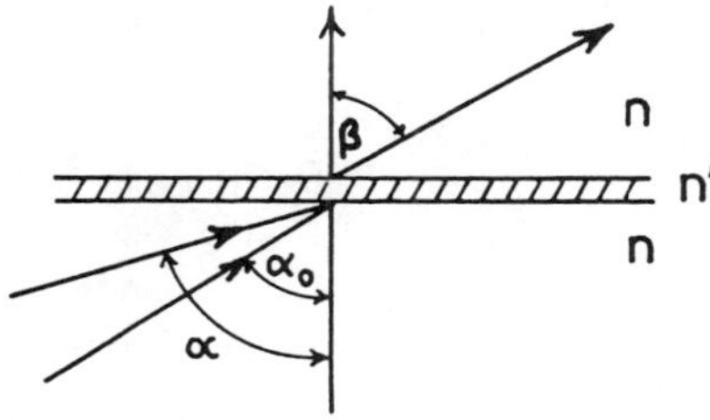

"Überspringen" einer optisch dünneren Schicht durch eine Lichtwelle für $\alpha > \alpha_0$.

Beachten wir, daß

$$\vec{H}' = \frac{c}{\mu'\omega}\vec{k}' \times \vec{E}'$$

ist, dann ergibt sich

$$\vec{S}\cdot\vec{n} = \frac{c^2}{8\pi\mu'\omega}\mathrm{Re}\left[(\vec{n}\cdot\vec{k}')\,|E_0'|^2\right] = \frac{c^2}{8\pi\mu'\omega}\mathrm{Re}(k'\cos\beta)\,|E_0'|^2 = 0\,,$$

da $\cos\beta$ rein imaginär ist, wie wir vorher nachgewiesen haben. Wie zu erwarten war, geht keine Energie durch die Grenzfläche hindurch; alle Energie strömt in die reflektierte Welle (Totalreflexion). Dieses Ergebnis scheint zunächst im Widerspruch zu unserer obigen Behauptung für den Grenzfall dünnerer Trennschichten zu stehen, bei denen die Welle zu einem gewissen Teil "überspringen" (durchtunneln) soll. Ohne Energietransport wäre dies kaum möglich. Um das Problem des Überspringens allerdings konsistent zu behandeln, müßten wir unsere Herleitung allgemeiner formulieren, das heißt, wir dürften in diesem Fall nicht - wie bisher geschehen - die Reflexion der gebrochenen Welle an der zweiten Grenzschicht ($n' \to n$) vernachlässigen! Dies konnten wir bisher tun, da wir von zwei halbunendlichen Medien (mit Brechungsindizes n und n') ausgingen. Im Grenzfall dünner Trennschichten jedoch führt die notwendige Berücksichtigung der reflektierten gebrochenen Welle zur Forderung eines - wenn auch geringen - Energieflusses durch die Grenzschicht.

Brewsterscher [17] Winkel: Wir nehmen an, daß in beiden Medien $\mu' = \mu$ ist. Wenn dann in der einfallenden Welle der elektrische Vektor $\vec{E}$ parallel zur Einfalls-

[17] *Brewster, David* (* 11. Dezember 1781 in Jedburgh, Schottland, † 10. Februar 1868 in Allerby, Schottland). B. studierte ursprünglich Theologie; seine naturwissenschaftlichen Interessen hinderten ihn aber, ein geistliches Amt anzunehmen. Er wurde Advokat und später Professor der Physik in St. Andrews (Schottland). Im Katalog der Royal Society sind 299 Arbeiten von ihm aufgeführt. Die bedeutendsten davon betreffen die Optik (Reflexion, Absorption und Polarisation des Lichtes). 1915 entdeckte er das nach ihm benannte Gesetz über die vollständige Polarisation von Licht, das an Glasflächen reflektiert und gebrochen wird. Er trat auch als Schriftsteller biographischer Werke hervor, war Herausgeber verschiedener wissenschaftlicher Zeitschriften und trug wesentlich zur Popularisierung der Naturwissenschaft in seiner Zeit bei.

ebene schwingt, so ist nach Gleichung (29) die Amplitude der reflektierten Welle

$$E_0'' = E_0 \frac{\tan(\alpha - \beta)}{\tan(\alpha + \beta)} .$$

Gilt für den Winkel

$$\tan(\alpha + \beta) = \infty , \qquad \text{d.h. es ist} \qquad \alpha + \beta = \frac{\pi}{2} ,$$

dann ist die Amplitude der reflektierten Welle Null: $E_0'' = 0$. Das heißt aber nichts

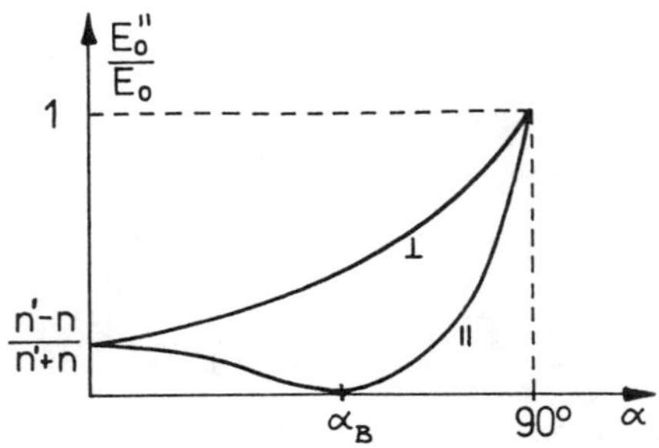

Amplitude der reflektierten Welle für parallel und senkrecht zur Einfallsebene polarisiertes Licht.

anderes, als daß $\sin\beta = \cos\alpha$ ist. Das Snelliussche Brechungsgesetz liefert sofort:

$$\frac{n'}{n} = \frac{\sin\alpha}{\sin\beta} = \tan\alpha_B .$$

Dieser Winkel α_B heißt *Brewsterscher Winkel.*

Beim Brewsterschen Winkel gibt es keinen reflektierten Strahl, dessen elektrischer Vektor parallel zur Einfallebene schwingt. Fällt beliebiges Licht im Brewsterscher Winkel ein, so ist also der reflektierte Strahl senkrecht zur Einfallsebene linear polarisiert.

Dieser Vorgang wird verständlich, wenn wir den Reflexionsvorgang mikroskopisch betrachten: Die einfallende Welle regt die Elektronen zu Dipolschwingungen an. Diese Elektronen senden dann ihrerseits Dipolstrahlung aus. Wie wir später sehen werden (Kapitel IV.20), ist diese Abstrahlung am stärksten in der Richtung senkrecht zur Schwingungsrichtung des Elektrons. Sie verschwindet ganz in der

Werke: Sir Issac Newton's Leben nebst einer Darstellung seiner Entdeckungen. Leipzig 1833; Memoirs of the life, writings, and discoveries of Sir Isaac Newton. Nachdruck der Ausgabe von 1855. New York 1967; Beschreibung einer Doppelkamera etc. (= Oswalds Klassiker, Nr. 168). Leipzig 1908; Double Refraction and Polarization of Light. London 1860.[HE].

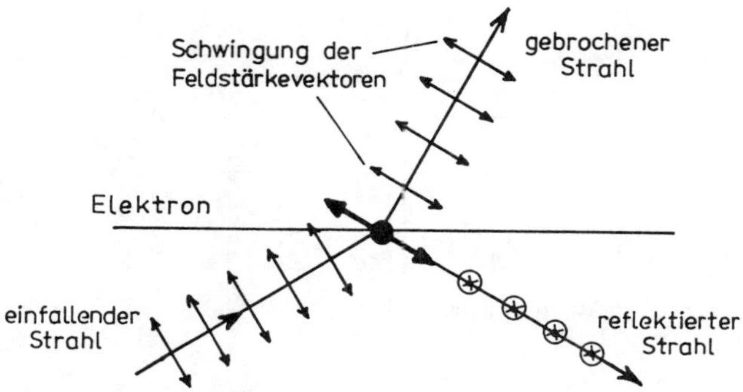

Lichtbrechung und -reflexion am Brewsterwinkel. Der reflektierte Strahl steht $\perp$ auf dem gebrochenen Strahl. Seine elektrischen Feldvektoren schwingen $\perp$ zur Einfallsebene (angedeutet durch $\otimes$).

Schwingungsrichtung! Durch Interferenz der Strahlungen aller Elektronen an der Grenzfläche bilden sich zwei Richtungen von effektiver Abstrahlung aus; die eine bildet die gebrochene Welle, die andere die reflektierende Welle. Schwingen die Elektronen im Mittel genau in Richtung der reflektierenden Welle, so ist dort die Strahlungsintensität gleich Null, es wird also keine Welle reflektiert. Die mittlere Abstrahlung der Elektronen erfolgt dann offenbar genau senkrecht zur Schwingungsrichtung: reflektierter und gebrochener Strahl stehen aufeinander senkrecht.

17.2 Aufgabe: Reflektion einer Welle an einer Metalloberfläche

Eine elektromagnetische Welle fällt senkrecht auf ein Metall auf. Der Brechungsindex und der Extinktionskoeffizient sind

$$n = \kappa = \left(\frac{2\pi\sigma\mu}{\omega}\right)^{1/2} \gg 1 .$$

a) Wie groß sind die Amplituden der reflektierten und der eindringenden Welle?

b) Die eindringende Welle wirkt auf das Metall mit der Kraft

$$\vec{F} = \frac{1}{c}\int \vec{j} \times \vec{H}\, dV$$

Welchen Druck p übt die Welle im zeitlichen Mittel auf das Material aus?

Lösung:

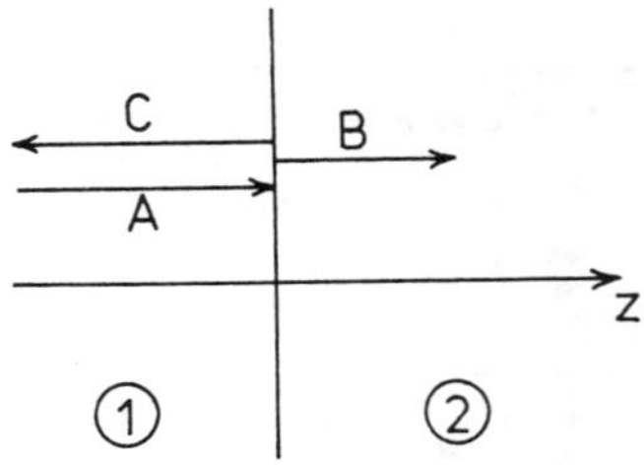

Einfallende, reflektierte und durchgehende Wellen.

a) Im Bereich 1 ist das Vakuum, es ist $\varepsilon = \mu = 1$. Wir legen die z-Achse in Richtung der einfallenden Welle, dann gilt für den Wellenvektor

$$\vec{k}_A = k\vec{e}_z = \frac{\omega}{c}\vec{e}_z \, .$$

Für das $\vec{E}$ und $\vec{H}$ - Feld setzen wir ebene Wellen an:

$$\vec{E}_A = A\exp(ikz - i\omega t)\,\vec{e}_x \, , \qquad \vec{H}_A = A\exp(ikz - i\omega t)\,\vec{e}_y \, .$$

Zwischen beiden gilt die Beziehung $\vec{k} \times \vec{E} = \frac{\omega}{c}\vec{H}$.
Für die reflektierte Welle gilt ähnlich

$$\vec{k}_c = -k\vec{e}_z = -\frac{\omega}{c}\vec{e}_z \, .$$

Die Felder der reflektierten Welle haben die Form:

$$\vec{E}_C = C\exp(-ikz - i\omega t)\,\vec{e}_x \, , \qquad \vec{H}_C = -C\exp(-ikz - i\omega t)\,\vec{e}_y \, .$$

Im Medium 2 gilt für den Wellenvektor der eindringenden Welle

$$\vec{k}_B = k_B\vec{e}_z = \frac{\omega}{c}(n + i\kappa)\vec{e}_z \, , \qquad \text{da} \qquad \frac{kc}{\omega} = n + i\kappa \qquad \text{ist.}$$

Für die Feldstärken der eindringenden Welle folgt dann

$$\begin{aligned} \vec{E}_B &= B\exp(ik_B z - i\omega t)\,\vec{e}_x = B\exp\left(i\frac{\omega}{c}nz - i\omega t\right)\exp\left(-\frac{\omega}{c}\kappa z\right)\vec{e}_x \, , \\ \vec{H}_B &= \frac{1}{\mu}(n + i\kappa)B\exp(ik_B z - i\omega t)\vec{e}_y \, , \qquad \text{weil} \qquad \vec{k} \times \vec{E} = \frac{\omega}{c}\mu\vec{H} \qquad \text{ist.} \end{aligned}$$

Da die Tangentialkomponenten von $\vec{E}$ und $\vec{H}$ stetig sein müssen, gilt bei $z = 0$ für die Amplituden folgender Zusammenhang:

$$A + C = B \, , \qquad \underline{1}$$

$$A - C = \frac{1}{\mu}(n + i\kappa)B \, . \qquad \underline{2}$$

Daraus erhalten wir die Amplitude der eindringenden Welle

$$B = \frac{2A}{1+\frac{1}{\mu}(n+i\kappa)} \cong \frac{2A\mu}{n(1+i)}, \qquad \text{da} \qquad n = \kappa \gg 1\,.$$

Mit der Beziehung

$$\frac{1}{1+i} = \frac{1}{\sqrt{2}}\exp\left(-i\frac{\pi}{4}\right)$$

folgt (vgl. Kapitel IV.16)

$$B = \left(\frac{\mu\omega}{\sigma\pi}\right)^{1/2}\exp\left(-i\frac{\pi}{4}\right)A\,.$$

Für die Amplitude der einfallenden Welle gilt nach Gleichung 2

$$A = C + \frac{1}{\mu}(n+i\kappa)B\,.$$

Setzen wir das Ergebnis für die Amplitude $B \cong \frac{2A\mu}{n(1+i)}$ ein, so folgt

$$A \approx C + 2A \qquad \text{und damit} \qquad A \approx -C\,.$$

Da die reflektierte Welle ungefähr dieselbe Amplitude wie die auftreffende hat und einen Phasensprung um 2π erleidet, entsteht im Medium (1) eine stehende Welle mit den Feldstärken

$$\begin{aligned}
\vec{E} &= A\left(\exp(ikz) - \exp(-ikz)\right)\exp(-i\omega t)\vec{e}_x = 2iA\sin kz \cdot \exp(-i\omega t)\vec{e}_x\,,\\
\vec{H} &= A\left(\exp(ikz) + \exp(-ikz)\right)\exp(-i\omega t)\vec{e}_y = 2A\cos kz \cdot \exp(-i\omega t)\vec{e}_y\,.
\end{aligned}$$

Die in das Medium (2) eindringende Welle wird gedämpft:

$$\begin{aligned}
\vec{E}_B &= A\left(\frac{\mu\omega}{\sigma\pi}\right)^{1/2}\exp\left(-i\frac{\pi}{4}\right)\exp\left(i\left(\frac{\omega}{c}nz - \omega t\right)\right)\exp\left(-\frac{\omega}{c}\kappa z\right)\vec{e}_x\,,\\
\vec{H}_B &= 2A\exp\left(i\left(\frac{\omega}{c}nz - \omega t\right)\right)\cdot\exp\left(-\frac{\omega}{c}\kappa z\right)\vec{e}_y\,.
\end{aligned}$$

b) Wir formen das Integral um

$$\vec{F} = \frac{1}{c}\int \vec{j}\times\vec{H}\,dV = \frac{1}{c}\int \sigma\vec{E}_B\times\vec{H}_B\,dV = \frac{\sigma}{c}\int_0^\infty E_{B_x}(z)H_{B_y}(z)dz\Delta F\,\vec{e}_z\,,$$

wobei ΔF die Oberfläche des Metalls ist. Für die Felder ist eine eindringende Welle zu nehmen, denn nur innerhalb des Metalls sind Stromdichte und Leitfähigkeit von Null verschieden. Der von der Welle ausgeübte Druck ist dann

$$p = \frac{\sigma}{c}\int_0^\infty E_{B_x}H_{B_y}dz\,.$$

Wir betrachten das zeitliche Mittel von $E_{B_x} \cdot H_{B_y}$:

$$\begin{aligned} E_{B_x} &= \operatorname{Re}\left(A\left(\frac{\mu\omega}{\sigma\pi}\right)^{1/2} \exp\left(-i\frac{\pi}{4}\right)\exp\left(i\frac{\omega}{c}(n+i\kappa)z - i\omega t\right)\right) , \\ H_{B_y} &= \operatorname{Re}\left(2A\exp\left(i\frac{\omega}{c}(n+i\kappa)z - i\omega t\right)\right) . \end{aligned}$$

Für das Produkt der Realteile folgt dann

$$E_{B_x}H_{B_y} = 2A^2\left(\frac{\mu\omega}{\sigma\pi}\right)^{1/2}\exp\left(-\frac{2\omega}{c}\kappa z\right)\cos\left(\frac{\omega}{c}nz - \omega t - \frac{\pi}{4}\right)\cos\left(\frac{\omega}{c}nz - \omega t\right) .$$

Zur zeitlichen Mittelung betrachten wir nur die zeitabhängigen Cosinusterme:

$$\begin{aligned} & \frac{1}{t}\int_0^t \cos\left(\frac{\omega}{c}nz - \omega t - \frac{\pi}{4}\right)\cdot\cos\left(\frac{\omega}{c}nz - \omega t\right) dt \\ = & \frac{1}{t}\int_0^t \frac{1}{4}\left(\exp\left(i\frac{\omega}{c}nz - i\omega t - i\frac{\pi}{4}\right) + \exp\left(-i\frac{\omega}{c}nz + i\omega t + i\frac{\pi}{4}\right)\right) \\ & \cdot\left(\exp\left(i\frac{\omega}{c}nz - i\omega t\right) + \exp\left(-i\frac{\omega}{c}nz + i\omega t\right)\right) dt . \end{aligned}$$

Bei der Mittelung verschwinden die oszillierenden Glieder (ausmultiplizieren) und von dem Integral bleibt

$$\frac{1}{4}\left(\exp\left(-i\frac{\pi}{4}\right)\exp\left(+i\frac{\pi}{4}\right)\right) = \frac{1}{2}\cos\frac{\pi}{4} = \frac{1}{2\sqrt{2}}$$

übrig. Der Druck, der von der Welle im zeitlichen Mittel ausgeübt wird, ist damit

$$\begin{aligned} \overline{p} &= \frac{\left|\vec{F}\right|}{\Delta F} = \frac{\sigma}{c}2A^2\left(\frac{\mu\omega}{\sigma\pi}\right)^{1/2}\frac{1}{2\sqrt{2}}\int_0^\infty \exp\left(-\frac{2\omega}{c}\kappa z\right) dz \\ &= \frac{\sigma}{c}A^2\left(\frac{\mu\omega}{\sigma\pi}\right)^{1/2}\frac{1}{\sqrt{2}}\frac{c}{2\omega\kappa} . \end{aligned}$$

Es ist $\kappa = (2\pi\mu\sigma\cdot\omega^{-1})^{1/2}$. Damit ergibt sich für den Druck $\overline{p} = \frac{A^2}{4\pi}$. Der Druck ist also unabhängig von der Beschaffenheit des Materials und der Frequenz der Welle.

18. Hohlleiter und Hohlraumresonatoren

Wir untersuchen die Ausbreitung elektromagnetischer Wellen in Hohlleitern und Hohlraumresonatoren, d. h. in hohlen zylinderförmigen Metallkörpern. Der Metallkörper hat überall den gleichen Querschnitt, und seine Oberfläche wird als idealer

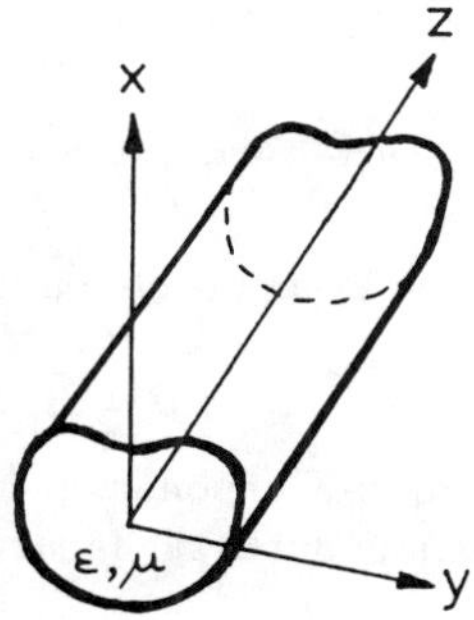

Leiter angenommen. Ist der Körper geschlossen, spricht man von einem *Hohlraumresonator*, ist er an den Enden offen, so wird er als *Hohl- oder Wellenleiter* bezeichnet. In dem Zylinder befinde sich ein homogenes Material mit der Dielektrizitätskonstanten ε und der Permeabilität μ. Mit einer Zeitabhängigkeit $e^{-i\omega t}$ des elektromagnetischen Feldes im Inneren des Zylinders nehmen die Maxwell-Gleichungen die folgende Gestalt an:

$$\begin{aligned} \vec{\nabla} \times \vec{E} &= i\tfrac{\omega}{c}\vec{B}\,, \qquad & \vec{\nabla}\cdot\vec{E} &= 0\,, \\ \vec{\nabla} \times \vec{B} &= -i\mu\varepsilon\tfrac{\omega}{c}\vec{E}\,, \qquad & \vec{\nabla}\cdot\vec{B} &= 0\,. \end{aligned} \tag{1}$$

In diesen Gleichungen sind $\vec{E}$ und $\vec{B}$ noch miteinander gekoppelt. Wir bilden nochmals die Rotation und erhalten nach Umformungen die aus Kapitel IV.16 bekannten Wellengleichungen:

$$\nabla^2\vec{E} + \mu\varepsilon\frac{\omega^2}{c^2}\vec{E} = 0\,, \qquad \nabla^2\vec{B} + \mu\varepsilon\frac{\omega^2}{c^2}\vec{B} = 0\,. \tag{2}$$

Aufgrund der Zylindersymmetrie des Problems erwarten wir in positiver und negativer z-Richtung laufende Wellen oder entsprechende stehende Wellen:

$$\left.\begin{aligned} \vec{E}(x,y,z,t) &= \vec{E}(x,y) \\ \vec{B}(x,y,z,t) &= \vec{B}(x,y) \end{aligned}\right\} e^{\pm ikz - i\omega t}\,, \tag{3}$$

wobei die Wellenzahl k ein noch unbekannter, reeller oder komplexer Parameter ist. Mit diesem Ansatz vereinfacht sich die Wellengleichung (2), wenn wir den Differentialoperator ∇^2 umschreiben:

$$\nabla^2 = \left(\frac{\partial^2}{\partial x^2} + \frac{\partial^2}{\partial y^2}\right) + \frac{\partial^2}{\partial z^2} = \nabla_t^2 + \nabla_z^2\,,$$

wobei ∇_t^2 der transversale Teil des Operators ist. Dann erhalten wir für das $\vec{E}$ -Feld (entsprechend auch für $\vec{B}$):

$$\begin{aligned} \left(\nabla^2 + \mu\varepsilon\frac{\omega^2}{c^2}\right)\vec{E} &= \left(\nabla_t^2 + \frac{\partial^2}{\partial z^2} + \mu\varepsilon\frac{\omega^2}{c^2}\right)\vec{E}(x,y)\cdot e^{\pm ikz - i\omega t} \\ &= \left(\nabla_t^2 + \mu\varepsilon\frac{\omega^2}{c^2} - k^2\right)\vec{E}(x,y)\cdot e^{\pm ikz - i\omega t} = 0\,. \end{aligned}$$

Diese Gleichung muß für alle t und alle z gelten, so daß

$$\left(\nabla_t^2 + \mu\varepsilon\frac{\omega^2}{c^2} - k^2\right)\vec{E}(x,y) = 0 \tag{4}$$

gilt. Wir zerlegen das Feld in eine Komponente parallel zur z-Achse und eine senkrecht dazu

$$\vec{E} = \vec{E}_z + \vec{E}_t\,, \qquad \vec{B} = \vec{B}_z + \vec{B}_t\,. \tag{5}$$

Jetzt zeigen wir, daß es genügt, die z-Komponenten des $\vec{E}$ - und $\vec{B}$ -Feldes zu kennen, da sich die Transversalkomponenten durch sie darstellen lassen. Nach Gleichung (1) gilt nämlich

$$\vec{\nabla} \times \vec{E} = \frac{i\omega}{c}\vec{B}\,,$$

und unter Verwendung von (5) folgt

$$\left(\vec{\nabla}_t + \vec{\nabla}_z\right) \times \left(\vec{E}_t + \vec{E}_z\right) = \frac{i\omega}{c}\left(\vec{B}_t + \vec{B}_z\right)\,.$$

Es ist nun

$$\vec{\nabla}_z \times \vec{E}_z = \frac{\partial E_z}{\partial z} \cdot \vec{e}_z \times \vec{e}_z = 0\,.$$

Die beiden Terme $\vec{\nabla}_t \times \vec{E}_t$ und $\vec{B}_z$ sind die einzigen Vektoren in z-Richtung, so daß wir komponentenweise aufspalten können:

$$\vec{\nabla}_t \times \vec{E}_t = \frac{i\omega}{c}\vec{B}_z\,, \qquad \vec{\nabla}_z \times \vec{E}_t + \vec{\nabla}_t \times \vec{E}_z = \frac{i\omega}{c}\vec{B}_t\,.$$

Die letzte Gleichung multiplizieren wir vektoriell von links mit $\vec{\nabla}_z$, was uns auf

$$\frac{i\omega}{c}\vec{\nabla}_z \times \vec{B}_t = \vec{\nabla}_z \times \left(\vec{\nabla}_z \times \vec{E}_t\right) + \vec{\nabla}_z \times \left(\vec{\nabla}_t \times \vec{E}_z\right)$$

führt. Lösen wir die beiden zweifachen Vektorprodukte, dann ergibt sich dafür

$$\begin{aligned}
\vec{\nabla}_z \times \left(\vec{\nabla}_z \times \vec{E}_t\right) &= \vec{\nabla}_z\left(\vec{\nabla}_z \cdot \vec{E}_t\right) - \left(\vec{\nabla}_z \cdot \vec{\nabla}_z\right)\vec{E}_t\,,\\
\vec{\nabla}_z \times \left(\vec{\nabla}_t \times \vec{E}_z\right) &= \vec{\nabla}_t\left(\vec{\nabla}_z \cdot \vec{E}_z\right) - \left(\vec{\nabla}_z \cdot \vec{\nabla}_t\right)\vec{E}_z\,.
\end{aligned}$$

Zwei der Klammern sind Null, weil sie das Skalarprodukt zwischen orthogonalen Vektoren darstellen. Damit erhalten wir die Gleichung

$$-\nabla_z^2\vec{E}_t + \vec{\nabla}_t\left(\frac{\partial E_z}{\partial z}\right) = \frac{\omega i}{c}\vec{\nabla}_z \times \vec{B}_t\,.$$

Nach Gleichung (3) gilt

$$-\nabla_z^2\vec{E}_t = -\frac{\partial^2}{\partial z^2}\left(\vec{E}_t(x,y) \cdot e^{\pm ikz - i\omega t}\right) = k^2\vec{E}_t$$

und wir erhalten

$$k^2\vec{E}_t + \vec{\nabla}_t\left(\frac{\partial E_z}{\partial z}\right) = \frac{\omega i}{c}\vec{\nabla}_z \times \vec{B}_t\,. \tag{6}$$

Entsprechend verfahren wir mit der zweiten Maxwellgleichung aus (1):

$$\vec{\nabla} \times \vec{B} = -\frac{i\omega}{c}\mu\varepsilon\vec{E}\,,$$

die wir ebenfalls in transversalen und longitudinalen Anteil aufspalten, was

$$\vec{\nabla}_t \times \vec{B}_t + \vec{\nabla}_t \times \vec{B}_z + \vec{\nabla}_z \times \vec{B}_t + \vec{\nabla}_z \times \vec{B}_z = -\frac{i\omega}{c}\mu\varepsilon\vec{E}_t - \frac{i\omega}{c}\mu\varepsilon\vec{E}_z$$

ergibt. Nach den gleichen Überlegungen reduziert sich die Gleichung auf

$$\vec{\nabla}_t \times \vec{B}_z = -\vec{\nabla}_z \times \vec{B}_t - \frac{i\omega}{c}\mu\varepsilon\vec{E}_t\,. \tag{7}$$

In Gleichung (6) wird die rechte Seite durch Gleichung (7) ersetzt:

$$k^2\vec{E}_t + \vec{\nabla}_t\left(\frac{\partial E_z}{\partial z}\right) = -\frac{i\omega}{c}\vec{\nabla}_t \times \vec{B}_z + \frac{\omega^2}{c^2}\mu\varepsilon\vec{E}_t\,.$$

Lösen wir nach $\vec{E}_t$ auf, so folgt

$$\left(\frac{\omega^2}{c^2}\mu\varepsilon - k^2\right)\vec{E}_t = \vec{\nabla}_t\left(\frac{\partial}{\partial z}E_z\right) + \frac{i\omega}{c}\left(\vec{\nabla}_t \times \vec{B}_z\right)\,.$$

Setzen wir $\frac{\omega^2}{c^2}\mu\varepsilon - k^2 \neq 0$ voraus, so ergibt sich nach Division die Gleichung

$$\vec{E}_t = \frac{1}{\mu\varepsilon\frac{\omega^2}{c^2} - k^2}\left(\vec{\nabla}_t\frac{\partial E_z}{\partial z} - \frac{i\omega}{c}\left(\vec{e}_z \times \vec{\nabla}_t\right)B_z\right) \tag{8a}$$

und vollkommen analog

$$\vec{B}_t = \frac{1}{\mu\varepsilon\frac{\omega^2}{c^2} - k^2}\left(\vec{\nabla}_t\frac{\partial B_z}{\partial z} + \frac{i\omega}{c}\mu\varepsilon\left(\vec{e}_z \times \vec{\nabla}_t\right)E_z\right)\,. \tag{8b}$$

Die Transversalkomponenten werden also durch die longitudinalen Komponenten vollständig bestimmt.

Randbedingungen: Da wir die Zylinderoberfläche O als idealen Leiter annehmen, müssen dort die Randbedingungen (vgl. Kapitel IV.17)

$$\vec{n}\cdot\vec{B} = 0\,, \qquad \vec{n} \times \vec{E} = 0$$

erfüllt sein, wenn $\vec{n}$ der Normaleneinheitsvektor auf der Oberfläche ist. Diese Bedingung ist gleich der Forderung

$$\vec{E}_z|_O = 0\,, \qquad (\vec{n}\cdot\vec{B}_t)|_O = 0\,.$$

Setzen wir in die zweite Gleichung $\vec{B}_t$ aus Gleichung (8b) ein, so wird

$$\begin{aligned}(\vec{n}\cdot\vec{B}_t)_O &= \vec{n}\cdot\frac{1}{\mu\varepsilon\frac{\omega^2}{c^2}-k^2}\left(\vec{\nabla}_t\frac{\partial B_z}{\partial z}+i\mu\varepsilon\frac{\omega}{c}(\vec{e}_z\times\vec{\nabla}_t)E_z\right)\bigg|_O \\ &= \frac{1}{\mu\varepsilon\frac{\omega^2}{c^2}-k^2}\vec{n}\cdot\vec{\nabla}_t\left.\frac{\partial B_z}{\partial z}\right|_O = 0\,,\end{aligned}$$

weil E_z an der Leiteroberfläche verschwindet. Damit ergibt sich für B_z die Bedingung

$$\vec{n}\cdot\vec{\nabla}_t\left.\frac{\partial B_z}{\partial z}\right|_O = 0 \Rightarrow \frac{\partial}{\partial n}\left.\frac{\partial B_z}{\partial z}\right|_O = \frac{\partial}{\partial z}\left.\frac{\partial B_z}{\partial n}\right|_O = 0\,, \qquad \left.\frac{\partial B_z}{\partial n}\right|_O = 0\,.$$

Der letzte Schritt wird verständlich, wenn man bedenkt, daß die ganze z-Abhängigkeit der Welle von der Form $B_z = B_z(x,y)\cdot e^{i(kz-\omega t)}$ sein muß und daher $\frac{\partial B_z}{\partial z} = ikB_z$ ist.

Klassifizierung der Felder in Hohlleitern: TM, TE und TEM Wellen: Die zweidimensionale Wellengleichung (4) für E_z und B_z zusammen mit den Randbedingungen für E_z und B_z an der Zylinderoberfläche bilden ein Eigenwertproblem.

für eine gegebene Frequenz ω gibt es nur bestimmte axiale Wellenzahlen k, die die Differentialgleichung und die Randbedingungen erfüllen (Wellenleiter), oder für eine gegebene Wellenzahl k sind nur bestimmte Frequenzen zugelassen (Hohlraumresonator). Im allgemeinen können nicht beide Randbedingungen gleichzeitig erfüllt werden. Je nach den erfüllten Randbedingungen unterscheidet man die Felder

transversal magnetisch	TM:	$B_z = 0$ überall,	$E_z|_O = 0$,
transversal elektrisch	TE:	$E_z = 0$ überall,	$\left.\frac{\partial B_z}{\partial z}\right|_O = 0$.

Im Fall $B_z = E_z = 0$ spricht man vom TEM. Dann folgt aus den Gleichungen (8a) und (8b) für

$$\gamma^2 \equiv \mu\varepsilon\frac{\omega^2}{c^2} - k^2 \neq 0$$

nur die triviale Lösung $B_t = E_t = 0$. Wir müssen also $\mu\varepsilon\frac{\omega^2}{c^2} - k^2 = 0$ betrachten, um nichttriviale Lösungen zu erhalten, d. h. für TEM-Wellen gilt $k = \sqrt{\mu\varepsilon}\cdot\frac{\omega}{c}$. Das ergibt nämlich in den Gleichungen (8) den unbestimmten Ausdruck $\frac{0}{0}$. Wir zeigen aber gleich, daß für $k = \sqrt{\mu\varepsilon}\frac{\omega}{c}$ und $B_z = E_z = 0$ (automatische Erfüllung der Randbedingungen) transversale Lösungen der Maxwell-Gleichungen für $\vec{E}$ und $\vec{B}$ existieren.

TEM-Wellen breiten sich also aus, als befänden sie sich in einem unbegrenzten Medium. Sie erfüllen die Laplace-Gleichung in *zwei* Dimensionen (4):

$$\Delta_t \vec{E}_{\mathrm{TEM}} = 0 \qquad \text{und} \qquad \Delta_t \vec{B}_{\mathrm{TEM}} = 0 \,. \tag{9}$$

Wir zeigen, daß $\vec{E}_{\mathrm{TEM}}$ senkrecht auf $\vec{B}_{\mathrm{TEM}}$ steht. Aus der Maxwell-Gleichung folgt sofort

$$\begin{aligned} i\frac{\omega}{c}\vec{B}_{\mathrm{TEM}} &= \vec{\nabla} \times \vec{E}_{\mathrm{TEM}} = (\vec{\nabla}_t + \vec{\nabla}_z) \times \vec{E}_{\mathrm{TEM}} \\ &= \vec{\nabla}_t \times \vec{E}_{\mathrm{TEM}} + \frac{\partial}{\partial z}(\vec{e}_z \times \vec{E}_{\mathrm{TEM}}) \,. \end{aligned}$$

Wegen $B_z = 0$ muß $\vec{B}_{\mathrm{TEM}}$ ein Vektor in der xy-Ebene sein; das gleiche gilt für $\vec{E}_{\mathrm{TEM}}$. Dann ist aber $\vec{\nabla}_t \times \vec{E}_{\mathrm{TEM}}$ ein Vektor in z-Richtung. Da aber auf der linken Seite der Gleichung nur ein Vektor in der xy-Ebene liegt, folgt

$$\vec{\nabla}_t \times \vec{E}_{\mathrm{TEM}} = 0 \qquad \text{und} \qquad \frac{\partial}{\partial z}(\vec{e}_z \times \vec{E}_{\mathrm{TEM}}) = \frac{i\omega}{c}\vec{B}_{\mathrm{TEM}} \,.$$

Daraus resultiert

$$\vec{B}_{\mathrm{TEM}} = \frac{c}{i\omega}\frac{\partial}{\partial z}(\vec{e}_z \times \vec{E}_{\mathrm{TEM}}) \,. \tag{10}$$

Ist $\vec{E}_{\mathrm{TEM}}$ darstellbar durch

$$\vec{E}_{\mathrm{TEM}} = \vec{E}_{0\,\mathrm{TEM}} e^{i(kz-\omega t)} \,,$$

so erhalten wir

$$\vec{B}_{\mathrm{TEM}} = \frac{c}{i\omega} ik(\vec{e}_z \times \vec{E}_{\mathrm{TEM}}) \tag{11}$$

und mit $k = \sqrt{\mu\varepsilon}\frac{\omega}{c}$ folgt die Beziehung

$$\vec{B}_{\mathrm{TEM}} = \sqrt{\mu\varepsilon}(\vec{e}_z \times \vec{E}_{\mathrm{TEM}}) \,. \tag{12}$$

Zwischen dem elektrischen und dem magnetischen Feld besteht somit der gleiche Zusammenhang wie bei der Ausbreitung einer Welle im unbegrenzten Medium.

Die Gleichungen (9) zeigen, daß $\vec{E}_{\mathrm{TEM}}$ und $\vec{B}_{\mathrm{TEM}}$ beide die Laplace-Gleichung erfüllen. Es ist sogar so, daß $\vec{E}_{\mathrm{TEM}}$ und $\vec{B}_{\mathrm{TEM}}$ aus skalaren Potentialen ableitbar sind, die auch wieder die Laplace-Gleichung erfüllen. Da die Oberfläche des Leiters wegen der als unendlich groß angenommenen Leitfähigkeit eine Äquipotentialfläche ist, kann die zweidimensionale Wellengleichung nur trivial erfüllt werden, denn im Innern der Oberfläche verschwindet $\vec{E}$. Zur Ausbreitung eines TEM-Feldes ist es notwendig, daß innerhalb des Leiters mindestens noch eine zur z-Achse symmetrische Oberfläche geschaffen wird, z. B. zwei konzentrisch kreisförmige Metallzylinder (Koaxialkabel).

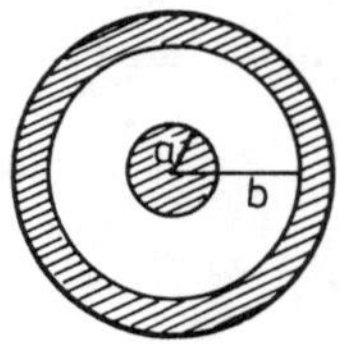

TEM-Wellen können sich nur in Koaxialkabeln ausbreiten.

18.1 Beispiel: Das Koaxialkabel

Ein Koaxialkabel kann eine reine TEM-Welle zusätzlich zu den TE- und TM-Wellen übertragen, während in einem rohrförmigen Hohlleiter nur TE- und TM-Wellen transportiert werden können. Für die TEM-Wellen gelten die Beziehungen:

$$k = \sqrt{\mu\varepsilon}\frac{\omega}{c}\,, \qquad \Delta_t \vec{E}_{\mathrm{TEM}} = 0\,, \qquad \text{sowie} \qquad \vec{B}_{\mathrm{TEM}} = \sqrt{\mu\varepsilon}(\vec{e}_z \times \vec{E}_{\mathrm{TEM}})\,.$$

Anstatt die Wellengleichung für $\vec{E}$ zu lösen, leiten wir das elektrische Feld aus

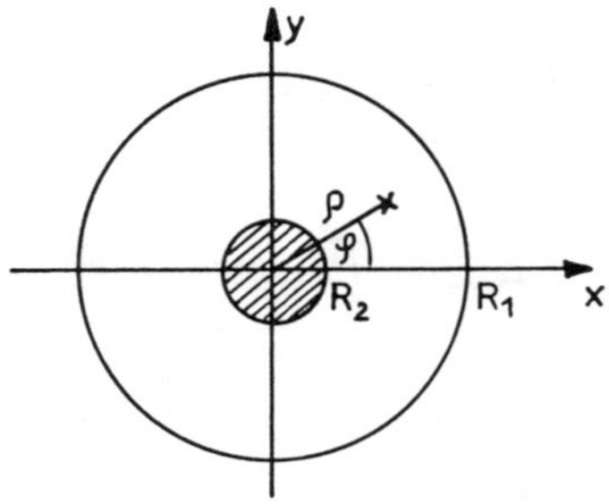

Veranschaulichung des Querschnittes eines Koaxialkabels.

einem Potential ϕ ab:

$$\vec{E}_{\mathrm{TEM}} = (\nabla_t \phi) e^{-i(\omega t - kz)}$$

und lösen die Wellengleichung für ϕ:

$$\Delta_t \phi = 0\,.$$

In Polarkoordinaten umgeschrieben lautet die Laplacegleichung

$$\left(\frac{\partial^2}{\partial\rho^2} + \frac{1}{\rho}\frac{\partial}{\partial\rho} + \frac{1}{\rho^2}\frac{\partial^2}{\partial\varphi^2}\right)\phi(\rho,\varphi) = 0\,.$$

Auf dem inneren und äußeren Leiter ist das Potential jeweils konstant: $\phi(R_1,\varphi) = \phi_1$ und $\phi(R_2,\varphi) = \phi_2$. Da die Randbedingungen vom Azimutwinkel φ unabhängig sind, ist ϕ selbst lediglich von ρ abhängig. Die Wellengleichung vereinfacht sich daher zu

$$\frac{1}{\rho}\frac{\partial}{\partial \rho}\left(\rho \frac{\partial \phi}{\partial \rho}\right) = 0 .$$

Ihre Lösung ist

$$\phi(\rho) = A \ln \rho + B \ , \ \text{mit} \ \ A = \frac{\phi_1 - \phi_2}{\ln R_1 - \ln R_2} \ ; \ B = \frac{\phi_2 \ln R_1 - \phi_1 \ln R_2}{\ln R_1 - \ln R_2} .$$

Die Feldkomponenten der TEM-Wellen lauten in

1. Zylinderkoordinaten

$$\begin{aligned}
\vec{E}_{\text{TEM}}(\rho, \varphi, z, t) &= \frac{A}{\rho}\vec{e}_\rho e^{-i(\omega t - kz)} ; \\
\vec{B}_{\text{TEM}}(\rho, \varphi, z, t) &= \sqrt{\mu\varepsilon}\frac{A}{\rho}\vec{e}_\varphi e^{-i(\omega t - kz)} .
\end{aligned}$$

2. Kartesischen Koordinaten

$$\begin{aligned}
\vec{E}_{\text{TEM}}(x, y, z, t) &= \frac{A}{x^2 + y^2}(x\vec{e}_x + y\vec{e}_y)e^{-i(\omega t - kz)} ; \\
\vec{B}_{\text{TEM}}(x, y, z, t) &= \frac{\sqrt{\varepsilon\mu}A}{x^2 + y^2}(-y\vec{e}_x + x\vec{e}_y)e^{-i(\omega t - kz)} ;
\end{aligned}$$

Der Koeffizient A kann auch mit Hilfe des Maximalwertes eines Feldes $\vec{E}$ oder $\vec{B}$ auf dem inneren oder äußeren Leiter ausgedrückt werden, wodurch die Kenntnis von ϕ_1 und ϕ_2 überflüssig wird. Der Koaxialleiter überträgt TEM-Wellen beliebiger Frequenzen mit der Geschwindigkeit des Lichtes im Dielektrikum und eignet sich deshalb als *Breitbandkabel zur Übertragung breiter Frequenzbänder.*

Falls der innere Leiter entfernt wird ($R_2 \to 0$), kann man B aus der Randbedingung $\phi(R_1) = \phi_1$ bestimmen. Das auf diese Weise erhaltene Potential $\phi(\rho) = A \log(\rho/R_1) + \phi_1$ divergiert aber für $\rho = 0$. Deshalb muß A Null sein. Das Potential wird konstant, d. h. es gibt keine TEM-Wellen in Hohlleitern.

Die beiden Gleichungen (8a) und (8b) vereinfachen sich beträchtlich, wenn wir nur TE- oder TM-Wellen betrachten. Wird die z-Abhängigkeit durch den Exponentialfaktor e^{ikz} gegeben, so werden die beiden Gleichungen für *TM-Wellen* gegeben durch

$$\vec{B}_t = \frac{1}{\gamma^2}\left(i\mu\varepsilon\frac{\omega}{c}\right)(\vec{e}_z \times \vec{\nabla}_t)E_z \quad , \qquad \vec{E}_t = \frac{1}{\gamma^2}ik\vec{\nabla}_t E_z \ , \qquad \underline{1}$$

da B_z überall verschwindet. Zur Abkürzung wurde $\gamma^2 = \mu\varepsilon\frac{\omega^2}{c^2} - k^2$ gesetzt. Setzen wir $\vec{\nabla}_t \vec{E}_z$ aus der zweiten Gleichung in die erste ein, so vereinfacht sich $\vec{B}_t$ weiter zu

$$\vec{B}_t = \frac{1}{\gamma^2}\left(i\mu\varepsilon\frac{\omega}{c}\vec{e}_z \times \frac{\gamma^2}{ik}\vec{E}_t\right) = \frac{\mu\varepsilon\omega}{ck}(\vec{e}_z \times \vec{E}_t) .$$

Entsprechend folgt aus den Gleichungen (8a) und (8b) für *TE-Wellen*:

$$\vec{E}_t = -\frac{\omega}{ck}(\vec{e}_z \times \vec{B}_t) \quad , \qquad \vec{B}_t = \frac{ik}{\gamma^2}\vec{\nabla}_t B_z \,, \qquad \underline{2}$$

da die Komponente E_z überall Null ist. Das wichtige Resultat dieser Betrachtungen ist also, daß im Innern eines leitenden Rohres (Hohlleiter) reine Transversalwellen nicht mehr möglich sind (TM, TE) außer für die speziellen TEM-Wellen. *Die TM- und TE-Wellen haben auch longitudinale Komponenten.*

Die zweidimensionale Wellengleichung (4) gilt für jede der drei skalaren Vektorkomponenten, insbesondere für E_z und B_z. Zusammen mit den Randbedingungen bilden sie ein Eigenwertproblem, nämlich

$$\begin{aligned} &\text{TM}-\text{Wellen}: \quad (\nabla_t^2 + \gamma^2)E_z(x,y) = 0 \quad E_z|_O = 0\,, \\ &\text{TE}-\text{Wellen}: \quad (\nabla_t^2 + \gamma^2)B_z(x,y) = 0 \quad \left.\frac{\partial B_z}{\partial n}\right|_O = 0\,. \end{aligned}$$

Die Konstante γ^2 darf nie negativ werden, weil E_z und B_z Lösungen der Wellengleichung sein müssen und auch den Randbedingungen genügen müssen. Wäre γ^2 negativ, so wäre die Lösung eine Exponentialfunktion mit reellem Exponenten, die die Randbedingung für positive und negative xy-Werte nur trivial erfüllen könnte. Zu den positiven Eigenwerten γ_λ^2 erhalten wir eine Folge von $B_{z\lambda}$ bzw. $E_{z\lambda}, \lambda = 1, 2, \ldots$ und können aus $\underline{1}$ und $\underline{2}$ das TM- bzw. TE-Feld berechnen. Aus den Eigenwerten γ_λ^2 bekommen wir für eine bestimmte Frequenz ω eine Wellenzahl k in Abhängigkeit von λ. Aus $\gamma_\lambda^2 = \mu\varepsilon\frac{\omega^2}{c^2} - k^2$ folgt

$$k_\lambda^2 = \frac{\mu\varepsilon}{c^2}\left(\omega^2 - \frac{c^2\gamma_\lambda^2}{\mu\varepsilon}\right) \qquad k_\lambda = \frac{\sqrt{\mu\varepsilon}}{c}\sqrt{\omega^2 - \frac{c^2\gamma_\lambda^2}{\mu\varepsilon}}\,.$$

Wir setzen $\frac{c^2\gamma_\lambda^2}{\mu\varepsilon} = \omega_\lambda^2$, da dieser Ausdruck die Dimension einer Frequenz hat. Das liefert

$$k_\lambda = \frac{\sqrt{\mu\varepsilon}}{c}\sqrt{\omega^2 - \omega_\lambda^2}\,.$$

Die Wellenzahl k_λ ist reell für $\omega \geq \omega_\lambda$ und imaginär für $\omega < \omega_\lambda$. Für imaginäre Wellenzahlen k_λ erhalten wir als z-Abhängigkeit eine reelle Exponentialfunktion, d.h. die Welle klingt exponentiell ab: $e^{i(kz-\omega t)} = e^{-i\omega t}e^{-|k|z}$. Es können sich also nur Wellen der Frequenz $\omega > \omega_\lambda$ im Wellenleiter fortpflanzen; ω_λ stellt eine *Grenzfrequenz* dar. Die Abhängigkeit der Wellenzahl k_λ von der Frequenz ist in der

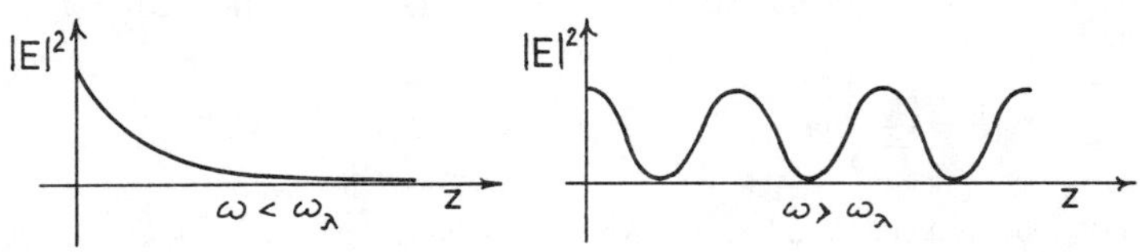

Abklingende und laufende TM- und TE-Wellen.

Skizze dargestellt.

Auf der Abszisse tragen wir sowohl die Grenzfrequenzen ω_λ als auch die laufende Frequenz ω; auf der Ordinate

$$\frac{k_\lambda c}{\sqrt{\mu\varepsilon}}\frac{1}{\omega}$$

auf. Es gilt die Beziehung

$$\frac{k_\lambda c}{\sqrt{\mu\varepsilon}}\frac{1}{\omega}=\frac{\sqrt{\omega^2-\omega_\lambda^2}}{\omega},$$

so daß für $\omega \gg \omega_\lambda$ die linke Seite $\frac{k_\lambda c}{\sqrt{\mu\varepsilon}}\frac{1}{\omega}$ gegen 1 strebt.

Aus der Skizze lesen wir ab, daß bei gegebener Frequenz ω mit $\omega > \omega_1$ nur eine endliche Anzahl von Schwingungsmoden sich in dem Wellenleiter ausbreiten können. Die Existenz einer solchen Frequenzschranke ist die Ursache dafür, daß die Erscheinung nur im Hochfrequenzbereich auftritt. Die dazugehörige Wellenlänge muß kleiner als $\lambda_1 = \frac{2\pi\varepsilon}{\omega_1} \approx a$, die Abmessung des Systems, sein, um durch das Rohr laufen zu können (vgl. Beispiel 18.4). Auf dieser Eigenschaft beruht die Hauptanwendung der Hohlleiter als Leiter von Mikrofrequenzwellen (Telefon, Sender usw.).

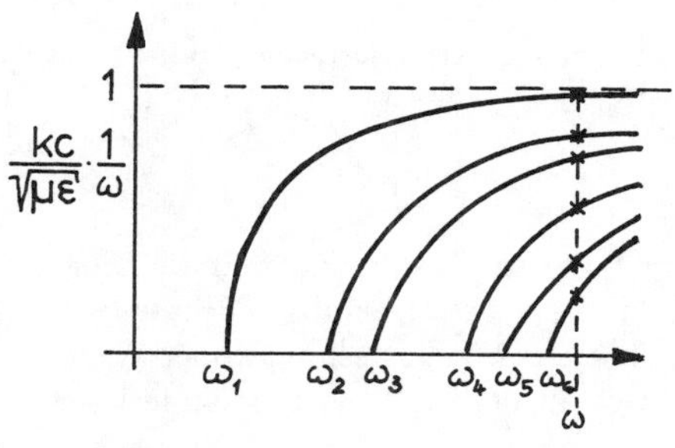

Abhängigkeit der Grenzfrequenzen ω_λ von der Frequenz ω und der Wellenzahl k.

Phasen- und Gruppengeschwindigkeit: Betrachten wir das Momentbild einer sinusförmigen fortschreitenden Welle, so verstehen wir unter der Wellenlänge λ den Abstand zweier Punkte, die zu jedem Zeitpunkt die gleiche Phase haben und unter der Phasengeschwindigkeit genau die Geschwindigkeit, mit der sich die Schwingungsphase ausbreitet. Ist T die Schwingungsdauer, so gilt für die Phasengeschwindigkeit

$$v_p = \frac{\lambda}{T} = \frac{\lambda\omega}{2\pi} = \frac{\omega}{k}\,. \tag{13}$$

In der Natur haben wir es jedoch nie mit monochromatischen Wellen bestimmter Frequenz und Wellenzahl zu tun, denn selbst bei scheinbar monochromatischen

Lichtquellen handelt es sich um - wenn auch sehr kleine - Frequenzspektren und Wellenlängenbereiche.

Solche allgemeineren Wellenbewegungen lassen sich durch Superposition von harmonischen Wellen beschreiben. Als Wellengruppe definieren wir einen Wellenzug von endlicher Länge (jeder Sender sendet nur endlich lange; der ausgesandte Wellenzug ist endlich). Wellengruppen können sich entweder in periodischer Folge wiederholen oder unperiodisch gestaltet sein. Da in einem Medium mit Dispersion die Phasen-

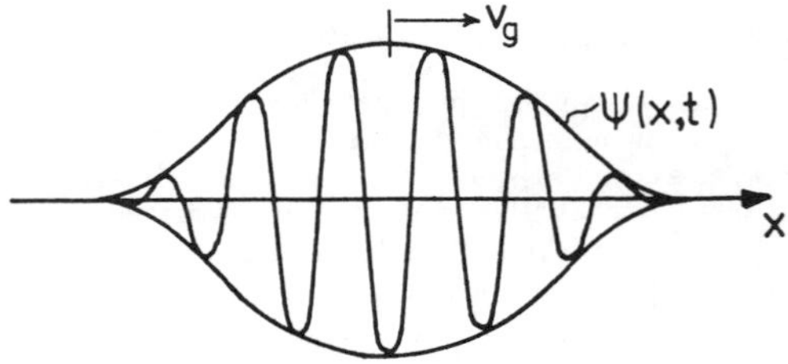

Wellengruppe ohne periodische Wiederholung. Sie entsteht durch Überlagerung sehr vieler ebener Wellen $\psi(x,t) = \int c(k)e^{i(kx-\omega t)}dk$ (vgl. Bd. 1 Mechanik).

geschwindigkeit von der Frequenz ω abhängt, weil die Dielektrizitätskonstante eine Funktion der Frequenz ist, $\varepsilon = \varepsilon(\omega)$, sind die Phasengeschwindigkeiten der verschiedenen Wellen verschieden. Mit Fortschreiten der Welle ändern sich ständig die Phasendifferenzen, die Gestalt der Wellengruppe ändert sich also auch.

Infolge der Dispersion bewegt sich irgendeine Marke des resultierenden Wellenbildes, z. B. der höchste Wellenberg, nicht mit der durchschnittlichen Phasengeschwindigkeit der verschiedenen Wellenkomponenten, sondern mit der Gruppengeschwindigkeit

$$v_g = \frac{\mathrm{d}\omega}{\mathrm{d}k}\,. \tag{14}$$

Nur einem dispersionsfreien Medium ist die Phasengeschwindigkeit v_p gleich der Gruppengeschwindigkeit. Bevor wir jedoch den allgemeinen Fall studieren, erläutern wir den Unterschied zwischen Phasen- und Gruppengeschwindigkeit an einem vereinfachten Beispiel.

Wir betrachten die Überlagerung zweier Wellen mit gleicher Amplitude und verschiedenen, aber benachbarten Frequenzen ω_1, k_1 bzw. ω_2, k_2:

$$\begin{aligned} U(x,t) &= A\left(e^{i(k_1x-\omega_1t)} + e^{i(k_2x-\omega_2t)}\right) \\ &= Ae^{i\frac{k_1+k_2}{2}x-i\frac{\omega_1+\omega_2}{2}t}\left(e^{i\frac{k_1-k_2}{2}x-i\frac{\omega_1-\omega_2}{2}t} + e^{i\frac{k_2-k_1}{2}x-i\frac{\omega_2-\omega_1}{2}t}\right) \end{aligned}$$

$$= \quad 2A\cos\left(\frac{k_1-k_2}{2}x - \frac{\omega_1-\omega_2}{2}t\right) e^{i\frac{k_1+k_2}{2}x - i\frac{\omega_1+\omega_2}{2}t} .$$

Durch diese Umformung haben wir die Welle in einen mit $\omega_1 - \omega_2$ langsam oszillie-

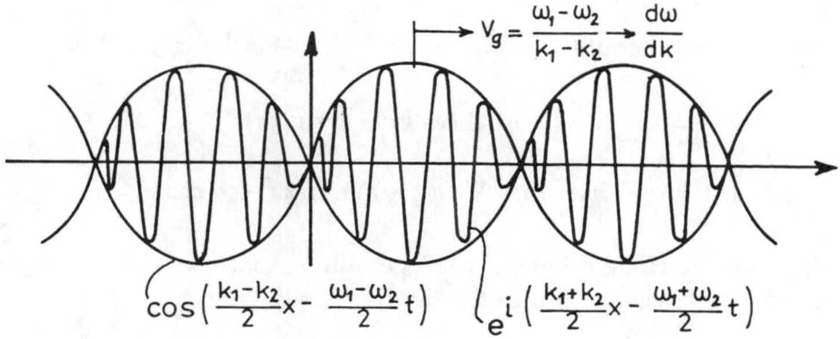

Querschnitt aus einer periodischen Folge von Wellenbergen. Der einzelne Wellenberg bewegt sich mit der Gruppengeschwindigkeit v_g.

renden Amplitudenfaktor und einen mit $\omega_1 + \omega_2$ schnell oszillierenden Phasenfaktor aufgespalten. Die Phase bewegt sich mit der Geschwindigkeit

$$v_p = \frac{\omega_1+\omega_2}{k_1+k_2} \approx \frac{\omega}{k} \qquad \text{für} \qquad \omega_1 \approx \omega_2 \approx \omega ,$$

die Amplitude (Wellengruppe) bewegt sich mit der geringeren Geschwindigkeit

$$v_g = \frac{\omega_1-\omega_2}{k_1-k_2} \Rightarrow \frac{\mathrm{d}\omega}{\mathrm{d}k} .$$

Die Energie einer Welle wird durch die Amplitude bestimmt, die Gruppengeschwindigkeit gibt somit auch im allgemeinen die Geschwindigkeit des Energietransports an. Jedoch bedarf das Gebiet anomaler Dispersion einer besonderen Betrachtung (siehe später Kapitel IV.19). Wir merken noch an, daß Gruppen- und Phasengeschwindigkeit und der Begriff des Wellenpaketes im Band 1 der Vorlesungen (Mechanik 1, Kapitel 32) auf strengere Weise eingeführt und diskutiert worden sind. Die Betrachtungen hier sollten das bereits Bekannte noch einmal ins Gedächtnis zurückrufen und anschaulich untermauern.

Hohlraumresonatoren: Als Hohlraumresonator kann im Grunde jeder geschlossene Hohlkörper mit leitender Oberfläche dienen. Wir beschränken uns hier auf zylinderförmige Hohlräume. Diese können wir uns entstanden denken aus zylindrischen Hohlleitern, die durch leitende ebene Flächen senkrecht zur Achse an beiden Enden verschlossen wurden. Der Hohlraum wird durch die beiden Konstanten ε

und μ beschrieben. Da elektromagnetische Wellen an den beiden Endflächen reflektiert werden, kommt es zur Ausbildung von *stehenden* Wellen in Richtung der Achse. Für TM-Wellen machen wir deshalb den folgenden Ansatz für den longitudinalen Anteil:

$$\vec{E}_z = \psi(x,y)(A \sin kz + B \cos kz)\vec{e}_z\,, \qquad \vec{B}_z = 0\,.$$

Der transversale Anteil ergibt sich daraus nach den Gleichungen (8) und (9) zu

$$\begin{aligned}\vec{E}_t &= \frac{k}{\gamma^2}\vec{\nabla}_t\psi(x,y)(A\cos kz - B\sin kz)\,,\\ \vec{B}_t &= \frac{1}{\gamma^2}i\mu\varepsilon\frac{\omega}{c}\vec{e}_z \times \vec{\nabla}_t\psi(x,y)(A\sin kz + B\cos kz)\,.\end{aligned}$$

Der Zylinder soll die Höhe d haben; wir legen die z-Achse so, daß die Stirnflächen bei $z = 0$ und $z = d$ liegen, dann gelten die Randbedingungen

$$\vec{E}_t(z=0) = 0 \qquad \text{und somit} \qquad A = 0\,.$$

Aus $\vec{E}_t(z = d) = 0$ folgt für nichttriviale Lösungen die Beziehung

$$\sin kd = 0\,,$$

die uns eine Bedingungen für die Wellenzahl k liefert:

$$k = \frac{l\pi}{d}\,, \quad l = 0,1,2,\dots\,.$$

Mit diesen Beziehungen erhalten wir dann für die Amplituden die Gleichungen

$$\begin{aligned}\vec{E}_z &= B\psi(x,y)\cos\tfrac{l\pi}{d}z\vec{e}_z\,, &\quad \vec{E}_t &= -B\frac{l\pi}{d\gamma^2}\sin\frac{l\pi}{d}z\vec{\nabla}_t\psi(x,y)\,,\\ \vec{B}_z &= 0\,, & \vec{B}_t &= B\frac{i\mu\varepsilon\omega}{\gamma^2 c}\cos\frac{l\pi}{d}z\vec{e}_z \times \vec{\nabla}_t\psi(x,y)\,.\end{aligned} \tag{15}$$

Für die TE-Wellen machen wir für den longitudinalen Anteil des Magnetfeldes den analogen Ansatz einer stehenden Welle in Richtung der Zylinderachse. Da die Normalkomponente von $\vec{B}$ stetig durch die Stirnfläche geht und außerhalb das Feld verschwindet, gilt jetzt

$$\vec{B}_z(z=0) = \vec{B}_z(z=d) = 0\,.$$

Wir erhalten so entsprechend zu den obigen Überlegungen nun die Amplituden der TE-Wellen:

$$\begin{aligned}\vec{E}_z &= 0\,, &\quad \vec{E}_t &= -A\frac{i\omega}{c\gamma^2}\sin\frac{l\pi}{d}z\vec{e}_z \times \vec{\nabla}_t\psi(x,y)\,,\\ \vec{B}_z &= A\psi(x,y)\sin\frac{l\pi}{d}z\cdot\vec{e}_z\,, & \vec{B}_t &= A\frac{l\pi}{d\gamma^2}\cos\frac{l\pi}{d}z\vec{\nabla}_t\psi(x,y)\,.\end{aligned} \tag{16}$$

Die nur von x und y abhängige skalare Funktion $\psi(x, y)$ ergibt sich für beide Schwingungsmoden aus der Wellengleichung

$$(\Delta_t + \gamma^2)\psi(x, y) = 0$$

unter der Randbedingung, daß ψ bzw. $\frac{\partial \psi}{\partial n}$ auf der Oberfläche des Resonators verschwindet.

Drücken wir die Konstante γ^2 durch Frequenz und Wellenzahl aus, so folgt

$$\gamma^2 = \varepsilon\mu\frac{\omega^2}{c^2} - \left(\frac{l\pi}{d}\right)^2 .$$

Durch die Randbedingungen für die Lösungen des ψ-Anteils erhalten wir Gleichungen der Art

$$\sin \gamma x' = 0 ,$$

wenn x' auf der Oberfläche des Hohlleiters liegt. Dies liefert eine Abhängigkeit von γ^2 von einem Parameter λ

$$\gamma_\lambda^2 = \varepsilon\mu\frac{\omega_\lambda^2}{c^2} - \left(\frac{l\pi}{d}\right)^2 . \tag{17}$$

Lösen wir nach der Eigenfrequenz (Resonanzfrequenz) auf:

$$\omega_\lambda = \frac{c}{\sqrt{\mu\varepsilon}}\sqrt{\gamma_\lambda^2 + \left(\frac{l\pi}{d}\right)^2} . \tag{18}$$

Die Resonanzfrequenzen des Hohlraumresonators können also durch Verschieben der Stirnflächen (Abstand d) verändert werden.

18.2 Beispiel: Wellengeschwindigkeit im Hohlleiter

Im Hohlleiter gilt für die Wellenzahl eines Schwingungsmodes λ die Beziehung

$$k = k_\lambda = \frac{\sqrt{\mu\varepsilon}}{c}\sqrt{\omega^2 - \omega_\lambda^2} .$$

Können wir für sehr große Frequenzen $\omega \gg \omega_\lambda$ das zweite Glied unter der Wurzel vernachlässigen, so ist

$$k = \frac{\sqrt{\mu\varepsilon}}{c}\omega$$

und wir erhalten für Phasen- und Gruppengeschwindigkeiten den gleichen Wert

$$v_p = \frac{\omega}{\lambda} = \frac{c}{\sqrt{\mu\varepsilon}} \qquad \text{und} \qquad v_g = \frac{\mathrm{d}\omega}{\mathrm{d}k} = \frac{c}{\sqrt{\mu\varepsilon}} .$$

Gänzlich andere Verhältnisse liegen vor, wenn diese Vernachlässigung nicht gemacht werden darf. Dann gilt für die Phasengeschwindigkeit

$$v_p = \frac{\omega}{k_\lambda} = \frac{c}{\sqrt{\mu\varepsilon}} \frac{1}{\sqrt{1 - \frac{\omega_\lambda^2}{\omega^2}}} > \frac{c}{\sqrt{\mu\varepsilon}} ;$$

die Phasengeschwindigkeit ist im Wellenleiter größer als im freien Raum. Für die Gruppengeschwindigkeit gilt

$$v_g = \frac{\mathrm{d}\omega}{\mathrm{d}k_\lambda} = \frac{c^2 k_\lambda}{\mu\varepsilon\sqrt{\frac{c^2}{\mu\varepsilon}k_\lambda^2 + \omega_\lambda^2}} = \frac{c}{\sqrt{\mu\varepsilon}} \frac{\sqrt{\omega^2 - \omega_\lambda^2}}{\omega} .$$

Wenn die Frequenz ω einer Schwingungsmode λ gegen deren Grenzfrequenz ω_λ geht, dann wird die zugehörige Phasengeschwindigkeit unendlich, die Gruppengeschwindigkeit wird Null ($k_\lambda = 0$). Die Welle kann sich im Hohlleiter nicht mehr ausbreiten. Es ist offensichtlich immer

$$v_p \cdot v_g = \frac{c^2}{\mu\varepsilon} = c'^2 .$$

18.3 Beispiel: Der rechteckige Hohlleiter

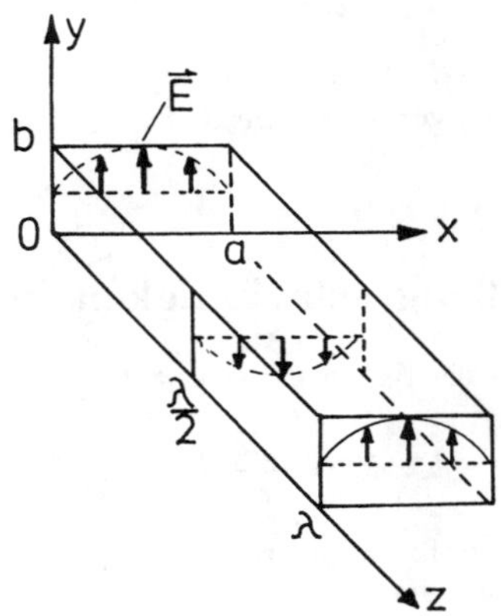

Veranschaulichung eines rechteckigen Hohlleiters

Wir betrachten einen Hohlleiter mit rechteckigem Querschnitt. Die Lage des Koordinatensystems und die Dimensionen sind in der Skizze gegeben. Die Oberfläche des Hohlleiters wird als ideal leitend angenommen. Dann gelten die Randbedingungen

$$\vec{n}\cdot\vec{B} = 0 \qquad \text{und} \qquad \vec{n}\times\vec{E} = 0\,, \tag{1}$$

wenn $\vec{n}$ der Normaleneinheitsvektor auf der Oberfläche des Leiters ist. Schreiben wir die Bedingung 1 explizit auf, so bedeutet das

$$\begin{aligned} E_y = E_z = B_x = 0 \qquad &\text{für} \qquad x = 0, a \qquad \text{und} \\ E_x = E_z = B_y = 0 \qquad &\text{für} \qquad y = 0, b\,. \end{aligned} \tag{2}$$

Für die Feldstärken setzen wir eine in z-Richtung fortschreitende Welle an:

$$\vec{E}(x,y,z,t) = \vec{E}(x,y)e^{i(kz-\omega t)}\,, \quad \vec{B}(x,y,z,t) = \vec{B}(x,y)e^{i(kz-\omega t)}\,. \tag{3}$$

Gehen wir mit diesem Ansatz in die Wellengleichung

$$\left(\Delta - \frac{1}{c^2}\frac{\partial^2}{\partial t^2}\right)\vec{C} = 0$$

ein, so erhalten wir

$$\left(\frac{\partial^2}{\partial x^2} + \frac{\partial^2}{\partial y^2}\right)\vec{C} + \left(\frac{\omega^2}{c^2} - k^2\right)\vec{C} = 0\,, \tag{4}$$

wobei $\vec{C}$ stellvertretend für $\vec{E}$ und $\vec{B}$ steht.

Außer der Wellengleichung 4 müssen die Feldstärken noch die Maxwellgleichungen erfüllen:

$$\begin{aligned} \mathrm{div}\vec{E} = 0\,, \qquad &\mathrm{rot}\vec{B} = \frac{1}{c}\frac{\partial}{\partial t}\vec{E} = -\frac{i\omega}{c}\vec{E}\,, \\ \mathrm{div}\vec{B} = 0\,, \qquad &\mathrm{rot}\vec{E} = -\frac{1}{c}\frac{\partial}{\partial t}\vec{B} = \frac{i\omega}{c}\vec{B}\,. \end{aligned} \tag{5}$$

Für die Amplituden $\vec{E}(x,y)$ und $\vec{B}(x,y)$ aus 3 machen wir folgenden Ansatz, der die Randbedingungen erfüllt:

$$\begin{aligned} E_x &= \alpha\cos\tfrac{m\pi}{a}x\sin\tfrac{n\pi}{b}y\,, \qquad & B_x &= \alpha'\sin\tfrac{m\pi}{a}x\cos\tfrac{n\pi}{b}y\,, \\ E_y &= \beta\sin\tfrac{m\pi}{a}x\cos\tfrac{n\pi}{b}y\,, & B_y &= \beta'\cos\tfrac{m\pi}{a}x\sin\tfrac{n\pi}{b}y\,, \\ E_z &= \gamma\sin\tfrac{m\pi}{a}x\sin\tfrac{n\pi}{b}y\,, & B_z &= \gamma'\cos\tfrac{m\pi}{a}x\cos\tfrac{n\pi}{b}y\,. \end{aligned} \tag{6}$$

Die gesamte Welle ergibt sich dann durch Multiplikation mit dem Phasenfaktor $e^{i(kz-\omega t)}$. Die spezielle Art des Ansatzes wird sofort beim Einsetzen in eine der Maxwellgleichungen klar. Wir erhalten dann Beziehungen zwischen den Konstanten des Ansatzes.

Das Einsetzen in die Wellengleichung 4 ergibt die Beziehung

$$\left(\frac{m\pi}{a}\right)^2 + \left(\frac{n\pi}{b}\right)^2 + k^2 = \frac{\omega^2}{c^2}\,. \tag{7}$$

Offensichtlich gibt es nur einen reellen Wert für k, wenn die Frequenz ω größer ist als eine Grenzfrequenz ω_g, wobei gilt:

$$\omega_g = \omega_{mn} = c\sqrt{\left(\frac{m\pi}{a}\right)^2 + \left(\frac{n\pi}{b}\right)^2}\,.$$

Nach Definition liegt eine TE-Welle vor, wenn $E_z = 0$, also in Gleichung 6 $\gamma = 0$. TM-Wellen ($B_z = 0$) erhält man für $\gamma' = 0$. Aus $\vec{\nabla} \times \vec{E} = \frac{i\omega}{c}\vec{B}$ und $\vec{\nabla} \times \vec{B} = -\frac{i\omega}{c}\vec{E}$ findet man für die Beziehungen zwischen den Vorfaktoren in Gleichung 6:

$$\begin{aligned} \tfrac{i\omega}{c}\alpha' &= \gamma\tfrac{n\pi}{b} - ik\beta \\ \tfrac{i\omega}{c}\beta' &= \alpha ik - \gamma\tfrac{m\pi}{a} \\ \tfrac{i\omega}{c}\gamma' &= \beta\tfrac{m\pi}{a} - \alpha\tfrac{n\pi}{b} \end{aligned} \qquad \underline{8}$$

und

$$\begin{aligned} -\tfrac{i\omega}{c}\alpha &= \gamma'\tfrac{n\pi}{b} - \beta' ik \\ -\tfrac{i\omega}{c}\beta &= \alpha' ik + \gamma'\tfrac{m\pi}{a} \\ -\tfrac{i\omega}{c}\gamma &= -\beta'\tfrac{m\pi}{a} + \alpha'\tfrac{n\pi}{b}\,. \end{aligned} \qquad \underline{9}$$

Für TE-Wellen gilt ($\gamma = 0$):

$$\beta'\frac{m\pi}{a} = \alpha'\frac{n\pi}{b} \Rightarrow \alpha' \sim \frac{m}{n} \qquad \text{und} \qquad \beta' \sim \frac{n}{m} \qquad \underline{10}$$

sowie

$$\begin{matrix} \tfrac{\omega}{c}\alpha' = -k\beta & & \beta \sim \tfrac{m}{n} \\ & \Rightarrow & \\ \tfrac{\omega}{c}\beta' = \alpha k & & \alpha \sim \tfrac{n}{m} \end{matrix}\;. \qquad \underline{11}$$

Für TM-Wellen ($\gamma' = 0$) analog:

$$\beta\frac{m\pi}{a} = \alpha\frac{n\pi}{b} \Rightarrow \begin{matrix} \beta \sim \frac{n}{m} \\ \alpha \sim \frac{m}{n} \end{matrix}\,, \qquad \underline{12}$$

sowie

$$\beta' \sim \frac{m}{n} \qquad \text{und} \qquad \alpha' \sim \frac{n}{m}\,, \qquad \underline{13}$$

also gerade umgekehrt wie für TE-Wellen. Nichttriviale TM-Wellen ergeben sich nach Gleichung 6 und 12, 13 nur, wenn $m \neq 0$ und $n \neq 0$ sind. Die TM-Welle mit der niedrigsten Frequenz ist

$$\omega_{11}^{\mathrm{TM}} = c\sqrt{\frac{\pi^2}{a^2} + \frac{\pi^2}{b^2}}\,. \qquad \underline{14}$$

Die nichtverschwindende TE-Welle mit der niedrigsten Frequend (o.B.d.A. $a > b$) erhalten wir analog aus Gleichungen 6, 10 und 11, falls entweder $n = 0, m \neq 0$ oder $m = 0, n \neq 0$:

$$\omega_{10} = \frac{c\pi}{a}\,.$$

Sie ist kleiner als die Grenzfrequenz der TM-Welle. Die zugehörige Wellenlänge ist $\lambda_{10} = \frac{2\pi c}{\omega_{10}} = 2a$. Wir betrachten weiterhin die Grundwelle des TE-Typs, ω_{10}. Für das elektrische Feld gilt dann

$$E_x = E_z = 0 \qquad \text{und} \qquad E_y = \beta \sin\frac{\pi x}{a} e^{i(kz - \omega t)}\,.$$

Stellen wir den Sinus durch die Exponentialfunktion dar, so läßt sich die y-Komponente als Überlagerung zweier Wellen schreiben:

$$E_y = \frac{\beta}{2i}\left(e^{i\left(kz + \frac{\pi}{a}x - \omega t\right)} - e^{i\left(kz - \frac{\pi}{a}x - \omega t\right)}\right)\,.$$

Der Faktor i gibt eine Phasenverschiebung um $\frac{\pi}{2}$ an.

Die Grundwelle erscheint somit als Überlagerung zweier Wellen, deren Wellennormalen in der x-z-Ebene liegen. Der Winkel ε zwischen ihnen und der x-Richtung ist gegeben durch

$$\cos\varepsilon = \mp\frac{\pi}{a}\cdot\frac{1}{\sqrt{\left(\frac{\pi}{a}\right)^2+k^2}}\,.$$

Wenn wir die Grenzfrequenz ω_g einführen, so daß $\frac{\omega^2}{c^2} = k^2 + \frac{\omega_g^2}{c^2}$, wobei gemäß 7 $\omega_g^2 = c^2\left[\left(\frac{m\pi}{a}\right)^2 + \left(\frac{n\pi}{b}\right)^2\right]$ und daher $kc = \sqrt{\omega^2-\omega_g^2}$ gilt für $m = 1$, $n = 0$, so folgt

$$\cos\varepsilon = -\frac{\omega_g}{\omega}$$

für die erste und

$$\cos\varepsilon = +\frac{\omega_g}{\omega}$$

für die zweite der beiden auftretenden Wellen. Das ganze Feld $\vec{E}$ können wir uns daher entstanden denken durch fortgesetzte Reflexion einer ebenen unter dem Winkel ε auftreffenden Welle an den Flächen $x = 0$ und $x = a$. Für die Phasengeschwindigkeit v_p folgt

$$v_p = \frac{\omega}{k} = \frac{\omega}{\frac{1}{c}\sqrt{\omega^2-\omega_g^2}} = \frac{c}{\sqrt{1-\left(\frac{\omega_g}{\omega}\right)^2}} = \frac{c}{\sqrt{1-\cos^2\varepsilon}} = \frac{c}{\sin\varepsilon}\,.$$

Sie ist gleich der Schnittgeschwindigkeit der Wellenebene mit der Ebene $x = 0$.

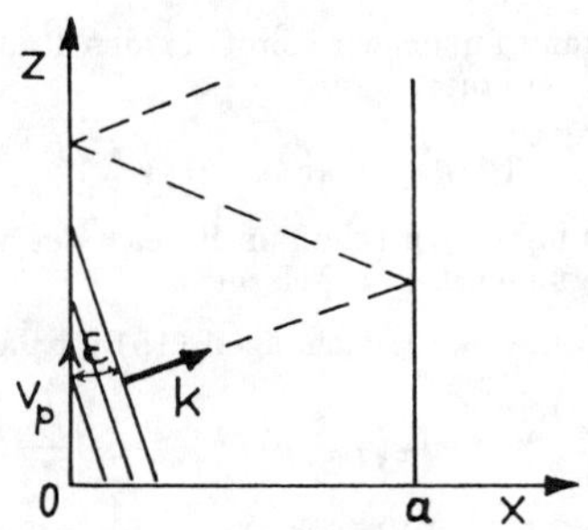

Die TE-Welle im rechteckigen Hohlleiter kann als ebene Welle mit fortgesetzten Reflexionen an den Wänden aufgefaßt werden.

18.4 Beispiel: Der zylindrische Hohlraumresonator

Wir betrachten einen Hohlraumresonator wie er in der Skizze gegeben ist. Wegen der Zylindersymmetrie des Problems führen wir Zylinderkoordinaten ein, so daß die gesuchte Funktion $\psi(x,y)$ eine Funktion von ρ und φ wird. Wegen der Rotationssymmetrie läßt sich die Differentialgleichung separieren und für $\psi(\rho,\varphi)$ folgt:

$$\psi(\rho,\varphi) = \psi(\rho) \cdot e^{im\varphi} \,, \; m = 0, 1, \ldots \,. \qquad \underline{1}$$

Dadurch nimmt die zweidimensionale Wellengleichung für ψ

$$\left(\nabla_t^2 + \gamma^2\right) \psi = 0 \qquad \underline{2}$$

in Zylinderkoordinaten die Form an

$$\left(\frac{\partial^2}{\partial \rho^2} + \frac{1}{\rho}\frac{\partial}{\partial \rho} + \gamma^2 - \frac{m^2}{\rho^2}\right) \psi(\rho) = 0 \,.$$

Dies ist die Besselsche Differentialgleichung (vgl. die Vorl. über Mechanik II,

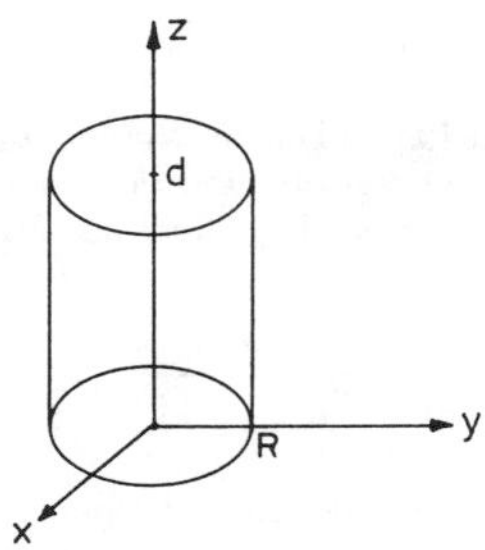

Zylindrischer Hohlraumresonator

Kapitel 10). Als Lösung finden wir somit für den Radialteil Besselfunktionen. Die gesamte Wellenfunktion lautet dann

$$\psi(\rho,\varphi) = J_m(\gamma_m \cdot \rho) \cdot e^{im\varphi} \,.$$

Die Besselfunktionen haben wir schon im Bereich der Mechanik bei der Behandlung der Membranschwingungen kennengelernt.

Für TM-Wellen folgt aus den Gleichungen (15) für das elektrische Feld

$$E_z = B \cdot J_m(\gamma_m \cdot \rho) \cdot e^{im\varphi} \cos \frac{l\pi z}{d} \,.$$

Die Randbedingung $E_z(\rho = R)$ liefert eine weitere Bedingung für γ_m:

$$J_m(\gamma_m \cdot R) = 0 \,.$$

Die γ_m erhalten also noch einen weiteren Index n, der die Nullstelle der Besselfunktion angibt. Ist x_{mn} die n-te Nullstelle der Besselfunktion J_m, so gilt dann

$$\gamma_m \Rightarrow \gamma_{mn} = \frac{x_{mn}}{R} \,.$$

Dadurch ist E_z jetzt vollständig bestimmt. In Gleichung $\underline{2}$ eingesetzt, ergibt das für die Resonanzfrequenzen:

$$\omega_{mnl} = \frac{c}{\sqrt{\mu\varepsilon}} \sqrt{\gamma_{mn}^2 + \left(\frac{\pi l}{d}\right)^2} = \frac{c}{\sqrt{\mu\varepsilon}} \sqrt{\frac{x_{mn}^2}{R^2} + \frac{\pi^2 l^2}{d^2}} \,.$$

Die tiefste Frequenz bekommen wir für $m = 0, n = 1, l = 0$ (mit $x_{01} = 2,4$). Sie ist

$$\omega_{010} = \frac{2,4}{\sqrt{\mu\varepsilon}} \cdot \frac{c}{R} .$$

Sie ist also unabhängig von der Höhe des Zylinders; ein Abstimmen durch die Veränderung von d ist deshalb nicht möglich. Mit der Zeitabhängigkeit von $e^{i\omega t}$ ergibt sich für die zugehörige TM_{010}-Welle:

$$\vec{E}_z = B \cdot J_0\left(\frac{2,4\rho}{R}\right) \cdot e^{i\omega t}\vec{e}_z , \quad \vec{B}_t = \frac{i\mu\varepsilon \cdot \omega_{010}}{c \cdot \gamma_{010}^2} B \cdot \vec{e}_z \times \vec{\nabla}_t J_0\left(\frac{2,4\rho}{R}\right) \cdot e^{i\omega t} .$$

In Zylinderkoordinaten gilt für den transversalen Gradienten

$$\vec{\nabla}_t = \frac{\partial}{\partial\rho}\vec{e}_\rho + \frac{\partial}{\partial\varphi}\vec{e}_\varphi .$$

Da $J_0(\gamma_{010} \cdot \rho)$ nur von ρ abhängt, hat $\vec{\nabla}_t J_0(\gamma_{010} \cdot \rho)$ nur eine Komponente in $\vec{e}_\varphi$-Richtung, steht also senkrecht zur z-Achse, d.h. $\vec{e}_z \times J_0(\gamma_{010} \cdot \rho)$ zeigt in $\vec{e}_\varphi$-Richtung. Somit erhalten wir

$$\vec{B}_t = \vec{B}_\varphi = \frac{i\mu\varepsilon\omega_{010}}{c\gamma_{010}^2} B \frac{\partial}{\partial\rho} J_0\left(\gamma_{010} \cdot \rho\right) \cdot e^{i\omega t}\vec{e}_\varphi .$$

Zwischen den Besselfunktionen bestehen folgende Beziehungen, die wir hier ohne Beweis angeben:

$$J_{m-1}(x) - J_{m+1}(x) = 2\frac{\mathrm{d}J_m(x)}{\mathrm{d}x} \qquad \text{und} \qquad J_{-m}(x) = (-1)^m J_m(x) .$$

Für $m = 0$ folgt daraus

$$\frac{\mathrm{d}}{\mathrm{d}x} J_0(x) = -J_1(x) .$$

Verwenden wir diese Beziehung für die Ableitung der Besselfunktion in $\vec{B}_\varphi$, so erhalten wir für das magnetische Feld

$$\vec{B}_\varphi = -i\sqrt{\mu\varepsilon} B J_1(\gamma_{010} \cdot \rho) \cdot e^{i\omega t}\vec{e}_\varphi .$$

Gehen wir von Gleichung (16) aus, so ergibt sich für TE-Wellen entsprechend

$$B_z = A \cdot J_m(\gamma_{mn} \cdot \rho) \cdot e^{im\varphi} \cdot \sin\frac{l\pi z}{d} . \qquad \underline{3}$$

Aus $\frac{\partial B_z}{\partial n}(\rho = R) = \frac{\partial B_z}{\partial \rho}(\rho = R) = 0$ folgt

$$\left.\frac{\partial}{\partial\rho} J_m(\gamma_{mn} \cdot \rho)\right|_{\rho=R} = 0 ,$$

was gleichbedeutend ist mit

$$\frac{\partial}{\partial(\gamma_{mn} \cdot \rho)} \left. J_m(\gamma_{mn} \cdot \rho)\right|_{\rho=R} = 0 .$$

Die γ_{mn} werden jetzt also durch die Nullstellen der Ableitung der Besselfunktionen festgelegt. Setzen wir 3 in 2 ein, so finden wir für die Resonanzfrequenzen:

$$\omega_{mnl} = \frac{c}{\sqrt{\mu\varepsilon}} \sqrt{\frac{\gamma_{mn}^2}{R^2} + \frac{l^2\pi^2}{d^2}} .$$

Nach Voraussetzung sei $B_z \neq 0$, womit wir für die tiefste Frequenz (mit $J_1'(x_{11}) = 0$, $x_{11} = 1,8$) erhalten

$$\omega_{111} = \frac{1,8}{\sqrt{\mu\varepsilon}} \cdot \frac{c}{R} \sqrt{1 + 2,9\frac{R^2}{d^2}} .$$

Berücksichtigen wir die Zeitabhängigkeit $e^{i\omega t}$ von $\vec{B}$, so ergibt sich für die TE_{111}-Welle

$$B_z = A \cdot J_1(\gamma_{111}\rho) \sin\left(\frac{\pi z}{d}\right) \cdot e^{i(\omega t + \varphi)} .$$

Im Gegensatz zur Grundfrequenz des TM-Modes kann die TE_{111}-Welle durch Veränderung der Zylinderhöhe d abgestimmt werden. Für große Werte von d liegt ω_{111} unter der Frequenz ω_{010} des TM-Modes und stellt somit die Grundfrequenz des Hohlraumresonators dar.

19. Lichtwellen

Bei Lichtwellen gilt

$$\omega(k) = \frac{c \cdot k}{n(k)} , \tag{1}$$

wobei c die Vakuumlichtgeschwindigkeit und $n(k)$ der Brechungsindex des betreffenden Mediums ist. Wir erhalten dann als Phasengeschwindigkeit nach Gleichung (18.3)

$$v_p = \frac{\omega(k)}{k} = \frac{c}{n(k)} .$$

Zur Berechnung der Gruppengeschwindigkeit schreiben wir formal

$$1 = \frac{\mathrm{d}\omega}{\mathrm{d}\omega}$$

und erhalten mit Gleichung (1):

$$1 = \frac{c}{n^2}\left(n\frac{\mathrm{d}k}{\mathrm{d}\omega} - k\frac{\mathrm{d}n}{\mathrm{d}\omega}\right) .$$

Die Auflösung der Gleichung ergibt unter Berücksichtigung von (18.14)

$$\frac{\mathrm{d}\omega}{\mathrm{d}k} = v_g = \frac{c}{n(\omega) + \omega\frac{\mathrm{d}n}{\mathrm{d}\omega}} \,.$$

Für die meisten optischen Wellenlängen ist $n(k)$ für viele Medien größer als 1.

Im Falle *normaler Dispersion* ist $\frac{dn}{d\omega} > 0$. Dann ist die Energieflußgeschwindigkeit kleiner als die Phasengeschwindigkeit und somit auch kleiner als die Vakuumgeschwindigkeit c.

Im Bereich *anomaler Dispersion* kann $\frac{dn}{d\omega}$ *jedoch betragsmäßig groß und negativ* werden. Dann kann v_g sogar größer als c werden. Dies ist jedoch kein Widerspruch zur Relativitätstheorie, denn großes $\frac{dn}{d\omega}$ ist gleichbedeutend mit einer schnellen Änderung von ω als Funktion von k. Dann gilt aber die Reihenentwicklung $\omega(k) = \omega(k_0) + \frac{\mathrm{d}\omega}{\mathrm{d}k}\big|_{k_0}(k - k_0) + \ldots$ nicht mehr, die wir früher (vgl. Bd. 1 Mechanik, Kapitel 32, Gleichung (4) ff. - siehe auch Aufgabe 19.1) bei der Ableitung der Gruppengeschwindigkeit gemacht haben. In anderen Fällen anomaler Dispersion tre-

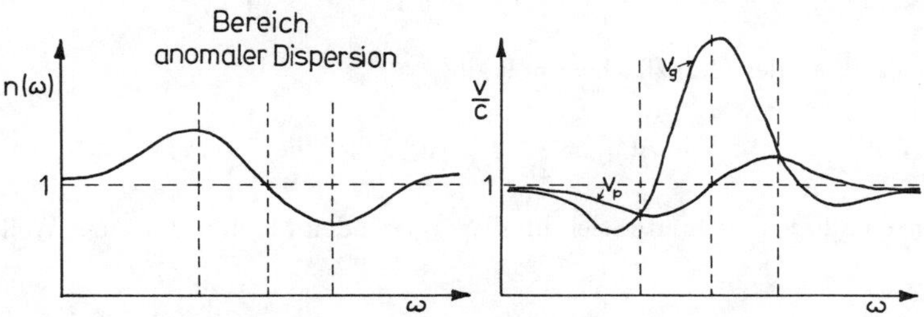

Der Brechungsindex (a) und die Gruppen- und Phasengeschwindigkeiten (b) im Bereich normaler und anomaler Dispersion.

ten Absorptionseffekte auf; die Frequenzen mit der größten Gruppengeschwindigkeit werden als erste absorbiert, so daß wiederum keine Energie mit einer größeren Geschwindigkeit als c transportiert wird. Im folgenden sollen diese Aussagen begründet und vertieft werden.

Zur Vertiefung: Die Ausbreitung von Signalen in dispergierenden Medien: Wir untersuchen in diesem Abschnitt die gerade aufgeworfene Frage der Ausbreitung von Signalen (Wellenpaketen) in dispergierenden Medien; insbesondere im Hinblick auf Übereinstimmung dieses Vorganges mit den Prinzipien der Kausalität und der Relativitätstheorie[1]. Wir betrachten zunächst einen ebenen Wellenzug $u_i(x,t)$, der aus dem Vakuum ($x < 0$) kommend, senkrecht in ein halbunendliches Medium ($x > 0$)

[1]Diese Fragen wurden zuerst von A. Sommerfeld und von L. Brillouin in den Annalen der Physik (1914) untersucht.

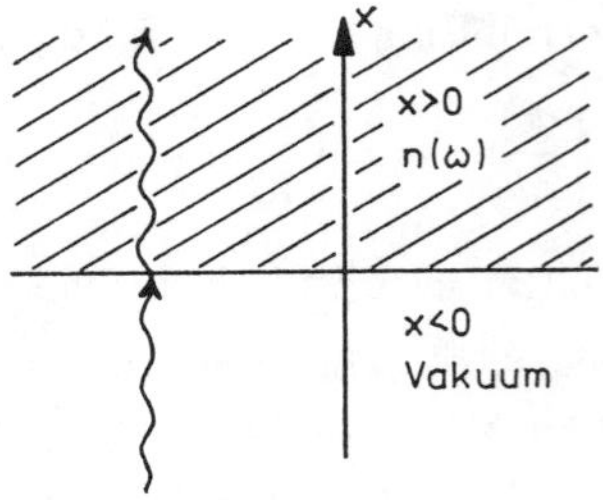

Übertritt einer Welle aus dem Vakuum ($n = 1$) in ein dispergierendes Medium ($n = n(\omega)$).

mit dem Brechungsindex $n(\omega)$ eindringt. An der Grenzfläche $x = 0$ sei das auftreffende Wellenpaket gegeben durch $u_i(0,t)$. Wir zerlegen $u_i(x,t)$ in seine Fourierfrequenzen

$$u_i(x,t) = \int_{-\infty}^{+\infty} A(\omega) e^{i(kx-\omega t)}\, d\omega = \int_{-\infty}^{+\infty} A(\omega) e^{i\frac{\omega}{c}(x-ct)}\, d\omega\,; \quad k = \frac{\omega}{c} \tag{2}$$

wobei speziell an der Grenzfläche $x = 0$ gilt

$$A(\omega) = \frac{1}{2\pi} \int_{-\infty}^{+\infty} u_i(0,t) e^{i\omega t} dt\,. \tag{3}$$

Jede einzelne Frequenz breitet sich im dispergierenden Medium mit dem Wellenzahlvektor

$$k(\omega) = \frac{\omega}{c} n(\omega) \tag{1a}$$

aus. Entsprechend Gleichung (17.31) geht dabei an der Grenzfläche die Amplitude $A(\omega)$ der einfallenden Welle in

$$\frac{A'(\omega)}{A(\omega)} = \frac{2n}{n+n'} \to \frac{2}{1+n(\omega)} \qquad A(\omega) \to \frac{2}{1+n(\omega)} A(\omega) \tag{4}$$

über und wir erhalten für die *Welle im dispergierenden Medium*

$$u(x,t) = \int_{-\infty}^{+\infty} \left(\frac{2}{1+n(\omega)} \right) A(\omega) e^{i\left(\frac{\omega}{c} n(\omega) x - \omega t\right)}\, d\omega\,. \tag{5}$$

Die weitere Auswertung dieses Integrals erfordert Kenntnis der analytischen Eigenschaften der Funktionen $A(\omega)$ und $n(\omega)$. Wir untersuchen zunächst $A(\omega)$ und dann $n(\omega)$. Die Eigenschaften von $A(\omega)$ können gemäß (2) aus der bekannten im Vakuum einlaufenden Welle $u_i(x,t)$ und ihrer Eigenschaft, mit Lichtgeschwindigkeit zu laufen, erschlossen werden. Für $n(\omega)$ studieren wir in Abschnitt (b) ein einfaches, aber realistisches Modell.

a) Analytische Eigenschaften von $A(\omega)$:

Um jetzt weiterzukommen, müssen wir $A(\omega)$ als Funktion von ω kennen; auch für komplexe ω, weil wir das Fourierintegral (5) durch Integration im Komplexen lösen wollen. Falls das einfallende Wellenpaket eine einigermaßen scharfe Kante besitzt (siehe Figur), die die Ebene $x = 0$ zur Zeit $t = 0$ erreicht, so können wir sagen, daß

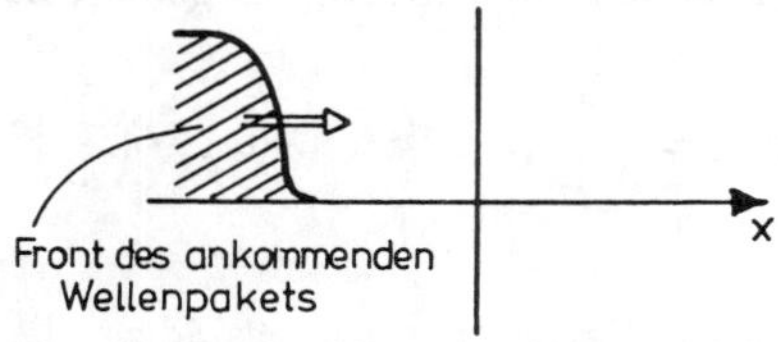

Modell für die Front eines Wellenpaketes, daß bei $x = 0$ in ein neues Medium eintritt.

$$u_i(0,t) = 0 \qquad \text{für} \qquad t < 0\,. \tag{6}$$

Wenn das Wellenpaket eine Glockenform hat (Gaußsche Kurve), dann läßt sich die Wellenfront am Ort $x = 0$ approximieren durch

$$u_i(0,t) \approx \frac{at^m}{m!}\theta(t)e^{-\varepsilon t}\,. \tag{7}$$

Es verschwindet für $t < 0$, wächst dann proportional t^m an und fällt für große Zeiten exponentiell ab. Die Funktion (m ist beliebig) kann man sich graphisch darstellen, indem man die Welle durch den Ursprung laufen läßt (vgl. Figur). Für diese Wellen-

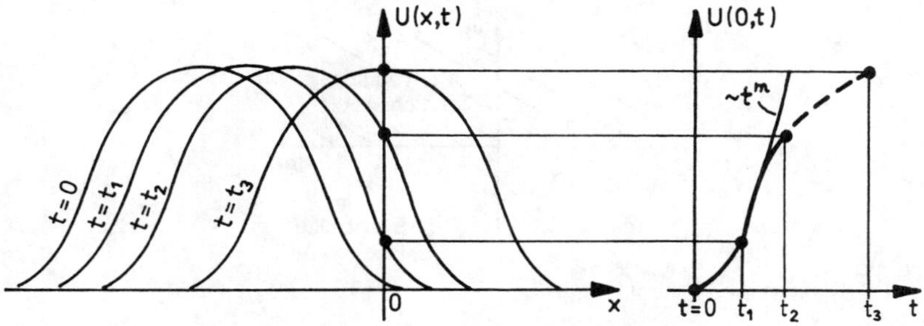

Für kleine Zeiten ist $u(0,t)$ eine Potenz der Zeit. t^m gibt die Form der durchlaufenden Wellenfront wieder.

front kann man auch die monochromatischen Amplituden $A(\omega)$ angeben, aus denen sich das Wellenpaket zusammensetzt. Wir erhalten mit Gleichung (3)

$$A(\omega) \;=\; \frac{1}{2\pi}\int_{-\infty}^{+\infty}\frac{a}{m!}t^m\theta(t)e^{-\varepsilon t}e^{i\omega t}\,dt$$

$$= \frac{1}{2\pi}\frac{a}{m!}\int_0^\infty t^m e^{-(\varepsilon-i\omega)t}\,dt$$

$$= \frac{1}{2\pi}\frac{a}{m!}m!\frac{1}{(\varepsilon-i\omega)^{m+1}} = \frac{1}{2\pi}a(i)^{m+1}\frac{1}{(\omega+i\varepsilon)^{m+1}}\,. \tag{8}$$

Wir haben damit das für das folgende wichtige Ergebnis, daß für Wellenpakete der Form (7)

$$u_i(0,t) = \frac{at^m}{m!}\theta(t)e^{-\varepsilon t} \qquad A(\omega) \sim \left(\frac{1}{\omega}\right)^{m+1} \tag{9}$$

die Fourieramplitude ist.

Im allgemeinen weiß man, daß für reelle Brechungsindizes die Fourieramplitude $A(\omega)$ eine analytische Funktion ist. Es gibt keine Resonanzeffekte beim Durchgang durch transparente Medien. Für komplexe oder gar imaginäre Brechungsindizes hat man keine Information über $A(\omega)$. Es kann im allgemeinen eine komplizierte Funktion sein. Wir benötigen im folgenden noch die wichtige Eigenschaft, daß $A(\omega)$ in der oberen Halbebene der komplexen ω-Ebene regulär ist und keine Pole besitzt. Für das spezielle Wellenpaket (7) ist das direkt aus dem Ergebnis (8) ersichtlich, denn die Nullstelle des Nenners liegt bei $\omega = -i\varepsilon$, also in der unteren Halbebene. *Die Pole von $A(\omega)$ können aber ganz allgemein nur in der unteren Halbebene liegen.* Das sehen wir so: Nach (2) ist im Vakuum

$$u_i(x,t) = \int_{-\infty}^{+\infty} A(\omega)e^{i(kx-\omega t)}\,d\omega = \int_{-\infty}^{+\infty} A(\omega)e^{i\frac{\omega}{c}(x-ct)}\,d\omega\ , \quad k = \frac{\omega}{c}\,. \tag{10}$$

Im Vakuum breitet sich, wie wir aus der Wellengleichung wissen, jede einzelne Parti-

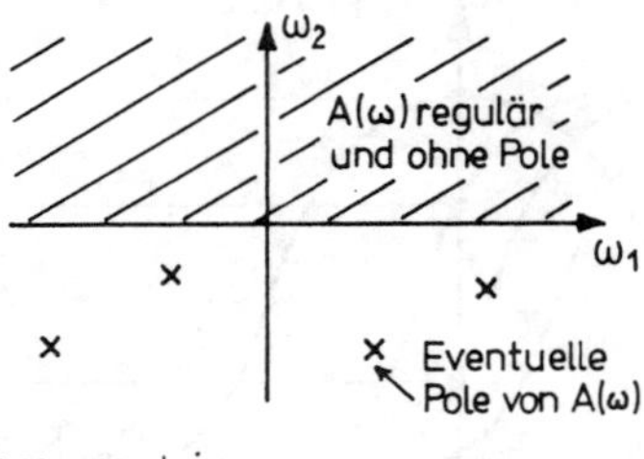

Komplexe ω-Ebene $\omega = \omega_1 + i\omega_2$

alwelle, also auch das Wellenpaket $u_i(x,t)$, mit Lichtgeschwindigkeit aus. Wir denken uns $A(\omega)$ gegeben und führen das Integral über ω entlang der ganzen reellen ω-Achse in (10) in ein (geschlossenes) Cauchy-Integral über den unendlich fernen Halbkreis (vgl. Figur) über:

$$\int_{-\infty}^{+\infty} A(\omega)e^{i\frac{\omega}{c}(x-ct)}\,d\omega = \int_{\bigtriangleup} A(\omega)e^{i\frac{\omega}{c}(x-ct)}\,d\omega - \int_{\frown} A(\omega)e^{i\frac{\omega}{c}(x-ct)}\,d\omega\,. \tag{11}$$

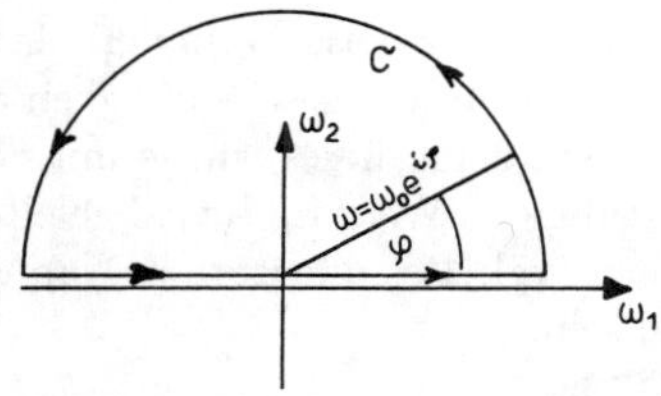

Integrationsweg C; die Umlaufrichtung ist angegeben.

Wir wollen nun zeigen, daß das Integral entlang des ∞-fernen Halbkreises in der oberen komplexen Halbebene Null liefert. Dazu substituieren wir

$$\omega = \omega_0 e^{i\varphi} = \omega_0(\cos\varphi + i\sin\varphi)\,.$$

Nach Gleichung (4.13)

$$\left|\int_C f(z)dz\right| \leq Ml$$

wollen wir den maximalen Funktionswert des Integranden auf dem Halbkreis abschätzen

$$\begin{aligned}\left|A(\omega)e^{i\frac{\omega}{c}(x-ct)}\right| &= \left|A(\omega)e^{i\frac{\omega_0}{c}(\cos\varphi+i\sin\varphi)(x-ct)}\right| \\ &= |A(\omega)|\left|e^{i\frac{\omega_0}{c}\cos\varphi(x-ct)}\right|\left|e^{-\frac{\omega_0}{c}\sin\varphi(x-ct)}\right| \\ &= |A(\omega)|\,e^{-\frac{\omega_0}{c}\sin\varphi(x-ct)}\,. \end{aligned} \tag{12}$$

In Gleichung (9) hatten wir $A(\omega)$ für eine spezielle Annahme (Gleichung (7)) abgeleitet. $A(\omega)$ fiel dabei proportional $\left(\frac{1}{\omega_0}\right)^{m+1}$ ab. Im folgenden wollen wir lediglich voraussetzen, daß $A(\omega)$ nicht stärker mit ω anwächst, als die Exponentialfunktion abfällt.

Im Bereich der oberen komplexen Halbebene ($\varphi > 0$) strebt der Integrand somit für $\omega_0 \to \infty$ nur dann gegen Null, falls $(x - ct) > 0$! (Falls wir die Eigenschaft $A(\omega) \sim \left(\frac{1}{\omega_0}\right)^{m+1}$ aus Gleichung (9) ausnutzen, können wir auch $(x-ct) \geq 0$ zulassen.) In diesem Fall trägt somit das Integral über den oberen Halbkreis nichts bei. Gleichung (11) vereinfacht sich zu

$$\int_{-\infty}^{+\infty} A(\omega)e^{i\frac{\omega}{c}(x-ct)}\,d\omega = \int_{\frown} A(\omega)e^{i\frac{\omega}{c}(x-ct)}\,d\omega \tag{11a}$$

Betrachten wir Gleichung (11) dagegen für den Fall $(x - ct) < 0$, dann läßt sich der Beitrag des Integrals über den Halbkreis nicht abschätzen, d. h. wir können Gleichung (11) keinerlei weitere Information mehr entnehmen - sie ist für uns wertlos.

Da für Wellen $u_i(x,t)$ im Vakuum oder optisch dünnen Medien $(x-ct) \leq 0$ für alle ω gelten muß, es also keine sich mit Überlichtgeschwindigkeit ausbreitenden Wellen gibt, muß das Integral (11a) Null sein, denn dieses wurde mit der Bedingung $(x-ct) > 0$ als Fourierzerlegung der einlaufenden Welle $u_i(x,t)$ abgeleitet. Notwendigerweise muß dann die Summe der Residuen (vgl. Residuensatz in Kapitel I.4) in der (umschlossenen) oberen Halbebene Null sein:

$$\begin{aligned} 0 &\equiv \int_{\frown} A(\omega) e^{i\frac{\omega}{c}(x-ct)}\, d\omega \\ &= \sum_k \mathrm{Res} = \sum_k \left\{ \mathrm{Res} A(\omega_k) e^{i\frac{\omega_k}{c}(x-ct)} \right\} . \end{aligned} \tag{13}$$

Da diese Beziehungen für *alle* Ortskoordinaten x und Zeitpunkte t gelten muß, ist sie nur dann erfüllbar, wenn $A(\omega)$ keine Pole in der oberen Halbebene besitzt! (Für *eine* spezielle Wahl von x und t wäre natürlich ein zufälliges gegenseitiges Aufheben zweier oder mehrerer Residuen von $A(\omega)$ nicht auszuschließen - dementsprechend könnte $A(\omega)$ auch nicht analytisch sein!)

Anders ausgedrückt: Weil die Ausbreitung der (einfallenden) Welle mit Überlichtgeschwindigkeit im Vakuum verboten ist, folgt, daß $A(\omega)$ in der oberen Halbebene keine Pole hat. (Wir haben für diesen Beweis beim Übergang von Gleichung (11) zu Gleichung (11a) die Bedingung $(x-ct) > 0$ aufgestellt und auch im folgenden verwendet. Die analytischen Eigenschaften von $A(\omega)$ in der oberen Halbebene können natürlich auch für $(x-ct) < 0$ nicht anders sein.)

Wir wollen uns nun die analytischen Eigenschaften von $A(\omega)$ in der unteren komplexen Halbebene ableiten. Dazu integrieren wir entlang des Integrationsweges C' (vgl. Figur):

$$\int_{-\infty}^{+\infty} A(\omega) e^{i\frac{\omega}{c}(x-ct)}\, d\omega = \int_{\smile} A(\omega) e^{i\frac{\omega}{c}(x-ct)}\, d\omega - \int_{\cup} A(\omega) e^{i\frac{\omega}{c}(x-ct)}\, d\omega\, . \tag{14}$$

Der Beitrag des zweiten Integrals

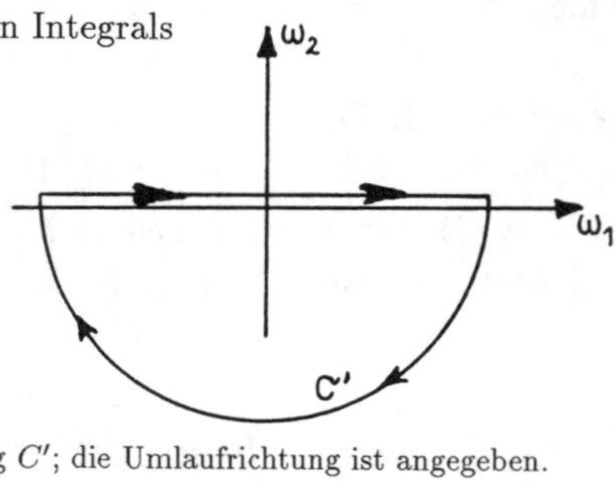

Integrationsweg C'; die Umlaufrichtung ist angegeben.

$$\int_{\varphi=0}^{-\pi} A(\omega) e^{i\frac{\omega_0}{c}\cos\varphi(x-ct)} e^{-\frac{\omega_0}{c}\sin\varphi(x-ct)} i\omega_0 e^{i\varphi}\, d\varphi$$

$$= -i\omega_0 \int_{\varphi=0}^{\pi} A(\omega) e^{i\frac{\omega_0}{c}\cos\varphi(x-ct)} e^{\frac{\omega_0}{c}\sin\varphi(x-ct)} e^{-i\varphi}\, d\varphi$$

verschwindet analog der obigen Diskussion nur dann, falls man $(x - ct) < 0$ (für $A(\omega) \sim \left(\frac{1}{\omega_0}\right)^{m+1}$ auch für $x - ct = 0$) wählt, da der Integrand dann für $\omega_0 \to \infty$ exponentiell verschwindet.

Das Integral (14) beschreibt demnach das Wellenpaket (10) im Fall, daß $x < ct$ ist. $x < ct$ bedeutet, daß die Signalgeschwindigkeit v_s für das Wellenpaket (10) kleiner als c ist: $v_s < c$. Das ist aber für ein Wellenpaket im Vakuum sicher der Fall. Insgesamt ist daher

$$u_i(x,t)\big|_{x\leq ct} = \sum \text{Residuen des Integranden von (14)} \neq 0\,. \qquad (13a)$$

Ein Wellenpaket, das sich entsprechend mit Unterlichtgeschwindigkeit im Vakuum bewegt, existiert, falls $A(\omega)$ Pole in der unteren Halbebene besitzt.

Schlußfolgerung: Aus der Fortpflanzung der Wellen(-fronten) im Vakuum und in optisch dünnen Medien mit Unterlichtgeschwindigkeit folgt, daß die Pole von $A(\omega)$ in der unteren Halbebene der komplexen ω-Ebene liegen.

Die Lage der Pole bestimmt andererseits die Gruppengeschwindigkeit (besser: Signalgeschwindigkeit, die als Spezialfall die Gruppengeschwindigkeit, aber auch die Ausbreitung einer Wellenfront enthält): Für Wellenfronten im Vakuum ist immer $v_{signal} < c$. Diese wichtige Information liefert uns die Aussage, daß $A(\omega)$ in der oberen ω-Halbebene analytisch sein muß und Pole in der unteren ω-Halbebene haben muß. Gleichung (8) bestätigt, wie schon gesagt, dieses Ergebnis explizit für den speziellen Ansatz (7), der alles Wesentliche enthält.

Aus der einfachen Dispersionstheorie folgte, daß in den Gebieten mit anomaler Dispersion $v_g > c$ sein kann. Das zu Beginn dieses Kapitels abgeleitet Ergebnis

$$v_g = \frac{c}{n(\omega) + \omega\frac{\mathrm{d}n}{\mathrm{d}\omega}} \qquad (15)$$

ist jedoch, was die Ausbreitung von Signalen betrifft, nur näherungsweise brauchbar. In den Gebieten mit anomaler Dispersion versagt diese Formel. Wir wollen daher im folgenden allgemeinere Betrachtungen anstellen.

b) Analytische Eigenschaften des Brechungsindex

Für ein Dielektikum (mit nur einer Resonanzenergie) hat der Brechungsindex die Form (siehe Kapitel IV.16, insbesondere Gleichungen (16.35 und 16.24)):

$$n^2(\omega) = 1 + \frac{\omega_p^2}{\omega_0^2 - \omega^2 - i\omega\gamma}\,; \quad \omega_p^2 = \frac{4\pi N e^2}{m} f\,; \qquad (16)$$

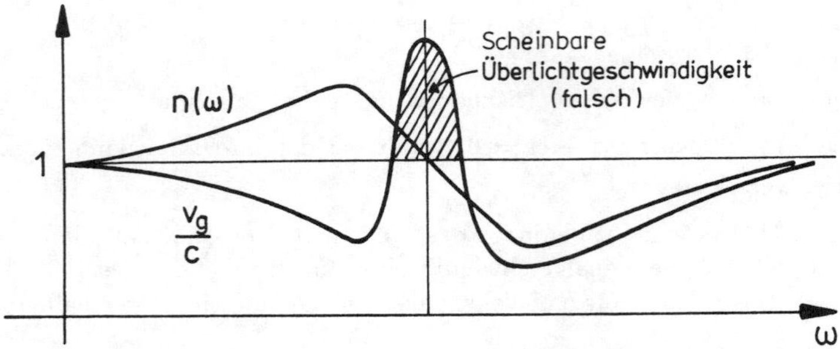

Zur Veranschaulichung der Gebiete normaler und anomaler Dispersion: Aus dem Verhalten bei normaler Dispersion bestimmt man die Lage der Pole der Amplitudenfunktion $A(\omega)$. Die Lage selbst ist unveränderlich, die Pole können nicht in die obere Halbebene gleiten. Wir werden dann zeigen, daß aufgrund dieses analytischen Verhaltens von $A(\omega)$ die Signalgeschwindigkeit immer kleiner als die Lichtgeschwindigkeit sein muß.

$\gamma > 0$ ist der Dämpfungsfaktor und deshalb ist $-i\omega\gamma$ immer negativ imaginär, was später wichtig wird.

Wir wollen $n(\omega)$ berechnen weil wir es in (5) benötigen. Zu diesem Zweck schreiben wir $n^2(\omega)$ um und bringen beide Glieder in (16) auf einen gemeinsamen Nenner.

$$\begin{aligned} n^2(\omega) &= \frac{\omega_0^2 - \omega^2 - i\omega\gamma + \omega_p^2}{\omega_0^2 - \omega^2 - i\omega\gamma} = \frac{\text{Polynom 2. Grades}}{\text{Polynom 2. Grades}}\,, \\ n^2(\omega) &= \frac{(\omega - \omega_a)(\omega - \omega_b)}{(\omega - \omega_c)(\omega - \omega_d)}\,, \end{aligned}$$

wobei ω_a, ω_b die Nullstellen des Zählers und ω_c, ω_d die Nullstellen des Nenners sind, nämlich:

$$\begin{aligned} \omega_a &= -\tfrac{i\gamma}{2} + \sqrt{\omega_0^2 + \omega_p^2 - \tfrac{\gamma^2}{4}}\,, \qquad & \omega_b &= -\tfrac{i\gamma}{2} - \sqrt{\omega_0^2 + \omega_p^2 - \tfrac{\gamma^2}{4}}\,, \\ \omega_c &= -\tfrac{i\gamma}{2} + \sqrt{\omega_0^2 - \tfrac{\gamma^2}{4}}\,, & \omega_d &= -\tfrac{i\gamma}{2} - \sqrt{\omega_0^2 - \tfrac{\gamma^2}{4}}\,. \end{aligned} \tag{17}$$

Daraus folgt

$$n(\omega) = \left[\frac{(\omega - \omega_a)(\omega - \omega_b)}{(\omega - \omega_c)(\omega - \omega_d)}\right]^{1/2}\,.$$

Schlußfolgerung: Aus der Formel für $n(\omega)$ und den Werten von ω_a, ω_b, ω_c, ω_d folgt [2]:

[2] Wir raten an, Kapitel I.4 (mathematische Ergänzung) noch einmal zu rekapitulieren.

1.) Die Pole von $n(\omega)$ liegen in der unteren Halbebene (negativer Imaginärteil) für ein festes ω_0.

2.) In den Gebieten $\omega_d \le \omega \le \omega_b$ und $\omega_c \le \omega \le \omega_a$ ist der Brechungsindex imaginär.

3.) Der Grenzwert $\lim_{\omega\to\infty} n(\omega) = 1$.

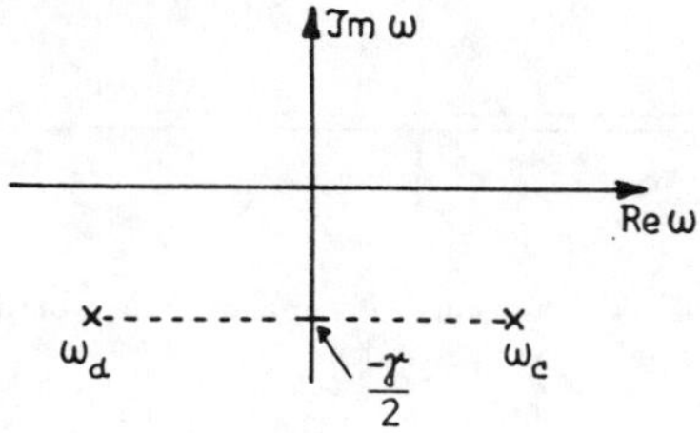

Die Polstellen von $n(\omega)$.

Zusammenfassend stellen wir also fest: Sowohl $n(\omega)$ als auch $A(\omega)$ können nur in der *unteren Halbebene Pole* besitzen. Auf diese wichtige Erkenntnis stützt sich nun folgender Beweis für die Ausbreitung von Signalen mit Unterlichtgeschwindigkeit in Medien mit Brechungsindex von der Form (16).

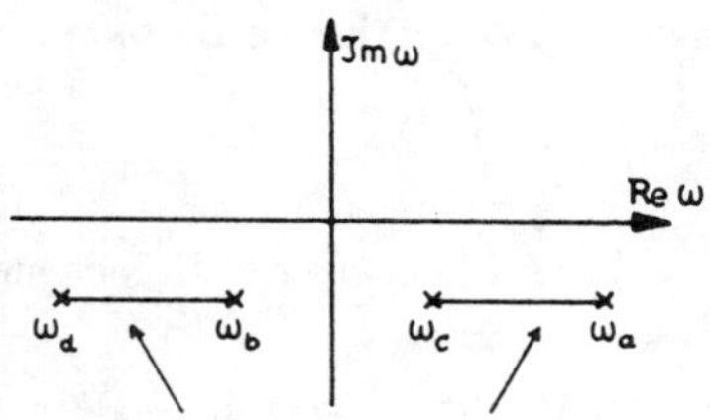

Gebiete von rein imaginärem Brechungsindex.

c) Beweis für endliche Lichtgeschwindigkeit (Signal- bzw. Gruppengeschwindigkeit) in Materie:

Wir notieren noch einmal den Ausdruck (5) für das Wellenpaket im dispergierenden Medium:

$$u(x,t) = \int_{-\infty}^{\infty} \frac{2}{1+n(\omega)}\, A(\omega)\, e^{i(k(\omega)x-\omega t)}\, d\omega$$

und versuchen das Integral durch komplexe Integrationsmethoden zu lösen.

1) Integration in der oberen Halbebene:

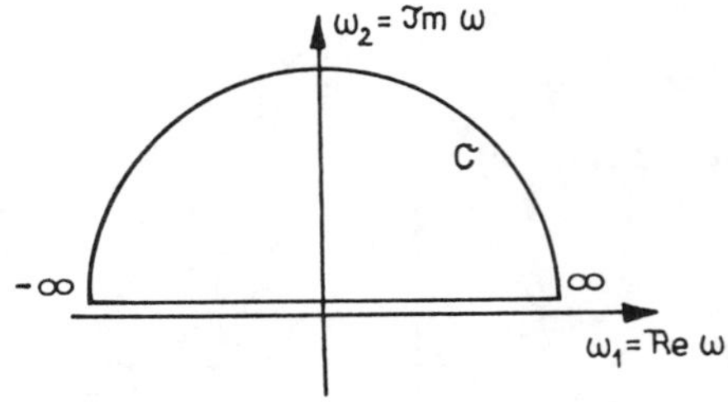

Dieser Integrationsweg führt auf Wellenpakete mit Überlichtgeschwindigkeit. Solche Wellenpakete verschwinden.

Mit Hilfe des Satzes von Cauchy kann man das Linienintegral berechnen.

$$\int_{\frown} = \int_{-\infty}^{\infty} \frac{2}{1+n(\omega)} A(\omega)\, e^{i(k(\omega)x-\omega t)}\, d\omega + \int_C \frac{2}{1+n(\omega)} A(\omega)\, e^{i(k(\omega)x-\omega t)}\, d\omega \qquad (18)$$

Diese Berechnungsmethode ist nur dann sinnvoll, wenn $\int_C$ Null ist. Nun wissen wir, daß auf dem ∞ - fernen Halbkreis $|\omega| \to \infty$ gilt, d.h. $n(\omega) = 1$ und damit $k = \frac{\omega}{c}$. Daher wird das Integral über den ∞ - entfernen Halbkreis einfach

$$\int_C \Rightarrow \int_C A(\omega)\, e^{i\omega(\frac{x}{c}-t)}\, d\omega\ .$$

$A(\omega)$ ist eine analytische Funktion in der oberen Halbebene. Der Integrand des Bogenintegrals über C ist mit $\omega = \omega_1 + i\omega_2$

$$e^{i\,(\omega_1+i\omega_2)\,(\frac{x}{c}-t)} = e^{i\omega_1\,(\frac{x}{c}-t)}\, e^{-\omega_2\,(\frac{x}{c}-t)}\ .$$

Er verschwindet offensichtlich exponentiell, falls $\frac{x}{c} - t > 0$ ist, weil $\omega_2 > 0$ in der oberen Halbebene ist.
D.h. das $\int_C$ - Integral verschwindet nur für solche Ausbreitungsvorgänge, die mit Geschwindigkeiten größer als die Lichtgeschwindigkeit verbunden sind:

$$\left(\frac{x}{t}\right) t = v_s t > ct \qquad \text{oder} \qquad v_s > c\ .$$

Jetzt kann im Prinzip $u(x,t)$ berechntet werden. Es ist $u(x,t) = \int_{\frown}$. Aber aus dem Residuensatz folgt nun $\int_{\frown} = 0$, weil der Integrand keine Pole in der oberen

Halbebene besitzt. Das bedeutet aber nichts anderes, als daß Wellenpakete(-fronten), die sich mit Überlichtgeschwindigkeit ausbreiten, verschwinden, d.h., es gibt sie gar nicht.

2) Integration in der unteren Halbebene:

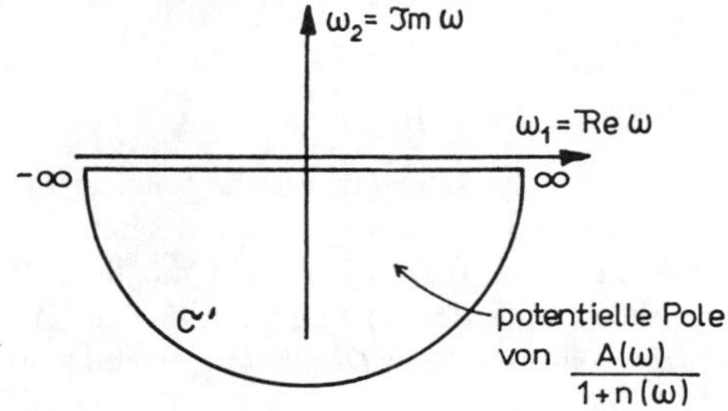

Dieser Integrationsweg führt auf Wellenpakete mit Unterlichtgeschwindigkeit. Solche Wellenpakete existieren.

Integrieren wir über den unteren Halbkreis (vgl. Figur), so lautet das Intregral

$$\int_{\bigcup} = \int_{-\infty}^{\infty} \frac{2}{1+n(\omega)} A(\omega)\, e^{i(k(\omega)x-\omega t)}\, d\omega + \int_{C'} \frac{2}{1+n(\omega)} A(\omega)\, e^{i(k(\omega)x-\omega t)}\, d\omega \ .$$

Wir beschäftigen uns wieder mit $\int_{C'}$. Es gilt auch hier $n(\omega) = 1$ für $|\omega| \to \infty$ und $k = \frac{\omega}{c}$. Es folgt für das Integral

$$\int_{C'} \Rightarrow \int_{C'} A(\omega)\, e^{i(\omega_1 - i\omega_2)(\frac{x}{c}-t)}\, d\omega \ .$$

Jetzt ist aber im Gegensatz zum vorherigen Fall der imaginäre Frequenzanteil negativ: $\omega = \omega_1 - i\omega_2$, $\omega_2 > 0$. $A(\omega)$ ist analytisch auf C' (das folgt aus unserer früheren Betrachtung, in der wir $A(\omega) \sim \frac{1}{\omega^{m+1}}$ fanden).
Also ist

$$\int_{C'} = \int_{C'} A(\omega)\, e^{i\omega_1(\frac{x}{c}-t)}\, e^{\omega_2(\frac{x}{c}-t)}\, d\omega\, , \quad \omega_2 > 0 \ .$$

Das Integral verschwindet, wenn

$$\frac{x}{c} - t < 0 \qquad \text{ist, d.h.} \qquad v_s < c \ .$$

Wir beschreiben demnach jetzt solche Ausbreitungsvorgänge, die sich mit Unterlichtgeschwindigkeit fortpflanzen ($v_s < c$).
In diesem Fall kann man $\int_{\bigcup}$ berechnen: Wegen der Pole von $A(\omega)$ und $n(\omega)$ in der

unteren Halbebene erhält man einen bestimmten Wert von $\int_{\bigcup}$. Das Wellenpaket hat eine Lösung:

$$\begin{aligned} u(x,t) &= \int_{-\infty}^{\infty} \frac{2}{1+n(\omega)} A(\omega)\, e^{i(k(\omega)x-\omega t)}\, d\omega \\ &= \int_{\bigcup} = \sum_{\text{Residuen}} \ldots \neq 0 \end{aligned} \tag{19}$$

Schlußfolgerung: Aus den analytischen Eigenschaften von $n(\omega)$ (richtiges Vorzeichen des Dämpfungsfaktors) und $A(\omega)$ folgt die Existenz von Wellenpaketen mit $v_s < c$. Allerdings ist es in dieser Diskussion nicht möglich, die Formel für v_s anzugeben, sondern lediglich auf eine Begrenzung zu schließen: *Alle Signale, auch diejenigen die im Frequenzbereich anomaler Dispersion gesendet werden, pflanzen sich mit Unterlichtgeschwindigkeit fort.*

19.1 Aufgabe: Fast monochromatische Wellen

Eine fast monochromatische „eindimensionale" Welle läßt sich schreiben als

$$u_{k_0}(x,t) = \frac{1}{(2\pi)^{1/2}} \int_{-\infty}^{\infty} A_{k_0}(k)\, e^{i(kx-\omega(k)t)}\, dk\ ,$$

wobei $A_{k_0}(k)$ nur in einer kleinen Umgebung von k_0 merklich von Null verschieden ist. Zeigen Sie, daß näherungsweise gilt

$$u(x,t) = u(x - t\frac{d\omega}{dk}|_{k=k_0}\, ,\, 0)\, e^{i(k_0 \frac{d\omega}{dk}|_{k=k_0} - \omega(k_0)t)}\ .$$

Was schließen Sie daraus?

Lösung:

Eine eindimensionale fast monochromatische Welle, die die „mittlere Wellenzahl" k_0 besitzt, läßt sich schreiben als

$$u(x,t) = \frac{1}{\sqrt{2\pi}} \int_{-\infty}^{\infty} A(k)\, e^{i(kx-\omega(k)t)}\, dk\ ; \qquad \underline{1}$$

dabei ist $A(k)$ um k_0 herum „gepeakt". (Für eine monochromatische Welle ist $A(k) \sim \delta(k-k_0)$).

Für $t=0$ ist

$$u(x,0) = \frac{1}{\sqrt{2\pi}} \int_{-\infty}^{\infty} A(k)\, e^{ikx}\, dk\ ,$$

$A(k)$ ist also die Fouriertransformierte von $u(x,0)$:

$$A(k) = \frac{1}{\sqrt{2\pi}} \int_{-\infty}^{\infty} u(x,0)\, e^{-ikx}\, dx\ . \qquad \underline{2}$$

Beispiel:

Es sei $u(x,0)$ eine „ebene Welle“, die auf einen räumlichen Bereich der Länge $2L$ beschränkt wird:

$$u(x,0) = e^{ik_0 x} \cdot \frac{1}{\sqrt[4]{2\pi}} \cdot \frac{1}{\sqrt{L}} e^{-\frac{x^2}{4L^2}} .$$

Der mittlere Ort und die „Ortsunschärfe“ sind nun definiert durch

$$\begin{aligned} \langle x \rangle &= \frac{\int_{-\infty}^{\infty} x|u(x,0)|^2\, dx}{\int_{-\infty}^{\infty} |u(x,0)|^2\, dx} = \int_{-\infty}^{\infty} x|u(x,0)|^2\, dx , \\ (\Delta x)^2 &= \int_{-\infty}^{\infty} (x - \langle x \rangle)^2\, |u(x,0)|^2\, dx , \end{aligned}$$ 3

wobei wir die Normierung

$$\int_{-\infty}^{\infty} |u(x,0)|^2\, dx = 1$$

ausgenutzt haben.

In unserem Beispiel ist $\langle x \rangle = 0$, $\Delta x = L$.

Für die Fouriertransformierte ergibt sich

$$A(k) = \frac{1}{\sqrt{2\pi}} \frac{1}{\sqrt[4]{2\pi}} \frac{1}{\sqrt{L}} \int_{-\infty}^{\infty} e^{-\frac{x^2}{4L^2} + i(k_0 - k)x}\, dx = \frac{\sqrt{2L}}{\sqrt[4]{2\pi}} e^{-L^2(k-k_0)^2} .$$

Definiert man analog zu oben $\langle k \rangle$ und Δk, so resultiert

$$\langle k \rangle = k_0,\ \Delta k = \frac{1}{2L} .$$

Es ist also

$$\Delta x \cdot \Delta k = \frac{1}{2} .$$

Je länger also der Wellenzug wird, desto monochromatischer wird er, umgekehrt tragen zu räumlich „kurzen“ Wellen viele Wellenzahlen bei. Allgemein gilt $\Delta k \cdot \Delta x \geq \frac{1}{2}$.

Da $A(k)$ um k_0 herum konzentriert ist, können wir $\omega(k)$ um k_0 herum entwickeln:

$$\omega(k) = \omega_0 + \left.\frac{d\omega}{dk}\right|_0 \cdot (k - k_0) + \ldots ; \quad \omega_0 = \omega(k_0), \quad \left.\frac{d\omega}{dk}\right|_0 = \left.\frac{d\omega}{dk}\right|_{k=k_0} .$$

Es ist also

$$u(x,t) = \frac{1}{\sqrt{2\pi}} \exp\left(i \left[k_0 \left.\frac{d\omega}{dk}\right|_0 - \omega_0 \right] t \right) \int_{-\infty}^{\infty} A(k)\, e^{i\left[x - \frac{d\omega}{dk}|_0 t\right]k}\, dk .$$

Hier setzen wir 2 ein:

$$\begin{aligned} u(x,t) &= \exp\left(i \left[k_0 \left.\frac{d\omega}{dk}\right|_0 - \omega_0 \right] t \right) \\ &\quad \cdot \frac{1}{2\pi} \int_{-\infty}^{\infty} dk \int_{-\infty}^{\infty} dx'\, u(x',0) \exp\left(i \left[x - \left.\frac{d\omega}{dk}\right|_0 t - x' \right] k \right) . \end{aligned}$$

Die k-Integration liefert eine δ-Funktion, die die Ausführung der x'-Integration erleichtert:

$$u(x,t) = u\left(x - \left.\frac{d\omega}{dk}\right|_0 t,\, 0\right) \exp\left(i\left[k_0 \left.\frac{d\omega}{dk}\right|_0 - \omega_0\right] t\right) .$$

Während die Phasengeschwindigkeit, d.h. die Geschwindigkeit der Flächen gleicher Phase, $v_p = \frac{\omega(k)}{k}$ ist, bewegt sich die Einhüllende, also die Wellengruppe, mit der Gruppengeschwindigkeit $v_g = \left.\frac{d\omega}{dk}\right|_0$, die i.allg. von v_p verschieden ist. Im Falle von elektromagnetischen Wellen ist $\omega(k) = \frac{ck}{n(k)}$ und daher

$$v_p = \frac{c}{n(k)} .$$

Die Gruppengeschwindigkeit ist

$$v_g = \frac{c}{\left[n(\omega) + \omega \frac{dn}{d\omega}\right]} ,$$

wo wir die Ableitung nach k durch die nach ω ausgedrückt haben. Wir bemerken, ohne weiter darauf einzugehen, daß im Falle "anormaler Dispersion" auch die so definierte Gruppengeschwindigkeit größer als die Lichtgeschwindigkeit werden kann.

Als zweites Beispiel betrachten wir die quantenmechanische Behandlung von Teilchen der Masse m ohne Spin. Diese werden durch Wellenfunktionen $\psi(\vec{x},t)$ beschrieben, die der Klein-Gordon-Gleichung

$$\left[\frac{1}{c^2}\frac{\partial^2}{\partial t^2} - \vec{\nabla}^2 + \left(\frac{mc}{\hbar}\right)^2\right] \psi(\vec{x},t) = 0$$

genügen. Die Lösungen sind hier von der Form

$$\psi(\vec{x},t) = \frac{1}{(2\pi)^{3/2}} \int d^3k\, A(\vec{k})\, e^{i(\vec{k}\cdot\vec{x} - \omega t)}$$

mit $\frac{1}{c^2}\omega^2 = k^2 + \left(\frac{mc}{\hbar}\right)^2$. Die Lösung $\psi_k(\vec{x},t) = e^{i(\vec{k}\cdot\vec{x}-\omega t)}$ beschreibt ein Teilchen mit dem Impuls $\vec{p} = \hbar\vec{k}$ und der Energie $E = \hbar\omega$. Durch diese Größen ausgedrückt lautet die Dispersionsrelation $E^2 = p^2c^2 + m^2c^4$, was einfach der relativistische Zusammenhang zwischen Energie und Impuls ist. Für eine solche Welle ist

$$v_p = \frac{\omega}{k} = \frac{E}{p} = \sqrt{1 + \frac{m^2c^2}{p^2}}c > c \quad \text{und} \quad v_g = \frac{d\omega}{dk} = \frac{k}{\omega}c^2 = \frac{p}{E}c^2$$

ist die Geschwindigkeit des Teilchens.

19.2 Beispiel zur Vertiefung: Kausalität und Dispersionsbeziehungen

Dispersionsbeziehungen sind Beziehungen zwischen physikalischen Größen, die im allgemeinen für jedes lineare, zeitunabhängige, kausale physikalische System gelten.

Wir werden sie deshalb gleich etwas abstrakter fassen für eine *Ursache U(t)* und einen *Effekt E(t)*, und sie später an einigen uns hier interessierenden Beispielen erläutern. Die Größen U(t) und E(t) werden als *reelle physikalische Größen* angenommen, die durch irgendeinen physikalischen Vorgang (Prozess), der nicht notwendigerweise elektromagnetisch sein muß, verknüpft sind. Dieser *Verknüpfungsvorgang muß aber linear, zeitunabhängig und kausal* sein. Beispiele für solche U(t) und E(t) sind das elektrische Feld $\vec{E}(t)$ bzw. die Polarisation $\vec{P}(t)$ an einem bestimmten Punkt in einem Materiestück.

Wir beginnen unsere allgemeinen Betrachtungen, indem wir zunächst die Fouriertransformierten notieren

$$\begin{aligned} U(t) &= \frac{1}{\sqrt{2\pi}} \int_{-\infty}^{\infty} d\omega\, e^{-i\omega t} u(\omega)\,, \\ E(t) &= \frac{1}{\sqrt{2\pi}} \int_{-\infty}^{\infty} d\omega\, e^{-i\omega t} e(\omega)\,. \end{aligned} \qquad \underline{1}$$

Da U(t) und E(t) reell sein sollen, folgen Bedingungen für $u(\omega)$ und $e(\omega)$ und zwar folgt aus

$$\begin{aligned} &U(t) = U^*(t) \\ &\int_{-\infty}^{\infty} d\omega\, e^{-i\omega t} u(\omega) = \int_{-\infty}^{\infty} d\omega\, e^{+i\omega t} u^*(\omega) = \int_{-\infty}^{\infty} d\omega'\, e^{-i\omega' t} u^*(-\omega')\,, \end{aligned} \qquad \underline{2}$$

wobei wir die Variablentransformation $\omega' = -\omega$ gemacht haben. Da es gleichgültig ist, wie wir die Integrationsvariable bezeichnen, können wir im letzten Integral wieder ω für ω' schreiben und erhalten die Beziehung

$$u(\omega) = u^*(-\omega) \qquad \text{und ähnlich} \qquad e(\omega) = e^*(-\omega)\,. \qquad \underline{3}$$

Diese Beziehungen heißen *Kreuzrelationen* (crossing relations). Mit diesem Resultat können wir die Integrale 1 lediglich über positive Frequenzen führen. Das sehen wir so:

$$\begin{aligned} U(t) &= \frac{1}{\sqrt{2\pi}} \int_{-\infty}^{0} d\omega\, e^{-i\omega t} u(\omega) + \frac{1}{\sqrt{2\pi}} \int_{0}^{\infty} d\omega\, e^{-i\omega t} u(\omega) \\ &= \frac{1}{\sqrt{2\pi}} \int_{0}^{\infty} d\omega'\, e^{+i\omega' t} u(-\omega') + \frac{1}{\sqrt{2\pi}} \int_{0}^{\infty} d\omega\, e^{-i\omega t} u(\omega) \\ &= \frac{1}{\sqrt{2\pi}} \int_{0}^{\infty} d\omega \left[u(\omega) e^{-i\omega t} + u^*(\omega) e^{+i\omega t} \right]\,, \end{aligned} \qquad \underline{4}$$

und ähnlich für $E(t)$. Schreiben wir nun $u(\omega)$ in der Form

$$u(\omega) = \frac{1}{2} r(\omega) e^{i\theta(\omega)}\,, \qquad \underline{5}$$

so geht 4 über in

$$\begin{aligned} U(t) &= \frac{1}{\sqrt{2\pi}} \int_{0}^{\infty} d\omega\, \frac{r(\omega)}{2} \left[e^{-i(\omega t - \theta(\omega))} + e^{+i(\omega t - \theta(\omega))} \right] \\ &= \frac{1}{\sqrt{2\pi}} \int_{0}^{\infty} d\omega\, r(\omega) \cos\left[\omega t - \theta(\omega)\right]\,. \end{aligned} \qquad \underline{6}$$

Demnach sind die negativen Frequenzen überflüssig und die *reelle Funktion* $U(t)$ *enthält ausschließlich positive Frequenzen.*

Als nächstes benutzen wir die Vorraussetzung, daß die Beziehung zwischen der Ursache $U(t)$ und dem Effekt $E(t)$ linear ist. Das bedeutet folgendes: Wenn die Ursache U_1 den Effekt E_1 hervorruft und die Ursache U_2 den Effekt E_2, dann veursacht $\alpha U_1 + \beta U_2$ den Effekt $\alpha E_1 + \beta E_2$. Diese Linearitätseigenschaft kann in der folgenden Form zusammengefaßt werden

$$E(t) = \int_{-\infty}^{\infty} dt'\, G(t,t')\, U(t') \; , \qquad \underline{7}$$

wobei $G(t,t')$ eine Gewichtsfunktion ist, die die verschiedenen Ursachen zu den Zeiten t' wichtet um zum Effekt zur Zeit t beizutragen. Das Studium des physikalischen Systems in bezug auf Ursache und Effekt ist demnach äquivalent dem Studium der Greensfunktion $G(t,t')$.

Die nächste Eigenschaft des physikalischen Prozesses, die wir in Rechnung stellen müssen, ist, daß eben dieser physikalische Prozeß, der Ursache und Wirkung (Effekt) verbindet, selbst unabhängig von der Zeit sein soll. Das bedeutet, daß $G(t,t')$ nur eine Funktion von der Zeitdifferenz $t - t'$ sein kann, also

$$E(t) = \int_{-\infty}^{\infty} dt'\, G(t'-t)\, U(t') \; . \qquad \underline{8}$$

Machen wir uns das klar: Wenn z.B. ein Schalter in einem Stromkreis geschlossen wird, so hängen die dann im Stromkreis fließenden Ströme (oder Felder oder Spannungen) nur von der Zeit nach dem Schalterschluß ab, vorausgesetzt, daß alle Elemente im Stromkreis zeitunabhängig, also immer gleich arbeiten. Wäre z.B. ein zeitabhängiger Widerstand im Stromkreis enthalten, so wären die fließenden Ströme sehr wohl von dem gerade herrschenden Widerstand zusätzlich abhängig.

Es ist nun zweckmäßig, die Fourier-Transformierte von $G(t)$ durch

$$G(t) = \frac{1}{2\pi} \int_{-\infty}^{\infty} d\omega\, e^{-i\omega t}\, g(\omega) \qquad \underline{9}$$

einzuführen. Daß wir hier den Vorfaktor $\frac{1}{2\pi}$ und nicht wie üblich $\frac{1}{\sqrt{2\pi}}$ wählen, wird sich gleich nützlich erweisen, wenn wir jetzt die Beziehungen zwischen $e(\omega)$, $u(\omega)$ und $g(\omega)$ herleiten:

$$\begin{aligned} e(\omega) &= \frac{1}{\sqrt{2\pi}} \int_{-\infty}^{\infty} dt\, e^{i\omega t}\, E(t) \\ &= \frac{1}{\sqrt{2\pi}} \int_{-\infty}^{\infty} dt\, e^{i\omega t} \int_{-\infty}^{\infty} dt'\, G(t-t')\, U(t') \\ &= \frac{1}{\sqrt{2\pi}^3} \int_{-\infty}^{\infty} dt\, e^{i\omega t} \int_{-\infty}^{\infty} dt'\, U(t') \int_{-\infty}^{\infty} d\omega'\, e^{-i\omega'(t-t')}\, g(\omega') \\ &= \frac{1}{\sqrt{2\pi}} \int_{-\infty}^{\infty} dt'\, U(t') \int_{-\infty}^{\infty} d\omega'\, g(\omega')\, e^{i\omega' t'}\, \frac{1}{2\pi} \int_{-\infty}^{\infty} dt\, e^{i(\omega-\omega')t} \\ &= \frac{1}{\sqrt{2\pi}} \int_{-\infty}^{\infty} dt'\, U(t')\, g(\omega)\, e^{i\omega t'} = g(\omega)\, u(\omega) \; . \end{aligned} \qquad \underline{10}$$

Mathematisch nennt man dieses Ergebnis auch das *Faltungstheorem* oder den *Faltungssatz* (englisch: convolution theorem). Da nun

$$g(\omega) = \frac{e(\omega)}{u(\omega)}$$

folgt, daß mit 3 auch $g(\omega)$ der Kreuzrelation genügt:

$$g(\omega) = g^*(-\omega) \qquad \underline{11}$$

Das ist auch klar, weil $G(t)$ reell sein muß. Die bisher benutzten Eigenschaften reichen aus um nachzuweisen, daß für eine unifrequente Ursache U auch der Effekt (die Wirkung) $E(t)$ unifrequent ist. Wir benutzen zu diesem Nachweis die komplexe Schreibweise in den Zwischenrechnungen, was wegen der Linearität der Relation 8 erlaubt ist. Also schreiben wir

$$U(t) = U_0\, e^{-i\omega t} \qquad \underline{12}$$

und vereinbaren, daß wir später nur den Realteil davon und von den folgenden Beziehungen benutzen werden. Es ist dann gemäß 8

$$\begin{aligned} E(t) &= \int_{-\infty}^{\infty} dt'\, G(t'-t)\, U_0\, e^{-i\omega t'} \\ &= U_0\, e^{-i\omega t} \int_{-\infty}^{\infty} dt'\, G(t'-t)\, e^{i\omega(t-t')} \\ &= U_0\, e^{-i\omega t}\, g(\omega) \equiv E_0\, e^{-i\omega t}\,. \end{aligned} \qquad \underline{13}$$

Offenbar ist $g(\omega) = \frac{E_0}{U_0}$. In der Tat, die Green'sche Funktion kann man demnach durch unifrequente Ursachen 12 ausloten, dh. eine Fourieranalyse vornehmen. Oft schreibt man einfach

$$E = gU\,, \qquad \underline{14}$$

obwohl dies nur für den stationären Betrieb, also im unifrequenten Fall, zutrifft. Als Beispiel verdeutlichen wir diesen Sachverhalt am klassischen Modell für ein Dielektrikum, für das die Beziehung (vgl. Gleichung 5.15)

$$\vec{P} = \chi_e \vec{E} \qquad \underline{15}$$

gilt und bei einer bestimmten Frequenz ω die dielektrische Suszeptibilität durch

$$\chi_e(\omega) = \frac{Ne^2}{m}\, \frac{1}{\omega_a^2 - \omega^2 - i\gamma\omega} \qquad \underline{16}$$

gegeben ist (siehe Gleichung 16.35). Hier ist $\chi_e(\omega)$ die oben allgemein diskutierte Funktion $g(\omega)$.

Als nächstes berücksichtigen wir jetzt noch die Kausalität zwischen Ursache $U(t)$ und Wirkung (Effekt) $E(t)$. Damit meinen wir präzise, daß $E(t)$ nur von solchen Ursachen $U(t')$ abhängen kann, die zu früheren Zeiten geschehen sind, also für $t' < t$. Man muß daher

$$G(t-t') = 0 \quad \text{für} \quad t-t' < 0 \qquad \underline{17}$$

haben. Einige Beispiele fördern wieder das Verständnis: Der Strom $\vec{I}$ wird durch ein elektrisches Feld $\vec{E}$ verursacht; ähnlich wird die Magnetisierung $\vec{M}$ eines Stoffes durch die magnetische Induktion $\vec{B}$ hervorgerufen.

Ein anderes Beispiel ist der Strom I in einem Stromkreis, der durch einen Generator mit der Spannung V verursacht wird (vgl. Figur). Die Differentialgleichung für den Strom ist wohlbekannt. Sie lautet

$$L\frac{dI}{dt} + RI + \frac{Q}{C} = V \qquad \underline{18}$$

Da $I = \frac{dQ}{dt}$, ist $I(\omega) = -i\omega Q(\omega)$ und man findet

$$g(\omega) = \frac{e(\omega)}{u(\omega)} = \frac{I(\omega)}{V(\omega)} = \frac{1}{Z}, \qquad \underline{19}$$

wobei

$$Z(\omega) = -i\omega L + R + \frac{i}{\omega C} \qquad \underline{20}$$

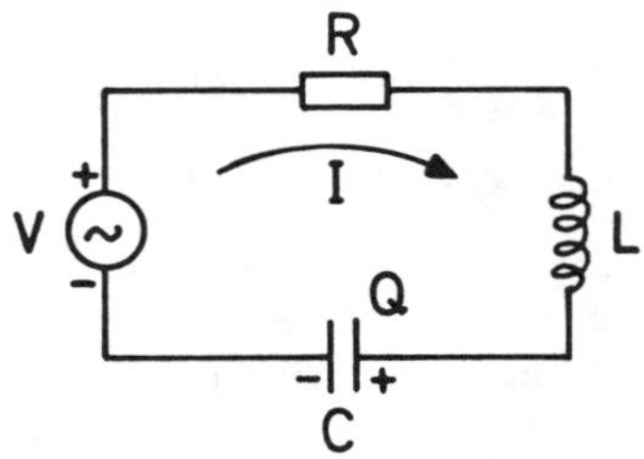

Linearer Stromkreis mit Widerstand R, Induktivität L und Kapazität C.

der komplexe Widerstand oder die Impedanz ist. Die *Übertragungsfunktion* $g(\omega)$ ist in diesem Fall $Y(\omega) = \frac{1}{Z(\omega)}$. Sie wird auch Admitanz des Stromkreises genannt.

Ein weiteres Beispiel ist die Streuung einer elektromagnetischen Welle, die von der Reflexion einer einlaufenden Welle an einem leitenden Gegenstand herührt. Die einfallende Welle ist die Ursache und die gestreute Welle ist die Wirkung (der Effekt).

Die Tatsache, daß die Vorgänge kausal ablaufen, führt zu einer Einschränkung der Übertragungsfunktion $g(\omega)$. Gemäß $\underline{9}$ gilt ja

$$g(\omega) = \int_{-\infty}^{\infty} dt\, e^{i\omega t}\, G(t) = \int_{0}^{\infty} dt\, e^{i\omega t}\, G(t)\,. \qquad \underline{21}$$

Die Kausalitätsbedingung $\underline{17}$ wurde im letzten Schritt ausgenutzt. Genau dies führt auf zusätzliche Information über die Funktion $g(\omega)$. Diesselbe Gleichung kann auch dazu benutzt werden, die Definition von $g(\omega)$ auf *komplexe Frequenzen* $\omega = \omega_1 + i\omega_2$ zu erweitern. Man kann dann erwarten, daß $g(\omega)$ keine Singularitäten in der oberen komplexen ω - Halbebene besitzt, falls $g(\omega)$ entlang der reellen ω -

Achse „vernünftig" ist. Um den Sinn der Erweiterung der Definition von $g(\omega)$ auf komplexe ω in der oberen Halbebene besser zu verstehen, vergleichen wir

$$\begin{aligned} g(\omega_1) &= \int_0^\infty dt\, e^{i\omega_1 t}\, G(t) \text{und} \\ g(\omega_1 + i\omega_2) &= \int_0^\infty dt\, e^{i\omega_1 t}\, G(t)\, e^{-\omega_2 t}\,. \end{aligned} \qquad \underline{22}$$

Der Integrand bei komplexen ω ist um den Faktor $e^{-\omega_2 t}$ kleiner. Wenn ω in der oberen Halbebene liegt, ist $\omega_2 > 0$ und daher immer $0 \le e^{-\omega_2 t} \le 1$. Für die Ableitung von $g(\omega)$ gilt

$$\left.\frac{dg}{d\omega}\right|_{\omega=\omega_1+i\omega_2} = \int_0^\infty dt\, e^{i\omega_1 t}\, G(t)\, it\, e^{-\omega_2 t}\,. \qquad \underline{23}$$

Im allgemeinen existiert diese Ableitung in der oberen Halbebene, vorausgesetzt, $g(\omega)$ ist endlich auf der reellen Achse: Obwohl der Integrand verglichen mit 22a mit (it) multipliziert ist, wird der Faktor $e^{-\omega_2 t}$ jede Potenz von t für große Zeiten unterdrücken. Wenn nun die Ableitung einer komplexen Funktion in der Nachbarschaft eines Punktes der komplexen Ebene existiert, so ist die Funktion analytisch in diesem Punkt (vgl. Kapitel I.4). Wir können aufgrund dieser Betrachtungen nun schließen, daß die Ableitung von $g(\omega)$ überall in der oberen Halbebene existiert und die Funktion $g(\omega)$ deshalb in der gesamten oberen Halbebene analytisch ist. Das bedeutet, daß für lineares, zeitunabhängiges und kausales System die Fouriertransformierte der Greensfunktion $G(t)$ (Übertragungsfunktion) $g(\omega)$, die ursprünglich nur für reelle ω definiert war, gleich dem Grenzwert einer Funktion g mit dem komplexen Argument ω ist, die in der ganzen oberen Halbebene analytisch ist.

Als Beispiel betrachten wir wiederum die schon in 16 notierte dielektrische Suszeptibilität

$$\chi_e = \frac{Ne^2}{m}\frac{1}{\omega_n^2 - \omega^2 - i\gamma\omega}\,, \qquad \underline{24}$$

deren Dämpfungskonstante $\gamma > 0$ ist. Diese Funktion ist analytisch außer an den Polen (= Nullstellen des Nenners). Die Pole ergeben sich aus der Gleichung

$$\omega^2 + i\gamma\omega - \omega_n^2 = 0 \quad \text{zu} \quad \omega = -i\frac{\gamma}{2} \pm \sqrt{\omega_n^2 - \left(\frac{\gamma}{2}\right)^2}\,. \qquad \underline{25}$$

Die Lage dieser singulären Stellen ist in der folgenden Figur veranschaulicht. Sie liegen in der unteren Halbebne. Die Tatsache, daß $g(\omega)$ in der oberen Halbebene analytisch ist und Pole, falls überhaupt, nur in der unteren Halbebene besitzt, erlaubt es nun, eine Beziehung zwischen Real- und Imaginärteil dieser Funktion $g(\omega)$ abzuleiten. Diese Beziehung nennt man Dispersionsrelation.

Unsere bisherigen Kenntnisse über die Fouriertransformierte $g(\omega)$ der Greensfunktion sind ganz allgemeiner Natur, unabhängig von den Details der Theorie, die Ursache und Wirkung (Effekt) verbindet. Falls eine Differentialgleichung, die die besagten Vorgänge beschreibt, vorliegt, kann mit Sicherheit immer eine Greensfunktion mit den oben beschriebenen Eigenschaften gefunden werden. Jedoch können gewisse Eigenheiten des Systems direkt über $g(\omega)$ formuliert werden, ohne die Differentialgleichung bemühen zu müssen. Letztere ist ein Luxus, den man nicht unbedingt braucht, falls die Greensfunktion bekannt ist.

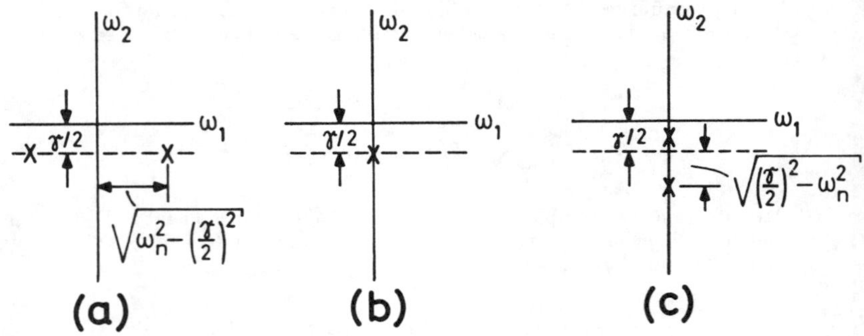

Lage der Pole für das Suszeptibilitätsmodell 24
a) unterkritische Dämpfung $\gamma^2 < 4\omega_n^2$
b) kritische Dämpfung $\gamma^2 = 4\omega_n^2$
c) überkritische Dämpfung $\gamma^2 > 4\omega_n^2$

Die Dispersionsbeziehungen werden aus dem Linien-Integral

$$\int d\omega' \, \frac{g(\omega')}{\omega' - \omega} \,, \tag{26}$$

das entlang der reellen Achse (etwa in die obere Halbebene hinein verschoben) und eines in der oberen Halbebene liegenden Halbkreises vom Radius R geführt wird, abgeleitet (vgl. Figur).

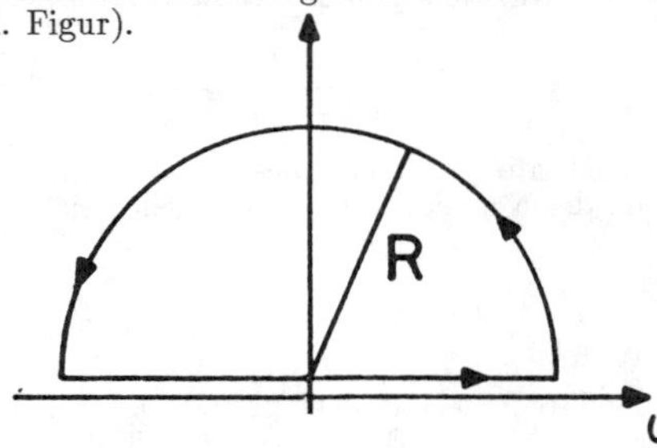

Veranschaulichung des in Gleichung 26 benutzten Integrationsweges.

Nach dem ausführlich Dargelegten hat $g(\omega)$ im Innengebiet und auf dem Rand dieser geschlossenen Kurve keine Singularitäten. Daher ist $\frac{g(\omega')}{\omega'-\omega}$ mit ω auf der reellen Achse auch analytisch in dem besagten Gebiet, das Integral 26 verschwindet also. Es wird nun noch *angenommen*, daß $g(\omega')$ so beschaffen ist (d.h. das betrachtete physikalische System sei so beschaffen), daß der Teil des Integrals 26 über den oberen Halbkreis für $R \to \infty$ verschwindet. Wir merken hier schon an, daß dies nicht immer der Fall ist. Jedoch werden wir bald eine sogenannte *Subtraktionsmethode* kennenlernen, die es gestattet, das Integral über den oberen Halbkreis dennoch zum Verschwinden zu bringen.

Falls $g(\omega)$ die dielektrische Suszeptibilität $\chi_e(\omega)$ (Gleichung 16) ist, sind diese Bedingungen alle erfüllt: $\chi_e(\omega)$ besitzt offensichtlich keine Singularität auf der reellen Achse und geht für große ω über in

$$\lim_{\omega\to\infty} \chi_e(\omega) = -\frac{Ne^2}{m\omega^2} ,$$

so daß das Integral über den Halbkreis von der Größenordnung $\frac{2\pi R}{R^3} \stackrel{R\to\infty}{\longrightarrow} 0$ ist.

Im allgemeinen können wir schreiben

$$\begin{aligned} 0 &= \int_{\bigcirc} d\omega' \frac{g(\omega')}{\omega' - \omega} = \int_{-\infty}^{\infty} d\omega' \frac{g(\omega')}{\omega' - \omega} + \int_{\frown} d\omega' \frac{g(\omega')}{\omega' - \omega} \\ &= \int_{-\infty}^{\infty} d\omega' \frac{g(\omega')}{\omega' - \omega} = P \int_{-\infty}^{\infty} d\omega' \frac{g(\omega')}{\omega' - \omega} + \int_{\curvearrowleft} d\omega' \frac{g(\omega')}{\omega' - \omega} , \end{aligned} \tag{27}$$

wobei P den Hauptwert (principal value) bedeutet und $\int_{\curvearrowleft} d\omega' \frac{g(\omega')}{\omega'-\omega}$ für das um ω auf einem infinitesimalen kleinen Halbkreis im durch den Pfeil angegebenen Umlaufsinn geführte Integral steht. Dieses letztgenannte Integral ist nun leicht auszurechnen, indem wir $\omega' - \omega = \rho e^{i\varphi}$, $d\omega' = i\rho e^{i\varphi} d\varphi$ setzen:

$$\int_{\curvearrowleft} d\omega' \frac{g(\omega')}{\omega' - \omega} = \lim_{\rho\to 0} ig(\omega) \int_{-\pi}^{0} \rho \frac{e^{i\varphi} d\varphi}{\rho e^{i\varphi}} = ig(\omega) \int_{-\pi}^{0} d\varphi = -i\pi g(\omega) . \tag{28}$$

Aus 27 können wir nun schließen, daß

$$g(\omega) = \frac{1}{i\pi} P \int_{-\infty}^{\infty} d\omega' \frac{g(\omega')}{\omega' - \omega} . \tag{29}$$

Dies ist der Ausdruck für $g(\omega)$, der selbst wieder $g(\omega)$ enthält. Es fällt aber auf, daß rechts der Faktor i steht, weswegen Real- und Imaginärteil von $g(\omega)$ in bemerkenswerter Weise verknüpft werden. Wir erhalten durch Gleichsetzen von Real- bzw. Imaginärteil von 29 die Beziehungen

$$\begin{aligned} \mathrm{Re}\,[g(\omega)] &= \frac{1}{\pi} P \int_{-\infty}^{\infty} d\omega' \frac{\mathrm{Im}\,[g(\omega')]}{\omega' - \omega} \\ \mathrm{Im}\,[g(\omega)] &= -\frac{1}{\pi} P \int_{-\infty}^{\infty} d\omega' \frac{\mathrm{Re}\,[g(\omega')]}{\omega' - \omega} . \end{aligned} \tag{30}$$

Dies sind die sogenannten *Dispersionsbeziehungen.* Ihr Charakteristikum ist, daß sie Real- und Imaginärteil der Funktion $g(\omega)$ verknüpfen. Man kann die Dispersionsbeziehungen 30 in eine für den Vergleich mit Experimenten geeignete Form bringen, indem man sie so umschreibt, daß nur positive Frequenzen ω auftreten. So ist z.B.

$$\begin{aligned} \mathrm{Re}\,[g(\omega)] &= \frac{1}{\pi} P \int_{-\infty}^{0} d\omega' \frac{\mathrm{Im}\,[g(\omega')]}{\omega' - \omega} + \frac{1}{\pi} P \int_{0}^{\infty} d\omega' \frac{\mathrm{Im}\,[g(\omega')]}{\omega' - \omega} \\ &= \frac{1}{\pi} P \int_{0}^{\infty} d\omega' \frac{\mathrm{Im}\,[g(-\omega')]}{-\omega' - \omega} + \frac{1}{\pi} P \int_{0}^{\infty} d\omega' \frac{\mathrm{Im}\,[g(\omega')]}{\omega' - \omega} . \end{aligned} \tag{31}$$

Nun gilt aber für $g(\omega)$ eine Kreuzrelation der Form 3, also

$$g(\omega) = g^*(-\omega) \tag{32}$$

und daher

$$\operatorname{Re}[g(\omega)] = \operatorname{Re}[g(-\omega)] \qquad \operatorname{Im}[g(\omega)] = -\operatorname{Im}[g(-\omega)] \ . \tag{33}$$

Damit geht 31 über in

$$\begin{aligned}\operatorname{Re}[g(\omega)] &= \frac{1}{\pi} P \int_0^\infty d\omega' \, \frac{\operatorname{Im}[g(\omega')]}{\omega' + \omega} + \frac{1}{\pi} P \int_0^\infty d\omega' \, \frac{\operatorname{Im}[g(\omega')]}{\omega' - \omega} = \\ &= \frac{2}{\pi} P \int_0^\infty d\omega' \, \omega' \frac{\operatorname{Im}[g(\omega')]}{\omega'^2 - \omega^2} \ .\end{aligned} \tag{34}$$

Ähnliche Umformungen der zweiten Gleichung 30 liefern

$$\begin{aligned}\operatorname{Im}[g(\omega)] &= -\frac{1}{\pi} P \int_{-\infty}^0 d\omega' \, \frac{\operatorname{Re}[g(\omega')]}{\omega' - \omega} - \frac{1}{\pi} P \int_0^\infty d\omega' \, \frac{\operatorname{Re}[g(\omega')]}{\omega' - \omega} = \\ &= \frac{1}{\pi} P \int_0^\infty d\omega' \, \frac{\operatorname{Re}[g(-\omega')]}{\omega' + \omega} - \frac{1}{\pi} P \int_0^\infty d\omega' \, \frac{\operatorname{Re}[g(\omega')]}{\omega' - \omega} = \\ &= -\frac{2\omega}{\pi} P \int_0^\infty d\omega' \, \frac{\operatorname{Re}[g(\omega')]}{\omega'^2 - \omega^2} \ .\end{aligned} \tag{35}$$

Die Dispersionsbeziehungen wurden zum ersten Male von Kramers[3] und Kronig[4] für die Dielektrizitätskonstante eingeführt. Wir können ihr Ergebnis nachvollziehen, wenn wir die dielektrische Suszeptibilität $\chi_e(\omega)$ mit der Funktion $g(\omega)$ identifizieren und

$$\chi_e(\omega) = \frac{\epsilon - 1}{4\pi} = \frac{\epsilon' - 1}{4\pi} + i \frac{\epsilon''}{4\pi} \tag{36}$$

schreiben, wobei $\epsilon = \epsilon' + i\epsilon''$ ist. Gleichungen 34 und 35 lauten dann

$$\begin{aligned}\epsilon'(\omega) - 1 &= \frac{2}{\pi} P \int_0^\infty dx \, \frac{x\epsilon''(x)}{x^2 - \omega^2} \ , \\ \epsilon''(\omega) &= -\frac{2}{\pi} \omega \, P \int_0^\infty dx \, \frac{\epsilon'(x) - 1}{x^2 - \omega^2}\end{aligned} \tag{37}$$

Dies sind die bekannten *Kramers-Kronig-Dispersionsrelationen.*

Ein Medium heißt *dispersiv*, wenn die Phasengeschwindigkeit v_p von der Frequenz abhängt. Die Kramers-Kronig-Relationen besagen nun, daß ein Medium nur dann

[3] Hendrik Anthony *Kramers*, * 17. Dezember 1894 Rotterdam, † 24. April 1952 Leiden. K. war Prof. für theoretische Physik an der Reichsuniversität von Utrecht (1926 - 1932), 1931 Professor an der Technischen Hochschule von Delft, 1934 - 1952 lehrte er an der Reichsuniversität von Leiden. Er war Präsident der Atomenergiekommission der UN und der Internationalen Union für Reine und Angewandte Physik. Sein Hauptforschungsgebiet war die Quantentheorie des Elektrons und der Strahlung. Er stellte im Zeitraum 1926 - 1929 zusammen mit Kronig die nach ihnen benannten Dispersionsrelationen auf.[BR]

[4] Ralph Kronig, * 10. März 1904 in Dresden, war von 1931 - 1939 Lektor der Mechanik und Quantenmechanik an der Universität Groningen, von 1939 - 1969 Professor für theoretische Physik an der Technischen Hochschule in Delft. Kronig befaßte sich intensiv mit Optik, Elektronenoptik und Absorption in Metallen. Im Rahmen dieser Forschungen stellte er zusammen mit Kramers die nach ihnen benannten Dispersionsrelationen auf (1926 - 1929). K. erhielt 1962 die Max-Planck-Medaille der Deutschen Physikalischen Gesellschaft. [BR]

dispersiv ist, wenn es auch absorptiv ist. Falls gar keine Absorption vorliegt, also der Imaginärteil der Dielektrizitätskonstante für alle Frequenzen verschwindet ($\epsilon''(\omega) = 0$), dann folgt

$$\epsilon'(\omega) = 1 \qquad v_p = \frac{\omega}{k} = \frac{c}{\sqrt{\epsilon}} = c\,. \tag{38}$$

Es liegt dann in der Tat keine Dispersion vor. Wenn andererseits in einem gewissen Frequenzbereich Dispersion vorliegt, dann gibt es in einem im allgemeinen verschiedenen Frequenzbereich auch Absorption. Das ist Aussage der zweiten Gleichung 37. Manchmal gibt es Absorption in einem relativ schmalen Frequenzband in der Nähe von $\omega = \omega_n$, also $\epsilon''(x) = K'\delta(x - x_n)$. Dann folgt aus der ersten Gleichung 37 für ω verschieden von ω_n:

$$\epsilon'(\omega) - 1 \approx \frac{K}{\omega_n^2 - \omega^2}\,. \tag{39}$$

Hierbei ist $K = \frac{2}{\pi}K'\omega_n$ eine von ω unabhängige Konstante. Die Form der Funktion $\epsilon'(\omega) - 1$ ist in der folgenden Figur dargestellt.

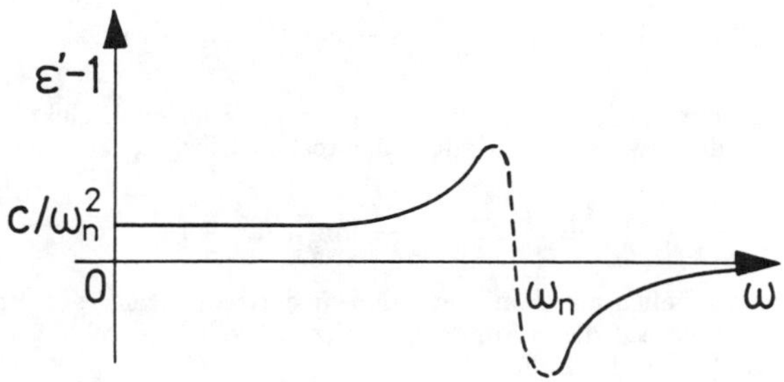

Typisches Verhalten des Realteis der Dielektrizitätskonstanten für Resonanzabsorption.

Wenn Absorption in einem breiteren aber endlichen Frequenzbereich vorliegt, so kann für große Frequenzen ω (genauer $\omega \gg \Omega$, wobei Ω die größten Frequenzen des Absorptionsbandes charakterisiert), die erste Gleichung 37 in die folgende brauchbare Näherung übergeführt werden

$$\epsilon'(\omega) - 1 \approx \frac{2}{\pi}\int_0^\infty dx\,\frac{x\epsilon''(x)}{-\omega^2}\,. \tag{40}$$

Nun ist gewöhnlich die Breite γ der Resonanzkurve klein verglichen zur Resonanzfrequenz: $\gamma < \omega_n$. In diesem Fall kann 40 noch weiter vereinfacht werden zu

$$\epsilon'(\omega) - 1 \approx -\frac{2}{\pi}\frac{\omega_n}{\omega^2}\int_0^\infty dx\,\epsilon''(x) \qquad \text{oder}$$
$$\int_0^\infty dx\,\epsilon''(x) \approx -\frac{\pi}{2\omega_n}\lim_{\omega\to\infty}\left[\omega^2(\epsilon'(\omega) - 1)\right]\,. \tag{41}$$

Dies ist eine Beziehung zwischen der Fläche unter der Kurve des Imaginärteils $\epsilon''(\omega)$ der Dielektrizitätskonstanten und dem hochfrequenten Grenzwert des Realteils der Dielektrizitätskonstanten. Solche Beziehungen heißen *Summenregeln.* Zum Beispiel ist im Modell 24 für das Dielektrikum

$$\epsilon' - 1 = \frac{4\pi N e^2}{m} \frac{\omega_n^2 - \omega^2}{(\omega_n^2 - \omega^2)^2 + \gamma^2\omega^2} \stackrel{\omega\to\infty}{\longrightarrow} -\frac{4\pi N e^2}{m}\frac{1}{\omega^2} \,. \qquad \underline{42}$$

Demnach ist gemäß 41

$$\int_0^\infty dx\, \epsilon''(x) \approx \frac{\pi}{2\omega_n} \frac{4\pi N e^2}{m} \,. \qquad \underline{43}$$

Das Interessante daran ist, daß die Fläche unter der Absorptionskurve offensichlich proportional zur Zahl N, der Anzahl aktiv an der Absorption beteiligten Moleküle pro Volumeneinheit, ist. Dieses Resultat läßt sich natürlich auch direkt ableiten, indem man den aus 24 folgenden Imaginärteil einfach aufintegriert.

Wir diskutieren noch folgenden Fall: Die Absorption sei wieder auf ein endliches Frequenzband beschränkt und wir möchten das niederfrequente Verhalten des Realteils der Dielektrizitätskonstanten wissen. Dann erhalten wir aus 37

$$\epsilon'(\omega) - 1 \approx \frac{2}{\pi} \int_0^\infty dx\, \frac{x\epsilon''(x)}{x^2} \approx \frac{2}{\pi}\frac{1}{\omega_n} \int_0^\infty dx\, \epsilon''(x) \,. \qquad \underline{44}$$

Dies bringt die Fläche unter der Kurve der imaginären Dielektrizitätskonstanten mit dem niederfrequenten Verhalten der reellen Dieelektrizitätskonstanten in Verbindung:

$$\int_0^\infty dx\, \epsilon''(x) \approx \frac{\pi\omega_n}{2} \lim_{\omega\to 0} \left[\epsilon'(\omega) - 1\right] \,. \qquad \underline{45}$$

Es ist somit möglich aus dem hoch- und niederfrequenten Verhalten der Dielektrizitätskonstanten auf die Resonanzfrequenz ω_n selbst zu schließen. Der Vergleich von 41 und 45 liefert nämlich

$$\begin{aligned} -\frac{\pi}{2\omega_n} \lim_{\omega\to\infty} \left[\omega^2(\epsilon'(\omega) - 1)\right] &\approx \frac{\pi\omega_n}{2} \lim_{\omega\to 0} \left[\epsilon'(\omega) - 1\right] \\ \text{und daher} \qquad \omega_n^2 &\approx \frac{\lim_{\omega\to\infty} \left[\omega^2(\epsilon'(\omega) - 1)\right]}{\lim_{\omega\to 0} \left[\epsilon'(\omega) - 1\right]} \,. \end{aligned} \qquad \underline{46}$$

Diese Methode wurde tatsächlich praktisch angewandt. Die Dielektrizitätskonstante kann nämlich im Frequenzbereich von Mikrowellen und darunter und andererseits auch im optischen Frequenzbereich gemessen werden. Lediglich im Zwischenbereich sind Messungen dieser Art schwer durchführbar.

Es kommt nicht selten vor, daß die molekularen Absorptionslinien weit ab im infraroten Gebiet liegen. Wenn es in solchem Fall nur eine Resonanzfrequenz gibt, so kann man sie mit Hilfe der Beziehung 46 abgeschätzt werden, obwohl sie selbst direkt nicht meßbar ist.

Die Dispersionsrelation und alle daraus ableitbaren Beziehungen und Eigenschaften folgen aus der Gleichung

$$P \int_{-\infty}^\infty d\omega'\, \frac{g(\omega')}{\omega' - \omega} = i\pi g(\omega) \,. \qquad \underline{47}$$

Sie ist gültig für ein lineares, zeitunabhängiges und kausales System, für welches noch zusätzlich

$$\lim_{R\to\infty} \int_{\frown} d\omega' \frac{g(\omega')}{\omega' - \omega} = 0 \qquad \underline{48}$$

gilt. Es kann nun vorkommen, daß diese letzte Beziehung 48 nicht erfüllt ist. Wenn z.B. $g(\omega)$ gegen eine Konstante (g_0) strebt, falls $|\omega| \to \infty$, dann liefert das Linienintegral über den ∞ - fernen Halbkreis

$$\lim_{R\to\infty} \int_{\frown} d\omega' \frac{g(\omega')}{\omega' - \omega} = g_0 \lim_{R\to\infty} \int_{\frown} \frac{d\omega'}{\omega'} = i\pi g_0 . \qquad \underline{49}$$

Es ist somit von Null verschieden und muß mit in die Betrachtungen eingeschlossen werden. Man hilft sich dann so, indem man Dispersionsbeziehungen für die Funktion $g(\omega)-g_0$ nach dem vorgeführten Schema entwickelt. Die Funktion $G(\omega) = g(\omega) - g_0$ hat ja diesselben Eigenschaften wie $g(\omega)$ und verschwindet für $|\omega| \to \infty$: $\lim_{|\omega|\to\infty} G(\omega) = 0$. Diese Strategie führt auf die sogenannten ***subtrahierten Dispersionsbeziehungen*** (englisch: subtracted dispersion relations). Manchmal sind mehr als eine Subtraktion notwendig. Wenn beispielsweise

$$g(\omega) \overset{|\omega|\to\infty}{\longrightarrow} g_1 \omega + g_0$$

geht, kann die Dispersionstheorie auf die Funktion

$$g(\omega) - g_1 \omega - g_0$$

angewandt werden. Man hat es in diesem Fall also mit zwei Subtraktionen zu tun, nämlich $-g_1 \omega$ und $-g_0$. Für jede Subtraktion, die gemacht werden muß, kommt eine neue Konstante in die Betrachtungen. Die Dispersionsrelationen von Kramers und Kronig sind vom einfach-subtrahierten Typ, weil sie für $\epsilon - 1$ formuliert sind.

Wenn in einem neuen, sich in der Entwicklung befindlichen Forschungsgebiet von Dispersionsbeziehungen Gebrauch gemacht werden soll, so ist der Subtraktionsprozeß oft recht mühsam, weil man zunächst aufgrund der unzulänglichen Kenntnis noch nicht weiß, wieviel Subtraktionen gemacht werden müssen. Erst nach und nach muß experimentell herausgefunden werden, wieviel Subtraktionen im speziellen Problemkreis notwendig sind.

19.3 Aufgabe: Zum optischen Theorem

Ein Material, bestehend aus N Streu- und Absorbtionszentren pro Volumeneinheit, sei durch den komplexen Brechungsindex n charakterisiert. In großer Entfernung von einem einzigen Streuzentrum ist das elektrische Feld in Richtung der Anfangspolarisation durch

$$\vec{E} = \vec{E}_0 \, e^{-i\omega t} \left[e^{ikz} + f(\omega, \theta) \frac{e^{ikr}}{r} \right]$$

gegeben. Der erste Term ist die einlaufende Welle und der zweite beschreibt die gestreute Komponente; $f(\omega, \theta)$ ist die sogenannte *Streuamplitude.* Für Vorwärts- oder Rückwärtsstreuung ist nur $f(\omega, 0)$ oder $f(\omega, \pi)$ von Null verschieden.

a) Zeigen Sie, daß dann der Brechungsindex mit der Streuamplitude durch

$$n = 1 + \frac{2\pi c^2}{\omega^2} N f(\omega, 0)$$

verknüpft ist, vorausgesetzt $|n-1| \ll 1$. Betrachten Sie dazu eine einlaufende Welle e^{ikz}, die an einer dünnen Platte in der xy - Ebene mit der Dicke δh gestreut wird.

Hinweis: Am Punkt $(0,0,z)$ hinter der Platte geht die Welle in

$$\begin{aligned} & e^{ikz} + N\delta h \int_0^\infty f(\omega, \arctan \frac{l}{z}) \frac{e^{ik\sqrt{l^2+z^2}}}{\sqrt{l^2+z^2}} 2\pi l \, dl \\ = \; & e^{ikz} \left[1 + \frac{2\pi N \delta h}{k} \int_1^\infty f(\omega, \mathrm{arcsec}\mu) \, kz \, e^{ikz(\mu-1)} \, d\mu \right] \end{aligned}$$

über. Für viele Wellenlängen hinter der Platte findet man die Lösung, wenn man den Grenzwert für große kz betrachtet. Dazu nutzt man

$$\lim_{\alpha \to \infty} \alpha e^{i\alpha x} = i \lim_{\epsilon \to 0} \left[\delta(x-\epsilon) - \delta(x+\epsilon) \right]$$

und erhält $$e^{ikz} \left[1 + \frac{2\pi N \delta h \, c}{\omega} f(\omega, 0) \right] .$$

Andererseits ist die makroskopische Lösung des Reflexion- Transmissions-Problems an einer Platte durch $e^{ikz}\left[1 + \frac{i\delta h \omega}{2c}(n^2-1)\right]$ gegeben.

b) Beweisen Sie das optische Theorem

$$\mathrm{Im} f(\omega, 0) = \frac{\omega}{4\pi c} \sigma_t ,$$

wobei σ_t der totale Streuquerschnitt für Streuung und Absorption ist. Beachten Sie, daß der Dämpfungsfaktor für eine Welle, die sich in einem Medium mit dem komplexen Brechungsindex n ausbreitet, durch $|e^{i\omega n z/c}|^2$ gegeben ist, was auch durch $e^{-N\sigma_t z}$ ausgedrückt werden kann.

Lösung:

a) Im Punkt z hinter der dünnen Platte kommt nicht nur der ungestreute Anteil e^{ikz} an, sondern es kommen auch Streuanteile von allen Streuzentren, über die aufsummiert werden muß. Die Platte ist so dünn, so daß nur Einfachstreuungen berücksichtigt werden müssen. Ein Streuzentrum befinde sich im Abstand l von der z - Achse. Der Anteil des Streulichts mit dem Sreuwinkel $\theta = \arctan \frac{l}{z}$ (siehe Abbildung a) erreicht den Punkt $(0,0,z)$ im Abstand $r = \sqrt{l^2+z^2}$. Zu diesem Punkt sind aber alle Streuzentren innerhalb eines Kreisringes mit der Dicke δl gleichberechtigt – es gibt $2\pi l \, dl \, N\delta h$ Steuzentren dieser Art (Abbildung b). Summiert man über alle Anteile, erhält man

$$e^{ikz} + N\delta h \int_0^\infty 2\pi l \, f(\omega, \arctan \frac{l}{z}) \frac{e^{ik\sqrt{l^2+z^2}}}{\sqrt{l^2+z^2}} \, dl \; .$$

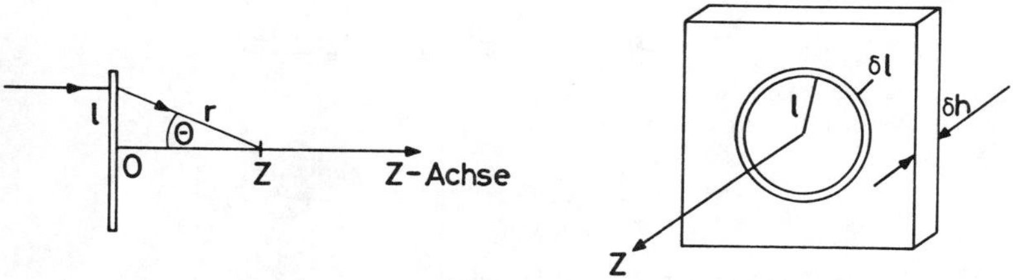

Veranschaulichung der Platte mit den Streuzentren: a) im Querschnitt, b) in Perspektive.

Wir substituieren $\sqrt{l^2+z^2} = z\mu$, d.h. $\mu = \sqrt{l^2+z^2}/z = \sec\theta$, dh. $\arctan\frac{l}{z} = \operatorname{arcsec}\mu$ und $d\mu = l dl/z\sqrt{l^2+z^2}$, und erhalten

$$\int_0^\infty 2\pi l\, f(\omega, \arctan\frac{l}{z})\frac{e^{ik\sqrt{l^2+z^2}}}{\sqrt{l^2+z^2}}\, dl \;=\; \int_1^\infty 2\pi z\, f(\omega, \operatorname{arcsec}\mu)\, e^{ik\mu z} d\mu\ .$$

An der Stelle $(0,0,z)$ hinter der Platte ist das elektrische Feld in Richtung der Anfangspolarisation somit durch

$$\vec{E} \;=\; \vec{E}_0\, e^{i(kz-\omega t)}\left[1 + \int_1^\infty \frac{2\pi N\delta h}{k} f(\omega, \operatorname{arcsec}\mu)\, kz\, e^{ikz(\mu-1)}\, d\mu\right]$$

gegeben. Die Wellenlänge des Lichts ist $\lambda = 2\pi/k$; für $z \gg \lambda$ ist also $z/\lambda = zk/2\pi \gg 1$. Im makroskopischen Abstand von der Platte muß also nur der Grenzwert $kz \to \infty$ berücksichtigt werden. Nun gilt

$$\lim_{\alpha\to\infty} \alpha e^{i\alpha x} \;=\; i \lim_{\epsilon\to 0}\left[\delta(x-\epsilon) - \delta(x+\epsilon)\right] \qquad \text{(Beweis siehe unten)}\,,$$

d.h.

$$\begin{aligned} \lim_{kz\to\infty} \quad & \textstyle\int_1^\infty f(\omega, \operatorname{arcsec}\mu)\, kz\, e^{ikz(\mu-1)}\, d\mu \\ = \quad & i \textstyle\int_1^\infty f(\omega, \operatorname{arcsec}\mu)\ \left[\delta(\mu-1-0) - \delta(\mu-1+0)\right] d\mu \\ = \quad & i f(\omega, \operatorname{arcsec} 1) \;=\; i\, f(\omega, 0)\ . \end{aligned}$$

Mit $k = \omega/c$ erhält man dann

$$\vec{E} \;=\; \vec{E}_0\, e^{i(kz-\omega t)}\left[1 + \frac{i2\pi c N\delta h}{\omega} f(\omega, 0)\right]\ .$$

Es geht nur die Vorwärtsstreuamplitude ein. Aus den Vorlesungen, Kapitel IV.16, geht hervor, daß die Amplitude einer Welle nach Durchgang durch die Platte um den Faktor $e^{-\omega\mu\delta h/c}$ gedämpft wird, wobei μ der Imaginärteil des Brechungsindex ist. Wegen $|n-1| \ll 1$ ist aber mit $n = \nu + i\mu$

$$n^2 \;=\; \nu^2 - \mu^2 + 2i\nu\mu \;\approx\; 1 + 2i\mu \;\;\Rightarrow\;\; \mu \;=\; -i\,\frac{n^2-1}{2}\ .$$

Andererseits is δh sehr klein, d.h.

$$e^{-i\omega\mu\delta h/c} \approx 1 - \frac{\delta h}{c}\omega\mu \approx 1 + \frac{i\delta h\omega}{2c}(n^2 - 1) .$$

Somit gilt makroskopisch

$$\vec{E} = \vec{E}_0\, e^{i(kz-\omega t)} \left[1 + i\frac{\delta h\omega}{2c}(n^2 - 1)\right] .$$

Vergleich der beiden Ausdrücke liefert

$$\frac{2\pi i N c\delta h}{\omega} f(\omega,0) = i\frac{\omega\delta h}{2c}(n^2 - 1) \Rightarrow$$

$$n = \left[1 + \frac{4\pi N c^2}{\omega^2} f(\omega,0)\right]^{1/2} \approx 1 + \frac{2\pi N c^2}{\omega^2} f(\omega,0) .$$

b) Der totale Streuquerschnitt σ_t eines Streuzentrums ist diejenige fiktive Fläche, die das einfallende Licht senkrecht durchlaufen muß, um überhaupt abgelenkt oder absorbiert zu werden. Die einfallende Intensität sei I_0. In einem Teil der Platte der Dicke Δz ist die gesamte "streu- und absorbtionsfähige" Fläche durch $FN\sigma_t\Delta z$ gegeben. Von der einlaufenden Intensität bleibt nach dem Durchlaufen der Strecke zwischen z und $z + \Delta z$ genau $I(z)\left(1 - \frac{FN\sigma_t\Delta z}{F}\right)$ übrig. Es gilt also

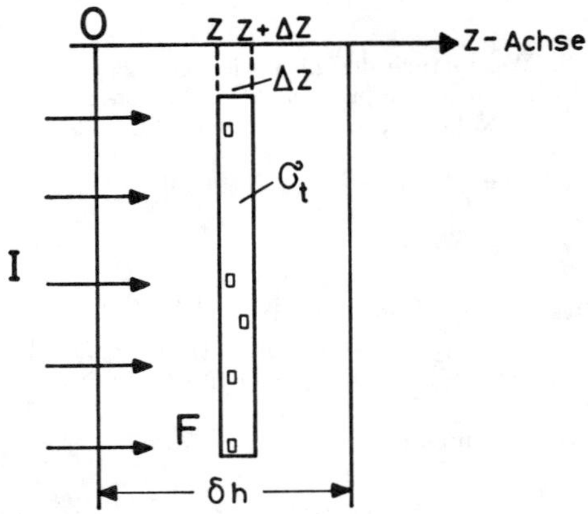

Zur Berechnung des totalen Streuquerschnittes.

$$I(z + \Delta z) = I(z)(1 - N\sigma_t\Delta z) \overset{\Delta z\to 0}{\Rightarrow} \frac{dI}{dz}(z) = -N\sigma_t I(z) \Rightarrow I(z) = I_0 e^{-N\sigma_t z} .$$

Andererseits ist der makroskopische Dämpfungsfaktor $I(z) = I_0 e^{-2\omega\mu z/c}$. Es gilt

$$\begin{aligned} -N\sigma_t z &= -\frac{2\omega z}{c}\,\mathrm{Im} n \Rightarrow \sigma_t = \frac{2\omega}{Nc}\frac{2\pi N c^2}{\omega^2}\,\mathrm{Im} f(\omega,0) \Rightarrow \\ \mathrm{Im} f(\omega,0) &= \frac{\omega}{4\pi c}\sigma_t\,. \end{aligned}$$

Das ist das sogenannte *optische Theorem.*

Nun beweisen wir noch die oben benutzte Relation, die wir in folgender Behauptung zusammenfassen:

Behauptung: Wenn $\lim_{\alpha\to\infty} \alpha(e^{i\alpha x} - e^{-i\alpha x})$ existiert, so gilt

$$\lim_{\alpha\to\infty} \alpha(e^{i\alpha x} - e^{-i\alpha x}) = 2i \lim_{\epsilon\to 0} (\delta(x-\epsilon) - \delta(x+\epsilon))\ .$$

Begründung: Wir müssen natürlich beide Seiten auf eine Testfunktion $f(x)$ anwenden. Definieren wir die Fouriertransformierte mit

$$\begin{aligned} f(x) &=: \frac{1}{\sqrt{2\pi}}\int_{-\infty}^{\infty} dk e^{-ikx} F(k)\ , \\ F(k) &= \frac{1}{\sqrt{2\pi}}\int_{-\infty}^{\infty} dx e^{ikx} f(x)\ , \end{aligned}$$

so lautet die Behauptung

$$\sqrt{2\pi}\lim_{\alpha\to\infty} \alpha\,(F(\alpha) - F(-\alpha)) = 2i\lim_{\epsilon\to 0}(f(\epsilon) - f(-\epsilon))\ ,$$

wobei der Limes auf der linken Seite existieren soll. Ist nun

$$F(k) - F(-k) =: \frac{2\Delta}{\sqrt{2\pi}\,k} + \mathrm{O}\left(\frac{1}{k^{1+\delta}}\right)\ ,\ (\delta > 0\,,\, k\to\infty)\ ,$$

so ergibt sich

$$\begin{aligned} f(\epsilon) - f(-\epsilon) &= \frac{1}{\sqrt{2\pi}}\int_{-\infty}^{\infty} dk\,(e^{-ik\epsilon} - e^{ik\epsilon})\,F(k) \\ &= \frac{-2i}{\sqrt{2\pi}}\int_{-\infty}^{\infty} dk\,\sin(k\epsilon)\,F(k) \\ &= \frac{-2i}{\sqrt{2\pi}}\int_{0}^{\infty} dk\,\sin(k\epsilon)\,(F(k) - F(-k))\ . \end{aligned}$$

Wir wählen nun ein $K(\epsilon)$ so, daß für $\epsilon\to 0$ gilt $K(\epsilon)\to\infty$, $\epsilon K(\epsilon)\to 0$:

$$\begin{aligned} f(\epsilon) - f(-\epsilon) = \frac{-2i}{\sqrt{2\pi}} &\left\{ \textstyle\int_0^K dk\,\sin(k\epsilon)\,(F(k) - F(-k)) + \right. \\ &\left. \textstyle\int_K^\infty dk\,\sin(k\epsilon)\,(F(k) - F(-k)) \right\}\ . \end{aligned}$$

Unter der Annahme, daß für alle k eine Konstante C existiert mit

$$|F(k) - F(-k)| < \frac{C}{k}\ ,$$

ist das erste Integral

$$|\int_0^K dk \ldots | < \int_0^K dk\, k\epsilon \frac{C}{k} = C\,\epsilon\, K\,.$$

Für das zweite Integral schreiben wir definitionsgemäß

$$\begin{aligned}
\int_K^\infty dk \ldots &= \int_K^\infty dk \sin(k\epsilon) \left(\frac{2\Delta}{\sqrt{2\pi}\,k} + \mathrm{O}\left(\frac{1}{k^{1+\delta}}\right)\right) \\
&= \frac{2\Delta}{\sqrt{2\pi}} \int_{K\epsilon}^\infty dz \frac{\sin z}{z} + \int_K^\infty dk\, \mathrm{O}\left(\frac{1}{k^{1+\delta}}\right) \\
&= \frac{2\Delta}{\sqrt{2\pi}} \int_0^\infty dz \frac{\sin z}{z} - \frac{2\Delta}{\sqrt{2\pi}} \int_0^{K\epsilon} dz \frac{\sin z}{z} + \int_K^\infty dk\, \mathrm{O}\left(\frac{1}{k^{1+\delta}}\right) \\
&= \sqrt{\frac{\pi}{2}}\Delta + O(\epsilon K) + O(K^{-\delta})\,,
\end{aligned}$$

insgesamt

$$f(\epsilon) - f(-\epsilon) = -i\,\Delta + O(\epsilon K) + O(K^{-\delta})\,.$$

Wir führen jetzt den Grenzübergang durch und erhalten die Behauptung

$$f(\epsilon) - f(-\epsilon) = -i\,\Delta = -\frac{i}{2}\sqrt{2\pi} \lim_{k\to\infty} k\,(F(k) - F(-k))\,.$$

20. Bewegte Ladungen im Vakuum

In diesem Kapitel wollen wir die Erscheinungen behandeln, die bei schnell bewegten Ladungen im Vakuum auftreten. Dazu gehen wir von den Maxwellschen Gleichungen aus. Da wir uns auf das Vakuum beschränken, gilt $\vec{E} = \vec{D}$, $\vec{H} = \vec{B}$ und für die Maxwellschen Gleichungen kann geschrieben werden:

$$\begin{aligned}
\vec{\nabla} \cdot \vec{E} &= 4\pi\rho\,, && (1)\\
\vec{\nabla} \cdot \vec{H} &= 0\,, && (2)\\
\vec{\nabla} \times \vec{E} &= -\frac{1}{c}\frac{\partial \vec{H}}{\partial t}\,, && (3)\\
\vec{\nabla} \times \vec{H} &= \frac{4\pi}{c}\vec{j} + \frac{1}{c}\frac{\partial \vec{E}}{\partial t}\,, && (4)
\end{aligned}$$

wobei $\rho(\vec{r},t)$ und $\vec{j}(\vec{r},t)$ allgemeine zeitabhängige Ladungs- bzw. Stromdichteverteilungen sind.

Durch die Einführung des Vektorpotentials $\vec{A}$ und des skalaren Potentials ϕ ergibt sich

$$\vec{H} = \vec{\nabla} \times \vec{A} \qquad (5)$$

und aus Gleichung (3)

$$\vec{\nabla} \times (\vec{E} + \frac{1}{c}\frac{\partial \vec{A}}{\partial t}) = 0 \; .$$

Demnach läßt sich $(\vec{E} + \frac{1}{c}\frac{\partial \vec{A}}{\partial t})$ als Gradient aus einem Potential ϕ herleiten, was gleichbedeutend ist mit der Beziehung

$$\vec{E} = -\vec{\nabla}\phi - \frac{1}{c}\frac{\partial \vec{A}}{\partial t} \; . \tag{6}$$

Diese Darstellung der Felder durch die Potentiale (Coulombpotential ϕ und Vektorpotential $\vec{A}$) folgt direkt aus den Maxwellgleichungen (2) und (3). Gehen wir damit in die Gleichungen (1) und (4) ein, so erhalten wir zwei gekoppelte Differentialgleichungen für die Potentiale

$$\Delta\phi + \frac{1}{c}\frac{\partial(\vec{\nabla} \cdot \vec{A})}{\partial t} = -4\pi\rho \tag{7}$$

$$\Delta\vec{A} - \frac{1}{c^2}\frac{\partial^2 \vec{A}}{\partial^2 t} - \vec{\nabla}(\vec{\nabla} \cdot \vec{A} + \frac{1}{c}\frac{\partial \phi}{\partial t}) = \frac{4\pi}{c}\vec{j} \; . \tag{8}$$

Um eine Entkopplung der beiden Gleichungen zu erreichen, benutzt man eine geeignete Eichung der Potentiale.

Eichtransformation: Das magnetische Feld (5) ändert sich nicht bei einer Transformation des Vektorpotentials von der Gestalt

$$\vec{A}' = \vec{A} + \vec{\nabla}\Lambda(\vec{r}, t) \; .$$

Aus Gleichung (6) folgt dann, daß für das skalare Potential gelten muß

$$\phi' = \phi - \frac{1}{c}\frac{\partial \Lambda}{\partial t} \; ,$$

wenn auch das elektrische Feld durch die Transformationen nicht geändert werden soll. Über die Potentiale können wir in dem Maße frei verfügen, als dadurch die Felder nicht geändert werden. Die elektromagnetischen Felder stellen die meßbaren Größen dar, die Potentiale sind Hilfskonstruktionen. Derartige Transformationen nennt man Eichtransformationen, die Maxwellgleichungen verändern sich durch deratige Transformationen nicht, sie sind *eichinvariant.*

Die *Lorentzeichung* gibt eine Bedingung zwischen den beiden Potentialen, sie fordert

$$\frac{1}{c}\frac{\partial \phi'}{\partial t} + \vec{\nabla} \cdot \vec{A}' = 0 \tag{9}$$

Diese Bedingung kommt nicht von ungefähr. Wie man aus (8) erkennt, wird durch diese zusätzliche Bedingung eine Entkopplung der beiden gekoppelten Differentialgleichungen für die Potentiale erreicht. Aus den Gleichungen (7) und (8) werden dann

$$\Delta\phi(\vec{r},t) - \frac{1}{c^2}\frac{\partial^2}{\partial t^2}\phi(\vec{r},t) = -4\pi\rho(\vec{r},t) \ , \tag{10a}$$

$$\Delta\vec{A}(\vec{r},t) - \frac{1}{c^2}\frac{\partial^2}{\partial t^2}\vec{A}(\vec{r},t) = -\frac{4\pi}{c}\vec{j}(\vec{r},t) \ , \tag{10b}$$

die *zwei entkoppelten Differentialgleichungen* zur Bestimmung der Potentiale.

Setzen wir die gestrichenen Potentiale in die Lorentzbedingung (9) ein, so erhalten wir die Wellengleichung für die Eichfunktion $\Lambda(\vec{r},t)$:

$$\Delta\Lambda - \frac{1}{c^2}\frac{\partial^2}{\partial t^2}\Lambda = -\left(\vec{\nabla}\cdot\vec{A} + \frac{1}{c}\frac{\partial\phi}{\partial t}\right)$$

Sind also $\vec{A}(\vec{r},t)$ und $\phi(\vec{r},t)$ gegeben, so kann die Lorentz-Eichfunktion $\Lambda(\vec{r},t)$ aus dieser Gleichung bestimmt werden. Eine andere Eichung zur Entkopplung der Differentialgleichungen (7) und (8) ist die *Coulomb-Eichung*, die auch *transversale Eichung* genannt wird. Sie fordert

$$\vec{\nabla}\cdot\vec{A}' = 0 \ . \tag{11}$$

Den Strich am Vektorpotential, der uns an die Coulombeichung erinnern soll, lassen wir im folgenden wieder weg. Wir erhalten dann die beiden entkoppelten Differentialgleichungen

$$\Delta\phi = -4\pi\rho \ , \tag{12a}$$

$$\Delta\vec{A} - \frac{1}{c^2}\frac{\partial^2}{\partial t^2}\vec{A} = -\frac{4\pi}{c}\vec{j} + \frac{1}{c}\vec{\nabla}\frac{\partial\phi}{\partial t} \ . \tag{12b}$$

Die Gleichung (12a) zeigt die Herkunft des Namens „ Coulomb-Eichung “ . Das elektrische Potential ist genauso wie das Coulombpotential in der Elektrostatik durch die momentane Ladungsverteilung gegeben.

Wir zeigen noch, daß die rechte Seite der Gleichung (12b) die transversale Komponente der Stromdichte darstellt. Die Stromdichte $\vec{j}$ ist die Summe von transversaler und longitudinaler Komponente

$$\vec{j} = \vec{j}_l + \vec{j}_t \ , \tag{13a}$$

wobei für die einzelnen Komponenten gilt

$$\vec{\nabla}\times\vec{j}_l = 0 \qquad \text{bzw.} \qquad \vec{\nabla}\cdot\vec{j}_t = 0 \ . \tag{13b}$$

Ausgehend von der Beziehung

$$\phi = \int \frac{\rho(\vec{r}\,',t)}{|\vec{r}-\vec{r}\,'|}\,dV'$$

bilden wir davon den Gradienten der zeitlichen Ableitung

$$\vec{\nabla}\frac{\partial}{\partial t}\phi = \vec{\nabla}\int\frac{\frac{\partial}{\partial t}\rho(\vec{r}\,',t)}{|\vec{r}-\vec{r}\,'|}dV' \ . \tag{14}$$

Mit der Kontinuitätsgleichung $\frac{\partial\rho(\vec{r}\,',t)}{\partial t} = -\vec{\nabla}'\cdot\vec{j}(\vec{r}\,',t)$ ergibt sich

$$\vec{\nabla}\frac{\partial}{\partial t}\phi = -\vec{\nabla}\int\frac{\vec{\nabla}'\cdot\vec{j}(\vec{r}\,',t)}{|\vec{r}-\vec{r}\,'|}dV' \quad . \tag{15}$$

Jetzt ist noch zu zeigen, daß die rechte Seite von Gleichung (15) der longitudinalen Stromdichtekomponente $4\pi\vec{j}_l$ entspricht. Dazu schreiben wir unter Benutzung von $\vec{\nabla}\times(\vec{\nabla}\times\vec{v}) = \vec{\nabla}(\vec{\nabla}\cdot\vec{v}) - \nabla^2\vec{v}$ für die beiden Komponenten der Stromdichte

$$\vec{j} = \vec{j}_t + \vec{j}_l \equiv \frac{1}{4\pi}\left\{\vec{\nabla}\times\vec{\nabla}\times\int\frac{\vec{j}(\vec{r}\,',t)}{|\vec{r}-\vec{r}\,'|}dV' - \vec{\nabla}\left(\vec{\nabla}\cdot\int\frac{\vec{j}(\vec{r}\,',t)}{|\vec{r}-\vec{r}\,'|}dV'\right)\right\} \quad , \tag{16}$$

was der Aufspaltung (13a) entspricht. Auch die Beziehungen (13b)

$$\vec{\nabla}\times\vec{j}_l = 0 \quad , \qquad \vec{\nabla}\cdot\vec{j}_t = 0$$

prüft man leicht nach.

Bei der Umformung des zweifachen Vektorproduktes hebt sich der zweite Term gegen das zweite Glied (16) weg und es bleibt

$$\vec{j} = \vec{j}_t + \vec{j}_l = -\frac{1}{4\pi}\Delta\int\frac{\vec{j}(\vec{r}\,',t)}{|\vec{r}-\vec{r}\,'|}dV' \quad .$$

Da der Δ Operator nur auf die ungestrichene Koordinate wirkt, folgt mit

$$\Delta\frac{1}{|\vec{r}-\vec{r}\,'|} = -4\pi\delta(\vec{r}-\vec{r}\,')$$

sofort die Richtigkeit unserer Aufspaltung:

$$-\frac{1}{4\pi}\Delta\int\frac{\vec{j}(\vec{r}\,',t)}{|\vec{r}-\vec{r}\,'|}dV' = \vec{j}(\vec{r},t) \quad .$$

Damit ist gezeigt, daß für Gleichung (15) gilt

$$\vec{\nabla}\frac{\partial}{\partial t}\phi = 4\pi\vec{j}_l(\vec{r},t) \quad . \tag{17}$$

Für die Gleichung (12b) bedeutet das

$$\Delta\vec{A} - \frac{1}{c^2}\frac{\partial^2\vec{A}}{\partial t^2} = -\frac{4\pi}{c}\vec{j}_t(\vec{r},t) \quad . \tag{18}$$

Das Vektorpotential wird also im Falle der (transversalen) Coulomb-Eichung durch den transversalen Anteil der Stromdichteverteilung $\vec{j}_t$ gegeben. Die Bezeichnung "transversal" und "longitudinal" für die Stromanteile (16) wird nachtäglich durch die Berechnung (18) gerechtfertigt. Für ebene Wellen der Form $\vec{A}(\vec{r},t) = \vec{\epsilon}\, e^{i(\vec{k}\cdot\vec{r}-\omega t)}$ folgt aus der Coulomb-Eichbedingung (11) $\vec{\epsilon}\cdot\vec{k} = 0$, d.h. die Wellen des Vektorpotentials sind transversal polarisiert. Dann muß in der Vektorgleichung (18) auch die rechts stehende Stromdichte dieselbe Vektorrichtung wie das Vektorpotential $\vec{A}(\vec{r},t)$ besitzen, also tranversal zu $\vec{k}$ sein. Damit erklärt sich übrigens auch der Name "transversale Eichung", der alternativ zu Coulomb-Eichung benutzt wird.

Die zeitabhängige Greensfunktion: Um die Wellengleichungen (10a) und (10b) lösen zu können, betrachten wir allgemein Gleichungen dieser Art:

$$\nabla^2\psi - \frac{1}{c^2}\frac{\partial^2}{\partial t^2}\psi = -4\pi f(\vec{r},t) \quad . \tag{19}$$

Zur Lösung ist es, wie wir bereits in der Elektrostatik sahen, zweckmäßig, eine nun jedoch zeitabhängige Greensfunktion $G(\vec{r},t;\vec{r}\,',t')$ zu suchen, die dieser Wellengleichung

$$\left(\nabla^2 - \frac{1}{c^2}\frac{\partial^2}{\partial t^2}\right) G(\vec{r},t;\vec{r}\,',t') = -4\pi\delta(\vec{r}-\vec{r}\,')\,\delta(t-t') \tag{20}$$

genügt. Die Greensfunktion, die der Gleichung (20) genügt, hängt nur von den Differenzen der Orts- und Zeitkoordinaten ab. Im unendlichen vierdimensionalen $(\vec{r},t)$-Raum können wir nun als Lösung von (19)

$$\psi(\vec{r},t) = \int G(\vec{r},t;\vec{r}\,',t')\, f(\vec{r}\,',t')\, dV'\, dt'$$

ansetzen. Diese Wellenfunktion erfüllt Gleichung (19) jedoch nur dann, wenn keine Randbedingungen gestellt sind, was im allgemeinen nicht zutrifft. Zur weiteren Behandlung des Problems ist es nun erforderlich, daß wir uns auf den nächsten Seiten der Mathematik zuwenden. Zunächst wollen wir die Fourierdarstellung der Deltafunktionen betrachten (vgl. Gleichung (3.25)):

$$\delta(\vec{r}-\vec{r}\,')\,\delta(t-t') = \frac{1}{(2\pi)^4}\int_{-\infty}^{+\infty} d^3k \int_{-\infty}^{+\infty} d\omega\, e^{i\vec{k}\cdot(\vec{r}-\vec{r}\,')}\, e^{-i\omega(t-t')} \quad . \tag{21}$$

Wir setzen für die zeitabhängige Greensfunktion die Fourierdarstellung

$$G(\vec{r},t;\vec{r}\,',t') = \int_{-\infty}^{+\infty} d^3k \int_{-\infty}^{+\infty} d\omega\, g(\vec{k},\omega)\, e^{i\vec{k}\cdot(\vec{r}-\vec{r}\,')}\, e^{-i\omega(t-t')} \tag{22}$$

an, wobei die Fouriertransformierte $g(\vec{k},\omega)$ noch zu ermitteln ist.

Wenden wir den Operator $\Box = \nabla^2 - \frac{1}{c^2}\frac{\partial^2}{\partial t^2}$ auf beide Seiten der Gleichung (22) an, so wird

$$\Box\, G(\vec{r},t;\vec{r}\,',t') = \int_{-\infty}^{+\infty} d^3k \int_{-\infty}^{+\infty} d\omega\, g(\vec{k},\omega)\, \Box\, e^{i[\vec{k}\cdot(\vec{r}-\vec{r}\,')-\omega(t-t')]} \quad . \tag{23}$$

Es ist nun

$$\Box\, e^{i[\vec{k}\cdot(\vec{r}-\vec{r}\,')-\omega(t-t')]} = e^{-i\omega(t-t')}\,\nabla^2\, e^{i\vec{k}\cdot(\vec{r}-\vec{r}\,')} - \frac{1}{c^2}\, e^{i\vec{k}\cdot(\vec{r}-\vec{r}\,')}\,\frac{\partial^2}{\partial t^2}\, e^{-i\omega(t-t')} \quad .$$

Führen wir die Differentiationen durch, so erhalten wir

$$\Box\, e^{i[\vec{k}\cdot(\vec{r}-\vec{r}\,')-\omega(t-t')]} = \left(\frac{\omega^2}{c^2} - k^2\right) e^{i[\vec{k}\cdot(\vec{r}-\vec{r}\,')-\omega(t-t')]}$$

und nach Einsetzen dieses Ergebnisses in Gleichung (23) folgt:

$$\Box\, G(\vec{r},t;\vec{r}\,',t') = \int_{-\infty}^{+\infty} d^3k \int_{-\infty}^{+\infty} d\omega\, g(\vec{k},\omega) \left(\frac{\omega^2}{c^2} - k^2\right) e^{i[\vec{k}\cdot(\vec{r}-\vec{r}\,')-\omega(t-t')]} \quad . \tag{24}$$

Setzen wir für beide Seiten der Gleichung (20) die Gleichungen (21) und (24) ein, so liefert der Koeffizientenvergleich für die Fouriertransformierte:

$$g(\vec{k},\omega) = \frac{1}{4\pi^3}\,\frac{1}{k^2 - \omega^2/c^2} \quad .$$

Damit ergibt sich für die Greensfunktion die Darstellung

$$G(\vec{r},t;\vec{r}\,',t') = \frac{1}{4\pi^3} \int_{-\infty}^{+\infty} d^3k \int_{-\infty}^{+\infty} d\omega\, \frac{c^2}{c^2k^2 - \omega^2}\, e^{i[\vec{k}\cdot(\vec{r}-\vec{r}\,')-\omega(t-t')]} \quad . \tag{25}$$

Um die Singularitäten des Integranden bei $\omega = \pm c\,k$ zu umgehen, rufen wir zunächst einige Hilfsmittel und Definitionen aus der Funktionentheorie in unser Gedächtnis zurück (siehe Kapitel I.4):

1.) Die Variable z ist komplex. Eine Funktion $f(z)$ heißt "holomorph", wenn sie in einem Teilgebiet G der komplexen Ebene differenzierbar ist.

2.) Cauchyscher Integralsatz: Ist $f(z)$ holomorph auf G und ist C eine einfach geschlossene Kurve, so gilt:

$$\oint_C f(z)\, dz = 0$$

3.) Hat nun $f(z)$ in einem Punkt z_0 einen Pol ersten Grades, dann heißt:

$$\mathrm{Res}_{z_0} f(z) = \lim_{z\to z_0} (z - z_0) f(z)$$

Residuum von $f(z)$ in z_0.

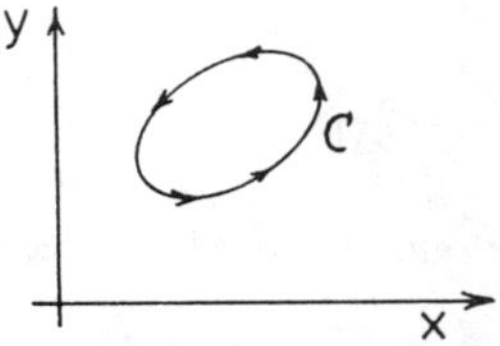

4.) Das im mathematisch positiven Umlaufsinn über einen geschlossenen Weg genommene Integral der Funktion $f(z)$, die im gesamten einfach zusammehängenden Gebiet G innerhalb des Integrationsweges außer in den endlich vielen Punkten $a_1, \ldots, a_n$ analytisch ist, ist gleich der Summe der Residuen in allen diesen singulären Punkten $a_1, \ldots, a_n$ multipliziert mit $2\pi i$:

$$\oint_C f(z)\,dz = 2\pi i \cdot \sum_{k=1}^{n} \mathrm{Res}_{a_k} f(z) \quad .$$

Mit diesen Hilfsmitteln können wir nun nähere Aussagen über die Greensfunktion (25) machen. Insbesonders können wir durch geeignete Führung des Integrationsweges in (25), d.h. durch geeignete "Umschiffung" der Polstellen bei der ω-Integration sicherstellen, daß sich die durch die Greensfunktion beschriebene Welle kausal ausbreitet.

Die Greensfunktion stellt eine Störung dar, die von einer Punktladung $\vec{r}\,'$ während eines infinitesimal kleinen Zeitintervalls zur Zeit $t = t'$ hervorgerufen wird und sich als Kugelwelle mit der Geschwindigkeit c ausbreitet. Für eine kausal sich ausbreitende Welle muß gelten

$$G(\vec{r}, t; \vec{r}\,', t') = 0 \qquad \text{für} \quad t < t' \quad .$$

Für $t \geq t'$ stellt G eine sich in die Zukunft ausbreitende Welle dar. Die Singularitäten von $g(\vec{k}, \omega)$ liegen bei $\omega = \pm c\,k$. Betrachten wir nun die komplexe ω-Ebene: $\omega = \omega_1 + i\omega_2$ in der angegebenen Skizze und versuchen durch geeignete Führung des Integrationsweges in der komplexen Ebene die kausalen Wellen zu verwirklichen.

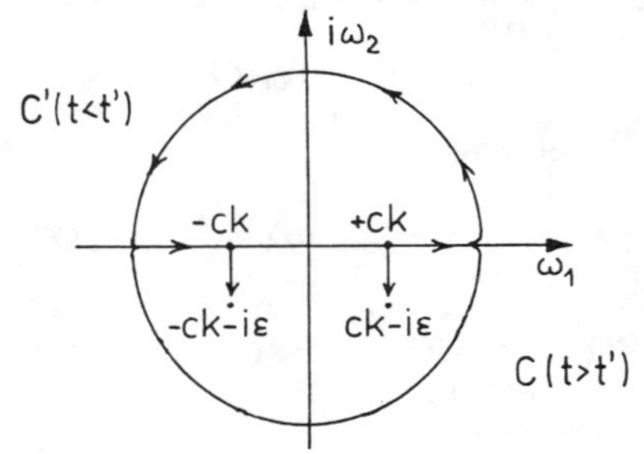

Durch diese Integralführung beschreiben wir die kausalen Wellen. Diese dürfen nicht verschwinden. Deshalb müssen die Pole von $g(k, \omega)$ in der unteren Halbebene liegen. In der oberen Halbebene dürfen keine Pole liegen, damit akausal sich ausbreitende Wellen (die Störung ist zu früherer Zeit t vorhanden, bevor sie überhaupt gesendet (Sender ist t') wurde) verschwinden.

Damit G für $t < t'$ verschwindet, müssen wir die Pole in $\omega = \pm c\,k$ umgehen. Dies geschieht, indem wir sie um eine infinitesimale Größe $(-i\epsilon)$ verschieben, wie es in der

Skizze angedeutet ist. Mathematisch gesehen bedeutet dies, daß wir ω durch $\omega + i\epsilon$ in Gleichung (25) ersetzen:

$$G(\vec{r},t;\vec{r}\,',t') = \frac{1}{4\pi^3} \int_{-\infty}^{+\infty} d^3k \int_{-\infty}^{+\infty} d\omega \, \frac{e^{i\vec{k}\cdot\vec{R}-i\omega\tau}}{k^2 - (\omega + i\epsilon)^2/c^2} \quad . \tag{26}$$

wobei $\vec{R} = \vec{r} - \vec{r}\,'$ und $\tau = t - t'$ gesetzt wurde.

Zunächst wollen wir ein Teilintegral von (26) berechnen:

$$I(k) = \int_{-\infty}^{+\infty} d\omega \, \frac{e^{-i\omega\tau}}{k^2 - (\omega + i\epsilon)^2/c^2} \quad .$$

Die Integrationswege, die in der Zeichnung angedeutet sind, erfüllen die Bedingungen, die zur Anwendung des Cauchyschen Integralsatzes und des Residuensatzes gestellt sind. Wir müssen jedoch beachten, daß wir für $\tau = t - t' > 0$ entlang der Kurve C integrieren, während das Integral für $t < t'$ entlang C' verschwindet. Dies ist durch das Versetzen der Pole um $-i\epsilon$ gesichert.

Wir berechnen nun nach dem Residuensatz

$$\oint_C d\omega \, \frac{c^2\, e^{-i\omega\tau}}{c^2k^2 - (\omega + i\epsilon)^2} = \oint_C d\omega \, f(\omega,k) \quad .$$

Da wir zwei Pole erster Ordnung haben, erhalten wir auch zwei Residuen, und zwar zuerst für $\omega_1 = c\,k - i\epsilon$:

$$\begin{aligned}
\mathrm{Res}_{\omega_1} f(\omega,k) &= c^2\, e^{-i\omega_1\tau} \cdot \lim_{\omega\to\omega_1} \frac{\omega - c\,k + i\epsilon}{c^2k^2 - (\omega + i\epsilon)^2} \\
&= c^2\, e^{-i\omega_1\tau} \cdot \lim_{\omega\to\omega_1} \frac{\omega - c\,k + i\epsilon}{(c\,k + (\omega + i\epsilon)) \cdot (c\,k - (\omega + i\epsilon))} \quad . \\
\mathrm{Res}_{\omega_1} f(\omega,k) &= c^2\, e^{-i\omega_1\tau} \cdot \lim_{\omega\to\omega_1} \frac{(\omega - \omega_1)}{(\omega_1 - \omega)(c\,k + \omega + i\epsilon)} \quad .
\end{aligned}$$

Für $\epsilon \to 0$ folgt

$$\mathrm{Res}_{\omega_1} f(\omega,k) = -\frac{c}{2k} e^{-ick\tau} \quad .$$

Für den anderen Pol $\omega_2 = -ck - i\epsilon$ folgt analog:

$$\mathrm{Res}_{\omega_2} f(\omega,k) = +\frac{c}{2k} e^{ick\tau} \quad .$$

Nun ist $\oint f(\omega,k)\, d\omega = 2\pi i(\mathrm{Res}_{\omega_1} f + \mathrm{Res}_{\omega_2} f)$, also

$$I(k) = 2\pi i \left(-\frac{c}{2k} e^{-ick\tau} + \frac{c}{2k} e^{ick\tau} \right) = +\frac{2\pi c}{k} \sin(ck\tau) \quad .$$

Nach Durchführung der Integration über $d\omega$ erhalten wir folgendes Zwischenergebnis:

$$G(\vec{R},\tau) = \begin{cases} 0 & \text{für } t < t' \quad (\tau < 0) \\ \frac{c}{2\pi^2} \int_{-\infty}^{+\infty} d^3k \, e^{i\vec{k}\cdot\vec{R}} \cdot \frac{+\sin(ck\tau)}{k} & \text{für } t > t' \quad (\tau > 0) \end{cases} \quad .$$

Damit ist auch die Randbedingung $G = 0$ für $t < t'$ erfüllt.

Es ist nun noch die Integration über $d^3k(\tau > 0)$ durchzuführen. Dazu führen wir Kugelkoordinaten im $\vec{k}$-Raum ein, wobei $\vec{R}$ die Richtung der k_z-Achse angeben soll. Da diese willkürlich wählbar ist, ist das immer möglich. Wir erhalten

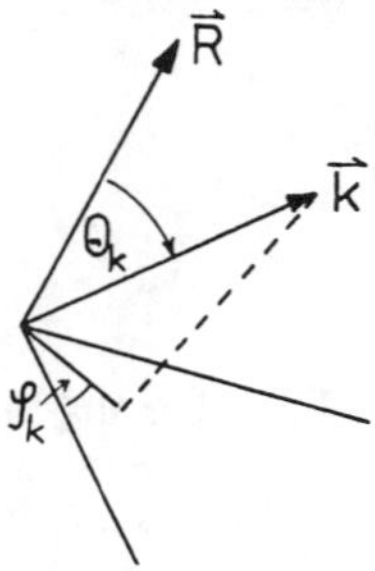

$\vec{R}$ wird als Polarachse (z-Achse) im $\vec{k}$-Raum gewählt.

$$d^3k = k^2 \sin\Theta_k \, dk \, d\Theta_k \, d\varphi_k \quad \text{und} \quad \vec{k}\cdot\vec{R} = k \cdot R \cdot \cos\Theta_k \quad .$$

Dies in die obige Berechnung eingesetzt ergibt

$$G(\vec{R},\tau) = +\frac{c}{2\pi^2} \int d\varphi_k \, d\Theta_k \, dk \cdot k \sin\Theta_k \cdot \sin(ck\tau) \, e^{ikR\cos\Theta_k} \quad .$$

Die Integration über $d\varphi_k$ ergibt den Faktor 2π, und wir erhalten

$$G(\vec{R},\tau) = -\frac{c}{\pi} \int_{k=0}^{\infty} k \cdot \sin(ck\tau) \, dk \int_{\Theta=0}^{\pi} -e^{ikR\cos\Theta_k} \sin\Theta_k d\Theta_k \quad . \qquad (27)$$

Wir berechnen zunächst das Integral $P_\Theta = \int_{\Theta=0}^{\pi} -e^{ikR\cos\Theta_k} \sin\Theta_k d\Theta_k$ mit der Substitution $u = ikR\cos\Theta_k$ und erhalten $P_\Theta = -\frac{2}{kR}\sin(kR)$.

Einsetzen in (27) ergibt

$$G(\vec{R},\tau) = \frac{2c}{\pi R} \int_0^{\infty} \sin(kR)\sin(ck\tau) \, dk \quad .$$

Wir substituieren nun $x = c\,k$ und formen den Integranden um. Dazu benutzen wir das Additionstheorem und die Darstellung des Cosinus durch die Exponentialfunktion und erhalten:

$$A = \sin\tau x \cdot \sin\frac{R}{c}x \quad ,$$

$$A = \frac{1}{4}\left[\left(e^{i(\tau-R/c)x} + e^{-i(\tau-R/c)x}\right) - \left(e^{i(\tau+R/c)x} + e^{-i(\tau+R/c)x}\right)\right] \quad .$$

Das Einsetzen liefert mit der Erweiterung des Integrationsbereichs und Zusammenfassung der Terme

$$G = \frac{1}{2\pi R} \int_0^{\infty} A \cdot dx = \frac{1}{2\pi R} \int_{-\infty}^{+\infty} \left(e^{i(\tau-R/c)x} - e^{i(\tau+R/c)x}\right) dx \quad .$$

Es ist aber $\int_{-\infty}^{+\infty} e^{iax}\,dx = 2\pi\delta(a)$. Damit folgt für die Greensfunktion

$$G = \frac{1}{R}\left[\delta(\tau - R/c) - \delta(\tau + R/c)\right] \quad .$$

Da das Argument $(\tau + R/c)$ für $\tau > 0$ nirgends verschwindet, kann die Deltafunktion mit diesem Argument zur Lösung nichts beitragen. Somit verbleibt

$$G = \frac{1}{R}\delta(\tau - R/c)$$

oder, da $\vec{R} = \vec{r} - \vec{r}\,'$ und $\tau = t - t'$ ist,

$$G(\vec{r}, t; \vec{r}\,', t') = \frac{\delta\left(t - t' - \frac{|\vec{r}-\vec{r}\,'|}{c}\right)}{|\vec{r} - \vec{r}\,'|} \quad . \tag{28}$$

Dies ist nun die gesuchte *Darstellung der zeitabhängigen Greensfunktion.* Sie wird auch *retardierte Greensfunktion* genannt, denn sie beschreibt das kausale Verhalten, das mit einer Wellenstörung verbunden ist, und zwar im folgenden Sinn: Findet gemäß Gleichung (20) zur Zeit $t = t'$ am Orte $\vec{r} = \vec{r}\,'$ eine Erregung (Störung) statt, so erreicht diese Störung den Ort $\vec{r}(\neq \vec{r}\,')$ erst *nach der Zeit* $t - t' = \frac{|\vec{r}-\vec{r}\,'|}{c}$. *Die Erregung breitet sich also mit Lichtgeschwindigkeit in die Zukunft aus.* Setzen wir nun unsere Lösung in die Ausgangsgleichung ein, so wird

$$\psi(\vec{r}, t) = \int dV'\,dt'\,\frac{f(\vec{r}\,', t')}{|\vec{r} - \vec{r}\,'|}\delta\left(t - t' - \frac{|\vec{r} - \vec{r}\,'|}{c}\right) \quad . \tag{29}$$

Führen wir die Integration über dt' durch, so erhalten wir das *retardierte Potential,* wenn wir entsprechend (10a) noch die Ladungsdichte für die Funktion f einsetzen:

$$\phi(\vec{r}, t) = \int dV'\,\frac{\rho\left(\vec{r}\,', t - \frac{|\vec{r}-\vec{r}\,'|}{c}\right)}{|\vec{r} - \vec{r}\,'|} \quad . \tag{30}$$

Eine analoge Rechnung für das Vektorpotential (10b) liefert

$$\vec{A}(\vec{r}, t) = \frac{1}{c}\int dV'\,\frac{\vec{j}\left(\vec{r}\,', t - \frac{|\vec{r}-\vec{r}\,'|}{c}\right)}{|\vec{r} - \vec{r}\,'|} \quad . \tag{31}$$

Die Potentiale mit der Zeitabhängigkeit $t - \frac{|\vec{r}-\vec{r}\,'|}{c}$ heißen retardierte Potentiale. Die avancierten Potentiale mit der Abhängigkeit $t + \frac{|\vec{r}-\vec{r}\,'|}{c}$ hätten sich ergeben, wenn wir bei der Integration in der komplexen Ebene den anderen (oberen) Integrationsweg genommen hätten, also von Anfang an Ausbreitungen $(t - t') < 0$, d.h. rückwärts in der Zeit betrachtet hätten.

Mit den retardierten Potentialen werden die Felder sich bewegender Ladungen berechnet. Die Zeitabhängigkeit $t - \frac{|\vec{r}-\vec{r}\,'|}{c} = t'$ gibt an, daß das an der Stelle $\vec{r}$ zur Zeit t

beobachtete Feld zu der *früheren* Zeit $t' < t$ am Ort $\vec{r}'$ verursacht wurde. Der Quotient $\frac{|\vec{r}-\vec{r}'|}{c}$ gibt ja gerade die Zeit an, die eine mit Lichtgeschwindigkeit laufende Welle braucht, um von $\vec{r}'$ nach $\vec{r}$ zu kommen. Somit wird durch die retardierten Potentiale dem Kausalitätsprinzip für in die Zukunft sich ausbreitende Störungen Rechnung getragen. Weiterhin wird hier das Superpositionsprinzip deutlich, da die von mehreren Quellen ausgehenden Störungen sich linear überlagern.

Die avancierten Potentiale spielen eine Rolle bei der Beschreibung physikalischer Vorgänge der Gegenwart aus ihrer Kenntnis in der Zukunft. Solche Probleme haben in der Feldtheorie (S-Matrixformalismus) eine gewisse formale Bedeutung.

Wir weisen noch darauf hin, daß der physikalische Inhalt der Lösungen (30) und (31) von dem der Differentialgleichungen (10) verschieden ist. Während nämlich in den Differentialgleichungen (10) das Vorzeichen der Zeit in keiner Weise ausgezeichnet ist (die D.-Gleichungen (10) sind invariant gegenüber der Transformation $t' = -t$), machen die Lösungen (30) sehr wohl einen Unterschied zwischen Vergangenheit und Zukunft. Das liegt daran, daß wir bei der Bestimmung der Greensfunktion (28) explizit nur retardierte, also sich in die Zukunft ausbreitende Störungen konstruiert haben, wie es das Kausalitätsprinzip verlangt.

Liénard-Wiechert Potentiale: Um die Gesamtladung q zu berechnen, muß im statischen Fall das Integral $q = \int \rho(\vec{r}')\, dV'$ berechnet werden. Im dynamischen Fall ist dies nicht so einfach möglich: Es gehört zu jedem Aufpunkt eine retardierte Zeit, die auch noch explizit vom Aufpunkt abhängt. Gleiches gilt für die Potentiale. Um eine formale Unabhängigkeit von der Zeit t' zu erreichen, greifen wir auf die Darstellung (29) der retardierten Potentiale mit der δ-Funktion zurück. Betrachten wir Ladungen geringer Ausdehnung (oder Punktladungen), so sei $\vec{r}_0(t)$ die Trajektorie dieser Ladung und $\vec{v}(t) = \frac{d\vec{r}_0(t)}{dt}$ deren Geschwindigkeit. Die Ladungs- und Stromdichten sind dann

$$\rho(\vec{r},t) = e\,\delta(\vec{r}-\vec{r}_0(t)) \qquad \vec{j}(\vec{r},t) = e\,\vec{v}(t)\,\delta(\vec{r}-\vec{r}_0(t)) \tag{32}$$

und wir erhalten aus Gleichung (30) z.B. für das Coulombpotential

$$\phi(\vec{r},t) = e\int dV'\,\frac{1}{|\vec{r}-\vec{r}'|}\,\delta\left(\vec{r}'-\vec{r}_0\left(t-\frac{|\vec{r}-\vec{r}'|}{c}\right)\right) \quad .$$

Dieses Integral ist schwierig auszuführen. Nur wenn die Trajektorie $\vec{r}_0(t)$ explizit vorgegeben wäre, käme man leicht weiter.

Deshalb greifen wir – wie oben schon gesagt – auf den Ausdruck (29) zurück. Das Coulombpotential lautet danach beispielsweise

$$\phi(\vec{r},t) = e\int dt'\int dV'\,\frac{1}{|\vec{r}-\vec{r}'|}\,\delta\left(\vec{r}'-\vec{r}_0(t')\right)\delta\left(t'-t+\frac{|\vec{r}-\vec{r}'|}{c}\right) \quad . \tag{33}$$

In dieser Form kann die räumliche Integration leicht durchgeführt werden mit dem Ergebnis

$$\phi(\vec{r},t) = e \int dt' \, \frac{1}{|\vec{r}-\vec{r}_0(t')|} \, \delta\left(t' - t + \frac{|\vec{r}-\vec{r}_0(t')|}{c}\right) \quad . \tag{34}$$

Zur weiteren Auswertung führen wir folgende Substitution durch

$$u = t' - t + \frac{|\vec{r}-\vec{r}_0(t')|}{c} = t' - t + \frac{\sqrt{(x-x_0(t'))^2 + (y-y_0(t'))^2 + (z-z_0(t'))^2}}{c}$$

$$\begin{aligned} \frac{\mathrm{d}u}{\mathrm{d}t'} &= 1 - \frac{[(x-x_0(t'))\dot{x}_0(t') + (y-y_0(t'))\dot{y}_0(t') + (z-z_0(t'))\dot{z}_0(t')]}{c\sqrt{(x-x_0(t'))^2 + (y-y_0(t'))^2 + (z-z_0(t'))^2}} \\ &= 1 - \vec{n}(t') \cdot \frac{\vec{v}(t')}{c} \quad , \end{aligned}$$

wobei $\vec{n}(t') = \frac{\vec{r}-\vec{r}_0(t')}{|\vec{r}-\vec{r}_0(t')|}$ der Einheitsvektor ist, der von der Ladung am Ort $\vec{r}_0(t')$ zum Aufpunkt $\vec{r}$ zeigt (vgl. Figur).

Demnach ist

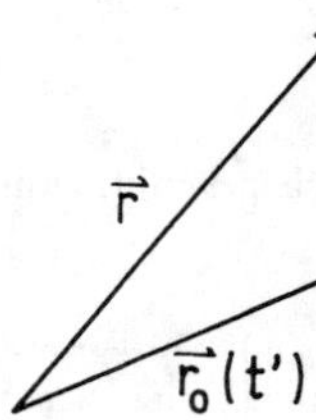

Veranschaulichung der Bahnkurve $\vec{r}_0(t')$, des Aufpunktes $\vec{r}$ und des Einheitsvektors $\vec{n}$.

$$dt' = \frac{du}{1 - \vec{n}(u) \cdot \frac{\vec{v}(u)}{c}} \tag{35}$$

und (34) geht über in

$$\begin{aligned} \phi(\vec{r},t) &= e \int du \, \frac{1}{|\vec{r}-\vec{r}_0(t'(u))|} \cdot \frac{1}{1 - \vec{n}(u) \cdot \frac{\vec{v}(u)}{c}} \delta(u) \\ &= \left. \frac{e}{|\vec{r}-\vec{r}_0(t')| \cdot \left(1 - \vec{n}(t') \cdot \frac{\vec{v}(t')}{c}\right)} \right|_{t' = t - \frac{|\vec{r}-\vec{r}_0(t')|}{c}}^{u=0 \quad \text{oder}} \quad . \end{aligned} \tag{36}$$

Ähnlich ergibt sich mit (32) und (29) das Vektorpotential zu

$$\vec{A}(\vec{r},t) = \left. \frac{e\,\vec{v}(t')/c}{|\vec{r}-\vec{r}_0(t')| \cdot \left(1 - \vec{n}(t') \cdot \frac{\vec{v}(t')}{c}\right)} \right|_{t' = t - \frac{|\vec{r}-\vec{r}_0(t')|}{c}}^{u=0 \quad \text{oder}} \quad . \tag{37}$$

Wir haben bei dieser Ableitung beachtet, daß der von der $\delta(u)$-Funktion verschiedene Teil des Integranden in Gleichung (36) von u und damit von t' abhängt. Das Integral ist also vom Typ

$$\int f(u)\,\delta(u)\,du = f(u)\big|_{u=0} = f(t')\big|_{t'=t-\frac{|\vec{r}-\vec{r}_0(t')|}{c}} \quad .$$

Die Potentiale (36) und (37) heißen Liénard-Wiechert'sche[5] Potentiale.
Sie sind exakte Lösungen der Gleichungen (10) für die Potentiale eines sich beliebig (auf der Trajektorie $\vec{r}_0(t')$) bewegenden Punktteilchens.

20.1 Aufgabe: Zur Kirchhoffschen Integraldarstellung.

Lösen Sie das Problem der dreidimensionalen Wellengleichung mit einem Quellenterm bei vorgegebener Anfangsverteilung für das Wellenfeld und seine erste Zeitableitung.

Lösung:

Wir beginnen die Konstruktion der zugehörigen Greenschen Funktion mit der Identität

$$\varphi\nabla^2\psi - \psi\nabla^2\varphi = \vec{\nabla}\cdot(\varphi\vec{\nabla}\psi - \psi\vec{\nabla}\varphi) \quad , \qquad \underline{1}$$

wobei $\varphi(\vec{x})$ und $\psi(\vec{x})$ willkürliche Funktionen von $\vec{x}$ sind. Integrieren wir über ein gewisses Volumen (die Integrationskoordinaten kennzeichnen wir durch $\vec{x}'$) so ergibt sich

$$\int_V d^3x' \left(\varphi\nabla'^2\psi - \psi\nabla'^2\varphi\right) = \int_F dF' \left(\varphi\frac{\partial\psi}{\partial n'} - \psi\frac{\partial\varphi}{\partial n'}\right) \quad . \qquad \underline{2}$$

Sei nun $\psi(\vec{x}',t')$ die gewünschte Lösung der dreidimensionalen Wellengleichung

$$\nabla'^2\psi(\vec{x}',t') - \frac{1}{c^2}\frac{\partial^2}{\partial t'^2}\psi(\vec{x}',t') = -4\pi f(\vec{x}',t') \quad , \qquad \underline{3}$$

und $\varphi(\vec{x}',t')$ sei die *kausale Greensfunktion* dieser Gleichung, die wir als

$$G(\vec{x},t;\vec{x}',t') = \frac{\delta\left(t - t' - \frac{|\vec{x}-\vec{x}'|}{c}\right)}{|\vec{x}-\vec{x}'|} \qquad \underline{4}$$

[5] *Liénard*, Alfred Marie * 1869, Apr. 2, Amiens, Somme; † 1958, Apr. 29, Paris. Physiker – 1908-29 Prof., 19-29 Sous-Dir., 29-36 Dir., Ecole Nation. Supér. des Mines, Paris. – Mitglied der Acad. Sci. Paris.
Wiechert, Johann Emil. Geophysiker, * 1861, Dez. 26, Tilsit; † 1928, März 19, Göttingen. 1881-1887 stud., 1889 Dr. phil., 1890 PDoz. Physik Univ. Königsberg; 1897 PDoz., 1898 ao. Prof. Geophysik u. Dir. des geophysik. Inst., 1905 o. Prof. Univ. Göttingen. [BR].

kennen (vgl. Sie Gleichung (28)). Diese Greensfunktion genügt der Gleichung

$$\left(\nabla^2 - \frac{1}{c^2}\frac{\partial^2}{\partial t^2}\right) G(\vec{x},t;\vec{x}',t') = -4\pi\delta(\vec{x}-\vec{x}')\delta(t-t') \qquad \underline{5}$$

und, weil sie eine Funktion allein von der Kombination $\vec{x}-\vec{x}'$ und $t-t'$ ist, auch der Gleichung

$$\left(\nabla'^2 - \frac{1}{c^2}\frac{\partial^2}{\partial t'^2}\right) G(\vec{x},t;\vec{x}',t') = -4\pi\delta(\vec{x}-\vec{x}')\delta(t-t') \quad . \qquad \underline{6}$$

Substituieren wir diese Differentialgleichungen in die Integrale $\underline{2}$ und integrieren wir auch noch über t' von t_0 bis t_1, so ergibt sich

$$\begin{aligned}
&\int_{t_0}^{t_1} dt' \int_F dF' \left(G\tfrac{\partial\psi}{\partial n'} - \psi\tfrac{\partial G}{\partial n'}\right)\\
&= \int_{t_0}^{t_1} dt' \int_V d^3x' \left\{G(\vec{x},t;\vec{x}',t')\left[\tfrac{1}{c^2}\tfrac{\partial^2\psi}{\partial t'^2} - 4\pi f(\vec{x}',t')\right]\right.\\
&\quad \left. - \psi(\vec{x},t)\left[\tfrac{1}{c^2}\tfrac{\partial^2 G}{\partial t'^2} - 4\pi\delta(\vec{x}-\vec{x}')\delta(t-t')\right]\right\}\\
&= 4\pi\psi(\vec{x},t) - 4\pi\int_{t_0}^{t_1} dt' \int_V d^3x' G(\vec{x},t;\vec{x}',t') f(\vec{x}',t')\\
&\quad + \tfrac{1}{c^2}\int_V d^3x' \int_{t_0}^{t_1} dt' \tfrac{\partial}{\partial t'}\left(G\tfrac{\partial\psi}{\partial t'} - \psi\tfrac{\partial G}{\partial t'}\right)\\
&= 4\pi\psi(\vec{x},t) - 4\pi\int_V d^3x' \frac{f\left(\vec{x}',t-\frac{|\vec{x}-\vec{x}'|}{c}\right)}{|\vec{x}-\vec{x}'|}\\
&\quad + \tfrac{1}{c^2}\int_V d^3x' \left[G\tfrac{\partial\psi}{\partial t'} - \psi\tfrac{\partial G}{\partial t'}\right]_{t'=t_0}^{t'=t_1} \quad .
\end{aligned} \qquad \underline{7}$$

Dabei wurde angenommen, daß der Zeitpunkt t zwischen t_0 und t_1 liegt. Außerdem sieht man aus $\underline{4}$, daß dann G für $t'=t_1$ verschwindet. Falls das Integrationsvolumen ∞ groß gewählt wird und die Funktion ψ im Unendlichen verschwindet, dann verschwindet das Oberflächenintegral und $\underline{7}$ reduziert sich auf

$$\psi(\vec{x},t) = \int_V d^3x' \frac{f\left(\vec{x}',t-\frac{|\vec{x}-\vec{x}'|}{c}\right)}{|\vec{x}-\vec{x}'|} + \frac{1}{4\pi c^2}\int_V d^3x' \left[G\frac{\partial\psi}{\partial t'} - \psi\frac{\partial G}{\partial t'}\right]_{t'=t_0} \quad . \qquad \underline{8}$$

Nennen wir nun die Anfangsfunktion ($t_0 = 0$)

$$\psi(\vec{x},0) = F(\vec{x}) \quad \text{und} \quad \left.\frac{\partial\psi(\vec{x},t)}{\partial t}\right|_{t=0} = D(\vec{x}) \quad , \qquad \underline{9}$$

dann geht $\underline{8}$ über in

$$\begin{aligned}
\psi(\vec{x},t) = &\int_V d^3x' \frac{f\left(\vec{x}',t-\frac{|\vec{x}-\vec{x}'|}{c}\right)}{|\vec{x}-\vec{x}'|} + \tfrac{1}{4\pi c^2}\int_V d^3y \frac{\delta\left(\frac{|\vec{y}|}{c}-t\right)}{|\vec{y}|} D(\vec{x}+\vec{y})\\
&- \tfrac{1}{4\pi c^2}\int_V d^3y\, F(\vec{x}+\vec{y}) \frac{\delta'\left(\frac{|\vec{y}|}{c}-t\right)}{|\vec{y}|} \quad ,
\end{aligned} \qquad \underline{10}$$

wobei wir im zweiten Integral die neue Variable $\vec{y} = \vec{x}' - \vec{x}$ substituiert haben. Weil nun

$$\begin{aligned}
\delta\left(\tfrac{|\vec{y}|}{c} - t\right) &= c\delta\left(|\vec{y}| - ct\right) \quad ,\\
\delta'\left(\tfrac{|\vec{y}|}{c} - t\right) &= \frac{\partial}{\partial\left(\frac{|\vec{y}|}{c}\right)}\delta\left(\tfrac{|\vec{y}|}{c} - t\right) = c^2\delta'\left(|\vec{y}| - ct\right) \quad ,
\end{aligned} \qquad \underline{11}$$

folgt weiter

$$\psi(\vec{x},t) = \int_V d^3x' \frac{f\left(\vec{x}',t-\frac{|\vec{x}-\vec{x}'|}{c}\right)}{|\vec{x}-\vec{x}'|} \begin{array}{l} +\frac{1}{4\pi c}\int_V \frac{d^3y}{|\vec{y}|} D(\vec{x}+\vec{y})\delta(|\vec{y}|-ct) \\ +\frac{1}{4\pi}\int_V \frac{d^3y}{|\vec{y}|} F(\vec{x}+\vec{y})\delta'(|\vec{y}|-ct) \quad . \end{array} \qquad \underline{12}$$

Will man nun beispielsweise die Funktion $\psi(\vec{x},t)$ im Koordinatenursprung $\vec{x}=0$, also $\psi(0,t)$, berechnen, so führt man zweckmäßigerweise sphärische Koordinaten $|\vec{y}|$ und Ω ein, so daß $d^3y = |\vec{y}|^2\, d|\vec{y}|\, d\Omega$ und erhält

$$\psi(0,t) = \int d\Omega \int_0^\infty d|\vec{y}|\, |\vec{y}|\, f\left(|\vec{y}|,\Omega,t-\frac{|\vec{y}|}{c}\right) \begin{array}{l} +\frac{t}{4\pi}\int d\Omega\, D(ct,\Omega) \\ +\frac{1}{4\pi}\int d\Omega \frac{\partial}{\partial t}\left[t\,F(ct,\Omega)\right] \quad . \end{array} \qquad \underline{13}$$

Wenn man andererseits ein endliches Integrationsvolumen, *das keine Quellen enthält*, betrachtet, und verschwinden sowohl ψ als auch $\frac{\partial\psi}{\partial t}$ im ganzen Volumen zur Anfangszeit t_0, dann folgt aus 7

$$\begin{aligned} \psi(\vec{x},t) &= \frac{1}{4\pi}\int_{t_0}^{t_1} dt' \int_F dF' \left(G\frac{\partial\psi}{\partial n'} - \psi\frac{\partial G}{\partial n'}\right) \\ &= \frac{1}{4\pi}\int_{t_0}^{t_1} dt' \int_F dF'\, \vec{n}'\cdot\left(G\vec{\nabla}'\psi - \psi\vec{\nabla}'G\right) \quad . \end{aligned} \qquad \underline{14}$$

Führen wir zur Abkürzung $\vec{R} = \vec{x}-\vec{x}'$ ein, so ist

$$G = \frac{\delta\left(t'+\frac{R}{c}-t\right)}{R} \quad , \qquad \underline{15}$$

$$\vec{\nabla}'G = \frac{\partial G}{\partial R}\vec{\nabla}'R = \left[-\frac{\delta\left(t'+\frac{R}{c}-t\right)}{R^2} + \frac{\delta'\left(t'+\frac{R}{c}-t\right)}{cR}\right]\left(-\frac{\vec{R}}{R}\right) \quad . \qquad \underline{16}$$

Die δ-Funktionen in 14 können eliminiert werden, wenn das Zeitintervall von $-\infty$ bis $+\infty$ ausgedehnt wird, also $t_0 = -\infty$ und $t_1 = +\infty$ gewählt wird. Dann folgt aus 14

$$\psi(\vec{x},t) = \frac{1}{4\pi}\int_F dF'\vec{n}'\cdot\left[\frac{\vec{\nabla}'\psi(\vec{x}',t')}{R} - \psi(\vec{x}',t')\frac{\vec{R}}{R^3} - \frac{\partial\psi(\vec{x}',t')}{\partial t'}\frac{\vec{R}}{cR^2}\right]_{t'=t-\frac{R}{c}} \quad . \qquad \underline{17}$$

Dies ist die bekannte *Kirchhoffsche Integraldarstellung*.[6] Sie hat folgende anschauliche Bedeutung: Huygen's Prinzip besagt, daß alle einzelnen Punkte einer Wellenfront in einem gewissen Augenblick (d.h. zu einem bestimmten Zeitpunkt) zusammen als eine Störung aufgefaßt werden können die die Welle zu einem späteren

[6] Gustav Robert *Kirchhoff*, Physiker, geb. Königsberg (Ostpreußen) 12.3.1824, gest. Berlin 17.10.1887, Prof. in Breslau (1850), Heidelberg (1854) und Berlin (1875). 1845 stellte er weit allgemeiner als G.S. Ohm die Gesetze der Stromverzweigung auf (Kirchhoffsche Regeln); er behandelte auch Fragen der Schwingungslehre, der mechan. Wärmetheorie, der Wärmeleitung und der Lichtbeugung. Von größter Bedeutung für Astronomie, Chemie und Physik wurden seine 1859/60 in Gemeinschaft mit R.W. Bunsen durchgeführten theoret. und experimentellen Untersuchungen über die Emission und Absorption des Lichtes. Sie führten zur Aufstellung des K.schen Strahlungsgesetzes, zur Erklärung der Fraunhoferschen Linien des Sonnenspektrums und zur Erfindung der Spektralanalyse. In seiner Abhandlung „Zur Theorie der Lichtstrahlen“ stellte er 1882 eine gegenüber der Fresnelschen weitgehend verbesserte Wellentheorie des Lichtes auf. [BR].

Zeitpunkt erzeugen. Das Kirchhoff'sche Integral 17 drückt dies gewissermaßen mathemetisch exakt aus, weil demnach $\psi(\vec{x},t)$ durch die Summe aller Störungen (Oberflächenintegral über Größen, die von Wellenfeld ψ und seinen Ableitungen auf der Oberfläche) auf der Oberfläche zur retardierten Zeit $t' = t - \frac{R}{c}$ abhängen.

21. Der Hertzsche Dipol

Wir wollen jetzt eine Anwendung der Liénard-Wiechert Potentiale betrachten, die zuerst von Heinrich Hertz[7] untersucht wurde, nämlich den schwingenden elektrischen Dipol mit dem Dipolmoment $\vec{p} = \vec{p}(t)$. Zunächst sollen die Ausdrücke für das skalare Potential $\phi(r,t)$, Gleichung (20.36), und das Vektorpotential $\vec{A}(\vec{r},t)$, Gleichung (20.37), noch einmal notiert werden:

$$\phi(\vec{r},t) = \left.\frac{e}{|\vec{r}-\vec{r}_0(t')| - \frac{\vec{r}-\vec{r}_0(t')}{|\vec{r}-\vec{r}_0(t')|}\cdot\frac{\vec{v}(t')}{c}}\right|_{t'=t-\frac{|\vec{r}-\vec{r}_0(t')|}{c}} , \tag{1a}$$

$$\vec{A}(\vec{r},t) = \left.\frac{\frac{e}{c}\vec{v}(t')}{|\vec{r}-\vec{r}_0(t')| - \frac{\vec{r}-\vec{r}_0(t')}{|\vec{r}-\vec{r}_0(t')|}\cdot\frac{\vec{v}(t')}{c}}\right|_{t'=t-\frac{|\vec{r}-\vec{r}_0(t')|}{c}} , \tag{1b}$$

Entsprechend der Abbildung stellen wir uns den Dipol als Paar von Punktladungen mit der Ladung $\pm e$ vor, die einen Abstand $\vec{r}_0 = \vec{r}_0(t')$ voneinander besitzen. Somit gilt:

$$e\,\vec{v}(t) = -e\,\frac{\dot{\vec{r}}_0(t)}{2} + e\,\frac{-\dot{\vec{r}}_0(t)}{2} = -e\,\dot{\vec{r}}_0(t) = \dot{\vec{p}}_0(t) \quad . \tag{2}$$

Der Vektor $\frac{\vec{r}_0}{2}$ zeigt in der Figur vom Koordinatenursprung zur negativen Ladung, so daß das Dipolmoment $+\vec{p}(t) = -e\,\vec{r}_0(t)$ ist (siehe Kapitel I.1; besonders Aufgabe 1.4).

Bei einer harmonischen Schwingung der Frequenz ω gilt die Abschätzung

$$\frac{v}{c} \approx \frac{2r_0^{max}}{T\,c} = \frac{r_0^{max}\omega}{\pi\,c} = \frac{2r_0^{max}}{\lambda} \quad ,$$

[7] Heinrich Rudolf *Hertz*, Physiker, * Hamburg 22.2.1857, † Bonn 1.1.1894, Prof. der Physik in Karlsruhe und Bonn, bestätigte durch seine Untersuchungen über die Ausbreitung der elektr. Wellen 1887/88 die Voraussagen der Maxwellschen elektromagnet. Lichttheorie. Die von ihm entdeckten H.schen Wellen bilden eine der physikal. Grundlagen der heutigen Funktechnik. Sein Nachweis des Einflusses ultravioletten Lichtes auf die elektr. Entladung (1887) führte zur Entdeckung des lichtelektr. Effektes durch W. Hallwachs. H. beobachtete 1892 den Durchgang von Kathodenstrahlen durch dünne Metallschichten und eröffnete Ph. Lenard die Möglichkeit, ihre Natur zu klären. Auch eine exakte Definition der Härte stammt von H. [BR].

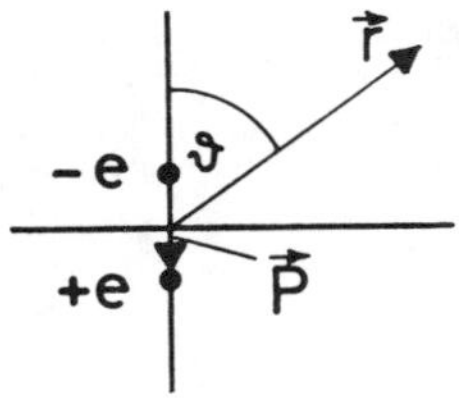

Der Hertzsche Dipol: $\vec{r}$ ist der zeitlich konstante Vektor vom Dipol zum Aufpunkt.

wobei r_0^{max} die Amplitude der Schwingung kennzeichnet. Wir bestimmen das skalare Potential $\phi(\vec{r},t)$ und das Vektorpotential $\vec{A}(\vec{r},t)$ aus Gleichung (20.36) bzw. (20.37), wobei wir

$$\Delta\vec{r}_-(t') = \vec{r} - \frac{\vec{r}_0(t')}{2} \quad , \quad \Delta\vec{r}_+(t') = \vec{r} + \frac{\vec{r}_0(t')}{2} \tag{3}$$

als Abstandsvektoren zwischen Beobachtungspunkt und negativer bzw. positiver Ladung setzen:

$$\begin{aligned}\phi(\vec{r},t) &= \left.\frac{-e}{|\Delta\vec{r}_-(t')| - \frac{\Delta\vec{r}_-(t')}{|\Delta\vec{r}_-(t')|}\cdot\frac{\dot{\vec{r}}_0(t')}{2c}}\right|_{t'=t-\frac{|\Delta\vec{r}_-(t')|}{c}} \\ &\quad + \left.\frac{+e}{|\Delta\vec{r}_+(t')| - \frac{\Delta\vec{r}_+(t')}{|\Delta\vec{r}_+(t')|}\cdot\frac{(-\dot{\vec{r}}_0(t'))}{2c}}\right|_{t'=t-\frac{|\Delta\vec{r}_+(t')|}{c}}\end{aligned} \tag{4}$$

und

$$\begin{aligned}\vec{A}(\vec{r},t) &= \left.\frac{\frac{-e}{c}\frac{\dot{\vec{r}}_0(t')}{2}}{|\Delta\vec{r}_-(t')| - \frac{\Delta\vec{r}_-(t')}{|\Delta\vec{r}_-(t')|}\cdot\frac{\dot{\vec{r}}_0(t')}{2c}}\right|_{t'=t-\frac{|\Delta\vec{r}_-(t')|}{c}} \\ &\quad + \left.\frac{\frac{e}{c}\frac{(-\dot{\vec{r}}_0(t'))}{2}}{|\Delta\vec{r}_+(t')| - \frac{\Delta\vec{r}_+(t')}{|\Delta\vec{r}_+(t')|}\cdot\frac{(-\dot{\vec{r}}_0(t'))}{2c}}\right|_{t'=t-\frac{|\Delta\vec{r}_+(t')|}{c}} \quad .\end{aligned} \tag{5}$$

Wir machen nun die Näherung, daß die Abstandsvektoren $\Delta\vec{r}_\pm(t') = \vec{r}\pm\frac{\vec{r}_0(t')}{2}$ durch $\vec{r}$ approximiert werden können. Dies ist gut erfüllt, so lange die Ausdehnung des Dipols $|\vec{r}_0|$ sehr viel kleiner ist als die Entfernung des Dipols vom Aufpunkt $\vec{r}$, also $|\vec{r}_0| \ll |\vec{r}|$. In diesem Fall ist t' im ersten Term identisch mit t' im zweiten Term der Gleichungen (4) und (5), die beiden Terme lassen sich jeweils zusammenfassen.

Unter der zusätzlichen Annahme, daß die Wellenlänge λ sehr groß ist gegen die Maximalauslenkung r_0^{max} der Ladungen (Grenzfall langer Wellenlängen), folgt aus Gleichung (2) $\frac{v}{c} \ll 1$. Wir wollen deshalb im Nenner der Gleichung (5) Terme der Ordnung $\frac{v}{c}$ vernachlässigen, dies entspricht bei einer Entwicklung des Nenners nach $\frac{v}{c}$ einer Vernachlässigung der quadratischen Terme.

Wir erhalten aus Gleichung (5)

$$\vec{A}(\vec{r},t) = \frac{-\frac{e}{c}\dot{\vec{r}}_0(t')}{|\vec{r}|} = \left.\frac{\dot{\vec{p}}(t')}{c\,r}\right|_{t'=t-\frac{r}{c}} \quad . \tag{6}$$

Nach der Lorentz-Eichung gilt

$$\mathrm{div}\vec{A} + \frac{1}{c}\frac{\partial\phi}{\partial t} = 0 \quad .$$

Setzen wir das Vektorpotential ein, so folgt

$$\frac{\partial\phi}{\partial t} = -\mathrm{div}\cdot\frac{\dot{\vec{p}}(t-r/c)}{r} \quad ,$$

und somit

$$\phi = -\vec{\nabla}\cdot\int\frac{\dot{\vec{p}}(t-r/c)}{r}\,dt = -\vec{\nabla}\cdot\frac{\vec{p}(t-r/c)}{r} \quad ,$$

weil doch $\vec{r}$ zeitunabhängig ist (vgl. die Figur). Führen wir die Differentiation durch, dann ergibt sich das skalare Potential

$$\phi = \frac{\dot{\vec{p}}\cdot\vec{r}}{c\,r^2} + \frac{\vec{p}\cdot\vec{r}}{r^3} \quad . \tag{7}$$

Der erste Summand rührt von der Retardierung her. In der Nahzone $r \ll \lambda$ kann die Retardierung vernachlässigt werden; Gleichung (7) geht dann über in das bereits bekannte (statische) Dipolpotential $\phi = \frac{\vec{p}\cdot\vec{r}}{r^3}$.

In großer Entfernung geht der zweite Term mit $1/r^2$ stärker gegen Null und der Term von der Retardierung überwiegt:

$$\phi \approx \frac{\dot{\vec{p}}\cdot\vec{r}}{c\,r^2} \sim \frac{1}{r} \quad .$$

durch Einsetzen der Potentiale $\vec{A}$ und ϕ in die Beziehungen

$$\vec{H} = \mathrm{rot}\vec{A} \quad \text{und} \quad \vec{E} = -\frac{1}{c}\frac{\partial\vec{A}}{\partial t} - \vec{\nabla}\phi$$

erhalten wir das elektrische und das magnetische Feld:

$$\begin{aligned} \vec{E} &= -\frac{\ddot{\vec{p}}}{c^2 r} - \frac{\dot{\vec{p}}}{c r^2} + \frac{3(\dot{\vec{p}}\cdot\vec{r})\vec{r}}{c r^4} + \frac{(\ddot{\vec{p}}\cdot\vec{r})\vec{r}}{c^2 r^3} + \frac{3(\vec{r}\cdot\vec{p})\vec{r}}{r^5} - \frac{\vec{p}}{r^3} \quad , \\ \vec{H} &= \frac{\ddot{\vec{p}}\times\vec{r}}{c^2 r^2} + \frac{\dot{\vec{p}}\times\vec{r}}{c r^3} \quad . \end{aligned} \tag{8}$$

Wenn wir uns wieder auf die beiden Grenzfälle beschränken, dann erhalten wir für das Nahfeld ($r \ll \lambda$), da die hohen Potenzen von r im Nenne überwiegen und die Retardierung wegfällt:

$$\vec{E} = \frac{3(\vec{p} \cdot \vec{r})\vec{r}}{r^5} - \frac{\vec{p}}{r^3} \quad \text{und} \quad \vec{H} = \frac{\dot{\vec{p}} \times \vec{r}}{cr^3} \quad . \tag{9}$$

Auch hier zeigt sich wie beim Potential, daß in der Nahzone die Feldstärke der Feldverteilung des statischen Dipols entspricht (siehe Aufgabe 1.4). Im Fernfeld ($r \gg \lambda$) sind alle Glieder mit den hohen Potenzen von r zu vernachlässigen, so daß nur übrig bleibt:

$$\vec{E} = -\frac{\ddot{\vec{p}}}{c^2 r} + \frac{(\ddot{\vec{p}} \cdot \vec{r})\vec{r}}{c^2 r^3} = \frac{1}{c^2 r^3}(\ddot{\vec{p}} \times \vec{r}) \times \vec{r} \quad \text{und} \quad \vec{H} = \frac{\ddot{\vec{p}} \times \vec{r}}{c^2 r^2} \quad . \tag{10}$$

Daraus folgt unmittelbar, daß $(\vec{r}, \vec{E}, \vec{H})$ in der Fernzone ein Orthogonalsystem bilden und $\vec{E}$ und $\vec{H}$ den gleichen Betrag haben, nämlich

$$\vec{E} = \vec{H} \times \frac{\vec{r}}{r} \quad \text{und} \quad \vec{H} = -\vec{E} \times \frac{\vec{r}}{r} \quad . \tag{11}$$

$\vec{E}$ und $\vec{H}$ stehen in der Fernzone also senkrecht auf $\vec{r}$ und laufen kugelwellenförmig nach außen, d.h. in Richtung $\vec{r}$ (vgl. Sie den Poyntingvektor weiter unten).

Der Poyntingvektor $\vec{\mathbf{S}}$ des Dipolfeldes: Es ist $\vec{S} = \frac{c}{4\pi}\vec{E} \times \vec{H}$. Setzen wir für die elektrische Feldstärke die Beziehung (11) ein, dann folgt für die Fernzone:

$$\vec{S} = \frac{c}{4\pi}(\vec{H} \times \frac{\vec{r}}{r}) \times \vec{H} = \frac{c}{4\pi}(\vec{H} \cdot \vec{H})\frac{\vec{r}}{r} - \frac{c}{4\pi}(\vec{H} \cdot \frac{\vec{r}}{r})\vec{H} \quad .$$

Da $\vec{H}$ senkrecht auf $\vec{r}$ steht, ist $\vec{H} \cdot \vec{r} = 0$. Im Fernfeld erhalten wir somit für die

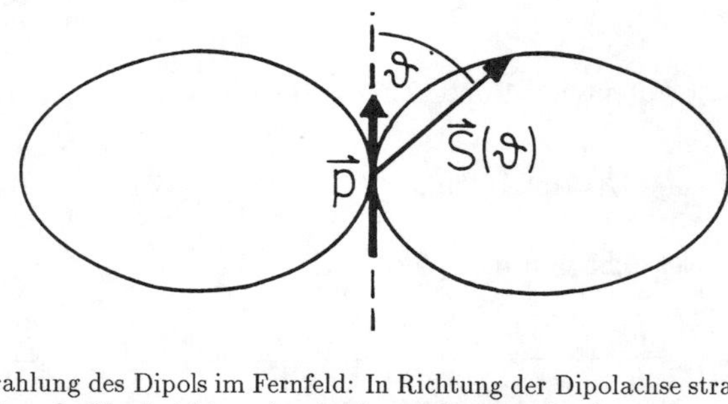

Abstrahlung des Dipols im Fernfeld: In Richtung der Dipolachse strahlt der oszillierende Dipol nicht, senkrecht dazu jedoch maximal.

Energieflußdichte

$$\vec{S} = \frac{c}{4\pi}(\vec{H}\cdot\vec{H})\frac{\vec{r}}{r} = \frac{c}{4\pi}\frac{(\ddot{\vec{p}}\times\vec{r})^2}{c^4 r^4}\frac{\vec{r}}{r} \quad , \quad \text{bzw.} \quad S = \frac{|\ddot{\vec{p}}|^2}{4\pi\, c^3 r^2}\sin^2\theta \quad . \tag{12}$$

Dabei ist θ der Winkel zwischen der Schwingungsachse und dem Ortsvektor $\vec{r}$. Der Energiestrom fließt in der Fernzone also in radialer Richtung, er fällt mit wachsendem Abstand r vom Dipol proportional zu $1/r^2$ ab, wie man Gleichung (12) entnimmt. Dies ist wichtig für die Energieerhaltung! Im Fernfeld gilt außerdem eine $\sin^2\theta$-Abhängigkeit. Offensichtlich ist für $\theta = 0$ der $\sin\theta = 0$, und somit $S = 0$, d.h. *der Dipol strahlt im Fernfeld in seiner Schwingungsrichtung nicht.* Weiterhin wird nur dann Energie abgestrahlt, wenn eine Beschleunigung ($\ddot{\vec{p}} \sim \ddot{\vec{r}}_0$) vorliegt. Darauf beruht die sogenannte Bremsstrahlung von beschleunigten Ladungen. In der Schwerionenephysik und auch bei der Beschleunigung von Teilchen in großen Beschleunigern spielen diese Prozesse eine wichtige Rolle. Die Nahfeldnäherung für den Poyntingvektor $\vec{S}$ lautet mit Gleichung (9)

$$\begin{aligned}
\vec{S} &= \frac{c}{4\pi}\vec{E}\times\vec{H} = \frac{c}{4\pi}\left(\frac{3(\vec{p}\cdot\vec{r})\vec{r}}{r^5} - \frac{\vec{p}}{r^3}\right)\times\left(\frac{\dot{\vec{p}}\times\vec{r}}{cr^3}\right) \\
&= \frac{1}{4\pi r^8}\left(3(\vec{p}\cdot\vec{r})\vec{r} - r^2\vec{p}\right)\times\left(\dot{\vec{p}}\times\vec{r}\right) \\
&= \frac{1}{4\pi r^8}\left\{3(\vec{p}\cdot\vec{r})\vec{r}\times(\dot{\vec{p}}\times\vec{r}) - r^2\vec{p}\times(\dot{\vec{p}}\times\vec{r})\right\} \\
&= \frac{1}{4\pi r^8}\left\{3(\vec{p}\cdot\vec{r})\vec{r}\left[r^2\dot{\vec{p}} - (\vec{r}\cdot\dot{\vec{p}})\vec{r}\right] - r^2\left[(\vec{r}\cdot\vec{p})\dot{\vec{p}} - (\vec{p}\cdot\dot{\vec{p}})\vec{r}\right]\right\} \\
&= \frac{1}{4\pi r^8}\left\{2(\vec{p}\cdot\vec{r})r^2\dot{\vec{p}} \mp p\dot{p}r^2\left[3\cos\theta + 1\right]\vec{r}\right\} \quad ,
\end{aligned}$$

wegen $\dot{\vec{p}}\cdot\vec{r} = (\pm)\dot{p}r\cos\theta$ und $\vec{p}\cdot\vec{r} = (\pm)pr\cos\theta$.

Der Poyntingvektor im Nahfeld besitzt demnach ein weitaus komplizierteres Verhalten als im Fernfeld. Die Figur zeigt für vier Zeitschritte einer halben Schwingungsperiode, wie man sich die Abstrahlung der Energie vorzustellen hat. Dargestellt ist das elektrische Feld für die Zeitpunkte $\omega t = 0$, $\pi/4$, $\pi/2$ und $3\pi/4$. Zum Zeitpunkt $t = 0$ ist das Nahfeld gerade das eines statischen Dipols. Mit der Zeit schnüren sich die Feldlinien zusammen, reißen ab und das Feld wandert nach außen. Im Fernfeld findet man schließlich nur noch die Komponenten wieder, welche die Gleichungen (10), (11) und (12) erfüllen. Alle anderen Komponenten führen lediglich zu einem Hin- und Heroszillieren der betreffenden Energiebeiträge im Bereich der Nahzone.

Um den Gesamtbetrag der abgestrahlten Energie pro Zeit zu berechnen, greifen wir auf den Betrag des Poyntingvektors im Fernfeld, Gleichung (12), zurück.

Die mittlere Energie der Strahlung, die der Dipol während einer Schwingungsdauer T durch eine große Kugelfläche mit dem Radius R abgibt, errechnet sich als Integral

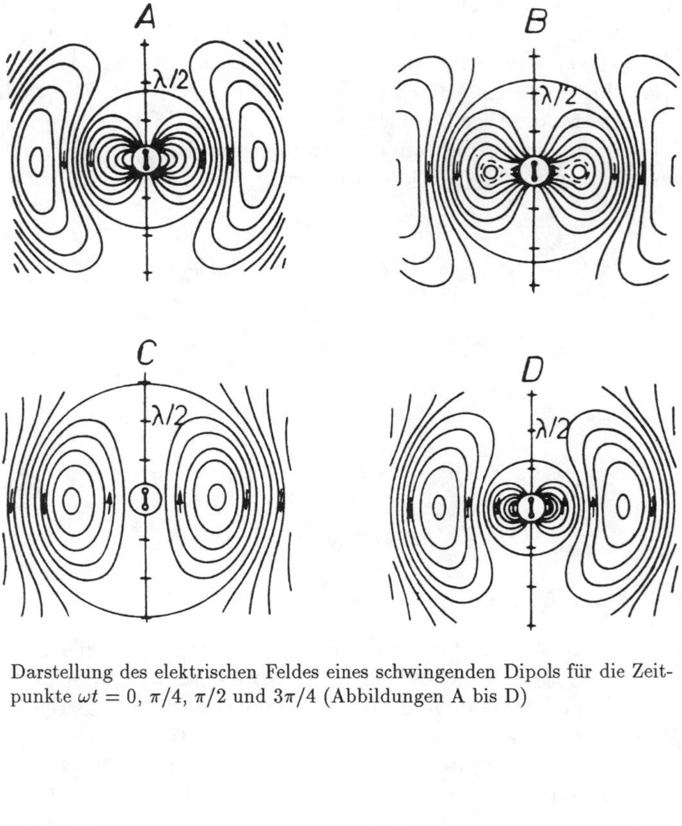

Darstellung des elektrischen Feldes eines schwingenden Dipols für die Zeitpunkte $\omega t = 0$, $\pi/4$, $\pi/2$ und $3\pi/4$ (Abbildungen A bis D)

der Energieflußdichte über die Kugelfläche und eine Periode:

$$E = \frac{1}{T} \int\int S_R \, R^2 d\Omega \, dt == \frac{1}{T} \int_0^T dt \int_0^\pi \int_0^{2\pi} \frac{\ddot{p}^2}{4c^3\pi} \sin^2\theta \sin\theta \, d\theta \, d\varphi \quad . \tag{13}$$

Die Integration über die Winkel ergeben die Faktoren 2π und $4/3$, so daß

$$E = \frac{2}{3c^3T} \int_0^T \ddot{p}^2 \, dt \tag{14}$$

wird, wobei

$$\ddot{p}^2 = \ddot{p}^2 \left(t - \frac{r}{c} \right) \quad .$$

Um das Zeitintegral zu lösen, wollen wir für den Dipol eine harmonische Schwingung anstzen:

$$p = p_0 \cdot \sin\omega \left(t - \frac{r}{c} \right) \quad . \tag{15}$$

Somit folgt für $\ddot{p} = -\omega^2 \cdot p_0 \cdot \sin\omega \left(t - \frac{r}{c} \right)$. Einsetzen in (14) liefert nach Integration über die Zeit zwischen den Grenzen 0 und T

$$E = \frac{\omega^4 p_0^2 \cdot T}{3c^3T} \quad . \tag{16a}$$

Da $\omega = \frac{2\pi}{T}$ und $c \cdot T = \lambda$ ist, folgt für die im Mittel pro Sekunde abgestrahlte Energie

$$E = \frac{16}{3} \cdot \frac{\pi^4 c \, p_0^2}{\lambda^4} \quad . \tag{16b}$$

Wendet man diese Formel für atomare Dipole an, so sieht man, daß kurze Wellenlängen stärker gestreut werden als lange. Das ist z.B. eine Erklärung für die blaue Farbe des Himmels, weil die kurzwellige blaue Lichtkomponente im weißen Sonnenlicht stärker gestreut wird (vgl. hierzu Aufgabe 21.8) und wenn man berücksichtigt, daß der Dipol, so wie er sendet (abstrahlt), auch empfangen (absorbieren) kann.

Abstrahlung einer beliebig schwingenden Ladungsverteilung: Wir wollen nun noch das Feld einer beliebig schwingenden Ladungsverteilung betrachten. Wir beschränken uns dabei wieder auf den Grenzfall langer Wellen und betrachten das Fernfeld. Für das Vektorpotential gilt:

$$\vec{A}(\vec{r}, t) = \frac{1}{c} \int \frac{\vec{j}\left(\vec{r}\,', t - \frac{|\vec{r} - \vec{r}\,'|}{c} \right)}{|\vec{r} - \vec{r}\,'|} \, dV' \quad . \tag{17}$$

Da in unserem Fall das Gebiet der schwingenden Ladungsverteilung klein gegen den

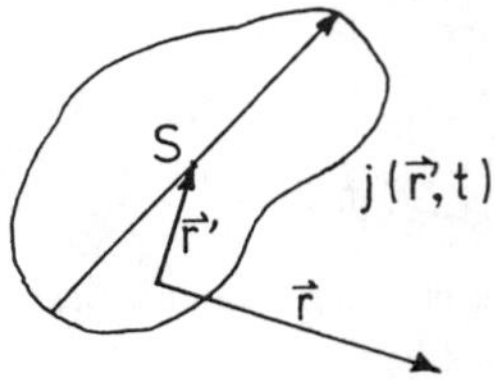

Die Abmessung des schwingenden Systems ist S.

Abstand vom Aufpunkt ist, $s \ll r$, setzen wir $|\vec{r} - \vec{r}\,'| \approx r$ und es folgt aus Gleichung (17)

$$\vec{A}(\vec{r},t) = \frac{1}{c\,r} \int \vec{j}\left(\vec{r}\,',t - \frac{r}{c}\right) dV' \quad .$$

Da $\vec{H} = \mathrm{rot}\vec{A}$ erhalten wir

$$\vec{H} = -\frac{1}{c^2 r} \left(\frac{\vec{r}}{r} \times \frac{\partial}{\partial t} \int \vec{j}\left(\vec{r}\,',t - \frac{r}{c}\right) dV' \right) \quad .$$

Da nun $\frac{\partial \vec{E}}{\partial t} = c\,\mathrm{rot}\,\vec{H}$, folgt durch Rotationsbildung

$$\frac{\partial \vec{E}}{\partial t} = -\frac{1}{c^2 r^3} \left\{ \vec{r} \times \left[\vec{r} \times \frac{\partial^2}{\partial t^2} \int \vec{j}\left(\vec{r}\,',t - \frac{r}{c}\right) dV' \right] \right\} \quad .$$

Für die Ladungsänderung definieren wir $\dot{\vec{q}} = \int \vec{j}\left(\vec{r}\,',t - \frac{r}{c}\right) dV'$, so daß sich

$$\vec{E} = \frac{\left(\ddot{\vec{q}} \times \vec{r}\right) \times \vec{r}}{c^2 r^3} \quad , \quad \vec{H} = \frac{\ddot{\vec{q}} \times \vec{r}}{c^2 r^2}$$

ergibt. Wir sehen, daß wie beim Dipol auch bei einer beliebig schwingenden Ladungsverteilung die Vektoren $(\vec{r}, \vec{E}, \vec{H})$ ein Orthogonalsystem bilden.

Für die folgenden Betrachtungen verbessern wir unsere Näherung, indem wir den Abstandsvektor

$$r = \sqrt{\vec{r}^{\,2} - 2\vec{r}\cdot\vec{r}\,' + \vec{r}\,'^2}$$

in eine Taylorreihe entwickeln

$$r \approx r - \frac{\vec{r}\cdot\vec{r}\,'}{r} + \frac{(\vec{r}\times\vec{r}\,')^2}{2r^3} \ldots \quad .$$

Damit können wir für $\dot{\vec{q}}$ schreiben

$$\dot{\vec{q}} = \int \vec{j}\left(\vec{r}\,',t - \frac{r}{c} + \frac{\vec{r}\cdot\vec{r}\,'}{r\,c}\right) dV' \ , \quad \text{bzw.}$$

$$\dot{\vec{q}} = \int \left(\vec{j}\left(\vec{r}\,', t - \frac{r}{c}\right) + \dot{\vec{j}}\left(\vec{r}\,', t - \frac{r}{c}\right) \frac{\vec{r} \cdot \vec{r}\,'}{c\,r} \right) dV' \quad .$$

Das Integral $\int \vec{j}\,(\vec{r}\,', t - \frac{r}{c})\, dV'$ verschwindet gegenüber dem zweiten Term (geringer schnell veränderlicher Strom) und es folgt

$$\dot{\vec{q}} = \frac{1}{c\,r} \int (\vec{r} \cdot \vec{r}\,')\, \dot{\vec{j}}\left(\vec{r}\,', t - \frac{r}{c}\right) dV' \quad \text{oder} \quad \dot{\vec{q}} = \frac{-1}{2c\,r}\vec{r} \times \int \vec{r}\,' \times \dot{\vec{j}}\left(\vec{r}\,', t - \frac{r}{c}\right) dV' \quad .$$

Da $\vec{j}\, dV' = I\, d\vec{l}\,'$ mit der Stromstärke I ist, folgt

$$\dot{\vec{q}} = \frac{-\vec{r}}{2c\,r} \times \int \vec{r}\,' \times \dot{I}\left(t - \frac{r}{c}\right) d\vec{l}\,' \quad .$$

Führen wir noch das magnetische Moment

$$\vec{m}\left(t - \frac{r}{c}\right) = \frac{I\left(t - \frac{r}{c}\right)}{2c} \int \vec{r}\,' \times d\vec{l}\,'$$

ein, so ergibt sich

$$\dot{\vec{q}} = -\frac{\vec{r}}{r} \times \dot{\vec{m}}\left(t - \frac{r}{c}\right) \quad .$$

Setzen wir diese Beziehungen in $\vec{S} = \frac{c}{4\pi}\vec{E} \times \vec{H}$ ein, dann erhalten wir für den Poyntingvektor

$$\vec{S} = \frac{|\left(\ddot{\vec{q}} \times \vec{r}\right)|^2}{4c^3 r^4} \frac{\vec{r}}{r} = \frac{\ddot{m}^2 \sin^2\theta}{4\pi\, c^3 r^2} \frac{\vec{r}}{r} \quad . \tag{18}$$

Wir finden also die gleiche $\sin^2\theta$-Abhängigkeit des Poyntingvektors wie in (12). Für den bereits behandelten Dipol ist

$$\dot{\vec{q}} = \int \vec{j}\, dV' = e \cdot \vec{v} = \dot{\vec{p}} \quad .$$

Betrachten wir zwei Metallplatten A und B mit einem Abstand l, so ist $|\vec{j}\, dV'| = I\, dl'$ und somit

$$|\dot{\vec{q}}| = \left| \int \vec{j}\left(\vec{r}\,', t - \frac{r}{c}\right) dV' \right| = \int_A^B I\left(t - \frac{r}{c}\right) dl' = I\left(t - \frac{r}{c}\right) \int_A^B dl'$$

$$|\dot{\vec{q}}| = I\left(t - \frac{r}{c}\right) l \quad \text{und} \quad |\ddot{\vec{q}}| = \dot{I}\left(t - \frac{r}{c}\right) l \quad .$$

Die emittierte Leistung N erhalten wir wieder durch Integration von S aus Gleichung (18) über eine Kugelfläche:

$$N = \frac{2}{3c^3} \left| \ddot{\vec{q}}\left(t - \frac{r}{c}\right) \right|^2 = \frac{2\dot{I}^2}{3c^3}\, l^2 = \frac{2\omega^2 l^2}{3c^3}\, I^2 \quad .$$

Beim letzten Schritt haben wir vorausgesetzt, daß I ein sinusförmiger Wechselstrom ($I = I_0 e^{i\omega t} \to \dot{I} = i\omega I$) ist. Das zeitliche Mittel der in einer Periode abgestrahlten Energie ist

$$N = \frac{2\omega^2 l^2}{3c^3} I^2 \equiv R_s \bar{I^2} \quad .$$

Die Größe $R_s = \frac{2\omega^2 l^2}{3c^3}$ wird als *Strahlungswiderstand* bezeichnet. Damit geht die Gleichung über in:

$$N = R_s \cdot \bar{I^2} = R_s I_{eff}^2 \quad ,$$

Wobei der effektive Strom gegeben ist durch

$$I_{eff} = \sqrt{\bar{I^2}} \quad .$$

21.1 Aufgabe: Strahlung rotierender Ladungen

Eine Ladung e bewegt sich mit der konstanten Winkelgeschwindigkeit ω_0 auf einer Kreisbahn vom Radius a.

a) Bestimmen Sie die elektromagnetischen Felder $\vec{E}$ und $\vec{H}$ in der Fernzone ($r \gg a$) bei nichtrelativistischer Bewegung der Teilchen. Untersuchen Sie die Polarisation der Strahlung. Wie groß ist die Strahlungsleistung?

b) Behandeln Sie die gleichen Fragen, wenn sich zwei identische Ladungen e mit derselben Geschwindigkeit auf dem Kreis bewegen.

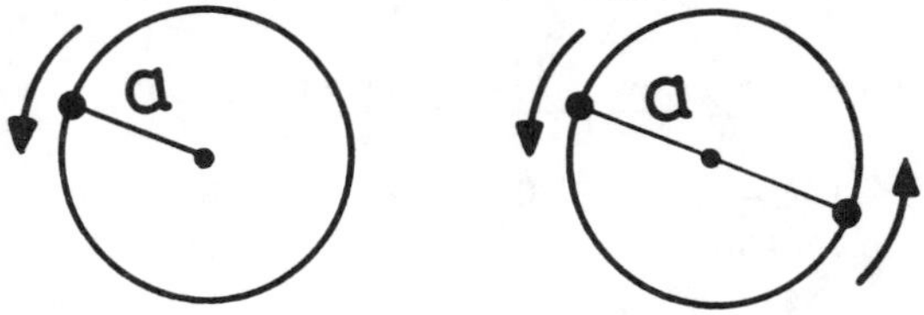

Rotierende Einzelladung (a) und Doppelladungen (b).

Lösung:

Eine in der Zeit periodische Ladungs- bzw. Stromverteilung (Periode $T = \frac{2\pi}{\omega_0}$) kann in eine Fourier-Reihe zerlegt werden:

$$\begin{pmatrix} \rho(\vec{r},t) \\ \vec{j}(\vec{r},t) \end{pmatrix} = \sum_{n=-\infty}^{+\infty} \begin{pmatrix} \rho_n(\vec{r}) \\ \vec{j}_n(\vec{r}) \end{pmatrix} e^{-in\omega_0 t} \,,$$

$$\begin{pmatrix} \rho_n(\vec{r}) \\ \vec{j}_n(\vec{r}) \end{pmatrix} = \frac{1}{T} \int_0^T \begin{pmatrix} \rho(\vec{r},t) \\ \vec{j}(\vec{r},t) \end{pmatrix} e^{in\omega_0 t} dt \,. \qquad \underline{1}$$

Die Elektrodynamik kann durch die retardierten elektrodynamischen Potentiale ϕ und $\vec{A}$ beschrieben werden. Dabei sind $\phi(\vec{r},t)$ bzw. $\vec{A}(\vec{r},t)$ in der Lorentz-Eichung entkoppelt und *lineare* Funktionale von $\rho(\vec{r},t)$ bzw. $\vec{j}(\vec{r},t)$, d.h. wir können sie ausdrücken als

$$\begin{aligned}
\begin{pmatrix} \phi(\vec{r},t) \\ \vec{A}(\vec{r},t) \end{pmatrix} &= \int d^3r'\,dt'\,\frac{1}{|\vec{r}-\vec{r}'|}\sum_n \begin{pmatrix} \rho_n(\vec{r}) \\ \frac{1}{c}\vec{j}_n(\vec{r}) \end{pmatrix} e^{-in\omega_0 t'} \\
&\quad \cdot \delta\left(t' + \frac{|\vec{r}-\vec{r}'|}{c} - t\right) \\
&= \int \frac{d^3r'}{|\vec{r}-\vec{r}'|}\sum_n e^{-in\omega_0 t}\begin{pmatrix} \rho_n(\vec{r}) \\ \frac{1}{c}\vec{j}_n(\vec{r}) \end{pmatrix} e^{in\omega_0\frac{|\vec{r}-\vec{r}'|}{c}} \\
&= \sum_n \left\{ \int d^3r' \begin{pmatrix} \rho_n(\vec{r}) \\ \frac{1}{c}\vec{j}_n(\vec{r}) \end{pmatrix} \frac{e^{in\omega_0\frac{|\vec{r}-\vec{r}'|}{c}}}{|\vec{r}-\vec{r}'|} \right\} e^{-in\omega_0 t} \\
&= \sum_n \begin{pmatrix} \phi_n(\vec{r}) \\ \vec{A}_n(\vec{r}) \end{pmatrix} e^{-in\omega_0 t} = \sum_n \begin{pmatrix} \phi_n(\vec{r},t) \\ \vec{A}_n(\vec{r},t) \end{pmatrix} .
\end{aligned} \qquad \underline{2}$$

Die ϕ_n bzw. $\vec{A}_n$, die nun eine harmonische Zeitabhängigkeit besitzen, können wir einzeln betrachten. Das magnetische Feld ist $\vec{B}_n = \vec{\nabla} \times \vec{A}_n$ und außerhalb der Quellen gilt für Strahlungsfelder ($n \neq 0$):

$$\begin{aligned}
\vec{\nabla} \times \vec{B}_n &= \frac{1}{c}\frac{\partial}{\partial t}\vec{E}_n(\vec{r},t) = \frac{1}{c}\frac{\partial}{\partial t}\left(-\vec{\nabla}\phi_n(\vec{r}) - \frac{1}{c}\frac{\partial}{\partial t}\vec{A}(\vec{r})\right) e^{-in\omega_0 t} \\
&= \frac{-in\omega_0}{c}\vec{E}_n ,
\end{aligned}$$

also

$$E_n(\vec{r},t) = \frac{ic}{n\omega_0}\vec{\nabla} \times \left(\vec{\nabla} \times \vec{A}_n(\vec{r})\right) ,$$

d.h. wir brauchen nur die Vektorpotentiale $\vec{A}_n$.

Wir wollen die Felder weit weg von der Quelle betrachten, also für $|\vec{r}| \gg d$, wenn d die Ausdehnung der Quelle ist. Dann gilt näherungsweise $R = |\vec{r} - \vec{r}'| \approx r - \vec{n}\,\vec{r}'$ mit $\vec{n} = \frac{\vec{r}}{r}$; $\vec{k}_n = \frac{\omega_n}{c}\vec{n}$. Ferner nehmen wir an, daß die Abmessungen der Quelle viel kleiner sind als die Wellenlänge der Strahlung (wie z.B. bei einem Atom), also $\lambda = \frac{2\pi}{k_0} \gg d$. Das bedeutet aber, daß die auftretenden Frequenzen ω_n beschränkt sein sollen, also $A_n = 0$ für große n. Es gilt $e^{ik_n|\vec{r}-\vec{r}'|} \approx e^{ik_n r}\,e^{-i\vec{k}_n\vec{r}'}$.

Größenordnungsmäßig ist $e^{-i\vec{k}_n\cdot\vec{r}'} \approx 1 - i\frac{d}{\lambda}$. Andererseits ist die Frequenz der Strahlung nach unten durch die Eigenfrequenz ω_0 der Quelle begrenzt, d.h. $k_0 < k_n$. Sei nun der Beobachter so weit entfernt, daß $r \gg \frac{1}{k_0} > \frac{1}{k_n}$ (Fernzone). Dann gilt aber größenordnungsmäßig

$$|\vec{r} - \vec{r}'|^{-1} \approx \frac{1}{r}\left(1 + \frac{d}{r}\right) \; ; \; \left(1 + \frac{d}{r}\right)\left(1 - i\frac{d}{\lambda}\right) \approx 1 + \frac{d}{r} - i\frac{d}{\lambda} \approx 1 - i\frac{d}{\lambda} \quad . \qquad \underline{3}$$

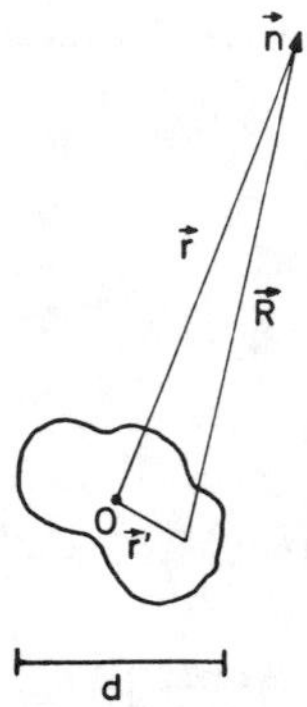

Veranschaulichung der geometrischen Verhältnisse.

Nach diesen Betrachtungen kann $\vec{A}_n(\vec{r})$ (siehe 2) angenähert werden durch

$$\begin{aligned}
\lim_{k_n r \to \infty} \vec{A}_n(\vec{r}) &= \frac{e^{ik_n r}}{r\,c} \int \vec{j}_n(\vec{r}\,')\, e^{-i\vec{k}_n \vec{r}\,'}\, d^3r' \\
&= \frac{e^{ik_n r}}{r\,c} \sum_{m=0}^{\infty} \frac{\left(-i\frac{\omega_n}{c}\right)^m}{m!} \int \vec{j}_n(\vec{r}\,')\, (\vec{n}\cdot\vec{r}\,')^m\, d^3r' \\
&= \sum_m \vec{A}_n^{(m)}(\vec{r}) \,,
\end{aligned} \qquad \underline{4}$$

wobei wir den Nenner wegen $\underline{3}$ durch $\frac{1}{r}$ approximiert haben. Die Summe über m konvergiert wegen $k_n\, d \ll 1$ rasch. Betrachten wir zunächst die einzelnen Summanden für ein festes n:

$$m=0: \quad \vec{A}_n^{(0)}(\vec{r}) = \frac{e^{ik_n r}}{r\,c} \int \vec{j}_n(\vec{r}\,') d^3r' \quad .$$

Es gilt $\int \vec{j}(\vec{r}\,')d^3r' = -\int \vec{r}\,' \left(\vec{\nabla}\,'\vec{j}_n(\vec{r}\,')\right) d^3r' = -\int \vec{r}\,' (i\omega_n)\, \rho_n(\vec{r}\,') d^3r' = -i\omega_n\, \vec{p}_n$ unter Benutzung der Kontinuitätsgleichung und der Definition des elektrischen Dipolmoments.

Also

$$\begin{aligned}
\vec{A}_n^{(0)}(\vec{r}) &= -ik_n \frac{e^{ik_n r}}{r} \vec{p}_n \\
m=1: \quad \vec{A}_n^{(1)}(\vec{r}) &= (-ik_n) \frac{e^{ik_n r}}{r} \int \vec{j}_n(\vec{r}\,')\, (\vec{n}\cdot\vec{r}\,')\, d^3r' \quad .
\end{aligned}$$

Aus der Vektoralgebra folgt $\vec{j}_n(\vec{r}\,')(\vec{n}\cdot\vec{r}\,') = \frac{1}{2}\left[(\vec{n}\cdot\vec{r}\,')\,\vec{j}_n + (\vec{n}\cdot\vec{j}_n)\,\vec{r}\,'\right] + \frac{1}{2}(\vec{r}\,' \times \vec{j}_n) \times \vec{n}$.

Ähnlich wie oben kann unter Berücksichtigung der Definition des magnetischen Dipolmoments einer Ladungsverteilung $\vec{m}_n = \frac{1}{2c} \int d^3r' \, (\vec{r}\,' \times \vec{j}_n(\vec{r}\,'))$ zunächst

$$\frac{1}{2} \int \left[(\vec{n}\cdot\vec{r}\,')\,\vec{j}_n + (\vec{n}\cdot\vec{j}_n)\,\vec{r}\,'\right] d^3r' = -\frac{ik_n c}{2} \int \vec{r}\,'(\vec{n}\cdot\vec{r}\,')\, \rho_n(\vec{r}\,')\, d^3r'$$

und dann

$$\vec{A}_n^{(1)}(\vec{r}) = -\frac{k_n^2}{2}\,\frac{e^{ik_n r}}{r}\int \vec{r}\,'(\vec{n}\cdot\vec{r}\,')\,\rho_n(\vec{r}\,')\,d^3r' + ik_n\,\frac{e^{ik_n r}}{r}\,(\vec{n}\times\vec{m}_n)$$

gezeigt werden. Wir werden später sehen, daß der erste Term mit dem elektrischen Quadrupolmoment zusammenhängt und wir die Summanden für $m > 1$ nicht brauchen.

Wir summieren nun $A_n^{(m)}$ über n:

$$\begin{aligned}
\vec{A}_n^{(0)}(\vec{r},t) &= \sum_n \vec{A}_n^{(0)}(\vec{r})\,e^{-i\omega_0 nt}\\
&= \frac{1}{r}\sum_n\left(-i\,\frac{\omega_n}{c}\right)\,e^{-i\omega_0 n\left(t-\frac{r}{c}\right)}\,\vec{p}_n(\vec{r})\\
&= +\frac{1}{c}\,\frac{\partial}{\partial t}\,\frac{1}{r}\sum_n \vec{p}_n(\vec{r})\,e^{-i\omega_0 n\left(t-\frac{r}{c}\right)} = +\frac{1}{r\,c}\,\frac{\partial}{\partial t}\,\vec{p}\left(\vec{r},t-\frac{r}{c}\right)\\
&= +\frac{1}{r\,c}\,\dot{\vec{p}}_{ret}\\
\vec{A}_n^{(1)}(\vec{r},t) &= \frac{1}{r}\sum_n i\,\frac{n\omega_0}{c}\,(\vec{n}\times\vec{m}_n)\,e^{-in\omega_0\left(t-\frac{r}{c}\right)}\\
&\quad -\frac{1}{r}\sum_n\frac{(n\omega_0)^2}{2c^2}\int \vec{r}\,'(\vec{n}\cdot\vec{r}\,')\,\rho_n(\vec{r}\,')\,d^3r'\,e^{-in\omega_0\left(t-\frac{r}{c}\right)}\\
&= -\frac{1}{r\,c}\,\vec{n}\times\dot{\vec{m}}_n + \frac{1}{2r\,c^2}\,\frac{\partial^2}{\partial t^2}\int \vec{r}\,'(\vec{n}\cdot\vec{r}\,')\,\rho\left(\vec{r}\,',t-\frac{r}{c}\right)\,d^3r' \quad .
\end{aligned}$$

Mit $\vec{\nabla}r = \frac{\vec{r}}{r}$ und $\vec{\nabla}\frac{1}{r} = -\frac{\vec{n}}{r^2}$ ist wegen 4 im Grenzfall $r\to\infty$:

$$\begin{aligned}
\vec{H}_n &= \vec{\nabla}\times\vec{A}_n = \frac{1}{r}\,\vec{A}_n\times\vec{n} + i\vec{k}_n\times\vec{A}_n\\
&\quad \Rightarrow i\vec{k}_n\times\vec{A}_n\\
\vec{E}_n &= \frac{i}{k_n}\,\vec{\nabla}\times\vec{H}_n = -\vec{\nabla}\times(\vec{n}\times\vec{A}_n) = -\vec{n}(\vec{\nabla}\vec{A}_n) + (\vec{n}\vec{\nabla})\vec{A}_n\\
&\quad \Rightarrow -\vec{n}(i\vec{k}_n\,\vec{A}_n) + ik_n\,\vec{A}_n\\
&= -i\vec{k}_n\times(\vec{n}\times\vec{A}_n) = -ik_n\,\vec{n}\times(\vec{n}\times\vec{A}_n) = \vec{H}_n\times\vec{n}
\end{aligned}$$

und deshalb auch

$$\begin{aligned}
\vec{H} &= \vec{\nabla}\times\vec{A}\\
&\Rightarrow \sum_n (i\vec{k}_n\times\vec{A}_n)\,e^{-in\omega_0 t} = -\frac{1}{c}\frac{\partial}{\partial t}\left(\vec{n}\times\sum_n\vec{A}_n\,e^{-in\omega_0 t}\right) = \frac{1}{c}\,\dot{\vec{A}}\times\vec{n}
\end{aligned}$$

und analog $\vec{E} = \vec{H}\times\vec{n}$.

Wir geben hier nur $\vec{H}$ an unter Weglassen des Index „ret“:

$$\vec{H} = \frac{1}{r\,c^2}\left[\left(\vec{n}\times\ddot{\vec{p}}\right) + \left(\ddot{\vec{m}}\times\vec{n}\right)\times\vec{n} + \frac{1}{6c}\,\dddot{\vec{Q}}\,(\vec{n})\times\vec{n} + \ldots\right] \quad . \qquad \underline{5}$$

Dabei ist

$$\vec{n} \times \int \vec{r}\,'(\vec{n} \cdot \vec{r}\,')\, \rho_n(\vec{r}\,')\, d^3r' = \frac{1}{3}\, \vec{n} \times \vec{Q}_n(\vec{n})$$

mit dem Quadrupoltensor

$$Q^n_{ik} = \int \left(3x_i x_k - r^2 \delta_{ik}\right) \rho_n(\vec{r})\, d^3r \quad \text{und} \quad \vec{Q}_n(\vec{n}) = \hat{Q}_n \cdot \vec{n} \quad .$$

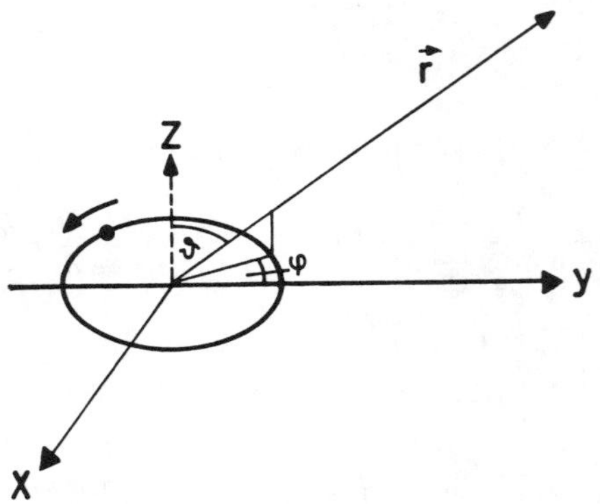

Veranschaulichung der geometrischen Verhältnisse.

(a) Das Elektron bewege sich auf einer Kreisbahn mit Radius a in der x-y-Ebene: $\vec{r}(t) = a(\vec{e}_x \cos\omega_0 t + \vec{e}_y \sin\omega_0 t)$, also $\vec{d} = e\vec{r}(t)$, $\vec{m} \equiv 0$, $\vec{Q}$ wird vernachlässigt. Dann gilt $\ddot{\vec{d}} = -\omega_0^2\, \vec{d}$.

Wegen der Wahl der Polarkoordinaten $\vec{n} = \vec{e}_r$ und

$$\begin{aligned} \vec{e}_x &= \sin\theta\, \cos\varphi\, \vec{e}_r + \cos\theta\, \cos\varphi\, \vec{e}_\theta - \sin\theta\, \vec{e}_\varphi \\ \vec{e}_y &= \sin\theta\, \sin\varphi\, \vec{e}_r + \cos\theta\, \sin\varphi\, \vec{e}_\theta + \cos\theta\, \vec{e}_\varphi \end{aligned}$$

ist (siehe 5)

$$\vec{H} = -\frac{\omega_0^2}{r\,c^2}\left(\vec{d} \times \vec{n}\right) = -\frac{e\,a\,\omega_0^2}{r\,c^2}\,(\cos\omega_0 t_0 \vec{e}_x + \sin\omega_0 t_0 \vec{e}_y) \times \vec{e}_r$$

$$\vec{H} = -\frac{e\,a\,\omega_0^2}{r\,c^2}\,[\cos\theta\, \cos(\omega_0 t_0 - \varphi)\, \vec{e}_\varphi - \sin(\omega_0 t_0 - \varphi)\, \vec{e}_\theta] \quad , \quad t_0 = t - \frac{r}{c} \qquad \underline{7}$$

und

$$\vec{E} = \vec{H} \times \vec{n} = -\frac{e\,a\,\omega_0^2}{r\,c^2}\,[-\sin(\omega_0 t_0 - \varphi)\, \vec{e}_\varphi + \cos\theta\, \cos(\omega_0 t_0 - \varphi)\, \vec{e}_\theta] \; .$$

Bei $\theta = 0, \pi$ ist die Welle zirkular polarisiert (Beobachter sieht die Kreisbahn "von oben"), bei $\theta = \frac{\pi}{2}$ ist sie linear polarisiert (Beobachter sieht die Elektronenbahn "von der Seite").

In allen anderen Fällen hat man elliptische Polarisation. Die mittlere Strahlungsleistung pro Raumwinkel in der Richtung $\vec{n}$ ist,

$$\frac{dI_n}{d\Omega} = r^2 \langle |\vec{S}\,\vec{n}| \rangle$$

wobei

$$\vec{S} = \frac{c}{4\pi}\vec{E} \times \vec{H} = \frac{c}{4\pi}(\vec{H} \times \vec{n}) \times \vec{H} = \frac{c}{4\pi} H^2 \vec{n} \ .$$

Mit 6 erhält man

$$\frac{dI_n}{d\Omega} = \frac{e^2 a^2 \omega_0^4}{8\pi c^3}(\cos^2\theta + 1)$$

und die gesamte Strahlungsleistung

$$I = \int \frac{dI_n}{d\Omega} d\Omega = 2\pi \frac{e^2 a^2 \omega_0^4}{8\pi c^3} \int_0^\pi d\theta \sin\theta \,(\cos^2\theta + 1) = \frac{2}{3} \frac{e^2 a^2 \omega_0^4}{c^3} \quad .$$

Die Strahlungsverluste eines Teilchens auf einer Kreibahn steigen also mit der vierten Potenz der Winkelgeschwindigkeit an. Tatsächlich wird durch diesen Effekt z.B. die erreichbare Endenergie von Synchrotron-Beschleunigern begrenzt. Die Abstrahlungsformel muß dann allerdings relativistisch korrigiert werden.

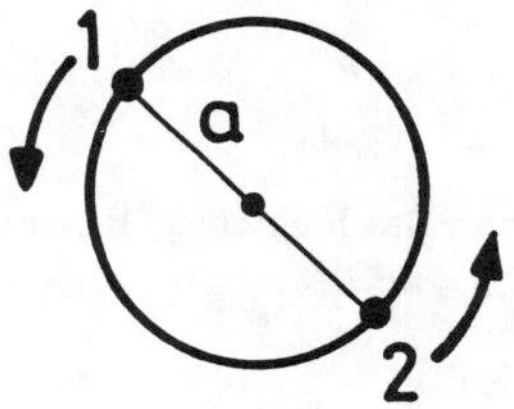

Rotierende Doppelladung.

(b) Die beiden Teilchen sollen die Koordinaten $\vec{r}_1(t) = -\vec{r}_2(t) = \vec{r}(t)$ haben; dann ist der niedrigste Beitrag vom Quadrupol-Typ.

Nun ist

$$\begin{aligned} 2e(\vec{n}\cdot\vec{r})\vec{r} &= 2ea^2 \left[(\vec{n}\cdot\vec{e}_x \cos\omega_0 t + \vec{n}\cdot\vec{e}_y \sin\omega_0 t)(\vec{e}_x \cos\omega_0 t + \vec{e}_y \sin\omega_0 t)\right] \\ &= 2ea^2 \sin\theta \, \cos(\omega_0 t - \varphi) \\ &\quad \cdot [\sin\theta \, \cos(\omega_0 t - \varphi)\vec{e}_r + \cos\theta \, \cos(\omega_0 t - \varphi)\vec{e}_\theta + \sin(\omega_0 t - \varphi)\vec{e}_\varphi] \end{aligned}$$

und

$$\begin{aligned} \frac{1}{3}\vec{Q}(\vec{n}) \times \vec{n} &= 2e(\vec{n}\cdot\vec{r}(t_0)) \times \vec{e}_r \\ &= ea^2 \sin\theta[-\cos\theta(1 + \cos 2(\omega_0 t_0 - \varphi))]\vec{e}_\varphi + \sin 2(\omega_0 t_0 - \varphi)\vec{e}_\theta \end{aligned}$$

und das zugehörige Feld

$$\begin{aligned}\vec{H} &= \frac{1}{2c^3 r}\dddot{\vec{Q}}(\vec{n}) \times \vec{n} \\ &= -\frac{4ea^2\omega^3}{c^3 r}\sin\theta\left[\cos\theta\sin(2\omega_0 t_0 - 2\varphi)\vec{e}_\varphi + \cos(2\omega_0 t_0 - 2\varphi)\vec{e}_\theta\right] \quad .\end{aligned}$$

Die emittierte Welle hat die doppelte Frequenz der Kreisbewegung. Die Strahlungsleistung berechnet sich analog zu (a):

$$\frac{dI'_n}{d\Omega} = \frac{2e^2 a^4 \omega^6}{c^5 \pi}\sin^2\theta(\cos^2\theta + 1) \quad , \quad I' = \frac{32}{5}\frac{e^2 a^4 \omega^6}{c^5} \quad .$$

Die Strahlungsleistung wurde infolge negativer Interferenz um den Faktor

$$\frac{I'}{I} = \frac{48}{5c^2}a^2\omega^2 \ll 1 \text{ reduziert.}$$

21.2 Aufgabe: Rutherford'sches Atommodell

Das Rutherford'sche Atommodell nimmt an, daß sich Elektronen auf Kreisbahnen um den Kern bewegen. Schätzen Sie die Lebensdauer T des Wasserstoffatoms in diesem klassischen Modell ab.

Lösung:

Die Gleichgewichtsbedingung für die Bewegung eines Elektrons (H-Atom) auf dem Kreis mit Radius R lautet $m\,\omega^2 R = \frac{e^2}{R^2}$, d.h. $\omega^2 R^2 = \frac{e^2}{m\,R}$. Die Energie des Elektrons auf dieser Kreisbahn ist

$$E = \frac{1}{2}m\,v^2 - \frac{e^2}{R} = -\frac{1}{2}\frac{e^2}{R} \quad .$$

Der Energieverlust ist $-I$, also ist $\frac{\mathrm{d}E}{\mathrm{d}t} = -I$. Mit dem Ergebnis von Aufgabe 21.1 (Teil a) erhält man

$$\frac{e^2}{2R^2}\frac{\mathrm{d}R}{\mathrm{d}t} = -\frac{2}{3}\frac{e^2}{c^3}\omega^4 R^2 = -\frac{2}{3}\frac{e^2}{c^3}\frac{e^4}{m^2 R^4} \Rightarrow \frac{\mathrm{d}R}{\mathrm{d}t} = -\frac{4}{3}\frac{e^4}{c^3 m^2}\frac{1}{R^2} \quad .$$

Mit $R(t_0) = a$(Bohrscher Radius), $R(t) = R$ ergibt dies das Integral

$$t - t_0 = -\frac{1}{4}\frac{m^2 c^3}{e^4}(R^3 - a^3)\ .$$

Mit $t_0 = 0$ und der Forderung $R(T) = 0$, ist die Zerfallszeit $T = m^2 c^3 a^3/4e^4 = 3.2 \times 10^{-13}$s. Im Rahmen der klassischen Phyik kann man daher die Stabilität der Atome nicht verstehen. Dieses und andere Probleme führten schließlich zur Entwicklung der Quantenmechanik.

21.3 Aufgabe: Abstrahlung eines elektrisch homogen geladenen symmetrischen Kreisels

Ein homogen elektrisch geladener symmetrischer Kreisel (Radius R, Ladung Q) rotiert mit der konstanten Winkelgeschwingigkeit ω um seine Längsachse. Wieviel Energie wird pro Zeiteinheit abgestrahlt?

Lösung:

Es werden keine elektromagnetischen Wellen emittiert, da Ladungs- und Stromdichte wegen der Rotationssymmetrie der Ladungsverteilung zeitlich konstant sind.

21.4 Aufgabe: Bewegung einer Punktladung im Feld einer stationären Punktladung

Eine Punktladung bewegt sich im Feld einer stationären Punktladung.

a) Wie lauten die Bewegungsgleichungen (relativistisch; ebene Polarkoordinaten).

b) Lösen Sie die Bewegungsgleichungen.

Lösung:

Wir nehmen an, daß die eine Ladung stationär ist, weil die Verallgemeinerung, bei der beide Ladungen um den gleichen Schwerpunkt kreisen, äußerst schwierig ist. Man muß dann die endliche Ausbreitungsgeschwindigkeit der elektromagnetischen Signale in Betracht ziehen. Dieses Problem wurde nie vollständig (analytisch) gelöst. Ist jedoch das eine Teilchen so schwer, daß Schwerpunkt und schweres Teilchen zusammenfallen, können wir dieses Teilchen als stationär ansehen (z.B. Proton und Elektron), und das Problem wird einer analytischen Lösung zugänglich.

a) Die (relativistischen) Bewegungsgleichungen lauten unter Vernachlässigung von Strahlungsverlusten

$$\frac{\mathrm{d}\vec{p}}{\mathrm{d}t} = q\vec{E} \quad , \quad \frac{\mathrm{d}E_{kin}}{\mathrm{d}t} = q\,\vec{v}\cdot\vec{E} \quad .$$

Hierbei ist $\vec{p} = \gamma\, m_0\, \vec{v}$ der Impuls $\left(\gamma = \left(1 - \frac{v^2}{c^2}\right)^{-\frac{1}{2}}\right)$ und $E_{kin} = \gamma\, m_0\, c^2$ die "kinetische" Energie des leichten Teilchens mit der Masse m_0, der Ladung q und der Geschwindigkeit $\vec{v}$. t bezeichnet die Laborzeit. $\vec{E} = q'\,\frac{\vec{e}_r}{r^2}$ ist das elektrische Feld des schweren Teilchens. Da die Bewegung eben ist, verwenden wir Zylinderkoordinaten. Es ist dann

$$\vec{r} = r\,\vec{e}_r \quad , \quad \vec{v} = \dot{\vec{r}} = \dot{r}\,\vec{e}_r + r\,\dot{\varphi}\,\vec{e}_\varphi$$

und damit

$$\begin{aligned} q\vec{E} &= q\,q'\,\frac{\vec{e}_r}{r^2} = \frac{\mathrm{d}}{\mathrm{d}t}\left(\gamma\, m_0\, \dot{r}\, \vec{e}_r + \gamma\, m_0\, r\, \dot{\varphi}\, \vec{e}_\varphi\right) \\ &= \frac{\mathrm{d}}{\mathrm{d}t}\left(\gamma\, m_0\, \dot{r}\right)\vec{e}_r + \gamma\, m_0\, \dot{r}\, \dot{\varphi}\, \vec{e}_\varphi + \frac{\mathrm{d}}{\mathrm{d}t}\left(\gamma\, m_0\, r\, \dot{\varphi}\right)\vec{e}_\varphi - \gamma\, m_0\, r\, \dot{\varphi}^2\, \vec{e}_r \quad . \end{aligned}$$

Wir vergleichen die Komponenten in φ- und r-Richtung,

$$\frac{\mathrm{d}}{\mathrm{d}t}\left(\gamma\, m_0\, r\, \dot{\varphi}\right) + \gamma\, m_0\, \dot{r}\, \dot{\varphi} = 0 \quad ,$$

$$\frac{\mathrm{d}}{\mathrm{d}t}\left(\gamma\, m_0\, \dot{r}\right) - \gamma\, m_0\, r\, \dot{\varphi}^2 = q\,q'\,\frac{1}{r^2} \quad . \qquad \underline{1}$$

Multiplizieren wir die erste Gleichung mit r, so stellen wir fest, daß $\frac{\mathrm{d}}{\mathrm{d}t}\left(\gamma\, m_0\, r^2\, \dot{\varphi}\right) = 0$ oder

$$\gamma\, m_0\, r^2\, \dot{\varphi} = l \qquad \underline{2}$$

zeitlich konstant ist. Die zweite Bewegungsgleichung $\dot{E}_{kin} = q\,\vec{v}\cdot\vec{E}$ liefert natürlich gerade die Energieerhaltung

$$\gamma\, m_0\, c^2 + \frac{q\,q'}{r} = E \quad . \qquad \underline{3}$$

b) Wir wenden uns jetzt wieder der Radialgleichung $\underline{1}$ zu, die wir mit γ multiplizieren und mittels $\underline{3}$ umformen

$$m_0\left\{\gamma\,\frac{\mathrm{d}}{\mathrm{d}t}(\gamma\,\dot{r}) - r\,\gamma^2\,\dot{\varphi}^2\right\} = \frac{q\,q'}{m_0\,c^2\,r^2}\left[E - \frac{q\,q'}{r}\right] \quad .$$

Auf der linken Seite führen wir nun durch $\frac{\mathrm{d}}{\mathrm{d}t} = \dot{\varphi}\,\frac{\mathrm{d}}{\mathrm{d}\varphi}$ die Ableitung nach φ ein, so gilt für die Bahnform $r(\varphi)$

$$m_0\left\{\gamma\,\dot{\varphi}\,\frac{\mathrm{d}}{\mathrm{d}\varphi}\left(\gamma\,\dot{\varphi}\,\frac{\mathrm{d}r}{\mathrm{d}\varphi}\right) - r\,(\gamma\,\dot{\varphi})^2\right\} = \frac{q\,q'}{m_0\,c^2\,r^2}\left[E - \frac{q\,q'}{r}\right] \quad .$$

Wegen $\underline{2}$ ist das Produkt $\gamma\,\dot{\varphi}$ aber gerade $\frac{l}{m_0\,r^2}$,

$$l^2\left\{\frac{\mathrm{d}}{\mathrm{d}\varphi}\,\frac{1}{r^2}\,\frac{\mathrm{d}r}{\mathrm{d}\varphi} - \frac{1}{r}\right\} = \frac{q\,q'}{c^2}\left[E - \frac{q\,q'}{r}\right] \quad .$$

Führen wir schließlich noch $x = \frac{1}{r}$ ein, so vereinfacht sich die Differentialgleichung beträchtlich

$$\frac{\mathrm{d}^2}{\mathrm{d}\varphi^2}\,x + \alpha^2\,x = -\frac{q\,q'}{l^2\,c^2}\,E \qquad \underline{4}$$

mit

$$\alpha^2 = 1 - \left(\frac{q\,q'}{l\,c}\right)^2 \quad . \qquad \underline{5}$$

Diese Gleichung läßt sich sofort lösen:

$$x(\varphi) = \frac{1}{r(\varphi)} = -\frac{q\,q'}{l^2\,c^2\,\alpha^2}\,E + A\,\cos(\alpha\varphi + \varphi_0) \quad . \qquad \underline{6}$$

Die Bahn ist also nicht geschlossen ($\alpha \neq 1$), sondern eine Rosette. Dem äußeren Anschein zum Trotz ist die Integrationskonstante A schon durch Drehimpuls l und Gesamtenergie E des Teilchens festgelegt; wir haben nämlich noch nicht verwendet, daß

$$\gamma^2\left(1 - \frac{v^2}{c^2}\right) = 1 \qquad \underline{7}$$

gilt. Beachten wir, daß

$$\gamma^2\,\frac{v^2}{c^2} = \frac{\gamma^2}{c^2}\left[\dot{r}^2 + r^2\,\dot{\varphi}^2\right] = \frac{1}{c^2}\,\gamma^2\,\dot{\varphi}^2\left[\left(\frac{\mathrm{d}r}{\mathrm{d}\varphi}\right)^2 + r^2\right]$$
$$= \left(\frac{l}{m_0\,c}\right)^2\left(\left(\frac{\mathrm{d}x}{\mathrm{d}\varphi}\right)^2 + x^2\right) ,$$

so erhalten wir schließlich mit $\underline{3}$ die Bedingung

$$\left(\frac{\mathrm{d}x}{\mathrm{d}\varphi}\right)^2 + x^2 - \frac{1}{l^2\,c^2}\left[E - q\,q'\,x\right]^2 = -\left(\frac{m_0\,c}{l}\right)^2 \quad . \qquad \underline{9}$$

Setzen wir hier die Lösung $\underline{6}$ ein, so resultiert nach längerer Rechnung

$$A = \pm\frac{1}{l\,c\,\alpha^2}\sqrt{E^2 - \alpha^2\,m_0^2\,c^4} \quad , \qquad \underline{10}$$

wobei die unterschiedlichen Vorzeichen den beiden Orientierungen des "Kegelschnitts" entsprechen. φ_0 entspricht natürlich der Lage der Bahn.

Für zwei einander anziehende Teilchen ($q\,q' < 0$) ist die Bahn gegeben durch

$$\frac{l\,c\,\alpha^2}{r} = \sqrt{1 - \alpha^2}\,E \pm \sqrt{E^2 - \alpha^2\,m_0^2\,c^4}\cos(\alpha\varphi + \varphi_0) \quad . \qquad \underline{11}$$

Eine notwendige Bedingung für die Existenz von "periodischen" Lösungen ist natürlich $\alpha^2 > 0$ oder $l > \left|\frac{q\,q'}{c}\right|$; der Drehimpuls kann also nicht beliebig klein werden. Aus quantenmechanischen Gründen hat das Elektron den Bahndrehimpuls $l = n\,\hbar (n \in \mathbb{N}_0)$. Befindet sich also ein Elektron im Feld einer Punktladung Ze, so muß gelten $\hbar > \frac{Z\,e^2}{c}$ oder $Z < \frac{\hbar c}{e^2} \approx 137$, d.h. für punktförmige Atomkerne mit $Z \gtrsim 137$ gibt es keine Lösungen.

Weiter sieht man, daß für $E > m\,c^2$ das Elektron frei ist, d.h. es entfernt sich beliebig weit vom Kern.

Für $\alpha\,m_0\,c^2 \leq E < m_0\,c^2$ ist es gebunden.

Der Fall $E = \alpha\,m_0\,c^2$ entspricht gerade einer Kreisbahn.

21.5 Aufgabe: Elektron im elektromagnetischen Feld

Auf ein ruhendes Elektron fällt eine elektromagnetische Welle, die durch ein Vektorpotential

$$\vec{A} = (0, A(x - ct), 0)$$

beschrieben wird. Dabei ist $A(x - ct)$ eine beliebige für $t \to -\infty$ verschwindende Funktion. Gesucht sind die Geschwindigkeitskomponenten des Elektrons. Das Problem soll nichtrelativistisch behandelt werden.

Lösung:

Für das Elektron gilt die Bewegungsgleichung

$$\dot{\vec{p}} = e\left(\vec{E} + \frac{1}{c}\vec{v} \times \vec{B}\right) \quad . \qquad \underline{1}$$

Wir drücken das elektrische und das magnetische Feld durch das Vektorpotential aus:

$$\vec{E} = -\frac{1}{c}\frac{\partial \vec{A}}{\partial t} \quad , \quad \text{und} \quad \vec{B} = \operatorname{rot} \vec{A} \quad . \qquad \underline{2}$$

Um die Ableitungen des Vektorpotentials zu berechnen, substituieren wir $u = x - ct$. Dann setzen wir

$$A' = \frac{\mathrm{d}A}{\mathrm{d}u} \quad .$$

Damit ergeben sich die partiellen Ableitungen

$$\frac{\partial}{\partial x} A(u) = A' \quad \text{und} \quad \frac{\partial}{\partial t} A(u) = -c\, A' \quad .$$

Für die totalen Ableitungen nach der Zeit folgt:

$$\frac{\mathrm{d}}{\mathrm{d}t} A(u) = \dot{A} = (\dot{x} - c)\, A' \quad \text{und} \quad \frac{\mathrm{d}A^2}{\mathrm{d}t} = 2\, A\, A' \,(\dot{x} - c) \quad .$$

Drücken wir die Felder in Gleichungen $\underline{2}$ dadurch aus, so ist

$$\vec{E} = (0, A', 0) \quad , \quad \vec{B} = (0, 0, A') \quad .$$

Für den Term der Lorentzkraft folgt:

$$\vec{v} \times \vec{B} = (\dot{y}\, A', -\dot{x}\, A', 0) \quad .$$

Setzen wir dies in die Bewegungsgleichung $\underline{1}$ ein, dann wird

$$\dot{\vec{p}} = \frac{e}{c}(\dot{y}\, A', (c - \dot{x})\, A', 0) = \frac{e}{c}\,(\dot{y}\, A', -\dot{A}, 0) \quad ,$$

es tritt also keine Kraftkomponente in z-Richtung auf.

Für die y-Komponente ergibt sich

$$\ddot{y} = -\frac{e}{m\, c}\, \dot{A}$$

oder integriert ($\dot{y}(0) = 0$): $\dot{y} = -\frac{e}{mc} A$.
Für die x-Komponente folgt dann

$$\ddot{x} = \frac{e}{mc} \dot{y} A' = -\left(\frac{e}{mc}\right)^2 A A' \quad ,$$

$$\ddot{x} = -\left(\frac{e}{mc}\right)^2 \frac{1}{2(\dot{x} - c)} \frac{\mathrm{d}}{\mathrm{d}t} A^2 \quad .$$

Daraus folgt wiederum

$$2 \ddot{x} (\dot{x} - c) = -\left(\frac{e}{mc}\right)^2 \frac{\mathrm{d}}{\mathrm{d}t} A^2$$

und nach Integration (mit $\dot{x}(0) = 0$):

$$\dot{x}^2 - 2c\dot{x} + \left(\frac{e}{mc}\right)^2 A^2 = 0 \quad .$$

Die Auflösung nach $\dot{x}$ ergibt

$$\dot{x} = c - \sqrt{c^2 - \left(\frac{e}{mc}\right)^2 A^2} \quad ,$$

wobei wir das positive Vorzeichen der Wurzel ausschließen, da $\dot{x} < c$ gelten muß. Es gilt $\left(\frac{e}{mc}\right)^2 \ll c^2$, so daß wir die Wurzel entwickeln können:

$$c \sqrt{1 - \left(\frac{e}{mc^2} A\right)^2} = c \left(1 - \frac{1}{2} \left(\frac{e}{mc^2} A\right)^2 \pm \ldots\right) \quad .$$

Damit ergibt sich

$$\dot{x} \approx \frac{1}{2c} \left(\frac{eA}{mc}\right)^2 \quad .$$

Die z-Komponente ist Null.

Die y-Komponente der Geschwindigkeit hängt also linear, die x-Komponente quadratisch vom Vektorpotential ab. Hat das Vektorpotential oszillatorischen Charakter, dann oszilliert das Elektron in y-Richtung, die Geschwindigkeitskomponente in x-Richtung hat immer nur positives Vorzeichen (Druck der Welle in x-Richtung).

21.6 Beispiel: Strahlungsverlust einer harmonisch schwingenden Ladung.

Eine positive Ladung e ist an einer Feder so befestigt, daß ein strahlender harmonischer Oszillator entsteht. Wir wollen zeigen, daß kleine Strahlungsverluste mit geringer Rückwirkung auf die Bewegung des Oszillators durch Einführung einer Reibungskraft proportional zur dritten Ableitung der Auslenkung beschrieben werden können.

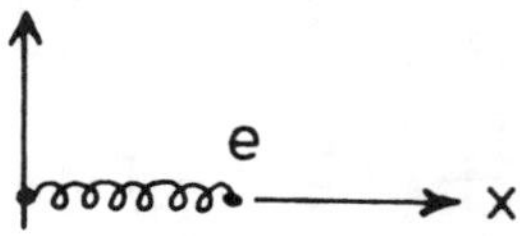

Eine Ladung hängt an einer Feder.

Die Ladung bewegt sich entlang der x-Achse. Wird für den Augenblick die Strahlung nicht berücksichtigt, so lautet die Bewegungsgleichung für den Massenpunkt m an der Feder mit der Eigenfrequenz ω_0

$$m \frac{\mathrm{d}^2 x(t)}{\mathrm{d}t^2} + m\,\omega_0^2\, x(t) = 0 \quad . \qquad \underline{1}$$

Ihre allgemeine Lösung ist

$$x(t) = \mathrm{Re}(x_0\, e^{-i\omega_0 t}) \quad , \qquad \underline{2}$$

wobei x_0 komplex sein kann. Die komplexe Amplitude für das Dipolmoment dieser Bewegung ist dann

$$p = e\, x_0$$

und die gesamte abgestrahlte Energie pro Zeiteinheit folgt gemäß Gleichung (21.16a) zu

$$E_{\mathrm{strahl}} = \frac{c}{3} k^4 \,|p|^2 = \frac{c\,k^4}{3}\, e^2\, |x_0|^2 = \frac{\omega_0^4}{3\,c^3}\, e^2\, |x_0|^2 \quad . \qquad \underline{3}$$

Die zeitliche Änderung der Energie des schwingenden harmonischen Oszillators erhält man aus $\underline{1}$ durch Multiplikation mit $\frac{\mathrm{d}x}{\mathrm{d}t}$:

$$m \frac{\mathrm{d}x}{\mathrm{d}t} \frac{\mathrm{d}^2 x}{\mathrm{d}t^2} + m\,\omega_0^2\, x\, \frac{\mathrm{d}x}{\mathrm{d}t} = 0$$

was auf

$$\frac{\mathrm{d}x}{\mathrm{d}t} \left[\frac{m}{2} \left(\frac{\mathrm{d}x}{\mathrm{d}t} \right)^2 + \frac{m\,\omega_0^2}{2}\, x^2 \right] = 0 \qquad \underline{4}$$

führt. Um nun zu sehen, wie der Strahlungsverlust $\underline{3}$ in der Bewegungsgleichung $\underline{1}$ berücksichtigt werden kann, bemerken wir zunächst, daß das zeitliche Mittel von $\left(\frac{dx}{dt}\right)\left(\frac{d^3x}{dt^3}\right)$ durch

$$\overline{\frac{dx}{dt}\frac{d^3x}{dt^3}} = \overline{[-|x_0|\omega_0 \sin(\omega_0 t + \varphi)][|x_0|\omega_0^3 \sin(\omega_0 t + \varphi)]} = -\frac{1}{2}|x_0|^2\omega_0^4 \qquad \underline{5}$$

gegeben ist. Der Strahlungsverlust $\underline{3}$ kann daher auch

$$E_{\mathrm{strahl}} = -\overline{\frac{2}{3}\frac{e^2}{c^3}\frac{dx}{dt}\frac{d^3x}{dt^3}} \qquad \underline{6}$$

geschrieben werden. Die Abnahme der Oszillatorenergie pro Zeiteinheit muß gleich dem Strahlungsverlust pro Zeiteinheit sein, also

$$-\frac{d}{dt}\left[\frac{m}{2}\left(\frac{dx}{dt}\right)^2+\frac{m\omega_0^2}{2}x^2\right]=E_{\text{strahl}} \qquad \underline{7}$$

oder

$$\frac{d}{dt}\left[\frac{m}{2}\dot{x}^2+\frac{m\omega_0^2}{2}x^2\right]=\frac{2}{3}\frac{e^2}{c^3}\dot{x}\,\dddot{x}\;. \qquad \underline{8}$$

Die Annahme, daß die Strahlungsdämpfung nur einen geringen Einfluß auf die Bewegung hat, geht ganz wesentlich in die Form der rechten Seite von Gleichung 7 ein, denn die Abstrahlungsenergie E_{strahl} wurde mit den ungestörten Lösungen $x(t)$ der schwingenden Masse m berechnet. Auch wurde die Näherung gemacht, den zeitlichen Mittelwert in 6 durch den tatsächlichen Wert zu ersetzen. Nach Ausdifferenzieren der linken Seite von 7 ergibt sich

$$m\dot{x}\ddot{x}+m\omega_0^2x\dot{x}=\frac{2}{3}\frac{e^2}{c^3}\dot{x}\,\dddot{x} \qquad \underline{9}$$

und weiter

$$m\frac{d^2x}{dt^2}=-m\omega_0^2x+\frac{2}{3}\frac{e^2}{c^3}\frac{d^3x}{dt^3}\;. \qquad \underline{10}$$

Diese Differentialgleichung für die Bewegung des harmonisch schwingenden, geladenen Massenpunktes berücksichtigt die Strahlungsverluste in guter Nährung, solange diese klein sind. Die dadurch hervorgerufene Dämpfung der Bewegung ist klein, falls der Parameter

$$\frac{\text{Energieverlust pro Schwingungsdauer}}{\text{Gespeicherte Energie}}=\frac{\frac{\omega_0^4e^2|x_0|^2}{3c^3}\Big/\frac{\omega_0}{2\pi}}{\frac{m}{2}\omega_0^2|x_0|^2}=\frac{4\pi}{3}\frac{\omega_0e^2}{mc^3}$$

klein ist. Dann ist die Bewegung der schwingenden Masse erst über viele Schwingungszyklen hinweg gedämpft.

21.7 Aufgabe: Natürliche Linienbreite durch Strahlungsverlust

Betrachten Sie ein isoliertes System, das Dipolstrahlung hauptsächlich mit der Frequenz ω_0 emittiert. Wegen der Strahlung nimmt die Energie des Systems beständig ab. Das bedeutet, daß auch Frequenzen $\omega=\omega_0+\Delta\omega$ in der Nachbarschaft von ω_0 vom System emittiert werden. $\Delta\omega$ heißt *natürliche Breite* der Emissionslinie. Zeigen Sie, daß für einen strahlenden harmonischen Oszillator mit der Masse m und der Ladung e im Falle schwacher Dämpfung die natürliche Linienbreite durch

$$\Delta\omega=\frac{2}{3}\frac{e^2\omega_0^2}{mc^3}$$

gegeben ist.

Lösung:

Die Auswirkung der Strahlungsverluste auf die Bewegung der schwingenden Ladung auf Grund ihrer Dipolstrahlung werden gemäß Beispiel 21.6 durch die Differentialgleichung

$$m\frac{d^2x}{dt^2} = -m\omega_0^2 x + \frac{2}{3}\frac{e^2}{c^3}\frac{d^3x}{dt^3} \qquad \underline{1}$$

berücksichtigt. Zur Lösung versuchen wir den Ansatz $x = x_0 e^{-i\omega t}$ und werden damit auf die charakteristische Gleichung

$$-m\omega^2 = -m\omega_0^2 + i\frac{2}{3}\frac{e^2}{c^3}\omega^3 \qquad \underline{2}$$

geführt. Diese Gleichung 3. Grades in ω lösen wir durch Störungsrechnung. Da die Strahlungsverluste (2. Glied rechts) als klein angenommen werden, lautet die Lösung nullter Ordnung

$$\omega = \omega_0 \quad . \qquad \underline{3}$$

In erster Ordnung ergibt sich dann

$$-m\omega^2 = -m\omega_0^2 + i\frac{2}{3}\frac{e^2}{c^3}\omega_0^3 \quad ,$$

woraus

$$\omega^2 = \omega_0^2\left[1 - i\frac{2}{3}\frac{e^2}{mc^3}\omega_0\right] \quad \text{oder} \quad \omega = \omega_0\left[1 - i\frac{1}{3}\frac{e^2}{mc^3}\omega_0\right] \qquad \underline{4}$$

folgt. Die entsprechende komplexe Lösung für die Auslenkung $x(t)$ lautet somit

$$x(t) = x_0 e^{-i\omega_0 t} e^{-\frac{1}{3}\frac{e^2}{mc^3}\omega_0^2 t} \equiv x_0 e^{-i\omega_0 t} e^{-\gamma t} \quad ; \qquad \gamma = \frac{1}{3}\frac{e^2}{mc^3}\omega_0^2 \, . \qquad \underline{5}$$

Der Realteil davon gibt die Auslenkung zur Zeit t an. Wir nehmen nun an, daß die tatsächliche Auslenkung für $t < 0$ verschwindet und für $t \geq 0$ durch den Realteil von $\underline{5}$ gegeben ist:

$$\begin{aligned} &\overline{x}(t) \equiv Re\, x(t) = 0 \text{ für } x < t \\ \text{und} \quad &\overline{x}(t) = Re\, x(t) = |x_0| e^{-\gamma t} \cos\omega_0 t \text{ für } x \geq t \, . \end{aligned} \qquad \underline{6}$$

Um das Frequenzspektrum dieser Bewegung zu finden, müssen wir $x(t)$ nach Fourier zerlegen

$$\overline{x}(t) = \frac{1}{\sqrt{2\pi}} \int\limits_{-\infty}^{\infty} d\omega f(\omega) e^{-i\omega t} \quad . \qquad \underline{7}$$

Da $\overline{x}(t)$ reell ist, gilt für $f(\omega)$ die Kreuzrelation (vgl. Beispiel 19.2, Gleichung $\underline{3}$)

$$f^*(\omega) = f(-\omega) \qquad \underline{8}$$

und daher

$$
\begin{aligned}
\overline{x}(t) &= \frac{1}{\sqrt{2\pi}} \int_{-\infty}^{0} d\omega f(\omega) e^{-i\omega t} + \frac{1}{\sqrt{2\pi}} \int_{0}^{\infty} d\omega f(\omega) e^{-i\omega t} \\
&= \frac{1}{\sqrt{2\pi}} \int_{0}^{\infty} d\omega f(-\omega) e^{+i\omega t} + \frac{1}{\sqrt{2\pi}} \int_{0}^{\infty} d\omega f(\omega) e^{-i\omega t} \qquad \underline{9} \\
&= \frac{1}{\sqrt{2\pi}} \int_{0}^{\infty} [f(\omega) e^{-i\omega t} + f^*(\omega) e^{+i\omega t}] = \frac{2}{\sqrt{2\pi}} Re \int_{0}^{\infty} d\omega f(\omega) e^{i\omega t} .
\end{aligned}
$$

Sieht man von der Phase ab, so ist der Beitrag der Frequenz ω zur Bewegung $\underline{6}$ durch $|f(\omega)|$ gegeben. Da nun die Energie eines Oszillators proportional x^2 ist, ist man meistens an $|f(\omega)|^2$ interessiert. Die Fourieramplitude für den Oszillator mit den in $\underline{6}$ eingearbeiten Anfangsbedingungen ist nun

$$
\begin{aligned}
f(\omega) &= \frac{1}{\sqrt{2\pi}} \int_{-\infty}^{\infty} dt \, \overline{x}(t) e^{i\omega t} \\
&= \frac{1}{\sqrt{2\pi}} \int_{0}^{\infty} \frac{|x_0|}{2} [e^{(-\gamma + i\omega_0 + i\omega)t} + e^{(-\gamma - i\omega_0 + i\omega)t}] \, dt \qquad \underline{10} \\
&= \frac{1}{\sqrt{2\pi}} \frac{|x_0|}{2} \left[\frac{e^{(-\gamma + i\omega_0 + i\omega)t}}{-\gamma + i\omega_0 + i\omega} + \frac{e^{(-\gamma - i\omega_0 + i\omega)t}}{(-\gamma - i\omega_0 + i\omega)} \right] \Bigg|_0^\infty \\
&= \frac{1}{\sqrt{2\pi}} |x_0| \frac{\gamma - i\omega}{\omega_0^2 - \omega^2 + \gamma^2 - i2\gamma\omega} .
\end{aligned}
$$

Das Betragsquadrat der Fourieramplitude ist demnach

$$
|f(\omega)|^2 = \frac{|x_0|^2}{2\pi} \frac{\gamma^2 + \omega^2}{(\omega_0^2 - \omega^2 + \gamma^2)^2 + 4\gamma^2\omega^2} . \qquad \underline{11}
$$

Bei kleiner Dämpfung ($\gamma \ll \omega_0$) liegt eine Resonanz bei $\omega = \sqrt{\omega_0^2 + \gamma^2} \approx \omega_0$ vor. Wir betrachten daher die Abweichung $\omega' = \omega - \omega_0$ von der Resonanzfrequenz und entwickeln $\underline{11}$ unter der Annahme, daß $\frac{\gamma}{\omega_0} \ll 1$ und $\frac{\omega'}{\omega_0} \ll 1$, also in der Umgebung der Resonanz. Die einzelnen Terme in $\underline{11}$ ergeben

$$
\begin{aligned}
\gamma^2 + \omega^2 &= \gamma^2 + (\omega_0^2 + \omega'^2) = \omega_0^2 \left(1 + O\left(\frac{\gamma}{\omega_0} \right) \right) , \\
(\omega_0^2 - \omega^2 + \gamma^2)^2 + 4\gamma^2\omega^2 &= [\omega_0^2 - (\omega_0 + \omega')^2 + \gamma^2]^2 + 4\gamma^2(\omega_0 + \omega')^2 \\
&= (-2\omega_0\omega' - \omega'^2 + \gamma^2)^2 + 4\gamma^2(\omega_0^2 + 2\omega_0\omega' + \omega'^2) \qquad \underline{12} \\
&= (4\omega_0^2\omega'^2 + 4\gamma^2\omega_0^2) \left[1 + O\left(\frac{\gamma}{\omega_0} \right) \right] .
\end{aligned}
$$

In einer kleinen Umgebung von $\omega = \omega_0$ (oder $\omega' = 0$) hat man daher

$$
|f(\omega)|^2 \approx \frac{|x_0|^2}{2\pi} \frac{1}{4(\omega'^2 + \gamma^2)} . \qquad \underline{13}
$$

Der Maximalwert liegt bei $\omega' = 0$ und hat den Betrag $\frac{|x_0|^2}{8\pi\gamma^2}$; der halbe Maximalwert liegt bei $\omega' = \pm\gamma$. Die Halbwertsbreite der Resonanz (kurz: Breite der Resonanz) beträgt daher

$$\Delta\omega = 2\gamma = \frac{2e^2\omega_0^2}{3mc^3} \quad . \tag{14}$$

Sie charakterisiert die Frequenzverteilung in der Bewegung 6. Unsere Ergebnisse können wir nun so zusammen fassen: Im allgemeinen enthält eine Funktion der Zeit, die für $t < 0$ verschwindet und für $t > 0$ von der Form $e^{-\gamma t} cos(\omega_0 t + \varphi)$ ist, wobei schwache Dämpfung ($\gamma \ll \omega_0$) angenommen wird, eine ganze Menge von Fourierfrequenzen (Frequenzband). Die Verteilung der Frequenzen hat eine Resonanz bei $\omega = \omega_0$ und eine Breite $\Delta\omega = 2\gamma$. In der Quantenmechanik werden wir sehen, daß dieses Resultat als die Unschärferelation zwischen Energie und Zeit $\Delta E \Delta t \approx \hbar/2$ gedeutet werden kann.

21.8 Aufgabe: Streuung von Licht durch polarisierbares Molekül

Berechnen Sie den totalen Wirkungsquerschnitt für die Streuung von Licht durch ein polarisierbares Molekül. Wie hängt der Streuquerschnitt von der Wellenlänge λ und der Polarisierbarkeit α ab?

Lösung:

Das im Molekül durch das elektrische Feld $\vec{E}(t) = \vec{E}_0 e^{-i\omega t}$ des Lichtes induzierte Dipolmoment beträgt

$$\vec{p}(t) = \alpha\vec{E}(t) = \alpha\vec{E}_0 e^{-i\omega t} = \vec{p}_0 e^{-i\omega t} \ . \tag{1}$$

Dabei ist $\vec{p}_0 = \alpha\vec{E}_0$ die komplexe Amplitude des Dipolmomentes. Der Energiefluß des auf das Molekül einfallenden Lichtes beträgt $\frac{cE_0^2}{8\pi}$ und die gestreute Energie pro Zeiteinheit (vgl. Gleichung (21.16a)) ist $\frac{1}{3}ck^4p_0^2$. Demnach ist der Streuquerschnitt σ (= gestreute Energie pro Zeiteinheit/einfallender Energiefluß) gegeben durch

$$\sigma = \frac{\frac{c}{3}k^4p_0^2}{\frac{c}{8\pi}E_0^2} = \frac{8\pi}{3}k^4\alpha^2 = \frac{4(2\pi)^5}{3}\frac{\alpha^2}{\lambda^4} \, . \tag{2}$$

Dieser Streuquerschnitt wurde zum ersten Mal von Lord Rayleigh* hergeleitet. Er erklärt die Bläue des Himmels und die Röte bei Sonnenauf- und untergang. Um

---

*John William Strutt *Rayleigh*, Lord, englischer Physiker, geb. 12. Nov. 1842, studierte in Cambridge und wurde 1868 Master of Arts; 1876 - 84 wirkte er als Professor für Experimentalphysik in Cambridge und wurde 1887 Professor für mathematische Physik am königlichen Institut zu London. 1895 entdeckte er zusammen mit William Ramsay das Argon. 1904 erhielt er den Nobelpreis für Physik. 1873 war er seinem Vater in die Pairswürde gefolgt. Außer zahlreichen Abhandlungen über Gegenstände der Akustik, Optik und Elektrizitätslehre, die meist in den "Philosophical Transactions" der Royal Society erschienen, schrieb er als Hauptwerk: "Theory of Sound" (2 Bde, London 1877 - 78) "Scientific Papers" erschienen 1900 - 03 in London. (Bde 1 - 4, von 1869 - 1901 reichend)

das etwas besser zu verstehen, bemerken wir zunächst, daß die Polarisierbarkeit des Stickstoffmoleküls (Hauptbestandteil der Luft) etwa gleich der einer leitenden Kugel vom Radius 1.2 Å $= 1,2 \cdot 10^{-8}$cm angesehen werden kann. Letztere haben wir in Beispiel 6.2 berechnet und (vgl. Gleichung 12 dieses Beispiels im Limes $\epsilon \to \infty$)

$$\alpha = a^3 = 1,7 \cdot 10^{-24}\text{cm}^3 . \qquad \underline{3}$$

gefunden. Rotes Licht hat Wellenlänge von der Größenordnung

$$\lambda_{\text{rot}} \approx 6500\text{Å} = 6,5 \cdot 10^{-5}\text{cm} \quad . \qquad \underline{4}$$

Der Streuquerschnitt 2 ist dann

$$\sigma_{\text{rot}} = \frac{4(2\pi)^5}{3} \frac{(1,7 \cdot 10^{-24})^2}{(6,5 \cdot 10^{-5})^4} \text{cm}^2 = 2.1 \cdot 10^{-27}\text{cm}^2 . \qquad \underline{5}$$

Unter normalen atmosphärischen Bedingungen auf Meereshöhe beträgt die Anzahl der Moleküle pro Kubikzentimeter

$$n = \frac{6 \cdot 10^{23}}{22.4 \text{ Liter}} = 2.7 \cdot 10^{19}\text{cm}^{-3} . \qquad \underline{6}$$

Daher finden wir für die *mittlere freie Weglänge* des roten Lichtes (d.h. den mittleren Weg, den es ohne Streuung zurücklegt)

$$L_{\text{rot}} = \frac{1}{n\sigma} = \frac{\text{cm}^3}{2.7 \cdot 10^{19}} \frac{1}{2.1 \cdot 10^{-27} \text{ cm}^2} = 1.8 \cdot 10^7 \text{ cm} = 180 \text{ km} . \qquad \underline{7}$$

Blaues Licht liegt im Wellenlängenbereich um

$$\lambda_{\text{blau}} \approx 4700 \text{ Å} = 4.7 \cdot 10^{-5}\text{cm} \qquad \underline{8}$$

und die mittlere freie Weglänge beträgt in diesem Fall

$$L_{\text{blau}} = 180 \text{ km} \left(\frac{4700}{6500}\right)^4 = 49 \text{ km} . \qquad \underline{9}$$

Der Himmel ist blau, weil das direkt von der Sonne kommende Licht gestreut wird, sobald es in die Atmosphäre kommt. Die kleine mittlere freie Weglänge des blauen Lichtes gegenüber dem roten zeigt an, daß dieser Streuprozeß für das blaue Licht viel effektiver ist als für das rote.

Die Röte bei Sonnenunter- und aufgang erklärt sich ähnlich: Das Licht muß jetzt einen größeren Weg durch die Atmosphäre (vor allem durch die dichten Zonen) zurücklegen. Wie die freien Weglängen zeigen, wird das blaue Licht viel kräftiger weggestreut als das rote. Das rote bleibt sozusagen übrig.

Diese Abschätzungen vermitteln das Grundsätzliche an dem Vorgang der Lichtstreuung in der Atmosphäre. Es sei aber angemerkt, daß statistische Fluktuationen und Verunreinigungen der Luft (Dunst, Staub) auch eine Rolle dabei spielen.

22. Kovariante Formulierung der Elektrodynamik

In diesem drittletzten Kapitel wollen wir noch einen Ausblick auf die Behandlung der Elektrodynamik in der Relativitätstheorie geben. Dazu geben wir noch kurz eine Wiederholung des relativistischen Formalismus an, wie wir ihn schon im Band Mechanik I kennengelernt haben.

Wir benutzen die Konvention, daß über doppelt auftretende Indizes summiert wird; die lateinischen Indizes i, j, k ... können die Werte 1 bis 3 annehmen; griechische Indizes λ, μ, ν, ... laufen von 1 bis 4.

Die Lorentz-Transformation: In den Vorlesungen über Mechanik I wurde der vierdimensionale Minkowski-Raum der Punkte $(x_\mu) = (x_1, x_2, x_3, x_4) = (x_1, x_2, x_3, ict) = (\vec{x}, ict)$ eingeführt. Beim Übergang zwischen zwei gleichförmig gegeneinander bewegten Koordinatensystemen $K(x_\mu)$ und $K'(x'_\mu)$ transformieren sich die Komponenten des Ortsvektors im Minkowski-Raum nach einer Lorentz-Transformation. Sie ist linear und homogen und kann durch eine Transformationsmatrix $\hat{C} = (c_{\mu\nu})$ beschrieben werden

$$x'_\mu = \sum_{\nu=1}^{4} c_{\mu\nu} x_\nu = c_{\mu\nu} x_\nu \,.^* \tag{1}$$

Wir betrachten wieder den speziellen Fall zweier Koordinatensysteme, deren Achsen parallel sind. Der Ursprung von K' soll sich mit der Geschwindigkeit v entlang der x_3 – Achse bewegen.

Mit den Abkürzungen $\beta = v/c$ und $\gamma = 1/\sqrt{1-\beta^2}$ gilt dann für die Transformationsmatrix

$$\hat{C} = (c_{\mu\nu}) = \begin{pmatrix} 1 & 0 & 0 & 0 \\ 0 & 1 & 0 & 0 \\ 0 & 0 & \gamma & i\gamma\beta \\ 0 & 0 & -i\gamma\beta & \gamma \end{pmatrix} . \tag{2}$$

Es ist geometrisch einzusehen, daß sich aus einem solchen Spezialfall mittels zweier räumlicher Drehungen sämtliche Transformationen der (homogenen) Lorentz-Gruppe erhalten lassen: Eine erste Raumdrehung $\hat{D}_1$ dreht die neue x''_3-Achse in Richtung der Translationsgeschwindigkeit v, so daß nun die Lorentztransformation angewendet werden kann (Drehung in der $x''_3 - x''_4$ – Ebene). Sie sorgt dafür, daß die x'''_4 – Achse mit der x'_4 – Achse übereinstimmt. Der Übergang vom K''' – System in das angestrebte K' – System erfordert also nur noch eine weitere Raumdrehung $\hat{D}_2$.

*Im letzten Schritt haben wir wieder die Einstein'sche Summenkonvention benützt: Über gleiche Indices wird summiert; in diesem Fall wird über ν summiert.

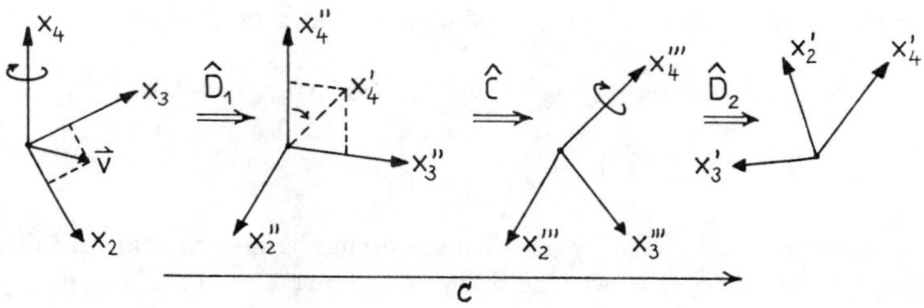

Die Allgemeine Lorentztransformation $\hat{\hat{C}}$ läßt sich aus der speziellen L.T. $\hat{C}$ und den Raumdrehungen $\hat{D}_1$ und $\hat{D}_2$ aufbauen.

Eine beliebige Lorentz-Transformation $\hat{\hat{C}}$ läßt sich also darstellen als das Produkt der speziellen Lorentz-Transformation $\hat{C}$ und zwei reinen Raumdrehungen:

$$\hat{\hat{C}} = \hat{D}_2 \hat{C} \hat{D}_1 \,. \tag{3}$$

Das so erhaltene $\hat{\hat{C}}$ muß ein Element der Lorentz-Gruppe sein, weil sowohl $\hat{C}$ als auch die Raumdrehungen $\hat{D}_1$, $\hat{D}_2(v = 0)$ dieser Gruppe angehören.

Deshalb genügt es, das Verhalten einer Größe unter der Transformation (2) zu betrachten.

Eigenschaften der Transformationsmatrix $(c_{\mu\nu})$: Die Lorentz-Transformation beschreibt Drehungen im vierdimensionalen Minkowski-Raum; die Matrix ist also orthogonal und es gelten die folgenden Beziehungen, die wir noch einmal angeben. Der Betrag des Ortsvektors bleibt erhalten:

$$x'_\nu x'_\nu = x_\nu x_\nu \,. \tag{4}$$

Damit folgt $x'_\nu x'_\nu = c_{\nu\sigma} x_\sigma \cdot c_{\nu\tau} x_\tau = c_{\nu\sigma} c_{\nu\tau} x_\sigma x_\tau = x_\nu x_\nu$, also Spaltenorthogonalität

$$c_{\nu\sigma} c_{\nu\tau} = \delta_{\sigma\tau} \,. \tag{5}$$

Aus $x'_\sigma = c_{\sigma\nu} x_\nu$ folgt durch Multiplikation mit $c_{\sigma\mu}$ und Summation die Umkehrtransformation

$$c_{\sigma\nu} c_{\sigma\mu} x_\nu = \delta_{\nu\mu} x_\nu = x_\mu = c_{\sigma\mu} x'_\sigma \,. \tag{6}$$

Also gilt $(c_{\mu\sigma})^{-1} = (c_{\sigma\mu}) = (c_{\mu\sigma})^t$, die inverse Matrix ist gleich der transponierten. Aus (6) erhält man die Zeilenorthogonalität

$$c_{\sigma\nu} c_{\tau\nu} = \delta_{\sigma\tau} \,. \tag{7}$$

Für die Determinante läßt sich mit dem Multiplikationssatz ableiten

$$1 = \det(\delta_{\sigma\tau}) = \det(c_{\nu\sigma}c_{\nu\tau}) = \det(c_{\sigma\nu})^t \det(c_{\nu\tau}) = (\det(c_{\mu\nu}))^2 ,$$

also

$$\det(c_{\mu\nu}) = \pm 1 . \tag{8}$$

Wir beschränken uns hier auf die eigentlichen Lorentz-Transformationen mit der Determinante + 1, da $\det(c_{\mu\nu}) = -1$ eine Spiegelung (Inversion) enthält.

Vierervektoren und -tensoren: Die 4^k Größen $T_{\alpha_1 \ldots \alpha_k}$ (a_i = 1, 2, 3, 4) bilden einen Tensor k-ter Stufe, wenn sie unter einer orthogonalen Transformation sich entsprechend der Gleichung

$$T'_{\alpha_1 \ldots \alpha_k} = c_{\alpha_1\beta_1} \cdot \ldots \cdot c_{\alpha_k\beta_k} T_{\beta_1 \ldots \beta_k} \tag{9}$$

transformieren. Jeder einzelne Index eines Tensors transformiert sich wie die Komponenten eines Vektors (siehe Gleichung (1)).

Beispiele:

k = 0: Tensor 0-ter Stufe ist ein *Skalar*, der gegen Lorentz-Transformationen invariant ist, wie etwa die Länge $x_\mu \, x_\mu$ des Ortsvektors.

k = 1: Ein 4-Tupel mit der Transformationseigenschaft

$$T_\mu{}' = c_{\mu\nu} T_\nu \qquad \underline{1}$$

ist ein *Vierervektor*. Beispiel ist der Vektor (x, y, z, ict) der Koordinaten eines Weltpunkts.

Produktbildung: Wie man aus der Gleichung (9) sofort erkennt, ist es möglich entsprechend

$$U_{\alpha_1 \ldots \alpha_m \beta_1 \ldots \beta_n} = S_{\alpha_1 \ldots \alpha_m} \cdot T_{\beta_1 \ldots \beta_n} \tag{10}$$

durch komponentenweise Multiplikation zweier Tensoren m-ter und n-ter Stufe einen Tensor (n+m)-ter Stufe zu bilden.

Verjüngung: Summiert man über zwei Indizes eines Tensors, so zeigt sich wegen der Orthogonalitätsrelation (5):

$$T'_{\alpha\alpha\gamma} = c_{\alpha\mu}c_{\alpha\nu}c_{\gamma\lambda}T_{\mu\nu\lambda} = \delta_{\mu\nu}c_{\gamma\lambda}T_{\mu\nu\lambda} = c_{\gamma\lambda}T_{\mu\mu\lambda} . \tag{11}$$

Allgemein läßt sich hieraus ablesen: Durch Gleichsetzen (und darüber summieren) zweier Indizes eines Tensors k-ter Stufe erhält man einen Tensor (k-2)-ter Stufe. Dieser Vorgang wird als *Verjüngung* (*Kontraktion*) des Tensors bezeichnet.

Ein Beispiel ist das skalare Produkt zweier Vierervektoren $A_\mu B_\mu$, das sich als Kontraktion des Tensors $T_{\mu\nu} = A_\mu B_\nu$ ansehen läßt, also eine skalare Invariante bildet.

Tensoranalysis: Der dreidimensionale $\vec{\nabla}$ – Operator läßt sich auf Vierergestalt erweitern. Wegen der Kettenregel gilt nämlich

$$\frac{\partial}{\partial x'_\mu} = \frac{\partial x_\sigma}{\partial x'_\mu}\frac{\partial}{\partial x_\sigma} = c_{\mu\sigma}\frac{\partial}{\partial x_\sigma}\,, \tag{12}$$

was heißt, der Operator $\left(\frac{\partial}{\partial x_\mu}\right)$ verhält sich wie ein Vierervektor.

Die Anwendung dieses Operators auf einen Viererskalar ϕ ergibt den *Vierergradienten* : $\left(\frac{\partial \phi}{\partial x_\mu}\right)$. Wegen

$$\frac{\partial A'_\mu}{\partial x'_\mu} = c_{\mu\sigma}\frac{\partial}{\partial x_\sigma}(c_{\mu\tau}A_\tau) = \frac{\partial A_\sigma}{\partial x_\sigma} \tag{13}$$

ist die Summe $\frac{\partial A_\mu}{\partial x_\mu}$, die *Viererdivergenz*, ein *Lorentz-Skalar.*

Setzen wir statt A_μ in die Viererdivergenz die entsprechende Ableitung $\frac{\partial}{\partial x_\mu}$ ein, so ergibt sich der skalare Operator

$$\Box = \frac{\partial}{\partial x_\mu}\frac{\partial}{\partial x_\mu} = \triangle - \frac{1}{c^2}\frac{\partial^2}{\partial t^2}\,, \quad \text{(Quablaoperator)}. \tag{14}$$

Volumenelement: Das reell gewählte Volumenelement $d^4x = dx_1\,dx_2\,dx_3\,dx_0$ mit $dx_0 = dx_4/i = cdt$ bleibt bei einer Lorentz-Transformation erhalten; es ist ein Lorentz-Skalar, denn

$$d^4x' = \frac{\partial(x'_0, x'_1, x'_2, x'_3)}{\partial(x_0, x_1, x_2, x_3)}d^4x = \det(c_{\mu\nu})d^4x = d^4x, \tag{15}$$

weil die Jakobi-Determinate $\frac{\partial(x'_0,x'_1,x'_2,x'_3)}{\partial(x_0,x_1,x_2,x_3)}$ im Fall der eigentlichen Lorentz-Transformationen +1 ist.

Die Feldgleichungen und der Feldtensor: Als Grundlage der speziellen Relativitätstheorie stellte Einstein zwei Postulate auf:

I. In allen gleichförmig gegeneinander bewegten Systemen gelten die gleichen

Naturgesetze.

II. Die Geschwindigkeit des Lichts hat in allen gleichförmig gegeneinander bewegten Systemen den gleichen Betrag, unabhängig von der Geschwindigkeit der Quelle relativ zum Beobachter.

Aus der Forderung II. folgt, daß der Übergang zwischen zwei Systemen durch eine Lorentz-Transformation beschrieben wird. Das erste Postulat lautet dann: Alle Naturgesetze können *kovariant* formuliert werden. Kovarianz einer Gleichung heißt dabei, daß sich ihre Form unter einer Lorentztransformation nicht ändert. Nach der Beziehung (9) bedeutet dies, daß die Gleichungen Relationen zwischen Tensoren gleicher Stufe sein müssen.

Prinzipiell ist es möglich, das Transformationsverhalten der elektrischen und magnetischen Feldgröße direkt abzuleiten und zu zeigen, daß z.B. die Maxwell-Gleichungen kovariant sind (im Gegensatz zu den Gesetzen der klassischen Mechanik, wo relativistische Änderungen an den Newtonschen Grundgesetzen notwendig waren).

Wir werden uns im folgenden darauf beschränken, vom ersten Postulat ausgehend, die Gleichungen der Elektrodynamik in kovariante Form zu bringen, und betrachten dabei die Felder im Vakuum.

Die Kontinuitätsgleichung

$$\vec{\nabla} \cdot \vec{j} + \frac{\partial \rho}{\partial t} = 0$$

schreiben wir in der Form

$$\frac{\partial j_1}{\partial x_1} + \frac{\partial j_2}{\partial x_2} + \frac{\partial j_3}{\partial x_3} + \frac{\partial (ic\rho)}{\partial (ict)} = 0\,. \tag{16}$$

Dann ist mit der Einführung der Viererstromdichte

$$(j_\mu) = (\vec{j}, ic\rho) \tag{17}$$

die kovariante Form der Kontinuitätsgleichung als Viererdivergenz der Stromdichte offensichtlich:

$$\frac{\partial j_\mu}{\partial x_\mu} = 0\,. \tag{18}$$

Die Tatsache, daß j_μ tatsächlich ein Vierervektor ist, läßt sich direkt aus dem experimentellen Befund der Ladungserhaltung ableiten, denn wenn sowohl $dq = \rho dx_1\, dx_2\, dx_3$ als auch $id^4x = dx_1\, dx_2\, dx_3\, dx_4$ skalare Invarianten sind, muß sich ρ wie die vierte Komponente eines Vierervektors transformieren. Ähnlich schließt man für $\vec{j} = \rho\vec{v}$. Mit dem Erkennen des Vierervektorcharakters von j_μ haben wir sofort das Transformationsverhalten von Stromdichte $\vec{j}$ und Ladungsdichte ρ beim Übergang von einem

Inertialsystem zu einem anderen im Griff. Es gilt dann

$$j_\nu' = c_{\nu\mu} j_\mu \quad . \tag{19}$$

Stromdichte und Ladungsdichte sind demnach eng miteinander verknüpft. Zum Beispiel lautet die z-Komponente, j_3', gemäß (2)

$$j_3' = \gamma(j_3 - v\rho) \quad ,$$

ein plausibles und leicht interpretierbares Ergebnis.

Die Potentialgleichungen

$$\Delta\vec{A} - \frac{1}{c^2}\frac{\partial^2\vec{A}}{\partial t^2} = -\frac{4\pi}{c}\vec{j} \quad , \tag{20}$$

$$\Delta\phi - \frac{1}{c^2}\frac{\partial^2\phi}{\partial t^2} = -4\pi\rho \tag{21}$$

mit der *Lorentz-Eichung*

$$\vec{\nabla}\cdot\vec{A} + \frac{1}{c}\frac{\partial\phi}{\partial t} = 0 \tag{22}$$

legen es nahe, das *Viererpotential*

$$(A_\mu) = (\vec{A}, i\phi) \tag{23}$$

einzuführen. Dann lassen sich die beiden Gleichungen (20), (21) in eine zusammenfassen

$$\Box A_\mu = -\frac{4\pi}{c} j_\mu \tag{24}$$

mit der Eichung

$$\frac{\partial A_\mu}{\partial x_\mu} = 0 \quad . \tag{25}$$

Schon an diesen Beispielen zeigt sich, daß die Gleichungen der Elektrodynamik durch die Schreibweise mit Vierervektoren eine einfache und klare Form erhalten.

Wir gehen nun von den Potentialen zu den Feldstärken $\vec{E}$ und $\vec{B}$ über, definiert durch

$$\vec{E} = -\vec{\nabla}\phi - \frac{1}{c}\frac{\partial\vec{A}}{\partial t} \quad , \tag{26}$$

$$\vec{B} = \vec{\nabla}\times\vec{A} \quad . \tag{27}$$

Komponentenweise ausgeschrieben lauten diese Gleichungen

$$E_1 = i\frac{\partial A_4}{\partial x_1} - i\frac{\partial A_1}{\partial x_4} \, , \quad B_1 = \frac{\partial A_3}{\partial x_2} - \frac{\partial A_2}{\partial x_3}$$

$$E_2 = i\frac{\partial A_4}{\partial x_2} - i\frac{\partial A_2}{\partial x_4}\,, \qquad B_2 = \frac{\partial A_1}{\partial x_3} - \frac{\partial A_3}{\partial x_1}$$
$$E_3 = i\frac{\partial A_4}{\partial x_3} - i\frac{\partial A_3}{\partial x_4}\,, \qquad B_3 = \frac{\partial A_2}{\partial x_1} - \frac{\partial A_1}{\partial x_2}.$$

Die einheitliche Form dieser Gleichungen führt auf die Definition des *Feldtensors*

$$F_{\mu\nu} = \frac{\partial A_\nu}{\partial x_\mu} - \frac{\partial A_\mu}{\partial x_\nu}. \tag{28}$$

Der Feldtensor $(F_{\mu\nu})$ ist ein antisymmetrischer Tensor 2-ter Stufe und hat somit 6 unabhängige Komponenten, die E_i und B_i.

Die Gleichung (28) stellt die vierdimensionale Verallgemeinerung der Rotation dar. In drei Dimensionen besitzt diese als antisymmetrischer Tensor mit drei Komponenten "zufällig" die Eigenschaften eines Dreiervektors, abgesehen vom Verhalten gegen Inversion.

Der Feldtensor hat ausgeschrieben die Form

$$F_{\mu\nu} = \begin{pmatrix} 0 & B_3 & -B_2 & -iE_1 \\ -B_3 & 0 & B_1 & -iE_2 \\ B_2 & -B_1 & 0 & -iE_3 \\ iE_1 & iE_2 & iE_3 & 0 \end{pmatrix} \quad . \tag{29}$$

Wir erhalten also als Resultat, daß das *elektromagnetische Feld* in Viererschreibweise nicht mehr durch zwei getrennte Vektoren, sondern durch einen einzigen Tensor beschrieben wird. Das bedeutet, daß sich beim Übergang zwischen gegeneinander bewegten Systemen die Komponenten $\vec{E}$ und $\vec{B}$ gemischt transformieren. Ein reines elektrisches Feld im ungestrichenen System wird als ein Gemisch von elektrischem und magnetischem Feld im gestrichenen System erscheinen.
Wir wählen jetzt wieder die spezielle Lorentz-Transformation (2), d.h. parallele Achsen und Bewegung von K' in z-Richtung. Dann erhalten wir aus

$$F'_{\mu\nu} = c_{\mu\sigma} c_{\nu\tau} F_{\sigma\tau}$$

mit den $c_{\mu\nu}$ aus Gleichung (2) die Transformationsgleichungen

$$\begin{aligned} E'_1 &= \gamma(E_1 - \beta B_2)\,, & B'_1 &= \gamma(B_1 + \beta E_2)\,, \\ E'_2 &= \gamma(E_2 + \beta B_1)\,, & B'_2 &= \gamma(B_2 - \beta E_1)\,, \\ E'_3 &= E_3\,, & B'_3 &= B_3\,. \end{aligned} \tag{30}$$

Dieses Ergebnis läßt sich auch in Vektorform schreiben:

$$\begin{aligned} \vec{E}'_\perp &= \gamma\left(\vec{E}_\perp + \frac{\vec{v}}{c} \times \vec{B}\right), \quad \vec{B}'_\perp = \gamma\left(\vec{B}_\perp - \frac{\vec{v}}{c} \times \vec{E}\right). \\ \vec{E}'_\parallel &= \vec{E}_\parallel\,, \qquad \vec{B}'_\parallel = \vec{B}_\parallel\,, \end{aligned} \tag{31}$$

Dabei bedeutet $\parallel$ und $\perp$ parallel bzw. senkrecht zu $\vec{v}$. Man verifiziert unmittelbar das jeweils die ersten beiden Gleichungen (30) gerade die 1,2 Komponenten der jeweils ersten Gleichung (31) sind. Für geringe Relativgeschwindigkeiten, wenn $\gamma \approx 1$ ist, erhält man im Ruhesystem eines mit der Geschwindigkeit $\vec{v}$ bewegten Elektrons gerade die Lorentz-Kraft:

$$\vec{F} = e\vec{E}' \approx e\left(\vec{E} + \frac{\vec{v}}{c} \times \vec{B}\right).$$

Der zweite Satz Gleichungen (31) für die magnetische Induktion liefert das Biot-Savart-Gesetz, wie das Beispiel 22.2 noch mehr verdeutlichen wird.

22.1 Aufgabe zur Wiederholung

Aus der Mechanik-Vorlesung ist bekannt, daß eine Lorentz-Transformation (LT) in der Form $x'_\mu = a_{\mu\nu}x_\nu$ oder $x' = Ax$ mit der Einsteinschen Konvention $a_{\mu\nu}x_\nu \equiv \sum_{\nu=1}^{4} a_{\mu\nu}x_\nu$ und der Definition $\underline{x} = x_\nu = (x_1, x_2, x_3, x_4) = (\vec{x}, ict), A = (a_{\mu\nu})$ geschrieben werden kann.

(a) Sei $\underline{x}$ im Bezugssystem Σ gegeben. Bestimme A für die Transformation $\underline{x} \to \underline{x}' \in \Sigma'$, wobei sich das System Σ' bezüglich Σ mit der Geschwindigkeit v in z-Richtung bewegen soll. Solche Transformationen bezeichnet man mit dem englischen Wort "boost" (Schub); hier liegt also ein boost in z-Richtung vor.

(b) Sei A eine beliebige LT und $\underline{x}' = A\underline{x}$. Leiten Sie aus $\underline{x}'^2 = x'_\mu x'_\mu = x_\nu x_\nu = \underline{x}^2$ die Beziehung $A^T = A^{-1}$ ab; d.h. A ist orthogonal, und somit $\det A = \pm 1$. Wieso gilt $|A_{44}| \geq 1$?

(c) Zeigen Sie dann, daß die LT eine Gruppe bilden (Bez. $\mathcal{L}$).

(d) Zeigen Sie, daß man jede Matrix $L \in \mathcal{L}$ durch $L = DL_{\bigcirc}$ mit D = 1,P,T,PT ausdrücken kann. Dabei ist

$$P = \begin{pmatrix} 1 & 0 & 0 & 0 \\ 0 & 1 & 0 & 0 \\ 0 & 0 & 1 & 0 \\ 0 & 0 & 0 & -1 \end{pmatrix} \qquad T = \begin{pmatrix} -1 & 0 & 0 & 0 \\ 0 & -1 & 0 & 0 \\ 0 & 0 & -1 & 0 \\ 0 & 0 & 0 & 1 \end{pmatrix},$$

$$PT = -1 \qquad \det L_{\bigcirc} = 1 \quad ,$$

sowie $(L_{\bigcirc})_{44} \geq 1$. Die Menge aller $L_{\bigcirc}$ wird mit $\mathcal{L}_\uparrow^+$ bezeichnet. Man zeige, daß $\mathcal{L}_\uparrow^+$ eine Gruppe bildet (die sogenannte eingeschränkte Lorentzgruppe). Welche physikalische Bedeutung hat P, T und PT?

(e) Welche Arten von Koordinatentransformationen enthält $\mathcal{L}_\uparrow^+$? Ist $\mathcal{L}$ abelsch?

(f) Wie sind Vierervektoren und Vierertensoren definiert? Was ist ein Skalar?

Lösung:

(a) Mit $\beta = v/c, \gamma = (1-\beta^2)^{-1/2}$ gilt

$$\begin{aligned} x_1' &= x_1 \,, \quad x_2' = x_2 \,, \quad x_3' = (x_3 + ix_4\beta)\gamma \,, \\ x_4' &= ict' = ic\frac{t - vx_3/c}{\sqrt{1-v^2/c^2}} = (x_4 - ix_3\beta)\gamma \,, \end{aligned}$$

oder in Matrixschreibweise

$$\underline{x}' = \begin{pmatrix} x_1' \\ x_2' \\ x_3' \\ x_4' \end{pmatrix} = \begin{pmatrix} x_1 \\ x_2 \\ (x_3 + ix_4\beta)\gamma \\ (x_4 - ix_3\beta)\gamma \end{pmatrix} = \begin{pmatrix} 1 & 0 & 0 & 0 \\ 0 & 1 & 0 & 0 \\ 0 & 0 & \gamma & i\beta\gamma \\ 0 & 0 & -i\beta\gamma & \gamma \end{pmatrix} \begin{pmatrix} x_1 \\ x_2 \\ x_3 \\ x_4 \end{pmatrix} = A\underline{x}$$

$\underline{1}$

(b) $\underline{x}'^2 = x_\mu' x_\mu' = A_{\mu\nu}\, x_\nu\, A_{\mu\sigma}\, x_\sigma = x_\nu\, A^T_{\nu\mu}\, A_{\mu\sigma}\, x_\sigma = x_\nu x_\nu = \underline{x}^2 \Rightarrow A^T_{\nu\mu} A_{\mu\sigma} = \delta_{\nu\sigma}$, oder $A^T = A^{-1}$. Daraus folgt weiter $1 = \det 1 = \det(AA^T) = \det A \det A^T = (\det A)^2$, also $\det A = \pm 1$. Da $\vec{x}, t$ reelle Größen sind, müssen die Komponenten $A_{i4} (i = 1,2,3)$ komplex und $A_{ij} (ij = 1,2,3), A_{44}$ reell sein. Wegen $1 = (A^T A)_{44} = A_{44}^2 - |A_{14}|^2 - |A_{24}|^2 - |A_{34}|^2$ folgt $|A_{44}| \geq 1$.

(c) $L_1 \in \mathcal{L}, L_2 \in \mathcal{L} \Leftrightarrow L_1^T = L_1^{-1}, L_2^T = L_2^{-1} \Rightarrow (L_1 L_2)^T = L_2^T L_1^T = L_2^{-1} L_1^{-1} = (L_1 L_2)^{-1} \Rightarrow (L_1 L_2) \in \mathcal{L}$, Assoziativität, Einselement und die Inverse sind gegeben.

(d) Es gilt $P^2 = T^2 = (PT)^2 = 1$. Sei $A \in \mathcal{L}$.

Fall 1: $\det A = 1,\ A_{44} \geq 1 \Rightarrow A_0 = A \in \mathcal{L}_\uparrow^+,\ D = 1,\ A \in \mathcal{L}_\uparrow^+$
Fall 2: $\det A = 1,\ A_{44} \leq -1 \Rightarrow A_0 = PTA \in \mathcal{L}_\uparrow^+,\ D = PT,\ A \in \mathcal{L}_\downarrow^+$
Fall 3: $\det A = -1,\ A_{44} \geq 1 \Rightarrow A_0 = PA \in \mathcal{L}_\uparrow^+,\ D = P,\ A \in \mathcal{L}_\uparrow^-$
Fall 4: $\det A = -1,\ A_{44} \leq -1 \Rightarrow A_0 = TA \in \mathcal{L}_\uparrow^+,\ D = T,\ A \in \mathcal{L}_\downarrow^-$

P bedeutet Rauminversion, T Zeitspielgelung und PT Raumzeitinversion. Wir bemerken, daß 1, P, T, PT eine diskrete Untergruppe von $\mathcal{L}$ ist. Da in $\mathcal{L}_\uparrow^+$ die Assoziativität trivialerwiese gegeben ist, $\underline{1} \in \mathcal{L}_\uparrow^+$ gilt und $(A^{-1})_{44} = (A^T)_{44} > A_{44} \geq 1$ gilt, bleibt nur die Abgeschlossenheit zu zeigen, d.h. $A \in \mathcal{L}_\uparrow^+,\ B \in \mathcal{L}_\uparrow^+ \Rightarrow AB \in \mathcal{L}_\uparrow^+$, also $(AB)_{44} \geq 1$. Nun ist aber $(AB)_{44} = A_{41}\, B_{14} + A_{42}\, B_{24} + A_{43}\, B_{34} + A_{44}\, B_{44} \geq (A_{44}B_{44}) - |A_{41}B_{14}| - |A_{42}B_{24}| - |A_{43}B_{34}| = [(1 + |A_{14}|^2 + |A_{24}|^2 + |A_{34}|^2)(1 + |B_{41}|^2 + |B_{42}|^2 + |B_{43}|^2)]^{1/2} - |A_{41}B_{14}| - |A_{42}B_{24}| - |A_{43}B_{34}| \geq 1$, wie man sich leicht überlegt. Man kann die gesamte Lorentzgruppe aus $\mathcal{L}_\uparrow^+$ rekonstruieren, indem man zu jedem $L_0 \in \mathcal{L}_\uparrow^+$ die Elemente PL_0, TL_0 und PTL_0

bildet. Man schreibt auch $\mathcal{L} = \mathcal{L}_\uparrow^+ \otimes \{1, P, T, PT\}$ oder $\mathcal{L}_\uparrow^+ = \mathcal{L}/\{1, P, T, PT\}$.

(e) $\mathcal{L}_\uparrow^+$ enthält neben boosts auch Rotationen (weshalb auch $\mathcal{L}$ nicht abelsch sein kann) und beliebige Produkte von beiden.

(f) Durch den Ausdruck $x_\mu = (x_1, x_2, x_3, x_4)$ wird ein Punkt $X = \underline{x}_\mu e_\mu$ im Minkowski-Raum bezeichnet, bezogen auf das Basissystem $\underline{e}_1, \underline{e}_2, \underline{e}_3, \underline{e}_4$. Dabei ist $\{\underline{e}_i, i = 1,2,3\}$ ein ONS im Ortsraum, $\underline{e}_4$ zeigt in t-Richtung. Der Punkt X ist natürlich eine feste Größe, nur seine Beschreibung kann sich ändern, wenn man das Bezugssystem ändert. Bei einer Lorentztransformation (LT) werden die Komponenten x_μ von X gemäß $x_\mu \to x'_\mu = L_{\mu\nu} x_\nu$ transformiert. Da der Punkt X selbst unverändert bleibt, entspricht dies der Basistransformation $\underline{e}'_\mu = L_{\mu\nu} \underline{e}_\nu$. Dann gilt nämlich $x'_\mu \underline{e}'_\mu = L_{\mu\nu} x_\nu L_{\mu\sigma} \underline{e}_\sigma = x_\nu L^T_{\nu\mu} L_{\mu\sigma} \underline{e}_\sigma = x_\nu \underline{e}_\nu = X$.
Ein beliebiger Vierervektor $\underline{q}$ ist nun durch $\underline{q} = q_\mu \underline{e}_\mu$ definiert. Eine LT $\underline{e}_\mu \to \underline{e}'_\mu$ entspricht einer Transformation $q_\mu \to q'_\mu = L_{\mu\nu} q_\nu$ der Komponenten von $\underline{q}$, d.h. ein Vierervektor transformiert sich bei einer LT wie der "Ortsvektor" $\underline{x}$. Da man i.A. bei der Benutzung der kovarianten Schreibweise von den Einheitsvektoren $\underline{e}_\mu$ keinen Gebrauch machen will, *definiert* man einen Vierervektor durch die Transformationseigenschaften seiner Komponenten. Analog verfährt man bei der Definition der Tensoren:
Ein Zahlenschema $T_{\alpha_1 \alpha_2 \ldots \alpha_n}, \alpha_i = 1, 2, 3, 4$ $(i = 1, ..., n)$ heißt Tensor n-ter Stufe, wenn es bei einer Lorentztransformation L in

$$T'_{\beta_1 \ldots \beta_n} = L_{\beta_1 \alpha_1} L_{\beta_2 \alpha_2} \ldots L_{\beta_n \alpha_n} T_{\alpha_1 \ldots \alpha_n}$$

übergeht. Ein Vierervektor ist also ein Tensor erster Stufe. Skalare Größen transformieren sich nicht bei einer LT, sie besitzen auch keine Indizes. Bei einer LT gilt also für einen Skalar $s = s' = s$. Aus einem Vektor q_μ enthält man z.B. durch die Produktbildung $q_\mu q_\mu$ einen Skalar (Skalarprodukt):

$$(q')^2 = (q'_\mu q'_\mu) = L_{\mu\nu} q_\nu L_{\mu\sigma} q_\sigma = q_\gamma q_\gamma = q^2 \quad .$$

22.2 Beispiel: Elektrische und magnetische Felder einer relativistisch bewegten Punktladung

Eine elektrische Punktladung q bewegt sich auf einer geraden Linie mit der Geschwindigkeit $\vec{v} = v\vec{e}_3$. Die Ladung ruht im bewegten System K'. Welche Ladung sieht ein in K ruhender Beobachter? Die obenstehende Figur zeigt die geometrische Situation und den Stoßparameter b. Zur Zeit $t = t' = 0$ möge der Ursprung beider Koordinatensysteme zusammenfallen. Deshalb hat der Punkt P im K'-System die Koordinaten $x'_1 = b$, $x'_2 = 0$, $x'_3 = -vt'$ und liegt vom Ursprung O', d.h. von der Ladung q, im Abstand

$$r' = \sqrt{b^2 + (vt')^2} \quad .$$

Es ist notwendig, r' im System K auszudrücken. Die einzige Koordinate, die transformiert werden muß, ist die Zeit

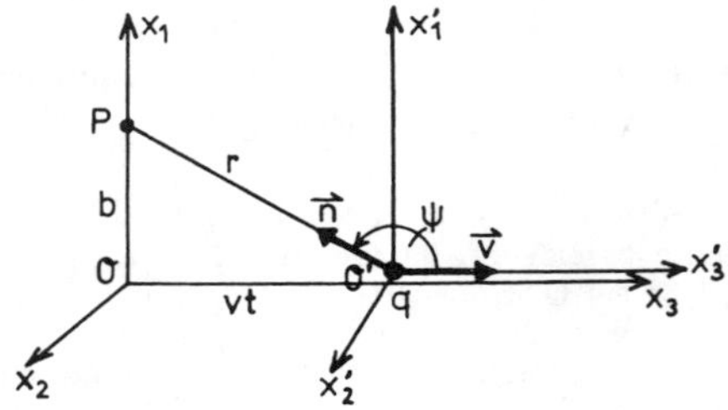

Eine Punktladung q, ruhend im bewegten System K', wird vom im System K ruhenden Punkt P aus beobachtet. b ist der Stoßparameter.

$$t' = \gamma(t - \frac{v}{c^2}x_3) = \gamma t \quad , \qquad \underline{1}$$

weil $x_3 = 0$ und $b = b'$ für den Beobachter in P. Im System K' gibt es nur elektrische Feldstärken $E'_\nu(\nu = 1, 2, 3)$. Im Punkt P in K' sind diese E'_i:

$$\vec{E}' = \{E'_1, E'_2, E'_3\} = \frac{q}{r'^2}\frac{\vec{r}'}{r'}$$

oder ausführlich

$$E'_1 = +\frac{qb}{r'^3},\ E'_2 = 0,\ E'_3 = \frac{qvt'}{r'^3} \qquad B'_1 = 0,\ B'_2 = 0,\ B'_3 = 0. \qquad \underline{2}$$

Vom System K' transformieren sich die Feldstärken gemäß der inversen Gleichung (30). Gleichzeitig drücken wir die gestrichenen Koordinaten durch die ungestrichenen aus und erhalten in K:

$$\begin{aligned} E_1 &= \gamma(E'_1 + \beta B'_2)\ , \quad E_2 = \gamma(E'_2 - \beta B'_1)\ , \quad E_3 = E'_3 \\ B_1 &= \gamma(B'_1 - \beta E'_2)\ , \quad B_2 = \gamma(B'_2 + \beta E'_1)\ , \quad B_3 = B'_3 \end{aligned} \qquad \underline{3}$$

und explizit mit $\underline{2}$

$$\begin{aligned} E_1 &= \gamma E'_1 = +\frac{qb\gamma}{(b^2 + \gamma^2 v^2 t^2)^{3/2}}\ , \quad E_2 = \gamma E'_2 = 0\ , \\ E_3 &= E'_3 = -\frac{q\gamma vt}{(b^2 + \gamma^2 v^2 t^2)^{3/2}}\ , \\ B_1 &= 0\ , \quad B_2 = \gamma\beta E'_1 = \beta E_1\ , \quad B_3 = B'_3 = 0. \end{aligned} \qquad \underline{4}$$

Die relativistischen Effekte auf die Feldstärken werden am deutlichsten sichtbar, wenn $v \to c$: Dann entsteht zunächst durch die bewegte Ladung am Orte P eine magnetische Induktion entlang der y-Achse (B_2), deren Stärke für $\beta \to 1$ gleich der elektrischen Feldstärke E_1 wird. In der Tat, nach dem Biot-Savart-Gesetz erwarten wir

$$\vec{B} \simeq \frac{q}{c}\frac{\vec{v}\times\vec{r}}{r^3} \qquad \underline{5}$$

und erkennen, daß die B_2-Komponente der Gleichung 4 dem entsprechenden Ausdruck in 5 für kleine Geschwindingkeiten gleich wird. *Die Transformationsgesetze der Relativitätstheorie liefern also das Biot-Savart-Gesetz einschließlich relativistischer Korrekturen.*

Weiterhin sehen wir, daß die maximale E_1- Komponente der elektrischen Feldstärke, die bei t = 0 (dem Zeitpunkt des Vorbeifluges am Beobachter P) erreicht wird, durch

$$(E_1)_{t=0} = +\frac{q}{b^2}\gamma \qquad \underline{6}$$

gegeben ist. Bei hohen Geschwindigkeiten ist $\gamma = \frac{1}{\sqrt{1-\beta^2}} \gg 1$ und daher E_1 sehr viel größer als der statische Wert, den die in 0 ruhende Punktladung am Orte P erzeugen würde. Man muß jedoch bedenken, daß die Wirkungsdauer dieser Feldstärke sehr verkleinert wird, nämlich

$$\Delta t = \frac{1}{\gamma}\Delta t' = \frac{1}{\gamma}\frac{b}{v} \quad . \qquad \underline{7}$$

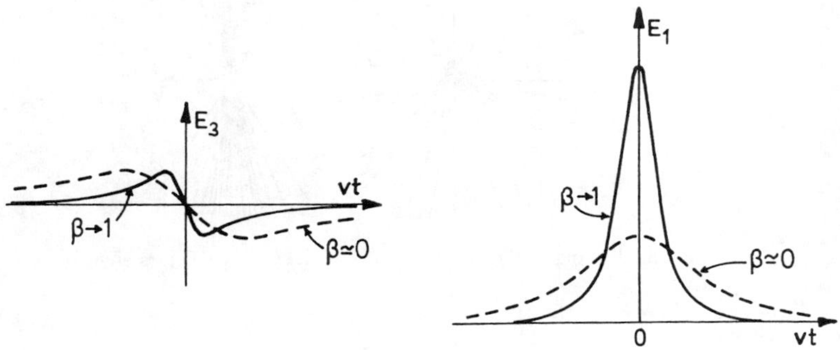

Zeitlicher Verlauf der Feldstärkekomponeneten beim Vorbeiflug einer Punktladung

Für $v \to c$ bleibt die Größenordnung des Kraftstoßes $E_1\Delta t = +\frac{q}{b^2}\gamma\frac{1}{\gamma}\frac{b}{v} = +\frac{q}{b\cdot v}$ erhalten. Die Figur verdeutlicht die Zeitabhängigkeit der Komponenten der elektrischen Feldstärke. Für $\beta \to 1$ sieht der Beobachter praktisch nur ein transversales elektrisches Feld (E_1) und eine gleichstarke, orthogonale magnetische Induktion (B_2). Die longitudinale Komponente E_3 ist während des Anfluges der Ladung ($t < 0$) positiv und während des Abflugs negativ. Sie mittelt sich also zeitlich zu Null. Wenn man die Trägheit der Apparatur des Beobachters P in Rechnung stellt, so hat sie keine Bedeutung: Die Apparatur reagiert praktisch nicht auf $E_3(t)$.
Interessant ist noch die räumliche Verteilung der Felder relativ zu einem instantanen Beobachter im Laborsystem, an demselben (instantanen) Ort der Ladung. Aus 4 folgt

$$\frac{E_3}{E_1} = -\frac{vt}{b} = \tan\psi$$

und damit entsprechend der ersten Figur (eingangs dieses Beispiels), daß $\vec{E} \sim \vec{n}$. Hierbei ist $\vec{n}$ gemäß jener Figur ein Einheitsvektor von der augenblicklichen Position der Ladung zum Beobachter P. Das elektrische Feld ist also nach wie vor ein Zentralfeld. Mit $b = r\sin\psi$ und $vt = -r\cos\psi$ können wir E_1, E_2 und E_3 aus 4 zusammenfassen zu

$$\vec{E} = \frac{q\vec{r}}{r^3\gamma^2(1-\beta^2\sin^2\psi)^{3/2}} \quad . \qquad \underline{8}$$

Dabei ist $r^2 = b^2 + v^2t^2$. Das $\vec{E}$-Feld ist, wie schon gesagt, radial gerichtet, aber die Kraftlinien sind nicht mehr isotrop. Sie sind in der Figur verdeutlicht. Durch die Bewegung der elektrischen Ladung wird ihr elektrisches Feld transversaler, im Limes $v \to c$ sogar transversal. Ein Beobachter sieht demnach eine mit nahezu Lichtgeschwindigkeit vorbeirauschende Ladung wie einen kurzen transversalen E-Feld-Blitz, d.h. wie einen transversalen Kraftstoß.

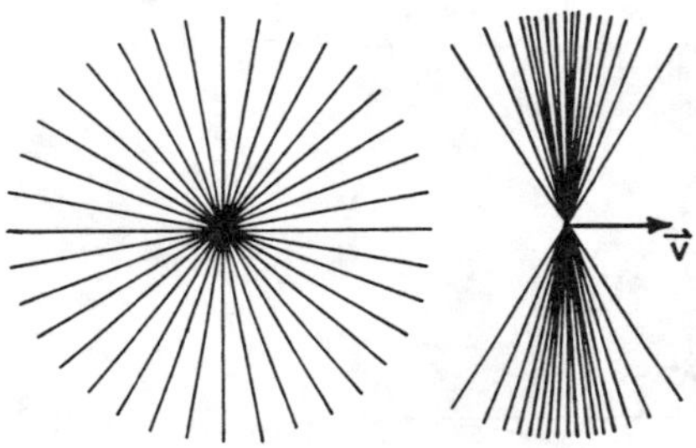

Veranschaulichung der Transversalität des elektrischen Feldes einer bewegten Ladung.

Invarianten des Feldes: Mit Hilfe der Tensorschreibweise lassen sich durch Kontraktion zwei Größen finden, die sich beim Übergang zu anderen Inertialsystemen nicht ändern. Zunächst gilt

$$F_{\mu\nu}F_{\mu\nu} = 2(B^2 - E^2), \quad \text{also} \quad \vec{B}^2 - \vec{E}^2 = \text{invariant}.$$

Eine weitere Invariante erhält man durch Kontraktion des Feldtensors mit dem "vollständig antysimmetrischen Einheitstensor vierter Stufe" definiert durch

$$\epsilon_{\kappa\lambda\mu\nu} = \begin{cases} 0 & \text{wenn zwei Indizes gleich sind,} \\ +1 & \text{wenn } (\kappa\lambda\mu\nu) \text{ gerade Permutation von (1234) ist,} \\ -1 & \text{wenn } (\kappa\lambda\mu\nu) \text{ ungerade Permutation von (1234) ist.} \end{cases} \qquad (32)$$

Man überzeugt sich sofort, daß $\epsilon_{\kappa\lambda\mu\nu}$ ein Tensor 4. Stufe ist, denn es muß gelten

$$\epsilon'_{\kappa'\lambda'\mu'\nu'} = c_{\kappa'\kappa}c_{\lambda'\lambda}c_{\mu'\mu}c_{\nu'\nu}\epsilon_{\kappa\lambda\mu\nu} \quad .$$

Aufgrund der Orthonormalitätsrelationen für die $c_{\mu\nu}$ und der Beziehungen (Definitionen) in Gleichung (32) folgt nun sofort, daß für $\epsilon'_{\kappa'\lambda'\mu'\nu'}$ die zu (32) analogen Relationen gelten.

Es gilt nun

$$\epsilon_{\kappa\lambda\mu\nu}F_{\kappa\lambda}F_{\mu\nu} = 8i\vec{E}\cdot\vec{B} \quad ;$$

also ist das Skalarprodukt $\vec{E}\cdot\vec{B}$ lorentz-invariant.

Natürlich läßt sich die Invarianz von $B^2 - E^2$ und $\vec{E}\cdot\vec{B}$ auch aus den Transformationsgleichungen (30) direkt beweisen. Das überlassen wir dem Leser. Es läßt sich zeigen, daß das Feld keine weiteren Invarianten besitzt.

Die Maxwell-Gleichungen: Mithilfe des Feldtensors $F_{\mu\nu}$ lassen sich die vier Maxwell-Gleichungen in kovariante Form bringen. Es zeigt sich, daß je zwei von ihnen zu einer einzigen Vierervektorgleichung verschmelzen. Die Gleichungen lauten

$$\frac{\partial F_{\mu\nu}}{\partial x_\nu} = \frac{4\pi}{c}j_\mu \quad , \tag{33a}$$

$$\frac{\partial F_{\mu\nu}}{\partial x_\lambda} + \frac{\partial F_{\nu\lambda}}{\partial x_\mu} + \frac{\partial F_{\lambda\mu}}{\partial x_\nu} = 0 \quad . \tag{33b}$$

Die letzte Gleichung gilt automatisch für den antisymmetrischen Tensor $F_{\mu\nu} = \frac{\partial A_\nu}{\partial x_\mu} - \frac{\partial A_\mu}{\partial x_\nu}$. Sie stellt eine Identität dar und heißt *Jacobi – Identität*. In der Tat ist

$$\frac{\partial}{\partial x_\lambda}\left(\frac{\partial A_\nu}{\partial x_\mu} - \frac{\partial A_\mu}{\partial x_\nu}\right) + \frac{\partial}{\partial x_\mu}\left(\frac{\partial A_\lambda}{\partial x_\nu} - \frac{\partial A_\nu}{\partial x_\lambda}\right) + \frac{\partial}{\partial x_\nu}\left(\frac{\partial A_\mu}{\partial x_\lambda} - \frac{\partial A_\lambda}{\partial x_\mu}\right) = 0 \quad ,$$

weil sich die Terme paarweise wegheben. Wie man durch Einsetzen der Gleichungen (18) und (28) verifiziert, enthält Gleichung (33a) die beiden Maxwell- Gleichungen, die die Verbindung zwischen Feld und Ladungen herstellen:

$$\mu = 1,2,3: \quad \vec{\nabla}\times\vec{B} - \frac{1}{c}\frac{\partial\vec{E}}{\partial t} = \frac{4\pi}{c}\vec{j} \quad ; \quad \mu = 4: \quad \vec{\nabla}\cdot\vec{E} = 4\pi\rho \quad .$$

Die Gleichung (33b) liefert die beiden homogenen Maxwell-Gleichungen:

$$\vec{\nabla} \times \vec{E} + \frac{1}{c}\frac{\partial \vec{B}}{\partial t} = 0 \quad ; \quad \vec{\nabla} \cdot \vec{B} = 0 \quad .$$

Man erhält nur vier verschiedene nichttriviale Gleichungen, denn wegen der Antisymmetrie von $F_{\mu\nu}$ verschwindet die linke Seite von Gleichung (33b), wenn zwei Indizes gleich sind. Da ferner durch eine Permutation von $(\lambda\mu\nu)$ nichts geändert wird, genügt es die Kombinationen (234), (341), (412) und (123) zu betrachten.

Jeder Term der Gleichung (33b) stellt einen Tensor 3-ter Stufe dar. Es läßt sich durch Überschiebung mit dem schon erwähnten antisymmetrischen Einheitstensor $\epsilon_{\kappa\lambda\mu\nu}$ eine Vierervektorgleichung gewinnen, die ebenfalls die homogenen Maxwell-Gleichungen enthält:

$$\epsilon_{\kappa\lambda\mu\nu}\frac{\partial F_{\lambda\mu}}{\partial x_\nu} = 0 \quad . \tag{34}$$

Die ebene Lichtwelle: Im Raum ohne Ströme und Ladungen ist $j_\mu(x) = 0$. Dort gilt dann nach (33a) $\frac{\partial F_{\mu\nu}}{\partial x_\nu} = 0$, und aus (33b) folgt dann

$$\frac{\partial}{\partial x_\lambda}\frac{\partial}{\partial x_\lambda}F_{\mu\nu} = -\frac{\partial}{\partial x_\mu}\frac{\partial}{\partial x_\lambda}F_{\nu\lambda} - \frac{\partial}{\partial x_\nu}\frac{\partial}{\partial x_\lambda}F_{\lambda\mu} \;=\; 0 \quad ,$$

also

$$\frac{\partial}{\partial x_\lambda}\frac{\partial}{\partial x_\lambda}F_{\mu\nu} \;=\; 0 \tag{35}$$

oder

$$\Box\, F_{\mu\nu} \;=\; 0 \quad .$$

Diese Gleichung erlaubt ebene Wellen vom Typ

$$F_{\mu\nu}(x) = f_{\mu\nu}\; e^{ik_\sigma x_\sigma} \quad . \tag{36}$$

Wird dies in (35) eingesetzt, ergibt sich unmittelbar

$$k_\lambda k_\lambda\; F_{\mu\nu}(x) \;=\; 0 \quad .$$

Weil $F_{\mu\nu}(x) \neq 0$ ist, muß

$$k_\lambda\, k_\lambda \;=\; 0 \tag{37a}$$

sein. Das muß in allen Lorentz-Systemen gelten. Folglich muß

$$\{k_\lambda\} \;=\; \{k_1, k_2, k_3, k_4\}$$

ein Viererverktor sein, der sich gemäß

$$k'_\mu = c_{\mu\nu}\, k_\nu \tag{37b}$$

transformiert. Wir wollen nun den *Vierer*wellenvektor k_μ genauer identifizieren. Eine ebene Lichtwelle wird gewöhnlich durch

$$F_{\mu\nu}(\vec{x},t) = f_{\mu\nu} \cdot e^{i(\vec{k}\cdot\vec{x}-\omega t)} = f_{\mu\nu} e^{ik_\sigma x_\sigma} \tag{38}$$

beschrieben, wobei die Elemente $\pm(B_0)_k$, $i(E_0)_k$ $(k = 1,2,3)$ von $f_{\mu\nu}$ die konstanten Amplituden sind. Offensichtlich muß $\{k_\mu\} = \{\vec{k}, i\frac{\omega}{c}\}$ gelten. Die Beziehung (37a) ist demnach identisch mit der Dispersionsbeziehung

$$\vec{k}^2 = \frac{w^2}{c^2}\ . \tag{39}$$

Wegen der Kovarianz der Wellengleichung gilt in einem bewegten System K'

$$F'_{\mu\nu}(\vec{x}',t') = f'_{\mu\nu}\, e^{i(\vec{k}'\cdot\vec{x}'-\omega' t')} = f'_{\mu\nu} e^{ik'_\sigma x'_\sigma}\quad . \tag{40}$$

Wir wollen überlegen, wie die beiden Wellen (38) und (40), die ein und dieselbe Welle beschreiben, am Raum-Zeit-Punkt $\vec{x}, t$ zusammenhängen. Beide Wellen (38) und (40) sind miteinander identisch, nur sind sie in verschiedenen Lorentzsystemen beschrieben. Am gleichen Raum-Zeit-Punkt hängen sie über das Transformationsgesetz

$$F'_{\mu\nu}(\vec{x}',t') = c_{\mu\sigma}\, c_{\nu\tau}\, F_{\sigma\tau}(\vec{x},t) \tag{41}$$

zusammen. Die Tensor-Transformation gilt also *am selben* Raum-Zeit-Punkt $\vec{x}, t$, wobei auf der linken Seite der Punkt $\vec{x}, t$ durch gestrichene Koordinaten $\vec{x}', t'$ ausgedrückt wird. Die obige Beziehung kann nur dann identisch erfüllt sein, wenn die Phase auf beiden Seiten gleich ist:

$$\vec{k}' \cdot \vec{x}' - \omega'\, t' = \vec{k} \cdot \vec{x} - \omega\, t \quad .$$

oder mit $\vec{k} = \frac{\omega}{c}\vec{n}$, wobei $\vec{n}$ der Wellennormalenvektor ist

$$\omega'(\vec{n}' \cdot \vec{x}' - ct') = \omega(\vec{n} \cdot \vec{x} - ct) \quad .$$

Wie wir oben gesehen haben, lassen sich die beiden Seiten dieser Gleichung schreiben als das Skalarprodukt $k_\mu x_\mu$ des Vektors $\{x_\mu\} = \{\vec{x}, ict\}$ mit dem Viererwellenvektor $\{k_\mu\} = \{\vec{k}, i\frac{\omega}{c}\} = \frac{\omega}{c}\{\vec{n}, i\} = \{\vec{k}, ik_0\}$. Hierbei ist $k = |\vec{k}| = \frac{\omega}{c} = k_0$, weil

$k_\mu k_\mu = \vec{k} - \frac{\omega^2}{c^2} = 0$ ein Lichtvektor ist. Das folgt aus der Tatsache, daß $F_{\mu\nu}(\vec{x}, t)$ die Wellengleichung erfüllt, also $\Box\, F_{\mu\nu}$ oder $\frac{\partial}{\partial x_\lambda}\frac{\partial}{\partial x_\lambda}F_{\mu\nu}(x_\rho) = 0 = k_\lambda k_\lambda F_{\mu\nu}(x_\rho)$, was direkt auf die Dispersionsbeziehung (37a), also $k_\lambda k_\lambda = 0$ führt. Die Invarianz der Phase der ebenen Welle erscheint so wieder als Skalarprodukt zweier Vierervektoren.

Aus der Invarianz der Phase $k_\mu x_\mu$ lassen sich Effekte wie *Lichtaberration, Doppler-Verschiebung* und *Reflexion* am bewegten Spiegel ableiten.

Da $\{k_\mu\}$ ein Vierervektor sein muß, ergeben sich sofort gemäß der allgemeinen Lorentz-Transformation von einem Inertialsystem zu einem mit $\vec{\beta} = \frac{\vec{v}}{c}$ bewegten Inertialsystem die Transformationsgleichungen (37b), d.h. $k'_\mu = c_{\mu\nu}k_\nu$ oder ausführlich

$$\begin{aligned} ik_0^{||} &= -i\gamma\beta k_{||} + \gamma i k_0 = i\gamma(k_0 - \frac{\vec{\beta}\cdot\vec{k}}{\beta}\beta) \\ k'_{||} &= \gamma(k_{||} + i\beta(ik_0)) \\ \vec{k}'_\perp &= \vec{k}_\perp \end{aligned}$$

also

$$\begin{aligned} k'_0 &= \gamma(k_0 - \vec{\beta}\cdot\vec{k}) \\ k'_{||} &= \gamma(k_{||} - \beta\, k_0) \quad . \end{aligned} \tag{42}$$

Dabei ist

$$\vec{k}'_\perp = \vec{k}_\perp \;, \quad \gamma = \frac{1}{\sqrt{1-\beta^2}} \;, \quad k_{||} = \vec{k}\cdot\frac{\vec{v}}{v} \;, \quad \vec{k}_\perp = \vec{k} - (\vec{k}\cdot\frac{\vec{v}}{v})\,\frac{\vec{v}}{v} \quad .$$

Und als Vierervektoren zusammengefaßt

$$\{k_\mu\} = \{\vec{k}_\perp, k_{||}, k_0\} = \{\vec{k}_\perp, \frac{\vec{k}\cdot\vec{\beta}}{\beta}, k_0\} = \{k_{\perp 1}, k_{\perp 2}, \frac{\vec{k}\cdot\vec{\beta}}{\beta}, k_0\} \quad \text{(vgl. Aufg. 22.3).}$$

Die Lorentz-Transformation von $\{\vec{k}, ik_0\}$ hat natürlich genau die gleiche Form wie die des Weltvektors $\{\vec{x}, ix_0\}$, wie es entsprechend der Invarianz des Skalarproduktes $k_\mu x_\mu$ sein muß. Für Lichtwellen ist nun noch (39)

$$|\vec{k}| = k_0 = \frac{\omega}{c} \quad , \quad |\vec{k}'| = k'_0 = \frac{\omega'}{c} \quad .$$

Damit erhält man sofort aus der ersten Gleichung (42) die *Doppler-Shift-Formel*

$$\omega' = \gamma\,\omega(1 - \beta\,\cos\Theta) \tag{43}$$

und aus allen Gleichungen (42) die Aberrationsgleichung

$$\begin{aligned}\tan\Theta' &= \frac{k'_\perp}{k'_\parallel} = \frac{k_\perp}{\gamma(k_\parallel - \beta\, k_0)} = \frac{\sqrt{k^2 - k^2\cos^2\Theta}}{\gamma(k\ \cos\Theta - \beta\, k)} = \\ &= \frac{k\sqrt{1-\cos^2\Theta}}{\gamma k(\cos\Theta - \beta)} = \frac{\sin\Theta}{\gamma(\cos\Theta - \beta)} \quad , \end{aligned} \tag{44}$$

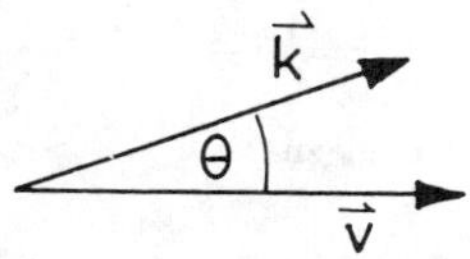

Die Definition des Winkels Θ in der Aberrationsgleichung.

die die Richtungsänderung der Lichtwelle in gegeneinander bewegten Inertialsystemen zum Ausdruck bringt. Die Gleichung (43) ist die gewöhnliche Doppler-Beziehung modifiziert mit dem Faktor $\gamma = \frac{1}{\sqrt{1-\beta^2}}$. Dieser Faktor bewirkt, daß es relativistisch eine transversale Dopplershift auch dann gibt, wenn $\Theta = \pi/2$, was experimentell 1938 von *Ives* und *Stilwell* durch Beobachtung des Lichtes von sich bewegenden Atomen (Atomstrahlung) nachgewiesen wurde.

22.3 Aufgabe zur Vertiefung: Relativistischer Dopplereffekt und Aberration

Leiten Sie explizit die relativistische Dopplerverschiebung und die Aberrationsformel her. Hinweis: Betrachten Sie das Verhalten einer ebenen Lichtwelle unter Lorentz-Transformation.

Lösung:

Die ebene Lichtwelle wird beschrieben durch den Ansatz

$$F_{\mu\nu}(\vec{x},t) = f_{\mu\nu}\, e^{i(\vec{k}\cdot\vec{x} - \omega t)} \quad , \tag{1}$$

wobei $f_{\mu\nu}$ für die konstanten Amplituden $\pm B_{0k}$, iE_{0k} steht. Da die Wellengleichung kovariant ist, gilt im bewegten System

$$F'_{\mu\nu}(\vec{x}', t') = f'_{\mu\nu}\; e^{i(\vec{k}'\cdot\vec{x}' - \omega' t')} \quad . \tag{2}$$

Gleichung 2 transformiert sich unter Lorentz-Transformation wie ein Tensor 2.Stufe

$$F'_{\mu\nu}(\vec{x}', t') = c_{\mu\sigma}\, c_{\nu\tau}\, F_{\sigma\tau}(\vec{x}, t) \quad . \tag{3}$$

Unter Verwendung von Gleichung 2 erkennt man, daß die Phasen identisch sein müssen, also

$$\vec{k}' \cdot \vec{x}' - \omega' t' = \vec{k} \cdot \vec{x} - \omega t \tag{4}$$

mit $\vec{k}' = \frac{\omega'}{c}\vec{n}'$ ist dies äquivalent zu

$$\omega'(\vec{n}' \cdot \vec{x}' - c\, t') = \omega(\vec{n} \cdot \vec{x} - c\, t) \quad . \tag{5}$$

Führt man die Vierervektoren $\{k_\mu\} = \left\{\vec{k}, i\frac{\omega}{c}\right\} = \{\vec{k}, ik_0\}$ und $\{x_\mu\} = \{\vec{x}, ict\}$ ein, so kann man Gleichung 5 als Skalarprodukt schreiben. Der so definierte Vierervektor $\hat{k}$ läßt sich problemlos in ein Inertialsystem transformieren, das sich gegenüber dem ungestrichenen System mit $\vec{\beta} = \frac{\vec{v}}{c}$ bewegt.

$$\vec{k}'_\perp = \vec{k}_\perp\,, \quad k'_\parallel = \gamma(k_\parallel - \beta k_0)\,, \quad k'_0 = \gamma(k_0 - \vec{\beta}\cdot\vec{k}) \tag{6}$$

Hierbei ist $\gamma = \frac{1}{\sqrt{1-\beta^2}}$. Aus der Figur entnimmt man ferner

$$k_\parallel = \vec{k} \cdot \frac{\vec{v}}{v} \quad , \quad \vec{k}_\perp = \vec{k} - \left(\vec{k} \cdot \frac{\vec{v}}{v}\right)\frac{\vec{v}}{v} \quad . \tag{7}$$

Aus $k'_0 = \gamma(k_0 - \vec{\beta}\cdot\vec{k})$ erhalten wir mit $k'_0 = \frac{\omega'}{c}$:

$$\frac{\omega'}{c} = \gamma\left(\frac{\omega}{c} - \frac{\omega}{c}\beta\cos\Theta\right) \Longleftrightarrow \omega' = \gamma\omega(1 - \beta\cos\Theta) \quad . \tag{8}$$

Gleichung 8 beschreibt die relativistische Dopplerverschiebung. Aus der Figur entnimmt man den Zusammenhang

$$\tan\Theta' = \frac{k'_\perp}{k'_\parallel} \quad . \tag{9}$$

Dies läßt sich mit Hilfe von Gleichung 6 und 7 durch den Winkel Θ ausdrücken:

$$k'_{\|} = \gamma \left(\vec{k} \cdot \frac{\vec{v}}{v} - \beta k_0 \right) = \gamma \frac{\omega}{c} (\cos\Theta - \beta) \qquad \underline{10}$$

$$\vec{k}_\perp \cdot \vec{k}_\perp = k^2 - \left(\vec{k} \cdot \frac{\vec{v}}{v} \right)^2 = \left(\frac{\omega}{c} \right)^2 - \left(\frac{\omega}{c} \right)^2 \cos^2\Theta = \left(\frac{\omega}{c} \sin\Theta \right)^2$$

$$|\vec{k}_\perp| = \frac{\omega}{c} \sin\Theta \quad . \qquad \underline{11}$$

Einsetzen der Gleichungen 10 und 11 in 9 liefert die Aberrationsformel

$$\tan\Theta' = \frac{\sin\Theta}{\gamma(\cos\Theta - \beta)} \quad , \qquad \underline{12}$$

welche nach obiger Figur die Richtungsänderung des Wellenzahlvektors, d.h. der Ausbreitungsrichtung, im bewegten System angibt.

Der Energie-Impuls-Tensor: Für die Dichte der Lorentz-Kraft (Kraft pro Volumeneinheit), die auf eine Ladungsverteilung wirkt, kann man schreiben

$$\vec{f} = \rho \vec{E} + \frac{\vec{j}}{c} \times \vec{B} \quad . \qquad (45)$$

Die erste Komponente lautet, ausgedrückt durch den Feldtensor

$$f_1 = \rho E_1 + \frac{1}{c}(j_2 B_3 - j_3 B_2) = \frac{1}{c}(F_{14} j_4 + F_{12} j_2 + F_{13} j_3) = \frac{1}{c} F_{1\nu} j_\nu \quad ,$$

wobei der Term $F_{11} j_1$ wegen $F_{11} = 0$ hinzugefügt werden konnte. Allgemeiner gilt

$$f_k = \frac{1}{c} F_{k\nu} j_\nu \quad , \quad k = 1,\, 2,\, 3 \quad . \qquad (46)$$

Da rechts ein Vierervektor steht, können wir auch die linke Seite zu einem solchen ergänzen und schreiben

$$f_\mu = \frac{1}{c} F_{\mu\nu} j_\mu \quad . \qquad (47)$$

Wie man durch Ausrechnen von f_4 sieht, lautet der *Kraftdichtevektor*

$$\{f_\mu\} = \{\vec{f}, \frac{i}{c} \vec{E} \cdot \vec{j}\} \quad .$$

Der Ausdruck $\vec{E} \cdot \vec{j} = \rho\vec{v} \cdot \vec{E} = \vec{v} \cdot \vec{f}$ in der vierten Komponente bezeichnet die *Leistungsdichte*, also die pro Zeiteinheit und Volumeneinheit durch das elektrische Feld an den Ladungen verrichtete mechanische Arbeit. Der Vektor $\{f_\mu\}$ beschreibt die Änderung der Dichte des mechanischen Impulses und der mechanischen Energie. Wir werden daher versuchen , die Erhaltungssätze für diese Größen abzuleiten.

Benutzen wir die Maxwell-Gleichung (33a), so ergibt sich

$$f_\mu = \frac{1}{4\pi} F_{\mu\nu} \frac{\partial F_{\nu\lambda}}{\partial x_\lambda} \quad . \tag{48}$$

Die rechte Seite läßt sich in zwei Terme aufspalten

$$4\pi f_\mu = \frac{\partial}{\partial x_\lambda}(F_{\mu\nu} F_{\nu\lambda}) - F_{\nu\lambda} \frac{\partial F_{\mu\nu}}{\partial x_\lambda} \quad . \tag{49}$$

Der zweite Summand läßt sich noch weiter umformen, indem wir die Antisymmetrie des Feldtensors benutzen und beim dritten Schritt die Maxwell-Gleichung (33b) substituieren:

$$\begin{aligned} F_{\nu\lambda} \frac{\partial F_{\mu\nu}}{\partial x_\lambda} &= \frac{1}{2} F_{\nu\lambda} \frac{\partial F_{\mu\nu}}{\partial x_\lambda} + \frac{1}{2} F_{\lambda\nu} \frac{\partial F_{\mu\lambda}}{\partial x_\nu} = \frac{1}{2} F_{\nu\lambda} \left(\frac{\partial F_{\mu\nu}}{\partial x_\lambda} + \frac{\partial F_{\lambda\mu}}{\partial x_\nu} \right) = \\ &= -\frac{1}{2} F_{\nu\lambda} \frac{\partial F_{\nu\lambda}}{\partial x_\mu} = -\frac{1}{4} \frac{\partial}{\partial x_\mu} (F_{\nu\lambda} F_{\nu\lambda}) = -\frac{1}{4} \delta_{\mu\lambda} \frac{\partial}{\partial x_\lambda} (F_{\sigma\tau} F_{\sigma\tau}) \quad . \end{aligned}$$

Damit ergibt sich für die Kraftdichte

$$f_\mu = \frac{1}{4\pi} \frac{\partial}{\partial x_\lambda} \left(F_{\mu\nu} F_{\nu\lambda} + \frac{1}{4} \delta_{\mu\lambda} F_{\sigma\tau} F_{\sigma\tau} \right) \text{ oder } f_\mu = \frac{\partial T_{\mu\lambda}}{\partial x_\lambda} \tag{50}$$

mit dem symmetrischen *Energie-Impuls-Tensor*

$$T_{\mu\lambda} = \frac{1}{4\pi} \left(F_{\mu\nu} F_{\nu\lambda} + \frac{1}{4} \delta_{\mu\lambda} F_{\sigma\tau} F_{\sigma\tau} \right) \quad . \tag{51}$$

Die Elemente dieses Tensors lauten ausgeschrieben

$$(T_{\mu\nu}) = \begin{pmatrix} T_{11} & T_{12} & T_{13} & -icg_1 \\ T_{21} & T_{22} & T_{23} & -icg_2 \\ T_{31} & T_{32} & T_{33} & -icg_3 \\ -icg_1 & -icg_2 & -icg_3 & u \end{pmatrix} \quad . \tag{52}$$

Hierin bedeuten

$$\vec{g} = \frac{1}{4\pi c}\vec{E} \times \vec{B} = \frac{1}{c^2}\vec{S} \tag{53}$$

die elektromagnetische Impulsdichte, die über den Faktor c^2 mit dem Poynting-Vektor verbunden ist und

$$u = \frac{E^2 + B^2}{8\pi} \tag{54}$$

die Energie des Feldes.

Die Elemente

$$T_{ij} = \frac{1}{4\pi}\left(E_i E_j + B_i B_j - \frac{1}{2}\delta_{ij}(E^2 + B^2)\right) \tag{55}$$

bilden den dreidimensionalen Maxwellschen Spannungstensor (vergleichen Sie mit den früheren Resultaten aus Kapitel IV.13, Gleichungen (31)-(37)). Aus Gleichung (48) können wir entnehmen, daß die Spur des Energie-Impuls-Tensors verschwindet, denn

$$\mathrm{Spur}(T) = T_{\mu\mu} = \frac{1}{4\pi}\left(F_{\mu\nu}F_{\nu\mu} + 4 \cdot \frac{1}{4}F_{\sigma\tau}F_{\sigma\tau}\right) = 0 \quad . \tag{56}$$

Erhaltungssätze: Durch Volumenintegration über die räumlichen Komponenten der Viererkraftdichte ergibt sich die Zeitableitung des mechanischen Impulses. Mit Gleichung (47) folgt

$$\frac{\partial P_k}{\partial t} = \int_V f_k \, dV = \int \frac{\partial T_{ki}}{\partial x_i}\, dV - \int \frac{\partial}{\partial t} g_k \, dV \quad \text{oder}$$

$$\frac{\mathrm{d}}{\mathrm{d}t}(\vec{P} + \vec{G}) = \int_V \vec{\nabla} \cdot T \, dV = \oint_O \vec{n} \cdot T \, dF \quad , \tag{57}$$

also der *Impulserhaltungssatz*, wobei wir $\vec{G} = \int_V \vec{g}\, dV$ mit dem elektromagnetischen Feldimpuls identifizieren: Die Zeitableitung des gesamten (mechanischen Feld-) Impulses ist gleich dem durch die Oberfläche fließenden Impuls (also Null für abgeschlossene Systeme).

Die verbleibende vierte Komponente

$$f_4 = \frac{i}{c}\vec{E} \cdot \vec{j} = -\frac{i}{c}\vec{\nabla} \cdot \vec{S} + \frac{1}{ic}\frac{\partial u}{\partial t} \tag{58}$$

liefert integriert den *Energieerhaltungssatz*

$$\int (\vec{E}\cdot\vec{j} + \frac{\partial u}{\partial t})\, dV = \frac{\partial}{\partial t}(W+U) = -\int_V \vec{\nabla}\cdot\vec{S}\, dV = -\oint \vec{n}\cdot\vec{S}\, dF \quad .$$

Hier bezeichnet W die mechanische und U die Feldenergie im Volumen V. Für abgeschlossene Systeme verschwindet wieder die rechte Seite.

Bei der Herleitung der Erhaltungssätze aus Gleichung (47) fällt auf, daß die Elemente (F_{14}, F_{24}, F_{34}) des Energie-Impuls-Tensors als $-ic\vec{g}$ interpretiert werden, während (F_{41}, F_{42}, F_{43}) die Bedeutung von $-\frac{i}{c}\vec{S}$ besitzen. Also folgt hier aus allgemeinen Überlegungen wegen der Symmetrie des Tensors die Beziehung $\vec{S} = c^2\vec{g}$, die bisher eher zufällig erschien. Tatsächlich handelt es sich hier um die Masse-Energie-Beziehung $E = mc^2$ bezogen auf den Energiestrom und die Impulsdichte (=Massenstromdichte) des elektromagnetischen Feldes.

23. Relativistisch-kovarianter Lagrange-Formalismus

In diesem Kapitel wollen wir die relativistisch-kovariante Formulierung der Lagrange'schen Gleichungen der Mechanik besprechen. Deshalb erinnern wir kurz an die wesentlichen Züge der Lagrange'schen Formulierung der Punktmechanik. Eckpfeiler jener Theorie ist das *Hamilton'sche Variationsprinzip.* Es besagt, daß das Zeitintegral über die Lagrange-Funktion $L(q_1, q_2, \ldots; \dot{q}_1, \dot{q}_2, \ldots; t)$ extremal sein soll, d.h.

$$\delta \int_{t_1}^{t_2} dt\; L(q_1, q_2, \ldots; \dot{q}_1, \dot{q}_2, \ldots; t) = 0 \tag{1}$$

Dabei sind q_ν die generalisierten Koordinaten, $\dot{q}_\nu$ die zugehörigen generalisierten Geschwindigkeiten. 'Extremal sein' heißt hierbei, daß Variationen der Form

$$q_i(t) \to q_i(t) + \delta q_i(t) \quad , \tag{2}$$

wobei

$$\delta q_i(t_1) = \delta q_i(t_2) = 0 \quad ,$$

das Zeitintegral (1) nicht ändern. Das führt notwendigerweise, wie wir aus dem 2. Band der Vorlesungen (Theoretische Mechanik II) wissen, auf die *Euler-Lagrange'schen Gleichungen* :

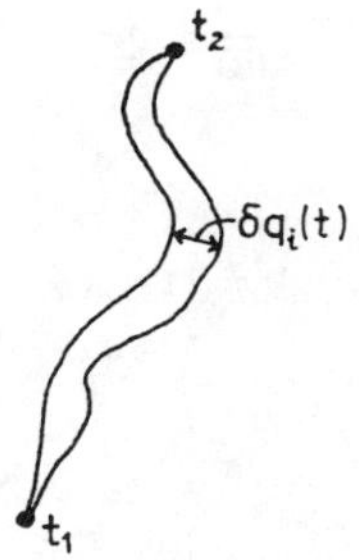

Veranschaulichung zweier Integrationswege (Pfade).

$$\frac{\partial L}{\partial q_i} - \frac{\mathrm{d}}{\mathrm{d}t}\frac{\partial L}{\partial \dot{q}_i} = 0 \quad , \quad i = 1, 2, \ldots \quad , \tag{3}$$

Sie sind die Bewegungsgleichungen des Systems mit den Freiheitgraden $i = 1, 2, \ldots$ usw. Die Größen

$$\pi_i = \frac{\partial L}{\partial \dot{q}_i} \tag{4}$$

heißen *generalisierte Impulse*.

Die Hamilton-Funktion ist durch

$$H = \sum_i \pi_i \dot{q}_i - L(q_\nu, \dot{q}_\nu, t) \tag{5}$$

definiert. Die Hamilton'schen Gleichungen

$$\dot{\pi}_i = -\frac{\partial H}{\partial q_i} \quad , \quad \dot{q}_i = \frac{\partial H}{\partial \pi_i} \tag{6}$$

sind äquivalent den Lagrange'schen Gleichungen (3). Wir verdeutlichen das zur Wiederholung am folgenden Beispiel.

23.1 Beispiel: Ein geladenes Teilchen im Coulombfeld

Für ein geladenes Teilchen im Coulombfeld lautet die Lagrange Funktion

$$L = T - V = \frac{1}{2}m\vec{v}^2 - \frac{k}{r} = \frac{1}{2}m(\dot{r}^2 + r^2\dot{\vartheta}^2 + r^2\sin^2\vartheta\dot{\varphi}^2) - \frac{k}{r} \qquad \underline{1}$$

Dabei ist $k = \pm Ze^2$, falls die Zentralladung $\pm Ze$ beträgt. Die konjugierten Impulse sind demnach

$$\pi_r = \frac{\partial L}{\partial \dot{r}} = m\dot{r}\ , \quad \pi_\vartheta = \frac{\partial L}{\partial \dot{\vartheta}} = mr^2\dot{\vartheta}\ , \quad \pi_\varphi = \frac{\partial L}{\partial \dot{\varphi}} = mr^2 \sin^2 \vartheta \dot{\varphi} \qquad \underline{2}$$

und die Lagrange'schen Gleichungen lauten

$$\begin{aligned} &\frac{\mathrm{d}}{\mathrm{d}t}(m\dot{r}) + \frac{\mathrm{d}}{\mathrm{d}r}\left(\frac{k}{r}\right) - mr\dot{\vartheta}^2 - mr\sin^2\vartheta\dot{\varphi}^2 = 0 \\ &\frac{\mathrm{d}}{\mathrm{d}t}(mr^2\dot{\vartheta}) - \frac{\partial}{\partial\vartheta}\left(\frac{1}{2}mr^2\sin^2\vartheta\dot{\varphi}^2\right) = 0 \\ &\frac{\mathrm{d}}{\mathrm{d}t}(mr^2\sin^2\vartheta\dot{\varphi}) = 0 \quad . \end{aligned} \qquad \underline{3}$$

Mit $\underline{2}$ lassen sich die verallgemeinerten Geschwindigkeiten $\dot{r}, \dot{\vartheta}, \dot{\varphi}$ durch die entsprechenden Impulse ausdrücken

$$\dot{r} = \frac{\pi_r}{m}\ ; \quad \dot{\vartheta} = \frac{\pi_\vartheta}{mr^2}\ ; \quad \dot{\varphi} = \frac{\pi_\varphi}{mr^2\sin^2\vartheta} \quad . \qquad \underline{4}$$

So ergibt sich die Hamilton-Funktion

$$\begin{aligned} H &= \sum_\alpha \pi_\alpha \dot{q}_\alpha - L = \pi_r\dot{r} + \pi_\vartheta\dot{\vartheta} + \pi_\varphi\dot{\varphi} - L \\ &= \frac{1}{2m}\left(\pi_r^2 + \frac{\pi_\vartheta^2}{r^2} + \frac{\pi_\varphi^2}{r^2\sin^2\vartheta}\right) + \frac{k}{r} \quad . \end{aligned} \qquad \underline{5}$$

Die Hamilton'schen Gleichungen sind demnach

$$\begin{aligned} \dot{r} &= \tfrac{\pi_r}{m} & \dot{\pi}_r &= \frac{\pi_\vartheta^2 + \frac{1}{\sin^2\vartheta}\pi_\vartheta^2}{mr^3} + \frac{k}{r^2} \\ \dot{\vartheta} &= \tfrac{\pi_\vartheta}{mr^2} & \dot{\pi}_\vartheta &= \frac{\cot\vartheta\ \pi_\varphi^2}{mr^2\sin^2\vartheta} \\ \dot{\varphi} &= \tfrac{\pi_\varphi}{mr^2\sin^2\vartheta} & \dot{\pi}_\varphi &= 0 \end{aligned} \qquad \underline{6}$$

und außerdem $\frac{\mathrm{d}H}{\mathrm{d}t} = 0$. Falls man die einzelnen Gleichungspaare $\underline{6}$ miteinander kombiniert, erhält man die Lagrange-Gleichungen für die Koordinaten r, ϑ, φ. So lautet z.B. die erste Gleichung $\underline{6}$ für $\dot{\pi}_r$ ausführlich

$$\begin{aligned} \frac{\mathrm{d}}{\mathrm{d}t}(m\dot{r}) &= \frac{m^2r^4\dot{\vartheta}^2 + m^2r^4\sin^2\vartheta\dot{\varphi}^2}{mr^3} - \frac{\mathrm{d}}{\mathrm{d}r}\left(\frac{k}{r}\right) \\ &= mr\dot{\vartheta}^2 + mr\sin^2\vartheta\dot{\varphi}^2 - \frac{\mathrm{d}}{\mathrm{d}r}\left(\frac{k}{r}\right)\ , \end{aligned} \qquad \underline{7}$$

was mit der obigen ersten Lagrange'schen Gleichung genau übereinstimmt. Die letzte der Gleichungen $\underline{6}$ besagt, daß $\pi_\varphi = \text{const.}$ (d.h. φ ist eine zyklische Koordinate). Außerdem ist wegen $\frac{\mathrm{d}H}{\mathrm{d}t} = 0$ auch $H = \text{const.}$

23.2 Beispiel: Ein geladenes Teilchen in einem äußeren magnetischen Feld

Die Ladung des Teilchens sei e. $\phi(\vec{r},t)$ sei das orts- und zeitabhängige Coulombpotential und $\vec{A}(\vec{r},t)$ das entprechende Vektorpotential. Die kinetische Energie des Teichens ist $T = \frac{1}{2}m\vec{v}^2 = \frac{1}{2}m(v_x^2 + v_y^2 + v_z^2)$. Die Wechselwirkungsenergie ist

$$V = e\phi(\vec{r},t) - \frac{e}{c}\vec{A}\cdot\vec{v} = e\phi - \frac{1}{c}\vec{j}\cdot\vec{A} \quad . \tag{1}$$

und führt zu der Lagrange-Funktion

$$L = \frac{1}{2}m\vec{v}^2 - e\phi + \frac{e}{c}\vec{v}\cdot\vec{A} \quad . \tag{2}$$

Wir bestätigen dies, indem wir überprüfen, ob diese Lagrange-Funktion tatsächlich auf die richtigen Bewegungsgleichungen führt. Die Überprüfung des x-Freiheitsgrades genügt vollkommen:

$$\frac{\mathrm{d}}{\mathrm{d}t}\frac{\partial L}{\partial v_x} - \frac{\partial L}{\partial x} = 0 \quad . \tag{3}$$

Mit 2 ist offensichtlich

$$\begin{aligned} \frac{\partial L}{\partial x} &= -e\frac{\partial \phi}{\partial x} + \frac{e}{c}\frac{\partial \vec{A}}{\partial x}\cdot\vec{v} \\ \frac{\partial L}{\partial v_x} &= mv_x + \frac{e}{c}A_x \end{aligned} \tag{4}$$

und daher schreibt sich 3 als

$$\frac{\mathrm{d}mv_x}{\mathrm{d}t} = -e\frac{\partial\phi}{\partial x} + \frac{e}{c}\frac{\partial\vec{A}}{\partial x}\cdot\vec{v} - \frac{e}{c}\frac{\mathrm{d}A_x}{\mathrm{d}t} \quad . \tag{5}$$

Wir berechnen weiter

$$\begin{aligned} \frac{\mathrm{d}A_x}{\mathrm{d}t} &= \frac{\partial A_x}{\partial t} + \frac{\partial A_x}{\partial x}\frac{\mathrm{d}x}{\mathrm{d}t} + \frac{\partial A_x}{\partial y}\frac{\mathrm{d}y}{\mathrm{d}t} + \frac{\partial A_x}{\partial z}\frac{\mathrm{d}z}{\mathrm{d}t} \\ &= \frac{\partial A_x}{\partial t} + \frac{\partial A_x}{\partial x}v_x + \frac{\partial A_x}{\partial y}v_y + \frac{\partial A_x}{\partial z}v_z \end{aligned} \tag{6}$$

und

$$\frac{\partial\vec{A}}{\partial x}\cdot\vec{v} = \frac{\partial A_x}{\partial x}v_x + \frac{\partial A_y}{\partial y}v_y + \frac{\partial a_z}{\partial z}v_z \quad , \tag{7}$$

so daß Gleichung 5 wird

$$\begin{aligned}\frac{\mathrm{d}mv_x}{\mathrm{d}t} &= e\left(-\frac{\partial\phi}{\partial x}-\frac{1}{c}\frac{\partial A_x}{\partial t}\right)+\frac{e}{c}\left(\frac{\partial A_y}{\partial x}-\frac{\partial A_x}{\partial y}\right)\cdot v_y-\frac{e}{c}\left(\frac{\partial A_x}{\partial z}-\frac{\partial A_z}{\partial x}\right)\cdot v_z \\ &= eE_x+\frac{e}{c}\left(B_z v_y-B_y v_z\right)=e\left(\vec{E}+\frac{1}{c}\vec{v}\times\vec{B}\right)_x \quad .\end{aligned} \qquad \underline{8}$$

Für die anderen Komponenten gilt ähnliches. Wir können daher die Lagrange-Gleichung in vektorieller Form

$$\frac{\mathrm{d}}{\mathrm{d}t}(m\vec{v})=e\left(\vec{E}+\frac{1}{c}\vec{v}\times\vec{B}\right) \qquad \underline{9}$$

zusammenfassen. Sie sind exakt die Newton'schen Gleichungen für einen geladenen Massenpunkt im elektromagnetischen Feld. Damit ist 2 die entsprechende (richtige) Lagrange-Funktion. Wir stellen noch die *Hamilton-Funktion* auf: Die konjugierten Impulse $\pi_\nu = \frac{\partial L}{\partial v_\nu}$ ($\nu = 1,2,3$) können aus 2 sofort berechnet und in Vektorform zusammengefaßt werden

$$\vec{\pi}=\{\pi_x,\pi_y,\pi_z\}=m\vec{v}+\frac{e}{c}\vec{A}(\vec{r},t) \quad , \qquad \underline{10}$$

so daß

$$\vec{v}=\frac{1}{m}\left(\vec{\pi}-\frac{e}{c}\vec{A}(\vec{r},t)\right) \quad . \qquad \underline{11}$$

Offensichtlich ist die Beziehung zwischen dem Geschwindigkeitsvektor $\vec{v}$ und dem Impulsvektor $\vec{\pi}$ für ein Teilchen im elektromagnetischen Feld verschieden von der für ein freies Teilchen. Das zusätzliche Glied $\frac{e}{c}\vec{A}(\vec{r},t)$ kommt allein von dem äußeren Magnetfeld her.

Die Hamilton-Funktion ist nun

$$H=\sum_\alpha \pi_\alpha \dot{q}_\alpha - L\ , \quad H=\vec{\pi}\cdot\vec{v}-L=\frac{1}{2m}\left(\vec{\pi}-\frac{e}{c}\vec{A}\right)^2+e\phi \quad . \qquad \underline{12}$$

Der erste Term ist die kinetische Energie $\frac{1}{2}m\vec{v}^2$ und der zweite Term die potentielle Energie, die vom elektrischen Feld $\vec{E}$ herrührt. Es gibt offensichtlich keine potentielle Energie, die vom Magnetfeld $\vec{B}$ stammen könnte, weil die Lorentz-Kraft $\frac{e}{c}\vec{v}\times\vec{B}$ immer senkrecht zur Bewegungsrichtung ($\vec{B}\perp\vec{v}$) steht und daher keine Arbeit am Massenpunkt entlang seiner Bewegung verrichtet.

Die Hamiltonschen Gleichungen sind

$$\vec{v} = \frac{\partial H}{\partial \vec{\pi}} = \frac{1}{m}\left(\vec{\pi} - \frac{e}{c}\vec{A}\right)$$

$$\dot{\vec{\pi}} = -\frac{\partial H}{\partial \vec{r}} = -\left\{\frac{\partial H}{\partial x}, \frac{\partial H}{\partial y}, \frac{\partial H}{\partial z}\right\} = \frac{1}{m}\left(\vec{\pi} - \frac{e}{c}\vec{A}\right) \cdot \frac{e}{c}\frac{\partial \vec{A}}{\partial \vec{r}} - e\frac{\partial \phi}{\partial \vec{r}} =$$

$$\frac{e}{mc}\left\{\left(\pi_x - \frac{e}{c}A_x\right)\frac{\partial A_x}{\partial x} + \left(\pi_y - \frac{e}{c}A_y\right)\frac{\partial A_y}{\partial x} + \left(\pi_z - \frac{e}{c}A_z\right)\frac{\partial A_z}{\partial x} - c\frac{\partial \phi}{\partial x}, \right. \quad \underline{13}$$

$$\left(\pi_x - \frac{e}{c}A_x\right)\frac{\partial A_x}{\partial y} + \left(\pi_y - \frac{e}{c}A_y\right)\frac{\partial A_y}{\partial y} + \left(\pi_z - \frac{e}{c}A_z\right)\frac{\partial A_z}{\partial y} - c\frac{\partial \phi}{\partial y},$$

$$\left.\left(\pi_x - \frac{e}{c}A_x\right)\frac{\partial A_x}{\partial z} + \left(\pi_y - \frac{e}{c}A_y\right)\frac{\partial A_y}{\partial z} + \left(\pi_z - \frac{e}{c}A_z\right)\frac{\partial A_z}{\partial z} - c\frac{\partial \phi}{\partial z}\right\}$$

und außerdem

$$\frac{\mathrm{d}H}{\mathrm{d}t} = -\frac{1}{m}\left(\vec{\pi} - \frac{e}{c}\vec{A}\right) \cdot \frac{e}{c}\frac{\partial \vec{A}}{\partial t} + e\frac{\partial \phi}{\partial t} \quad . \quad \underline{14}$$

Die beiden Gleichungen 13 können zu den Lagrange-Gleichungen 5 bzw. 9 kombiniert werden. Gleichung 14 bringt zum Ausdruck, daß die Gesamtenergie nur dann eine Konstante der Bewegung ist, falls sowohl Vektorpotential $\vec{A}$ als auch das Coulombpotential ϕ zeitunabhängig sind.

Kovarianter Lagrangeformalismus für relativistische Punktladungen: Im Fall, daß Teilchengeschwindigkeiten mit der Lichtgeschwindigkeit vergleichbar werden, müssen wir die relativistisch kovariante Formulierung des Hamiltonschen Prinzips benutzen. "Kovariant" (unter Lorentz-Transformationen) heißt hier, daß alle physikalischen Gesetze in jedem (Lorentz-) System von derselben Form sind. Daraus ergibt sich, daß die Lagrange-Funktion und das Wirkungsintegral Skalare sein müssen. Deshalb schreiben wir

$$W = \int_{s_1}^{s_2} L(x_\mu, u_\mu, s)\, ds \quad . \tag{7}$$

Dabei ist L, wie gesagt, ein Lorentz-Skalar. $\hat{x} \equiv \{x_\mu\}$ der Weltvektor und $\hat{u} \equiv \{u_\mu\} = \left\{\frac{\mathrm{d}x_\mu}{\mathrm{d}s}\right\}$ die Vierergeschwindigkeit. Auch der Integrationsparameter s muß ein Lorentz-Skalar sein. Man wählt s am zweckmäßigsten als

$$ds = \sqrt{-d\hat{r} \cdot d\hat{r}} = \sqrt{c^2dt^2 - dx^2 - dy^2 - dz^2} = c\, dt\sqrt{1 - \frac{\vec{v}^2}{c^2}} \quad , \tag{8}$$

die *Bogenlänge* im Minkowski-Raum. Da (7) für $\frac{v}{c} \ll 1$ in das entsprechende Wirkungsintegral im nichtrelativistischen Grenzfall übergehen soll, muß

$$L(x_\mu, u_\mu, s)ds \overset{\text{nichtrel.Grenzfall}}{\Longrightarrow} L_{\text{nichtrel.}}(\vec{r}, \vec{v}, t)dt \tag{9a}$$

oder

$$L(x_\mu, u_\mu, s)c\sqrt{1-\frac{\vec{v}^2}{c^2}} \overset{\text{nichtrel.Grenzfall}}{\Longrightarrow} L_{\text{nichtrel}}(\vec{r}, \vec{v}, t) \tag{9b}$$

sein. Wir geben dafür nun einige Beispiele:

23.3 Beispiel: Das freie Teilchen

Die nichtrelativistische Lagrange-Funktion eines freien Teilchens ist einfach die kinetische Energie minus der Ruheenergie (die als potentielle Energie aufgefaßt, jedoch als Konstante fast immer weggelassen werden kann).

$$L_{\text{nichtrel.}} = \frac{1}{2}\, m_0\vec{v}^2 - m_0c^2 \quad . \qquad \underline{1}$$

Die relativistische Lagrange-Funktion, die ein Lorentz-Skalar sein und die Bedingung (9) erfüllen muß, ist offensichtlich

$$L(x_\mu, u_\mu, s) = -m_0c \quad , \qquad \underline{2}$$

denn

$$-m_0\, c\cdot c\,\sqrt{1-\frac{\vec{v}^2}{c^2}} \approx \frac{m_0}{2}\vec{v}^2 - m_0c^2 \quad .$$

Das bedeutet übrigens, daß die zwar nicht kovariant hingeschriebene, aber relativistisch korrekte Lagrange-Funktion für freie Punktteilchen, die im klassischen kanonischen Formalismus benutzt werden muß,

$$L(r,\vartheta,\varphi) = -m_0c^2\sqrt{1-\frac{\vec{v}^2}{c^2}} \qquad \underline{3}$$

ist.

23.4 Beispiel: Ein geladenes Teilchen in einem äußeren elektromagnetischen Feld

In diesem Fall ist die nichtrelativistische Lagrange-Funktion

$$L_{\text{nichtrel.}} = T - V = \frac{1}{2}\, m_0\vec{v}^2 - m_0c^2 - e(\phi(\vec{r},t) - \frac{1}{c}\vec{A}\cdot\vec{v}) \quad , \qquad \underline{1}$$

wobei ϕ , $\vec{A}$ das Coulomb- bzw. Vektorpotential sind, die zusammen den Vierervektor (Viererpotential)

$$\hat{A} = \{A_\mu\} = \{\vec{A}, i\phi\} \qquad \underline{2}$$

bilden - siehe Kapitel IV.22 Gleichung (23). Die elektrischen und magnetischen Feldstärken werden in bekannter Weise daraus berechnet

$$\vec{E} = -\vec{\nabla}\phi - \frac{1}{c}\frac{\partial \vec{A}}{\partial t}, \quad \vec{B} = \vec{\nabla} \times \vec{A} \quad \text{oder} \quad F_{\mu\nu} = \frac{\partial A_\nu}{\partial x_\mu} - \frac{\partial A_\mu}{\partial x_\nu} \quad . \qquad \underline{3}$$

Die richtige relativistische Lagrange-Funktion, der man sofort ansieht, daß sie ein Lorentz-Skalar ist, lautet offensichtlich

$$L(x_\mu, u_\mu, s) = -m_0 c + \frac{e}{c}\sum_{\mu=1}^{4} A_\mu u_\mu \quad . \qquad \underline{4}$$

In der Tat schreiben wir $\underline{4}$ sofort um in

$$L(x_\mu, u_\mu, s) = -m_0 c - \frac{e\phi}{c\sqrt{1-\frac{v^2}{c^2}}} + \frac{e}{c}\frac{\vec{A}\cdot\vec{v}}{c\sqrt{1-\frac{v^2}{c^2}}} \quad , \qquad \underline{5}$$

was den nichtrelativistischen Limes $\underline{1}$ unter Benutzung von $\underline{3}$ aus dem vorigen Beispiel deutlich zeigt. In einem speziellen Lorentz-System, in welchem der dreidimensionale Vektor $\vec{A}$ verschwindet, d.h. kein magnetisches Feld herrscht (vgl. $\underline{3}$), reduziert sich $\underline{4}$ und entsprechend $\underline{1}$ auf die Lagrange-Funktion für ein geladenes Teilchen im Coulombpotential.

Wir wollen nun die relativistischen Lagrange-Gleichungen ableiten. Zu diesem Zweck müssen wir (7) variieren, d.h. die Konsequenzen von

$$\delta \int_{s_1}^{s_2} L(x_\mu, u_\mu, s) ds = 0 \qquad (10)$$

rechnerisch erfassen. In der nichtrelativistischen Theorie waren die Variationen δx_i und $\delta \dot{x}_i = \delta v_i$ (mit der Ausnahme an den Integrationsgrenzen) beliebig. In der relativistischen Theorie ist dies nicht mehr der Fall: δx_μ und δu_μ sind nicht beliebig, weil u_μ immer die Gleichung

$$-\sum_{\mu=1}^{4} u_\mu\, u_\mu \;=\; -\frac{1}{ds^2}\sum_{\mu=1}^{4} dx_\mu\, dx_\mu \;=\; \frac{\mathrm{d}s^2}{\mathrm{d}s^2} = 1 \qquad (11)$$

erfüllen muß. Um diese Schwierigkeit zu umgehen, ersetzen wir den invarianten Parameter s durch den (invarianten) affinen Parameter τ, welcher durch eine beliebige differenzierbare Funktion von s gegeben sein kann.

$$\tau = \tau(s) \qquad (12)$$

und definieren die neue nicht normierte *Vierergeschwindigkeit* durch

$$w_\mu = \frac{\mathrm{d}x_\mu}{\mathrm{d}\tau} = \frac{\mathrm{d}x_\mu}{\mathrm{d}s}\frac{\mathrm{d}s}{\mathrm{d}\tau} = u_\mu \frac{\mathrm{d}s}{\mathrm{d}\tau} \quad , \tag{13}$$

deren Norm

$$-\sum_{\mu=1}^{4} w_\mu \, w_\mu \equiv -w^2 = -u^2 \left(\frac{\mathrm{d}s}{\mathrm{d}\tau}\right)^2 = \left(\frac{\mathrm{d}s}{\mathrm{d}\tau}\right)^2 \tag{14}$$

ist. Die Freiheit der Norm erlaubt die freie Variation nach w_μ. Daraus folgt

$$\frac{\mathrm{d}s}{\mathrm{d}\tau} = \sqrt{-\hat{w}^2} \quad , \tag{15}$$

und daher mit (13)

$$w_\mu = u_\mu \sqrt{-\hat{w}^2} \quad . \tag{16}$$

Man erkennt daraus: Obwohl eine einschränkende Bedingung (11) für u_μ existiert, gibt es keine solche für w_μ. Wir schreiben daher das Variationsprinzip (10) um in

$$\delta \int_{\tau_1}^{\tau_2} L(x_\mu, w_\mu, \tau) \, d\tau = 0 \quad , \tag{17}$$

wobei

$$L(x_\mu, w_\mu, \tau) = L(x_\mu, w_\mu, s) \sqrt{-\hat{w}^2} \quad . \tag{18}$$

Die Variationen δx_μ und δw_μ sind nun willkürlich bis auf die übliche Einschränkung

$$\delta x_\mu(\tau_1) = \delta x_\mu(\tau_2) = \delta w_\mu(\tau_1) = \delta w_\mu(\tau_2) = 0 \quad . \tag{19}$$

Die Variation (17) läßt sich jetzt durchführen und wir erhalten

$$\delta \int_{\tau_1}^{\tau_2} L \, d\tau = \int_{\tau_1}^{\tau_2} \delta L \, d\tau = \int_{\tau_1}^{\tau_2} \left(\frac{\partial L}{\partial x_\mu} \delta x_\mu + \frac{\partial L}{\partial w_\mu} \delta w_\mu \right) d\tau = 0 \tag{20}$$

Dabei benutzen wir die Einstein'sche Summenkonvention. Mit

$$\frac{\partial L}{\partial w_\mu} \, \delta w_\mu = \frac{\mathrm{d}}{\mathrm{d}\tau} \left(\frac{\partial L}{\partial w_\mu} \, \delta x_\mu \right) - \frac{\mathrm{d}}{\mathrm{d}\tau} \left(\frac{\partial L}{\partial w_\mu} \right) \delta x_\mu$$

wird (17)

$$\delta \int_{\tau_1}^{\tau_2} L \, d\tau = \int_{\tau_1}^{\tau_2} \left(\frac{\partial L}{\partial x_\mu} - \frac{\mathrm{d}}{\mathrm{d}\tau} \frac{\partial L}{\partial w_\mu} \right) \delta x_\mu \, d\tau + \left. \frac{\partial L}{\partial w_\mu} \delta x_\mu \right|_{\tau_1}^{\tau_2} = 0 \quad . \tag{21}$$

Der letzte Term verschwindet wegen (19), so daß wegen der beliebigen Variation δx_μ die *relativistischen Lagrange-Gleichungen*

$$\frac{\partial L}{\partial x_\mu} - \frac{\mathrm{d}}{\mathrm{d}\tau} \frac{\partial L}{\partial w_\mu} = 0 \quad , \quad \mu = 1,\ 2,\ 3,\ 4 \tag{22}$$

folgen. Da L ein Lorentz-Skalar ist, sind beide Glieder in (22) Lorentz-Vektoren . Die Lagrange-Gleichungen (22) haben also kovariante Form.

23.5 Beispiel: Ein freies Teilchen

Die Lagrange-Funktion ist nach 2 aus Beispiel 23.3 und (18)

$$L(x_\mu, w_\mu, \tau) = -m_0 c\sqrt{-\hat{w}^2} \quad , \qquad \underline{1}$$

woraus sofort

$$\frac{\partial L}{\partial x_\mu} = 0 \quad , \frac{\partial L}{\partial w_\mu} = m_0 c \frac{w_\mu}{\sqrt{-\hat{w}^2}} \qquad \underline{2}$$

und die Lagrange-Gleichungen entsprechend (22)

$$\frac{\mathrm{d}}{\mathrm{d}\tau}\left(m_0 c \frac{w_\mu}{\sqrt{-\hat{w}^2}}\right) = 0 \quad , \quad \mu = 1,\, 2,\, 3,\, 4 \qquad \underline{3}$$

folgen. Offensichtlich bedeutet 3 , daß $\frac{\mathrm{d}}{\mathrm{d}s}(m_0 c u_\mu) = 0 \equiv \frac{\mathrm{d}}{\mathrm{d}s} p_\mu$, d.h. die Viererimpulse sind konstant.

23.6 Beispiel: Geladenes Teilchen in einem äußeren elektromagnetischen Feld

Die Lagrange-Funktion ist nach Beispiel 23.4 Gleichung 4 und (18)

$$L(x_\mu, w_\mu, \tau) = -m_0 c\sqrt{-\hat{w}^2} + \frac{e}{c} A_\mu w_\mu \quad , \qquad \underline{1}$$

woraus

$$\frac{\partial L}{\partial x_\mu} = \frac{e}{c}\frac{\partial A_\nu}{\partial x_\mu} w_\nu \quad , \quad \frac{\partial L}{\partial w_\mu} = m_0 c \frac{w_\mu}{\sqrt{-\hat{w}^2}} + \frac{e}{c} A_\mu \qquad \underline{2}$$

folgen, so daß die Lagrange-Gleichungen (22)

$$\frac{e}{c}\frac{\partial A_\nu}{\partial x_\mu} w_\nu - \frac{\mathrm{d}}{\mathrm{d}\tau}\left(m_0 c \frac{w_\mu}{\sqrt{-\hat{w}^2}} + \frac{e}{c} A_\mu\right) = 0 \,, \; (\mu = 1,2,3,4) \qquad \underline{3}$$

lauten. Mit

$$\frac{\mathrm{d}A_\mu}{\mathrm{d}\tau} = \frac{\mathrm{d}A_\mu}{\mathrm{d}s}\frac{\mathrm{d}s}{\mathrm{d}\tau} = \frac{\partial A_\mu}{\partial x_\nu}\frac{\mathrm{d}x_\nu}{\mathrm{d}s}\sqrt{-\hat{w}^2} = \frac{\partial A_\mu}{\partial x_\nu} u_\nu \sqrt{-\hat{w}^2} = \frac{\partial A_\mu}{\partial x_\nu} w_\nu$$

wird daraus

$$\frac{\mathrm{d}}{\mathrm{d}s}(m_0 c u_\mu) = \frac{e}{c} F_{\mu\nu} u_\nu \quad , \quad \mu = 1,\, 2,\, 3,\, 4 \,, \qquad \underline{4}$$

wobei

$$F_{\mu\nu} = \frac{\partial A_\nu}{\partial x_\mu} - \frac{\partial A_\mu}{\partial x_\nu}$$

die Komponenten des antisymmetrischen Feldstärkentensors

$$F_{\mu\nu} = \begin{pmatrix} 0 & B_3 & -B_2 & -iE_1 \\ -B_3 & 0 & B_1 & -iE_2 \\ B_2 & -B_1 & 0 & -iE_3 \\ iE_1 & iE_2 & iE_3 & 0 \end{pmatrix} \qquad \underline{5}$$

sind (vgl. Gleichungen (29), (30), Kapitel IV.22). Die rechte Seite von $\underline{4}$ erkennen wir mit Gleichung (47), Kapitel 22 als die Lorentz-Kraft

$$f_\mu = \frac{e}{c} F_{\mu\nu} u_\nu \quad . \qquad \underline{6}$$

Aufgrund der Antisymmetrie von $F_{\mu\nu}$ ergibt sich

$$f_\mu u_\mu = \frac{e}{c} F_{\mu\nu} u_\nu u_\mu = 0 \quad . \qquad \underline{7}$$

Das bedeutet, daß die Lorentz-Kraft auf der Vierergeschwindigkeit senkrecht steht.

Es ist instruktiv, die Raum- und Zeitkomponenten der Gleichung $\underline{4}$ vom letzten Beispiel separat zu betrachten. Wir beginnen mit der ersten Raumkomponente ($\mu = 1$, d.h. der x-Komponente):

$$\frac{\mathrm{d}}{\mathrm{d}s}\left(m_0 c \frac{v_1}{c\sqrt{1-\frac{\vec{v}^2}{c^2}}}\right) = \frac{e}{c} F_{1\nu} u_\nu = \frac{e}{c} \frac{(B_3 v_2 - B_2 v_3 + E_1 c)}{\sqrt{1-\frac{\vec{v}^2}{c^2}}} \quad .$$

Das kann offensichtlich auch so geschrieben werden

$$\frac{\mathrm{d}}{\mathrm{d}t}(m v_1) = e(\vec{E} + \frac{\vec{v}}{c} \times \vec{B})_1 \quad . \qquad (23)$$

Hier ist $m = \frac{m_0}{\sqrt{1-\frac{\vec{v}^2}{c^2}}}$ die relativistische Masse. Ähnliches gilt auch für die anderen Komponenten, so daß wir $\underline{4}$ aus dem letzten Beispiel als

$$\frac{\mathrm{d}(m\vec{v})}{\mathrm{d}t} = e\,(\vec{E} + \frac{1}{c}\,\vec{v} \times \vec{B}) \quad , \qquad (24)$$

d.h. als die Newtonsche (relativistische) Bewegungsgleichung für Lorentz-Kräfte wiedererkennen. Die 4. Komponente (Zeit-Komponente) von $\underline{4}$ liefert

$$\frac{\mathrm{d}}{\mathrm{d}s}\left(m_0 c \frac{1}{\sqrt{1-\frac{\vec{v}^2}{c^2}}}\right) = \frac{e}{c} F_{4\nu} u_\nu \quad .$$

Das ergibt

$$\frac{\mathrm{d}(mc^2)}{\mathrm{d}t} = e\,\vec{E} \cdot \vec{v} \quad . \qquad (25)$$

Die zeitliche Änderung der kinetischen Energie ist gleich der Leistung (Arbeit pro Zeiteinheit), die gegen das elektrische Feld $\vec{E}$ verrichtet werden muß. Die magnetische Feldstärke $\vec{B}$ kommt nicht vor, weil $\frac{e}{c}\vec{v} \times \vec{B}$ immer senkrecht auf $\vec{v}$ steht und daher keine Arbeit gegen diesen Kraftanteil verrichtet wird.

23.7 Beispiel: Bewegung eines geladenen Teilchens in einem statischen homogenen Magnetfeld

In diesem Fall reduziert sich (24) auf

$$\frac{\mathrm{d}}{\mathrm{d}t}(m\vec{v}) = \frac{e}{c}\,\vec{v} \times \vec{B} \quad . \qquad \underline{1}$$

Die Ladung des Probeteilchens sei e und die Richtung des homogenen Magnetfeldes sei die der z-Achse. Mit $E = mc^2$ schreiben wir $\underline{1}$ als

$$\frac{E}{c^2}\,\frac{\mathrm{d}\vec{v}}{\mathrm{d}t} = \frac{e}{c}\,\vec{v} \times \vec{B} \quad , \qquad \underline{2}$$

da nach (25) die Energie des Probeteilchens konstant ist. Ausgeschrieben lautet $\underline{2}$

$$\dot{v}_x = \omega v_y \;; \quad \dot{v}_y = -\omega v_x \;; \quad \dot{v}_z = 0 \quad , \qquad \underline{3}$$

wobei $\omega \equiv \frac{ecB_z}{E}$ gesetzt wurde. Es folgt

$$\frac{\mathrm{d}}{\mathrm{d}t}(v_x + iv_y) = -i(v_x + iv_y)\,\omega$$

und damit

$$v_x + iv_y = ae^{-i\omega t} \qquad \underline{4}$$

mit einer konstanten (komplexen) Amplitude a. $\underline{4}$ läßt sich dann schreiben als

$$v_x = v_0\cos(\omega t + \alpha) \;; \quad v_y = -v_0\sin(\omega t + \alpha) \quad ,$$

wenn α die Anfangsphase (bei t= 0) ist und v_0 die (konstant bleibende) Geschwindigkeit des Teilchens in der x-y-Ebene ist:

$$v_0^2 = v_x^2 + v_y^2 \quad . \qquad \underline{5}$$

Die vollständige Integration von $\underline{3}$ lautet damit

$$\begin{aligned} x &= x_0 + R\sin(\omega t + \alpha) \\ y &= y_0 + R\cos(\omega t + \alpha) \\ z &= z_0 + v_0 t \end{aligned} \qquad \underline{6}$$

mit

$$R \equiv \frac{v_0}{\omega} \quad . \qquad \underline{7}$$

Aus $\underline{6}$ ist unmittelbar einzusehen, daß sich die Probeladung auf einer Schraubenlinie bewegt, deren Achse durch das Magnetfeld bestimmt wird (hier die z-Achse) und

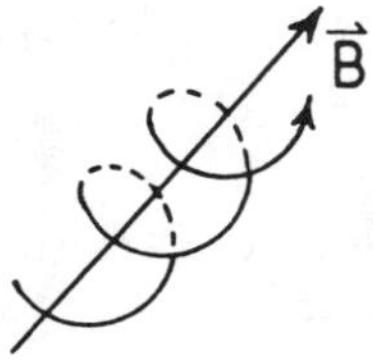

Die Bahn eines geladenen Teilchens im homogenen Magnetfeld ist eine Schraubenlinie.

deren Radius R durch 7 gegeben ist. ω ist die Kreisfrequenz der Bewegung, die sich im nichtrelativistischen Grenzfall ($E = m_0c^2$) zu

$$\omega_{\text{nichtrel.}} = \frac{eB_z}{m_0 c} \qquad \underline{8}$$

ergibt.

23.8 Aufgabe: Bewegung eines geladenen Teilchens in homogenen, statischen $\vec{E}$- und $\vec{B}$-Feldern

Diskutieren Sie die Bewegung eines geladenen Teilchens in homogenen, statischen elektrischen ($\vec{E}$) und magnetischen ($\vec{B}$) Feldern.

Lösung:

Wir betrachten jetzt eine Verallgemeinerung des letzten Beispiels. Eine Punktladung e möge sich in einem homogenen statischen elektrischen und in einem ebensolchen magnetischen Feld befinden. Dies soll jedoch nur in nichtrelativistischer Näherung behandelt werden. Das homogene, konstante $\vec{B}$-Feld zeige wieder in z-Richtung, die durch $\vec{B}$ und $\vec{E}$ verlaufende Ebene sei die y-z-Ebene.

In nichtrelativistischer Näherung lautet (24)

$$m_0\dot{\vec{v}} = e\left(\vec{E} + \frac{1}{c}\,\vec{v}\times\vec{B}\right) \quad . \qquad \underline{1}$$

Bei der oben genannten Geometrie gilt dann

$$\begin{aligned} m_0\,\ddot{x} &= \frac{e}{c}\,\dot{y}\,B \\ m_0\,\ddot{y} &= e\,E_y - \frac{e}{c}\,\dot{x}\,B \\ m_o\,\ddot{z} &= e\,E_z \quad . \end{aligned} \qquad \underline{2}$$

Die dritte der Gln. 2 läßt sich sofort integrieren

$$z(t) = \frac{eE_z}{2m_0}\,t^2 + v_{0z}t \quad . \tag{3}$$

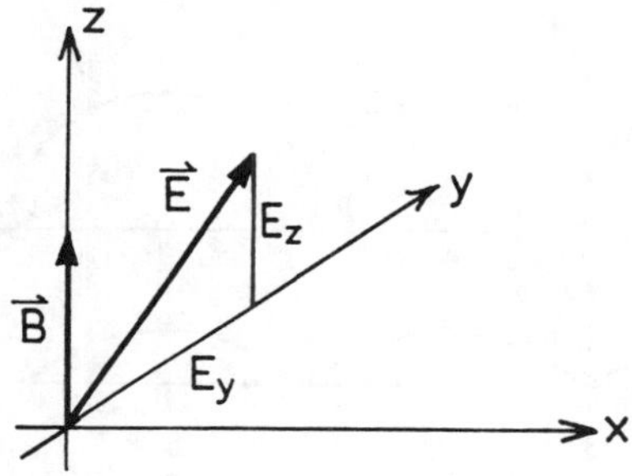

Die Vektoren $\vec{E}$, $\vec{B}$ liegen in der y-z-Ebene.

Analog dem Vorgehen im vorhergehenden Beispiel erhalten wir

$$\frac{\mathrm{d}}{\mathrm{d}t}(\dot{x} + i\,\dot{y}) + i\omega(\dot{x} + i\,\dot{y}) = i\frac{e}{m_0}E_y \quad , \tag{4}$$

mit $\omega = \frac{eB}{m_0 c}$. Die Kreisfrequenz ω ist hierbei die gleiche wie im vorhergehenden Beispiel (s. Glg. 8). Die Lösung von 4 ist

$$\dot{x} + i\,\dot{y} = ae^{-i\omega t} + \frac{cE_y}{B} \quad . \tag{5}$$

Hierbei ist a beliebig. Wir wählen es jetzt reell. Dann können wir Gl. 5 zerlegen in

$$\dot{x} = a\cos\omega t + c\frac{E_y}{B}\;; \quad \dot{y} = -a\sin\omega t \quad . \tag{6}$$

Man erkennt hieraus, daß die Geschwindigkeitskomponenten in x bzw. y-Richtung periodische Funktionen der Zeit sind. Die mittleren Geschwindigkeiten in diesen beiden Richtungen betragen

$$\bar{\dot{x}} = \frac{cE_y}{B}\;; \quad \bar{\dot{y}} = 0 \quad . \tag{7}$$

Diese mittlere Geschwindigkeit des Probeteilches wird als *elektrische Driftgeschwindigkeit* bezeichnet. Sie steht senkrecht auf den gekreuzten elektrischen und magnetischen Feldern und hängt nicht vom Vorzeichen der Ladung ab. Die Driftgeschwindigkeit ist i.allg. gegeben durch

$$\vec{v}_{\mathrm{Drift}} = \frac{c[\vec{E} \times \vec{B}]}{B^2} \quad . \tag{8}$$

Mit den Anfangsbedingungen $x(0) = y(0) = 0$ können die Gl. 6 sofort integriert werden

$$x(t) = \frac{a}{\omega}\sin\omega t + c\,\frac{E_y}{R}\,t\ ; \quad y(t) = \frac{a}{\omega}\,(\cos\omega t - 1) \quad . \tag{9}$$

Dies ist die Parameterdarstellung der sogenannten *Trochoide*, welche die illustrierten Bahnformen enthält.

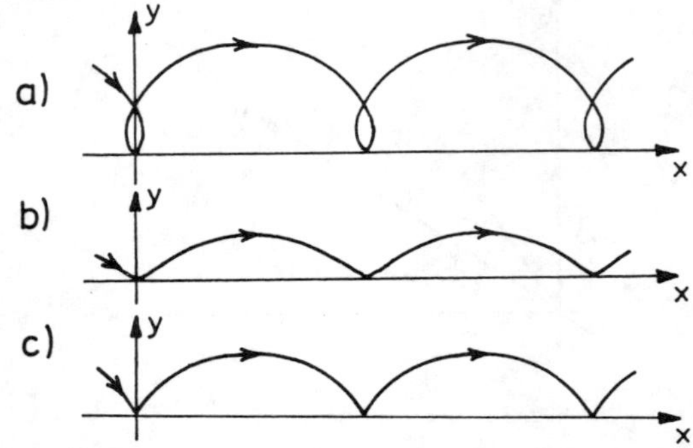

Falls $a = -\frac{cE_y}{B}$ ist, wird die Bahnform (in der x-y-Ebene) eine Zykloide (siehe dazu S. 190 Band 1).

23.9 Aufgabe: Relativistische Bewegung einer Ladung im homogenen, statischen $\vec{E}$-Feld

Man bestimme die relativistische Bewegung einer Ladung e in einem homogenen statischen elektrischen Feld $\vec{E}$, welches in Richtung der x-Achse zeigt.

Lösung:

Wir wählen das Koordinatensystem so, daß die Bewegung in der x-y-Ebene erfolgt. Die Bewegungsgleichung (24) nimmt dann die Form an

$$\dot{p}_x = eE\ ; \quad \dot{p}_y = 0. \tag{1}$$

Dies führt sofort auf

$$p_x = eEt\ ; \quad p_y = p_0 \quad , \tag{2}$$

wenn p_0 der Anfangsimpuls des Teilchens ist. Aus dem relativistischen Energie-Impulssatz erhalten wir

$$\begin{aligned} T_{\text{kin}} &= c(m_0^2c^2 + p^2)^{1/2} = \left(m_0^2c^4 + c^2p_0^2 + (ceEt)^2\right)^{1/2} \\ &= \left(T_0^2 + (ceEt)^2\right)^{1/2} \quad . \end{aligned} \tag{3}$$

Hierbei ist T_0 die kinetische Energie zu Beginn der Bewegung (t=0). Aus $\vec{p} = m\vec{v}$ und $T_{\text{kin}} = mc^2$ erhalten wir die Beziehung $\vec{v} = \frac{\vec{p}c^2}{T_{\text{kin}}}$. Dies bedeutet für die x-Komponente

$$\frac{\mathrm{d}x}{\mathrm{d}t} = \frac{p_x c^2}{T_{\text{kin}}} = \frac{c^2 eEt}{\sqrt{T_0^2 + (ceEt)^2}} \quad . \tag{4}$$

Die Integration davon liefert (wenn wir die Integrationskonstante gleich Null wählen)

$$x(t) = \frac{1}{eE}\sqrt{T_0^2 + (ceEt)^2} \quad . \tag{5}$$

Das Entsprechende für die y-Komponente ergibt

$$\frac{\mathrm{d}y}{\mathrm{d}t} = \frac{p_y c^2}{T_{\text{kin}}} = \frac{p_0 c^2}{\sqrt{T_0^2 + (ceEt)^2}} \tag{6}$$

und

$$y(t) = \frac{p_0 c}{eE} \operatorname{Arsh}\frac{ceEt}{T_0} \quad . \tag{7}$$

Die Bahnkurve in der x-y-Ebene erhalten wir, indem wir t eliminieren

$$x = \frac{E_0}{cE} \cosh\frac{eE_y}{p_0 c} \quad . \tag{8}$$

Wir sehen, daß sich eine Punktladung in einem homogenen elektrischen Feld auf einer Kettenlinie bewegt.

In nichtrelativistischer Näherung ($\vec{p}_0 = m_0\vec{v}_0$; $E_0 = m_0 c^2$) erhalten wir aus einer Entwicklung von 8

$$x = \frac{cE}{2mv_0^2}\, y^2 + \text{const.} \tag{9}$$

Das bedeutet, daß sich die Ladung für $|\vec{v}| \ll c$ auf einer Parabel bewegt.

23.10 Aufgabe: Relativistische Bewegung einer Ladung in parallelen, homogenen $\vec{E}$- und $\vec{B}$-Feldern

Man bestimme die relativistische Bewegung einer Ladung in parallelen homogenen elektrischen und magnetischen Feldern.

Lösung:

Wir legen die Richtung der Felder in die z-Achse. Da die Kraftkomponente, welche sich aus dem Magnetfeld ergibt, senkrecht auf jenem steht (s. Gl. (24)), hat das Magnetfeld keinen Einfluß auf die Bewegung in z-Richtung. Aus der letzten Aufgabe, Gl. 5 ergibt sich also

$$z(t) = \frac{T_{\text{kin}}}{eE}\ ; \quad T_{\text{kin}} = \sqrt{T_0^2 + (ceEt)^2} \quad . \tag{1}$$

Für die Bewegung in der x-y-Ebene ergibt sich aus der Bewegungsgleichung

$$\dot{p}_x = \frac{e}{c} B v_y \; ; \quad \dot{p}_y = -\frac{e}{c} B v_x \quad , \tag{2}$$

woraus wir sofort erhalten

$$\frac{\mathrm{d}}{\mathrm{d}t}(p_x + ip_y) = -i\frac{eB}{c}(v_x + iv_y) = \frac{-icBc}{T_{\text{kin}}}(p_x + ip_y) \quad . \tag{3}$$

Hierbei wurde wieder von der Relation $\vec{v} = \frac{\vec{p}c^2}{T_{\text{kin}}}$ Gebrauch gemacht. Aus 3 folgt nun

$$p_x + ip_y = p_t e^{-i\varphi} \quad . \tag{4}$$

p_t ist die (konstante) Impulskomponente in der x-y-Ebene und φ bestimmt sich durch

$$d\varphi = eBc\frac{dt}{T_{\text{kin}}} \; ; \quad ct = \frac{T_0}{eE}\sinh\frac{E}{B}\varphi \quad . \tag{5}$$

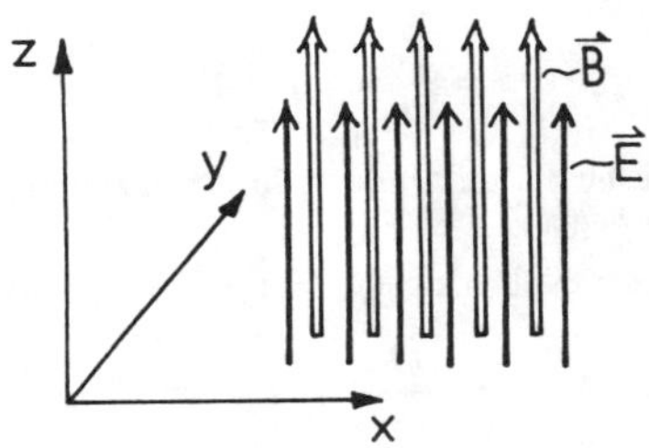

Parallele homogene elektrische und magnetische Felder zeigen in z-Richtung.

Aus 3, 4 und 5 ergibt sich weiterhin

$$p_x + ip_y = \frac{T_{\text{kin}}}{c^2}(\dot{x} + i\dot{y}) = \frac{eB}{c}\frac{\mathrm{d}(x+iy)}{\mathrm{d}\varphi} = p_t e^{-i\varphi} \tag{6}$$

und somit

$$x = \frac{cp_t}{eB}\sin\varphi \; ; \quad y = \frac{cp_t}{eB}\cos\varphi \quad . \tag{7}$$

1 können wir dann noch umschreiben als

$$z = \frac{T_0}{eE}\cosh\left(\frac{E}{M}\varphi\right) \quad .$$

Damit ist die Bewegung vollständig bestimmt. Die Ladung bewegt sich auf einer Schraubenlinie mit dem Radius $R = \frac{cp_t}{eB}$. Die Winkelgeschwindigkeit der Bewegung nimmt ab, $\dot{\varphi} = \frac{eBc}{E_{\text{kin}}}$, wogegen sich die Geschwindigkeitskomponente in z-Richtung der Lichtgeschwindigkeit nähert.

Konjugierte Impulse: Da im nichtrelativistischen Fall die verallgemeinerten Impulse π_i als die partiellen Ableitungen der Lagrange-Funktion L nach den verallgemeinerten Geschwindigkeiten $\dot{q}$ definiert sind, liegt es nahe, in der relativistischen Theorie die *konjugierten Impulse* durch

$$\pi_\mu = \frac{\partial L}{\partial w_\mu} \tag{26}$$

zu definieren. Man findet damit und mit Gl. (24) (siehe Beispiel 23.5) die konjugierten Impulse für ein freies Teilchen

$$\pi_\mu = m_0\, c\, u_\mu = m_0\, v_\mu \tag{27}$$

bzw. für ein Teilchen in einem äußeren elektromagnetischen Feld

$$\pi_\mu = m_0\, c\, u_\mu + \frac{e}{c}\, A_\mu = m_0 v_\mu + \frac{e}{c} A_\mu \quad . \tag{28}$$

Man sieht, daß der konjugierte Impuls (27) mit dem Viererimpuls eines freien Teilchens identisch ist. Dagegen kommt gemäß (28) für ein Teilchen im elektromagnetischen Feld noch der Term proportional dem Viererpotential, d.h. $\frac{e}{c}\, A_\mu$, hinzu. Es ist weiterhin bemerkenswert, daß die Raumkomponenten des konjugierten Impuls-Vierervektors identisch mit dem konjugierten Impuls im nichtrelativistischen Limes sind. Die Zeitkomponente π_4 ist gleich der Gesamtenergie dividiert durch c. Die letztere nennt man die Hamiltonfunktion; also

$$H = \pi_4\, c \quad . \tag{29}$$

Mit der Definition (26) schreiben sich die Lagrange-Gleichungen (22)

$$\frac{d\pi_\mu}{d\tau} = -\frac{\partial L}{\partial x_\mu} \quad . \tag{30}$$

Falls L nicht von x abhängt (zyklische Koordinate), folgt daraus sofort

$$\frac{d\pi_\mu}{d\tau} = 0, \qquad \text{d.h.} \qquad \pi_\mu = \text{const.} \tag{31}$$

Das ist z.B. für ein freies Teilchen (vgl. (24)) der Fall. Daher sind für ein freies Teilchen die Impulse π_1, π_2, π_3 und die Energie π_4 Konstanten der Bewegung.

Für ein Teilchen im elektromagnetischen Feld (Glg. 1 Beispiel 23.1) ist nur π_4, d.h. die Energie eine Konstante der Bewegung; aber auch nur, falls sowohl φ als auch $\vec{A}$, d.h. alle Komponenten des Viererpotentials A_μ, nicht explizit von der Zeit t abhängen.

Die relativistischen Hamilton'schen Gleichungen: Nachdem wir das Hamilton'sche Prinzip (21) relativistische kovariant formuliert haben, gehen wir kurz auf die Hamilton'sche Formulierung der Grundgleichungen ein: Die Lagrange-Funktion

L ist ein Lorentz-Skalar. Deshalb ergaben sich die Lagrange-Gleichungen (23) in relativistisch kovarianter Form. *Die Hamilton-Funktion H ist die Gesamtenergie des Systems* und deshalb *kein Lorentz-Skalar.* H transformiert sich unter Lorentz-Transformationen wie die 4. Komponente eines Vierervektors. Deshalb sind die Bewegungsgleichungen in der Hamilton'schen Formulierung (d.h. die Hamilton'schen Gleichungen) nicht Lorentz-kovariant. Sie gelten immer nur für ein spezielles, vorgegebenes Lorentz-System.

24. Über die Geschichte der Elektrodynamik

a) Geschichte der Elektrostatik *

Die Entwicklung der Elektrizitätslehre ist von der Mechanik in bemerkenswerter Weise verschieden. Das liegt wahrscheinlich daran, daß sich die Mechanik im Laufe der Zeit wenig verändert hat. Nach der Schaffung eines in sich logisch geschlossenen Begriffssystems, einer Sprache zur Beschreibung von Kräften und Bewegungen, der Auffindung der grundlegenden Gesetze, die es erlaubten die verschiedenen mechanischen Erfahrungen in präziser Weise zusammenzufassen und zu berechnen, war sie im Wesentlichen abgeschlossen.

Bei der Elektrizität war das anders. Allzu verschiedene Erscheinungsformen (Magnetstein, seltsame Kräfte beim Reiben von Bernstein an einem Katzenfell, Zitterfische, Wetterleuchten und Gewitter, die verschiedenartigen Lichterscheinungen) schienen zunächst nicht oder sehr wenig miteinander zu tun zu haben. Die große Leistung der Elektrizitätslehre bestand daher zum einen in der Erkenntnis, daß alle diese verschiedenen Erscheinungen zusammenhängen und zum anderen in der Schaffung neuer (technischer) Apparate und Einrichtungen, die in der Natur als solche nicht vorkamen und die Welt in ungeahnter Weise veränderten.

Die dritte, aber geistesgeschichtlich bedeutendste Leistung der Elektrizitätslehre war die Schaffung eines strengen begrifflichen Systems, das aus Faradays Gedanken heraus erwuchs und in den Maxwellschen Gleichungen gipfelte. Es war eine neue, logisch geschlossene Theorie physikalischer Erscheinungen, die von der Mechanik recht verschieden war. Diese neue Theorie stellte eine Abkehr vom mechanischen Weltbild dar und hat zur Entwicklung der heutigen Kraft- und Feldbegriffe entscheidend beigetragen.

Die Geschichte der Elektrizitätsphysik läßt sich grob in eine *vorwissenschaftliche Zeit* (etwa bis zum 16. Jahrhundert reichen), *die Zeit des Entstehens der Magneto- und Elektrostatik,* den Zeitabschnitt in dem es gelang *dauernde fließende elektrische Ströme* herzustellen und die *Epoche der Vereinigung aller elektrischen und magnetischen Erscheinungen* zur Elektrodynamik einteilen. Die letztgenannte Epoche brachte die begriffliche Klarstellung.

---

*Anmerkungen gesammelt ab S. 519

Obwohl man gewisse elektrische und magnetische Erscheinungen, wie z. B. die Kräfte, die vom geriebenen Bernstein oder vom Magnetstein ausgingen (seit 4. Jahrhundert v. Chr.) schon lange kannte, gab es doch keine systematischen Untersuchungen über elektromagnetische Erscheinungen vor dem Jahre 1600. Zwar benutzte man Zitterfische als Heilmittel, wußte seit den Römern, daß die magnetische Wirkung sogar Metalle durchdringt, und hatte in der chinesischen Ausnutzung des Erdmagnetfeldes zur Richtungsbestimmung (etwa seit 300 n. Chr) sogar schon eine erste technische Anwendung des Magnetismus (Kompaß), doch im Abendland herrschte eine Art Aberglaube über den Magnetismus vor. Dies kommt in den Erzählungen vom Magnetberg und von freischwebenden Götter- und Heiligenbildern zum Ausdruck. Der Name Elektrizität kommt übrigens von $\eta\lambda\epsilon\kappa\tau\rho o\nu$, was, von $\eta\lambda\epsilon\kappa\tau o\rho$ (Glanz) abgeleitet, sowohl eine Ag-Au-Legierung (ein Münzmetall) als auch Bernstein bedeutete. Daß man außer Bernstein auch einige wenige andere Stoffe durch Reibung elektrisch machen konnte, bemerkte man bald. Alle diese Erscheinungen der "Reibungselektrisität" sehen wir heute als kompliziert an. Sie sind auch leicht störbar.

Im Jahre 1600 kam dann ein Meilenstein in der Geschichte der Physik in Form des Buches von *William Gilbert*[2] (1544 - 1603) über den Magneten. Es enthielt die Ergebnisse sorgfältiger Experimente, zeigte daß positive und negative Magnetpole nicht getrennt werden können; Gilbert vermaß Magnetfelder mit Magnetnadeln (gewissermaßen Vorläufer der Gauß'schen Methode) und zeigte sogar, daß sich das Erdmagnetfeld als das einer magnetischen Kugel deuten ließ. Lediglich das quantitative Kraftgesetz $\sim \left(\frac{1}{r^2}\right)$ fehlte in diesem bedeutenden Werk. Auch waren seine Erkenntnisse über die elektrischen Erscheinungen noch sehr unvollkommen.

Mit der Elektrizität ging es kaum voran; man brachte ihr wenig Interesse entgegen. In jene Zeit fiel die große Blüte, ja in Grundzügen die Vollendung der Mechanik als erste strenge Naturwissenschaft. Um 1660 baute dann *Otto von Guericke*[3] (1602 - 1686) eine Elektrisiermaschine, mit der er elektrische Funken erzeugen und die elektrische Abstoßung feststellen konnte. Er konnte aber keine echte Klärung der elektrischen Vorgänge herbeiführen.

Erst in der Zeit von 1730 - 1760 kam es wieser zu einem Fortschritt in der Elektrizitätslehre, als *Dufay*[4] 1733 die Existenz von zwei Arten der Elektrizität (positive und negative) erkannte und feststellte, daß gleichnamige Ladungen sich abstoßen und ungleichnamige sich anziehen. Dies erreichte er durch Übertragung von Elektrizität auf isolierte Metallkörper. Dabei beobachtete er wie elektrisierte Körper unelektrisierte anziehen, sie elektrisieren und dann abstoßen. Mit geriebenem Glas elektrisierte Metalle werden von elektrisiertem Glas abgestoßen, von elektrisiertem Harz angezogen. Mit Harz elektrisierte Metalle werden vom Harz abgestoßen und vom Glas angezogen. Dies führte ihn zu dem Schluß, daß es zwei Arten von Elektrizität gibt. Um 1745 experimentierte *Kleist*[5] im Kamin (Pommern) mit der Elektrisiermaschine und entdeckte zufällig die sogenannte Verstärkungsflasche, die dann *Musschenbrock*[6] in Leyden weiter untersuchte. *Benjamin Franklins*[7] (1706 - 17909 systematische Studien führten ihn zu Einsichten über die Verstärkungsflasche und die Influenz (1747). Er wußte noch nicht, daß es zwei Arten von Elektrizität gibt; vielmehr erklärte er die Wirkung positiver und negativer Ladungen mit einem Überschuß bzw. Mangel an Elektrizität. Auch das Gewitter erklärt er in diesem Modell richtig. Positive und negative Ladungen wurden erst von *Carl Wilcke* (1732 - 1796) und *Symmer* (1759) klar konstatiert. Die Entdeckung der Polarisation der Dielektrika durch Wilcke im Jahre 1758 gehört zum Typus einer verfrühten, bald wieder verloren gegangenen Erkenntnis. Man war damals noch nicht fähig, ihre Bedeutung einzuschätzen. Franklin, Wilcke und Symmer zeigen klares qualitatives Verständnis der wesentlichen Vorgänge in der Elektrostatik bis auf die Polarisationseigenschaften des Zwischenmediums, die erst von Faraday aufgeklärt werden.

Wir sehen: Es war ein langer, recht umständlicher Weg, bis diese den menschlichen Sinnen nur mittelbar zugänglichen Erscheinungen geordnet und einigermaßen geklärt waren. Das Grundgesetz der Elektrostatik, das Coulombsche Kraftgesetz, war noch unentdeckt. Erst *Priestly*[8] schloß auf die Abnahme mit $\frac{1}{r^2}$ aus dem Fehlen einer elektrostatischen Kraftwirkung im Inneren eines Leiters. Das war im Jahre 1767.

Coulomb[9] benutzte die Drehwaage (1785) und wies damit die Proportionalität der elektrischen und der magnetischen Kräfte zu $\frac{1}{r^2}$ nach. Dies war jene Zeit, in der durch *Euler* und *Lagrange* die Mechanik formal vollendet wurde. Es ist daher nicht weiter verwunderlich, daß diese Erfolge der Elektrostatik, die ja einen Teilweisen Abschluß bedeuteten (es gab noch keine ständig fließenden Ströme) etwas im Schatten der großen Ereignisse in der Mechanik standen (vgl. Band II der Vorlesungen, letztes Kapitel).

b) Die Erzeugung elektrischer Ströme - Magnetostatik

Man wußte, daß die am Bernstein, beim Gewitter und bei elektrischer Fischen auftretenden Erscheinungen zusammengehören, doch war ihre Verbindung mit dem Magnetismus noch unbekannt. Dazu war eine neue Entdeckung notwendig, nämlich die Herstellung dauernd fließender elektrischer Ströme: Das führte dann zu einer Reihe aufregender Folge-Entdeckungen, so daß die erste Hälfte des 19. Jahrhunderts als das Zeitalter des Durchbruchs bei der Aufklärung der elektrischen Erscheinungen angesehen werden muß, so wie das 17. Jahrhundert die Blütezeit in der Schaffung der Mechanik war.

L. Galvani[10] beschäftigte sich mit elektrischen Erscheinungen bei Tieren und bemerkte 1780, daß *unter gewissen Bedingungen Froschschenkel zucken.* Auch ohne direkten äußeren elektrischen Einfluß traten solche Erscheinungen im Tier auf. Er machte (noch) tierische Elektrizität dafür verantwortlich. Erst *A. Volta*[11] erkannte, daß es dabei auf den tierischen Organismus gar nicht ankam. Ein Meister der elektrischen Meßtechnik (das mit dem Kondensator versehene Elektroskop stammt von ihm), betrieb er die galvanischen Untersuchungen weiter und führte die Vorstellung von der "metallischen Elektrizität" ein. Sie tritt auf, wenn sich zwischen zwei Metallen eine Flüssigkeit befindet (1794). Später konnte er ihre Existenz zwischen zwei Metallen auch ohne Flüssigkeit nachweisen. Mit der "Voltaschen Säule", bestehend aus einer Reihe "galvanischer Elemente", gelang ihm ein experimenteller Durchbruch: Nun konnten dauernde Ströme mit für die damalige Zeit beachtlicher Spannung hergestellt werden. Bald war dann nachgewiesen, daß "Galvanismus" und "Elektrizität" ein und dasselbe sind.

Nun, da man dauernd fließende Ströme hatte, kamen zwangsläufig eine Reihe bedeutender Entdeckungen, die zur Vorstellung vom elektrischen Aufbau der Materie und zur Verknüpfung von Elektrizität und Magnetismus führten. So beobachtete man sofort die Zersetzung des Wassers in Sauerstoff und Wasserstoff (aber nur unter sauberen Bedingungen). Auch andere Stoffe wurden ähnlich "elektrisch zerlegt". *Davy*[12] stellte um das Jahr 1807 herum die Elemente K, Na, Ba, Sr, Ca elektrolytisch dar. Es entstand die Vorstellung, wonach die chemischen Affinität auf eine elektrische Kraft zwischen den Partikeln zurückzuführen ist. Sie wurden von *Berzelius*[13] weiter ausgebaut und enthält im Kern unsere heutige Auffassung von der heteropolaren chemischen Bindung.

Einen gewaltigen Fortschritt im tieferen Verständnis der elektrischen Erscheinungen brachten die Beobachtung der magnetischen Wirkung des Stromes und der elektromagnetischen Induktion. Bis dahin waren elektrische und magnetische Erscheinungen als getrennt voneinander, nur in Analogie zueinander angesehen worden. Jetzt waren sie auf einmal unlösbar miteinander verbunden erkannt.

H. C. Oersted[14] beobachte im Juli 1920 die Ablenkung einer Magnetnadel an einem durch den Stromfluß zum Glühen gebrachten Draht. Es war der Anfang einer Reihe schnell nacheinander gemachten Entdeckungen, die das gute Jahrzehnt von 1820 bis 1832 zum wohl wichtigsten Abschnitt in der Entwicklung unserer Kenntnis von der Elektrizität werden ließen. Oersted merkte die Abhängigkeit der Ablenkung der Nadel von der Stromrichtung und zeigte, daß zwischen Strom und Magnetnadel gebrachte unmagnetische Stoffe, die Erscheingungen nicht beeinträchtigten. Er sah auch bald, daß der Draht nicht zu glühen brauchte und entdeckte die magnetische Wirkung von Draht auf Draht. Im gleichen Jahr erkannten *Arago*[15] in Paris und *Seebeck*[16] in Berlin die Magnetisierung von gewissen Stoffen durch den Strom. *Ampère*[17] präzisierte die Begriffe Spannung und Stromstärke und formulierte die Regeln der Kraftwirkung von Strom auf Magneten und der Kräfte zwischen zwei Strömen. Auch führte er die Vorstellung von Elementarströmen in den kleinsten Materiepartikeln als Ursache für das magnetische Verhalten gewisser Stoffe ein. Fast gleichzeitig damit maßen *Biot*[18] und *Savart*[19] die Abstandsabhängikgkeit der magnetischen Kraft eines stromdurchflossenen Drahtes und fanden ihre Proportionalität zu $\frac{1}{r}$. Im Jahre 1826 untersuchte Georg Simon *Ohm*[20] (damals Lehrer an einem Kölner Gymnasium) die Abhängigkeit der Stromstärke von der Länge und dem Querschnitt des Drahtes und bemerkte die Proportionalität des Stromes zu Querschnitt und Spannungsgefälle.

Der zweite größere Durchbruch in der Verknüpfung von Elektrizität und Magnetismus kam mit *M. Faraday's*[21] Entdeckung der elektromagnetischen Induktion (1831/32). Er bemerkte, daß ein bewegter Magnet in einem in der Nähe befindlichen Draht einen Stromstoß induzierte; dasselbe Ergebnis bewirkte ein bewegter stromdurchflossener Draht oder ein Draht mit einem Strom veränderlicher Stärke. Dadurch ermutigt und angeregt, führte er seine Vorstellungen von der Natur des elektrischen und magnetischen Feldes weiter. Für ihn lag das Wesentliche der elektrischen Erscheinungen in einem von Ort zu Ort wirkenden Spannungszustand in dem Medium zwischen Ladungen und Strömen. Er führte die Vorstellung der Kraftlinien ein. Der Feldbegriff bahnte sich hier an. Im Jahre 1833 begann *C. F. Gauß*[22] in Göttingen mit der systematischen Messung magnetischer Größen; *W. Weber*[23] kam hinzu und beide zusammen begründeten ein fogerichtiges Maßsystem für elektrische und magnetische Größen. Schließlich entdeckte *Joule*[24] im Jahre 1841 die Wärmewirkung des elektrischen Stormes und seine Gesetzmäßigkeiten.

Wir sehen, es war eine rasche Folge von wichtigen und aufschlußreichen Entdeckungen, die 1820 mit der Herstellung stationärer Ströme begann. Dieses reichliche

Jahrzehnt war eine Blütezeit der Physik, die wohl auch auf äußere Umstände zurückzuführen ist: Die Französische Revolution war vorbei, der Frieden stellte sich nach und nach wieder ein, neue Volksschichten kamen empor und halfen mit, das geistige Leben der Völker zu gestalten.

Die theoretisch-mathematische Präzisierung der elektrischen und magnetischen Vorgänge erfolgte durch Mathematiker und Physiker gleichermaßen, in enger Zusammenarbeit. Aus der Physik kamen Anregungen zur Schaffung ganz neuer mathematischer Disziplinen; so z. B. die Potentialtheorie. Die ersten grundlegenden Theoreme der Potentialtheorie wurden aus der Gravitationstheorie heraus angegangen. Beispielsweise hatte *Laplace*[25] (1782) die Gravitation im Sinn als er bewies, daß außerhalb der Massendichte $\rho(\vec{r'})$

$$\Delta V = 0$$

wenn

$$V = \int \frac{\rho(\vec{r'})dV'}{|\vec{r} - \vec{r'}|}$$

das so definierte Gravitationspotential war; ähnlich war er bei *Poisson*[26] (1811), als er diesen Sachverhalt auf

$$\Delta V(\vec{r}) = -4\pi\rho(\vec{r})$$

verallgemeinerte. Demgegenüber dachte *Green*[27] bei der Aufstellung der anch ihm benannten Sätze (1828) an Beispiele aus der Elektrizitätslehre; er blieb jedoch zunächst völlig unbekannt. Gauß' allgemeine Theoreme und Sätze ermöglichten 1839 eine ordentliche mathematische Beschreibung der elektro- und magnetostatischen Erscheinungen.

In derselben Zeit wurde der allgemeine Satz von der Erhaltung der Energie (um 1842) entdeckt. Folgerichtig kann es dann zur energetischen Auffassung des Potentials (potentielle Energie) und schließlich zur Klärung der energetischen Verhältnisse bei der Induktion. *F. Neumann*[28], *W. Kirchhoff*[29] und em H. Helmholtz[30] waren daran maßgeblich beteiligt.

Die Krönung der theoretischen Formulierung un damit der klaren begrifflichen Ordnung der elektromagnetischen Erscheinungen kam mit der Theorie von James Clark *Maxwell*[31] (1861-64). Er baute auf Faradays Vorstellung von den Kraftlinien auf und schuf die heute nach ihm benannten Gleichungen. Auch die daraus folgende Möglichkeit elektromagnetischer Wellen rechnete er vor.

Maxwell's Theorie stellt nicht nur die Zusammenfassung der bis dahin bekannten Erscheinungen dar; sie ist gleichzeitig *die* Theorie des Lichtes, dessen Fortpflanzungsgeschwindigkeit von Konstanten in den Maxwellgleichungen durch *Weber* und *Kohlrausch*[32] bestimmt wurde. Damit waren Elktrizitätslehre und Optik in Zusammenhang gebracht worden, ja vielmehr: Die Optik wurde zu einem Spezialgebiet des Elektromagnetismus. Das war eine außerordentliche Leistung der theoretischen Physik.

Die Maxwellsche Theorie fand auf dem europäischen Kontinent nur langsam Anklang. Das lag wohl daran, daß diese Gedanken - wie schon bemerkt - auf Faraday zurückgehend - dem an der Mechanik geschulten Denken fremd waren. Selbst ein so bedeutender Physiker wie *L. Boltzmann*[33] versuchte die in den Maxwellschen Gleichungen formulierten Zusammenhänge mit verwickelten mechanischen Bildern und Modellen zu erklären. Doch es siegte die Feldvorstellung über alle anderen. Schließlich erbrachte Heinrich *Hertz*[34] mit der Entdeckung von auf elektrischem Wege erzeugten Wellen im Jahre 1888 die experimentelle Bestätigung, indem er nachwies, daß diese Wellen dieselben Eigenschaften haben wie Lichtwellen.

Die stürmische Entwicklung der Physik des Elektromagnetismus begann mit Galvani's Entdeckung und war nach fünf Generationen von Physikern abgeschlossen. Wir stellen sie hier noch einaml tabellarisch zusammen.

1. geb. 1727 - 1749: Galvani, Volta, Laplace.
2. geb. 1770 - 1779: Seebeck, Oersted, Biot, Ampere, Gauß, Davy, Berzelius.
3. geb. 1786 - 1804: Arago, Ohm, Savart, Faraday, Green, F. Neumann, Weber.
4. geb. 1818 - 1831: Joule, Hemholtz, Kirchhoff, Maxwell.
5. geb. 1853 - 1862: H. A. Lorentz, J. J. Thomson, H. Hertz, M. Planck, Ph. Lenard.

Die unter 5 genannte Gerneration war schon ganz wesentlich an der grundlegenden Aufklärungen des Atombaues beteiligt. Dies wäre ohne vorherige Klärung des Elektromagnetismus nicht möglich gewesen.

Die elektromagnetischen Erscheinungen hatten ungeahnte technische Anwendungen, die unsere Welt nachhaltig veränderten. Wir erinnern hier nur an zwei technische Richtungen, nämlich

1) die Nachrichtenübertragung:
1809 *Sömmerings*[35] Modell eines elektrochemischen Telegraphen;
1820 Ampere's Modell eines magnetoelektrischen Telegraphen;
1834 Gauß' - Weber praktisch brauchbarer Telegraph;
1860 Philip *Reis*[36] Telephon übermittelt Töne;
1877 *Bell's*[37] Telephon übermittelt Sprache;
1895 *Marconi's*[38] drahtlose Telegraphie;

2) die Erzeugung elektrischer Energie: 1832 wird die erste magnetoelektrische Maschine gebaut;
1866 die erste Maschine mit Elektromagnet;
1867 die leistungsfähige Maschine von Siemens.

c) Die Geschichte der Optik

Wir wollen nun auch einen kurzen Überblick über die Optik geben und uns dabei Klarheit vor allem darüber verschaffen, wann und in welchem wissenschaftshistorischen Zusammenhang die wesentlichen Erscheinungen des Lichtes richtig gesehen wurden.

Das Sinus-Gesetz der Lichbrechung bringtgewissermaßen die Strahleigenschaften des Lichtes am deutlichsten zum Ausdruck. Es geht auf *W. Snell* (Snellius)[39] zurück. Isaac *Newton*[40] entdeckte die Zusammensetzung des weißen Lichtes aus farbigen Lichtern. Etwas holprig kam die Erkenntnis von der Wellennatur und der damit zusammenhängenden Periodizität des Lichtvorgangs voran. Die Wellentheorie des Lichtes stammt von Chr. *Huygens*[41]; die Periodizität und die erste Messung von Wellenläufen stammt von *Newton.* Erst 150 Jahre dananch konnte A. *Fresnel*[42] den Durchgang einer Welle durch isotrope (und antiisotrope) Stoffe theoretisch klären. Nach der Entdeckung des Malus erkannte man auch sehr bald, daß polarisiertes Licht eine transversale Welle bedeuten muß. Die Vermutung, daß Licht eine elektromagnetische Welle ist, finden wir schon bei *Faraday; Maxwell* schloß diesen Zusammenhang aus seiner Theorie. Es war dann Heinrich *Hertz*, der den experimentellen Nachweis erbrachte, indem er Wellen mit elektromagnetischen Mitteln herstellte und nachwies, daß diese Eigenschaften von Lichtwellen besitzen. Die rasche Entwicklung der Optik liegt zum einen in dem Zusammenhang dieser Disziplin mit der großen, allgemeinen Frage nach der Natur des Lichtes; zum anderen aber ganz beträchtlich auch in der immer wiederkehrenden Aufgabe nach Vervollkommnung optischer Instrumente begründet. Viele Anregungen kamen gerade aus der letzgenannten Aufgabenstellung heraus.

Wir wollen nun die historischen Aspekte der Klärung des Lichtvorgangs etwas genauer aufzeigen. Zunächst stand da das Brechungsgesetz im Vordergrund, aus dem der Lichtstrahl als nützliche Vorstellung hervorging. Schon Cl. Ptolomäus (etwa 100 n. Chr.) hat in Tabellen den Zusammenhang von Einfalls- und Ausfallswinkel angegeben. Johannes *Kepler*[43] benutzte um 1611 für kleine Winkel die Proportionalität beider. Es war dann René *Descartes*[44], der 1637 das Sinusgesetz, das schon W. Snell bekannt war, veröffentlichte, und deutete es folgendermaßen: Die Lichtteilchen sollten beim Eintritt in ein dichteres Medium einen zusätzlichen Impuls erhalten, so daß sie im dichteren Medium schneller sind. P. *Fermat*[45] (1665) leitete das Brechungsgesetz aus einem Extremalprinzip ab (Fermat'sches Prinzip), wonach der optische Weg (oder auch die Zeit, die das Zeit zum Durchlaufen dieses Weges braucht) ein Minimum sein soll. Demnach war bei Fermat die Lichtgeschwindigkeit im dichteren Medium kleiner. Bald gab es wichtige technische Anwendungen: Mikroskop und Fernrohr (mit Sammel- und Zerstreuungslinse) wurden um 1600 in Holland erfunden. *Galilei*[46] baute das Fernrohr nach und entdeckte damit die Jupitermonde und die Sonnenflecken. Damit hatte er eine zusätzliche, wesentliche Stütze für das Weltsystem des *Kopernikus* und gegen die Unveränderlichkeit der Himmelskörper. Im Jahre 1611 konstruierte *Kepler* ein Fernrohr und zwei Sammellinsen. Bald wurden auch Spiegelfernrohre gebaut, so von Newton. W. *Herschel*[47] benutzte sie und begründete damit 1790 die Fixsternforschung.

Die *Farbenlehre* geht in ihren Anfängen schon auf *Grimaldi*[48] (1650) zurück. *Newton* führte eine Reihe von Versuchen durch, woraus er schloß, daß die Spektralfarben die unzerlegbaren Bestandteile des Lichtes glühender Körper sind. Um 1670 herum hielt er darüber Vorlesungung; in den Jahren danach teilte er seine Erkenntnisse schrittweise der Royal Society mit; sein Buch über "Optik" erschien erst 1704 Newton glaubte, daß er chromatische Fehler von Linsen unvermeidlich sei, weil er die Proportionalität von Dispersion und Brechung annahm. L. *Euler*[49] war anderer Ansicht und vermutete die Möglichkeit einer Achromatisierung. Um 1760 stellten dann auch *Dolland*[50] und *Euler* achromatische Linsen her, die 60 Jahre später (um 1820) von J. *Fraunhofer*[51] wesentlich verbessert wurden. Fraunhofer studierte systematisch die Dispersion verschiedener Gläser und fand dabei die dunklen Linien im Sonnenspektrum, die er zur genauen Kennzeichnung der Spektralfarben benutzte. Aus Fraunhofers Arbeiten resultiert eine wesentliche Verbesserung der Fernrohrobjektive und damit die Möglichkeit, Fixsternparallaxen zu messen.

Es ist bemerkenswert, daß sich die vollständige Klärung der *Wellennatur* und der *Periodizität* des Lichtes über fast 150 Jahre von 1675 bis ungefähr 1820 erstreckte. Man brauchte sehr lang, um einzusehen, daß Wellennatur und Periodizität zusammen gehören.

Newton entdeckte, daß einfarbiges Licht einen periodischen Vorgang darstellt. Dies folgerte er aus sorgfältigen Versuchen zum Studuim der Farben dünner Blättchen. Zunächst wollte er diese Erscheinungen mit Ätherschwingungen erklären; in seinem schon erwähnten Band über Optik (1704) spricht er aber von Lichtteilchen, die periodische Anwandlungen leichter Reflexion und periodische Anwandlungen leichten Durchgangs erhalten. Dabei ist das Intervall der "Anwandlungen" das, was wir heute als halbe Wellenlänge bezeichnen. Er beobachtete sogar, daß das, was wir heute als halbe Wellenlänge bezeichnen. Er beobachtete sogar, daß die Intervallängen λ_1 und λ_2 in verschiedenen Medien sich wie Sinus der Brechungswinkel verhalten, also: $\frac{\sin\alpha_1}{\sin\alpha_2} = \frac{\lambda_1}{\lambda_2}$.

Für rotes Licht waren sie fast doppelt so groß als bei violetten Licht. Newton hat offensichtlich die Wellenlängen des Lichtes gemessen; ja er erklärt sogar die beständigen natürlichen Farben von Körpern mit der Annahme einer bestimmten Größe für die kleinsten Bestandteile dieser Körper.

Die Wellennatur des Lichtes ist von Grimaldi noch wenig begründet. Erst Ch. *Huygens*[41] bringt in seiner "traitrḿe de la lumirḿere" im Jahre 1678 einen ganz beträchtlichen Fortschritt. Er erklärt systematisch die geradlinige Ausbreitung, die Reflexion und die Brechung aus der Wellenvorstellung heraus und löst mit Hilfe der senkrecht zur Strahlrichtung laufenden Wellenflächen schon recht komplizierte Brechungsprobleme. Huygens will eine mechanische Erklärung des Lichtes und seiner verschiedenen Erscheinungen geben. Für ihn ist die Zurückführung aller Phänomene auf Mechanik der einzig richtige Weg in der Physik. Dabei übersieht er Beugung und Interferenz; auch von der Periodizität des Wellenvorgangs macht er keinen Gebrauch.

Huygens benutzt somit die Erscheinungen Beugung und Interferenz, die wir heute als charakteristisch für die Wellennatur ansehen, gar nicht. Newton kennt zwar die Periodizität, aber auch er benutzt diese nicht zur Begründung des allgemeinen Wellencharakters des Lichtes. Es lag wahrscheinlich and er außerordentlichen Autorität

Newtons, daß Wellennatur und Periodizität über ein Jahrhundert unvereinigt nebeneinander standen. Newton lehnte nun einmal die Wellenauffassung ab.

Die Gegner der Wellenstruktur des Lichtes betrachteten diese als starke Zumutung: Das Licht ging auch für Newton nicht um eine Ecke herum und somit wurde der Wellencharakter ausgeschlossen. Auch die Huygen'sche Deutung der Doppelbrechung am "isländischen Spat" bei der er zwei Arten des schwingenden Mediums annahm, erschien Newton als zu gekünstelt. Wahrscheinlich hat auch Newton's Abneigung gegen die hypothetischen Vorstellungen über die Wirkungen zwischen Körpern mitgespielt, denn in seinem Gravitationsgesetz hat er meisterhaft ein Beispiel für die mathematische Fassung der Kraftgesetze geliefert, ohne verschwommene Annahmen über noch nicht beobachtbare Vorgänge machen zu müssen. Huygens' Äthervorstellung mit den darin sich ausbreitenden Wellen war für Newton zu hypotetisch und zu verwickelt. Dagegen lehnte Huygens das Teilchenbild des Lichtes ab, weil damit die Unabhänigkeit der Lichtstrahlen verschiedener Richtung, die Licht-Druchlässigkeit vieler Körper und die hohe Lichtgeschwindigkeit, die gerade von Olaf *Römer*[52] beobachtet worden war, nicht zu verstehen waren.

Erst nach 1800 wurde die Wellentheorie des Lichtes weiter vorangetrieben. So erklärte Th. *Young*[53] um 1801 qualitativ die Interferenzerscheinungen mit Hilfe von periodischen Wellen. A. *Fresnel* verbesserte das Huygen'sche Prinzip und wandte es auf Beugungs- und Interferenzerscheinungen an. Er betrachtete noch skalare Wellen. Sobald er als auch Fraunhofer untersuchten die Beugungserscheinungen. Dabei gelang es Fraunhofer, die Lichtwellenlängen bis auf vier Stellen genau zu messen.

Nun zu den *Polarisationserscheinungen:* Eine solche lag schon in der Doppelbrechung am isländischen Spat vor. Lediglich Newton war einer solchen Deutung auf der Spur als er kurz bemerkte, daß die Doppelbrechung auf eine seitliche Richtung an den Lichtteilchen hindeutete, deren Wirkung auf den Kristall er in Analogie zur Wirkung von Magnetpolen sah. *Malus*[54] entdeckte 1808 die Polarisation am reflektierten Strahl und erkannte dann auch den Zusammenhang der Polarisation mit der Doppelbrechung. *Young* deutete dies 1817 durch transversale Wellen und A. *Fresnel* vollendete 1812 die Theorie durch Betrachtung transversaler Wellen in einem elastischen Äther. Damit erklärte er Reflexion, Brechung und Doppelbrechung quantitativ.

Seine elastische Lichttheorie führt - nicht ganz zwangsläufig - im wesentlichen auf diesselben Gleichungen wie wir sie heute aus den Maxwell'schen Gleichungen ableiten. Die Schwingungsrichtung entsprach dabei dem Vektor der dielektrischen Verschiebung $\vec{D}$; Fresnel's Schwingsungsebene stand senkrecht auf der Polarisationsebene. Andere Lichttheorien nahmen Schwingungsrichtungen an, die dem elektrischen Feldvektor $\vec{E}$ bzw. der magnetischen Induktion $\vec{B}$ entsprechen. Die von F. *Neumann* stammende Theorie gehört zum letzteren Typ; in ihr fallen Schwingungs- und Polarisationsebene zusammen.

Als nächstes kam die Drehung des Lichtes als elektromagnetische Welle. *Faraday* vermutete einen Zusammenhang, dem er durch Messung der Drehung der Polarisationsebene beim Durchgang durch einen magnetisierten Körper (1845) bestätigt fand. J. S. *Maxwell* gab dann 1861/62 die vollständige mathematische Formulierung dieser Vorstellungen. Seine Theorie sagt die Existenz transversaler elektromagnetischer Wellen voraus, deren Geschwindigkeit sich durch Messung einer elektromagnetischen Größe ausrechnen ließ. Diese Messung wurde 1856 von W. *Weber* und F. *Kohlrausch* durchgeführt und lieferte die Lichtgeschwindigkeit. Wie schon öfters gesagt, erzeugte H. *Hertz* durch elektrische Schwingungen elektromagnetische Wellen und zeigte, daß diese dieselben Eigenschaften wie Lichtwellen besitzen.

Damit war das Licht als elektromagnetische Welle erkannt, doch dauerte es eine Weile bis sich diese Erkenntnis durchsetzte. Man merkte nach und nach, daß die Ähnlichkeit des elektromagnetischen Feldes mit Spannungen und Verformungen elastischer Körper eben nur eine Analogie war und die elektromagnetische Welle als völlig unmechanisch zu begreifen ist. Damit hörten dann auch die Versuche auf, die Lichtwellen als mechanische Ätherwellen zu modellieren.

Wir fassen zusammen: Der Fortschritt im Verständnis der Lichterscheinungen konzentriert sich auf zwei kurze Zeiträume. Das waren zum einen die Jahrzehnte zwischen Newtons Versuchen zur Dispersion und dem Erscheinen seines Buches über Optik. In diesen Zeitraum fallen auch Huygens' Beiträge und beträchtliche Fortschritte in der praktischen Optik (Huygens und sein Bruder bauten Fernrohre, entdeckten den Saturnring und einen Saturnmond; Newton baute ein Spiegelfernrohr). Zum anderen waren es die stürmischen zwei Jahrhunderte zwischen der Wiederaufnahme der Wellenvorstellung durch Young und ihre Vollendung durch Fresnel. Es ist bemerkenswert, daß diese Entwicklung der Optik der auch recht stürmisch verlaufende Entwicklung des Elektromagnetismus, die etwa mit der Oested'schen Entdeckung 1820 begann, unmittelbar vorausging.

In der folgenden Tabelle sind die wichtigsten Stationen noch einmal tabellarisch zusammengefaßt. Dabei sind die allgemeinen Anfänge der Theorie der optischen Abbildung durch *Hamilton*[55], *Gauß*, *Abbe*[56] noch hinzugefügt. *Abbe* hat durch die völlig rechnerische Erfassung des Strahlengangs im Mikroskop wesentlich zum technischen Fortschritt in der Optik beigetragen. Die Spalte "praktische Optik" verzeichnet den Bau wichtiger Instrumente und Entdeckungen in der Astronomie un Biologie, die damit gemacht wurden. Damit bringen wir nur bescheiden zum Ausdruck, daß die Physik (hier die Optik) wichtige Grundlagen für andere Wissenschaften liefert: Die Erfindung des Fernrohrs revolutioniert die Astronomie, die des Mikroskopes leitet eine neue Epoche in der Biologie und der Medizin ein. Auch für die Physik selbst kamen aus der Optik entscheidende Impulse für den weiteren Fortschritt; es sei nur an die Bedeutung der Spektroskopie für den Atombau erinnert.

Strahl	Farbe	Geschwindigkeit	Welle	Praktische Optik
1611 Keplers Optik 1626 Snell gest. 1665 Fermats Prinzip	um 1650 Grimaldi um 1670 Newtons Vorlesungen 1704 Newtons Optik	1676 Römer	um 1650 Grimaldi 1678 Huygens (Welle) 1704 Newton (periodische Anwandlungen)	Fernrohr, Mikroskop Jupitermonde, Sonnenflecken Saturnmond und -ring Spiegelfernrohr Pflanzenzellen, Protozoen
	um 1750 Euler, Dollond	1728 Bradley		achromatische Linsen Fixsternforschung, Uranus
1833 Hamilton um 1840 Gauß ab 1870 Abbe	um 1820 Fraunhofer	1849 Fizeau 1850 Foucault	1801 Young (Welle) 1808 Malus 1817 Young (transversale Welle) 1819 Fresnel (Beugung) um 1820 Fraunhofer (Gitter) 1822 Fresnel (elastische Theorie) 1845 Faraday (Drehung) 1856 Weber-Kohlrausch 1861/62 Maxwell 1888 Hertz	Planet Ceres λ-Messung Verbesserung des Linsenfernrohrs Fixsternparallaxe Zellteilung Vervollkommnung des Mikroskops Spektroskopie

Anmerkungen

1 Wir folgen in diesem Kapitel weitgehend Friedrich Hund, wissenschaftsgeschichtliche Anhänge in seinen Büchern über Elektrodynamik und Optik, Bibliographisches Institut VEB, Leipzig (1951). Biographische Daten einzelner Wissenschaftler sind z. T. dem "Lexikon der Schulphysik", Herausgeber O. Höfling, Aulis Verlag Deubner & Co. (1922), der Brockhaus Enzyklopädie F. A. Brockhaus Wiesbaden und dem "Fachlexikon ABC Mathematik", Verlag Harri Deutsch entnommen.

2 *William Gilbert*, engl. Naturforscher und Arzt, geb. Colchester 24.5.1544, gest. London 30.11.1603, war von 1573 an prakt. Arzt in London seit 1601 Leibarzt Elisabeths I. und nach ihrem Tode König Jacobs I. von England. In seinem grundlegenden Werk "De magnete, magneticisque corporibus et de magno magnete Tellure physiologia nova" (London 1600, Faksimileausgabe Berlin 1892, engl. Übersetzung und Kommentar von S. P. Thompson, in: The collectors series in science, 1958) faßte G. Erkenntnisse älterer Autoren zu einer eindrucksvollen Lehre vom Magnetismus und Erdmagnetismus zusammen und fügte eine Reihe neuer Beobachtungen und Erkenntnisse hinzu. Das Werk, in dessen 2. Buch sich auch ein besonderes Kapitel über "corpora electrica" befindet, über Stoffe die ähnlich wie Bernstein (electrum) - nach dem Reiben leichte Körper anzuziehen vermögen, beeindruckt einige seiner Zeitgenossen, u. a. *Kepler und Galilei.* Posthum erschien seine Abhandlung "De monde nostro sublunari philosophia nova" (Amsterdam, 1561). [BR].

3 *Otto von Guericke,* ursprüngl. Gericke, Staatsmann und Physiker, geb. Magdeburg 20.11.1602, gest. Hamburg 11.5.1686, wurde 1626 Ratsherr, später Ingenieur in schwedischen, danach kursächs. Diensten und 1646 einer der vier Bürgermeister der Stadt Magdeburg.

Auf dem Reichstag zu Regensburg 1654 führte G. einige Versuche mit der von ihm - etwa 1650 - erfundenen Luftpumpe vor. Die hierzu benutzten Apparate kaufte der Kurfürst von Mainz und ließ sie nach Würzburg schaffen, wo der Prof. der Mathematik K. *Schott* die Versuche wiederholte und 1657 im Anhang zu seiner "Mechanika hydraulico-pneumatica" beschrieb. Der Versuch mit den Magdeburger Halbkugeln wurde von G. erst einige Jahre später erdacht und ausgeführt. Darüber berichtete Schott 1664 in seiner "Technica Curiosa". Unabhängig von den italien. Physikern erkannte G. das Wesen des Luftdrucks und benutzte barometr. Beobachtungen zur Voraussage von Stürmen. Auf seine Veranlassung wurden vergleichende Barometerbeobachtungen in Berlin, Hamburg und Magdeburg angestellt. Auf Drängen seiner Freunde entschloß sind G. zur Abfassung eines physikalisch-astronom. Lehrbuches, das 1663 weitgehend fertiggestellt war, aber erst 1672 in Amsterdam erschien. Es hieß "Experimenta nova (ut vocantur) Magdeburgica de vacuo spatio" (Ndr. 1962). Im vierten Buch dieses Werkes beschreibt G. auch Versuche mit einer Schwefelkugel, die ihm als Modell eines Weltkörpers zur Veranschaulichung der - seiner Meinung nach - Weltkörpern eigentüml. Wirkkräfte (virtutes mundanae) dienen sollte. Es handelt sich daher eigentlich nicht um eine Elektrisiermaschine, obwohl G. in diesem Zusammenhange die Erscheinungen der elektr. Abstoßung, Leitung, Influenz und der entladenden Wirkung einer Flamme beobachtete, ohne sich der Bedeutung dieser Tatsachen bewußt zu werden. G. verfaßte auch eine "Geschichte der Belagerung, Eroberung und Zerstörung Magdeburgs" (h. g. v. *F. W. Hoffmann,* 1860). [HE].

4 *Charles-Francois de Cisternay Dufay* (Du Fay), geb. Paris 14. Sept. 1698, gest. edb. 16. Juli 1739, frz. Physiker. Nach erfolgreicher militär. Karriere wurde D. auf Betreiben von R. A. F. de Réaumur 1723 in die Académie des sciences aufgenommen. D. betätigte sich auf verschiedenartigen Gebieten (Archäologie, Botanik, Chemie, Mechanik, Optik und ebene Geometrie), erfand u. a. eine Feuerpumpe, verschiedene Farbstoffe und untersuchte die Eigenschaften des Phosphors. Seine wichtigsten Arbeiten betrafen die Elektrizität. Er entdeckte u. a. die Leitfähigkeit von Flammen, erkannte als erster das Wesen der elektrostat. Abstoßung und unterschied die zwei Arten der elektr. Ladung (1733). Seine Untersuchungen wurden grundlegend für die weiter Erforschung und Systematisierung der Elektrizität.

5 *Ewald Jürgen von Kleist,* geb. am 7. März 1715 in Zeblin (Pommern), gest. 24. August 1759 in Frankfurt an der Oder, Domdekan (später Vorsitzender des Hofgerichtes, aus der Familie des Dichters Heinrich von Kleist) in Pommern, elektrisierte einen in ein (innen wohl etwas feuchtes) Medizinglas gesteckten Nagel und erhielt einen heftigen Schlag, als er, das Glas mit der einen Hand haltend, den Nagel mit der anderen Hand anfaßte. Die Wirkung wurde noch verstärkt, wenn die Flasche Alkohol oder Quecksilber enthielt. Diese im Jahre 1745 gemachten Beobachtungen wurden schnell nach verschiedenen Seiten hin bekannt gegeben und erregten großes Staunen. Ein Jahr später kam man in Leyden, in Holland, auf den gleichen Versuch, und daher wurde die "Verstärkungsflasche", mit der nun sehr viele zu experimentieren begannen, "Leydener Flasche" genannt; historisch richtig würde sie "Pommersche oder *Kleist'sche Flasche*" heißen. Man versah sie bald mit metallischen Belegungen und beachtete viel die Schläge, die sie erteilte, und ihre Funkenwirkungen.

6 *Pieter van Musschenbroek,* (geb. 14. März 1692 in Leiden, gest. 19. September 1761 ebd.). Im 17. Jh. blühte in Holland die experimentelle und beobachtende Naturwissenschaft auf. Der Physiker Christiaan Huygens und der Mikroskopiker Antoni van Leeuwenkoek, der Anatom Hermann Boerhaave und der Experimentator Willem Jacob 'sGravesande waren hervorragende Vertreter. M.s Vater, sein Onkel Samuel und sein Bruder Jan bauten als gelehrte Mechaniker Fernrohre und Mikroskope, verbesserte Luftpumpen und Vorlesungsgeräte. In dieser Umgebung wurde Pieter einer der besten Experimentatoren seiner Zeit. Er studierte Medizin, Naturwissenschaften und Mathematik, promovierte 1715 zum Doktor der Medizin und 1719 zum Doktor der Philosophie. Anschließend wurde der Professor der Mathematik und Physik in Duisburg, 1723 in Utrecht und 1739 in seiner Vaterstadt Leiden, wo seit 1717 auch 'sGravesande lehrte. Wie dieser war M. ein Verbreiter der empirischen Wissenschaft und ein Vorkämpfer der Newtonschen Lehre.
1731 erschien M.s lateinische Übersetzung der "Saggi" der Accademia del Cimento. Darin hatten die Schüler Galileis ihre Experimente über Thermometer und Barometer niedergelegt. M. versah das Buch mit Anmerkungen. Wie 'sGravesande und Desaguliers verfaßte er große Lehrbücher; vor allem erschienen 1729 Elementa physicae, 1739

Beginsels der Naturkunde, 1762 eine Intoductio ad philosophiam naturalem. Früh erfand er ein Pyrometer, das durch die Ausdehnung eines Metallstabes höhere Te- meraturen zu messen erlaubte, als er mit einem Thermometer möglich war; Johann Heinrich Lambert hat es später verbessert. M. bestimmte spezifische Gewichte, untersuchte den Widerstand hölzerner und metallener Stäbe, unternahm Versuche über Reibung, Kapillarkraft, Spiegel, Magnetismus und Elektrizität, überprüfte die Meridiangradmessung des Willebrord Snellius und widmete sich meteorologischen Beobachtungen. Er legte dabei eine umfangreiche Sammlung von Apparaten an.
Einmal versuchte er, Wasser zu elektrisieren, indem er es in eine isolierende Glasflasche einschloß und einen Metalldraht in die Flasche stellte, der die Elektrizität vom Konduktor der Elektrisiermaschine ins Wasser leitete. Der Gehilfe Cunäus, der die geladene Flasche in der Hand hielt und arglos den Draht berührte, empfing einen heftigen Schlag. M. wiederholte den Versuch und teilte ihn anfangs 1746 Réaumur mit (Leidener Flasche). [HE].

7 Benjamin *Franklin,* amerikanischer Staatsmann und Schriftsteller, geb. Boston 17.1.1706, gest. Philadelphia 17.04.1790, ursprünglich Buchdrucker, gab seit 1730 in Philadelphia eine Zeitung und einen Almanach ("Poor Richard's Almanach", 1732-57) heraus; im Sinne eines gemilderten Puritanertums lehrte er das geordnete, sparsame, zum Erfolg führende Leben (Selbstbiographie bis 1757). F. machte sich durch seine physikal. Arbeiten einen weithin bekannten Namen (Theorie der Elektrizität, Blitzableiter, Kondensator). Von 1751 bis 1763 Mitglied der Selbstverwaltungsversammlung (Pennsylvania Assembly), vertrat er zwischen 1757 und 1762 Pennsylvanien gegen die Eigentümerfamilie Penn, 1764-75 mehrere Kolonien bei der Regierung in London. In dem Streit mit dem Mutterland zunächst vermittelnd, wirkte er seit 1775 für die Unabhängigkeit der nordamerikan. Kolonien, trat in den Kontinentalkongreß ein und unterzeichnete 1776 die Unabhängigkeitserklärung. 1776-85 war er Gesandter in Frankreich und erzielte durch das französisch-amerikan. Bündnis und den Frieden von 1783 große Erfolge. Zu der Verfassung von 1787, zu deren Unterzeichnern er gehörte, trug er wesentlich bei.
F. war der bedeutendste Aufklärer in Amerika, der in Europa bekannt wurde (aufgenommen in die Acad*rḿ*emie Francaise). Als Schriftsteller bevorzugte er Kurzformen wie Maxime, Essay, Satire. Er schrieb klar, witzig, ironisch. F. gründete die "American Philosophical Society". [BR].

8 *Joseph Priestley* (geb. 13. März 1733 in Fieldhead bei Leeds, gest. 6. Februar 1804 in Northumberland, Pennsylvanien). P. setzt den Beginn seiner Bekanntschaft mit den Naturwissenschaften zwischen 1750 und 1752, wo er zweimal wöchentlich von Herrn Haggerstone, einem Schüler Colin Maclaurins, in Mathematik unterrichtet wurde. Um diesselbe Zeit las er Willem Jacob 'sGravesandes "Mathematische Elemente der Physik". Als junger Prediger hielt er nebenher Vorträge über den Gebrauch der Globen. 1758 gründete er in Nantwich eine Schule. Er verschaffte sich Luftpumpe und Elektrisiermaschine und ließ die Schüler damit experimentieren. 1761 folgte er einem Ruf als Sprachlehrer nach Warrington. Bei einem Besuch Londons lernte er Benjamin Franklin kennen. Obschon P. täglich Unterricht zu erteilen hatte, verfaßte er in kurzer Zeit eine ausgezeichnete "Geschichte der Elektrizität", in der er auch eigene Ergebnisse niederlegte. 1767 wurde er Prediger in Leeds. Dort schrieb er eine Geschichte

der Optik. Bei einer nahen Brauerei beobachtete er die bei der Gärung entstehenden Gase. Er begann, Stoffe in der Retorte zu erhitzen und die entweichenden Gase in der pneumatischen Wanne aufzufangen, in der er als Absperrflüssigkeit auch Quecksilber benutzte. Eine Bibliothekarstelle bei Lord Shelburne, der er 1773 bis 1780 innehatte, verschaffte ihm freie Zeit. 1774 fand er die Eigenschaften des Sauerstoffs; er hatte das Gas aus Quecksilberoxid entwickelt. Bei einem Besuch in Paris teilte er dies Antoine-Laurent Lavoisier mit. Stickoxidul, Chlorwasserstoff, Ammoniak und Schwefeldioxid waren andere Gase, die er entdeckte. Bei der Untersuchung von "fixer Luft" (Kohlendioxid) erkannte er die Assimilation der Pflanzen. Humphry Davy sagte, er kenne kein Werk, das so geeignet wäre, einen Studierenden auf den Weg der Entdeckung zu führen, wie P.s sechs Bände über die verschiedenen Arten der Luft.
Doch verfaßte P., der seit 1781 wieder als Prediger in Birmingham wirkte, auch große theologische, kirchengeschichtliche, politische, pädagogische und philosophische Werke und war in weltanschauliche Auseinandersetzungen verwickelt. Als er 1791 den Jahrestag der Französischen Revolution feierte, zerstörte ein aufgehetzter Volkshaufen seine Kirche und sein Wohnhaus. P. floh nach Hackney bei London und zog 1794 nach Amerika, wo er sich fünf Tagesreisen flußaufwärts von Philadelphia am Susquehanna ansiedelte. Dort entdeckte er 1799 die Gase Fluorsilizium und Kohlenmonoxid. [HE].

9 *Charles Augustin Coulomb,* französ. Physiker und Ingenieuroffizier, geb. Angoulême 14.6.1736, gest. Paris 23.8.1806, gehörte seit 1774 der Académie des Sciences als korrespondierendes Mitglied, ihrer Nachfolgeinstitution, dem Institut National, seit 1795 als Vollmitglied an. C. war als Lieutnant-Colonel du génie bis 1776 auf Martinique und zuletzt in Paris als Inspecteur général de l'Université tätig.
Außer ingenieurwiss. Arbeiten (Erddruck) veröffentlichte C. 1784 Untersuchungen über Torsionselastizität, deren Ergebnisse er bei der Konstruktion einer Drehwaage benutzte. Dieses meist nach H. Cavendish benannte Gerät, dessen Idee bereits 1750 John Michell (geb. 1724, gest. 1793) angegeben hatte, war in der von C. entwickelten Form das erste brauchbare Instrument für quantitative elektrostat. und magnetostat. Messungen. Mit seiner Hilfe leitete C. die nach ihm benannten elektrostat. und magnetostat. Grundgesetzte ab (Coulombsche Gesetze). Sie besagen, daß zwei Elektrizitätsmengen (zwei punktförmig gedachte magnet. Polstärken) sich mit einer Kraft anziehen oder abstoßen, die ihrem Produkt direkt und dem Quadrat ihres Abstandes umgekehrt proportional ist. Über die in diese Gesetze eingehenden Proportionalitätsfaktoren (die Dielektrizitätskonstante und die Permeabilitätskonstante) des umgebenden Mediums wurde erst im Verlaufe des 19. Jahrh. Klarheit geschaffen. Da die C.schen Gesetze formal dem Newtonschen Gravitationsgesetz gleichen, trugen sie wesentlich dazu bei, daß bis über die Mitte das 19. Jahrh. hinaus auch die elektromagnet. und elektrodynam. Wirkungen als unvermittelt wirkende Fernkräfte aufgefaßt und mathematisiert wurden. In der jungen Atomphysik des 20. Jahrh. galten Coulombkräfte als die einzigen im Bereich des Atoms wirksamen, bis dann neben sie die ladungsunabhängigen Wechselwirkungskräfte traten. Nach C. ist auch die prakt. Einheit der Elektrizitätsmenge benannt. [BR].

10 *Luigi Galvani,* geb. 9. September 1737 in Bologna, gest. 4. Dezember 1798 ebd. Im Jahre 1780 entdeckte der Anatom bei Versuchen mit der Elektrisiermaschine, daß

im Augenblick des Funkenüberschlags die Schenkel eines frisch präparierten Frosches, an dessen Schenkelnerven ein Messer angelegt war, zusammenzuckten. Nach den damaligen Kenntnissen bot diese Entdeckung nichts Neues. Sowohl die elektrische Empfindlichkeit der Froschschenkel als auch das Phänomem des "elektrischen Rückschlages" (heute als Induktion bezeichnet) war bekannt. Für G. aber kam die Beobachtung überraschend, und er begann ausgedehnte Experimente. Dabei gelang ihm eine wirklich neue, hochbedeutende Entdeckung: Im September 1786 fand er, daß ein Zucken der Froschschenkel auch dann stattfindet, wenn lediglich die beiden Schenkelnerven mit verschiedenen Metallen armiert und verbunden werden. Endlich gab G. im Jahre 1791 in der Zeitschrift des Anatomischen Instituts der Universität Bologna seine Ergebnisse in der Abhandlung "De viribus electricitatis in motu musculari commentarius" bekannt. Damit erregte G. ungeheueres Aufsehen, weil man sich der "Lebenskraft" auf der Spur glaubte, und es begann das Zeitalter des Galvanismus.
G. selbst wollte die Erscheinung der "tierischen Elektrizität" oder "Froschelektrizität" durch Analogie mit der Leidener Flasche verstehen. Der führende Forscher auf dem neuen Gebiet wurde nun Alessandro Volta. [HE].

11 *Alessandro Graf Volta* (seit 1810), ital. Physiker, geb. Como 18.2.1745, gest. ebd. 5.3.1827, Prof. in Como und Pavia, erfand 1775 den Elektrophor, dessen sich indirekt 1762 bereits J.C. Wilcke bedient hatte. V. entwickelte daraus 1782 eine sehr empfindl. Nachweisvorrichtung für schwache Ladungen, den Kondensator, und konstruierte 1781 auch ein Strohhalmelektroskop. Schon 1792 vermutete V. – wie etwa gleichzeitig J.C. Reil (geb. 1758, gest. 1813) –, daß für die Erregung der von L. Galvani entdeckten ‚tier. Elektrizität' lediglich die Berührung von zwei Leitern erster Klasse (metall. Leiter) mit einem solchen zweiter Klasse (elektroly. Leiter) oder die zweier Leiter zweiter Klasse mit einem solchen erster Klasse erforderlich ist. Während der folgenden Jahre baute er diese ‚Kontakttheorie' weiter aus und machte 1800 als wichtigste und folgenreichste seiner Entdeckungen den ‚Säulenapparat' und die ‚Tassenkrone' bekannt. Beide Vorrichtungen lieferten als die ersten Formen der galvan. Batterie Elektrizität von höherer Spannung auf anderem Wege als dem der Erzeugung durch Elektrisiermaschinen. Auch Versuche über die Wärmeausdehnung von Gasen und Dämpfen stellte V. an und erfand eine Anzahl heute nicht mehr gebräuchlicher elektr. Apparate. Ihm zu Ehren wird die Einheit der elektromotor. Kraft als ‚Volt' bezeichnet. In Como gibt es seit 1927 ein Volta-Museum. [BR].

12 *Humphry Davy*, geb. 17. Dezember 1778 in Penzance, Cornwall, gest. 29. Mai 1829 in Genf. D. wurde 1801 Lecturer, 1802 Professor an der von Graf Rumford (Benjamin Thomson) kurz zuvor gegründeten Royal Institution, die durch seine glänzenden Experimentalvorlesungen rasch an Attraktion für alle Stände bildete. 1812 geadelt, sicherte ihm die Heirat im gleichen Jahr die finanzielle Unabhängigkeit, die er zu häufigen Reisen nutzte. So wurde der ursprünglich als Laborgehilfe eingestellte Michael Faraday (seine "größte Entdeckung") in der Royal Institution langsam sein Nachfolger. D. war seit 1803 Mitglied, 1807–1812 Sekretär, 1820–1827 Präsident der Royal Society.
Davy ist durch seine chemischen und elektrochemischen Entdeckungen und als Erfinder der Sicherheits-Grubenlampe (1815) berühmt geworden; tatsächlich war er ebenso ein Schöngeist, glänzender Redner und Gesellschafter, Dichter und spekulativer Geist

wie erfolgreicher Experimentator. Seine Abhandlungen sind Meisterwerke der wissenschaftlichen Prosa. Die Elektrolyse von Pottasche und Soda war, wie die der entsprechenden Laugen, in wäßriger Lösung immer gescheitert. Davy schmolz mit Weingeistflamme und Gebläse wasserfreie Pottasche in einem Platinlöffel und verband den Löffel mit dem positiven Pol, einen Platindraht mit dem negativen Pol einer Batterie. Beim Eintauchen in die elektrolytische Schmelze sah D. am Draht ein helles Licht. Beim Umpolen stiegen aus der Schmelze "Bläschen" auf, flüssiges Kalium. So entdeckte er am 6. Oktober 1807 das neue Element Kalium und wenige Tage später Natrium. Im Jahr 1808 folgte die erstmalige Darstellung von Barium, Strontium, Kalzium und Magnesium. [HE].

13 *Jöns Jacob Freiherr von Berzelius*, schwedischer Chemiker, geb. Väversunda (Östergötl.) 20.8.1779, gest. Stockholm 7.8.1848. 1807–32 Prof. in Stockholm. 1818 wurde ihm der Adels-, 1835 der Freiherrentitel verliehen. Die Chemie verdankt B. wichtige Fortschritte auf dem Gebiet der anorganischen wie der organischen Analysenmethoden. Er entdeckte die Elemente Cer (1803), Selen (1817), Lithium (1817 zusammen mit *L.A. Arfvedson*), Thorium (1828) und stellte Silicium, Zirkon und Tantal erstmalig in freier Form dar. Seine theoretisch wichtigen Arbeiten über chem. Proportionen fußen auf genauen Atomgewichtsbestimmungen. Nach seiner für die Valenzlehre wichtigen dualistischen elektrochemischen Theorie kommt die chem. Bindung durch elektr. positiv und negativ geladene Atomgruppen zustande. Die heute noch gebräuchl. chem. Zeichensprache geht auf B. zurück. Bedeutende deutsche Chemiker (*L. Gmelin, H.G. Magnus, E. Mitscherlich, H. Rose, F. Wöhler*) waren seine Schüler. Sein "Lehrbuch der Chemie" (3 Bde., 1808-18) sowie sein "Lehrbuch der organischen Chemie" (3 Bde., 1827-30) erlebten zahlreiche Auflagen in allen Weltsprachen. Damit und mit seinen kritisch wertenden "Jahres-Berichten über die Fortschritte der physischen Wissenschaften" (jährl., 1822-48, 27 Bde.) beeinflußte er entscheidend die Entwicklung der gesamten Chemie seiner Zeit. [BR].

14 *Hans Christian Oersted*, geb. 14. August 1777 in Rudkjöbing auf Langeland, gest. 9. März 1851 in Kopenhagen. Der Sohn eines Apothekers zeigte schon frühzeitig Freude und Verständnis für das Labor und die Bücher des Vaters. 1794 begann er das Studium der Medizin, Physik und Astronomie an der Universität Kopenhagen, wo er durch die Abhandlung "Über die Grenzen der poetischen und prosaischen Sprache" einen Hochschulpreis gewann. 1799 promovierte er in der medizinischen Fakultät über ein Thema der Kantschen Philosophie.

Sein literarisches und philosophisches Interesse brachte ihn 1801 und 1802 auf Reisen durch Deutschland mit der Romantik und Naturphilosophie in Verbindung. 1802 war er, wie er in seinem Tagebuch notierte, in Jena "mit Ritter tagaus, tagein" zusammen. In den gemeinsam angestellten Versuchen strebten Johann Wilhelm Ritter und Oe. damals danach, einen Zusammenhang der Elektrizität mit dem Magnetismus aufzufinden. Sie benutzten dabei häufig Voltasche Säulen, an denen sie magnetische Eigenschaften nachzuweisen suchten. Da sie nicht daran dachten, die Batterie durch einen Draht zu schließen und den elektrischen Strom in seinen Wirkungen zu analysieren, blieben ihre Bemühungen erfolglos.

An die Zusammenarbeit der beiden Physiker schloß sich ein enger brieflicher Gedankenaustausch an, der bis zum Tode Ritters 1810 währte. 1812 vertrat Oe. in

seinem Werk "Ansichten der chemischen Naturgesetze" eindeutig den Standpunkt des Dynamismus. Oe. hielt es für eine "Beschränkung des Gesichtskreises", wenn man nicht nach dem Vorbilde Ritters Galvanismus, Elektrizität, Magnetismus, Licht und Wärme als "verschiedene Tätigkeitsformen der allgemeinen Naturkräfte" betrachte. Oe. erwartete also eine Wechselwirkung zwischen Elektrizität und Magnetismus. Im Frühjahr 1820 entschloß er sich, durch seine Vorlesung über "Elektrizität, Galvanismus und Magnetismus" wieder auf diese Zusammenhänge aufmerksam geworden, die "alte Vermuthung durch Versuche zu prüfen".
Am meisten erhoffte Oe. von der Entladung der Voltaschen Batterie durch einen Metalldraht von großem elektrischem Widerstand. Er meinte, daß bei dem elektrischen Wechselkampfe oder Konflikt zwischen positiver und negativer Elektrizität, die einander im Leitungsdraht wie zwei feindliche Heerhaufen durchdringen, der Draht erhitzt würde. Es könnte sein, so vermutete Oe., daß diese "Tätigkeit" sich nicht ganz in Wärme äußert, sondern ein Teil könnte sich vielleicht in andere Form umsetzen. Oe. war nur überrascht, wie stark tatsächlich die magnetische Wirkung des Stromes ausfiel.
Am 21. Juli 1820 teilte Oe. seine Entdeckung des Elektromagnetismus in lateinischer Sprache in eine Flugschrift von vier Seiten der wissenschaftlichen Welt mit: "Die ersten Versuche über den Gegenstand, den ich aufzuklären unternehme, sind in den Vorlesungen angestellt worden, welche ich in dem verflossenen Winter über Elektrizität, Galvanismus und Magnetismus gehalten habe. Aus diesen Versuchen schien zu erhellen, daß sich die Magnetnadel mittels des galvanischen Apparates aus ihrer Lage bringen lasse, und zwar bei geschlossenem galvanischem Kreise und nicht bei offenem, wie vor mehreren Jahren einige berühmte Physiker umsonst es versucht haben.
Man denke sich die beiden entgegengesetzten Enden des galvanischen Apparates durch einen Metalldraht verbunden. Diesen werde ich der Kürze halber stets den verbindenden Leiter oder den verbindenden Draht nennen, die Wirkung aber, welche in diesem verbindenden Leiter und um denselben her vor sich geht, mit dem Namen ‚elektrischer Konflikt' bezeichnen.
Man bringe ein geradliniges Stück dieses verbindenden Drahtes in horizontaler Lage über eine gewöhnliche, frei sich bewegende Magnetnadel, so daß er ihr parallel sei ... Ist alles so eingerichtet, so wird die Magnetnadel in Bewegung kommen, und zwar so, daß sie unter dem vom negativen Ende des galvanischen Apparates herkommenden Teile des verbindenden Drahtes nach Westen abweicht. Ist die Entfernung des Drahtes von der Magnetnadel nicht mehr als $\frac{5}{4}$ Zoll, so beträgt die Abweichung ungefähr 45 Grad. Übrigens ist die Abweichung verschieden, nach Verschiedenheit der Stärke des Apparates ..."
Die mit solchen Worten mitgeteilte Entdeckung machte ungeheures Aufsehen. In Genf und Paris, in Heidelberg, Kiel, Göttingen, München und Leipzig, in London und St. Petersburg, in Akademien, Universitäten, an Fürstenhöfen und in Privathäusern wurden die Versuche Oersteds besprochen und wiederholt. "Kaum waren aber diese Nachrichten ins Publikum gekommen", berichtete Georg Wilhelm Muncke, "als nicht bloß alle Physiker, sondern auch eine Menge Naturforscher, Ärtze, Dilettanten und sogar solche, welchen wissenschaftliche Forschungen fremd zu sein pflegen, sich mit einer unerhörten Leidenschaftlichkeit der neuen Entdeckung bemächtigten. Man kann den damaligen erregten Enthusiasmus füglich demjenigen vergleichen, welcher sich

äußerte, als die ersten aerostatischen Maschinen [d.h. die ‚Montgolfieren' genannten Luftschiffe] ein bis dahin unmöglich gehaltenes Problem lösten."

Ludwig Wilhelm Gilbert, der Herausgeber der Annalen der Physik, scheut sich 1820 nicht, sein anfängliches Mißtrauen gegen Oe. (als einem Schüler Ritters) zuzugeben. Auch Wilhelm Ostwald schien bei einer historischen Analyse die Entdeckung Oe.s als Zufall, ja fast als widersinnig: "Denn dieser später durch seine Entdeckung der Ablenkung der Magnetnadel durch den Strom berühmt gewordene Physiker war womöglich noch ein schlimmerer Naturphilosoph als Ritter, und kapitale Entdeckung, die ihm später geglückt ist, zeigt, wie die Natur ihre Geheimnisse sich gelegentlich auf den absurdesten Wegen ablauschen läßt. Doch zeigt sich hier gleichzeitig, daß wohl ein seltener Fund auch solchen Leuten glücken kann."
Demgegenüber betonten Oe. selbst, Hendrik Steffens, Friedrich Schelling und andere, daß es die Geisteswelt der romantischen Naturphilosophie gewesen sei, die die sich als so erfolgreich erweisenden Versuche mit Strom und Magnetnadel inspiriert hätte. So feierte im Jahre 1832 die Bayerische Akademie der Wissenschaften die Faradaysche Entdeckung der elektromagnetischen Induktion durch eine Festansprache ihres Präsidenten Friedrich Schelling. Der Hauptinhalt bestand in der Beschreibung dreier physikalischer Entdeckungen und dem Nachweis ihrer inneren Abhängigkeit. Es handelt sich dabei um die Begründung der Elektrochemie durch Johann Wilhelm Ritter 1798, die Entdeckung des Elektromagnetismus durch Oersted 1820 und die Entdeckung der elektromagnetischen Induktion durch Faraday 1831. In einem Anhang bei der Publikation vermerkte Schelling: "Die Absicht war, den notwendigen Zusammenhang der angeführten Entdeckungen zu zeigen und auseinanderzusetzen, wie die Entdeckungen mit einer gewissen Notwendigkeit eine aus der anderen sich entwickelten und von denkenden Naturforschern mehr oder weniger vorausgesehen wurden".
Nach der Begründung des Elektromagnetismus machte Oe. Versuche über die Zusammendrückbarkeit des Wassers, und er erdachte ein Piezometer, das diese Eigenschaft bei Flüssigkeiten zu messen gestattet. Ferner stellte er durch die Zerlegung der Tonerde zuerst das Chloraluminium her und ermöglichte dadurch 1827 Friedrich Wöhler die Entdeckung des metallischen Aluminiums. Auch Oe. hatte durch Destillation von Aluminiumamalgam das Metall schon in kleiner Menge erhalten.
Zu lehren war ihm ein Bedürfnis. Er hielt viele Vorlesungen - bis zu vier Stunden an einem Tag. Als Lehrer war er durch sein anspruchsloses Wesen, seine leichtverständliche, gemütvolle Vortragsweise sehr beliebt, wobei er oft eine köstliche Zerstreutheit zeigte.
Seine stark von der romantischen Naturphilosophie geprägte Weltanschauung legte er in einigen vielgelesenen Werken dar. Er beeinflußte Ludvig August Colding in den Ideen über die Erhaltung der Kräfte (Energie) und spielte im Geistesleben Dänemarks eine hervorragende Rolle. [HE].

15 *Dominique Francois Jean Arago* französ. Astronom, Physiker und Politiker. Geb. Estagel bei Perpignan 26.2.1786, gest. Paris 2.10.1853. A. führte gemeinsam mit *J.B. Biot* Gradmessungenen in Spanien und Schottland aus. Er war seit 1805 mit *A. von Humboldt* befreundet, wurde 1809 Mitglied des Institut National, entdeckte 1811 die Drehung der Polarisationsebene des Lichtes durch Bergkristallplatten, 1824 den von *Faraday* später als Induktionswirkung nachgewiesenen Rotationsmagnetismus und

führte das Funkeln der Sterne auf eine durch Luftunruhe hervorgerufene Interferenzerscheinung zurück. Als gemäßigter Republikaner gehörte er der provisor. Regierung von 1848 als Kriegs- und Marine-Minister an. [BR].

16 *Thomas Johann Seebeck*, Physiker. Geb. in Reval 9.4.1770, gest. Berlin 10.12.1831, war befreundet mit *Hegel und Goethe*, den er bei seinen optischen Studien beriet. Seit 1818 war er Mitglied der Berliner-Akademie der Wissenschaft. S. entdeckte 1821 den sogenannten Seebeck-Effekt; 1818 die Drehung der Polarisationsebene des Lichtes in Zuckerlösung, die (annähernde) Wiedergabe der Beleuchtungsfarbe durch feuchtes Chlorsilber u.a. – Sein Sohn *Ludwig Friedrich Wilhelm August* (geb. Jena 27.12.1805, gest. Dresden 19.3.1849) war seit 1843 Direktor der techn. Bildungsanstalt (jetzt: Techn. Universität) in Dresden und wurde durch seine akustischen Untersuchungen über die Bedeutung von Obertönen für die Klangfarbe sowie durch solche über Farbenblindheit bekannt. [BR].

17 *André Marie Ampère*, geb. 20. Januar 1775 in Poleymieux bei Lyon, gest. 10. Juni 1836 in Marseille. A. war Physiklehrer in Bourg und Lyon, später Professor an der Ecole Polytechnique und am Collège de France, dann Generalinspekteur der französischen Universitäten. Drei Jahre nach Amedeo Avogadro kam er zu ähnlichen Ansichten über die idealen Gase wie dieser (gleiche Volumina enthalten unter gleichen Bedingungen dieselbe Zahl von Molekülen). 1820 wiederholte er Hans Christian Oersteds Versuche über die magnetische Wirkung galvanischer Ströme und stellte daraufhin innerhalb kurzer Zeit eine Theorie der elektrodynamischen Wechselwirkungen stromdurchflossener Leiter auf. Von ihm stammt die Schwimmerregel sowie die Erklärung des Magnetismus durch (die sog. Ampèreschen) Molekularströme. 1822 machte er gemeinsam mit Jacques Babinet den Vorschlag eines elektromagnetischen Telegraphen. Auch auf mathematischem Gebiet hat er Bedeutendes geleistet: Er lieferte Beiträge zur Theorie der partiellen Differentialgleichungen und zur Wahrscheinlichkeitstheorie. Seinen weitreichenden Interessen, die sich ebenso auf literarisches wie philosophisches Gebiet erstreckten, entsprach es, daß er 1834 ein umfangreiches zweibändiges Werk unter dem Titel "Essai sur la philosophie des sciences ou Exposition analytique d'une classification naturelle de toutes les connaissances humaines" herausgab. Ampère war ein Mann von ungewöhnlicher Sensibilität. Trotz seiner großen wissenschaftlichen Erfolge neigte er aufgrund widriger persönlicher Schicksale (früher Tod des Vaters und der ersten Frau) zu einer gewissen Melancholie. Dabei war er persönlich von größter Liebenswürdigkeit und Güte. Diese charakteristischen Züge spiegeln sich wider in seiner umfangreichen Korrespondenz und in seinen ausführlichen Tagebüchern. [HE].

18 *Jean-Baptiste Biot*, geb. 21. April 1774 in Paris, gest. 3 Februar 1862 in Paris. Mathematiker, Astronom, Geodät, Physiker, Chemiker und Wissenschaftshistoriker, war er zuerst Handelslehrling, dann Kanonier der Nordarmee, dann Student des ersten Jahrgangs der Ecole Polytechnique. Hier wurde er Schüler und Schützling von Gaspard Monge und Pierre-Simon Laplace. Er wirkte 1800 bis 1862 als Professor der mathematischen Physik am Collège de France, 1809 - 1848 zugleich Professor der Astronomie an der Universität Paris. Seine mehrbändigen Lehrbücher bekunden den guten Darsteller. Als Historiker schrieb er schon 1803 eine Geschichte der Wissenschaften während der Revolution; später befaßte er sich mit Newton und mit der Astronomie der Ägypter und der Chinesen.

1804 unternahm er mit Gay-Lussac einen Ballonaufstieg zur Feststellung der Abnahme der erdmagnetischen Kraft in der Höhe, 1805 mit Arago Untersuchungen über Lichtbrechung in Gasen und hernach geodätische Messungen in Spanien. Vor allem galt sein Schaffen der Optik. Er schuf die Theorie der chromatischen Polarisation und machte viele Entdeckungen zur Drehung der Polarisationsebene des Lichtes in Flüssigkeiten und Dämpfen; auch erfand er das Polarimeter. Mit Félix Savart fand er das nach beiden genannte Gesetz der elektromagnetischen Wirkung von Stromelementen.

19 *Félix Savart*, franz. Arzt und Physiker, geb. 30.6.1791 in Mézières, gest. 16.3.1841 im Paris, war Prof. für Physik am Collège de France, stellte umfangreiche akustische Untersuchungen an, bestimmte 1820 die Schwingungszahl von Tönen mit der Zahnradsirene und leitete im selben Jahr zusammen mit Biot aus Versuchen das nach beiden benannte Grundgesetz des Elektromagnetismus ab. [BR].

20 *Georg Simon Ohm*, geb. 16. März 1789 in Erlangen, gest. 6. Juli 1854 in München. Die Entdeckung des bestechend einfachen Gesetzes, mit dem O. Ordnung in eine verwirrende Vielfalt elektrischer Erscheinungen brachte, ist später mit Recht als eine erlösende Tat gefeiert worden. Es trug wesentlich dazu bei, die junge Wissenschaft vom Galvanismus einer exakten mathematischen Behandlung zugänglich zu machen, und schuf damit die Grundlage zu der erstaunlichen Weiterentwicklung der Elektrizitätslehre im 19. Jh.

Obwohl der junge O., Sohn eines an Mathematik und Philosophie brennend interessierten Schlossermeisters, bereits nach drei Semestern sein Studium der Mathematik, Physik und Philosophie abbrach und eine Lehrerstelle in der Schweiz übernahm (1806), konnte er – 1811 nach Erlangen zurückgekehrt – noch im selben Jahr seine Studien mit der Promotion abschließen und sich darauf für Mathematik habilitieren. Nach einigen Semestern als Privatdozent in Erlangen ging O. an die Realstudienanstalt in Bamberg, wo er sein erstes Buch "Grundlagen zu einer zweckmäßigen Behandlung der Geometrie" schrieb. Wohl daraufhin glückte ihm 1817 das Überwechseln an das sogenannte Jesuiten-Kollegium in Köln als Oberlehrer der Mathematik und Physik. – In der Hoffnung auf eine akademische Anstellung beendete O. neun Jahre später seine erfolgreiche Lehr- und Forschertätigkeit in Köln und ging nach Berlin, wo er an der Kriegs- und an der Artillerie- und Ingenieurschule Vorlesungen hielt. Seine verschiedenen Eingaben an den König von Bayern hatten schließlich den Erfolg, daß er 1833 die Professur für Physik an der neugegründeten polytechnischen Schule in Nürnberg erhielt; von 1839–1849 war er Rektor dieser Schule, die heute seinen Namen trägt. Erst 1852 – im Alter von 63 Jahren – wurde er zum ordentlichen Professor der Physik an die Universität München berufen, womit ein langgehegter Wunsch in Erfüllung ging.

Die experimentellen Arbeiten, die O. auf die Spur seines Gesetzes führten, begannen in Köln, wo ihm eine größere physikalische Sammlung zur Verfügung stand. Die Suche nach dem inneren Zusammenhang zwischen Stromstärke, Spannung und Widerstand in einer "galvanischen Kette" verlief angesichts der Inkonstanz der verwendeten Voltaelemente und vieler begrifflicher Schwierigkeiten zunächst wenig erfolgreich. Erst als sich O. auf Anraten Johann Christian Poggendorffs des von Thomas Johann Seebeck 1821 erfundenen Thermoelements als spannungskonstanter Stromquelle bediente, gelang ihm der große Wurf, der seinen Namen unsterblich machte. In der berühmten

Abhandlung von 1826 "Bestimmung des Gesetzes, nach welchem Metall die Contactelektrizität leiten ..." kam er im Anschluß an eine Tabelle gemessener Stromstärken zu dem Ergebnis: "Obige Zahlen lassen sich sehr genügend durch die Gleichung $X = \frac{a}{b+x}$ darstellen, wobei X die Stärke der magnetischen Wirkung auf den Leiter, dessen Länge x ist, a und b aber konstante, von der erregenden Kraft und dem Leitungswiderstand der übrigen Teile der Kette abhängige Größen bezeichnen" (Heute ist es üblich, hierfür $I = U/(R_i + R_a)$ zu schreiben.)
Die Form, in der das O.sche Gesetz allgemein gebräuchlich wurde, findet sich in der noch bekannteren Arbeit aus dem Jahre 1827 "Die galvanische Kette, mathematisch bearbeitet". Hier entwickelte er auf der Grundlage seiner empirischen Erkenntnisse in Analogie zu den Gesetzen des Wärmetransports (Joseph Fourier, Siméon-Denis Poisson) mit mathematischen Mitteln die Gleichung S = A/L, "welche allgemein gültig ist und die Gleichheit der Größe des Stromes an allen Stellen der Kette schon durch ihre Form zu erkennen gibt". Damit verwarf er alle Theorien (z.B. die Oerstedsche Konflikttheorie), die eine Änderung der Stromstärke in der unverzweigten Kette annahmen. O. drückte sein höchst einfaches Gesetz auch in Worten aus: "Die Größe des Stromes [S] in einer galvanischen Kette ist der Summe aller Spannungen [A] direkt, und der ganzen reduzierten Länge der Kette [L] umgekehrt proportional". Unter "reduzierter Länge" verstand er "die Summe aller Quotienten ..., die aus den zu homogenen Teilen gehörigen wirklichen Längen und dem Produkt der entsprechenden Leitungsvermögen und Querschnitte gebildet werden." – Die Gesetzmäßigkeit bei der Stromverzweigung war O. darüber hinaus ebenso bekannt wie der Unterschied zwischen innerem und äußerem Widerstand eines Leiterkreises.
Die bahnbrechenden Entdeckungen O.s fanden zunächst mehr Ablehnung als Zustimmung. Zu den wenigen, die die Bedeutung des O.schen Gesetzes frühzeitig erkannten, gehörte der Leipziger Physiker Gustav Theodor Fechner, der 1831 "nicht umhin [konnte], O. das Verdienst beizumessen, mit den wenigen Buchstaben dieser einfachen Formel eine neue Epoche für die Lehre vom Galvanismus begründet zu haben". Die Verleihung der Copley-Medaille der Royal Society in London im Jahre 1841 brachte schließlich den endgültigen Durchbruch zur weltweiten Anerkennung. O. wandte sich jetzt anderen Gebieten der Physik zu. Die Akustik verdankt diesen Forschungen u.a. die Einführung der Fourier-Analyse zur Charakterisierung der Klangfarbe und das später irrtümlich Hermann von Helmholtz zugeschriebene "Ohmsche Gesetz der Akustik". In seiner Münchener Zeit beschäftigte er sich noch mit kristalloptischen und mit molekularphysikalischen Problemen. [HE].

21 *Michael Faraday*, geb. 22. September 1791 in Newington Butts, gest. 25. August 1867 in London. Dem Autodidakten erfüllte sich nach dem Besuch der Abendvorlesungen von Humphry Davy in der Royal Institution der Herzenswunsch, Wissenschaft betreiben zu dürfen: Im Februar 1813 wurde F. Laborgehilfe in der R.I.
Bald rückte er in eine bessere Position auf. Davy war häufig abwesend, und so kümmerte sich F. um die Vorträge der Gastdozenten und bereitete die Demonstrationsversuche vor. 1816 publizierte F. seine erste wissenschaftliche Arbeit (chemische Analyse eines Ätzkalks). 1823 stellte er Chlor in flüssiger Form dar; 1824 fand er bei der Destillation fetter Öle das Benzol und das Butylen. Zu den chemischen Arbeiten kamen technisch-physikalische: 1820–1822 beschäftigte er sich mit der Herstellung

rostfreier Stahlsorten, von 1825 bis 1829 mit der von Gläsern mit bestimmten optischen Eigenschaften.

Nach der Entdeckung Oersteds (Elektromagnet.) wiederholten Davy und F. die Versuche, wobei sie zunächst noch der irrigen Auffassung waren, es handele sich bei der Wechselwirkung zwischen elektrischem Strom und Magnetnadel um die konventionellen, in der Physik bekannten Kräfte, die in Richtung der Verbindunglinien liegen. Im August 1821 korrigierte sich F. und konstruierte am 4. September eine Vorrichtung, aus der ganz klar hervorging, daß die Kräfte senkrecht auf der Verbindungslinie stehen. Ein elektrischer Leiter rotiert dabei um einen festgehaltenen Magneten; ebenso rotiert auch umgekehrt ein beweglicher Magnet um einen festen Leiter. Damit hatte er zum erstenmal einen "Elektromotor" konstruiert, wenn auch nur in allereinfachster Form. F. strebte nun danach, auch den umgekehrten Effekt aufzufinden: eine elektrische Wirkung des Magneten. In seinem Notizbuch findet sich schon 1822 die bemerkenswerte Eintragung: "Convert magnetism into electricity" – Verwandle Magnetismus in Elektrizität.

In folgenden Jahren war es für F. ein wichtiges Ziel, diese "Verwandlung" wirklich zu erreichen. Prinzipiell geeignete Versuchsanordnungen hatte er, wie das Labortagebuch zeigt, bereits 1825 und 1828 aufgebaut, aber die Meßempfindlichkeit war zu gering. Endlich entdeckte er am 29. August 1831 mit einer Anordnung, die wir heute einfach als Transformator bezeichnen, den langgesuchten Effekt der elektromagnetischen Induktion. In den folgenden Monaten wurde der Effekt nach allen Richtungen erforscht. Da F. keinerlei mathematische Kenntnisse besaß, zog er als anschauliches Hilfsmittel zur Beschreibung der Versuchsergebnisse die magnetischen Kraftlinien heran. Die Richtung des Induktionsstroms wird dann nach F. dadurch bestimmt, in welcher Weise die vom Nordpol zum Südpol verlaufenden Kraftlinien durch den Draht "geschnitten" werden. Obwohl sie zunächst nur eine Veranschaulichung waren, um Versuchsergebnisse bequem ausdrücken zu können, wurde F. doch überzeugt, daß die den Raum durchziehenden Kraftlinien physikalische Realität besitzen. So prägte F. – langsam tastend, aber doch konsequent Schritt für Schritt – gegen den Widerstand der meisten Fachkollegen den Begriff des magnetischen und elektrischen Kraftfeldes.

Mit den wissenschaftlichen Erfolgen änderte sich die äußere Stellung, aber nicht die Bescheidenheit und Liebenswürdigkeit F.s. Er wurde 1824 Mitglied der Royal Society, 1825 Direktor der Royal Institution und nach und nach Ehrenmitglied von insgesamt 92 wissenschaftlichen Gesellschaften und Akademien.

F. stand, im Gegensatz zur überwiegenden Mehrheit der Kollegen, auf den Boden des Dynamismus. Er betrachtete also als primäre Gegebenheiten in der Natur die "Kräfte" (gemeint sind "Energien") und glaubte sicher an die gegenseitige Umwandelbarkeit von Magnetismus, Elektrizität, Licht, Wärme, Galvanismus usw. Diese Auffassung hatte ihn schon folgerichtig zur Entdeckung der elektromagnetischen Induktion geführt; sie prägte auch seine Gedanken bei der Interpretation der elektrolytischen Versuche (Faradaysche Gesetze), leitete ihn 1845 zur Auffindung des Faraday-Effektes und zur Erforschung des Magnetismus.

F. sprach deutlich von den verschiedenen Erscheinungsformen oder Ausprägungen der Naturkräfte ("condition of force") und der Umwandlung von einer Naturkraft in die andere. Diese Überzeugung durchzieht das ganze Lebenswerk. So formuliert er schon 1839 – Jahre vor der Aufstellung des Energieprinzips durch Julius Robert Mayer u.a.

– ein “energetisches” Argument gegen einen von Volta ersonnenen Mechanismus, der das Zustandekommen der elektrolytischen Spannung durch den bloßen Kontakt von Metallen ohne chemische Veränderung erklären sollte. “Das würde in der Tat eine Schöpfung von Kraft sein ... Allein niemals ... finde eine Schöpfung von Kraft statt, eine Erzeugung von Kraft, ohne entsprechende Erschöpfung von etwas, ihr Nahrung Gebendes.”
Nach der Entdeckung der Spektralanalyse durch Kirchhoff und Bunsen suchte F. Anfang 1862, seiner Grundüberzeugung von inneren Zusammenhang aller Naturkräfte getreu, eine Beeinflussung der Spektrallinien durch das magnetische Feld aufzufinden. Ein Erfolg blieb ihm versagt. Wir wissen heute, daß lediglich das Auflösungsvermögen des von F. benutzten “Steinheilschen Spektrometers” ungenügend gewesen war. Seit etwa 1849 versuchte F. ebenso eine Umwandlung der Gravitation in andere Kräfte hervorzubringen, aber diese Bemühungen waren ebenso erfolglos wie fast 100 Jahre später die theoretischen Ansätze Einsteins, Gravitation und Elektrodynamik in einer Theorie zusammenzufassen. Resignierend schrieb F.: “Hier enden für jetzt meine Versuche, ihre Resultate sind negativ. Sie erschüttern aber das starke Gefühl in mir nicht, daß eine Beziehung zwischen Schwerkraft und Elektrizität vorhanden ist, obgleich die Experimente bis jetzt nicht bewiesen haben, daß es so ist.”[HE].

22 *Carl Friedrich Gauß,* geb. 30. April 1777 in Braunschweig, gest. 23. Februar 1855 in Göttingen. Gleichrangig mit Archimedes und Newton zählt G. zu den größten Mathematikern der Weltgeschichte. Wie jene wirkte auch er über die Grenzen der Mathematik hinaus befruchtend auf Nachbargebiete, auf die Physik, die Astronomie und Geodäsie.
Aus bedrückend ärmlichen Verhältnissen stammend, hatte der junge G. das Glück, daß seine Begabung frühzeitig erkannt und gefördert wurde. Als Primaner des Braun schweiger Gymnasiums 1791 dem Herzog Karl Wilhelm Ferdinand von Braunschweig vorgestellt, empfing er die Gunst des Landesherrn. Der Herzog verhalf ihm zum Besuch des Collegium Carolinum in Braunschweig (1792 bis 1795) und der Göttinger Universität (1795 bis 1798) sowie anschließend zu einer langjährigen wissenschaftlichen Tätigkeit ohne Pflichten. Anfänglich schwankend, ob er alte Sprachen oder Mathematik studieren solle, entschied er sich endgültig für die Mathematik, als ihm am 30. März 1796 der Nachweis gelang, daß das regelmäßige 17-Eck mit Zirkel und Linieal konstruierbar sei.
Aber nicht die Geometrie, sondern die Arithmetik wurde ihm zur Königin der Mathematik. Bereits mit seinen 1801 erschienenen Disquisitiones arithmeticae, worin er die moderne Zahltheorie schuf, stellte G. sich auf eine Stufe mit den bedeutendsten Mathematikern aller Zeiten. Außerhalb des Faches bekannt und berühmt wurde er jedoch erst durch seine aufsehenerregenden Leistungen in der Astronomie. 1801 hatte Giuseppe Piazzi in Neapel den Planetoiden Ceres Ferdinandea entdeckt und drei Bahnpunkte ausmessen können, bevor er wieder unsichtbar wurde. Nach einem vergeblichen Versuch einiger Astronomen gelang es G. mit Hilfe eines von ihm entwickelten Näherungsverfahrens, die gesamte Bahnellipse so genau zu berechnen, daß Ceres wiedergefunden werden konnte. Mit gleicher erstaunlicher Präzision bestimmte G. darauf die Bahnen der Pallas, Juno und Vesta, die sein Freund Wilhelm Olber zwischen 1802 und 1807 entdeckt hatte.

Seine Rechenmethoden stellte G. in dem 1809 erschienenen astronomischen Hauptwerk Ṫheoria motus corporum coelestium in sectionibus conicis solem ambientiumżusammen. Dieses Werk setzte der rechnenden Astronomie neue Maßstäbe. G. beschrieb hierin auch seine Methode der kleinsten Quadrate, die es ermöglicht,"aus einer größeren Anzahl von Beobachtungsdaten, als unbekannte Größen vorhanden sind, von denen sie abhängen, die wahrscheinlichsten Werte der letzteren zu bestimmen.·
Obwohl ihn die russische Regierung mit großzügigen Angeboten für die Petersburger Akademie zu gewinnen suchte, blieb G. bis zum Tod seines fürstlichen Gönners (1806) in Braunschweig. Ein Jahr später folgte er einem Ruf als Ordinarius für Astronomie an die Universität Göttingen. Von 1818 an beteiligte er sich auf Wunsch der Hannoverschen Regierung an den jahrelangen Arbeiten zur Landesvermessung, der er durch die Erfindung des Heliotrops und der hierdurch ermöglichten Ausmessung großer geodätischer Dreiecke zu bisher nicht erreichter Genauigkeit verhalf. Den Vermessungsarbeiten und deren Auswertung folgten Untersuchungen über die Ähnlichkeit abgebildeter Flächen (1822) und über krumme Flächen (1828). Hiermit sowie mit den späteren "Untersuchungen über Gegenstände der höheren Geodäsie" schuf G. die Grundlage für diese Wissenschaft.
In seiner zweiten Abhandlung zur "Theorie der biquadratischen Reste" von 1831 baute er die Lehre von den komplexen Zahlen aus. Zwar hatten schon vor ihm Leonhard Euler (1777) und der Däne Caspar Wessel (1797) mit dem Ausdruck $\sqrt{-1} = i$ gerechnet und komplexe Zahlen in einer später nach G. benannten Zahlenebene dargestellt, entscheidend wurde aber, daß G. diese Zahlen den reellen Zahlen als gleichberechtigt zugesellte und deren weite Bedeutung für die Arithmetik und Analysis aufzeigte. So lieferte er 1849 zu den bisher von ihm geführten drei Existenzbeweisen für den Fundamentalsatz der Algebra einen vierten mit Hilfe der komplexen Zahlen. Einen ersten strengen Beweis für diesen schon im 17. Jh. bekannten Satz, demzufolge eine algebraische Gleichung n-ten Grades n Lösungen (Wurzeln) besitzt, hatte G. bereits in seiner Doktorarbeit (1799) gegeben.
Als 1831 der junge Physiker Wilhelm Weber nach Göttingen berufen wurde, kam es zwischen den beiden bald eng befreundeten Gelehrten zu einer erfolgreichen Zusammenarbeit auf dem Gebiet der Physik. G. trug hierzu meist die grundlegende Idee bei, Weber die Gestaltung und experimentelle Ausführung. Die Arbeiten wurden in den von ihnen zu diesem Zweck gegründeten "Resultaten aus den Beobachtungen des magnetischen Vereins" veröffentlicht. 1832 erschien die wichtige Abhandlung "Intensitas vis magneticae terrestris ad mensuram absolutam revocata". Hierin entwickelte G. ein absolutes magnetisches Maßsystem, das auf Grundeinheiten der Länge, Zeit und Masse beruht; es fand als Gaußsches Maßsystem Eingang in die Physik. Die "Allgemeine Theorie des Erdmagnetismus" von 1838/1839 wurde 1840 ergänzt durch die "Allgemeinen Lehrsätze in Beziehung auf die im verkehrten Verhältnis des Quadrats der Entfernung wirkenden Anziehungs- und Abstoßungskräfte": Aus der Entwicklung des Potentials des Erdmagnetismus in der ersten Abhandlung resultiert in der zweiten eine für die Physik höchst bedeutsame mathematische Begründung der Potentialtheorie.
Im Zusammenhang mit diesen Arbeiten gelang G. und Weber bereits 1833 eine wegweisende Leistung in der Nachrichtentechnik: die Erfindung des elektromagnetischen Telegraphen. Mit der Anlage, die die Göttinger Sternwarte, wo G. wohnte und arbei-

tete, mit dem Physikalischen Kabinett Webers verband, glückte ihnen der wechselseitige Austausch kurzer Mitteilungen. Größere Versuche mußten jedoch aus Geldmangel unterbleiben. Immerhin erfand G., auf die Induktionserscheinungen aufmerksam geworden, noch einen Erdinduktor, mit dem - nach der Verbesserung durch Weber - die erdmagnetische Inklination gemessen werden konnte.
Nach dem Fortgang Webers aus Göttingen (1838) wandte sich G. wieder mehr der Mathematik zu. Es bleibt bedauerlich, daß seine vielversprechenden Ansätze in der Elektrodynamik liegenblieben, etwa sein Versuch der "Ableitung der Zusatzkräfte, die zu der gegenseitigen Wirkung ruhender Elektrizitätsteilchen noch hinzukommen, wenn sie in gegenseitiger Bewegung sind, aus der nicht instantanen (zeitlos schnellen), sondern auf ähnliche Weise wie beim Licht sich fortpflanzender Wirkung". [HE].

23 *Wilhelm Eduard Weber,* Physiker, geb. Wittenberg 24.10.1804, gest. Göttingen 23.6.1891, zusammen mit seinem Bruder veröffentlichte er 1825 die grundlegende 'Wellenlehre auf Experimente gegründet'. 1831 wurde er nach Göttingen berufen. Mit C. F. Gauß konstruierte W. 1833 den ersten elektromagnet. Telegraphen sowie eine Reihe von Meßinstrumenten, z. B. das Inklinationsinduktorium (1837), das Elektrodynamometer (1840 und 1846) und das Spiegelgalvanometer (1846 und 1852). 1835 entdeckte W. die elast. Nachwirkung, 1836 veröffentlichte er mit seinem jüngeren Bruder, dem Anatomen Eduard Friedrich (geb. Wittenberg 10.3.1806, gest. Leipzig 10.5.1871), die 'Mechanik der menschlichen Gehwerkzeuge'. Als einer der 'Göttinger Sieben' wurde W. 1837 seines Amtes entsetzt, siedelte 1843 als Prof. nach Leipzig über und wurde 1849 wieder nach Göttingen berufen. Seit 1846 veröffentlichte W. seine elektrodynam. Maßbestimmungen, die Grundlagen für die späteren internat. Maßeinheiten schufen. [HE].

24 *James Prescott Joule,* geb. 24. Dezember 1818 in Salford, Lancashire, gest. 10.Oktober 1889 in Sale, Cheshire. Joule war Besitzer einer großen Brauerei. Er begann ohne wissenschaftliche Ausbildung schon in jungen Jahren mit physikalischen Versuchen, wobei er besonderen Wert auf quantitative Messungen legte. Seine Bewerbung um eine Professur in St. Andrews, Schottland, war nicht erfolgreich; so führte er seine Studien privat fort. Später wurde er Sekretär und schließlich Präsident der Literary and Philosophical Society in Manchester.
J.s Hauptarbeitsgebiet war die "Wärme". 1840 fand er das Gesetz der Stromwärme. 1843 gab er Zahlen an für das mechanische Wärmeäquivalent. 1847 trug er bei der British Association in Oxford vor, wo William Thomson das allgemeine Interesse für Joules Gedanken zu wecken verstand. Bis 1878 erschienen mehrere Aufsätze über das mechanische Wärmeequivalent; die Messungen mit verschiedenen Versuchsanordnungen erhärteten das Energieprinzip.
J. machte auch Versuche zur Längenänderung von Metallen im magnetischen Feld. Er untersuchte quantitativ die Temperaturänderung bei Gaskompression bzw. Gasentspannung. Gemeinsam mit William Thomson erschien 1852 eine Arbeit mit dem Titel: "On the air engine"; der heute nach Joule und Thomson bezeichnete Effekt wird bei der Gasverflüssigung ausgenützt. [HE].

25 *Pierre-Simon Laplace,* geb. 28. März 1749 in Beaumont-en-Auge, Normandie, gest. 5. März 1827 in Arcueil bei Paris. Von bäuerlicher Abkunft konnte L. das Gymnasium der Benediktiner in Beaumont besuchen, wo er besonders für den Tragödien-

dichter Jean-Baptiste Racine eine bleibende Vorliebe gewann. An der Universität Caen bereitete er sich für das Pfarramt vor. Daneben betrieb er Mathematik und konnte bereits in den Turiner Memoiren von 1769 eine Arbeit über Integralrechnung veröffentlichen. Mit 22 Jahren zog er nach Paris, wo d'Alembert ihm zu einer Mathematiklehrstelle an der Ecole Militaire verhalf. Von da an widmete er sich seinem Lebenswerk als Mathematiker, Astronom und Physiker. 1722 lieferte er zwei Abhandlungen über Differentialgleichungen im Dienste der Astronomie und 1774 zwei Arbeiten über Wahrscheinlichkeitsrechnung. Damit hatte er die Gebiete betreten, auf denen er mit unerschütterlicher Beharrlichkeit einLeben lang weiterarbeitete. Der Anwendung des Newtonschen Gravitationsgesetzes auf alle Bahnen im Sonnensystem widmete er seine ganze Kraft. Er wurde neben Lagrange die größte wissenschaftliche Persönlichkeit Frankreichs. Mit dem Chemiker Claude-Louis Berthollet gründete er die "Gesellschaft von Arcueil", eine Brutstätte für junge Forscher, die dort Anregung und Anleitung erhielten. Jean-Baptiste Biot hat uns überliefert, wie L. sich um das Fortkommen der jungen Leute bemühte. Er lebte sehr einfach; dafür konnte er die Sternwarten von Paris und Marseille aus eigenen Mitteln mit schönen Instrumenten ausrüsten. Er war Mitglied der Akademie, gehörte dann wie Lagrange der Kommission für Maß und Gewicht an und lehrte an der Ecole Normale. Unter Napoleon versah er 1799 sechs Wochen das Innenministerium. Die wechselnden Zeiten überstand er fast unbehelligt. Vor seinem Tod soll er gesagt haben: "Ce que nous connaissons est peu de chose, ce que nous ignorons est immense" (Was wir wissen, ist wenig, was wir nicht wissen, unermeßlich). Er starb am gleichen Tag wie Alessandro Volta, fast auf den Tag genau 100 Jahre nach Newton.

L. hat seine Studien in drei großen Werken vereinigt. Sie behandeln die Darstellung des Weltsystems, die Mechanik des Himmels und die Wahrscheinlichkeitsrechnung.

Die "Exposition du système du monde" von 1796 beschreibt das Weltsystem ohne Formeln. L. erwies sich dabei als glänzender Schriftsteller. Bekannt wurde daraus die Theorie der Entstehung des Sonnensystems. Daß alle Planeten gleichsinnig und fast in derselben Ebene in nahezu kreisrunden Bahnen um die Sonne wandern, daß die Monde um ihre Planeten im selben Sinn und ungefähr in der gleichen Ebene kreisen und daß auch alle bekannten Rotationsbewegungen im selben Sinn und fast in der gleichen Ebene stattfinden, könne kein Zufall sein. Wie man im Fernrohr Nebelflecke mit zentralem Kern wahrnimmt, sei auch unser Sonnensystem einst ein rotierender Nebel gewesen, der sich bis weit über die Bahn des äußersten Planeten erstreckte. Dieser Nebel kühlte sich ab und verdichtete sich nach der Mitte zu; dadurch rotierte er schneller, und von Zeit zu Zeit lösten sich am Äquatorialgürtel konzentrische Gasringe ab. Daraus entstanden die Planeten, aus dem Kern die Sonne. Buffon hatte dagegen angenommen, ein Komet sei schräg auf die Sonne gefallen und habe einen Materiestrom losgerissen, aus dem die Planeten hervorgingen. L. meint, so könne man ihre kreisförmigen Bahnen nicht erklären. Die Kometen betrachtete er als Fremdkörper. Da auch Immanuel Kant die Nebularhypothese vorgetragen hatte, spricht man heute von der Kant-Laplaceschen Theorie.

1799 bis 1825 erschienen die fünf Bände der "Mécanique céleste". Dieses Hauptwerk von L. umfaßte alles, was seit Newton in der Himmelsmechanik geleistet worden war. Dazu drei Beispiele: Der Mond läuft nicht genau in einer Ellipse um die Erde, weil außer dieser auch die Sonne beschleunigend oder verzögernd auf ihn wirkt. Die

Aufgabe, die Bewegung eines der Anziehung zweier Himmelskörper unterworfenen Gestirns zu bestimmen, löste Alexis-Claude Clairaut. - Die Erdachse bleibt sich nicht parallel, sondern beschreibt eine langsame Kreisbewegung. Daß ihre Ursache in der Wirkung von Sonne und Mond auf die nicht genau kugelförmige Erde besteht, bewies d'Alembert. - Der Mond kehrt der Erde stets dieselbe Seite zu. Daß sich dies aus einer durch die Erdanziehung verlängerten Achse des Mondes in Richtung zur Erde erklären läßt, berechnete Lagrange. - Außer solchen fremden Ergebnissen strömten viele eigene in das Werk ein , so aus der Abhandlung über die Unveränderlichkeit der großen Planetenbahnachsen von 1773, aus der Bewegungstheorie der Planeten von 1785, aus der Arbeit über Ebbe und Flut von 1790.

Die beiden ersten Bände, 1799 erschienen, befassen sich mit der allgemeinen Theorie der Bewegungen und der Gestalt der Himmelskörper und mit den Gezeiten; die Bände 3 und 4 von 1802 und 1805 geben Erläuterungen für die einzelnen Planeten, Monde und Kometen, und der letzte Band 1825 behandelt die Brechung der Strahlen in der Atmosphäre und andere Fragen und gibt eine kurze Geschichte der Himmelsmechanik. Der reiche Inhalt wird in knapper Form dargeboten. Seit Newtons Entdeckung der allgemeinen Schwerkraft seien die Mathematiker dazu gelangt, alle bekannten Erscheinungen des Weltsystems auf dieses große Gesetz zurückzuführen, erklärt L. im Vorwort. "Mein Zweck ist, diese in einer großen Anzahl von Werken zerstreuten Theorien unter einem gleichen Gesichtspunkt darzustellen... Betrachtet man die Astronomie auf die allgemeinste Art, so ist sie eine große Aufgabe der Mechanik." Mit virtuoser Beherrschung der Infinitesimalrechnung werden die Bewegungsvorgänge der Himmelkörper bis ins einzelne zergliedert und alle gegenseitigen Anziehungskräfte einbezogen. Die einfachste Art, die Störungen zu betrachten, besteht in der Annahme eines Planeten, der sich in einer Ellipse bewegt, und in der Vorstellung, daß der wahre Planet um diesen erdachten pendelt.
Während Newton zunächst nur die elliptische Bewegung meisterte, die ein Planet um einen Zentralkörper ausführt, stellte L. gleichmäßig auch den Einfluß einer Reihe dritter Körper in Rechnung und wies nach, daß sich dabei ebenfalls eine elliptische Bewegung ergibt, deren Elemente sich langsam fortschreitend verändern, daß aber die große Bahnachse erhalten bleibt, den ganzen Himmel durchläuft und nach Jahrtausenden wieder zur alten Lage zurückkehrt. Mitten im Labyrinth wachsender und abnehmender Geschwindigkeiten, sich ändernder Bahnen, Abstände und Neigungen entdeckte er das Unveränderliche. Das Sonnensystem erfährt nur periodische Schwankungen um einen mittleren Zustand, und darin sah L. eine Gewähr für Ordnung und Dauer.
Immer wieder gelang es ihm, bisher unerklärliche Veränderungen unter ein Gesetz zu zwingen. So hatte Edmond Halley aus der Prüfung alter und neuer Finsternisse geschlossen, daß der Mond früher langsamer umgelaufen sei. Schuld daran war, wie L. zeigte, die Wirkung der Sonne, verbunden mit der säkularen Abwandlung der Erdbahn. Ebenso wußte man, daß der Jupiter sich beschleunigte, während der Saturn sich verlangsamte. Schon hatte man gefürchtet, der Jupiter falle der Sonne entgegen, während der Saturn sich aus dem Sonnensystem verflüchtigte. L. erkannte, daß sich aus der Tatsache, daß die doppelte Geschwindigkeit des Jupiters fast genau der fünffachen des Saturns gleichkommt, gegenseitige Störungen von langer Periode ergaben,

die den Beobachtungen genau entsprachen und dennoch die Beständigkeit der Welt verbürgten.

Den Abstand der Sonne von der Erde berechnete L. auf neue Weise aus dem Betrag der Störungen, die die Sonne beim Mond bewirkt und die von ihrer Entfernung abhängen. Überhaupt ist die Bewegung des Mondes für ihn zu einer Fundgrube geworden, und er konnte auch zwei Störungen auf die Erdabplattung zurückzuführen. Er entwickelte vollkommenere Mondtafeln und leistete damit der Seefahrt für die Längenbestimmung gute Dienste. Indem er die Bewegungen der Jupitermonde untereinander verglich, entdeckte er Beziehungen, die man als Laplacesche Gesetze bezeichnet. Er berechnete die Umdrehungsgeschwindigkeit des Saturnrings und die Abplattung des Saturns. Aus Ebbe- und Flutbeobachtungen, die er einige Jahre in Brest anstellen ließ, ermittelte er die Masse des Mondes. Ein Kapitel behandelt den Einfluß der Mondanziehung auf die Lufthülle der Erde. - Überall sticht die mathematische Leistung hervor. Bei der Behandlung der Anziehung eines Sphäroids auf einen äußeren Punkt führte L. die Kugelfunktionen ein und stellte die nach ihm benannte partielle Differentialgleichung auf, deren Lösung Potentialfunktionen sind.
Die Schaffenskraft von L. kam auch der mathematischen Physik zugute, und Antoine-Laurent Lavoisier konnte ihn sogar auf das Gebiet der Experimentalphysik herüberziehen. Mit ihm zusammen bestimmte er mit dem Eiskaloriemeter die spezifischen Wärmen verschiedener Stoffe und maß die Elektrizität, die Körper beim Verdunsten aufnahmen; daüber hinaus haben die beiden Forscher 1780 und 1781 gemeinsam Berichte abgelegt. Die Wärmestofftheorie und die Lehre, daß die Wärme in der Bewegung der Körpermoleküle bestehe, werden einander neutral gegenübergestellt.
1816 konnte L. Newtons Formel für die Schallgeschwindigkeit verbessern. Sie gab zu geringe Werte, und L. erkannte, woran es lag. Bei den Luftverdichtungen, die die Wellen bewirken, entsteht Wärme und erhöhte Elastizität; es mußte daher der entsprechende Faktor in der Formel ergänzt werden. Den schönsten Beitrag zur theoretischen Physik aber leistete L. mit seiner Arbeit über die Kapillarwirkung. Bei der Berechnung der Brechung in der Atmosphäre und der Doppelbrechung in Kristallen hatte er sich das Licht als feine Partikel vorgestellt. Nun betrachtete er auch die Erscheinungen, die sich beim Steigen der Flüssigkeit in engen Röhren oder bei der Bildung von Tropfen darbieten, als Ausdruck molekularer Kräfte. Er unterschied dabei Kohäsion und Adhäsion. Seine Arbeit wurde von Johann Diderik van der Waals fortgesetzt. Auch für die longitudinalen Schwingungen in Stäben und für die Wasserwellen gab L. Formeln an. "Nichts in der Erforschung der Natur konnte ihm fremd bleiben", bemerkte ein akademischer Nachruf. Besondere Verdienste erwarb sich L. um den Ausbau der Wahrscheinlichkeitsrechnung, die er, auf Vorarbeiten seit Pierre Fermat und Blaise Pascal und auf langjährige eigene Forschungen gestützt, 1812 in der "Theorie analytique des probabilités" zusammenfassend behandelte. Aufgaben, bei deren Lösung nur eine Annäherung möglich war, hatten ihn dieses Werkzeug schmieden lassen. So beschäftigte ihn die Theorie der Beobachtungsfehler. Zwei Beispiele sollen zeigen, wie er auch statistische Aufgaben vornahm. Es werden mehr Knaben als Mädchen geboren, und zwar im Verhältnis 25:24. Weshalb? Landleute schickten in die Findelhäuser der Stadt mehr Mädchen; dort überwogen die Knaben nur im Verhältnis 39:38, und diese Verminderung erklärte die Taufen. - Um die Bevölkerungszahl Frankreichs zu

ermitteln, suchte er die Beziehung zwischen Einwohnerzahl und Geburtenzahl festzustellen. Aus 30 Departmenten traf man eine Auswahl von Gemeinden, die genaue Angaben über Einwohner- und Geburtenzahl der Jahre 1800 bis 1802 liefern konnten. Es brauchte 28 Einwohner für ein Kind. Wenn also die Geburtenzahl Frankreichs eine Million betrug, so hatte es 28 Millionen Einwohner, was tatsächlich mit späteren Schätzungen übereinstimmte. Bis zuletzt hat L. sein Buch für Neuauflagen verbessert. Er sagte, es sei nur "le bon sens réduit au calcul".
1814 hat er auch diesen Stoff gemeinverständlich erläutert, und zwar im "Essai philosophique sur les probabilités", der aus einer Vorlesung an der Ecole Normale von 1795 hervorging. In der Einführung beschrieb er als berühmt gewordene Fiktion den "Laplaceschen Weltgeist": "Eine Intelligenz, die für einen gegebenen Augenblick alle Kräfte der belebten Natur kennen würde..., könnte in derselben Formel die Bewegung der größten Körper des Weltalls und die leichtesten Atome umfassen; nichts wäre für sie unsicher, und die Zukunft wie die Vergangenheit wären vor ihren Augen gegenwärtig... Alle Anstrengungen in der Suche nach Wahrheit streben danach, den menschlichen Geist dieser Intelligenz zu nähern, von der er aber immer unendlich entfernt bleiben wird. Die Wahrscheinlichkeitsrechnung bezieht sich zum Teil auf diese Unwissenheit und zum Teil auf unsere Kenntnisse." Im 19. Jh. hat man oft nur den ersten Satz zitiert und in L. den hochgestimmten Vertreter des Glaubens an eine unbedingte Erfaßbarkeit und Determiniertheit der Naturvorgänge gesehen, ohne gleichzeitig zu bedenken, daß gerade er die Statistik gebründet hat und stets wissenschaftlich bescheiden geblieben ist. [HE].

26 *Siméon-Denis Poisson,* geb. 21. Juni 1781 in Pithiviers/Loiret, gest. 25. April 1840 in Sceaux. Nahezu dreihundert Abhandlungen über mathematische, astronomische und physikalische Fragen zeugen von der erstaunlichen Schaffenskraft und dem hohen wissenschaftlichen Geist dieses körperlich kleinen und gebrechlichen Gelehrten. Gesundheitliche Rücksichten bedingten zunächst auch eine Verzögerung in der Schulbildung. Von seiner Familie ursprünglich zum Chirurgen bestimmt, wuchs in ihm die Abneigung gegen diesen Beruf; mehr und mehr fühlte er sich zu den exakten Wissenschaften hingezogen. Als er 1798 in die Ecole Polytechnique aufgenommen wurde, erkannte man sogleich seine außergewöhnliche theoretische Begabung - und seine manuelle Ungeschicklichkeit. Die weitsichtige Schulleitung entschloß sich einer Ausnahme: Sie gewährte ihm Dispens von den zeichnerischen Pflichtübungen. Auf dieser einzigartigen Schule der mathematischen Natur- und Ingenieurwissenschaften von den bedeutendsten Fachgelehrten (Lagrange, Laplace, Monge, Berthollet) gefördert, rückte P. bald vom Schüler zum Lehrer auf. Anfang 1800 wurde er Repetitor und 1806 erhielt P. den Lehrstuhl für rationelle Mechanik an der neugegründeten Fakultät der Wissenschaften; im Bureau des Longitudes hatte er lange Zeit die Stelle des Astronomen, seit 1827 in der Nachfolge von Laplace die des Mathematikers inne. Zusammen mit seinen Lehrern und späteren Kollegen Lagrange und Laplace trug P. zu dem großartigen Gedankengebäude der Himmelsmechanik bei. Baumeister war er indessen auch in weniger "entfernten" Bereichen der mathematischen Physik, vor allem in dem der Elektrizitätslehre. Auf der Grundlage einer dualistischen Theorie der Elektrizität, nach der sich ungleichartige elektrische Ladungen gemäß dem reziproken quadratischen Abstandsgesetz anziehen, gleichartige abstoßen, vermochte er Lösungen

zu zahlreichen Problemen anzugeben. So fand er einen geistreichen Beweis für die Formel von den Oberflächenkräften geladener Konduktoren und berechnete die örtlichen Ladungsdichten an den Oberflächen zweier Kugelkonduktoren in Abhängigkeit vom gegenseitigen Abstand, was mit den experimentellen Befunden Coulombs glänzend übereinstimmte. Darüberhinaus befaßte sich P. auch mit Fragen des Magnetismus, der Kapillartheorie, der Wärmetheorie (P.sche Gleichungen) und der Elastizitätstheorie (P.sche Zahl). Neben Louis Navier und Jean Victor Poncelet war P. einer der ersten, der das Prinzip "der lebendigen Kräfte bei der Berechnung von Maschinen, die in Bewegung sind", anzuwenden lehrte. Die Mathematik verdankt ihm wichtige Beiträge zur Variationsrechnung, Differentialgeometrie und Wahrscheinlichkeitsrechnung (P.sche Verteilung).[HE].

27 *George Green,* engl. Mathematiker und Physiker, geb. 14. Juli 1973 zu Nottingham, gest. 31. März 1841 zu Sneinton, machte sich besonders verdient um die mathematische Untermauerung der Lehre vom Magnetismus und von der Elektrizität. Sein Hauptwerk ist "Essay on the application of mathematical analysis of the theories of electricity and magnetism" (Nottingham 1828, und in Erelles "Journal für die reine und angewandte Mathematik", Bd. 44 und 47, Berlin 1852-53; auch in Ostwalds "Klassiker der exakten Wissenschaften", Bd. 61, Leipzig 1895). Ein für die Behandlung von Potentialfunktionen wichtiger von ihm aufgestellter mathematischer Satz führt nach ihm den Namen "Greenscher Satz". Hieran reihen sich seine Abhandlungen über die Analogien der Gleichgewichtsgesetze bzgl. der Flüssigkeiten und der Elektrizität, ferner über die Reflexion und Brechung des Schalls sowie des Lichts und über die Wellenbewegung in Kanälen. Seine "Mathematical papers" gab Ferres heraus (London 1871).

28 *Franz Ernst Neumann,* Physiker und Mineraloge, geb. 2.9.1798 in Joachimsthal (Uckermark), gest. 23.5.1895 in Königsberg (Pr.) Prof. ebd. Neumann wurde durch das von ihm ins Leben gerufene Seminar zum Begründer der mathem. Physik in Deutschland. Aus seiner Schule ging u.a. G. Kirchhoff hervor. N. veröffentlichte grundlegende Arbeiten zur Wellenlehre des Lichtes und zur vormaxwellschen Elektrodynamik, sowie zur Kristallographie, in die er die Zonendarstellung durch Linearprojektion einführte. [BR].

29 *Gustav Robert Kirchhoff,* geb. 12. März 1824 in Königsberg, gest. 17. Oktober 1887 in Berlin. "Nichts Außergewöhnliches in K.s Leben entspricht der Außergewöhnlichkeit seines Genius; seine Laufbahn war vielmehr die gewöhnliche des deutschen Universitätsprofessors. Die großen Ereignisse vollzogen sich bei ihm lediglich im Gehege seines Kopfes" (Ludwig Boltzmann). In Königsberg wurde K. vom Begründer der theor. Physik in Deutschland, Franz Neumann, herangebildet; schon als Student mit 21 Jahren erschien seine erste Veröffentlichung in den Annalen der Physik (Kirchhoffsche Sätze). Nach der Berlin der Habilitation 1848 wurde K. 1850 a. o. Professor in Breslau, wo er, nach der Berufung des Chemikers Robert Bunsen, eine für die Wissenschaft bedeutsame Freundschaft schloß. Bunsen, schon 1852 von Breslau nach Heidelberg wegberufen, zog K. zwei Jahre später ebenfalls nach Heidelberg. 1875 ging K. dann (nachdem er frühere Rufe abgelehnt hatte) an die Universität Berlin, wo er neben Helmholtz wirkte.

Bunsen hatte sich Ende der fünfziger Jahre bemüht, die Flammenfärbungen, die die

verschiedenen Salze im Bunsen-Brenner hervorrufen, zu analytischen Zwecken auszunutzen. Da das unbewaffnete Auge schlecht zwischen den Farbtönen zu differenzieren vermag, versuchte Bunsen, das Licht durch Farbgläser zu filtern; K. wies auf das Hilfsmittel des Spektralapparates hin.
Aus diesem experimentellen Ansatz ergaben sich zwei hochbedeutende Entdeckungen. Gemeinsam entwickelten K. und Bunsen 1859/60 die chemische Spektralanalyse, mit der noch unwägbare Spuren von Elementen nachgewiesen werden können. Innerhalb weniger Tage nach Entwicklung der Methode fand Bunsen im Dürkheimer Mineralwasser als neues Element das Caesium, im sächsischen Lepidolitz das Rubidium. Entdeckungen weiterer neuer Elemente schlossen sich an.
Noch vor der Entwicklung der Spektralanalyse war K. auf ein auffälliges Phänomen gestoßen: "Ich entwarf ein Sonnenspektrum und ließ dabei die Sonnenstrahlen, bevor sie auf den Spalt fielen, durch eine kräftige Kochsalzflamme treten. War das Sonnenlicht hinreichend gedämpft, so erschienen an Stelle der beiden dunklen Linien D zwei helle Linien; überstieg die Intensität jenes aber eine gewisse Grenze, so zeigten sich die beiden dunklen Linien D in viel größerer Deutlichkeit..."
Aus der Beobachtung, daß jeder Körper die Spektrallinien absorbiert, die er auch emittiert, entwickelte K. das Kirchhoffsche Gesetz: Für jede Wellenlänge und Temperatur stehen Emissions- und Absorptionsvermögen in einem konstanten Verhältnis. Dieses Verhältnis J ist also nur eine Funktion von Wellenlänge und Temperatur; J bedeutet physikalisch das Emissionsvermögen des schwarzen Körpers: "Die mit J bezeichnete Größe ist eine Funktion der Wellenlänge und der Temperatur. Es ist eine Aufgabe von hoher Wichtigkeit, diese Funktion zu finden. Der experimentellen Bestimmung derselben stehen große Schwierigkeiten im Wege; trotzdem scheint die Hoffnung begründet, sie durch Versuche ermitteln zu können, da sie unzweifelhaft von einfacher Form ist, wie alle Funktionen es sind, die nicht von den Eigenschaften einzelner Körper abhängen, und die man bisher kennengelernt hat."
Mit allem Nachdruck hatte also K. schon 1860 auf die universelle Bedeutung der Emissionskurve des schwarzen Körpers hingewiesen; hier gelang es erst Max Planck im Jahre 1900, die konkrete Gestalt der Funktion (Plancksche Strahlungskurve) zu finden. Die universelle Strahlungskurve enthält dabei die universelle Naturkonstante *h*. [HE].

30 *Hermann von Helmholtz,* geb. 31. August 1821 in Potsdam, gest. 8. September 1894 in Berlin-Charlottenburg. H.s Neigung galt frühzeitig der Physik; die Medizin betrieb er als Brotstudium und wurde zunächst Militärarzt. Beeinflußt von Johannes Müller beschäftigte sich H. mit Physiologie, die er durch wichtige Entdeckungen bereicherte (1842 Ursprung der Nervenfasern, 1850 Fortpflanzungsgeschwindigkeit des Nervenreizes). In der erstmals am 23. Juli 1847 der Berliner Physikalischen Gesellschaft vorgetragenen Arbeit "Über die Erhaltung der Kraft" formulierte H. ganz klar das Energieprinzip. Er stützte sich dabei auf die kinetische Wärmetheorie und die Annahme newton'scher Zentralkräfte zwischen den Atomen.
Da seit den 80er Jahren des 19. Jh.s der Energiesatz als das wichtigste Naturgesetz, Höhepunkt und Schlußstein der Physik betrachtet wurde, erwarb sich H. als einer seiner Begründer großen, von Prioritätsauseinandersetzungen nicht ungetrübten Ruhm. Um die Jahrhundertmitte war die Bedeutung nur wenigen Kollegen geläufig; großes

Aufsehen aber erregte H. damals mit der Erfindung des Augenspiegels (1850). Es kamen Berufungen nach Königsberg (1849), Bonn (1855) und Heidelberg (1858). An diesen Universitäten vertrat H. die Physiologie, aus der er, zusammen mit seinem Freund Emil Du Bios-Reymond, "die Lebenskraft verscheuchte", d. h. er formte die Physiologie zu einer exakten Wissenschaft.
Erst 1871 erhielt H. einen Lehrstuhl für Physik an der Univ. Berlin, wo für ihn das größte physikalische Institut des neuen Deutschen Kaiserreiches errichtet wurde (bezogen 1878). "Es ist für die jetzt lebende jüngere Generation der Physiker nicht leicht, sich eine Vorstellung von der überragenden wissenschaftlichen Stellung zu bilden, die Helmholtz in den letzten Jahrzehnten seines Lebens einnahm. Es gab damals wohl kein physikalisches Problem, das er nicht durchdacht und über dessen Behandlungsweise er sich nicht ein bestimmtes Urteil gebildet hatte" (Willy Wien, 1921). Hervorzuheben ist die Theorie der Hydromechanik (Helmholtzsche Wirbelsätze 1859), die physiologische Optik, die mathematische Behandlung akustischer Probleme, die experimentell und theoretisch großangelegten Arbeiten zur Prüfung der Maxwell'schen Elektrodynamik (ab 1873), die chemische Thermodynamik (1882/83), die Untersuchungen über die Minimalprinzipien (1884-1894) usf.
Die Erhaltungseigenschaften der Helmholtzschen Wirbel ("Wirbel können nicht entstehen, und Wirbel können nicht vergehen") veranlaßten William Thomson, ein entsprechendes Atommodell ("vortex atom") zu konzipieren. H.s Stellung zur Atomistik allgemein war eher ablehnend, trotz seines bekannten Ausspruches von 1881: "Wenn wir Atome der chemischen Elemente annehmen, so können wir nicht umhin, weiter zu schließen, daß auch die Elektrizität, positive sowohl wie negative, in bestimmte elementare Quanta geteilt ist."
Mit vorbildlicher Pflichtauffassung nahm der "Reichskanzler der deutschen Physik" seine vielfältigen Aufgaben wahr, von der Betreuung experimenteller Arbeiten angefangen bis zur Teilnahme am gesellschaftlichen Leben des Hofes. Wie Du Bois-Reymond sah H. eine große Aufgabe in der Einbeziehung der Naturwissenschaften in das Geistesleben der Zeit. 1888 übernahm H. als Präsident die neugegründete Physikalisch-Technische Reichsanstalt in Berlin-Charlottenburg. Zum Anlaß des 70. Geburtstages übermittelte Kaiser Wilhelm II. eine Glückwunschadresse: "Sie haben, Ihr ganzes Leben zum Wohle der Menschheit einsetzend, eine reiche Anzahl von herrlichen Entdeckungen vollbracht. Ihr stets den reinsten und höchsten Idealen nachstrebender Geist ließ in seinem hohen Fluge alles Getriebe von Politik und der damit verbundenen Parteiungen weit hinter sich zurück".

31 *James Clerk Maxwell,* geb. 13. Juni 1831 in Edinburgh, gest. 5. November 1879 in Cambridge. Der Vater war ein Gutsbesitzer und Sonderling, an dem M. mit großer Liebe hing; er ließ dem Knaben nach dem Frühen Tod der Mutter (deren Familie den Namen Maxwell trug), die beste Schulbidlung zuteil werden. M. studierte drei Jahre Mathematik und Physik in Edinburgh und schloß 1854 sein Studium in Cambridge ab. Ein Jahr später legte er hier seine erste Arbeit vor, die schon auf die späteren Maxwell'schen Gleichungen zielte. 1856 erhielt M. eine kleine Professur in Aberdeen; von 1860 an wirkte er für fünf Jahre am King's College in London. Ähnlich wie Hermann von Helmholtz beschäftigte sich M. mit der Physiologie des Farbensehens und baute die Dreifarbentheorie von Thomas Young weiter aus. Epoche machend waren M.s Arbei-

ten zur Elektrodynamik, wo er die intuitiven Vorstellungen Michael Faradays in eine mathematisch strenge Form brachte und die Feldphysik begründete. Die vollen Maxwell'schen Gleichungen wurden 1862 im Philosophical Magazine unter dem Titel "On Physical Lines of Force" veröffentlicht. In der Einführung des Verschiebungsstromes ging Maxwell über Faraday hinaus; nach Maxwell muß ein sich änderndes elektrisches Feld in einem Kondensator wie ein elektrischer Strom magnetische Wirkungen zeigen. Gerade diese Annahme führte zur Möglichkeit transversaler elektromagnetischer Wellen. Über die mathematisch errechnete Fortpflanzungsgeschwindigkeit schrieb M. 1864: "This velocity is so nearly that of light, that it seems we have strong reason to conclude that light itself (including radiant beat, and other radiation if any) is an electromagnetic disturbance in the form of wave propagated through the electromagnetic field according to electromagnetic laws."
1873 legte M. in dem zweibändigen "Treatise" eine Zusammenfassung aller bisherigen Arbeiten vor; die Maxwell'schen Gleichungen erschienen dabei in einer komplizierteren Form; erst Heinrich Hertz und Oliver Heaviside griffen auf die ursprüngliche Fassung zurück. Es dauerte Jahrzehnte, bis die Maxwell'schen Gleichungen voll verstanden und anerkannt wurden. Dann aber bildete die "Maxwellschen Elektrodynamik" zusammen mit der noch von Newton stammenden Mechanik das stolze Gebäude der klassischen Physik. Ludwig Boltzmann, der selbst viel zur Einführung der Maxwellschen Gleichungen beitrug, stellte in Bewunderung ihrer Schönheit und Symmetrie dem Teil 2 seiner "Vorlesungen über Maxwells Theorie" als Motto das Goethewort voran: "War es ein Gott, der diese Zeichen schrieb?".
Auch auf dem Gebiete der kinetischen Gastheorie leistete M. Bahnbrechendes. Er griff die Ansätze von August Karl König und Rudolf Clausius auf; während diese nur die mittlere Geschwindigkeit der Moleküle betrachtet hatten, stellte M. die Frage nach der individuellen Geschwindigkeit des einzelnen Teilchens. Er fand die heute sog. Maxwellsche Geschwindigkeitsverteilung und begründete damit zugleich die statistische Physik. Auf Ludwig Boltzmann wirkten diese Abhandlungen wie eine Offenbarung, und in der Folge haben beide Forscher durch Parallelarbeit, einander anregend und kritisierend, das neue Gebiet aufgebaut. Als Wegbereiter der kinetischen Gastheorie war M. auch ein überzeugter Anhänger der Atomistik. In einer programmatischen Rede vor der British Association for the Advancement of Science äußerte er 1871 seine Überzeugung, daß die Atome absolut unveränderliche Gegebenheiten darstellen, und leitete daraus die Forderung nach atomaren Standards für die Grundeinheiten der Masse, der Länge und der Zeit ab.
1865 legte M. aus gesundheitlichen Gründen sein Lehramt am King's College nieder. Sein Gutsbesitz in Schottland sicherte ihm finanzielle Unabhängigkeit, und frei von den akademischen Verpflichtungen setzte er seine Forschungen als Privatgelehrter fort und verfaßte die umfangreichen Manuskripte seiner Anfang der siebziger Jahre erschienenen Werke. Eine Berufung nach St. Andrews, an die älteste schottische Universität lehnte er ab. Als aber die Universität Cambridge einen Lehrstuhl für Experimentalphysik neu gründete und, erstmalig für England, mit einem großen Unterrichtslaboratorium ausstattete, versagte sich M. dieser für die britische Wissenschaft so wichtigen Aufgabe nicht. (In Großbritannien hatte es bisher nur ein physikalisches Universitätslaboratorium gegeben, das von William Thomson im schottischen Glasgow.) Der Bau und die Einrichtung des nach dem hauptsächlichsten Geldgeber so genannten "Ca-

vendish Laboratory" nahm viel Zeit in Anspruch; mit ihm begründete aber M. eine moderne Ausbildung und die berühmte Tradition der Experimentalphysik in Cambridge. [HE].

32 *Friedrich Wilhelm Georg Kohlrausch*, Physiker, geb. Rinteln (an d. Weser) 14.10.1840, gest. Marburg 17.1.1910, Sohn von *Rudolf K.* (geb. 1809, gest. 1858), der mit Wilhelm Weber 1856 die für die Entwicklung der Elektrizitätslehre grundlegende "Zurückführung der Stromintensitätsmessungen auf mechan. Maße" vornahm. K. war Prof. in Göttingen (1866), Zürich (1870) und Straßburg (1888) und nach Helmholtz' Tode 1895 Präs. der Physikalisch-Techn. Reichsanstalt in Berlin-Charlottenburg. Er stellte wichtige Untersuchungen über das Leitvermögen der Elektrolyte an, fand das nach ihm benannte Gesetz von der unabhängigen Wanderung der Ionen und führte Präzisionsbestimmungen der elektromagnet. Grundgrößen aus. 1870 verfaßte K. einen "Leitfaden der prakt. Physik", der als "Lb. der prakt. Physik" für alle ähnl. Werke vorbildlich wurde (3 Bde.,1968). [BR].

33 *Ludwig Boltzmann*, geb. 1844 in Wien, gest. 1906 in Duino bei Triest. Er studierte an der Universität Wien Physik, promovierte 1866, habilitierte sich 1867, war zwei Jahre Assistent Josef Stefans und wurde 1869 Professor für mathematische Physik an der Universität Graz. Danach hatte er Lehrstühle abwechselnd in Wien, München und Leipzig inne. Svante Arrhenius, Walther Nernst, Fritz Hasenöhrl und Lise Meitner zählen zu seinen Schülern. Boltzmann war ein Physiker von ungewöhnlicher Vielseitigkeit. In jüngeren Jahren arbeitete er erfolgreich auf experimentellem Gebiet (er bestätigte 15 Jahre vor Hertz die Maxwellsche Lichttheorie, indem er den von Maxwell geforderten Zusammenhang zwischen Brechungsindex und Dielektrizitätskonstante bei Schwefel nachwies), so daß Ernst Mach, selbst ein ausgezeichneter Experimentalphysiker, ihn einen "kaum zu übertreffenden Experimentator" nannte. Gegen Ende seines Lebens hat er sich stark mit philosophischen Fragen (Materialismus contra Idealismus) beschäftigt, doch galt zeitlebens sein Hauptinteresse der theoretischen Physik: "Ihr zum Preise ist mir kein Opfer zu groß, sie, die den Inhalt meines ganzen Lebens ausmacht."
Das zentrale Problem seiner theoretischen Lebensarbeit war die Rückführung der Thermodynamik auf die Mechanik und die dabei nötig werdende Beseitigung des Widerspruchs zwischen der Umkehrbarkeit mechanischer Vorgänge und der Einseitigkeit thermodynamischer Prozesse. Er erreichte dieses Ziel, indem er die Entropie S mit der Zustandswahrscheinlichkeit W in Zusammenhang brachte derart, daß die Zunahme der Entropie in einem abgeschlossenen System einem Übergang von einem weniger wahrscheinlichen in einen wahrscheinlicheren Zustand korrespondiert. Die (übrigens erst von Max Planck in dieser Weise geschriebene) Formel, welche als Inbegriff des Lebenswerks Boltzmanns auch dessen Ehrengrab auf dem Wiener Zentalfriedhof schmückt, heißt $S = k \ln W$ (k: Boltzmann-Konstante).
Von dieser Formel sagte Fritz Hasenöhrl: "Der Satz, daß die Entropie dem Logarithmus der Wahrscheinlichkeit proportional ist, ist einer der allertiefsten, schönsten der theoretischen Physik, ja der gesamten Naturwissenschaften." Dem entspricht es, daß die Entwicklung der modernen Physik ohne ihn nicht denkbar wäre. Er bildete den Ausgangspunkt der Quantentheorie sowohl in der Formulierung, welche ihr Max Planck im Jahre 1900 gab, als auch in der erweiterten Fassung, die von Albert Einstein

stammt (1905). Andere bedeutende Leistungen Boltzmanns sind seine in voller Allgemeinheit aus statistischen Erwägungen abgeleiteten Verteilungsformen für die Energie sich frei oder in Kraftfeldern bewegender Atome (Maxwell- Boltzmann-Verteilung) sowie die theoretische Begründung des von seinem Lehrer Josef Stefan auf empirischem Wege gefundenen Gesetzes über die Gesamtstrahlung des schwarzen Körpers (Stefan-Boltzmannsches Gesetz 1884).
Boltzmann war ein entschiedener Verfechter der Atomlehre, und die geringe Resonanz, ja Ablehnung, auf die er mit seinen Ansichten selbst bei hervorragenden Fachkollegen wie Wilhelm Ostwald, Ernst Mach und Max Planck stieß, bedeutete für ihn zeitlebens eine schlimme Enttäuschung. Seine Gegner wollten den Atomen nicht mehr den Rang einer in der Chemie allerdings sehr fruchtbaren Arbeitshypothese zugestehen, während er auf deren realer Existenz bestand und 1897 Galileis berühmte (legendäre) Worte in seinem Sinne anwandte: "Doch glaube ich von den Molekülen beruhigt sagen zu können: Und dennoch bewegen sie sich." Den eigentlichen Siegeszug der Atomtheorie, den Einstein 1905 mit seiner Theorie der Schwankungserscheinungen einleitete, hat er nicht mehr erlebt, obwohl er selbst es war, der bereits 1878 das Auftreten von Ungleichgewichten als notwendige Folge der statistischen Theorie vorausgesagt hatte (und die Brownsche Molekularbewegung ihm durchaus nicht unbekannt war).
Boltzmanns Vielseitigkeit erstreckte sich auch auf künstlerisches Gebiet. Er hat bei Anton Bruckner Musikstunden genommen, war ein glühender Verehrer der Klassiker (Shakespeares, Goethes, insbesondere aber Schillers) und hat nicht zuletzt eine der humorvollsten deutschen Reiseschilderungen geschrieben (Reise eines deutschen Professors ins Eldorado). Vielleicht hängt es mit der beginnenden Abnahme seiner geistigen Kräfte (und weniger Mangel an Anerkennung, denn letztere hat er in reichem Maße gefunden) zusammen, daß er 1906 während eines Sommeraufenthaltes in Duino im Alter von 62 Jahren seinem Leben ein Ende setzte. [HE].

34 *Heinrich Hertz*, geb. 22. Februar 1857 in Hamburg, gest. 1. Januar 1894 in Bonn. H. begann 1876 das Studium des Bauingenieurwesens und war überglücklich, als seine Eltern ihm das Physikstudium erlaubten. Er ging 1878 nach Berlin zu Helmholtz und gewann sogleich eine Goldmedaille bei einem Preisausschreiben der Universität. 1880 promovierte er mit der theor. Arbeit "Über die Induktion in rotierenden Kugeln", wurde Assistent von Helmholtz und arbeitete über Verdunstung und Kondensation von Flüssigkeiten, über Elastizität (wobei er u.a. eine klare Definition des Begriffes "Härte" gab) und über die Glimmentladung, dabei untersuchte er auch die damals rätselhafte physikalische Natur der Kathodenstrahlen. Er konnte weder die elektrostatische Ablenkung noch den reziproken Effekt der schon bekannten magnetischen Ablenkung, die Rückwirkung des Kathodenstrahls auf Magnetnadeln, auffinden. Die Ergebnisse von Hertz führten Helmholtz und viele andere, besonders in Deutschland, zu falschen Deutungsversuchen ("longitudinale Ätherwellen"). Hertz' letzte Experimentaluntersuchung, 1891, ist nochmals diesem Gebiet gewidmet. Die Hertzsche Beobachtung, daß dünne Metallschichten für Kathodenstrahlen durchlässig sind, gab seinem Schüler Philipp Lenard (Lenardfenster) u.a. den Schlüssel für die endgültige Lösung.
1883 habilitierte sich Hertz in Kiel mit seinen schon in Berlin ausgeführten "Versuchen über die Glimmentladung". Nun beschäftigte er sich wieder intensiv mit Problemen

der Elektrodynamik. Er wies nach, daß das auf Fernwirkungskräfte gegründete Gleichungssystem "in seinem gegenwärtigen Zustand sicherlich unvollständig" ist, daß vielmehr dieses System, konsequent ergänzt, die Maxwellsche Theorie ergeben muß. 1886 wurde Hertz als Nachfolger von Ferdinand Braun zum o. Professor an das Polytechnikum Karlsruhe berufen. Hier begannen seine Beobachtungen, die zur Entdeckung der Hertzschen Wellen führten. Die Absicht der Hertzschen Versuche "war die Prüfung der Fundamentalhypothesen der Faraday-Maxwellschen Theorie". Die Elektrodynamik alten Stils kannte nur ein (durch die zeitliche Änderung eines magnetischen Feldes) induziertes elektrisches Feld; Maxwell hatte die symmetrische Gleichung, das (durch die zeitliche Änderung eines elektrischen Feldes) induzierte magnetische Feld, hinzugefügt. Dieses erreicht einen nenneswerten Beitrag nur bei sehr hohen Frequenzen des sich ändernden elektrischen Feldes. Bisher hatte man elektrische Schwingungen von so hoher Frequenz nicht gekannt, deshalb hatten auch die Vor-Maxwellschen Theorien die Beobachtungen befriedigend wiedergegeben. Nach der Erzeugung der "sehr schnellen elektrischen Schwingungen" entdeckte Hertz, daß sich diese vom Schwingkreis lösen; am 13.11.1886 fand er die Übertragung seiner Wellen über einen Abstand von 1,5 m von einem primären auf einen sekundären "Stromkreis". Damit hatte er Sender und Empfänger elektrischer Wellen konstruiert. Am 2.12.1886 gelang ihm die Resonanzabstimmung der beiden Kreise. Als Nachweis für die elektromagnetischen Schwingungen diente Hertz meistens die optische Beobachtung von Funkenstrecken. Das führte ihn 1887 zur Entdeckung des lichtelektrischen Effekts (Photoeffekt), der später von Willhelm Hallwachs, Lenard u.a. genauer untersucht wurde. – In der Folge untersuchte Hertz die physikalische Natur der "Hertzschen Wellen" und zeigte ihre Reflexion (durch metallische Oberflächen), ihre Brechung (durch Prismen von Pech), ihre Transversalität und ihre Polarisation. Damit war erwiesen, daß die elektromagnetischen Wellen physikalisch den Lichtwellen entsprechen und sich von diesen nur durch die Wellenlänge unterscheiden.
Die Bedeutung seiner Entdeckung sah Hertz im Beweis der Maxwellschen Theorie: "Durch die Gesamtheit der geschilderten Versuche ist zum ersten Mal der Beweis geliefert worden für die zeitliche Ausbreitung einer vermeintlichen Fernkraft. Diese Tatsache bildet den philosophischen, in gewissen Sinne zugleich den wichtigsten Gewinn der Versuche." Die Möglichkeit einer technischen Anwendung, d.h. die heraufkommende Rundfunktechnik, hat Hertz nicht gesehen.
Hertz wurde 1889 als Nachfolger von Rudolf Clausius o. Professor für Physik in Bonn. Hier widmete er sich mehr theoretischen Problemen. 1890 gab er eine knappe und klare Darstellung der Elektrodynamik in der Arbeit "Über die Grundgleichungen der Elektrodynamik für ruhende Körper", die für den endgültigen Sieg der Maxwellschen Theorie, jedenfalls in Deutschland, entscheidend war. Fortan war die "Maxwellsche Theorie" das System der von Hertz angegebenen Gleichungen. Das Problem der "Elektrodynamik für bewegte Körper" konnte Hertz (1890) noch nicht lösen. Die Hertzsche "Mechanik", unter vollständigem Verzicht auf den Kraftbegriff aufgebaut, faszinierte als logisches System, zu irgendwelcher fruchtbaren Anwendung ist sie aber nicht gekommen. Die "außerordentliche, schöne und schön geschriebene" (Sommerfeld) "Einleitung" zu seinen "Prinzipien der Mechanik" behandelt die erkenntnistheoretischen Grundlagen der Physik und wird noch heute viel zitiert. [HE].

35 *Samuel Thomas von Sömmering*, 1755 bis 1830, lebte als Arzt in Frankfurt und war Mitglied der Münchener Akademie. S. erkannte bei anatomischen Studien die Bedeutung des blinden Flecks im Auge als empfindungslose Netzhautstelle. S. war ferner an der Entwicklung des Telegraphen beteiligt. Er schlug vor, mithilfe der Elektrolyse des Wassers anstelle eines Funkenüberschlags zu telegraphieren (Über einen elektrischen Telegraphen, Denkschrift d. Münchener Akademie II, 1809 – 1810). S. erfand auch die Methode, Drähte durch Umspinnen von Seide zu isolieren.

36 *Johann Philipp Reis*, geb. 7. Januar 1834 in Gelnhausen bei Frankfurt a.M., gest. 14. Januar 1874 in Friedrichsdorf bei Homburg v.d.H. Als Sohn eines Bäckers geboren, fehlten dem späteren Pionier des Fernsprechwesens die Mittel zum Studium der Naturwissenschaften. So wurde R. Lehrling in einem Farbengeschäft – und Autodidakt in seinen Lieblingsfächern, der Mathematik, der Physik und den Sprachen. Nachdem er seine Studien bei Rudolph Böttger und Adolph Poppe in Frankfurt vertieft hatte, trat er 1858 als Lehrer der Naturwissenschaften in die Garniersche Privatschule in Friedrichsdorf ein.

Hier vermochte er sich schrittweise der Verwirklichung seiner großen Idee zu nähern, die ihn schon als Achzehnjährigen beschäftigt hatte, "die Tonsprache selbst durch Hilfe des galvanischen Stromes direkt in die Ferne mitzuteilen". Während R. den von Wilhelm Wertheim und anderen untersuchten Effekt des Tönens eines Eisenstabes in einer stromdurchflossenen Drahtrolle für den Bau eines "Empfängers" nutzen konnte, fehlte ihm zunächst noch ein geeigneter "Geber", der akustische Impulse in elektrische umzusetzen vermochte. Hierzu studierte er eingehend die Mechanik des menschlichen Ohres. Das führte ihn nach seinem eigenen Bekenntnis schließlich zu einer Lösung des Problems: "Durch meinen Physikunterricht dazu veranlaßt, griff ich im Jahre 1860 eine schon früher begonnene Arbeit über die Gehörwerkzeuge wieder auf und hatte bald die Freude, meine Mühe durch Erfolg belohnt zu sehen, indem es mir gelang, einen Apparat zu erfinden, durch welchen es möglich wird, die Funktionen der Gehörwerkzeuge klar und anschaulich zu machen, mit welchem man aber auch Töne aller Art durch den galvanischen Strom in beliebiger Entfernung reproducieren kann. Ich nannte das Instrument 'Telephon'."

Das Kernstück seines verbesserten Telephons – eine Vorform hatte er bei seinem denkwürdigen Vortrag "Über Telephonie durch galvanischen Strom" am 26. Oktober 1861 im Physikalischen Verein zu Frankfurt vorgestellt – bestand aus einem Holzwürfel mit einer konischen Bohrung, deren kleinere Austrittsöffnung von einer Membran aus Schweinsdünndarm überspannt war. In der Mitte der Membran hatte R. ein kleines Platinplättchen aufgeklebt, das mit dem Empfänger über ein galvanisches Element verknüpft war, während er einen auf dem Plättchen aufliegenden Platindraht – gleichsam das Gehörknöchelchen seines Apparates – unmittelbar mit dem Empfänger verbunden hatte. Mit diesem Apparat gelang es R., Töne verschiedener Instrumente, "ja bis zu einem gewissen Grade die menschliche Stimme zu reproduzieren", wie Zeitgenossen glaubhaft bekundeten. Das Aufsehen, das R. hiermit erregte – sogar Kaiser Franz Joseph und König Max von Bayern ließen sich 1863 in Frankfurt von R. das Telephon vorführen – ging indessen nicht über eine allgemeine Neugier für technische Kuriositäten hinaus. Die Fachgelehrten hielten sich größtenteils zurück; Poggendorff verweigerte den Abdruck eines Aufsatzes von R. in den Annalen der Physik, weil er die

Erfindung für eine Spielerei hielt. Erst die erfolgreiche Vorführung seiner Erfindung auf der Naturforscher-Versammlung in Gießen (1864) brachte einige wissenschaftliche Anerkennung.
Um den Physikern die Wiederholung der "interessanten Experimente über Tonreproduktion auf entfernten Stationen" zu ermöglichen, baute er jetzt mit dem Mechaniker Wilhelm Albert in Frankfurt Geräte zum Verkauf. Sie fanden jedoch nur geringen Absatz, zumal sie – technisch noch sehr mangelhaft – nur mit viel Geschick bedient werden konnten. Da R. nicht erkannte, daß der Strom durch die Schwingungen der Membran nicht unterbrochen werden, sondern nur im Rhythmus der Schwingungen schwanken darf, kam er bei seinen weiteren Arbeiten zu keiner wesentlichen Verbesserung seiner Erfindung. Es entbehrt nicht der persönlichen Tragik, daß der Begründer der elektrischen Telephonie, der seine Schaffenskraft in den Dienst der Übertragung der Sprache gestellt hatte, in den letzten, von der Tuberkulose gezeichneten Monaten seines kurzen Lebens der Sprache selbst nicht mehr mächtig war.
Genau zwei Jahre später meldete der Professor für Vokalphysiologie an der Universität Boston, *Graham Bell*, ein Übertragungsgerät zum Patent an, von dem dann die Fernsprechtechnik ihren eigentlichen Ausgang nahm. [HE].

37 *Alexander Graham Bell*, geb. in Edinburgh 3.3.1847, gest. in Baddeck (Neuschottland) 1.8.1922, Taubstummenlehrer und Prof. für Physiologie der Stimme. Er erfand 1876 ein einfaches Telephon mit guter elektrischer Anpassung der Wandler, das im Prinzip noch heute in der Fernsprechtechnik verwendet wird. Bell gilt daher als Vater der Telephonie, obwohl Ph. Reis schon vor ihm Sprachen auf elektrischem Weg übertragen hat.
Sein Telephon-Patent wurde von der "Bell Telephon Company" ausgewertet. Diese Gesellschaft ging später in der "American Telephone und Telegraph Company" auf. [BR].

38 *Guglielmo Marconi*, geb. 25. April 1874 in Bologna, gest. 20. Juli 1937 in Rom. Ungewöhnliches experimentelles Geschick im Verein mit einer wachen Intelligenz und Phantasie ließen den zweiten Sohn einer schottischen Mutter und eines italienischen Vaters zum Pionier der drahtlosen Telegraphie werden. Zunächst nur von seiner Mutter verstanden und meist nur widerwillig vom Vater unterstützt, begann M., der sich während seiner Schulzeit mit Physik und Chemie beschäftigt hatte, 1894 gezielt Versuche mit Hertzschen Wellen zur Nachrichtenübertragung anzustellen. Indem er den primären Stromkreis einer Spule, die einen Righi-Oszillator speiste, mit einem Taster unterbrach, konnte er schließlich auf elektrischem Wege elektromagnetischen Wellen erzeugen und aussenden. Bis 1896 hatte M. seinen Sender, bei dem ihm ein sehr langer, senkrecht aufgespannter Draht mit eingeschalteter Funkenstrecke als Antenne diente, so weit verbessert, daß damit auf Entfernungen von mehreren Kilometern Signale übermittelt werden konnten. Schwächster Punkt der Anlage war der Empfänger, eine batteriegespeiste Röhre mit Metallpulverfüllung. Das Pulver wurde beim Auftreffen elektromagnetischer Wellen leitend, mußte dann jedoch durch Klopfen wieder in seinen Ausgangszustand gebracht werden, um ein weiteres Zeichen anzeigen zu können. Dieses von Oliver Lodge als Kohärer bezeichnete Gerät war 1890 von dem Pariser Professor Edouard Branly entwickelt worden und diente – nach einer Verbesserung durch M. – über ein Jahrzehnt der drahtlosen Telegraphie als einziger brauchbarer

Empfänger.

Noch im Jahre 1896 gelangen M. eindrucksvolle Versuchsvorführungen in London und am Bristol-Kanal, im Jahr darauf im Hafen von La Spezia. Die Öffentlichkeit wurde auf den jungen Erfinder aufmerksam; in England kam es zur Gründung der später nach M. benannten Wireless Telegraph Company. Auch die italienische Regierung sicherte M. ihre Unterstützung zu, so daß er jetzt mit größeren Mitteln an die Ausgestaltung der Übertragungstechnik gehen konnte.

Bereits im März 1899 vermochte M. den Kanal zwischen England und Frankreich zu überbrücken; im gleichen Jahr gelang ihm die Funkverbindung zwischen zwei Kriegsschiffen über eine Entfernung von 74 Meilen. Als ihm schließlich am 12. Dezember 1901 mit einem z.T. auf Erfindungen Nikola Teslas beruhenden neuen System erstmals eine Signalübermittlung über den Atlantik glückte, war endgültig der Beweis erbracht, daß die von ihm genutzten langen Wellen der Erdkrümmung folgen und damit einen weltweiten Funkverkehr ermöglichen. Die drahtlose Telegraphie begann ihren stürmischen Siegeszug; neben M. und Tesla war insbesondere auch Karl Ferdinand Braun maßgeblich an den ersten größeren Fortschritten dieser jungen, eng mit der Physik verbundenen Technik beteiligt. M. und Braun erhielten gemeinsam den Nobelpreis für Physik des Jahres 1909. [HE].

39 *Willebrord Snellius* (Snell van Rojen), niederländischer Mathematiker und Physiker, geb. 1580 in Leiden, gest. 30.10.1626 ebd., führte zur Bestimmung der Erdfigur eine Gradmessung durch, bei der er als erster die Länge des Gradbogens mit Hilfe einer Triangulation bestimmte und auch eine Lösung des Rückwärtseinschnittes fand. In der Veröffentlichung seiner Ergebnisse ("De terrae ambitus vera quantitate", 1617) führte er sich als "Eratosthenes Batavus" ein; unabhängig von Descartes fand er das Gesetz der Strahlenbrechung (etwa 1620). [BR].

40 *Isaac Newton*, geb. 4. Januar 1643 in Woolsthorpe, gest. 31. März 1727 in Kensington. N. wurde nach dem Tode seines Vaters geboren und wuchs bei der Mutter und Großmutter auf. Er besuchte die Dorfschule, dann die Lateinschule des Nachbarstädtchens Grantham. Ein Onkel, der Pfarrer war, bewirkte, daß der Knabe nicht den väterlichen Bauernhof übernehmen mußte, sondern seiner übermächtigen Neigung zu mathematischen Studien, experimentellen Untersuchungen und handwerklichen Konstruktionen folgen durfte. So bezog er mit 18 Jahren die Universität Cambridge und hatte dort das Glück, in Isaac Barrow den Mathematiklehrer zu finden, der seine Begabung förderte. Als 1665 die Pest England heimsuchte, verbrachte N. zwei Jahre daheim in Woolthorpe. Er hatte selber bekannt, daß er damals in der Blüte seiner schöpferischen Kräfte stand. Sowohl seine Leistungen in der Infinitesimalrechnung wie in der Mechanik und Optik haben ihre Wurzel in jener Zeit.

Von Barrow angeregt, beschäftigte er sich mit optischen Arbeiten. Er wollte ein Fernrohr von größerer Schärfe bauen, konnte aber keine Linsen ohne Farbzerstreuung schleifen. Um die Entstehung dieser Farben zu prüfen, untersuchte er das Licht mit einem Prisma. Er ließ einen Sonnenstrahl durch ein Loch ins verdunkelte Zimmer fallen, sammelte ihn mit einer Linse auf das Prisma und wunderte sich, daß das dahinter erscheinende Farbenband fünfmal länger als breit war. Wenn er ein zweites Prisma verkehrt hinter das erste hielt, wurde das Farbenband wieder in einen weißen Lichtkreis gesammelt. Ein anderer Versuch offenbarte den Grund für die Verlängerung des farbigen Bildes. Er stellte ein Brett mit einem Loch senkrecht in das Farbenband auf, so daß nur ein einzelner farbiger Strahl durch das Loch fiel, und brachte ein zweites Prisma in den Gang des einfarbigen Strahles. Dieser wurde nochmals gebrochen, behielt aber seine Farbe. Indem N. den Versuch mit jeder Farbe wiederholte, zeigte es sich, daß die roten Strahlen am wenigsten, die violetten am stärksten gebrochen wurden und daß dies mit dem Ergebnis der Zerstreuung hinter dem ersten Prisma übereinstimmte. N. zog die Folgerung: Das weiße Licht ist aus Strahlen verschiedener Brechbarkeit zusammengesetzt, und die Farbe ist mit der Brechbarkeit untrennbar verbunden. Daher schien es, als ob es keine Linsen ohne Farbzerstreuung (Dispersion) geben könne. Statt eines Linsenfernrohrs wollte er daher ein Spiegelfernrohr bauen, um einen guten schleifbaren spiegelnden Stoff zu erhalten, begann er seine Versuche über Metallschmelzen. 1668 und 1671 konnte er nach langwierigen Schleifarbeiten die zwei ersten Spiegelfernrohre vollenden. Das zweite brachte ihn mit der Royal Society in Verbindung.

1969 beschloß Barrow, sich ganz der Theologie zu widmen, und veranlaßte, daß N. sein Nachfolger als Professor der Mathematik wurde. Sein Amt gewährte bescheidenen Unterhalt und Muße zur Forschung. So besorgte er eine Ausgabe des besten geophysikalischen Lehrbuches, der "Geographia generalis" von Bernhard Varenius. In der Stille setzte er seine mathematischen, optischen und chemischen Untersuchungen fort. Von Descartes und John Wallis ausgehend, begründete er die Infinitesimalrechnung und die Reihenlehre, bestimmte Krümmung und Wendepunkt vieler Kurven. Veränderliche Größen nannte er Fluenten, die Geschwindigkeiten ihrer Änderung Fluxionen, und ermittelte aus den Fluenten die Fluxionen und umgekehrt.
Im Gebiete der Optik beschäftigten ihn die regenbogenfarbigen Ringe, die sich beim Aufeinanderlegen zweier Linsen zeigen. Er nahm genaue Messungen vor und brachte jede Farbe mit den Dicken der Luftschicht zwischen den beiden Linsen in Beziehung (Newtonsche Ringe). Auch die von Grimaldi entdeckten Farbränder der Schatten schmaler Körper wurde genauer geprüft. Erst 1704 ließ er seine zum Lehrgebäude geordnete "Optik" erscheinen. Ihren Schluß bilden 31 ausführliche Fragen über ungeklärte Gegenstände. Er wollte die Erscheinung der Natur nach Maß und Zahl exakt ergründen.
Die schönste Frucht pflückte N. in der Astronomie. Galilei hatte ausgesprochen, daß ein einmal angetriebener Körper sich unbeschleunigt fortbewege; eine Änderung des Bewegungszustandes ergebe sich nur, wenn eine neue Kraft einwirke. Die Anziehungskraft der Sonne schien die Planeten auf ihrer Bahn zu führen; eine entgegenwirkende Fliehkraft schien zu verhindern, daß sie gegen die Sonne stürzen. Aus dem dritten Keplerschen Gesetz, das die Umlaufzeiten der Planeten mit ihren Sonnenabständen in Beziehung setzt, folgerte N., daß die Anziehung der Sonne mit dem Quadrate der Entfernung abnehme. "Hieraus weiter schließend, verglich ich die Kraft, die nötig ist, um den Mond in seiner Bahn zu halten, mit der Schwerkraft auf der Erdoberfläche und fand, daß sie fast genau gleich sind." N. vermutete also, daß die Anziehung, die das Fallen der Körper bewirkt, bis zum Mond reiche und ihn ständig von der geradlinigen Bewegung ablenke. Da der Mond sich in einem Abstand von 60 Erdradien befindet, sollte die Erdanziehung dort 3600 mal schwächer sein als auf der Erdoberfläche. Aus Bahngrößen und Umlaufzeit des Mondes ließ sich sein sekundliche "Fallstrecke" zur

Erde berechnen. Der erhaltene Wert mal 3600 sollte dem Weg entsprechen, den ein Körper auf der Erdoberfläche in der ersten Sekunde durchfällt. Die Rechnung ergab eine zu kleine Zahl; es schienen Descartes' Wirbel mitwirkend das Fallen des Mondes zu bremsen.

1682 erfuhr N., daß die Erde größer sei, als man bisher gemeint hatte. Eine Gradmessung von Jean Picard in Frankreich ergab den neuen Wert. Der um 60 Erdradien entfernte Mond war somit weiter weg, die Bahn länger, die sekundliche Fallstrecke größer. Nun stimmte der Vergleich mit dem Fallraum der Körper auf Erden; die Wirbel schieden aus, und die Bewegungen der Planeten und Monde konnten mathematisch erfaßt werden. In einem einzigartigen Schaffensrausche vollendete N. sein Hauptwerk, die "Philosophiae naturalis principia mathematica" (Mathematische Grundlagen der Naturwissenschaften). Bei unablässigem Nachdenken erkannte er in plötzlicher Erleuchtung (nach der Legende beim Betrachten des senkrechten Falls eines Apfels), daß man sich für die Berechnung die Anziehungskraft der Erdmasse in ihrem Mittelpunkt vereinigt denken muß. Sie wirkt längs der Verbindungsgeraden der beiden Mittelpunkte auf die andere Kugel. Die Kräfte müssen im Verhältnis zu den Massen stehen. In der Sitzung der Royal Society vom 28. April 1686 lag Newtons Handschrift vor. Der Astronom Edmond Halley nahm die Last und die Kosten der Drucklegung auf sich. Er stand seit längerer Zeit mit N. in Verbindung und wußte, daß hier Aufgaben gelöst waren, an denen er selber und andere sich vergeblich versucht hatten. Das Werk umfaßte drei Teile. Die beiden ersten behandelten, von den Newtonschen Axiomen ausgehend, mathematisch die Bewegung der Körper, während der dritte allgemeiner verständlich das Weltgebäude erläuterte. Durchgeführt wurde das Prinzip der allgemeinen Gravitation, wonach zwei Körper sich im Verhältnis ihrer Massen und im umgekehrten Verhältnis des Quadrates ihres Abstandes anziehen. Nicht nur Sonne und Planet oder Planet und Mond wirken aufeinander, sondern auch Sonne und Mond wirken aufeinander, oder Planet und Planet. Aus wechselnden gegenseitigen Stellungen gehen die Ungleichheiten der Mondbahn, die Bahnstörungen der Planeten hervor. N. unterschied die Begriffe Masse und Gewicht. An der Erdoberfläche wirkt die Fliehkraft des sich drehenden Planeten der Anziehung entgegen. Derselbe Stein muß am Nordpol schwerer sein als am Äquator. Das Gewicht verringert sich durch die Fliehkraft; die Masse bleibt dieselbe. – N. dachte sich von der Erdmitte aus je ein Rohr zum Pol und zum Äquator gelegt. Das Wasser im Polarm wäre schwerer, weil sein Gewicht nicht durch die Fliehkraft verringert wird. Damit diese Wasserkanäle sich das Gleichgewicht halten, mußte der Äquatorarm verlängert werden, so daß das Verhältnis der Arme 230 : 229 wäre. Die Erde sollte an den Polen abgeplattet sein.
Der Meeresspiegel steigt und fällt. Auf der Erdseite, die sich am Monde vorbeidreht, herrscht Flut, zugleich aber auch auf der vom Monde abgewandten. Um dies zu erklären, betrachtete N. die Erde und ihr Wasser auf beiden Seiten als drei Körper. Da die anziehende Kraft des Mondes mit der Entfernung abnimmt, wird das Wasser auf der mondnahen Seite stärker angezogen als die Erde und diese wiederum stärker als das abgewandte Wasser. Stehen Sonne und Mond mit der Erde in einer Linie (bei Neumond und Vollmond), so treten die starken Springfluten auf; stehen sie zur Erde in einem rechten Winkel (bei Halbmond), so ergeben sich aus den ausgleichenden Einflüssen die schwachen Nippfluten.

In der Überzeugung, daß auch die Kometen der allgemeinen Anziehung gehorchen, vermutete N., daß sie in flachen, langgestreckten Ellipsen um die Sonne laufen. Halley, der ihm ein Verzeichnis von 24 Kometenbahnen herstellte, bemerkte, daß die Bahnen der Kometen von 1531, 1607 und 1682 übereinstimmten. Es war dreimal derselbe Komet gewesen, und seine Wiederkehr ließ sich für 1759 voraussagen.

In den Jahren nach der großen Anstrengung widmete sich N. der Chemie und der Theologie. Die englischen Gelehrten jener Zeit anerkannten eine doppelte Erkenntnisquelle: die Natur und die göttliche Offenbarung der Bibel. Mit Ausdauer bemühte sich N. um die biblische Chronologie, um die Deutung der Prophezeiungen Daniels und der Apokalypse, um die Lektüre der kirchenväterlichen Schriften. John Lock bezeugt, daß sich in der Theologie und der Kenntnis der Heiligen Schrift kaum einer mit N. messen konnte. Nichts bereitete ihm größere Freude, als daß sein naturwissenschaftliches Werk dazu diente, den Glauben an ein göttliches Wesen zu stärken. Physik war für ihn "Betrachtung Gottes auf Grund der sich vollziehenden Erscheinungen".
N. kehrte wieder zu den "Prinzipien" zurück. Die Mondtheorie darin genügte ihm nicht. Der Mond kreist in 30 Tagen um die Erde, manchmal schneller, manchmal langsamer. Geht er dabei der Sonne zu, so beschleunigt sie ihn; geht er von ihr weg, so verzögert sie ihn. Doch infolge der Einwirkung der verschiedenen Planeten ist die Mondbewegung noch verwickelter. Niemand hatte so genau Mondortsbeobachtungen gesammelt wie John Flamsteed in Greenwich. 1694 teilte er ein Verzeichnis davon N. mit.
Bald darauf trat ein Ereignis ein, das N. vorübergehend der Forschung entriß. England war von schlechten Münzen überschwemmt; eine Münzumprägung drängte sich auf. Wer sollte in dieser Zeit das verantwortungsvolle Amt des Münzaufsehers übernehmen ? Schatzkanzler Charles Montague, der in Cambridge studiert hatte, erinnerte sich des dortigen Sachverständigen für Metallegierungen und rief den 53jährigen Forscher nach London. N. widmete sich der Finanzreform mit voller Hingabe. Er entwarf 529 Parlamentsakten. Die Umprägung dauerte von 1696 bis 1699 und wurde technisch und wirtschaftlich ein Erfolg. N. wurde zum Münzverwalter befördert und von Königin Anna geadelt.
Die Prägestelle hatte ihre Leistung vervielfacht. Jetzt fand N. wieder etwas freie Zeit. 1700 erfand er den Spiegelsextanten; 1701 veröffentlichte er eine "Tabelle der Wärmemengen und Wärmegrade"; 1703 baute er aus sieben Linsen ein überaus kräftiges Brennglas. Im gleichen Jahr wurde er Präsident der Royal Society. Da der neue König bereit war, den Druck eines Werkes zu zahlen, dachte N. an Flamsteeds großen Sternkatalog und betreute die Ausgabe.

Nachdem N. schon früher Auseinandersetzungen mit Robert Hooke zu bestehen hatte, sah er sich, als er 1704 endlich seine Fluxionsrechnung vorlegte, in lästiger Prioritätsstreitigkeiten mit Leibniz über die Erfindung der Differentialrechnung verwickelt. Neben die Schatten aber trat das Licht. Es war N. vergönnt, 1713 und 1726 erweiterte Neuausgaben seiner "Prinzipien" abzuschließen und beide Male einen Anhänger als prüfenden Helfer zu finden. Es war das eine Mal der Cambridger Professor Roger Cotes, das andere Mal der Londoner Arzt Henry Pemberton. Ihre Briefwechsel mit N. sind Zeugnisse ausdauernder gemeinsamer Arbeit.
Die Physik des 18. Jh.s wurde zunehmend von N. geprägt. Die Gravitationslehre

erwies ihre Fruchtbarkeit. Auf dem Festland wurde sie gepflegt von Daniel Bernoulli und Leonhard Euler, dann von den Franzosen Alexis-Claude Clairaut und Jean le Rond d'Alembert, von Joseph-Louis Lagrange und besonders von Pierre-Simon Laplace. In Deutschland erwuchsen ihr in Carl Friedrich Gauß und Friedrich Wilhelm Bessel weitere Träger.
Hinter der Wirkung verschwand das Bild des Menschen. David Brewster versuchte es genauer zu zeichnen. Im 20. Jh. hat eine verstärkte N.- Forschung begonnen. [HE].

41 *Christian Huygens*, niederländ. Physiker und Mathematiker, geb. Den Haag 14.4.1629, gest. ebd. 8.7.1695, wandte sich nach anfänglichem Studium der Rechtswissenschaft mathemat. Forschung zu und veröffentlichte u.a. 1657 eine Abhandlung über Wahrscheinlichkeitsrechnung. Zur selben Zeit erfand er die Pendeluhr. Im März 1655 entdeckte er den ersten Saturnmond, 1656 den Orionnebel und die Gestalt des Saturnringes. Auch mit den Gesetzen des Stoßes und mit denen der Zentralbewegung war er bereits damals vertraut, machte sie – ohne Beweise – aber erst 1669 bekannt. 1663 wurde H. zum Mitglied der Royal Society gewählt, 1665 siedelte er als Mitglied der neugegründeten Französ. Akademie der Wissenschaften nach Paris über, von wo er 1681 nach Holland zurückkehrte. Nachdem er bereits 1657 die kleine Abhandlung "Horologium" und 1659 sein "Systema Saturnium, sive de causis mirandorum Saturni phaenomenon" veröffentlicht hatte, erschien 1673 sein Hauptwerk: "Horologium oscillatorium" (Die Pendeluhr), das neben der Beschreibung einer verbesserten Uhrenkonstruktion eine Theorie des physikal. Pendels enthält.
Ferner finden sich darin Abhandlungen über die Zykloide als Isochrone und wichtige Sätze über die Zentralbewegung und Zentralkraft. Aus dem Jahre 1675 datiert H., Erfindung der Federuhr mit Unruh, aus dem Jahre 1690 stammt der "Tractatus de lumine", die Abhandlung über das Licht, worin eine erste Art Wellentheorie (Stoßtheorie) des Lichtes und mit ihrer Hilfe die Theorie der Doppelbrechung des isländ. Kalkspates entwickelt wird; darin wird die kugelförmige Ausbreitung der Wirkung rings um die Lichtquelle mittels des Huygensschen Prinzips erklärt.[BR].

42 *Augustin Jean Fresnel*, französ. Physiker, geb. Broglie bei Bernay (Eure) 10.5.1788, gest. Ville d'Avray bei Paris 14.7.1827, war zuerst Ingenieur und begründete 1815 zum erstenmal exakt die Wellentheorie des Lichtes. Seine experimentellen und theoret. Arbeiten betreffen die Beugung, Interferenz, Polarisation, Doppelbrechung und Aberration des Lichtes. Zur Demonstration der Interferenz erfand F. u.a. den nach ihm benannten Doppelspiegel und das Biprisma. Seine Theorie transversaler Lichtwellen entwickelte er 1821 aufgrund einer Anregung von Th. Young. F. konstruierte ferner Ringlinsen, die noch heute in Leuchttürmen verwendet werden.[BR].

43 *Johannes Kepler*, geb. 27. Dezember 1571 in Weil der Stadt, gest. 15. November 1630 in Regensburg. Überzeugt und begeistert vertrat K. das heliozentrische Weltbild, das ihm schon während seines Studiums der Theologie in Tübingen bei seinem Lehrer Michael Maestlin bekannt geworden war. 1594 ging er als Landschaftsmathematicus nach Graz, wo es zu seinen Aufgaben gehörte, einen Jahreskalender mit den üblichen astronomischen, astrologischen und meteorologischen Vorhersagen anzufertigen. Der Erfolg mit den ersten Prophezeiungen trübte nicht seine Skepsis gegenüber der Astrologie, dem "närrischen Töchterlein der Astronomie", aber er beflügelte Kepler, und schon 1596 entstand sein wissenschaftliches Erstlingswerk, das Mysterium Cosmogra-

phicum: "Drei Dinge waren es vor allen, deren Ursachen ich unablässig erforschte", sagte Kepler, "nämlich die Anzahl, Größe und Bewegung der Planeten." "Dies zu wagen", erläuterte Kepler in der Vorrede, "bestimmte mich jene schöne Übereinstimmung der ruhenden Dinge, der Sonne, der Fixsterne und des Zwischenraumes mit Gott dem Vater, dem Sohne und dem Heiligen Geist." Der Himmel ist also, was die ruhenden Dinge betrifft, ein Abbild der Heiligen Dreieinigkeit. "Da sich die ruhenden Dinge so verhielten", so argumentierte K., "zweifelte ich nicht an einer entsprechenden Harmonie der bewegten Dinge", d.h. also der Planeten, von denen damals sechs bekannt waren. Nach langem Suchen und Kombinieren glaubte er die Erklärung für die Sechszahl der Planeten in der Fünfzahl der regulären oder platonischen Körper gefunden zu haben. Wenn man die fünf regulären Körper: Würfel, Tetraeder, Dodekaeder, Ikosaeder und Oktaeder so ineinanderbaut, daß die in den einen Körper einbeschriebene Kugel übereinstimmt mit der umbeschriebenen des nächsten Körpers, hat man vier Kugelschalen zwischen den Körpern; mit der umbeschriebenen Kugel des größten und der einbeschriebenen Kugel des kleinsten Körpers sind dies gerade sechs Kugelschalen oder Sphären. So glaubte der 25jährige Kepler das Geheimnis des Weltenbauers im Prinzip gelöst, die Frage beantwortet, warum es gerade sechs und nicht "zwanzig oder hundert" Planeten gibt, und das Problem der Planetenabstände geklärt.
K. übersandte seine Schrift auch an Tycho Brahe, der von K.s schöpferisch- mathematischer Begabung beeindruckt war. Als Brahe 1599 als kaiserlicher Mathematiker nach Prag übersiedelte, zog er 1600 Kepler nach. Brahe hatte noch vor Erfindung des Fernrohres mit einer bisher ungekannten Genauigkeit und Systematik Beobachtungsdaten gesammelt und beauftragte K., die Marsbewegungen zu analysieren: "Ich glaube, es war ein Werk der Vorsehung ... Denn Mars allein versetzt uns in die Lage, in die Geheimnisse der Astronomie einzudringen, die uns sonst für immer verborgen bleiben würden" (Kepler).
Innerhalb von acht Tagen wollte K. das Problem der Marsbahn lösen und schloß sogar eine Wette darüber ab. Aus den acht Tagen wurden mehrere Jahre, aber Kepler gelang es, eine Übereinstimmung zwischen Beobachtung und Theorie zu erzielen, die es bisher noch nie gegeben hatte: die Keplerschen Gesetze, hierin vergleichbar nur mit den Fallgesetzen Galileis, markieren die Wende zur neuzeitlichen Naturwissenschaft: Der phantasievolle Kepler, der in grandiosen Bildern und Gleichnissen den Bau des Weltalls zu erfassen strebte, erkannte die Notwendigkeit, "das äußerlich Wahrgenommene mit den inneren Ideen zusammenzubringen und ihre Übereinstimmung zu beurteilen". Kepler prüfte also wieder und immer wieder, durch ungeheuer mühevolle Rechnungen, ob seine Vorstellungen mit den Beobachtungen in Einklang stehen. Schließlich ergab sich aus einem plausiblen Ansatz eine maximale Abweichung von acht Bogenminuten: "Nachdem uns die göttliche Gabe in Tycho Brahe einen so sorgsamen Beobachter geschenkt hat, daß sich aus seinen Beobachtungen der Fehler der Rechnung im Betrag von acht Minuten verrät, geziemt es sich, daß wir dankbaren Sinnes diese Wohltat Gottes anerkennen und ausnützen, d.h. wir sollen uns Mühe geben, endlich die wahre Form der Himmelsbewegungen aufzuspüren." K. verwarf also seine bisherigen Vorstellungen und suchte nach einem neuen Modell. Als christlicher Neuplatoniker und Neupythagoräer war er überzeugt, daß Gott die Welt nach einem geometrischen Bauplan entworfen hat, in den sich die Beobachtungen vollkommen einfügen. Gerade in dieser Forderung bestand die wesentliche Wendung zur Nuova Scienza. K. selbst sagte

mit Recht: "Diese acht Minuten wiesen den Weg zu Erneuerung der ganzen Astronomie." Nach dem 2. Keplerschen Gesetz fand er kurz nach Ostern 1605 das erste Keplersche Gesetz. Wie bei den Fallgesetzen Galileis zählte mehr noch als das konkrete und richtige Ergebnis die benutzte Methode, "das äußerlich Wahrgenommene mit den inneren Ideen zusammenzubringen".
Schon 1604 hatte K. optische Untersuchungen veröffentlicht; die Nachricht in Galileis Schrift "Sidereus Nuncius" von 1610 über die Erfindung des Fernrohres und die ersten Entdeckungen (die einen anderen vielleicht mit Neid und Mißgunst erfüllt hätten) setzten ihn in helle Begeisterung, und er verfaßte seine "Dissertatio cum Nuncio Sidereo". 1611 erschien K.s Dioptrik, wo ein für kleine Einfallswinkel gültiges Brechungsgesetz, die Theorie des Keplerschen Fernrohres (mit zwei Konvexlinsen) mitgeteilt wird: "Mit vertauschten Rollen stehen die zwei Großen auf der Bühne der Geschichte: Der Held des Tages ist Galilei, weil in seiner Hand das Fernrohr ist, das eigentlich in die Keplers gehörte, denn der Optiker ist nicht Galilei, sondern Kepler" (Franz Hammer).
Kepler, der nach dem Tode von Tycho Brahe (1601) dessen Nachfolger als kaiserl. Mathematiker angetreten hatte, verlebte in Paris die glücklichsten Jahre seines Lebens. 1611 trafen ihn schwere persönliche Schicksalsschläge (Tod der ersten Frau); K. übersiedelte 1613 nach Linz, wo er bis 1626 wirkte. Hier veröffentlichte er 1618/20 über das kopernikanische Weltbild ein umfangreiches Lehrbuch, in dem der Stoff in Fragen und Antworten gegliedert ist. 1619 erschienen auch die "Harmonices Mundi", das Werk, in dem Keplers Denken, Fühlen und Ahnen wohl am deutlichsten zum Ausdruck kommt. Auch die Gemütskräfte sind ja für Kepler Mittel, das Geheimnis der Schöpfung zu erfassen. Überall im Planetensystem sah Kepler Harmonien, "nach höchstem Ratschluß einander so angepaßt, daß sie sich gegenseitig als Teile eines einzigen Bauwerkes gleichsam tragen"; Kepler hörte eine überirdische Sphärenmusik, "eine fortwährende mehrstimmige Musik (durch den Verstand, nicht das Ohr erfaßbar)".
Viel Arbeit kosteten K. die auf der Grundlage des neuen Weltbildes errechneten neuen Planetentafeln, die "Tabulae Rudolphinae". Diese wurden, da sie sich als genauer als alle anderen Berechnungen erwiesen, in der Generation nach K. mehr als alle anderen Werke anerkannt; die Übereinstimmung mit der Beobachtung schrieb man aber nicht der besseren Theorie, sondern der besseren Mathematik zu.
Die Rudolphinischen Tafeln ließ K. in Ulm drucken. Mehrere Reisen und ein Aufenthalt in Sagan (Schlesien), wo Wallenstein residierte, schlossen sich an. Um die Auszahlung seines Gehaltes zu betreiben, das ihm der Kaiser seit Jahren schuldete, kam er Ende 1630 zum Kurfürstentag nach Regensburg. Hier starb Kepler, der selbst den schwer übersetzbaren Grabspruch verfaßt hatte:
"Mensus eram coelos, nunc terrae metior umbras. Mens coelestis erat, corporis umbra iacet." Himmel durchmaß mein Geist, nun meß ich die Tiefen der Erde; Ward mir vom Himmel der Geist, ruht hier der irdische Leib. [HE].

44 *René Descartes*, geb. 31.3.1596 La Haye, gest. 11.2.1650 Stockholm. D. war Sohn eines Rates beim Parlament der Bretagne und wurde in einem Jesuitenkolleg erzogen. Er begann anschließend ein Jurastudium und nahm seit 1618 an verschiedenen Feldzügen teil. Seit 1622 unternahm D. Reisen in viele Länder Europas, ließ sich 1628 in den Niederlanden nieder und lebte seit 1649 als Lehrer der Philosophie in Schweden. Das mathemat. Hauptverdienst von D. ist die Begründung der analyt. Geometrie in

seiner “Géometrie” (1637), die auch die Weiterentwicklung der Infinitesimalrechnung wesentlich beeinflußt hat. [BR].

45 *Pierre de Fermat*, französ. Mathematiker, geb. Beaumont der Lomagne (bei Montauban) 17.(?) 8.1601, gest. Castres bei Toulouse 12.1.1665, war seit 1631 Parlamentsrat in Toulouse. Seine mathemat. Entdeckungen wurden den Zeitgenossen nur durch Abschriften und briefliche Andeutungen bekannt. Er erarbeitete sich strenge infinitesimale Methoden (Extremwert- und Tangentialbestimmungen, Quadraturen u.a.), beschäftigte sich mit Wahrscheinlichkeitsproblemen und leitete das Brechungsgesetz der Optik aus dem Minimalprinzip (Fermatsche Prinzip) ab: Ein Lichtstrahl verhält sich bei Spiegelung und Brechung so, daß er für den Gesamtweg die kürzeste Zeit benötigt.
Das Studium der antiken Mathematiker führte F. zur Achsengeometrie (Anfänge der analyt. Geometrie). Für seine zahlentheoretischen Einsichten fehlte den Zeitgenossen das Verständnis. Untersuchungen von Teilbarkeitseigenschaften führten auf den kleinen Fermatschen Satz: Ist a eine ganze Zahl, die sich durch die Primzahl p nicht teilen läßt, so ist $a^{p-1} - 1$ durch p teilbar. Der große Fermatsche Satz (besser: Vermutung) besagt, daß die Gleichung $a^m + b^m = c^m$ in ganzen Zahlen a, b, c für ganzzahlige Exponenten m (m größer als 2, da z.B. $3^2 + 4^2 = 5^2$) nicht lösbar ist. Für einen vollständigen Beweis hatte der Mathematiker *P. Wolfskehl* vor dem ersten Weltkrieg einen Preis von 100.000 Mark ausgesetzt, der durch die Inflation entwertet wurde. Der Beweis dieser Vermutung ist bis heute nocht nicht vollständig, d.h. für alle m, gelungen, doch haben die Versuche dazu die Zahlentheorie sehr gefördert. Die Vermutung F.s, daß die Zahlen $F_q = 2^n + 1$ mit $n = 2^q$ alle Primzahlen seinen, wurde 1732 von *L. Euler* widerlegt: für $q = 5$ ist $F_5 = 2^{32} + 1 = 6416700417$, also keine Primzahl. [BR].

46 *Galileo Galilei*, geb. 15. Februar 1564 in Pisa, gest. 8. Januar 1642 in Arcetri bei Florenz. Nach einer humanistischen-sprachlichen Ausbildung im Benediktiner-Kloster in Vallombrosa bezog G. 1581 die Universität Pisa, um nach des Vaters Willen Medizin zu studieren. Daß er im Dom zu Pisa schon 1583 an einem schwingenden Leuchter die Gesetze der Pendelschwingungen erkannt habe, ist wohl Legende. Fest steht indes, daß sich sein Interesse, das zunächst der aristotelischen Philosophie und den antiken Ärzten gegolten hatte, bald stark der Mathematik, Euklid und besonders Archimedes, zuwandte. An diesen anschließend, verfaßte er 1585/86 seine ersten selbständigen Arbeiten über den Schwerpunkt der Körper und über die Konstruktion einer hydrostatischen Waage.
Durch die Fürsprache des einflußreichen Mathematikers und Physikers Guidobaldo del Monte erhielt der 25jährige Gelehrte eine Professur für Mathematik an der Universität Pisa, wo ihm oblag, über die Geometrie Euklids und über die “Sphaera”, d.h. über die Elemente des ptolemäischen (geozentrischen) Planetensystems, ganz im herkömmlichen Sinne Vorlesungen zu halten. Aber darüber hinaus beschäftigte sich G. mit der Aufgabe, die ganze qualitativ gerichtete Bewegungslehre des Aristoteles zu mathematisieren, so wie Archimedes die Statik mathematisiert hatte.
Besonders reizte G. das Problem des fallenden Körpers. An der aristotelischen Bewegungslehre, die annimmt, daß der schwerere Körper schneller falle als der leichtere, begann er heftige Kritik zu üben. Er war nicht der erste, der mit solcher Kritik hervortrat. In einer um 1590 abgefaßten Schrift “De Motu” (Über die Bewegung), die

aber zu Galileis Lebzeiten nicht gedruckt wurde, kam er zu der – übrigens auch schon vor G. geäußerten – Meinung, daß ein Körper um so schneller falle, je größer sein spezifisches Gewicht sei. Er sagte, durch Fallversuche von einem hohen Turm habe er mehrfach bewiesen, daß Blei schneller falle als Holz. Daß G. bereits 1590 durch Fallversuche am schiefen Turm zu Pisa bewiesen habe, "daß alle Körper gleich schnell fallen", ist also auch nur Legende. In Wirklichkeit rang G. fast zwei Jahrzehnte um die richtige Formulierung und fand das Fallgesetz nicht durch Experimente, sondern durch Gedankenversuche und mathematische Betrachtungen, ganz im Geiste des christlichen Neuplatonismus.

1592 ging G. an die venezianische Universität Padua. Die 18 Jahre seiner Paduaner Zeit waren die glücklichsten seines Lebens. In dieser Epoche vermochte er seine neue Bewegungslehre als eine wahrhaft neue Wissenschaft, eine "nuova scienza", zu begründen und wesentliche astronomische Entdeckungen zu machen. Daneben beschäftigten ihn auch fortgesetzt technische Probleme.

Das Jahr 1609 bezeichnete den Beginn seiner astronomischen Entdeckungen. In Venedig erfuhr Galilei im Sommer 1609, daß ein Niederländer ein Fernrohr erfunden hat, mit dem man weit entfernte Gegenstände scharf zu erkennen vermag. Er berichtete später: "Nachdem ich dies erfahren hatte, ging ich nach Padua ... und fing an, über dieses Problem nachzudenken. Ich löste es in der ersten Nacht nach meiner Rückkehr, und den Tag darauf fertigte ich das Instrument. Dann machte ich mich sogleich daran, noch ein anderes, vollkommeneres herzustellen, welches ich sechs Tage später nach Venedig brachte, wo es mit großer Verwunderung fast alle vornehmeren Edelleute der Republik sahen".

Ein solches Instrument überreichte er der venezianischen Regierung, die ihn dafür reichlich belohnte. G. war also nicht der Erfinder des Fernrohres, aber sein Instrument war sicher besser als jedes früher gebaute; er richtete es als einer der ersten zum Himmel und vermochte, dank seiner ausgezeichneten Beobachtungsgabe, überraschende Entdeckungen zu machen, die er 1610 in der lateinischen Schrift "Sidereus Nuncius" (Sternbotschaft) bekanntgab. So sah er unter anderem, daß der Mond Gebirge und Täler aufweist wie die Erde, daß die Milchstraße aus ungeheuer vielen einzelnen Sternen besteht und daß der Planet Jupiter von vier Monden umkreist wird. Die Erde ist also nicht das alleinige Zentrum aller himmlischen Kreisbewegungen, wie das geozentrische System meinte.

Im September 1610 tat Galilei einen Schritt, der für ihn verhängnisvoll werden sollte. Er vertauschte das in der Republik Venedig, in dem damals in Italien einzigen unabhängigen Staat liegende Padua mit Florenz, das unter dem Einfluß Roms stand. Doch die Liebe zur toskanischen Heimat und die Aussicht, als großherzoglicher Mathematiker und Philosoph in Florenz von Lehrverpflichtungen befreit zu sein, drängte alle Bedenken zurück.

Die bedeutsame Entdeckung der sich verändernden Sonnenflecken und der vollen Reihe der Venusphasen beschäftigten ihn während der ersten Zeit in Florenz. Aus der Beobachtung, daß die Venus in allen Phasen am Himmel erscheint, als Sichel, aber auch als Vollvenus, mußte man unbedingt auf die Bewegung dieses Planeten um die Sonne schließen. Diese Tatsache widersprach dem geozentrischen Weltbild, stand aber in schönsten Einklang mit dem kopernikanischen System.

1616 erklärte das Heilige Officium gegen G., daß die Annahmen, die Sonne sei das

Zentrum der Welt und die Erde bewege sich um die Sonne und um ihre Achse, philosophisch betrachtet töricht und absurd seien, theologisch gesehen aber als ketzerisch gelten müßten, da sie der Heiligen Schrift widersprächen. Kardinal Roberto Bellarmino ermahnte Galilei am 26. Februar 1616, die kopernikanische Lehre nicht zu verteidigen und nicht für wahr zu halten, was Galilei auch versprach.

In seinem Landhaus zu Bellosguardo auf den Hügeln vor Florenz schrieb nun G. sein astronomisches Hauptwerk, den "Dialogo" (Dialog über die zwei Hauptsysteme der Welt, das ptolemäische und das kopernikanische). Er erhielt nach einigen Änderungen von Rom und Florenz die Druckerlaubnis, und 1632 kam das Buch zu Florenz heraus. Der "Dialogo" ist in der Form von Gesprächen abgefaßt, die im Palazzo Sagredo am Canal Grande in Venedig zwischen drei Partnern stattfinden. Er ist in der italienischen Volkssprache geschrieben, weil sein Verfasser auf die bildungsbeflissenen Laien einwirken wollte. Wenn auch Galilei nicht einfach als Schöpfer der italienischen wissenschaftlichen Prosa bezeichnet werden kann, so hat er diese doch in hervorragender Weise entwickelt.
Das Werk suchte vor allem die Vorurteile gegen die Achsendrehung der Erde und gegen ihre Bewegung um die Sonne zu beseitigen und darzulegen, daß die Bewegungsvorgänge auf der Erde mit einer bewegten Erde zu vereinbaren sind.
Aus dem Dialogo spricht auch eine neue, für jene Zeit fast ketzerisch erscheinende Religiosität. Der Mensch erkenne nur Bruchteile der Wahrheiten, der göttliche Geist aber alle. Doch das Fragmentarische, was der menschliche Geist mathematisch begreift, "komme an objektiver Gewißheit der göttlichen Erkenntnis gleich ", sagte Galilei. Hier sind göttliches und menschliches Erfassen absoluter Wahrheiten identisch.
Der Verkauf des "Dialogo" – das Buch war kaum erschienen – wurde auf Anordnung des Papstes verboten. Galileis Gegner hatten eine Reihe belastender Argumente gegen den "Dialogo" hervorzuheben verstanden, darunter die Anklage, das Werk verlasse trotz des Verbotes von 1616 bei der Behandlung der kopernikanischen Lehre häufig den hypothetischen Standpunkt.
Galilei wurde nach Rom befohlen. Der greise Gelehrte, dem man im letzten Verhör auch die Folter androhte, wurde im großen Saal des Klosters der Dominikaner Santa Maria sopra la Minerva der Ketzerei und der Verteidigung schriftwidriger Lehre angeklagt, und er wurde verurteilt zum Widerruf der kopernikanischen Lehre und der Form nach zu Gefängnis. Er schwörte der kopernikanischen Lehre ab, obwohl sich sein Verstand im Stillen aufbäumte.
Den Abend seines Lebens verbrachte der greise, von Krankheit geplagte Galilei unter Aufsicht der Inquisition im Landhaus "Gioiello" zu Arcetri bei Florenz. Hier nun schrieb er sein physikalisches Hauptwerk, die "Discorsi" (Unterredungen und mathematische Darlegung über zwei neue Wissenschaften), die 1638 in Leiden erschienen. Die zwei neuen Wissenschaften sind die Festigkeitslehre, also ein Gebiet der technischen Mechanik, und die Anfänge der Lehre vom bewegten Körper.
Auch dieses Werk ist in italienischer Sprache in Gesprächsform geschrieben; nur die rein systematischen Darlegungen sind in Latein abgefaßt. Das Gespräch der ersten Unterredung beginnt im Arsenal zu Venedig, wo Galilei mancherlei Anregungen für seine Wissenschaften empfangen hatte. Die Unterredung des dritten und vierten Tages sind der Fall- und Wurfbewegung gewidmet. Die so überaus wichtigen und neuen

Erkenntnisse auf diesem Gebiet gingen in die Paduaner Zeit zurück.
Die "Discorsi" bedeuten den Beginn der klassischen Physik. Allerdings ist Galileis neue Physik zunächst Kinematik, nicht Dynamik, da ihm noch ein geeigneter Kraftbegriff fehlte. Auch zur allgemeinen Formulierung des Trägheitsprinzips vermochte er nicht vorzustoßen. [HE].

47 *Friedrich Wilhelm Herschel*, oder William Herschel, geb. 15. November 1738 in Hannover, gest. 25. August 1822 in Slough bei Windsor. Mit 19 Jahren kam er nach England. Als Musiklehrer wurde er 1766 Organist und Konzertleiter in der Badestadt Bath; 1772 kam seine Schwester Caroline als Sängerin zu ihm. Um jene Zeit begann er, astronomische Bücher zu lesen. Er wollte jedoch mit eigenen Augen sehen und baute sich Spiegelfernrohre. Bis 1782 liefen Musik und Astronomie nebeneinander her. Nachdem er 1781 den Planeten Uranus entdeckt hatte, nahm ihn der König in Dienst. Er mußte Fernrohrbestellungen ausführen, konnte sich aber 1786 in Slough ein eigenes Riesenfernrohr bauen, mit dem er zwei neue Saturnmonde erblickte. Mit einem kleineren Fernrohr fand er sechs Uranusmonde. Caroline war seine Helferin; sie entdeckte auch selber acht Kometen.
Er schuf nicht nur Instrumente von unerreichter Güte und beobachtete planmäßig und beharrlich, sondern entwickelte als Denker das Verständnis für den Aufbau der Welt. 1783 wies er nach, daß die Sonne sich samt den Planeten im Raum fortbewegt; die Sterne der Himmelsgegend, der wir uns nähern, scheinen auseinanderzuweichen. Zu den 100 bekannten Nebelflecken entdeckte er 2500 weitere. 1785 erkannte er, daß alle von bloßem Auge sichtbaren Sterne und die Milchstraße zusammen einen flach linsenförmigen Nebelfleck bilden. Er sah auch, daß die Doppelsterne ferne Sonnenpaare sind, die umeinander kreisen. Als Physiker entdeckte er 1800 das Ultrarot.

48 *Francesco Maria Grimaldi*, geb. 2. April 1618 in Bologna, gest. 28. Dezember 1663 ebd. Im Jahre 1665 erschien G.s Buch "Physicomathesis de lumine, coloribus et iride", das einen wichtigen Schritt in der Entwicklung der physikalischen Optik darstellte, denn es enthielt eine Mitteilung über die Entdeckung der Beugung des Lichtes. Diese Erscheinung war zwar schon früher beobachtet worden, aber Grimaldi bezeichnete sie zum erstenmal als eine neue Art der Fortpflanzung des Lichtes.
Grimaldis Buch, ein umfangreicher Foliant, ist eine "Summa" der Kenntnisse der Farbenlehre seiner Zeit. Daher sind Grimaldis neue Beobachtungen und Gedanken in der Fülle des Stoffes verstreut, so daß es schwierig ist, die zwei oder drei Sätze zu finden, in denen Grimaldi darüber schreibt, daß ihm die Zusammensetzung des weißen Lichtes aus Spektralfarben bekannt war. Er hatte nämlich schon damals das bekannte Experiment Newtons durchgeführt, in welchem er alle Spektralkomponenten mithilfe einer Konkavlinse vereinigt und weißes Licht erhalten hatte.
Es ist wenig bekannt, daß G. als Mitbegründer der Wellentheorie des Lichtes angesehen werden kann. Den Unterschied zwischen den einzelnen Spektralfarben beschrieb er in Begriffen, in denen man ein Analogon zur Wellenlänge sehen kann. Grimaldi wußte also, daß das weiße Licht seinerseits alle Spektralfarben enthält. Als Dispersion bezeichnete G. dann das Voneinandertrennen der einzelnen Spektralfarben.
Grimaldi befaßte sich auch mit Astronomie. Zusammen mit seinem Ordensbruder Giovanni Battista Riccioli stellte er im Jahre 1651 eine Mondkarte zusammen, deren Nomenklatur sich eingebürgert hat. [HE].

49 *Leonhard Euler*, geb. 15. April 1707 in Basel, gest. 18. September 1783 in St. Petersburg. Euler war 1727 – 1741 Mitglied der neugegründeten Petersburger Akademie der Wissenschaften. 1741 – 1766 gehörte er der Preußischen Akademie in Berlin an (wo er nach dem Rücktritt des Präsidenten Pierre Moreau de Maupertuis zeitweise die Geschäfte führte) und kehrte anschließend an die Akademie in St. Petersburg zurück. Er verfaßte ca. 800 wissenschaftliche Abhandlungen (darunter über 20 große Monographien), die zu ca. 3/5 der reinen und zu 2/5 der angewandten Mathematik, d.h. den mathematischen Naturwissenschaften im weitesten Sinne, gewidmet sind. Seit 1911 gibt die Euler-Komission der Schweizerischen Naturforschenden Gesellschaft die "Opera omnia" heraus; inzwischen sind 62 Teilbände von den insgesamt etwa 80 geplanten Bänden erschienen.
Euler, der führende Mathematiker seiner Zeit, war als Physiker "altmodisch" (Otto Spiess). Seine diesbezüglichen Auffassungen sind noch heute am bequemsten zugänglich in den "Briefen an eine deutsche Prinzessin". Das (ursprünglich französisch) 1760/62 abgefaßte und 1768/72 erstmalig publizierte Werk wurde sogleich in alle Kultursprachen übersetzt und erreichte eine weite Verbreitung. Es behandelt die im 18. Jh. zur "Bildung" zählenden Themen (Aufklärung), d.h. neben Theologie, Philosophie und Musiktheorie auch ausführlich physikalische Erkenntnisse.
Wie schon René Descartes wollte Euler alle Naturerscheinungen auf Druck und Stoß von kleinsten Teilchen zurückführen; im vom empirischen Rationalismus des 18. Jh.s längst überwundenen "esprit de système" hegte er ein fast naives Vertrauen zur Theorie und zum Kalkül. Angesichts eines paradoxen mathematischen Ergebnisses (freier Fall eines Körpers durch einen gedachten, durch den Erdmittelpunkt zu den Antipoden führenden Schacht, bei dem nach Euler der Körper in Erdzentrum unvermittelt umkehrt) schrieb er 1736 in seiner Mechanik: "Dies scheint zwar weniger mit der Wahrheit übereinzustimmen ... Wie dem aber auch sei, so muß man hier mehr der Rechnung als dem Urteil vertrauen". Von König Friedrich II., Voltaire, Benjamin Robins u.a., die ganz auf dem Boden des Empirismus standen, mußte sich in solchen Fällen der anerkannte "mathematicus acutissimus" Spott und Kritik gefallen lassen. Die Physik hat Euler wesentlich durch seine mathematisch-theoretischen Arbeiten gefördert. Er formulierte die Mechanik konsequent in der neuen Sprache des Infinitesimalkalküls und wurde so neben Jean le Rond d'Alembert zum maßgeblichen Begründer der analytischen Mechanik. Euler ist auch im wesentlichen das den Namen von Maupertuis tragenden Minimalprinzips zu danken; er hatte den Satz 1744 vor Maupertuis und klarer als dieser gefaßt. Die endgültige Formulierung gelang aber dann erst (unter dem Beifall Eulers) Louis Lagrange. Eulers Hoffnung, das berühmte Dreikörperproblem gelöst zu haben (was er unvorsichtigerweise bereits bekanntgegeben hatte), erfüllte sich nicht; seine Ansätze ermöglichten ihm aber die Entwicklung einer Theorie der Mondbahn. Da das Problem große praktische Bedeutung hatte (Ermittlung der geographischen Länge auf hoher See) wurden seine Beiträge mehrfach mit Preisen ausgezeichnet.
Mit seiner Begründung der Variationsrechnung in Zusammenhang stand die Berechnung der "elastischen Kurven", d.h. die Ermittlung der Gestalt von elastischen Drähten und Platten, die am Rande ganz oder teilweise eingespannt sind. Euler blieb nicht bei den Gleichgewichtsbedingungen stehen, sondern behandelte auch die Schwingungen der Saiten und Platten. Auch die Hydrodynamik verdankt Euler wesentliche

Förderung. In voller Allgemeinheit stellte er die noch heute sog. "Eulerschen Gleichungen" der idealen, inkompressiblen Flüssigkeit auf und zeigte, daß man diese unter gewissen mathematischen Annahmen in die "Bernoullische Gleichung" überführen kann. Die Akustik förderte er durch Behandlung der "Eulerschen Gleichungen für kompressible Flüssigkeiten". Das Problem der Schallgeschwindigkeit, wo Newton einen zu großen Wert gefunden hatte, vermochte er noch nicht zu lösen.
Wie die Schallgeschwindigkeit behandelte Euler auch das Licht; er vertrat also gegen Newton eine Wellentheorie. Als Träger der (longitudinal aufgefaßten) Lichtschwingungen nahm Euler den Äther an. Er versuchte, die Emissionstheorie durch wellentheoretische Behandlung der Dispersion, Doppelbrechung und Farben dünner Blättchen zu erschüttern, vermochte aber mit seiner Auffassung nicht durchzudringen. Der Grund lag, neben der nachwirkenden Autorität Newtons, jedenfalls zum Teil wieder darin, daß er eigentlich "physikalische" Argumente, wie die Interferenz, völlig übersah.
Euler widerlegte auch eine Formel Newtons, aus der die Unmöglichkeit von Achromaten gefolgert werdem mußte, und bemühte sich, die Konstruktion eines achromatischen Systems von Linsen verschiedener Brechkraft anzugeben. Daraus gewann der englische Optiker John Dolland (1706–1761), der die Eulerschen Überlegungen ursprünglich abgelehnt hatte, einen wertvollen Ansatz und konstruierte 1758 erstmalig ein achromatisches Fernrohr. [HE].

50 *John Dolland*, geb. in London 1706, gest. 1761, englischer Hersteller optischer Instrumente, entwickelte achromatische Linsen. Als Sohn eines hugenottischen Seidenwebers ergriff er das väterliche Handwerk, lernte aber Latein, Griechisch, Mathematik, Physik und Astronomie. Im Jahre 1752 gab er das Weben auf und baute mit seinem ältesten Sohn John zusammen optische Instrumente. Seine Reputation auf diesem Gebiet wuchs schnell; er publizierte 1758 seine Erkenntnisse über Lichtbrechung, die ihn zur Konstruktion achromatischer Linsen führten. [BR].

51 *Joseph Fraunhofer*, geb. 6. März 1787 in Straubing, gest. 7. Juni 1826 in München. F. widmete sein ganzes Leben mit bewunderswertem Erfolg der Optik. Er war Sohn eines Glasschleifers, erlernte selbst dieses Handwerk und arbeitete in einem später in München ansässigen optischen Institut, in dem er aufgrund seiner Erfolge Mitinhaber wurde und dem er zu Weltruhm verhalf. Als begabter Mechaniker verbesserte Fraunhofer die Schleif- und Polierverfahren optischer Gläser, aber auch die Herstellung und das Schmelzen des Glases. Von ihm stammten Konstruktionen von Objektiven für Fernrohre und Mikroskope, Prüfungsmethoden für chromatische Fehler und die Behebung der Kugelabweichung bei Linsen. Die mechanische Begabung war bei F. mit der Fähigkeit der mathematischen Berechnung optischer Konstruktionen verbunden, welche er besonders bei der Entwicklung von Berechnungsformel für achromatische Fernrohrobjektive ausnutzte.
F. entdeckte die Existenz von Linien im Sonnenspektrum und trug darin 576 verschiedene Linien ein. Die Hauptlinien bezeichnete er mit den Buchstaben A bis G; bei sechs Linien bestimmte er die Wellenlänge. Diese Entdeckung der dunklen Linien im Sonnenspektrum machte F. unabhängig von William Byde Wollaston, und er veröffentlichte seine Ergebnisse in Denkschriften der Münchener Akademie.
Zur Untersuchung von Spektren benutzte Fraunhofer im Jahre 1821 neben dem Drahtgitter auf Glas geritzte Beugungsgitter (300 Stück je mm). F. entwickelte auch neue

Methoden zur Beobachtung der Beugung des Lichtes in parallelen Strahlen. Trotz verschiedener Schwierigkeiten wurde Fraunhofers Tätigkeit anerkannt. Seine erste Arbeit über die Beugung des Lichtes brachte ihm die Ernennung zum Ehrendoktor der Universität Erlangen. Die Münchener Akademie wählte ihn im Jahre 1817 zum korrespondierenden Mitglied, und 1823 wurde er als Professor und Konservator des physikalischen Kabinetts angestellt. Ein Jahr später verlieh ihm König Maximilian den Adelstitel und den Zivilverdienstorden. Infolge einer Erkrankung an Tuberkulose starb Fraunhofer schon in jungen Jahren. [HE].

52 *Olaus Römer*, geb. 25. September 1644 in Aarhus, gest. 19 September 1710 in Kopenhagen. R. studierte in Kopenhagen beim Naturforscher Erasmus Bartholinus, in dessen Haus er wohnte. Er begleitete 1672 Jean Picard nach Paris und wurde an der dortigen neuen Sternwarte Mitarbeiter des Astronomen Giovanni Domenico Cassini. In Picards Sinne arbeitete er an der Vervollkommnung der astronomischen Instrumente. 1672 entstand sein Mikrometer, das sich zur Beobachtung von Finsternissen eignete, 1675 ein Fernrohr durch das man von beiden Seiten visieren konnte, 1676 ein Gitterrohr mit Fadenkreuz zur Beobachtung der Mondoberfläche, 1677 ein "Jovialium" und 1680 ein Planetarium. 1675 berechnete R. die ideale Form der Zahnräder. Bekannt wurde seine Entdeckung der endlichen Lichtgeschwindigkeit. Galilei hatte auf die Möglichkeit hingewiesen, die Verfinsterungen der Jupitermonde zur Längenbestimmung zu verwenden. Diese setze voraus, daß man für einen bestimmten Ort die Zeiten der Ein- und Austritte der Monde in den Schattenkegel des Jupiters vorausberechnen konnte. Daran arbeitete Cassini mit Römer. Wenn die Erde sich dem Jupiter nähert, lassen sich die Eintauchungen der Monde in den Schatten beobachten, wenn sie sich entfernt, die Auftauchungen. Es ergab sich, daß die durchschnittliche Zeit zweier Eintauchungen kürzer war als die zwischen Auftauchungen. R. sah, daß sich die Erscheinung bei der Annäherung der Erde beschleunigte und bei ihrer Entfernung verzögerte. Wenn er ferner aus der Umlaufzeit des innersten Mondes, wie sie bei der geringsten Entfernung der Erde vom Jupiter beobachtet wurde, die künftigen Verfinsterungen vorausberechnete, so ergab die Wirklichkeit Verspätungen, je weiter sich die Erde vom Jupiter entfernte. Aus dem Durchmesser der Erdbahn und der größten Verspätung berechnete er 1676 die Lichtgeschwindigkeit. Nach der Aufhebung des Ediktes von Nantes verließ er, ebenso wie Christian Huygens, Paris. Er kehrte 1681 nach Kopenhagen zurück und wurde dort Mathematikprofessor; daneben nahm ihn der König in Angelegenheiten des Münzwesens, des Wasserbaus und Leuchtfeuerbetriebes in Anspruch. 1683 wurde das von ihm ausgearbeitete System für Maße und Gewichte in Dänemark angenommen.
In Kopenhagen bestand eine Sternwarte auf dem "runden Turm". R. gab ihr wissenschaftliche Bedeutung, indem er im Jahre 1690 dort zwei große Instrumente aufstellte. Für sein Haus ließ er ein Meridianinstrument bauen, das er unveränderlich in der Meridianebene zentrisch drehbar anbrachte. Zur Prüfung der richtigen Lage der Achse erdachte er ein Hilfsgerät, womit die Zeiten korrespondierender Höhen eines Sterns zu beiden Seiten des Meridians beobachtet wurden. Das Meridianinstrument diente zur Beobachtung der Durchgangszeit der Sterne durch den Meridian. Es wurde das Vorbild der englischen Passageninstrumente von John Flamsteed und Edmond Halley. 1704 erbaute R. an seinem Landsitz nochmals zwei Instrumente; eines davon war der

erste Meridiankreis. R. hat auch ein Alkoholthermometer mit den Fixpunkten Gefrier- und Siedepunkt entwickelt.

Vom Jahr 1690 an bestimmte er für mehr als tausend Sterne die Rektaszension und Deklination. Die Geräte wurden nach seinem Tode alle auf den Turm gebracht. Dort gingen sie mit 14 Bänden Beobachtungen 1728 bei einem Brand zugrunde. Zum Glück hatte R.s Gehilfe und Nachfolger Peter Horrobow die mechanischen Einrichtungen gezeichnet. Er beschrieb sie mit Abbildungen in der "Basis astronomiae" 1735. [HE].

53 *Thomas Young*, geb. 13. Juni 1773 in Milverton, Somersetshire, gest. 10. Mai 1829 in London. Er konnte mit zwei Jahren lesen, hatte mit vier Jahren zweimal die Bibel gelesen und behielt lange Gedichte im Gedächtnis. Leicht lernte er klassische und orientalische Sprachen und war als Maler und Musiker begabt. Unter dem Einfluß seines Großonkels studierte er Medizin und übernahm 1800 dessen Praxis in London. Nebenher war er 1801 – 1804 Physikprofessor an der Royal Institution. Seine Vorlesungen gab er 1807 in zwei Quartbänden heraus. 1811 wurde er Arzt am St. George's Hospital. Seit 1818 war er Sekretär am Längenbüro und betreute den Nautical Almanac. Seine Schriften behandeln die verschiedensten Gegenstände. Er war Philosoph und Wissenschaftler zugleich.

Bedeutend ist sein Beitrag zur Optik. Er begann 1793 mit einer Arbeit über das Sehen. Wie stellt sich das Auge ein, um in die Ferne und Nähe deutlich zu sehen? Es konnten nur Veränderungen in der Form der Linse sein. Warum sehen wir Farben? Y. dachte sich die Netzhaut aus drei verschiedenartigen, die Grundfarben vermittelnden Nervenelementen zusammengesetzt. Diese Dreifarbentheorie wurde später von James Clerk Maxwell und Hermann Helmholtz wiederaufgenommen.

In "Outlines of experiments and enquiries respecting sound and light" (Philosophical Transaction 1800) betonte Y. bereits die Vorteile der Wellentheorie von Christiaan Huygens. Beim Nachdenken über Newtons Experimente entdeckte er im Mai 1801 das Interferenzprinzip. Er dachte sich zwei Gruppen von Wasserwellen, die gleichzeitig am Seeufer in einen Kanal dringen. Wenn die Wellenberge zusammentreffen, werden sie sich verstärken. "But if the elevations of one series are so situated as to correspond to the depression of the other, they must exactly fill up those depressions, and the surface of the water must remain smooth ... Now, I maintain that similiar effects take place whenever two portions of light are thus mixed; and this I call the general law of the interference of light." Y. war von seinen akustischen Studien her mit den Eigenschaften der Schallwellen vertraut; er hatte oft Schwebungen beobachtet. Nun deutet er die Erscheinungen beim Licht entsprechend.

Am 12. November 1801 hielt er seine Bakerian-Vorlesung "On the theory of light and colours". Er ging von Aussprüchen Newtons aus, die der Wellenlehre günstig waren. Wellen, die sich im Lichtweg um eine halbe Wellenlänge unterscheiden, löschen sich aus. Beträgt der Unterschied eine ganze Wellenlänge oder ein Vielfaches davon, so verstärken sie sich. Damit deutete er jene regelmäßigen Newtonschen Ringe, die um den Berührungspunkt einer Linse mit einer Glasplatte entstehen. Newton hatte mit einfarbigem Licht gesehen, daß es für jede Farbe fortschreitende Dicken der Luftschicht zwischen den Gläsern gab, wo kein Licht zurückgeworfen wurde. Nach Y. hatte dort die Reflexion nicht aufgehört; sondern da vernichten sich die von den zwei Oberflächen, die die Luftschicht begrenzen, zurückgeworfenen Strahlen durch ihr Zusammentreffen.

Licht zu Licht gefügt kann Dunkelheit ergeben. Er wies nach, daß die Interferenz sich auch auf den ultravioletten Teil des Spektrums erstreckt, indem er den unsichtbaren Reflex aus ein mit Silberlösung getränktes Papier fallen ließ.
In einer zweiten Arbeit dehnte er die Erklärung auf die farbigen Streifen aus, die den Schatten eines schmalen Körpers säumen und die Francesco Maria Grimaldi zu erforschen begonnen hatte. Wenn man hinter einem Lichtspalt einen schmalen Kartonstreifen einschiebt, erkennt man in seinem Schatten paralele helle und dunkle Linien. Y. erklärte, daß die an den beiden Seiten des Kartons hervordringenden Lichtbüschel gleichsam von den Kanten ausgehende Wellenzüge seien, die diese Streifen durch ihre Kreuzung erzeugen, indem sie je nach den Wegunterschieden sich verstärken oder schwächen. Bei blauem Licht stehen sich die Streifen näher als bei rotem, woraus sich die Wellenlängen ableiten ließen. Die Beugungserscheinungen lieferten dieselben Ergebnisse wie die Farben dünner Plättchen. Newton hatte diese Wahrnehmung nicht miteinander in Beziehung gebracht. Y. führte beide auf Wirkungen der Interferenz zurück. In einer dritten Abhandlung bewies er, daß auftretende Streifen stets vom Zusammentreffen zweier Lichter herrühren.
Als Y. diese Ansicht vortrug, stand er allein. Newtons Emissiontheorie war allgemein anerkannt, und man war in England nicht geneigt, die Wellentheorie anzunehmen. Lord Henry Brougham und David Brewster erklärten sich heftig dagegen. Ruhig erwiderte Y. (in seinen Vorlesungen, Ausgabe 1845, S. 382): “Es ist nicht zu erwarten, daß alle Einwände gegen solch ein System sogleich verstummen werden; aber wenn eine gründliche, aufrichtige Aussprache nur über die Tatsache, die ich vorgelegt habe, ausgelöst würde, hoffe ich zuversichtlich, daß die Wissenschaft der Optik wesentliche Nutzen daraus ziehen wird, selbst wenn die Theorie zuletzt widerlegt werden sollte.”
Von Frankreich ging das Signal aus, Y. Gerechtigkeit widerfahren zu lassen, indem dort – ebenfalls allein, von Laplace und Biot abgelehnt – der junge Augustin-Jean Fresnel zur Wellentheorie vorstieß. Francois Arago besuchte Y. 1816 und erzählte ihm von den neuen Entdeckungen über Polarisation. Daraufhin schrieb Y. ihm 1817, daß man zu deren Erklärung Lichtschwingungen senkrecht zur Ausbreitungsrichtung annehmen müsse.
Seine Genialität erwies sich ebenso auf anderen Gebieten. In einer Abhandlung über Kohäsion von 1805 berechnete er die Größe der Moleküle. Auch leistete er Pionierarbeit in der Berechnung der Lebensversicherung. Wichtig war sein Beitrag zur Entzifferung der ägyptischen Hieroglyphen. 1799 hatte man den Stein von Rosette gefunden, der mit drei Schriftreihen bedeckt war: hieroglyphisch, demotisch und griechisch. Y. hatte die Eingebung, daß unter den Hieroglyphen diejenigen, die in eine Einfassung eingeschlossen waren, den Eigennamen der griechischen Inschrift entsprechen und daß im Fall der Einrahmung die Zeichen nicht mehr Worte, sondern Buchstaben bedeuten. Später gelang es Jean-Francois Champollion, das Alphabet und die Grammatik zu erkennen. [HE].

54 *Etienne-Louis Malus*, geb. 23. Juni 1775 in Paris, gest. 23. Februar 1812 in Paris. Nach klassischen Studien, die ihn zu eigener Dichtung anregten, besuchte er als einer der ersten Zöglinge die Ecole Polytechnique in Paris, dann die Ingenieurschule in Metz und wurde Offizier im französischen Geniecorps. Unter General Desaix nahm er am Feldzug nach Ägypten teil und überstand in Jaffa die Pest. Nach der Rück-

kehr war er als Militäringenieur in Lille, Antwerpen und Straßburg tätig. Er wurde Oberstleutnant und Examinator an der Polytechnischen Schule. In den Mußestunden beschäftigte er sich mit theoretischer Optik, besonders mit Brechung und Doppelbrechung.
1808 entdeckte er die Polarisation durch Reflexion. – Ein Lichtstrahl teilt sich in einem isländischen Kalkspat in zwei Strahlen, einen ordentlichen und einen außerordentlichen. In einem zweiten gleichen Kristall wird jeder Strahl nur noch einmal gebrochen; man nennt dieses Licht polarisiert. Dies wußte man, als Malus in seiner Wohnung in der Rue d'Enfer die von den Fensterscheiben des Luxembourg zurückgeworfenen Sonnenstrahlen mit einem Doppelspat prüfte und fand, daß statt zweier Strahlen nur einer austrat. Das Licht war durch die Zurückwerfung an den Scheiben polarisiert worden. Ein Versuch ergab, daß, wenn der Schein einer Kerze unter einem Winkel von $52°45'$ gegenüber der Senkrechten auf die Oberfläche von Wasser fiel, das zurückgeworfene Licht polarisiert war, als ob es aus einem Doppelspat käme. An jenem Tag begründete Malus einen neuen Zweig der Optik. [HE].

55 *Sir William Rowan Hamilton*, geb. 4. August 1805 in Dublin, gest. 2. September 1865 in Dunsik. Er war ein Wunderkind mit fabelhafter Begabung für Sprachen und Mathematik. Schon als Kind lernte er 13 Sprachen, darunter Arabisch und Sanskrit. Mit 22 Jahren wurde er "Royal Astonomer of Ireland", Leiter der Sternwarte und Professor der Astronomie in Dublin.
Als Forscher beschäftigte er sich anfangs mit geometrischer Optik. Rein theoretisch sagte er voraus, daß in zweiachsigen Kristallen eine konische Refraktion des Lichtes möglich sei, was sich bestätigte. Die in der Optik gewonnenen Methoden wandte er auf die analytische Mechanik an, wo er das "Hamiltonsche Prizip" einführte, das für die Himmelsmechanik Bedeutung gewann. Er zeigte, daß aus der Wellenoptik durch einen mathematischen Grenzübergang die (nur für kleine Wellenlängen gültige) geometrische Optik gewonnen werden kann. Da er diese mit der klassischen Mechanik in Parallele setzte, fand Erwin Schrödinger hundert Jahre später hier den Ansatzpunkt, die volle Analogie zwischen Mechanik und Optik herauszustellen, d.h. eine der Wellenoptik entsprechende "Wellenmechanik" zu begründen.
Von 1833 an wurde H. ganz von der reinen Mathematik gefesselt. Er studierte die Lösung algebraischer Gleichungen fünften Grades. Vor allem suchte er das Rechnen mit komplexen Zahlen von der Ebene auf den Raum zu übertragen. Dafür eigneten sich die Quaternionen, viergliedrige Zahlen, die er von 1843 an erforschte und in zwei Bänden darstellte. [HE].

56 *Ernst, Karl Abbe*, geb. 1840 in Eisenach, gest. 1905 in Jena. A. studierte seit 1857 an den Universitäten Jena und Göttingen u.a. bei Bernhard Riemann und Wilhelm Weber Mathematik, Physik und Astronomie und Philosophie. 1861 promovierte er mit einer Arbeit über die "Erfahrungsmäßige Begründung des Satzes von der Äquivalenz zwischen Wärme und mechanischer Arbeit". 1863 habilitierte er sich in Jena bei Karl Snell. Ender der sechziger Jahre begann A. dem Jenaer Universitätsmechaniker Carl Zeiss bei der Verbesserung des Mikroskops zu helfen. Diese Zusammenarbeit wurde für sein weiteres Leben bestimmend, indem sie sowohl die Richtung seines wissenschaftlichen Interesses festlegte, das fortan in der Hauptsache der Optik galt, als auch zur tragfähigen Grundlage seines sozialreformerischen Lebenswerks sich entwickelte.

1868 entdeckte A. den Sinussatz der optischen Abbildungen bei endlicher Hauptstrahlneigung; 1869 und 1870 führte er die Begriffe Ein- und Austrittpupille und numerische Apertur in die Optik ein; nachdem er erkannt hatte, daß sich das Mikroskop durch Verkleinerung der in das Objektiv eintretenden Lichtbündel infolge der dabei auftretenden Beugungseffekte nicht verbessern ließ, gab er 1872 die Größe der kleinsten noch erkennbaren Struktur (das sog. Auflösungsvermögen des Mikroskops) an: $d = \frac{\lambda}{n \sin \alpha}$ (λ = Wellenlänge des benutzten Lichts, n = Brechungsindex des Immersionssystems, α = Öffnungswinkel des Objektivs). Wenn er einerseits die physikalische Lichttheorie ganz in den Dienst der praktischen Optik stellte, so daß es ihm gelang, Verfahren zur Vorausberechnung aller Konstrukionselemente des Mikroskops anzugeben, die das bisher übliche zeitraubende Probieren unnötig machten, bemühte er sich anderseits auch um die Verbesserung der Eigenschaften der im optischen Instrumentenbau verwandten Materialien. 1882 gründete er zu diesem Zweck mit Carl Zeiss und dem Glashüttentechniker Otto Schott das "Glastechnische Laboratorium Schott und Genossen". Nach dem Tode von Carl Zeiss (1889) leitete A. die Verwirklichung seiner sozialen Ideen ein. 1891 errichtete er, inzwischen zum Millionär geworden, die Carl-Zeiss-Stiftung, der er sein ganzes Vermögen zuwies und zu deren Gunsten er seinen Alleinbesitz der optischen Werkstätte und seinen Besitzanteil am Schottischen Glaswerk aufgab. Die Motive, die ihn zu diesem Schritt bewogen, waren, wie er selbst betonte, nicht karitativer, sondern sozialer Natur. Als Sohn eines Arbeiters hatte er aus eigener Erfahrung die unglückliche Lage kennengelernt, in welche die fortschreitende Industrialisierung große Massen ehemals selbstständiger Gewerbetreibender gebracht hatte. Das Abhängigkeitsverhältnis vom kapitalbesitzenden Unternehmer, in welches der einzelne Arbeiter geraten war und dem durch das allgemeine "Proletarierrecht" der Gewerbeordnung in einer ihm nicht genügend erscheinenden Form gewehrt wurde, ersetzte er durch ein Vertragsverhältnis, das dem Arbeitnehmer u.a. den achtstündigen Arbeitstag, eine Gewinnbeteiligung und Pensionsberechtigung gewährte und damit Rechte einräumte, die zu A.s. Zeiten ohnegleichen waren und als bedeutendes Beispiel für die Tätigkeit sozialen Unternehmertums nachhaltig gewirkt haben. [HE].

Sachwortregister

E

F

G

H

I

J

K

L

M

N

O

P

Q

R

S

T

U

V

W

Y

Z

Prof. Dr. rer. nat. Walter Greiner
geb. Oktober 1935, Promotion 1961 in Freiburg/Brsg., 1962–1964 Ass. Prof. University of Maryland, seit 1964/65 o. Prof. für Theoretische Physik der Universität Frankfurt am Main und Direktor des Instituts für Theoretische Physik. Gastprofessor u. a. an der Florida State University, University of Virginia, Los Alamos Scientific Laboratory, University of California, Berkeley, Oak Ridge National Laboratory, Oniversity of Melbourne, Yale University, Vanderbilt University. Hauptarbeitsgebiete: Theoretische Kernphysik, Theoretische Schwerionenphysik, Feldtheorie (Quantenelektrodynamik, Theorie der Gravitation), Atomphysik. 1974 Empfänger des Max-Born-Preises und der Max-Born-Medaille (Institute of Physics und Deutsche Physikalische Gesellschaft), 1982 des Otto-Hahn-Preises der Stadt Frankfurt am Main und der Ehrendoktorwürde der University of Witwatersrand, Johannesburg. Seit 1987 Fellow of the Royal Society (London) und seit 1989 Ehrenmitglied der Lorant-Eötvös-Gesellschaft (Ungarn).